大学生
数学竞赛题选解

Mathematics Competition

朱尧辰　编著

中国科学技术大学出版社

内容简介

本书给出了从国内外各类大学生数学竞赛题中选取的一些典型问题的解答，并相应配备了练习题（附解答或提示）；以数学分析和高等代数为主，还涉及数论和组合等. 全书包括[illegible]140余道、练习题350余道（题或题组形式）. 竞赛题和练习题的解答十分具有启发性和参考价值.

本书可作为大学生数学竞赛、大学数学教学和研究生入学考试复习的参考资料.

图书在版编目(CIP)数据

大学生数学竞赛题选解/朱尧辰编著. —合肥：中国科学技术大学出版社，2017.6(2019.11重印)

ISBN 978-7-312-04083-2

Ⅰ. 大… Ⅱ. 朱… Ⅲ. 高等数学—高等学校—题解 Ⅳ. O13-44

中国版本图书馆CIP数据核字(2017)第083104号

出版 中国科学技术大学出版社
安徽省合肥市金寨路96号，230026
http://press.ustc.edu.cn
https://zgkxjsdxcbs.tmall.com

印刷 合肥市宏基印刷有限公司

发行 中国科学技术大学出版社

经销 全国新华书店

开本 787 mm×1092 mm 1/16

印张 28.75

字数 830千

版次 2017年6月第1版

印次 2019年11月第2次印刷

定价 75.00元

前　　言

本书给出了从国内外各类大学生数学竞赛题中选取的一些典型问题的解答, 并相应配备了练习题 (附解答或提示). 题目的取材范围比目前国内有关竞赛大纲要求有所放宽, 整体难度也有所提高. 因此本书不仅是一种大学生数学竞赛辅助读物, 也可用作大学数学教学及硕士研究生入学考试复习的参考资料.

本书所选问题以数学分析和高等代数为主, 还涉及数论和组合等. 题型只包含证明题和计算题. 选题没有特定标准, 主要考虑问题的内容 (例如同类资料较少涉及) 和解法 (例如解法的多样性或技巧性, 对读者有所启发或可供借鉴). 所有解答都经过重新整理和表述, 有些解答是编写时新加的 (特别是原始资料中没有给出解答的). 对于解答中涉及的某些通用教材中没有讲述的知识, 我们一般通过注解的方式进行适当补充.

全书包含 3 章, 各章粗略地划分为若干小节. 第 1 章是数学分析问题, 包含微分学、积分学、无穷级数、函数方程、不等式和常微分方程, 个别问题涉及复分析、概率论和勒贝格积分. 第 2 章是高等代数 (线性代数和多项式) 问题, 以线性代数问题为主. 第 3 章是数论与组合问题, 包括初等数论技巧 (但问题或解法与流行的"奥数"问题有所差别)、简易解析方法 (如素数定理, 涉及一点基本数论函数) 和丢番图方程; 还有一些与有限集有关的组合问题 (也涉及简单的母函数方法). 对于每章配备的练习题, 其中一部分是基本训练题, 为读者熟悉某些基本技巧而设, 也包含若干难题. 练习题无论是内容还是难度都是混编的, 其中标"*"的题选自大学生数学竞赛题或近期国内某些科研单位研究生入学考试试题. 所有练习题都附有参考性解答或提示.

限于作者的水平和经验, 本书在取材、编排和解题等方面难免存在不妥、疏漏甚至谬误, 欢迎读者和同行批评指正.

朱尧辰
2016 年 10 月于北京

符 号 说 明

1° $\mathbb{N},\mathbb{Z},\mathbb{Q},\mathbb{R},\mathbb{C}$ (依次) 正整数集, 整数集, 有理数集, 实数集, 复数集.

$\mathbb{N}_0=\mathbb{N}\cup\{0\}$.

$\mathbb{R}_+$ 正实数集.

$|S|$ 有限集 S 所含元素的个数 (也称 S 的规模).

2° $[a]$ 实数 a 的整数部分, 即不超过 a 的最大整数.

$\{a\}=a-[a]$ 实数 a 的分数部分, 也称小数部分.

$\lceil a\rceil$ 大于或等于 a 的最小整数.

$\lfloor a\rfloor$ 小于或等于 a 的最大整数 (即 a 的整数部分 $[a]$).

$((x))$ 距实数 x 最近的整数.

$\|x\|$ (实轴上) 点 x 与距它最近的整数点间的距离.

$a\mid b$ $(a\nmid b)$ 整数 a 整除 (不整除) 整数 b.

$\gcd(a,b,\cdots,t)$ 整数 $a,b,\cdots,t$ 的最大公因子, 不引起混淆时记为 $(a,b,\cdots,t)$.

$\operatorname{lcm}(a,b,\cdots,t)$ 整数 $a,b,\cdots,t$ 的最小公倍数, 不引起混淆时记为 $[a,b,\cdots,t]$.

$\gcd\{\cdots\},\operatorname{lcm}\{\cdots\}$ 有限整数集合 $\{\cdots\}$ 中元素的最大公因子, 最小公倍数.

$p^\alpha\|n$ 整数 $\alpha\geqslant 0$ 满足 $p^\alpha\mid n$, 但 $p^{\alpha+1}\nmid n$ (其中 n 是正整数, p 是素数).

$\delta_{i,j}$ Kronecker 符号, 当 $i=j$ 时其值为 1, 否则为 0.

3° $\log_b a$ 实数 $a>0$ 的以 b 为底的对数.

$\log a$ (同 $\ln a$) 实数 $a>0$ 的自然对数.

$\lg a$ 实数 $a>0$ 的常用对数 (即以 10 为底的对数).

$\exp(x)$ 指数函数 e^x.

$\sinh x$ ($\operatorname{arsh} x$) 双曲正弦 (反双曲正弦) 函数.

$\arcsin x,\arccos x,\arctan x$ 反三角正弦、余弦、正切函数 (一般按主值理解).

$\Gamma(a)\,(a>0)$ 伽马函数, 即

$$\Gamma(a)=\int_0^\infty t^{a-1}\mathrm{e}^{-t}\mathrm{d}t.$$

$\mathrm{B}(p,q)\,(p,q>0)$ 贝塔函数, 即

$$\mathrm{B}(p,q)=\int_0^1 t^{p-1}(1-t)^{q-1}\mathrm{d}t=\int_0^\infty\frac{s^{p-1}}{(1+s)^{p+q}}\mathrm{d}s$$
$$=2\int_0^{\pi/2}\cos^{2p-1}\theta\sin^{2q-1}\theta\mathrm{d}\theta.$$

γ Euler-Mascheroni 常数 (Euler 常数), 即

$$\gamma = \lim_{n\to\infty}\left(1+\frac{1}{2}+\cdots+\frac{1}{n}-\log n\right)$$
$$= 0.677\ 215\ 664\ 901\ 532\ 860\ 606\ 512\ 0\cdots.$$

4° $C[a,b], C(A)$ 所有定义在区间 $[a,b]$ 或集合 A 上的连续函数形成的集合.

$C^r[a,b], C^r(A)$ 所有定义在区间 $[a,b]$ 或集合 A 上的 r $(r\geqslant 0)$ 阶导数连续的函数形成的集合.

$\mathbb{R}[x]$ 所有变量 x 的实系数多项式形成的集合 ($\mathbb{R}$ 可换成其他集合, 多变元情形类似).

$\deg(P)$ 多项式 $P(x)$ 的次数.

$f(x)\mid g(x)\,\big(f(x)\nmid g(x)\big)$ 多项式 $f(x)$ 整除 (不整除) 多项式 $g(x)$.

$\gcd\big(f(x),g(x)\big)$ 多项式 $f(x),g(x)$ 的最大公因式, 不引起混淆时记为 (f,g).

5° $f(x)\sim g(x)\,(x\to a)$ 函数 $f(x)$ 和 $g(x)$ 当 $x\to a$ 时等价, 即 $\lim\limits_{x\to a}\dfrac{f(x)}{g(x)}=1$(此处 a 是实数或 $\pm\infty$)(对于离散变量 n 情况类似, 下同).

$f(x)=o\big(g(x)\big)\,(x\to a)$ 指 $\lim\limits_{x\to a}\dfrac{f(x)}{g(x)}=0$(此处 a 是实数或 $\pm\infty$).

$f(x)=O\big(g(x)\big)\,(x\in A)$ 指存在常数 $C>0$, 使得 $|f(x)|\leqslant C|g(x)|$, 对于所有 $x\in A$ (此处 A 为某个集合).

$f(x)=O\big(g(x)\big)\,(x\to a)$ 指对于 a 的某个邻域中的所有 $x, f(x)=O\big(g(x)\big)$(此处 a 是实数或 $\pm\infty$).

$o(1)$, $O(1)$ 无穷小量, 有界量.

$a_n\,(n\geqslant 1)$ 数列 (不引起混淆时简记为 a_n).

$a_n\downarrow a\,(n\to\infty)$ 数列 $\{a_n\}$ 单调下降趋于 a(函数情形类似).

$a_n\uparrow a\,(n\to\infty)$ 数列 $\{a_n\}$ 单调上升趋于 a(函数情形类似).

$f(a-), f(a+)$ $f(x)$ 在点 a 的左极限 $\lim\limits_{x\to a-}f(x)$, 右极限 $\lim\limits_{x\to a+}f(x)$.

$f'_-(a), f'_+(a)$ $f(x)$ 在点 a 的左导数, 右导数.

$f_x, f_{x,x}$ $f(x,y)$ 的偏导数 $\partial f/\partial x=f'_x, \partial^2 f/\partial x^2=f''_{x,x}$(在不引起混淆时) 的简记号 (其余类推).

(r,θ) (平面) 极坐标系, Jacobi 式为 r(有时记为 $(r,\phi),(\rho,\theta)$, 或 (ρ,ϕ)).

(r,ϕ,θ) 或 (ρ,ϕ,θ) (空间) 球坐标系, Jacobi 式为 $r^2\sin\theta$.

(r,ϕ,z) 或 (ρ,ϕ,z) (空间)(圆) 柱坐标系, Jacobi 式为 r.

6° $(\boldsymbol{\alpha},\boldsymbol{\beta})$ 线性空间 V 中向量 $\boldsymbol{\alpha}$ 和 $\boldsymbol{\beta}$ 的内积.

$\boldsymbol{x}^{\mathrm{T}}\boldsymbol{y}$ 向量 $\boldsymbol{x}=(x_1,x_2,\cdots,x_n)^{\mathrm{T}}, \boldsymbol{y}=(y_1,y_2,\cdots,y_n)^{\mathrm{T}}\in\mathbb{R}^n$ 的 (标准) 内积 (也称数量积) 的传统记号, 即 $x_1y_1+x_2y_2+\cdots+x_ny_n$.

$(a_{ij})_{1\leqslant i\leqslant m,1\leqslant j\leqslant n}$ 及 $(a_{ij})_{m\times n}$ 第 i 行、第 j 列元素为 a_{ij} 的 $m\times n$ 矩阵.

$(a_{ij})_{1\leqslant i,j\leqslant n}$ 及 $(a_{ij})_n$ 第 i 行、第 j 列元素为 a_{ij} 的 n 阶方阵, 不引起混淆时记为 (a_{ij}).

$\boldsymbol{I}_n$ n 阶单位方阵, 不引起混淆时记为 $\boldsymbol{I}$.

$\boldsymbol{O}_{m\times n}$　$m\times n$ 零矩阵, 不引起混淆时记为 $\boldsymbol{O}$.

$\boldsymbol{O}_n$　n 阶零方阵, 不引起混淆时记为 $\boldsymbol{O}$.

$\boldsymbol{A}^{\mathrm{T}}$　矩阵 $\boldsymbol{A}$ 的转置矩阵.

$\overline{\boldsymbol{A}}$　矩阵 $\boldsymbol{A}$ 的共轭矩阵.

$\boldsymbol{A}^*$　矩阵 $\boldsymbol{A}$ 的共轭转置矩阵, 即 $\overline{\boldsymbol{A}^{\mathrm{T}}}=(\overline{\boldsymbol{A}})^{\mathrm{T}}$.

$\mathrm{adj}(\boldsymbol{A})$　方阵 $\boldsymbol{A}$ 的伴随方阵.

$\mathrm{diag}(a_{11},a_{22},\cdots,a_{nn})$　主对角线元素为 $a_{11},a_{22},\cdots,a_{nn}$ 的 n 阶对角方阵.

$\mathrm{circ}(a_1,a_2,\cdots,a_n)$　n 阶循环方阵, 其第 1 行是 $(a_1,a_2,\cdots,a_n)$.

$\mathrm{tr}\,(\boldsymbol{A})$　矩阵 $\boldsymbol{A}$ 的迹.

$\mathrm{rank}(\boldsymbol{A})$　矩阵 $\boldsymbol{A}$ 的秩.

$\det(a_{ij})_{1\leqslant i,j\leqslant n},\det(a_{ij})_n,|(a_{ij})_n|$　第 i 行、第 j 列元素为 a_{ij} 的 n 阶行列式, 不引起混淆时记为 $\det(a_{ij})$ 和 $|(a_{ij})|$.

$\det(\boldsymbol{A}),|\boldsymbol{A}|$　方阵 $\boldsymbol{A}$ 的行列式.

$\boldsymbol{A}>0(\boldsymbol{A}\geqslant 0)$　方阵 $\boldsymbol{A}$ 正定 (半正定).

$\boldsymbol{A}>\boldsymbol{B}(\boldsymbol{A}\geqslant\boldsymbol{B})$　方阵 $\boldsymbol{A}-\boldsymbol{B}$ 正定 (半正定)(矩阵 $\boldsymbol{A},\boldsymbol{B}$ 同阶).

$\oplus$　直和.

$\otimes$　直积.

$\dim(V)$　空间 V 的维数.

$M_n(\mathbb{C}),\mathbb{C}^{n\times n}$　所有 n 阶复矩阵组成的线性空间 ($\mathbb{C}$ 可换成其他数域).

$\mathrm{Im}(\boldsymbol{A})\,(\mathrm{Im}(\mathscr{A}))$　矩阵 $\boldsymbol{A}$ (或线性变换 $\mathscr{A}$) 的像空间 (也称值域).

$\mathrm{Ker}(\boldsymbol{A})\,(\mathrm{Ker}(\mathscr{A}))$　矩阵 $\boldsymbol{A}$(或线性变换 $\mathscr{A}$) 的核空间 (也称零空间).

7° □　表示问题解答完毕.

(1.6.1)　问题 1.6 解答中的第 1 式.

(L2.4.1)　练习题 2.4 解答中的第 1 式.

目　　次

第 1 章　数学分析

1.1　微　分　学

问题 1.1　(1) (美国, 1956) 设 $a>0, a\neq 1$. 计算极限

$$\lim_{x\to\infty}\left(\frac{1}{x}\cdot\frac{a^x-1}{a-1}\right)^{1/x}.$$

(2) (苏联, 1976) 设函数 $f(x)$ 在区间 $[0,1]$ 上连续并且是正的. 证明:

$$\lim_{n\to\infty}\sqrt[n]{f\left(\frac{1}{n}\right)f\left(\frac{2}{n}\right)\cdots f\left(\frac{n}{n}\right)}=\exp\left(\int_0^1\log f(x)\mathrm{d}x\right).$$

(3) (苏联, 1977) 设 $f_n\,(n\geqslant 1)$ 是实数列, 并且

$$\lim_{n\to\infty}\frac{f_{n+1}f_n-f_{n-1}f_{n+2}}{f_{n+1}^2-f_nf_{n+2}}=\alpha+\beta,$$
$$\lim_{n\to\infty}\frac{f_n^2-f_{n-1}f_{n+1}}{f_{n+1}^2-f_nf_{n+2}}=\alpha\beta,$$

其中 $0<|\alpha|<|\beta|$. 证明:

$$\lim_{n\to\infty}\frac{f_n}{f_{n+1}}=\alpha.$$

(4) (中国, 2009) 计算极限:

$$\lim_{x\to 0}\left(\frac{\mathrm{e}^x+\mathrm{e}^{2x}+\cdots+\mathrm{e}^{nx}}{n}\right)^{\mathrm{e}/x},$$

其中 n 是给定的正整数.

解　(1) 如果 $a>1$, 那么当 $x\to\infty$ 时, 有

$$\begin{aligned}\log\left(\frac{1}{x}\cdot\frac{a^x-1}{a-1}\right)^{1/x}&=\frac{1}{x}\log\left(\frac{1}{x}\cdot\frac{a^x-1}{a-1}\right)\\&=-\frac{\log x}{x}-\frac{\log(a-1)}{x}+\frac{\log(a^x-1)}{x}\\&=-\frac{\log x}{x}-\frac{\log(a-1)}{x}+\frac{\log\left(a^x(1-a^{-x})\right)}{x}\end{aligned}$$

$$= -\frac{\log x}{x} - \frac{\log(a-1)}{x} + \frac{\log a^x}{x} + \frac{\log(1-a^{-x})}{x}$$
$$= o(1) + \log a.$$

如果 $0 < a < 1$, 那么

$$\log\left(\frac{1}{x}\cdot\frac{a^x-1}{a-1}\right)^{1/x} = \frac{1}{x}\log\left(\frac{1}{x}\cdot\frac{1-a^x}{1-a}\right)$$
$$= -\frac{\log x}{x} - \frac{\log(1-a)}{x} + \frac{\log(1-a^x)}{x} = o(1).$$

因此依指数函数的连续性, 所求极限等于 $\max\{1,a\}$.

(2) 因为依 Riemann 积分的定义, 当 $n\to\infty$ 时, 有

$$\log\sqrt[n]{f\left(\frac{1}{n}\right)f\left(\frac{2}{n}\right)\cdots f\left(\frac{n}{n}\right)}$$
$$= \frac{1}{n}\left(\log f\left(\frac{1}{n}\right) + \log f\left(\frac{2}{n}\right) + \cdots + \log f\left(\frac{n}{n}\right)\right)$$
$$\to \int_0^1 \log f(x)\mathrm{d}x,$$

所以所求极限等于 $\exp\left(\int_0^1 \log f(x)\mathrm{d}x\right)$.

(3) 考虑未知数为 x_n 和 y_n 的线性方程组

$$\begin{cases} f_{n+1}x_n + f_n y_n = f_{n-1}, \\ f_{n+2}x_n + f_{n+1}y_n = f_n. \end{cases}$$

它有解

$$x_n = -\frac{f_n^2 - f_{n-1}f_{n+1}}{f_{n+1}^2 - f_n f_{n+2}}, \quad y_n = \frac{f_{n+1}f_n - f_{n-1}f_{n+2}}{f_{n+1}^2 - f_n f_{n+2}}.$$

依题设, 当 $n\to\infty$ 时, 有

$$x_n = -\alpha\beta + o(1) = -\alpha\beta\big(1+o(1)\big),$$
$$y_n = \alpha+\beta+o(1) = (\alpha+\beta)\big(1+o(1)\big).$$

于是 f_n 满足递推关系

$$f_{n+2}\big(1+o(1)\big) - \left(\frac{1}{\alpha}+\frac{1}{\beta}\right)f_{n+1}\big(1+o(1)\big) + \frac{1}{\alpha\beta}f_n = 0. \tag{1.1.1}$$

递推关系

$$\widetilde{f}_{n+2} - \left(\frac{1}{\alpha}+\frac{1}{\beta}\right)\widetilde{f}_{n+1} + \frac{1}{\alpha\beta}\widetilde{f}_n = 0$$

的特征方程

$$X^2 - \left(\frac{1}{\alpha}+\frac{1}{\beta}\right)X + \frac{1}{\alpha\beta} = 0$$

有根 $X_1 = 1/\alpha, X_2 = 1/\beta$. 依题设 $X_1 \neq X_2$, 因此得到一般公式

$$\widetilde{f}_n = c_1\alpha^{-n} + c_2\beta^{-n},$$

其中 c_1, c_2 是常数. 容易验证 $f_n = \widetilde{f}_n\big(1+o(1)\big)$ 满足式 (1.1.1). 因为 $|\alpha| < |\beta|$, 所以

$$f_n \sim c_1\alpha^{-n} \quad (n\to\infty).$$

于是

$$\lim_{n\to\infty}\frac{f_n}{f_{n+1}} = \alpha.$$

(4) 解法 1 (取对数后) 由 L'Hospital 法则, 得到

$$\begin{aligned}\mathrm{e}\lim_{x\to 0}\frac{\log(\mathrm{e}^x+\mathrm{e}^{2x}+\cdots+\mathrm{e}^{nx})-\log n}{x} &= \mathrm{e}\lim_{x\to 0}\frac{\mathrm{e}^x+2\mathrm{e}^{2x}+\cdots+n\mathrm{e}^{nx}}{\mathrm{e}^x+\mathrm{e}^{2x}+\cdots+\mathrm{e}^{nx}}\\ &= \mathrm{e}\cdot\frac{1+2+\cdots+n}{n} = \frac{(n+1)\mathrm{e}}{2},\end{aligned}$$

因此原题的答案为 $\mathrm{e}^{(n+1)\mathrm{e}/2}$.

解法 2 当 $x\to 0$ 时

$$\begin{aligned}&\left(\frac{\mathrm{e}^x+\mathrm{e}^{2x}+\cdots+\mathrm{e}^{nx}}{n}\right)^{\mathrm{e}/x}\\ &=\left(\frac{\big(1+x+o(x^2)\big)+\big(1+2x+o(x^2)\big)+\cdots+\big(1+nx+o(x^2)\big)}{n}\right)^{\mathrm{e}/x}\\ &=\left(\frac{1}{n}\left(n+\frac{n(n+1)}{2}x+o(x^2)\right)\right)^{\mathrm{e}/x} = \left(1+\frac{n+1}{2}x+o(x^2)\right)^{\mathrm{e}/x}\\ &=\exp\left(\frac{1}{x}\left(\mathrm{e}\log\left(1+\frac{n+1}{2}x+o(x^2)\right)\right)\right) = \exp\left(\frac{1}{x}\left(\frac{(n+1)\mathrm{e}}{2}x+o(x^2)\right)\right)\\ &=\exp\left(\frac{(n+1)\mathrm{e}}{2}+o(x)\right)\to \mathrm{e}^{(n+1)\mathrm{e}/2}.\end{aligned}$$

解法 3 所求极限等于

$$\exp\left(\lim_{x\to 0}\frac{\mathrm{e}}{x}\cdot\log\left(1+\frac{\mathrm{e}^x+\mathrm{e}^{2x}+\cdots+\mathrm{e}^{nx}-n}{n}\right)\right).$$

因为 $\log(1+y)\sim y\,(y\to 0)$, 所以由 L'Hospital 法则, 有

$$\begin{aligned}&\lim_{x\to 0}\frac{\mathrm{e}}{x}\cdot\log\left(1+\frac{\mathrm{e}^x+\mathrm{e}^{2x}+\cdots+\mathrm{e}^{nx}-n}{n}\right)\\ &\qquad=\mathrm{e}\lim_{x\to 0}\frac{\mathrm{e}^x+\mathrm{e}^{2x}+\cdots+\mathrm{e}^{nx}-n}{nx} = \frac{(n+1)\mathrm{e}}{2},\end{aligned}$$

因此所求极限等于 $\mathrm{e}^{(n+1)\mathrm{e}/2}$.

注意: 上面最后一步也可不用 L'Hospital 法则, 而是改写为

$$\frac{\mathrm{e}}{n}\left(\frac{\mathrm{e}^x-1}{x}+\frac{\mathrm{e}^{2x}-1}{x}+\cdots+\frac{\mathrm{e}^{nx}-1}{x}\right),$$

然后应用 $\lim\limits_{x\to 0}(\mathrm{e}^x-1)/x=1$. □

注 应用本题 (3) 的解法思路, 可以一般地证明: 若 f_n $(n\geqslant 0)$ 满足变系数线性递推关系

$$f_{n+1}+c_1(n)f_n+c_0(n-1)f_{n-1}=0,$$

其中 $c_0(n-1)\neq 0$ $(n\geqslant 1)$, $\lim\limits_{n\to\infty}c_k(n)=\sigma_k$ $(k=0,1)$, 并且 "极限" 特征方程 $x^2+\sigma_1 x+\sigma_0=0$ 的两个根的绝对值不相等, 则

$$\lim_{n\to\infty}\frac{f_{n+1}}{f_n}=r,$$

其中 r 是特征方程的某个根.

问题 1.2 (中国, 2011) 设 f 是 $\mathbb{R}$ 上的实连续函数, 满足

$$\sup_{x,y\in\mathbb{R}}|f(x+y)-f(x)-f(y)|<\infty.$$

证明: 存在常数 a 满足

$$\sup_{x\in\mathbb{R}}|f(x)-ax|<\infty.$$

证明 以下两种证法的思路一致, 但最后一步略有差别.

证法 1 (i) 设 K 是一个常数, 满足

$$|f(x+y)-f(x)-f(y)|\leqslant K\quad (x,y\in\mathbb{R}).\tag{1.2.1}$$

那么

$$|f(2x)-2f(x)|\leqslant K\quad (x\in\mathbb{R}).$$

因为

$$\begin{aligned}&f(3x)-3f(x)=\big(f(3x)-f(2x)-f(x)\big)+\big(f(2x)-2f(x)\big),\\&|f(3x)-f(2x)-f(x)|\leqslant K\quad (x\in\mathbb{R}),\end{aligned}$$

所以

$$|f(3x)-3f(x)|\leqslant 2K\quad (x\in\mathbb{R}).$$

由数学归纳法可知: 对于任何正整数 n, 有

$$|f(nx)-nf(x)|\leqslant (n-1)K\quad (x\in\mathbb{R}).\tag{1.2.2}$$

于是对于任何正整数 k, 有

$$\left|\frac{f(kx)}{k}-f(x)\right|\leqslant K\quad (x\in\mathbb{R}).\tag{1.2.3}$$

令 $x=1$, 得到

$$\left|\frac{f(k)}{k}-f(1)\right|\leqslant K\quad (k\in\mathbb{N}).$$

由 Bolzano-Weierstrass 引理, 存在无穷正整数列 k_j $(j=1,2,\cdots)$, 使得子列 $f(k_j)/k_j-f(1)$ 收敛于某个实数 c. 记 $a=c+f(1)$, 则有

$$\lim_{j\to\infty}\frac{f(k_j)}{k_j}=a. \tag{1.2.4}$$

(ii) 对于任何给定的正整数 m, 由式 (1.2.2) 得到

$$\begin{aligned}\left|\frac{f(mk_j)}{mk_j}-a\right|&=\left|\frac{f(mk_j)-mf(k_j)}{mk_j}+\frac{f(k_j)}{k_j}-a\right|\\&\leqslant\frac{|f(mk_j)-mf(k_j)|}{mk_j}+\left|\frac{f(k_j)}{k_j}-a\right|\\&\leqslant\frac{(m-1)K}{mk_j}+\left|\frac{f(k_j)}{k_j}-a\right|.\end{aligned}$$

取 $j\geqslant j_0(m)$, 可使 (注意式(1.2.4))

$$\frac{(m-1)K}{mk_j}\leqslant\frac{1}{m},\quad\left|\frac{f(k_j)}{k_j}-a\right|\leqslant\frac{1}{m}.$$

于是当 $j\geqslant j_0(m)$ 时, 有

$$\left|\frac{f(mk_j)}{mk_j}-a\right|\leqslant\frac{2}{m},$$

从而

$$\left|\frac{f(mk_j)}{k_j}-am\right|\leqslant 2\quad(j\geqslant j_0).$$

由此以及

$$|f(m)-am|\leqslant\left|f(m)-\frac{f(mk_j)}{k_j}\right|+\left|\frac{f(mk_j)}{k_j}-am\right|,$$

并注意式(1.2.3), 我们得到: 对于任何给定的正整数 m, 有

$$|f(m)-am|\leqslant K+2. \tag{1.2.5}$$

(iii) 因为 $f(x)-ax$ 在闭区间 $[-1,1]$ 上连续, 所以存在常数 M, 使得

$$|f(x)-ax|\leqslant M\quad(0\leqslant x\leqslant 1). \tag{1.2.6}$$

若 $x>1$, 则 $x=[x]+\{x\}$, 所以由题设及式 (1.2.1)、式 (1.2.5) 和式 (1.2.6), 可推出

$$\begin{aligned}|f(x)-ax|&=|f\big([x]+\{x\}\big)-a[x]-a\{x\}|\\&=|\big(f([x]+\{x\})-f([x])-f(\{x\})\big)\\&\quad+\big(f([x])-a[x]\big)+\big(f(\{x\})-a\{x\}\big)|\\&\leqslant|f([x]+\{x\})-f([x])-f(\{x\})|+|f([x])-a[x]|+|f(\{x\})-a\{x\}|\\&<K+(K+2)+M=2K+M+2.\end{aligned}$$

若 $x<-1$, 则存在正整数 $m=-[x]$, 使得 $x+m=\{x\}\in[0,1]$. 于是类似地可得到

$$|f(x)-ax|=\Big|\big(f(x)+f(m)-f(x+m)\big)-\big(f(m)-am\big)+\big(f(x+m)-a(x+m)\big)\Big|$$

$$\leqslant |f(x+m)-f(x)-f(m)|+|f(m)-am|+|f(x+m)-a(x+m)|$$
$$< K+(K+2)+M=2K+M+2.$$

因此 $f(x)-ax$ 在 $\mathbb{R}$ 上有界.

证法 2 保留证法 1 中的步骤 (i) 和 (ii). 实际上, 式 (1.2.5) 是关键. 将此式改写为: 对于任何给定的正整数 m, 有

$$f(m)=am+\varepsilon_1 \quad (|\varepsilon_1|\leqslant K+2), \tag{1.2.7}$$

其中 ε_1 与 m 无关 (下文中 ε_i 也有类似的性质, 不一一说明).

(iii) 由式 (1.2.1), 可知

$$|f(0)|\leqslant K. \tag{1.2.8}$$

由此以及 $f(0)=f(x-x)=f(x)+f(-x)$, 从式 (1.2.1), 推出

$$f(-x)=-f(x)+\varepsilon_2 \quad (|\varepsilon_2|\leqslant 2K). \tag{1.2.9}$$

在式 (1.2.2) 中用 $x/n\,(n\in\mathbb{N})$ 代替 x, 可得

$$\left|f(x)-nf\left(\frac{x}{n}\right)\right|\leqslant (n-1)K,$$

所以

$$f\left(\frac{x}{n}\right)=\frac{1}{n}f(x)+\varepsilon_3 \quad (|\varepsilon_3|\leqslant K). \tag{1.2.10}$$

对于任何正有理数 $r=p/q$ $(p,q\in\mathbb{N})$, 由式 (1.2.10) 和式 (1.2.7), 得到

$$\begin{aligned} f(r)&=f\left(\frac{p}{q}\right)=\frac{1}{q}f(p)+\varepsilon_3=\frac{1}{q}(pa+\varepsilon_1)+\varepsilon_3\\ &=\frac{p}{q}\cdot a+\frac{\varepsilon_1}{q}+\varepsilon_3=ar+\varepsilon_4 \quad (|\varepsilon_4|\leqslant K+3). \end{aligned}$$

据此, 对于负有理数 r, 因为 $-r>0$, 所以

$$f(-r)=(-r)a+\varepsilon_4=-ar+\varepsilon_4.$$

又由式 (1.2.9), 可知

$$f(-r)=-f(r)+\varepsilon_2.$$

于是从以上两个等式得到: 对于负有理数 r,

$$f(r)=ar+\varepsilon_5 \quad (|\varepsilon_5|\leqslant 3(K+1)).$$

综合以上两个结果以及式 (1.2.8) 可知: 对于任何有理数 r,

$$f(r)=ar+\varepsilon_6 \quad (|\varepsilon_6|\leqslant 3(K+1)). \tag{1.2.11}$$

对于任何 $x\in\mathbb{R}\setminus\mathbb{Q}$, 存在无穷有理数列 r_n $(n\geqslant 1)$ 趋于 x. 由式 (1.2.11), 有

$$|f(r_n)-r_na|\leqslant 3(K+1).$$

由 f 的连续性, 令 $n\to\infty$, 得知对于任何 $\alpha\in\mathbb{R}\setminus\mathbb{Q}$, 有

$$|f(x)-ax|\leqslant 3(K+1).$$

将此式与式 (1.2.11) 结合, 可知上式对于任何实数 x 成立. 于是本题得证. □

注 关于 Bolzano-Weierstrass 引理, 可参见 Г. М. 菲赫金哥尔茨所著的《微积分学教程 (第 1 卷)》(第 8 版, 高等教育出版社, 2006)69 页.

问题 1.3 (中国, 2009) 设函数 $f(x)$ 在 $[0,1]$ 上连续, 在 $(0,1)$ 内二阶可导, 过点 $A\big(0,f(0)\big)$ 和点 $B\big(1,f(1)\big)$ 的直线与曲线 $y=f(x)$ 相交于点 $C\big(c,f(c)\big)$, 其中 $0<c<1$. 证明: 在 $(0,1)$ 内至少存在一点 ξ, 使得 $f''(\xi)=0$.

证明 在 $[0,c]$ 上 $f(x)$ 满足 Lagrange 中值定理的条件, 所以存在 $\xi_1\in(0,c)$, 使得

$$\frac{f(c)-f(0)}{c}=f'(\xi_1).$$

同理, 在 $[c,1]$ 上对 $f(x)$ 应用 Lagrange 中值定理, 则存在 $\xi_2\in(c,1)$, 使得

$$\frac{f(1)-f(c)}{1-c}=f'(\xi_2).$$

因为点 $A\big(0,f(0)\big)$, $B\big(1,f(1)\big)$ 和 $C\big(c,f(c)\big)$ 在同一条直线上, 所以

$$\frac{f(c)-f(0)}{c-0}=\frac{f(1)-f(c)}{1-c},$$

从而 $f'(\xi_1)=f'(\xi_2)$. 又因为在区间 $[\xi_1,\xi_2]$ 上 $f'(x)$ 满足 Rolle 定理的条件, 所以存在 $\xi\in(\xi_1,\xi_2)\subset(0,1)$, 使得 $f''(\xi)=0$. □

问题 1.4 (匈牙利, 1965) 设 $f_k(x)$ $(k=1,2,\cdots)$ 是区间 $[a,b]$ 上的连续函数, 并且 $[a,b]$ 中的每个点都是某个方程 $f_n(x)=f_m(x)$ $(n\neq m)$ 的根. 证明: 存在 $[a,b]$ 的一个子区间, 使得 $f_k(x)$ 中有两个在其上恒等.

证明 证法 1 对于 $n\neq m$, 用 E_{nm} 表示函数 $f_n(x)-f_m(x)$ 的零点集合. 这些集合是可数的, 将它们编号为

$$M_1,M_2,\cdots,M_k,\cdots.$$

如果 M_1 是 $[a,b]$ 上的无处稠密集 (疏集), 那么存在 $[a,b]$ 的子集 $[a_1,b_1]$ 与 M_1 不相交 (即无公共点). 如果 M_2 是 $[a,b]$ 上的无处稠密集, 那么在 $[a_1,b_1]$ 上也无处稠密, 从而存在 $[a_1,b_1]$ 的子集 $[a_2,b_2]$ 与 M_2 不相交. 如果所有的 M_k 都在 $[a,b]$ 上无处稠密, 那么上述操作可不断进行. 所有这些子区间

$$[a,b]\supseteq[a_1,b_1]\supseteq\cdots\supseteq[a_k,b_k]\supseteq\cdots$$

的交集非空, 并且不包含任何方程 $f_n(x)=f_m(x)$ $(n\neq m)$ 的根. 这与题设矛盾. 所以在 M_k $(k\geqslant 1)$ 中存在一个集合 M_σ, 在 $[a,b]$ 的某个子区间 $[c,d]$ 上稠密, 也就是说, 与 M_σ 相应的方程 $f_{n(\sigma)}(x)=f_{m(\sigma)}(x)$ $\big(n(\sigma)\neq m(\sigma)\big)$的根形成 $[c,d]$ 上的稠密集. 因为函数 $f_{n(\sigma)}(x),f_{m(\sigma)}(x)$ 连续, 所以它们在 $[c,d]$ 上恒等.

证法 2　设集合 E_{nm} 同证法 1. 由题设, 所有 E_{nm} 的并集是区间 $[a,b]$. 如果任何一个集合 E_{nm} 都不在 $[a,b]$ 的任何子区间上稠密, 那么它们的并集不可能是一个区间 (因为一个区间不可能是可数多个该区间上的无处稠密集的并集). 因此存在一个集合 $E_{\alpha\beta}$, 在 $[a,b]$ 的某个子区间 $[c,d]$ 上稠密, 也就是说, 与 $E_{\alpha\beta}$ 相应的方程 $f_{n(\alpha\beta)}(x)=f_{m(\alpha\beta)}(x)$ $\big(n(\alpha\beta)\neq m(\alpha\beta)\big)$ 的根集在 $[c,d]$ 上稠密. 于是由函数 $f_n(x)$ $(n\geqslant 1)$ 的连续性, 得知 $f_{n(\alpha\beta)}(x), f_{m(\alpha\beta)}(x)$ 在 $[c,d]$ 上恒等。 □

问题 1.5　(美国, 1964) 设 $f(x)$ 是定义在全体实数上的连续函数, 并且对于任意的 $\varepsilon>0$ 都有 $\lim\limits_{n\to\infty} f(n\varepsilon)=0$ (n 为正整数), 则 $\lim\limits_{x\to\infty} f(x)=0$.

证明　用反证法. 设当 $x\to\infty$ 时, $f(x)$ 不收敛于 0, 那么存在实数 $\delta>0$, 使集合 $G=\{x\mid x>0, |f(x)|>\delta\}$ 是无界集 (即其元素无上界). 我们来导出矛盾.

(i) 首先注意, 对于任何给定的实数 p,q, 如果 $0<p<q$, 那么当 n 充分大时 $(n+1)p<nq$, 所以 $[np,nq]\cap[(n+1)p,(n+1)q]\neq\emptyset$, 因而存在常数 $C>0$, 使得 $G\cap[C,\infty)\subseteq \bigcup\limits_{n=1}^{\infty}[np,nq]$.

(ii) 由 $f(x)$ 的连续性, 可知 G 是开集 (即其补集 $\mathbb{R}\setminus G$ 是闭集), 不含孤立点, 所以对于充分大的 n, 集合 G 与 $[np,nq]$ 的交集中含有非空区间, 记作 $[np_1,nq_1]$, 于是 $[p_1,q_1]\subset[p,q], [np_1,nq_1]\subset G$. 由此可知, 对于任何 $x\in[p_1,q_1], nx\in G$. 取正整数 m 充分大, 那么存在 $[p_1,q_1]\subset[p,q]$ 以及正整数 $n_1>m$, 使得对于任何 $x\in[p_1,q_1], n_1x\in G$. 分别用 n_1 和 $[p_1,q_1]$ 代替 m 和 $[p,q]$, 重复上面的推理, 可得到区间 $[p_2,q_2]\subset[p_1,q_1]$ 以及正整数 $n_2>n_1$, 使得对于任何 $x\in[p_2,q_2], n_2x\in G$. 这个过程可以无限次地进行下去, 从而存在点 $\varepsilon_0\in\bigcap\limits_{j=1}^{\infty}[p_j,q_j]$ 以及无穷递增正整数列 $n_1<n_2<\cdots$, 满足 $n_j\varepsilon_0\in G$ $(j=1,2,\cdots)$.

(iii) 由集合 G 的定义, 可知当 $j\to\infty$ 时 $f(n_j\varepsilon_0)$ 不趋于 0, 这与题设矛盾. □

问题 1.6　(中国, 2011) 设 $f(x)\in C^2[a,b]$, 满足 $|f(x)|\leqslant A, |f''(x)|\leqslant B$ $(x\in[a,b])$; 还设存在 $x_0\in[a,b]$, 使得 $|f'(x_0)|\leqslant D$. 证明: 当 $x\in[a,b]$ 时, $|f'(x)|\leqslant 2\sqrt{AB}+D$.

证明　用反证法.

(i) 设结论不成立, 则存在 $x_1\in[a,b]$, 使得 $|f'(x_1)|>2\sqrt{AB}+D$. 不失一般性, 可以认为

$$f'(x_1)>2\sqrt{AB}+D>D \tag{1.6.1}$$

$\big($不然用 $-f$ 代替 f, 则 $|f'(x_1)|=(-f)'(x_1)\big)$. 因为由题设, $f'(x_0)\leqslant|f'(x_0)|\leqslant D$, 所以 $x_0\neq x_1$. 又因为 $f'(x)$ 在 $[a,b]$ 上连续, 所以在 x_0 和 x_1 之间有某个点 x_2, 使得 $f'(x_2)=D$$\big($若 $f'(x_0)=D$, 则 x_2 可能就是 x_0 本身; 但无论如何, $x_2\neq x_1\big)$. 不妨设 $x_2>x_1$(在 $x_2<x_1$ 的情形下证法类似), 于是集合 $\{x\,|\,x>x_1, f'(x)=D\}$ 非空. 令

$$x_3=\inf\{x\,|\,x>x_1, f'(x)=D\}.$$

那么 $f'(x_3)=D$; 并且对于 (x_1,x_3) 中的任何一点 $x, f'(x)-D$ 与 $f'(x_1)-D$ 同号 (不然存在 $x'\in(x_1,x_3)$, 满足 $f'(x')=D$, 与 x_3 的定义矛盾), 从而在 (x_1,x_3) 上 $f'(x)>D$. 于是有

$$f'(x_3)=D,\quad f'(x)\geqslant D>0\quad(\forall x\in[x_1,x_3]). \tag{1.6.2}$$

(ii) 对于每个 $x\in[x_1,x_3]$, 由 Lagrange 中值定理, 存在 $\xi\in(x_1,x)$ 满足

$$f'(x)=f'(x_1)+f''(\xi)(x-x_1), \tag{1.6.3}$$

从而 (依题设, $|f''(x)|\leqslant B$)

$$f'(x)\geqslant f'(x_1)-B(x-x_1)\quad \big(\forall x\in[x_1,x_3]\big). \tag{1.6.4}$$

在式 (1.6.3) 中取 $x=x_3$, 得

$$|x_3-x_1|=\frac{|f'(x_3)-f'(x_1)|}{|f''(\xi)|}.$$

由式 (1.6.1) 和式 (1.6.2), 可知

$$|f'(x_3)-f'(x_1)|\geqslant|f'(x_1)|-|f'(x_3)|>(2\sqrt{AB}+D)-D=2\sqrt{AB},$$

并且注意 $|f''(\xi)|\leqslant B$, 从而得到

$$|x_3-x_1|\geqslant 2\sqrt{\frac{A}{B}}. \tag{1.6.5}$$

(iii) 由式 (1.6.2), $f'(x)$ 是 $[x_1,x_3]$ 上的正函数, 从而有

$$\begin{aligned}
f(x_3)-f(x_1)&=\int_{x_1}^{x_3}f'(x)\mathrm{d}x\\
&\geqslant\int_{x_1}^{x_1+2\sqrt{A/B}}f'(x)\mathrm{d}x\quad(\text{依式 (1.6.5)})\\
&\geqslant\int_{x_1}^{x_1+2\sqrt{A/B}}\big(f'(x_1)-B(x-x_1)\big)\mathrm{d}x\quad(\text{依式 (1.6.4)})\\
&=\int_{x_1}^{x_1+2\sqrt{A/B}}f'(x_1)\mathrm{d}x-B\int_{x_1}^{x_1+2\sqrt{A/B}}(x-x_1)\mathrm{d}x\\
&=2\sqrt{\frac{A}{B}}\cdot f'(x_1)-2A\geqslant2\sqrt{\frac{A}{B}}(2\sqrt{AB}+D)-2A\\
&=2A+2D\sqrt{\frac{A}{B}}>2A.
\end{aligned}$$

这与题设 $|f(x)|\leqslant A\,(\forall x\in[a,b])$ 矛盾. 于是本题得证. □

问题 1.7 (美国, 1954) 设 $f(x)$ 是定义在区间 $(-1,1)$ 上的实值函数, 并且 $f'(0)$ 存在. 又设 a_n,b_n 是两个实数列, 满足

$$-1<a_n<0<b_n<1,$$
$$\lim_{n\to\infty}a_n=0,\quad \lim_{n\to\infty}b_n=0.$$

证明:

$$\lim_{n\to\infty}\frac{f(b_n)-f(a_n)}{b_n-a_n}=f'(0).$$

证明 对任意给定的 $\varepsilon>0$, 依题设, 存在 $\delta=\delta(\varepsilon)\in(0,1)$, 使得对于所有满足 $0<|x|<\delta$ 的 x, 有

$$\left|\frac{f(x)-f(0)}{x}-f'(0)\right|<\varepsilon.$$

又由 a_n,b_n 的性质, 存在 $k=k(\delta)=k(\varepsilon)$, 使得当 $n\geqslant k$ 时

$$0<|a_n|<\delta,\quad 0<|b_n|<\delta.$$

于是对于这些 n, 即当 $n\geqslant k$ 时, 有

$$\left|\frac{f(a_n)-f(0)}{a_n}-f'(0)\right|<\varepsilon,\quad \left|\frac{f(b_n)-f(0)}{b_n}-f'(0)\right|<\varepsilon,$$

从而

$$|f(a_n)-f(0)-a_nf'(0)|<|a_n|\varepsilon,$$
$$|f(b_n)-f(0)-b_nf'(0)|<|b_n|\varepsilon.$$

最后, 因为 $a_n<0<b_n$, 所以 $b_n-a_n\neq0$, 于是

$$\left|\frac{f(b_n)-f(a_n)}{b_n-a_n}-f'(0)\right|=\frac{1}{b_n-a_n}|f(b_n)-f(a_n)-(b_n-a_n)f'(0)|,$$

并且

$$\begin{aligned}&\left|f(b_n)-f(a_n)-(b_n-a_n)f'(0)\right|\\&=\left|\big(f(b_n)-f(0)-b_nf'(0)\big)-\big(f(a_n)-f(0)-a_nf'(0)\big)\right|\\&\leqslant|f(a_n)-f(0)-a_nf'(0)|+|f(b_n)-f(0)-b_nf'(0)|\\&\leqslant|a_n|\varepsilon+|b_n|\varepsilon=-a_n\varepsilon+b_n\varepsilon=(b_n-a_n)\varepsilon.\end{aligned}$$

因此我们得到: 对于任意给定的 $\varepsilon>0$, 存在 $k=k(\varepsilon)$, 使得当 $n\geqslant k$ 时

$$\left|\frac{f(b_n)-f(a_n)}{b_n-a_n}-f'(0)\right|\leqslant\varepsilon.$$

从而推出题中的结论. □

问题 1.8 (1) (美国, 1952) 给定任意实数 x_0, 令

$$x_{n+1}=\cos x_n\quad(n\geqslant1).$$

证明 $\lim\limits_{n\to\infty}x_n$ 存在, 并且与 x_0 无关.

(2) (苏联, 1977) 设 $x_n\,(n\geqslant0)$ 是一个无穷数列, 由关系式

$$x_{n+1}=\sin x_n\quad(n\geqslant0),\quad 0<x_0<\pi$$

定义, 则

$$x_n\sim\sqrt{3}n^{-1/2}\quad(n\to\infty).$$

证明　(1) (i) 令 $f(x)=x-\cos x$, 则 $f'(x)=1+\sin x\geqslant 0$, 因此函数 $f(x)$ 在 $(0,1)$ 中严格单调增加. 由 $f(0)<0, f(1)>0$ 可知, 存在唯一的实数 $\xi\in(0,1)$, 使得

$$\cos\xi=\xi. \tag{1.8.1}$$

(ii) 由 Lagrange 中值定理, 对于任意 $x\in(0,1)$, 存在介于 x 和 ξ 之间的 θ, 满足

$$\cos x-\cos\xi=-\sin\theta\ (x-\xi).$$

注意 $|\sin\theta|<\sin 1$, 则对于任意 $x\in(0,1)$,

$$|\cos x-\cos\xi|\leqslant(\sin 1)|x-\xi|. \tag{1.8.2}$$

(iii) 对于任意给定的实数 x_0, 总有 $x_1=\cos x_0\in[-1,1]$, 于是 $x_2=\cos\ \cos x_0\in(0,1]$. 由数学归纳法得知: 当 $n\geqslant 3$ 时

$$x_n=\underbrace{\cos\cos\cdots\cos}_{n-3\text{个}}x_3\in(0,1).$$

于是由式 (1.8.1) 和式 (1.8.2) 推出: 当 $n\geqslant 3$ 时

$$\begin{aligned}|x_n-\xi|&=|\underbrace{\cos\cos\cdots\cos}_{n-3\text{个}}x_3-\cos\xi|\\&=|\cos(\underbrace{\cos\cdots\cos}_{n-4\text{个}}x_3)-\cos\xi|\\&\leqslant(\sin 1)|\underbrace{\cos\cos\cdots\cos}_{n-4\text{个}}x_3-\cos\xi|.\end{aligned}$$

重复这个推理, 最终得到

$$|x_n-\xi|\leqslant(\sin^{n-3}1)|x_3-\xi|.$$

此不等式对任何 x_0 成立, 因此 x_n 收敛于 ξ. 注意由步骤 (i) 可知, ξ 是唯一确定的, 与 x_0 的取法无关.

(2) 我们给出三种证法.

证法 1　(i) 由题设条件, 可知

$$x_1=\sin x_0>0,\quad x_1=\sin x_0<x_0<\pi,$$

所以 $0<x_1<\pi$. 据此又可推出

$$0<x_2=\sin x_1<x_1<\pi.$$

一般地, 用数学归纳法可证明

$$0<x_{n+1}<x_n<\pi\quad(n\geqslant 0).$$

因此 x_n 是单调递减的有界数列, 从而有极限(记为 α). 由递推关系

$$x_{n+1} = \sin x_n \quad (n \geqslant 1),$$

可得 $\alpha = \sin\alpha$. 由于函数 $y = x - \sin x$ 在 $(0,\pi]$ 上的导数 $y' > 0$, 所以方程 $\alpha = \sin\alpha$ 只有唯一一个实根 $\alpha = 0$. 因此 $x_n \downarrow 0\,(n \to \infty)$.

(ii) 由于

$$\begin{aligned}\lim_{x\to 0}\left(\frac{1}{\sin^2 x} - \frac{1}{x^2}\right) &= \lim_{x\to 0}\frac{x^2 - \sin^2 x}{x^2\sin^2 x} = \lim_{x\to 0}\frac{x^2 - \left(x - \dfrac{x^3}{6} + o(x^4)\right)^2}{x^2\left(x - \dfrac{x^3}{6} + o(x^4)\right)^2} \\ &= \lim_{x\to 0}\frac{x^2 - \left(x^2 - \dfrac{x^4}{3} + o(x^4)\right)}{x^2\left(x^2 - \dfrac{x^4}{3} + o(x^4)\right)} = \lim_{x\to 0}\frac{\dfrac{x^4}{3} + o(x^4)}{x^4 + o(x^4)} = \frac{1}{3},\end{aligned}$$

所以由步骤 (i) 中的结果可推出

$$\lim_{n\to\infty}\left(\frac{1}{x_{n+1}^2} - \frac{1}{x_n^2}\right) = \frac{1}{3}.$$

再应用 Stoltz 定理, 得到

$$\begin{aligned}\lim_{n\to\infty}\frac{1}{nx_n^2} &= \lim_{n\to\infty}\frac{x_n^{-2}}{n} = \lim_{n\to\infty}\frac{x_{n+1}^{-2} - x_n^{-2}}{(n+1) - n} \\ &= \lim_{n\to\infty}\left(\frac{1}{x_{n+1}^2} - \frac{1}{x_n^2}\right) = \frac{1}{3}.\end{aligned}$$

因此 $\lim\limits_{n\to\infty} nx_n^2 = 3$. 由此可知

$$x_n \sim \sqrt{3}n^{-1/2} \quad (n \to \infty).$$

证法 2 如上所证, $x_n \downarrow 0\ (n \to \infty)$. 我们有

$$\begin{aligned}\frac{1}{x_n^2} = \frac{1}{\sin^2 x_{n-1}} &= \frac{1}{x_{n-1}^2\left(1 - \dfrac{x_{n-1}^2}{3} + o(x_{n-1}^2)\right)} \\ &= \frac{1}{x_{n-1}^2} + \frac{1}{3} + o(1) \quad (n \to \infty).\end{aligned}$$

将 $o(1)$ 记作 y_n, 则有

$$\frac{1}{x_n^2} = \frac{1}{x_{n-1}^2} + \frac{1}{3} + y_n.$$

因此

$$\frac{1}{x_n^2} = \left(\frac{1}{x_{n-2}^2} + \frac{1}{3} + y_{n-1}\right) + \frac{1}{3} + y_n$$

$$= \frac{1}{x_{n-2}^2} + 2 \cdot \frac{1}{3} + y_{n-1} + y_n = \cdots$$
$$= \frac{1}{x_1^2} + \frac{n-1}{3} + \sum_{k=2}^{n} y_k.$$

由此得到

$$\frac{1}{nx_n^2} = \frac{1}{nx_1^2} + \frac{n-1}{3n} + \frac{n-1}{n} \cdot \frac{1}{n-1} \sum_{k=2}^{n} y_k.$$

因为 $y_n \to 0\,(n \to \infty)$, $\sum\limits_{k=2}^{n} y_k/(n-1)$ 是 $y_k\,(2 \leqslant k \leqslant n)$ 的算术平均, 所以 (由算术平均值数列收敛定理) 当 $n \to \infty$ 时, 上式右边的最后一项趋于 0, 从而由上式推出

$$\lim_{n\to\infty} \frac{1}{nx_n^2} = \frac{1}{3}.$$

证法 3　如上所证, $x_n \downarrow 0\,(n \to \infty)$. 下面只证渐近估计.

(i) 对于 $n \geqslant 1$, 令

$$y_n = \frac{1}{x_n^2} - \frac{n}{3},$$

于是

$$x_n^{-2} = y_n + \frac{n}{3}.$$

由 $x_{n+1} = \sin x_n$, 推出

$$y_{n+1} = \frac{1}{x_{n+1}^2} - \frac{n+1}{3} = \frac{1}{\sin^2 x_n} - \frac{n+1}{3} = \csc^2 x_n - \frac{n+1}{3}.$$

(ii) 为了估计上式右边的第一项, 我们应用函数 $\csc^2 x$ 的 Taylor 展开. 因为当 $0 < |x| < \pi$ 时

$$\cot x = \frac{1}{x} - \frac{1}{3}x - \frac{1}{45}x^3 - \frac{2}{945}x^5 - \frac{1}{4\,725}x^7 - \cdots - \frac{2^{2n}B_n}{(2n)!}x^{2n-1} - \cdots,$$

其中 B_n 是 Bernoulli 数, 并且 $(\cot x)' = -\csc^2 x$, 所以有

$$\csc^2 x = \frac{1}{x^2} + \frac{1}{3} + O(x^2) \quad (|x| \to 0).$$

因为当 $n \to \infty$ 时, $x_n^2 \to 0$, 所以由上式及步骤 (i) 得知: 当 $n \to \infty$ 时

$$y_{n+1} = x_n^{-2} + \frac{1}{3} + O(x_n^2) - \frac{n+1}{3}$$
$$= y_n + \frac{n}{3} + \frac{1}{3} + O(x_n^2) - \frac{n+1}{3} = y_n + O(x_n^2).$$

(iii) 反复应用上式, 得到

$$y_{n+1} = y_1 + O\left(\sum_{k=1}^{n} x_k^2\right) \quad (n \to \infty),$$

于是当 $n \to \infty$ 时

$$x_n^{-2} = y_n + \frac{n}{3} = \frac{n}{3} + y_1 + O\left(\sum_{k=1}^{n-1} x_k^2\right)$$

$$=\frac{n}{3}\left(1+O\left(\frac{1}{n}\right)+O\left(\frac{1}{n}\sum_{k=1}^{n-1}x_k^2\right)\right).$$

因为当 $n\to\infty$ 时, $x_n^2\to 0\,(n\to\infty)$, 所以依算术平均值数列收敛定理, 可知 $\sum\limits_{k=1}^{n-1}x_k^2/n$ 也趋于 0, 从而得到

$$x_n^{-2}=\frac{n}{3}\big(1+o(1)\big)\quad(n\to\infty).$$

由此立得 $x_n\sim\sqrt{3}n^{-1/2}\,(n\to\infty)$. □

注 (1) 算术平均值数列收敛定理: 若 $\lim\limits_{n\to\infty}a_n=a$, 其中 $a\leqslant\infty$, 则

$$\lim_{n\to\infty}(a_1+a_2+\cdots+a_n)/n=a.$$

(2) 在本题 (2) 的证法 3 中, y_n 是按下列思路得到的: 由题中的关系式 $x_{n+1}=\sin x_n$, 有

$$\frac{x_{n+1}-x_n}{(n+1)-n}=\sin x_n-x_n.$$

将等式左边类比为 $\mathrm{d}x/\mathrm{d}n$ (视 n 为连续变量), 这启发我们考虑微分方程

$$\frac{\mathrm{d}x}{\mathrm{d}n}=\sin x-x.$$

由 $\sin x$ 的 Taylor 展开, 用 $-x^3/6$ 近似地代替 $\sin x-x$, 得到微分方程

$$\frac{\mathrm{d}x}{\mathrm{d}n}=-\frac{x^3}{6},$$

它有解 $x=\sqrt{3/(n+c)}$ (c 是常数). 这就是说, 我们可以指望 x_n 接近 $\sqrt{3/n}$, 于是令 $y_n=x_n^{-2}-n/3$. 与 n 相比, y_n 是小的.

(3) 与本题 (2) 类似的结果, 可参见练习题 1.84(1). 若应用某些较专门的分析技术, 可以得到更精密的渐近估计, 例如

$$x_n\sim\sqrt{\frac{3}{n}}\left(1-\frac{C}{2n}-\frac{3\log n}{10n}+O\left(\frac{\log^2 n}{n^2}\right)\right)\quad(n\to\infty),$$

其中 O 中的常数与 x_0 有关, $C=C(x_0)$, $\lim\limits_{x_0\to 0+}C(x_0)\to+\infty$. 还可证明(见练习题 1.84(2)): 对于 $x_0\in(0,\pi/2)$, 一致地有

$$x_n\sim\frac{1}{\sqrt{\dfrac{n}{3}+\dfrac{1}{x_0^2}}}\quad(n\to\infty).$$

问题 1.9 (匈牙利, 1975) 设 $a<a'<b<b'$ 是实数, 实函数 $f(x)$ 在 $[a,b']$ 上连续, 在 (a,b') 上可微. 证明: 存在 $c\in(a,b)$ 和 $c'\in(a',b')$, 使得

$$f(b)-f(a)=f'(c)(b-a),$$
$$f(b')-f(a')=f'(c')(b'-a'),$$

并且 $c < c'$.

证明　证法 1　(i) 首先证明:

辅助命题　设实数 p,q,r 满足不等式 $p<q<r$, 实函数 f 在区间 $[p,r]$ 上连续, 在 (p,r) 中可微, 那么对于任何满足

$$f(q)-f(p)=f'(\tau)(q-p)$$

的 $\tau\in(p,q)$, 必存在 $\tau'\in(p,r),\tau'>\tau$, 满足

$$f(r)-f(p)=f'(\tau')(r-p).$$

(a) 首先设 $f(p)=f(r)=0$. 如果 $f(q)=0$, 那么由 $f(q)=f(r)=0$ 及 $f(x)$ 的可微性, 可知存在 $\tau'\in(q,r)$, 使得 $f'(\tau')=0$, 从而结论成立. 现在我们设 $f(q)\neq 0$, 并且不妨认为 $f(q)>0$ (不然用 $-f$ 代替 f). 设点 $\tau\in(p,q)$ 满足

$$f(q)-f(p)=f'(\tau)(q-p).$$

如果 $f(\tau)\leqslant 0$, 则当 $f(\tau)<0$ 时, $f(\tau)$ 与 $f(q)$ 异号, 所以存在 $p'\in(\tau,q)$, 使得 $f(p')=0$; 而当 $f(\tau)=0$ 时, 我们取 $p'=\tau$. 因此总存在 $p'\in[\tau,q)$, 使得 $f(p')=0$. 因此由 $f(p')=f(r)=0$ 推知, 存在一点 $\tau'\in(p',r)$, 使得 $f'(\tau')=0$, 于是

$$f(r)-f(p)=0=f'(\tau')(r-p),$$

并且 $\tau'>p'\geqslant\tau$.

如果 $f(\tau)>0$, 那么由(注意 $f(p)=0$)

$$f'(\tau)=\frac{f(q)-f(p)}{q-p}=\frac{f(q)}{q-p}>0,$$

可知当 x 取右方充分接近于 τ 的数值时 $f(x)>f(\tau)$, 因此存在 $p'\in(\tau,r)$, 使得

$$\frac{f(p')-f(\tau)}{p'-\tau}>0,$$

从而 $f(p')>f(\tau)>f(r)(=0)$. 于是依 f 在 $[p',r]$ 上的连续性, 由介值定理可知, 存在 $x_0\in(p',r)$, 使得 $f(x_0)=f(\tau)$. 由此推出, 存在 $\tau'\in(\tau,x_0)$, 使得 $f'(\tau')=0$, 从而也有

$$f(r)-f(p)=0=f'(\tau')(r-p),$$

并且 $\tau'>\tau$.

(b) 现在设 $f(p)=f(r)=0$ 不成立, 那么可用函数

$$f_1(x)=f(x)-f(p)-(x-p)\frac{f(r)-f(p)}{r-p}$$

代替函数 $f(x)$, 即有 $f_1(p)=f_1(r)=0$. 此时

$$f_1(q)-f_1(p)=f(q)-f(p)-(q-p)\frac{f(r)-f(p)}{r-p},$$

$$f_1'(x) = f'(x) - \frac{f(r)-f(p)}{r-p}.$$

因此 $f(q)-f(p)=f'(\tau)(q-p)$ 等价于

$$f_1(q)-f_1(p)=f_1'(\tau)(q-p),$$

而且 $f(r)-f(p)=f'(\tau')(r-p)$ 等价于

$$f_1(r)-f_1(p)=f_1'(\tau')(r-p).$$

因此由步骤 (a) 中的证明可知, 在一般情形下结论也成立.

(ii) 现在来证本题. 由微分中值定理, 存在实数 $d\in(a',b)$, 使得

$$f(b)-f(a')=f'(d)(b-a'). \tag{1.9.1}$$

应用辅助命题 (取 $p=a', q=b, r=b', \tau=d$), 可知存在实数 $c'\in(a',b')$, 使得

$$f(b')-f(a')=f'(c')(b'-a'),$$

并且 $c'>d$.

类似地, 用 $f_1(x)=f(-x)$ 代替 $f(x)$, 相应地分别用 $-b', -b, -a', -a$ 代替 a, a', b, b', 则 $f'(x)=-f_1'(-x)$. 式 (1.9.1) 可改写为

$$f_1(-a')-f_1(-b)=f_1'(-d)\big((-a')-(-b)\big).$$

应用辅助命题 (取 $p=-b, q=-a', r=-a, \tau=-d$), 可知存在实数 $-c\in(-b,-a)$, 使得

$$f_1(-a)-f_1(-b)=f_1'(-c)\big((-a)-(-b)\big), \tag{1.9.2}$$

并且 $-c>-d$. 式 (1.9.2) 即

$$f(a)-f(b)=-f'(c)(b-a),$$

或

$$f(b)-f(a)=f'(c)(b-a),$$

并且 $c<d$. 注意 $c'>d$, 从而 $c<c'$.

证法 2 令

$$\begin{aligned}
D &= \frac{f(b)-f(a)}{b-a},\\
D' &= \frac{f(b')-f(a')}{b'-a'},\\
r &= \inf\{c\in(a,b) \mid f'(c)=D\},\\
r' &= \inf\{c'\in(a',b') \mid f'(c')=D'\}.
\end{aligned}$$

则 $r<b,r'>a'$. 为证明 $c<c'$, 只需证明 $r<r'$.

用反证法. 设 $r\geqslant r'$, 那么

$$a<a'<r'\leqslant r<b<b'.$$

依导函数的 Darboux 性质及 r 的定义, 对于所有 $x\in(a,r), f'(x)-D$ 不变号, 所以不妨认为

$$f'(x)>D\quad\big(x\in(a,r)\big). \tag{1.9.3}$$

类似地, 当 $x\in(r,b')\big(\subseteq(r',b')\big)$时, $f'(x)-D'$ 也不变号. 我们区分两种情形, 从而导出矛盾.

(i) 对所有 $x\in(r,b')$, 设 $f'(x)>D'$.

由 Lagrange 中值定理, 存在 $\xi\in(a,r)$, 使得 $f(r)-f(a)=f'(\xi)(r-a)$. 所以由式 (1.9.3), 得到

$$f(r)-f(a)>D(r-a).$$

又由 D 的定义, 有

$$f(b)-f(a)=D(b-a),$$

将以上两式相减, 可知

$$f(b)-f(r)<D(b-r). \tag{1.9.4}$$

同样 (注意当 $x\in(r,b')$ 时, $f'(x)>D'$), 有 $f(b')-f(r)>D'(b'-r)$, 并且由 D' 的定义, 有 $f(b')-f(a')=D'(b'-a')$, 从而得到

$$f(r)-f(a')<D'(r-a'). \tag{1.9.5}$$

另一方面, 由 Lagrange 中值定理知, 存在 $\eta\in(r,b)\big(\subset(r,b')\big)$, 使得 $f(b)-f(r)=f'(\eta)(b-r)$, 所以

$$f(b)-f(r)>D'(b-r). \tag{1.9.6}$$

同样, 还有

$$f(r)-f(a')>D(r-a'). \tag{1.9.7}$$

因为 $b-r>0, r-a'>0$, 所以由式 (1.9.4) 和式 (1.9.6), 推出 $D>D'$; 由式 (1.9.5) 和式 (1.9.7), 推出 $D'>D$. 于是得到矛盾.

(ii) 对所有 $x\in(r,b')$, 设 $f'(x)<D'$.

此时, 与情形 (i) 类似地推出 (请读者补出细节)

$$D'(b-a')<f(b)-f(a')<D(b-a'),$$

于是 $D'<D$. 由此及 $b\in(r,b'), a'\in(a,r)$, 推出

$$f'(b)<D'<D<f'(a').$$

取 $T\in(D',D)$, 并且 $T\neq f'(r)$. 由导函数的 Darboux 性质, 存在 $t\in(a',b)$, 使得 $f'(t)=T$. 因为在 (a',r) 上 $f'(x)>D>T$, 所以 $t\notin(a',r)$; 又因为在 (r,b) 上 $f'(x)<D'<T$, 所以 $t\notin(r,b)$; 又由 T 的选取, 可知 $t\neq r$. 因为 $(a',b)=(a',r)\cup\{r\}\cup(r,b)$, 所以得到矛盾. □

注 关于导函数的 Darboux 性质, 可参见 Γ. M. 菲赫金哥尔茨所著的《微积分学教程(第 1 卷)》(第 8 版, 高等教育出版社, 2006) 第 186 页.

问题 1.10 (匈牙利, 1975) 设 a_n $(n\geqslant 1)$ 是非负实数列, 存在正整数 N, 使得

$$\sum_{n=1}^{m} a_n \leqslant N a_m \quad (m=1,2,\cdots). \tag{1.10.1}$$

令

$$\alpha_i = \sum_{n=(i-1)N+1}^{iN} a_n \quad (i=1,2,\cdots),$$

证明:

$$\alpha_{i+p} \geqslant p\alpha_i \quad (i,p=1,2,\cdots). \tag{1.10.2}$$

证明 证法 1 由式 (1.10.1), 可知

$$a_m \geqslant \frac{1}{N}\sum_{n=1}^{m} a_n \quad (m=1,2,\cdots).$$

于是

$$\begin{aligned}
\alpha_{i+p} &= \sum_{n=(i+p-1)N+1}^{(i+p)N} a_n = a_{(i+p-1)N+1} + \cdots + a_{(i+p)N} \\
&\geqslant \frac{1}{N}\left(\sum_{n=1}^{(i+p-1)N+1} a_n + \cdots + \sum_{n=1}^{(i+p)N} a_n\right) \geqslant N\cdot\frac{1}{N}\left(\sum_{n=1}^{(i+p-1)N} a_n\right) \\
&= \sum_{n=1}^{N} a_n + \sum_{n=N+1}^{2N} a_n + \cdots + \sum_{n=(i+p-2)N+1}^{(i+p-2)N} a_n,
\end{aligned}$$

即

$$\alpha_{i+p} \geqslant \alpha_1 + \alpha_2 + \cdots + \alpha_{i+p-1}. \tag{1.10.3}$$

在上式中取 $p=1$, 得到 $\alpha_{i+1}\geqslant\alpha_i$, 因而

$$\alpha_{i+r} \geqslant \alpha_i \quad (r\geqslant 0).$$

由此及式 (1.10.3), 立得

$$\begin{aligned}
\alpha_{i+p} &\geqslant \alpha_1 + \cdots + \alpha_{i-1} + (\alpha_i + \cdots + \alpha_{i+p-1}) \\
&\geqslant \alpha_i + \cdots + \alpha_{i+p-1} \geqslant p\alpha_i.
\end{aligned}$$

证法 2 用类似于证法 1 推导式 (1.10.3) 的方法 (或直接在式 (1.10.3) 中取 $p=1$), 得到

$$\alpha_{i+1} \geqslant \sum_{k=1}^{i} \alpha_k \quad (i\geqslant 1). \tag{1.10.4}$$

我们来证明

$$\alpha_{i+p} \geqslant 2^{p-1}\sum_{k=1}^{i}\alpha_k \quad (i,p\geqslant 1). \tag{1.10.5}$$

对 p 用数学归纳法. 当 $p=1$ 时, 式 (1.10.5) 即式 (1.10.4). 设 $l\geqslant 1$, 对于任意 $i\geqslant 1$, 式 (1.10.5) 当 $p=l$ 时成立, 那么

$$\begin{aligned}\alpha_{i+l+1} = \alpha_{(i+1)+l} &\geqslant 2^{l-1}\sum_{k=1}^{i+1}\alpha_k = 2^{l-1}\left(\alpha_{i+1}+\sum_{k=1}^{i}\alpha_k\right)\\ &\geqslant 2^{l-1}\left(\sum_{k=1}^{i}\alpha_k+\sum_{k=1}^{i}\alpha_k\right) = 2^l\sum_{k=1}^{i}\alpha_k,\end{aligned}$$

即式 (1.10.5) 对 $p=l+1$ 也成立. 于是式 (1.10.5) 得证. 因为 $\alpha_k\geqslant 0$, 并且 $2^{p-1}\geqslant p$, 所以可由式 (1.10.5) 推出式 (1.10.2). □

注　本题的推广见练习题 1.27.

问题 1.11　(匈牙利, 1991) 设 $a_n\,(n\geqslant 1)$ 是一个单调减少的无穷正数列, 并且存在一个正整数 μ, 使得

$$\varlimsup_{n\to\infty}\frac{a_n}{a_{\mu n}} < \mu,$$

则存在正整数 n_0 具有下列性质：对于任何给定的 $\varepsilon>0$, 存在正整数 $N=N(\varepsilon)$, 使得当 $n>n_0$ 时

$$\sum_{k=1}^{n}a_k \leqslant \varepsilon\sum_{k=1}^{Nn}a_k.$$

证明　(i) 记

$$a = \varlimsup_{n\to\infty}\frac{a_n}{a_{\mu n}},$$

则 $a<\mu$. 在区间 (a,μ) 中任意取定实数 ν. 设 M 是最小的正整数, 使得

$$\frac{a_n}{a_{n\mu}} \leqslant \nu \quad (n\geqslant M).$$

那么当整数 $l\geqslant 0, n\geqslant M$ 时

$$\frac{a_n}{a_{n\mu^l}} = \frac{a_n}{a_{n\mu}}\frac{a_{n\mu}}{a_{n\mu^2}}\cdots\frac{a_{n\mu^{l-1}}}{a_{n\mu^l}} \leqslant \nu^l,$$

于是对于所有整数 $l\geqslant 0$ 和 $n\geqslant M$, 有

$$\frac{a_n}{\nu^l} \leqslant a_{n\mu^l}. \tag{1.11.1}$$

(ii) 由 a_n 的单调递减性质和不等式 (1.11.1), 有

$$\sum_{k=1}^{M\mu^l}a_k \geqslant \sum_{k=1}^{M\mu^l}a_{M\mu^l} \geqslant \sum_{k=1}^{M\mu^l}\frac{a_M}{\nu^l} = M\mu^l\cdot\frac{a_M}{\nu^l} = Ma_M\left(\frac{\mu}{\nu}\right)^l.$$

固定 M 和 a_M, $\nu<\mu$, 当 $l\to\infty$ 时, 上面不等式的右边趋于无穷, 因而级数 $\sum\limits_{k=1}^{\infty}a_k$ 发散. 由此可知, 存在正整数 n_0, 使得

$$\sum_{k=1}^{M}a_k\leqslant\sum_{k=M+1}^{n_0}a_k.$$

于是当 $n\geqslant n_0$ 时

$$\sum_{k=1}^{n}a_k\leqslant 2\sum_{k=M+1}^{n}a_k. \tag{1.11.2}$$

(iii) 设 $n\geqslant n_0$. 对于任何给定的 $\varepsilon>0$, 可取正整数 s, 使得

$$\frac{1}{\varepsilon}\leqslant\frac{1}{2}\left(\frac{\mu}{\nu}\right)^s,$$

于是

$$\frac{1}{\varepsilon}\leqslant\frac{1}{2}\left(\frac{\mu}{\nu}\right)^s=\frac{\mu^s\sum\limits_{M+1\leqslant k\leqslant n}\dfrac{a_k}{\nu^s}}{2\sum\limits_{M+1\leqslant k\leqslant n}a_k}. \tag{1.11.3}$$

当 $k=M\mu^s,M\mu^s+1,\cdots,M\mu^s+(\mu^s-1)$ 时, $[k/\mu^s]+1$ 都等于 $M+1$ (总共 μ^s 次); 当 $k=M\mu^s+\mu^s,M\mu^s+\mu^s+1,\cdots,M\mu^s+\mu^s+(\mu^s-1)$ 时, $[k/\mu^s]+1$ 都等于 $M+2$ (总共 μ^s 次)$\cdots\cdots$ 当 $k=(n-1)\mu^s,(n-1)\mu^s+1,\cdots,(n-1)\mu^s+(\mu^s-1)$ 时, $[k/\mu^s]+1$ 都等于 n (总共 μ^s 次). 由此可见

$$\sum_{M\mu^s\leqslant k\leqslant n\mu^s-1}a_{[k/\mu^s]+1}=\mu^s\sum_{M+1\leqslant k\leqslant n}a_k.$$

由此及式 (1.11.3), 推出

$$\frac{1}{\varepsilon}\leqslant\frac{\sum\limits_{M\mu^s\leqslant k\leqslant n\mu^s-1}\dfrac{a_{[k/\mu^s]+1}}{\nu^s}}{2\sum\limits_{M+1\leqslant k\leqslant n}a_k}.$$

将不等式 (1.11.1) 应用于上式右边, 可知

$$\frac{1}{\varepsilon}\leqslant\frac{\sum\limits_{M\mu^s\leqslant k\leqslant n\mu^s-1}a_{([k/\mu^s]+1)\mu^s}}{2\sum\limits_{M+1\leqslant k\leqslant n}a_k}.$$

因为 $([k/\mu^s]+1)\mu^s\geqslant k, a_k$ 单调减少, 所以 $a_{([k/\mu^s]+1)\mu^s}\leqslant a_k$. 由此并应用不等式 (1.11.2), 得到

$$\frac{1}{\varepsilon}\leqslant\frac{\sum\limits_{M\mu^s\leqslant k\leqslant n\mu^s-1}a_k}{2\sum\limits_{M+1\leqslant k\leqslant n}a_k}\leqslant\frac{\sum\limits_{1\leqslant k\leqslant nN}a_k}{\sum\limits_{1\leqslant k\leqslant n}a_k},$$

其中 $N=N(s)=N(\varepsilon)=\mu^s$. □

问题 1.12 (苏联, 1975) 设 $n\geqslant 1$. 证明: 方程

$$\sum_{k=0}^{2n}\frac{x^k}{k!}=0 \tag{1.12.1}$$

没有实数根.

证明　因为当 $x \geqslant 0$ 时

$$1+\frac{x}{1!}+\frac{x^2}{2!}+\cdots+\frac{x^{2n}}{(2n)!} \geqslant 1,$$

所以方程 (1.12.1) 没有非负实根. 为证明此方程无负实根, 只需证明不等式:

$$\mathrm{e}^{-x}<1-\frac{x}{1!}+\frac{x^2}{2!}+\cdots-\frac{x^{2n-1}}{(2n-1)!}+\frac{x^{2n}}{(2n)!} \quad (x>0). \tag{1.12.2}$$

对 n 用数学归纳法. 首先证明上式对于 $n=1$ 成立, 即当 $x>0$ 时

$$\mathrm{e}^{-x}<1-x+\frac{x^2}{2}. \tag{1.12.3}$$

令 $f(x)=1-x+x^2/2-\mathrm{e}^{-x}$, 则 $f'(x)=-1+x+\mathrm{e}^{-x}, f''(x)=1-\mathrm{e}^{-x}$. 当 $x>0$ 时, $1>\mathrm{e}^{-x}, f''(x)>0$, 从而 $f'(x)$ 单调增加. 因为 $f'(0)=0$, 所以 $f'(x)>0$, 从而 $f(x)$ 单调增加. 由此及 $f(0)=0$ 知 $f(x)>0$. 于是不等式 (1.12.3) 得证.

现在设 $k \geqslant 1$, 并且不等式 (1.12.2) 对于 $n=k$ 成立, 即当 $x>0$ 时

$$\mathrm{e}^{-x}<1-\frac{x}{1!}+\frac{x^2}{2!}+\cdots-\frac{x^{2k-1}}{(2k-1)!}+\frac{x^{2k}}{(2k)!}. \tag{1.12.4}$$

那么由式 (1.12.4) 推出

$$\begin{aligned}
&1-\frac{x}{1!}+\frac{x^2}{2!}+\cdots-\frac{x^{2k+1}}{(2k+1)!}+\frac{x^{2k+2}}{(2k+2)!}\\
&=1-\frac{x}{1!}+\frac{x^2}{2!}+\cdots-\frac{x^{2k-1}}{(2k-1)!}+\frac{x^{2k}}{(2k)!}-\frac{x^{2k+1}}{(2k+1)!}+\frac{x^{2k+2}}{(2k+2)!}\\
&>\mathrm{e}^{-x}-\frac{x^{2k+1}}{(2k+1)!}+\frac{x^{2k+2}}{(2k+2)!}.
\end{aligned}$$

若 $x \geqslant 2(k+1)$, 则

$$-\frac{x^{2k+1}}{(2k+1)!}+\frac{x^{2k+2}}{(2k+2)!}=-\frac{x^{2k+1}}{(2k+1)!}\left(1-\frac{x}{2(k+1)}\right) \geqslant 0,$$

所以

$$1-\frac{x}{1!}+\frac{x^2}{2!}+\cdots-\frac{x^{2k+1}}{(2k+1)!}+\frac{x^{2k+2}}{(2k+2)!}>\mathrm{e}^{-x}.$$

若 $0<x<2(k+1)$, 则由

$$\mathrm{e}^{-x}=\sum_{i=0}^{\infty}(-1)^i\frac{x^i}{i!}=\sum_{i=0}^{2k+2}(-1)^i\frac{x^i}{i!}+\sum_{i=2k+3}^{\infty}(-1)^i\frac{x^i}{i!},$$

得到

$$1-\frac{x}{1!}+\frac{x^2}{2!}+\cdots-\frac{x^{2k+1}}{(2k+1)!}+\frac{x^{2k+2}}{(2k+2)!}$$

$$=\mathrm{e}^{-x}+\left(\frac{x^{2k+3}}{(2k+3)!}-\frac{x^{2k+4}}{(2k+4)!}\right)+\left(\frac{x^{2k+5}}{(2k+5)!}-\frac{x^{2k+6}}{(2k+6)!}\right)+\cdots.$$

由 $x<2(k+1)$, 可知

$$\frac{x^{2k+3}}{(2k+3)!}-\frac{x^{2k+4}}{(2k+4)!}=\frac{x^{2k+3}}{(2k+3)!}\left(1-\frac{x}{2(k+2)}\right)>0.$$

类似地, 有

$$\frac{x^{2k+5}}{(2k+5)!}-\frac{x^{2k+6}}{(2k+6)!}=\frac{x^{2k+5}}{(2k+5)!}\left(1-\frac{x}{2(k+3)}\right)>0,$$

等等, 所以

$$1-\frac{x}{1!}+\frac{x^2}{2!}+\cdots-\frac{x^{2k+1}}{(2k+1)!}+\frac{x^{2k+2}}{(2k+2)!}>\mathrm{e}^{-x}.$$

于是完成了不等式 (1.12.2) 的归纳证明, 从而本题得证. □

问题 1.13 (匈牙利, 1968) 设函数 f 定义在 $[0,+\infty)$ 上, 在此区间上 f',f'' 存在, 并且对于所有足够大的 x, $|f''(x)|<c|f'(x)|$ (c 是常数). 证明: 若

$$\lim_{x\to+\infty}\frac{f(x)}{\mathrm{e}^x}=1,$$

则

$$\lim_{x\to+\infty}\frac{f'(x)}{\mathrm{e}^x}=1.$$

证明 下面给出两种证法, 它们的差别只在最后一步.

证法 1 (i) 设当 $x\geqslant X$ 时, $|f''(x)|<c|f'(x)|$. 我们证明: $x\geqslant X, 0<t<1/c$ 蕴含

$$|f'(x+t)|\leqslant\frac{1}{1-ct}|f'(x)|.$$

事实上, 若 $|f'(x+t)|\leqslant|f'(x)|$, 则上式已经成立. 现在设 $|f'(x+t)|>|f'(x)|$. 那么集合

$$S=\{t'\mid t'>0,|f'(x+t')|=|f'(x+t)|\}$$

非空 (因为 $t\in S$), 所以 $t_0=\min S$ 存在, 并且 $0<t_0\leqslant t$. 于是当 $0<u<t_0$ 时, $|f'(x+u)|\neq|f'(x+t)|$. 如果 $|f'(x+u)|>|f'(x+t)|$, 那么 $|f'(x)|<|f'(x+t)|<|f'(x+u)|$. 由介值定理, 可知存在 $u'\in(0,u)$, 使得 $f'(x+u')|=|f'(x+t)|$. 但 $u'<t_0$, 与 t_0 的定义矛盾. 因此, 当 $0<u<t_0$ 时, $|f'(x+u)|<|f'(x+t)|$. 也就是说, 当 $\xi\in[x,x+t_0]$ 时, $|f'(\xi)|\leqslant|f'(x+t)|$. 由 Lagrange 中值定理, 得到

$$\begin{aligned}|f'(x+t)|-|f'(x)|&=|f'(x+t_0)|-|f'(x)|=t_0|f''(\eta)|\\&\leqslant t_0c|f'(\eta)|\leqslant t_0c|f'(x+t)|\leqslant tc|f'(x+t)|,\end{aligned}$$

其中 $\eta\in(x,x+t_0)$. 由此即得要证的不等式.

(ii) 现在证明: 当 $x\geqslant X$ 时, $f(x)\neq 0$. 用反证法. 设对某个 $x_0\geqslant X$, $f'(x_0)=0$, 而 x 是区间 $(x_0,x_0+1/c)$ 中的任意一点, 那么 $0<x-x_0<1/c$. 于是由步骤 (i) 中所证的结论, 得到

$$|f'(x)|=|f'\big(x_0+(x-x_0)\big)|\leqslant\frac{1}{1-c(x-x_0)}|f'(x_0)|=0,$$

所以当 $x\in(x_0,x_0+1/c)$ 时, $f'(x)=0$, 并且由 $f'(x)$ 的连续性知 $f'(x+1/c)=0$. 总之, 由 $f'(x_0)=0$, 可推出在区间 $[x_0,x_0+1/c]$ 上 $f'(x)=0$. 又因为 $f'(x_0+1/c)=0$, 所以应用刚才得到的结论 (用 x_0+1/c 代替 x_0), 可推出在区间 $[x_0+1/c,x_0+2/c]$ 上 $f'(x)=0$. 这个推理过程可以继续进行下去, 从而依归纳法可知, 若对某个 $x_0\geqslant X, f'(x_0)=0$, 则对所有 $x\geqslant x_0, f'(x)=0$. 但这是不可能的, 因为 $f'(x)=0\,(x\geqslant x_0)$ 蕴含 $f(x)\,(x\geqslant x_0)$ 等于某个常数, 从而 $\mathrm{e}^{-x}f(x)\to 0\ (x\to+\infty)$, 与假设矛盾. 因此, 对于所有 $x\geqslant X$, $f'(x)\neq 0$.

(iii) 由 (ii) 中的结论和 f' 的连续性, 应用介值定理得知, 或者对于所有 $x\geqslant X$, $f'(x)>0$; 或者对于所有 $x\geqslant X, f'(x)<0$. 但因为题设 $f(x)\sim\mathrm{e}^x\,(x\to+\infty)$, 所以 $f(x)$ 不可能单调递减, 从而后一种情形不可能发生. 因此, 我们证明了 $f'(x)>0\ (x\geqslant X)$.

(iv) 由步骤 (i) 和 (iii) 可知, 当 $x\geqslant X$, $0<u<1/c$ 时

$$f'(x+u)=|f'(x+u)|\leqslant\frac{1}{1-cu}|f'(x)|=\frac{1}{1-cu}f'(x).$$

因此

$$(1-cu)f'(x+u)\leqslant f'(x).$$

而当 $x\geqslant X+1/c, 0<u<1/c$ 时, $x-u\geqslant X$, 所以

$$f'(x)=f'\big((x-u)+u\big)\leqslant\frac{1}{1-cu}f'(x-u).$$

合并上述两个不等式, 得到: 当 $x\geqslant X+1/c, 0<u<1/c$ 时

$$(1-cu)f'(x+u)\leqslant f'(x)\leqslant\frac{1}{1-cu}f'(x-u).$$

于是当 $x\geqslant X+1/c, 0<u<1/c, 0\leqslant u\leqslant t$ 时 (注意 $1-ct\leqslant 1-cu$)

$$(1-ct)f'(x+u)\leqslant f'(x)\leqslant\frac{1}{1-ct}f'(x-u).$$

将此式关于 u 从 0 到 t 积分, 得到

$$(1-ct)\big(f(x+t)-f(x)\big)\leqslant tf'(x)\leqslant\frac{1}{1-ct}\big(f(x)-f(x-t)\big).$$

(v) 将上式两边除以 $t\mathrm{e}^x$, 可得

$$\frac{1-ct}{t}\left(\frac{f(x+t)}{\mathrm{e}^{x+t}}\mathrm{e}^t-\frac{f(x)}{\mathrm{e}^x}\right)\leqslant\frac{f'(x)}{\mathrm{e}^x}\leqslant\frac{1}{t(1-ct)}\left(\frac{f(x)}{\mathrm{e}^x}-\frac{f(x-t)}{\mathrm{e}^{x-t}}\mathrm{e}^{-t}\right).$$

对于固定的 t,

$$\lim_{x\to+\infty}\left(\frac{f(x+t)}{\mathrm{e}^{x+t}}\mathrm{e}^t-\frac{f(x)}{\mathrm{e}^x}\right)=\mathrm{e}^t-1,$$

所以由前面不等式的左半部分, 得到

$$\varliminf_{x\to+\infty}\frac{f'(x)}{\mathrm{e}^x}\geqslant(1-ct)\frac{\mathrm{e}^t-1}{t},$$

从而

$$\varliminf_{x\to+\infty}\frac{f'(x)}{\mathrm{e}^x}\geqslant\lim_{t\to 0+}\left((1-ct)\frac{\mathrm{e}^t-1}{t}\right)=1.$$

类似地, 由前面不等式的右半部分, 得到

$$\varlimsup_{x\to+\infty}\frac{f'(x)}{\mathrm{e}^x}\leqslant\lim_{t\to0^+}\left(\left(\frac{1}{1-ct}\right)\frac{\mathrm{e}^t-1}{t}\right)=1.$$

于是得到所要的结果.

证法 2 (i) 如同证法 1 所证, 并注意题设 $f(x)\sim\mathrm{e}^x\,(x\to+\infty)$, 可知当 $x\geqslant X$ 时

$$f(x)>0,\quad f'(x)>0.$$

现在应用下面的辅助命题来计算 $\lim\limits_{n\to+\infty}f(x)/\mathrm{e}^x$.

辅助命题 设 $g(x)$ 是 $[0,+\infty)$ 上的二次可微函数, $\lim\limits_{n\to+\infty}g(x)$ 存在且有限, 并且当 $x\geqslant x_0$ 时 $|g''(x)|\leqslant C(C$ 是常数), 则 $\lim\limits_{n\to+\infty}g'(x)=0$.

(证明见本题注.)

(ii) 取 $g(x)=f(x)/\mathrm{e}^x$, 则

$$g'(x)=\frac{f'(x)-f(x)}{\mathrm{e}^x},$$
$$g''(x)=\frac{f''(x)-2f'(x)+f(x)}{\mathrm{e}^x}.$$

由题设立知 $\lim\limits_{x\to+\infty}g(x)$ 存在且等于 1. 由步骤 (i) 及题设, 可知当 $x\geqslant X$ 时 $|f''(x)|\leqslant c|f'(x)|=cf'(x)$, 因此

$$|f'(x)-f'(X)|=\left|\int_X^x f''(t)\mathrm{d}t\right|\leqslant\int_X^x|f''(t)|\mathrm{d}t$$
$$\leqslant c\int_X^x f'(t)\mathrm{d}t=c\big(f(x)-f(X)\big).$$

注意 $\lim\limits_{x\to+\infty}f(x)=+\infty$, 由上式可知, 存在常数 c' 和 $X_1\geqslant X$ (它们与 X 有关), 使得当 $x\geqslant X_1$ 时

$$f'(x)<c\big(f(x)-f(X)\big)+f'(X)\leqslant c'f(x).$$

因此

$$|f''(x)|\leqslant cf'(x)\leqslant cc'f(x).$$

由此可知, 当 $x\geqslant X_1$ 时

$$|g''(x)|=\left|\frac{f''(x)-2f'(x)+f(x)}{\mathrm{e}^x}\right|\leqslant\frac{|f''(x)|+2f'(x)+f(x)}{\mathrm{e}^x}$$
$$\leqslant\frac{(cc'+2c'+1)f(x)}{\mathrm{e}^x}=(cc'+2c'+1)g(x).$$

因为 $\lim\limits_{x\to+\infty}g(x)=1$, 所以 $g(x)$ 有界, 于是由上式推出存在常数 C, 使当 x 充分大时 $|g''(x)|\leqslant C$. 总之, 此处函数 g 满足步骤 (i) 中辅助命题的各项条件.

(iii) 依步骤 (i) 中的辅助命题, 有

$$\lim_{x\to+\infty}g'(x)=\lim_{x\to+\infty}\frac{f'(x)-f(x)}{\mathrm{e}^x}=0,$$

于是立得

$$\lim_{x\to+\infty}\frac{f'(x)}{\mathrm{e}^x}=\lim_{x\to+\infty}\frac{f(x)}{\mathrm{e}^x}=1. \qquad \square$$

注　我们现在来证明上面证法 2 中的辅助命题. 设 $g(x)$ 如命题所给定. 取 $h>0$ 足够小 (但固定), 当 $x\geqslant x_0$ 时, 由中值定理得到

$$g(x+h)-g(x)=g'(x+\theta h)h,$$

其中 $0<\theta<1$. 令 $x\to+\infty$, 依假设, 上式左边趋于 0, 且 $h\neq 0$, 所以

$$\lim_{x\to+\infty}g'(x+\theta h)=0.$$

对于任意给定的 $\varepsilon>0$, 首先取 $0<h<\varepsilon/(2C)$(并固定), 然后取 $x>X_0=X_0(\varepsilon)$, 使得 $|g'(x+\theta h)|<\varepsilon/2$, 即得

$$\begin{aligned}|g'(x)|&\leqslant|g'(x+\theta h)-g'(x)|+|g'(x+\theta h)|\\&=\left|\int_x^{x+\theta h}g''(t)\mathrm{d}t\right|+|g'(x+\theta h)|\\&\leqslant\int_x^{x+\theta h}|g''(t)|\mathrm{d}t+|g'(x+\theta h)|\\&\leqslant C\theta h+\frac{\varepsilon}{2}\leqslant C\theta\frac{\varepsilon}{2C}+\frac{\varepsilon}{2}<\varepsilon.\end{aligned}$$

因此 $\lim\limits_{n\to+\infty}g'(x)=0.$

问题 1.14　(法国, 1996) 设函数 $f\in C^1(\mathbb{R}),f'(x)-f^4(x)\to 0\,(x\to+\infty)$. 证明: $f(x)\to 0\,(x\to+\infty)$.

证明　(i) 设 $\varepsilon>0$ 任意给定. 由题设, 存在 $X=X(\varepsilon)>0$, 使得当 $x\geqslant X$ 时 $|f'(x)-f^4(x)|\leqslant\varepsilon^4/2$, 因此 $f'(x)\geqslant f^4(x)-\varepsilon^4/2$.

(ii) 我们先来证明: 对于所有 $x\geqslant X, f(x)<\varepsilon$.

用反证法. 证明分为下列四步:

(a) 设存在 $x_0\geqslant X$, 使得 $f(x_0)\geqslant\varepsilon$, 则由步骤 (i) 可知 $f'(x_0)\geqslant\varepsilon^4-\varepsilon^4/2>0$, 因而存在 $\eta>0$, 使得对于任何 $x\in(x_0,x_0+\eta)$ 有 $f(x)>f(x_0)\geqslant\varepsilon$. 并且由 f 的连续性可知 $f(x_0+\eta)\geqslant\varepsilon$.

(b) 若函数 $f(x)$ 在 (x_0,∞) 中的某个点 x 取得值 ε, 则 $x\geqslant x_0+\eta$. 我们定义集合 $A=\{x\mid x\geqslant x_0+\eta,f(x)=\varepsilon\}$, 以及 $x_1=\inf A$. 于是 $x_1\geqslant x_0+\eta>x_0$. 由 f 的连续性可知 A 由孤立点和闭区间组成, 所以 $f(x_1)=\varepsilon$. 我们断言: 对于所有 $x\in[x_0,x_1], f(x)\geqslant\varepsilon$. 事实上, 若 $x_1=x_0+\eta$, 则断言显然成立. 若 $x_1>x_0+\eta$, 则由 $f(x_0+\eta)\geqslant\varepsilon$ 和 x_1 的定义推出 $f(x_0+\eta)>\varepsilon$. 如果存在某点 $x'\in(x_0+\eta,x_1)$, 使得 $f(x')<\varepsilon$, 那么应用介值定理可知, 存在一点 $x''\in(x_0+\eta,x')$, 使得 $f(x'')=\varepsilon$. 因为 $x''<x_1$, 所以与 x_1 的定义矛盾. 因此在区间 $(x_0+\eta,x_1)$ 上 f 的值不小于 ε. 于是上述断言也成立. 由此断言及步骤 (i) 可知: 对于所有 $x\in[x_0,x_1],f'(x)\geqslant\varepsilon^4-\varepsilon^4/2>0$, 因而 $f(x)$ 在 $[x_0,x_1]$ 上严格单调递增, 但同时 $f(x_0)\geqslant\varepsilon=f(x_1)$. 我们得到矛盾, 因而函数 $f(x)$ 在 $(x_0,+\infty)$ 上不可能取值 ε.

(c) 依步骤 (b) 得到的结论, 并且注意在区间 $(x_0, x_0+\eta)$ 上 $f(x) > \varepsilon$, 由 f 的连续性 (应用介值定理) 可知, 在 $(x_0, +\infty)$ 上 $f(x)$ 也不可能取小于 ε 的值. 因此, 对于所有 $x > x_0, f(x) > \varepsilon$. 于是, 当 $x > x_0$ 时, $f'(x) \geqslant \varepsilon^4 - \varepsilon^4/2 > 0$, 从而 $f(x)$ 单调递增, 因此当 $x \to \infty$ 时, $f(x)$ 收敛于某个极限 L(可能 $L = +\infty$).

(d) 设 $x > x_0$, 那么依步骤 (i), 对于 $t \in [x_0, x]$,

$$\frac{f'(t)}{f^4(t) - \varepsilon^4/2} \geqslant 1,$$

于是

$$\int_{x_0}^{x} \frac{f'(t)}{f^4(t) - \varepsilon^4/2} \mathrm{d}t \geqslant \int_{x_0}^{x} \mathrm{d}t = x - x_0,$$

作代换 $u = f(x)$, 得到

$$\int_{f(x_0)}^{f(x)} \frac{\mathrm{d}u}{u^4 - \varepsilon^4/2} \geqslant x - x_0.$$

但这又将导致矛盾: 因为当 $x \to \infty$ 时, 上式左边趋于

$$\int_{f(x_0)}^{L} \frac{\mathrm{d}u}{u^4 - \varepsilon^4/2}$$

(当 $L = +\infty$ 时这个积分收敛), 而上式右边趋于 $+\infty$.

综上所述, 可知对于所有 $x \geqslant X, f(x) < \varepsilon$.

(iii) 现在进而证明: 存在 $X_1 = X_1(\varepsilon)$, 使得当 $x \geqslant X_1$ 时 $f(x) > -\varepsilon$.

(a) 首先证明: 存在一个点 $x_2 \geqslant X$, 使得 $f(x_2) > -\varepsilon$.

用反证法. 设对于所有 $x \geqslant X, f(x) \leqslant -\varepsilon$, 那么依步骤 (i), 对于所有 $x \geqslant X, f'(x) \geqslant \varepsilon^4/2$. 由 Lagrange 中值定理,

$$\frac{f(x) - f(X)}{x - X} = f'(\xi), \quad \xi \in (X, x),$$

于是 $f(x) - f(X) \geqslant \varepsilon^4(x - X)/2$. 这蕴含 $f(x) \to +\infty (x \to +\infty)$, 与刚才所作的假设矛盾. 于是上述结论成立.

(b) 其次, 我们断言: 对于任何 $x \in (x_2, +\infty), f(x) \neq -\varepsilon$.

也用反证法. 设存在 $x > x_2$, 使得 $f(x) = -\varepsilon$, 那么令 $x_3 = \inf\{x \mid x > x_2, f(x) = -\varepsilon\}$. 依 $f(x)$ 的连续性, 应用类似于步骤 (ii)(a) 中的推理, 可知 $f(x_3) = -\varepsilon$, 并且对于所有 $x \in [x_2, x_3), f(x) > -\varepsilon = f(x_3)$. 由此推出

$$f'(x_3) = \lim_{x \to x_3-} \frac{f(x) - f(x_3)}{x - x_3} \leqslant 0;$$

但同时由 $f(x_3) = -\varepsilon$ 以及步骤 (i), 可知 $f'(x_3) \geqslant f^4(x_3) - \varepsilon^4/2 > 0$, 从而我们得到矛盾. 于是上述断言得证.

(c) 类似于步骤 (ii)(c), 由 $f(x_2) > -\varepsilon$ 以及步骤 (iii)(b) 中的结论, 应用介值定理, 我们可知: 对于任何 $x \in (x_2, +\infty), f(x) \not< -\varepsilon$.

综上所述, 可知若取 $X_1(\varepsilon) = x_2$, 则当 $x \geqslant X_1$ 时, $f(x) > -\varepsilon$.

(iv) 注意 $X_1 \geqslant X$. 由步骤 (ii) 和 (iii) 所证的结论可知: 对于任给的 $\varepsilon > 0$, 存在 $X_1 = X_1(\varepsilon)$ 使得当 $x > X_1$ 时 $-\varepsilon < f(x) < \varepsilon$. 因此 $f(x) \to 0 (x \to +\infty)$. □

问题 1.15 (匈牙利, 1977) 设实数 $p \geqslant 1$, 正整数 $n \geqslant 1$, $g(x)$ 是一个定义在 $\mathbb{R}_+$ 上的连续正函数. 记 $\boldsymbol{x}=(x_1,x_2,\cdots,x_{n+1})\in\mathbb{R}_+^{n+1}$, 定义 $\mathbb{R}_+^{n+1}$ 上的函数

$$M_n(\boldsymbol{x})=\left(\frac{\sum\limits_{1\leqslant i\leqslant n} g(x_i/x_{i+1})x_{i+1}^p}{\sum\limits_{1\leqslant i\leqslant n} g(x_i/x_{i+1})}\right)^{1/p} \quad (n\geqslant 1).$$

问当且仅当 $g(x)$ 是什么样的函数时, 对于任何 $n\geqslant 1, M_n(\boldsymbol{x})$ 总是 $\mathbb{R}_+^{n+1}$ 上的凸函数?

解 我们证明: 对于任何 $n\geqslant 1, M_n(\boldsymbol{x})$ 都是 $\mathbb{R}_+^{n+1}$ 上的凸函数, 当且仅当 $g(x)$ 是一个常数函数.

(i) 设 g 是常数函数, 那么直接计算可知

$$M_n(\alpha\boldsymbol{x})=\alpha M_n(\boldsymbol{x}) \quad (\alpha\in\mathbb{R}_+,\boldsymbol{x}\in\mathbb{R}_+^{n+1}).$$

由 Minkowski 不等式推出

$$M_n(\boldsymbol{x}+\boldsymbol{y})\leqslant M_n(\boldsymbol{x})+M_n(\boldsymbol{y}) \quad (\boldsymbol{x},\boldsymbol{y}\in\mathbb{R}_+^{n+1}),$$

因此当 $\lambda\in(0,1)$ 时

$$\begin{aligned}M_n\big(\lambda\boldsymbol{x}+(1-\lambda)\boldsymbol{y}\big)&\leqslant M_n(\lambda\boldsymbol{x})+M_n\big((1-\lambda)\boldsymbol{y}\big)\\&=\lambda M_n(\boldsymbol{x})+(1-\lambda)M_n(\boldsymbol{y}) \quad (\boldsymbol{x},\boldsymbol{y}\in\mathbb{R}_+^{n+1}),\end{aligned}$$

即 $M_n(\boldsymbol{x})$ 是 $\mathbb{R}_+^{n+1}$ 上的凸函数.

(ii) 反之, 设对于任何 $n\geqslant 1, M_n(\boldsymbol{x})$ 总是 $\mathbb{R}_+^{n+1}$ 上的凸函数, 我们证明 g 是常数函数. 为此, 我们证明:

命题 若对于所有 $u\in(1-\delta,1+\delta)$ $(0<\delta<1), M_2(x,u,1)$ 是 $x\in\mathbb{R}_+$ 上的凸函数, 则 g 是常数函数.

证明 由定义,

$$M_2(x,u,1)=\left(\frac{g(x/u)u^p+g(u)}{g(x/u)+g(u)}\right)^{1/p}. \tag{1.15.1}$$

我们有

$$M_2(\lambda x_1+(1-\lambda)x_2,u,1)\leqslant\lambda M_2(x_1,u,1)+(1-\lambda)M_2(x_2,u,1),$$

其中 $x_1,x_2\in\mathbb{R}_+,u\in(1-\delta,1+\delta),\lambda\in(0,1)$. 两边取 p 次幂, 并对右边的 p 次幂应用算术平均与幂平均不等式

$$\lambda t+(1-\lambda)s\leqslant\big(\lambda t^p+(1-\lambda)s^p\big)^{1/p} \quad \big(t,s>0,0<\lambda<1\big),$$

可得

$$M_2^p(\lambda x_1+(1-\lambda)x_2,u,1)\leqslant\lambda M_2^p(x_1,u,1)+(1-\lambda)M_2^p(x_2,u,1). \tag{1.15.2}$$

由式 (1.15.1), 可知式 (1.15.2) 的左边

$$M_2^p(\lambda x_1+(1-\lambda)x_2,u,1)=\frac{g\Big(\dfrac{\lambda x_1+(1-\lambda)x_2}{u}\Big)u^p+g(u)}{g\Big(\dfrac{\lambda x_1+(1-\lambda)x_2}{u}\Big)+g(u)}.$$

式 (1.15.2) 右边的 $M_2^p(x_1,u,1)$ 和 $M_2^p(x_2,u,1)$ 也有类似的表达式. 因为 $u^p=\lambda u^p+(1-\lambda)u^p$, 所以对于等式 (1.15.2), 从左边减去 u^p, 从右边减去 $\lambda u^p+(1-\lambda)u^p$, 可得

$$\frac{g(u)(1-u^p)}{g\left(\dfrac{\lambda x_1+(1-\lambda)x_2}{u}\right)+g(u)}\leqslant\lambda\frac{g(u)(1-u^p)}{g\left(\dfrac{x_1}{u}\right)+g(u)}+(1-\lambda)\frac{g(u)(1-u^p)}{g\left(\dfrac{x_2}{u}\right)+g(u)}.$$

若 $u<1$, 则两边约去 $g(u)(1-u^p)$, 然后令 $u\to 1-$, 可知 (注意 g 是连续函数)

$$\frac{1}{g\left(\dfrac{\lambda x_1+(1-\lambda)x_2}{u}\right)+g(1)}\leqslant\frac{\lambda}{g(x_1)+g(1)}+\frac{1-\lambda}{g(x_2)+g(1)}. \tag{1.15.3}$$

若 $u>1$, 则两边约去 $g(u)(1-u^p)$(但此时不等式的方向要改变) 然后令 $u\to 1+$, 可得

$$\frac{1}{g\left(\dfrac{\lambda x_1+(1-\lambda)x_2}{u}\right)+g(1)}\geqslant\frac{\lambda}{g(x_1)+g(1)}+\frac{1-\lambda}{g(x_2)+g(1)}. \tag{1.15.4}$$

由式 (1.15.3) 和式 (1.15.4) 推出

$$\frac{1}{g\left(\dfrac{\lambda x_1+(1-\lambda)x_2}{u}\right)+g(1)}=\frac{\lambda}{g(x_1)+g(1)}+\frac{1-\lambda}{g(x_2)+g(1)}.$$

令 $f(x)=1/\big(g(x)+g(1)\big)$, 由上式可知 f 满足等式

$$f\big(\lambda x_1+(1-\lambda)x_2\big)=\lambda f(x_1)+(1-\lambda)f(x_2),$$

其中 $x_1,x_2\in\mathbb{R}_+,\lambda\in(0,1)$. 因为 f 是 $\mathbb{R}_+$ 上的连续正函数, 依 Jensen 不等式成为等式的充要条件推出 $f(x)=ax+b$, 其中系数 $a,b\geqslant 0$. 于是

$$ax+b=\frac{1}{g(x)+g(1)}<\frac{1}{g(1)}=2f(1)=2(a+b).$$

若 $a>0$, 则当 $x\to\infty$ 时得到矛盾, 因此 $a=0$. 于是 g 是常数函数. □

注 关于 Jensen 不等式成为等式的充要条件, 可参见 G. H. 哈代、J. E. 李特伍德、G. 波利亚的《不等式》(科学出版社, 1965) 第 80 页. 因此 Jensen 函数方程

$$f\left(\frac{x+y}{2}\right)=\frac{f(x)+f(y)}{2}\quad\big(x,y\in(a,b)\big)$$

在区间 (a,b) 上的连续解是线性函数.

1.2 积 分 学

问题 1.16 (1) (美国, 1968) 证明:

$$\int_0^1\frac{x^4(x-1)^4}{x^2+1}\mathrm{d}x=\frac{22}{7}-\pi.$$

(2) (美国, 1980) 计算:

$$\int_0^{\pi/2}\frac{\mathrm{d}x}{1+\tan^{\sqrt{2}}x}.$$

(3) (美国, 1939) 求定积分:

$$\int_1^3\frac{\mathrm{d}x}{\sqrt{(x-1)(3-x)}}.$$

(4) (美国, 1984; 法国, 1996) 设 R 是由所有满足条件 $x+y+z\leqslant 1$ 的非负实数的三元组 (x,y,z) 组成的区域, $w=1-x-y-z$. 把三重积分

$$\iiint\limits_R xy^9z^8w^4\mathrm{d}x\mathrm{d}y\mathrm{d}z$$

表示为 $a!b!c!d!/n!$ 的形式, 其中 a,b,c,d 和 n 都是正整数.

(5) (苏联, 1977) 将地球看作是半径为 R_0 的圆球. 如果大气物质的密度按照规律

$$\gamma(h)=\gamma_0\mathrm{e}^{-kh}$$

变化 (这里 h 是到地面的距离), 求地球上大气的质量.

解　(1) 因为

$$x^4(x-1)^4=(x^2-x)^4=x^8+6x^6+x^4-4x^5(x^2+1),$$

所以

$$\begin{aligned}I&=\int_0^1\frac{x^8+6x^6+x^4}{x^2+1}\mathrm{d}x-\int_0^1 4x^5\mathrm{d}x\\&=\int_0^1\frac{x^8+6x^6+x^4}{x^2+1}\mathrm{d}x-\frac{2}{3}.\end{aligned}$$

令 $t=x^2$, 并记 $F(t)=t^4+6t^3+t^2$, 则

$$\frac{x^8+6x^6+x^4}{x^2+1}=\frac{F(t)}{t+1}.\tag{1.16.1}$$

将 $F(t)$ 表示为 $t+1$ 的多项式, 因为 $F(t)$ 是 t 的 4 次多项式, 此即求 $F(t)$ 在 $t_0=-1$ 处的 Taylor 展开, 我们算出 $F(-1)=-4,F'(-1)=12,F''(-1)=-22,F'''(-1)=12,F^{(4)}(-1)=24$, 即得

$$F(t)=-4+12(t+1)-11(t+1)^2+2(t+1)^3+(t+1)^4.$$

于是由式 (1.16.1), 推出

$$\frac{x^8+6x^6+x^4}{x^2+1}=-\frac{4}{1+x^2}+12-11(x^2+1)+2(x^2+1)^2+(x^2+1)^3.$$

最终得到 $I=(-\pi+80/21)-2/3=22/7-\pi$.

(2) 考虑一般情形. 设实数 $\alpha>0$, 令

$$I_\alpha=\int_0^{\pi/2}\frac{\mathrm{d}x}{1+\tan^\alpha x}.$$

作代换 $t=\pi/2-x$, 可知

$$\begin{aligned}I_\alpha&=\int_0^{\pi/2}\frac{1}{1+\cot^\alpha t}\mathrm{d}t=\int_0^{\pi/2}\frac{\tan^\alpha t}{\tan^\alpha t(1+\cot^\alpha t)}\mathrm{d}t\\&=\int_0^{\pi/2}\frac{\tan^\alpha x}{1+\tan^\alpha x}\mathrm{d}x,\end{aligned}$$

于是

$$2I_\alpha=\int_0^{\pi/2}\frac{\mathrm{d}x}{1+\tan^\alpha x}+\int_0^{\pi/2}\frac{\tan^\alpha x}{1+\tan^\alpha x}\mathrm{d}x=\int_0^{\pi/2}\mathrm{d}x=\frac{\pi}{2},$$

从而 $I_\alpha=\pi/4$. 此结果与 $\alpha>0$ 无关. 特别地, 本题答案为 $\pi/4$.

(3) 考虑一般形式的积分

$$I_{\alpha,\beta}=\int_\alpha^\beta\frac{\mathrm{d}x}{\sqrt{(x-\alpha)(\beta-x)}}\quad(\alpha<\beta).$$

题中的积分等于 $I_{1,3}$.

解法 1　我们有

$$\frac{1}{\sqrt{(x-\alpha)(\beta-x)}}=\frac{1}{\sqrt{\left(\dfrac{\beta-\alpha}{2}\right)^2-\left(x-\dfrac{\alpha+\beta}{2}\right)^2}},$$

所以当 $\varepsilon,\delta>0$ 足够小时

$$\begin{aligned}\int_{\alpha-\varepsilon}^{\beta-\delta}\frac{\mathrm{d}x}{\sqrt{(x-\alpha)(\beta-x)}}&=\arcsin\frac{x-\dfrac{\alpha+\beta}{2}}{\dfrac{\beta-\alpha}{2}}\Bigg|_{\alpha-\varepsilon}^{\beta-\delta}\\&=\arcsin\frac{\beta-\alpha-2\delta}{\beta-\alpha}-\arcsin\frac{\alpha-\beta+2\varepsilon}{\beta-\alpha}.\end{aligned}$$

令 $\varepsilon,\delta\to0$, 即得 $I_{\alpha,\beta}=\pi$. 此值与 α,β 无关. 特别地, 本题答案为 π.

解法 2　令 $x=\alpha\cos^2t+\beta\sin^2t$, 则 $\mathrm{d}x=2(\beta-\alpha)\sin t\cos t\mathrm{d}t$,

$$(x-\alpha)(\beta-x)=(\beta-\alpha)\sin^2t\cdot(\beta-\alpha)\cos^2t=(\beta-\alpha)^2\sin^2t\cos^2t.$$

于是 $I_{\alpha,\beta}=2\int_0^{\pi/2}\mathrm{d}t=\pi$.

(4) 我们一般地考虑积分

$$I_{p,q,r,s}=\iiint\limits_R x^py^qz^r(1-x-y-z)^s\mathrm{d}x\mathrm{d}y\mathrm{d}z,$$

并令

$$I_{p,q,r,s}(t)=\iiint\limits_{R(t)}x^py^qz^r(t-x-y-z)^s\mathrm{d}x\mathrm{d}y\mathrm{d}z,$$

其中 $(p,q,r,s)\in\mathbb{N}_0^4,t\geqslant0$, 并且

$$R(t)=\{(x,y,z)|x,y,z\geqslant0,x+y+z\leqslant t\}.$$

于是 $R=R(1), I_{p,q,r,s}=I_{p,q,r,s}(1)$. 在 $I_{p,q,r,s}(t)$ 中作变量代换 $x=tX, y=tY, z=tZ$, 我们得到

$$\begin{aligned}I_{p,q,r,s}(t)&=\iiint\limits_{R} t^pX^pt^qY^qt^rZ^rt^s(1-X-Y-Z)^st^3\mathrm{d}X\mathrm{d}Y\mathrm{d}Z\\&=t^{p+q+r+s+3}I_{p,q,r,s}.\end{aligned}$$

在此式两边对 t 在 $[0,1]$ 上积分, 可推出

$$\int_0^1 I_{p,q,r,s}(t)\mathrm{d}t=\frac{I_{p,q,r,s}}{p+q+r+s+4}.$$

同时我们还有

$$\int_0^1 I_{p,q,r,s}(t)\mathrm{d}t=\iiiint\limits_{\Delta} x^py^qz^r(t-x-y-z)^s\mathrm{d}x\mathrm{d}y\mathrm{d}z\mathrm{d}t,$$

其中 $\Delta=\{(x,y,z,t)|x,y,z,t\geqslant 0, x+y+z\leqslant t\leqslant 1\}$. 由此算出

$$\begin{aligned}\int_0^1 I_{p,q,r,s}(t)\mathrm{d}t&=\iiint\limits_{R} x^py^qz^r\left(\int_{x+y+z}^1(t-x-y-z)^s\mathrm{d}t\right)\mathrm{d}x\mathrm{d}y\mathrm{d}z\\&=\frac{1}{s+1}\iiint\limits_{R} x^py^qz^r(1-x-y-z)^{s+1}\mathrm{d}x\mathrm{d}y\mathrm{d}z\\&=\frac{1}{s+1}I_{p,q,r,s+1}.\end{aligned}$$

于是

$$\frac{I_{p,q,r,s}}{p+q+r+s+4}=\frac{1}{s+1}I_{p,q,r,s+1},$$

由此得到递推关系式

$$I_{p,q,r,s+1}=\frac{s+1}{p+q+r+s+4}I_{p,q,r,s}.$$

反复应用此递推关系式, 可知

$$I_{p,q,r,s}=\frac{s}{p+q+r+s+3}I_{p,q,r,s-1}=\cdots=\frac{s!(p+q+r+3)!}{(p+q+r+s+3)!}I_{p,q,r,0},$$

其中

$$\begin{aligned}I_{p,q,r,0}&=\iiint\limits_{R} x^py^qz^r\mathrm{d}x\mathrm{d}y\mathrm{d}z=\iint\limits_{T} x^py^q\left(\int_0^{1-x-y}z^r\mathrm{d}z\right)\mathrm{d}x\mathrm{d}y\\&=\frac{1}{r+1}\iint\limits_{T} x^py^q(1-x-y)^{r+1}\mathrm{d}x\mathrm{d}y,\end{aligned}$$

而 $T=\{(x,y)|x,y\geqslant 0, x+y\leqslant 1\}$. 上式右边的积分与 $I_{p,q,r,s}$ 具有同样的特征 (变量个数为 2, 参数为 $p,q,r+1$). 我们可以用类似的方法算出

$$\iint\limits_{T} x^py^q(1-x-y)^{r+1}\mathrm{d}x\mathrm{d}y=\frac{(r+1)!(p+q+2)!}{(p+q+r+3)!}\iint\limits_{T} x^py^q\mathrm{d}x\mathrm{d}y,$$

$$\iint_T x^p y^q \mathrm{d}x\mathrm{d}y = \frac{1}{q+1}\int_0^1 x^p(1-x)^{q+1}\mathrm{d}x\mathrm{d}y.$$

最后, 还可类似地算出(变量个数为 1, 参数为 $p, q+1$; 也可直接应用贝塔函数 $\mathrm{B}(p+1, q+2)$)

$$\int_0^1 x^p(1-x)^{q+1}\mathrm{d}x\mathrm{d}y = \frac{p!(q+1)!}{(p+q+2)!}.$$

合起来即得

$$I_{p,q,r,s} = \frac{p!q!r!s!}{(p+q+r+s+3)!}.$$

因而所求的积分等于 $(9!8!4!)/25!$.

(5) 取地球中心为坐标原点, 则所求总质量

$$M = \iiint\limits_{x^2+y^2+z^2 \geqslant R_0^2} \gamma_0 \exp\left(k(\sqrt{x^2+y^2+z^2}-R_0)\right)\mathrm{d}v.$$

如将密度公式改写为

$$\gamma(r) = \gamma_0 \exp\left(k_0\left(1-\frac{r}{R_0}\right)\right),$$

其中 r 是与地球中心的距离, $k_0 = kR_0$, 则所求总质量

$$M = \iiint\limits_{x^2+y^2+z^2 \geqslant R_0^2} \gamma_0 \exp\left(k_0\left(1-\frac{\sqrt{x^2+y^2+z^2}}{R_0}\right)\right)\mathrm{d}v.$$

化为球坐标, 有

$$M = \gamma_0\int_0^{2\pi}\mathrm{d}\phi\int_0^{\pi}\sin\theta\mathrm{d}\theta\int_{R_0}^{+\infty} r^2\mathrm{e}^{k_0(1-r/R_0)}\mathrm{d}r.$$

对于最里层的积分 (积分变量为 r), 逐次应用分部积分, 得到

$$-\frac{R_0}{k_0}\left(r^2\mathrm{e}^{k_0(1-r/R_0)}\Big|_{R_0}^{+\infty} + 2\frac{R_0}{k_0}\cdot r\mathrm{e}^{k_0(1-r/R_0)}\Big|_{R_0}^{+\infty} + 2\frac{R_0}{k_0}\cdot\frac{R_0}{k_0}\cdot\mathrm{e}^{k_0(1-r/R_0)}\Big|_{R_0}^{+\infty}\right)$$
$$= \frac{R_0^3}{k_0} + \frac{2R_0^3}{k_0^2} + \frac{2R_0^3}{k_0^3}.$$

因此

$$M = 2\pi\cdot 2\gamma_0\cdot\frac{R_0^3}{k_0^3}(k_0^2+2k_0+2) = 4\pi\gamma_0\left(\frac{1}{k_0}+\frac{2}{k_0^2}+\frac{2}{k_0^3}\right)R_0^3,$$

或者

$$M = 4\pi\gamma_0\left(\frac{R_0^2}{k}+\frac{2R_0}{k^2}+\frac{2}{k^3}\right).$$

□

问题 1.17 (1) (中国, 2012) 设 $f \in C^1[0,\infty), f(0) > 0, f'(x) \geqslant 0 \big(\forall x \in [0,\infty)\big)$. 证明: 若

$$\int_0^{\infty}\frac{\mathrm{d}x}{f(x)+f'(x)} < \infty,$$

则

$$\int_0^{\infty}\frac{\mathrm{d}x}{f(x)} < \infty.$$

(2) (中国, 2012) 讨论积分

$$\int_0^\infty \frac{x}{\cos^2 x + x^\alpha \sin^2 x}\mathrm{d}x$$

的敛散性, 其中 α 是一个实常数.

(3) (美国, 1942) 证明

$$\int_0^\infty \frac{x}{1+x^6\sin^2 x}\mathrm{d}x$$

存在.

证明　(1) 证法 1　由 $f(0)>0, f'(x)\geqslant 0$, 可知 $f(x)$ 是 $[0,\infty)$ 上的单调增加的正函数. 因为 $f'(x)\geqslant 0$, 所以对于任何正整数 n,

$$\begin{aligned}\int_0^n \frac{\mathrm{d}x}{f(x)} - \int_0^n \frac{\mathrm{d}x}{f(x)+f'(x)} &= \int_0^n \frac{f'(x)}{f(x)\big(f(x)+f'(x)\big)}\mathrm{d}x \leqslant \int_0^n \frac{f'(x)}{f(x)^2}\mathrm{d}x \\ &= -\frac{1}{f(x)}\bigg|_0^n = \frac{1}{f(0)} - \frac{1}{f(n)} \leqslant \frac{1}{f(0)}.\end{aligned}$$

我们得到

$$a_n = \int_0^n \frac{\mathrm{d}x}{f(x)} \leqslant \int_0^n \frac{\mathrm{d}x}{f(x)+f'(x)} + \frac{1}{f(0)} \leqslant \int_0^\infty \frac{\mathrm{d}x}{f(x)+f'(x)} + \frac{1}{f(0)}.$$

于是 a_n 是单调增加的上有界的数列, 从而 $\lim\limits_{n\to\infty} a_n$ 存在, 即得结论.

证法 2　本题是下列一般命题的推论:

辅助命题　设 $f(x)\in C^1[0,\infty)$ 是一个单调增加的正函数, 那么对于任何非负整数 k, 积分

$$I = \int_0^\infty \frac{x^k}{f(x)}\mathrm{d}x$$

收敛, 当且仅当积分

$$J = \int_0^\infty \frac{x^k}{f(x)+f'(x)}\mathrm{d}x$$

收敛.

证明如下: 因为当 $x\in[0,\infty)$ 时 $f'(x)\geqslant 0$, 所以由积分 I 收敛可知积分 J 收敛. 现在对 k 用数学归纳法证明积分 J 的收敛性蕴含积分 I 的收敛性.

因为 $f(x)$ 是 $[0,1]$ 上的连续正函数, 所以在此区间上达到正的极小值. 因此对于任何 $k\geqslant 0$, 积分 $\int_0^1 (x^k/f(x))\mathrm{d}x$ 有限, 从而积分

$$\int_0^\infty \frac{x^k}{f(x)}\mathrm{d}x \quad 与 \quad \int_1^\infty \frac{x^k}{f(x)}\mathrm{d}x$$

有相同的敛散性. 对于 $X>1$, 有

$$\begin{aligned}\int_1^X \frac{\mathrm{d}x}{f(x)} &= \int_1^X \frac{f(x)}{f(x)+f'(x)}\mathrm{d}x + \int_1^X \frac{f'(x)}{f(x)\big(f(x)+f'(x)\big)}\mathrm{d}x \\ &\leqslant \int_1^X \frac{f(x)}{f(x)+f'(x)}\mathrm{d}x + \int_1^X \frac{f'(x)}{f^2(x)}\mathrm{d}x\end{aligned}$$

$$
\begin{aligned}
&=\int_1^X \frac{f(x)}{f(x)+f'(x)}\mathrm{d}x-\left.\frac{1}{f(x)}\right|_1^X\\
&\leqslant \int_1^X \frac{\mathrm{d}x}{f(x)+f'(x)}+\frac{1}{f(1)}.
\end{aligned}
$$

若 $\int_0^\infty \big(1/(f(x)+f'(x))\big)\mathrm{d}x$ 收敛, 则由上式可知 $\int_0^\infty \big(1/f(x)\big)\mathrm{d}x$ 也收敛, 所以 $k=0$ 时上述结论成立. 现在设对于某个 $k\geqslant 0$ 上述结论成立, 并且积分

$$\int_0^\infty \frac{x^{k+1}}{f(x)+f'(x)}\mathrm{d}x$$

收敛, 那么由 $x^k<x^{k+1}$ $(x>1)$, 得到

$$\int_1^\infty \frac{x^k}{f(x)+f'(x)}\mathrm{d}x$$

也收敛, 从而由归纳假设可知

$$\int_1^\infty \frac{x^k}{f(x)}\mathrm{d}x$$

收敛. 因为对于任何 $X>1$,

$$
\begin{aligned}
\int_1^X \frac{x^{k+1}}{f(x)}\mathrm{d}x&=\int_1^X \frac{x^{k+1}}{f(x)+f'(x)}\mathrm{d}x+\int_1^X \frac{x^{k+1}f'(x)}{f(x)\big(f(x)+f'(x)\big)}\mathrm{d}x\\
&\leqslant \int_1^X \frac{x^{k+1}}{f(x)+f'(x)}\mathrm{d}x+\int_1^X \frac{x^{k+1}f'(x)}{f^2(x)}\mathrm{d}x\\
&=\int_1^X \frac{x^{k+1}}{f(x)+f'(x)}\mathrm{d}x-\left.\frac{x^{k+1}}{f(x)}\right|_1^X+\int_1^X \frac{(k+1)x^k}{f(x)}\mathrm{d}x\\
&\leqslant \int_1^X \frac{x^{k+1}}{f(x)+f'(x)}\mathrm{d}x+\frac{1}{f(1)}+\int_1^X \frac{(k+1)x^k}{f(x)}\mathrm{d}x,
\end{aligned}
$$

当 $X\to\infty$ 时, 上式右边有界, 所以 $\int_1^\infty \big(x^{k+1}/f(x)\big)\mathrm{d}x$ 收敛, 从而 $\int_0^\infty \big(x^{k+1}/f(x)\big)\mathrm{d}x$ 收敛. 于是完成归纳证明.

(2) (i) 记题中的积分为 I. 设 $\alpha\leqslant 0$. 当 $x>1$ 时, 被积函数

$$\frac{x}{\cos^2 x+x^\alpha\sin^2 x}>\frac{x}{1+x^\alpha}>\frac{1}{2}x,$$

因此积分 I 发散.

(ii) 设 $\alpha>0$. 被积函数在 $x=0$ 无奇性, 并且

$$I=\int_0^\infty \frac{x}{1+(x^\alpha-1)\sin^2 x}\mathrm{d}x.$$

因为 $\alpha>0$ 时 $x^\alpha-1\sim x^\alpha\,(x\to\infty)$, 所以当 $x\geqslant x_0$ 时

$$c_1x^\alpha\leqslant x^\alpha-1\leqslant c_2x^\alpha,$$

其中 $0<c_1<1, c_2>1$(例如, 取 $c_1=1-\varepsilon, c_2=1+\varepsilon$, 其中 $0<\varepsilon<1$). 于是

$$I=\int_0^{x_0} \frac{x}{1+(x^\alpha-1)\sin^2 x}\mathrm{d}x+\int_{x_0}^\infty \frac{x}{1+(x^\alpha-1)\sin^2 x}\mathrm{d}x,$$

因此只需讨论积分

$$I_1=\int_{x_0}^{\infty}\frac{x}{1+(x^\alpha-1)\sin^2 x}\mathrm{d}x$$

的敛散性. 又因为

$$\begin{aligned}I_1&\leqslant\int_{x_0}^{\infty}\frac{x}{1+c_1x^\alpha\sin^2 x}\mathrm{d}x\leqslant\int_{x_0}^{\infty}\frac{x}{c_1+c_1x^\alpha\sin^2 x}\mathrm{d}x\\&=\frac{1}{c_1}\int_{x_0}^{\infty}\frac{x}{1+x^\alpha\sin^2 x}\mathrm{d}x,\end{aligned}$$

类似地,

$$I_1\geqslant\frac{1}{c_2}\int_{x_0}^{\infty}\frac{x}{1+x^\alpha\sin^2 x}\mathrm{d}x,$$

所以只需讨论积分

$$I_2=\int_{x_0}^{\infty}\frac{x}{1+x^\alpha\sin^2 x}\mathrm{d}x$$

的敛散性. 设 $(n_0-1)\pi<x_0\leqslant n_0\pi$, 则

$$I_2=\int_{x_0}^{n_0\pi}\frac{x}{1+x^\alpha\sin^2 x}\mathrm{d}x+\sum_{n=n_0}^{\infty}\int_{n\pi}^{(n+1)\pi}\frac{x}{1+x^\alpha\sin^2 x}\mathrm{d}x,$$

于是问题归结为上式右边无穷级数的敛散性.

(iii) 记

$$a_n=\int_{n\pi}^{(n+1)\pi}\frac{x}{1+x^\alpha\sin^2 x}\mathrm{d}x,$$

那么

$$a_n=\int_0^{\pi}\frac{n\pi+t}{1+(n\pi+t)^\alpha\sin^2 t}\mathrm{d}t\leqslant(n+1)\pi\int_0^{\pi}\frac{\mathrm{d}t}{1+(n\pi)^\alpha\sin^2 t}.$$

类似地,

$$a_n\geqslant n\pi\int_0^{\pi}\frac{\mathrm{d}t}{1+\big((n+1)\pi\big)^\alpha\sin^2 t}.$$

因为对于 $b>0$,

$$\begin{aligned}\int_0^{\pi}\frac{\mathrm{d}t}{1+b^\alpha\sin^2 t}&=2\int_0^{\pi/2}\frac{\mathrm{d}t}{1+b^\alpha\sin^2 t}\\&=2\int_0^{\infty}\frac{\mathrm{d}y}{1+(b^\alpha+1)y^2}\quad(\text{令 } y=\tan t)\\&=\frac{\pi}{\sqrt{b^\alpha+1}},\end{aligned}$$

所以

$$c_3n^{-\alpha/2+1}\leqslant a_n\leqslant c_4n^{-\alpha/2+1},$$

其中 $c_3,c_4>0$ 是常数. 因此 $\alpha>4$ 时, $\sum\limits_{n=n_0}^{\infty}a_n$ 收敛, 从而积分 I 收敛. 同理, 当 $0<\alpha\leqslant4$ 时积分发散. 结合步骤 (i) 中的结论, 可知 $\alpha\leqslant4$ 时积分发散.

(3) 参见本题 (2) 的解法. 或者: 令

$$a_n=\int_{(n-1/2)\pi}^{(n+1/2)\pi}\frac{x}{1+x^6\sin^2 x}\mathrm{d}x,$$

证明级数 $\sum\limits_{n=1}^{\infty} a_n$ 收敛. 当 $(n-1/2)\pi \leqslant x \leqslant (n+1/2)\pi$ 时, 由 Jordan 不等式, 得到

$$\begin{aligned}1+x^6\sin^2 x &= 1+x^6\sin^2(x-n\pi)\\ &\geqslant 1+\left(\left(n-\frac{1}{2}\right)\pi\right)^6\cdot\left(\frac{2}{\pi}(x-n\pi)\right)^2.\end{aligned}$$

因此, 记 $\sigma_n = 2\pi^2(n-1/2)^3$, 有

$$\frac{x}{1+x^6\sin^2 x} \leqslant \frac{(n+1/2)\pi}{1+\sigma_n^2(x-n\pi)^2},$$

从而

$$\begin{aligned}a_n &\leqslant \left(n+\frac{1}{2}\right)\pi\int_{(n-1/2)\pi}^{(n+1/2)\pi}\frac{\mathrm{d}x}{1+\sigma_n^2(x-n\pi)^2}\\ &= \left(n+\frac{1}{2}\right)\pi\int_{-\pi/2}^{\pi/2}\frac{\mathrm{d}t}{1+\sigma_n^2t^2} \leqslant \left(n+\frac{1}{2}\right)\pi\int_{-\infty}^{\infty}\frac{\mathrm{d}t}{1+\sigma_n^2t^2}\\ &= \left(n+\frac{1}{2}\right)\pi^2\sigma_n^{-2} \leqslant cn^{-2},\end{aligned}$$

其中 $c>0$ 是常数. 因为级数 $\sum\limits_{n=1}^{\infty} n^{-2}$ 收敛, 所以题中积分收敛. □

注 本题 (3) 的方法可扩充用来判断积分

$$\int_0^{\infty}\frac{x}{1+x^{\alpha}\sin^2 x}\mathrm{d}x$$

的敛散性 (留给读者证明).

问题 1.18 (1) (苏联, 1977) 在闭区间 $[0,1]$ 上, 函数 $f(x)$ 有定义、连续并且严格地大于 0. 求

$$\lim_{n\to\infty}\left(\int_0^1 \sqrt[n]{f(x)}\,\mathrm{d}x\right)^n.$$

(2) (苏联, 1977) 计算极限

$$\lim_{p\to\infty}\left(\int_0^1 |f(x)|^p\mathrm{d}x\right)^{1/p},$$

这里 $f(x)\in C[0,1]$.

解 (1) 我们断言: 若 $f(x)$ 在 $[0,1]$ 上连续、无零点, 则

$$\lim_{n\to\infty}\left(\int_0^1 \sqrt[n]{|f(x)|}\,\mathrm{d}x\right)^n = \exp\left(\int_0^1 \log|f(x)|\mathrm{d}x\right)$$

(从而给出本题答案).

证明如下: 因为 $\log|f(x)|$ 在闭区间 $[0,1]$ 上有界可积, 所以当 $n\to\infty$ 时

$$\sqrt[n]{|f(x)|} = \exp\left(\frac{1}{n}\log|f(x)|\right) = 1+\frac{1}{n}\log|f(x)|+O\left(\frac{1}{n^2}\right),$$

于是

$$\int_0^1 \sqrt[n]{|f(x)|}\mathrm{d}x = \int_0^1 \left(1+\frac{1}{n}\log|f(x)|+O\left(\frac{1}{n^2}\right)\right)\mathrm{d}x$$
$$= 1+\frac{1}{n}\int_0^1 \log|f(x)|\mathrm{d}x+O\left(\frac{1}{n^2}\right).$$

记

$$\sigma_n = \frac{1}{n}\int_0^1 \log|f(x)|\mathrm{d}x+O\left(\frac{1}{n^2}\right),$$

则

$$\left(\int_0^1 \sqrt[n]{|f(x)|}\mathrm{d}x\right)^n = \left((1+\sigma_n)^{1/\sigma_n}\right)^{n\sigma_n}.$$

因为当 $n\to\infty$ 时

$$(1+\sigma_n)^{1/\sigma_n}\to \mathrm{e},\quad n\sigma_n \to \int_0^1 \log|f(x)|\mathrm{d}x,$$

所以可由前式推出要证的结论.

(2) 设 $d\geqslant 1$. 记 $D=[0,1]^d, \boldsymbol{x}=(x_1,x_2,\cdots,x_d), \mathrm{d}\boldsymbol{x}=\mathrm{d}x_1\mathrm{d}x_2\cdots\mathrm{d}x_d$. 我们证明:

命题　如果在 D 上函数 $f(\boldsymbol{x})$ 非负连续, 函数 $g(\boldsymbol{x})$ 非负可积, 那么

$$\lim_{n\to\infty}\left(\int_D f^n(\boldsymbol{x})g(\boldsymbol{x})\mathrm{d}\boldsymbol{x}\right)^{1/n} = \max_{\boldsymbol{x}\in D} f(\boldsymbol{x}). \tag{1.18.1}$$

此处给出两种证法.

证法 1　(i) 设在点 $\boldsymbol{x}^*\in D$ 上达到 $\mu=\max\limits_{\boldsymbol{x}\in D} f(\boldsymbol{x})$, 有

$$J_n = \left(\int_D f^n(\boldsymbol{x})g(\boldsymbol{x})\mathrm{d}\boldsymbol{x}\right)^{1/n} \leqslant \left(\mu^n\int_D g(\boldsymbol{x})\mathrm{d}\boldsymbol{x}\right)^{1/n}$$
$$= \mu\left(\int_D g(\boldsymbol{x})\mathrm{d}\boldsymbol{x}\right)^{1/n}.$$

因为对于常数 $\delta>0$, $\lim\limits_{n\to\infty}\delta^{1/n}=1$, 所以得到

$$\overline{\lim_{n\to\infty}}\, J_n \leqslant \mu.$$

(ii) 由于 $f(\boldsymbol{x})$ 是 D 上的非负连续函数, 所以对于给定的 $\varepsilon\in(0,\mu)$, 存在最大值点 $\boldsymbol{x}^*$ 的某个邻域 $\varDelta=\prod\limits_{i=1}^{\mathrm{d}}[u_i,v_i]\subseteq D$, 使得当 $\boldsymbol{x}\in\varDelta$ 时, $f(\boldsymbol{x})\geqslant\mu-\varepsilon$, 因而

$$J_n \geqslant \left(\int_\varDelta f^n(\boldsymbol{x})g(\boldsymbol{x})\mathrm{d}\boldsymbol{x}\right)^{1/n} \geqslant (\mu-\varepsilon)\left(\int_\varDelta g(\boldsymbol{x})\mathrm{d}\boldsymbol{x}\right)^{1/n}.$$

令 $n\to\infty$, 得到

$$\underline{\lim_{n\to\infty}}\, J_n \geqslant \mu-\varepsilon.$$

(iii) 因为 $\varepsilon>0$ 可以任意接近于 0, 所以由步骤 (i) 和 (ii) 得到式 (1.18.1).

证法 2　记号 μ 同证法 1, 并令

$$u_n = \int_D f^n(\boldsymbol{x})g(\boldsymbol{x})\mathrm{d}\boldsymbol{x}\quad (n\geqslant 1).$$

依练习题 1.1 解后的注, 只需证明

$$\lim_{n\to\infty}\frac{u_{n+1}}{u_n}=\mu. \tag{1.18.2}$$

为此, 设 $\varepsilon\in(0,\mu)$ 任意给定, 令

$$\begin{aligned}
D_1&=\{\boldsymbol{x}\in D\,|\,f(\boldsymbol{x})\geqslant\mu-\varepsilon\},\\
D_2&=D\setminus D_1,\\
D_3&=\left\{\boldsymbol{x}\in D\,|\,f(\boldsymbol{x})\geqslant\mu-\frac{\varepsilon}{2}\right\},
\end{aligned}$$

则 $D_3\subseteq D_1$. 由 μ 的定义可知

$$u_{n+1}\leqslant\mu\int_D f^n(\boldsymbol{x})g(\boldsymbol{x})\mathrm{d}\boldsymbol{x}=\mu u_n,$$

所以

$$\frac{u_{n+1}}{u_n}\leqslant\mu. \tag{1.18.3}$$

我们还有

$$u_{n+1}\geqslant\int_{D_1}f^{n+1}(\boldsymbol{x})g(\boldsymbol{x})\mathrm{d}\boldsymbol{x}\geqslant(\mu-\varepsilon)\int_{D_1}f^n(\boldsymbol{x})g(\boldsymbol{x})\mathrm{d}\boldsymbol{x}. \tag{1.18.4}$$

由式 (1.18.3) 和式 (1.18.4), 得到

$$\begin{aligned}
\mu\geqslant\frac{u_{n+1}}{u_n}&\geqslant\frac{(\mu-\varepsilon)\int_{D_1}f^n(\boldsymbol{x})g(\boldsymbol{x})\mathrm{d}\boldsymbol{x}}{\int_D f^n(\boldsymbol{x})g(\boldsymbol{x})\mathrm{d}\boldsymbol{x}}\\
&=(\mu-\varepsilon)\cdot\frac{\int_{D_1}f^n(\boldsymbol{x})g(\boldsymbol{x})\mathrm{d}\boldsymbol{x}}{\int_{D_1}f^n(\boldsymbol{x})g(\boldsymbol{x})\mathrm{d}\boldsymbol{x}+\int_{D_2}f^n(\boldsymbol{x})g(\boldsymbol{x})\mathrm{d}\boldsymbol{x}}\\
&=\frac{\mu-\varepsilon}{1+\dfrac{\int_{D_2}f^n(\boldsymbol{x})g(\boldsymbol{x})\mathrm{d}\boldsymbol{x}}{\int_{D_1}f^n(\boldsymbol{x})g(\boldsymbol{x})\mathrm{d}\boldsymbol{x}}}.
\end{aligned}$$

又因为

$$\begin{aligned}
&\int_{D_1}f^n(\boldsymbol{x})g(\boldsymbol{x})\mathrm{d}\boldsymbol{x}\geqslant\int_{D_3}f^n(\boldsymbol{x})g(\boldsymbol{x})\mathrm{d}\boldsymbol{x}\geqslant c_1\left(\mu-\frac{\varepsilon}{2}\right)^n,\\
&\int_{D_2}f^n(\boldsymbol{x})g(\boldsymbol{x})\mathrm{d}\boldsymbol{x}\leqslant(\mu-\varepsilon)^n\int_{D_2}g(\boldsymbol{x})\mathrm{d}\boldsymbol{x}\leqslant c_2(\mu-\varepsilon)^n,
\end{aligned}$$

其中 $c_1,c_2>0$(以及下文的 c_3) 是与 n 无关的常数, 所以

$$0<\frac{\int_{D_2}f^n(\boldsymbol{x})g(\boldsymbol{x})\mathrm{d}\boldsymbol{x}}{\int_{D_1}f^n(\boldsymbol{x})g(\boldsymbol{x})\mathrm{d}\boldsymbol{x}}\leqslant c_3\delta^n,$$

其中 $\delta=(\mu-\varepsilon)/(\mu-\varepsilon/2)<1$. 于是最终有

$$\mu\geqslant\frac{u_{n+1}}{u_n}\geqslant\frac{\mu-\varepsilon}{1+c_3\delta^n}.$$

由此可推出式 (1.18.2). □

问题 1.19　(匈牙利, 1964) 设 $y_1(x)$ 是 $[0,A]$ ($A>0$ 是常数) 上的任意的连续正函数, 令

$$y_{n+1}(x)=2\int_0^x\sqrt{y_n(t)}\mathrm{d}t\quad(n=1,2,\cdots).$$

证明: 函数列 $y_n(x)$ 在 $[0,A]$ 上一致收敛于函数 $y=x^2$.

证明　下面不仅证明收敛性, 而且给出收敛速度的估计.

(i) 如果 $y_1^*(x)$ 和 $y_2^*(x)$ 是 $[0,A]$ 上两个连续的正函数, 满足 $0<y_1^*(x)<y_2^*(x)\,(0\leqslant x\leqslant A)$. 将它们分别作为初始函数按题中公式迭代得到两个函数列 $y_n^*(x)$ 和 $z_n^*(x)(n=1,2,\cdots)$, 那么用数学归纳法可证: 当 $0\leqslant x\leqslant A$ 时 $y_n^*(x)\leqslant z_n^*(x)(n=1,2,\cdots)$. 于是我们只需对初始函数是常数函数 (取值为常数 $C>0$) 证明题中的结论. 这是因为, 若取 C 和 C' 分别是 $y_1(x)$ 在 $[0,A]$ 上的最大值和最小值, 令 $\alpha_1(x)=C,\beta_1(x)=C'$, 迭代得到的函数列是 $\alpha_n(x),\beta_n(x)\,(n=1,2,\cdots)$, 那么对于每个 $x\in[0,A]$, 有

$$\beta_n(x)\leqslant y_n(x)\leqslant\alpha_n(x)\quad(n=1,2,\cdots),\tag{1.19.1}$$

从而由 $\alpha_n(x)$ 和 $\beta_n(x)$ 的一致收敛性推出 $y_n(x)$ 的一致收敛性.

(ii) 令 $Y_1(x)=C$ ($C>0$). 设 $Y_2(x),Y_3(x),\cdots,Y_n(x),\cdots$ 是由迭代得到的函数, 那么由数学归纳法可知

$$Y_n(x)=c_nx^{2-1/2^{n-2}},$$

其中系数 c_n 满足递推关系

$$c_{n+1}=\frac{\sqrt{c_n}}{1-2^{-n}}\,(n\geqslant1),\quad c_1=C$$

(作为练习, 请读者补出有关细节). 将上式两边 2^{n+1} 次方, 得到

$$c_{n+1}^{2^{n+1}}=\frac{c_n^{2^n}}{(1-2^{-n})^{2^{n+1}}},$$

从而

$$\lim_{n\to\infty}\frac{c_{n+1}^{2^{n+1}}}{c_n^{2^n}}=\lim_{n\to\infty}(1-2^{-n})^{-2^{n+1}}=\mathrm{e}^2,$$

于是

$$\lim_{n\to\infty}\sqrt[n]{c_n^{2^n}}=\mathrm{e}^2.$$

(这里应用了以下经典结果: 设 u_n 是一个正数列, 则 $\lim\limits_{n\to\infty}(u_{n+1}/u_n)=u\Rightarrow\lim\limits_{n\to\infty}\sqrt[n]{u_n}=u$. 可参见练习题 1.1 解后的注.) 因此存在两个适当的正常数 m,M, 使得

$$m^n<c_n^{2^n}<M^n\quad(n\geqslant1),$$

由此有

$$m^{n/2^n}<c_n<M^{n/2^n}\quad(n\geqslant1),$$

从而得到

$$c_n=\mathrm{e}^{o(n/2^n)}\quad(n\to\infty).\tag{1.19.2}$$

(iii) 我们有

$$Y_n(x)-x^2=x^{2-1/2^{n-2}}(c_n-1)+(x^{2-1/2^{n-2}}-x^2).$$

由式 (1.19.2)(注意当 $|x|\leqslant c$ 时, $|\mathrm{e}^x-1|=O(|x|)$), 可知当 $0\leqslant x\leqslant A$ 时

$$|x^{2-1/2^{n-2}}(c_n-1)|\leqslant A^2|c_n-1|=O(2^{-n}n), \tag{1.19.3}$$

其中 O 中的常数仅与 A 有关.

应用微分学方法, 可知函数 $f(x)=x^{2-1/2^{n-2}}-x^2\,(0<x<1)$ 在 $x_0=(1-1/2^{n-1})^{2^{n-2}}$ 取最大值, 并且

$$\begin{aligned}x_0^{2-1/2^{n-2}}-x_0^2&=x_0^{2-1/2^{n-2}}\left(1-x_0^{1/2^{n-2}}\right)\\&<1\cdot\left(1-(1-2^{-(n-1)})\right)=\frac{1}{2^{n-1}}.\end{aligned}$$

因此当 $x\in(0,1)$ 时

$$|x^{2-1/2^{n-2}}-x^2|=O(2^{-n}).$$

于是, 若 $A<1$ 且 $0\leqslant x\leqslant A$, 或若 $A\geqslant 1$ 且 $0\leqslant x\leqslant 1$, 则有

$$|x^{2-1/2^{n-2}}-x^2|=O(2^{-n});$$

或若 $A\geqslant 1$ 且 $1\leqslant x\leqslant A$, 则有

$$\begin{aligned}\left|x^{2-1/2^{n-2}}-x^2\right|&=x^{2-1/2^{n-2}}\left(x^{1/2^{n-2}}-1\right)\\&\leqslant A^2\left(A^{1/2^{n-2}}-1\right)=O(2^{-n}).\end{aligned}$$

由此及式 (1.19.3) 得到: 当 $A>0, x\in[0,A]$ 时

$$Y_n(x)-x^2=O(2^{-n}n),$$

其中 O 中的常数仅与 A 有关. 特别可知: 在 $[0,A]$ 上 $Y_n(x)$ 一致收敛于函数 $y=x^2$.

(iv) 最后, 由式 (1.19.1), 得到估计

$$y_n(x)-x^2=O(2^{-n}n),$$

其中 O 中的常数仅与 A 和函数 $y_1(x)$ 有关. □

问题 1.20 (匈牙利, 1963) 设 $f(x)$ 是区间 $[-1,1]$ 上的凸函数. 证明: 若在此区间上 $|f(x)|\leqslant 1$, 则存在线性函数 $h(x)$, 使得

$$\int_{-1}^{1}|f(x)-h(x)|\mathrm{d}x\leqslant 4-2\sqrt{2}.$$

证明 我们证明更强的结果: 在题设条件下, 存在常数 k, 使得

$$\int_{-1}^{1}|f(x)-k|\mathrm{d}x\leqslant 4-2\sqrt{2}.$$

(i) 不失一般性, 我们可设 $f(x)$ 在区间 $[-1,1]$ 的端点也是连续的(不然可重新定义 $f(-1)=\lim\limits_{x\to-1+}f(x)$, 等等), 并且 $f(-1)\geqslant f(1)$. 因为 $f(x)$ 是 $[-1,1]$ 上的连续凸函数, 所以存在最大的区间 $[c_1,c_2]$($-1\leqslant c_1\leqslant c_2\leqslant 1$), 使得在其上 $f(x)$ 达到极小. 记

$$\min_{x\in[-1,1]}f(x)=p,\quad \max_{x\in[-1,1]}f(x)=q.$$

还设 $\phi_1(y)$ 是 $f(x)$ 限制在 $[-1,c_2]$ 上的反函数, $f^{-1}(y)$ 是 $f(x)$ 限制在 $[c_2,1]$ 上的反函数, 并令

$$\phi_2(x)=\begin{cases}f^{-1}(y), & p\leqslant y\leqslant f(1),\\ 1, & f(1)\leqslant y\leqslant q.\end{cases}$$

那么 $\phi_1(y)$ 和 $\phi_2(y)$ 分别是 $[p,q]$ 上的严格单调减少和严格单调增加的连续函数. 于是函数

$$\phi(y)=\phi_2(y)-\phi_1(y)$$

在区间 $[p,q]$ 上连续, 并且严格单调增加. 还有

$$\begin{aligned}\phi(p)&=\phi_2(p)-\phi_1(p)=c_2-c_1,\\ \phi(q)&=\phi_2(q)-\phi_1(q)=1-(-1)=2.\end{aligned}$$

(ii) 设 $c_2-c_1\leqslant 1$.

由 $\phi(x)$ 在 $[p,q]$ 上的单调性可知, 存在唯一的 $k\in[p,q]$, 使得 $\phi(k)=1$. 记 $\phi_1(k)=d,\phi_2(k)=e$, 则 $e-d=1$, 从而 $d<e$. 还记 (xy 平面上) 点 $D=(d,k),E=(e,k),G=(-1,k),H=(1,k),A=(-1,1),B=(1,1)$. 设直线 AD 和 BE 交于点 F. 由 $f(x)$ 的凸性及 $|f(x)|\leqslant 1$ 可知, 当 x 限制在线段 $[-1,d],[d,e],[e,1]$ 上时, 曲线 $y=f(x)$ 分别位于 $\triangle AGD,\triangle DFE,\triangle EHB$ 的内部. 因此

$$\begin{aligned}\int_{-1}^{1}|f(x)-k|\mathrm{d}x&=\int_{-1}^{d}|f(x)-k|\mathrm{d}x+\int_{d}^{e}|f(x)-k|\mathrm{d}x+\int_{\mathrm{e}}^{1}|f(x)-k|\mathrm{d}x\\ &\leqslant S_{\triangle AGD}+S_{\triangle DFE}+S_{\triangle EHB},\end{aligned}$$

其中 S 表示面积.

(a) 设点 F 位于直线 $y=-1$ 的上方 (或落在直线上).

因为直线 DE,AB 平行, 并且 $|DE|=e-d=1,|AB|=2$(此处 $|\cdot|$ 表示线段的长度), 所以 DE 是 $\triangle ABF$ 的中位线, 从而 $\triangle AGD,\triangle DFE$ 和 $\triangle EHB$ 在底边 GD,DE 和 EH 上的高相等. 将它们记为 m, 则 $m=|BH|\leqslant 1$. 于是

$$\begin{aligned}\int_{-1}^{1}|f(x)-k|\mathrm{d}x&\leqslant S_{\triangle AGD}+S_{\triangle DFE}+S_{\triangle EHB}\\ &=\frac{1}{2}m(|GD|+|DE|+|EH|)=\frac{m}{2}|GH|=m\leqslant 1.\end{aligned}$$

(b) 设点 F 在直线 $y=-1$ 的下方.

记线段 AF 及线段 BF 与直线 $y=-1$ 的交点分别为 J 和 K. 那么曲线 $y=f(x)$(限制 $x\in[d,e]$) 位于梯形 $DJKE$(此梯形包含在 $\triangle DFE$ 中) 的内部, 因此

$$\int_{-1}^{1}|f(x)-k|\mathrm{d}x\leqslant S_{\triangle AGD}+S_{DJKE}+S_{\triangle EHB}.$$

注意 (类似于情形 (ii)(a) 此时 $m=|BH|\geqslant 1$, 梯形 $DJKE$ 的底边 $|JK|=(2m-2)/m$, 高等于 $2-m$ (读者不难补出有关的初等几何计算), 于是

$$\begin{aligned}S_{\triangle AGD}+S_{\triangle EHB}&=\frac{1}{2}m|GD|+\frac{1}{2}m|EH|=\frac{1}{2}m(|GD|+|EH|)\\&=\frac{1}{2}m(|GH|-|DE|)=\frac{1}{2}m\big(2-(e-d)\big)=\frac{m}{2},\end{aligned}$$

$$S_{DJKE}=\frac{1}{2}\left(\frac{2m-2}{m}+1\right)(2-m).$$

因此

$$\begin{aligned}\int_{-1}^{1}|f(x)-k|\mathrm{d}x&\leqslant\frac{-m^2+4m-2}{m}=4-\left(\frac{2}{m}+m\right)\\&\leqslant 4-2\left(\frac{2}{m}\cdot m\right)^{1/2}=4-\sqrt{8}.\end{aligned}$$

(iii) 设 $c_2-c_1>1$.

我们取 $k=p$, 则 $\phi(k)=\phi(p)=c_2-c_1$. 记 $A=(-1,1),B=(1,1),D=(c_1,p),E=(c_2,p),G=(-1,p),H=(1,p)$, 以及 $|BH|=m$. 因为当 $x\in[c_1,c_2]$ 时 $f(x)-k=0$, 所以

$$\begin{aligned}\int_{-1}^{1}|f(x)-k|\mathrm{d}x&=\int_{-1}^{c_1}|f(x)-k|\mathrm{d}x+\int_{c_2}^{1}|f(x)-k|\mathrm{d}x\leqslant S_{\triangle AGD}+S_{\triangle EHB}\\&=\frac{1}{2}m(|GD|+|EH|)=\frac{1}{2}m(|GH|-|DE|)\\&=\frac{1}{2}m\big(2-(c_2-c_1)\big)<\frac{1}{2}m(2-1)=\frac{m}{2}.\end{aligned}$$

因为 $|f(x)|\leqslant 1$, 所以 $p\geqslant -1$, 于是 $m=1-p\leqslant 2$, 从而

$$\int_{-1}^{1}|f(x)-k|\mathrm{d}x\leqslant 1.$$

综合情形 (a),(b) 和 (iii), 即得所要的估值. □

注 上面的不等式是最优的, 因为

$$f(x)=\begin{cases}-1, & 0\leqslant x\leqslant 1-\sqrt{2}/2,\\ 1+2\sqrt{2}(x-1), & 1-\sqrt{2}/2<x\leqslant 1\end{cases}$$

表明不等式右边的常数不能代以更小的数.

问题 1.21 (匈牙利, 1983) 设函数 $g\in C(\mathbb{R})$, 并且 $x+g(x)$ 在 $\mathbb{R}$ 上严格单调 (递增或递减). 还设 $u(x)$ 是 $[0,\infty)$ 上的连续有界函数, 使得

$$u(t)+\int_{t-1}^{t}g\big(u(s)\big)\mathrm{d}s$$

在 $[1,\infty)$ 上是常数. 证明: $\lim\limits_{t\to\infty}u(t)$ 存在.

证明 不妨设 $x+g(x)$ 严格单调递增, 并且依题设, $x+g(x)$ 连续, 所以只需证明极限 $\lim\limits_{t\to\infty}\big(u(t)+g\big(u(t)\big)\big)$ 存在.

(i) 令

$$v(t)=\int_{t-1}^{t}g\big(u(s)\big)\mathrm{d}s\quad(1\leqslant t<\infty),$$

则有

$$v'(t)=g\big(u(t)\big)-g\big(u(t-1)\big).\tag{1.21.1}$$

由题设 u 有界, 设 u 的值域是有限区间 $[a,b]$. 由上式可知 $v'(t)$ 也有界. 因此 v 在 $[0,\infty)$ 上一致连续. 但由题设 $u(t)+v(t)$ 是常数, 因此 u 在 $[0,\infty)$ 上一致连续. 此外, 因为函数 g 在 $[a,b]$ 上一致连续, 所以由式 (1.21.1) 得知, v' 在 $[0,\infty)$ 上一致连续.

(ii) 我们来证明

$$\lim_{t\to\infty}v'(t)=0.\tag{1.21.2}$$

因为函数 $(v'(s))^2$ 在 $[0,\infty)$ 上非负并且一致连续, 所以只需证明积分

$$I=\int_{1}^{\infty}(v'(s))^2\mathrm{d}s$$

有限. 我们有

$$\begin{aligned}\int_{1}^{t}(v'(s))^2\mathrm{d}s&=\int_{1}^{t}\Big(g\big(u(s)\big)-g\big(u(s-1)\big)\Big)^2\mathrm{d}s\\&=2\int_{1}^{t}g\big(u(s)\big)\Big(g\big(u(s)\big)-g\big(u(s-1)\big)\Big)\mathrm{d}s-\int_{1}^{t}g\big(u(s)\big)^2\mathrm{d}s+\int_{1}^{t}g\big(u(s-1)\big)^2\mathrm{d}s\\&=2\int_{1}^{t}g\big(u(s)\big)v'(s)\mathrm{d}s-\int_{t-1}^{t}g\big(u(s)\big)^2\mathrm{d}s+\int_{0}^{1}g\big(u(s)\big)^2\mathrm{d}s.\end{aligned}$$

因为 g 有界, 所以上式右边第二项和第三项有界 (与 t 无关). 又因为 $u+v$ 是常数, 所以 $v'=-u'$, 从而上式右边第一项

$$2\int_{1}^{t}g\big(u(s)\big)v'(s)\mathrm{d}s=-2\int_{1}^{t}g\big(u(s)\big)u'(s)\mathrm{d}s=-2\int_{u(1)}^{u(t)}g(x)\mathrm{d}x,$$

可见此项也有界 (与 t 无关). 于是积分 I 确实有限, 所以式 (1.21.2) 得证. 从而由此可知

$$\lim_{t\to\infty}u'(t)=-\lim_{t\to\infty}v'(t)=0.\tag{1.21.3}$$

(iii) 由 $v(t)$ 的定义, 有

$$\begin{aligned}u(t)+g\big(u(t)\big)&=\big(u(t)+v(t)\big)+\left(g\big(u(t)\big)-\int_{t-1}^{t}g\big(u(s)\big)\mathrm{d}s\right)\\&=\big(u(t)+v(t)\big)+\int_{t-1}^{t}\Big(g\big(u(t)\big)-g\big(u(s)\big)\Big)\mathrm{d}s.\end{aligned}\tag{1.21.4}$$

依题设, 右边第一项是常数. 现在估计右边第二项. 由 Lagrange 中值定理有

$$|u(t)-u(s)|=|(t-s)u'(\xi)|\leqslant|u'(\xi)|,$$

其中 $s\in[t-1,t],\xi\in(s,t)$. 于是由式 (1.21.3), 推出

$$\lim_{t\to\infty}\sup_{s\in[t-1,t]}|u(t)-u(s)|=0.$$

由此可知, 当 $t\to\infty$ 时, 式 (1.21.4) 右边第二项趋于 0, 从而 $\lim\limits_{t\to\infty}\big(u(t)+g\big(u(t)\big)\big)$ 存在. □

问题 1.22 (苏联, 1975) 设函数 $f(x)$ 在 $[0,1]$ 上连续, $x_k\,(k=1,2,\cdots)$ 是 $[0,1]$ 上的无穷点列, 并且对于任何 $(a,b)\subseteq[0,1]$, 有

$$\lim_{n\to\infty}\frac{1}{n}N_n(a,b)=b-a, \tag{1.22.1}$$

其中 $N_n(a,b)$ 表示集合 $\{x_1,x_2,\cdots,x_n\}$ 中落在区间 (a,b) 中点的个数. 证明:

$$\lim_{n\to\infty}\frac{1}{n}\sum_{k=1}^{n}f(x_k)=\int_0^1 f(x)\mathrm{d}x.$$

证明 (i) 首先, 对于任意点集 $S=\{x_1,x_2,\cdots,x_n\}\subset[0,1]$, 令

$$D_n(S)=\sup_{0<\alpha\leqslant 1}\left|\frac{N_n(0,\alpha)}{n}-\alpha\right|.$$

必要时以 $x_i+\varepsilon\ (\varepsilon>0)$ 代替 x_i, 可以认为诸 x_i 两两不相等. 还令 $x_0=0,x_{n+1}=1$. 因此我们可设

$$0=x_0<x_1<x_2<\cdots<x_n<x_{n+1}=1. \tag{1.22.2}$$

显然有

$$D_n(S)=\max_{0\leqslant i\leqslant n}\sup_{x_i<\alpha\leqslant x_{i+1}}\left|\frac{N_n(0,\alpha)}{n}-\alpha\right|=\max_{0\leqslant i\leqslant n}\sup_{x_i<\alpha\leqslant x_{i+1}}\left|\frac{i}{n}-\alpha\right|.$$

因为函数 $f_i(x)=|i/n-x|$ 在区间 $[x_i,x_{i+1}]$ 上只可能在端点达到最大值, 所以上式等于

$$\max_{0\leqslant i\leqslant n}\max\left\{\left|\frac{i}{n}-x_i\right|,\left|\frac{i}{n}-x_{i+1}\right|\right\}.$$

注意 $x_0=0,x_{n+1}=1$, 将此式逐项写出, 可知

$$\begin{aligned}D_n(S)&=\max\left\{\left|\frac{0}{n}-x_1\right|,\left|\frac{1}{n}-x_1\right|,\left|\frac{1}{n}-x_2\right|,\left|\frac{2}{n}-x_2\right|,\left|\frac{2}{n}-x_3\right|,\cdots,\left|\frac{n}{n}-x_n\right|\right\}\\&=\max_{1\leqslant i\leqslant n}\max\left\{\left|\frac{i}{n}-x_i\right|,\left|\frac{i-1}{n}-x_i\right|\right\}.\end{aligned}$$

如果为了使式 (1.22.2) 成立, 在其中某个 x_i 被代以 $x_i+\varepsilon$, 那么在上式中令 $\varepsilon\to 0$, 并不影响所得的等式 (只是某些 x_i 相等), 因此

$$D_n(S)=\max_{1\leqslant i\leqslant n}\max\left\{\left|\frac{i}{n}-x_i\right|,\left|\frac{i-1}{n}-x_i\right|\right\}.$$

(ii) 现在设给定点列 $x_k\,(k=1,2,\cdots)$. 对于集合 $S=\{x_1,x_2,\cdots,x_n\}\subset[0,1]$ 中的点, 可设 $x_1\leqslant x_2\leqslant\cdots\leqslant x_n$(这不影响 $N_n(a,b)$). 由 $f(x)$ 的连续性推出

$$\int_0^1 f(x)\mathrm{d}x=\sum_{k=1}^{n}\int_{(k-1)/n}^{k/n}f(x)\mathrm{d}x=\frac{1}{n}\sum_{k=1}^{n}f(\xi_k),$$

其中 $(k-1)/n<\xi_k<k/n\ (1\leqslant k\leqslant n)$, 于是

$$\frac{1}{n}\sum_{k=1}^{n}f(x_k)-\int_0^1 f(x)\mathrm{d}x=\frac{1}{n}\sum_{k=1}^{n}\big(f(x_k)-f(\xi_k)\big).$$

因此

$$\left|\frac{1}{n}\sum_{k=1}^{n} f(x_k)-\int_0^1 f(x)\mathrm{d}x\right| \leqslant \frac{1}{n}\sum_{k=1}^{n}|f(x_k)-f(\xi_k)|. \tag{1.22.3}$$

由步骤 (i) 所得的结果可知: 若 $x_k \geqslant \xi_k$, 则

$$|x_k-\xi_k| < \left|x_k-\frac{k-1}{n}\right| \leqslant D_n(S);$$

若 $x_k < \xi_k$, 则

$$|x_k-\xi_k| < \left|x_k-\frac{k}{n}\right| \leqslant D_n(S).$$

若令

$$\omega(f;t)=\sup_{\substack{u,v\in[0,1]\\ |u-v|\leqslant t}}|f(u)-f(v)| \quad (t\geqslant 0),$$

则由式 (1.22.3) 推出

$$\left|\frac{1}{n}\sum_{k=1}^{n} f(x_k)-\int_0^1 f(x)\mathrm{d}x\right| \leqslant \frac{1}{n}\sum_{k=1}^{n}\omega\big(f;D_n(S)\big)=\omega\big(f;D_n(S)\big).$$

因为由 $f(x)$ 在 $[0,1]$ 上的连续性可推出

$$\omega(f;t)\to 0 \quad (t\to 0)$$

(请读者补充证明), 并且由题设可知

$$\lim_{n\to\infty} D_n(S)=0,$$

所以当 $n\to\infty$ 时 $\omega\big(f;D_n(S)\big)\to 0$, 于是本题得证. □

注 (1) 本题中的点列 $x_k\,(k=1,2,\cdots)$ 满足条件式 (1.22.1), 称为在 $[0,1]$ 中一致分布 (均匀分布). 上面步骤 (i) 中定义的 $D_n(S)$ 称为点集 $S\subset[0,1]$ 的偏差. 在 S 是无穷点列的情形下, 用 $S^{(n)}$ 记其前 n 项形成的点集, 那么 $\lim\limits_{n\to\infty} D_n(S^{(n)})=0$ 蕴含点列 S 在 $[0,1]$ 中一致分布. 一致分布及偏差的概念可以推广到任意 (有限) 维空间情形.

(2) 对于 $[0,1]$ 上的连续函数 $f(x)$, 上面定义的 $\omega(f;t)$ 称为 f 在 $[0,1]$ 上的连续性模.

问题 1.23 (匈牙利, 1962) 证明: 函数

$$f(\theta)=\int_1^{1/\theta}\frac{\mathrm{d}x}{\sqrt{(x^2-1)(1-\theta^2x^2)}}$$

($\sqrt{\cdot}$ 表示算术根) 当 $0<\theta<1$ 时单调递减.

证明 证法 1(实分析方法) 作变量代换

$$t=\sqrt{\frac{x^2-1}{1-\theta^2x^2}}.$$

当 x 在区间 $(1,1/\theta)$ 中递增时, t 也在区间 $(0,\infty)$ 中递增, 并且

$$\sqrt{x^2-1}=t\sqrt{1-\theta^2x^2},$$

$$\theta^2t^2x^2-t^2+x^2-1=0.$$

上述第二式关于 t 微分, 得

$$\frac{\mathrm{d}x}{\mathrm{d}t}=\frac{t(1-\theta^2x^2)}{x(1+\theta^2t^2)},$$

因而

$$\begin{aligned}f(\theta)&=\int_1^{1/\theta}\frac{\mathrm{d}x}{\sqrt{(x^2-1)(1-\theta^2x^2)}}\\&=\int_1^{1/\theta}\frac{\mathrm{d}x}{\sqrt{x^2-1}\sqrt{1-\theta^2x^2}}=\int_1^{1/\theta}\frac{\mathrm{d}x}{t\sqrt{1-\theta^2x^2}\sqrt{1-\theta^2x^2}}\\&=\int_1^{1/\theta}\frac{\mathrm{d}x}{t(1-\theta^2x^2)}=\int_0^{\infty}\frac{\mathrm{d}x}{\mathrm{d}t}\cdot\frac{\mathrm{d}t}{t(1-\theta^2x^2)}\\&=\int_0^{\infty}\frac{t(1-\theta^2x^2)}{x(1+\theta^2t^2)}\cdot\frac{\mathrm{d}t}{t(1-\theta^2x^2)}=\int_0^{\infty}\frac{\mathrm{d}t}{x(1+\theta^2x^2)}\\&=\int_0^{\infty}\frac{\mathrm{d}t}{\sqrt{(1+t^2)(1+\theta^2x^2)}}.\end{aligned}$$

在最后得到的积分中, 被积函数是 θ 的减函数, 而积分限与 θ 无关, 因此积分 $f(\theta)$ 也是 θ 的减函数.

证法 2(复分析方法) 借助函数

$$w=\int_0^z\frac{\mathrm{d}\zeta}{\sqrt{(1-\zeta^2)(1-\theta^2\zeta^2)}}$$

($\sqrt{\cdot}$ 在正半轴上取正值) 将 z 平面的第一象限 (分别用以点 $z=1$ 和 $z=1/\theta$ 为中心、半径任意小的开口向下的半圆去掉点 $z=1$ 和 $z=1/\theta$) 映到 w 平面. 如果 $z=x+y\mathrm{i}$ 从原点 O 出发沿 (实轴上的) 线段 $0\leqslant z\leqslant 1$ 运动, 那么 $w=u+v\mathrm{i}$ 将从原点 O 出发通过线段

$$0\leqslant w<\int_0^1\frac{\mathrm{d}x}{\sqrt{(1-x^2)(1-\theta^2x^2)}}=A.$$

如果 $1\leqslant z\leqslant 1/\vartheta$, 那么 w 通过线段

$$u=A,\quad 0\leqslant v\leqslant\int_0^{1/\vartheta}\frac{\mathrm{d}x}{\sqrt{(x^2-1)(1-\theta^2x^2)}}=B.$$

当 z 通过线段 $1/\theta\leqslant z<\infty$ 时, 则 w 从点 $A+B\mathrm{i}$ 出发沿水平线 $v=B$ 到达点 $(A-C)+B\mathrm{i}$, 其中

$$C=\int_{1/\vartheta}^{\infty}\frac{\mathrm{d}x}{\sqrt{(x^2-1)(\theta^2x^2-1)}}.$$

另一方面, 如果 z 从原点出发通过虚轴的正部分, 那么 w 将通过线段

$$u=0,\quad 0\leqslant v\leqslant D,$$

其中

$$D=\int_0^{\infty}\frac{\mathrm{d}y}{\sqrt{(1+y^2)(1+\theta^2y^2)}}.$$

因为上面定义的映射是保形 (保角) 的, 所以

$$A-C=0,\quad B=D.$$

由 $B=D$ 即可推出题中的结论. □

注 关于证法 2, 可参见 И. И 普里瓦洛夫的《复变函数引论》(高等教育出版社, 1960) 第 12 章 §8.

问题 1.24 (匈牙利, 1963) 设 $f(x)$ 是 $[0,\infty)$ 上的连续实值函数, 并且

$$\int_0^{\infty} f^2(x)\mathrm{d}x<\infty.$$

证明: 函数

$$g(x)=f(x)-2\mathrm{e}^{-x}\int_0^x \mathrm{e}^t f(t)\mathrm{d}t$$

满足

$$\int_0^{\infty} g^2(x)\mathrm{d}x=\int_0^{\infty} f^2(x)\mathrm{d}x.$$

证明 依题设, 函数 $f(x)$ 在半直线 $L=[0,\infty)$ 上是 Lebesgue 意义下平方可积的, 并且

$$f(x)-g(x)=2\mathrm{e}^{-x}\int_0^x \mathrm{e}^t f(t)\mathrm{d}t. \tag{1.24.1}$$

对等式右边求导, 得到

$$-2\mathrm{e}^x\int_0^x \mathrm{e}^t f(t)\mathrm{d}t+2\mathrm{e}^{-x}\mathrm{e}^x f(x)=\big(g(x)-f(x)\big)+2f(x)=f(x)+g(x).$$

因此在 L 上几乎处处有

$$\big(f(x)-g(x)\big)'=f(x)+g(x). \tag{1.24.2}$$

由 Cauchy-Schwarz 不等式得到

$$\begin{aligned}
\mathrm{e}^{-\omega}\left|\int_0^{\omega} \mathrm{e}^t f(t)\mathrm{d}t\right| &\leqslant \mathrm{e}^{-\omega}\left|\int_0^{\omega/2} \mathrm{e}^t f(t)\mathrm{d}t\right|+\mathrm{e}^{-\omega}\left|\int_{\omega/2}^{\omega} \mathrm{e}^t f(t)\mathrm{d}t\right|\\
&\leqslant \mathrm{e}^{-\omega}\left(\int_0^{\omega/2}\mathrm{e}^{2t}\mathrm{d}t\right)^{1/2}\left(\int_0^{\omega/2} f^2(t)\mathrm{d}t\right)^{1/2}\\
&\quad+\mathrm{e}^{-\omega}\left(\int_{\omega/2}^{\omega}\mathrm{e}^{2t}\mathrm{d}t\right)^{1/2}\left(\int_{\omega/2}^{\omega} f^2(t)\mathrm{d}t\right)^{1/2}\\
&=\mathrm{e}^{-\omega}\left(\frac{1}{2}(\mathrm{e}^{\omega}-1)\right)^{1/2}\left(\int_0^{\omega/2} f^2(t)\mathrm{d}t\right)^{1/2}\\
&\quad+\mathrm{e}^{-\omega}\left(\frac{1}{2}(\mathrm{e}^{2\omega}-\mathrm{e}^{\omega})\right)^{1/2}\left(\int_{\omega/2}^{\omega} f^2(t)\mathrm{d}t\right)^{1/2}\\
&\leqslant \mathrm{e}^{-\omega/2}\left(\int_0^{\omega/2} f^2(t)\mathrm{d}t\right)^{1/2}+\left(\int_{\omega/2}^{\infty} f^2(t)\mathrm{d}t\right)^{1/2}.
\end{aligned}$$

由此及 $f(x)$ 在 L 上的平方可积性, 推出

$$\lim_{\omega\to\infty}\mathrm{e}^{-\omega}\int_0^{\omega}\mathrm{e}^t f(t)\mathrm{d}t=0. \tag{1.24.3}$$

因为式 (1.24.1) 保证 $f(x)-g(x)$ 在 L 的每个有界子区间上绝对连续, 所以 $\big(f(x)-g(x)\big)^2/2$ 亦然, 并且由式 (1.24.2) 可知

$$\begin{aligned}\left(\frac{1}{2}\big(f(x)-g(x)\big)^2\right)' &= \big(f(x)-g(x)\big)\big(f(x)-g(x)\big)' \\ &= \big(f(x)-g(x)\big)\big(f(x)+g(x)\big) \\ &= f^2(x)-g^2(x),\end{aligned}$$

所以

$$\begin{aligned}\int_0^{\omega}\big(f^2(x)-g^2(x)\big)\mathrm{d}x &= \int_0^{\omega}\left(\frac{1}{2}\big(f(x)-g(x)\big)^2\right)'\mathrm{d}x \\ &= \frac{1}{2}\big(f(x)-g(x)\big)^2\Big|_0^{\omega} = 2\mathrm{e}^{-2\omega}\left(\int_0^{\omega}\mathrm{e}^t f(t)\mathrm{d}t\right)^2.\end{aligned}$$

令 $\omega\to\infty$, 并注意式 (1.24.3), 即得

$$\int_0^{\infty} g^2(x)\mathrm{d}x = \int_0^{\infty} f^2(x)\mathrm{d}x. \qquad \square$$

问题 1.25 (匈牙利, 1967) 设 f 是单位区间 $[0,1]$ 上的连续函数. 证明:

$$\lim_{n\to\infty}\int_0^1\cdots\int_0^1 f\left(\frac{x_1+\cdots+x_n}{n}\right)\mathrm{d}x_1\cdots\mathrm{d}x_n = f\left(\frac{1}{2}\right), \tag{1.25.1}$$

以及

$$\lim_{n\to\infty}\int_0^1\cdots\int_0^1 f(\sqrt[n]{x_1\cdots x_n})\mathrm{d}x_1\cdots\mathrm{d}x_n = f\left(\frac{1}{\mathrm{e}}\right). \tag{1.25.2}$$

证明 证法 1 (i) 设 n,k 是任意正整数, 并且 $n\geqslant k$. 由多项式定理,

$$S(x_1,\cdots,x_n) = \left(\sum_{i=1}^{n} x_i\right)^k = \sum_{\substack{r_1,\cdots,r_n\geqslant 0\\ r_1+\cdots+r_n=k}}\frac{k!}{r_1!\cdots r_n!}x_1^{r_1}\cdots x_n^{r_n}, \tag{1.25.3}$$

其中只含有各变量的不超过 1 次幂的项的和是

$$S_1(x_1,\cdots,x_n) = \sum_{\substack{0\leqslant r_1,\cdots,r_n\leqslant 1\\ r_1+\cdots+r_n=k}}\frac{k!}{r_1!\cdots r_n!}x_1^{r_1}\cdots x_n^{r_n}.$$

因为 $1!=1, 0!=1$, 所以

$$S_1(x_1,\cdots,x_n) = \sum_{\substack{0\leqslant r_1,\cdots,r_n\leqslant 1\\ r_1+\cdots+r_n=k}} k!x_1^{r_1}\cdots x_n^{r_n} = k!\sum_{\substack{0\leqslant r_1,\cdots,r_n\leqslant 1\\ r_1+\cdots+r_n=k}} x_1^{r_1}\cdots x_n^{r_n}.$$

注意方程 $r_1+\cdots+r_n=k$ 满足条件 $0\leqslant r_1,\cdots,r_n\leqslant 1$ 的整数解是一个 n 数组, 其中恰有 k 个分量为 1, 其余分量为 0, 所以展开式 (1.25.3) 中只含有各变量的不超过 1 次幂的项的个数是

$$S_1(1,\cdots,1) = k!\sum_{\substack{0\leqslant r_1,\cdots,r_n\leqslant 1\\ r_1+\cdots+r_n=k}} 1 = k!\cdot\binom{n}{k} = n(n-1)\cdots(n-k+1)$$

$$= n(n-1)\cdots(n-k+1) = n^k + O(n^{k-1}).$$

记 $G_n = [0,1]^n$. 那么每个这样的项在 G_n 上的积分等于 $1/2^k$, 从而

$$\int_{G_n}\cdots\int S_1(x_1,\cdots,x_n)\mathrm{d}x_1\cdots\mathrm{d}x_n = \frac{n^k}{2^k} + O(n^{k-1}). \tag{1.25.4}$$

此外, 展开式 (1.25.3) 中其他的项, 即至少含有一个变量的超过 1 次幂的项的个数是

$$S(1,\cdots,1) - S_1(1,\cdots,1) = n^k - \big(n^k + O(n^{k-1})\big) = O(n^{k-1}),$$

每个这样的项在 G_n 上的积分不大于 $1/2^k$, 因此

$$\int_{G_n}\cdots\int \big(S(x_1,\cdots,x_n) - S_1(x_1,\cdots,x_n)\big)\mathrm{d}x_1\cdots\mathrm{d}x_n = O(n^{k-1}). \tag{1.25.5}$$

于是由式 (1.25.4) 和式 (1.25.5), 推出

$$\begin{aligned}\int_{G_n}\cdots\int \left(\frac{x_1+\cdots+x_n}{n}\right)^k \mathrm{d}x_1\cdots\mathrm{d}x_n &= \frac{1}{n^k}\int_{G_n}\cdots\int S(x_1,\cdots,x_n)\mathrm{d}x_1\cdots\mathrm{d}x_n \\ &= \frac{1}{n^k}\left(\frac{n^k}{2^k} + O(n^{k-1})\right) \\ &\to \left(\frac{1}{2}\right)^k \quad (n\to\infty).\end{aligned}$$

这表明当 $f(x) = x^k$ (单项式) 时, 等式 (1.25.1) 成立. 显然当 $f(x)$ 是常数函数时, 此等式也成立. 进而容易推出对于任何多项式等式 (1.25.1) 都成立.

(ii) 设 $f(x)$ 是 $[0,1]$ 上的连续函数. 由 Weierstrass 逼近定理, 对于任何给定的正数 ε, 存在多项式 $p(x)$, 使得当 $0\leqslant x\leqslant 1$ 时一致地有

$$|f(x) - p(x)| < \frac{\varepsilon}{3}.$$

又因为等式 (1.25.1) 对 $p(x)$ 成立, 所以存在 $K>0$, 使得

$$\left|\int_{G_n}\cdots\int p\left(\frac{x_1+\cdots+x_n}{n}\right)\mathrm{d}x_1\cdots\mathrm{d}x_n - p\left(\frac{1}{2}\right)\right| < \frac{\varepsilon}{3} \quad (x>K).$$

于是当 $n>K$ 时

$$\begin{aligned}&\left|\int_{G_n}\cdots\int f\left(\frac{x_1+\cdots+x_n}{n}\right)\mathrm{d}x_1\cdots\mathrm{d}x_n - f\left(\frac{1}{2}\right)\right| \\ &\quad\leqslant \int_{G_n}\cdots\int \left|f\left(\frac{x_1+\cdots+x_n}{n}\right) - p\left(\frac{x_1+\cdots+x_n}{n}\right)\right|\mathrm{d}x_1\cdots\mathrm{d}x_n \\ &\qquad+ \left|\int_{G_n}\cdots\int p\left(\frac{x_1+\cdots+x_n}{n}\right)\mathrm{d}x_1\cdots\mathrm{d}x_n - p\left(\frac{1}{2}\right)\right| + \left|p\left(\frac{1}{2}\right) - f\left(\frac{1}{2}\right)\right|\end{aligned}$$

$$< \frac{\varepsilon}{3} + \frac{\varepsilon}{3} + \frac{\varepsilon}{3} = \varepsilon.$$

从而等式 (1.25.1) 对连续函数 $f(x)$ 成立.

(iii) 为证等式 (1.25.2), 首先算出

$$\int\cdots\int_{G_n} (\sqrt[n]{x_1\cdots x_n})^k \mathrm{d}x_1\cdots\mathrm{d}x_n = \prod_{i=1}^{n}\int_0^1 x_i^{k/n}\mathrm{d}x_i = \frac{1}{\left(1+\dfrac{k}{n}\right)^n}$$

$$\to \left(\frac{1}{\mathrm{e}}\right)^k \quad (n\to\infty).$$

于是当 $f(x)=x^k$ (单项式) 时等式 (1.25.2) 成立, 从而与步骤 (ii) 类似地推出对于任何多项式等式 (1.25.2) 都成立. 进而可知, 对于任何给定的正数 ε, 存在多项式 $p(x)$ 和 $K>0$, 使得当 $n>K$ 时

$$\left|\int\cdots\int_{G_n} f(\sqrt[n]{x_1\cdots x_n})\mathrm{d}x_1\cdots\mathrm{d}x_n - f\left(\frac{1}{\mathrm{e}}\right)\right|$$

$$\leqslant \int\cdots\int_{G_n} |f(\sqrt[n]{x_1\cdots x_n}) - p(\sqrt[n]{x_1\cdots x_n})|\mathrm{d}x_1\cdots\mathrm{d}x_n$$

$$+\left|\int\cdots\int_{G_n} p(\sqrt[n]{x_1\cdots x_n})\mathrm{d}x_1\cdots\mathrm{d}x_n - p\left(\frac{1}{\mathrm{e}}\right)\right| + \left|p\left(\frac{1}{\mathrm{e}}\right) - f\left(\frac{1}{\mathrm{e}}\right)\right|$$

$$< \frac{\varepsilon}{3} + \frac{\varepsilon}{3} + \frac{\varepsilon}{3} = \varepsilon.$$

从而等式 (1.25.2) 对连续函数 $f(x)$ 成立.

证法 2 设 $\xi_1,\cdots,\xi_n,\cdots$ 是区间 (0,1) 上互相独立的一致分布 (均匀分布) 的随机变量, 那么随机变量 $\eta_n = \log\xi_n$ 也互相独立, 并且有相同的分布. 因为期望

$$E(\xi_n) = \frac{1}{2}, \quad E(\eta_n) = -1 \quad (n=1,2,\cdots),$$

所以由 Kolmogorov 定理, 以概率 1 有

$$\varphi_n = \frac{\xi_1+\cdots+\xi_n}{n} \to \frac{1}{2}, \quad \varphi_n' = \frac{\eta_1+\cdots+\eta_n}{n} \to -1 \quad (n\to\infty).$$

由题设, 函数 f 在 [0,1] 有界, 在 $x=1/2$ 连续, 所以函数 $g(x)=f(\mathrm{e}^x)$ 在 $(-\infty,0]$ 上也有界, 在 $x=-1$ 连续. 由 Lebesgue 定理, 得到

$$E\big(f(\varphi_n)\big) \to E\left(f\left(\frac{1}{2}\right)\right) = f\left(\frac{1}{2}\right),$$

$$E\big(g(\varphi_n')\big) \to E\big(g(-1)\big) = E\left(f\left(\frac{1}{\mathrm{e}}\right)\right) = f\left(\frac{1}{\mathrm{e}}\right).$$

最后, 由 φ_n, φ_n' 和 g 的定义可知: 当 $n\to\infty$ 时

$$E\big(f(\varphi_n)\big) = \int_0^1\cdots\int_0^1 f\left(\frac{x_1+\cdots+x_n}{n}\right)\mathrm{d}x_1\cdots\mathrm{d}x_n \to f\left(\frac{1}{2}\right),$$

$$E\big(g(\varphi_n')\big)\int_0^1\cdots\int_0^1 f(\sqrt[n]{x_1\cdots x_n})\mathrm{d}x_1\cdots\mathrm{d}x_n\to f\left(\frac{1}{\mathrm{e}}\right).\qquad\square$$

注 等式 (1.25.1) 的第 3 种证法如下.

(i) 令 $F(x)=f(x)-f(1/2)$, 那么 $F\in C[0,1],F(1/2)=0$. 于是对于任何给定的 $\varepsilon>0$, 存在一个最大的正数 $\delta=\delta(\varepsilon)$, 使得当 $|x-1/2|<\delta$ 时 $|F(x)|<\varepsilon/2$. 下文中固定这个 δ.

(ii) 简记 $X=(x_1+\cdots+x_n)/n$. 定义 G_n 的子集

$$J_n=\left\{(x_1,\cdots,x_n)\in G_n\,\middle|\,\left|X-\frac{1}{2}\right|<\delta\right\}.$$

于是由步骤 (i) 推出

$$\int\cdots\int_{J_n}|F(X)|\mathrm{d}x_1\cdots\mathrm{d}x_n<\frac{\varepsilon}{2}.$$

(iii) 记 $T_n=G_n\setminus J_n$ 以及

$$V_n=\int\cdots\int_{G_n}\left(X-\frac{1}{2}\right)^2\mathrm{d}x_1\cdots\mathrm{d}x_n,$$

那么有

$$V_n>\int\cdots\int_{T_n}\left|X-\frac{1}{2}\right|^2\mathrm{d}x_1\cdots\mathrm{d}x_n\geqslant\delta^2\int\cdots\int_{T_n}\mathrm{d}x_1\cdots\mathrm{d}x_n,$$

因此

$$\int\cdots\int_{T_n}\mathrm{d}x_1\cdots\mathrm{d}x_n<\frac{1}{\delta^2}V_n.$$

(iv) 现在来计算 V_n. 我们有

$$\begin{aligned}V_n&=\int\cdots\int_{G_n}\left(X^2-X+\frac{1}{4}\right)\mathrm{d}x_1\cdots\mathrm{d}x_n\\&=\int\cdots\int_{G_n}X^2\mathrm{d}x_1\cdots\mathrm{d}x_n-\int\cdots\int_{G_n}X\mathrm{d}x_1\cdots\mathrm{d}x_n+\frac{1}{4}\int\cdots\int_{G_n}\mathrm{d}x_1\cdots\mathrm{d}x_n\\&=I_1-I_2+I_3.\end{aligned}$$

容易算出 $I_3=1/4$, 以及

$$I_2=\frac{1}{n}\sum_{i=1}^n\int_0^1\cdots\int_0^1 x_i\mathrm{d}x_1\cdots\mathrm{d}x_n=\frac{1}{2}.$$

此外, 还有

$$\begin{aligned}I_1&=\frac{1}{n^2}\int_0^1\cdots\int_0^1\left(\sum_{i=1}^n x_i^2+2\sum_{1\leqslant i<j\leqslant n}x_ix_j\right)\mathrm{d}x_1\cdots\mathrm{d}x_n\\&=\frac{1}{n^2}\cdot\frac{n}{3}+\frac{2}{n^2}\cdot\frac{n(n-1)}{2}\cdot\frac{1}{4}=\frac{1}{3n}+\frac{n-1}{4n}.\end{aligned}$$

于是 $V_n = 1/(12n)$. 由此及步骤 (iii) 中的结果, 得到

$$\int_{T_n}\cdots\int \mathrm{d}x_1\cdots\mathrm{d}x_n < \frac{1}{\delta^2}V_n = \frac{1}{12n\delta^2}.$$

(v) 令 $M = \max\limits_{x\in[0,1]}|F(x)|$. 由步骤 (ii) 和 (iv) 中的结果推出

$$\begin{aligned}&\left|\int_{G_n}\cdots\int F(X)\mathrm{d}x_1\cdots\mathrm{d}x_n\right|\\&\leqslant \int_{J_n}\cdots\int |F(X)|\mathrm{d}x_1\cdots\mathrm{d}x_n + \int_{T_n}\cdots\int |F(X)|\mathrm{d}x_1\cdots\mathrm{d}x_n\\&< \frac{\varepsilon}{2} + M\cdot\frac{1}{12n\delta^2} = \frac{\varepsilon}{2} + \frac{M}{12n\delta^2}.\end{aligned}$$

取 $n > M/(6\varepsilon\delta^2)$, 即可使得

$$\left|\int_{G_n}\cdots\int F(X)\mathrm{d}x_1\cdots\mathrm{d}x_n\right| < \varepsilon.$$

于是

$$\lim_{n\to\infty}\int_0^1\cdots\int_0^1 F\left(\frac{x_1+\cdots+x_n}{n}\right)\mathrm{d}x_1\cdots\mathrm{d}x_n = 0.$$

将式中的 $F(x)$ 换为 $f(x)-f(1/2)$, 即得要证的结果.

问题 1.26 (中国, 2010) 分别设 $R = \{(x,y)\,|\,0\leqslant x\leqslant 1, 0\leqslant y\leqslant 1\}$, $R_\varepsilon = \{(x,y)\,|\,0\leqslant x\leqslant 1-\varepsilon, 0\leqslant y\leqslant 1-\varepsilon\}$. 考虑积分

$$I = \iint_R \frac{\mathrm{d}x\mathrm{d}y}{1-xy} \quad 与 \quad I_\varepsilon = \iint_{R_\varepsilon}\frac{\mathrm{d}x\mathrm{d}y}{1-xy},$$

定义 $I = \lim\limits_{\varepsilon\to 0+} I_\varepsilon$.

(1) 证明: $I = \sum\limits_{n=1}^{\infty}\dfrac{1}{n^2}$;

(2) 利用代换

$$u = \frac{x+y}{\sqrt{2}}, \quad v = \frac{y-x}{\sqrt{2}}$$

计算积分 I 的值, 并由此推出 $\sum\limits_{n=1}^{\infty}\dfrac{1}{n^2} = \dfrac{\pi^2}{6}$.

解 (1) 设 $0<\varepsilon<1$. 令

$$\phi(y) = \int_0^{1-\varepsilon}\frac{\mathrm{d}x}{1-xy},$$

则

$$I_\varepsilon = \int_0^{1-\varepsilon}\mathrm{d}y\int_0^{1-\varepsilon}\frac{\mathrm{d}x}{1-xy} = \int_0^{1-\varepsilon}\phi(y)\mathrm{d}y.$$

当 $x\in[0,1-\varepsilon], y\in(0,1-\varepsilon]$ 时, 将 $(1-xy)^{-1}$ 展开为几何级数, 得到

$$\frac{1}{1-xy} = \sum_{n=0}^{\infty} y^n\cdot x^n$$

作为变量 x 的幂级数, 其收敛半径 $1/y>1$, 于是可对 x 逐项积分:

$$\phi(y)=\int_0^{1-\varepsilon}\sum_{n=0}^{\infty}y^n\cdot x^n\mathrm{d}x=\sum_{n=0}^{\infty}y^n\int_0^{1-\varepsilon}x^n\mathrm{d}x=\sum_{n=0}^{\infty}\frac{(1-\varepsilon)^{n+1}y^n}{n+1}.$$

上式右边的级数在区间 $[0,1-\varepsilon]$ 上一致收敛, 于是

$$\begin{aligned}I_\varepsilon&=\int_0^{1-\varepsilon}\phi(y)\mathrm{d}y=\int_0^{1-\varepsilon}\sum_{n=0}^{\infty}(1-\varepsilon)^{n+1}\frac{y^n}{n+1}\mathrm{d}y\\&=\sum_{n=0}^{\infty}\int_0^{1-\varepsilon}(1-\varepsilon)^{n+1}\frac{y^n}{n+1}\mathrm{d}y=\sum_{n=0}^{\infty}\frac{(1-\varepsilon)^{2(n+1)}}{(n+1)^2}.\end{aligned}\tag{1.26.1}$$

因为当 $\varepsilon\in[0,1]$ 时

$$\frac{(1-\varepsilon)^{2(n+1)}}{(n+1)^2}<\frac{1}{(n+1)^2},$$

所以式 (1.26.1) 右边的级数 (以 ε 为变量) 在其上一致收敛, 于是

$$I=\lim_{\varepsilon\to0}I_\varepsilon=\sum_{n=1}^{\infty}\frac{1}{n^2}.$$

(2) 对积分 I 作变量代换

$$u=\frac{x+y}{\sqrt2},\quad v=\frac{y-x}{\sqrt2},$$

那么积分区域 $(0,1)\times(0,1)$ 旋转 -45°, 变成顶点为

$$(0,0),\quad (1/\sqrt2,-1/\sqrt2),\quad (\sqrt2,0),\quad (1/\sqrt2,1/\sqrt2)$$

的正方形, Jacobi 式等于 1, 被积函数

$$\frac{1}{1-xy}=\frac{2}{2-u^2+v^2}$$

是 v 的偶函数, 于是

$$\frac{I}{4}=\int_0^{1/\sqrt2}\int_0^u\frac{\mathrm{d}u\mathrm{d}v}{2-u^2+v^2}+\int_{1/\sqrt2}^{\sqrt2}\int_0^{\sqrt2-u}\frac{\mathrm{d}u\mathrm{d}v}{2-u^2+v^2}.$$

因为

$$\int_0^x\frac{\mathrm{d}v}{2-u^2+v^2}=\frac{1}{\sqrt{2-u^2}}\arctan\frac{x}{\sqrt{2-u^2}},$$

所以

$$\frac{I}{4}=\int_0^{1/\sqrt2}\frac{1}{\sqrt{2-u^2}}\arctan\frac{u}{\sqrt{2-u^2}}\mathrm{d}u+\int_{1/\sqrt2}^{\sqrt2}\frac{1}{\sqrt{2-u^2}}\arctan\frac{\sqrt2-u}{\sqrt{2-u^2}}\mathrm{d}u.$$

在右边两个积分中分别令 $u=\sqrt2\sin\theta$ 及 $u=\sqrt2\cos2\theta$, 即知

$$\frac{I}{4}=\int_0^{\pi/6}\theta\mathrm{d}\theta+2\int_0^{\pi/6}\theta\mathrm{d}\theta=\frac{\pi^2}{24}.$$

最终得 $I=\pi^2/6$, 从而由此及本题 (1) 的结果推出 $\sum\limits_{n=1}^{\infty}1/n^2=\pi^2/6$. □

问题 1.27 (1) (中国, 2012) 设 $f(u)\in C(\mathbb{R})$, 区域 $\Omega=\Omega(t)$ 由曲面 $z=x^2+y^2$ 和 $x^2+y^2+z^2=t^2\,(t>0)$ 围成. 定义函数

$$F(t)=\iiint\limits_{\Omega}f(x^2+y^2+z^2)\mathrm{d}x\mathrm{d}y\mathrm{d}z.$$

求 $F'(t)$.

(2) (中国, 2013) 定义函数

$$I_s(r)=\oint_C\frac{y\mathrm{d}x-x\mathrm{d}y}{(x^2+y^2)^s},$$

其中 C 为椭圆 $x^2+xy+y^2=r^2$ (取正向), 就 s 的不同值求 $\lim\limits_{r\to\infty}I_s(r)$.

解 (1) 解法1 由方程 $z=x^2+y^2$ 可知 $z\geqslant0$, 所以区域 $\Omega=\Omega(t)$ 是旋转抛物面 $z=x^2+y^2$ 的内部与球体 $x^2+y^2+z^2\leqslant t^2$ 的交集 (读者可依下述分析画草图).

应用圆柱坐标

$$x=r\cos\theta,\quad y=r\sin\theta,\quad z=z,$$

则 Jacobi 式等于 r. 在 Ω 的边界上, 抛物面 $z=x^2+y^2$ 与球面 $x^2+y^2+z^2=t^2$ 的交线上任一点的纵坐标都相等, 设为 $a=a(t)>0$, 于是交线是平面 $z=a$ 上半径为 $\sqrt{a}$ 的圆 $\Gamma:x^2+y^2=a$. 设 $P(x,y,z)$ 是 Ω 中的任意一点, (r,θ,z) 是其对应的圆柱坐标. 那么显然

$$0\leqslant\theta\leqslant2\pi.$$

过点 P 作与 xy 坐标平面平行的截面, 它与抛物面的交线是截面上的一个圆. 由抛物面的方程可知, 这个圆上任一点 (x',y',z) 满足 $x'^2+y'^2=z$, 因此其半径为 $\sqrt{z}$, 并且它至多等于 $\sqrt{a}$(此时得到圆 Γ), 于是

$$0\leqslant r\leqslant\sqrt{a}.$$

最后, 过 Ω 中的任意一点 $P(x,y,z)$(对应的圆柱坐标是 (r,θ,z))作 z 轴的平行线, 设它与球面 $x^2+y^2+z^2=t^2$ 的交点的圆柱坐标是 $(r\cos\theta,r\sin\theta,z_1)$, 则

$$(r\cos\theta)^2+(r\sin\theta)^2+z_1^2=t^2,$$

因而 $z_1=\sqrt{t^2-r^2}$. 设它与抛物面 $z=x^2+y^2$ 的交点的圆柱坐标是 $(r\cos\theta,r\sin\theta,z_2)$, 则

$$(r\cos\theta)^2+(r\sin\theta)^2=z_2,$$

因而 $z_2=r^2$. 因此对于 Ω 中的任意一点 $P(x,y,z)$, 有

$$r^2\leqslant z\leqslant\sqrt{t^2-r^2}.$$

反之, 对于圆柱坐标满足上述三个条件的点 (r,θ,z), 可以验证它确实属于区域 Ω. 因此区域 Ω 的圆柱坐标表示是

$$0\leqslant\theta\leqslant2\pi,\quad 0\leqslant r\leqslant\sqrt{a},\quad r^2\leqslant z\leqslant\sqrt{t^2-r^2}.$$

因为对于圆 Γ 上的任一点 (x,y,z), 有 $z=a, x^2+y^2=z, x^2+y^2+z^2=t^2$, 所以 $a^2+a-t^2=0$, 由此解得 (注意 $a>0$)

$$a=\frac{\sqrt{1+4t^2}-1}{2}.$$

于是有

$$\begin{aligned}F(t)&=\iiint_{\Omega} f(x^2+y^2+z^2)\mathrm{d}x\mathrm{d}y\mathrm{d}z\\&=\int_0^{2\pi}\mathrm{d}\theta\int_0^{\sqrt{a}} r\mathrm{d}r\int_{r^2}^{\sqrt{t^2-r^2}} f(r^2+z^2)\mathrm{d}z\\&=2\pi\int_0^{\sqrt{a}}\varphi(r,t)\mathrm{d}r,\end{aligned}$$

其中

$$\varphi(r,t)=r\int_{r^2}^{\sqrt{t^2-r^2}} f(r^2+z^2)\mathrm{d}z.$$

注意 $a=a(t)$, 应用积分号下求导的 Leibniz 法则, 得到

$$F'(t)=2\pi\left(\int_0^{\sqrt{a}}\varphi_t(r,t)\mathrm{d}r+\varphi(\sqrt{a},t)\cdot\frac{\mathrm{d}}{\mathrm{d}t}\sqrt{a}\right).$$

注意 $a^2+a-t^2=0, a>0$, 所以 $a=\sqrt{t^2-a}$, 因而

$$\varphi(\sqrt{a},t)=\sqrt{a}\int_a^{\sqrt{t^2-a}} f(a+z^2)\mathrm{d}z=0,$$

于是

$$F'(t)=2\pi\int_0^{\sqrt{a}}\varphi_t(r,t)\mathrm{d}r.$$

再次应用积分号下求导的 Leibniz 法则, 可知

$$\varphi_t(r,t)=rf\big(r^2+(\sqrt{t^2-r^2})^2\big)\cdot\frac{\mathrm{d}}{\mathrm{d}t}\sqrt{t^2-r^2}=rf(t^2)\frac{t}{\sqrt{t^2-r^2}},$$

因此

$$\begin{aligned}F'(t)&=2\pi\int_0^{\sqrt{a}} rf(t^2)\frac{t}{\sqrt{t^2-r^2}}\mathrm{d}r=-\pi tf(t^2)\int_0^{\sqrt{a}}\frac{\mathrm{d}(t^2-r^2)}{\sqrt{t^2-r^2}}\\&=-\pi tf(t^2)\cdot 2\sqrt{t^2-r^2}\Big|_{r=0}^{r=\sqrt{a}}=2\pi tf(t^2)\big(t-\sqrt{t^2-a}\big).\end{aligned}$$

仍然注意 $a^2+a-t^2=0(a>0)$, 最后得到

$$\begin{aligned}F'(t)&=2\pi tf(t^2)(t-a)=2\pi tf(t^2)\left(t-\frac{\sqrt{1+4t^2}-1}{2}\right)\\&=\pi tf(t^2)\big(2t+1-\sqrt{1+4t^2}\big).\end{aligned}$$

解法 2　按定义,

$$F'(t)=\lim_{\Delta t\to 0}\frac{F(t+\Delta t)-f(t)}{\Delta t}.$$

先设 $\Delta t>0$. 显然 $F(t+\Delta t)-F(t)$ 是 $f(x^2+y^2+z^2)$ 展布在区域 $\Pi(t)=\Omega(t+\Delta t)\setminus\Omega(t)$ 上的积分. 由解法 1, 区域 $\Omega=\Omega(t)$ 是旋转抛物面 $z=x^2+y^2$ 的内部与球体 $x^2+y^2+z^2\leqslant t^2$ 的交集, 因此 $\Pi(t)$ 是旋转抛物面 $z=x^2+y^2$ 的内部与 (同心) 球壳 $t^2\leqslant x^2+y^2+z^2\leqslant(t+\Delta t)^2$ 的交集, 即这个球壳的一部分 (其厚度为 Δt). 应用球坐标

$$x=r\sin\theta\cos\phi,\quad y=r\sin\theta\sin\phi,\quad z=r\cos\theta,$$

Jacobi 式等于 $r^2\sin\theta$, 则 $\Pi(t)$ 表示

$$0\leqslant\varphi\leqslant 2\pi,\quad 0\leqslant\theta\leqslant\alpha,\quad t\leqslant r\leqslant t+\Delta t,$$

其中 α 表示由原点到球壳 $\Pi(t)$(非球面部分的) 边沿上的点的射线与 z 轴 (正向) 的夹角. 如解法 1, 两曲面

$$x^2+y^2=z,\quad x^2+y^2+z^2=t^2$$

的交线是平面 $z=a\big(a=a(t)>0\big)$ 上半径为 $\sqrt{a}$ 的圆 $\Gamma=\Gamma(t)$, 其中

$$a(t)=\frac{\sqrt{1+4t^2}-1}{2}.$$

由原点到 $\Gamma=\Gamma(t)$ 上任一点 (r,θ,ϕ) 的射线与 z 轴 (正向) 的夹角都等于 $\theta=\theta(t)$, 满足

$$\theta(t)=\arccos\frac{a(t)}{t}.$$

当 $\Delta t>0$ 时

$$\theta(t+\Delta t)\leqslant\alpha\leqslant\theta(t).$$

于是

$$\begin{aligned}F(t+\Delta t)-F(t)&=\int_0^{2\pi}\int_0^{\alpha}\int_t^{t+\Delta t}f(r^2)r^2\sin\theta\mathrm{d}\phi\mathrm{d}\theta\mathrm{d}r\\&=2\pi\int_t^{t+\Delta t}f(r^2)r^2(1-\cos\alpha)\mathrm{d}r.\end{aligned}$$

由此可知 (右导数)

$$\begin{aligned}F'_+(t)&=\lim_{\Delta t\to 0}\frac{F(t+\Delta t)-f(t)}{\Delta t}=2\pi f(t^2)t^2\big(1-\cos\theta(t)\big)\\&=2\pi f(t^2)t^2\left(1-\frac{a(t)}{t}\right)=\pi tf(t^2)\big(2t+1-\sqrt{1+4t^2}\big).\end{aligned}$$

如果 $\Delta t<0$, 那么 $\Pi(t)$ 中 $t+\Delta t\leqslant r\leqslant t$, 并且 $\theta(t)\leqslant\alpha\leqslant\theta(t+\Delta t)$, 从而对左导数 $F'_-(t)$ 也得到同样结果. 于是 $F'(t)=\pi tf(t^2)\big(2t+1-\sqrt{1+4t^2}\big)$.

(2) 椭圆 $x^2+xy+y^2=r^2$ 的长轴与 x 轴 (正向) 的夹角为 $\pi/4$. 作变换

$$x=\frac{1}{\sqrt{2}}(u-v),\quad y=\frac{1}{\sqrt{2}}(u+v),$$

则 $x^2+y^2=u^2+v^2, y\mathrm{d}x-x\mathrm{d}y=v\mathrm{d}u-u\mathrm{d}v$, 并且

$$I_s(r)=\oint_{\Gamma}\frac{v\mathrm{d}u-u\mathrm{d}v}{(u^2+v^2)^s},$$

其中 Γ 是 Ouv 平面上的椭圆 $3u^2/2+v^2/2=r^2$ (取正向). 再作变换

$$u=\sqrt{\frac{2}{3}}r\cos\theta,\quad v=\sqrt{2}r\sin\theta,$$

则 Γ 变换为单位圆, $v\mathrm{d}u-u\mathrm{d}v=-(2/\sqrt{3})r^2\mathrm{d}\theta$, 并且

$$\begin{aligned}I_s(r)&=-\frac{2}{\sqrt{3}}r^{2(1-s)}\int_0^{2\pi}\frac{\mathrm{d}\theta}{\left(\dfrac{2}{3}\cos^2\theta+2\sin^2\theta\right)^s}\\&=-\frac{2}{\sqrt{3}}r^{2(1-s)}J(s),\end{aligned}$$

其中

$$J(s)=\int_0^{2\pi}\frac{\mathrm{d}\theta}{\left(\dfrac{2}{3}\cos^2\theta+2\sin^2\theta\right)^s}.$$

积分 $J(s)$ 存在. 当 $r\to\infty$ 时, $r^{2(1-s)}\to 0(s>1)$, 或 $+\infty(s<1)$. 当 $s=1$ 时

$$\begin{aligned}J(1)&=\int_0^{2\pi}\frac{\mathrm{d}\theta}{\dfrac{2}{3}\cos^2\theta+2\sin^2\theta}=4\int_0^{\pi/2}\frac{\mathrm{d}\theta}{\cos^2\theta\left(\dfrac{2}{3}+2\tan^2\theta\right)}\\&=4\int_0^{\pi/2}\frac{\mathrm{d}\tan\theta}{\dfrac{2}{3}+2\tan^2\theta}=2\int_0^{\infty}\frac{\mathrm{d}t}{(\sqrt{3}/3)^2+t^2}\\&=2\cdot\sqrt{3}\arctan(\sqrt{3}t)\Big|_0^{\pi/2}=\sqrt{3}\pi.\end{aligned}$$

因此

$$\lim_{r\to\infty}I_s(r)=\begin{cases}0, & s>1,\\-2\pi, & s=1,\\-\infty, & s<1.\end{cases}$$

□

问题 1.28 (美国, 1991) 求函数

$$\int_0^y\sqrt{x^4+(y-y^2)^2}\,\mathrm{d}x$$

在 $[0,1]$ 上的极大值.

解 令

$$I(y)=\int_0^y\sqrt{x^4+(y-y^2)^2}\,\mathrm{d}x\quad(0\leqslant y\leqslant 1),$$

则有

$$I'(y)=\sqrt{y^4+(y-y^2)^2}+\int_0^y\frac{(y-y^2)(1-2y)}{\sqrt{x^4+(y-y^2)^2}}\mathrm{d}x.$$

若 $0<y<1/2$, 则 $(y-y^2)(1-2y)>0$, 于是 $I'(y)>0$. 若 $1/2\leqslant y<1$, 则 $2y-1\geqslant 0, y-y^2>0$, 因而

$$I'(y)=\sqrt{y^4+(y-y^2)^2}-\int_0^y\frac{(y-y^2)(2y-1)}{\sqrt{x^4+(y-y^2)^2}}\mathrm{d}x$$

$$\geqslant \sqrt{y^4+(y-y^2)^2}-(y-y^2)(2y-1)\int_0^y \frac{\mathrm{d}x}{\sqrt{(y-y^2)^2}}$$
$$= \sqrt{y^4+(y-y^2)^2}-y(2y-1).$$

因为

$$\left(\sqrt{y^4+(y-y^2)^2}\right)^2-\left(y(2y-1)\right)^2=2y^3(1-y)>0,$$

所以 $1/2\leqslant y<1$ 时也有 $I'(y)>0$. 因此当 $y\in(0,1)$ 时, $I(y)$ 严格单调增加. 因为函数 $I(y)$ 在 $[0,1]$ 的端点上的值 $I(0)=0, I(1)=1/3$, 所以得知所求的最大值是 $I(1)=1/3$. □

问题 1.29 (中国, 2013) 求光滑封闭曲面 $\varSigma$, 使得积分

$$I=\iint_{\varSigma}(x^3-x)\mathrm{d}y\mathrm{d}z+(2y^3-y)\mathrm{d}z\mathrm{d}x+(3z^3-z)\mathrm{d}x\mathrm{d}y$$

($\varSigma$ 的正法向朝外) 最小, 并求此最小值.

解 设 $\varSigma$ 围成的立体为 $\varGamma$, 则由 Gauss 公式得到

$$I=\iiint_{\varGamma}(3x^2+6y^2+9z^2-3)\mathrm{d}x\mathrm{d}y\mathrm{d}z$$
$$=3\iiint_{\varGamma}(x^2+2y^2+3z^2-1)\mathrm{d}x\mathrm{d}y\mathrm{d}z.$$

为了使 I 取得最小值, 应当使得当 $(x,y,z)\in\varGamma$ 时, $x^2+2y^2+3z^2-1\leqslant 0$. 此时 $I\leqslant 0$. 于是当 $\varGamma$ 是满足条件 $x^2+2y^2+3z^2-1\leqslant 0$ 的最大空间区域时, I 达到最小值. 因此

$$\varGamma=\varGamma_0=\{(x,y,z)\in\mathbb{R}^3 \mid x^2+2y^2+3z^2-1\leqslant 0\}\quad (\text{椭球体}),$$

其表面 $\varSigma=\varSigma_0=\{(x,y,z)\in\mathbb{R}^3 \mid x^2+2y^2+3z^2=1\leqslant 0\}$(椭球面). 为求 I 的最小值

$$I_0=\iint_{\varSigma_0}(x^3-x)\mathrm{d}y\mathrm{d}z+(2y^3-y)\mathrm{d}z\mathrm{d}x+(3z^3-z)\mathrm{d}x\mathrm{d}y$$
$$=3\iiint_{\varGamma_0}(x^2+2y^2+3z^2-1)\mathrm{d}x\mathrm{d}y\mathrm{d}z,$$

应用广义球坐标, 作变换

$$x=r\sin\theta\cos\phi,\quad y=\frac{1}{\sqrt{2}}r\sin\theta\sin\phi,\quad z=\frac{1}{\sqrt{3}}r\cos\theta,$$

则 Jacobi 式等于 $r^2\sin\theta/\sqrt{6}$, 并且

$$I_0=\frac{3}{\sqrt{6}}\int_0^{2\pi}\mathrm{d}\phi\int_0^{\pi}\mathrm{d}\theta\int_0^1(r^2-1)r^2\sin\theta\mathrm{d}r=-\frac{4\sqrt{6}}{15}\pi.$$ □

问题 1.30 (中国, 2010) 证明: 对于任何有限的复值 a,

$$\frac{1}{2\pi}\int_0^{2\pi}\log|a-\mathrm{e}^{\mathrm{i}\theta}|\mathrm{d}\theta=\max\{\log|a|,0\}.$$

证明　证法 1 (实分析方法)　我们考虑一次复系数多项式 $f(x)=x-\alpha$, 其中 $x=\mathrm{e}^{2\pi\mathrm{i}t},\alpha=r\mathrm{e}^{2\pi\mathrm{i}\tau}$, 并且 $r\geqslant 0,\tau$ 是任意实数. 定义

$$M(f)=M(x-\alpha)=\exp\left(\int_0^1\log|\mathrm{e}^{2\pi\mathrm{i}t}-r\mathrm{e}^{2\pi\mathrm{i}\tau}|\mathrm{d}t\right). \tag{1.30.1}$$

我们来证明

$$M(x-\alpha)=\max\{1,|\alpha|\}\quad(\forall\alpha\in\mathbb{C}) \tag{1.30.2}$$

(由此立得本题中的公式).

(i) 显然, 若 f_1,f_2 是两个一次复系数多项式, 则

$$M(f_1f_2)=M(f_1)M(f_2). \tag{1.30.3}$$

又因为式 (1.30.1) 中的积分关于 t 有周期 1, 所以若令 $t-\tau=s$, 则有

$$M(x-\alpha)=\exp\left(\int_0^1\log|\mathrm{e}^{2\pi\mathrm{i}s}-r|\mathrm{d}s\right)=M(x-r),$$

因此对于所有 $\alpha\in\mathbb{C}$,

$$M(x-\alpha)=M(x-|\alpha|). \tag{1.30.4}$$

(ii) 由式 (1.30.4) 可知, 对于正整数 n 和 $k=0,1,\cdots,n-1$, 有

$$M(x-\alpha)=M(x-\alpha\mathrm{e}^{2\pi\mathrm{i}k/n})\ \big(=M(x-|\alpha|)\big).$$

由此应用公式 (1.30.3), 得到

$$\big(M(x-\alpha)\big)^n=\prod_{k=0}^{n-1}M(x-\alpha\mathrm{e}^{2\pi\mathrm{i}k/n})=\exp\left(\sum_{k=0}^{n-1}\int_0^1\log|\mathrm{e}^{2\pi\mathrm{i}t}-\alpha\mathrm{e}^{2\pi\mathrm{i}k/n}|\mathrm{d}t\right).$$

注意到 (令 $x=\mathrm{e}^{2\pi\mathrm{i}t}$)

$$\prod_{k=0}^{n-1}(\mathrm{e}^{2\pi\mathrm{i}t}-\alpha\mathrm{e}^{2\pi\mathrm{i}k/n})=\prod_{k=0}^{n-1}(x-\alpha\mathrm{e}^{2\pi\mathrm{i}k/n})=x^n-\alpha^n,$$

所以

$$\big(M(x-\alpha)\big)^n=\exp\left(\int_0^1\log|\mathrm{e}^{2\pi\mathrm{i}tn}-\alpha^n|\mathrm{d}t\right).$$

在右边积分中作变量代换 $nt=u$, 可推出

$$\begin{aligned}\big(M(x-\alpha)\big)^n&=\exp\left(\int_0^n\log|\mathrm{e}^{2\pi\mathrm{i}u}-\alpha^n|\frac{\mathrm{d}u}{n}\right)\\&=\exp\left(\sum_{j=0}^{n-1}\left(\int_j^{j+1}\log|\mathrm{e}^{2\pi\mathrm{i}u}-\alpha^n|\frac{\mathrm{d}u}{n}\right)\right)\\&=\exp\left(\int_0^1\log|\mathrm{e}^{2\pi\mathrm{i}u}-\alpha^n|\mathrm{d}u\right),\end{aligned}$$

于是对于任何 $\alpha\in\mathbb{C}$,

$$M(x-\alpha)=M(x-\alpha^n)^{1/n} \tag{1.30.5}$$

(其中 n 次方根取算术根).

(iii) 现在区分 α 的不同情形.

(a) 设 $\alpha=1$. 若特别在式 (1.30.5) 中取 $\alpha=1$, 则得 $M(x-1)=M(x-1)^{1/n}$, 从而 $M(x-1)=1$. 由此及式 (1.30.4), 得到

$$M(x-\alpha)=1 \quad (若\ |\alpha|=1).$$

(b) 设 $|\alpha|<1$. 当 n 充分大时

$$\frac{1}{2}\leqslant 1-|\alpha|^n\leqslant |\mathrm{e}^{2\pi\mathrm{i}t}-\alpha^n|\leqslant 1+|\alpha|^n\leqslant 2,$$

所以由 $M(f)$ 的定义推出

$$\frac{1}{2}\leqslant M(x-\alpha^n)\leqslant 2.$$

由此及式 (1.30.5), 得到

$$\frac{1}{2^{1/n}}\leqslant M(x-\alpha)\leqslant 2^{1/n}.$$

令 $n\to\infty$, 可知

$$M(x-\alpha)=1 \quad (若\ |\alpha|<1).$$

(c) 设 $|\alpha|>1$. 那么由定义可得

$$\begin{aligned}M(x-\alpha^n)&=\exp\left(\int_0^1\log|\mathrm{e}^{2\pi\mathrm{i}t}-\alpha^n|\mathrm{d}t\right)\\&=|\alpha|^n\exp\left(\int_0^1\log|1-\alpha^{-n}\mathrm{e}^{2\pi\mathrm{i}t}|\mathrm{d}t\right).\end{aligned}$$

由此及式 (1.30.5) 得到

$$\frac{M(x-\alpha)}{|\alpha|}=\exp\left(\frac{1}{n}\int_0^1\log|1-\alpha^{-n}\mathrm{e}^{2\pi\mathrm{i}t}|\mathrm{d}t\right).$$

因为 $1-|\alpha|^{-n}\leqslant|1-\alpha^{-n}\mathrm{e}^{2\pi\mathrm{i}t}|\leqslant 1+|\alpha|^{-n}$(上界及下界与 t 无关), 所以当 $n\to\infty$ 时上式右边趋于 1, 从而

$$M(x-\alpha)=|\alpha| \quad (若\ |\alpha|>1).$$

综合情形 (a),(b),(c) 即得式 (1.30.2).

证法 2 (用到复分析) 首先设 $|a|>1$. 我们有

$$\begin{aligned}I(a)&=\frac{1}{2\pi}\int_0^{2\pi}\log|a-\mathrm{e}^{\mathrm{i}\theta}|\mathrm{d}\theta\\&=\frac{1}{2\pi}\int_0^{2\pi}\left(\log|a|+\log\left|1-\frac{\mathrm{e}^{\mathrm{i}\theta}}{a}\right|\right)\mathrm{d}\theta\\&=\frac{1}{2\pi}\int_0^{2\pi}\log|a|\mathrm{d}\theta+\frac{1}{2\pi}\int_0^{2\pi}\log\left|1-\frac{\mathrm{e}^{\mathrm{i}\theta}}{a}\right|\mathrm{d}\theta\end{aligned}$$

$$= \log|a| + \frac{1}{2\pi}\int_0^{2\pi} \log\left|1 - \frac{e^{i\theta}}{a}\right| d\theta.$$

令 $z = e^{i\theta}$, 则 $d\theta = dz/(iz)$,

$$\begin{aligned}
&\frac{1}{2\pi}\int_0^{2\pi} \log\left|1 - \frac{e^{i\theta}}{a}\right| d\theta \\
&= \frac{1}{2\pi}\int_{|z|=1} \frac{1}{2}\left(\log\left(1 - \frac{z}{a}\right) + \log\left(1 - \frac{\overline{z}}{\overline{a}}\right)\right) \frac{dz}{iz} \\
&= \frac{1}{4\pi}\int_{|z|=1} \sum_{n=1}^{\infty} \frac{(-1)^{n-1}}{n}\left(\frac{z^n}{a^n} + \frac{\overline{z}^n}{\overline{a}^n}\right) \frac{dz}{iz} \\
&= \frac{1}{2}\sum_{n=1}^{\infty} \frac{(-1)^{n-1}}{n}\left(\frac{1}{a^n}\cdot\frac{1}{2\pi i}\int_{|z|=1} \frac{z^n}{z} dz + \frac{1}{\overline{a}^n}\cdot\frac{1}{2\pi i}\int_{|z|=1} \frac{\overline{z}^n}{z} dz\right) = 0
\end{aligned}$$

(此处应用了复分析中的 Cauchy 积分公式). 于是

$$I(a) = \log|a| \quad (|a| > 1).$$

若 $|a| < 1$, 则 $|1/a| > 1$, 我们有

$$\begin{aligned}
I(a) &= \frac{1}{2\pi}\int_0^{2\pi} \log\left(|ae^{i\theta}|\cdot\left|\frac{1}{a} - e^{-i\theta}\right|\right) d\theta \\
&= \frac{1}{2\pi}\int_0^{2\pi} \log|ae^{i\theta}| d\theta + \frac{1}{2\pi}\int_0^{2\pi} \left|\frac{1}{a} - e^{-i\theta}\right| d\theta \\
&= \log|a| + I\left(\frac{1}{a}\right) = \log|a| + \log\left|\frac{1}{a}\right| = 0.
\end{aligned}$$

若 $|a| = 1$, 则显然 $I(a) = 0$. 于是本题得证. □

注 (1) 本题是复分析中 Jensen 公式的推论. 关于 Jensen 公式, 可见 E. C. 梯其玛希的《函数论》(科学出版社, 1964) 第 3 章.

(2) 由本题可推出: 设 $P(z) = a_n(z-\alpha_1)(z-\alpha_2)\cdots(z-\alpha_n) \in \mathbb{C}[z]\,(c_n \neq 0)$, 则

$$\exp\left(\int_0^1 \log|P(e^{2\pi t i})| dt\right) = |a_n|\prod_{k=1}^{n} \max\{1, |\alpha_k|\}$$

(左式称为多项式 P 的 Mahler 度量).

1.3 无穷级数

问题 1.31 (匈牙利, 1971) 设 a_k $(k \geqslant 1)$ 是一个单调递增的无穷正数列, 并且存在一个常数 K, 使得

$$\sum_{k=1}^{n-1} a_k^2 < K a_n^2 \quad (n \geqslant 2). \tag{1.31.1}$$

证明: 存在一个常数 K', 使得

$$\sum_{k=1}^{n-1} a_k < K' a_n \quad (n \geqslant 2). \tag{1.31.2}$$

证明 证法 1 可以认为 K 是大于 1 的整数 (不然用 $[K]+2$ 代替 K). 我们对 n 用数学归纳法证明式 (1.31.2) 成立, 其中 $K'=8K$. 如果 $n \leqslant 8K$, 那么由 a_k 的单调性, 不等式 (1.31.2) 显然成立. 下面设 $n > 8K$. 依 a_k 的单调性可知

$$\begin{aligned}\sum_{k=1}^{n-1} a_k^2 > \sum_{k=n-4K}^{n-1} a_k^2 \geqslant \sum_{k=n-4K}^{n-1} a_{n-4K}^2 \\ = \big((n-1)-(n-4K)+1\big)a_{n-4K}^2 = 4Ka_{n-4K}^2.\end{aligned}$$

由此及式 (1.31.1) 得到

$$4Ka_{n-4K}^2 < \sum_{k=1}^{n-1} a_k^2 < Ka_n^2,$$

所以

$$a_{n-4K} < \frac{1}{2} a_n. \tag{1.31.3}$$

注意

$$\sum_{k=1}^{n-1} a_k = \sum_{k=1}^{n-4K-1} a_k + \sum_{k=n-4K}^{n-1} a_k.$$

由归纳假设及式 (1.31.3) 可知

$$\sum_{k=1}^{n-4K-1} a_k < 8Ka_{n-4K} < 8K \cdot \frac{1}{2} a_n = 4Ka_n.$$

由 a_k 的单调性得到

$$\sum_{k=n-4K}^{n-1} a_k \leqslant \sum_{k=n-4K}^{n-1} a_n = \big((n-1)-(n-4K)+1\big)a_n = 4Ka_n.$$

因此

$$\sum_{k=1}^{n-1} a_k < 4Ka_n + 4Ka_n = 8Ka_n.$$

于是完成归纳证明.

证法 2 题中 a_k 的单调性是多余的. 事实上, 不假设此条件, 本题结论容易由下列命题推出:

命题 设 $b_n > 0$, 则存在常数 K, 使得

$$\sum_{k=1}^{n-1} b_k < Kb_n \quad (n \geqslant 2) \tag{1.31.4}$$

成立的充要条件是存在常数 $c>0$ 及正整数 r, 使得对于所有 $n\geqslant 1$,

$$b_{n+1}>cb_n, \tag{1.31.5}$$

并且

$$b_{n+r}>2b_n. \tag{1.31.6}$$

(i) 首先证明上述命题.

必要性. 设式 (1.31.4) 成立, 则由 $b_k>0$ 得到 $b_{n-1}<Kb_n$, 于是不等式 (1.31.5) 成立, 其中 $c=1/K$. 又由式 (1.31.4) 推出

$$b_{n+1}>\frac{1}{K}b_n, b_{n+2}>\frac{1}{K}b_n, \cdots, b_{n+r-1}>\frac{1}{K}b_n,$$

其中正整数 r 待定. 将它们相加, 得到

$$b_{n+1}+b_{n+2}+\cdots+b_{n+r-1}>\frac{r-1}{K}b_n;$$

再次应用式 (1.31.4), 类似地得到

$$b_{n+r}>\frac{1}{K}(b_{n+1}+b_{n+2}+\cdots+b_{n+r-1})>\frac{1}{k}\cdot\frac{r-1}{K}b_n=\frac{r-1}{K^2}b_n.$$

取 $r=[2K^2]+2$, 即得不等式 (1.31.6).

充分性. 补充定义 $b_0=b_{-1}=\cdots=0$, 那么

$$\begin{aligned}\sum_{k=1}^{n-1}b_k&=\sum_{k=1}^{r}\sum_{i=0}^{\infty}b_{n-k-ir}<\sum_{k=1}^{r}\sum_{i=0}^{\infty}\frac{b_{n-k}}{2^i}\quad (\text{应用式 (1.31.6)})\\&\leqslant 2\sum_{k=1}^{r}b_{n-k}<2\sum_{k=1}^{r}\frac{b_n}{c^k}\quad (\text{应用式 (1.31.5)}).\end{aligned}$$

令

$$K=2\sum_{k=1}^{r}c^{-k},$$

即得不等式 (1.31.4).

(ii) 由上述命题推出本题结论: 由式 (1.31.1) 及命题条件的必要性, 可知 $a_{n+1}^2>ca_n^2$ 及 $a_{n+r}^2>2a_n^2$. 由此得到 $a_{n+1}>\sqrt{c}a_n$; 并且由

$$a_{n+2r}^2>a_{n+r}^2>4a_n^2,$$

可得到 $a_{n+2r}>2a_n$. 于是由命题条件的充分性推出不等式 (1.31.2). □

注 若不等式 (1.31.1) 中指数 2 换成 $\lambda>0$, 则不等式 (1.31.2) 仍然成立. 等价地, 可将不等式 (1.31.1) 中指数 2 换成 $\lambda>0$, 不等式 (1.31.2) 中指数 1 换成 $\mu>0$. 此时令 $\widetilde{a}_n=a_n^{\mu}$, 则不等式 (1.31.1) 成为 $\sum\limits_{k=1}^{n-1}\widetilde{a}_k^{\lambda/\mu}<K$, 不等式 (1.31.2) 成为 $\sum\limits_{k=1}^{n-1}\widetilde{a}_k<K'$.

问题 1.32 (匈牙利, 1976) 设 $z_1,z_2,\cdots,z_n$ 是非零复数, $b_1,b_2,\cdots,b_n$ 是任意复数, 令

$$S_k=\sum_{j=1}^{n}b_jz_j^k\quad (k=0,\pm1,\pm2,\cdots,\pm n).$$

证明:

$$|S_0| \leqslant n \max_{0<|k|\leqslant n} |S_k|.$$

证明 令

$$P(z)=\prod_{i=1}^{n}(z-z_i)=\sum_{k=0}^{n} a_k z^k,$$

以及

$$\max_{0\leqslant k\leqslant n} |a_k| = |a_m|.$$

显然 $|a_m|\geqslant 1$. 于是

$$\begin{aligned}\sum_{k=0}^{n} a_k S_{k-m} &= \sum_{k=0}^{n}\sum_{j=1}^{n} a_k b_j z_j^{k-m} = \sum_{j=1}^{n} b_j z_j^{-m}\sum_{k=0}^{n} a_k z_j^k \\ &= \sum_{j=1}^{n} b_j z_j^{-m} P(z_j) = \sum_{j=1}^{n} b_j z_j^{-m}\cdot 0 = 0.\end{aligned}$$

因此

$$|S_0| = \left|\sum_{\substack{0\leqslant k\leqslant n\\ k\neq m}}\left(-\frac{a_k}{a_m}\right) S_{k-m}\right| \leqslant \sum_{\substack{0\leqslant k\leqslant n\\ k\neq m}} |S_{k-m}| \leqslant n \max_{0<|k|\leqslant n} |S_k|. \qquad \square$$

问题 1.33 (匈牙利, 1966) 设 $\sum\limits_{m=-\infty}^{\infty} |a_m| < \infty$. 判断

$$\lim_{n\to\infty}\frac{1}{2n+1}\sum_{m=-\infty}^{\infty} |a_{m-n}+a_{m-n+1}+\cdots+a_{m+n}|$$

是否存在, 并加以证明.

解 因为

$$\sigma = \sum_{m=-\infty}^{\infty} |a_m| < \infty,$$

所以

$$S=\sum_{m=-\infty}^{\infty} a_m$$

存在. 令

$$C_n = \frac{1}{2n+1}\sum_{m=-\infty}^{\infty} |a_{m-n}+a_{m-n+1}+\cdots+a_{m+n}|.$$

我们证明:

$$\lim_{n\to\infty} C_n = |S|.$$

为此, 设 $\varepsilon>0$ 任意给定, 那么存在最小的正整数 M, 使得

$$\sum_{|m|>M} |a_m| < \varepsilon.$$

当 $n \geqslant M$ 时

$$\begin{aligned}(2n+1)C_n &= \sum_{|m|>n+M} |a_{m-n}+a_{m-n+1}+\cdots+a_{m+n}| \\ &\quad + \sum_{n+M\geqslant|m|>n-M} |a_{m-n}+a_{m-n+1}+\cdots+a_{m+n}| \\ &\quad + \sum_{|m|\leqslant n-M} |a_{m-n}+a_{m-n+1}+\cdots+a_{m+n}| \\ &= C_{n1}+C_{n2}+C_{n3}.\end{aligned}$$

我们有

$$\begin{aligned}C_{n1} &\leqslant \sum_{|m|>n+M} (|a_{m-n}|+|a_{m-n+1}|+\cdots+|a_{m+n}|) \\ &\leqslant (2n+1)\sum_{|m|>M}|a_m| \leqslant (2n+1)\varepsilon,\end{aligned}$$

以及

$$C_{n2} \leqslant \sum_{n+M\geqslant|m|>n-M} \sigma \leqslant 4M\sigma.$$

此外, 当 $|m| \leqslant n-M$ 时, $m-n \leqslant -M \leqslant M \leqslant m+n$, 所以对于 $|m| \leqslant n-M$,

$$\begin{aligned}&\big||a_{m-n}+a_{m-n+1}+\cdots+a_{m+n}|-|S|\big| \\ &\quad\leqslant |a_{m-n}+a_{m-n+1}+\cdots+a_{m+n}-S| \leqslant \sum_{|m|>M}|a_m| < \varepsilon,\end{aligned}$$

从而

$$\begin{aligned}&\big|C_{n3}-(2n-2M+1)|S|\big| \\ &\quad\leqslant \sum_{|m|\leqslant n-M} \big||a_{m-n}+a_{m-n+1}+\cdots+a_{m+n}|-|S|\big| \leqslant (2n-2M+1)\varepsilon.\end{aligned}$$

于是

$$\begin{aligned}&\big|(2n+1)C_n-(2n-2M+1)|S|\big| \\ &\quad= \big|C_{n1}+C_{n2}+C_{n3}-(2n-2M+1)|S|\big| \\ &\quad\leqslant C_{n1}+C_{n2}+\big|C_{n3}-(2n-2M+1)|S|\big| \\ &\quad\leqslant (2n+1)\varepsilon+4M\sigma+(2n-2M+1)\varepsilon.\end{aligned}$$

由此可知

$$\left|C_n-\frac{2n-2M+1}{2n+1}|S|\right| \leqslant \varepsilon+\frac{4M}{2n+1}\sigma+\frac{2n-2M+1}{2n+1}\varepsilon,$$

从而

$$\overline{\lim_{n\to\infty}}\big|C_n-|S|\big| \leqslant 2\varepsilon.$$

因为 $\varepsilon>0$ 可任意小, 所以 $\lim\limits_{n\to\infty}C_n=|S|$. □

问题 1.34 (匈牙利, 1980) 设 $f(x)$ 是 $(0,2\pi)$ 上的非负可积函数, 有 Fourier 级数

$$f(x)=a_0+\sum_{k=1}^{\infty}a_{n_k}\cos n_kx,$$

其中 n_k 是正整数, 当 $k\neq l$ 时 $n_k\nmid n_l$. 证明: $|a_{n_k}|\leqslant a_0\ (k\geqslant 0)$.

证明 设 $K_n(x)$ 是 Fejér 核, 它是如下的三角多项式:

$$K_n(x)=\frac{1}{2}+\sum_{k=1}^{n}\left(1-\frac{k}{n+1}\right)\cos kx.$$

对于任何 $x\in\mathbb{R},K_n(x)\geqslant 0$(见本题注). 因为 f 非负, 所以

$$0\leqslant\int_0^{2\pi}f(x)K_n(n_kx)\mathrm{d}x=\pi\left(a_0+\left(1-\frac{1}{n+1}\right)a_{n_k}\right)$$

(由于题设 n_k 的性质, 上述积分只能产生一个含 a_{n_k} 的项). 令 $n\to\infty$, 即得 $a_{n_k}\leqslant a_0$.

又因为 $K_n(x-\pi)=1/2-\big(1-1/(n+1)\big)\cos x+\cdots$, 所以

$$0\leqslant\int_0^{2\pi}f(x)K_n(n_kx-\pi)\mathrm{d}x=\pi\left(a_0-\left(1-\frac{1}{n+1}\right)a_{n_k}\right).$$

令 $n\to\infty$, 即得 $a_{n_k}\leqslant -a_0$.

综上, 即得 $|a_{n_k}|\leqslant a_0\ (k\geqslant 0)$. □

注 (关于 Fejér 核的简单介绍) 令

$$A_0(x)=\frac{1}{2},\quad A_m(x)=\frac{1}{2}+\sum_{k=1}^{m}\cos kx\quad (m\geqslant 1).$$

将 $A_m(x)(m=0,1,\cdots n)$ 的平均值记为

$$K_n(x)=\frac{1}{n+1}\sum_{m=0}^{n}A_m(x).$$

交换二重求和的次序, 它可改写为

$$\begin{aligned}K_n(x)&=\frac{1}{n+1}\sum_{m=0}^{n}\frac{1}{2}+\frac{1}{n+1}\sum_{m=1}^{n}\sum_{k=1}^{m}\cos kx\\&=\frac{1}{2}+\frac{1}{n+1}\sum_{m=1}^{n}\sum_{k=1}^{m}\cos kx=\frac{1}{2}+\frac{1}{n+1}\sum_{k=1}^{n}\sum_{m=k}^{n}\cos kx\\&=\frac{1}{2}+\frac{1}{n+1}\sum_{k=1}^{n}(n+1-k)\cos kx\\&=\frac{1}{2}+\sum_{k=1}^{n}\left(1-\frac{k}{n+1}\right)\cos kx.\end{aligned}$$

我们来证明: 对于任何 $x\in\mathbb{R},K_n(x)\geqslant 0$. 为此, 在恒等式

$$\sin\left(k+\frac{1}{2}\right)x-\sin\left(k-\frac{1}{2}\right)x=2\sin\frac{x}{2}\cos kx\quad(k\in\mathbb{N})$$

中令 $k=1,2,\cdots,m$, 然后将所得等式相加, 可得

$$\sin\left(m+\frac{1}{2}\right)x=2\sin\frac{x}{2}\left(\frac{1}{2}+\sum_{k=1}^{m}\cos kx\right).$$

因此

$$A_m(x)=\frac{\sin\left(m+\dfrac{1}{2}\right)x}{2\sin\dfrac{x}{2}}\quad(m\geqslant 1).$$

(我们也可以直接应用 Euler 公式 $\cos x=(\mathrm{e}^{\mathrm{i}x}+\mathrm{e}^{-\mathrm{i}x})/2$ 推出此式, 请参见 Г. М. 菲赫金哥尔茨所著的《微积分学教程 (第 2 卷)》(第 8 版, 高等教育出版社, 2006) 第 447 页.) 于是

$$K_n(x)=\frac{1}{2(n+1)\sin\dfrac{x}{2}}\sum_{m=0}^{n}\sin\left(m+\frac{1}{2}\right)x.$$

因为

$$\cos mx-\cos(m+1)x=2\sin x\sin\left(m+\frac{1}{2}\right)x\quad(m\geqslant 0),$$

所以

$$\begin{aligned}K_n(x)&=\frac{1}{4(n+1)\sin^2\dfrac{x}{2}}\sum_{m=0}^{n}\big(\cos mx-\cos(m+1)x\big)\\&=\frac{1-\cos(n+1)x}{4(n+1)\sin^2\dfrac{x}{2}}=\frac{1}{2(n+1)}\left(\frac{\sin(n+1)\dfrac{x}{2}}{\sin\dfrac{x}{2}}\right)^2\geqslant 0.\end{aligned}$$

我们通常将上式右边的第二个表达式称为 Fejér 核.

问题 1.35　(1) (苏联, 1975) 给定级数 $\sum\limits_{k=1}^{\infty}a_n$, 其中 $a_n>0$. 设

$$\lim_{n\to\infty}\frac{\log\dfrac{1}{a_n}}{\log n}=q.$$

证明: 当 $q>1$ 时, 级数收敛; 当 $q<1$ 时, 级数发散.

(2) (苏联, 1977) 设级数 $\sum\limits_{k=1}^{\infty}a_n$ 发散, 并且 $a_n>0,S_n=a_1+a_2+\cdots+a_n$. 证明: 级数 $\sum\limits_{k=1}^{\infty}a_n/S_n$ 发散.

(3) (中国, 2009) 设

$$a_n=\int_0^{\pi/2}t\left|\frac{\sin nt}{\sin t}\right|\mathrm{d}t.$$

证明: 级数 $\sum\limits_{n=1}^{\infty} 1/a_n$ 发散.

(4) (中国, 2010) 设 $a_n>0, S_n=\sum\limits_{k=1}^{n} a_k$. 证明:

(i) 当 $\alpha>1$ 时, 级数 $\sum\limits_{k=1}^{\infty} a_n/S_n^{\alpha}$ 收敛;

(ii) 当 $\alpha \leqslant 1$ 且 $S_n \to \infty\,(n\to\infty)$ 时, 级数 $\sum\limits_{k=1}^{\infty} a_n/S_n^{\alpha}$ 发散.

(5) (中国, 2011) 设 $f(x)$ 是在 $(-\infty,+\infty)$ 内的可微函数, 并且 $|f'(x)|<mf(x)$, 其中 $0<m<1$. 任取实数 a_0, 定义 $a_n=\log f(a_{n-1})(n=1,2,\cdots)$. 证明: $\sum\limits_{n=1}^{\infty}(a_n-a_{n-1})$ 绝对收敛.

(6) (美国, 2012) 定义函数

$$f(x)=\begin{cases} x, & x\leqslant \mathrm{e},\\ xf(\log x), & x>\mathrm{e}, \end{cases}$$

判断级数 $\sum\limits_{n=1}^{\infty} 1/f(n)$ 的收敛性.

(7) (中国, 2013) 设 $f(x)$ 在 $x=0$ 处存在二阶导数 $f''(0)$, 并且 $\lim\limits_{x\to 0}(f(x)/x)=0$. 证明: 级数 $\sum\limits_{n=1}^{\infty}|f(1/n)|$ 收敛.

证明 (1) 若 $q=1+\alpha$, 其中 $\alpha>0$, 则

$$\frac{\log \dfrac{1}{a_n}}{\log n} \geqslant 1+\alpha \quad (n\geqslant n_0),$$

因此

$$a_n \leqslant \frac{1}{n^{1+\alpha}} \quad (n\geqslant n_0),$$

从而级数 $\sum\limits_{n=1}^{\infty} a_n$ 收敛. 对另一情形, 有 $a_n \geqslant 1/n\,(n\geqslant n_0)$, 所以级数发散 (注: 原题中条件 $q>1$ 可换为 $q\geqslant 1$).

(2) 见本题 (4).

(3) 记

$$a_n=\int_0^{\pi/n} t\left|\frac{\sin nt}{\sin t}\right|^3 \mathrm{d}t+\int_{\pi/n}^{\pi/2} t\left|\frac{\sin nt}{\sin t}\right|^3 \mathrm{d}t=I_1+I_2.$$

因为 $|\sin 2x|=2|\sin x\cos x|\leqslant 2|\sin x|$, 所以由 $\sin(k+1)x=\sin kx\cos x+\cos kx\sin x$, 应用数学归纳法, 可知

$$|\sin nx|\leqslant n|\sin x| \quad (n\geqslant 1).$$

于是

$$I_1\leqslant \int_0^{\pi/n} tn^3\mathrm{d}t=\frac{\pi^2 n}{2}.$$

又由 Jordan 不等式, $\sin t\geqslant (2/\pi)t\,(0\leqslant t\leqslant \pi/2)$, 所以

$$I_2\leqslant \int_{\pi/n}^{\pi/2} t\left|\frac{1}{\sin t}\right|^3 \mathrm{d}t\leqslant \int_{\pi/n}^{\pi/2} t\left|\frac{\pi}{2t}\right|^3 \mathrm{d}t=\frac{\pi^3}{8}\left(\frac{n}{\pi}-\frac{2}{\pi}\right)<\frac{\pi^2 n}{8}.$$

因此

$$a_n < \frac{\pi^2 n}{2} + \frac{\pi^2 n}{8} < \pi^2 n \quad (n \geqslant 1).$$

由此立知级数 $\sum\limits_{n=1}^{\infty} 1/a_n$ 发散.

(4) (i) 当 $\alpha > 1$ 时, 由定积分的几何意义, 以 x 轴上的区间 $[S_{n-1}, S_n]$ 为底边 (其长度为 $S_n - S_{n-1} = a_n$)、以 $1/S_n^\alpha$ 为高的矩形的面积

$$\frac{a_n}{S_n^\alpha} < \int_{S_{n-1}}^{S_n} \frac{\mathrm{d}x}{x^\alpha},$$

我们得到

$$\sum_{n=2}^{N} \frac{a_n}{S_n^\alpha} \leqslant \sum_{n=2}^{N} \int_{S_{n-1}}^{S_n} \frac{\mathrm{d}x}{x^\alpha} = \int_{S_1}^{S_N} \frac{\mathrm{d}x}{x^\alpha}.$$

因为积分

$$\int_{S_1}^{\infty} \frac{\mathrm{d}x}{x^\alpha} \quad (\alpha > 1)$$

收敛, 所以 $\sum\limits_{n=2}^{N} a_n/S_n^\alpha$ 是单调递增上有界的无穷数列, 因而级数 $\sum\limits_{n=1}^{\infty} a_n/S_n^\alpha$ 收敛.

(ii) 若 $S_n \to \infty\,(n \to \infty)$, 则当 $n \geqslant n_0$ 时 $S_n > 1$, 并且级数 $\sum\limits_{n=1}^{\infty} a_n$ 发散. 如果 $\alpha \leqslant 0$, 那么

$$\frac{a_n}{S_n^\alpha} \geqslant a_n \quad (n \geqslant n_0),$$

因此级数 $\sum\limits_{n=1}^{\infty} a_n/S_n^\alpha$ 发散. 如果 $0 < \alpha \leqslant 1$, 则当 $n \geqslant n_0$ 时, $a_n/S_n^\alpha \geqslant a_n/S_n$, 因此只需证明 $\sum\limits_{n=1}^{\infty} a_n/S_n$ 发散. 下面区分两种情形讨论.

(a) 如果有无穷多个 n 满足 $S_{n-1} < a_n$, 那么对于这些 (无穷多个)n,

$$\frac{a_n}{S_n} = \frac{a_n}{S_{n-1} + a_n} > \frac{1}{2},$$

因而级数 $\sum\limits_{n=1}^{\infty} a_n/S_n$ 发散.

(b) 如果当 $n \geqslant n_1$ 时 $S_{n-1} \geqslant a_n$, 那么 $S_n = S_{n-1} + a_n \leqslant 2S_{n-1}\,(n \geqslant n_1)$, 从而(与题 (i) 类似)对任何 $N \geqslant n_1$, 有

$$\sum_{n=n_1}^{N} \frac{a_n}{S_n} \geqslant \frac{1}{2} \sum_{n=n_1}^{N} \frac{a_n}{S_{n-1}} \geqslant \frac{1}{2} \sum_{n=n_1}^{N} \int_{S_{n-1}}^{S_n} \frac{\mathrm{d}x}{x} = \frac{1}{2} \int_{S_{n_1-1}}^{S_N} \frac{\mathrm{d}x}{x}.$$

因为积分 $\int_1^{\infty} (\mathrm{d}x/x)$ 发散, 所以级数 $\sum\limits_{n=1}^{\infty} a_n/S_n$ 也发散.

总之, 当 $\alpha \leqslant 1$ 时级数 $\sum\limits_{n=1}^{\infty} a_n/S_n^\alpha$ 发散.

(5) 由题设条件 $|f'(x)| < mf(x)$ 可知 $f(x)$ 是正函数, 所以 $\log f(a_n)(n \geqslant 1)$ 有定义. 由 Lagrange 中值定理, 存在 $\xi \in (a_{n-1}, a_{n-2})$, 使得

$$a_n - a_{n-1} = \log f(a_{n-1}) - \log f(a_{n-2}) = \frac{f'(\xi)}{f(\xi)}(a_{n-1} - a_{n-2}),$$

于是

$$|a_n - a_{n-1}| = \left|\frac{f'(\xi)}{f(\xi)}(a_{n-1} - a_{n-2})\right|.$$

又由题设 $|f'(x)| < mf(x)$ 推出

$$\left|\frac{f'(\xi)}{f(\xi)}\right| < m.$$

因此对于任何 $n \geqslant 1$, 有

$$|a_n - a_{n-1}| < m|a_{n-1} - a_{n-2}|.$$

反复应用此不等式有限次, 可知

$$|a_n - a_{n-1}| < m|a_{n-1} - a_{n-2}| < m \cdot m|a_{n-2} - a_{n-3}| < \cdots < m^{n-1}|a_1 - a_0|.$$

因为几何级数 $\sum\limits_{n=1}^{\infty} m^n \, (0 < m < 1)$ 收敛, 所以 $\sum\limits_{n=1}^{\infty} |a_n - a_{n-1}|$ 收敛, 即 $\sum\limits_{n=1}^{\infty} \big(a_n - a_{n-1}\big)$ 绝对收敛.

(6) 解法 1 令 $e_1 = \mathrm{e}, e_k = \mathrm{e}^{e_{k-1}} (k \geqslant 2)$. 由数学归纳法得

$$f(x) = \begin{cases} x, & x \leqslant e_1, \\ x \log x, & e_1 < x \leqslant e_2, \\ x \log x \log(\log x), & e_2 < x \leqslant e_3, \\ \cdots, & \\ x \log x \log(\log x) \cdots \log^{(k)} x, & e_k < x \leqslant e_{k+1}, \end{cases}$$

其中 $\log^{(k)}(x)$ 表示 $\log x$ 的 k 重复合. 记 $N_1 = [e_1] = 2, N_2 = [e_2], \cdots, N_k = [e_k]$, 则

$$\begin{aligned} \sum_{n=1}^{N_k} \frac{1}{f(n)} &\geqslant \int_1^{e_k} \frac{\mathrm{d}x}{f(x)} = \int_1^{e_1} \frac{\mathrm{d}x}{x} + \int_{e_1}^{e_2} \frac{\mathrm{d}x}{x \log x} + \cdots + \int_{e_{k-1}}^{e_k} \frac{\mathrm{d}x}{x \log x \log(\log x) \cdots \log^{(k-1)} x} \\ &= \log x\Big|_1^{e_1} + \log(\log x)\Big|_{e_1}^{e_2} + \cdots + \log^{(k)} x\Big|_{e_{k-1}}^{e_k} \\ &= (1-0) + (1-0) + \cdots + (1-0) = k. \end{aligned}$$

因此级数发散.

解法 2 因为 $f(\mathrm{e}) = \mathrm{e}$, 所以当 $x \geqslant \mathrm{e}$ 时 $f(x) = xf(\log x)$. 定义 e_i 同解法 1. 由数学归纳法可知, 对于每个 $i \geqslant 0, f$ 是 $[e_i, e_{i+1}]$ 上递增的连续正函数, 因而也是 $[1, \infty)$ 上递增的连续正函数. 于是当且仅当积分 $\int_1^{\infty} \big(\mathrm{d}x/f(x)\big)$ 收敛时, $\sum\limits_{n=1}^{\infty} 1/f(n)$ 收敛. 若级数收敛, 则积分

$$\int_{\mathrm{e}}^{\infty} \frac{\mathrm{d}x}{f(x)} = \int_{\mathrm{e}}^{\infty} \frac{\mathrm{d}x}{xf(\log x)}$$

也收敛, 从而可作变量代换 $t = \log x$, 得到

$$\int_{\mathrm{e}}^{\infty} \frac{\mathrm{d}x}{f(x)} = \int_1^{\infty} \frac{\mathrm{d}t}{f(t)}.$$

于是我们得到矛盾.

(7) 下面两种证法思路相同, 但有所差别.

证法 1　因为 $f(x)$ 在 $x=0$ 处有二阶导数 $f''(0)$, 所以由 $\lim\limits_{x\to 0}\big(f(x)/x\big)=0$ 推出

$$f(0)=\lim_{x\to 0}f(x)=\lim_{x\to 0}\left(x\cdot\frac{f(x)}{x}\right)=0,$$

进而得到

$$f'(0)=\lim_{x\to 0}\frac{f(x)-f(0)}{x-0}=\lim_{x\to 0}\frac{f(x)}{x}=0.$$

于是由 L'Hospital 法则,

$$\lim_{x\to 0}\frac{f(x)}{x^2}=\lim_{x\to 0}\frac{f'(x)}{2x}=\frac{1}{2}\lim_{x\to 0}\frac{f'(x)-f(0)}{x-0}=\frac{1}{2}f''(0).$$

由此可知

$$f\left(\frac{1}{n}\right)\sim\frac{1}{2}f''(0)\cdot\frac{1}{n^2}\quad(n\to\infty).$$

从而由 $\sum\limits_{n=1}^{\infty}1/n^2$ 的收敛性得知级数 $\sum\limits_{n=1}^{\infty}|f(1/n)|$ 收敛.

证法 2　在 $x=0$ 的某个邻域 $|x|<\delta$ 中,

$$f(x)=f(0)+f'(0)x+\frac{f''(\theta x)}{2!}x^2\quad(|\theta|<1).$$

同证法 1, 可知 $f(0)=f'(0)=0$. 于是

$$f(x)=\frac{x^2}{2}f''(\theta x).$$

取含在 $|x|<\delta$ 中的某个包含 0 的闭区间 $[a,b]$, 则在其上 $f''(x)$ 有界, 所以 $|f(x)|<Kx^2$(K 为某个常数). 于是当 n 充分大时 $1/n\in[a,b]$, 从而 $|f(1/n)|<K/n^2$. 因此题中级数收敛. □

问题 1.36　(匈牙利, 1971) 设 $F(x)$ 是 $(0,\infty)$ 上的单调正函数, 在 $(0,\infty)$ 上 $F(x)/x$ 单调非减, 并且对某个 $d>0$, $F(x)/x^{1+d}$ 单调非增. 还设数列 $\lambda_n>0, a_n\geqslant 0\,(n\geqslant 1)$ 满足

(1) $\displaystyle\sum_{n=1}^{\infty}\lambda_n F\left(a_n\sum_{k=1}^{n}\frac{\lambda_k}{\lambda_n}\right)<\infty;$ (1.36.1)

或

(2) $\displaystyle\sum_{n=1}^{\infty}\lambda_n F\left(\sum_{k=1}^{n}a_k\frac{\lambda_k}{\lambda_n}\right)<\infty,$ (1.36.2)

则 $\sum\limits_{n=1}^{\infty}a_n$ 收敛.

证明　(1) 首先证明: 式 (1.36.1) 成立 $\Rightarrow\sum\limits_{n=1}^{\infty}a_n$ 收敛.

(i) 依题设, 若 $x\geqslant 1$, 则 $F(x)/x\geqslant F(1)$; 若 $x\leqslant 1$, 则 $F(x)/x^{1+d}\geqslant F(1)$. 因此我们可以假设 $F(1)=1$(即以 $F(x)/F(1)$ 代替 $F(x)$, 这不影响题设及结论), 于是

$$F(x)\geqslant x\quad(x\geqslant 1),\tag{1.36.3}$$

以及

$$F(x)\geqslant x^{1+d}\quad(x\leqslant 1).\tag{1.36.4}$$

(ii) 用 $\sum\limits_n{}'$ 表示对于满足

$$a_n\sum_{k=1}^n\frac{\lambda_k}{\lambda_n}\geqslant 1 \tag{1.36.5}$$

的那些 n 求和, 用 $\sum\limits_n{}''$ 表示对于其余的即满足

$$a_n\sum_{k=1}^n\frac{\lambda_k}{\lambda_n}<1 \tag{1.36.6}$$

的那些 n 求和. 由式 (1.36.1)、式 (1.36.5) 和式 (1.36.3) 可知

$$\begin{aligned}\infty>\sum_n{}'\lambda_nF\left(a_n\sum_{k=1}^n\frac{\lambda_k}{\lambda_n}\right)&\geqslant\sum_n{}'\lambda_n\cdot a_n\sum_{k=1}^n\frac{\lambda_k}{\lambda_n}\\&=\sum_n{}'a_n\sum_{k=1}^n\lambda_k\geqslant\sum_n{}'a_n\lambda_1.\end{aligned}$$

因为 $\lambda_1>0$, 所以

$$\sum_n{}'a_n<\infty. \tag{1.36.7}$$

(iii) 类似地, 由式 (1.36.1)、式 (1.36.6) 和式 (1.36.4) 可知

$$\begin{aligned}\infty>\sum_n{}''\lambda_nF\left(a_n\sum_{k=1}^n\frac{\lambda_k}{\lambda_n}\right)&\geqslant\sum_n{}''\lambda_n\cdot\left(a_n\sum_{k=1}^n\frac{\lambda_k}{\lambda_n}\right)^{1+d}\\&=\sum_n{}''a_n^{1+d}\lambda_n^{-d}\left(\sum_{k=1}^n\lambda_k\right)^{1+d}.\end{aligned} \tag{1.36.8}$$

进而将 $\sum\limits_n{}''a_n$ 划分为两部分:

$$\sum_n{}''a_n=\sum_n{}''^{(1)}a_n+\sum_n{}''^{(2)}a_n,$$

其中 $\sum\limits_n{}''^{(1)}$ 表示对所有满足

$$a_n<\lambda_n\left(\sum_{k=1}^n\lambda_k\right)^{-(1+d)/d} \tag{1.36.9}$$

的 n 求和, $\sum\limits_n{}''^{(2)}$ 表示对所有其他的即满足

$$a_n\geqslant\lambda_n\left(\sum_{k=1}^n\lambda_k\right)^{-(1+d)/d} \tag{1.36.10}$$

的 n 求和. 于是由不等式 (1.36.9) 得到

$$\sum_n{}''^{(1)}a_n<\sum_{n=1}^\infty\lambda_n\left(\sum_{k=1}^n\lambda_k\right)^{-(1+d)/d}.$$

显然, 若 $\sum\limits_{n=1}^{\infty}\lambda_n$ 收敛. 则上式右边的级数也收敛, 不然 (注意 $(1+d)/d>1$), 由 Abel-Dini 定理 (见本题注) 可知此级数也收敛, 所以

$$\sum_{n}{}''^{(1)} a_n<\infty. \tag{1.36.11}$$

又由式 (1.36.8) 和式 (1.36.10) 可知

$$\begin{aligned}\infty>\sum_{n}{}''^{(2)} a_n^{1+d}\lambda_n^{-d}\left(\sum_{k=1}^{n}\lambda_k\right)^{1+d}&=\sum_{n}{}''^{(2)} a_n\cdot a_n^d\cdot\lambda_n^{-d}\left(\sum_{k=1}^{n}\lambda_k\right)^{1+d}\\ &\geqslant\sum_{n}{}''^{(2)} a_n\cdot\left(\lambda_n\left(\sum_{k=1}^{n}\lambda_k\right)^{-(1+d)/d}\right)^{d}\cdot\lambda_n^{-d}\left(\sum_{k=1}^{n}\lambda_k\right)^{1+d},\end{aligned}$$

即得

$$\sum_{n}{}''^{(2)} a_n<\infty. \tag{1.36.12}$$

于是由式 (1.36.7)、式 (1.36.11) 和式 (1.36.12) 推出 $\sum\limits_{n=1}^{\infty}a_n$ 收敛.

(2) 现在证明: 式 (1.36.2) 成立 $\Rightarrow\sum\limits_{n=1}^{\infty}a_n$ 收敛.

证法 1　如果只有有限多个 $a_n\neq0$, 那么结论显然成立. 所以不妨认为所有 $a_n\neq0$(若有有限多个 $a_n=0$, 则可去掉相应的 λ_n 和 a_n). 令 $X=\{n\,|\,a_n>1\}$. 若 $n\in X$, 则

$$\sum_{k=1}^{n}\frac{a_k\lambda_k}{\lambda_n}\geqslant\frac{a_n\lambda_n}{\lambda_n}>1,$$

从而由式 (1.36.2) 和式 (1.36.3) 推出

$$\begin{aligned}\infty>\sum_{n\in X}\lambda_nF\left(\sum_{k=1}^{n}\frac{a_k\lambda_k}{\lambda_n}\right)&\geqslant\sum_{n\in X}\lambda_n\sum_{k=1}^{n}\frac{a_k\lambda_k}{\lambda_n}\\ &=\sum_{n\in X}\sum_{k=1}^{n}a_k\lambda_k\geqslant\sum_{n\in X}a_{n_0}\lambda_{n_0}=a_{n_0}\lambda_{n_0}\sum_{n\in X}1,\end{aligned}$$

其中 n_0 是 X 中的最小数. 因此 X 是有限集, 数列 a_n 有界. 令 $\mu_n=a_n\lambda_n$, 则式 (1.36.2) 可改写为

$$\sum_{n=1}^{\infty}\frac{\mu_n}{a_n}F\left(a_n\sum_{k=1}^{n}\frac{\mu_k}{\mu_n}\right)<\infty.$$

依 a_n 的有界性, 可设 $a_n<a$ (正常数), 则由上式可知

$$\frac{1}{a}\sum_{n=1}^{\infty}\mu_nF\left(a_n\sum_{k=1}^{n}\frac{\mu_k}{\mu_n}\right)<\infty,$$

于是

$$\sum_{n=1}^{\infty}\mu_nF\left(a_n\sum_{k=1}^{n}\frac{\mu_k}{\mu_n}\right)<\infty.$$

这表明式 (1.36.1)(其中 λ_n 代以 μ_n) 成立. 因此由 (1) 中所得到的结论可知 $\sum\limits_{n=1}^{\infty} a_n$ 收敛.

证法 2 设条件式 (1.36.2) 成立, 但不将它归结为条件式 (1.36.1), 而是直接推出结论成立. 显然, 不等式 (1.36.3) 和 (1.36.4) 在此有效.

(i) 不妨认为只有有限多个 $a_n = 0$. 用 $\sum\limits_{n}{}'$ 表示对满足

$$\sum_{k=1}^{n} \frac{a_k \lambda_k}{\lambda_n} \geqslant 1 \tag{1.36.13}$$

的 n 求和, 用 $\sum\limits_{n}{}''$ 表示对其余的即满足

$$\sum_{k=1}^{n} \frac{a_k \lambda_k}{\lambda_n} < 1 \tag{1.36.14}$$

的 n 求和. 由式 (1.36.2)、式 (1.36.13) 和式 (1.36.3) 得到

$$\begin{aligned} \infty > \sum_{n}{}' \lambda_n F\left(\sum_{k=1}^{n} \frac{a_k \lambda_k}{\lambda_n}\right) &\geqslant \sum_{n}{}' \sum_{k=1}^{n} a_k \lambda_k \\ &\geqslant \sum_{n \leqslant n_1}{}' a_{n_1} \lambda_{n_1} = a_{n_1} \lambda_{n_1} \sum_{n \leqslant n_1}{}' 1. \end{aligned}$$

可以选取下标 n_1, 使得 $a_{n_1} \neq 0$, 由上式可知不等式 (1.36.13) 只能对有限个 n 成立, 所以有无穷多个 n, 使得不等式 (1.36.14) 成立. 由此及式 (1.36.2) 和式 (1.36.4) 推出

$$\begin{aligned} \infty > \sum_{n}{}'' \lambda_n F\left(\sum_{k=1}^{n} \frac{a_k \lambda_k}{\lambda_n}\right) &\geqslant \sum_{n}{}'' \lambda_n \cdot \left(\sum_{k=1}^{n} \frac{a_k \lambda_k}{\lambda_n}\right)^{1+d} \\ &= \sum_{n}{}'' \lambda_n^{-d} \left(\sum_{k=1}^{n} a_k \lambda_k\right)^{1+d}. \end{aligned}$$

因为只有有限多个 n 不满足不等式 (1.36.14), 所以由上式得到

$$\sum_{n=1}^{\infty} \lambda_n^{-d} \left(\sum_{k=1}^{n} a_k \lambda_k\right)^{1+d} < \infty. \tag{1.36.15}$$

由此推出

$$\sum_{n=1}^{\infty} \lambda_n^{-d} < \infty.$$

特别可知 $\lambda_n^{-d} \to 0 (n \to \infty)$ 于是

$$\lambda_n \to \infty \quad (n \to \infty). \tag{1.36.16}$$

(ii) 对于给定的正整数 $q \geqslant 1$, 设 n_q 是满足不等式

$$2^q \leqslant \lambda_n < 2^{q+1}$$

的 n 中的最大者, 那么 $\{n_q(q\geqslant 1)\}\subseteq\mathbb{N}$, 于是

$$\begin{aligned}\sum_{n=1}^{\infty}\lambda_n^{-d}\left(\sum_{k=1}^{n}a_k\lambda_k\right)^{1+d} &\geqslant\sum_{q=1}^{\infty}\lambda_{n_q}^{-d}\left(\sum_{k=1}^{n_q}a_k\lambda_k\right)^{1+d}\\ &\geqslant\sum_{q=1}^{\infty}\lambda_{n_q}^{-d}\left(\sum_{k:2^q\leqslant\lambda_k<2^{q+1}}a_k\lambda_k\right)^{1+d}.\end{aligned}$$

若记

$$S_q=\sum_{k:2^q\leqslant\lambda_k<2^{q+1}}a_k\quad(q\geqslant 1),$$

则由前式得到

$$\sum_{n=1}^{\infty}\lambda_n^{-d}\left(\sum_{k=1}^{n}a_k\lambda_k\right)^{1+d}\geqslant\sum_{q=1}^{\infty}(2^{q+1})^{-d}\cdot(2^q)^{1+d}S_q^{1+d}=2^{-d}\sum_{q=1}^{\infty}2^qS_q^{1+d}.$$

由此及式 (1.36.15) 可知上式右边的级数收敛, 从而存在常数 K, 使得

$$\sum_{q=1}^{\infty}2^qS_q^{1+d}<K.$$

特别可知, 对任何 $q\geqslant 1$, 有 $2^qS_q^{1+d}<K$, 于是

$$S_q<K2^{-q/(1+q)}\quad(q\geqslant 1).$$

由此可得级数 $\sum\limits_{q=1}^{\infty}S_q$ 的收敛性. 由式 (1.36.16) 可知, 存在下标 n_2, 使得

$$\sum_{q=1}^{\infty}a_q\geqslant\sum_{n=n_2}^{\infty}a_n,$$

于是级数 $\sum\limits_{n=1}^{\infty}a_n$ 收敛. □

注　关于 Abel-Dini 定理, 可见 Γ. M. 菲赫金哥尔茨的《微积分学教程 (第 2 卷)》(第 8 版, 高等教育出版社, 2006) 第 239 页.

1.4 函数方程

问题 1.37　(匈牙利, 1963) 设 H 是一个实数集合, 不只由 0 一个元素组成, 并且对加法封闭. 还设 $f(x)$ 是一个定义在 H 上的实值函数, 满足下列条件:

$$f(x)\leqslant f(y)\quad(x\leqslant y),$$

以及

$$f(x+y)=f(x)+f(y)\quad (x,y\in H).$$

证明: 在 H 上 $f(x)=cx$, 其中 c 是某个非负常数.

证明 (i) 由数学归纳法可知, 对于任何 $x\in H$,

$$f(nx)=nf(x)\quad (n=1,2,\cdots). \tag{1.37.1}$$

设 x_0 是 H 中的任意一个非零元素. 令 $c=f(x_0)/x_0$, 则有

$$f(nx_0)=cnx_0\quad (n=1,2,\cdots). \tag{1.37.2}$$

(ii) 设 x 是 H 中的任意元素. 若 $x_0>0$, 则可取正整数 n_0, 使得 $x+n_0x_0>0$; 若 $x_0<0$, 则可取正整数 n_0, 使得 $x+n_0x_0<0$. 因此总存在正整数 n_0, 使得 $\alpha=x_0/(x+n_0x_0)>0$. 因为点列 $k\alpha$ $(k\in\mathbb{Z})$ 将实数轴划分为无穷多个等长小区间, 而任何一个正整数 n 必落在某个小区间 $[k\alpha,(k+1)\alpha)\big(k=k(n)$ 与 n 有关$\big)$中, 从而

$$k\frac{x_0}{x+n_0x_0}\leqslant n<(k+1)\frac{x_0}{x+n_0x_0}.$$

因为 $\alpha>0$, 所以当 n 足够大时 $k=k(n)>0$. 将上面得到的不等式乘以 $x+n_0x_0$, 无论 $x+n_0x_0$ 是正数还是负数, 我们总能得到两个正整数 λ_n,μ_n, 使得

$$\lambda_nx_0\leqslant n(x+n_0x_0)\leqslant \mu_nx_0,\quad |\lambda_n-\mu_n|=1. \tag{1.37.3}$$

于是

$$\frac{\lambda_n}{n}x_0\leqslant x+n_0x_0\leqslant\frac{\mu_n}{n}x_0.$$

由此及式 (1.37.3) 可知

$$\left|\frac{\lambda_n}{n}x_0-(x+n_0x_0)\right|\leqslant\left|\frac{\lambda_n}{n}x_0-\frac{\mu_n}{n}x_0\right|=\frac{|\lambda_n-\mu_n|}{n}|x_0|=\frac{1}{n}|x_0|,$$

从而

$$\frac{\lambda_n}{n}x_0\to x+n_0x_0\quad (n\to\infty). \tag{1.37.4}$$

类似地, 可证

$$\frac{\mu_n}{n}x_0\to x+n_0x_0\quad (n\to\infty). \tag{1.37.5}$$

(iii) 依据 f 的单调递增性, 由式 (1.37.3) 推出

$$f(\lambda_nx_0)\leqslant f\big(n(x+n_0x_0)\big)\leqslant f(\mu_nx_0).$$

由此及式 (1.37.1) 和式 (1.37.2) 可知

$$c\lambda_nx_0\leqslant nf(x+n_0x_0)\leqslant c\mu_nx_0,$$

于是

$$c\frac{\lambda_n}{n}x_0\leqslant f(x+n_0x_0)\leqslant c\frac{\mu_n}{n}x_0.$$

令 $n\to\infty$, 注意式 (1.37.4) 和式 (1.37.5), 有

$$f(x+n_0x_0)=c(x+n_0x_0).$$

最后, 因为 $f(x)+f(n_0x_0)=f(x+n_0x_0)$, 所以

$$f(x)=f(x+n_0x_0)-f(n_0x_0)=c(x+n_0x_0)-cn_0x_0=cx.$$

并且由 f 的单调递增性可知常数 $c\geqslant 0$. □

问题 1.38 (匈牙利, 1969) 求出所有满足方程

$$f(x+y)+g(xy)=h(x)+h(y)\quad (x,y\in\mathbb{R}_+)$$

的连续函数 f,g,h.

解 (i) 在函数方程中令 $y=1$, 可得

$$g(x)=h(x)-f(x+1)+h(1)\quad (x>0).$$

把 x 换为 xy, 则有

$$g(xy)=h(xy)-f(xy+1)+h(1),$$

将它代入原函数方程, 我们得到只含函数 f 和 h 的方程

$$h(x)+h(y)-h(xy)=f(x+y)-f(xy+1)+h(1).$$

(ii) 令 $H(x,y)=h(x)+h(y)-h(xy)$. 直接验证可知

$$H(xy,z)+H(x,y)=H(x,yz)+H(y,z);$$

并且由步骤 (i) 中的结果得知

$$H(x,y)=f(x+y)-f(xy+1)+h(1).$$

将上式代入前式, 可得到只含有一个函数 f 的方程

$$\begin{aligned}&f(xy+z)-f(xy+1)+f(yz+1)\\&\quad=f(x+yz)+f(y+z)-f(x+y)\quad (x,y,z\in\mathbb{R}_+).\end{aligned}$$

注意 f 在 $\mathbb{R}_+$ 上连续. 在上式两边令 $z\to 0+$, 即得

$$f(xy)-f(xy+1)+f(1)=f(x)+f(y)-f(x+y).$$

(iii) 引进函数

$$\phi(t)=f(t)-f(t+1)+f(1)\ (t>0),$$
$$F(x,y)=f(x)+f(y)-f(x+y).$$

容易直接验证

$$F(x+y,z)+F(x,y)=F(x,y+z)+F(y,z)\quad (x,y,z\in\mathbb{R}_+);$$

并且由步骤 (ii) 中的结果得知

$$F(x,y)=\phi(xy).$$

将上式代入前式, 我们推出

$$\phi(xz+yz)+\phi(xy)=\phi(xy+xz)+\phi(yz)\quad (x,y,z\in\mathbb{R}_+).$$

令 $z=1/y$, 并记

$$u=\frac{x}{y},\quad v=xy,$$

则得

$$\phi(u+1)+\phi(v)=\phi(u+v)+\phi(1).$$

显然当 $x,y>0$ 时 $u,v>0$; 反之, 若给定 $u,v>0$, 则存在 $x,y>0$, 使得 $x/y=u,xy=v$. 因此, 上式对所有 $u,v>0$ 成立.

(iv) 在上式中交换 u,v, 可得 $\phi(v+1)+\phi(u)=\phi(u+v)+\phi(1)$, 因此

$$\phi(u+1)+\phi(v)=\phi(v+1)+\phi(u)\quad (u,v>0).$$

令 $v=1$, 得

$$\phi(u+1)=\phi(u)+\phi(2)-\phi(1).$$

将它代入步骤 (iii) 中得到的方程, 有

$$\phi(u+v)=\phi(u)+\phi(v)+\phi(2)-2\phi(1)\quad (u,v>0).$$

记 $\phi_1(t)=\phi(t)+\phi(2)-2\phi(1)$, 则上式可化为

$$\phi_1(u+v)=\phi_1(u)+\phi_1(v)\quad (u,v>0).$$

这是 Cauchy 函数方程, 它有连续解 $\phi_1(t)=\alpha t$, 因此

$$\phi(t)=\alpha t+\beta\quad (t>0),$$

其中 α,β 是常数. 由此及关系式 $\phi(xy)=F(x,y)$, 再从 $F(x,y)$ 的定义得到

$$\alpha xy+\beta=f(x)+f(y)-f(x+y).$$

因为 $xy=(x+y)^2/2-x^2/2-y^2/2$, 所以上式可化为

$$\left(f(x+y)+\frac{\alpha}{2}(x+y)^2-\beta\right)=\left(f(x)+\frac{\alpha}{2}x^2-\beta\right)+\left(f(y)+\frac{\alpha}{2}y^2-\beta\right).$$

记 $f_1(t)=f(t)+(\alpha/2)t^2-\beta$, 则得

$$f_1(x+y)=f_1(x)+f_1(y).$$

我们再次得到 Cauchy 函数方程, 因此 $f_1(t)=\gamma t$ (γ 是常数), 从而

$$f(x)=-\frac{\alpha}{2}x^2+\gamma x+\beta.$$

(v) 将 f 的这个表达式代入步骤 (i) 中所得的 (只含 f 和 h 的) 方程, 有

$$h(x)+h(y)-h(xy)=-\frac{\alpha}{2}\big(x^2+y^2-(xy)^2\big)+\gamma(x+y-xy)+\frac{\alpha}{2}-\gamma+h(1).$$

记 $h_1(t)=h(t)+(\alpha/2)t^2-\gamma t-\delta$ ($\delta=\alpha/2-\gamma+h(1)$), 上式化为

$$h_1(x)+h_1(y)=h_1(xy)\quad (x,y>0).$$

对于 $x,y>0$, 可取实数 t,s, 使得 $x=\mathrm{e}^t,y=\mathrm{e}^s$, 并定义函数 $r(t)=h_1(\mathrm{e}^t)$. 那么 $r(t)$ 是 t 的连续函数, 并且上述函数方程可化为 Cauchy 函数方程

$$r(t)+r(s)=r(t+s)\quad (t,s\in\mathbb{R}_+),$$

因此它有唯一连续解 $r(t)=\tau t$ ($t>0$, τ 为常数). 由 $x=\mathrm{e}^t$ 得 $t=\log x$, 所以 $h_1(x)=r(\log x)=\tau\log x$. 因此

$$h(x)=-\frac{\alpha}{2}x^2+\gamma x+\tau\log x+\delta.$$

最后, 将上面得到的 f 和 h 的表达式代入 $g(x)=h(x)-f(x+1)+h(1)$(见步骤 (i)), 可求出

$$g(x)=\tau\log x+\alpha x-2\delta-\beta.$$

(vi) 上面的证明给出了原函数方程的解只可能具有的形式; 我们可以直接验证对于任意给定的常数 $\alpha,\beta,\gamma,\delta,\tau$, 上述形式的函数 f,g,h 确实满足题中的方程. 因此我们得到了方程的全部解. □

注 关于 Cauchy 函数方程, 可参见 Г. М. 菲赫金哥尔茨的《微积分学教程 (第 1 卷)》(第 8 版, 高等教育出版社, 2006) 第 126 页.

问题 1.39 (美国, 1988) 证明: 唯一存在一个定义在 $(0,\infty)$ 上的正函数 $f(x)$ 满足

$$f\big(f(x)\big)=6x-f(x)\quad (x>0).$$

证明 设 $f(x)$ 是定义在 $(0,\infty)$ 上的正函数. 对于任何给定的 $x>0$, 令 $a_0=a_0(x)=x,a_n=a_n(x)=f(a_{n-1})(n\geqslant 1)$. 则当 $x>0$ 时, 所有 $a_n(x)>0$. 在题给函数方程中用 a_n 代 x, 则有

$$a_{n+2}+a_{n+1}-6a_n=0\quad (n\geqslant 0),\tag{1.39.1}$$

初始条件是 $a_0=x>0$. 反之, 在方程 (1.39.1) 中取 $n=0$, 即得题中的函数方程, 因此二者等价. 线性递推式 (或线性差分方程)(1.39.1) 的特征方程是 $\lambda^2+\lambda-6=0$, 特征根是 $-3,2$, 于是

$$a_n=A(-3)^n+B2^n,$$

其中 $A=A(x),B=B(x)$. 若当某个 $x>0,A(x)\neq 0$(例如 $A(x)>0$), 则当 n 取大的奇数时 $a_n(x)<0$, 不合要求, 所以 $A(x)=0$(零函数). 于是 $a_n=B(x)2^n$. 特别地, $f(x)=a_1(x)=$

$2B(x), x = a_0(x) = B(x)2^0 = B(x)$. 因此 $f(x) = 2x$. 直接验证可知, 此函数满足所给函数方程. 由差分方程解的唯一性推出函数方程解的唯一性. □

问题 1.40 (匈牙利, 1989) 求出所有 $\mathbb{R}^3$ 上的函数 $f(\boldsymbol{x})$, 它们满足方程

$$f(\boldsymbol{x}+\boldsymbol{y})+f(\boldsymbol{x}-\boldsymbol{y})=2f(\boldsymbol{x})+2f(\boldsymbol{y}) \quad (\boldsymbol{x},\boldsymbol{y}\in\mathbb{R}^3),$$

并且在 $\mathbb{R}^3$ 中的单位球面上是常数.

解 对于 $\boldsymbol{x}=(x_1,x_2,x_3)\in\mathbb{R}^3$($\boldsymbol{x}$ 称作 $\mathbb{R}^3$ 中的点或向量), 记它的模 $\|\boldsymbol{x}\|=\sqrt{x_1^2+x_2^2+x_3^2}$. 若 $\boldsymbol{x}=(x_1,x_2,x_3),\boldsymbol{y}=(y_1,y_2,y_3)\in\mathbb{R}^3$, 满足 $x_1y_1+x_2y_2+x_3y_3=0$, 则称向量 $\boldsymbol{x}$ 与 $\boldsymbol{y}$ 垂直, 记作 $\boldsymbol{x}\perp\boldsymbol{y}$.

(i) 我们首先证明: 如果函数 f 定义在 $\mathbb{R}^3$ 上, 满足给定的函数方程, 并且当 $\boldsymbol{x}\in\mathbb{R}^3,\|\boldsymbol{x}\|=1$ 时 $f(\boldsymbol{x})=c$(c 为常数), 那么 f 在模相等的向量上取相等的值.

证明分下列四步:

(a) 若 $\boldsymbol{x},\boldsymbol{y}\in\mathbb{R}^3,\|\boldsymbol{x}\|=\|\boldsymbol{y}\|<1$, 则 $f(\boldsymbol{x})=f(\boldsymbol{y})$.

事实上, 此时存在向量 $\boldsymbol{z}\in\mathbb{R}^3$, 使得 $\|\boldsymbol{x}\|^2+\|\boldsymbol{z}\|^2=\|\boldsymbol{y}\|^2+\|\boldsymbol{z}\|^2=1$, 并且 $\boldsymbol{z}\perp\boldsymbol{x},\boldsymbol{z}\perp\boldsymbol{y}$. 因为 $\|\boldsymbol{x}\pm\boldsymbol{z}\|=\|\boldsymbol{y}\pm\boldsymbol{z}\|=1$(依商高定理), 所以由函数方程及常数 c 的定义得到

$$\begin{aligned}2f(\boldsymbol{x})&=f(\boldsymbol{x}+\boldsymbol{z})+f(\boldsymbol{x}-\boldsymbol{z})-2f(\boldsymbol{z})=c+c-2f(\boldsymbol{z})\\&=f(\boldsymbol{y}+\boldsymbol{z})+f(\boldsymbol{y}-\boldsymbol{z})-2f(\boldsymbol{z})=2f(\boldsymbol{y}),\end{aligned}$$

因此 $f(\boldsymbol{x})=f(\boldsymbol{y})$.

(b) 对于任何 $\boldsymbol{x}\in\mathbb{R}^3, f(2\boldsymbol{x})=4f(\boldsymbol{x})$.

为证明此结论, 只需在题中的函数方程中令 $\boldsymbol{y}=\boldsymbol{0}$, 即可推出 $f(\boldsymbol{0})=0$, 因而由函数方程得到

$$\begin{aligned}f(2\boldsymbol{x})&=f(2\boldsymbol{x})+0=f(2\boldsymbol{x})+f(\boldsymbol{0})=f(\boldsymbol{x}+\boldsymbol{x})+f(\boldsymbol{x}-\boldsymbol{x})\\&=2f(\boldsymbol{x})+2f(\boldsymbol{x})=4f(\boldsymbol{x}).\end{aligned}$$

(c) 若 $\|\boldsymbol{x}\|=\|\boldsymbol{y}\|<2^k$, 其中 $k\geqslant 0$ 是某个整数, 则 $f(\boldsymbol{x})=f(\boldsymbol{y})$.

对 k 用数学归纳法. 当 $k=0$ 时, 由步骤 (a) 知结论成立. 设 $\|\boldsymbol{x}\|=\|\boldsymbol{y}\|<2$. 令 $\boldsymbol{x}'=\boldsymbol{x}/2,\boldsymbol{y}'=\boldsymbol{y}/2$, 那么 $\|\boldsymbol{x}'\|=\|\boldsymbol{y}'\|<1$, 于是依步骤 (a) 得知 $f(\boldsymbol{x}')=f(\boldsymbol{y}')$, 从而依步骤 (b) 得到

$$f(\boldsymbol{x})=f(2\boldsymbol{x}')=4f(\boldsymbol{x}')=4f(\boldsymbol{y}')=f(2\boldsymbol{y}')=f(\boldsymbol{y}).$$

现在设对某个 $m\geqslant 0,\|\boldsymbol{x}\|=\|\boldsymbol{y}\|<2^m$ 蕴含 $f(\boldsymbol{x})=f(\boldsymbol{y})$, 那么对于任何满足条件 $\|\boldsymbol{x}\|=\|\boldsymbol{y}\|<2^{m+1}$ 的 $\boldsymbol{x},\boldsymbol{y}\in\mathbb{R}^3$, 令 $\boldsymbol{x}'=\boldsymbol{x}/2,\boldsymbol{y}'=\boldsymbol{y}/2$, 则有 $\|\boldsymbol{x}'\|=\|\boldsymbol{y}'\|<2^m$. 于是依归纳假设得知 $f(\boldsymbol{x}')=f(\boldsymbol{y}')$. 由此并应用步骤 (b), 与上面类似地得到 $f(\boldsymbol{x})=f(\boldsymbol{y})$. 于是完成归纳证明.

(d) 对于任何两个模相等的向量 $\boldsymbol{x}$ 和 $\boldsymbol{y}$, 必存在某个整数 $k\geqslant 0$, 使得它们的模小于 2^k, 于是由步骤 (c) 可知 $f(\boldsymbol{x})=f(\boldsymbol{y})$. 因此, f 在模相等的向量上确实取相等的值.

(ii) 现在我们进而证明: 满足题中所有条件的函数 f 可表示为

$$f(\boldsymbol{x})=u(\|\boldsymbol{x}\|^2) \quad (\boldsymbol{x}\in\mathbb{R}^3),$$

其中 $u(x)$ 满足 $u(0)=0$, 并且是 $[0,\infty)$ 上的加性函数, 即对于任何实数 $\lambda,\mu\geqslant 0, u(\lambda)+u(\mu)=u(\lambda+\mu)$.

事实上, 步骤 (i) 中的结论表明函数 f 只依赖于 $\|\boldsymbol{x}\|$, 或等价地, 只依赖于 $\|\boldsymbol{x}\|^2$; 换言之, 存在一个 $[0,\infty)$ 上的函数 $u(t)$, 使得 f 可以表示为

$$f(\boldsymbol{x})=u(\|\boldsymbol{x}\|^2)\quad(\boldsymbol{x}\in\mathbb{R}^3).$$

由 $f(\boldsymbol{0})=0$ 知 $u(0)=0$. 我们来证明 $u(x)$ 是 $[0,\infty)$ 上的加性函数. 为此, 任取 $\lambda,\mu>0$ 并固定, 取向量 $\boldsymbol{x},\boldsymbol{y}\in\mathbb{R}^3$, 使得 $\|\boldsymbol{x}\|^2=\lambda, \|\boldsymbol{y}\|^2=\mu$, 并且 $\boldsymbol{x}\perp\boldsymbol{y}$. 由函数方程及商高定理可得

$$\begin{aligned}2u(\lambda)+2u(\mu)&=2u(\|\boldsymbol{x}\|^2)+2u(\|\boldsymbol{y}\|^2)=2f(\boldsymbol{x})+2f(\boldsymbol{y})\\&=f(\boldsymbol{x}+\boldsymbol{y})+f(\boldsymbol{x}-\boldsymbol{y})=u(\|\boldsymbol{x}\|^2+\|\boldsymbol{y}\|^2)+u(\|\boldsymbol{x}\|^2+\|\boldsymbol{y}\|^2)\\&=2u(\lambda+\mu),\end{aligned}$$

所以 $u(\lambda)+u(\mu)=u(\lambda+\mu)(\lambda,\mu>0)$. 当 $\lambda=0$ 或 $\mu=0$ 时, 此式显然成立.

(iii) 应用向量形式的平行四边形定理 $\|\boldsymbol{x}+\boldsymbol{y}\|^2+\|\boldsymbol{x}-\boldsymbol{y}\|^2=2\|\boldsymbol{x}\|^2+2\|\boldsymbol{y}\|^2$, 容易验证: 若 $u(x)$ 是 $[0,\infty)$ 上的加性函数, 并且 $u(0)=0$, 则函数 $f(\boldsymbol{x})=u(\|\boldsymbol{x}\|^2)$ 确实满足题中的方程. □

1.5 不 等 式

问题 1.41 (1) (苏联, 1976) 对于所有 $0<x\leqslant\pi/2$, 证明:

$$\frac{1}{\sin^2 x}\leqslant\frac{1}{x^2}+1-\frac{4}{\pi^2}.$$

(2) (苏联, 1977) 证明:

$$\left(\frac{\sin x}{x}\right)^3\geqslant\cos x\quad\left(0<|x|<\frac{\pi}{2}\right).$$

(3) (苏联, 1976) 证明:

$$\int_0^{\sqrt{2\pi}}\sin x^2\mathrm{d}x>0.$$

证明 (1) 令 $f(x)=1/\sin^2 x-1/x^2\,(0<x<\pi/2)$. 那么

$$f'(x)>0\quad\Leftrightarrow\quad\frac{1}{x^3}>\frac{\cos x}{\sin^3 x}\quad\Leftrightarrow\quad\frac{\sin x}{\sqrt[3]{\cos x}}-x>0.\tag{1.41.1}$$

令 $g(x)=\sin x/\sqrt[3]{\cos x}-x\,(0<x<\pi/2)$. 那么

$$g'(x)=\sqrt[3]{\cos^2 x}+\frac{\sin^2 x}{3\sqrt[3]{\cos^4 x}}-1,\quad g''(x)=\frac{4\sin^3 x}{9\sqrt[3]{\cos^7 x}}.$$

因为当 $x\in(0,\pi/2)$ 时, $g''(x)>0$, 所以 $g'(x)$ 单调增加, 从而 $g'(x)>g'(0)=0$. 由此推出 $g(x)$ 单调增加, 于是 $g(x)>g(0)=0$. 由此依式 (1.41.1) 推出: 当 $x\in(0,\pi/2)$ 时 $f'(x)>0$, 从而 $f(x)$ 单调增加, 最后得到 $f(x)\leqslant f(\pi/2)=1-4/\pi^2$.

(2) 证法 1　因为 $(\sin x/x)^3-\cos x$ 是偶函数, 所以只需证明

$$\frac{\sin^3 x}{\cos x}\geqslant x^3\quad\left(0<x<\frac{\pi}{2}\right).$$

令 $f(x)=\sin^3 x/\cos x-x^3\,(0<x<\pi/2)$, 只需证明 $f(x)>f(0)$; 或更强些, 证明 $f(x)$ 在 $(0,\pi/2)$ 上单调增加. 我们有

$$\begin{aligned}
f'(x)&=2\sin^2 x+\frac{1}{\cos^2 x}-1-3x^2,\\
f''(x)&=2\sin 2x+\frac{2\sin x}{\cos^3 x}-6x,\\
f'''(x)&=4\cos 2x-\frac{4}{\cos^2 x}+\frac{6}{\cos^4 x}-6,\\
f^{(4)}(x)&=-16\sin x\cos x-\frac{8\sin x}{\cos^3 x}+\frac{24\sin x}{\cos^5 x}.
\end{aligned}$$

因为在区间 $(0,\pi/2)$ 上 $\sin x>0, 1/\cos^5 x>1/\cos^3 x>\cos x$, 所以 $f^{(4)}(x)\geqslant 0$, 从而(类似于本题 (1))得到结论.

证法 2　只需证明

$$\frac{\sin x}{x}\geqslant\sqrt[3]{\cos x}\quad\left(0<x<\frac{\pi}{2}\right).$$

为此, 令辅助函数 $f(x)=x-\sin x/\sqrt[3]{\cos x}\,(0<x<\pi/2)$, 那么 $f''(x)<0$. 由此推出结论 (请读者补出有关细节).

证法 3　不等式两边都是偶函数, 所以只考虑 $0<x<\pi/2$. 由 Taylor 展开有

$$\left(\frac{\sin x}{x}\right)^3>\left(1-\frac{x^2}{3!}\right)^3=1-\frac{x^2}{2}+\frac{x^4}{12}-\frac{x^6}{216},$$

以及

$$\cos x<1-\frac{x^2}{2!}+\frac{x^4}{4!}-\frac{x^6}{6!}+\frac{x^8}{8!}.$$

因此只需证明

$$1-\frac{x^2}{2}+\frac{x^4}{12}-\frac{x^6}{216}>1-\frac{x^2}{2!}+\frac{x^4}{4!}-\frac{x^6}{6!}+\frac{x^8}{8!}.$$

这等价于证明

$$\phi(x)=\frac{1}{4!}+\left(\frac{1}{720}-\frac{1}{216}\right)x^2-\frac{1}{8!}x^4>0.$$

当 $0<x\leqslant\pi/2$ 时 $\phi(x)$ 是减函数, 当 $x=\pi/2$ 时取最小值 (请读者补出计算细节), 因此

$$\phi(x)\geqslant\phi\left(\frac{\pi}{2}\right)>0,$$

从而题中不等式得证.

(3) 记题中的积分为 I, 作变量代换 $t=x^2$, 则

$$I=\int_0^{2\pi}\frac{\sin t}{2\sqrt{t}}\mathrm{d}t=\int_0^{\pi}\frac{\sin t}{2\sqrt{t}}\mathrm{d}t+\int_{\pi}^{2\pi}\frac{\sin t}{2\sqrt{t}}\mathrm{d}t.$$

在右边第 2 个积分中令 $t=u+\pi$, 则

$$I=\int_0^{\pi}\frac{\sin t}{2\sqrt{t}}\mathrm{d}t-\int_0^{\pi}\frac{\sin u}{2\sqrt{u+\pi}}\mathrm{d}u=\frac{1}{2}\int_0^{\pi}\left(\frac{1}{\sqrt{t}}-\frac{1}{\sqrt{t+\pi}}\right)\sin t\mathrm{d}t.$$

因为当 $t\in(0,\pi)$ 时上式中被积函数大于 0, 所以 $I>0$. □

问题 1.42　(1) (美国, 1976; 中国, 2011) 设 $x_k\in(0,\pi)\,(k=1,2,\cdots,n)$, 令

$$x=\frac{x_1+x_2+\cdots+x_n}{n}.$$

证明:

$$\prod_{k=1}^{n}\frac{\sin x_k}{x_k}\leqslant\left(\frac{\sin x}{x}\right)^n.$$

(2) (中国, 2011) 设 $f_1,f_2,\cdots,f_n$ 为 $[0,1]$ 上的非负连续函数. 求证: 存在 $\xi\in[0,1]$, 使得

$$\prod_{k=1}^{n}f_k(\xi)\leqslant\prod_{k=1}^{n}\int_0^1 f_k(x)\mathrm{d}x.$$

(3) (中国, 2012) 设 $f(x)$ 在 $[0,1]$ 上可微, $f(0)=f(1),\int_0^1 f(x)\mathrm{d}x=0$, 并且 $f'(x)\neq 1\,(\forall x\in[0,1])$. 证明: 对于任意正整数 n,

$$\left|\sum_{k=0}^{n-1}f\left(\frac{k}{n}\right)\right|<\frac{1}{2}.$$

证明　(1) 令 $f(x)=\log\dfrac{\sin x}{x}=\log\sin x-\log x$, 则当 $0<x<\pi$ 时

$$f''(x)=\frac{1}{x^2}\left(1-\frac{x^2}{\sin^2 x}\right)<0,$$

所以 $f(x)$ 是 $(0,\pi)$ 上的凹 (上凸) 函数, 从而得到

$$\frac{1}{n}\sum_{k=1}^{n}f(x_k)\leqslant f\left(\frac{1}{n}\sum_{k=1}^{n}x_k\right)=f(x),$$

即

$$\frac{1}{n}\log\prod_{k=1}^{n}\frac{\sin x_k}{x_k}\leqslant\log\frac{\sin x}{x},$$

或

$$\log\prod_{k=1}^{n}\frac{\sin x_k}{x_k}\leqslant\log\left(\frac{\sin x}{x}\right)^n.$$

因为 $y=\log x\,(x>0)$ 是增函数, 所以所要的不等式成立.

(2) 记 $\sigma_k=\int_0^1 f_k(x)\mathrm{d}x$. 因为 f_k 在 $[0,1]$ 上非负连续, 所以若有某个 $\sigma_k=0$, 则 $f_k(x)$ 是 $[0,1]$ 上的零函数, 从而结论 (等式) 成立. 若所有 $\sigma_k>0$, 则由算术-几何平均不等式,

$$\sqrt[n]{\prod_{k=1}^{n}\frac{f_k(x)}{\sigma_k}}\leqslant\frac{1}{n}\sum_{k=1}^{n}\frac{f_k(x)}{\sigma_k},$$

两边对 x 积分, 得

$$\int_0^1 \sqrt[n]{\prod_{k=1}^n \frac{f_k(x)}{\sigma_k}}\mathrm{d}x \leqslant \int_0^1 \frac{1}{n}\sum_{k=1}^n \frac{f_k(x)}{\sigma_k}\mathrm{d}x = \frac{1}{n}\sum_{k=1}^n \frac{\int_0^1 f_k(x)\mathrm{d}x}{\sigma_k} = 1.$$

若对所有 $x \in [0,1]$, 都有

$$\prod_{k=1}^n \frac{f_k(x)}{\sigma_k} > 1,$$

则有

$$\int_0^1 \sqrt[n]{\prod_{k=1}^n f_k(x)}\,\mathrm{d}x > 1,$$

我们得到矛盾. 于是存在 $\xi \in [0,1]$, 使得

$$\prod_{k=1}^n f_k(\xi) \leqslant \prod_{k=1}^n \sigma_k = \prod_{k=1}^n \int_0^1 f_k(x)\mathrm{d}x$$

(也可由积分中值定理推出 ξ 的存在性).

(3) (i) 因为 $f(0)=f(1)$, 所以由 Rolle 定理, 存在 $\theta \in [0,1]$, 使得 $f'(\theta)=0$. 如果还存在 $\sigma \in [0,1]$, 使得 $f'(\sigma)>1$, 那么将存在 $\tau \in (\theta,\sigma)$, 使得 $f'(\tau)=1$, 这与题设条件矛盾. 因此对于所有 $x \in [0,1], f'(x)<1$.

(ii) 令 $g(x)=f(x)-x\,(0 \leqslant x \leqslant 1)$, 那么由 $g'(x)=f'(x)-1<0$ 可知, $g(x)$ 在 $[0,1]$ 上单调减少; 由 $f(0)=f(1)$ 推出

$$g(0)=g(1)+1; \tag{1.42.1}$$

还由 $\int_0^1 f(x)\mathrm{d}x=0$ 算出

$$\int_0^1 g(x)\mathrm{d}x = \int_0^1 f(x)\mathrm{d}x - \int_0^1 x\mathrm{d}x = -\frac{1}{2}.$$

(iii) 因为 $g(x)$ 在 $[0,1]$ 上单调减少, 所以由积分的几何意义得到

$$\frac{1}{n}\sum_{k=1}^n g\left(\frac{k}{n}\right) < \int_0^1 g(x)\mathrm{d}x = -\frac{1}{2};$$

类似地, 有

$$\frac{1}{n}\sum_{k=0}^{n-1} g\left(\frac{k}{n}\right) > \int_0^1 g(x)\mathrm{d}x = -\frac{1}{2}.$$

注意由式 (1.42.1) 可知

$$\sum_{k=1}^n g\left(\frac{k}{n}\right) = \sum_{k=0}^{n-1} g\left(\frac{k}{n}\right) + g\left(\frac{n}{n}\right) - g\left(\frac{0}{n}\right) = \sum_{k=0}^{n-1} g\left(\frac{k}{n}\right) - 1.$$

合起来我们得到

$$-\frac{1}{2}+\frac{1}{n} > \frac{1}{n}\sum_{k=1}^n g\left(\frac{k}{n}\right) + \frac{1}{n} = \frac{1}{n}\left(\sum_{k=1}^n g\left(\frac{k}{n}\right)+1\right)$$

$$= \frac{1}{n}\sum_{k=0}^{n-1} g\left(\frac{k}{n}\right) > -\frac{1}{2},$$

于是

$$-\frac{n}{2} < \sum_{k=0}^{n-1} g\left(\frac{k}{n}\right) < -\frac{n}{2}+1. \tag{1.42.2}$$

又因为 $f(x)=g(x)+x$, 所以

$$\sum_{k=0}^{n-1} f\left(\frac{k}{n}\right) = \sum_{k=0}^{n-1}\left(g\left(\frac{k}{n}\right)+\frac{k}{n}\right) = \sum_{k=0}^{n-1} g\left(\frac{k}{n}\right)+\frac{n-1}{2}.$$

由此及式 (1.42.2) 得到

$$-\frac{1}{2} < \sum_{k=0}^{n-1} f\left(\frac{k}{n}\right) < \frac{1}{2}, \quad \text{即} \quad \left|\sum_{k=0}^{n-1} f\left(\frac{k}{n}\right)\right| < \frac{1}{2}.$$

□

问题 1.43　(匈牙利, 1967) 设 $a_1, a_2, \cdots, a_n$ 是正实数, 其和为 1. 对于每个自然数 i, 用 n_i 表示满足 $2^{1-i} \geqslant a_k > 2^{-i}$ 的 a_k 的个数. 证明:

$$\sum_{i=1}^{\infty}\sqrt{\frac{n_i}{2^i}} \leqslant \sqrt{\log_2 n}+\sqrt{2}.$$

证明　由题设可知

$$\sum_{i=1}^{\infty}\frac{n_i}{2^i} < \sum_{j=1}^{n} a_j = 1, \quad \sum_{i=1}^{\infty} n_i = n.$$

于是由 Cauchy-Schwarz 不等式得到

$$\begin{aligned}
\sum_{i=1}^{\infty}\sqrt{\frac{n_i}{2^i}} &= \sum_{i=1}^{[\log_2 n]}\sqrt{\frac{n_i}{2^i}} + \sum_{i=[\log_2 n]+1}^{\infty}\sqrt{\frac{n_i}{2^i}} \\
&\leqslant \left(\sum_{i=1}^{[\log_2 n]} 1\right)^{1/2}\left(\sum_{i=1}^{[\log_2 n]}\frac{n_i}{2^i}\right)^{1/2} + \left(\sum_{i=[\log_2 n]+1}^{\infty} n_i\right)^{1/2}\left(\sum_{i=[\log_2 n]+1}^{\infty}\frac{1}{2^i}\right)^{1/2} \\
&\leqslant \sqrt{\log_2 n}+\sqrt{n}\cdot 2^{-([\log_2 n]+1)/2}\left(\sum_{i=0}^{\infty}\frac{1}{2^i}\right)^{1/2} \\
&\leqslant \sqrt{\log_2 n}+\sqrt{n}\cdot 2^{-(\log_2 n)/2}\cdot\sqrt{2} = \sqrt{\log_2 n}+\sqrt{2}.
\end{aligned}$$

□

问题 1.44　(苏联, 1976) 设函数 $f(x)$ 定义在 $[0,1]$ 上, 并且单调非增 (即当 $y \leqslant x$ 时, $f(x) \leqslant f(y)$). 证明: 对于任何 $\alpha \in (0,1)$, 有

$$\int_0^{\alpha} f(x)\mathrm{d}x \geqslant \alpha\int_0^1 f(x)\mathrm{d}x.$$

证明　由 $f(x)$ 的单调性得到

$$\int_{\alpha}^1 f(x)\mathrm{d}x \leqslant f(\alpha)\int_{\alpha}^1\mathrm{d}x = (1-\alpha)f(\alpha),$$

$$\int_0^\alpha f(x)\mathrm{d}x \geqslant f(\alpha)\int_0^\alpha \mathrm{d}x = \alpha f(\alpha),$$

所以

$$\frac{1}{1-\alpha}\int_\alpha^1 f(x)\mathrm{d}x \leqslant f(\alpha) \leqslant \frac{1}{\alpha}\int_0^\alpha f(x)\mathrm{d}x,$$

于是

$$\alpha\int_\alpha^1 f(x)\mathrm{d}x \leqslant (1-\alpha)\int_0^\alpha f(x)\mathrm{d}x,$$

化简即得

$$\int_0^\alpha f(x)\mathrm{d}x \geqslant \alpha\left(\int_0^\alpha f(x)\mathrm{d}x + \int_\alpha^1 f(x)\mathrm{d}x\right) = \alpha\int_0^1 f(x)\mathrm{d}x. \qquad \square$$

注 如果假设 $f(x)$ 在 $[0,1]$ 上连续, 则还有其他解法, 见练习题 1.18(2) 的解答.

问题 1.45 (匈牙利, 1969) 证明: 对于所有 $k \geqslant 1$, 以及任何实数 $a_1, a_2, \cdots, a_k$ 和正数 $x_1, x_2, \cdots, x_k$,

$$\log\frac{\sum\limits_{i=1}^k x_i}{\sum\limits_{i=1}^k x_i^{1-a_i}} \leqslant \frac{\sum\limits_{i=1}^k a_i x_i \log x_i}{\sum\limits_{i=1}^k x_i}.$$

证明 应用带权的算术-几何平均不等式, 可得

$$\frac{\sum\limits_{i=1}^k x_i y_i}{\sum\limits_{i=1}^k x_i} \geqslant \left(\prod_{i=1}^k y_i^{x_i}\right)^{1/\sum\limits_{i=1}^k x_i},$$

其中 $x_i > 0, y_i > 0 (i = 1, 2, \cdots, k; k \geqslant 1)$, 对于 y_i, 权为 $x_i/\sum\limits_{i=1}^k x_i$. 令

$$y_i = x_i^{-a_i} \quad (i = 1, 2, \cdots, k),$$

然后两边式子取对数, 并且两边乘以 -1, 即得题中的不等式. $\square$

问题 1.46 (1) (美国, 1964) 设 $a_1, a_2, \cdots$ 是任意正数列. 证明: 存在常数 k, 使得

$$\sum_{n=1}^\infty \frac{n}{a_1 + a_2 + \cdots + a_n} \leqslant k\sum_{n=1}^\infty \frac{1}{a_n}.$$

(2) (法国, 1996) 对于任何收敛的正项级数 $\sum\limits_{n=1}^\infty \frac{1}{a_n}$ 有

$$\sum_{n=1}^\infty \frac{n}{a_1 + a_2 + \cdots + a_n} \leqslant 2\sum_{n=1}^\infty \frac{1}{a_n},$$

并且右边的常数 2 是最优的 (即不能换成更小的数).

证明 (1) (i) 设 $m = 2t$ 是任意给定的偶数. 我们将 $a_1, a_2, \cdots, a_m$ 排序为

$$a_{i_1} \leqslant a_{i_2} \leqslant \cdots \leqslant a_{i_m},$$

并记 $b_k = a_{i_k}\,(k=1,2,\cdots,m)$, 于是得到按递增顺序的排列:

$$b_1 \leqslant b_2 \leqslant \cdots \leqslant b_m. \tag{1.46.1}$$

对于任何 $p(1\leqslant p\leqslant t)$, 我们除考虑数列 (1.46.1) 外, 还考虑由 $2p-1$ 个 1 和 $m-(2p-1)$ 个 0 组成的数列 $x_k\ (k=1,2,\cdots,m)$. 我们给出它的两种排列方法. 一种是递减顺序:

$$\underbrace{1=1=\cdots=1}_{2p-1\text{个}1} > \underbrace{0=\cdots=0}_{m-(2p-1)\text{个}0}. \tag{1.46.2}$$

另一种排列顺序是如下的所谓“乱序”: 若 $a_1=b_{j_1}$, 则此数列的第 j_1 个元素等于 1; 若 $a_2=b_{j_2}$, 则此数列的第 j_2 个元素等于 1…… 若 $a_{2p-1}=b_{j_{2p-1}}$, 则此数列的第 j_{2p-1} 个元素等于 1. 数列中其余元素全为 0. 由排列 (1.46.1) 和 (1.46.2) 产生所谓“逆序和”:

$$1\cdot b_1+1\cdot b_2+\cdots+1\cdot b_{2p-1}+0\cdot b_{2p}+\cdots+0\cdot b_m=b_1+b_2+\cdots+b_{2p-1}.$$

由排列 (1.46.1) 和 x_n 的上述“乱序”排列产生所谓“乱序和”:

$$\begin{aligned}&1\cdot b_{j_1}+1\cdot b_{j_2}+\cdots+1\cdot b_{j_{2p-1}}\quad(\text{其余加项等于 }0)\\&=b_{j_1}+b_{j_2}+\cdots+b_{j_{2p-1}}=a_1+a_2+\cdots+a_{2p-1}.\end{aligned}$$

依排序不等式,“乱序和”不小于“逆序和”, 因此

$$a_1+a_2+\cdots+a_{2p-1}\geqslant b_1+b_2+\cdots+b_{2p-1}. \tag{1.46.3}$$

(ii) 注意到

$$a_1+a_2+\cdots+a_{2p}\geqslant a_1+a_2+\cdots+a_{2p-1}, \tag{1.46.4}$$

以及(由式 (1.46.1))

$$b_1+b_2+\cdots+b_{2p-1}\geqslant b_p+\cdots+b_{2p-1}\geqslant pb_p, \tag{1.46.5}$$

由式 (1.46.3)~ 式 (1.46.5) 得到

$$\begin{aligned}&\frac{2p-1}{a_1+a_2+\cdots+a_{2p-1}}\leqslant\frac{2p-1}{b_1+b_2+\cdots+b_{2p-1}}\leqslant\frac{2p-1}{pb_p}<\frac{2}{b_p},\\&\frac{2p}{a_1+a_2+\cdots+a_{2p}}\leqslant\frac{2p}{a_1+a_2+\cdots+a_{2p-1}}\leqslant\frac{2p}{pb_p}\leqslant\frac{2}{b_p}.\end{aligned}$$

于是

$$\frac{2p-1}{a_1+a_2+\cdots+a_{2p-1}}+\frac{2p}{a_1+b_2+\cdots+a_{2p}}<\frac{4}{b_p}.$$

此不等式对于任何 $p(1\leqslant p\leqslant t)$ 都成立, 所以

$$\sum_{p=1}^{t}\left(\frac{2p-1}{a_1+a_2+\cdots+a_{2p-1}}+\frac{2p}{a_1+a_2+\cdots+a_{2p}}\right)<\sum_{p=1}^{t}\frac{4}{b_p}.$$

因为 $m=2t$, 所以上式左边就是

$$\sum_{n=1}^{m}\frac{n}{a_1+a_2+\cdots+a_n},$$

因此

$$\sum_{n=1}^{m}\frac{n}{a_1+a_2+\cdots+a_n}\leqslant\sum_{p=1}^{t}\frac{4}{b_p}<\sum_{p=1}^{m}\frac{4}{b_p}=4\sum_{n=1}^{m}\frac{1}{a_n}.$$

此不等式对任何偶数 m 成立, 令 $m\to\infty$, 无论 $\sum\limits_{n=1}^{\infty}\frac{1}{a_n}$ 是否收敛, 都有

$$\sum_{n=1}^{\infty}\frac{n}{a_1+a_2+\cdots+a_n}\leqslant 4\sum_{n=1}^{\infty}\frac{1}{a_n},$$

因此可取常数 $k=4$.

(2) 显然, 有本质意义的是级数 $\sum\limits_{n=1}^{\infty}\frac{1}{a_n}$ 收敛的情形. 因此此处的结果比题 (1) 更强. 证明分下列两步:

(i) 由 Cauchy 不等式,

$$\left(\sum_{k=1}^{n}k\right)^2\leqslant\sum_{k=1}^{n}\frac{k^2}{a_k}\sum_{k=1}^{n}a_k, \tag{1.46.6}$$

因此

$$\frac{n}{a_1+a_2+\cdots+a_n}\leqslant\frac{4n}{n^2(n+1)^2}\sum_{k=1}^{n}\frac{k^2}{a_k}\leqslant\frac{4n+2}{n^2(n+1)^2}\sum_{k=1}^{n}\frac{k^2}{a_k}=2b_n, \tag{1.46.7}$$

其中已记

$$b_n=\left(\frac{1}{n^2}-\frac{1}{(n+1)^2}\right)\sum_{k=1}^{n}\frac{k^2}{a_k}.$$

由 Abel 分部求和公式 (见练习题 1.53 解后的注),

$$\sum_{n=1}^{N}b_n\leqslant\sum_{n=1}^{N}\frac{1}{a_n}-\frac{1}{(N+1)^2}\sum_{k=1}^{N}\frac{k^2}{a_k}\leqslant\sum_{n=1}^{N}\frac{1}{a_n},$$

所以

$$\sum_{n=1}^{\infty}b_n\leqslant\sum_{n=1}^{\infty}\frac{1}{a_n}.$$

于是由式 (1.46.7) 得到

$$\sum_{n=1}^{\infty}\frac{n}{a_1+a_2+\cdots+a_n}\leqslant 2\sum_{n=1}^{\infty}\frac{1}{a_n}. \tag{1.46.8}$$

或者 (不应用 Abel 分部求和公式), 由不等式 (1.46.6) 得到

$$\frac{2n+1}{a_1+a_2+\cdots+a_n}\leqslant\frac{4(2n+1)}{n^2(n+1)^2}\sum_{k=1}^{n}\frac{k^2}{a_k},$$

于是

$$\sum_{n=1}^{\infty}\frac{2n+1}{a_1+a_2+\cdots+a_n}\leqslant 4\sum_{n=1}^{\infty}\frac{2n+1}{n^2(n+1)^2}\sum_{k=1}^{n}\frac{k^2}{a_k}=4\sum_{k=1}^{\infty}\frac{k^2}{a_k}\sum_{n=k}^{\infty}\frac{2n+1}{n^2(n+1)^2}.$$

注意当 $k\geqslant 1$ 时

$$\begin{aligned}\frac{k^2}{a_k}\sum_{n=k}^{\infty}\frac{2n+1}{n^2(n+1)^2}&=\frac{k^2}{a_k}\sum_{n=k}^{\infty}\left(\frac{1}{n^2}-\frac{1}{(n+1)^2}\right)\\&=\frac{k^2}{a_k}\lim_{n\to\infty}\left(\frac{1}{k^2}-\frac{1}{n^2}\right)\leqslant\frac{k^2}{a_k}\cdot\frac{1}{k^2}=\frac{1}{a_k},\end{aligned}$$

所以

$$\sum_{n=1}^{\infty}\frac{2n+1}{a_1+a_2+\cdots+a_n}\leqslant 4\sum_{k=1}^{\infty}\frac{1}{a_k}.$$

由此也可推出不等式 (1.46.8).

(ii) 设 N 是任意确定的正整数, 取

$$a_n=\begin{cases}n, & n\leqslant N,\\(N+1)2^{n-N}, & n>N,\end{cases}$$

则级数 $\sum\limits_{n=1}^{\infty}a_n^{-1}$ 收敛, 并且

$$\sum_{n=1}^{\infty}\frac{1}{a_n}=\sum_{n=1}^{N+1}\frac{1}{n}=\xi_N\,,$$

$$\sum_{n=1}^{\infty}\frac{n}{a_1+a_2+\cdots+a_n}\geqslant\sum_{n=1}^{N}\frac{n}{a_1+a_2+\cdots+a_n}=\sum_{n=1}^{N}\frac{2}{n+1}=2\xi_N-2.$$

于是, 对于任意 $c=2-\delta\ (0<\delta<2)$, 可取 N 充分大, 使得 $\xi_N>2/\delta$, 从而

$$\sum_{n=1}^{\infty}\frac{n}{a_1+a_2+\cdots+a_n}\geqslant\left(2-\frac{2}{\xi_N}\right)\sum_{n=1}^{\infty}\frac{1}{a_n}>c\sum_{n=1}^{\infty}\frac{1}{a_n},$$

因此不等式 (1.46.8) 中常数 2 不能换成任何小于 2 的数. □

注　排序不等式: 设 $n\geqslant 2$, 实数 $x_1,x_2,\cdots,x_n$ 和 $y_1,y_2,\cdots,y_n$ 满足

$$x_1\leqslant x_2\leqslant\cdots\leqslant x_n,\quad y_1\leqslant y_2\leqslant\cdots\leqslant y_n;$$

还设 $z_1,z_2,\cdots,z_n$ 是 $y_1,y_2,\cdots,y_n$ 按任意顺序的一个排列, 记

$$\mathscr{A}_n=x_1y_n+x_2y_{n-1}+\cdots+x_ny_1,$$

$$\mathscr{B}_n=x_1y_1+x_2y_2+\cdots+x_ny_n,$$

$$\mathscr{C}_n=x_1z_1+x_2z_2+\cdots+x_nz_n$$

(它们分别称为两组实数 x_i 和 y_i 的反序和、顺序和及乱序和). 则

$$\mathscr{A}_n\leqslant\mathscr{C}_n\leqslant\mathscr{B}_n,$$

并且当且仅当 $x_1=x_2=\cdots=x_n$, 或 $y_1=y_2=\cdots=y_n$ 时 $\mathscr{A}_n=\mathscr{C}_n=\mathscr{B}_n$.

这个不等式可用数学归纳法证明 (留给读者证明).

问题 1.47 (匈牙利, 1968) 设 $a_1,a_2,\cdots,a_n$ 是非负实数. 证明:

$$\sum_{i=1}^{n}a_i\sum_{i=1}^{n}a_i^{n-1}\leqslant n\prod_{i=1}^{n}a_i+(n-1)\sum_{i=1}^{n}a_i^n.$$

证明 证法 1 对 n 用数学归纳法.

(i) 当 $n=1,2$ 时, 我们得到等式. 设 $n\geqslant 2$, 对于任意 n 个非负实数 a_i 题中的不等式成立. 要证明对于 $n+1(\geqslant 3)$ 个非负实数 $a_1,a_2,\cdots,a_{n+1}$, 有

$$\begin{aligned}P_{n+1}&=P_{n+1}(a_1,a_2,\cdots,a_{n+1})\\&=n\sum_{i=1}^{n+1}a_i^{n+1}+(n+1)\prod_{i=1}^{n+1}a_i-\sum_{i=1}^{n+1}a_i\sum_{i=1}^{n+1}a_i^n\geqslant 0.\end{aligned}\tag{1.47.1}$$

不妨认为

$$0\leqslant a_{n+1}\leqslant a_n\leqslant\cdots\leqslant a_1,\quad a=\sum_{i=1}^{n}a_i=1.\tag{1.47.2}$$

这是因为 $n+1$ 元多项式 P_{n+1} 是齐 $n+1$ 次的, 并且可以认为 $\sum\limits_{i=1}^{n}a_i\neq 0$(不然 $a_1=\cdots=a_n=0$, 不等式 (1.47.1) 已成立). 令

$$a_i'=\frac{a_i}{a}\quad(i=1,2,\cdots,n+1),$$

则

$$P_{n+1}(a_1,a_2,\cdots,a_{n+1})=a^{n+1}P_{n+1}(a_1',a_2',\cdots,a_{n+1}'),$$

并且 a_i' 满足

$$0\leqslant a_{n+1}'\leqslant a_n'\leqslant\cdots\leqslant a_1',\quad \sum_{i=1}^{n}a_i'=1.$$

因此只需证明 $P_{n+1}(a_1',a_2',\cdots,a_{n+1}')\geqslant 0$. 我们用 a_i' 代替 a_i, 然后将 a_i' 改记作 a_i. 于是我们在条件式 (1.47.2) 之下证明了不等式 (1.47.1) 成立.

依归纳假设有

$$P_n=P_n(a_1,a_2,\cdots,a_n)=(n-1)\sum_{i=1}^{n}a_i^n+n\prod_{i=1}^{n}a_i-\sum_{i=1}^{n}a_i^{n-1}\geqslant 0.\tag{1.47.3}$$

下面我们来证明:

$$P_{n+1}(a_1,a_2,\cdots,a_{n+1})\geqslant a_{n+1}P_n(a_1,a_2,\cdots,a_n).\tag{1.47.4}$$

由此及不等式 (1.47.3) 立知不等式 (1.47.1) 成立.

(ii) 将 $P_{n+1}(a_1,a_2,\cdots,a_{n+1})$ 改写为

$$n\sum_{i=1}^{n}a_i^{n+1}+na_{n+1}^{n+1}+na_{n+1}\prod_{i=1}^{n}a_i+a_{n+1}\prod_{i=1}^{n}a_i-(a+a_{n+1})\left(\sum_{i=1}^{n}a_i^n+a_{n+1}^n\right),$$

其中 $a=\sum\limits_{i=1}^{n}a_i$, 于是

$$\begin{aligned}&P_{n+1}(a_1,a_2,\cdots,a_{n+1})-a_{n+1}P_n(a_1,a_2,\cdots,a_n)\\&=\left(n\sum_{i=1}^{n}a_i^{n+1}-\sum_{i=1}^{n}a_i^{n}\right)-a_{n+1}\left(n\sum_{i=1}^{n}a_i^{n}-\sum_{i=1}^{n}a_i^{n-1}\right)\\&\quad+a_{n+1}\left(\prod_{i=1}^{n}a_i-(1-n)a_{n+1}^{n}-a_{n+1}^{n-1}\right)\\&=U_1-a_{n+1}U_2+a_{n+1}U_3.\end{aligned}\tag{1.47.5}$$

(iii) 为计算 (估计)U_1,U_2,U_3, 下面给出一些关系式.

对于 $i,j=1,2,\cdots,n$, 以及任意 $t\geqslant 2$,

$$\begin{aligned}&(a_i-a_j)^2(a_i^{t-2}+a_i^{t-3}a_j+\cdots+a_j^{t-2})\\&=(a_i-a_j)\cdot(a_i-a_j)(a_i^{t-2}+a_i^{t-3}a_j+\cdots+a_j^{t-2})\\&=(a_i-a_j)\cdot(a_i^{t-1}-a_j^{t-1})=a_i^t+a_j^t-a_ia_j^{t-1}-a_ja_i^{t-1}.\end{aligned}$$

并且注意条件式 (1.47.2)(其中 $a=1$) 蕴含

$$n\sum_{i=1}^{n}a_i^t-\sum_{i=1}^{n}a_i^{t-1}=n\sum_{i=1}^{n}a_i^t-\sum_{i=1}^{n}a_i\sum_{i=1}^{n}a_i^{t-1},$$

于是推出

$$n\sum_{i=1}^{n}a_i^t-\sum_{i=1}^{n}a_i^{t-1}=\frac{1}{2}\sum_{1\leqslant i,j\leqslant n}(a_i-a_j)^2(a_i^{t-2}+a_i^{t-3}a_j+\cdots+a_j^{t-2}).\tag{1.47.6}$$

此外, 还有

$$\begin{aligned}\prod_{i=1}^{n}a_i&=\prod_{i=1}^{n}(a_{n+1}+a_i-a_{n+1})\geqslant a_{n+1}^{n}+a_{n+1}^{n-1}\sum_{i=1}^{n}(a_i-a_{n+1})\\&=a_{n+1}^{n}+a_{n+1}^{n-1}\sum_{i=1}^{n}a_i-a_{n+1}^{n-1}\sum_{i=1}^{n}a_{n+1}.\end{aligned}$$

由此及条件式 (1.47.2)(其中 $a=1$) 得到

$$\prod_{i=1}^{n}a_i\geqslant a_{n+1}^{n}(1-n)+a_{n+1}^{n-1}.\tag{1.47.7}$$

(iv) 在式 (1.47.6) 中分别取 $t=n+1$ 和 n, 并且注意 $a_{n+1}\leqslant a_i$ $(i=1,2,\cdots,n$; 见式 (1.47.2)), 得到

$$\begin{aligned}U_1-a_{n+1}U_2=&\frac{1}{2}\sum_{1\leqslant i,j\leqslant n}(a_i-a_j)^2\Big((a_i^{n-1}+a_i^{n-2}a_j+\cdots+a_j^{n-1})\\&-a_{n+1}(a_i^{n-2}+a_i^{n-3}a_j+\cdots+a_j^{n-2})\Big)\\\geqslant&\ 0.\end{aligned}\tag{1.47.8}$$

又由式 (1.47.7) 可知

$$U_3 \geqslant 0. \tag{1.47.9}$$

于是由式 (1.47.5) 推出不等式 (1.47.4) 成立. 归纳证明完成.

此外, 当且仅当 $a_1 = a_2 = \cdots = a_n$ 时式 (1.47.8) 中等号成立. 又依式 (1.47.7) 的证明过程可知: 若 $a_{n+1} > 0$, 并且 $a_1 = a_2 = \cdots = a_n$, 则仅当 $a_i - a_{n+1} = 0$ $(i = 1, 2, \cdots, n)$ 时式 (1.47.9) 成为等式. 因此由归纳法可证: 当且仅当 $n = 2$, 或 a_i 中有一个为 0, 而其余的相等, 或所有 a_i 全相等时, 等式才成立.

证法 2 (i) 如果 a_i $(i = 1, 2, \cdots, n)$ 中有一个等于 0(不妨认为 $a_n = 0$), 那么不等式右边第一个加项为零, 不等式成为

$$\sum_{i=1}^{n-1} a_i \sum_{i=1}^{n-1} a_i^{n-1} \leqslant (n-1) \sum_{i=1}^{n} a_i \cdot a_i^{n-1}.$$

这是 Чебыщев 不等式的推论 (见本问题注, 取 a_i 及 a_i^{n-1} 分别作为其中的 u_i 和 v_i), 并且当且仅当其余的 a_i 全相等时等号成立.

(ii) 下面设所有 $a_i > 0$. 令

$$F(a_1, a_2, \cdots, a_n) = n \prod_{i=1}^{n} a_i + (n-1) \sum_{i=1}^{n} a_i^n - \sum_{i=1}^{n} a_i \sum_{i=1}^{n} a_i^{n-1},$$

则需证明 $F(a_1, a_2, \cdots, a_n) \geqslant 0$. 由 F 的齐次性, 可以认为

$$a_1 + a_2 + \cdots + a_n = n. \tag{1.47.10}$$

这是因为: 若 $a_1 + a_2 + \cdots + a_n = r > 0$, 则

$$F\left(\frac{n}{r}a_1, \frac{n}{r}a_2, \cdots, \frac{n}{r}a_n\right) = \left(\frac{n}{r}\right)^n F(a_1, a_2, \cdots, a_n),$$

于是

$$F(a_1, a_2, \cdots, a_n) \geqslant 0 \quad \Leftrightarrow \quad F\left(\frac{n}{r}a_1, \frac{n}{r}a_2, \cdots, \frac{n}{r}a_n\right) \geqslant 0,$$

而且

$$\frac{n}{r}a_1 + \frac{n}{r}a_2 + \cdots + \frac{n}{r}a_n = n.$$

可见只需以 $a_i' = (n/r)a_i$ 代替 a_i 即可使条件式 (1.47.10) 满足 (仍然将 a_i' 改记作 a_i). 此时

$$F(a_1, a_2, \cdots, a_n) = n \prod_{i=1}^{n} a_i + (n-1) \sum_{i=1}^{n} a_i^n - n \sum_{i=1}^{n} a_i^{n-1}.$$

下面我们来证明:

$$F(a_1, a_2, \cdots, a_n) \geqslant 0 \quad (a_1 + a_2 + \cdots + a_n = n). \tag{1.47.11}$$

(iii) 因为对于 $n=1,2$ 有 $F(a_1,a_2,\cdots,a_n)=0$, 所以下面设 $n\geqslant 3$. 应用条件极值的 Lagrange 乘子法, 定义函数

$$f(a_1,a_2,\cdots,a_n,\lambda)=F(a_1,a_2,\cdots,a_n)-\lambda(a_1+a_2+\cdots+a_n-n),$$

那么由

$$\frac{\partial f}{\partial a_i}=n\prod_{k\neq i}^{n}a_k+n(n-1)a_i^{n-1}-n(n-1)a_i^{n-2}-\lambda=0,$$

得到

$$\frac{1}{n}a_i\frac{\partial F}{\partial a_i}=(n-1)(a_i^n-a_i^{n-1})+\prod_{i=1}^{n}a_i-\lambda a_i=0\quad(i=1,2,\cdots,n). \tag{1.47.12}$$

极值显然存在. 因为多项式 $p(x)=(n-1)x^n-(n-1)x^{n-1}-\lambda x+a_1\cdots a_n$ 的系数变号数为 2(区分 $\lambda>0,\lambda<0$ 以及 $\lambda=0$ 三种情形分别计算), 所以依 Descartes 符号法则可知 $p(x)$ 至多有两个正根. 如果 $p(x)$ 只有一个正根 a(或是 2 重根) 那么得到驻点 $(a,\cdots,a)$, 并且

$$F(a,\cdots,a)=a^nF(1,\cdots,1)=0. \tag{1.47.13}$$

如果 $p(x)$ 有两个正根 a,b(设 $a<b$), 那么由 F 关于 a_i 的对称性, 不妨认为驻点是

$$(\underbrace{a,\cdots,a}_{k\text{个}},\underbrace{b,\cdots,b}_{n-k\text{个}})\quad(k\neq 0).$$

又因为 F 是齐次多项式, 所以

$$F(\underbrace{a,\cdots,a}_{k\text{个}},\underbrace{b,\cdots,b}_{n-k\text{个}})=b^{n-k}F(\underbrace{ab^{-1},\cdots,ab^{-1}}_{k\text{个}},\underbrace{1,\cdots,1}_{n-k\text{个}}),$$

其中 $0<ab^{-1}<1$. 定义

$$g(x)=F(\underbrace{x,\cdots,x}_{k\text{个}},\underbrace{1,\cdots,1}_{n-k\text{个}})\quad(k\neq 0),$$

那么为证明不等式 (1.47.11), 只需证明

$$g(x)>0\quad(0<x<1). \tag{1.47.14}$$

为此, 将 $g(x)$ 化简为

$$g(x)=k(n-k)(1-x^{n-1})(1-x)-n(1-x^k)+k(1-x^n),$$

从而得到

$$\begin{aligned}\frac{g(x)}{1-x}&=k(n-k)(1-x^{n-1})-n(1+x+\cdots+x^{k-1})+k(1+x+\cdots+x^{n-1})\\&=k(n-k)-k(n-k)x^{n-1}-(n-k)(1+x+\cdots+x^{k-1})+k(x^k+\cdots+x^{n-1}).\end{aligned}$$

注意当 $0<x<1$ 时

$$k(n-k)\geqslant(n-k)(1+x+\cdots+x^{k-1}),$$
$$k(x^k+\cdots+x^{n-1})\geqslant k(n-k)x^{n-1},$$

并且其中第一个不等式仅当 $k=1$ 时等式成立, 第二个不等式仅当 $k=n-1$ 时成为等式, 可见当且仅当 $n=2$ 时才可能同时有 $k=1,k=n-1$. 因此, 当 $n\geqslant 3$ 时

$$\frac{g(x)}{1-x}>0\quad(0<x<1).$$

于是得到不等式 (1.47.14), 从而不等式 (1.47.11) 得证. 此外, 由式 (1.47.13) 可知, 在 $n\geqslant 3$ 而且 a_i 全不为零的情形下, 当且仅当所有 a_i 相等时等式成立 (于是可推出等式成立的充分必要条件, 如证法 1 中所述).

证法 3 此证法的思路基于对称平均的经典方法, 可参见 G. H. 哈代、J. E. 李特伍德、G. 波利亚的《不等式》(科学出版社, 1965) 第二章.

(i) 如证法 2, 可设所有 $a_i>0$. 用 Σ_k 表示实数 $a_1,a_2,\cdots,a_n$ 的 k 次幂之和, S_k 为它们的初等对称函数. 那么题中的不等式可推广为

$$\binom{n-1}{k-1}\Sigma_1\Sigma_{k-1}\leqslant nS_k+(k-1)\binom{n}{k}\Sigma_k\quad(1\leqslant k\leqslant n)\tag{1.47.15}$$

(取 $k=n$ 时就得到本题中的不等式).

当 $n=1,2$, 或 $k=1$ 时, 上式等号成立. 下面设 $n\geqslant 3,k\geqslant 2$, 证明该不等式.

(ii) 引进记号:

$$[\alpha_1,\alpha_2,\cdots,\alpha_n]=\frac{1}{n!}\sum a_{i_1}^{\alpha_1}a_{i_2}^{\alpha_2}\cdots a_{i_n}^{\alpha_n},$$

其中实数 $\alpha_1,\alpha_2,\cdots,\alpha_n\geqslant 0$, 求和展布在整数 $\{1,2,\cdots,n\}$ 的所有置换 $\{i_1,i_2,\cdots,i_n\}$ 上. 我们需要下列的

辅助命题 1 如果 $n\geqslant 3$, 并且实数 $\nu,\alpha_4,\cdots,\alpha_n\geqslant 0,\delta>0$, 那么

$$[\nu+2\delta,0,0,\alpha_4,\cdots,\alpha_n]-2[\nu+\delta,\delta,0,\alpha_4,\cdots,\alpha_n]+[\nu,\delta,\delta,\alpha_4,\cdots,\alpha_n]\geqslant 0,$$

并且当且仅当所有 a_i 相等时等式成立.

证明 对于给定的三个下标 i_1,i_2,i_3, 它有六种全排列, 由符号 $[\cdot]$ 的定义可知, 在 $[\nu+2\delta,0,0,\alpha_4,\cdots]$ 的各加项中, 只有 $a_{i_1}^{\nu+2\delta}a_{i_2}^0a_{i_3}^0\cdots$ 和 $a_{i_1}^{\nu+2\delta}a_{i_3}^0a_{i_2}^0\cdots$ 形式的加项含有因子 $a_{i_1}^{\nu+2\delta}$, 这些项中其余的因子具有 $a_{j_1}^{\alpha_4}\cdots a_{j_{n-3}}^{\alpha_n}$ 的形式, 其中 $\{j_1,j_2,\cdots,j_{n-3}\}$ 是 $\{1,2,\cdots,n\}\setminus\{i_1,i_2,i_3\}$ 中元素的一个排列. 将这种形式的加项合并, 得到

$$2\cdot\frac{1}{n!}a_{i_1}^{\nu+2\delta}\cdot P(i_1,i_2,i_3),$$

其中 $P(i_1,i_2,i_3)$ 表示所有 $a_{j_1}^{\alpha_4}a_{j_2}^{\alpha_5}\cdots a_{j_{n-3}}^{\alpha_n}$ 形式的加项之和(这种形式的加项个数为 $(n-3)!$). 类似地, 还得到

$$2\cdot\frac{1}{n!}a_{i_2}^{\nu+2\delta}\cdot P(i_1,i_2,i_3),\quad 2\cdot\frac{1}{n!}a_{i_3}^{\nu+2\delta}\cdot P(i_1,i_2,i_3).$$

将它们合并, 得到

$$2\cdot\frac{1}{n!}(a_{i_1}^{\nu+2\delta}+a_{i_2}^{\nu+2\delta}+a_{i_3}^{\nu+2\delta})P(i_1,i_2,i_3).$$

将上述推理应用于 $-2[\nu+\delta,\delta,0,\alpha_4,\cdots,\alpha_n]$, 则得到

$$-\frac{2}{n!}(a_{i_1}^{\nu+\delta}a_{i_2}^{\delta}+a_{i_2}^{\nu+\delta}a_{i_1}^{\delta}+a_{i_1}^{\nu+\delta}a_{i_3}^{\delta}+a_{i_3}^{\nu+\delta}a_{i_1}^{\delta}+a_{i_2}^{\nu+\delta}a_{i_3}^{\delta}+a_{i_3}^{\nu+\delta}a_{i_2}^{\delta})P(i_1,i_2,i_3).$$

同样, 应用于 $[\nu,\delta,\delta,\alpha_4,\cdots,\alpha_n]$, 则得到

$$2\cdot\frac{1}{n!}(a_{i_1}^{\nu}a_{i_2}^{\delta}a_{i_3}^{\delta}+a_{i_2}^{\nu}a_{i_1}^{\delta}a_{i_3}^{\delta}+a_{i_3}^{\nu}a_{i_1}^{\delta}a_{i_2}^{\delta})P(i_1,i_2,i_3).$$

于是, 对应于下标 i_1,i_2,i_3 的六种全排列, 得到

$$\begin{aligned}&\frac{2}{n!}\Big((a_{i_1}^{\nu+2\delta}+a_{i_2}^{\nu+2\delta}+a_{i_3}^{\nu+2\delta})\\&-(a_{i_1}^{\nu+\delta}a_{i_2}^{\delta}+a_{i_2}^{\nu+\delta}a_{i_1}^{\delta}+a_{i_1}^{\nu+\delta}a_{i_3}^{\delta}+a_{i_3}^{\nu+\delta}a_{i_1}^{\delta}+a_{i_2}^{\nu+\delta}a_{i_3}^{\delta}+a_{i_3}^{\nu+\delta}a_{i_2}^{\delta})\\&+(a_{i_1}^{\nu}a_{i_2}^{\delta}a_{i_3}^{\delta}+a_{i_2}^{\nu}a_{i_1}^{\delta}a_{i_3}^{\delta}+a_{i_3}^{\nu}a_{i_1}^{\delta}a_{i_2}^{\delta})\Big)P(i_1,i_2,i_3).\end{aligned}$$

对应于任何其他三个下标, 也产生类似的和. 因为 $P(i_1,i_2,i_3)\geqslant 0$, 所以只需证明上式中括号中的表达式非负. 换言之, 只需证明: 对于任意实数 $b_1,b_2,b_3>0$,

$$\begin{aligned}&b_1^{\nu+2\delta}+b_2^{\nu+2\delta}+b_3^{\nu+2\delta}-(b_1^{\nu+\delta}b_2^{\delta}+b_2^{\nu+\delta}b_1^{\delta}+b_1^{\nu+\delta}b_3^{\delta}+b_3^{\nu+\delta}b_1^{\delta}+b_2^{\nu+\delta}b_3^{\delta}+b_3^{\nu+\delta}b_2^{\delta})\\&+b_1^{\nu}b_2^{\delta}b_3^{\delta}+b_2^{\nu}b_1^{\delta}b_3^{\delta}+b_3^{\nu}b_1^{\delta}b_2^{\delta}\geqslant 0,\end{aligned}\tag{1.47.16}$$

并且当且仅当 $b_1=b_2=b_3$ 时等式成立.

因为当 $x,y,z>0,\mu>0$ 时

$$x^{\mu}(x-y)(x-z)+y^{\mu}(y-x)(y-z)+z^{\mu}(z-x)(z-y)\geqslant 0,$$

并且当且仅当 $x=y=z$ 时等式成立 (我们不妨设 $x\leqslant y\leqslant z$, 即可直接验证). 将它展开整理, 得到

$$\begin{aligned}&(x^{\mu+2}+y^{\mu+2}+z^{\mu+2})-(x^{\mu+1}y+x^{\mu+1}z+y^{\mu+1}x+y^{\mu+1}z+z^{\mu+1}x+z^{\mu+1}y)\\&+(x^{\mu}yz+y^{\mu}xz+z^{\mu}xy)\geqslant 0,\end{aligned}$$

在其中令 x,y,z 和 μ 分别等于 $b_1^{\delta},b_2^{\delta},b_3^{\delta}$ 和 ν/δ, 即得不等式 (1.47.16). 于是辅助命题 1 得证.

辅助命题 2 设 $n\geqslant 3,k\geqslant 2$. 令

$$\varDelta_t^k=[t+1,1,\underbrace{1\cdots,1}_{k-t-1个},\underbrace{0,\cdots,0}_{n-k+t-1个}]-[t,1,\underbrace{1\cdots,1}_{k-t-1个},\underbrace{0,\cdots,0}_{n-k+t-1个}]\quad(t=0,1,\cdots,k-1).$$

则

$$0=\varDelta_0^k\leqslant\varDelta_1^k\leqslant\cdots\leqslant\varDelta_{k-1}^k,$$

并且当且仅当所有 a_i 相等时等式成立.

证明 注意符号 $[\alpha_1,\alpha_2,\cdots,\alpha_n]$ 与 α_i 的排列次序无关, 只取决于数集 $\{\alpha_1,\alpha_2,\cdots,\alpha_n\}$ 本身. 在辅助命题 1 中取 $\nu=t-1,\delta=1$, 并且适当选取 α_i(等于 0 或 1), 得到

$$\begin{aligned}&[t+1,1,\underbrace{1\cdots,1}_{k-t-1\text{个}},\underbrace{0,\cdots,0}_{n-k+t-1\text{个}}]-2[t,1,\underbrace{1\cdots,1}_{k-t-1\text{个}},\underbrace{0,\cdots,0}_{n-k+t-1\text{个}}]\\&+[t-1,1,\underbrace{1\cdots,1}_{k-t-1\text{个}},\underbrace{0,\cdots,0}_{n-k+t-1\text{个}}]\geqslant 0,\end{aligned}$$

所以

$$\begin{aligned}&[t+1,1,\underbrace{1\cdots,1}_{k-t-1\text{个}},\underbrace{0,\cdots,0}_{n-k+t-1\text{个}}]-[t,1,\underbrace{1\cdots,1}_{k-t-1\text{个}},\underbrace{0,\cdots,0}_{n-k+t-1\text{个}}]\\&\geqslant[t,1,\underbrace{1\cdots,1}_{k-t-1\text{个}},\underbrace{0,\cdots,0}_{n-k+t-1\text{个}}]-[t-1,1,\underbrace{1\cdots,1}_{k-t-1\text{个}},\underbrace{0,\cdots,0}_{n-k+t-1\text{个}}],\end{aligned}$$

从而 $\Delta_t^k\geqslant\Delta_{t-1}^k$. 于是辅助命题 2 得证.

(iii) 现在证明不等式 (1.47.15). 它可 (等价地) 改写为

$$\binom{n-1}{k-1}\sum_{i\neq j}a_ia_j^{k-1}\leqslant nS_k+\left((k-1)\binom{n}{k}-\binom{n-1}{k-1}\right)\Sigma_k. \tag{1.47.17}$$

将等式

$$\frac{1}{n(n-1)}\sum_{i\neq j}a_ia_j^{k-1}=[k-1,1,\underbrace{0,\cdots,0}_{n-2\text{个}}],$$

$$\frac{1}{n}\Sigma_k=[k,\underbrace{0,\cdots,0}_{n-1\text{个}}],\qquad\frac{1}{\binom{n}{k}}S_k=[\underbrace{1,\cdots,1}_{k\text{个}},\underbrace{0,\cdots,0}_{n-k\text{个}}]$$

代入不等式 (1.47.17), 并且注意 $\binom{n}{k}=(n/k)\cdot\binom{n-1}{k-1}$, 则可将不等式 (1.47.17) 等价地改写为

$$(n-1)\frac{k}{n}[k-1,1,\underbrace{0,\cdots,0}_{n-2\text{个}}]\leqslant[\underbrace{1,\cdots,1}_{k\text{个}},\underbrace{0,\cdots,0}_{n-k\text{个}}]+\left(k-1-\frac{k}{n}\right)[k,\underbrace{0,\cdots,0}_{n-1\text{个}}].$$

因为 $(n-1)\cdot(k/n)=k-1-(k/n)+1$, 所以上式等价于不等式

$$\begin{aligned}&[k-1,1,\underbrace{0,\cdots,0}_{n-2\text{个}}]-[\underbrace{1,\cdots,1}_{k\text{个}},\underbrace{0,\cdots,0}_{n-k\text{个}}]\\&\leqslant\left(k-1-\frac{k}{n}\right)[k,\underbrace{0,\cdots,0}_{n-1\text{个}}]-[k-1,1,\underbrace{0,\cdots,0}_{n-2\text{个}}].\end{aligned}$$

最后, 依符号 Δ_t^k 的定义, 上面的不等式可等价地写成

$$\sum_{t=0}^{k-2}\Delta_t^k\leqslant\left(k-1-\frac{k}{n}\right)\Delta_{k-1}^k. \tag{1.47.18}$$

因为由辅助命题 2 知

$$\sum_{t=0}^{k-2} \Delta_t^k \leqslant (k-2)\Delta_{k-1}^k$$

(当且仅当所有 a_i 相等时等式成立), 并且 $k-2 \leqslant k-1-k/n$(当且仅当 $k=n$ 时等式成立), 所以不等式 (1.47.18) 成立, 于是不等式 (1.47.15) 得证. 特别可知, 在 $n \geqslant 3, k \geqslant 2$ 的情形下, 当且仅当 $k=n$ 而且所有 a_i 相等时等式成立. □

注 Чебыщев 不等式: 设 $u_1, u_2, \cdots, u_m$ 和 $v_1, v_2, \cdots, v_m$ 是两组实数. 如果

$$(u_i-u_j)(v_i-v_j) \geqslant 0 \quad (i,j=1,2,\cdots,m)$$

(即 $u_1,\cdots,u_m$ 与 $v_1,\cdots,v_m$ 同时递增或同时递减, 也称同序), 那么

$$\left(\frac{1}{m}\sum_{i=1}^m u_i\right)\left(\frac{1}{m}\sum_{i=1}^m v_i\right) \leqslant \frac{1}{m}\sum_{i=1}^m u_iv_i;$$

如果

$$(u_i-u_j)(v_i-v_j) \leqslant 0 \quad (i,j=1,2,\cdots,m)$$

(即 $u_1,\cdots,u_m$ 与 $v_1,\cdots,v_m$ 都是反序的), 那么

$$\left(\frac{1}{m}\sum_{i=1}^m u_i\right)\left(\frac{1}{m}\sum_{i=1}^m v_i\right) \geqslant \frac{1}{m}\sum_{i=1}^m u_iv_i.$$

在两种情形下, 等式当且仅当所有 a_i 相等时成立. 见 G. H. 哈代、J. E. 李特伍德、G. 波利亚的《不等式》(科学出版社, 1965) 第 44 页.

这个不等式被扩充为所谓“排序不等式”, 即还考虑数列的任意排列的情形 (见问题 1.46 后的注).

问题 1.48 (1) (美国, 1973) 设函数 $f(x) \in C^1[0,1]$, 在 $(0,1)$ 内 $0 < f'(x) \leqslant 1$, 并且 $f(0)=0$. 证明:

$$\left(\int_0^1 f(x)\mathrm{d}x\right)^2 \geqslant \int_0^1 f^3(x)\mathrm{d}x.$$

(2) 给出等式成立的例子.

证明 下面给出问题 (1) 的三种证法, 而问题 2 的解答则包含在证法 1 中 (并且比举例更强).

证法 1 (i) 令

$$F(x) = \left(\int_0^x f(t)\mathrm{d}t\right)^2 - \int_0^x f^3(t)\mathrm{d}t \quad (0 \leqslant x \leqslant 1).$$

我们有

$$\frac{\mathrm{d}}{\mathrm{d}x}\left(\int_0^x f(t)\mathrm{d}t\right)^2 = 2\left(\int_0^x f(t)\mathrm{d}t\right)\cdot f(x),$$
$$\frac{\mathrm{d}}{\mathrm{d}x}\left(\int_0^x f^3(t)\mathrm{d}t\right) = f^3(x),$$

$$\int_0^x f(t)f'(t)\mathrm{d}t = \frac{1}{2}f^2(t)\Big|_0^x = \frac{1}{2}\big(f^2(x)-f^2(0)\big) = \frac{1}{2}f^2(x).$$

因此, 当 $x\in[0,1]$ 时

$$\begin{aligned}F'(x) &= 2f(x)\left(\int_0^x f(t)\mathrm{d}t - \frac{1}{2}f^2(x)\right)\\ &= 2f(x)\left(\int_0^x f(t)\mathrm{d}t - \int_0^x f(t)f'(t)\mathrm{d}t\right)\\ &= 2f(x)\int_0^x f(t)\big(1-f'(t)\big)\mathrm{d}t.\end{aligned}$$

由题设 $f'(x)>0$ 可知 $f(x)$ 在 $(0,1)$ 上单调增加, 从而 $f(x)\geqslant f(0)=0$, 于是当 $0\leqslant x\leqslant 1$ 时 $f(x)$ 非负, 而且 $f(t)\big(1-f'(t)\big)\geqslant 0$, 于是由上式得到

$$F'(x)\geqslant 0 \quad (0\leqslant x\leqslant 1).$$

再由 $F(0)=0$ 推出

$$F(x)=F(x)-F(0)=\int_0^x F'(t)\mathrm{d}t\geqslant 0 \quad (0\leqslant x\leqslant 1),$$

于是对于 $x\in[0,1]$,

$$\left(\int_0^x f(t)\mathrm{d}t\right)^2 \geqslant \int_0^x f^3(t)\mathrm{d}t.$$

(ii) 如果对所有 $x\in[0,1]$ 上式中等号成立, 那么对于所有这些 $x, F(x)=0$, 从而 $F'(x)=0$, 即

$$f(x)\int_0^x f(t)\big(1-f'(t)\big)\mathrm{d}t=0 \quad (0\leqslant x\leqslant 1).$$

因此, 或者 $f(x)$(作为 $C^1[0,1]$ 中的函数) 在 $[0,\infty)$ 上恒等于 0, 或者

$$\int_0^x f(t)\big(1-f'(t)\big)\mathrm{d}t=0 \quad (0\leqslant x\leqslant 1).$$

但依步骤 (i) 中所证, $f(t)\big(1-f'(t)\big)\geqslant 0$, 从而在 $[0,1]$ 上, 若 $f(x)$ 不恒等于 0, 则必有 $f'(x)=1$. 由此及 $f(0)=0$ 推出 $f(x)=x$ $(0\leqslant x\leqslant 1)$. 总之, 等式成立的条件是: 在 $[0,1]$ 上, 或者 $f(x)\equiv 0$, 或者 $f(x)=x$.

证法 2 因为 $f'(x)$ 在 $[0,1]$ 上连续, 所以有

$$f(x)=\int_0^x f'(t)\mathrm{d}t \quad (0\leqslant x\leqslant 1).$$

于是

$$\begin{aligned}I_1 &= \left(\int_0^1 f(x)\mathrm{d}x\right)^2 = \left(\int_0^1\int_0^x f'(t)\mathrm{d}t\mathrm{d}x\right)^2\\ &= \left(\int_0^1\int_0^{x_1} f'(t_1)\mathrm{d}t_1\mathrm{d}x_1\right)\left(\int_0^1\int_0^{x_2} f'(t_2)\mathrm{d}t_2\mathrm{d}x_2\right)\\ &= \int_0^1\int_0^1\int_0^{x_1}\int_0^{x_2} f'(t_1)f'(t_2)\mathrm{d}t_1\mathrm{d}t_2\mathrm{d}x_1\mathrm{d}x_2\\ &= \iiiint\limits_{\Omega_1} f'(x_3)f'(x_4)\mathrm{d}x_1\mathrm{d}x_2\mathrm{d}x_3\mathrm{d}x_4,\end{aligned}$$

其中

$$\Omega_1=\left\{(x_1,x_2,x_3,x_4)\,\middle|\,0\leqslant x_1\leqslant 1,0\leqslant x_2\leqslant 1,0\leqslant x_3\leqslant x_1,0\leqslant x_4\leqslant x_2\right\};$$

以及

$$\begin{aligned}I_2&=\int_0^1 f^3(x)\mathrm{d}x=\int_0^1\left(\int_0^x f'(t)\mathrm{d}t\right)^3\mathrm{d}x\\&=\int_0^1\left(\int_0^x f'(t_1)\mathrm{d}t_1\right)\left(\int_0^x f'(t_2)\mathrm{d}t_2\right)\left(\int_0^x f'(t_3)\mathrm{d}t_3\right)\mathrm{d}x\\&=\iiiint\limits_{\Omega_2} f'(x_2)f'(x_3)f'(x_4)\mathrm{d}x_1\mathrm{d}x_2\mathrm{d}x_3\mathrm{d}x_4,\end{aligned}$$

其中

$$\Omega_2=\left\{(x_1,x_2,x_3,x_4)\,\middle|\,0\leqslant x_1\leqslant 1,0\leqslant x_2\leqslant x_1,0\leqslant x_3\leqslant x_1,0\leqslant x_4\leqslant x_1\right\}.$$

由题设可知, 在 $[0,1]^4$ 上

$$0\leqslant f'(x_2)f'(x_3)f'(x_4)\leqslant f'(x_3)f'(x_4),$$

并且显然 $\Omega_2\subseteq\Omega_1$, 所以 $I_2\leqslant I_1$, 即得要证的不等式.

证法 3 (i) 由题设可知 $f(x)$ 在 $(0,1)$ 上严格单调增加, 并且 $f(x)>f(0)=0$. 因此在 $[0,1]$ 上 $y=f(x)$ 有反函数 $x=g(y)$. 若 $f(1)=c$, 则 $c>0$. 因为

$$\frac{\mathrm{d}f(x)}{\mathrm{d}x}=\frac{1}{\dfrac{\mathrm{d}g(y)}{\mathrm{d}y}},\quad 0<\frac{\mathrm{d}f(x)}{\mathrm{d}x}\leqslant 1\quad(0<x<1),$$

所以

$$\frac{\mathrm{d}g(y)}{\mathrm{d}y}\geqslant 1\quad(0<y<c).\tag{1.48.1}$$

(ii) 我们有

$$\begin{aligned}I&=\left(\int_0^c yg'(y)\mathrm{d}y\right)^2=\left(\int_0^c yg'(y)\mathrm{d}y\right)\left(\int_0^c zg'(z)\mathrm{d}z\right)\\&=\int_0^c\int_0^c yzg'(y)g'(z)\mathrm{d}y\mathrm{d}z.\end{aligned}$$

因为上述二重积分的被积函数关于 y 和 z 对称, 而积分区域正方形 $[0,c]\times[0,c]$ 关于对角线 $y=z$ 对称, 所以整个积分等于位于正方形对角线 $y=z$ 下方的三角形上的积分的 2 倍, 即

$$I=2\int_0^c\int_0^z yzg'(y)g'(z)\mathrm{d}y\mathrm{d}z.$$

依式 (1.48.1), $g'(y)\geqslant 1$, 所以

$$I\geqslant 2\int_0^c\int_0^z yzg'(z)\mathrm{d}y\mathrm{d}z=2\int_0^c zg'(z)\left(\int_0^z y\mathrm{d}y\right)\mathrm{d}z=\int_0^c z^3g'(z)\mathrm{d}z.$$

在积分 I 中, 令 $y=f(x)$, 则

$$\mathrm{d}y=\frac{1}{g'(y)}\mathrm{d}x,\ y\in[0,c]\quad\Leftrightarrow\quad x\in[0,1],$$

因此

$$I=\left(\int_0^1 f(x)\mathrm{d}x\right)^2.$$

类似地, 令 $z=f(x)$, 则

$$\int_0^c z^3 g'(z)\mathrm{d}z=\int_0^1 f^3(x)\mathrm{d}x.$$

因此 (1) 中的不等式得证. □

注 用证法 2 的方法可以证明: 若 $f(x)\in C^1[0,1], f(0)=0, 0\leqslant f'(x)\leqslant 1$, 则对任何正整数 n, 有

$$\left(\int_0^1 f(x)\mathrm{d}x\right)^n\leqslant\int_0^1 f^{2n-1}(x)\mathrm{d}x.$$

问题 1.49 (匈牙利, 1973) 设 $f(x)$ 是区间 $[0,1]$ 上的非负连续凹函数, 并且 $f(0)=1$, 则

$$\int_0^1 xf(x)\mathrm{d}x\leqslant\frac{2}{3}\left(\int_0^1 f(x)\mathrm{d}x\right)^2.$$

证明 (i) 令

$$A=\int_0^1 f(x)\mathrm{d}x,\quad B=\int_0^1 xf(x)\mathrm{d}x.$$

由分部积分得到

$$\begin{aligned}B&=\int_0^1 x\mathrm{d}\left(\int_0^x f(t)\mathrm{d}t\right)=\left(x\int_0^x f(t)\mathrm{d}t\right)\Big|_0^1-\int_0^1\left(\int_0^x f(t)\mathrm{d}t\right)\mathrm{d}x\\&=A-\int_0^1\left(\int_0^x f(t)\mathrm{d}t\right)\mathrm{d}x.\end{aligned}$$

所以

$$A-B=\int_0^1\left(\int_0^x f(t)\mathrm{d}t\right)\mathrm{d}x.$$

(ii) 因为 $f(x)$ 是凹函数, 所以它的图像位于连接点 $(0,f(0))$ (即 $(0,1)$)和 $(x,f(x))$ 的弦的上方, 也就是说,

$$f(t)\geqslant\frac{f(x)-1}{x}t+1\quad(0\leqslant t\leqslant x).$$

将上式两边对 t 由 0 到 x 积分, 得到

$$\int_0^x f(t)\mathrm{d}t\geqslant\frac{f(x)-1}{x}\cdot\frac{x^2}{2}+x=\frac{1}{2}xf(x)+\frac{1}{2}x.$$

(iii) 由步骤 (i) 和 (ii) 得

$$A-B\geqslant\int_0^1\left(\frac{1}{2}xf(x)+\frac{1}{2}x\right)\mathrm{d}x=\frac{B}{2}+\frac{1}{4},$$

也就是

$$B\leqslant\frac{2}{3}\left(A-\frac{1}{4}\right).$$

注意 $0\leqslant(2A-1)^2=4A^2-4A+1, A-1/4\leqslant A^2$, 所以由上式最终得到

$$B\leqslant\frac{2}{3}\left(A-\frac{1}{4}\right)\leqslant\frac{2}{3}A^2.$$

于是本题得证. □

问题 1.50　(匈牙利, 1973) 证明: 对于所有 $x>0$,

$$\frac{\Gamma'(x+1)}{\Gamma(x+1)}>\log x,$$

此处 $\Gamma(x)$ 是伽马函数.

证明　已知当 $x>0$ 时 $\Gamma(x)>0$, 并且

$$\frac{\Gamma'(x)}{\Gamma(x)}=-\gamma-\frac{1}{x}+\sum_{u=1}^{\infty}\left(\frac{1}{u}-\frac{1}{x+u}\right),$$

其中 γ 是 Euler-Mascheroni 常数(见 Γ. M. 菲赫金哥尔茨的《微积分学教程 (第 2 卷)》(第 8 版, 高等教育出版社, 2006) 第 222 页). 于是

$$\left(\frac{\Gamma'(x)}{\Gamma(x)}\right)'=\sum_{u=1}^{\infty}\frac{1}{(x+u)^2}>0,$$

因此 $\Gamma'(x)/\Gamma(x)$ 严格单调递增. 另外, 因为 $\Gamma(x+1)=x\Gamma(x)$, 所以

$$\int_x^{x+1}\frac{\Gamma'(t)}{\Gamma(t)}\mathrm{d}t=\log\Gamma(x+1)-\log\Gamma(x)=\log x;$$

并且由中值定理, 还有

$$\log x=\int_x^{x+1}\frac{\Gamma'(t)}{\Gamma(t)}\mathrm{d}t=\frac{\Gamma'(\xi)}{\Gamma(\xi)},$$

其中 $x<\xi<x+1$. 于是我们得到

$$\frac{\Gamma'(x+1)}{\Gamma(x+1)}>\frac{\Gamma'(\xi)}{\Gamma(\xi)}=\log x.$$ □

问题 1.51　(苏联, 1976) 求最小的 β 和最大的 α, 使得对于所有正整数 n, 有

$$\left(1+\frac{1}{n}\right)^{n+\alpha}\leqslant \mathrm{e}\leqslant\left(1+\frac{1}{n}\right)^{n+\beta}.$$

解　(i) 求最大的 α, 使得对于所有 $n\in\mathbb{N}$,

$$\left(1+\frac{1}{n}\right)^{n+\alpha}\leqslant \mathrm{e}.$$

这等价于求满足不等式

$$\alpha\leqslant\frac{1}{\log\left(1+\dfrac{1}{n}\right)}-n\quad(n\in\mathbb{N})$$

的 α 的最大值, 于是这个最大值等于

$$\phi(n)=\frac{1}{\log\left(1+\dfrac{1}{n}\right)}-n\quad(n\in\mathbb{N})$$

的最小值. 令

$$\phi(x)=\frac{1}{\log\left(1+\dfrac{1}{x}\right)}-x \quad (x\geqslant 1),$$

那么

$$\phi'(x)=\frac{1}{(x^2+x)\log^2\left(1+\dfrac{1}{x}\right)}-1.$$

因为

$$\log(1+y)<\frac{y}{\sqrt{1+y}} \quad (y>0) \tag{1.51.1}$$

(参见练习题 1.49(1) 的证法 3), 所以当 $x>0$ 时 $(x^2+x)\log^2(1+1/x)<1$, 从而 $\phi'(x)>0$, 于是 $\phi(x)$ 单调增加. 由此可推出

$$\min_{x\geqslant 1}\phi(x)=\phi(1)=\frac{1}{\log 2}-1.$$

注意集合 $\{x\geqslant 1\}\supset\mathbb{N}$, 所以

$$\min_{x\geqslant 1}\phi(x)\leqslant\min_{n\in\mathbb{N}}\phi(n);$$

但因为左边的最小值点为 $x=1\in\mathbb{N}$, 所以

$$\min_{n\in\mathbb{N}}\phi(n)=\min_{x\geqslant 1}\phi(x)=\frac{1}{\log 2}-1.$$

于是所求最大的 $\alpha=1/\log 2-1$.

或者: 当 $n\in\mathbb{N}$ 时, $0<1/n\leqslant 1$. 令

$$\psi(t)=\frac{1}{\log(1+t)}-\frac{1}{t} \quad (0<t\leqslant 1).$$

则问题归结为求当 $n\in\mathbb{N}$ 时 $\psi(1/n)$ 的最小值. 为此, 首先考虑 $\psi(t)\,(0<t\leqslant 1)$ 的最小值. 我们有

$$\psi'(t)=-\frac{1}{(1+t)\log^2(1+t)}+\frac{1}{t^2}=\frac{(1+t)\log^2(1+t)-t^2}{(1+t)t^2\log^2(1+t)},$$

当 $t\in(0,1]$ 时, 右边分式的分母是正的. 由式 (1.51.1) 可知分子是负的. 因此当 $0<t\leqslant 1$ 时 $\psi'(t)<0$, 从而 $\psi(t)$ 单调减少. 由此求出 $\psi(1/n)$ 的最小值是 $\psi(1)=1/\log 2-1$.

(ii) 求最小的 β, 使得对于所有 $n\in\mathbb{N}$,

$$\mathrm{e}\leqslant\left(1+\frac{1}{n}\right)^{n+\beta}.$$

与步骤 (i) 类似, 这等价于求 $\phi(n)(n\in\mathbb{N})$ 的最大值. 步骤 (i) 中已证 $\phi(n)$ 单调增加, 所以最小的 $\beta=\lim\limits_{n\to\infty}\phi(n)=1/2$(参见练习题 1.49(1) 的证法 3). □

注 求最小的 β 的第二种方法: 对于任意实数 β, 令

$$f(x)=\left(1+\frac{1}{x}\right)^{x+\beta},$$

那么当 $x>0$ 时 $f(x)>0$, 并且

$$\lim_{x\to\infty} f(x)=\lim_{x\to\infty}\left(1+\frac{1}{x}\right)^x \lim_{x\to\infty}\left(1+\frac{1}{x}\right)^\beta = \mathrm{e}.$$

我们有

$$f'(x)=f(x)\omega(x), \tag{1.51.2}$$

其中

$$\omega(x)=\log\left(1+\frac{1}{x}\right)-\frac{x+\beta}{x^2+x},$$

并且

$$\omega'(x)=\frac{(2\beta-1)x+\beta}{(x^2+x)^2}.$$

若 $\beta\geqslant 1/2$, 则当 $x>0$ 时 $\omega'(x)>0$, 从而当 $x\to\infty$ 时 $\omega(x)$ 单调递增趋于 0. 因此, 当 $x>0$ 时 $\omega(x)<0$. 若 $\beta<1/2$, 则当 $x>\beta/(1-2\beta)$ 时 $\omega'(x)<0$, 从而当 $x\to\infty$ 时 $\omega(x)$ 单调递减趋于 0. 因此, 当 $x>\beta/(1-2\beta)$ 时 $\omega(x)>0$. 由此并应用式 (1.51.2) 可知: 若 $\beta\geqslant 1/2$, 则当 $x>0$ 时 $f'(x)<0$, 因而当 $x\to\infty$ 时 $f(x)$ 单调递减趋于 e, 于是

$$f(x)>\mathrm{e}\quad (\forall x>0). \tag{1.51.3}$$

若 $\beta<1/2$, 则当 $x>\beta/(1-2\beta)$ 时 $f'(x)>0$, 因而当 $x\to\infty$ 时 $f(x)$ 单调递增趋于 e, 于是

$$f(x)<\mathrm{e}\quad (\forall x>x_0, x_0>0\text{ 充分大}). \tag{1.51.4}$$

特别地, 由此推出: 当 $\beta\geqslant 1/2$ 时

$$\left(1+\frac{1}{n}\right)^{n+\beta}>\mathrm{e}\quad (\forall n\geqslant 1);$$

当 $\beta<1/2$ 时

$$\left(1+\frac{1}{n}\right)^{n+\beta}<\mathrm{e}\quad (\forall n>n_0, n_0>0\text{ 充分大}).$$

于是最小的 $\beta=1/2$.

第三种解法 (与上述解法思路相同, 只是辅助函数有差别): 参见练习题 1.49, 应用该题的方法 (实际是在其中取 $u=1$), 可得到式 (1.51.3) 和式 (1.51.4), 等等.

问题 1.52　(苏联, 1977) 设 $f(x)$ 在 $[a,b]$ 上连续, 并满足关系式

$$f\left(\frac{x_1+x_2}{2}\right)\leqslant\frac{f(x_1)+f(x_2)}{2}.$$

证明:

$$f\left(\frac{a+b}{2}\right)(b-a)\leqslant\int_a^b f(x)\mathrm{d}x\leqslant\frac{f(a)+f(b)}{2}(b-a).$$

证明　因为 $f(x)$ 是区间 $[a,b]$ 上的凸函数, 所以由其几何意义推出: 对于任何 $u,v\in[a,b], u<v$, 当 $x\in[u,v]$ 时, 有

$$f(x)\leqslant f(u)+\frac{f(v)-f(u)}{v-u}(x-u).$$

在其中取 $[u,v]=[a,b]$, 并且在不等式两边对 x 由 a 到 b 积分, 即得题中不等式的右半部分. 为证左半不等式, 我们有

$$\begin{aligned}\frac{1}{b-a}\int_a^b f(x)\mathrm{d}x &= \frac{1}{b-a}\int_a^{(a+b)/2} f(x)\mathrm{d}x+\frac{1}{b-a}\int_{(a+b)/2}^b f(x)\mathrm{d}x\\ &= I_1+I_2.\end{aligned}$$

在 I_1 中作变量代换

$$x=\frac{a+b-t(b-a)}{2},$$

可得

$$I_1=\frac{1}{2}\int_0^1 f\left(\frac{a+b-t(b-a)}{2}\right)\mathrm{d}t.$$

类似地, 可得

$$I_2=\frac{1}{2}\int_0^1 f\left(\frac{a+b+t(b-a)}{2}\right)\mathrm{d}t.$$

注意 f 的凸性, 有

$$\frac{1}{2}\big(f(A)+f(B)\big)\geqslant f\left(\frac{A+B}{2}\right)\quad (A,B\in[a,b]),$$

并且当 $t\in[0,1]$ 时, $\big(a+b-t(b-a)\big)/2,\big(a+b+t(b-a)\big)/2\in[a,b]$, 因此

$$\frac{1}{2}\left(f\left(\frac{a+b-t(b-a)}{2}\right)+f\left(\frac{a+b+t(b-a)}{2}\right)\right)\geqslant f\left(\frac{a+b}{2}\right),$$

从而

$$\frac{1}{b-a}\int_a^b f(x)\mathrm{d}x=I_1+I_2\geqslant\int_0^1 f\left(\frac{a+b}{2}\right)\mathrm{d}x=f\left(\frac{a+b}{2}\right).$$ □

注 本题中的不等式称为 Hermite-Hadamard 不等式. 由凸函数的性质可推出: 当且仅当

$$f(x)=f(a)+\frac{f(b)-f(a)}{b-a}(x-a)$$

(线性函数) 时等式成立 (参见问题 1.15 后的注).

问题 1.53 (1) (中国, 2010) 设 $\varphi(t)\in C(0,+\infty)$ 是严格单调减少的正函数, 满足 $\lim\limits_{t\to0+}\varphi(t)=+\infty$. 证明: 若

$$\int_0^\infty\varphi(t)\mathrm{d}t=\int_0^\infty\psi(t)\mathrm{d}t=a<\infty,$$

其中 ψ 是 φ 的反函数, 则

$$\int_0^\infty\varphi^2(t)\mathrm{d}t+\int_0^\infty\psi^2(t)\mathrm{d}t\geqslant\frac{1}{2}a\sqrt{a}.$$

(2) (中国, 2014) 设 $D=\{(x,y)\mid 0\leqslant x\leqslant 1,0\leqslant y\leqslant 1\}$,

$$I=\iint\limits_D f(x,y)\mathrm{d}x\mathrm{d}y,$$

其中函数 $f(x,y)$ 在 D 上有连续二阶偏导数. 若对于任何 x,y, 有 $f(0,y)=f(x,0)=0$, 并且

$$\left|\frac{\partial^2 f}{\partial x\partial y}\right|\leqslant A,$$

证明: $|I|\leqslant A/4$.

证明　(1) (i) 令

$$\begin{aligned}
P&=P(p)=a-\int_0^p\varphi(t)\mathrm{d}t=\int_p^\infty\varphi(t)\mathrm{d}t,\\
Q&=Q(q)=a-\int_0^q\psi(t)\mathrm{d}t=\int_q^\infty\psi(t)\mathrm{d}t,\\
I&=I(p,q)=a-P-Q,
\end{aligned}$$

其中 $p,q>0$ 是待定常数 (下文确定), 满足 $pq=a$. 由 Cauchy-Schwarz 不等式,

$$\begin{aligned}
\int_0^\infty\psi^2(t)\mathrm{d}t\geqslant\int_0^q\psi^2(t)\mathrm{d}t&\geqslant\frac{\left(\int_0^q 1\cdot\psi(t)\mathrm{d}t\right)^2}{\int_0^q 1^2\mathrm{d}t}\\
&=\frac{1}{q}\left(\int_0^q\psi(t)\mathrm{d}t\right)^2=\frac{(a-Q)^2}{q}=\frac{(I+P)^2}{q}.
\end{aligned}$$

类似地, 有

$$\int_0^\infty\varphi^2(t)\mathrm{d}t\geqslant\frac{(a-P)^2}{p}=\frac{(I+Q)^2}{p}.$$

于是由算术-几何平均不等式得到

$$\begin{aligned}
\int_0^\infty\varphi^2(t)\mathrm{d}t+\int_0^\infty\psi^2(t)\mathrm{d}t&\geqslant\frac{(I+Q)^2}{p}+\frac{(I+P)^2}{q}\\
&\geqslant\frac{2}{\sqrt{pq}}(I+P)(I+Q)=\frac{2}{\sqrt{a}}(I^2+P+Q+PQ)\\
&=\frac{2}{\sqrt{a}}(PQ+aI).
\end{aligned}$$

(ii) (建议读者画图以帮助理解以下推理) 依题设, $\psi(x)$ 与 $\varphi(x)$ 都是严格单调减少的正函数, 因此曲线 $C_1: y=\varphi(x)$ 和 $C_2: y=\psi(x)$ 都在第 1 象限, 关于直线 $y=x$ 对称, 因而它们与直线 $y=x$ 有唯一的公共点 (σ,σ). 不妨设

$$\varphi(x)\geqslant\psi(x)\quad(x\geqslant\sigma).\tag{1.53.1}$$

注意 $p>0$ 时积分

$$\int_p^\infty\varphi(t)\mathrm{d}t\quad 和\ \int_{a/p}^\infty\psi(t)\mathrm{d}t$$

分别是 p 的单调减少和单调增加的连续函数, 所以

$$\eta(p)=\int_p^\infty\varphi(t)\mathrm{d}t-\int_{a/p}^\infty\psi(t)\mathrm{d}t\quad(p>0)$$

是 p 的单调减少的连续函数, 并且 $\eta(p)\to-\infty\,(p\to+\infty)$. 又因为 $\sigma^2<a$, 所以 $\sigma<a/\sigma$, 从而由式 (1.53.1) 得到

$$\int_\sigma^\infty\varphi(t)\mathrm{d}t\geqslant\int_\sigma^\infty\psi(t)\mathrm{d}t>\int_{a/\sigma}^\infty\psi(t)\mathrm{d}t,$$

即 $\eta(\sigma)>0$. 因此存在唯一的 $\sigma_0\in[\sigma,+\infty)$, 使得 $\eta(\sigma_0)=0$, 从而

$$P_0=P(p_0)=\int_{\sigma_0}^\infty\varphi(t)\mathrm{d}t=\int_{a/\sigma_0}^\infty\psi(t)\mathrm{d}t=Q(q_0)=Q_0,$$

其中 $p_0=\sigma_0,q_0=a/\sigma_0$, 特别地, 满足 $p_0q_0=a$.

记 $I_0=a-P_0-Q_0$, 则 $P_0=Q_0=(a-I_0)/2$, 我们来证明 $I_0>0$. 为此, 注意

$$I_0=a-P_0-Q_0=\int_0^\infty\psi(t)\mathrm{d}t-\int_{\sigma_0}^\infty\varphi(t)\mathrm{d}t-\int_{a/\sigma_0}^\infty\psi(t)\mathrm{d}t.\tag{1.53.2}$$

过点 $M(0,\sigma_0)$ 作 x 轴的平行线交曲线 $C_2:y=\psi(x)$ 于点 $M\big(x_0,\psi(x_0)\big)$, 那么由前面所说图形的对称性可知 $\int_{\sigma_0}^\infty\varphi(t)\mathrm{d}t$ 表示由 y 轴上的区间 $[\sigma_0,\infty)$ 和曲线 $y=\psi(x)\,(0<x\leqslant x_0)$ 以及线段 MN 所围成的 (无限) 区域的面积. 如果 $a/\sigma_0<x_0$, 那么以 OM 和 x 轴上的区间 $[0,a/\sigma_0]$ 为邻边的矩形面积等于 a, 从而以 OM 和 x 轴上的区间 $[0,x_0]$ 为邻边的矩形面积大于 a, 我们得到矛盾. 因此 $a/\sigma_0\geqslant x_0$, 于是由式 (1.53.2) 得到 $I_0>0$.

(iii) 由步骤 (i) 和 (ii) 的结果得到

$$\begin{aligned}\int_0^\infty\varphi^2(t)\mathrm{d}t+\int_0^\infty\psi^2(t)\mathrm{d}t&\geqslant\frac{2}{\sqrt a}(P_0Q_0+aI_0)=\frac{2}{\sqrt a}\left(\left(\frac{a-I_0}{2}\right)^2+aI_0\right)\\&=\frac{2}{\sqrt a}\left(\frac{a+I_0}{2}\right)^2>\frac{2}{\sqrt a}\cdot\frac{a^2}{4}=\frac12a\sqrt a.\end{aligned}$$

(2) 依题设的边界条件, 引进辅助函数

$$g(x,y)=(1-x)(1-y),$$

则在 D 的边界上 $g(1,y)=g(x,1)=0$. 由分部积分,

$$\begin{aligned}J&=\iint\limits_D g(x,y)\frac{\partial^2f}{\partial x\partial y}(x,y)\mathrm{d}x\mathrm{d}y\\&=\int_0^1(1-x)\mathrm{d}x\int_0^1(1-y)\frac{\partial^2f}{\partial x\partial y}(x,y)\mathrm{d}y\\&=\int_0^1(1-x)\left((1-y)\frac{\partial f}{\partial x}(x,y)\bigg|_{y=0}^{y=1}+\int_0^1\frac{\partial f}{\partial x}(x,y)\mathrm{d}y\right)\mathrm{d}x\\&=\int_0^1(1-x)\mathrm{d}x\left(-f_x(x,0)+\int_0^1\frac{\partial f}{\partial x}(x,y)\mathrm{d}y\right)\mathrm{d}x\\&=-\int_0^1(1-x)f_x(x,0)\mathrm{d}x+\int_0^1\left(\int_0^1(1-x)\frac{\partial f}{\partial x}(x,y)\mathrm{d}x\right)\mathrm{d}y\\&=J_1+J_2.\end{aligned}$$

继续进行分部积分, 由题设边界条件得到

$$J_1=-(1-x)f(x,0)\Big|_0^1+\int_0^1f(x,0)\mathrm{d}x=0,$$

$$J_2=\int_0^1\left((1-x)f(x,y)\Big|_{x=0}^{x=1}+\int_0^1 f(x,y)\mathrm{d}x\right)\mathrm{d}y$$
$$=\iint\limits_D f(x,y)\mathrm{d}x\mathrm{d}y.$$

因此 $J=I$. 因为

$$|J|\leqslant A\iint\limits_D g(x,y)\mathrm{d}x\mathrm{d}y=\frac{1}{4}A,$$

所以 $|I|\leqslant A/4$. □

1.6　常微分方程

问题 1.54　(1) (苏联, 1975) 试通过初等函数及其积分来表示微分方程

$$y''-xy'-y=0$$

的一般解.

(2) (中国, 2011) 解初值问题

$$\begin{cases}\dfrac{\mathrm{d}^2u}{\mathrm{d}x^2}-u(x)=4\mathrm{e}^{-x}, & x\in(0,1),\\ u(0)=0, & \dfrac{\mathrm{d}u}{\mathrm{d}x}(0)=0.\end{cases}$$

解　(1) 题中的方程等价于方程 $(y'-xy)'=0$, 于是

$$y'-xy=C_0 \tag{1.54.1}$$

(C_i $(i=0,1,2,\cdots,5)$ 表示常数). 这是一阶线性非齐次方程. 令 $y=uv$, 则

$$\frac{\mathrm{d}y}{\mathrm{d}x}=\frac{\mathrm{d}u}{\mathrm{d}x}v+u\frac{\mathrm{d}v}{\mathrm{d}x},$$

代入方程 (1.54.1), 得到

$$u\frac{\mathrm{d}v}{\mathrm{d}x}+\left(\frac{\mathrm{d}u}{\mathrm{d}x}-xu\right)v=C_0.$$

选取函数 u,v 满足

$$\frac{\mathrm{d}u}{\mathrm{d}x}-xu=0,\quad u\frac{\mathrm{d}v}{\mathrm{d}x}=C_0.$$

解得

$$u=C_1\mathrm{e}^{x^2/2},\quad v=C_2\int_0^x \mathrm{e}^{-t^2/2}\mathrm{d}t+C_3.$$

于是

$$y=C_4\mathrm{e}^{x^2/2}\left(\int_0^x \mathrm{e}^{-t^2/2}\mathrm{d}t+C_5\right).$$

也可用常数变易法 (或其他经典方法) 解方程 (1.54.1)(由读者补出).

(2) 先解初值问题

$$\begin{cases} \dfrac{\mathrm{d}^2u}{\mathrm{d}x^2}-u(x)=0, \\ u(t)=0, \quad \dfrac{\mathrm{d}u}{\mathrm{d}x}(t)=4\mathrm{e}^{-t}. \end{cases}$$

其一般解是

$$u(x)=A\sinh(x-t)+B\cosh(x-t).$$

由初始条件求出 $A=4\mathrm{e}^{-t},B=0$, 所以

$$u(x;t)=4\mathrm{e}^{-t}\sinh(x-t).$$

于是原问题的解是

$$u(x)=\int_0^x u(x;t)\mathrm{d}t=\mathrm{e}^x-\mathrm{e}^{-x}-2x\mathrm{e}^{-x}.$$ □

问题 1.55 (中国, 2011) 设 $f(x)$ 是周期为 1 的连续函数. 证明: 微分方程

$$\frac{\mathrm{d}\varphi}{\mathrm{d}t}=2\pi\varphi+f(t)$$

有唯一的周期为 1 的解.

证明 由常数变易法得到解

$$\varphi(t)=\varphi(0)\mathrm{e}^{2\pi t}+\int_0^t \mathrm{e}^{2\pi(t-u)}f(u)\mathrm{d}u. \tag{1.55.1}$$

于是

$$\begin{aligned}\varphi(t+1)&=\varphi(0)\mathrm{e}^{2\pi(t+1)}+\int_0^{t+1}\mathrm{e}^{2\pi(t+1-u)}f(u)\mathrm{d}u\\ &=\varphi(0)\mathrm{e}^{2\pi(t+1)}+\int_0^{t}\mathrm{e}^{2\pi(t+1-u)}f(u)\mathrm{d}u+\int_t^{t+1}\mathrm{e}^{2\pi(t+1-u)}f(u)\mathrm{d}u.\end{aligned}$$

在上式右边最后的积分中, 令 $s=u-t$, 得到

$$\begin{aligned}\varphi(t+1)&=\varphi(0)\mathrm{e}^{2\pi(t+1)}+\int_0^{t}\mathrm{e}^{2\pi(t+1-u)}f(u)\mathrm{d}u+\int_0^{1}\mathrm{e}^{2\pi(1-s)}f(t+s)\mathrm{d}s\\ &=\mathrm{e}^{2\pi}\left(\varphi(0)\mathrm{e}^{2\pi t}+\int_0^{t}\mathrm{e}^{2\pi(t-u)}f(u)\mathrm{d}u+\int_0^{1}\mathrm{e}^{-2\pi s}f(t+s)\mathrm{d}s\right).\end{aligned}$$

因为 $\varphi(t)=\varphi(t+1)$, 所以

$$\varphi(0)\mathrm{e}^{2\pi t}+\int_0^{t}\mathrm{e}^{2\pi(t-u)}f(u)\mathrm{d}u=\mathrm{e}^{2\pi}\left(\varphi(0)\mathrm{e}^{2\pi t}+\int_0^{t}\mathrm{e}^{2\pi(t-u)}f(u)\mathrm{d}u+\int_0^{1}\mathrm{e}^{-2\pi s}f(t+s)\mathrm{d}s\right).$$

由此得到

$$\varphi(0)\mathrm{e}^{2\pi t}+\int_0^{t}\mathrm{e}^{2\pi(t-u)}f(u)\mathrm{d}u=\frac{\mathrm{e}^{2\pi}}{1-\mathrm{e}^{2\pi}}\int_0^{1}\mathrm{e}^{-2\pi s}f(t+s)\mathrm{d}s.$$

代入式 (1.55.1), 即得唯一解

$$\varphi(t)=\frac{1}{\mathrm{e}^{-2\pi}-1}\int_0^{1}\mathrm{e}^{-2\pi s}f(t+s)\mathrm{d}s.$$ □

问题 1.56　(苏联, 1976) 设 $y=\varphi(x)$ 是方程

$$\frac{\mathrm{d}y}{\mathrm{d}x}=\frac{P(x,y)}{Q(x,y)}$$

的定义在闭区间 $[a,b]$ 上的解, 其中 $P(x,y),Q(x,y)$ 是 x,y 的二次多项式, 并且当 $x\in[a,b]$ 时 $Q(x,\varphi(x))\neq 0$. 证明: 任何不与曲线 $y=\varphi(x)\,(a\leqslant x\leqslant b)$ 相切的直线与此曲线至多有三个交点.

证明　用反证法. 设直线 $L:y=px+q$ 与曲线 $\varPhi:y=\varphi(x)\,(a\leqslant x\leqslant b)$ 不相切, 并且与曲线 $\varPhi$ 有三个以上的交点. 取 (沿曲线 $\varPhi$ 排列) 相继的四个交点 $S_i\big(x_i,\varphi(x_i)\big)$, 其中 $x_i\in[a,b]$ $(i=1,\cdots,4)$.

(i) 因为直线 L 与曲线 $\varPhi$ 不相切, 所以 $\varphi'(x_i)\neq p$(直线的斜率). 由微分中值定理 (显然 $\varphi(x)$ 满足定理的条件), 存在 $\xi\in(x_1,x_2)$, 使得

$$\varphi'(\xi)=\frac{\varphi(x_2)-\varphi(x_1)}{x_2-x_1}.$$

因为 S_1,S_2 是直线 L 与曲线 $\varPhi$ 的交点, 所以 $\varphi(x_i)=px_i+q$, 于是

$$\varphi'(\xi)=\frac{(px_2+q)-(px_1+q)}{x_2-x_1}=p,$$

也就是说, 曲线 $\varPhi$ 在点 S_1 和 S_2 之间的某点 $\big(\xi,\varphi(\xi)\big)$ 处有一条平行于直线 L 的切线. 因为函数 $g(x)=\varphi'(x)-p$ 在 $[x_1,x_2]$ 上连续, S_1 和 S_2 是 L 和 $\varPhi$ 的相继交点, 所以 $g(x)$ 在 x_1 右侧附近及 x_2 左侧附近有相反的符号(也就是说, 若曲线 $\varPhi$ 在 x_1 右侧附近上升 (下降), 则在 x_2 左侧附近下降 (上升)), 即 $\varphi'(x_1)$ 和 $\varphi'(x_2)$ 中一个大于 p, 另一个小于 p. 不妨设

$$\varphi'(x_1)<p,\quad \varphi'(x_2)>p.$$

同样可知

$$\varphi'(x_3)<p,\quad \varphi'(x_4)>p.$$

又因为当 $x\in[a,b]$ 时, $Q(x,\varphi(x))\neq 0$, 所以 $Q(x,\varphi(x))$ 不变号 (不妨设它大于 0), 于是由

$$\varphi'(x)=\frac{P\big(x,\varphi(x)\big)}{Q\big(x,\varphi(x)\big)}$$

推出

$$P\big(x_i,\varphi(x_i)\big)-pQ\big(x_i,\varphi(x_i)\big)<0\quad (i=1,3),\tag{1.56.1}$$

以及

$$P\big(x_i,\varphi(x_i)\big)-pQ\big(x_i,\varphi(x_i)\big)>0\quad (i=2,4).\tag{1.56.2}$$

(ii) 考虑由方程

$$P(x,y)-pQ(x,y)=0$$

定义的二次曲线 G. 它将平面划分为两部分 (椭圆或抛物线情形) 或三部分 (双曲线情形). $P(x,y)-pQ(x,y)$ 在同一部分 (不含曲线边界) 的点上有相同的符号, 在相邻两部分 (不含

曲线边界) 的点上取相反的符号. 因此由式 (1.56.1) 和式 (1.56.2) 推出 S_1 和 S_2 分别位于 G 的两侧. 因为点 S_1,S_2 在直线 L 上, 所以 L 与 G 相交于一点 R_1. 类似地, 分别应用点 S_2,S_3 和点 S_3,S_4 得到 L 与 G 的另外两个交点 R_2 和 R_3. 因为一条直线与二次曲线至多有两个交点, 所以得到矛盾. □

问题 1.57 (匈牙利, 1964) 求所有定义在 $\mathbb{R}$ 上的具有连续系数的线性齐次微分方程, 使得对于它的任何解 $f(t)$ 及任何实数 c, $f(t+c)$ 也是一个解.

解 我们只需考虑最高阶系数为 1 的情形. 设微分方程

$$y^{(n)}(x)+f_1(x)y^{(n-1)}(x)+\cdots+f_n(x)y(x)=0 \tag{1.57.1}$$

具有所要求的性质, 并设 $\phi(x)$ 是它的一个解. 令 c 是任意实数, 那么

$$\frac{\mathrm{d}^i\phi(x+c)}{\mathrm{d}x^i}=\frac{\mathrm{d}^i\phi(t)}{\mathrm{d}t^i}\Big|_{t=x+c}\quad (i=1,2,\cdots,n). \tag{1.57.2}$$

因为 $\phi(x)$ 和 $\phi(x+c)$ 都满足方程 (1.57.1), 所以

$$\frac{\mathrm{d}^n\phi(t)}{\mathrm{d}t^n}\Big|_{t=x+c}+f_1(x)\frac{\mathrm{d}^{n-1}\phi(t)}{\mathrm{d}t^{n-1}}\Big|_{t=x+c}+\cdots+f_n(x)\phi(t)\big|_{t=x+c}=0,$$

即

$$\phi^{(n)}(t)+f(t-c)\phi^{(n-1)}(t)+\cdots+f_n(t-c)\phi(t)=0,$$

并且此式对于任何实常数 c 和 t 的所有实值都成立. 这表明方程 (1.57.1) 的所有解, 特别是它的 n 个线性无关解, 都满足微分方程

$$y^{(n)}(x)+f_1(x-c)y^{(n-1)}(x)+\cdots+f_n(x-c)y(x)=0. \tag{1.57.3}$$

由此可知方程 (1.57.1) 和 (1.57.3) 的系数函数对应相等:

$$f_i(x)=f_i(x-c)\quad (i=1,2,\cdots,n).$$

取 $x=0$, 则得 $f_i(0)=f_i(-c)\,(i=1,2,\cdots,n)$, 从而对于每个 i, $f_i(x)$ 是常数函数. 于是方程 (1.57.1) 有常系数.

反之, 若方程 (1.57.1) 有常系数, 则由式 (1.57.2) 可知, 对于任何解 $\phi(x)$, $\phi(x+c)$ 也是一个解. 因此所有具有所要求的性质的方程是常系数的. □

问题 1.58 (匈牙利, 1971) 设 $a(x)$ 和 $r(x)$ 是定义在 $[0,\infty)$ 上的正连续函数, 并且

$$\varliminf_{x\to\infty}\big(x-r(x)\big)>0. \tag{1.58.1}$$

还设 $y(x)$ 是 $\mathbb{R}$ 上的连续函数, 在 $[0,\infty)$ 上可微, 并且满足方程

$$y'(x)=a(x)y\big(x-r(x)\big). \tag{1.58.2}$$

证明: 极限

$$\lim_{x\to\infty}y(x)\exp\left(-\int_0^x a(u)\mathrm{d}u\right)$$

存在并有限.

证明　(i) 将方程 (1.58.2) 积分, 得到

$$y(x)=y(u)+\int_u^x a(t)y\big(t-r(t)\big)\mathrm{d}t \quad (x\geqslant u\geqslant 0). \tag{1.58.3}$$

如果 $y(x)$ 是 $(-\infty,0]$ 上的任意连续函数, 那么 $y(x)$ 可以唯一地延拓到整个实轴 (即 $\mathbb{R}$) 上, 使得等式 (1.58.3) 成立. 事实上, 设 x_0 是使得可以唯一地延拓到的那些自变量值的上确界, 那么在 x_0 的某个半径为 δ 的邻域中, 函数 $r(x)$ 大于某个正数 ε. 令 $\eta=\min\{\varepsilon,\delta\}$, 则由式 (1.58.3) 可知, $y(x)$ 当 $x\leqslant x_0-\eta/2$ 时所取的值唯一地确定了 $y(x)$ 在区间 $(x_0-\eta/2,x_0+\eta/2)$ 上的值, 这与 x_0 的定义矛盾. 因此 x_0 不是有限的.

(ii) 类似地可以证明: 如果 $y(x)$ 在 $(-\infty,0]$ 上是正的, 那么它在整个实轴上也是正的. 在此情形下, 借助微分方程 (1.58.2) 可推出 $y(x)$ 在 $[0,\infty)$ 上单调增加. 令

$$z(x)=y(x)\exp\left(-\int_0^x a(t)\mathrm{d}t\right) \quad (x\geqslant 0). \tag{1.58.4}$$

对等式两边微分并应用微分方程 (1.58.2), 可得

$$z'(x)=a(x)\exp\left(-\int_0^x a(t)\mathrm{d}t\right)\big(y(x-r(x))-y(x)\big). \tag{1.58.5}$$

(iii) 为证明题中的结论, 我们首先设在 $(-\infty,0]$ 上 $y(x)$ 是正的, 那么如上面所证, $y(x)$ 在 $\mathbb{R}$ 上是正的, 并且当 $x\geqslant 0$ 时单调增加. 于是 $z(x)$ 在 $x\geqslant 0$ 时是正的; 此外, 当 x 充分大时 $z(x)$ 单调减少. 由式 (1.58.1) 可知, 当 x 充分大时 $x-r(x)>0$. 于是由式 (1.58.5) 及 $y(x)$ 的单调性推出 $z'(x)$ 是负的, 从而 $z(x)$ 是单调减少的正函数. 由此推出 $\lim\limits_{x\to\infty}z(x)$ 的存在性.

对于一般情形, 在 $(-\infty,0]$ 上可将 $y(x)$ 表示为

$$y(x)=y_1(x)-y_2(x) \tag{1.58.6}$$

的形式, 其中 $y_1(x)$ 和 $y_2(x)$ 是正的连续函数. 例如, 可取

$$y_1(x)=y(x)+|y(x)|+\tau,\quad y_2(x)=|y(x)|+\tau,$$

其中常数 $\tau>0$. 如上面所证明的, $y_1(x)$ 和 $y_2(x)$ 可延拓到整个实轴上, 并且当 $x\geqslant 0$ 时它们满足微分方程 (1.58.2). 依据方程 (1.58.2) 的解的唯一性 (如步骤 (i) 所证), 表达式 (1.58.6) 在整个实轴上仍然有效. 类似于式 (1.58.4) 定义 $z_1(x)$ 和 $z_2(x)$, 同理可知 $\lim\limits_{x\to\infty}z_1(x)$ 和 $\lim\limits_{x\to\infty}z_2(x)$ 存在, 从而

$$\lim_{x\to\infty}z(x)=\lim_{x\to\infty}\big(z_1(x)-z_2(x)\big)$$

存在 (且有限).　□

问题 1.59　(法国, 1996) 设数列 $a_n\,(n\geqslant 0)$ 由递推关系式

$$a_{n+1}=a_n+\frac{2}{n+1}a_{n-1}\quad (n\geqslant 1)$$

定义, 并且 $a_0>0,a_1>0$. 证明数列 $a_n/n^2\,(n\geqslant 1)$ 收敛, 并求其极限.

解 (i) 由题设可知 $a_n\,(n\geqslant 0)$ 是单调递增的正数列, 并且由于

$$\begin{aligned}\frac{a_{n+1}}{(n+1)^2}-\frac{a_n}{n^2}&=\frac{a_n}{(n+1)^2}+\frac{2a_{n-1}}{(n+1)^3}-\frac{a_n}{n^2}\\&\leqslant\frac{a_n}{(n+1)^2}+\frac{2a_n}{(n+1)^3}-\frac{a_n}{n^2}\\&=\frac{n^2(n+1)+2n^2-(n+1)^3}{n^2(n+1)^3}a_n\\&=-\frac{3n+1}{n^2(n+1)^3}a_n<0,\end{aligned}$$

所以 $a_n/n^2\,(n\geqslant 1)$ 单调递减, 从而收敛.

(ii) 由数列 $a_n/n^2\,(n\geqslant 1)$ 的收敛性, 可知 a_n/n^2 有界. 又因为级数 $\sum\limits_{n=0}^{\infty}n^2x^n$ 的收敛半径等于 1, 所以级数 $\sum\limits_{n=0}^{\infty}a_nx^n$ 至少在区间 $(-1,1)$ 中收敛. 我们定义函数

$$f(x)=\sum_{n=0}^{\infty}a_nx^n\quad(-1<x<1).$$

依幂级数的性质, 我们算出

$$f'(x)=\sum_{n=1}^{\infty}na_nx^{n-1}=a_1+\sum_{n=1}^{\infty}(n+1)a_{n+1}x^n.$$

由递推关系可知 $(n+1)a_{n+1}=na_n+a_n+2a_{n-1}$, 所以由上式得到

$$\begin{aligned}f'(x)&=a_1+\sum_{n=1}^{\infty}\big(na_n+a_n+2a_{n-1}\big)x^n\\&=a_1+\sum_{n=1}^{\infty}na_nx^n+\sum_{n=1}^{\infty}a_nx^n+2\sum_{n=1}^{\infty}a_{n-1}x^n\\&=a_1+x\sum_{n=1}^{\infty}na_nx^{n-1}+\sum_{n=0}^{\infty}a_nx^n-a_0+2x\sum_{n=1}^{\infty}a_{n-1}x^{n-1}\\&=a_1+xf'(x)+f(x)-a_0+2xf(x).\end{aligned}$$

因此

$$(1-x)f'(x)-(1+2x)f(x)=a_1-a_0.$$

也就是说, f 是微分方程

$$(1-x)y'-(1+2x)y=a_1-a_0$$

的解. 因为 $f(0)=a_0$, 所以初值条件是 $y(0)=a_0$.

(iii) 现在来解上述微分方程. 对应的齐次方程

$$(1-x)y'-(1+2x)y=0$$

有解 $y=c(1-x)^{-3}\mathrm{e}^{-2x}$. 把常数 c 换为 $c(x)$, 代入原方程, 求出

$$c'(x)=(a_1-a_0)\mathrm{e}^{2x}(1-x)^2.$$

由此解出

$$c(x)=\frac{a_1-a_0}{4}(2x^2-6x+5)\mathrm{e}^{2x}+\lambda,$$

其中 λ 是常数. 于是最终得到

$$f(x)=\frac{g(x)}{(1-x)^3},$$

其中已令

$$g(x)=\frac{a_1-a_0}{4}(2x^2-6x+5)+\lambda\mathrm{e}^{-2x},$$

并且由初值条件 $f(0)=a_0$ 可知 $\lambda=(9a_0-5a_1)/4$.

(iv) 为得到 a_n 的明显表达式, 需求出 $f(x)$ 的幂级数展开式中 x^n 的系数. 为此, 将 $g(x)$ 表示为

$$g(x)=\sum_{k=0}^{\infty}\frac{g^{(k)}(1)}{k!}(x-1)^k=\sum_{k=0}^{\infty}(-1)^k\frac{g^{(k)}(1)}{k!}(1-x)^k,$$

则有

$$\begin{aligned}f(x)=&\,g(1)(1-x)^{-3}-\frac{g'(1)}{1!}(1-x)^{-2}+\frac{g''(1)}{2!}(1-x)^{-1}-\frac{g'''(1)}{3!}\\&+\frac{g^{(4)}(1)}{4!}(1-x)+\cdots+(-1)^{n+3}\frac{g^{(n+3)}(1)}{(n+3)!}(1-x)^n+\cdots.\end{aligned}$$

依二项式展开, 当 $\alpha\in\mathbb{R},|x|<1$ 时

$$(1+x)^\alpha=1+\frac{\alpha}{1!}x+\frac{\alpha(\alpha-1)}{2!}x^2+\cdots+\frac{\alpha(\alpha-1)\cdots(\alpha-n+1)}{n!}x^n+\cdots.$$

我们看到在 $g(1)(1-x)^{-3}$ 的展开式中恰好含有

$$g(1)\frac{(-3)(-3-1)\cdots(-3-n+1)}{n!}(-x)^n=g(1)\frac{(n+1)(n+2)}{2}x^n;$$

在 $-\big(g'(1)/1!\big)(1-x)^{-2}$ 的展开式中恰好含有

$$-\frac{g'(1)}{1!}\cdot(n+1)x^n;$$

在 $\big(g''(1)/2!\big)(1-x)^{-1}$ 的展开式中恰好含有

$$\frac{g''(1)}{2!}\cdot x^n;$$

在其后的连续 n 个项的展开式中不含有 x^n. 而在余下的各项

$$\sum_{k=n+3}^{\infty}(-1)^k\frac{g^{(k)}(1)}{k!}(1-x)^{k-3}=\sum_{k=n}^{\infty}(-1)^{k+3}\frac{g^{(k+3)}(1)}{(k+3)!}(1-x)^k$$

中, x^n 的系数之和是

$$L_n=\sum_{k=n}^{\infty}(-1)^{k+3}\frac{g^{(k+3)}(1)}{(k+3)!}\cdot\frac{k(k-1)\cdots(k-n+1)}{n!}.$$

于是得到

$$a_n = g(1)\frac{(n+1)(n+2)}{2} - \frac{g'(1)}{1!}\cdot(n+1) + \frac{g''(1)}{2!} + L_n.$$

(v) 为计算所要求的极限, 我们先估计 L_n. 当 $k=n$ 时

$$\frac{1}{(k+3)!}\cdot\frac{k(k-1)\cdots(k-n+1)}{n!} = \frac{1}{(k+3)!};$$

当 $k>n$ 时

$$\begin{aligned}
&\frac{1}{(k+3)!}\cdot\frac{k(k-1)\cdots(k-n+1)}{n!}\\
&= \frac{1}{(k+3)!}\cdot\frac{k!}{n!(k-n)!} = \frac{1}{(k+3)!}\cdot\frac{k(k-1)\cdots(n+1)\cdot n!}{n!(k-n)!}\\
&= \frac{k(k-1)\cdots(n+1)}{(k+3)!(k-n)!} = \frac{k(k-1)\cdots(n+1)}{(k+3)(k+2)\cdots(n+4)\cdot(n+3)!(k-n)!}\\
&= \frac{k}{k+3}\cdot\frac{k-1}{k+2}\cdot\cdots\cdot\frac{n+1}{n+4}\cdot\frac{1}{(n+3)!}\cdot\frac{1}{(k-n)!}\\
&\leqslant \frac{1}{(n+3)!}\cdot\frac{1}{(k-n)!}.
\end{aligned}$$

还要注意当 $k\geqslant 0$ 时

$$g^{(k)}(1) = \frac{a_0-a_1}{4}(2x^2-6x+5)^{(k)}\Big|_{x=1} + \lambda(\mathrm{e}^{-2x})^{(k)}\Big|_{x=1},$$

因此

$$|g^{(k)}(1)| \leqslant C2^k \quad (k\geqslant 0),$$

其中 C 是常数. 于是

$$|L_n| \leqslant \frac{C}{(n+3)!}\sum_{k=n}^{\infty}\frac{2^{k+3}}{(k-n)!} = \frac{C2^{n+3}}{(n+3)!}\sum_{k=n}^{\infty}\frac{2^{k-n}}{(k-n)!} = \frac{C\mathrm{e}^2 2^{n+3}}{(n+3)!}.$$

由此即得

$$a_n = g(1)\frac{(n+1)(n+2)}{2} + O(n),$$

从而

$$\lim_{n\to\infty}\frac{a_n}{n^2} = \frac{g(1)}{2} = \frac{a_1-a_0}{8} + \frac{9a_0-5a_1}{8\mathrm{e}^2}.$$ □

练习题 1

1.1 (1) 若 $u_n\,(n\geqslant 1)$ 是正数列, 证明:

$$\varliminf_{n\to\infty}\frac{u_{n+1}}{u_n} \leqslant \varliminf_{n\to\infty}\sqrt[n]{u_n} \leqslant \varlimsup_{n\to\infty}\sqrt[n]{u_n} \leqslant \varlimsup_{n\to\infty}\frac{u_{n+1}}{u_n}.$$

(2) 若 $\lim\limits_{n\to\infty}(a_{n+1}-a_n)$ 存在, 证明 $\lim\limits_{n\to\infty}(a_n/n)$ 也存在, 且二者相等.

1.2 (1) 设 a_k $(k\geqslant 1)$ 是无穷实数列, 满足

$$a_{s+t}\geqslant a_s+a_t \quad (\forall s,t\in\mathbb{N}).$$

证明:

$$\lim_{n\to\infty}\frac{a_n}{n}=\sup_n\frac{a_n}{n}.$$

(2) 设 a_k $(k\geqslant 1)$ 是无穷正数列, 满足

$$a_{s+t}\geqslant a_sa_t \quad (\forall s,t\in\mathbb{N}).$$

证明:

$$\lim_{n\to\infty}\sqrt[n]{a_n}=\sup_n\sqrt[n]{a_n}.$$

1.3 (1) 求 $\lim\limits_{n\to\infty}\dfrac{1}{n^n}\sum\limits_{k=1}^{n}k^k$.

(2) 证明:

$$\lim_{n\to\infty}\sqrt{n+1}\Big(\max_{0<x<\pi/2}\sin x\cdot\cos^n x\Big)=\lim_{n\to\infty}\sqrt{n+1}\Big(\max_{0<x<\pi/2}\cos x\cdot\sin^n x\Big)=\frac{1}{\sqrt{\mathrm{e}}}.$$

(3) 求 $\lim\limits_{n\to\infty}\tan^n\left(\dfrac{\pi}{4}+\dfrac{1}{n}\right)$.

(4) 求 $\lim\limits_{n\to\infty}\sum\limits_{k=1}^{n}\dfrac{n}{n^2+k^2+1}$.

(5) 设 $a(>0)$ 是常数. 求极限

$$\lim_{n\to\infty}\int_n^{n+a}x^a\sin\frac{1}{x}\mathrm{d}x.$$

(6) 设 $a_n\,(n\geqslant 1)$ 是收敛的正数列. 求

$$\lim_{n\to\infty}\left(\frac{\sqrt[n]{a_1}+\sqrt[n]{a_2}+\cdots+\sqrt[n]{a_n}}{n}\right)^n.$$

(7) 设数列 x_n $(n\geqslant 1)$ 满足

$$\frac{x_{n+1}}{n+1}=\log\left(1+\frac{x_n}{n}\right)\quad (n\geqslant 1),\quad x_1>0.$$

求 $\lim\limits_{n\to\infty}x_n$.

(8) 证明:

$$\lim_{n\to\infty}\mathrm{e}^{-n}\left(1+\sum_{k=1}^{n-1}\frac{n^{k-1}}{(k-1)!}\left(\frac{n}{k}-1\right)\right)=0.$$

(9) 求实数 a, 使得极限

$$\lim_{n\to\infty}n^2\log\frac{\sqrt{2\pi}(n+a)^{n+1/2}\mathrm{e}^{-n-a}}{n!}$$

是有限的, 并求出此极限值.

(10) 求 $\lim_{n\to\infty} a_n$, 其中

$$a_n=\sum_{k=0}^{n}\binom{n}{k}^{-1}\quad (n\geqslant 1).$$

(11) 设 $a_0=2, a_n=2+\sqrt{a_{n-1}}\ (n\geqslant 1)$. 证明:

$$4-a_n<2\mathrm{e}4^{-n}\quad (n\geqslant 1);$$

并求 $\lim_{n\to\infty} a_n$.

(12) 证明: 存在收敛的无限数列 $x_n\ (n\geqslant 1)$, 满足 $x_n^n+x_n-1=0, 0<x_n<1$; 并求 $\lim_{n\to\infty} x_n$.

(13)* 计算 $\lim_{\substack{x\to\infty\\ y\to\infty}}\dfrac{x+y}{x^2-xy+y^2}$.

(14)* 计算 $\lim_{\substack{x\to 0\\ y\to 0}} x^2y^2\log(x^2+y^2)$.

(15) 计算 $\lim_{\substack{x\to 0\\ y\to 0}}(x^2+y^2)^{x^2y^2}$.

1.4 (1) 设

$$f_1(x)=\frac{\mathrm{d}}{\mathrm{d}x}\sin^2 x,\quad f_n(x)=\frac{\mathrm{d}}{\mathrm{d}x}\big((\sin^2 x)f_{n-1}(x)\big)\quad (n\geqslant 2).$$

求 $f_n(\pi/2)$.

(2) 计算

$$\frac{\mathrm{d}^{3n}}{\mathrm{d}x^{3n}}\big(1-\sqrt[3]{2\sin x}\big)^{3n}\Big|_{x=\pi/6}.$$

1.5* (1) (匈牙利, 1965) 设 f 是一个非常数的连续函数, 并且存在函数 $F(x,y)$, 使得对于任何实数 x,y, 有 $f(x+y)=F\big(f(x),f(y)\big)$. 证明: f 是严格单调的.

(2) (匈牙利, 1983) 设 f 是 $\mathbb{R}$ 上的二次可微的周期偶函数, 其周期为 2π, 并且对于所有 $x\in\mathbb{R}$,

$$f''(x)+f(x)=\frac{1}{f(x+3\pi/2)}.$$

证明: f 也以 $\pi/2$ 为周期.

(3) (匈牙利, 1978) 设 f 是一个定义在 $\mathbb{Q}$ 上的函数, 具有下列性质: 对于任何 $h\in\mathbb{Q}$ 和 $x_0\in\mathbb{R}$, 当 $x\in\mathbb{Q}$ 趋于 x_0 时, $f(x+h)-f(x)\to 0$, 判断 (证明或举反例)f 是否在某个区间上有界.

1.6 (1) 设函数 $f(x),g(x)$ 在 $[a,b]$ 上连续, 在 (a,b) 上可微. 证明:

(i) 若在 (a,b) 上 $f'(x)\leqslant g'(x)$, 并且 $f(a)\leqslant g(a)$, 则在 $[a,b]$ 上 $f(x)\leqslant g(x)$.

(ii) 若在 (a,b) 上 $|f'(x)|\leqslant g'(x)$, 则 $|f(b)-f(a)|\leqslant g(b)-g(a)$.

(2) 设 $f(x),g(x)$ 在区间 $[-1,1]$ 上连续, 在 $(-1,1)$ 中有任意阶导数, 并且当 $|x|\leqslant 1$ 时

$$|f^n(x)-g^n(x)|\leqslant n!|x|\quad (n\geqslant 1).$$

证明: 在 $[-1,1]$ 上 $f(x)\equiv g(x)$.

(3) 设 $f(x),g(x)$ 在区间 $[a,b]$ 上连续, 在 (a,b) 中可导, 并且 $g'(x)\neq 0$. 证明: 存在 $\theta\in(a,b)$, 使得

$$\frac{f'(x)}{g'(x)}=\frac{f(\theta)-f(a)}{g(b)-g(\theta)}.$$

(4) 设 $f(x)\in C^1[a,b]$, 并且存在 $c\in[a,b]$, 使得 $f'(c)=0$. 证明: 存在 $\xi\in(a,b)$, 使得

$$f'(\xi)=\frac{f(\xi)-f(a)}{b-a}.$$

(5)* 设 $f(x)$ 在 $[a,b]$ 上连续, 在 (a,b) 内二阶可导, 并且 $f(a)=f(b)=0,f(c)>0$, 其中 $c\in(a,b)$. 证明: 存在 $\xi\in(a,b)$, 使得 $f''(\xi)<0$.

(6)* 设 $0\leqslant a<b/2,f(x)$ 在区间 $[a,b]$ 上连续, 在 (a,b) 内可导, 并且 $f(a)=a,f(b)=b$. 证明:

(i) 存在 $\xi\in(a,b)$, 使得 $f(\xi)=b-\xi$;

(ii) 若还设 $a=0$, 则存在 $\alpha,\beta\in(a,b),\alpha\neq\beta$, 使得 $f'(\alpha)f'(\beta)=1$.

(7) 设 $f(x)\in C[0,1],f(0)=0,f(1)=1$. 证明: 对于任意正整数 n, 存在 $\xi\in[0,1]$, 使得 $f(\xi-1/n)=f(\xi)-1/n$.

(8) 设 a,b 同号. 证明: 若 $f(x)$ 在 $[a,b]$ 上可导, 则存在 $\xi\in(a,b)$, 使得

$$\frac{af(b)-bf(a)}{a-b}=f(\xi)-\xi f'(\xi).$$

(9) 设 $f(x),g(x)$ 定义在 $[a,b]$ 上, 在 $[a,b]$ 上 f 二阶可导, 满足关系式

$$f''(x)+f'(x)g(x)-f(x)=0.$$

证明: 若 $f(a)=f(b)=0$, 则 $f(x)=0\ (a\leqslant x\leqslant b)$.

(10) 设 $f(x)$ 是 $[0,1]$ 上的非常数连续函数, 在 $(0,1)$ 内可微, 并且 $f(0)=f(1)=0$. 令 $\mathscr{A}$ 是 $f(x)\big(0<x<1\big)$ 的值域. 证明: 对于任何 $a\in\mathscr{A}$, 存在 $\theta\in(0,1)$, 使得 $|f'(\theta)|>2|a|$.

1.7 (1) 举例说明 Stolz 定理的逆定理一般不成立.

(2) 设 $x_n,y_n\,(n\geqslant 1)$ 是两个实数列, $y_n\,(n\geqslant n_0)$ 严格单调发散到 $+\infty$. 若存在

$$\lim_{n\to\infty}\frac{y_n}{y_{n+1}}=\sigma\neq 1,$$

证明:

$$\lim_{n\to\infty}\frac{x_n}{y_n}=\alpha\quad\Rightarrow\quad\lim_{n\to\infty}\frac{x_{n+1}-x_n}{y_{n+1}-y_n}=\alpha.$$

1.8 设函数 $g\in C[0,\infty)$ 单调递减, 并且积分 $\int_0^\infty g(x)\mathrm{d}x$ 收敛(于是在 $[0,\infty)$ 上 $g(x)\geqslant 0\big)$. 证明: 对于任何满足条件 $|f(x)|\leqslant g(x)(x\geqslant 0)$ 的函数 $f\in C[0,\infty)$,

$$\lim_{h\to 0+}h\sum_{n=1}^{\infty}f(nh)=\int_0^\infty f(x)\mathrm{d}x.$$

1.9 (1) 给定两个幂级数

$$\phi(x)=\sum_{n=0}^{\infty}a_nx^n,\quad \psi(x)=\sum_{n=0}^{\infty}b_nx^n,$$

系数 $a_n, b_n \geqslant 0$, 它们的收敛半径都等于 1, 并且级数 $\sum\limits_{n=1}^{\infty} a_n$ 发散. 证明: 若 $a_n \sim b_n\,(n\to\infty)$, 则 $\phi(x)\sim\psi(x)\,(x\to 1-)$.

(2) 若在 (1) 中将条件 $a_n \sim b_n\,(n\to\infty)$ 换为

$$\sum_{k=1}^{n} a_k \sim \sum_{k=1}^{n} b_k \quad (n\to\infty),$$

证明结论仍然成立.

(3) 设 $t(>0)$ 是任意实数, 用 $\omega(t)$ 表示满足 $k^2+l^2 \leqslant t^2$ 的数组 $(k,l)\in\mathbb{N}_0^2$ 的个数, 也就是 Oxy 平面第一象限中圆 $x^2+y^2=t^2$ 内的整点 (即坐标为整数的点) 个数. 证明:

$$\sum_{n=0}^{\infty} \omega(\sqrt{n})x^n \sim \frac{\pi}{4(1-x)^2} \quad (x\to 1-).$$

1.10* (中国, 2009) 求 $x\to 1-$ 时与 $\sum\limits_{n=0}^{\infty} x^{n^2}$ 等价的无穷大量.

1.11 (1) 设当 $x>0$ 时函数 $f(x)$ 可微, 并且其反函数 $g(x)$ 满足:

$$\int_1^{f(x)} g(t)\mathrm{d}t = \sqrt{x^3}-8.$$

求 $f(x)$ 的表达式.

(2) 设 $f(x)\in C[0,1]$, $\int_0^1 f(x)\mathrm{d}x = 1$. 试确定 $f(x)$, 使得积分

$$I=\int_0^1 (1+x^2) f^2(x)\mathrm{d}x$$

取得最小值, 并求此最小值.

1.12 设 $a>0$, 令

$$f_n(x) = x^{1/n} + x - a \quad (n \geqslant 1).$$

证明: $f_n(x)=0$ 在 $(0,+\infty)$ 中有唯一实根 x_n; 并就 a 的值讨论级数 $\sum\limits_{n=1}^{\infty} x_n$ 的收敛性和发散性.

1.13 (1) 设函数 $f(x)$ 在区间 $(0,1)$ 上单调, 在点 $x=0$ 和 $x=1$ 不必有界, 但 (广义) 积分 $\int_0^1 f(x)\mathrm{d}x$ 存在. 证明:

$$\lim_{n\to\infty}\frac{1}{n}\left(f\left(\frac{1}{n}\right)+f\left(\frac{2}{n}\right)+\cdots+f\left(\frac{n-1}{n}\right)\right)=\int_0^1 f(x)\mathrm{d}x.$$

(2) 给出函数 $f(x)$ 的例子: 在 $(0,1)$ 内单调, 本题 (1) 中的极限存在但不可积.

1.14 (1) 设 $a,b,c>0$. 依次连接点 $O(0,0,0), A(0,0,a), B(c,b,0)$ 及 $C(0,b,0)$, 得到一条空间折线. 求它绕 x 轴旋转一周所生成的立体体积.

(2)* 设空间中点 A 和点 B 的坐标分别是 $(1,0,-1)$ 和 $(0,1,1)$, S 是线段 AB 绕 z 轴旋转一周所生成的曲面. 求由 S 及两平面 $z=-1$ 和 $z=1$ 所围成的立体体积.

(3) 设 $D=\{(x,y)\in\mathbb{R}^2 \mid y^2-x^2\leqslant 4, y\geqslant x, 2\leqslant x+y\leqslant 4\}$. 求 D 绕直线 $y=x$ 旋转一周所生成的立体体积.

1.15 证明: (1) 若 $x\neq m\pi/2\,(m\in\mathbb{Z})$, 则对任何整数 $n\geqslant 1$,

$$(\sec^{2n}x-1)(\csc^{2n}x-1)\geqslant\frac{n^{2n}}{n!}.$$

(2) 当 $0<x<\pi/2$ 时

$$\sec^{2n}x+\csc^{2n}x>n\mathrm{e}\quad(n\geqslant 1).$$

(3) 当 $0<x<\pi/2$ 时

$$\frac{8(\pi-x)x}{\pi^2(\pi-2x)}<\tan x<\frac{\pi^2x}{\pi^2-4x^2}.$$

(4) 若 $x\neq k\pi/2\,(k\in\mathbb{Z})$, 则

$$(\sin^2x)^{\sin^2x}\cdot(\cos^2x)^{\cos^2x}\geqslant\frac{1}{2}.$$

(5) 若 $x>0$, 则

$$\arctan x>\frac{3x}{1+2\sqrt{1+x^2}}.$$

(6) 若 $0<x<\pi/2$, 则

$$\frac{\sin x}{x}\geqslant\cos\frac{x}{\sqrt{3}},$$

并且右边的常数 $1/\sqrt{3}$ 不能换成更小的正数.

1.16 证明:

(1) $\dfrac{5}{2}\pi<\displaystyle\int_0^{2\pi}\mathrm{e}^{\sin x}\mathrm{d}x<2\pi\sqrt[4]{\mathrm{e}}.$

(2) $1-\dfrac{1}{\mathrm{e}}<\displaystyle\int_0^{\pi/2}\mathrm{e}^{-\sin x}\mathrm{d}x<\dfrac{\pi}{2}\left(1-\dfrac{1}{\mathrm{e}}\right).$

(3) $\dfrac{1}{2}-\dfrac{1}{2\mathrm{e}}<\displaystyle\int_0^{\infty}\mathrm{e}^{-x^2}\mathrm{d}x<1+\dfrac{1}{2\mathrm{e}}.$

(4)* $\dfrac{\pi}{4}\left(1-\dfrac{1}{\mathrm{e}}\right)<\left(\displaystyle\int_0^1\mathrm{e}^{-x^2}\mathrm{d}x\right)^2<\dfrac{16}{25}.$

(5) $1<\displaystyle\int_0^{\pi/2}x\sin x\sqrt{1+\sin^3x}\,\mathrm{d}x<\sqrt{2}.$

(6) $\dfrac{1}{5}<\displaystyle\int_0^1\dfrac{x\mathrm{e}^x}{\sqrt{x^2-x+25}}\mathrm{d}x<\dfrac{2\sqrt{11}}{33}.$

(7) $\left|\displaystyle\int_a^{a+1}\sin t^2\mathrm{d}t\right|\leqslant\dfrac{1}{a}\ (a>0).$

(8) $\displaystyle\int_0^x(1-t^2)^{5/2}\mathrm{d}t\geqslant\dfrac{5\pi}{32}x\ (0\leqslant x\leqslant 1).$

(9) $\dfrac{2\sqrt{2}}{5}\pi^2 \leqslant \int_C x\mathrm{d}s \leqslant \dfrac{\sqrt{2}}{2}\pi^2\ (C: y=\sin x, x\in[0,\pi])$.

1.17 (1) 证明: 当 $x>2$ 时

$$\log\frac{x}{x-1} \leqslant \sum_{i=0}^{\infty}\frac{1}{x^{2^i}} \leqslant \log\frac{x-1}{x-2}.$$

(2) 设 $n\geqslant 3$, $x_1,x_2,\cdots,x_n>0$ 是给定的实数, $x_1+x_2+\cdots+x_n=1$. 证明:

$$\sum_{1\leqslant i<j\leqslant n}\frac{x_ix_j}{(1-x_i)(1-x_j)} \geqslant \frac{n}{4(n-1)};$$

并且等式当且仅当 $x_1=x_2=\cdots=x_n=1/n$ 时成立.

1.18 (1) 设 $f(x)\in C[0,\infty)$, $g(x)$ 在 $[0,\infty)$ 上二阶可导, 并且 $g''(x)\geqslant 0$. 证明: 对于任何 $\lambda>0$,

$$\int_0^\lambda g(f(x))\mathrm{d}x \geqslant \lambda g\left(\frac{1}{\lambda}\int_0^\lambda f(x)\mathrm{d}x\right).$$

(2)* 设函数 $f(x)\in C[0,1]$ 且单调递减. 证明: 当 $0<\lambda<1$ 时

$$\int_0^\lambda f(x)\mathrm{d}x \geqslant \lambda\int_0^1 f(x)\mathrm{d}x.$$

(3)* 设 $f(x)\in C^1(\mathbb{R})$, $f(x+1)=f(x)$. 证明:

$$\int_0^1|f(t)|\mathrm{d}t+\int_0^1|f'(t)|\mathrm{d}t \geqslant \max_{x\in\mathbb{R}}|f(x)|.$$

(4) 设 $f(x)\in C[0,1]$. 证明:

$$\int_0^1 \mathrm{e}^{f(t)}\mathrm{d}t\int_0^1\mathrm{e}^{-f(t)}\mathrm{d}t \geqslant 1;$$

并且当且仅当 $f(x)$ 是 $[0,1]$ 上的常数函数时等式成立.

1.19 设 $D=\{(x,y)\in\mathbb{R}^2 \mid 0\leqslant x\leqslant 1, 0\leqslant y\leqslant 1\}$, 函数 $f(x,y)$ 在 D 上有连续的四阶偏导数, 在 D 的边界上为 0. 证明:

$$\left|\iint_D f(x,y)\mathrm{d}x\mathrm{d}y\right| \leqslant \frac{1}{144}\max_{(x,y)\in D}\left|\frac{\partial^4 f}{\partial x^2\partial y^2}(x,y)\right|.$$

1.20 (1) 设 $f\in C^2[0,1]$, $f(0)=f(1)=0$, 在 $(0,1)$ 中无零点. 证明:

$$\int_0^1\left|\frac{f''(x)}{f(x)}\right|\mathrm{d}x \geqslant 4.$$

(2) 设 $f\in C^3[0,1]$, $f(0)=f(1)=0$, 在 $(0,1)$ 中无零点, 并且当 $|x-1/2|<\delta\,(\delta>0)$ 时 $f'(x)\neq 0$. 证明:

$$\int_0^1\left|\frac{f^{(3)}(x)}{f(x)}\right|\mathrm{d}x \geqslant 64\delta.$$

(3) 设函数 $f\in C^1[0,1], f(0)=f(1)=0$. 证明:

$$\max_{0\leqslant x\leqslant 1}|f'(x)| \geqslant 4\int_0^1|f(x)|\mathrm{d}x;$$

并且右边的常数 4 不能用任何更大的数代替.

(4) 设函数 $f(x)\in C^2[0,1]$. 证明:

$$\max_{0\leqslant x\leqslant 1}|f'(x)|\leqslant 4\int_0^1|f(x)|\mathrm{d}t+\int_0^1|f''(x)|\mathrm{d}x;$$

并且右边的常数 4 不能用任何更小的数代替.

1.21 设 k 是正整数.

(1) 若 $a>0$, 则存在 $\eta\in(0,1)$, 使得对于任意给定的 $\varepsilon\in(0,1/\eta)$, 存在无穷多个正整数 n, 满足不等式

$$\left|\sum_{0\leqslant j\leqslant n/(k+1)}\binom{n-kj}{j}a^j\right|\geqslant\left(\frac{1}{\eta}-\varepsilon\right)^n.$$

(2)* (匈牙利, 1968) 若 a 是复数, 则对于任意给定的 $\varepsilon\in(0,1/2)$, 存在无穷多个正整数 n 满足不等式

$$\left|\sum_{0\leqslant j\leqslant n/(k+1)}\binom{n-kj}{j}a^j\right|\geqslant\left(\frac{1}{2}-\varepsilon\right)^n.$$

1.22 (1) 设 $a_1,a_2,\cdots,a_n\in\mathbb{C}$, 函数

$$f(x)=\sum_{k=1}^n a_k\sin kx,\quad g(x)=\sum_{k=1}^n a_{n-k+1}\sin kx$$

满足不等式

$$|f(x)|\leqslant|\sin x|,\quad |g(x)|\leqslant|\sin x|.$$

证明:

$$\left|\sum_{k=1}^n a_k\right|\leqslant\frac{2}{n+1}.$$

(2) 设

$$P_n(x)=\sum_{k=0}^n\alpha_k x^k,\quad Q_n(x)=\sum_{k=0}^n\beta_k x^k$$

是两个实系数多项式. 令

$$\rho_1=\max_{0\leqslant x\leqslant 1}|P_n(x)-Q_n(x)|,\quad \rho_2=\sum_{k=0}^n|\alpha_k-\beta_k|.$$

证明: 存在与 P_n,Q_n 无关的常数 $c_1,c_2>0$, 使得 $c_1\rho_1\leqslant\rho_2\leqslant c_2\rho_1$.

1.23 设 $p_n(x)\,(n\geqslant 1)$ 是无穷多项式序列, 各个多项式的次数都不超过 m, 并且存在 $m+1$ 个实数 $\alpha_1,\cdots,\alpha_{m+1}$, 使得对于每个 α_i, 数列 $p_n(\alpha_i)(n\geqslant 1)$ 都收敛. 证明: 当 $n\to\infty$ 时, 无穷函数列 $p_n(x)\,(n\geqslant 1)$ 收敛于某个多项式.

1.24 (1) 设 $f(x)\in C^2[-1,1]$, $\lim\limits_{x\to 0}\big(f(x)/x\big)=0$. 求 $\lim\limits_{x\to 0}\big(1+f(x)/x\big)^{1/x}$.

(2) 设 $f(x)\in C[0,+\infty), f(0)=1, |f'(x)|<f(x)$. 证明: $f(x)<\mathrm{e}^x\,(x>0)$.

(3) 设 $f(x)$ 在 $[0,2]$ 上连续, 在 $(0,2)$ 内可导, 并且 $|f'(x)|\leqslant 1$. 证明: 若 $f(0)=f(2)=1$, 则 $\int_0^2 f(x)\mathrm{d}x<3$.

(4) 设 $f(x)$ 在 $[0,1]$ 上连续, 判断级数 $\sum\limits_{n=1}^{\infty}\int_0^1 x^n f(x)\mathrm{d}x$ 的收敛性.

1.25 (1) 证明: 对于 $x>1$,

$$\int_1^x\left(1+\frac{1}{t}\right)^t\mathrm{d}t=\mathrm{e}x-\frac{1}{2}\mathrm{e}\log x+O(1).$$

(2) 证明: 对于任何 $n\in\mathbb{N}$,

$$\int_0^x\log^n y\mathrm{d}y=O\big(x\log^n x\big)\quad(x\to 0).$$

(3) 证明: 对于任何 $\alpha\in(0,1/2)$,

$$\int_0^{\pi/2}\sin^n x\mathrm{d}x=O(n^{-\alpha})\quad(n\to\infty).$$

(4) 证明:

$$\sum_{1\leqslant n<x}\frac{1}{\sqrt{n}}\sim 2\sqrt{x}\quad(x\to\infty).$$

(5) 证明: 对 $n\in\mathbb{N}$, 一致地 (即 O 中的常数与 n 无关) 有

$$\big(x\mathrm{e}^{2(x-n)}n^{-1}\big)^n=O\big(\mathrm{e}^{x^2+x}\big)\quad(x>0).$$

(6) 设当 $t>0$ 时 $\sigma(t)>0$, $\mathrm{e}^{t\sigma(t)}=\sigma(t)+t+O(1)$. 证明:

$$\sigma(t)=\frac{\log t}{t}+O(t^{-2})\quad(t\to\infty).$$

1.26 设 u_n 和 U_n 分别是半径为 r、周长为 C 的圆的内接和外切正 n $(\geqslant 3)$ 边形的周长. 证明: 当 $n\to\infty$ 时

$$u_n=C-\frac{1}{3}\pi^3rn^{-2}+O(n^{-4}),$$
$$U_n=C+\frac{2}{3}\pi^3rn^{-2}+O(n^{-4}).$$

1.27 设 a_n $(n\geqslant 1)$ 是非负实数列, 存在正整数 N, 使得

$$\sum_{n=1}^{m}a_n\leqslant Na_m\quad(m=1,2,\cdots).$$

令

$$\alpha_i=\sum_{n=(i-1)N+1}^{iN}a_n\quad(i=1,2,\cdots).$$

求最大的常数 d_p, 使得对于任何具有上述性质的非负实数列 a_n $(n\geqslant 1)$, 有

$$\alpha_{i+p}\geqslant d_p\alpha_i\quad(i,p=1,2,\cdots).$$

1.28 (1) 设 $f(x)\in C^2[a,b]$, 在区间 $[a,b]$ 中至少有 3 个不同的根, 那么方程 $f(x)+f''(x)=2f'(x)$ 在 $[a,b]$ 中至少有 1 个根.

(2) 求方程 $x\log x-a=0$ 的实根个数.

1.29　(1) 计算:

$$I=\int_0^{\pi/6}\frac{\mathrm{d}x}{\cos x\sqrt{\sin x}}.$$

(2) 设 $0\leqslant a<1$. 计算:

$$I=\int_0^{2\pi}\frac{\mathrm{d}x}{1+a\cos x}.$$

(3) 设 $\alpha<\beta$. 求积分:

$$I=\int_\alpha^\beta\frac{x\mathrm{d}x}{\sqrt{(x-\alpha)(\beta-x)}}.$$

(4)* 计算积分:

$$\int_{-\infty}^{\infty}\frac{x\cos x\mathrm{d}x}{(x^2+1)(x^2+2)}.$$

(5)* 计算定积分:

$$I=\int_0^1\log(1+\sqrt{x})\mathrm{d}x.$$

(6)* 计算:

$$I=\int_{1/2}^2\left(1+x-\frac{1}{x}\right)\mathrm{e}^{x+1/x}\mathrm{d}x.$$

(7) 计算:

$$I=\int_0^\pi x^2\sin^2 x\mathrm{d}x.$$

(8) 证明:

$$J=\int_0^1\mathrm{d}x\int_0^1(xy)^{xy}\mathrm{d}y=\sum_{n=1}^\infty(-1)^{n-1}\frac{1}{n^n}.$$

1.30　设正函数 $f(x)\in C(\mathbb{R})$. 证明: 对于任何实数 r,

$$\sup_{|b-a|\leqslant r}\int_a^b f(x)\mathrm{d}x\leqslant\frac{2+r}{2}\sup_{t\in\mathbb{R}}\int_{-\infty}^{\infty}\mathrm{e}^{-|t-x|}f(x)\mathrm{d}x.$$

1.31　(1) 设 $p(x)$ 是 n 次实系数正值多项式. 证明:

$$p(x)+p'(x)+\cdots+p^{(n)}(x)>0\quad(\forall x\in\mathbb{R}).$$

(2) 若 n $(\geqslant 2)$ 次实系数多项式 $p(x)=x^n+a_{n-1}x^{n-1}+\cdots+a_1x+a_0$ 的根全是实的, 证明:

$$a_{n-2}\leqslant\frac{1}{2}a_{n-1}(a_{n-1}+|a_0|^{1/n}).$$

问等式何时成立?

(3)* 若 $p(x)$ 是不超过 3 次的多项式, 证明: 对于任意实数 a 和 b, 有

$$\int_a^b p(x)\mathrm{d}x=\frac{1}{6}\left(p(a)+4p\left(\frac{a+b}{2}\right)+p(b)\right)(b-a).$$

1.32　证明: (1) 设 $x\in\mathbb{R},|x|\leqslant 1$, 则

$$\left|\frac{\sin x}{x}-1\right|\leqslant\frac{x^2}{5}.$$

(2) 设 $x\in\mathbb{R},|x|\leqslant 1$, 则

$$\left|\frac{x}{\sin x}-1\right|\leqslant\frac{x^2}{4}.$$

(3) 设 $x\in\mathbb{R},\delta\in\mathbb{R}$, $M>0$, 则当 $|x|\leqslant M$ 时

$$\left|\frac{\sin x}{x}-\frac{\sin\big((1+\delta)x\big)}{M\sin\dfrac{x}{M}}\right|\leqslant|\delta|+\frac{1}{4}(1+|\delta|)\left(\frac{x}{M}\right)^2.$$

1.33 (1) 证明:

$$\sum_{k=1}^{n}2^k\log k=2^{n+1}\log(n+1)\big(1+o(1)\big)\quad(n\to\infty).$$

(2) 设 $n\geqslant 2$, 级数

$$S(n)=\sum_{k=1}^{\infty}\big(1-(1-2^{-k})^n\big).$$

证明: 存在常数 c_1,c_2, 使得

$$c_1\log n\leqslant S(n)\leqslant c_2\log n.$$

1.34 设 α,β 是实数, $a_1,a_2,\cdots,a_m$ 是正数, 满足条件

$$\sum_{i=1}^{m}a_i^{-\beta}\leqslant\frac{1}{m}.$$

令

$$g(r)=\left(\sum_{i=1}^{m}a_i^r\right)\left(\sum_{i=1}^{m}a_i^{-\alpha r-\beta}\right)\quad(r\in\mathbb{R}).$$

证明: 对于所有满足 $rs\geqslant 0$ 的实数 r,s, 有

$$g(r)g(s)\leqslant g(r+s);$$

并求 $\lim\limits_{n\to\infty}g(n)^{1/n}$ (n 为正整数).

1.35 (1) 设 a,b,c,d 是任意正数. 证明:

$$\left(\frac{a+b}{c+d}\right)^{a+b}\leqslant\left(\frac{a}{c}\right)^a\left(\frac{b}{\mathrm{d}}\right)^b;$$

并且当且仅当 $a/c=b/d$ 时等式成立.

(2) 由本题 (1) 推出算术-几何平均不等式.

1.36 (1) 证明: 对于任何实数 x, 有 $\mathrm{e}^x\geqslant\mathrm{e}x$, 并且等式仅当 $x=1$ 时成立.

(2) 由本题 (1) 推出算术-几何平均不等式.

(3) 证明: 当 $x>0$ 时, $x^{1/x}\leqslant\mathrm{e}^{1/\mathrm{e}}$, 并且等式仅当 $x=\mathrm{e}$ 时成立.

(4) 证明: 若 $b>a\geqslant\mathrm{e}$ 或 $0<b<a\leqslant\mathrm{e}$, 则 $a^b>b^a$.

(5) 证明: $\mathrm{e}^\pi>\pi^\mathrm{e}$.

(6) 证明: 若 $\lambda_1,\lambda_2,\cdots,\lambda_n>0,\lambda_1+\lambda_2+\cdots+\lambda_n=1$, 则对任意非负实数 $a_1,a_2,\cdots,a_n$, 有

$$\lambda_1a_1+\lambda_2a_2+\cdots+\lambda_na_n\geqslant a_1^{\lambda_1}a_2^{\lambda_2}\cdots a_n^{\lambda_n},$$

并且当且仅当 $a_1=a_2=\cdots=a_n$ 时等式成立 (带权的算术-几何平均不等式).

1.37 (1) 求

$$\lim_{n\to\infty}n\prod_{k=1}^{n}\left(1-\frac{1}{k}+\frac{5}{4k^2}\right).$$

(2) 设 m 是正整数, $\omega\neq 0$ 是实数, 使得

$$\prod_{k=1}^{m}(k^2-mk+\omega)\neq 0,$$

记 $\varDelta=m^2/4-\omega>0$. 证明:

$$\lim_{n\to\infty}n(n-1)(n-2)\cdots(n-m+1)\prod_{k=1}^{n+m-1}\left(1-\frac{m}{k}+\frac{\omega}{k^2}\right)$$
$$=\frac{1}{\omega\Gamma\left(\dfrac{m}{2}-\sqrt{\varDelta}\right)\Gamma\left(\dfrac{m}{2}+\sqrt{\varDelta}\right)}\prod_{k=1}^{m}(k^2-mk+\omega),$$

其中 $\Gamma(x)$ 是伽马函数.

1.38 设 $a,b,c>0,b^2-4ac>0$, 并且 $f_n\ (n\geqslant 1)$ 是给定实数列, 满足条件 $f_0>0,cf_1>bf_0$. 令

$$u_0=cf_0,\quad u_1=cf_1-bf_0,\quad u_n=af_{n-2}-bf_{n-1}+cf_n\quad (n\geqslant 2).$$

证明: 若 $u_n>0\ (\forall n\geqslant 0)$, 则 $f_n>0\ (\forall n\geqslant 0)$.

1.39 求下列二重级数之和:

$$S=\sum_{m=1}^{\infty}\sum_{n=1}^{\infty}\frac{(-1)^{m+n}}{[\sqrt{m+n}]^3},$$

其中 $[a]$ 表示实数 a 的整数部分.

1.40 求所有满足函数方程

$$f\big(f(f(x))\big)-3f(x)+2x=0\quad (x\in\mathbb{R})$$

的连续函数 $f(x)$.

1.41 证明: 函数方程

$$f\big(x+yf(x)\big)=f(x)+xf(y)\quad (x,y\in\mathbb{R})$$

的所有解是 $f(x)=0$(零函数) 及 $f(x)=x$(恒等函数).

1.42 求所有满足函数方程

$$f\big(x+f(y)\big)=f\big(f(x)\big)+f(y)\quad (\forall x,y\in\mathbb{R})$$

定义在 $\mathbb{R}$ 上的非单调减少的实函数 $f(x)$.

1.43 求以下微分方程的通解:

(1) $(x+y^4)\mathrm{d}y=y\mathrm{d}x$.

(2) $y^2+(x^2-xy)\dfrac{\mathrm{d}y}{\mathrm{d}x}=0$.

(3) $y^2\mathrm{d}x+x(\sqrt{x^2+y^2}-y)\mathrm{d}y=0$.

(4) $x^2y''-2xy'-y'^2=0$.

(5) $\mathrm{e}^y+y\cos x+(x\mathrm{e}^y+\sin x)y'=0$.

(6) $xy''-y'=x^2$.

(7) $(xy'-2y)^2=x^2(x^4-y^2)$.

(8) $y''+(4x+\mathrm{e}^{2y})y'^3=0$.

1.44 求下列微分方程的通解:

(1) $\dfrac{x}{2}+y'=\log y'$.

(2) $x^3+y'^3-3xy'=0$.

(3) $x^2+y'^2-2x-2y'=0$.

(4) $2x^2(xy'-y)-y(x^2+y^2)=0$.

(5) $y'=\dfrac{y-x}{y+x}$.

(6) $yy''(x^2+y^2)+(y-xy')^2=0$.

1.45 (1) 解初值问题

$$\begin{cases}(1-x^2)y''-xy'=4,\\ y(0)=y'(0)=0.\end{cases}$$

(2) 设 $y_1=\mathrm{e}^x$ 是微分方程

$$xy''-2(x+1)y'+(x+2)y=0$$

的一个特解. 求方程的通解.

1.46 (1) 在极坐标系中, 曲线 L 在点 $P(r,\theta)$ 的切线交极轴 Ox 于点 A. 如果 $\triangle POA$ 的面积与 r^2 成正比, 求曲线 L 的方程.

(2) 过曲线上任意一点 M 作曲线的切线, 与直线 l 交于点 N, 定点 O 对于线段 MN 的视角等于定角 α. 求曲线在适当坐标系中的方程.

1.47 设给定实数 $r>2$. 求最大的实数 $c=c(r)$, 使得对于所有满足条件 $a>b>0$ 的实数 a,b, 有

$$\sqrt{ab}\left(1+c\left(\frac{a-b}{a+b}\right)^r\right)\leqslant\frac{a+b}{2},$$

并求 $c(2)$.

1.48 设 $u>0$. 求使得下面的不等式成立的最小的实数 β:

$$\left(1+\frac{u}{x}\right)^{x+\beta}>\mathrm{e}^u\quad(x>0).$$

1.49 (1) 证明:

$$\mathrm{e}<\left(1+\frac{1}{n}\right)^{n+1/2}.$$

(2) 证明: 若 $x, u > 0$, 则

$$\left(1+\frac{u}{x}\right)^{x} < \mathrm{e}^{u} < \left(1+\frac{u}{x}\right)^{x+u/2}.$$

1.50　设实数 $\alpha > 0$. 求 θ 的范围, 使得数列

$$a_n = \left(1+\frac{1}{n}\right)^{n+\theta} \quad (n=1,2,\cdots)$$

具有下列性质:

(1) 数列单调减少;

(2) 数列单调增加.

1.51　(1) 证明: 数列

$$a_n = \left(1+\frac{1}{n}\right)^{n}\left(1+\frac{x}{n}\right) \quad (n \geqslant 1)$$

单调减少的充要条件是 $x \geqslant 1/2$.

(2) 证明: 数列

$$a_n = \left(1+\frac{x}{n}\right)^{n+1} \quad (n \geqslant 1)$$

单调减少的充要条件是 $0 < x \leqslant 2$.

1.52　(1) 设 $[r]$ 和 $\{r\}$ 分别表示实数 r 的整数部分和小数部分. 求

$$I_1 = \int_0^2 [\mathrm{e}^x]\mathrm{d}x, \quad I_2 = \int_0^1 \left\{\frac{1}{x}\right\}^2 \mathrm{d}x.$$

(2) 设函数 $f(x)$ 在 $(0,\infty)$ 上单调减少, 满足

$$f(x)\mathrm{e}^{-f(x)} = x\mathrm{e}^{-x}.$$

证明:

$$I = \int_0^\infty x^{-1/6}\big(f(x)\big)^{1/6}\mathrm{d}x = \frac{2\pi^2}{3}.$$

1.53　(1) 证明:

$$\frac{1}{2}\left(\sum_{n=1}^{\infty}\frac{(-1)^{n-1}}{n}\right)^2 = \sum_{n=1}^{\infty}\frac{(-1)^{n-1}}{n+1}\left(\sum_{k=1}^{n}\frac{1}{k}\right).$$

(2) 证明:

$$\sum_{n=1}^{\infty}\frac{1}{n}\left(\sum_{k=1}^{n}\frac{(-1)^{k-1}}{k} - \log 2\right) = \frac{1}{2}\log^2 2.$$

(3) 设 $-1 \leqslant x < 1$. 证明:

$$\sum_{n=1}^{\infty}\frac{1}{n}\left(\sum_{k=1}^{n}\frac{x^k}{k} - \log\frac{1}{1-x}\right) = -\frac{1}{2}\log^2(1-x).$$

1.54 (1) 设在 $[a,b]$ 上 $f(x)$ 可微, 并且 $f(x) \geqslant f'(x) > 0$. 证明:

$$\int_a^b \frac{\mathrm{d}x}{f(x)} \geqslant \frac{1}{f(a)} - \frac{1}{f(b)}.$$

(2) 设函数 $f(x) \in C[0,1]$ 非负, 并且对于所有 $x,y \in [0,1], yf(x)+xf(y) \leqslant 2xy$. 证明:

$$\int_0^1 f(t)\mathrm{d}t \leqslant \frac{1}{2}.$$

(3) 设 $f(x) \in C[a,b]$. 证明: 存在 $\theta \in (a,b)$, 使得

$$b\int_a^\theta f(x)\mathrm{d}x + a\int_\theta^b f(x)\mathrm{d}x + (1-\theta)\int_a^b f(x)\mathrm{d}x = (b-a)f(\theta).$$

(4)* 设 $f(x)$ 是区间 $[a,b]$ 上的连续正函数. 证明: 存在 $\xi \in (a,b)$, 使得

$$\int_a^\xi f(x)\mathrm{d}x = \int_\xi^b f(x)\mathrm{d}x = \frac{1}{2}\int_a^b f(x)\mathrm{d}x.$$

(5)* 设 $f(x)$ 是有限区间 $[a,b]$ 上单调增加的连续函数. 证明:

$$\int_a^b tf(t)\mathrm{d}t \geqslant \frac{a+b}{2}\int_a^b f(t)\mathrm{d}t.$$

1.55 设 $H_n = \sum\limits_{k=1}^{n} 1/k$. 求 $\sum\limits_{k=1}^{\infty} H_k/k^3$.

1.56 对于实数 a, 令

$$u_n(a) = \sum_{an<k\leqslant(a+1)n} \frac{1}{\sqrt{kn-an^2}} \quad (n \geqslant 1).$$

证明: 当且仅当 a 是有理数时, $u_n(a)\,(n \geqslant 1)$ 收敛.

1.57 证明:

$$\prod_{n=1}^{\infty}\left(\prod_{k=0}^{n}(kx+1)^{(-1)^{k+1}\binom{n}{k}}\right)^{1/n} = \mathrm{e}^x.$$

1.58 (1) 对于 $n = 1,2,\cdots$, 令

$$s(n) = \sum_{k\geqslant n}\frac{1}{k^2}, \quad c(n) = n - \frac{1}{s(n)}.$$

证明:

$$c(1) \leqslant c(n) < \frac{1}{2} \quad (n = 1,2,\cdots), \quad \lim_{n\to\infty} c(n) = \frac{1}{2}.$$

(2) 证明:

$$\sum_{k=1}^{n}\frac{1}{k^2} < \left(1+\frac{1}{n}\right)^{n/2}.$$

1.59 (1) 设 $\alpha \in (0,1), S_n\ (n \geqslant 1)$ 是级数 $\sum\limits_{n=1}^{\infty} a_n$ 的部分和, $n^{-\alpha}S_n\,(n \geqslant 1)$ 有界. 还设无穷数列 $b_n\,(n \geqslant 1)$ 具有下列性质: ① $n^\alpha b_n \to 0\,(n \to \infty)$; ② 级数 $\sum\limits_{n=1}^{\infty} n^\alpha |b_n - b_{n+1}|$ 收敛. 证明: 级数 $\sum\limits_{n=1}^{\infty} a_n b_n$ 收敛.

(2) 设幂级数 $\sum\limits_{n=0}^{\infty} a_n x^n$ 具有下列性质: 存在实数 x_0 和常数 $C, k > 0$, 使得对于所有 $n \geqslant 0$, 或者 $|a_n x_0^n| \leqslant Cn^k$, 或者 $|a_0 + a_1 x_0 + \cdots + a_n x_0^n| \leqslant Cn^k$. 证明: 在此两种情形下幂级数当 $|x| < |x_0|$ 时收敛.

(3)* 设数列 $a_n, b_n\,(n = 1, 2, \cdots)$ 满足条件:

① $a_1 \geqslant a_2 \geqslant \cdots$, 并且 $\lim\limits_{n\to\infty} a_n = 0$;

② 存在 $M > 0$, 使得对于所有 n, $\left|\sum\limits_{k=1}^{n} b_k\right| \leqslant M$.

证明: 级数 $\sum\limits_{n=1}^{\infty} a_n b_n$ 收敛.

1.60 (1) 设 $n \in \mathbb{N}$, 记

$$a_n = \int_{-\infty}^{\infty} \left(\frac{\sin x}{x}\right)^n \mathrm{d}x, \quad b = \int_{-\infty}^{\infty} \frac{\sin x}{x} \mathrm{d}x.$$

证明: 对于所有 $n \in \mathbb{N}, a_n = q_n b$, 其中 $q_n \in \mathbb{Q}$.

(2) 求

$$\lim_{n\to\infty} \int_0^{2\pi} \sin^n x \mathrm{d}x.$$

(3) 证明:

$$\int_0^{2\pi} \frac{\sin x}{x} \mathrm{d}x > 0.$$

1.61 设 $d \geqslant 1$, 记 $D = [0,1]^d, \boldsymbol{x} = (x_1, x_2, \cdots, x_d), \mathrm{d}\boldsymbol{x} = \mathrm{d}x_1 \mathrm{d}x_2 \cdots \mathrm{d}x_d$. 证明:

(1) 如果 $f(\boldsymbol{x}) \in C(D)$, 那么

$$\lim_{n\to\infty} \left(\prod_{k=1}^{n} \int_D |f(\boldsymbol{x})|^k \mathrm{d}\boldsymbol{x}\right)^{1/n^2} = \sqrt{\max_{\boldsymbol{x}\in D} |f(\boldsymbol{x})|}.$$

(2) 如果在 D 上函数 $f(\boldsymbol{x})$ 非负连续, 函数 $g(\boldsymbol{x})$ 非负可积, 那么

$$\lim_{n\to\infty} \frac{\int_D f^{n+1}(\boldsymbol{x}) g(\boldsymbol{x}) \mathrm{d}\boldsymbol{x}}{\int_D f^n(\boldsymbol{x}) g(\boldsymbol{x}) \mathrm{d}\boldsymbol{x}} = \max_{\boldsymbol{x}\in D} f(\boldsymbol{x}).$$

1.62 证明: 方程

$$\sin\cos x = x, \quad \cos\sin x = x$$

在 $[0, \pi/2]$ 中分别恰有一个根; 若分别记前者和后者的根为 x_1 和 x_2, 则 $x_1 < x_2$.

1.63 (1) 证明:

$$x\mathrm{e}^{1/x} > \frac{1}{x}\mathrm{e}^x \quad (0 < x < 1).$$

(2) 若 $f(x)$ 在 $(0, \infty)$ 内可微, 单调减少, 并且 $0 < f(x) < |f'(x)|$, 则

$$xf(x) > \frac{1}{x} f\left(\frac{1}{x}\right) \quad (0 < x < 1).$$

(3) 证明: 问题 (1) 和 (2) 中的不等式等价.

1.64 设 $a>b>0$. 证明:

$$\frac{\pi}{4}(a+b)<\int_0^{\pi/2}\sqrt{a^2\sin^2 t+b^2\cos^2 t}\,\mathrm{d}t<\frac{\sqrt{2}\pi}{4}\sqrt{a^2+b^2}.$$

1.65 求下列函数的幂级数展开:

(1) $f(x)=\dfrac{\arcsin x}{\sqrt{1-x^2}}$.

(2) $g(x)=\cos(\sqrt{2}\arccos x)$.

1.66 证明:

(1) $\mathrm{e}^{-x^2/2}\int_0^x \mathrm{e}^{t^2/2}\mathrm{d}t=\sum\limits_{n=0}^{\infty}(-1)^n\dfrac{x^{2n+1}}{(2n+1)!!}\ (x\in\mathbb{R})$.

(2) $\mathrm{e}^{x^2/2}\int_0^x \mathrm{e}^{-t^2/2}\mathrm{d}t=\sum\limits_{n=0}^{\infty}\dfrac{x^{2n+1}}{(2n+1)!!}\ (x\in\mathbb{R})$.

(3) $\int_1^{\infty}\dfrac{\mathrm{e}^{-t}}{x+t}\mathrm{d}t=\sum\limits_{n=0}^{\infty}(-1)^n\int_1^{\infty}\dfrac{x^n\mathrm{e}^{-t}}{t^{n+1}}\mathrm{d}t\ (|x|<1)$.

(4) $\sum\limits_{n=1}^{\infty}\dfrac{\big((n-1)!\big)^2}{(2n)!}=\dfrac{\pi^2}{18}$.

1.67 设 $f(x)=1+\sum\limits_{n=1}^{\infty}a_nx^n$, 并且

$$\frac{a_{n+1}}{a_n}=\frac{2n+k}{n+1}\quad(n\geqslant 0),$$

其中 k 是给定实数. 试用初等函数表示 $f(x)$.

1.68 证明:

$$\iint\limits_{0<x<y<\pi}\log|\sin(x-y)|\mathrm{d}x\mathrm{d}y=-\frac{1}{2}\pi^2\log 2.$$

1.69 (1) 设 $a,b,c>0$. 求下列曲面所围成的立体体积:

$$\frac{x^2}{a^2}+\frac{y^2}{b^2}+\frac{z^2}{c^2}=1\quad 和\quad \frac{x^2}{a^2}+\frac{y^2}{b^2}=\frac{z}{c}.$$

(2)* 设 $a,b,c>0$. 求曲面

$$S_1:\ \frac{x^2}{a^2}+\frac{y^2}{b^2}+\frac{z^2}{c^2}=1,$$
$$S_2:\ \frac{x^2}{a^2}+\frac{y^2}{b^2}=\frac{z^2}{c^2}\ (z\geqslant 0)$$

所围成的立体体积.

1.70 三角形两边之和等于常数 u, 其中一边的对角等于 θ(给定的). 求第三边, 使得三角形面积最大.

1.71* (1) (中国, 2011) 求椭圆 $x^2+4y^2=4$ 上到直线 $2x+3y=6$ 距离最短的点, 并求此最短距离.

(2) 设

$$\varSigma_1:\ \frac{x^2}{a^2}+\frac{y^2}{b^2}+\frac{z^2}{c^2}=1\quad(a>b>c>0),$$

$$\Sigma_2:\ z^2=x^2+y^2,$$

Γ 为 Σ_1 与 Σ_2 的交线. 求椭圆面 Σ_1 在 Γ 上各点的切平面到原点距离的最大值和最小值.

1.72　在经过直线

$$L:\ x=y=2z$$

的所有平面中, 求与椭球体

$$V:\ \frac{x^2}{2}+\frac{y^2}{2}+z^2\leqslant 1$$

相截所得的截面面积最大的平面, 并求此最大面积.

1.73*　(1) 作半径为 r 的球的外切正圆锥. 试问当此圆锥的高度为何值时, 其体积最小? 并求出其最小值.

(2) 设半径为 R 的球面 Σ 的球心在单位球面 $S: x^2+y^2+z^2=1$ 上. 问 R 取何值时, 球面 Σ 位于单位球面 S 内部的那部分面积最大? 并求此最大面积.

1.74　求函数

$$F(x_1,x_2,\cdots,x_n)=x_1+\sum_{i=1}^{n-1}\frac{x_{i+1}}{x_i}+\frac{2}{x_n}$$

在 $\mathbb{R}_+^n$ 上的极值.

1.75　证明: (1) 设

$$f(x)=\sum_{n=1}^{\infty}\frac{a_n}{n}x^n,$$

其中 $a_n\to a\,(n\to\infty), a\neq 0$. 则

$$f(x)\sim -a\log(1-x)\quad (x\to 1-).$$

(2) 设

$$f(x)=\sum_{n=1}^{\infty}\left(1+\frac{1}{n}\right)^{n^2}\frac{x^n}{n!},$$

则

$$f(x)\sim\frac{1}{\sqrt{\mathrm{e}}}\mathrm{e}^{\mathrm{e}x}\quad (x\to\infty).$$

1.76　设 $\phi_n(x)\,(n=1,2,\cdots)$ 是定义在区间 $[-1,1]$ 上的非负函数列, 对于任何 $\delta\in(0,1)$, 当 $\delta\leqslant|x|\leqslant 1$ 时

$$\lim_{n\to\infty}\phi_n(x)=0,$$

并且

$$\lim_{n\to\infty}\int_{-1}^{1}\phi_n(x)\mathrm{d}x=a\neq 0.$$

证明: 对于任何 $f(x)\in C[-1,1]$,

$$\lim_{n\to\infty}\int_{-1}^{1}f(x)\phi_n(x)\mathrm{d}x=af(0).$$

1.77 (1) 设 $\mathscr{S}$ 是所有实数项收敛级数 $S:\sum\limits_{n=0}^{\infty}a_n$ 的集合. 证明: 存在发散级数 $\sum\limits_{n=0}^{\infty}b_n\,(b_n\neq 0)$, 使得

$$\inf_{S\in\mathscr{S}}\sup_{n\geqslant 0}\left|1-\frac{a_n}{b_n}\right|=0.$$

(2) 设 $a_n\ (n\geqslant 1)$ 是有界实数列. 证明:

$$\lim_{n\to\infty}\frac{1}{n}\sum_{k=1}^{n}a_k^2=0,$$

当且仅当存在集合 $\mathscr{A}\subset\mathbb{N}$, 使得

$$\lim_{\substack{n\notin\mathscr{A}\\ n\to\infty}}a_n=0\quad 且\quad \lim_{n\to\infty}\frac{1}{n}|\mathscr{A}\cap\{1,2,\cdots,n\}|=0.$$

1.78 设 $a_n\,(n\geqslant 0)$ 是一个无穷实数列, 令

$$b_n=\frac{a_0+a_1+\cdots+a_n}{n+1}\quad (n\geqslant 0).$$

证明:

$$\sum_{n=0}^{\infty}b_n^2\leqslant 4\sum_{n=0}^{\infty}a_n^2,$$

并研究何时等式成立.

1.79 设 $a_n\ (n\geqslant 1)$ 是单调减少且趋于 0 的正数列, 并令 $f(x)=\sum\limits_{n=1}^{\infty}a_n^nx^n$. 证明: 若级数 $\sum\limits_{n=1}^{\infty}a_n$ 发散, 则积分

$$\int_1^{\infty}\frac{\log f(x)}{x^2}\mathrm{d}x$$

也发散.

1.80 证明: (1) 若 $0<a_0<a_1<\cdots<a_n$, 则多项式 $P(x)=a_0x^n+a_1x^{n-1}+\cdots+a_n$ 的任何 (复) 零点 ξ 满足 $|\xi|>1$. 若 $a_0>a_1>\cdots>a_n>0$, 则多项式 $P(x)$ 的任何零点 ξ 都满足 $|\xi|<1$.

(2) 设 $\rho\in(0,1/4)$, 则当 $n>n_0(\rho)$ 时, 多项式

$$P_n(x)=1+2x+3x^2+\cdots+nx^{n-1}$$

的 (复) 零点 $\xi=\xi(\rho)$ 满足 $|\xi|\geqslant\rho$.

(3) 设 $n_1<n_2<\cdots<n_k$ 是一列正整数, 则多项式

$$P(x)=1+x^{n_1}+x^{n_2}+\cdots+x^{n_k}$$

的任何 (复) 零点 ξ 满足 $|\xi|\geqslant 1/2$, 并且实零点 ξ 满足 $|\xi|\geqslant(\sqrt{5}-1)/2$.

(4) 对于任何 $\rho>0$, 当 $n>n_0(\rho)$ 时, 函数

$$f_n(x)=1+\frac{1}{x}+\frac{1}{2!x^2}+\cdots+\frac{1}{n!x^n}$$

的实零点 $\xi=\xi(\rho)$ 满足 $|\xi|<\rho$.

1.81 (1) 证明: 若 $f(x)\in C^1[0,1], f(0)=0$, 并且在 $[0,1]$ 上 $f'(x)\neq 0$, 则

$$\lim_{x\to 0+}\frac{f(x)}{f'(x)}=0.$$

(2) 设 $f(x)\in C(\mathbb{R})$, 存在常数 K, 使得

$$\left|\frac{f(km)}{k}-f(m)\right|<K\quad(\forall k,m\in\mathbb{N}),$$

证明: $\lim\limits_{n\to\infty}f(n)/n$ 存在.

1.82 (1) 证明: 存在实数 α,β, 满足条件

$$0\leqslant\alpha\leqslant\frac{1}{\log 2}-1,\quad 0\leqslant\beta\leqslant 1-\frac{2}{\mathrm{e}},\quad \mathrm{e}\beta+2^{1+\alpha}=\mathrm{e},$$

使得当 $n\in\mathbb{N}$ 时

$$\left(1+\frac{1}{n}\right)^n\leqslant \mathrm{e}\left(1-\frac{\beta}{n}\right)\left(1+\frac{1}{n}\right)^{-\alpha}.$$

(2) 设 n,k 是正整数, $0<k<n-k, n\geqslant 3$. 证明:

$$\frac{\dfrac{n}{m-2k}\displaystyle\sum_{i=k}^{n-k-1}\binom{n-1}{i}}{\dfrac{2k}{n-2k}\displaystyle\sum_{i=k}^{n-k-1}\binom{n-1}{i}-2\sum_{i=0}^{k-1}\binom{n-1}{i}}\leqslant\frac{n}{k}.$$

(3) 设函数 $f(x)$ 在 $(0,\infty)$ 上可积, 并且 $0\leqslant f(x)\leqslant 1$. 证明:

$$\left(\int_0^\infty f(x)\mathrm{d}x\right)^2<2\int_0^\infty xf(x)\mathrm{d}x.$$

1.83 (1) 证明: 当 $n>3$ 时

$$\mathrm{e}^{1-1/\sqrt{n}}<\frac{n}{\sqrt[n]{n!}}<\mathrm{e}^{1-1/n}.$$

(2) 求

$$\lim_{n\to\infty}\left(\sqrt[n+1]{(n+1)!}-\sqrt[n]{n!}\right).$$

(3) 求 $\lim\limits_{n\to\infty}\sqrt[n]{n!}/n$.

1.84 设 $x_n\,(n\geqslant 0)$ 是一个无穷实数列, 由关系式 $x_{n+1}=\sin x_n\,(n\geqslant 0), x_0>0$ 定义. 证明:

(1) 若 $x_0\in(0,\pi)$, 则

$$x_n^2\sim\frac{3}{n}-\frac{9}{5}\cdot\frac{\log n}{n^2}\quad(n\to\infty).$$

(2) 对于 $x_0\in(0,\pi/2)$, 一致地有

$$x_n\sim\frac{1}{\sqrt{\dfrac{n}{3}+\dfrac{1}{x_0^2}}}\quad(n\to\infty).$$

1.85 设

$$u_n=\int_0^1\frac{\mathrm{d}t}{(1+t^4)^n}\quad(n\geqslant 1).$$

(1) 证明: 当 $n\to\infty$ 时, 数列 u_n 收敛; 并求此极限.

(2) 证明: 级数 $\sum\limits_{n=1}^{\infty}u_n$ 发散.

(3) 证明: 级数 $\sum\limits_{n=1}^{\infty}u_n/n$ 收敛; 并求其和.

(4) 证明: $u_n\sim\dfrac{\Gamma(1/4)}{4}n^{-1/4}\,(n\to\infty)$.

第 2 章 高等代数

2.1 行 列 式

问题 2.1 (罗马尼亚, 1986) 计算 $\det(\boldsymbol{A}), \boldsymbol{A}=(a_{ij})_{1\leqslant i,j\leqslant n}$, 其中

$$a_{ij}=\begin{cases}(-1)^{i+j}a, & i<j,\\ x, & i=j,\\ (-1)^{i+j}b, & i>j.\end{cases}$$

解 将 $\det(\boldsymbol{A})$ 记作 $D_n=D_n(x,a,b)$, 那么

$$D_n=\begin{vmatrix} x & -a & a & -a & \cdots \\ -b & x & -a & a & \cdots \\ b & -b & x & -a & \cdots \\ -b & b & -b & x & \cdots \\ \vdots & \vdots & \vdots & \vdots & \end{vmatrix}=\begin{vmatrix} (x-a)+a & -a & a & -a & \cdots \\ 0+(-b) & x & -a & a & \cdots \\ 0+b & -b & x & -a & \cdots \\ 0+(-b) & b & -b & x & \cdots \\ \vdots & \vdots & \vdots & \vdots & \end{vmatrix}$$

$$=\begin{vmatrix} x-a & -a & a & -a & \cdots \\ 0 & x & -a & a & \cdots \\ 0 & -b & x & -a & \cdots \\ 0 & b & -b & x & \cdots \\ \vdots & \vdots & \vdots & \vdots & \end{vmatrix}+\begin{vmatrix} a & -a & a & -a & \cdots \\ -b & x & -a & a & \cdots \\ b & -b & x & -a & \cdots \\ -b & b & -b & x & \cdots \\ \vdots & \vdots & \vdots & \vdots & \end{vmatrix}$$

$$=(x-a)\begin{vmatrix} x & -a & a & \cdots \\ -b & x & -a & \cdots \\ b & -b & x & \cdots \\ \vdots & \vdots & \vdots & \end{vmatrix}+a\begin{vmatrix} 1 & -1 & 1 & -1 & \cdots \\ -b & x & -a & a & \cdots \\ b & -b & x & -a & \cdots \\ -b & b & -b & x & \cdots \\ \vdots & \vdots & \vdots & \vdots & \end{vmatrix}.$$

右边第一加项中的行列式就是 D_{n-1}. 在右边第二加项中的行列式中, 将第 2 行加第 1 行的

b 倍, 第 3 行减第 1 行的 b 倍, 第 4 行加第 1 行的 b 倍, 等等, 可知当 $n \geqslant 2$ 时, 它可化为

$$\begin{vmatrix} 1 & -1 & 1 & -1 & \cdots \\ 0 & x-b & b-a & a-b & \cdots \\ 0 & 0 & x-b & b-a & \cdots \\ 0 & 0 & 0 & x-b & \cdots \\ \vdots & \vdots & \vdots & \vdots & \end{vmatrix}.$$

因此得到递推关系式:

$$D_n = (x-a)D_{n-1} + a(x-b)^{n-1} \quad (n \geqslant 2). \tag{2.1.1}$$

下面讨论不同的情形:

(i) $x = a$, 易见

$$D_n(a,a,b) = a(a-b)^{n-1} \quad (n \geqslant 1).$$

(ii) $x \neq a$, 那么 $x - a \neq 0$. 由式 (2.1.1) 得到

$$\frac{D_k}{(x-a)^k} = \frac{D_{k-1}}{(x-a)^{k-1}} + a \cdot \frac{(x-b)^{k-1}}{(x-a)^k} \quad (k \geqslant 2). \tag{2.1.2}$$

在式 (2.1.2) 中令 $k = 2, 3, \cdots, n$, 然后将得到的等式相加, 可得

$$\frac{D_n}{(x-a)^n} = \frac{D_1}{x-a} + a\sum_{k=2}^{n} \frac{(x-b)^{k-1}}{(x-a)^k}.$$

于是

$$D_n(x,a,b) = (x-a)^{n-1}D_1 + a(x-a)^{n-1}\sum_{k=1}^{n-1}\left(\frac{x-b}{x-a}\right)^k \quad (x \neq a, n \geqslant 2).$$

进而可知:

(a) 当 $a = b$ 时

$$D_n(x,a,a) = (x-a)^{n-1}\big(x + (n-1)a\big) \quad (x \neq a, n \geqslant 2);$$

(b) 当 $a \neq b$ 时

$$D_n(x,a,b) = x(x-a)^{n-1} + \frac{a(x-b)}{b-a}\big((x-a)^{n-1} - (x-b)^{n-1}\big) \quad (x \neq a, a \neq b, n \geqslant 2).$$

因为 $D_1(x,a,b) = x$, 所以上面两个公式对 $n = 1$ 也成立 (约定 $0^0 = 1$). □

问题 2.2 (苏联, 1977) 设 $a_0, a_1, \cdots, a_{n-1}$ 是整数. 证明: $\det\left(a_k^t\right)_{0 \leqslant k,t \leqslant n-1}$ 能被 $\prod\limits_{s=1}^{n-1} s!$ 整除.

证明 (i) 首先证明

辅助命题 设 $f_i(x)=a_{i1}+a_{i2}x+\cdots+a_{ii}x^{i-1}$ $(i=1,2,\cdots,n)$, 则对于任何复数 $x_1,x_2,\cdots,x_n$,

$$\begin{vmatrix} f_1(x_1) & f_1(x_2) & \cdots & f_1(x_n) \\ f_2(x_1) & f_2(x_2) & \cdots & f_2(x_n) \\ \vdots & \vdots & & \vdots \\ f_n(x_1) & f_n(x_2) & \cdots & f_n(x_n) \end{vmatrix} = a_{11}a_{22}\cdots a_{nn}V_n(x_1,x_2,\cdots,x_n).$$

其中 $V_n(x_1,x_2,\cdots,x_n)$ 表示 $x_1,x_2,\cdots,x_n$ 生成的 Vandermonde 行列式.

事实上, 我们有矩阵等式

$$\begin{pmatrix} a_{11} & 0 & 0 & \cdots & 0 \\ a_{21} & a_{22} & 0 & \cdots & 0 \\ a_{31} & a_{32} & a_{33} & \cdots & 0 \\ \vdots & \vdots & \vdots & & \vdots \\ a_{n1} & a_{n2} & a_{n3} & \cdots & a_{nn} \end{pmatrix} \begin{pmatrix} 1 & 1 & \cdots & 1 \\ x_1 & x_2 & \cdots & x_n \\ x_1^2 & x_2^2 & \cdots & x_n^2 \\ \vdots & \vdots & & \vdots \\ x_1^{n-1} & x_2^{n-1} & \cdots & x_n^{n-1} \end{pmatrix}$$
$$= \begin{pmatrix} f_1(x_1) & f_1(x_2) & \cdots & f_1(x_n) \\ f_2(x_1) & f_2(x_2) & \cdots & f_2(x_n) \\ \vdots & \vdots & & \vdots \\ f_n(x_1) & f_n(x_2) & \cdots & f_n(x_n) \end{pmatrix}.$$

两边取行列式, 即得所要的结果.

(ii) 如果 a_k $(k=0,1,\cdots,n-1)$ 中有两个相等, 则由 Vandermonde 行列式计算公式可知

$$V_n=\det\left(a_k^t\right)_{0\leqslant k,t\leqslant n-1}=0,$$

从而结论成立. 于是不妨设 $a_0<a_1<\cdots<a_{n-1}$. 在辅助命题中取

$$f_1(x)=1,\quad f_i(x)=x(x-1)(x-2)\cdots(x-i+2)\quad (i=2,3,\cdots,n).$$

那么

$$\begin{vmatrix} 1 & 1 & \cdots & 1 \\ f_2(a_0) & f_2(a_1) & \cdots & f_2(a_{n-1}) \\ f_3(a_0) & f_3(a_1) & \cdots & f_3(a_{n-1}) \\ \vdots & \vdots & & \vdots \\ f_n(a_0) & f_n(a_1) & \cdots & f_n(a_{n-1}) \end{vmatrix} = V_n(a_0,a_1,\cdots,a_{n-1})=V_n.$$

将此式左边的行列式记作 D_n. 设 $i\geqslant 2$. 因为对于任何正整数 m,

$$f_i(m)=m(m-1)(m-2)\cdots(m-i+2)=(i-1)!\binom{m}{i-1}$$

(注意: 当正整数 $m < i-1$ 时, $\begin{pmatrix} m \\ i-1 \end{pmatrix} = 0$), 所以对于任何正整数 $m, (i-1)!$ 整除 $f_i(m)$. 对行列式 D_n 的第 2 行提出公因子 $1! = 1$, 对第 3 行提出公因子 $2!$ ……对第 n 行提出公因子 $(n-1)!$, 可知 $\prod_{i=1}^{n-1} i!$ 整除行列式 D_n. 于是本题得证. □

注 上述辅助命题还有其他证法.

证法 1 因为 $f_1(x_i) = a_{11} (i = 1, 2, \cdots, n)$, 所以命题中行列式的第 1 行是 $(a_{11}, a_{11}, \cdots, a_{11})$; 提出公因子 a_{11} 后第 1 行成为 $(1, 1, \cdots, 1)$. 因为 $f_2(x_i) = a_{21} + a_{22}x_i$, 在所得行列式中, 从第 2 行减去第 1 行 $(1, 1, \cdots, 1)$ 的 a_{21} 倍后, 第 2 行成为 $(a_{22}x_1, a_{22}x_2, \cdots, a_{22}x_n)$; 提出公因子 a_{22} 后第 2 行成为 $(x_1, x_2, \cdots, x_n)$. 于是命题中行列式等于

$$a_{11}a_{22}\begin{vmatrix} 1 & 1 & \cdots & 1 \\ x_1 & x_2 & \cdots & x_n \\ f_3(x_1) & f_3(x_2) & \cdots & f_3(x_n) \\ \vdots & \vdots & & \vdots \\ f_n(x_1) & f_n(x_2) & \cdots & f_n(x_n) \end{vmatrix}.$$

继续应用 $f_3(x_i) = a_{31} + a_{32}x_i + a_{33}x_i^2$, 进行类似的操作, 将产生因子 a_{33} 以及新的第 3 行 $(x_1^2, x_2^2, \cdots, x_n^2)$. 这种操作进行有限次后, 即得所要的结果.

证法 2 因为 $f_1(x_i) = a_{11}, f_2(x_i) = a_{21} + a_{22}x_i$, 故可将第 2 行分拆为 $(a_{21}, a_{21}, \cdots, a_{21})$ 和 $(a_{22}x_1, a_{22}x_2, \cdots, a_{22}x_n)$. 按行列式加法法则, 命题中行列式等于

$$D_n = \begin{vmatrix} a_{11} & a_{11} & \cdots & a_{11} \\ a_{21} & a_{21} & \cdots & a_{21} \\ f_3(x_1) & f_3(x_2) & \cdots & f_3(x_n) \\ \vdots & \vdots & & \vdots \\ f_n(x_1) & f_n(x_2) & \cdots & f_n(x_n) \end{vmatrix} + \begin{vmatrix} a_{11} & a_{11} & \cdots & a_{11} \\ a_{22}x_1 & a_{22}x_2 & \cdots & a_{22}x_n \\ f_3(x_1) & f_3(x_2) & \cdots & f_3(x_n) \\ \vdots & \vdots & & \vdots \\ f_n(x_1) & f_n(x_2) & \cdots & f_n(x_n) \end{vmatrix},$$

右边第 1 个行列式中前两行成比例, 所以等于 0, 从而

$$D_n = \begin{vmatrix} a_{11} & a_{11} & \cdots & a_{11} \\ a_{22}x_1 & a_{22}x_2 & \cdots & a_{22}x_n \\ f_3(x_1) & f_3(x_2) & \cdots & f_3(x_n) \\ \vdots & \vdots & & \vdots \\ f_n(x_1) & f_n(x_2) & \cdots & f_n(x_n) \end{vmatrix}.$$

因为 $f_3(x_i) = a_{31} + a_{32}x_i + a_{33}x_i^2$, 所以可将上面的行列式按第 3 行分拆为三个行列式之和, 其中两个分别含有行 $(a_{31}, a_{31}, \cdots, a_{31})$ 和 $(a_{32}x_1, a_{32}x_2, \cdots, a_{32}x_n)$, 因而各含有成比例的两

行, 所以等于 0, 从而

$$D_n = \begin{vmatrix} a_{11} & a_{11} & \cdots & a_{11} \\ a_{22}x_1 & a_{22}x_2 & \cdots & a_{22}x_n \\ a_{33}x_1^2 & a_{33}x_2^2 & \cdots & a_{33}x_n^2 \\ f_4(x_1) & f_4(x_2) & \cdots & f_4(x_n) \\ \vdots & \vdots & & \vdots \\ f_n(x_1) & f_n(x_2) & \cdots & f_n(x_n) \end{vmatrix}.$$

继续进行类似的操作, 经有限步后得到

$$D_n = \begin{vmatrix} a_{11} & a_{11} & \cdots & a_{11} \\ a_{22}x_1 & a_{22}x_2 & \cdots & a_{22}x_n \\ a_{33}x_1^2 & a_{33}x_2^2 & \cdots & a_{33}x_n^2 \\ \vdots & \vdots & & \vdots \\ a_{nn}x_1^{n-1} & a_{nn}x_2^{n-1} & \cdots & a_{nn}x_n^{n-1} \end{vmatrix}$$

$$= a_{11}a_{22}\cdots a_{nn}V_n(x_1, x_2, \cdots, x_n).$$

问题 2.3 (美国, 1969) 设 D_n 是 n $(n \geqslant 2)$ 阶行列式, 其 (i,j) 位置的元素是 $|i-j|$, 则 $D_n = (-1)^{n+1}(n-1)2^{n-2}$.

证明 证法 1 按定义, D_n 是对称的:

$$D_n = \begin{vmatrix} 0 & 1 & 2 & \cdots & n-1 \\ 1 & 0 & 1 & \cdots & n-2 \\ 2 & 1 & 0 & \cdots & n-3 \\ \vdots & \vdots & \vdots & & \vdots \\ n-1 & n-2 & n-3 & \cdots & 0 \end{vmatrix}.$$

从 D_n 的第 $2, 3, \cdots, n$ 列分别减去第 1 列, 得到

$$D_n = \begin{vmatrix} 0 & 1 & 2 & \cdots & n-1 \\ 1 & -1 & 0 & \cdots & n-3 \\ 2 & -1 & -2 & \cdots & n-5 \\ \vdots & \vdots & \vdots & & \vdots \\ n-1 & -1 & -2 & \cdots & -(n-1) \end{vmatrix}.$$

然后在上面的行列式中, 将第 1 行加到其余各行, 得到

$$D_n = \begin{vmatrix} 0 & 1 & 2 & 3 & \cdots & n-1 \\ 1 & 0 & 2 & 4 & \cdots & 2n-4 \\ 2 & 0 & 0 & 2 & \cdots & 2n-6 \\ \vdots & \vdots & \vdots & \vdots & & \vdots \\ n-2 & 0 & 0 & 0 & \cdots & 2 \\ n-1 & 0 & 0 & 0 & \cdots & 0 \end{vmatrix}.$$

按最后一行展开, 即得所要的结果.

证法 2 考虑

$$D_{n+1}=\begin{vmatrix}0&1&2&\cdots&n-1&n\\1&0&1&\cdots&n-2&n-1\\2&1&0&\cdots&n-3&n-2\\\vdots&\vdots&\vdots&&\vdots&\vdots\\n-1&n-2&n-3&\cdots&0&1\\n&n-1&n-2&\cdots&1&0\end{vmatrix}.$$

因为

$$\frac{1}{n-1}\cdot|j-1|+\frac{n}{n-1}\cdot|n-j|=\begin{cases}n-(j-1), & j=1,2,\cdots,n,\\ \dfrac{2n}{n-1}, & j=n+1,\end{cases}$$

所以将 D_{n+1} 的第 $n+1$ 行减去第 1 行的 $1/(n-1)$ 与第 n 行的 $n/(n-1)$ 之和, 可使第 $n+1$ 行化为

$$\begin{pmatrix}0 & 0 & \cdots & -\dfrac{2n}{n-1}\end{pmatrix}.$$

按此行展开行列式, 可知

$$D_{n+1}=-\frac{2n}{n-1}D_n \quad (n\geqslant 1).$$

注意 $D_2=-1$, 借助递推关系即可求出结果 (请读者补出计算细节).

证法 3 (i) 首先证明

辅助命题 设 $x_1,x_2,\cdots,x_n$ 是给定的两两互异的实数. 令 $a_{ij}=|x_i-x_j|(i,j=1,2,\cdots,n)$, 则

$$D_n=\det(a_{ij})_n=(-1)^n2^{n-2}(x_{k_1}-x_{k_2})(x_{k_2}-x_{k_3})\cdots(x_{k_{n-1}}-x_{k_n})(x_{k_n}-x_{k_1}),$$

其中 $(k_1,k_2,\cdots,k_n)$ 是 $(1,2,\cdots,n)$ 的一个排列, 满足 $x_{k_1}>x_{k_2}>x_{k_3}>\cdots>x_{k_{n-1}}>x_{k_n}$.

证明 首先设 $x_1>x_2>\cdots>x_n$, 于是 $a_{ij}=x_i-x_j\,(i<j)$, 并且 $a_{ii}=0$. 我们有

$$D_n=\begin{vmatrix}0&x_1-x_2&x_1-x_3&\cdots&x_1-x_n\\x_1-x_2&0&x_2-x_3&\cdots&x_2-x_n\\x_1-x_3&x_2-x_3&0&\cdots&x_3-x_n\\\vdots&\vdots&\vdots&&\vdots\\x_1-x_n&x_2-x_n&x_3-x_n&\cdots&0\end{vmatrix}.$$

依次由第 1 行减第 2 行, 第 2 行减第 3 行 …… 第 $n-1$ 行减第 n 行, 可得

$$D_n=\begin{vmatrix}x_2-x_1&x_3-x_2&x_4-x_3&\cdots&x_n-x_{n-1}&x_1-x_n\\x_1-x_2&x_3-x_2&x_4-x_3&\cdots&x_n-x_{n-1}&x_2-x_n\\x_1-x_2&x_2-x_3&x_4-x_3&\cdots&x_n-x_{n-1}&x_3-x_n\\\vdots&\vdots&\vdots&&\vdots&\vdots\\x_1-x_2&x_2-x_3&x_3-x_4&\cdots&x_{n-1}-x_n&x_n-x_n\end{vmatrix}.$$

各列提出公因子, 即得

$$D_n=(x_1-x_2)(x_2-x_3)\cdots(x_{n-1}-x_n)\begin{vmatrix}-1&-1&-1&\cdots&-1&x_1-x_n\\1&-1&-1&\cdots&-1&x_3-x_n\\1&1&-1&\cdots&-1&x_3-x_n\\\vdots&\vdots&\vdots&&\vdots&\vdots\\1&1&1&\cdots&1&x_n-x_n\end{vmatrix}.$$

再将上式右边行列式的第 n 行与第 1 行相加, 得到

$$D_n=(x_1-x_2)(x_2-x_3)\cdots(x_{n-1}-x_n)\begin{vmatrix}-1&-1&-1&\cdots&-1&x_1-x_n\\1&-1&-1&\cdots&-1&x_3-x_n\\1&1&-1&\cdots&-1&x_3-x_n\\\vdots&\vdots&\vdots&&\vdots&\vdots\\0&0&0&\cdots&0&x_1-x_n\end{vmatrix}.$$

由此推出

$$D_n=(x_1-x_2)(x_2-x_3)\cdots(x_{n-1}-x_n)(x_1-x_n)\begin{vmatrix}-1&-1&-1&\cdots&-1\\1&-1&-1&\cdots&-1\\1&1&-1&\cdots&-1\\\vdots&\vdots&\vdots&&\vdots\\1&1&1&\cdots&-1\end{vmatrix}.$$

在上式右边的 $n-1$ 阶行列式中, 将第 $2,\cdots,n-1$ 行分别与第 1 行相加, 可知它等于

$$\begin{vmatrix}-1&-1&-1&\cdots&-1\\0&-2&-2&\cdots&-2\\0&0&-2&\cdots&-2\\\vdots&\vdots&\vdots&&\vdots\\0&0&0&\cdots&-2\end{vmatrix}=(-1)^{n-1}2^{n-2}.$$

于是最终求得

$$D_n=(-1)^n2^{n-2}(x_1-x_2)(x_2-x_3)\cdots(x_{n-1}-x_n)(x_n-x_1).$$

对于一般情形, 设 $(k_1,k_2,\cdots,k_n)$ 是 $(1,2,\cdots,n)$ 的一个排列, 满足 $x_{k_1}>x_{k_2}>x_{k_3}>\cdots>x_{k_{n-1}}>x_{k_n}$. 令

$$D'_n=\det(a_{k_ik_j})_n,$$

那么将 D_n 的各行作适当置换, 然后将所得行列式的各列作同样的置换, 就得到 D'_n, 并且

$$D'_n=(-1)^n2^{n-2}(x_{k_1}-x_{k_2})(x_{k_2}-x_{k_3})\cdots(x_{k_{n-1}}-x_{k_n})(x_{k_n}-x_{k_1}).$$

最后, 因为

$$D'_n = \left((-1)^{r(k_1,k_2,\cdots,k_n)}\right)^2 D_n = D_n,$$

其中 $r(k_1,k_2,\cdots,k_n)$ 表示排列 $(k_1,k_2,\cdots,k_n)$ 的逆序数, 所以一般公式成立.

(ii) 在辅助命题中取

$$x_1 = n-1, \quad x_2 = n-2, \quad \cdots, \quad x_n = 0,$$

即得 $D_n = (-1)^n 2^{n-2}(1-n) = (-1)^{n+1}(n-1)2^{n-2}$. □

问题 2.4 (苏联, 1977) 设

$$A_n = \det\left((i,j)\right)_{1\leqslant i,j\leqslant n},$$

其中 (i,j) 表示 i 和 j 的最大公因子. 求 A_n.

解 解法 1 对于正整数 m, 用 $\varphi(m)$(称 Euler 函数) 表示集合 $\{1,2,\cdots,m\}$ 中与 m 互素的元素个数. 我们证明

$$A_n = \begin{vmatrix} (1,1) & (1,2) & \cdots & (1,n) \\ (2,1) & (2,2) & \cdots & (2,n) \\ \vdots & \vdots & & \vdots \\ (n,1) & (n,2) & \cdots & (n,n) \end{vmatrix} = \varphi(1)\varphi(2)\cdots\varphi(n).$$

对 n 用数学归纳法. 当 $n=1$ 时, 结论显然成立. 下面设 $n\geqslant 2$. 令

$$a_{kt} = \begin{cases} 1, & t \mid k, \\ 0, & t \nmid k, \end{cases}$$

那么当且仅当 $a_{rt} = a_{st} = 1$ 时, t 是 r 和 s 的公因子 (包含 1 在内). 于是对于正整数 $r,s\leqslant n$, 和式 $\sum\limits_{t=1}^{n} a_{rt}a_{st}\varphi(t)$ 中, 只当 t 是 r 和 s 的公因子时才有 $a_{rt}a_{st}\varphi(t) = 1\cdot 1\cdot\varphi(t) = \varphi(t)$, 所以

$$\sum_{t=1}^{n} a_{rt}a_{st}\varphi(t) = \sum_{t\mid(r,s)} \varphi(t).$$

此处右边的记号表示对 (r,s) 的所有因子 t 求和. 由初等数论知识可知, 函数 $\varphi(t)$ 有下列性质:

$$\sum_{t\mid m} \varphi(t) = m \quad (m \text{ 为正整数}).$$

此处左边的记号表示对 m 的所有因子 t 求和, 因此

$$(r,s) = \sum_{t=1}^{n} a_{rt}a_{st}\varphi(t).$$

由此推出

$$A_n = \begin{vmatrix} a_{11} & a_{12} & \cdots & a_{1n} \\ a_{21} & a_{22} & \cdots & a_{2n} \\ \vdots & \vdots & & \vdots \\ a_{n1} & a_{n2} & \cdots & a_{nn} \end{vmatrix} \begin{vmatrix} a_{11}\varphi(1) & a_{21}\varphi(1) & \cdots & a_{n1}\varphi(1) \\ a_{12}\varphi(2) & a_{22}\varphi(2) & \cdots & a_{n2}\varphi(2) \\ \vdots & \vdots & & \vdots \\ a_{1n}\varphi(n) & a_{2n}\varphi(n) & \cdots & a_{nn}\varphi(n) \end{vmatrix}$$

$$
= \begin{vmatrix} 1 & 0 & 0 & \cdots & 0 \\ a_{21} & 1 & 0 & \cdots & 0 \\ \vdots & \vdots & \vdots & & \vdots \\ a_{n1} & a_{n2} & a_{n3} & \cdots & 1 \end{vmatrix} \begin{vmatrix} \varphi(1) & \varphi(1) & \cdots & & \varphi(1) \\ 0 & \varphi(2) & \cdots & & \varphi(2) \\ \vdots & \vdots & & & \vdots \\ 0 & 0 & \cdots & 0 & \varphi(n) \end{vmatrix}
$$

因此 $A_n=\varphi(1)\varphi(2)\cdots\varphi(n)$.

解法 2　(i) 本解法基于下面的辅助命题.

辅助命题　设给定素数 $p_1,\cdots,p_r$ 及正整数 $q<p_1\cdots p_r$. 定义集合

$$G=\{d_s=(p_{i_1}\cdots p_{i_s},q)\mid i_1<i_2<\cdots<i_s,0\leqslant s\leqslant r\}.$$

在此约定 $s=0$ 时 $p_{i_1}\cdots p_{i_s}=1$(因而 $d_0=1$), 则

$$\sum_{d_s\in G}(-1)^s d_s=0.$$

证明　记 $\mathscr{P}=\{p_1,\cdots,p_r\},S=\sum\limits_{d_s\in G}(-1)^s d_s$.

如果 $(p_1\cdots p_r,q)=1$, 则对于所有 $s\geqslant 0,d_s=1$. 因为此时 $p_{i_1}\cdots p_{i_s}$ 可以取作 1, 也可以是 $\mathscr{P}$ 中任意 k $(k=1,2,\cdots,r)$ 个元素之积, 所以

$$S=\sum_{k=0}^{r}\binom{r}{k}(-1)^k=(1-1)^r=0.$$

于是辅助命题成立.

如果某些 $p_i\mid q$, 则可设 q 有分解式

$$q=p_{i_1}^{\sigma_1}\cdots p_{i_u}^{\sigma_u}q_1,$$

其中 $\{p_{i_1},\cdots,p_{i_u}\}\subseteq\mathscr{P},1\leqslant u\leqslant r,\sigma_1,\cdots,\sigma_u\geqslant 1$, 并且 $q_1\geqslant 1$ 是正整数, $(q_1,p_1\cdots p_r)=1$, 那么对于任何 $s\geqslant 0$,

$$d_s=(p_{i_1}\cdots p_{i_s},p_{i_1}\cdots p_{i_u}).$$

因此, 不妨设

$$q=p_{i_1}\cdots p_{i_u}.$$

此时

$$d_s=(p_{i_1}\cdots p_{i_s},q)=p_{i_{j_1}}\cdots p_{i_{j_t}}\quad(0\leqslant t\leqslant u). \tag{2.4.1}$$

当 $t=0$ 时, $p_{i_{j_1}}\cdots p_{i_{j_t}}=1$; 当 $t>0$ 时, $p_{i_{j_1}},\cdots,p_{i_{j_t}}$ $(1\leqslant t\leqslant u)$ 是 $\{p_{i_1},\cdots,p_{i_u}\}$ 的真子集.

当 $t=0$ 时, 使式 (2.4.1) 成立的充要条件是: $p_{i_1}\cdots p_{i_s}$ 取作 1; 或等于集合 $\mathscr{P}\setminus\{p_{i_1},\cdots,p_{i_u}\}$(此集合含 $r-u$ 个元素) 中任意 k 个元素之积 $(k=1,\cdots,r-u)$. 因此在 S 中, 这些项之和

$$S_1=\sum_{k=0}^{r-u}(-1)^k\cdot 1=(1-1)^{r-u}=0. \tag{2.4.2}$$

当 $t>0$ 时, 使式 (2.4.1) 成立的充要条件是: $s=t$, 并且 $\{p_{i_1},\cdots,p_{i_s}\}=\{p_{i_{j_1}},\cdots,p_{i_{j_t}}\}$; 或者 $s=t+k$ $(k=1,\cdots,r-t)$, 并且集合 $\{p_{i_1},\cdots,p_{i_s}\}$ 中除了含有元素 $p_{i_{j_1}},\cdots,p_{i_{j_t}}$ 外, 还恰含有集合 $\mathscr{P}\setminus\{p_{i_1},\cdots,p_{i_u}\}$ 中的 k 个元素. 因此在 S 中, 这些项之和

$$S_2=\sum_{t=1}^{u}c_{j_1,\cdots,j_t}p_{i_{j_1}}\cdots p_{i_{j_t}},$$

其中系数

$$c_{j_1,\cdots,j_t}=\sum_{k=0}^{r-u}\binom{r-u}{k}(-1)^{t+k}=(-1)^t\sum_{k=0}^{r-u}\binom{r-u}{k}(-1)^k=(-1)^t(1-1)^{r-u}=0.$$

因此

$$S_2=0. \tag{2.4.3}$$

由式 (2.4.2) 和式 (2.4.3) 可知 $S=S_1+S_2=0$. 于是辅助命题得证.

(ii) 现在设正整数 m 有标准素因子分解式

$$m=p_1^{\alpha_1}\cdots p_r^{\alpha_r},$$

正整数 $j<m$, 那么可将 j 表示为

$$j=p_{i_1}\cdots p_{i_u}QR,$$

其中 $\{p_{i_1},\cdots,p_{i_u}\}\subseteq\mathscr{P},u\geqslant 0$(约定 $u=0$ 时, $p_{i_1}\cdots p_{i_u}=1$), 因子 Q 整除 $p_1^{\alpha_1-1}\cdots p_r^{\alpha_r-1},R$ 与 m 互素. 因为

$$\frac{m}{p_{i_1}\cdots p_{i_s}}=p_1^{\alpha_1-1}\cdots p_r^{\alpha_r-1}\cdot p_{j_1}\cdots p_{j_{r-s}},$$

其中 $\{p_{j_1}\cdots p_{j_{r-s}}\}=\mathscr{P}\setminus\{p_{i_1},\cdots,p_{i_s}\}$, 所以

$$\left(\frac{m}{p_{i_1}\cdots p_{i_s}},j\right)=Q\cdot(p_{j_1}\cdots p_{j_{r-s}},p_{i_1}\cdots p_{i_u}).$$

于是, 由辅助命题推出

$$\sum_{s\geqslant 0}(-1)^s\left(\frac{m}{p_{i_1}\cdots p_{i_s}},j\right)=(-1)^rQ\sum_{r-s\geqslant 0}(-1)^{r-s}(p_{j_1}\cdots p_{j_{r-s}},p_{i_1}\cdots p_{i_u})=0.$$

(iii) 在矩阵 $\boldsymbol{P}_n=\big((i,j)\big)$ 中, 对于每个 $m\,(2\leqslant m\leqslant n)$, 将所有行数为 $m/(p_{i_1}\cdots p_{i_s})(s\geqslant 0)$ 的行以 $(-1)^s$ 为系数的线性组合代替第 m 行, 那么依步骤 (ii) 中的结果可知, 新的第 m 行的前 $m-1$ 个元素全为 0, 而第 m 个元素 (对角元) 是

$$\begin{aligned}\sum_{s\geqslant 0}(-1)^s\left(\frac{m}{p_{i_1}\cdots p_{i_s}},m\right)&=\sum_{s\geqslant 0}(-1)^s\cdot\frac{m}{p_{i_1}\cdots p_{i_s}}\\&=m\prod_{i=1}^{r}\left(1-\frac{1}{p_i}\right)=\varphi(m),\end{aligned}$$

其中 $\varphi(m)$ 是 Euler 函数. 因此矩阵 $\boldsymbol{P}_n$ 被化成下三角形式, 从而 $A_n = \det(\boldsymbol{P}_n) = \varphi(1)\varphi(2)\cdots\varphi(n)$.

解法 3 见练习题 2.3 解后的注 (2). □

注 关于 Euler 函数, 可参见潘承洞与潘承彪的《初等数论》(北京大学出版社, 1992) 第 3 章.

问题 2.5 (苏联, 1977) 计算 n 阶行列式

$$P_n = \det(p_{ij}),$$

其中

$$p_{ij} = \begin{cases} 1, & i \mid j, \\ 0, & i \nmid j; \end{cases}$$

并求 n 阶行列式

$$Q_n = \det(q_{ij}),$$

其中 q_{ij} 是 i 和 j 的公因子的个数.

解 由 p_{ij} 的定义可知: 对于正整数 r, 当且仅当 $p_{ri}p_{rj} = 1$ 时, r 是 i 和 j 的公因子, 所以

$$q_{ij} = \sum_{r=1}^{n} p_{ri}p_{rj}.$$

由此推出

$$(p_{ij})^{\mathrm{T}}(p_{ij}) = (q_{ij}).$$

两边取行列式, 得

$$\left(\det(p_{ij})\right)^2 = \det(q_{ij}).$$

因为当 $i<j$ 时 $p_{ij}=0$, 当 $i=j$ 时, $p_{ij}=1$, 所以 (p_{ij}) 是一个上三角方阵, 其主对角元都是 1, 因此 $P_n = \det(p_{ij}) = 1, Q_n = P_n^2 = 1$. □

问题 2.6 (苏联, 1977) 设 $\boldsymbol{A} = (a_{ij})$ 是一个 3×3 矩阵. 已知对于任何 $i, a_{ii} > \sum\limits_{j\neq i}|a_{ij}|$. 证明: 矩阵 $\boldsymbol{A}$ 的行列式不等于 0.

证明 题设蕴含对角元 $a_{ii} > 0$, 它是以下一般性命题的推论:

辅助命题 给定 n 阶行列式 $A_n = \det(a_{ik})$. 若 a_{ik} 是满足条件 $|a_{ii}| > \sum\limits_{k\neq i}|a_{ik}|$ 的复数, 则 $A_n \neq 0$.

证法 1 设 $b_1, b_2, \cdots, b_n$ 是任意给定的不全为 0 的一组复数, 令 $|b_u| = \max\{|b_1|, |b_2|, \cdots, |b_n|\}$, 则 $|b_u| \neq 0$. 由题设条件得

$$|a_{uu}b_u| > |b_u|\sum_{k\neq u}|a_{uk}| \geqslant \sum_{k\neq u}|a_{uk}||b_k| \geqslant \left|\sum_{k\neq u}a_{uk}b_k\right|,$$

于是

$$\left|\sum_{k=1}^{n}a_{uk}b_k\right| \geqslant |a_{uu}b_u| - \left|\sum_{k\neq u}a_{uk}b_k\right| > 0,$$

也就是 $\sum\limits_{k=1}^{n} a_{uk}b_k \neq 0$. 因此齐次方程组

$$\sum_{k=1}^{n} a_{ik}b_k = 0 \quad (i=1,2,\cdots,n)$$

不可能有零解, 从而系数行列式 $A_n \neq 0$.

证法 2 (本质上是证法 1 的变体) 用反证法. 设 $A_n = 0$, 则线性方程组

$$a_{i1}x_1 + a_{i2}x_2 + \cdots + a_{in}x_n = 0 \quad (i=1,2,\cdots,n)$$

有解 $(x_1,x_2,\cdots,x_n) \neq (0,0,\cdots,0)$. 设

$$|x_p| = \max_{1\leqslant i\leqslant n} |x_i|,$$

则 $x_p \neq 0$. 由 $a_{p1}x_1 + a_{p2}x_2 + \cdots + a_{pn}x_n = 0$ 得到

$$\begin{aligned}|a_{pp}| &= \left|\frac{x_1}{x_p}a_{p1} + \cdots + \frac{x_{p-1}}{x_p}a_{p,p-1} + \frac{x_{p+1}}{x_p}a_{p,p+1} + \cdots + \frac{x_n}{x_p}a_{pn}\right| \\ &\leqslant \frac{|x_1|}{|x_p|}|a_{p1}| + \cdots + \frac{|x_{p-1}|}{|x_p|}|a_{p,p-1}| + \frac{|x_{p+1}|}{|x_p|}|a_{p,p+1}| + \cdots + \frac{|x_n|}{|x_p|}|a_{pn}| \\ &\leqslant |a_{p1}| + \cdots + |a_{p,p-1}| + |a_{p,p+1}| + \cdots + |a_{pn}|.\end{aligned}$$

这与题设矛盾. 因此 $A_n \neq 0$.

证法 3 令 $\boldsymbol{a}_i = (a_{1i},a_{2i},\cdots,a_{ni})^{\mathrm{T}}$ 是行列式 A_n 的第 i 列形成的向量. 只需证明 $\boldsymbol{a}_1,\boldsymbol{a}_2,\cdots,\boldsymbol{a}_n$ 在 $\mathbb{C}$ 上线性无关. 用反证法. 若不然, 则存在不全为 0 的复数 $c_1,c_2,\cdots,c_n$, 使得

$$c_1\boldsymbol{a}_1 + c_2\boldsymbol{a}_2 + \cdots + c_n\boldsymbol{a}_n = \boldsymbol{0}.$$

设 $|c_t| = \max\{|c_1|,|c_2|,\cdots,|c_n|\}$, 则 $|c_t| \neq 0$. 由上式解出

$$\boldsymbol{a}_t = -\sum_{k\neq t}\frac{c_k}{c_t}\boldsymbol{a}_k.$$

取等式两边第 t 个分量, 得到

$$a_{tt} = -\sum_{k\neq t}\frac{c_k}{c_t}a_{tk}.$$

于是 (注意 $|c_k|/|c_t| \leqslant 1$)

$$|a_{tt}| = \sum_{k\neq t}\left|\frac{c_k}{c_t}\right||a_{tk}| \leqslant \sum_{k\neq t}|a_{tk}|.$$

这与题设矛盾.

证法 4 对 n 用数学归纳法. 当 $n=1$ 时, 结论显然成立 (注意约定空和等于 0). 当 $n=2$ 时, 由题设知 $|a_{11}| > |a_{12}|, |a_{22}| > |a_{21}|$, 因此

$$|A_2| = |a_{11}a_{22} - a_{12}a_{21}| \geqslant |a_{11}||a_{22}| - |a_{12}||a_{21}| > 0,$$

于是 $A_2\neq 0$. 设当阶数 $n\geqslant 2$ 时 $A_{n-1}\neq 0$. 对于满足题设条件的 n 阶行列式 A_n, 将其第 1 列乘以 $-a_{1k}/a_{11}$, 并与第 $k\,(k\geqslant 2)$ 列相加, 可得

$$A_n=\begin{vmatrix} a_{11} & 0 & \cdots & 0\\ a_{21} & b_{22} & \cdots & b_{2n}\\ \vdots & \vdots & & \vdots\\ a_{n1} & b_{n2} & \cdots & b_{nn}\end{vmatrix}=a_{11}\begin{vmatrix} b_{22} & \cdots & b_{2n}\\ \vdots & & \vdots\\ b_{n2} & \cdots & b_{nn}\end{vmatrix},$$

其中

$$b_{ik}=a_{ik}-\frac{a_{1k}}{a_{11}}a_{i1}\quad (i\neq 1,k\neq 1).$$

我们要验证条件

$$|b_{ii}|>\sum_{k\neq 1,i}|b_{ik}|\quad (i\geqslant 2),$$

也就是当 $i\geqslant 2$ 时

$$\left|a_{ii}-\frac{a_{1i}}{a_{11}}a_{i1}\right|>\sum_{k\neq 1,i}\left|a_{ik}-\frac{a_{1k}}{a_{11}}a_{i1}\right|.$$

因为 $|a_{11}|>0$, 所以它等价于

$$|a_{11}a_{ii}-a_{1i}a_{i1}|>\sum_{k\neq 1,i}|a_{11}a_{ik}-a_{1k}a_{i1}|. \tag{2.6.1}$$

对于 $i\geqslant 2$, 上式右边不超过

$$\begin{aligned}\sum_{k\neq 1,i}(|a_{11}||a_{ik}|+|a_{1k}||a_{i1}|)&=|a_{11}|\sum_{k\neq 1,i}|a_{ik}|+|a_{i1}|\sum_{k\neq 1,i}|a_{1k}|\\&=|a_{11}|\Big(\sum_{k\neq i}|a_{ik}|-|a_{i1}|\Big)+|a_{i1}|\Big(\sum_{k\neq 1}|a_{1k}|-|a_{1i}|\Big).\end{aligned}$$

依假设, 我们有

$$\sum_{k\neq i}|a_{ik}|-|a_{i1}|<|a_{ii}|-|a_{i1}|,\quad \sum_{k\neq 1}|a_{1k}|-|a_{1i}|<|a_{11}|-|a_{1i}|,$$

因此前式右边不超过

$$|a_{11}|(|a_{ii}|-|a_{i1}|)+|a_{i1}|(|a_{11}|-|a_{1i}|)=|a_{11}a_{ii}|-|a_{i1}a_{1i}|.$$

此式右边显然不超过 $|a_{11}a_{ii}-a_{1i}a_{i1}|$, 于是不等式 (2.6.1) 成立. 因此, 由归纳假设可知 $n-1$ 阶行列式

$$\begin{vmatrix} b_{22} & \cdots & b_{2n}\\ \vdots & & \vdots\\ b_{n2} & \cdots & b_{nn}\end{vmatrix}\neq 0.$$

注意 $a_{11}\neq 0$, 所以 $A_n\neq 0$. 于是完成归纳证明. □

注 在辅助命题中, 若限定所有元素 a_{ik} 为实数, 并且所有对角元 a_{ii} 为正数, 则可以证明 $A_n>0$.

2.2 线性方程组

问题 2.7 (苏联, 1976) 设所有 a_{ij} 是整数. 证明: 方程组

$$\begin{cases} \frac{1}{2}x_1 = a_{11}x_1 + a_{12}x_2 + \cdots + a_{1n}x_n, \\ \frac{1}{2}x_2 = a_{21}x_1 + a_{22}x_2 + \cdots + a_{2n}x_n, \\ \cdots, \\ \frac{1}{2}x_n = a_{n1}x_1 + a_{n2}x_2 + \cdots + a_{nn}x_n \end{cases}$$

有唯一解 $x_1 = x_2 = \cdots = x_n = 0$.

证明 只需证明:

辅助命题 设 $a_{ij}\,(1 \leqslant i, j \leqslant n)$ 是不互素的整数 (即它们的最大公因子大于 1), 则方程组

$$\begin{cases} x_1 = a_{11}x_1 + a_{12}x_2 + \cdots + a_{1n}x_n, \\ x_2 = a_{21}x_1 + a_{22}x_2 + \cdots + a_{2n}x_n, \\ \cdots, \\ x_n = a_{n1}x_1 + a_{n2}x_2 + \cdots + a_{nn}x_n \end{cases}$$

只有零解.

证明 将方程组化为标准形式

$$\begin{cases} (a_{11}-1)x_1 + a_{12}x_2 + \cdots + a_{1n}x_n = 0, \\ a_{21}x_1 + (a_{22}-1)x_2 + \cdots + a_{2n}x_n = 0, \\ \cdots, \\ a_{n1}x_1 + a_{n2}x_2 + \cdots + (a_{nn}-1)x_n = 0, \end{cases}$$

其系数行列式

$$D = \begin{vmatrix} a_{11}-1 & a_{12} & \cdots & a_{1n} \\ a_{21} & a_{22}-1 & \cdots & a_{2n} \\ \vdots & \vdots & & \vdots \\ a_{n1} & a_{n2} & \cdots & a_{nn}-1 \end{vmatrix} = P(1),$$

这里

$$P(x) = \begin{vmatrix} a_{11}-x & a_{12} & \cdots & a_{1n} \\ a_{21} & a_{22}-x & \cdots & a_{2n} \\ \vdots & \vdots & & \vdots \\ a_{n1} & a_{n2} & \cdots & a_{nn}-x \end{vmatrix} = (-1)^n x^n + c_1 x^{n-1} + \cdots + c_n$$

是 x 的 n 次整系数多项式 (因为 a_{ij} 都是整数). 用 d 表示 $a_{ij}\,(1\leqslant i,j\leqslant n)$ 的最大公因子, 依题设, $d>1$. 因为 c_k 都是某些 a_{ij} 的乘积之和(例如, c_1 是

$$\sum_{k=1}^{n} a_{kk}\prod_{\substack{1\leqslant i\leqslant n\\ i\neq k}}(a_{ii}-x)$$

的展开式中 x^{n-1} 的系数), 所以 d 是 $c_1,c_2,\cdots,c_n$ 的一个公因子. 如果 $P(1)=0$, 那么

$$(-1)^n+c_1+\cdots+c_n=0.$$

于是得到矛盾. 因此 $D=P(1)\neq 0$, 从而依 Cramer 法则知题中方程组只有零解. □

2.3 矩 阵

问题 2.8 (1) (美国, 1969) 设 $\boldsymbol{A}$ 和 $\boldsymbol{B}$ 分别是 3×2 和 2×3 矩阵, 并且

$$\boldsymbol{AB}=\begin{pmatrix} 8 & 2 & -2\\ 2 & 5 & 4\\ -2 & 4 & 5\end{pmatrix}.$$

证明

$$\boldsymbol{BA}=\begin{pmatrix} 9 & 0\\ 0 & 9\end{pmatrix}.$$

(2) (苏联, 1976) 计算

$$\lim_{x\to 0}\left(\lim_{n\to\infty}\frac{1}{x}(\boldsymbol{A}^n-\boldsymbol{I})\right),$$

其中

$$\boldsymbol{A}=\begin{pmatrix} 1 & \dfrac{x}{n}\\ -\dfrac{x}{n} & 1\end{pmatrix},\quad \boldsymbol{I}=\boldsymbol{I}_2.$$

解 (1) 证法 1 因为 $\mathrm{rank}(\boldsymbol{AB})=2, (\boldsymbol{AB})^2=9(\boldsymbol{AB})$, 所以

$$\mathrm{rank}(\boldsymbol{BA})\geqslant \mathrm{rank}\big(\boldsymbol{A}(\boldsymbol{BA})\boldsymbol{B}\big)=\mathrm{rank}\big((\boldsymbol{AB})^2\big)=2,$$

从而 $\boldsymbol{BA}$ 可逆. 于是由

$$(\boldsymbol{BA})^3=\boldsymbol{B}(\boldsymbol{AB})^2\boldsymbol{A}=\boldsymbol{B}(9\boldsymbol{AB})\boldsymbol{A}=9(\boldsymbol{BA})^2,$$

以及 $\boldsymbol{BA}$ 可逆推出 $\boldsymbol{BA}=9\boldsymbol{I}_2$.

证法 2 因为

$$\boldsymbol{ABAB}=(\boldsymbol{AB})^2=9(\boldsymbol{AB}),\quad \mathrm{rank}(\boldsymbol{AB})=2,$$

所以 $\boldsymbol{A}$ 是映上的, $\boldsymbol{B}$ 是 1-1 的, 于是存在 2×3 矩阵 $\boldsymbol{A}_0$ 和 3×2 矩阵 $\boldsymbol{B}_0$, 使得

$$\boldsymbol{A}_0\boldsymbol{A}=\boldsymbol{I}_2=\boldsymbol{B}\boldsymbol{B}_0.$$

因为

$$\boldsymbol{A}_0(\boldsymbol{ABAB})\boldsymbol{B}_0=\boldsymbol{BA},$$

且

$$\boldsymbol{A}_0(\boldsymbol{ABAB})\boldsymbol{B}_0=\boldsymbol{A}_0(\boldsymbol{AB})^2\boldsymbol{B}_0=\boldsymbol{A}_0(9(\boldsymbol{AB}))\boldsymbol{B}_0=9\boldsymbol{I}_2,$$

所以 $\boldsymbol{BA}=9\boldsymbol{I}_2$.

(2) 下面给出两种解法, 实际上它们无实质性差别.

解法 1 当 $x\neq 0$ 时, 令 $\tan\theta=x/n$, 那么

$$\boldsymbol{A}=\frac{1}{\cos\theta}\begin{pmatrix}\cos\theta & \sin\theta\\ -\sin\theta & \cos\theta\end{pmatrix}.$$

由数学归纳法可知

$$\boldsymbol{A}^n=\frac{1}{\cos^n\theta}\begin{pmatrix}\cos n\theta & \sin n\theta\\ -\sin n\theta & \cos n\theta\end{pmatrix}.$$

因为 $x\neq 0$, 并且当 $n\to\infty$ 时, $\tan\theta=x/n\to 0$, 所以 $n\to\infty$ 蕴含 $\theta\to 0$, 从而 (注意 $n=x/\tan\theta$)

$$\lim_{n\to\infty} n\theta=\lim_{n\to\infty}\frac{x\theta}{\tan\theta}=x\lim_{\theta\to 0}\frac{\theta}{\tan\theta}=x.$$

由此可知 $n\to\infty$ 时, $\theta=O(n^{-1}),\cos\theta=1+O(n^{-2})$, 于是

$$\cos^n\theta=\left(1+O(n^{-2})\right)^n=1+O(n^{-1})\to 1\quad (n\to\infty).$$

由此推出

$$\lim_{n\to\infty}\frac{\cos n\theta}{\cos^n\theta}=\cos x.$$

类似地, 可知

$$\lim_{n\to\infty}\frac{\sin n\theta}{\cos^n\theta}=\sin x.$$

因此

$$\begin{aligned}\lim_{x\to 0}\left(\lim_{n\to\infty}\frac{1}{x}(\boldsymbol{A}^n-\boldsymbol{I})\right)&=\lim_{x\to 0}\frac{1}{x}\lim_{n\to\infty}(\boldsymbol{A}^n-\boldsymbol{I})\\ &=\lim_{x\to 0}\frac{1}{x}\left(\lim_{n\to\infty}\boldsymbol{A}^n-\boldsymbol{I}\right)=\lim_{x\to 0}\frac{1}{x}\left(\begin{pmatrix}\cos x & \sin x\\ -\sin x & \cos x\end{pmatrix}-\boldsymbol{I}\right)\\ &=\lim_{x\to 0}\frac{1}{x}\begin{pmatrix}\cos x-1 & \sin x\\ -\sin x & \cos x-1\end{pmatrix}=\begin{pmatrix}0 & 1\\ -1 & 0\end{pmatrix}.\end{aligned}$$

解法 2 将 $\boldsymbol{A}$ 表示为

$$\boldsymbol{A}=a\begin{pmatrix}\cos\theta & \sin\theta\\ -\sin\theta & \cos\theta\end{pmatrix},$$

其中

$$a=\sqrt{1+\frac{x^2}{n^2}},\quad \theta=\arcsin\frac{x}{\sqrt{n^2+x^2}}.$$

于是由数学归纳法可知

$$\boldsymbol{A}^n=a^n\begin{pmatrix}\cos n\theta & \sin n\theta\\ -\sin n\theta & \cos n\theta\end{pmatrix}.$$

当 $n\to\infty$ 时, $a^n\to 1$, 并且

$$\sin n\theta=\sin\left(n\arcsin\frac{x}{\sqrt{n^2+x^2}}\right)=\sin\left(\frac{nx}{\sqrt{n^2+x^2}}+O(n^{-1})\right)\to\sin x.$$

类似地, $\cos n\theta\to\cos x$. 于是

$$\lim_{n\to\infty}\frac{1}{x}(\boldsymbol{A}^n-\boldsymbol{I})=\frac{1}{x}\begin{pmatrix}\cos x-1 & \sin x\\ -\sin x & \cos x-1\end{pmatrix}.$$

令 $x\to 0$, 即知所求极限等于 $\begin{pmatrix}0 & 1\\ -1 & 0\end{pmatrix}$. □

问题 2.9 (苏联, 1975) 设 $\boldsymbol{A},\boldsymbol{B}$ 是同阶的实对称矩阵, 证明:

$$\mathrm{tr}(\boldsymbol{AB})^2\leqslant\mathrm{tr}(\boldsymbol{A}^2\boldsymbol{B}^2).$$

等式何时成立?

证明 证法 1 (i) 由矩阵 $\boldsymbol{A}$ 的对称性可知, 存在正交矩阵 $\boldsymbol{T}$, 使得

$$\widetilde{\boldsymbol{A}}=\boldsymbol{T}^{-1}\boldsymbol{AT}$$

是对角方阵. 记 $\widetilde{\boldsymbol{B}}=\boldsymbol{T}^{-1}\boldsymbol{BT}$, 那么

$$\begin{aligned}(\widetilde{\boldsymbol{A}}\widetilde{\boldsymbol{B}})^2&=\widetilde{\boldsymbol{A}}\widetilde{\boldsymbol{B}}\widetilde{\boldsymbol{A}}\widetilde{\boldsymbol{B}}=\boldsymbol{T}^{-1}\boldsymbol{AT}\cdot\boldsymbol{T}^{-1}\boldsymbol{BT}\cdot\boldsymbol{T}^{-1}\boldsymbol{AT}\cdot\boldsymbol{T}^{-1}\boldsymbol{BT}\\&=\boldsymbol{T}^{-1}\boldsymbol{ABABT}=\boldsymbol{T}^{-1}(\boldsymbol{AB})^2\boldsymbol{T},\end{aligned}$$

以及

$$\widetilde{\boldsymbol{A}}^2\widetilde{\boldsymbol{B}}^2=\boldsymbol{T}^{-1}\boldsymbol{AT}\cdot\boldsymbol{T}^{-1}\boldsymbol{AT}\cdot\boldsymbol{T}^{-1}\boldsymbol{BT}\cdot\boldsymbol{T}^{-1}\boldsymbol{BT}=\boldsymbol{T}^{-1}\boldsymbol{A}^2\boldsymbol{B}^2\boldsymbol{T}.$$

由此及迹的性质推出

$$\mathrm{tr}(\boldsymbol{AB})^2=\mathrm{tr}(\boldsymbol{T}^{-1}(\boldsymbol{AB})^2\boldsymbol{T})=\mathrm{tr}(\widetilde{\boldsymbol{A}}\widetilde{\boldsymbol{B}})^2,$$

以及

$$\mathrm{tr}(\boldsymbol{A}^2\boldsymbol{B}^2)=\mathrm{tr}(\boldsymbol{T}^{-1}\boldsymbol{A}^2\boldsymbol{B}^2\boldsymbol{T})=\mathrm{tr}(\widetilde{\boldsymbol{A}}^2\widetilde{\boldsymbol{B}}^2).$$

(ii) 记 $\widetilde{\boldsymbol{A}}=\mathrm{diag}(a_{11},a_{22},\cdots,a_{nn}),\widetilde{\boldsymbol{B}}=(b_{ij})_n$. 因为 $\boldsymbol{B}$ 是对称矩阵, 所以 $b_{ij}=b_{ji}$, 于是

$$\widetilde{\boldsymbol{A}}\widetilde{\boldsymbol{B}}=(a_{ii}b_{ij})_n,\quad \widetilde{\boldsymbol{A}}^2=\mathrm{diag}(a_{11}^2,a_{22}^2,\cdots,a_{nn}^2),$$

$$\widetilde{\boldsymbol{B}}^2=\begin{pmatrix}\sum\limits_{j=1}^n b_{1j}^2 & * & \cdots & * \\ * & \sum\limits_{j=1}^n b_{2j}^2 & \cdots & * \\ \vdots & * & \ddots & * \\ * & \cdots & * & \sum\limits_{j=1}^n b_{nj}^2\end{pmatrix}.$$

由此可知

$$\begin{aligned}\mathrm{tr}(\widetilde{\boldsymbol{A}}\widetilde{\boldsymbol{B}})^2&=\mathrm{tr}(\widetilde{\boldsymbol{A}}\widetilde{\boldsymbol{B}}\widetilde{\boldsymbol{A}}\widetilde{\boldsymbol{B}})\\&=\sum_{j=1}^n(a_{11}b_{1j})(a_{jj}b_{j1})+\sum_{j=1}^n(a_{22}b_{2j})(a_{jj}b_{j2})+\cdots+\sum_{j=1}^n(a_{nn}b_{nj})(a_{jj}b_{jn})\\&=\sum_{i=1}^n\left(\sum_{j=1}^n(a_{ii}b_{ij})(a_{jj}b_{ji})\right)=\sum_{i,j=1}^n a_{ii}a_{jj}b_{ij}b_{ji},\end{aligned}$$

将右边的求和分为 $i<j,i>j$ 及 $i=j$ 三部分. 由 $b_{ij}=b_{ji}$ 可知前两部分的和相等, 从而

$$\mathrm{tr}(\widetilde{\boldsymbol{A}}\widetilde{\boldsymbol{B}})^2=2\sum_{1\leqslant i<j\leqslant n}a_{ii}a_{jj}b_{ij}^2+\sum_{i=1}^n a_{ii}^2b_{ii}^2.$$

类似地,

$$\begin{aligned}\mathrm{tr}(\widetilde{\boldsymbol{A}}^2\widetilde{\boldsymbol{B}}^2)&=a_{11}^2\sum_{j=1}^n b_{1j}^2+a_{22}^2\sum_{j=1}^n b_{2j}^2+\cdots+a_{nn}^2\sum_{j=1}^n b_{nj}^2\\&=\sum_{i=1}^n\left(a_{ii}^2\sum_{j=1}^n b_{ij}^2\right)=\sum_{i,j=1}^n a_{ii}^2b_{ij}^2\\&=\sum_{1\leqslant i<j\leqslant n}(a_{ii}^2+a_{jj}^2)b_{ij}^2+\sum_{i=1}^n a_{ii}^2b_{ii}^2,\end{aligned}$$

因此

$$\begin{aligned}\mathrm{tr}(\widetilde{\boldsymbol{A}}\widetilde{\boldsymbol{B}})^2-\mathrm{tr}(\widetilde{\boldsymbol{A}}^2\widetilde{\boldsymbol{B}}^2)&=\sum_{1\leqslant i<j\leqslant n}(2a_{ii}a_{jj}-a_{ii}^2-a_{jj}^2)b_{ij}^2\\&=-\sum_{1\leqslant i<j\leqslant n}(a_{ii}-a_{jj})^2b_{ij}^2\leqslant 0.\end{aligned}$$

由此及步骤 (i) 中的结果即可推出所要的不等式.

此外, 由上式可见: 等式成立, 当且仅当对于所有 $1\leqslant i<j\leqslant n$,

$$(a_{ii}-a_{jj})^2b_{ij}^2=0.$$

因此, 若等式成立, 则 $a_{ii}-a_{jj}\neq 0\Rightarrow b_{ij}=0$, 这表明 $\widetilde{\boldsymbol{A}}$ 和 $\widetilde{\boldsymbol{B}}$(乘法) 可交换, 这等价于 $\boldsymbol{A}$ 和 $\boldsymbol{B}$ 可交换. 反之, 当 $\boldsymbol{A}$ 和 $\boldsymbol{B}$ 可交换时, 等式显然成立.

证法 2　令 $\boldsymbol{D}=\boldsymbol{AB}-\boldsymbol{BA}$, 那么由于 $\boldsymbol{A},\boldsymbol{B}$ 是对称的, 所以

$$\boldsymbol{D}^{\mathrm{T}}=(\boldsymbol{AB}-\boldsymbol{BA})^{\mathrm{T}}=\boldsymbol{B}^{\mathrm{T}}\boldsymbol{A}^{\mathrm{T}}-\boldsymbol{A}^{\mathrm{T}}\boldsymbol{B}^{\mathrm{T}}=\boldsymbol{BA}-\boldsymbol{AB}=-\boldsymbol{D},$$

即 $\boldsymbol{D}$ 是反对称的. 于是

$$\begin{aligned}\boldsymbol{DD}^{\mathrm{T}}&=-\boldsymbol{D}^2=-(\boldsymbol{AB}-\boldsymbol{BA})^2\\&=-(\boldsymbol{AB})^2+2(\boldsymbol{AB})(\boldsymbol{BA})-(\boldsymbol{BA})^2\\&=-(\boldsymbol{AB})^2+2\boldsymbol{AB}^2\boldsymbol{A}-(\boldsymbol{BA})^2.\end{aligned}$$

由迹的性质可知

$$\begin{aligned}&\mathrm{tr}(\boldsymbol{BA})^2=\mathrm{tr}(\boldsymbol{AB})^2,\\&\mathrm{tr}(2\boldsymbol{AB}^2\boldsymbol{A})=2\mathrm{tr}(\boldsymbol{AAB}^2)=2\mathrm{tr}(\boldsymbol{A}^2\boldsymbol{B}^2),\end{aligned}$$

因此

$$\mathrm{tr}(\boldsymbol{DD}')=2\mathrm{tr}(\boldsymbol{A}^2\boldsymbol{B}^2)-2\mathrm{tr}(\boldsymbol{AB})^2.$$

因为 $\mathrm{tr}(\boldsymbol{DD}')\geqslant 0$, 所以所要的不等式成立, 并且当且仅当 $\boldsymbol{D}=\boldsymbol{O}$, 即 $\boldsymbol{AB}=\boldsymbol{BA}$ 时等式成立. □

注　当 $\boldsymbol{A},\boldsymbol{B}$ 是同阶 Hermite 阵时, 本题结论仍然成立 (证法相同). 此外, 本题不等式中的指数 2 可扩充为任意正整数 k.

问题 2.10　(苏联, 1976) 设 $\boldsymbol{A},\boldsymbol{B}$ 是 n 阶矩阵, $\boldsymbol{I}$ 是 n 阶单位矩阵. 证明: 若 $\boldsymbol{I}-\boldsymbol{AB}$ 可逆, 则 $\boldsymbol{I}-\boldsymbol{BA}$ 也可逆.

证明　证法 1　因为 $\boldsymbol{I}-\boldsymbol{AB}$ 可逆, 所以 $\boldsymbol{X}=(\boldsymbol{I}-\boldsymbol{AB})^{-1}$ 存在, 于是

$$\begin{aligned}(\boldsymbol{I}-\boldsymbol{BA})(\boldsymbol{I}+\boldsymbol{BXA})&=\boldsymbol{I}+\boldsymbol{BXA}-\boldsymbol{BA}-\boldsymbol{BABXA}\\&=\boldsymbol{I}+(\boldsymbol{BXA}-\boldsymbol{BABXA})-\boldsymbol{BA}\\&=\boldsymbol{I}+\boldsymbol{B}(\boldsymbol{I}-\boldsymbol{AB})\boldsymbol{XA}-\boldsymbol{BA}\quad(\text{注意 }(\boldsymbol{I}-\boldsymbol{AB})\boldsymbol{X}=\boldsymbol{I})\\&=\boldsymbol{I}+\boldsymbol{BA}-\boldsymbol{BA}=\boldsymbol{I},\end{aligned}$$

因此 $\boldsymbol{I}-\boldsymbol{BA}$ 可逆.

证法 2　用反证法. 设矩阵 $\boldsymbol{I}-\boldsymbol{BA}$ 不可逆, 那么存在非零向量 $\boldsymbol{x}$, 使得 $(\boldsymbol{I}-\boldsymbol{BA})\boldsymbol{x}=\boldsymbol{O}$, 于是 $\boldsymbol{x}=\boldsymbol{BAx}$. 记 $\boldsymbol{y}=\boldsymbol{Ax}$. 因为

$$\boldsymbol{x}=\boldsymbol{BAx}=\boldsymbol{B}(\boldsymbol{Ax})=\boldsymbol{By}\neq\boldsymbol{0},$$

所以 $\boldsymbol{y}\neq\boldsymbol{O}$. 于是

$$\begin{aligned}(\boldsymbol{I}-\boldsymbol{AB})\boldsymbol{y}&=\boldsymbol{y}-\boldsymbol{ABy}=\boldsymbol{y}-\boldsymbol{AB}(\boldsymbol{Ax})=\boldsymbol{y}-\boldsymbol{A}(\boldsymbol{BAx})\\&=\boldsymbol{y}-\boldsymbol{Ax}=\boldsymbol{y}-\boldsymbol{y}=\boldsymbol{O}.\end{aligned}$$

这与 $\boldsymbol{I}-\boldsymbol{AB}$ 可逆的假设矛盾.

证法 3 由于

$$\begin{pmatrix} \boldsymbol{I} & -\boldsymbol{A} \\ \boldsymbol{O} & \boldsymbol{I} \end{pmatrix}\begin{pmatrix} \boldsymbol{I} & \boldsymbol{A} \\ \boldsymbol{B} & \boldsymbol{I} \end{pmatrix}=\begin{pmatrix} \boldsymbol{I}-\boldsymbol{AB} & \boldsymbol{O} \\ \boldsymbol{B} & \boldsymbol{I} \end{pmatrix},$$

两边取行列式, 得

$$|\boldsymbol{I}-\boldsymbol{BA}|=|\boldsymbol{I}-\boldsymbol{AB}|.$$

(在计算左边的第二个行列式时, 可用计算分块行列式的 Schur 公式.) 因为矩阵 $\boldsymbol{I}-\boldsymbol{AB}$ 可逆, 所以 $|\boldsymbol{I}-\boldsymbol{AB}|\neq 0$, 从而 $|\boldsymbol{I}-\boldsymbol{BA}|\neq 0$, 即矩阵 $\boldsymbol{I}-\boldsymbol{BA}$ 也可逆.

证法 4 (本质上同证法 3 的思路, 但不应用 Schur 公式) 由于

$$\begin{pmatrix} \boldsymbol{I} & \boldsymbol{O} \\ \boldsymbol{A} & \boldsymbol{I} \end{pmatrix}\begin{pmatrix} \boldsymbol{I} & \boldsymbol{B} \\ \boldsymbol{O} & \boldsymbol{I}-\boldsymbol{AB} \end{pmatrix}=\begin{pmatrix} \boldsymbol{I} & \boldsymbol{B} \\ \boldsymbol{A} & \boldsymbol{I} \end{pmatrix},$$

两边取行列式, 得

$$|\boldsymbol{I}-\boldsymbol{AB}|=\begin{vmatrix} \boldsymbol{I} & \boldsymbol{B} \\ \boldsymbol{A} & \boldsymbol{I} \end{vmatrix}. \tag{2.10.1}$$

类似地, 由

$$\begin{pmatrix} \boldsymbol{I} & \boldsymbol{O} \\ \boldsymbol{B} & \boldsymbol{I} \end{pmatrix}\begin{pmatrix} \boldsymbol{I} & \boldsymbol{A} \\ \boldsymbol{O} & \boldsymbol{I}-\boldsymbol{BA} \end{pmatrix}=\begin{pmatrix} \boldsymbol{I} & \boldsymbol{A} \\ \boldsymbol{B} & \boldsymbol{I} \end{pmatrix}$$

推出

$$|\boldsymbol{I}-\boldsymbol{BA}|=\begin{vmatrix} \boldsymbol{I} & \boldsymbol{A} \\ \boldsymbol{B} & \boldsymbol{I} \end{vmatrix}. \tag{2.10.2}$$

因为

$$\begin{pmatrix} \boldsymbol{O} & \boldsymbol{I} \\ \boldsymbol{I} & \boldsymbol{O} \end{pmatrix}\begin{pmatrix} \boldsymbol{I} & \boldsymbol{B} \\ \boldsymbol{A} & \boldsymbol{I} \end{pmatrix}\begin{pmatrix} \boldsymbol{O} & \boldsymbol{I} \\ \boldsymbol{I} & \boldsymbol{O} \end{pmatrix}=\begin{pmatrix} \boldsymbol{I} & \boldsymbol{A} \\ \boldsymbol{B} & \boldsymbol{I} \end{pmatrix},$$

所以

$$\begin{vmatrix} \boldsymbol{I} & \boldsymbol{B} \\ \boldsymbol{A} & \boldsymbol{I} \end{vmatrix}=\begin{vmatrix} \boldsymbol{I} & \boldsymbol{A} \\ \boldsymbol{B} & \boldsymbol{I} \end{vmatrix}.$$

由此及式 (2.10.1) 和式 (2.10.2) 得到

$$|\boldsymbol{I}-\boldsymbol{BA}|=|\boldsymbol{I}-\boldsymbol{AB}|$$

(其余同证法 3).

证法 5 设 $\boldsymbol{A},\boldsymbol{B}$ 中有一个 (例如 $\boldsymbol{A}$) 可逆, 则 $\boldsymbol{A}^{-1}(\boldsymbol{I}-\boldsymbol{AB})\boldsymbol{A}=\boldsymbol{I}-\boldsymbol{BA}$. 因为 $|\boldsymbol{A}^{-1}(\boldsymbol{I}-\boldsymbol{AB})\boldsymbol{A}|=|\boldsymbol{I}-\boldsymbol{AB}|$, 所以

$$|\boldsymbol{I}-\boldsymbol{AB}|=|\boldsymbol{I}-\boldsymbol{BA}|. \tag{2.10.3}$$

若 $\boldsymbol{A},\boldsymbol{B}$ 均不可逆, 那么 $\det(\boldsymbol{A}+\varepsilon\boldsymbol{I})$ 作为 ε 的多项式是 ε 的连续函数, 而且只有有限多个 (孤立) 零点, $\varepsilon=0$ 是其一个零点, 所以存在 $\delta>0$, 使得当 $0<\varepsilon<\delta$ 时 $\det(\boldsymbol{A}+\varepsilon\boldsymbol{I})\neq 0$, 从而矩阵 $\boldsymbol{A}+\varepsilon\boldsymbol{I}$ 可逆. 依上面所证结论(即式 (2.10.3))可知

$$|\boldsymbol{I}-(\boldsymbol{A}+\varepsilon\boldsymbol{I})\boldsymbol{B}|=|\boldsymbol{I}-\boldsymbol{B}(\boldsymbol{A}+\varepsilon\boldsymbol{I})|,$$

即

$$|\boldsymbol{I}-\boldsymbol{AB}-\varepsilon\boldsymbol{B}|-|\boldsymbol{I}-\boldsymbol{BA}-\varepsilon\boldsymbol{B}|=0.$$

等式左边作为 ε 的多项式, 在区间 $(0,\delta)$ 上恒等于 0, 因此是零多项式, 从而对任何 ε,

$$|\boldsymbol{I}-\boldsymbol{AB}-\varepsilon\boldsymbol{B}|=|\boldsymbol{I}-\boldsymbol{BA}-\varepsilon\boldsymbol{B}|.$$

特别地, 取 $\varepsilon=0$, 有 $|\boldsymbol{I}-\boldsymbol{AB}|=|\boldsymbol{I}-\boldsymbol{BA}|$(其余同证法 3). □

注 (1) 本题还有其他证法. 例如:

另证 1 可以证明: 若 $\boldsymbol{A},\boldsymbol{B}$ 分别是 $m\times n,n\times m$ 矩阵, 则 $\boldsymbol{AB}$ 和 $\boldsymbol{BA}$ 有相同的非零特征值 (计及重数). 据此 (设 $m=n$), 若 $\boldsymbol{I}-\boldsymbol{AB}$ 可逆, 则 $|\boldsymbol{I}-\boldsymbol{AB}|\neq 0$, 所以 1 不是矩阵 $\boldsymbol{AB}$ 的特征值, 因而也不是矩阵 $\boldsymbol{BA}$ 的特征值, 于是 $|\boldsymbol{I}-\boldsymbol{BA}|\neq 0$, 可见 $\boldsymbol{I}-\boldsymbol{BA}$ 可逆.

另证 2 可以证明: 对于 n 阶矩阵 $\boldsymbol{M}$, 当 t 足够小时

$$\frac{1}{|\boldsymbol{I}-t\boldsymbol{M}|}=\exp\left(\sum_{k=1}^{\infty}\frac{1}{k}(\mathrm{tr}\,\boldsymbol{M}^k)t^k\right),$$

取 $\varepsilon(>0)$ 足够小. 因为 $\mathrm{tr}\,(\boldsymbol{AB})^k=\mathrm{tr}\,(\boldsymbol{BA})^k\,(k\geqslant 1)$, 所以由上述公式推出 ε 的多项式 $|\boldsymbol{I}-\varepsilon\boldsymbol{AB}|-|\boldsymbol{I}-\varepsilon\boldsymbol{BA}|$ 在区间 $[0,\varepsilon]$ 上都取零值, 从而它是 ε 的零多项式 (不然它只有有限多个零点). 因此对任何 ε,

$$|\boldsymbol{I}-\varepsilon\boldsymbol{AB}|=|\boldsymbol{I}-\varepsilon\boldsymbol{BA}|.$$

特别地, 取 $\varepsilon=1$, 得到 $|\boldsymbol{I}-\boldsymbol{AB}|=|\boldsymbol{I}-\boldsymbol{BA}|$(其余同证法 3).

(2) 关于计算分块行列式的 Schur 公式, 可见 Φ. P. 甘特马赫尔的《矩阵论 (上卷)》(高等教育出版社, 1953) 第 45 页.

问题 2.11 (苏联, 1975) 设 $\boldsymbol{A}$ 是 n 阶方阵. 证明: 如果 $\boldsymbol{A}^2=\boldsymbol{I}$, 那么矩阵 $\boldsymbol{A}+\boldsymbol{I}$ 及 $\boldsymbol{A}-\boldsymbol{I}$ 的秩之和等于 n($\boldsymbol{I}$ 是 n 阶单位阵).

证明 在下面的证法中, 可设 $\boldsymbol{A}\neq\boldsymbol{I}$(不然结论显然成立).

证法 1 用 $\mathrm{rank}(\boldsymbol{M})$ 表示矩阵 $\boldsymbol{M}$ 的秩. 因为

$$(\boldsymbol{A}+\boldsymbol{I})+\big(-(\boldsymbol{A}-\boldsymbol{I})\big)=2\boldsymbol{I},$$

所以(注意对任意矩阵 $\boldsymbol{M}$, $\mathrm{rank}(\boldsymbol{M})=\mathrm{rank}(-\boldsymbol{M})$)

$$\mathrm{rank}(\boldsymbol{A}+\boldsymbol{I})+\mathrm{rank}(\boldsymbol{A}-\boldsymbol{I})\geqslant\mathrm{rank}\big(2\boldsymbol{I}\big)=n.$$

又因为由 $\boldsymbol{A}^2=\boldsymbol{I}$ 可知

$$(\boldsymbol{A}+\boldsymbol{I})(\boldsymbol{A}-\boldsymbol{I})=\boldsymbol{A}^2-\boldsymbol{I}^2=\boldsymbol{O},$$

所以由 Sylvester 不等式得到

$$\mathrm{rank}(\boldsymbol{A}+\boldsymbol{I})+\mathrm{rank}(\boldsymbol{A}-\boldsymbol{I})-n\leqslant 0.$$

因此 $\mathrm{rank}(\boldsymbol{A}+\boldsymbol{I})+\mathrm{rank}(\boldsymbol{A}-\boldsymbol{I})=n$.

证法 2 作初等变换,

$$\begin{pmatrix} A-I & O \\ O & A+I \end{pmatrix} \xrightarrow{(1)} \begin{pmatrix} A-I & A-I \\ O & A+I \end{pmatrix} \xrightarrow{(2)} \begin{pmatrix} A-I & A-I \\ I-A & 2I \end{pmatrix}$$

$$\xrightarrow{(3)} \begin{pmatrix} O & A-I \\ O & 2I \end{pmatrix} \xrightarrow{(4)} \begin{pmatrix} O & O \\ O & 2I \end{pmatrix},$$

其中:

(1) 第 1 列 $\times\, I$ 加到第 2 列;

(2) 第 1 行 $\times\, (-I)$ 加到第 2 行;

(3) $(1/2)(A-I)\times$ 第 2 列加到第 1 列 (应用 $A^2=I$);

(4) $(-1/2)(A-I)\times$ 第 2 行加到第 1 行.

于是

$$\operatorname{rank}\begin{pmatrix} A-I & O \\ O & A+I \end{pmatrix} = \operatorname{rank}\begin{pmatrix} O & O \\ O & 2I \end{pmatrix},$$

即 $\operatorname{rank}(A+I)+\operatorname{rank}(A-I)=n$.

证法 3 (i) 我们首先证明: 存在可逆矩阵 P, 使得

$$P^{-1}AP=\operatorname{diag}(I_s, -I_{n-s}), \tag{2.11.1}$$

其中 $0\leqslant s\leqslant n$(即求 A 的 Jordan 标准形).

证法 (1) 因为 $A^2=I$, 所以 $f(x)=x^2-1$ 是 A 的零化多项式 (即 $f(A)=\mathbf{0}$). 由于 $f(x)$ 无重根, 所以 A 相似于对角阵, 对角元是 A 的特征值. 因为 $f(x)=x^2-1=0$ 只有根 ±1, 所以 A 的特征值属于 $\{1,-1\}$. 因此适当排列特征值后, 即得式 (2.11.1).

证法 (2) 令

$$B=(A+I \quad A-I).$$

由第 1 列减第 2 列, 得 $B\to(2I \quad A-I)$. 因此 $\operatorname{rank}(A)\geqslant n$. 又因为 B 是 $2n\times n$ 矩阵, 所以 $\operatorname{rank}(B)\leqslant n$. 于是 $\operatorname{rank}(B)=n$. 因此可取 B 的 n 个线性无关的列组成矩阵 P. 令

$$P=(M \quad N),$$

其中 $M\,(n\times s$ 矩阵) 和 $N\,(n\times(n-s)$ 矩阵)分别由取自 $A+I$ 中的 s 列和取自 $A-I$ 中的 $n-s$ 列组成 $(0\leqslant s\leqslant n)$. 因为依题设,

$$(A+I)(A-I)=A^2-I^2=O,$$

所以由 $A+I$ 左乘 $A-I$ 的任意列均得到零向量, 从而由 N 的定义可知

$$(A+I)N=O_{n\times(n-s)}.$$

类似地,

$$(A-I)M=O_{n\times s}.$$

于是

$$(\boldsymbol{A}+\boldsymbol{I})\boldsymbol{P}=\big((\boldsymbol{A}+\boldsymbol{I})\boldsymbol{M}\quad \boldsymbol{O}_{n\times(n-s)}\big)=(\boldsymbol{R}_{n\times s}\quad \boldsymbol{O}_{n\times(n-s)}),$$
$$(\boldsymbol{A}-\boldsymbol{I})\boldsymbol{P}=\big(\boldsymbol{O}_{n\times s}\quad (\boldsymbol{A}-\boldsymbol{I})\boldsymbol{N}\big)=(\boldsymbol{O}_{n\times s}\quad \boldsymbol{T}_{n\times(n-s)}).$$

将此两式分别相减和相加, 可知

$$2\boldsymbol{P}=(\boldsymbol{R}_{n\times s}\quad -\boldsymbol{T}_{n\times(n-s)}),\quad 2\boldsymbol{AP}=(\boldsymbol{R}_{n\times s}\quad \boldsymbol{T}_{n\times(n-s)}).$$

因为

$$(\boldsymbol{R}_{n\times s}\quad \boldsymbol{T}_{n\times(n-s)})=(\boldsymbol{R}_{n\times s}\quad -\boldsymbol{T}_{n\times(n-s)})\begin{pmatrix}\boldsymbol{I}_s & \boldsymbol{O}\\ \boldsymbol{O} & -\boldsymbol{I}_{n-s}\end{pmatrix}=2\boldsymbol{P}\begin{pmatrix}\boldsymbol{I}_s & \boldsymbol{O}\\ \boldsymbol{O} & -\boldsymbol{I}_{n-s}\end{pmatrix},$$

所以

$$2\boldsymbol{AP}=2\boldsymbol{P}\begin{pmatrix}\boldsymbol{I}_s & \boldsymbol{O}\\ \boldsymbol{O} & -\boldsymbol{I}_{n-s}\end{pmatrix}.$$

注意 $\boldsymbol{P}$ 可逆, 由此即得式 (2.11.1).

(ii) 由式 (2.11.1) 可得

$$\boldsymbol{P}^{-1}(\boldsymbol{A}-\boldsymbol{I})\boldsymbol{P}=\mathrm{diag}(\boldsymbol{O}_s,-2\boldsymbol{I}_{n-s}),$$
$$\boldsymbol{P}^{-1}(\boldsymbol{A}+\boldsymbol{I})\boldsymbol{P}=\mathrm{diag}(2\boldsymbol{I}_s,-\boldsymbol{O}_{n-s}),$$

所以 $\mathrm{rank}(\boldsymbol{A}+\boldsymbol{I})=s,\mathrm{rank}(\boldsymbol{A}-\boldsymbol{I})=n-s$, 于是 $\mathrm{rank}(\boldsymbol{A}+\boldsymbol{I})+\mathrm{rank}(\boldsymbol{A}-\boldsymbol{I})=n$. □

问题 2.12 (中国, 2009) 设 $\mathbb{C}^{n\times n}$ 是 $n\times n$ 复矩阵全体在通常的运算下所构成的复数域 $\mathbb{C}$ 上的线性空间,

$$\boldsymbol{F}=\begin{pmatrix}0&0&\cdots&0&-a_n\\1&0&\cdots&0&-a_{n-1}\\0&1&\cdots&0&-a_{n-2}\\ \vdots&\vdots&&\vdots&\vdots\\0&0&\cdots&1&-a_1\end{pmatrix}.$$

(1) 设

$$\boldsymbol{A}=\begin{pmatrix}a_{11}&a_{12}&\cdots&a_{1n}\\a_{21}&a_{22}&\cdots&a_{2n}\\ \vdots&\vdots&&\vdots\\a_{n1}&a_{n2}&\cdots&a_{nn}\end{pmatrix}.$$

若 $\boldsymbol{AF}=\boldsymbol{FA}$, 证明:

$$\boldsymbol{A}=a_{n1}\boldsymbol{F}^{n-1}+a_{n-1,1}\boldsymbol{F}^{n-2}+\cdots+a_{21}\boldsymbol{F}+a_{11}\boldsymbol{I}.$$

(2) 求 $\mathbb{C}^{n\times n}$ 的子空间 $\mathbb{C}(\boldsymbol{F})=\{\boldsymbol{X}\in\mathbb{C}^{n\times n}\,|\,\boldsymbol{FX}=\boldsymbol{XF}\}$ 的维数.

解 (1) 记

$$A = (a_1, a_2, \cdots, a_n), \tag{2.12.1}$$

其中 a_i 是列向量, 并且有

$$F = (e_2, e_3, \cdots, e_n, b),$$

其中 e_i 是第 i 个标准单位 (列) 向量 (即第 i 个坐标等于 1, 其余的等于 0), $b = (-a_n, -a_{n-1}, \cdots, -a_1)^{\mathrm{T}}$. 还记

$$M = a_{n1}F^{n-1} + a_{n-1,1}F^{n-2} + \cdots + a_{21}F + a_{11}I.$$

因为任何 n 阶方阵右乘 e_i 将得到它的第 i 个列向量, 所以为了证明 $A = M$, 只需证明

$$Me_i = Ae_i (= a_i) \quad (i = 1, 2, \cdots). \tag{2.12.2}$$

由于矩阵 F 的构造的特殊性, 容易验证

$$Fe_1 = e_2, \quad F^2e_1 = F(Fe_1) = Fe_2 = e_3, \quad \cdots, \quad F^{n-1}e_1 = e_n. \tag{2.12.3}$$

据此算出

$$\begin{aligned} Me_1 &= (a_{n1}F^{n-1} + a_{n-1,1}F^{n-2} + \cdots + a_{21}F + a_{11}I)e_1 \\ &= a_{n1}F^{n-1}e_1 + a_{n-1,1}F^{n-2}e_1 + \cdots + a_{21}Fe_1 + a_{11}Ie_1 \\ &= a_{n1}e_n + a_{n-1,1}e_{n-1} + \cdots + a_{21}e_2 + a_{11}e_1 \\ &= (a_{11}, a_{21}, \cdots, a_{n1})^{\mathrm{T}} = a_1 = Ae_1, \end{aligned}$$

进而算出 (注意 $MF = FM, FA = AF$)

$$\begin{aligned} Me_2 &= M(Fe_1) = (MF)e_1 = (FM)e_1 = F(Me_1) \\ &= F(Ae_1) = (FA)e_1 = (AF)e_1 = A(Fe_1) = Ae_2. \end{aligned}$$

类似地, 有 (注意 $MF^2 = F^2M, F^2A = AF^2$)

$$Me_3 = M(F^2e_1) = F^2(Me_1) = F^2(Ae_1) = A(F^2e_1) = Ae_3,$$

等等. 最后算出

$$\begin{aligned} Me_n &= M(F^{n-1}e_1) = F^{n-1}(Me_1) \\ &= F^{n-1}(Ae_1) = A(F^{n-1}e_1) = Ae_n. \end{aligned}$$

于是式 (2.12.2) 得证, 从而 $A = M$.

(2) 由本题 (1) 可知 $\mathbb{C}(F)$ 中的任何元素都是 $F^k (k = 0, 1, \cdots, n-1)$ 的线性组合 (系数属于 $\mathbb{C}$), 我们证明它们在 $\mathbb{C}$ 上线性无关, 从而这 n 个矩阵形成 $\mathbb{C}(F)$ 的一组基, 于是 $\dim(\mathbb{C}(F)) = n$. 下面给出三种解法 (其中解法 1 是通用方法, 另两种解法较特殊).

解法 1 设

$$c_0\boldsymbol{I}+c_1\boldsymbol{F}+\cdots+c_{n-1}\boldsymbol{F}^{n-1}=\boldsymbol{O}\quad(c_i\in\mathbb{C}).$$

两边同时右乘 $\boldsymbol{e}_1$, 应用式 (2.12.3) 可得

$$c_0\boldsymbol{e}_1+c_1\boldsymbol{e}_2+\cdots+c_{n-1}\boldsymbol{e}_n=\boldsymbol{0}.$$

因为 $\boldsymbol{e}_1,\boldsymbol{e}_2,\cdots,\boldsymbol{e}_n$ 在 $\mathbb{C}$ 上线性无关, 所以系数 c_i 全等于 0.

解法 2 矩阵 $\boldsymbol{F}$ 的极小多项式是

$$\mu(\lambda)=\lambda^n+a_1\lambda^{n-1}+\cdots+a_{n-1}\lambda+a_n$$

(见练习题 2.39(1)), 即 $\mu(\lambda)$ 是 $\boldsymbol{F}$ 所满足的 (意为 $\mu(\boldsymbol{F})=\boldsymbol{O}$)最低次数的多项式, 所以 $\boldsymbol{F}$ 不满足任何次数低于 n 的非零复系数多项式, 从而 $\boldsymbol{F}^k\,(k=0,1,\cdots,n-1)$ 在 $\mathbb{C}$ 上线性无关.

解法 3 应用练习题 2.39(2), 可知 $\boldsymbol{F}$ 不满足任何次数低于 n 的非零复系数多项式, 所以 $\boldsymbol{F}^k\,(k=0,1,\cdots,n-1)$ 在 $\mathbb{C}$ 上线性无关. □

问题 2.13 (美国, 1985) 设 G 是由 r 个实 $n\times n$ 矩阵 $\boldsymbol{M}_i(1\leqslant i\leqslant r)$ 组成的有限矩阵乘法群, 且

$$\sum_{i=1}^{r}\operatorname{tr}(\boldsymbol{M}_i)=0.\tag{2.13.1}$$

证明: $\sum\limits_{i=1}^{r}\boldsymbol{M}_i$ 是 $n\times n$ 的零矩阵.

证明 令

$$\boldsymbol{S}=\sum_{i=1}^{r}\boldsymbol{M}_i.$$

因为 $G=\{\boldsymbol{M}_i\ (1\leqslant i\leqslant r)\}$ 按矩阵乘法形成一个群, 所以对于任意 $\boldsymbol{M}_k\in G$, 若

$$\boldsymbol{M}_k\boldsymbol{M}_i=\boldsymbol{M}_k\boldsymbol{M}_j,$$

则由 $\boldsymbol{M}_k^{-1}$ 存在可推出 $\boldsymbol{M}_i=\boldsymbol{M}_j$. 因此, 对于任意 $\boldsymbol{M}_k\in G,\boldsymbol{M}_k\boldsymbol{M}_i\ (i=1,2,\cdots,r)$ 是 G 中两两不同的 r 个元素, 从而

$$\{\boldsymbol{M}_k\boldsymbol{M}_i\ (i=1,2,\cdots,r)\}=\{\boldsymbol{M}_j\ (j=1,2,\cdots,r)\}=G\quad(k=1,2,\cdots,r).$$

据此可知, 对于任意 $k\ (1\leqslant k\leqslant r)$,

$$\boldsymbol{M}_k\boldsymbol{S}=\boldsymbol{M}_k\sum_{i=1}^{r}\boldsymbol{M}_i=\sum_{i=1}^{r}\boldsymbol{M}_k\boldsymbol{M}_i=\sum_{j=1}^{r}\boldsymbol{M}_j=\boldsymbol{S}.$$

于是

$$\boldsymbol{S}^2=\boldsymbol{S}\boldsymbol{S}=\left(\sum_{k=1}^{r}\boldsymbol{M}_k\right)\boldsymbol{S}=\sum_{k=1}^{r}\boldsymbol{M}_k\boldsymbol{S}=\sum_{k=1}^{r}\boldsymbol{S}=r\boldsymbol{S}.$$

由此可见, $f(x)=x^2-rx$ 是矩阵 $\boldsymbol{S}$ 的零化多项式(即 $f(\boldsymbol{S})=\boldsymbol{O}$). 因为 $f(x)=0$ 只有零点 0 和 r, 所以 $\boldsymbol{S}$ 的特征值属于 $\{0,r\}$. 由于矩阵的迹等于其所有特征值的和, 所以由式

(2.13.1) 及 $r\neq 0$ 推出 $\boldsymbol{S}$ 的特征值全为 0, 从而矩阵 $r\boldsymbol{I}-\boldsymbol{S}$($\boldsymbol{I}$ 是 n 阶单位矩阵) 的特征值全为 r. 因为矩阵的行列式等于其所有特征值的积, 所以由此推出 $\det(r\boldsymbol{I}-\boldsymbol{S})\neq 0$, 从而矩阵 $r\boldsymbol{I}-\boldsymbol{S}$ 可逆. 最后, 由 $\boldsymbol{S}^2=r\boldsymbol{S}$ 得到

$$\boldsymbol{S}(r\boldsymbol{I}-\boldsymbol{S})=\boldsymbol{O},$$

从而 $\boldsymbol{S}=\boldsymbol{O}$. □

问题 2.14 (美国, 1986) 设 $\boldsymbol{A},\boldsymbol{B},\boldsymbol{C},\boldsymbol{D}$ 是域 F 上的 $n\times n$ 矩阵, $\boldsymbol{A}\boldsymbol{B}^{\mathrm{T}}$ 和 $\boldsymbol{C}\boldsymbol{D}^{\mathrm{T}}$ 是对称的, 并且

$$\boldsymbol{A}\boldsymbol{D}^{\mathrm{T}}-\boldsymbol{B}\boldsymbol{C}^{\mathrm{T}}=\boldsymbol{I}, \tag{2.14.1}$$

其中 $\boldsymbol{I}$ 是 n 阶单位矩阵. 证明:

$$\boldsymbol{A}^{\mathrm{T}}\boldsymbol{D}-\boldsymbol{C}^{\mathrm{T}}\boldsymbol{B}=\boldsymbol{I}.$$

证明 由对称性假设可知

$$\boldsymbol{A}\boldsymbol{B}^{\mathrm{T}}=\boldsymbol{B}\boldsymbol{A}^{\mathrm{T}},\quad \boldsymbol{C}\boldsymbol{D}^{\mathrm{T}}=\boldsymbol{D}\boldsymbol{C}^{\mathrm{T}}; \tag{2.14.2}$$

又由式 (2.14.1) 两边取转置可知

$$\boldsymbol{D}\boldsymbol{A}^{\mathrm{T}}-\boldsymbol{C}\boldsymbol{B}^{\mathrm{T}}=\boldsymbol{I}. \tag{2.14.3}$$

据式 (2.14.1)~式 (2.14.3) 可得矩阵等式

$$\begin{pmatrix}\boldsymbol{A} & \boldsymbol{B}\\ \boldsymbol{C} & \boldsymbol{D}\end{pmatrix}\begin{pmatrix}\boldsymbol{D}^{\mathrm{T}} & -\boldsymbol{B}^{\mathrm{T}}\\ -\boldsymbol{C}^{\mathrm{T}} & \boldsymbol{A}^{\mathrm{T}}\end{pmatrix}=\begin{pmatrix}\boldsymbol{A}\boldsymbol{D}^{\mathrm{T}}-\boldsymbol{B}\boldsymbol{C}^{\mathrm{T}} & \boldsymbol{B}\boldsymbol{A}^{\mathrm{T}}-\boldsymbol{A}\boldsymbol{B}^{\mathrm{T}}\\ \boldsymbol{C}\boldsymbol{D}^{\mathrm{T}}-\boldsymbol{D}\boldsymbol{C}^{\mathrm{T}} & \boldsymbol{D}\boldsymbol{A}^{\mathrm{T}}-\boldsymbol{C}\boldsymbol{B}^{\mathrm{T}}\end{pmatrix}=\begin{pmatrix}\boldsymbol{I} & \boldsymbol{O}\\ \boldsymbol{O} & \boldsymbol{I}\end{pmatrix}(=\boldsymbol{I}_{2n}),$$

因此上式左边两个矩阵是互逆的, 从而

$$\begin{pmatrix}\boldsymbol{D}^{\mathrm{T}} & -\boldsymbol{B}^{\mathrm{T}}\\ -\boldsymbol{C}^{\mathrm{T}} & \boldsymbol{A}^{\mathrm{T}}\end{pmatrix}\begin{pmatrix}\boldsymbol{A} & \boldsymbol{B}\\ \boldsymbol{C} & \boldsymbol{D}\end{pmatrix}=\begin{pmatrix}\boldsymbol{I} & \boldsymbol{O}\\ \boldsymbol{O} & \boldsymbol{I}\end{pmatrix}.$$

上式中左边两矩阵的乘积是一个分块矩阵, 其右下角矩阵块是 $\boldsymbol{A}^{\mathrm{T}}\boldsymbol{D}-\boldsymbol{C}^{\mathrm{T}}\boldsymbol{B}$, 右边分块矩阵的右下角矩阵块是 $\boldsymbol{I}_n$, 由二者相等推出所要的等式. □

问题 2.15 (美国, 1988) 如果一个 n 维线性空间中的线性变换 $\mathscr{A}$ 具有 $n+1$ 个特征向量, 使得它们中任意 n 个都线性无关, 问 $\mathscr{A}$ 是否一定是纯量变换 (即某个数量与恒等变换之积)? 并加以证明.

解 答案是肯定的.

设 $\boldsymbol{x}_1,\boldsymbol{x}_2,\cdots,\boldsymbol{x}_{n+1}$ 是 $\mathscr{A}$ 的特征向量, 其中任意 n 个都线性无关; 还设与它们对应的特征值是 $\lambda_1,\lambda_2,\cdots,\lambda_{n+1}$. 令集合

$$B_i=\{\boldsymbol{x}_1,\boldsymbol{x}_2,\cdots,\boldsymbol{x}_{n+1}\}\setminus\{\boldsymbol{x}_i\},$$

则 B_i 形成 n 维线性空间的一组基. 在这组基下, 变换 $\mathscr{A}$ 的矩阵 (表示) 是对角方阵 $\mathrm{diag}(\lambda_1,\cdots,\lambda_{i-1},\lambda_{i+1},\cdots,\lambda_{n+1})$. 于是

$$\mathrm{tr}(\mathscr{A})=\lambda_1+\cdots+\lambda_{i-1}+\lambda_{i+1}+\cdots+\lambda_{n+1}=\sigma-\lambda_i,$$

其中 $\sigma=\lambda_1+\lambda_2+\cdots+\lambda_{n+1}$(所有特征值之和). 因为线性变换的迹与基的选取无关, 所以对于所有 $i,j(i\neq j)$,

$$\sigma-\lambda_i=\sigma-\lambda_j,$$

从而所有特征值都相等 (其公共值记为 λ). 所以在基 B_i 下 $\mathscr{A}$ 的矩阵 (表示) 是对角方阵 $\mathrm{diag}(\lambda,\cdots,\lambda)=\lambda\boldsymbol{I}_n$, 从而在任何基下, $\mathscr{A}$ 的矩阵表示都是数量矩阵 $\lambda\boldsymbol{I}_n$, 因此 $\mathscr{A}$ 是纯量变换 (参见练习题 2.21). □

问题 2.16 (匈牙利, 1965) 设 $a,b_0,b_1,\cdots,b_{n-1}$ 是复数, $\boldsymbol{A}$ 是 p 阶复方阵, $\boldsymbol{I}=\boldsymbol{I}_p$ 是 p 阶单位方阵. 如果已知 $\boldsymbol{A}$ 的特征值是 $\lambda_1,\lambda_2,\cdots,\lambda_p$, 求矩阵

$$\boldsymbol{B}=\begin{pmatrix} b_0\boldsymbol{I} & b_1\boldsymbol{A} & b_2\boldsymbol{A}^2 & \cdots & b_{n-1}\boldsymbol{A}^{n-1}\\ ab_{n-1}\boldsymbol{A}^{n-1} & b_0\boldsymbol{I} & b_1\boldsymbol{A} & \cdots & b_{n-2}\boldsymbol{A}^{n-2}\\ \vdots & \vdots & \vdots & & \vdots\\ ab_1\boldsymbol{A} & ab_2\boldsymbol{A}^2 & ab_3\boldsymbol{A}^3 & \cdots & b_0\boldsymbol{I}\end{pmatrix}$$

的特征值.

解 (i) 首先证明:

辅助命题 若 $\boldsymbol{T}_0,\boldsymbol{T}_1,\cdots,\boldsymbol{T}_{n-1}$ 是 p 阶复方阵, a 是任意复数, 定义方阵

$$C=\begin{pmatrix} \boldsymbol{T}_0 & \boldsymbol{T}_1 & \boldsymbol{T}_2 & \cdots & \boldsymbol{T}_{n-1}\\ a\boldsymbol{T}_{n-1} & \boldsymbol{T}_0 & \boldsymbol{T}_1 & \cdots & \boldsymbol{T}_{n-2}\\ a\boldsymbol{T}_{n-2} & a\boldsymbol{T}_{n-1} & \boldsymbol{T}_0 & \cdots & \boldsymbol{T}_{n-3}\\ \vdots & \vdots & \vdots & & \vdots\\ a\boldsymbol{T}_1 & a\boldsymbol{T}_2 & a\boldsymbol{T}_3 & \cdots & \boldsymbol{T}_0\end{pmatrix},$$

则

$$\det(\boldsymbol{C})=\det(\boldsymbol{M}(\alpha_1))\det(\boldsymbol{M}(\alpha_2))\cdots\det(\boldsymbol{M}(\alpha_n)),\tag{2.16.1}$$

其中矩阵多项式

$$\boldsymbol{M}(x)=\boldsymbol{T}_0+\boldsymbol{T}_1x+\boldsymbol{T}_2x^2+\cdots+\boldsymbol{T}_{n-1}x^{n-1},$$

而 $\alpha_1,\alpha_2,\cdots,\alpha_n$ 是方程 $x^n-a=0$ 的 n 个根.

证明 令

$$\boldsymbol{W}=\begin{pmatrix} \boldsymbol{I} & \boldsymbol{I} & \cdots & \boldsymbol{I}\\ \alpha_1\boldsymbol{I} & \alpha_2\boldsymbol{I} & \cdots & \alpha_n\boldsymbol{I}\\ \alpha_1^2\boldsymbol{I} & \alpha_2^2\boldsymbol{I} & \cdots & \alpha_n^2\boldsymbol{I}\\ \vdots & \vdots & & \vdots\\ \alpha_1^{n-1}\boldsymbol{I} & \alpha_2^{n-1}\boldsymbol{I} & \cdots & \alpha_n^{n-1}\boldsymbol{I}\end{pmatrix},$$

那么

$$
\boldsymbol{CW}=\begin{pmatrix} \boldsymbol{M}(\alpha_1) & \boldsymbol{M}(\alpha_2) & \cdots & \boldsymbol{M}(\alpha_n) \\ \alpha_1\boldsymbol{M}(\alpha_1) & \alpha_2\boldsymbol{M}(\alpha_2) & \cdots & \alpha_n\boldsymbol{M}(\alpha_n) \\ \alpha_1^2\boldsymbol{M}(\alpha_1) & \alpha_2^2\boldsymbol{M}(\alpha_2) & \cdots & \alpha_n^2\boldsymbol{M}(\alpha_n) \\ \vdots & \vdots & & \vdots \\ \alpha_1^{n-1}\boldsymbol{M}(\alpha_1) & \alpha_2^{n-1}\boldsymbol{M}(\alpha_2) & \cdots & \alpha_n^{n-1}\boldsymbol{M}(\alpha_n) \end{pmatrix}. \tag{2.16.2}
$$

例如, 矩阵 $\boldsymbol{CW}$ 的第 2 行第 1 个元素等于

$$
\begin{aligned}
& a\boldsymbol{T}_{n-1}+\alpha_1\boldsymbol{T}_0+\alpha_1^2\boldsymbol{T}_1+\cdots+\alpha_1^{n-1}\boldsymbol{T}_{n-2} \\
&=\alpha_1^n\boldsymbol{T}_{n-1}+\alpha_1\boldsymbol{T}_0+\alpha_1^2\boldsymbol{T}_1+\cdots+\alpha_1^{n-1}\boldsymbol{T}_{n-2} \\
&=\alpha_1\big(\alpha_1^{n-1}\boldsymbol{T}_{n-1}+\boldsymbol{T}_0+\alpha_1\boldsymbol{T}_1+\cdots+\alpha_1^{n-2}\boldsymbol{T}_{n-2}\big) \\
&=\alpha_1\boldsymbol{M}(\alpha_1).
\end{aligned}
$$

其余元素的计算类似. 又令

$$
\boldsymbol{U}=\operatorname{diag}\big(\boldsymbol{M}(\alpha_1),\boldsymbol{M}(\alpha_2),\cdots,\boldsymbol{M}(\alpha_n)\big),
$$

那么可直接算出矩阵 $\boldsymbol{WU}$ 也等于式 (2.16.2) 右边的矩阵. 因此

$$
\boldsymbol{CW}=\boldsymbol{WU}.
$$

因为 $\boldsymbol{W}$ 是 $\alpha_1,\alpha_2,\cdots,\alpha_n$ 定义的 Vandermonde 矩阵 $\boldsymbol{V}$ 与 $\boldsymbol{I}$ 的直积 (Kronecker 积), 即

$$
\boldsymbol{W}=\boldsymbol{V}\otimes\boldsymbol{I},
$$

所以 $\boldsymbol{W}$ 可逆, 于是

$$
\boldsymbol{C}=\boldsymbol{WUW}^{-1}.
$$

由此立得式 (2.16.1).

(ii) 令

$$
\phi(x)=b_0+b_1x+\cdots+b_{n-1}x^{n-1}.
$$

将步骤 (i) 中的一般性结果应用于矩阵 $\boldsymbol{B}-\lambda\boldsymbol{I}_{np}$, 可得

$$
\det(\boldsymbol{B}-\lambda\boldsymbol{I}_{np})=\prod_{k=1}^{n}\det\big(\phi(\alpha_k\boldsymbol{A})-\lambda\boldsymbol{I}\big).
$$

对于每个 k $(1\leqslant k\leqslant n)$, 矩阵 $\phi(\alpha_k\boldsymbol{A})$ 的全部特征值是

$$
\phi(\alpha_k\lambda_1),\phi(\alpha_k\lambda_2),\cdots,\phi(\alpha_k\lambda_p),
$$

因此

$$
\det(\boldsymbol{B}-\lambda\boldsymbol{I}_{np})=\prod_{k=1}^{n}\prod_{j=1}^{p}\big(\lambda-\phi(\alpha_k\lambda_j)\big),
$$

于是矩阵 $\boldsymbol{B}$ 的特征值是 $\phi(\alpha_k\lambda_j)\,(k=1,2,\cdots,n;j=1,2,\cdots,p)$. □

问题 2.17 (法国, 1996) 设 S_n 是 n 阶实对称矩阵组成的线性空间. 证明:

(1) 若 $\boldsymbol{A}\in S_n,\boldsymbol{I}_n-\boldsymbol{A}$ 是正定的, 则数列 $\sum\limits_{k=0}^{2p+1}\mathrm{tr}(\boldsymbol{A}^k)\,(k\geqslant 1)$ 有界;

(2) 若 $\boldsymbol{A}\in S_n$ 的元素非负, 则 $(\boldsymbol{I}_n-\boldsymbol{A})^{-1}$ 的元素也非负.

证明 (1) 设 $\lambda_i\ (i=1,2,\cdots,n)$ 是 $\boldsymbol{A}$ 的特征值, 则存在正交矩阵 $\boldsymbol{P}$, 使得 $\boldsymbol{A}=\boldsymbol{PDP}^{-1}$, 其中

$$\boldsymbol{D}=\mathrm{diag}(\lambda_1,\lambda_2,\cdots,\lambda_n).$$

因为

$$\boldsymbol{I}_n-\boldsymbol{A}=\boldsymbol{P}(\boldsymbol{I}_n-\boldsymbol{D})\boldsymbol{P}^{-1}=\boldsymbol{P}\mathrm{diag}(1-\lambda_1,1-\lambda_2,\cdots,1-\lambda_n)\boldsymbol{P}^{-1}$$

是正定的, 所以

$$1-\lambda_i>0\quad(i=1,\cdots,n).\tag{2.17.1}$$

又因为 $\boldsymbol{A}^k=\boldsymbol{PD}^k\boldsymbol{P}^{-1}$, 所以

$$\mathrm{tr}(\boldsymbol{A}^k)=\sum_{i=1}^n\lambda_i^k.$$

于是对于任何 $p\geqslant 1$,

$$\begin{aligned}\sum_{k=0}^{2p+1}\mathrm{tr}(\boldsymbol{A}^k)&=\sum_{k=0}^{2p-1}\sum_{i=1}^n\lambda_i^k=\sum_{i=1}^n\sum_{k=0}^{2p+1}\lambda_i^k=\sum_{i=1}^n\frac{1-\lambda_i^{2p+2}}{1-\lambda_i}\\&\leqslant\sum_{i=1}^n\frac{1}{1-\lambda_i}=\mathrm{tr}\big((\boldsymbol{I}_n-\boldsymbol{A})^{-1}\big).\end{aligned}$$

(2) 设 $\boldsymbol{A}$ 的元素非负, 那么 $\boldsymbol{A}^k$ 的元素也非负, 因此对于所有 $k\geqslant 1,\mathrm{tr}(\boldsymbol{A}^k)\geqslant 0$, 从而

$$\sum_{i=1}^n\lambda_i^k\geqslant 0.\tag{2.17.2}$$

由式 (2.17.1) 可知所有 $\lambda_i\in(-\infty,1)$. 若存在一个 $\lambda_j<-1$, 则

$$\mathrm{tr}(\boldsymbol{A}^{2p+1})\to-\infty\quad(p\to\infty),$$

这与式 (2.17.2) 矛盾, 因此所有 $\lambda_j\in[-1,1)$. 进而, 若存在一个 $\lambda_j=-1$, 则

$$\mathrm{tr}(\boldsymbol{A}^{2p+1})\to-m\quad(p\to\infty),$$

其中 m 是特征值 $\lambda_j=-1$ 的重数. 这也与式 (2.17.2) 矛盾. 因此所有 $\lambda_j\in(-1,1)$, 即 $|\lambda_j|<1$. 据此以及

$$\boldsymbol{A}^k=(\boldsymbol{PDP}^{-1})^k=\boldsymbol{P}\mathrm{diag}(\lambda_1^k,\lambda_2^k,\cdots,\lambda_n^k)\boldsymbol{P}^{-1}$$

可知

$$\lim_{k\to\infty}\boldsymbol{A}^k=\boldsymbol{O}.$$

由此及恒等式

$$(\boldsymbol{I}_n-\boldsymbol{A})(\boldsymbol{I}_n+\boldsymbol{A}+\cdots+\boldsymbol{A}^k)=\boldsymbol{I}_n-\boldsymbol{A}^{k+1}$$

得到

$$(\boldsymbol{I}_n-\boldsymbol{A})\sum_{k=0}^{\infty}\boldsymbol{A}^k=\boldsymbol{I}_n,$$

因此

$$(\boldsymbol{I}_n-\boldsymbol{A})^{-1}=\sum_{k=0}^{\infty}\boldsymbol{A}^k.$$

由此推出 $(\boldsymbol{I}_n-\boldsymbol{A})^{-1}$ 的元素非负. □

问题 2.18 (1) (中国, 2010) 设 $\boldsymbol{A}\in\mathbb{R}^{m\times n}$ (即 $\boldsymbol{A}$ 是 $m\times n$ 实矩阵). 证明: 存在 m 阶正交方阵 $\boldsymbol{U}$ 和 n 阶正交方阵 $\boldsymbol{V}$, 使得

$$\boldsymbol{U}^{\mathrm{T}}\boldsymbol{A}\boldsymbol{V}=(\boldsymbol{\Lambda}_p,\ \boldsymbol{O})\quad(m<n),$$

或

$$\boldsymbol{U}^{\mathrm{T}}\boldsymbol{A}\boldsymbol{V}=\begin{pmatrix}\boldsymbol{\Lambda}_p\\ \boldsymbol{O}\end{pmatrix}\quad(m>n),$$

或等于 $\boldsymbol{\Lambda}_p$ $(m=n)$, 其中 $p=\min\{m,n\},\boldsymbol{\Lambda}_p=\mathrm{diag}(\sigma_1,\sigma_2,\cdots,\sigma_p)$, 并且 $\sigma_1\geqslant\sigma_2\geqslant\cdots\geqslant\sigma_p\geqslant 0$.

(2) (中国, 2011) 设 $\boldsymbol{A}$ 是数域 F 上的 n 阶方阵. 证明: $\boldsymbol{A}$ 相似于

$$\begin{pmatrix}\boldsymbol{B}&\boldsymbol{O}\\ \boldsymbol{O}&\boldsymbol{C}\end{pmatrix},$$

其中 $\boldsymbol{B}$ 是可逆矩阵, $\boldsymbol{C}$ 是幂零方阵, 即存在正整数 m, 使得 $\boldsymbol{C}^m=\boldsymbol{O}$.

证明 (1) (i) 对于任何非零向量 $\boldsymbol{x}=(x_1,x_2,\cdots,x_n)^{\mathrm{T}}\in\mathbb{R}^n$,

$$\boldsymbol{x}^{\mathrm{T}}(\boldsymbol{A}^{\mathrm{T}}\boldsymbol{A})\boldsymbol{x}=(\boldsymbol{A}\boldsymbol{x})^{\mathrm{T}}(\boldsymbol{A}\boldsymbol{x})\geqslant 0,$$

所以 $\boldsymbol{A}^{\mathrm{T}}\boldsymbol{A}$ 是半正定的. 于是其特征值非负, 可记为 $\sigma_1^2,\sigma_2^2,\cdots,\sigma_n^2$, 并且满足

$$\sigma_1^2\geqslant\sigma_2^2\geqslant\cdots\geqslant\sigma_r^2>\sigma_{r+1}^2=\sigma_{r+2}^2=\cdots=\sigma_n^2=0.$$

设对应于 σ_i^2 的特征向量 (列向量) 是 $\boldsymbol{v}_i$ $(i=1,2,\cdots,n)$. 因为 $\boldsymbol{A}^{\mathrm{T}}\boldsymbol{A}$ 是实对称的, 所以存在正交矩阵 $\boldsymbol{V}=(\boldsymbol{v}_1,\boldsymbol{v}_2,\cdots,\boldsymbol{v}_n)$, 使得

$$\boldsymbol{V}^{\mathrm{T}}(\boldsymbol{A}^{\mathrm{T}}\boldsymbol{A})\boldsymbol{V}=\mathrm{diag}(\sigma_1^2,\sigma_2^2,\cdots,\sigma_n^2).$$

令

$$\boldsymbol{V}_1=(\boldsymbol{v}_1,\boldsymbol{v}_2,\cdots,\boldsymbol{v}_r),\quad \boldsymbol{V}_2=(\boldsymbol{v}_{r+1},\boldsymbol{v}_{r+2},\cdots,\boldsymbol{v}_n),$$

以及

$$\boldsymbol{\Lambda}_r=\mathrm{diag}(\sigma_1,\sigma_2,\cdots,\sigma_r),$$

那么 (注意单位向量 $\boldsymbol{v}_i$ 两两正交)

$$\boldsymbol{V}_1^{\mathrm{T}}\boldsymbol{A}^{\mathrm{T}}\boldsymbol{A}\boldsymbol{V}_1=(\boldsymbol{A}\boldsymbol{V}_1)^{\mathrm{T}}(\boldsymbol{A}\boldsymbol{V}_1)=(\boldsymbol{A}\boldsymbol{v}_1,\boldsymbol{A}\boldsymbol{v}_2,\cdots,\boldsymbol{A}\boldsymbol{v}_r)^{\mathrm{T}}(\boldsymbol{A}\boldsymbol{v}_1,\boldsymbol{A}\boldsymbol{v}_2,\cdots,\boldsymbol{A}\boldsymbol{v}_r)$$

$$= \mathrm{diag}(\sigma_1^2, \sigma_2^2, \cdots, \sigma_r^2) = \boldsymbol{\Lambda}_r^2. \tag{2.18.1}$$

类似地,

$$\boldsymbol{V}_2^{\mathrm{T}}\boldsymbol{A}^{\mathrm{T}}\boldsymbol{A}\boldsymbol{V}_2 = \boldsymbol{O}.$$

特别地, 由此推出

$$\boldsymbol{A}\boldsymbol{V}_2 = \boldsymbol{O}. \tag{2.18.2}$$

(ii) 由式 (2.18.1) 可知

$$\boldsymbol{\Lambda}_r^{-1}\boldsymbol{V}_1^{\mathrm{T}}\boldsymbol{A}^{\mathrm{T}}\boldsymbol{A}\boldsymbol{V}_1\boldsymbol{\Lambda}_r^{-1} = \boldsymbol{I}_r.$$

令 $\boldsymbol{U}_1 = \boldsymbol{A}\boldsymbol{V}_1\boldsymbol{\Lambda}_r^{-1}$, 则得

$$\boldsymbol{U}_1^{\mathrm{T}}\boldsymbol{A}\boldsymbol{V}_1 = \boldsymbol{\Lambda}_r, \tag{2.18.3}$$

以及 $\boldsymbol{U}_1^{\mathrm{T}}\boldsymbol{U}_1 = \boldsymbol{I}_r$, 所以 $\boldsymbol{U}_1$ 的列向量互相正交, 于是可将它们扩充为 $\mathbb{R}^m$ 的正交基, 即存在 $m \times (m-r)$ 矩阵 $\boldsymbol{U}_2$, 使得 $\boldsymbol{U} = (\boldsymbol{U}_1, \boldsymbol{U}_2) \in \mathbb{R}^{m\times m}$ 满足 $\boldsymbol{U}^{\mathrm{T}}\boldsymbol{U} = \boldsymbol{I}_m$. 特别地, 由此可知 $\boldsymbol{U}_2^{\mathrm{T}}\boldsymbol{U}_1 = \boldsymbol{O}$, 所以 (注意 $\boldsymbol{U}_1$ 的定义)

$$\boldsymbol{U}_2^{\mathrm{T}}\boldsymbol{A}\boldsymbol{V}_1 = \boldsymbol{U}_2^{\mathrm{T}}\boldsymbol{U}_1\boldsymbol{\Lambda}_r = \boldsymbol{O}\boldsymbol{\Lambda}_r = \boldsymbol{O}. \tag{2.18.4}$$

(iii) 最后, 由式 (2.18.2)~式 (2.18.4) 得到

$$\boldsymbol{U}^{\mathrm{T}}\boldsymbol{A}\boldsymbol{V} = \begin{pmatrix} \boldsymbol{U}_1^{\mathrm{T}}\boldsymbol{A}\boldsymbol{V}_1 & \boldsymbol{U}_1^{\mathrm{T}}\boldsymbol{A}\boldsymbol{V}_2 \\ \boldsymbol{U}_2^{\mathrm{T}}\boldsymbol{A}\boldsymbol{V}_1 & \boldsymbol{U}_2^{\mathrm{T}}\boldsymbol{A}\boldsymbol{V}_2 \end{pmatrix} = \begin{pmatrix} \boldsymbol{\Lambda}_r & \boldsymbol{O} \\ \boldsymbol{O} & \boldsymbol{O} \end{pmatrix}.$$

令

$$\boldsymbol{\Lambda}_p = \mathrm{diag}(\sigma_1, \cdots, \sigma_r, 0, \cdots, 0)$$

(对角线上元素 $\sigma_{r+1} = \cdots = \sigma_p = 0$), 于是由 p 的定义得到结论.

(2) 可设 $\boldsymbol{A}$ 是 F 上线性空间 V 的某个线性变换 σ 的矩阵 (在某组基下).

(i) 首先证明: 存在 σ 的不变子空间 V_1, V_2, 满足 $V = V_1 \oplus V_2$, 并且 $\sigma|_{V_1}$ (即 σ 限制在 V_1 上) 是同构, $\sigma|_{V_2}$ 是幂零变换 (即存在正整数 m, 使得在 V_2 上 σ^m 是零映射).

考虑子空间的升链: $\mathrm{Ker}(\sigma) \subseteq \mathrm{Ker}(\sigma^2) \subseteq \cdots \subseteq \mathrm{Ker}(\sigma^k) \subseteq \cdots$, 可知存在正整数 m, 使得 $\mathrm{Ker}(\sigma^m) = \mathrm{Ker}(\sigma^{m+j})(j = 1, 2, \cdots)$. 特别地, 有

$$\mathrm{Ker}(\sigma^m) = \mathrm{Ker}(\sigma^{2m}). \tag{2.18.5}$$

(a) 我们有

$$V = \mathrm{Ker}(\sigma^m) \oplus \mathrm{Im}(\sigma^m). \tag{2.18.6}$$

为此, 只需证明 $\forall \boldsymbol{x} \in \mathrm{Ker}(\sigma^m) \cap \mathrm{Im}(\sigma^m) \Rightarrow \boldsymbol{x} = \boldsymbol{0}$. 由 $\boldsymbol{x} \in \mathrm{Im}(\sigma^m)$ 可知存在 $\boldsymbol{y}$, 使得 $\sigma^m(\boldsymbol{y}) = \boldsymbol{x}$, 从而 $\sigma^{2m}(\boldsymbol{y}) = \sigma^m\big(\sigma^m(\boldsymbol{y})\big) = \sigma^m(\boldsymbol{x})$. 又因为 $\boldsymbol{x} \in \mathrm{Ker}(\sigma^m)$, 所以 $\sigma^m(\boldsymbol{x}) = \boldsymbol{0}$, 于是 $\sigma^{2m}(\boldsymbol{y}) = \boldsymbol{0}$. 这表明 $\boldsymbol{y} \in \mathrm{Ker}(\sigma^{2m})$. 依式 (2.18.5) 可知 $\boldsymbol{y} \in \mathrm{Ker}(\sigma^m)$, 所以 $\sigma^m(\boldsymbol{y}) = \boldsymbol{0}$, 即 $\boldsymbol{x} = \boldsymbol{0}$. 于是式 (2.18.6) 得证.

(b) 我们断言: $\mathrm{Ker}(\sigma^m)$ 是 σ 的不变子空间. 为此, 应证明 $\forall \boldsymbol{x}\in \mathrm{Ker}(\sigma^m) \Rightarrow \sigma(\boldsymbol{x})\in \mathrm{Ker}(\sigma^m)$, 即 $\sigma^m\big(\sigma(\boldsymbol{x})\big)=\boldsymbol{0}$, 或等价地, $\sigma^{m+1}(\boldsymbol{x})=\boldsymbol{0}$. 因为由 $\boldsymbol{x}$ 的定义, $\sigma^m(\boldsymbol{x})=\boldsymbol{0}$, 所以上式自然成立. 于是断言得证.

(c) 类似地, $\mathrm{Im}(\sigma^m)$ 是 σ 的不变子空间. 为此, 应证明 $\forall \boldsymbol{x}\in \mathrm{Im}(\sigma^m) \Rightarrow \sigma(\boldsymbol{x})\in \mathrm{Im}(\sigma^m)$. 事实上, 对于任何 $\boldsymbol{x}\in \mathrm{Im}(\sigma^m)$, 存在 $\boldsymbol{y}$, 使得 $\sigma^m(\boldsymbol{y})=\boldsymbol{x}$, 因此 $\sigma(\boldsymbol{x})=\sigma\big(\sigma^m(\boldsymbol{y})\big)=\sigma^{m+1}(\boldsymbol{y})=\sigma^m\big(\sigma(\boldsymbol{y})\big)\in \mathrm{Im}(\sigma^m)$. 所以上述结论成立.

(d) 由 (c) 可知 $\sigma\big(\mathrm{Im}(\sigma^m)\big)\subseteq \mathrm{Im}(\sigma^m)$. 现在进而证明: 对于任意 $\boldsymbol{x}_1,\boldsymbol{x}_2\in \mathrm{Im}(\sigma^m)$, 有 $\sigma(\boldsymbol{x}_1)=\sigma(\boldsymbol{x}_2) \Rightarrow \boldsymbol{x}_1=\boldsymbol{x}_2$. 事实上, 因为 $\mathrm{Im}(\sigma^m)$ 是子空间, 所以 $\boldsymbol{x}_1-\boldsymbol{x}_2\in \mathrm{Im}(\sigma^m)$. 同时有 $\sigma(\boldsymbol{x}_1-\boldsymbol{x}_2)=\boldsymbol{0}$, 所以 $\sigma^m(\boldsymbol{x}_1-\boldsymbol{x}_2)=\boldsymbol{0}$, 即 $\boldsymbol{x}_1-\boldsymbol{x}_2\in \mathrm{Ker}(\sigma^m)$. 于是由式 (2.18.6) 推出 $\boldsymbol{x}_1-\boldsymbol{x}_2=\boldsymbol{0}$. 所以上述论断成立. 这表明 $\sigma|_{\mathrm{Im}(\sigma^m)}$ 是单射. 注意, 在有限维情形下单射与满射等价, 所以 $\sigma|_{\mathrm{Im}(\sigma^m)}$ 可逆(即 σ 限制在 $\mathrm{Im}(\sigma^m)$ 上是同构).

(e) 还可断言: $\sigma|_{\mathrm{Ker}(\sigma^m)}$ 是幂零变换. 事实上, 对于任何 $\boldsymbol{x}\in \mathrm{Ker}(\sigma^m)$, 有 $\sigma^m(\boldsymbol{x})=\boldsymbol{0}$. 这表明 σ^m 将 $\mathrm{Ker}(\sigma^m)$ 的所有元素映为 $\boldsymbol{0}$, 所以在 $\mathrm{Ker}(\sigma^m)$ 上 σ^m 是零映射.

(ii) 由步骤 (i) 得到的结果, 可取 V 的子空间 $V_1=\mathrm{Im}(\sigma^m)$ 和 $V_2=\mathrm{Ker}(\sigma^m)$. 设 $\boldsymbol{\alpha}_i\,(i=1,2,\cdots,s)$ 和 $\boldsymbol{\beta}_j\,(i=1,2,\cdots,t)(s+t=n)$ 分别是 V_1 和 V_2 的一组基, 则它们合在一起组成 V 的一组基. 在此基下, σ 的矩阵 (表示) 是

$$\begin{pmatrix}\boldsymbol{B} & \boldsymbol{O}\\ \boldsymbol{O} & \boldsymbol{C}\end{pmatrix}, \tag{2.18.7}$$

其中 $\boldsymbol{B}$ 是 $\sigma|_{V_1}$ 在基 $\boldsymbol{\alpha}_i$ 下的矩阵. 由步骤 (i)(d) 可知它可逆, 而 $\boldsymbol{C}$ 是 $\sigma|_{V_2}$ 在基 $\boldsymbol{\beta}_j$ 下的矩阵. 由步骤 (i)(e) 可知它是幂零矩阵. 因此 $\boldsymbol{A}$ 相似于矩阵 (2.18.7). □

注 对本题 (1) 的原题结论部分在此作了适当修改.

问题 2.19 (1) (中国, 2010) 设 V 是有限维复向量空间, $\boldsymbol{A},\boldsymbol{B}$ 是 V 的两个线性自同态, 满足 $\boldsymbol{AB}-\boldsymbol{BA}=\boldsymbol{B}$. 证明: $\boldsymbol{A}$ 和 $\boldsymbol{B}$ 有一个公共特征向量.

(2) (中国, 2009) 设 V 是复数域 $\mathbb{C}$ 上 $n\ (n>0)$ 维线性空间, f,g 是 V 上的线性变换. 如果 $fg-gf=f$, 证明: f 的特征值都是 0, 并且 f,g 有公共特征向量.

证明 (1) 证法 1 设 λ 是 $\boldsymbol{A}$ 的最大特征值, 则 $\lambda+1$ 不是 $\boldsymbol{A}$ 的特征值, 于是对于 $\boldsymbol{A}$ 的任意一个与 λ 对应的非零特征向量 $\boldsymbol{u}$, 有 $\boldsymbol{Au}=\lambda\boldsymbol{u}$. 因为题设蕴含 $\boldsymbol{AB}=\boldsymbol{BA}+\boldsymbol{B}$, 所以我们还有

$$\begin{aligned}\boldsymbol{A}(\boldsymbol{Bu})&=\boldsymbol{ABu}=(\boldsymbol{BA}+\boldsymbol{B})\boldsymbol{u}=\boldsymbol{BAu}+\boldsymbol{Bu}\\&=\boldsymbol{B}(\lambda\boldsymbol{u})+\boldsymbol{Bu}=(\lambda+1)\boldsymbol{Bu}.\end{aligned}$$

因为 $\lambda+1$ 不是 $\boldsymbol{A}$ 的特征值, 所以上式只当 $\boldsymbol{Bu}=\boldsymbol{O}$ 时成立. 于是 $\boldsymbol{u}$ 是 $\boldsymbol{A},\boldsymbol{B}$ 的公共特征向量.

证法 2 (i) 设 λ 是 $\boldsymbol{B}$ 的 (任意) 一个特征值, $\boldsymbol{v}$ 是相应的特征向量. 还设 $W\subseteq V$ 是向量 $\boldsymbol{v},\boldsymbol{Av},\boldsymbol{A}^2\boldsymbol{v},\cdots$ 张成的 (V 的有限维) 子空间, 那么 W 是 $\boldsymbol{A}$ 的不变子空间.

(ii) 现在用数学归纳法证明

$$\boldsymbol{BA}^k\boldsymbol{v}=\lambda\left(\boldsymbol{A}^k\boldsymbol{v}+\sum_{i=0}^{k-1}c_i\boldsymbol{A}^i\boldsymbol{v}\right), \tag{2.19.1}$$

其中 $c_i \in \mathbb{C}$(空和约定为 0). 当 $k=0$ 时上式显然成立. 设式 (2.19.1) 对于某个 k ($k\geqslant 0$) 成立, 则由 $\boldsymbol{AB}-\boldsymbol{BA}=\boldsymbol{B}$ 和归纳假设得到

$$\begin{aligned}\boldsymbol{BA}^{k+1}\boldsymbol{v}&=(\boldsymbol{BA})\boldsymbol{A}^k\boldsymbol{v}=(\boldsymbol{AB}-\boldsymbol{B})\boldsymbol{A}^k\boldsymbol{v}\\&=\boldsymbol{ABA}^k\boldsymbol{v}-\boldsymbol{BA}^k\boldsymbol{v}=\boldsymbol{A}(\boldsymbol{BA}^k\boldsymbol{v})-\boldsymbol{BA}^k\boldsymbol{v}\\&=\boldsymbol{A}\cdot\lambda\left(\boldsymbol{A}^k\boldsymbol{v}+\sum_{i=0}^{k-1}c_i\boldsymbol{A}^i\boldsymbol{v}\right)-\lambda\left(\boldsymbol{A}^k\boldsymbol{v}+\sum_{i=0}^{k-1}c_i\boldsymbol{A}^i\boldsymbol{v}\right)\\&=\lambda\left(\boldsymbol{A}^{k+1}\boldsymbol{v}+\sum_{i=0}^{k-1}c_i\boldsymbol{A}^{i+1}\boldsymbol{v}-\boldsymbol{A}^k\boldsymbol{v}-\sum_{i=0}^{k-1}c_i\boldsymbol{A}^i\boldsymbol{v}\right)\\&=\lambda\left(\boldsymbol{A}^{k+1}\boldsymbol{v}+\sum_{i=0}^{k}c_i'\boldsymbol{A}^i\boldsymbol{v}\right),\end{aligned}$$

其中 $c_i'\in\mathbb{C}$. 于是式 (2.19.1) 得证.

(iii) 由 W 的定义, 等式 (2.19.1) 表明 W 也是 $\boldsymbol{B}$ 的不变子空间. 设 $\dim(W)=m$, 那么 $\boldsymbol{v},\boldsymbol{Av},\cdots,\boldsymbol{A}^{m-1}\boldsymbol{v}$ 构成 W 的一组基. 依式 (2.19.1), 在此基下自同态 $\boldsymbol{B}$ 的矩阵是上三角的, 因此 $\mathrm{tr}(\boldsymbol{B}|_W)=m\lambda$. 但因为 $\boldsymbol{B}=\boldsymbol{AB}-\boldsymbol{BA}$, $\mathrm{tr}(\boldsymbol{AB})=\mathrm{tr}(\boldsymbol{BA})$, 所以 $\mathrm{tr}(\boldsymbol{B}|_W)=0$. 于是 $\lambda=0$. 所以 W 是 $\boldsymbol{B}$ 在 V 中的零空间 (核) 的子空间. 于是, 若 $\boldsymbol{w}\in W$ 是 $\boldsymbol{A}$ 的任意特征向量(步骤 (i) 表明这样的特征向量存在), 则 $\boldsymbol{Aw}=\mu\boldsymbol{w}$ ($\mu\in\mathbb{C}$), 同时有 $\boldsymbol{Bw}=\boldsymbol{O}$. 因此 $\boldsymbol{A},\boldsymbol{B}$ 有公共的特征向量 $\boldsymbol{w}$.

(2) 取定 V 的一组基, 设在此组基下 f,g 的矩阵表示分别是 $\boldsymbol{B},\boldsymbol{A}$, 则本题化为本题 (1). 在其证法 2 中证明了: 若 λ 是 $\boldsymbol{B}$ 的任意一个特征值, 则总有 $\lambda=0$. 因此 f 的特征值都是 0. 本题的另一结论在本题 (1) 的两种证法中都被证明了. □

注 如果将问题 (1) 中的条件 $\boldsymbol{AB}-\boldsymbol{BA}=\boldsymbol{B}$ 换成 $\boldsymbol{AB}-\boldsymbol{BA}=2\boldsymbol{B}$, 那么证法 1 仍然有效. 易见此时在证法 2 中, 式 (2.19.1) 依然成立, 步骤 (iii) 中的推理也有效, 因此证法 2 也有效.

问题 2.20 (1) (中国, 2010) 设 $\boldsymbol{A},\boldsymbol{B}$ 均为 n 阶半正定实对称矩阵, 并且 $n-1\leqslant\mathrm{rank}(\boldsymbol{A})\leqslant n$. 证明: 存在实可逆矩阵 $\boldsymbol{C}$, 使得 $\boldsymbol{C}^{\mathrm{T}}\boldsymbol{AC}$ 和 $\boldsymbol{C}^{\mathrm{T}}\boldsymbol{BC}$ 均为对角阵.

(2) (中国, 2014) 设 $\boldsymbol{A},\boldsymbol{B}$ 为 n 阶正定矩阵. 证明: $\boldsymbol{AB}$ 是正定矩阵的充要条件是 $\boldsymbol{AB}=\boldsymbol{BA}$.

证明 (1) 实际上, 条件 $n-1\leqslant\mathrm{rank}(\boldsymbol{A})\leqslant n$ 是多余的. 我们来证明:

命题 设 $\boldsymbol{A},\boldsymbol{B}$ 均为 n 阶半正定实对称矩阵, 那么存在实可逆矩阵 $\boldsymbol{P}$, 使得 $\boldsymbol{P}^{\mathrm{T}}\boldsymbol{AP}$ 和 $\boldsymbol{P}^{\mathrm{T}}\boldsymbol{BP}$ 均为对角阵.

易见矩阵 $\boldsymbol{A}+\boldsymbol{B}$ 是对称的, 并且对于任何 n 维非零 (列) 向量 $\boldsymbol{x}$,

$$\boldsymbol{x}^{\mathrm{T}}(\boldsymbol{A}+\boldsymbol{B})\boldsymbol{x}=\boldsymbol{x}^{\mathrm{T}}\boldsymbol{Ax}+\boldsymbol{x}^{\mathrm{T}}\boldsymbol{Bx}\geqslant 0,\tag{2.20.1}$$

因此 $\boldsymbol{A}+\boldsymbol{B}$ 是半正定的. 设 $\boldsymbol{A}+\boldsymbol{B}$ 的秩等于 r, 则 $r\leqslant n$.

(i) 设 $r=n$. 那么 $\boldsymbol{F}=\boldsymbol{A}+\boldsymbol{B}$ 是正定矩阵. 于是存在可逆矩阵 $\boldsymbol{P}$, 使得 $\boldsymbol{P}^{\mathrm{T}}\boldsymbol{FP}=\boldsymbol{I}_n$. 又因为 $\boldsymbol{B}$ 是实对称的, 所以 $\boldsymbol{D}=\boldsymbol{P}^{\mathrm{T}}\boldsymbol{BP}$ 也是实对称的, 从而存在正交阵 $\boldsymbol{U}$, 使得

$\boldsymbol{U}^{\mathrm{T}}\boldsymbol{D}\boldsymbol{U}=\mathrm{diag}(\lambda_1,\lambda_2,\cdots,\lambda_n)$, 其中 $\lambda_1,\lambda_2,\cdots,\lambda_n$ 是 $\boldsymbol{D}$ 的全部特征值. 令 $\boldsymbol{C}=\boldsymbol{P}\boldsymbol{U}$(可逆矩阵), 则有

$$\boldsymbol{C}^{\mathrm{T}}\boldsymbol{B}\boldsymbol{C}=\mathrm{diag}(\lambda_1,\lambda_2,\cdots,\lambda_n)(=\boldsymbol{\Lambda}_n).$$

此外, 因为 $\boldsymbol{U}^{\mathrm{T}}\boldsymbol{P}^{\mathrm{T}}\boldsymbol{F}\boldsymbol{P}\boldsymbol{U}=\boldsymbol{U}^{\mathrm{T}}\boldsymbol{I}_n\boldsymbol{U}=\boldsymbol{I}_n$, 所以 $\boldsymbol{C}^{\mathrm{T}}\boldsymbol{F}\boldsymbol{C}=\boldsymbol{I}_n$, 从而

$$\boldsymbol{C}^{\mathrm{T}}\boldsymbol{A}\boldsymbol{C}=\boldsymbol{C}^{\mathrm{T}}(\boldsymbol{F}-\boldsymbol{B})\boldsymbol{C}=\boldsymbol{C}^{\mathrm{T}}\boldsymbol{F}\boldsymbol{C}-\boldsymbol{C}^{\mathrm{T}}\boldsymbol{B}\boldsymbol{C}=\boldsymbol{I}_n-\boldsymbol{\Lambda}_n$$

也是对角阵.

(ii) 设 $r<n$. 则存在正交阵 $\boldsymbol{S}$, 使得

$$\boldsymbol{S}^{\mathrm{T}}\boldsymbol{F}\boldsymbol{S}=\begin{pmatrix}\boldsymbol{\Lambda}_r & \boldsymbol{O}\\ \boldsymbol{O} & \boldsymbol{O}\end{pmatrix}, \tag{2.20.2}$$

其中 $\boldsymbol{\Lambda}_r$ 是对角阵 (对角元素是 $\boldsymbol{F}$ 的全部非零特征值). 将 $\boldsymbol{S}^{\mathrm{T}}\boldsymbol{B}\boldsymbol{S}$ 分块为

$$\boldsymbol{S}^{\mathrm{T}}\boldsymbol{B}\boldsymbol{S}=\begin{pmatrix}\boldsymbol{B}_r & \boldsymbol{B}_{12}\\ \boldsymbol{B}_{21} & \boldsymbol{B}_{22}\end{pmatrix},$$

其中 $\boldsymbol{B}_r,\boldsymbol{B}_{22}$ 分别是 r 阶和 $n-r$ 阶方阵. 由式 (2.20.1) 得到: 对于任何 n 维非零 (列) 向量 $\boldsymbol{x}$,

$$\boldsymbol{x}^{\mathrm{T}}\boldsymbol{S}^{\mathrm{T}}\boldsymbol{F}\boldsymbol{S}\boldsymbol{x}\geqslant\boldsymbol{x}^{\mathrm{T}}\boldsymbol{S}^{\mathrm{T}}\boldsymbol{B}\boldsymbol{S}\boldsymbol{x}. \tag{2.20.3}$$

记 $\boldsymbol{S}^{\mathrm{T}}\boldsymbol{B}\boldsymbol{S}=(f_{ij})_{1\leqslant i,j\leqslant n}$, 取 $\boldsymbol{x}_0=(0,\cdots,0,1)^{\mathrm{T}}\in\mathbb{R}^n$, 则

$$\boldsymbol{x}_0^{\mathrm{T}}\boldsymbol{S}^{\mathrm{T}}\boldsymbol{F}\boldsymbol{S}\boldsymbol{x}_0=0,\quad \boldsymbol{x}_0^{\mathrm{T}}\boldsymbol{S}^{\mathrm{T}}\boldsymbol{B}\boldsymbol{S}\boldsymbol{x}_0=f_{nn}.$$

由式 (2.20.3) 可知 $f_{nn}\leqslant 0$. 同时因为 $\boldsymbol{B}$ 是半正定的, 并且 $\boldsymbol{y}_0=\boldsymbol{S}\boldsymbol{x}_0$ 非零, 所以

$$f_{nn}=\boldsymbol{x}_0^{\mathrm{T}}\boldsymbol{S}^{\mathrm{T}}\boldsymbol{B}\boldsymbol{S}\boldsymbol{x}_0=\boldsymbol{y}_0^{\mathrm{T}}\boldsymbol{B}\boldsymbol{y}_0\geqslant 0.$$

因此 $f_{nn}=0$. 类似地, 取 $\boldsymbol{x}_1=(0,\cdots,0,1,0)^{\mathrm{T}}\in\mathbb{R}^n$, 等等, 可证 $\boldsymbol{B}_{22}$ 的对角元全为 0. 此外, 半正定矩阵的主子式非负, 特别地, 若 f_{jj} 是 $\boldsymbol{B}_{22}$ 的任意一个对角元 (因而等于 0), 则 2 阶主子式

$$\begin{vmatrix}f_{ii} & f_{ij}\\ f_{ji} & f_{jj}\end{vmatrix}=f_{ii}f_{jj}-f_{ij}f_{ji}=-f_{ij}f_{ji}\geqslant 0\quad (i\neq j).$$

因为 $f_{ij}=f_{ji}$, 所以 $f_{ij}=0$. 类似地, 可证 $\boldsymbol{B}_{22}$ 的每个对角元所在的行和列的元素都等于 0. 因此 $\boldsymbol{B}_{22},\boldsymbol{B}_{12},\boldsymbol{B}_{21}$ 都是零方阵 (或矩阵). 于是

$$\boldsymbol{S}^{\mathrm{T}}\boldsymbol{B}\boldsymbol{S}=\begin{pmatrix}\boldsymbol{B}_r & \boldsymbol{O}\\ \boldsymbol{O} & \boldsymbol{O}\end{pmatrix}.$$

因为 $\boldsymbol{S}^{\mathrm{T}}\boldsymbol{B}\boldsymbol{S}$ 是对称的, 所以 $\boldsymbol{B}_r$ 是对称的, 从而存在 r 阶正交矩阵 $\boldsymbol{T}$, 使得

$$\boldsymbol{T}^{\mathrm{T}}\boldsymbol{B}_r\boldsymbol{T}=\boldsymbol{J}_r\quad(\text{对角阵}).$$

令

$$C=S\begin{pmatrix}T & O\\ O & I_{n-r}\end{pmatrix}$$

(显然 C 可逆), 那么

$$\begin{aligned}C^{\mathrm{T}}BC&=\begin{pmatrix}T^{\mathrm{T}} & O\\ O & I_{n-r}\end{pmatrix}S^{\mathrm{T}}BS\begin{pmatrix}T & O\\ O & I_{n-r}\end{pmatrix}\\&=\begin{pmatrix}T^{\mathrm{T}} & O\\ O & I_{n-r}\end{pmatrix}\begin{pmatrix}B_r & O\\ O & O\end{pmatrix}\begin{pmatrix}T & O\\ O & I_{n-r}\end{pmatrix}\\&=\begin{pmatrix}T^{\mathrm{T}}B_rT & O\\ O & O\end{pmatrix}=\begin{pmatrix}J_r & O\\ O & O\end{pmatrix};\end{aligned}$$

并且由式 (2.20.2) 得到

$$\begin{aligned}C^{\mathrm{T}}FC&=\begin{pmatrix}T^{\mathrm{T}} & O\\ O & I_{n-r}\end{pmatrix}S^{\mathrm{T}}FS\begin{pmatrix}T & O\\ O & I_{n-r}\end{pmatrix}\\&=\begin{pmatrix}T^{\mathrm{T}} & O\\ O & I_{n-r}\end{pmatrix}\begin{pmatrix}\Lambda_r & O\\ O & O\end{pmatrix}\begin{pmatrix}T & O\\ O & I_{n-r}\end{pmatrix}\\&=\begin{pmatrix}T^{\mathrm{T}}\Lambda_rT & O\\ O & O\end{pmatrix}=\begin{pmatrix}\Lambda_r & O\\ O & O\end{pmatrix},\end{aligned}$$

于是

$$C^{\mathrm{T}}AC=C^{\mathrm{T}}FC-C^{\mathrm{T}}BC=\begin{pmatrix}\Lambda_r-J_r & O\\ O & O\end{pmatrix},$$

其中 Λ_r-J_r 是对角阵.

(2) (i) 我们先证明: 若 A,B 是 n 阶正定矩阵, $AB=BA$, 则 AB 是正定矩阵.

证法 1 注意 A,B 是同阶正定矩阵. 由条件 $AB=BA$ 可推出

$$(AB)^{\mathrm{T}}=B^{\mathrm{T}}A^{\mathrm{T}}=BA=AB,$$

所以 AB 是对称的.

因为 A 是正定矩阵, 所以合同于 I_n, 即存在可逆矩阵 Q, 使得 $Q^{\mathrm{T}}AQ=I_n$, 令 $P=Q^{\mathrm{T}^{-1}}$ (可逆), 可知 $A=PP^{\mathrm{T}}$(注: 即正定矩阵可表示为一个可逆阵及其转置阵的积, 实际上这是正交矩阵的基本性质之一, 可以直接引用). 因此

$$AB=PP^{\mathrm{T}}B=PP^{\mathrm{T}}BPP^{-1}=P(P^{\mathrm{T}}BP)P^{-1}=PCP^{-1},$$

其中 $C=P^{\mathrm{T}}BP$ 与正定矩阵 B 合同, 所以也是正定的, 于是 C 的特征值全大于 0. 因为 AB 与 C 相似, 所以与 C 有相同的特征值, 从而它的特征值全大于 0, 于是 AB 是正定的.

证法 2 同证法 1, 可证 AB 是对称的. 由 A 的正定性可知, 存在正交矩阵 S, 使得

$$S^{\mathrm{T}}AS=\mathrm{diag}(\lambda_1,\lambda_2,\cdots,\lambda_n),$$

其中 λ_i 是 $\boldsymbol{A}$ 的全部特征值. 又因为 $\boldsymbol{B}$ 是正定的, 所以 $\boldsymbol{S}^{\mathrm{T}}\boldsymbol{B}\boldsymbol{S}$ 也是正定的, 从而存在正交矩阵 $\boldsymbol{T}$, 使得

$$\boldsymbol{T}^{\mathrm{T}}(\boldsymbol{S}^{\mathrm{T}}\boldsymbol{B}\boldsymbol{S})\boldsymbol{T}=\mathrm{diag}(\mu_1,\mu_2,\cdots,\mu_n),$$

其中 $\mu_i>0$ 是 $\boldsymbol{S}^{\mathrm{T}}\boldsymbol{B}\boldsymbol{S}$ 的全部特征值 (因为 $\boldsymbol{B}$ 与 $\boldsymbol{S}^{\mathrm{T}}\boldsymbol{B}\boldsymbol{S}$ 相似, 所以实际上 μ_i 是 $\boldsymbol{B}$ 的全部特征值). 注意 $\boldsymbol{S}\boldsymbol{T}$ 是正交矩阵的积, 所以也是正交矩阵. 我们还有

$$\begin{aligned}\boldsymbol{G}&=(\boldsymbol{S}\boldsymbol{T})^{\mathrm{T}}(\boldsymbol{A}\boldsymbol{B})(\boldsymbol{S}\boldsymbol{T})=(\boldsymbol{S}\boldsymbol{T})^{\mathrm{T}}(\boldsymbol{B}\boldsymbol{A})(\boldsymbol{S}\boldsymbol{T})\\&=(\boldsymbol{S}\boldsymbol{T})^{\mathrm{T}}\boldsymbol{B}\cdot(\boldsymbol{S}\boldsymbol{T})(\boldsymbol{S}\boldsymbol{T})^{\mathrm{T}}\boldsymbol{A}(\boldsymbol{S}\boldsymbol{T})\\&=(\boldsymbol{S}\boldsymbol{T})^{\mathrm{T}}\boldsymbol{B}(\boldsymbol{S}\boldsymbol{T})\cdot\boldsymbol{T}^{\mathrm{T}}(\boldsymbol{S}^{\mathrm{T}}\boldsymbol{A}\boldsymbol{S})\boldsymbol{T}=\boldsymbol{C}\cdot\boldsymbol{D},\end{aligned}$$

其中

$$\begin{aligned}\boldsymbol{C}&=(\boldsymbol{S}\boldsymbol{T})^{\mathrm{T}}\boldsymbol{B}(\boldsymbol{S}\boldsymbol{T})=\mathrm{diag}(\mu_1,\mu_2,\cdots,\mu_n),\\\boldsymbol{D}&=\boldsymbol{T}^{\mathrm{T}}(\boldsymbol{S}^{\mathrm{T}}\boldsymbol{A}\boldsymbol{S})\boldsymbol{T}=\boldsymbol{T}^{\mathrm{T}}\mathrm{diag}(\lambda_1,\lambda_2,\cdots,\lambda_n)\boldsymbol{T}.\end{aligned}$$

由此可知 $\boldsymbol{G}$ 的 k 阶顺序主子式

$$|\boldsymbol{G}_k|=\mu_1\cdots\mu_k|\boldsymbol{D}_k|,$$

其中 $\boldsymbol{D}$ 的 k 阶顺序主子式 $|\boldsymbol{D}_k|>0$(因为 $\boldsymbol{D}$ 是正定的), 所以 $\boldsymbol{G}$ 是正定的, 从而与它合同的矩阵 $\boldsymbol{A}\boldsymbol{B}$ 也是正定的.

证法 3 由练习题 2.33 解后的注, 对于可交换的 n 阶实对称矩阵 $\boldsymbol{A}$ 和 $\boldsymbol{B}$, 存在正交矩阵 $\boldsymbol{T}$, 使得

$$\boldsymbol{T}^{\mathrm{T}}(\boldsymbol{A}\boldsymbol{B})\boldsymbol{T}=\mathrm{diag}(\lambda_1\mu_1,\lambda_2\mu_2,\cdots,\lambda_n\mu_n),$$

其中 $\lambda_i,\mu_i\ (i=1,2,\cdots,n)$ 分别是 $\boldsymbol{A}$ 和 $\boldsymbol{B}$ 的全部特征值. 注意 $\boldsymbol{A}$ 和 $\boldsymbol{B}$ 是正定的, 所以 $\lambda_i\mu_i>0$, 从而 $\boldsymbol{A}\boldsymbol{B}$ 是正定的.

(ii) 现在证明: 若 $\boldsymbol{A},\boldsymbol{B}$ 和 $\boldsymbol{A}\boldsymbol{B}$ 都是 n 阶正定矩阵, 则 $\boldsymbol{A}\boldsymbol{B}=\boldsymbol{B}\boldsymbol{A}$.

因为正定矩阵是对称的, 所以上述命题可由下述一般命题推出:

命题 若 $\boldsymbol{A},\boldsymbol{B}$ 是两个 n 阶对称矩阵, 则 $\boldsymbol{A}\boldsymbol{B}$ 是对称的, 当且仅当 $\boldsymbol{A},\boldsymbol{B}$ 可交换.

证明 我们有 $\boldsymbol{A}=\boldsymbol{A}^{\mathrm{T}},\boldsymbol{B}=\boldsymbol{B}^{\mathrm{T}}$. 若 $\boldsymbol{A}\boldsymbol{B}$ 是对称的, 即 $(\boldsymbol{A}\boldsymbol{B})^{\mathrm{T}}=\boldsymbol{A}\boldsymbol{B}$, 则

$$\boldsymbol{A}\boldsymbol{B}=(\boldsymbol{A}\boldsymbol{B})^{\mathrm{T}}=\boldsymbol{B}^{\mathrm{T}}\boldsymbol{A}^{\mathrm{T}}=\boldsymbol{B}\boldsymbol{A},$$

即 $\boldsymbol{A},\boldsymbol{B}$ 可交换. 反之, 若 $\boldsymbol{A},\boldsymbol{B}$ 可交换, 即 $\boldsymbol{A}\boldsymbol{B}=\boldsymbol{B}\boldsymbol{A}$, 则

$$(\boldsymbol{A}\boldsymbol{B})^{\mathrm{T}}=\boldsymbol{B}^{\mathrm{T}}\boldsymbol{A}^{\mathrm{T}}=\boldsymbol{B}\boldsymbol{A}=\boldsymbol{A}\boldsymbol{B},$$

即 $\boldsymbol{A}\boldsymbol{B}$ 是对称的. □

2.4 多 项 式

问题 2.21 (1) (匈牙利, 1967) 给定下列两个复系数多项式:

$$f(x) = a_0 + a_1x + a_2x^2 + a_{10}x^{10} + a_{11}x^{11} + a_{12}x^{12} + a_{13}x^{13} \quad (a_{13} \neq 0),$$
$$g(x) = b_0 + b_1x + b_2x^2 + b_3x^3 + b_{11}x^{11} + b_{12}x^{12} + b_{13}x^{13} \quad (b_3 \neq 0).$$

证明: 它们的最大公因式的次数至多为 6.

(2) (美国, 1956) 设 $P(x)$ 和 $Q(x)$ 是非常数复系数多项式, 它们有相同的零点集合, 这些零点两两互异, 但作为 $P(x)$ 的零点的重数与作为 $Q(x)$ 的零点的重数未必相同. 还设对于多项式 $p(x) = P(x) + 1$ 和 $q(x) = Q(x) + 1$, 同样的性质也成立. 证明: $P(x) \equiv Q(x)$, 即 $P(x)$ 与 $Q(x)$ 恒等.

证明 (1) 令

$$f_1(x) = a_0 + a_1x + a_2x^2,$$
$$f_2(x) = a_{10} + a_{11}x + a_{12}x^2 + a_{13}x^3,$$
$$g_1(x) = b_0 + b_1x + b_2x^2 + b_3x^3,$$
$$g_2(x) = b_{11}x + b_{12}x^2 + b_{13}x^3,$$

则有

$$f(x) = f_1(x) + x^{10}f_2(x), \quad g(x) = g_1(x) + x^{10}g_2(x).$$

因此

$$f(x)g_2(x) - g(x)f_2(x) = f_1(x)g_2(x) - f_2(x)g_1(x).$$

因为 $\gcd(f(x), g(x))$ 整除等式左边, 故亦整除等式右边. 但因 $f_1(x)g_2(x)$ 至多为 5 次, 而由 $a_{13}b_3 \neq 0$ 得知 $f_2(x)g_1(x)$ 恰好为 6 次, 所以 $\gcd(f(x), g(x))$ 整除一个 6 次多项式, 从而其次数至多为 6.

(2) 由题设, $P(x)$ 与 $Q(x)$ 的次数未必相等, 不妨设 $n = \deg(P) \geqslant \deg(Q)$. 用反证法. 设 $P(x) \not\equiv Q(x)$, 令 $R(x) = P(x) - Q(x)$. 并设 $u_1, u_2, \cdots, u_r$ 是 $P(x)$ 的 (也是 $Q(x)$ 的)互异零点的集合, $v_1, v_2, \cdots, v_s$ 是 $p(x)$ 的(也是 $q(x)$ 的) 互异零点的集合. 显然任何一个 u_i 不可能等于某个 v_j. 因为 $R(x) = P(x) - Q(x) = \big(P(x) + 1\big) - \big(Q(x) + 1\big) = p(x) - q(x)$, 所以 $u_1, u_2, \cdots, u_r$ 和 $v_1, v_2, \cdots, v_s$ 是 $R(x)$ 的互异零点, 并且它们未必是单重的, 因而 $\deg(R) \geqslant r + s$. 此外, 由 $R(x) = P(x) - Q(x)$ 可知 $R(x)$ 的次数不可能超过 $P(x)$ 和 $Q(x)$ 的次数, 所以 $\deg(R) \leqslant \max\{\deg(P), \deg(Q)\} = n$. 于是我们得到

$$n \geqslant r + s. \tag{2.21.1}$$

另一方面, 若 $P(x)$ 的零点 u_i 的重数是 μ_i ($\mu_i \geqslant 1$), 则它的全部零点 (计及重数) 是

$$\underbrace{u_1,\cdots,u_1}_{\mu_1\text{个}},\cdots,\underbrace{u_r,\cdots,u_r}_{\mu_r\text{个}}. \tag{2.21.2}$$

如果 $\mu_i=1$, 那么 u_i 不是 $P'(x)$(P' 表示 P 的导数) 的零点; 如果 $\mu_i>1$, 那么 u_i 是 $P'(x)$ 的 $m_i-1(\geqslant 1)$ 重零点. 于是式 (2.21.2) 中有 $(m_1-1)+\cdots+(m_r-1)=(m_1+\cdots+m_r)-r=n-r$ 个 u_i(计及重数) 是 $P'(x)$ 的零点. 又因为 $P'(x)=\big(p(x)-1\big)'=p'(x)$, 所以类似地推出 $p(x)$ 的全部零点 (计及重数)

$$\underbrace{v_1,\cdots,v_1}_{\nu_1\text{个}},\cdots,\underbrace{v_r,\cdots,v_r}_{\nu_r\text{个}}$$

($\nu_j\geqslant 1$ 是 v_j 的重数) 中有 $n-s$ 个 v_j(计及重数) 也是 $P'(x)$ 的零点, 并且这些 u_i 和 v_j 互异. 于是

$$\deg(P')\geqslant (n-r)+(n-s),\quad \text{即}\quad n-1\geqslant (n-r)+(n-s).$$

由此得到 $n\leqslant r+s-1$. 这与式 (2.21.1) 矛盾. 因此 $P(x)\equiv Q(x)$. □

问题 2.22 (苏联, 1976) 证明: 多项式

$$f(x)=1+\frac{x}{1!}+\frac{x^2}{2!}+\cdots+\frac{x^n}{n!}$$

没有重根.

证明 证法 1 用反证法. 设 α 是 $f(x)$ 的一个重根, 则 α 也是 $f'(x)$ 的一个根. 若 $n=1$, 则显然不可能. 若 $n>1$, 则 α 是 $f(x)-f'(x)$ 的一个根. 但 $f(x)-f'(x)=x^n/n!$, 由 $n>1$ 可知 $\alpha=0$. 但显然 $f(0)=1\neq 0$, 所以也不可能.

证法 2 因为当 $n\geqslant 1$ 时, 总有

$$f'(x)=1+x+\cdots+\frac{x^{n-1}}{(n-1)!},$$

所以

$$f(x)=\left(1+x+\cdots+\frac{x^{n-1}}{(n-1)!}\right)+\frac{x^n}{n!}=f'(x)+\frac{x^n}{n!},$$

于是

$$\begin{aligned}\gcd\big(f(x),f'(x)\big)&=\gcd\left(f'(x)+\frac{x^n}{n!},f'(x)\right)\\&=\gcd\left(\frac{x^n}{n!},1+x+\cdots+\frac{x^{n-1}}{(n-1)!}\right)=1,\end{aligned}$$

因而 $f(x)$ 没有重根. □

问题 2.23 (匈牙利, 1963) 若多项式 $P(x)$ 可以写成 s ($s\geqslant 2$) 个具有正系数非常数多项式的积, 则称作正可约的. 证明: 如果多项式 $f(x)$ 满足 $f(0)\neq 0$, 并且对于某个正整数 $n, f(x^n)$ 是正可约的, 那么 $f(x)$ 是正可约的.

证明 按题设, 可将 $f(x^n)$ 表示为

$$f(x^n)=\prod_{j=1}^{s}g_j(x), \tag{2.23.1}$$

其中 $g_j(x)\,(j=1,2,\cdots,s;s\geqslant 2)$ 是具有正系数的非常数多项式. 设存在正整数 k, $n\nmid k$, 使得某个 g_j, 不妨认为是 g_1, 含有项 $c_{1k}x^k$, 其中 $c_{1k}>0$. 于是式 (2.23.1) 的右边含有项

$$\left(c_{1k}\prod_{j=2}^{s}g_j(0)\right)x^k.$$

因为由式 (2.23.1) 可知

$$\prod_{j=1}^{s}g_j(0)=f(0)\neq 0,$$

所以所有 $g_j(0)\neq 0$, 从而 $g_j(0)>0$, 于是 x^k 的系数

$$c_{1k}\prod_{j=2}^{s}g_j(0)>0.$$

因为所有 g_j 都具有正系数, 所以乘积

$$\left(g_1(x)-c_{1k}x^k\right)\prod_{j=2}^{s}g_j(x)$$

的展开式中若含有 k 次幂项, 则也具有正系数. 于是式 (2.23.1) 的右边含有正系数 k 次幂项, 并且 $n\nmid k$. 但若记 $f(x)=f_mx^m+f_{m-1}x^{m-1}+\cdots+f_1x+f_0$, 则

$$f(x^n)=f_mx^{nm}+f_{m-1}x^{n(m-1)}+\cdots+f_1x^n+f_0,$$

可见 $f(x^n)$ 不可能含有项 $x^k\,(n\nmid k)$. 我们得到矛盾. 因此每个 g_j 都可表示为

$$g_j(x)=\sum_{i=0}^{t_j}g_{ji}x^{ni}\quad(j=1,2,\cdots,s),$$

其中系数 $g_{ji}\ (i=1,2,\cdots,t_j)$ 非负, 至少有一个为正数, $g_{j0}>0$; 即每个 g_j 实际上都是 x^n 的正系数非常数多项式. 令

$$h_j(x)=\sum_{i=0}^{t_j}g_{ji}x^{i}\quad(j=1,2,\cdots,s),$$

则 $g_j(x)=h_j(x^n)$, 从而由式 (2.23.1) 推出

$$f(x^n)=\prod_{j=1}^{s}h_j(x^n).$$

作代换 $y=x^n$, 得到

$$f(y)=\prod_{j=1}^{s}h_j(y),$$

其中 $h_1,h_2,\cdots,h_s$ 是正系数非常数多项式, 因而 f 是正可约的. □

问题 2.24 (匈牙利, 1985) 设 $F(x,y)$ 和 $G(x,y)$ 是互素的次数至少为 1 的整系数齐次多项式. 证明: 存在仅与 F 和 G 的次数和系数有关的常数 c, 使得对于任何满足 $\max\{|x|,|y|\}>c$ 的互素整数 x,y, 有 $F(x,y)\neq G(x,y)$.

证明 下文中, $c,c_1,c_2,\cdots$ 表示仅与 F 和 G 的次数和系数有关的常数. 设 α,β 是任意互素整数, 并且是方程

$$F(x,y)=G(x,y) \tag{2.24.1}$$

的解. 我们只需证明: 存在适当的常数 c, 使得 $\max\{|\alpha|,|\beta|\}\leqslant c$.

(i) 不妨设 $\alpha\beta\neq 0$. 若不然, 则由 α,β 互素可推出

$$\max\{|\alpha|,|\beta|\}\leqslant 1. \tag{2.24.2}$$

设 F 和 G 的次数分别为 m 和 n. 如果 $m=n$, 则由式 (2.24.1) 得知 α/β 满足方程

$$h\left(\frac{\alpha}{\beta}\right)=0,$$

其中 $h(t)=F(t,1)-G(t,1)$ 是次数不超过 m 的整系数非零多项式, 因此 α/β (整数 α,β 互素) 只可能取有限多个值, 所以

$$\max\{|\alpha|,|\beta|\}\leqslant c_1. \tag{2.24.3}$$

下面设 $m>n$. 令

$$f(x)=F(x,1),\quad g(x)=G(x,1).$$

依题设, $F(x,y)$ 和 $G(x,y)$ 是互素的齐次多项式, 所以 $f(x)$ 和 $g(x)$ 中至少有一个是非常数多项式. 若 (例如)$f(x)=F(x,1)$ 是常数多项式, 则

$$F(x,y)=a_0y^m.$$

记 $G(x,y)=b_nx^n+b_{n-1}x^{n-1}y+\cdots+b_1xy^{n-1}+b_0y^n$. 由式 (2.24.1) 可知 $F(\alpha,\beta)=G(\alpha,\beta)$, 即

$$a_0\beta^m=b_n\alpha^n+\beta(b_{n-1}\alpha^{n-1}+\cdots+b_0\beta^{n-1}).$$

因为 $(\alpha,\beta)=1$, 所以 $\beta\mid b_n$, 因此 β 只能取 b_n 的因子, 并且 $|\beta|\leqslant|b_n|$ (即 β 有界). 设 $\beta=d$, 其中 d 是 b_n 的任意一个因子, 那么因为 $F(x,d)-G(x,d)$ 不是零多项式, 所以方程 $F(x,d)=G(x,d)$ 只有有限多个根, 从而 α 只可能取有限多个值, 于是满足方程 (2.24.1) 的数组 (α,β) 的个数有限, 因而得到

$$\max\{|\alpha|,|\beta|\}\leqslant c_2. \tag{2.24.4}$$

(ii) 现在设 f 和 g 都不是常数多项式. 因为 F 和 G 互素, 所以 f 和 g 互素, 并且它们的最高项系数非零 (不然 F 和 G 将有公因子 y), 于是 f 和 g 的结式 $R=\mathrm{res}(f,g)$ 是非

零整数, 并且由结式的性质可知, 存在整系数多项式 $A(x),B(x)$, 其次数 $\deg(A)<\deg(g)\leqslant n,\deg(B)<\deg(f)\leqslant m$, 使得

$$A(x)f(x)+B(x)g(x)=R.$$

由此得到

$$A\left(\frac{x}{y}\right)f\left(\frac{x}{y}\right)+B\left(\frac{x}{y}\right)g\left(\frac{x}{y}\right)=R,$$

于是

$$y^{n-1}A\left(\frac{x}{y}\right)\cdot y^m f\left(\frac{x}{y}\right)+y^{m-1}B\left(\frac{x}{y}\right)\cdot y^n g\left(\frac{x}{y}\right)=R\cdot y^{m+n-1},$$

因此存在整系数齐次多项式 $A_1(x,y),B_1(x,y)$, 使得

$$A_1(x,y)F(x,y)+B_1(x,y)G(x,y)=R\cdot y^{m+n-1}.$$

注意 $\alpha\beta\neq 0$, 并且由式 (2.24.1) 可知 $F(\alpha,\beta)=G(\alpha,\beta)$, 于是由上式得到

$$F(\alpha,\beta)\big(A_1(\alpha,\beta)+B_1(\alpha,\beta)\big)=R\beta^{m-n+1}\neq 0.$$

由此可见 $F(\alpha,\beta)$ 和 $G(\alpha,\beta)$ 都不等于 0, 并且是 R 的因子. 设

$$F(\alpha,\beta)=G(\alpha,\beta)=d,\quad d|R.$$

因为 R 的因子个数有限, 所以 d 只能取有限多个整数值. 将式 (2.24.1) 改写为

$$F(x,y)^{m-n}F(x,y)^n-G(x,y)^m=0,$$

或者

$$F(x,y)^{m-n}y^{mn}F\left(\frac{x}{y},1\right)^n-y^{mn}G\left(\frac{x}{y},1\right)^m=0,$$

可见 α/β 是方程

$$d^{m-n}f(t)^n-g(t)^m=0$$

的根. 因为 f 和 g 互素, 所以上式左边不恒等于 0, 从而对于每个 d, 此方程只有有限多个根, 而 d 只能取有限多个值, 所以对于满足方程 (2.24.1) 的互素整数组 (α,β), 有

$$\left|\frac{\alpha}{\beta}\right|\leqslant c_3. \tag{2.24.5}$$

因为 $F(\alpha,\beta)\neq 0,\beta\neq 0$ 蕴含 $f(\alpha/\beta)\neq 0,g(\alpha/\beta)\neq 0$, 所以由式 (2.24.1) 得到

$$\beta^{m-n}=\frac{f(\alpha/\beta)}{g(\alpha/\beta)}. \tag{2.24.6}$$

注意 $m-n\geqslant 1$, 并且由式 (2.24.5) 可知上式右边只能取有限多个值, 所以 $|\beta|\leqslant c_4$. 由此及式 (2.24.5) 得到

$$\max\{|\alpha|,|\beta|\}\leqslant c_5.$$

取 $c=\max\{1,c_1,c_2,c_5\}$, 那么由式 (2.24.2)~式 (2.24.4) 以及上式即可推出 $\max\{|\alpha|,|\beta|\}\leqslant c$. □

注 也可应用多项式的 Mahler 度量 (见问题 1.30 的注), 由式 (2.24.5) 和式 (2.24.6) 推出 $|\beta|\leqslant c_4$.

问题 2.25 (美国, 1948) 计算 $P=\prod\limits_{1\leqslant i<j\leqslant n}(x_i-x_j)^2$, 其中 $x_1,x_2,\cdots,x_n$ 是 n 次单位根.

解 解法1 因为

$$t^n-1=(t-x_1)(t-x_2)\cdots(t-x_n), \tag{2.25.1}$$

所以

$$x_1x_2\cdots x_n=(-1)^{n-1}. \tag{2.25.2}$$

对等式 (2.25.1) 作微分, 还可得到

$$nt^{n-1}=\sum_{i=1}^{n}\prod_{k\neq i}(t-x_k).$$

令 $t=x_1,x_2,\cdots,x_n$, 得到

$$\begin{aligned}
&nx_1^{n-1}=(x_1-x_2)(x_1-x_3)\cdots(x_1-x_{n-1})(x_1-x_n),\\
&nx_2^{n-1}=(x_2-x_1)(x_2-x_3)\cdots(x_2-x_{n-1})(x_2-x_n),\\
&nx_3^{n-1}=(x_3-x_1)(x_3-x_2)\cdots(x_3-x_{n-1})(x_3-x_n),\\
&\cdots,\\
&nx_n^{n-1}=(x_n-x_1)(x_n-x_2)\cdots(x_n-x_{n-2})(x_n-x_{n-1}).
\end{aligned}$$

将这 n 个等式相乘, 得到

$$n^n(x_1x_2\cdots x_n)^{n-1}=\prod_{1\leqslant i<j\leqslant n}\big(-(x_i-x_j)\big)^2=(-1)^{n(n-1)/2}\prod_{1\leqslant i<j\leqslant n}(x_i-x_j)^2.$$

由此及式 (2.25.2) 得

$$P=\prod_{1\leqslant i<j\leqslant n}(x_i-x_j)^2=(-1)^{(n-1)(n-2)/2}n^n.$$

解法 2 参见练习题 1.68 的证法 2.

(i) 记 $z=\mathrm{e}^{2\pi\mathrm{i}/n}$, 那么 $x_t=z^t\ (t=1,2,\cdots,n)$. 令 Vandermonde 矩阵

$$\boldsymbol{V}=\boldsymbol{V}(1,z,z^2,\cdots,z^{n-1})=\begin{pmatrix}1&1&1&\cdots&1\\1&z&z^2&\cdots&z^{n-1}\\1&z^2&z^4&\cdots&z^{2(n-1)}\\\vdots&\vdots&\vdots&&\vdots\\1&z^{n-1}&z^{2(n-1)}&\cdots&z^{(n-1)^2}\end{pmatrix},$$

则 Vandermonde 行列式

$$\det(\boldsymbol{V})=\prod_{0\leqslant j<k\leqslant n-1}(z^k-z^j). \tag{2.25.3}$$

于是

$$P=\det(\boldsymbol{V})^2. \tag{2.25.4}$$

用 $\overline{\boldsymbol{V}^{\mathrm{T}}}$ 表示 $\boldsymbol{V}$ 的转置的复数共轭, 那么

$$|\det(\boldsymbol{V})|^2=\det(\boldsymbol{V}\overline{\boldsymbol{V}^{\mathrm{T}}}).$$

矩阵 $\boldsymbol{V}\overline{\boldsymbol{V}^{\mathrm{T}}}$ 的 (s,t) 位置的元素是 $1+z^{s-t}+z^{2(s-t)}+\cdots+z^{(n-1)(s-t)}$, 所以它的各行和各列都只有一个元素 n, 其余元素都为 0(参见公式 (3.5.3)), 从而

$$|\det(\boldsymbol{V})|=n^{n/2}. \tag{2.25.5}$$

(ii) 令 $\alpha=\mathrm{e}^{\pi\mathrm{i}/n}$, 则 $z=\alpha^2$. 因为

$$z^k-z^j=\alpha^{2k}-\alpha^{2j}=\alpha^{k+j}(\alpha^{k-j}-\alpha^{-(k-j)})=\alpha^{k+j}\left(2\mathrm{i}\sin\frac{k-j}{n}\pi\right),$$

所以由式 (2.25.3) 得到 $\det(\boldsymbol{V})$ 的另一个表达式:

$$\begin{aligned}\det(\boldsymbol{V})&=\prod_{0\leqslant j<k\leqslant n-1}\left(\alpha^{k+j}\left(2\mathrm{i}\sin\frac{k-j}{n}\pi\right)\right)\\&=M\prod_{0\leqslant j<k\leqslant n-1}\left(2\sin\frac{k-j}{n}\pi\right),\end{aligned} \tag{2.25.6}$$

其中

$$M=\mathrm{i}^{\binom{n}{2}}\prod_{0\leqslant j<k\leqslant n-1}\alpha^{k+j}.$$

因为 $|M|=1$, 并且

$$\sin\frac{k-j}{n}>0\quad(j<k),$$

所以由式 (2.25.5) 和式 (2.25.6) 推出

$$\prod_{0\leqslant j<k\leqslant n-1}\left(2\sin\frac{k-j}{n}\pi\right)=n^{n/2}.$$

特别地, 由此及式 (2.25.6) 可知

$$\det(\boldsymbol{V})=Mn^{n/2}. \tag{2.25.7}$$

(iii) 现在来计算 M. 因为 $0\leqslant j<k\leqslant n-1$, 所以当 j 取定 $\{0,\cdots,n-2\}$ 中的某个值 μ 时, k 可取 $\mu+1,\cdots,n-1$, 即产生 $n-1-\mu$ 个数组

$$(\mu,\mu+1),(\mu,\mu+2),\cdots,(\mu,n-1),$$

从而与这些数组 (j,k) 对应的 $j+k$ 之和等于

$$\mu(n-1-\mu)+\sum_{k=\mu+1}^{n-1}k,$$

因此 α 的幂指数之和等于

$$\begin{aligned}\sum_{0\leqslant j<k\leqslant n-1}(j+k)&=\sum_{\mu=0}^{n-2}\Big(\mu(n-1-\mu)+\sum_{k=\mu+1}^{n-1}k\Big)\\&=(n-1)\sum_{\mu=1}^{n-2}\mu-\sum_{\mu=1}^{n-2}\mu^2+\sum_{\mu=0}^{n-2}\frac{(n-1+\mu+1)(n-1-\mu)}{2}\\&=(n-1)\sum_{\mu=1}^{n-2}\mu-\sum_{\mu=1}^{n-2}\mu^2+\frac{1}{2}\sum_{\mu=0}^{n-2}(n^2-\mu^2-n-\mu)\\&=\Big(n-\frac{3}{2}\Big)\sum_{\mu=1}^{n-2}\mu-\frac{3}{2}\sum_{\mu=1}^{n-2}\mu^2+\frac{1}{2}n(n-1)^2\\&=\frac{1}{2}n(n-1)^2.\end{aligned}$$

注意 $\alpha^{n/2}=\mathrm{i}$, 所以

$$M=\mathrm{i}^{n(n-1)/2}\cdot\big(\alpha^{n/2}\big)^{(n-1)^2}=\mathrm{i}^{n(n-1)/2+(n-1)^2}=\mathrm{i}^{(n-1)(3n-2)/2}.$$

由此及式 (2.25.4) 和式 (2.25.7) 推出

$$P=\mathrm{i}^{(n-1)(3n-2)}n^n. \tag{2.25.8}$$

注意: 因为 $\mathrm{i}^2=-1$, 并且 $n(n-1)$ 是偶数, 所以

$$\begin{aligned}\mathrm{i}^{(n-1)(3n-2)}&=(-1)^{(n-1)(3n-2)/2}=(-1)^{(n-1)(2n+(n-2))/2}\\&=(-1)^{n(n-1)+(n-1)(n-2)/2}=(-1)^{(n-1)(n-2)/2},\end{aligned}$$

从而式 (2.25.8) 与解法 1 中的答案一致. □

注 本题解法 2 与练习题 1.68 证法 2 的主要差别是此处要计算 M, 实际是确定 $\det(\boldsymbol{V})$ 的辐角.

问题 2.26 (中国, 2010) 设 a 是正整数, 证明: 多项式 $f(x)=x^6+3ax^4+3x^3+3ax^2+1$ 不可约.

证明 (i) 因为 $f(x)$ 的最高项系数和常数项都等于 1, 所以若它有 1 次因子, 则必为 $x\pm1$, 但 $f(\mp1)=6a+2\mp3\neq0$, 所以 $f(x)$ 没有 1 次因子, 从而也没有 5 次因子.

(ii) 依据同样的理由, 若 $f(x)$ 有 2 次因子, 则必为 $x^2+bx\pm1$ (b 为整数) 的形式. 设

$$f(x)=(x^2+bx+1)(x^4+c_1x^3+c_2x^2+c_3x+1), \tag{2.26.1}$$

或

$$f(x)=(x^2+bx-1)(x^4+c_1x^3+c_2x^2+c_3x-1), \tag{2.26.2}$$

其中 c_i 为整数. 在式 (2.26.1) 情形下, 因为 $f(x)$ 不含 5 次项, 右边 5 次项 $x^2\cdot c_1x^3+bx\cdot x^4$ 的系数应当为 0: $c_1+b=0$. 类似地, 因为 $f(x)$ 不含 1 次项, 我们有 $b+c_3=0$. 于是 $c_1=c_3=-b$. 同理, 在式 (2.26.2) 情形下, 也得到同样结论. 于是我们有 (将 c_2 改记为 c)

$$x^6+3ax^4+3x^3+3ax^2+1=(x^2+bx+1)(x^4-bx^3+cx^2-bx+1), \tag{2.26.3}$$

或

$$x^6+3ax^4+3x^3+3ax^2+1=(x^2+bx+1)(x^4-bx^3+cx^2-bx-1). \tag{2.26.4}$$

对于等式 (2.26.3), 比较两边同次幂的系数, 得到

$$c-b^2+1=3a, \quad bc-b-b=3;$$

由 $bc-2b=3$ 得到 $b(c-2)=3$. 于是整数组

$$(b,c-2)=(3,1),(1,3),(-3,-1),(-1,-3).$$

若 $(b,c-2)=(3,1)$, 则 $b=3,c=3$, 代入 $c-b^2+1=3a$, 得到 $-5=3a$, 这不可能. 其余情形类似, 也都不可能. 对于等式 (2.26.4), 由类似的推理也得到矛盾. 因此, $f(x)$ 没有 2 次因子, 从而也没有 4 次因子.

(iii) 考虑 $f(x)$ 的 3 次因子. 与上面类似, 我们有

$$x^6+3ax^4+3x^3+3ax^2+1=(x^3+dx^2+gx\pm1)(x^3-dx^2-gx\pm1)$$

(二重符号取法一致). 比较等式两边同次幂的系数, 得到 $-d^2=-g^2=3a$, 显然不可能. 于是 $f(x)$ 没有 3 次因子.

(iv) 综上所证, 可知 $f(x)$(在 $\mathbb{Q}$ 上) 不可约. □

练习题 2

2.1 设 $\boldsymbol{A}=(a_{ij}),\boldsymbol{B}=(b_{ij})$ 是两个 n 阶矩阵, 其中

$$a_{ij}=(-1)^{\max\{i,j\}}, \quad b_{ij}=(-1)^{\min\{i,j\}} \quad (i,j=1,2,\cdots,n).$$

证明: $\det(\boldsymbol{A})=\det(\boldsymbol{B})$.

2.2 (1) 设 $a_1,a_2,\cdots,a_n$ 和 z 是任意复数, 令

$$Z_n=Z_n(a_1,a_2,\cdots,a_n)$$
$$=\begin{vmatrix} a_1 & a_2 & a_3 & \cdots & a_{n-1} & a_n \\ a_nz & a_1 & a_2 & \cdots & a_{n-2} & a_{n-1} \\ a_{n-1}z & a_nz & a_1 & \cdots & a_{n-3} & a_{n-2} \\ \vdots & \vdots & \vdots & & \vdots & \vdots \\ a_2z & a_3z & a_4z & \cdots & a_nz & a_1 \end{vmatrix}.$$

证明:

$$Z_n = f(\omega_0)f(\omega_1)f(\omega_2)\cdots f(\omega_{n-1}),$$

其中 $f(x) = a_1 + a_2 x + \cdots + a_n x^{n-1}, \omega_k$ 是 $\sqrt[n]{z}$ 的所有 n 个值, 即: 设复数 $z = r\mathrm{e}^{\varphi \mathrm{i}} = r(\cos\varphi + \mathrm{i}\ \sin\varphi)$, 则

$$\begin{aligned}\omega_k &= \sqrt[n]{r}\mathrm{e}^{(\varphi+2k\pi)\mathrm{i}/n} \\ &= \sqrt[n]{r}\left(\cos\frac{(\varphi+2k\pi)}{n} + \mathrm{i}\ \sin\frac{(\varphi+2k\pi)}{n}\right) \quad (k = 0, 1, \cdots, n-1).\end{aligned}$$

(2)* 设 a_i, b_j 是任意复数, 所有 $a_i + b_j \neq 0$, 令

$$\boldsymbol{D}_n = \begin{pmatrix} \frac{1}{a_1+b_1} & \frac{1}{a_1+b_2} & \cdots & \frac{1}{a_1+b_n} \\ \frac{1}{a_2+b_1} & \frac{1}{a_2+b_2} & \cdots & \frac{1}{a_2+b_n} \\ \vdots & \vdots & & \vdots \\ \frac{1}{a_n+b_1} & \frac{1}{a_n+b_2} & \cdots & \frac{1}{a_n+b_n} \end{pmatrix},$$

求 $\det(\boldsymbol{D}_n)$.

2.3 设正整数 $k \geqslant 1$. 求

$$A_n^{(k)} = \det\big((i,j)^k\big)_{1 \leqslant i,j \leqslant n},$$

其中 (i,j) 表示 i 和 j 的最大公因子.

2.4 设 $a_1, a_2, \cdots, a_n$ 是非零实数, $s = \sum\limits_{k=1}^{n} 1/a_k$. 令

$$\boldsymbol{A} = \begin{pmatrix} t+a_1 & t & \cdots & t \\ t & t+a_2 & \cdots & t \\ \vdots & \vdots & & \vdots \\ t & t & \cdots & t+a_n \end{pmatrix},$$

其中 t 为实数, $st \neq -1$. 求 $\boldsymbol{A}^{-1}$ 和 $|\boldsymbol{A}|$.

2.5 设 n 阶 (实) 对称矩阵 $\boldsymbol{A}$ 的秩为 r $(r < n)$, 正惯性指数为 p $(p < r)$. 如果 $\boldsymbol{A}^3 - 2\boldsymbol{A}^2 - 3\boldsymbol{A} = \boldsymbol{O}$, 求 $|\boldsymbol{A} - \boldsymbol{I}_n|$.

2.6 (1) 设 $s_1, s_2, \cdots, s_n$ 是实数, $0 < s_1 < s_2 < \cdots < s_n$. 对于 $1 \leqslant i < j \leqslant n$, 定义 $a_{ij} = a_{ji} = s_j$, 并令 $\boldsymbol{A} = (a_{ij})$ 以及 $\boldsymbol{A}^{-1} = (b_{ij})$. 求 $|\boldsymbol{A}|$ 以及 $\sum\limits_{i,j=1}^{n} b_{ij}$.

(2)* 已知 n 阶矩阵 $\boldsymbol{A}_n = \left(a^{|i-j|}\right)_{n\times n}, a \neq \pm 1$. 试求 $\boldsymbol{A}_n$ 的行列式和 $\boldsymbol{A}_n$ 的伴随矩阵 $\boldsymbol{A}_n^*$ 的行列式.

2.7* 求 $\boldsymbol{A}^{2015}$, 其中

$$\boldsymbol{A} = \begin{pmatrix} -1 & -2 & 6 \\ 1 & 0 & 3 \\ -1 & -1 & 4 \end{pmatrix}.$$

2.8* (1) (苏联, 1977) 设 M_n 是 $n\times n$ 实元素矩阵的集. $\mathrm{tr}(\boldsymbol{A})=\sum\limits_{i=1}^{n}a_{ii}$ 是矩阵 $\boldsymbol{A}=(a_{ij})$ 的迹. 证明: 如果对于所有 $\boldsymbol{X}\in M_n$ 有 $\mathrm{tr}(\boldsymbol{AX})=0$, 则 $\boldsymbol{A}=\boldsymbol{O}$.

(2) (苏联, 1975) 证明: 不存在矩阵 $\boldsymbol{A},\boldsymbol{B}$, 使得 $\boldsymbol{AB}-\boldsymbol{BA}=\boldsymbol{I}$.

2.9 (1) 设 $\boldsymbol{A}$ 是 $n\times n$ 对合矩阵 (即 $\boldsymbol{A}^2=\boldsymbol{I}$), 并且 $\boldsymbol{A}\neq\boldsymbol{I}$. 证明: $\mathrm{tr}(\boldsymbol{A})\equiv n\,(\mathrm{mod}\,2)$, 并且 $|\mathrm{tr}(\boldsymbol{A})|\leqslant n-2$.

(2) 设 3 阶矩阵 $\boldsymbol{A}$ 满足 $\boldsymbol{A}^2+\boldsymbol{A}=\boldsymbol{I}$, 其中 $\boldsymbol{I}=\boldsymbol{I}_3$. 证明: $\mathrm{tr}(\boldsymbol{A}^2)\neq 0$.

2.10 (1) 设 $n\geqslant 3$. 证明: 平面上 n 个点 $(x_i,y_i)(i=1,2,\cdots,n)$ 共线的充要条件是矩阵

$$\boldsymbol{G}=\begin{pmatrix}x_1 & y_1 & 1\\ x_2 & y_2 & 1\\ \vdots & \vdots & \vdots\\ x_n & y_n & 1\end{pmatrix}$$

满足不等式 $0<\mathrm{rank}(\boldsymbol{G})\leqslant 2$.

(2) 设平面上三条互不重合的直线的方程是

$$\begin{aligned}ax+2by+3c=0,\\ bx+2cy+3a=0,\\ cx+2ay+3b=0.\end{aligned}$$

证明: 它们共点的充要条件是 $a+b+c=0$.

2.11 (1) 设 $\boldsymbol{A},\boldsymbol{B}$ 分别是 $m\times n,n\times p$ 矩阵. 证明:

$$\mathrm{rank}\begin{pmatrix}\boldsymbol{O} & \boldsymbol{A}\\ \boldsymbol{B} & \boldsymbol{I}_n\end{pmatrix}=n+\mathrm{rank}(\boldsymbol{AB}).$$

(2) 设 $\boldsymbol{A}$ 是 $m\times n$ 复矩阵, $\boldsymbol{B}$ 是 $n\times m$ 复矩阵. 证明:

$$|\mathrm{rank}(\boldsymbol{I}_m-\boldsymbol{AB})-\mathrm{rank}(\boldsymbol{I}_n-\boldsymbol{BA})|=|m-n|.$$

2.12 (1) 设 $\boldsymbol{A}\in M_n(\mathbb{C})$. 证明: $\boldsymbol{A}^2=\boldsymbol{A}$, 当且仅当 $\mathrm{rank}(\boldsymbol{A})+\mathrm{rank}(\boldsymbol{A}-\boldsymbol{I})=n$.

(2) 设 $\boldsymbol{A}\in M_n(\mathbb{C})$, 并且 $\boldsymbol{A}^3=\boldsymbol{A}$. 证明: $\mathrm{rank}(\boldsymbol{A})=\mathrm{tr}\,(\boldsymbol{A}^2)$.

2.13 (1) 设 $\boldsymbol{A},\boldsymbol{B},\boldsymbol{C}$ 分别是 $m\times n,n\times p,p\times q$ 矩阵. 证明:

$$\mathrm{rank}(\boldsymbol{ABC})\geqslant\mathrm{rank}(\boldsymbol{AB})+\mathrm{rank}(\boldsymbol{BC})-\mathrm{rank}(\boldsymbol{B}).$$

(2) 设 $\boldsymbol{A},\boldsymbol{B}\in M_n(\mathbb{C})$, 并且 $\boldsymbol{A}^2=\boldsymbol{A},\boldsymbol{B}^{\boldsymbol{2}}=\boldsymbol{B}$. 证明:

$$\mathrm{rank}(\boldsymbol{A}-\boldsymbol{B})=\mathrm{rank}(\boldsymbol{A}-\boldsymbol{AB})+\mathrm{rank}(\boldsymbol{B}-\boldsymbol{AB}).$$

2.14 (1) 设 $\boldsymbol{X},\boldsymbol{Y},\boldsymbol{Z}$ 是行数相同的矩阵. 证明:

$$\mathrm{rank}(\boldsymbol{X},\boldsymbol{Y})\leqslant\mathrm{rank}(\boldsymbol{X},\boldsymbol{Z})+\mathrm{rank}(\boldsymbol{Z},\boldsymbol{Y})-\mathrm{rank}(\boldsymbol{Z}).$$

(2) 设 $\boldsymbol{A},\boldsymbol{B}\in M_n(\mathbb{C})$. 如果 $\boldsymbol{AB}=\boldsymbol{BA}$, 证明:

$$\operatorname{rank}(\boldsymbol{A}+\boldsymbol{B})\leqslant\operatorname{rank}(\boldsymbol{A})+\operatorname{rank}(\boldsymbol{B})-\operatorname{rank}(\boldsymbol{AB}).$$

2.15* 已知 n 阶矩阵 $\boldsymbol{A}$ 满足 $\boldsymbol{A}^2=-\boldsymbol{I}$ ($\boldsymbol{I}$ 是 n 阶单位矩阵). 试给出矩阵 $\boldsymbol{A}+\mathrm{i}\boldsymbol{I}$ 的秩与矩阵 $\boldsymbol{A}-\mathrm{i}\boldsymbol{I}$ 的秩之和, 即 $\operatorname{rank}(\boldsymbol{A}+\mathrm{i}\boldsymbol{I})+\operatorname{rank}(\boldsymbol{A}-\mathrm{i}\boldsymbol{I})$, 并加以证明 (i 是虚数单位).

2.16 (1) 设 $\boldsymbol{A}=(a_{ij})_n$, 其中 $a_{ii}=0,a_{ij}=1\,(i\neq j)$. 求 $\boldsymbol{A}^{-1}$.

(2)* 设 n 阶方阵 $\boldsymbol{A}$ 的各行各列只有一个非零元素, 并且等于 1 或 -1. 求证: 存在正整数 m, 使得 $\boldsymbol{A}^m=\boldsymbol{I}$(单位矩阵).

2.17 (1) 证明: 若

$$\boldsymbol{A}=\begin{pmatrix}1&1\\0&1\end{pmatrix},$$

则对于任何正整数 k, $\boldsymbol{A}^k$ 与 $\boldsymbol{A}$ 相似.

(2) 设 $\boldsymbol{A}\in M_n(\mathbb{C})$. 证明: 若 $\boldsymbol{A}$ 的所有特征值都等于 1, 则对于任何正整数 k, $\boldsymbol{A}^k$ 与 $\boldsymbol{A}$ 相似.

(3) 设 $\boldsymbol{A}\in M_n(\mathbb{C})$. 证明: $\boldsymbol{A}=\boldsymbol{B}+\boldsymbol{C}$, 其中 $\boldsymbol{A}$ 相似于某个对角阵, $\boldsymbol{C}$ 是幂零方阵 (即存在正整数 m, 使得 $\boldsymbol{C}^m=\boldsymbol{O}$).

2.18 求矩阵

$$\boldsymbol{A}=\begin{pmatrix}3a&3b&3c\\-2a+b+4c&a+b+c&4a+b-2c\\2a+2b-c&2a-b+2c&-a+2b+2c\end{pmatrix}$$

的特征值 ($\boldsymbol{A}$ 的各行元素、各列元素、主对角线元素以及副对角线元素之和都是相等的. 称之为 3 阶幻方).

2.19* 已知矩阵

$$\boldsymbol{A}=\begin{pmatrix}a&0&1\\-2&0&1\\2&b&-1\end{pmatrix},\quad \boldsymbol{B}=\begin{pmatrix}2&-1&0\\0&0&c\\2&b&1\end{pmatrix}.$$

(1) 求 a,b,c, 使得 $\boldsymbol{AB}=\boldsymbol{BA}$.

(2) 当 $\boldsymbol{AB}=\boldsymbol{BA}$ 时, 求出 $\boldsymbol{A},\boldsymbol{B}$ 的公共单位特征向量.

2.20* 设矩阵 $\boldsymbol{A}$ 与 $\boldsymbol{B}$ 没有公共的特征值, $f(\lambda)$ 是矩阵 $\boldsymbol{A}$ 的特征多项式. 试证明以下的结论:

(1) 矩阵 $f(\boldsymbol{B})$ 可逆;

(2) 矩阵方程 $\boldsymbol{AX}=\boldsymbol{XB}$ 只有零解.

2.21 证明: T 为数域 K 上 n 维线性空间 V_n 中的数乘变换 (或称纯量变换, 即 T 将任何向量 $\boldsymbol{x}\in V_n$ 映为 $c\boldsymbol{x}$, 其中 $c\in K$ 是一个常数), 当且仅当在 V_n 的任一组基下 T 的矩阵均是数量矩阵 (纯量矩阵)$c\boldsymbol{I}_n$.

2.22* 设 f,g 为 n 维向量空间 V 的两个线性变换, 且 $\operatorname{Ker}(f)\subseteq\operatorname{Ker}(g)$. 证明下述结论:

(1) 存在 V 上的线性变换 h, 使得 $g=hf$;

(2) 若 $\mathrm{Ker}(f)=\mathrm{Ker}(g)$, 则存在 V 上的可逆线性变换 h, 使得 $g=hf$.

2.23 (1) 设 V 是有限维向量空间, $\mathscr{A}$ 是 V 上的线性变换. 证明: 存在正整数 k, 使得 $V=\mathrm{Im}(\mathscr{A}^k)\oplus\mathrm{Ker}(\mathscr{A}^k)$.

(2) 设 V 是 n 维实线性空间, $U_1\subseteq U_2$ 是 V 的两个线性子空间, $\dim(U_1)=p,\dim(U_2)=q$. 令 Ω 是所有以 U_1,U_2 为不变子空间的线性映射 $T:V\to V$ 形成的实线性空间 (于是 $T(U_1)\subseteq U_1,T(U_2)\subseteq U_2$). 求 $\dim(\Omega)$.

2.24 设 $\boldsymbol{A},\boldsymbol{B}$ 是 n 阶对合矩阵 (即 $\boldsymbol{A}^2=\boldsymbol{I},\boldsymbol{B}^2=\boldsymbol{I}$). 证明:

$$\mathrm{Im}(\boldsymbol{AB}-\boldsymbol{BA})=\mathrm{Im}(\boldsymbol{A}-\boldsymbol{B})\cap\mathrm{Im}(\boldsymbol{A}+\boldsymbol{B}).$$

2.25* 设 V 是 n 维复向量空间, $(\cdot,\cdot):V\times V\to C$ 是一个反对称的非退化双线性型, $\varphi:V\to V$ 是一个线性变换, 满足 $\big(\varphi(\boldsymbol{u}),\varphi(\boldsymbol{v})\big)=(\boldsymbol{u},\boldsymbol{v})$ (对所有 $\boldsymbol{u},\boldsymbol{v}\in V$). 证明下述结论:

(1) V 的维数是偶数;

(2) φ 是可逆线性变换;

(3) 如果 λ 是 φ 的特征值, 则 λ^{-1} 也必是 φ 的特征值.

2.26 设 $a_{ij}\in\mathbb{R},a_{ij}=a_{ji}$ $(1\leqslant i,j\leqslant n)$. 定义

$$W=\left\{\boldsymbol{x}=(x_1,x_2,\cdots,x_n)\in\mathbb{R}^n\,\middle|\,\sum_{1\leqslant i,j\leqslant n}a_{ij}x_ix_j=0\right\}.$$

证明: W 是 n 维欧氏空间 $\mathbb{R}^n$ 的子空间的充要条件是对称矩阵 $\boldsymbol{A}=(a_{ij})$ 的非零特征值同号.

2.27 设 $\boldsymbol{A}=(a_{ij})$ 是 n 阶 Hermite 方阵, 其主对角元都为 1, 并且满足

$$\sum_{j=1}^{n}|a_{ij}|\leqslant 2\quad(i=1,2,\cdots,n).$$

证明:

(1) $\boldsymbol{A}$ 的所有特征值 $\lambda\in[0,2]$;

(2) $\boldsymbol{A}\geqslant 0$ (即 $\boldsymbol{A}$ 非负定);

(3) $0\leqslant\det(\boldsymbol{A})\leqslant 1$.

2.28 设 $\boldsymbol{A},\boldsymbol{B}$ 是 n 阶正定矩阵. 证明:

(1) 若 $|\boldsymbol{A}-\lambda\boldsymbol{B}|=0$, 则 $\lambda\geqslant 0$;

(2) 若 $|\boldsymbol{A}-\lambda\boldsymbol{B}|=0$, 并且 $\boldsymbol{A}-\boldsymbol{B}$ 是半正定的, 则 $\lambda\geqslant 1$;

(3) $|\boldsymbol{A}-\lambda\boldsymbol{B}|=0$ 仅有解 $\lambda=1$, 当且仅当 $\boldsymbol{A}=\boldsymbol{B}$.

2.29 设 $\boldsymbol{A}$ 是 n 阶正定矩阵. 证明: 对于每个 n 维列向量 $\boldsymbol{x}$,

$$\boldsymbol{x}^{\mathrm{T}}\boldsymbol{A}^{-1}\boldsymbol{x}=\max_{\boldsymbol{y}\in\mathbb{R}^n}\big(2\boldsymbol{x}^{\mathrm{T}}\boldsymbol{y}-\boldsymbol{y}^{\mathrm{T}}\boldsymbol{A}\boldsymbol{y}\big)$$

(此处 $\boldsymbol{y}$ 是列向量).

2.30 设 $\boldsymbol{A}\in M_n(\mathbb{C})$ 的所有特征值都是实的.

(1) 证明: $(\mathrm{tr}(\boldsymbol{A}))^2 \leqslant s\,\mathrm{tr}(\boldsymbol{A}^2)$, 其中 s 是 $\boldsymbol{A}$ 的非零特征值的个数. 等式何时成立?

(2) 若 $\boldsymbol{A}$ 是 Hermite 矩阵, 则 $(\mathrm{tr}(\boldsymbol{A}))^2 \leqslant \mathrm{rank}(\boldsymbol{A})\,\mathrm{tr}(\boldsymbol{A}^2)$, 并且当且仅当 $\boldsymbol{A}^2 = c\boldsymbol{A}$ ($c \neq 0$ 为某个常数) 时等式成立.

(3) 证明: 若 $(\mathrm{tr}(\boldsymbol{A}))^2 > (n-1)\,\mathrm{tr}(\boldsymbol{A}^2)$, 则 $\boldsymbol{A}$ 可逆.

2.31 对于 $\boldsymbol{X} \in M_n(\mathbb{C})$, 定义 $f(\boldsymbol{X}) = \boldsymbol{X}^*\boldsymbol{X}$. 证明: f 是 $M_n(\mathbb{C})$ 上的凹 (上凸) 函数, 即对于任何 $t \in [0,1]$,

$$f\big(t\boldsymbol{A}+(1-t)\boldsymbol{B}\big) \geqslant f(\boldsymbol{A})+(1-t)f(\boldsymbol{B}) \quad \big(\boldsymbol{A},\boldsymbol{B} \in M_n(\mathbb{C})\big).$$

2.32 (1) 设 $\boldsymbol{A},\boldsymbol{B}$ 是同阶矩阵, $\boldsymbol{A} = \mathrm{diag}(a_1\boldsymbol{I}_{n_1}, a_2\boldsymbol{I}_{n_2}, \cdots, a_k\boldsymbol{I}_{n_k})$, 其中 $a_1,a_2,\cdots,a_k$ 两两互异. 证明: 若 $\boldsymbol{AB} = \boldsymbol{BA}$, 则

$$\boldsymbol{B} = \mathrm{diag}(\boldsymbol{B}_1, \boldsymbol{B}_2, \cdots, \boldsymbol{B}_k),$$

其中 $\boldsymbol{B}_i$ 是 n_i 阶方阵.

(2) 设 $\boldsymbol{A}$ 是 n 阶对角矩阵, 有 k 个互不相等的特征值 λ_i, 其 (代数) 重数分别是 n_i $(i=1,2,\cdots,k)$. 又设 V 是所有与 $\boldsymbol{A}$ 可交换的矩阵组成的集合. 证明: V 是线性空间 (按通常的矩阵运算), 并且 $\dim(V) = \sum\limits_{i=1}^{k} n_i^2$.

(3)* 设

$$\boldsymbol{J} = \begin{pmatrix} \lambda & 1 & & \\ & \lambda & \ddots & \\ & & \ddots & 1 \\ & & & \lambda \end{pmatrix}$$

(空白处元素为 0) 是特征值为 λ 的 n 阶 Jordan 块. 证明: 与 $\boldsymbol{J}$ 可交换的矩阵必为 $\boldsymbol{J}$ 的多项式.

2.33 若 $\boldsymbol{A},\boldsymbol{B}$ 是 n 阶实对称矩阵, 并且 $\boldsymbol{AB} = \boldsymbol{BA}$, 证明: 存在一个正交阵 $\boldsymbol{T}$, 使得同时有

$$\boldsymbol{T}^{\mathrm{T}}\boldsymbol{AT} = \mathrm{diag}(\lambda_1, \lambda_2, \cdots, \lambda_n), \quad \boldsymbol{T}^{\mathrm{T}}\boldsymbol{BT} = \mathrm{diag}(\mu_1, \mu_2, \cdots, \mu_n),$$

其中 λ_i 和 μ_i $(i=1,2,\cdots,n)$ 分别是 $\boldsymbol{A}$ 和 $\boldsymbol{B}$ 的特征值.

2.34 设 n 阶 (实) 对称矩阵 $\boldsymbol{A}$ 和 $\boldsymbol{B}$ 的特征值 λ_i 和 μ_i $(i=1,2,\cdots,n)$ 满足

$$\lambda_1 \leqslant \lambda_2 \leqslant \cdots \leqslant \lambda_n, \quad \mu_1 \leqslant \mu_2 \leqslant \cdots \leqslant \mu_n.$$

证明: 矩阵 $\boldsymbol{A}+\boldsymbol{B}$ 的特征值全部在 $[\lambda_1+\mu_1, \lambda_n+\mu_n]$ 之中.

2.35 (1) 设 n 阶 (实) 对称矩阵 $\boldsymbol{A}$ 的特征值是 $\lambda_1,\lambda_2,\cdots,\lambda_n$, 记 $\max\limits_{1\leqslant i\leqslant n}\lambda_i = \lambda_{\max}(\boldsymbol{A})$, $\min\limits_{1\leqslant i\leqslant n}\lambda_i = \lambda_{\min}(\boldsymbol{A})$. 对于 $\boldsymbol{x} \in \mathbb{R}^n$, 令 $\|\boldsymbol{x}\| = \sqrt{\boldsymbol{x}^{\mathrm{T}}\boldsymbol{x}}$. 证明:

$$\lambda_{\max}(\boldsymbol{A}) = \max_{\|\boldsymbol{x}\|=1} \boldsymbol{x}^{\mathrm{T}}\boldsymbol{Ax}, \quad \lambda_{\min}(\boldsymbol{A}) = \min_{\|\boldsymbol{x}\|=1} \boldsymbol{x}^{\mathrm{T}}\boldsymbol{Ax};$$

并且对于任何单位 (列) 向量 $\boldsymbol{x}$(即 $\|\boldsymbol{x}\|=1$),

$$\lambda_{\min}(\boldsymbol{A}) \leqslant \boldsymbol{x}^{\mathrm{T}}\boldsymbol{A}\boldsymbol{x} \leqslant \lambda_{\max}(\boldsymbol{A}).$$

(2) 证明: 若 $\boldsymbol{A}$ 和 $\boldsymbol{B}$ 是两个 (实) 对称矩阵, 则

$$\lambda_{\max}(\boldsymbol{A})+\lambda_{\min}(\boldsymbol{B}) \leqslant \lambda_{\max}(\boldsymbol{A}+\boldsymbol{B}) \leqslant \lambda_{\max}(\boldsymbol{A})+\lambda_{\max}(\boldsymbol{B}).$$

2.36 设 $\boldsymbol{A},\boldsymbol{B}$ 是 n 阶半正定矩阵, 它们的最大特征值都不超过 1. 证明:

(1) $0 \leqslant \boldsymbol{A} \leqslant \boldsymbol{I}$;

(2) $0 \leqslant \boldsymbol{A}^2 \leqslant \boldsymbol{A}$;

(3) $\boldsymbol{AB}+\boldsymbol{BA} \geqslant -\dfrac{1}{4}\boldsymbol{I}$.

2.37 设 $\boldsymbol{A},\boldsymbol{B}$ 是 n 阶半正定矩阵, 它们的特征值全含在 $[a,b]$ 中 $(0<a<b)$. 证明: 对于任意的 $t \in [0,1]$,

(1) $t\boldsymbol{A}^2+(1-t)\boldsymbol{B}^2 \geqslant \big(t\boldsymbol{A}+(1-t)\boldsymbol{B}\big)^2$;

(2) $\big(t\boldsymbol{A}+(1-t)\boldsymbol{B}\big)^2 \geqslant t\boldsymbol{A}^2+(1-t)\boldsymbol{B}^2-\dfrac{1}{4}(a-b)^2\boldsymbol{I}$.

2.38 设 $\boldsymbol{A}$ 是 3 阶 Hermite 矩阵, 其特征值 $\lambda_1<\lambda_2<\lambda_3$. 若 a,b 是其 2 阶主子阵的特征值, 并且 $a<b$, 证明: $\lambda_1 \leqslant a \leqslant \lambda_2 \leqslant b \leqslant \lambda_3$.

2.39 设

$$\boldsymbol{F}=\begin{pmatrix} 0 & 0 & \cdots & 0 & -a_n \\ 1 & 0 & \cdots & 0 & -a_{n-1} \\ 0 & 1 & \cdots & 0 & -a_{n-2} \\ \vdots & \vdots & & \vdots & \vdots \\ 0 & 0 & \cdots & 1 & -a_1 \end{pmatrix}.$$

(称为 Frobenius 矩阵).

(1) 求 $\boldsymbol{F}$ 的特征多项式和极小多项式.

(2) 证明: 若 $1 \leqslant s < n$, 则对于任何一组不全为零的复数 $c_0,c_1,\cdots,c_s$, 必定有

$$c_s\boldsymbol{F}^s+c_{s-1}\boldsymbol{F}^{s-1}+\cdots+c_0\boldsymbol{I} \neq \boldsymbol{O}.$$

并且

$$\boldsymbol{F}^n+a_1\boldsymbol{F}^{n-1}+\cdots+a_n\boldsymbol{I}=\boldsymbol{O}.$$

2.40 设 $\boldsymbol{A},\boldsymbol{B} \in M_n(\mathbb{C}),\mathrm{rank}(\boldsymbol{A})=\mathrm{rank}(\boldsymbol{B})$. 证明: $\boldsymbol{A}^2\boldsymbol{B}=\boldsymbol{A}$, 当且仅当 $\boldsymbol{B}^2\boldsymbol{A}=\boldsymbol{B}$.

2.41 设 $n \geqslant 1$. 证明: 存在 $n! \times n$ 矩阵 $\boldsymbol{A}_n=(a_{jk})$, 其所有元素属于集合 $\{0,1,\cdots,n\}$, 每行元素的和等于 n, 并且在全部 $n \times n!$ 个元素中, 恰有 $n!$ 个 1、$n!/2$ 个 2……$n!/n$ 个 n.

2.42* 已知 $(n-1)\times n$ 矩阵 $\boldsymbol{A}=(a_{ij})_{1\leqslant i\leqslant n-1,1\leqslant j\leqslant n}$ 的 $n-1$ 阶子式不全为 0. 试给出齐次线性方程组 $\boldsymbol{Ax}=\boldsymbol{0}$ 的一个非零解, 并讨论该线性方程组的一般解.

2.43* 已知二次型 $f(x_1,x_2,x_3)=5x_1^2+5x_2^2+\beta x_3^2-2x_1x_2+6x_1x_3-6x_2x_3$ 的秩为 2.

(1) 求系数 β;

(2) 给出实正交变换, 将上述二次型变成标准形, 并写出标准形.

2.44 设 V 是数域 K 上的 n $(n\geqslant 2)$ 维线性空间. 证明: 对于任何整数 $r\in(0,n)$, 存在无穷多个 V 的 r 维子空间.

2.45 (1) 设 V 是实线性空间, W 是 V 的真子空间. 令 $S=\{\boldsymbol{x}\in V\,|\,\boldsymbol{x}\notin W\}, W'=S\cup\{\boldsymbol{0}\}$. 证明: W' 不是 V 的子空间.

(2) 设 W_1,W_2 是线性空间 V 的两个子空间. 证明: $W_1\cup W_2$ 是 V 的子空间, 当且仅当 $W_1\subseteq W_2$, 或 $W_2\subseteq W_1$.

(3) 设 $V\neq\{\boldsymbol{0}\}$ 是实线性空间. 证明: V 不能表示为有限多个真子空间 $W_1,W_2,\cdots,W_m$ 的并, 即 $V\neq W_1\cup W_2\cup\cdots\cup W_m$.

(4) 设 V 是数域 K 上的线性空间. 对于 V 的子空间 W 以及 $\boldsymbol{x}\in V$, 记 $\boldsymbol{x}+W=\{\boldsymbol{x}+\boldsymbol{y}\,|\,\boldsymbol{y}\in W\}$. 证明: 若 W_1,W_2 是 V 的子空间, $(\boldsymbol{x}+W_1)\cap W_2\neq\emptyset$, 则存在 $\boldsymbol{z}\in W_2$, 使得 $(\boldsymbol{x}+W_1)\cap W_2=\boldsymbol{z}+(W_1\cap W_2)$.

(5) 设 V 是数域 K 上的 n 维线性空间. 证明: 无论怎样选取 V 的维数不超过 $n-1$ 的子空间 $W_1,\cdots,W_r$, 以及 V 的向量 $\boldsymbol{x}_1,\cdots,\boldsymbol{x}_r$, 总不可能有 $V=\{\boldsymbol{x}_1+W_1\}\cup\cdots\cup\{\boldsymbol{x}_r+W_r\}$.

2.46 证明: (1) 设 A,B 是 n 维复线性空间 V 的线性变换, $AB=BA$. 若 λ 是 A 的一个特征值, 则 A 的特征子空间 V_λ 是 B 的不变子空间.

(2) 设 A 是 n 维线性空间 V 的可逆线性变换, V 的子空间 W 是 A 的不变子空间, 则 W 也是 A^{-1} 的不变子空间.

(3) 设线性空间 V 的线性变换 A 有 k 个不同的特征值 $\lambda_1,\lambda_2,\cdots,\lambda_k$, 对应的特征向量是 $\boldsymbol{v}_1,\boldsymbol{v}_2,\cdots,\boldsymbol{v}_k$, 还设 $W\subset V$ 是 A 的不变子空间. 证明: 若 $\boldsymbol{v}_1+\boldsymbol{v}_2+\cdots+\boldsymbol{v}_k\in W$, 则 $\dim(W)\geqslant k$.

(4) 设 n 维线性空间 V 的线性变换 A 有 n 个不同的特征值, 则 A 有 2^n 个不变子空间.

2.47 设 $\boldsymbol{A}$ 是 n 阶实矩阵, m 是正整数. 证明: 若 $\boldsymbol{A}$ 有 m 个线性无关的实特征向量, 则存在秩为 m 的对称矩阵 $\boldsymbol{S}$, 它有 m 个正特征值, 并且 $\boldsymbol{AS}=\boldsymbol{S}^{\mathrm{T}}\boldsymbol{A}$.

2.48 (1) 证明: 若 n $(n\geqslant 3)$ 次多项式

$$P(x)=a_nx^n+a_{n-1}x^{n-1}+\cdots+a_3x^3+x^2+x+1\quad(a_n\neq 0)$$

只有实根, 则系数 a_i $(i=3,\cdots,n)$ 不可能全是实数.

(2) 设 $P_0(x),P_1(x),\cdots,P_n(x)$ 是整系数多项式, $\rho_0,\rho_1,\cdots,\rho_n$ 是给定整数. 令

$$\sigma_k=\sum_{i=0}^{n}P_i(k)\rho_i^k\quad(k=0,1,2,\cdots).$$

记

$$s=\sum_{i=0}^{n}(\deg(P_i)+1).$$

证明: $\sigma_j\,(j=0,1,\cdots)$ 全可通过 $\sigma_0,\sigma_1,\cdots,\sigma_s$ 的整系数线性组合表示.

(3) 设 $P(x)$ 是实系数 2 次多项式, $P(x)\,|\,P(x^2-1)$. 求 $P(x)$.

2.49 给定 m 次整系数多项式

$$P(x)=c_mx^m+c_{m-1}x^{m-1}+\cdots+c_0\quad(c_m\neq 0)$$

和 n 次整系数不可约多项式

$$Q(x)=a_nx^n+a_{n-1}x^{n-1}+\cdots+a_0 \quad (a_n\neq 0).$$

设 $\alpha_1,\alpha_2,\cdots,\alpha_n$ 是 $Q(x)$ 的 n 个根. 证明: 对于任何 α_i, 若 $P(\alpha_i)\neq 0$, 则

$$|P(\alpha_i)|\geqslant |a_n|^{-m}\left(\sum_{k=0}^{m}|c_k|\right)^{-(n-1)}\prod_{\substack{1\leqslant k\leqslant n\\ k\neq i}}\max\{1,|\alpha_k|\}^{-m}.$$

2.50* 设 $x_1,x_2,\cdots,x_n$ 是 n 个相异实数, $f(x)=(x-x_1)(x-x_2)\cdots(x-x_n)$, 令 $s_k=x_1^k+x_2^k+\cdots+x_n^k\,(k=0,1,\cdots,n)$. 证明:

(1) 多项式 $\big(f'(x)\big)^2-f(x)f''(x)$ 没有实根;

(2) $x^{k+1}f'(x)=(s_0x^k+s_1x^{k-1}+\cdots+s_{k-1}x+s_k)f(x)+g(x)\,(k=1,2,\cdots,n)$, 其中 $g(x)$ 是次数小于 n 的多项式.

2.51* 设多项式 $g(x)=p^k(x)g_1(x)\,(k\geqslant 1)$, 多项式 $p(x)$ 与 $g_1(x)$ 互素. 证明: 对任何多项式 $f(x)$, 有

$$\frac{f(x)}{g(x)}=\frac{r(x)}{p^k(x)}+\frac{f_1(x)}{p^{k-1}(x)g_1(x)},$$

其中 $r(x),f_1(x)$ 都是多项式, 并且 $r(x)=0$ 或 $\deg\big(r(x)\big)<\deg\big(p(x)\big)$.

2.52 (1) 证明: 多项式 $P(x)=(x-2)(x-4)\cdots(x-2l)-2$ 不可约, 并且有 l 个不同的实根.

(2) 设 $a_1<a_2<\cdots<a_l$ 是任意整数, q 是正整数, 多项式

$$g(x)=(x-a_1q)(x-a_2q)\cdots(x-a_lq)-1.$$

证明: 当 q 充分大时, $g(x)$ 不可约, 并且有 l 个不同的实根.

(3) 设 $a_1,a_2,\cdots,a_n$ 是互不相同的整数. 证明: 多项式

$$F(x)=(x-a_1)^4(x-a_2)^4\cdots(x-a_n)^4+1$$

不可约.

2.53* 设 V 是数域 K 上的有限维线性空间, V_1,V_2 是它的子空间, 并且满足

$$\dim(V_1+V_2)=\dim(V_1\cap V_2)+1.$$

证明: $V_1+V_2=V_1,V_1\cap V_2=V_2$; 或者 $V_1+V_2=V_2,V_1\cap V_2=V_1$.

2.54* (1) 给定矩阵 $\boldsymbol{A}\in M_n(\mathbb{C})$, 定义 $M_n(\mathbb{C})$ 上的线性变换 $\mathscr{T}:\mathscr{T}(\boldsymbol{X})=\boldsymbol{AX}-\boldsymbol{XA}$ (对任意的 $\boldsymbol{X}\in M_n(\mathbb{C})$). 若 $\boldsymbol{A}$ 的 n 个特征值为 $\lambda_1,\lambda_2,\cdots,\lambda_n$(不考虑重数, 即 λ_k 未必互异). 试证明: $\mathscr{T}$ 的特征值均形如 $\lambda_i-\lambda_j$, 其中 $1\leqslant i,j\leqslant n$.

(2) 证明: $\mathscr{T}$ 的秩至多为 n^2-n.

2.55* 设 $\boldsymbol{A}$ 和 $\boldsymbol{B}$ 是两个 n $(n\geqslant 2)$ 阶复矩阵, 满足 $\boldsymbol{AB}-\boldsymbol{BA}=2\boldsymbol{B}$.

(1) 证明: 存在复数 λ 以及 n 维复向量 $\boldsymbol{u}$, 使得 $\boldsymbol{Au}=\lambda\boldsymbol{u}$, 并且 $\boldsymbol{Bu}=\boldsymbol{0}$.

(2) 证明: $\boldsymbol{A}$ 和 $\boldsymbol{B}$ 可以同时上三角化, 即存在可逆 n 阶复矩阵 $\boldsymbol{P}$, 使得 $\boldsymbol{PAP}^{-1}$ 和 $\boldsymbol{PBP}^{-1}$ 都是上三角矩阵.

第 3 章　数论与组合

3.1　初等方法

问题 3.1　(美国, 1978) 对于素数 p 和整数 $a \geqslant b \geqslant 0$, 证明:

$$\binom{pa}{pb} \equiv \binom{a}{b} \pmod p. \tag{3.1.1}$$

证明　因为当 $k = 1, 2, \cdots, p-1$ 时

$$\binom{p}{k} \equiv 0 \pmod p,$$

所以在 $\mathbb{Z}_p[x]$(系数为域 $\mathbb{Z}_p$ 中元素的多项式的全体) 中,

$$(1+x)^p = 1 + x^p.$$

于是在 $\mathbb{Z}_p[x]$ 中,

$$\begin{aligned}\sum_{k=0}^{pa} \binom{pa}{k} x^k &= (1+x)^{pa} = \left((1+x)^p\right)^a \\ &= (1+x^p)^a = \sum_{j-0}^{a} \binom{a}{j} x^{pj}.\end{aligned}$$

比较等式两边 x^{pb} $(b = 0, 1, \cdots, a)$ 的系数, 即得式 (3.1.1). □

问题 3.2　(匈牙利, 1962) 证明: 若素数 $p \equiv 3 \pmod 4$, 则

$$\prod_{1 \leqslant x < y \leqslant (p-1)/2} (x^2 + y^2) \equiv (-1)^{[(p+1)/8]} \pmod p.$$

证明　证法 1　(i) (预备知识回顾) 设素数 $p \equiv 3 \pmod 4$. 记 $p = 4k+3$, 则 $(p-1)/2 = 2k+1$. 因为模 p 的绝对最小既约剩余系

$$-\frac{p-1}{2}, -\frac{p-1}{2}+1, \cdots, -1, 1, \cdots, \frac{p-1}{2}-1, \frac{p-1}{2}$$

中, 模 p 二次剩余及二次非剩余各占一半; 由模 p 二次剩余的 Euler 判别法可知, 其中任意一个数 u 是模 p 二次剩余, 当且仅当 $-u$ 是模 p 二次非剩余 (即 u 与 $-u$ 不可能同为模 p

二次剩余, 或同为模 p 二次非剩余). 因为每个模 p 二次剩余仅与

$$1^2,\cdots,\left(\frac{p-1}{2}-1\right)^2,\left(\frac{p-1}{2}\right)^2$$

中的一个数同余, 所以每个模 p 二次非剩余仅与

$$-1^2,\cdots,-\left(\frac{p-1}{2}-1\right)^2,-\left(\frac{p-1}{2}\right)^2$$

中的一个数同余. 我们将此事实表述为: 每个模 p 二次剩余唯一地表示为 x^2, 每个模 p 二次非剩余唯一地表示为 $-y^2$, 其中 $x,y\in\{1,2,\cdots,(p-1)/2\}$.

(ii) 下文中有时将模 p 二次剩余 (非剩余) 简称为剩余 (非剩余), 并省略记号 "$\bmod p$". 对于素数 $p=4k+3$, 定义集合

$$A=\{(x,y)\mid 1\leqslant x,y\leqslant 2k+1,x^2+y^2\equiv 1\,(\bmod p)\},$$
$$B=\{(x,y)\mid 1\leqslant x,y\leqslant 2k+1,x^2+y^2\equiv -1\,(\bmod p)\},$$

那么, 若 $|A|=r$, 则 $|B|=r+1$.

事实上, 如果在数列 (即模 p 的一个既约剩余系)

$$1,2,\cdots,p-2,p-1 \tag{3.2.1}$$

中存在相邻两数 u 和 $u+1$, 其中 u 是非剩余, $u+1$ 是剩余, 那么依步骤 (i) 中所说, $u\equiv -y^2,u+1\equiv x^2$, 其中 $1\leqslant x,y\leqslant 2k+1$. 于是

$$x^2+y^2\equiv x^2-(-y^2)\equiv (u+1)-u\equiv 1,$$

即 $(x,y)\in A$. 反之, 若 $(x,y)\in A$, 则 $x^2+y^2\equiv 1$, 其中 $1\leqslant x,y\leqslant 2k+1$, 那么在数列 (3.2.1) 中存在数 v, 使得 $y^2\equiv v$, 于是 $-y^2\equiv -v\equiv p-v$; 并且还有

$$x^2\equiv 1-y^2\equiv 1+(p-v).$$

记 $u=p-v$, 则 u 和 $u+1$ 是数列 (3.2.1) 中的相邻两数, 其中 $u\equiv -y^2$ 是非剩余, $u+1\equiv x^2$ 是剩余. 于是我们证明了: 集合 A 中 (x,y) 的组数等于数列 (3.2.1) 中所有由相邻两数形成的 (非剩余、剩余的) 组数. 类似地可证明: 集合 B 中 (x,y) 的组数等于数列 (3.2.1) 中所有由相邻两数形成的 (剩余、非剩余的) 组数. 因为 (依 Euler 判别法可知) 数列 (3.2.1) 中的数以剩余开始, 以非剩余结束, 所以 $|B|=|A|+1$.

(iii) 对于每个正整数 d, 定义集合

$$A'=\{(x,y)\mid 1\leqslant x,y\leqslant 2k+1,x^2+y^2\equiv d^2\,(\bmod p)\},$$
$$B'=\{(x,y)\mid 1\leqslant x,y\leqslant 2k+1,x^2+y^2\equiv -d^2\,(\bmod p)\},$$

那么 $|A'|=r,|B'|=r+1$.

事实上, 作变换 $x\equiv\pm dx_1,y\equiv\pm dy_1$, 其中每个双重号的选取, 使得 x,x_1,y,y_1 全属于 $[1,2k+1]$, 从而保证 $x^2+y^2\equiv d^2$ 与 $x_1^2+y_1^2\equiv 1$ 的解之间的一一对应. 于是 $|A'|=|A|$. 类似地, 可证 $|B'|=|B|$. 由此及步骤 (ii) 的结果立知 $|A'|=r,|B'|=r+1$.

(iv) 由步骤 (iii) 的结果可知, 当 $1\leqslant x,y\leqslant(p-1)/2$ 时, x^2+y^2 表示每个剩余 (即 d^2) r 次, 表示每个非剩余 (即 $-d^2$) $r+1$ 次. 因为 (x,y) 的总数是 $\big((p-1)/2\big)^2$, 剩余和非剩余各有 $(p-1)/2$ 个, 所以

$$r\cdot\frac{p-1}{2}+(r+1)\cdot\frac{p-1}{2}=\left(\frac{p-1}{2}\right)^2.$$

由此解得 $r=(p-3)/4=(4k+3-3)/4=k$.

(v) 现在增加限制 $x<y$. 对于任意二次剩余 $a,x^2+y^2\equiv a$ 的解 (x,y) 的组数都等于 k. 设这些解中有 α 组满足 $x<y$, β 组满足 $x=y$, γ 组满足 $x>y$. 在 Oxy 平面的第一象限中, 整点 (x,y) 落在直线 $y=x$ 的下方 (即 $x>y$) $\Leftrightarrow$ 整点 (y,x) 落在直线 $y=x$ 的上方 (即 $x<y$), 因此 $\alpha=\gamma$. 此外, 如果 $x=y$, 则依步骤 (ii), 在数列 (3.2.1) 中存在数 u, 满足 $u\equiv-y^2\equiv-x^2,u+1\equiv x^2$, 于是 $2u+1\equiv 0(\bmod p)$, 从而只可能 $u=(p-1)/2$. 因此 $\beta\leqslant 1$, 即 $\beta=0$ 或 1. 现在由 $\alpha+\beta+\gamma=k$ 即可推出, 对于任意二次剩余 $a,x^2+y^2\equiv a\,(x<y)$ 的解 (x,y) 的组数等于 $[k/2]$. 类似地, 对于任意二次非剩余 $a,x^2+y^2\equiv a\,(x<y)$ 的解 (x,y) 的组数等于 $[(k+1)/2]$.

(vi) 所有二次剩余的积

$$P_1\equiv 1^2\cdot 2^2\cdots\left(\frac{p-1}{2}\right)^2\equiv\left(\left(\frac{p-1}{2}\right)!\right)^2\quad(\bmod p),$$

所有二次非剩余的积

$$\begin{aligned}P_2&\equiv(-1^2)\cdot(-2^2)\cdot\cdots\cdot\left(-\left(\frac{p-1}{2}\right)^2\right)\\&\equiv(-1)^{(p-1)/2}\left(\left(\frac{p-1}{2}\right)!\right)^2\quad(\bmod p).\end{aligned}$$

注意: 对于数列 (3.2.1) 中的首末两数、正数与倒数第二个数等, 有

$$1\equiv-(p-1),\ 2\equiv-(p-2),\ \cdots,\ \frac{p-1}{2}\equiv-\left(\frac{p-1}{2}+1\right)\quad(\bmod p),$$

由此得到

$$(p-1)!\equiv(-1)^{(p-1)/2}\left(\left(\frac{p-1}{2}\right)!\right)^2\quad(\bmod p).$$

由 Wilson 定理可知 $(p-1)!\equiv-1\,(\bmod p)$, 并且 $(p-1)/2=2k+1$, 所以

$$\left(\left(\frac{p-1}{2}\right)!\right)^2\equiv 1\quad(\bmod p).$$

于是

$$P_1\equiv 1\quad(\bmod p),\quad P_2\equiv-1\quad(\bmod p).$$

因此, 由步骤 (v) 中的结果可知

$$\prod_{1\leqslant x<y\leqslant (p-1)/2}(x^2+y^2)\equiv P_1^{[k/2]}\cdot P_2^{[(k+1)/2]}\equiv (-1)^{[(p+1)/8]}\pmod p.$$

证法 2　用 P 表示题中的乘积, 记 $p=4k+3$. 因为 p 是奇素数, $x,y\in\{1,2,\cdots,(p-1)/2\}$, 所以 P 的每个因子中的 x^2 和 y^2 都是模 p 的平方剩余. 若 g 是模 p 的原根, $h=g^2$, 则每个平方剩余都与

$$1,h,h^2,\cdots,h^{2k}$$

中的一个而且仅一个同余. 注意 $x^2+y^2=y^2+x^2$, 因此

$$P\equiv \prod_{0\leqslant i<j\leqslant 2k}(h^i+h^j)\pmod p.$$

于是

$$\begin{aligned}P\cdot\prod_{0\leqslant i<j\leqslant 2k}(h^i-h^j)&\equiv\prod_{0\leqslant i<j\leqslant 2k}(h^i+h^j)\prod_{0\leqslant i<j\leqslant 2k}(h^i-h^j)\\&\equiv\prod_{0\leqslant i<j\leqslant 2k}(h^{2i}-h^{2j})\pmod p.\end{aligned}$$

若用 $V(a_1,a_2,\cdots,a_n)$ 表示 $a_1,a_2,\cdots,a_n$ 生成的 Vandermonde 行列式, 则有

$$P\cdot V(1,h,h^2,\cdots,h^{2k})\equiv V(1,h^2,h^6,\cdots,h^{4k})\pmod p. \tag{3.2.2}$$

因为

$$h^{2k+1}=g^{4k+2}\equiv 1\pmod p,$$

所以

$$V(1,h^2,h^6,\cdots,h^{4k})\equiv V(1,h^2,\cdots,h^{2k},h,h^3,\cdots,h^{2k-1})\pmod p.$$

在行列式 $V(1,h^2,\cdots,h^{2k},h,h^3,\cdots,h^{2k-1})$ 中, 经过

$$k+(k-1)+\cdots+2+1=\frac{1}{2}k(k+1)$$

次初等列变换, 可知

$$V(1,h^2,\cdots,h^{2k},h,h^3,\cdots,h^{2k-1})=(-1)^{[(k+1)/2]}V(1,h,h^2,\cdots,h^{2k}),$$

由此及式 (3.2.2) 得到

$$P\cdot V(1,h,h^2,\cdots,h^{2k})\equiv(-1)^{k(k+1)/2}V(1,h,h^2,\cdots,h^{2k})\pmod p.$$

因为 $p\nmid V(1,h,h^2,\cdots,h^{2k})$, 所以

$$P\equiv(-1)^{k(k+1)/2}\equiv(-1)^{[(k+1)/2]}\equiv(-1)^{[(p+1)/8]}\pmod p.\qquad\square$$

注　由证法 1 中的步骤 (i) 可知, $p\equiv 3\pmod 4$ 对于本问题是必要的条件.

问题 3.3 (匈牙利, 1970) 设 c 是一个正整数, p 是任意奇素数. 求

$$S=\sum_{n=0}^{(p-1)/2}\binom{2n}{n}c^n \pmod p$$

的最小 (按绝对值) 剩余.

解 记 $q=(p-1)/2$, 那么对每个整数 j,

$$2j+1\equiv -2(q-j) \pmod p.$$

于是

$$\begin{aligned}\binom{2n}{n}&=\frac{(2n)!}{n!^2}=\frac{2^n\cdot n!\cdot 1\cdot 3\cdots(2n-1)}{n!^2}=\frac{2^n\cdot 1\cdot 3\cdots(2n-1)}{n!}\\&\equiv\frac{2^n\cdot(-2)^n\cdot q(q-1)\cdots(q-n+1)}{n!}=(-4)^n\binom{q}{n},\end{aligned}$$

从而

$$\sum_{n=0}^{q}\binom{2n}{n}c^n\equiv\sum_{n=0}^{q}\binom{q}{n}(-4c)^n=(1-4c)^q.$$

因此, 若 $p\mid 1-4c$, 则 $S\equiv 0\pmod p$; 并且由平方剩余的 Euler 判别法则可知, 若 $1-4c$ 是模 p 平方剩余, 则 $S\equiv 1\pmod p$; 若 $1-4c$ 是模 p 平方非剩余, 则 $S\equiv -1\pmod p$. □

问题 3.4 (匈牙利, 1984) 证明: 若 a 和 b 是正整数, 且具有下列性质: 对于任何素数 p, a 除以 p 的余数总不大于 b 除以 p 的余数, 则 $a=b$.

证明 如果取素数 $p>\max\{a,b\}$, 那么 a,b 除以 p 的余数分别是 a,b 本身, 因此依题设可知 $a\leqslant b$. 我们只需证明: 若 $a<b$, 则导致矛盾. 为此, 令

$$k=\min\{a,b-a\},$$

则 $b-a\geqslant k$, 同时 $a\geqslant k$, 于是 $b\geqslant k+a\geqslant 2k$. 依 Sylvester-Schur 定理 (见本题解后的注), 存在素数 $p(>k)$ 整除 $\binom{b}{k}$. 由

$$p\mid b(b-1)\cdots\big(b-(k-1)\big)$$

可知 p 整除某个因子 $b-r(r\in\{0,1,\cdots,k-1\})$, 于是 $b-r=up$ ($u\geqslant 1$ 是某个正整数), 或 $b=up+r$, 其中 $r\leqslant k-1<p$, 因此 b 除以 p 的余数是 $r(\leqslant k-1)$. 下面区分两种情形:

(1) 若 $a\leqslant b/2$, 则 $k=a<p$, 于是 a 除以 p 的余数是 $a=k>r$, 即大于 b 除以 p 的余数, 与题设矛盾.

(2) 若 $a>b/2$, 则 $k=b-a$. 因为 $b=up+r$, 所以

$$a-(u-1)p=(b-k)-(u-1)p=p-(up-b)-k=p+r-k.$$

注意 $p+r-k\leqslant p-1, u-1\geqslant 0$, 可见 a 除以 p 的余数是 $p+r-k$. 但 $p+r-k=r+(p-k)>r$, 从而 a 除以 p 的余数大于 b 除以 p 的余数, 也与题设矛盾. □

注 Bertrand(1845) “假设” 断言: 对于每个正数 $n(\geqslant 2)$, 存在素数 p, 满足 $n<p<2n$. 这被 Чебыщев (1852) 证明. 其后, Sylvester(1912) 和 Schur(1929) 独立地将它推广为: 对于每对整数 $h,k\ (h\geqslant k\geqslant 1)$, 在整数 $h+1,h+2,\cdots,h+k$ 中至少有一个可被某个素数 $p(>k)$ 整除. 文献中将此结果称为 Sylvester-Schur 定理. 它还可叙述为: 如果整数 $n\geqslant 2k$, 那么 $\binom{n}{k}$ 有一个大于 k 的素因子. 此定理有多种初等证明, 但因篇幅较长, 国内初等数论教材一般都不提及. 有关信息读者可参见:

Handbook of Number Theory (Vol. I) (J. Sándor, D. Mitrinović, B. Crstici, Springer, 1995) 第 426 页;

The Development of Prime Number Theory (W. Narkiewicz, Springer, 2000) 第 118 页;

Topics in the Theory of Numbers (P. Erdös, J. Surányi, Springer, 2003) 第 173 页.

问题 3.5 (匈牙利, 1964) 设 p 是素数, 令

$$l_k(x,y)=a_kx+b_ky \quad (k=1,2,\cdots,p^2)$$

是整系数齐次线性多项式. 设对于两数不同时被 p 整除的整数对 (ξ,η), 值集 $\{l_k(\xi,\eta)\,|\,1\leqslant k\leqslant p^2\}$ 恰好给出模 p 的剩余类 p 次. 证明: 集合 $\{(a_k,b_k)\,(1\leqslant k\leqslant p^2)\}$ 模 p 恒等于集合 $\{(m,n)\,|\,0\leqslant m,n\leqslant p-1\}$.

证明 证法1 注意题中两个集合中出现的表达式 (a_k,b_k) 和 (m,n) 的个数都是 p^2. 只需证明: 对于每对数 $(m,n)\,(0\leqslant m,n\leqslant p-1)$, 恰好有一个 $k\,(1\leqslant k\leqslant p^2)$, 使得 $a_k\equiv m, b_k\equiv n\,(\bmod p)$. 用反证法. 设结论不成立, 那么存在下标 $i\neq j\,(i,j\in\{1,2,\cdots,p^2\})$, 使得

$$a_i\equiv a_j,\quad b_i\equiv b_j \quad (\bmod p).$$

设 $x,y\in\{0,1,\cdots,p-1\}, k\in\{1,2,\cdots,p^2\}$. 考虑满足

$$l_k(x,y)\equiv l_i(x,y) \quad (\bmod p) \tag{3.5.1}$$

的三元组 (k,x,y), 其中 $(x,y)\neq(0,0)$. 依假设, 对于每个固定的数对 $(x,y)\neq(0,0)$, 值集 $\{l_k(x,y)\,(1\leqslant k\leqslant p^2)\}$ 中 $l_i(x,y)$(作为模 p 剩余类中的元素) 恰好出现 p 次. 因此满足式 (3.5.1) 的 k 的个数是 p, 从而上述三元组 (k,x,y) 的总数等于 $p(p^2-1)$.

另一方面, 考虑对于固定的 k, 满足式 (3.5.1) 的 $(x,y)\neq(0,0)$ 的个数. 如果 $k=i$ 或者 $k=j$, 那么式 (3.5.1) 是恒等式, 因此 (x,y) 可取除 $(0,0)$ 外的数组, 因此此时满足式 (3.5.1) 的 (k,x,y) 的总数是 $2(p^2-1)$. 对于每个其他的 k(即 $k\notin\{i,j\}$, 共 p^2-2 个值), 将方程 (3.5.1) 改写为

$$(a_k-a_i)x\equiv-(b_k-b_i)y \quad (\bmod p). \tag{3.5.2}$$

若 $p|a_k-a_i$, 则可取 $x=1,2,\cdots,p-1; y=p$. 若 $p|b_k-b_i$, 则可取 $y=1,2,\cdots,p-1; x=p$. 若 $p\nmid a_k-a_i$, 并且 $p\nmid b_k-b_i$, 则对于每个 $y\in\{1,2,\cdots,p-1\}, x$ 的同余方程 (3.5.2) 至少有一个解, 并且这些解模 p 互不同余. 总之, 至少有 $p-1$ 个非零数组 (x,y) 满足式 (3.5.1). 于是在此情形下满足式 (3.5.1) 的 (k,x,y) 至少有 $(p^2-2)(p-1)$ 个. 合起来, 满足式 (3.5.1)

的三元组 (k,x,y) 的个数至少是

$$2(p^2-1)+(p^2-2)(p-1)=p(p^2-1)+p(p-1)>p(p^2-1).$$

我们得到矛盾.

证法2 只需证明: 对于任何 $(u,v)\in\mathbb{Z}^2$, 存在 $k\in\{1,2,\cdots,p^2\}$, 使得 $a_k\equiv u,b_k\equiv v\,(\mathrm{mod}\,p)$.

由几何级数求和公式可知, 当 $a\in\mathbb{Z},n\in\mathbb{N}$ 时

$$\sum_{m=1}^{n}\mathrm{e}^{2\pi\mathrm{i}ma/n}=\begin{cases}0, & n\nmid a,\\ n, & n\mid a,\end{cases}\tag{3.5.3}$$

其中 $\mathrm{i}=\sqrt{-1}$, 并且注意 $\mathrm{e}^{2\pi\mathrm{i}s}=1\,(s\in\mathbb{Z})$. 于是由题设可知, 对于任何整数组 $(\xi,\eta)\not\equiv(0,0)\,(\mathrm{mod}\,p)$,

$$\sum_{k=1}^{p^2}\mathrm{e}^{2\pi\mathrm{i}l_k(\xi,\eta)/p}=p\cdot\sum_{m=1}^{p}\mathrm{e}^{2\pi\mathrm{i}m/p}=0.$$

两边乘以 $\mathrm{e}^{-2\pi\mathrm{i}(u\xi+v\eta)/p}$, 得到: 当 $(\xi,\eta)\not\equiv(0,0)\,(\mathrm{mod}\,p)$ 时

$$\sum_{k=1}^{p^2}\mathrm{e}^{2\pi\mathrm{i}((a_k-u)\xi+(b_k-v)\eta)/p}=0.$$

当 $(\xi,\eta)\equiv(0,0)\,(\mathrm{mod}\,p)$ 时

$$\sum_{k=1}^{p^2}\mathrm{e}^{2\pi\mathrm{i}((a_k-u)\xi+(b_k-v)\eta)/p}=\sum_{k=1}^{p^2}1=p^2.$$

于是由以上两式得到

$$S=\sum_{\xi=0}^{p-1}\sum_{\eta=0}^{p-1}\sum_{k=1}^{p^2}\mathrm{e}^{2\pi\mathrm{i}((a_k-u)\xi+(b_k-v)\eta)/p}=p^2.$$

改变求和次序,

$$S=\sum_{k=1}^{p^2}\left(\left(\sum_{\xi=0}^{p-1}\mathrm{e}^{2\pi\mathrm{i}(a_k-u)\xi/p}\right)\cdot\left(\sum_{\eta=0}^{p-1}\mathrm{e}^{2\pi\mathrm{i}(b_k-v)\eta/p}\right)\right)=p^2.$$

由式 (3.5.3)(注意由函数 $\mathrm{e}^{2\pi\mathrm{i}t}$ 的特性, 其中求和范围可换为 $0\leqslant m\leqslant n-1$) 可知, 当且仅当恰有一个下标 k 同时满足 $a_k-u\equiv0,b_k-v\equiv0,\,(\mathrm{mod}\,p)$ 时, 上式成立. 于是本题得证. □

3.2 一些非初等方法

问题 3.6 (匈牙利, 1978) 设 $a_k\ (k=1,2,\cdots,n)$ 是正整数, 满足条件 $1<a_1<a_2<$

$\cdots < a_n < x$, 并且

$$\sum_{k=1}^{n}\frac{1}{a_k}\leqslant 1.$$

还设 y 是所有小于 x 并且不被任何 a_k 整除的正整数的个数. 证明:

$$y>\frac{cx}{\log x},$$

其中 c 是某个与 x 和 a_k 无关的正常数.

证明　整数 a_k 的不超过 x 的倍数总共有 $[x/a_k]$ 个. 因此, 依题设, 所有 a_k $(k=1,2,\cdots,n)$ 的不超过 x 的倍数的总数不超过

$$\sum_{k=1}^{n}\left[\frac{x}{a_k}\right]\leqslant\sum_{k=1}^{n}\frac{x}{a_k}=x\sum_{k=1}^{n}\frac{1}{a_k}\leqslant x.$$

由素数定理 (或 Чебышев 估计), 可取常数 x_0, 使得当 $x\geqslant x_0$ 时, $x/2$ 和 x 间的素数个数至少是 $x/(3\log x)$. 当 $x<x_0$ 时, 显然有 $y\geqslant 1$. 现在设 $x\geqslant x_0$, 区分两种情形:

(a) 设大于 $x/2$ 的 a_k 的个数小于 $x/(6\log x)$, 那么至少存在 $x/(6\log x)$ 个素数 (并且它们不等于任何 a_k(如果 a_k 中存在素数))$p\in(x/2,x)$. 这些素数不被任何 a_k 整除, 所以 $y\geqslant x/(6\log x)$.

(b) 设大于 $x/2$ 的 a_k 的个数至少是 $x/(6\log x)$, 那么

$$\sum_{a_k\leqslant x/2}\frac{1}{a_k}=\sum_{k=1}^{n}\frac{1}{a_k}-\sum_{a_k>x/2}\frac{1}{a_k}\leqslant 1-\frac{1}{x}\cdot\frac{x}{6\log x}=1-\frac{1}{6\log x}.$$

因此, 被某个 a_k 整除并且不超过 $x/2$ 的整数的个数

$$\begin{aligned}w&\leqslant\sum_{a_k\leqslant x/2}\left[\frac{x/2}{a_k}\right]\leqslant\sum_{a_k\leqslant x/2}\frac{x/2}{a_k}=\frac{x}{2}\sum_{a_k\leqslant x/2}\frac{1}{a_k}\\&\leqslant\frac{x}{2}\left(1-\frac{1}{6\log x}\right)=\frac{x}{2}-\frac{x}{12\log x}.\end{aligned}$$

这表明

$$\begin{aligned}y&\geqslant\left[\frac{x}{2}\right]-w\geqslant\left[\frac{x}{2}\right]-\left(\frac{x}{2}-\frac{x}{12\log x}\right)\\&=\left[\frac{x}{2}\right]-\frac{x}{2}+\frac{x}{12\log x}\geqslant\frac{x}{12\log x}-1.\end{aligned}$$

因此存在正常数 c, 使得 $y>cx/(\log x)$. □

注　素数定理: 不超过 x 的素数个数

$$\pi(x)\sim\frac{x}{\log x}\quad(x\to\infty).$$

它有两个常用等价形式:

$$\pi(x)\sim\frac{\vartheta(x)}{\log x}\sim\frac{\psi(x)}{\log x}\quad(x\to\infty),$$

其中 $\vartheta(x)=\sum\limits_{p\leqslant x}\log x,\psi(x)=\sum\limits_{p^m\leqslant x}\log x$ (p 表示素数).

Чебышев 估计: 当 $x\geqslant 2$ 时

$$\frac{\log 2}{3}\frac{x}{\log x}<\pi(x)<(6\log 2)\frac{x}{\log x}.$$

对此可参见潘承洞与潘承彪的《初等数论》(北京大学出版社, 1992) 第 8 章.

问题 3.7 (匈牙利, 1982) 设

$$f(n)=\sum_{\substack{p\mid n\\ p^\alpha\leqslant n<p^{\alpha+1}}}p^\alpha.$$

证明:

$$\varlimsup_{n\to\infty}\frac{\log\log n}{n\log n}f(n)=1.$$

证明 (i) 用 $\omega(n)$ 表示 n 的不同素因子的个数 (特别地, $\omega(1)=0$), 那么

$$f(n)\leqslant\sum_{p\mid n}n=n\sum_{p\mid n}1=n\omega(n).$$

因为 $\omega(n)$ 至多是 $\big(1+o(1)\big)\cdot(\log n/\log\log n)$, 所以

$$\frac{\log\log n}{n\log n}f(n)\leqslant\frac{\log\log n}{n\log n}\cdot n\omega(n)\leqslant\frac{\log\log n}{n\log n}\cdot n\big(1+o(1)\big)\frac{\log n}{\log\log n},$$

于是

$$\varlimsup_{n\to\infty}\frac{\log\log n}{n\log n}f(n)\leqslant 1.$$

(ii) 为证明相反的不等式, 只需证明存在一个无穷整数列 n_k $(k\geqslant 1)$, 使得

$$\lim_{k\to\infty}\frac{\log\log n_k}{n_k\log n_k}f(n_k)\geqslant 1.\tag{3.7.1}$$

为此选取参数 k, 并且构造某个由不超过 k 的素数形成的合数 $n=n_k$. 还设 m 是另一个整数(与 k 有关, 见后文式 (3.7.4)), 并用 c,c_i 表示与 k 无关的常数.

对于不超过 k 的素数 p, 因为

$$m<p^u<km\quad\Leftrightarrow\quad\frac{\log m}{\log p}<u<\frac{\log k}{\log p}+\frac{\log m}{\log p},$$

并且 $\log k/\log p\geqslant 1$, 所以对每个素数 $p\leqslant k$ 有一个幂 (p^u) 介于 m 和 km 之间. 对于给定的 $\varepsilon>0$, 取常数 c (仅与 ε 有关), 使得

$$(1+\varepsilon)^{[c\log k]}>k,$$

那么 $[c\log k]$ 个区间 $[m(1+\varepsilon)^{i-1},m(1+\varepsilon)^i](i=1,2,\cdots,[c\log k])$ 覆盖区间 $[m,km]$. 由素数定理, 不超过 k 的素数的个数 $\sim k/\log k$, 所以它们的个数不少于 $[c_1k/\log k]$, 并且它们各有某个幂落在 $[m,km]$ 中 (显然这些幂两两不等). 取常数 c_3, 满足

$$c\log k\cdot\frac{c_3k}{\log^2 k}<\frac{c_1k}{2\log k},$$

那么由抽屉原理可知, 存在某个区间 $[m(1+\varepsilon)^{i-1}, m(1+\varepsilon)^i]$, 使得至少有 $l=[c_3k/(\log k)^2]$ 个素数 $p\leqslant k$, 它们各有某个幂位于此区间中. 从这些素数中取 l 个, 记为 $p_1,p_2,\cdots,p_l$, 令

$$P=p_1p_2\cdots p_l.$$

如果

$$P<\varepsilon m, \tag{3.7.2}$$

那么存在 P 的某个倍数 sP 落在区间 $[m(1+\varepsilon)^i, m(1+\varepsilon)^{i+1}]$ 中 (因若不然, 则任何 rp $(r\in\mathbb{N})$ 不属于此区间, 从而将有某个正整数 t, 使得 $[tP,(t+1)P]\supset[m(1+\varepsilon)^i, m(1+\varepsilon)^{i+1}]$, 比较此两区间的长度得到 $P>m\varepsilon(1+\varepsilon)^i>m\varepsilon$, 与式 (3.7.2) 矛盾). 定义

$$n=n_k=sP.$$

设 p 是 $p_1,p_2,\cdots,p_l$ 中的任意一个, 那么 $p\mid n$, 并且它的某个幂 $p^u\in[m(1+\varepsilon)^{i-1}, m(1+\varepsilon)^i]$, 即

$$m(1+\varepsilon)^{i-1}\leqslant p^u\leqslant m(1+\varepsilon)^i.$$

同时, 由 n 的定义知

$$m(1+\varepsilon)^i\leqslant n\leqslant m(1+\varepsilon)^{i+1}.$$

因此 $p^u\leqslant n<p^{u+1}$. 由此可知

$$f(n)=p_1^{u_1}+p_2^{u_2}+\cdots+p_l^{u_l}\geqslant l\cdot m(1+\varepsilon)^{i-1}=l\cdot m\varepsilon\cdot\frac{(1+\varepsilon)^{i-1}}{\varepsilon}.$$

当 $\varepsilon>0$ 充分小时, 可使 $(1+\varepsilon)^{i-1}/\varepsilon>s(1-\varepsilon)^2$. 于是由式 (3.7.2) 及上式得到

$$f(n)>ln(1-\varepsilon)^2. \tag{3.7.3}$$

我们来通过 n 估计 l. 由 P 的定义可知 $P\leqslant k^l$. 我们选取

$$m=k^{l+1}, \tag{3.7.4}$$

那么当 $k>1/\varepsilon$ 时就可保证式 (3.7.2) 成立. 此外, 因为 $n\in[m(1+\varepsilon)^i, m(1+\varepsilon)^{i+1}]$, 所以当 $\varepsilon>0$ 充分小 (注意 $i\leqslant[c\log k]$) 时

$$n\leqslant m(1+\varepsilon)^{i+1}<k^{l+2}, \tag{3.7.5}$$

于是

$$l\geqslant\frac{\log n}{\log k}-2.$$

又由式 (3.7.5) 及 l 的定义可知 $n<k^k$, 于是

$$k\geqslant\frac{\log n}{\log\log n}$$

(这容易用反证法推出). 由上面两个不等式推出: 当 $\varepsilon>0$ 充分小时

$$l\geqslant(1-\varepsilon)\frac{\log n}{\log\log n}.$$

由此及式 (3.7.3) 得到: 当 $\varepsilon>0$ 充分小 (由 $k>1/\varepsilon$, 等价地, k 充分大) 时

$$f(n)>(1-\varepsilon)^3\frac{n\log n}{\log\log n}.$$

注意 $n=n_k$, 由此可知式 (3.7.1) 成立. 于是本题得证. □

注 关于 $\omega(n)$ 的渐近性质, 见华罗庚的《数论导引》(科学出版社, 1975) 第 5 章, 还可见 J. Sándor, D. Mitrinović, B. Crstici 的 *Handbook of Number Theory* (Vol. I) (Springer, 1995) 第 167 页.

问题 3.8 (匈牙利, 1973) 求具有下列性质的常数 $c>1$: 对于任何满足 $n>c^k$ 的正整数 n 和 k, $\binom{n}{k}$ 的不同素因子的个数至少是 k.

解 (i) 令 $t=[1,2,\cdots,k]$(最小公倍数). 我们首先证明: 当 $n>t+k$ 时, $\binom{n}{k}$ 至少有 k 个不同的素因子.

设素数 $p\leqslant k$, 那么存在整数 $s\geqslant 1$, 使得 $p^s\leqslant k<p^{s+1}$. 于是由初等数论中的一个结果可知, $k!$ 的 (素因子) 分解式中 p 的指数等于

$$u(p)=\sum_{i=1}^{s}\left[\frac{k}{p^i}\right].$$

又因为整数 $1,2,\cdots,k$ 的各个分解式中, p 的最大指数 (出现在 p^s 的分解式中) 是 s, 因此数 t 的分解式中 p 的指数等于 s. 此外, 因为 $n>t+k$, 所以

$$n>n-1>\cdots>n-k+1>t+k-k+1=t+1>k,$$

可见在连续 k 个数 $n,n-1,\cdots,n-k+1$ 中, 至少有 $[k/p^i]$ 个数是 p^i 的倍数. 明显地写出, 它们是

$$\xi_1=1\cdot p^i,\xi_2=2\cdot p^i,\cdots,\xi_{[k/p^i]}=[k/p^i]\cdot p^i.$$

在这些数中, 又有 $[k/p^{i+1}]$ 个数是 p^{i+1} 的倍数. 因此至少有 $[k/p^i]-[k/p^{i+1}]$ 个数 ξ_l 恰含因子 p^i. 由于 t 含因子 $p^s,s\geqslant i$, 因此 (ξ_l,t) 的分解式中 p 的指数等于 i. 于是

$$(n,t)(n-1,t)\cdots(n-k+1,t)$$

的分解式中 p 的指数至少是 (注意 $[k/p^{s+1}]=0$)

$$\sum_{i=1}^{s}i\left(\left[\frac{k}{p^i}\right]-\left[\frac{k}{p^{i+1}}\right]\right)=u(p).$$

这对于每个素数 $p\leqslant k$ 都成立, 因此

$$k!\mid(n,t)(n-1,t)\cdots(n-k+1,t).$$

又因为

$$\binom{n}{k}=\frac{n(n-1)\cdots(n-k+1)}{k!}$$

$$=\frac{n}{(n,t)}\frac{n-1}{(n-1,t)}\cdots\frac{n-k+1}{(n-k+1,t)}\cdot\frac{(n,t)(n-1,t)\cdots(n-k+1,t)}{k!}$$

(右边是两个整数的积), 所以

$$\frac{n}{(n,t)}\frac{n-1}{(n-1,t)}\cdots\frac{n-k+1}{(n-k+1,t)}\,\Big|\binom{n}{k}. \tag{3.8.1}$$

我们证明上式 (整除号) 左边的 k 个因子两两互素. 事实上, 若当 $i\neq j\,(0\leqslant i,j\leqslant k-1)$ 时

$$(n-i,n-j)=q,$$

那么 $q|n-i,q|n-j$, 所以 $q|(n-j)-(n-i)=i-j$. 由 $0<|i-j|<k$ 可知 $q|t$. 于是 $q|(n-i,t),q|(n-j,t)$. 我们可设

$$n-i=qA,\quad n-j=qB,\quad (n-i,t)=qC,\quad (n-j,t)=qD,$$

其中 A,B,C,D 是正整数, $(A,B)=1$. 于是

$$\frac{n-i}{(n-i,t)}=\frac{qA}{qC}=\frac{A}{C},\quad \frac{n-j}{(n-j,t)}=\frac{qB}{qD}=\frac{B}{D}.$$

因为上面两式左边都是整数, 所以 $C|A,D|B$. 于是

$$\left(\frac{n-i}{(n-i,t)},\frac{n-j}{(n-j,t)}\right)=\left(\frac{A}{C},\frac{B}{D}\right)=(A,B)=1.$$

因此 k 个数 $(n-i)/(n-i,t)\,(i=0,1,\cdots,k-1)$ 两两互素. 又因为 $n>t+k$, 所以当 $i=0,1,\cdots,k-1$ 时, 有 $n-i>t+k-i>t,(n-i,t)\leqslant t$, 从而 k 个数 $(n-i)/(n-i,t)$ 都大于 1. 分别取这 k 个数的某个素因子, 由式 (3.8.1) 即可得到 $\binom{n}{k}$ 的 k 个不同的素因子.

(ii) 现在确定常数 $c>1$.

解法 1　设

$$t=[1,2,\cdots,k]=\prod_{p\leqslant k}p^{f(p)},$$

其中 $f(p)$ 是 t 的分解式中素因子 p 的指数. 于是

$$p^{f(p)}\leqslant k<p^{f(p)+1},\quad 或者\quad f(p)\leqslant\frac{\log k}{\log p}<f(p)+1,$$

所以

$$f(p)=\left[\frac{\log k}{\log p}\right].$$

由此得到

$$t=\prod_{p\leqslant k}p^{[\log k/\log p]}.$$

因此

$$\log t\leqslant\sum_{p\leqslant k}\log p\cdot\frac{\log k}{\log p}=\pi(k)\log k,$$

由此可应用素数定理. 例如, 由 Чебышев 估计 (见问题 3.6 的注), 当 $k \geqslant 2$ 时

$$\log t \leqslant (6\log 2)k, \quad t \leqslant (2^6)^k.$$

因此可取 $c = 2^6 + 1 = 65$.

解法 2　由步骤 (i) 可知

$$t = \prod_{p^s \leqslant k < p^{s+1}} p^s.$$

因为当 $s = 1$ 时, $p \leqslant k < p^2 \Leftrightarrow \sqrt{k} < p \leqslant k$; 当 $s > 1$ 时, $p \leqslant \sqrt[s]{k} \leqslant \sqrt{k}$, 并且 $p^s \leqslant k$. 因此

$$t \leqslant \prod_{p \leqslant \sqrt{k}} k \prod_{\sqrt{k} < p \leqslant k} p.$$

应用估值

$$\prod_{p \leqslant k} p \leqslant 4^k \quad (k \geqslant 2)$$

(见练习题 3.19(2)), 得到

$$t < k^{\sqrt{k}-1} \cdot 4^k,$$

从而

$$t + k < k^{\sqrt{k}-1} \cdot 4^k + k < k^{\sqrt{k}} \cdot 4^k = \left(4k^{1/\sqrt{k}}\right)^k.$$

因为函数 $x^{1/\sqrt{x}}$ 当 $x = \mathrm{e}^2$ 时取最大值 $\mathrm{e}^{2/\mathrm{e}} < 2.1$, 所以可取 $c = 9$. □

注　应用素数定理可以证明: $\log[1,2,\cdots,n] \sim n\,(n \to \infty)$. 参见朱尧辰的《无理数引论》(中国科学技术大学出版社, 2012) 第 80 页.

问题 3.9　(匈牙利, 1973) 设 $f(n)$ 是最大的满足 $n^k | n!$ 的整数 k, 令

$$F(n) = \max_{2 \leqslant m \leqslant n} f(m).$$

证明:

$$\lim_{n\to\infty} \frac{F(n)\log n}{n \log\log n} = 1.$$

证明　(i) (上界估计) 设 n 的素因子分解式为

$$n = \prod_{i=1}^{k} p_i^{\alpha_i}. \tag{3.9.1}$$

因为

$$n^{f(n)} = \prod_{i=1}^{k} p_i^{\alpha_i f(n)} | n!,$$

所以

$$\alpha_i f(n) \leqslant \sum_{j=1}^{\infty} \left[\frac{n}{p_i^j}\right] < \frac{n}{p_i - 1},$$

从而对所有 i,

$$\alpha_i \log p_i \leqslant \frac{n}{f(n)} \cdot \frac{\log p_i}{p_i - 1}.$$

于是

$$\log n=\sum_{i=1}^{k}\alpha_i\log p_i\leqslant\frac{n}{f(n)}\sum_{i=1}^{k}\frac{\log p_i}{p_i-1}. \tag{3.9.2}$$

设 $q_1,q_2,\cdots$ 是所有素数的无穷序列 (按递增次序). 由 $(\log p)/(p-1)$ 的单调递减性推出

$$\sum_{i=1}^{k}\frac{\log p_i}{p_i-1}\leqslant\sum_{i=1}^{k}\frac{\log q_i}{q_i-1}. \tag{3.9.3}$$

又因为

$$\sum_{i=1}^{k}\frac{\log q_i}{q_i-1}=\sum_{i=1}^{k}\frac{\log q_i}{q_i}\left(1+\frac{1}{q_i-1}\right)=\sum_{i=1}^{k}\frac{\log q_i}{q_i}+\sum_{i=1}^{k}\frac{\log q_i}{q_i(q_i-1)},$$

并且(注意 $\log q_k\sim\log k\,(k\to\infty)$)

$$\sum_{i=1}^{k}\frac{\log q_i}{q_i}=\log q_k+O(1)=\log k\big(1+o(1)\big)$$

(见华罗庚的《数论导引》(科学出版社, 1975) 第 5 章第 9 节), 以及 (注意 $2(q_i-1)>q_i$)

$$\sum_{i=1}^{k}\frac{\log q_i}{q_i(q_i-1)}<2\sum_{i=1}^{k}\frac{\log q_i}{q_i^2}<2\sum_{n=1}^{\infty}\frac{\log n}{n^2}=O(1),$$

所以

$$\sum_{i=1}^{k}\frac{\log q_i}{q_i-1}=\log k\big(1+o(1)\big).$$

由此及式 (3.9.2) 和式 (3.9.3) 得到

$$\log n\leqslant\frac{n\log k}{f(n)}\big(1+o(1)\big).$$

于是

$$f(n)\leqslant\big(1+o(1)\big)\frac{n\log k}{\log n}.$$

最后, 由式 (3.9.1) 可知 $n\geqslant q_1\cdots q_k\geqslant 2^k$, 所以 $k\leqslant c\log n(c>0$ 是常数), 于是 $\log k\leqslant\log\log n+O(1)$, 从而得到上界估计

$$f(n)\leqslant\big(1+o(1)\big)\frac{n\log\log n}{\log n}. \tag{3.9.4}$$

(ii) (下界估计) 我们来构造数 $m\leqslant n$, 使 $f(m)$ 有大的值. 由

$$(m_1+1)!\leqslant n<(m_1+2)! \tag{3.9.5}$$

定义整数 m_1. 由 Stirling 公式可知

$$C_1+\left(m_1+\frac{1}{2}\right)\log m_1-m_1+o(1)\leqslant\log n\leqslant C_2+\left(m_1+\frac{3}{2}\right)\log m_1-m_1+o(1)$$

(此处 $C_1,C_2>0$ 是常数), 所以 $\log n\sim m_1\log m_1$. 由此可知存在常数 $C_3,C_4>0$, 使得 $C_3m_1\log m_1\leqslant \log n\leqslant C_4m_1\log m_1$, 于是 (取对数得到)$\log\log n\sim\log m_1$. 因此我们有

$$m_1\sim\frac{\log n}{\log\log n}\quad(n\to\infty).\tag{3.9.6}$$

设 p 是不超过 $(n/m_1!)^{1/3}$ 的最大素数, 并令

$$m=p^3m_1!,$$

那么

$$\begin{aligned}&m\leqslant\frac{n}{m_1!}\cdot m_1!=n,\\&\left(\frac{n}{m_1!}\right)^{1/3}\geqslant\left(\frac{(m_1+1)!}{m_1!}\right)^{1/3}=(m_1+1)^{1/3}\to\infty\quad(n\to\infty),\end{aligned}$$

从而

$$\frac{p}{\left(\dfrac{n}{m_1!}\right)^{1/3}}=\frac{\left(\dfrac{m}{m_1!}\right)^{1/3}}{\left(\dfrac{n}{m_1!}\right)^{1/3}}=\left(\frac{m}{n}\right)^{1/3}\leqslant 1.$$

因为

$$p\sim\left(\frac{n}{m_1!}\right)^{1/3}\quad(n\to\infty)$$

(见练习题 3.13(1)), 所以

$$m\sim n\quad(n\to\infty).\tag{3.9.7}$$

因为 $m_1\,|\,m$, 并且对于任意正整数 a,u,v, 有 $a[u/v]\leqslant[au/v]$, 所以对于任何素数 q,

$$\frac{m}{m_1}\sum_{i=1}^{\infty}\left[\frac{m_1}{q^i}\right]\leqslant\sum_{i=1}^{\infty}\left[\frac{m}{m_1}\cdot\frac{m_1}{q^i}\right]=\sum_{i=1}^{\infty}\left[\frac{m}{q^i}\right].$$

可见 $m!$ 的 (素因子) 分解式中 q 的指数至少是 $m_1!$ 的分解式中 q 的指数的 m/m_1 倍. 注意 $m_1!|m$, 所以对于任何素数 $q\neq p,m!$ 与 m 的分解式中 q 的指数之比至少是 m/m_1. 此外, $m_1!$ 的分解式中素数 p 的指数等于

$$\sum_{i=1}^{\infty}\left[\frac{m_1}{p^i}\right]<\frac{m_1}{p-1},$$

从而 $m=p^3m_1!$ 的分解式中素数 p 的指数小于

$$\frac{m_1}{p-1}+3;$$

并且 $m!$ 的分解式中素数 p 的指数等于

$$\sum_{i=1}^{\infty}\left[\frac{m}{p^i}\right]>\frac{m}{p}-1.$$

因此 m 和 $m!$ 的分解式中素因子 p 的指数之比也至少是

$$\frac{\dfrac{m}{p}-1}{\dfrac{m_1}{p-1}+3}=\frac{m\left(1-\dfrac{p}{m}\right)}{m_1\left(1+3\cdot\dfrac{p-1}{m_1}\right)}\cdot\frac{p-1}{p}. \tag{3.9.8}$$

又由 p 的定义及式 (3.9.5) 可知

$$p\leqslant\left(\frac{n}{m_1!}\right)^{1/3}<\big((m_1+1)(m_1+2)\big)^{1/3}=o(m)\quad(n\to\infty).$$

类似地,

$$p-1=o(m_1)\quad(n\to\infty).$$

还有 $n\to\infty\Rightarrow p\to\infty$. 于是由式 (3.9.8) 推出

$$\frac{\dfrac{m}{p}-1}{\dfrac{m_1}{p-1}+3}\sim\frac{m}{m_1}\quad(n\to\infty).$$

总之, 我们构造了整数 m, 满足 $m^k\,|\,m!$, 其中 $k=(m/m_1)\big(1+o(1)\big)$. 于是

$$F(n)\geqslant f(m)\geqslant\big(1+o(1)\big)\frac{m}{m_1},$$

由此及式 (3.9.6) 和式 (3.9.7) 得到

$$F(n)\geqslant\big(1+o(1)\big)\frac{n\log\log n}{\log n}\quad(n\to\infty).$$

由式 (3.9.4) 可知 $F(n)$ 有同样阶的上界估计, 于是本题得证. □

问题 3.10 (1) (匈牙利, 1986) 证明: 对于每个正整数 k, 存在严格单调增加的正整数列 $a_1,a_2,\cdots,a_k$, 使得对所有 $i\neq j$ $(1\leqslant i,j\leqslant k)$, 有 $a_i-a_j\,|\,a_i$.

(2) 证明: 存在绝对常数 $C>0$, 使得对于任何具有题 (1) 中所说整除性质的整数列 $a_1,a_2,\cdots,a_k$, 有 $a_1>k^{Ck}$.

证明 (1) 用数学归纳法. 对于 $k=1$, 可取 $a_1=1$. 现在设整数 $a_1,a_2,\cdots,a_k$ 满足 $0<a_1<a_2<\cdots<a_k$, 并且具有所要的整除性. 令

$$b=\prod_{i=1}^{n}a_i,$$

那么 $b<b+a_1<\cdots<b+a_k$, 并且当 $i\neq j,1\leqslant i,j\leqslant k$ 时

$$(b+a_i)-(b+a_j)=a_i-a_j\,|\,a_i,\quad a_i\,|\,b+a_i,$$

以及 $(b+a_i)-b=a_i\,|\,b$. 因此得到 $k+1$ 个满足要求的整数.

(2) 设 $p(\leqslant k)$ 是任意素数. 若有 $i\neq j$, 使得 $a_i\equiv a_j\,(\bmod p)$, 那么由整除性条件可知 $p\,|\,a_i-a_j,a_i-a_j\,|\,a_i$, 所以 $a_i\equiv a_j\equiv 0\,(\bmod p)$. 因此当且仅当 a_l 不与其他任何一个 a_i $(i\neq l)$

模 p 同余, 并且与 $1,2,\cdots,p-1$ 之一模 p 同余时, $p\nmid a_l$. 于是 $a_1,a_2,\cdots,a_k$ 中至多有 $p-1$ 个数不被 p 整除. 现在考虑所有可被 p 整数的 a_i. 将它们除以 p, 那么我们又得到一组满足题 (1) 中所说的整除性条件的整数. 于是它们中至多有 $p-1$ 个数不被 p 整除, 从而又可对其中所有可被 p 整除的数重复前面的推理, 等等. 因此在

$$A=\prod_{i=1}^{k}a_i$$

的 (素因子) 分解式中, p 的指数 $u(p)$ 至少等于

$$\begin{aligned}&\big(k-(p-1)\big)+\big(k-2(p-1)\big)+\cdots+\left(k-\left[\frac{k}{p-1}\right](p-1)\right)\\ &=\left[\frac{k}{p-1}\right]\cdot k-(p-1)\left(1+2+\cdots+\left[\frac{k}{p-1}\right]\right)\\ &=\left[\frac{k}{p-1}\right]\left(k-\frac{p-1}{2}\left(1+\left[\frac{k}{p-1}\right]\right)\right).\end{aligned}$$

于是, 若 $p\leqslant\sqrt{k}$, 则

$$u(p)\geqslant\frac{k^2}{3p}.$$

由此可知

$$A\geqslant\prod_{p\leqslant\sqrt{k}}p^{ck^2/p},$$

其中 $c=1/3$. 因而当 $k\geqslant4$ 时

$$\begin{aligned}a_k=\max a_i\geqslant A^{1/k}&\geqslant\prod_{p\leqslant\sqrt{k}}p^{ck/p}\\ &=\exp\left(ck\sum_{p\leqslant\sqrt{k}}\frac{\log p}{p}\right)\geqslant\exp(c'k\log k)=k^{c'k}.\end{aligned}$$

这里 $c'>0$ 是绝对常数, 并用到估值

$$\left|\sum_{p\leqslant x}\frac{\log p}{p}-\log x\right|\leqslant5\log2+3$$

(见潘承洞与潘承彪的《初等数论》(北京大学出版社, 1992) 第 440 页). 因为 $a_k-a_1|a_1$, 所以 $a_1\geqslant a_k/2\geqslant2$, 因此

$$a_1=\sqrt{a_1^2}\geqslant\sqrt{2a_1}\geqslant\sqrt{a_k}>k^{\alpha k}\quad(k\geqslant4),$$

其中 $\alpha=c'/2$.

对于 $k=3$, 直接验证可知 a_1 的最小可能值为 2, 所以当常数 $\beta<(\log2)/(3\log3)$ 时就有 $a_1>27^{\beta}=k^{\beta k}$.

至于 $k=1$ 及 $k=2$, 由例子 $\{1\}$ 和 $\{1,2\}$ 可知常数 C 不存在. 总之, 对于 $k\geqslant3$, 取 $C=\min\{\alpha,\beta\}$ 即可. □

问题 3.11　(匈牙利, 1990) 证明: 对于每个正数 K, 存在无穷多个正整数 m 和 N, 使得在整数 $m+1,m+4,m+9,\cdots,m+N^2$ 中至少有 $KN/\log N$ 个素数.

证明　(i) 设 $p_1=3,p_2=7,p_3=11,\cdots$, 以及 p_l 是 (按递增次序) 第 l 个 $4k+3$ 形式的素数, 并令

$$Q=3\cdot 5\cdots p_l.$$

还设 c 是一个正整数, 使得 $-c$ 对于模 $3,5,\cdots,p_l$ 都是二次非剩余. c 是唯一存在的. 事实上, 由孙子定理 (中国剩余定理), 同余方程组

$$c\equiv 1 \pmod{p_k} \quad (k=1,2,\cdots,l)$$

有唯一解 c. 因为 $(p-1)/2$ 是奇数, 所以

$$(-c)^{(p_k-1)/2}\equiv -1 \pmod{p_k} \quad (k=1,2,\cdots,l),$$

从而依 Euler 判别法则知 $-c$ 是模 p_k 二次非剩余.

下面我们来求出 $m=c+kQ$ 形式的 m 以满足要求.

考虑任意一个 i $(1\leqslant i\leqslant N)$. 由 c 的取法可知 $(i^2+c,Q)=1$. 依算术级数的素数定理 (见本题解后的注), 对于固定的 Q, 当 N 充分大时, 在算术级数 $i^2+c+kQ\,(k\in\mathbb{N})$ 的最初 N^2 项 (于是这些数都不超过 i^2+c+N^2Q) 中素数个数渐近地等于

$$\frac{1}{\phi(Q)}\cdot\frac{N^2Q+i^2+c}{\log(N^2Q+i^2+c)}\sim\frac{1}{\phi(Q)}\cdot\frac{N^2Q}{\log(N^2Q)}>\frac{Q}{3\phi(Q)}\cdot\frac{N^2}{\log N}.$$

令 $i=1,2,\cdots,N$, 将得到的素数合在一起, 可知在整数集

$$A=\{i^2+c+kQ\,|\,1\leqslant i\leqslant N,1\leqslant k\leqslant N^2\}$$

中, 素数个数 (对于不同的 i 值, 可能有相同的素数出现, 需重复计算) 至少是

$$N\cdot\frac{Q}{3\phi(Q)}\cdot\frac{N^2}{\log N}=\frac{Q}{3\phi(Q)}\cdot\frac{N^3}{\log N}.$$

因为 $c+kQ\,(1\leqslant k\leqslant N^2)$ 取 N^2 个值, 所以可将 A 表示为 N^2 个子集

$$A_m=\{i^2+m\,|\,1\leqslant i\leqslant N\} \quad (m=c+kQ,k=1,2,\cdots,N^2)$$

的并集. 依抽屉原理, 存在一个 $m=c+kQ$, 使得子集 $A_m=\{m+1,m+4,m+9,\cdots,m+N^2\}$ 中至少有

$$\frac{1}{N^2}\cdot\frac{Q}{3\phi(Q)}\cdot\frac{N^3}{\log N}=\frac{Q}{3\phi(Q)}\cdot\frac{N}{\log N}$$

个素数. 因为 A_m 中的整数两两互异, 所以这些素数没有重复.

(ii) 我们有

$$\frac{Q}{\phi(Q)}=\prod_{i=1}^{l}\frac{p_i}{p_i-1}>\prod_{i=1}^{l}\left(1+\frac{1}{p_i}\right)>\sum_{i=1}^{l}\frac{1}{p_i}.$$

注意级数 $\sum\limits_p 1/p$ 发散, 所以可选取 Q, 使得

$$\frac{Q}{3\phi(Q)} > K.$$

于是依步骤 (i) 中所证, 对于每个充分大的 N, 存在 m, 使得整数 $m+1, m+4, m+9, \cdots, m+N^2$ 中至少有 $KN/\log N$ 个素数. □

注 算术级数的素数定理 (Dirichlet 定理): 若 a, b 是互素正整数, 则形如 $an+b$ 形式的素数有无穷个. 若用 $\pi(x;a,b)$ 表示不超过 x 的 $an+b$ 形式的素数个数, 则

$$\pi(x;a,b) \sim \frac{1}{\phi(a)} \cdot \frac{x}{\log x} \quad (x \to \infty),$$

其中 $\phi(x)$ 是 Euler 函数. 对此可参见华罗庚的《数论导引》(科学出版社, 1975) 第 9 章第 8 节.

问题 3.12 (苏联, 1975) 如果 $\omega(n)$ 表示自然数 n 的 (不同的) 素因子的个数, 求 $\lim\limits_{n\to\infty} \omega(n)/n$.

解 解法 1 显然 $\omega(n) \leqslant \pi(n)$, 所以

$$0 < \frac{\omega(n)}{n} \leqslant \frac{\pi(n)}{n}.$$

由素数定理得到

$$\frac{\pi(n)}{n} = \frac{n}{\log n}\big(1+o(1)\big) \cdot \frac{1}{n} \to 0 \quad (n \to \infty),$$

所以

$$\lim_{n\to\infty} \frac{\omega(n)}{n} = 0.$$

解法 2 (i) 用 $d(n)$ 表示自然数 n 的所有因子的个数. 设

$$n = p_1^{\alpha_1} p_2^{\alpha_2} \cdots p_s^{\alpha_s} \tag{3.12.1}$$

是 n 的标准素因子分解式, 那么它的全部因子是

$$p_1^{\sigma_1} p_2^{\sigma_2} \cdots p_s^{\sigma_s},$$

其中每个 σ_j 独立地取值 $0, 1, \cdots, \alpha_j$. 因此

$$d(n) = (\alpha_1+1)(\alpha_2+1)\cdots(\alpha_s+1). \tag{3.12.2}$$

用 p^α 表示 $p_i^{\alpha_i}$ $(i = 1, 2, \cdots, s)$ 中的任意一个, 那么

$$p^{\alpha/2} \geqslant 2^{\alpha/2} = \mathrm{e}^{\alpha(\log 2)/2} \geqslant \frac{\log 2}{2}\alpha \geqslant \frac{\alpha+1}{4}\log 2;$$

并且如果 $p^{1/2} \geqslant 2$, 那么

$$p^{\alpha/2} \geqslant 2^\alpha \geqslant \alpha+1.$$

于是由式 (3.12.2) 得到

$$\begin{aligned}\frac{d(n)}{n^{1/2}}&=\prod_{p^{1/2}<2}\frac{\alpha+1}{p^{\alpha/2}}\cdot\prod_{p^{1/2}\geqslant 2}\frac{\alpha+1}{p^{\alpha/2}}\\&\leqslant\prod_{p^{1/2}<2}\frac{\alpha+1}{\frac{\alpha+1}{4}\log 2}\cdot\prod_{p^{1/2}\geqslant 2}\frac{\alpha+1}{\alpha+1}\\&=\prod_{p^{1/2}<2}\frac{4}{\log 2}=C,\end{aligned}$$

其中 $p\in\{p_1,p_2,\cdots,p_s\}$. 因为 n 的满足 $p^{1/2}<2$ 的素因子 p 至多有 2 个, 所以 $C\leqslant 8/\log 2$. 于是

$$d(n)\leqslant Cn^{1/2}. \tag{3.12.3}$$

(ii) 因为 1 不是 n 的素因子, 所以 $\omega(n)<d(n)$. 于是

$$0<\frac{\omega(n)}{n}<\frac{d(n)}{n},$$

由此及式 (3.12.3) 立得 $\lim\limits_{n\to\infty}\omega(n)/n=0$. □

问题 3.13 (美国, 2001) 计算和

$$S=\sum_{n=1}^{\infty}\frac{2^{((\sqrt{n}))}+2^{-((\sqrt{n}))}}{2^n},$$

其中 $((x))$ 表示与实数 x 最近的整数.

解 (i) 由 $((x))$ 的定义可知

$$((x))=\min\{\lceil a\rceil,\lfloor a\rfloor\}.$$

若 $((x))=\lceil a\rceil$, 则 $x+1/2\in(\lceil a\rceil,\lceil a\rceil+1)$, 所以 $[x+1/2]=\lceil a\rceil=((x))$;

若 $((x))=\lfloor a\rfloor$, 则 $x+1/2\in(\lfloor a\rfloor,\lfloor a\rfloor+1)$, 所以 $[x+1/2]=\lfloor a\rfloor=((x))$. 因此我们总有

$$((x))=\left[x+\frac{1}{2}\right]. \tag{3.13.1}$$

(ii) 因为点 $m-1/2\,(m=1,2,\cdots)$ 将 $[1/2,+\infty)$ 划分为无穷多个长度为 1 的区间 $I_m=\big[m-1/2,m+1/2\big)\,(m\geqslant 1)$, 所以对于任何 $n\geqslant 1,\sqrt{n}$ 必落在区间 I_m 之一 (且唯一), 于是存在正整数 $m=m(n)$, 使得

$$m-\frac{1}{2}\leqslant\sqrt{n}<m+\frac{1}{2},$$

从而 $[\sqrt{n}+1/2]=m$, 进而由式 (3.13.1) 推出

$$\left[\sqrt{n}+\frac{1}{2}\right]=((\sqrt{n}))=m\quad(n\geqslant 1).$$

又因为 (注意 m 是整数)

$$\sqrt{n}<m+\frac{1}{2}\quad\Leftrightarrow\quad n\leqslant\left(m+\frac{1}{2}\right)^2=m^2+m+\frac{1}{4}$$

$$\Leftrightarrow \quad n \leqslant m^2+m,$$

以及

$$m-\frac{1}{2} \leqslant \sqrt{n} \quad \Leftrightarrow \quad \left(m-\frac{1}{2}\right)^2 = m^2-m+\frac{1}{4} \leqslant n$$
$$\Leftrightarrow \quad n \geqslant m^2-m+1,$$

所以当 $m \geqslant 1$ 时

$$((\sqrt{n})) = m \quad \Leftrightarrow \quad m^2-m+1 \leqslant n \leqslant m^2+m. \tag{3.13.2}$$

(iii) 由式 (3.13.2) 得

$$\begin{aligned}
S &= \sum_{m=1}^{\infty}\left(2^m+\frac{1}{2^m}\right)\sum_{m^2-m+1\leqslant n\leqslant m^2+m}\frac{1}{2^n}\\
&= \sum_{m=1}^{\infty}\left(2^m+\frac{1}{2^m}\right)\frac{2}{2^{m^2-m+1}}\left(1-\frac{1}{2^{2m}}\right)\\
&= \sum_{m=1}^{\infty}\frac{2\cdot 2^m}{2^{m^2-m+1}}\left(1-\frac{1}{2^{2m}}\right)+\sum_{m=1}^{\infty}\frac{2}{2^m\cdot 2^{m^2-m+1}}\left(1-\frac{1}{2^{2m}}\right)\\
&= 2\sum_{m=1}^{\infty}\frac{1}{2^{m^2-2m+1}}\left(1-\frac{1}{2^{2m}}\right)+2\sum_{m=1}^{\infty}\frac{1}{2^{m^2+1}}\left(1-\frac{1}{2^{2m}}\right)\\
&= 2\sum_{m=1}^{\infty}\frac{1}{2^{(m-1)^2}}-\sum_{m=1}^{\infty}\frac{1}{2^{m^2}}+\sum_{m=1}^{\infty}\frac{1}{2^{m^2}}-2\sum_{m=1}^{\infty}\frac{1}{2^{(m+1)^2}}\\
&= 2\left(1+\frac{1}{2}+\sum_{m=3}^{\infty}\frac{1}{2^{(m-1)^2}}\right)-2\sum_{m=1}^{\infty}\frac{1}{2^{(m+1)^2}} = 2\left(1+\frac{1}{2}\right) = 3.
\end{aligned}$$

□

问题 3.14 (美国, 1974) 证明: 如果实数 α 满足

$$\cos \pi\alpha = \frac{1}{3},$$

则 α 是无理数.

证明 证法 1 (i) 若 $\alpha = p/q$ 是有理数, 其中 p, q 是互素整数, $q > 0$, 那么由

$$\cos(n\pi\alpha) = \cos\left(\frac{n}{q}p\pi\right)$$

可知: 当 $n=0$ 时, $\cos(n\pi\alpha)=1$; 当 $n=1,2,\cdots,q-1,q$ 时, 分别得到

$$\cos\left(\frac{1}{q}p\pi\right), \cos\left(\frac{2}{q}p\pi\right), \cdots, \cos\left(\frac{q-1}{q}p\pi\right), \cos\left(\frac{q}{q}p\pi\right) = (-1)^p.$$

当 $n = kq+1, kq+2, \cdots, kq+(q-1), kq+q\ (k \in \mathbb{Z})$ 时, 则得到的值与上述各值相差一个因子 $(-1)^{kp}$. 因此总共至多有 $2q$ 个不同的值. 于是

$$\alpha \in \mathbb{Q} \quad \Rightarrow \quad \{\cos(n\pi\alpha)\ (n \in \mathbb{Z})\}\text{是有限集}.$$

(ii) 若

$$\cos\pi\alpha=\frac{1}{3},$$

则由 $\cos 2x=2\cos^2 x-1$ 可算出

$$\cos(2\pi\alpha)=2\left(\frac{1}{3}\right)^2-1=\frac{2-3^2}{3^2},$$

其中 $3\nmid 2-3^2$; 类似地,

$$\cos(2^2\pi\alpha)=2\left(\frac{2-3^2}{3^2}\right)^2-1=\frac{2(2-3^2)^2-3^{2^2}}{3^{2^2}},$$

其中 $3\nmid 2(2-3^2)^2-3^{2^2}$. 应用数学归纳法可知: 当 $m\in\mathbb{N}$ 时

$$\cos(2^m\pi\alpha)=\frac{R_m}{3^{2^m}},$$

其中 R_m 是整数, $3\nmid R_m$. 因此 $\cos(n\pi\alpha)\,(n\in\mathbb{N})$ 形成一个无限集合. 依步骤 (i) 中得到的结论推出 α 不可能是有理数.

证法 2　若 α_0 满足 $\cos\pi\alpha_0=1/3$, 则 $\alpha_0+2k\,(k\in\mathbb{Z})$ 也满足同样的方程, 所以只需证明

$$\alpha_0=\frac{1}{\pi}\arccos\frac{1}{3}$$

是无理数. 我们有下列一般结果:

对于每个奇数 $n\geqslant 3$, 实数

$$\theta_n=\frac{1}{\pi}\arccos\frac{1}{\sqrt{n}}$$

是无理数 (显然 $\alpha_0=\theta_9$).

证明　记 $\varphi_n=\arccos(1/\sqrt{n})$, 则 $0\leqslant\varphi_n\leqslant\pi,\cos\varphi_n=1/\sqrt{n}$. 由公式

$$\cos\alpha+\cos\beta=2\cos\frac{\alpha+\beta}{2}\cos\frac{\alpha-\beta}{2}$$

可得

$$\cos(k+1)\varphi=2\cos\varphi\cos k\varphi-\cos(k-1)\varphi. \tag{3.14.1}$$

我们来证明: 对于奇整数 $n\geqslant 3$,

$$\cos k\varphi_n=\frac{A_k}{(\sqrt{n})^k}\quad(k\geqslant 0\text{ 是整数}), \tag{3.14.2}$$

其中 A_k 是一个不被 n 整除的整数. 当 $k=0,1$ 时, 显然 $A_0=A_1=1$. 若式 (3.14.2) 对某个 $k\geqslant 1$ 成立, 那么由式 (3.14.1) 得到

$$\cos(k+1)\varphi_n=2\frac{1}{\sqrt{n}}\frac{A_k}{(\sqrt{n})^k}-\frac{A_{k-1}}{(\sqrt{n})^{k-1}}=\frac{2A_k-nA_{k-1}}{(\sqrt{n})^{k+1}},$$

因而 $A_{k+1}=2A_k-nA_{k-1}$ 是一个不被 (大于 3 的奇整数)n 整除的整数. 于是式 (3.14.2) 得证.

现在设 $\theta_n=\varphi_n/\pi=p/q$, 其中 p,q 是正整数, 那么 $q\varphi_n=p\pi$, 从而

$$\pm1=\cos p\pi=\cos q\varphi_n=\frac{A_q}{(\sqrt{n})^q}.$$

由此推出 $(\sqrt{n})^q=\pm A_q$ 是一个整数, 并且 $q\geqslant 2$, 特别可知 $n|(\sqrt{n})^q$, 即 $n|A_q$, 于是得到矛盾, 从而 θ_n 是无理数. □

问题 3.15 (匈牙利, 1989) 设 $n_1<n_2<\cdots$ 是无穷自然数列, 并且 $n_k^{1/2^k}$ 单调递增趋于无穷. 证明: $\sum\limits_{k=1}^{\infty}1/n_k$ 是无理数. 并且这个结果在下列意义下是最好可能的: 对于每个 $c>0$, 可以给出一个数列的例子 $n_1<n_2<\cdots$, 使得对于所有 $k\geqslant 1$, 有 $n_k^{1/2^k}>c$, 但 $\sum\limits_{k=1}^{\infty}1/n_k$ 是有理数.

证明 (i) 用反证法. 设

$$\sum_{i=1}^{\infty}\frac{1}{n_i}=\frac{p}{q},$$

其中 p,q 是正整数. 那么对于任意正整数 k,

$$\sum_{i=1}^{k}\frac{1}{n_i}+\sum_{i=k+1}^{\infty}\frac{1}{n_i}=\frac{p}{q}.$$

两边乘以 $qn_1n_2\cdots n_k$, 可知对于所有正整数 k,

$$qn_1n_2\cdots n_k\sum_{i=k+1}^{\infty}\frac{1}{n_i}=pn_1n_2\cdots n_k-q\sum_{i=1}^{k}\frac{n_1n_2\cdots n_k}{n_i}$$

是一个正整数. 我们下面证明:

$$n_1n_2\cdots n_k\sum_{i=k+1}^{\infty}\frac{1}{n_i}\to\infty\quad(k\to\infty),\tag{3.15.1}$$

从而得到矛盾.

由单调性假设有

$$n_{k+1}^{2^{-(k+1)}}\geqslant n_k^{2^{-k}}\geqslant n_{k-1}^{2^{-(k-1)}}\geqslant\cdots\geqslant n_1^{2^{-1}},$$

所以

$$n_1n_2\cdots n_k\leqslant n_{k+1}^{2^{-1}+2^{-2}+\cdots+2^{-k}}=n_{k+1}^{1-2^{-k}}.\tag{3.15.2}$$

同时, 由不等式

$$n_{k+1}^{2^{-(k+1)}}\leqslant n_{k+2}^{2^{-(k+2)}}\leqslant n_{k+3}^{2^{-(k+3)}}\leqslant\cdots$$

可知 $n_{k+2}\geqslant n_{k+1}^2, n_{k+3}\geqslant n_{k+1}^{2^2},\cdots$, 所以

$$\begin{aligned}\sum_{i=k+1}^{\infty}\frac{1}{n_i}&\leqslant\frac{1}{n_{k+1}}+\frac{1}{n_{k+1}^2}+\frac{1}{n_{k+1}^{2^2}}+\cdots\\&<\frac{1}{n_{k+1}}+\frac{1}{n_{k+1}^2}+\frac{1}{n_{k+1}^3}+\cdots=\frac{1}{n_{k+1}-1}.\end{aligned}$$

由此及式 (3.15.2) 推出

$$n_1n_2\cdots n_k\sum_{i=k+1}^{\infty}\frac{1}{n_i}\leqslant\frac{n_{k+1}^{1-2^{-k}}}{n_{k+1}-1}=\frac{n_{k+1}}{n_{k+1}-1}\left(n_{k+1}^{-2^{-(k+1)}}\right)^2.$$

由此得式 (3.15.1). 因此本题第一部分得证.

(ii) 构造数列 n_k $(k=1,2,\cdots)$ 如下: 任取 $a_1>c^2+1$, 然后令

$$n_{k+1}=n_k^2-n_k+1\quad(k\geqslant 1),\tag{3.15.3}$$

那么

$$n_{k+1}-1>(n_k-1)^2>\cdots>(n_1-1)^{2^k}>c^{2^{k+1}},$$

因此对所有 $k\geqslant 1, n_k^{2^{-k}}>c$; 并且由式 (3.15.3), 用数学归纳法可证

$$\sum_{i=1}^{k}\frac{1}{n_i}=\frac{1}{n_1-1}-\frac{1}{n_k(n_k-1)}.$$

因而

$$\sum_{i=1}^{\infty}\frac{1}{n_i}=\frac{1}{n_1-1}$$

是有理数. □

3.3　一些丢番图方程

问题 3.16 (苏联, 1976) 证明: 对于任何整数 $k>0$, 方程 $a^2+b^2=c^k$ 有正整数解.

证明　证法 1　(观察法) 直观 “尝试”: 当 $k=1$ 时, 题中方程显然有正整数解, 只需取 $a=m, b=n, c=m^2+n^2$, 其中 m,n 是任意正整数. 当 $k=2$ 时, 试令 $c=m^2+n^2$, 则

$$a^2+b^2=(m^2+n^2)^2=(m^2-n^2)^2+(2mn)^2,$$

因此可取 $a=|m^2-n^2|, b=2mn$. 一般地, 当 $k>1$ 时, 若仍然令 $c=m^2+n^2$, 则需解方程

$$a^2+b^2=(m^2+n^2)^k.$$

若能将上式右边化为平方和, 则可得 a,b. 于是自然地想到

$$\begin{aligned}(m^2+n^2)^k&=(m^2+n^2)^{k-1}\cdot(m^2+n^2)\\&=(m^2+n^2)^{k-1}\cdot m^2+(m^2+n^2)^{k-1}\cdot n^2,\end{aligned}$$

可见需进而考察 k.

“正式”证法: 当 $k=1$ 时, 题中方程显然有正整数解 $(a,b,c)=(m,n,m^2+n^2)$ $(m,n$ 是正整数).

若 $k(>1)$ 为奇数, 设 $k=2\sigma+1$, 其中 $\sigma\geqslant 1$. 原方程可写为

$$a^2+b^2=c^{2\sigma}\cdot c. \tag{3.16.1}$$

令

$$c=m^2+n^2\quad (m,n\in\mathbb{N}), \tag{3.16.2}$$

那么方程 (3.16.1) 的右边

$$c^{2\sigma}\cdot c=(m^2+n^2)^{2\sigma}\cdot(m^2+n^2)=\big(m(m^2+n^2)^{\sigma}\big)^2+\big(n(m^2+n^2)^{\sigma}\big)^2.$$

因此可取 $a=m(m^2+n^2)^{\sigma},b=n(m^2+n^2)^{\sigma}$.

若 $k(>1)$ 为偶数, 设 $k=2\sigma$, 其中 $\sigma\geqslant 1$. 原方程可写为

$$a^2+b^2=c^{2(\sigma-1)}\cdot c^2. \tag{3.16.3}$$

仍然保留 c 的取法如式 (3.16.2), 并将方程 (3.16.3) 右边的因子 c^2 “拆”为两项:

$$c^2=(m^2+n^2)^2=(m^2-n^2)^2+(2mn)^2,$$

那么

$$c^{2(\sigma-1)}\cdot c^2=\big((m^2-n^2)(m^2+n^2)^{\sigma-1}\big)^2+\big((2mn)(m^2+n^2)^{\sigma-1}\big)^2,$$

因此可取 $a=|m^2-n^2|(m^2+n^2)^{\sigma-1},b=2mn(m^2+n^2)^{\sigma-1}$.

总之, 对于所有 $k>0$, 题中方程一定有正整数解.

证法 2　这个证法需要一点较专门的知识.

若 $k=1$, 如证法 1, 题中方程有正整数解. 若 $k=2$, 则得商高方程, 所以方程有正整数解. 下面设 $k\geqslant 3$, 我们来给出方程正整数解的一个公式.

首先设 a,b 互素. 在 Gauss 整数环 $\mathbb{Z}[\mathrm{i}]$ 中, 将题中方程写成

$$(a+b\mathrm{i})(a-b\mathrm{i})=c^k. \tag{3.16.4}$$

并记 $\delta=\gcd(a+b\mathrm{i},a-b\mathrm{i})$, 那么 δ 整除 $(a+b\mathrm{i})+(a-b\mathrm{i})=2a$, 也整除 $(a+b\mathrm{i})-(a-b\mathrm{i})=2b\mathrm{i}$, 因此 $\delta\,|\,\gcd(2a,2b)=2$. 但在 $\mathbb{Z}[\mathrm{i}]$ 中, $2=-\mathrm{i}(1+\mathrm{i})^2$ 是素数 $1+\mathrm{i}$ 的平方 (不计单位元素 $-\mathrm{i}$). 因此只可能是 $\delta=1,1+\mathrm{i},2$. 若 $\delta=2$, 则由 $2=\gcd(a+b\mathrm{i},a-b\mathrm{i})$ 推出 $2\,|\,a,2\,|\,b$, 与 a,b 互素的假设矛盾; 若 $\delta=1+\mathrm{i}$, 则由方程 (3.16.4) 可知 $2=(1+\mathrm{i})^2\,|\,c$. 因为 $k\geqslant 3$, 所以 $c^k\equiv 0\pmod 8$; 但 a,b 互素, 所以 $a^2+b^2\not\equiv 0\pmod 8$, 也得到矛盾. 于是 $\delta=\gcd(a+b\mathrm{i},a-b\mathrm{i})=1$. 在 $\mathbb{Z}[\mathrm{i}]$ 中唯一因子分解性质成立. 于是由方程 (3.16.4) 知 $a+b\mathrm{i}$ 是某个 Gauss 整数的 n 次幂,

$$a+b\mathrm{i}=(m+n\mathrm{i})^k\quad (m,n\in\mathbb{N})$$

(此处略去一个单位元素, 它本质上不影响解的公式), 于是

$$a-b\mathrm{i}=(m-n\mathrm{i})^k,$$

从而 $c^k=(a+b\mathrm{i})(a+b\mathrm{i})=(m^2+n^2)^k$, 因此得到

$$c=m^2+n^2.$$

又由二项式展开,

$$(m+n\mathrm{i})^k=\alpha_k+\beta_k\mathrm{i},$$

其中

$$\alpha_k=\sum_{j=0}^{[k/2]}(-1)^j\binom{k}{2j}m^{k-2j}n^{2j},$$

$$\beta_k=\sum_{j=0}^{[(k-1)/2]}(-1)^j\binom{k}{2j+1}m^{k-2j-1}n^{2j+1}.$$

于是

$$a=|\alpha_k|,\quad b=|\beta_k|.$$

若 $(a,b)=d$, 则 $(a,b,c)=\big(d^k|\alpha_k|,d^k|\beta_k|,d^2(m^2+n^2)\big)$. □

3.4　一些组合问题

下文中, 我们将有限集 X 的含 t 个元素的子集称为 t 子集. 有限集 X 所含元素的个数称为它的规模, 记为 $|X|$.

问题 3.17　(美国, 1964) 设集合 S 含有 n $(n\geqslant 1)$ 个元素, $A_1,A_2,\cdots,A_k$ 是它的不同的子集, 其中任意两个有非空的交, 而且 S 的其他任何 (真) 子集不能与所有的 $A_1,A_2,\cdots,A_k$ 都相交. 证明: $k=2^{n-1}$.

证明　记 $\mathscr{S}=\{A_1,A_2,\cdots,A_k\}$, 不妨认为 $S=\{1,2,\cdots,n\}$.

(i) 因为 $A\cap\overline{A}=\emptyset$, 而 $\mathscr{S}$ 中任何两个元素有非空的交, 所以 A 和 $\overline{A}$ 不可能同时属于 $\mathscr{S}$. 又因为一个子集与它的补集成对地出现, 所以 S 的 2^n 个不同的子集恰好形成 2^{n-1} 个形式为 $(A,\overline{A})$ 的子集对. 每个这样的子集对中至多有一个属于 $\mathscr{S}$, 因而 $|\mathscr{S}|\leqslant 2^{n-1}$.

(ii) 如果 $|\mathscr{S}|<2^{n-1}$, 那么步骤 (i) 中所说的 S 的 2^{n-1} 个形式为 $(A,\overline{A})$ 的子集对中至少有一对 $(A,\overline{A})$, 使得 $A,\overline{A}$ 都不属于 $\mathscr{S}$. 由题设, A 不可能与所有 A_l $(l=1,2,\cdots,k)$ 相交, 于是存在 A_i, 满足

$$A_i\cap A=\emptyset,\quad A_i\subseteq\overline{A}$$

(后一式成立的原因: $A_i\subseteq S=A\cup\overline{A},A_i\cap A=\emptyset$); 同理, 存在 A_j, 满足

$$A_j\cap\overline{A}=\emptyset,\quad A_j\subseteq A.$$

于是

$$A_i\cap A_j\subseteq\overline{A}\cap A=\emptyset.$$

显然 $i\neq j$(不然 $A_i=A_j\subseteq\overline{A}$, 且 $A_i=A_j\subseteq A$), 这与关于 $\mathscr{S}$ 的题设性质矛盾. 于是必然有 $|\mathscr{S}|=2^{n-1}$. □

问题 3.18 (匈牙利, 1983) 在一直线上给定 n 个点, 在其任意两点间的距离 (长度) 的集合中, 每个距离至多出现 2 次. 证明: 恰好出现 1 次的距离至少有 $[n/2]$ 个.

证明 (i) 将直线理解为数轴, 设 n 个点表示 n 个数 p_i $(1\leqslant i\leqslant n)$, 并且 $p_1<p_2<\cdots<p_n$. 令

$$A_i=\{p_j-p_i\,|\,j=i+1,\cdots,n\}.$$

换言之, A_i 是点 p_i 与它右侧各点间距离的集合. 因此

$$|A_i|=n-i. \tag{3.18.1}$$

(ii) 首先证明:

$$|A_i\cap A_j|\leqslant 1\quad (i<j). \tag{3.18.2}$$

用反证法. 设 $u,v\in A_i\cap A_j, u\neq v$. 由 $u,v\in A_i$ 可知, 存在 $k_1,m_1>i$, 使得 $u=p_{k_1}-p_i, v=p_{m_1}-p_i$; 同理, 存在 $k_2,m_2>j$, 使得 $u=p_{k_2}-p_j, v=p_{m_2}-p_j$. 于是

$$\begin{aligned}p_{k_2}-p_{k_1}&=(u+p_j)-(u+p_i)=p_j-p_i,\\ p_{m_2}-p_{m_1}&=(v+p_j)-(v+p_i)=p_j-p_i.\end{aligned}$$

因为 j,k_2,m_2 两两互异, 所以距离 p_j-p_i 出现 3 次. 我们得到矛盾.

(iii) 设 $i>1$. 因为

$$\begin{aligned}A_i\setminus(A_1\cup\cdots\cup A_{i-1})&=A_i\cap\big(A_i\setminus(A_1\cup\cdots\cup A_{i-1})\big)\\ &=A_i\setminus\big(A_i\cap(A_1\cup\cdots\cup A_{i-1})\big)\\ &=A_i\setminus\big((A_i\cap A_1)\cup\cdots\cup(A_i\cap A_{i-1})\big),\end{aligned}$$

所以

$$\begin{aligned}|A_i\setminus(A_1\cup\cdots\cup A_{i-1})|&\geqslant|A_i|-|(A_i\cap A_1)\cup\cdots\cup(A_i\cap A_{i-1})|\\ &\geqslant|A_i|-|\big(|A_i\cap A_1|+\cdots+|A_i\cap A_{i-1}|\big)|\\ &\geqslant(n-i)-(i-1)=n-2i+1,\end{aligned} \tag{3.18.3}$$

其中最后一步应用了式 (3.18.1) 和式 (3.18.2). 由此可知

$$\begin{aligned}|A_1\cup\cdots\cup A_n|&=\big|A_1\cup(A_2\setminus A_1)\cup\big(A_3\setminus(A_1\cup A_2)\big)\cup\cdots\cup\big(A_n\setminus(A_1\cup\cdots\cup A_{n-1})\big)\big|\\ &=|A_1|+|A_2\setminus A_1|+|A_3\setminus(A_1\cup A_2)|+\cdots|A_n\setminus(A_1\cup\cdots\cup A_{n-1})|.\end{aligned}$$

再应用式 (3.18.1) 和式 (3.18.3) 可知

$$|A_1\cup\cdots\cup A_n|\geqslant(n-1)+(n-3)+(n-5)+\cdots+\left(n-2\left[\frac{n}{2}\right]+1\right),$$

于是

$$|A_1\cup\cdots\cup A_n|\geqslant\begin{cases}\dfrac{n^2}{4}, & n\ 为偶数,\\ \dfrac{n^2-1}{4}, & n\ 为奇数.\end{cases}$$

(iv) 令 d_1 和 d_2 分别是出现 1 次和 2 次的距离的个数, 那么由上式可知

$$d_1+d_2=s\geqslant\begin{cases}\dfrac{n^2}{4}, & n\ 为偶数,\\ \dfrac{n^2-1}{4}, & n\ 为奇数.\end{cases}$$

我们还有

$$d_1+2d_2=\binom{n}{2}.$$

于是 $d_1=2s-\dbinom{n}{2}\geqslant[n/2]$(请读者补出计算细节). □

问题 3.19 (匈牙利, 1968) 设 n 和 k 是给定正整数, $k+1\,|\,n(n+1)$. 还设 A 是一个集合, 其规模

$$|A|\leqslant\frac{n(n+1)}{k+1}. \tag{3.19.1}$$

对于 $i=1,2,\cdots,n+1$, 令 A_i 是规模为 n 的集合, 满足

$$|A_i\cap A_j|\leqslant k\quad(i\neq j),$$

并且

$$\bigcup_{i=1}^{n+1}A_i=A. \tag{3.19.2}$$

试确定集合 A 的规模.

解 用 ϕ_x 表示含元素 x 的集合 A_i 的个数. 对于给定的 j, 我们来计算 $\sum\limits_{x\in A_j}\phi_x$. 因为集合 $A_i\cap A_j$ 中的每个元素作为 x 进行计数时, 集合 A_i 作为含元素 x 的集合分别相应地计算了 1 次, 所以

$$\sum_{x\in A_j}\phi_x=\sum_{i=1}^{n+1}|A_i\cap A_j|=\sum_{i=j}|A_i\cap A_j|+\sum_{i\neq j}|A_i\cap A_j|.$$

于是由题设可知

$$\sum_{x\in A_j}\phi_x=n+\sum_{i\neq j}|A_i\cap A_j|\leqslant nk<n(k+1)\quad(j=1,2,\cdots,n+1).$$

对所有 j 求和, 得到

$$\sum_{j=1}^{n+1}\sum_{x\in A_j}\phi_x\leqslant n(n+1)(k+1). \tag{3.19.3}$$

依题设式 (3.19.2), 上式左边求和范围中的

$$x \in \bigcup_{j=1}^{n+1} A_j = A,$$

所以 (交换求和顺序)

$$\begin{aligned}\sum_{i=1}^{n+1}\sum_{x\in A_j}\phi_x &= \sum_{x\in A}\sum_{j:A_j\ni x}\phi_x = \sum_{x\in A}\phi_x \sum_{j:A_j\ni x} 1\\ &= \sum_{x\in A}\phi_x\cdot\phi_x = \sum_{x\in A}\phi_x^2\end{aligned}$$

(注意: 记号 $\sum\limits_{j:A_j\ni x}$ 表示对所有含 x 的集合 A_j 的下标 j 求和). 于是由式 (3.19.3) 得到

$$\sum_{x\in A}\phi_x^2 \leqslant n(n+1)(k+1). \tag{3.19.4}$$

由 Cauchy 不等式,

$$\sum_{x\in A}\phi_x^2 \sum_{x\in A}\left(\frac{1}{\sqrt{|A|}}\right)^2 \geqslant \left(\sum_{x\in A}\phi_x\cdot\frac{1}{\sqrt{|A|}}\right)^2,$$

即

$$\sum_{x\in A}\phi_x^2 \geqslant \frac{1}{|A|}\left(\sum_{x\in A}\phi_x\right)^2.$$

由题设式 (3.19.2) 可知

$$\sum_{x\in A}\phi_x = \bigcup_{i=1}^{n+1}|A_i| = n(n+1),$$

所以

$$\sum_{x\in A}\phi_x^2 \geqslant \frac{n^2(n+1)^2}{|A|}.$$

由此及式 (3.19.4) 推出

$$|A| \geqslant \frac{n(n+1)}{k+1}.$$

由此及题设式 (3.19.1) 可知 $|A| = n(n+1)/(k+1)$. □

问题 3.20 (匈牙利, 1975) 设 $\mathscr{A}_n$ 是所有具有下列性质的映射 $f:\{1,2,\cdots,n\}\to\{1,2,\cdots,n\}$ 的集合:

$$\begin{aligned}&f^{-1}(i) := \{k\,|\,f(k)=i\} \neq \emptyset \quad (\text{对于某个 } i)\\ \Rightarrow\quad & f^{-1}(j)\neq\emptyset \quad (\text{对于每个 } j\in\{1,2,\cdots,i\}).\end{aligned}$$

证明:

$$|\mathscr{A}_n| = \sum_{k=0}^{\infty}\frac{k^n}{2^{k+1}}.$$

证明 约定: 由集合 $\{1,2,\cdots,n\}$ 到它的 k 子集 $\{j_1,j_2,\cdots,j_k\}$ 的映射, 等同于集合 $\{1,2,\cdots,n\}$ 到 $\{1,2,\cdots,k\}$ 的映射.

证法 1 记 $a_n=|\mathscr{A}_n|$. 那么对恰好 t 个整数 i, 满足 $f(i)=1$ 的映射 $f\in\mathscr{A}_n$ 的个数等于 $\binom{n}{t}a_{n-t}$. 因为对任何 f, t 总是正的, 所以当 $n\geqslant 1$ 时

$$a_n=\sum_{t=1}^{n}\binom{n}{t}a_{n-t}=\sum_{k=0}^{n-1}\binom{n}{n-k}a_k=\sum_{k=0}^{n-1}\binom{n}{k}a_k.$$

记

$$b_0=1,\quad b_n=\frac{a_n}{n!}\quad (n\geqslant 1),$$

那么由上式得到

$$b_n=\sum_{k=0}^{n-1}\frac{\binom{n}{k}}{n!}a_k=\sum_{k=0}^{n-1}\frac{\binom{n}{k}k!}{n!}b_k=\sum_{k=0}^{n-1}\frac{1}{(n-k)!}b_k.$$

因为 $b_n\leqslant a_n<2^n$, 所以如果 $|z|<1/2$, 那么级数 $\sum\limits_{n=0}^{\infty}b_nz^n$ 绝对收敛. 令其和函数为 $F(z)$, 我们有

$$\begin{aligned}F(z)&=\sum_{n=0}^{\infty}b_nz^n=1+\sum_{n=1}^{\infty}\sum_{k=0}^{n-1}\frac{1}{(n-k)!}b_kz^n\\&=1+\sum_{k=0}^{\infty}\left(\sum_{n=k+1}^{\infty}\frac{1}{(n-k)!}z^n\right)b_k\\&=1+\sum_{k=0}^{\infty}\left(\sum_{n=k+1}^{\infty}\frac{1}{(n-k)!}z^{n-k}\right)z^kb_k\\&=1+\sum_{k=0}^{\infty}(\mathrm{e}^z-1)z^kb_k=1+(\mathrm{e}^z-1)\sum_{k=0}^{\infty}b_kz^k\\&=1+(\mathrm{e}^z-1)F(z).\end{aligned}$$

由此解出

$$\begin{aligned}F(z)&=\frac{1}{2}\cdot\frac{1}{1-\frac{1}{2}\mathrm{e}^z}=\sum_{k=0}^{\infty}\frac{\mathrm{e}^{kz}}{2^{k+1}}=\sum_{k=0}^{\infty}\sum_{n=0}^{\infty}\frac{1}{n!}\cdot\frac{k^n}{2^{k+1}}z^n\\&=\sum_{n=0}^{\infty}\left(\frac{1}{n!}\sum_{k=0}^{\infty}\frac{k^n}{2^{k+1}}\right)z^n.\end{aligned}$$

由幂级数展开的唯一性, 并与 $F(z)=\sum\limits_{n=0}^{\infty}b_nz^n$ 比较, 可知

$$b_n=\frac{1}{n!}\sum_{k=0}^{\infty}\frac{k^n}{2^{k+1}}\quad (n\geqslant 1).$$

由此得到题中 a_n 的公式.

证法 2 (i) 用 $s_{n,i}$ 表示集合 $\{1,2,\cdots,n\}$ 到 $\{1,2,\cdots,i\}(i\leqslant n)$ 的满射的个数, 那么 $\mathscr{A}_n$ 中的每个元素必然是一个由集合 $\{1,2,\cdots,n\}$ 到某个 $\{j_1,j_2,\cdots,j_i\}(i=1,2,\cdots,n)$ 的满射, 其中 $1\leqslant i\leqslant n$, 因此

$$|\mathscr{A}_n|=\sum_{i=1}^{n}s_{n,i}. \tag{3.20.1}$$

(ii) 我们用两种方法计算由 $\{1,2,\cdots,n\}$ 到 $\{1,2,\cdots,k\}$ 上的映射 φ 的个数. 因为对于每个 j $(1\leqslant j\leqslant n)$,$\varphi(j)$ 可取 $\{1,2,\cdots,k\}$ 中的任一个数, 所以 $\varphi(j)$ 有 k 个可能的选取, φ 由值 $\varphi(1),\varphi(2),\cdots,\varphi(n)$ 唯一确定, 从而映射 φ 总共 k^n 个. 另一方面, 集合 $\{1,2,\cdots,n\}$ 到 $\{1,2,\cdots,k\}$ 的任何一个 i $(i\leqslant k)$ 子集的满射的个数为 $s_{n,i}$, 而 $\{1,2,\cdots,k\}$ 的 i 子集个数为 $\dbinom{k}{i}$, 所以集合 $\{1,2,\cdots,n\}$ 到 $\{1,2,\cdots,k\}$ 的 i 子集的满射的个数为 $\dbinom{k}{i}s_{n,i}$. 对 $i=1,2,\cdots,k$ 求和, 也得到由 $\{1,2,\cdots,n\}$ 到 $\{1,2,\cdots,k\}$ 上的映射 φ 的个数. 于是

$$k^n=\sum_{i=1}^{k}\binom{k}{i}s_{n,i}. \tag{3.20.2}$$

(iii) 我们补充定义: $s_{n,n+1}=s_{n,n+2}=\cdots=0$. 考虑级数

$$\sum_{i=1}^{n}\left(\sum_{k=i}^{\infty}\frac{\dbinom{k}{i}}{2^{k+1}}\right)s_{n,i}.$$

因为 $\dbinom{k}{i}/2^{k+1}$ 是在投掷钱币时第 $k+1$ 次投掷出现第 $i+1$ 次头像的事件概率, 上述级数中每个 $s_{n,i}$ 的系数 (即括号中的无穷级数) 是负二项分布各项的和, 所以都等于 1, 于是

$$\sum_{i=1}^{n}s_{n,i}=\sum_{i=1}^{n}\left(\sum_{k=i}^{\infty}\frac{\dbinom{k}{i}}{2^{k+1}}\right)s_{n,i}.$$

又因为括号中的无穷级数绝对收敛, 所以上式右边的二重和可换序, 从而有

$$\sum_{i=1}^{n}s_{n,i}=\sum_{k=1}^{\infty}\sum_{i=1}^{k}\frac{\dbinom{k}{i}}{2^{k+1}}s_{n,i}=\sum_{k=1}^{\infty}\frac{1}{2^{k+1}}\left(\sum_{i=1}^{k}\binom{k}{i}s_{n,i}\right).$$

分别将式 (3.20.1) 和式 (3.20.2) 代入上式两边, 即得

$$|\mathscr{A}_n|=\sum_{k=1}^{\infty}\frac{k^n}{2^{k+1}}=\sum_{k=0}^{\infty}\frac{k^n}{2^{k+1}}.$$ □

注 关于负二项分布, 可见 W. 费勒的《概率论及其应用 (第 1 卷)》(科学出版社, 1965) 第 6 章第 8 节.

问题 3.21 (匈牙利, 1986) 设 $k\leqslant n/2,\mathscr{F}$ 是一个 n 阶方阵的 k 阶子阵的集合, 其中任何两个子阵都有公共元素, 则

$$|\mathscr{F}|\leqslant\binom{n-1}{k-1}^2.$$

证明 设 A 是给定的 n 阶方阵. 对于 A 的任何 k 阶子阵 $M\in\mathscr{F}$, 分别用 R_M 和 C_M 表示它的 (k 个) 行的标号所组成的数组和 (k 个) 列的标号组成的数组, 那么 M 由 R_M 和 C_M 唯一确定. 由题中的假设条件可知: 对于任何两个矩阵 $M_1,M_2\in\mathscr{F}$, 有

$$R_{M_1}\cap R_{M_2}\neq\emptyset,\quad C_{M_1}\cap C_{M_2}\neq\emptyset.$$

令 $\mathscr{R}=\{R_M|M\in\mathscr{F}\},\mathscr{C}=\{C_M|M\in\mathscr{F}\}$. 由上式可知 $\mathscr{R}$ 和 $\mathscr{C}$ 都是 n 元素集合 $\{1,2,\cdots,n\}$ 的 k 子集组成的"相交"族, 即 $\mathscr{R}$(或 $\mathscr{C}$) 中任何两个元素都有非空的交. 于是依 EKR 定理 (见本题解后的注),

$$|\mathscr{R}|\leqslant\binom{n-1}{k-1},\quad |\mathscr{C}|\leqslant\binom{n-1}{k-1}.$$

因此

$$|\mathscr{F}|=|\mathscr{R}|\cdot|\mathscr{C}|\leqslant\binom{n-1}{k-1}^2.$$

注意: 这个上界是最优的 (即不能换成更小的数), 因为恰好有 $\binom{n-1}{k-1}^2$ 个 k 阶子阵含有同一个给定的元素. □

注 EKR(Erdös、柯召、Rado) 定理: 设 $1\leqslant k\leqslant n/2,\mathscr{F}$ 是由集合 $\{1,2,\cdots,n\}$ 的一些 k 子集组成的集合, 其中任意两个子集都有非空的交, 那么 $|\mathscr{F}|\leqslant\binom{n-1}{k-1}$.

强 EKR 定理: 设 $1\leqslant k\leqslant n/2,\mathscr{F}$ 是由集合 $\{1,2,\cdots,n\}$ 的一些规模不超过 k 的子集组成的集合, 其中任意两个子集都不互相包含, 并且有非空的交, 那么 $|\mathscr{F}|\leqslant\binom{n-1}{k-1}$.

定理的证明和进一步的信息, 可见李乔的《组合数学基础》(高等教育出版社, 1993) 第 200 页, 或 I. Anderson 的 *Combinatorics of Finite Sets* (Oxford: Clarendon Press, 1987) 第 70 页. □

练习题 3

3.1 设 n 和 k 是正整数. 证明:

(1) 当 $n\geqslant k$ 时

$$\frac{n}{(n,k)}\bigg|\binom{n}{k},\quad \frac{n+1-k}{(n+1,k)}\bigg|\binom{n}{k}.$$

(2) 当 $n\geqslant k-1\geqslant 1$ 时

$$\frac{(n+1,k-1)}{n+2-k}\binom{n}{k-1}$$

是一个整数.

3.2 (1) 设整数 r,s,n 满足 $0<r<s\leqslant n/2$. 判断 $\binom{n}{r}$ 与 $\binom{n}{s}$ 是否可能互素, 并证明你的结论.

(2) 设 m,n 是正整数. 证明: 存在无穷多个素数 p, 满足

$$\left(\binom{pm}{m},n\right)=1.$$

(3) 对于什么样的正整数 $n>1$,

$$\sum_{j=1}^{n} j \,\Big|\, \prod_{j=1}^{n} j\ ?$$

(4) 设整数 $n>1, S=\{2,3,\cdots,n\}$. 对于 S 的任意非空子集 A, 记 $\pi(A)=\prod\limits_{j\in A} j$. 证明: 对于任何正整数 $k<n$,

$$\prod_{i=k}^{n}\operatorname{lcm}\left(1,2,\cdots,\left[\frac{n}{i}\right]\right)=\gcd\{\pi(A)\,(A\subseteq S,|S|=n-k)\}.$$

3.3 证明: (1) 设 n 是正整数, 则对于任意实数 x,

$$\left[\frac{[x]}{n}\right]=\left[\frac{x}{n}\right].$$

(2) 若 x 是任意实数, n 是正整数, 则

$$[x]+\left[x+\frac{1}{n}\right]+\left[x+\frac{2}{n}\right]+\cdots+\left[x+\frac{n-1}{n}\right]=[nx].$$

(3) 设整数 $n\geqslant 2$, 则对每个正整数 $k<n$,

$$\left[\frac{n-1}{k}\right]+\left[\frac{n-2}{k}\right]+\cdots+\left[\frac{n-k}{k}\right]=n-k.$$

(4) 设整数 $n\geqslant 1$, 则

$$\sum_{k=1}^{n}\left[\frac{n}{k}\right]=2\sum_{k=1}^{[\sqrt{n}]}\left[\frac{n}{k}\right]-[\sqrt{n}]^2.$$

3.4 (1) 证明: 设 $a\leqslant x<b, b-a\leqslant 1$, 则 $[x]\geqslant[a]$. 并且若区间 (a,b) 不含整数, 则 $[x]=[a]$; 若 (a,b) 含整数, 则 $[x]$ 取值为 $[a]$ 或 $[a]+1$.

(2) 设 $s(>1)$ 是整数, 令

$$\delta(t)=\frac{t}{s-1}-\left[\frac{t}{s}\right]-1.$$

证明:

(i) $\delta\big(t+s(s-1)\big)=\delta(t)+1$;

(ii) 当 $s\leqslant t\leqslant s(s-1)$ 时, $\delta(t)\leqslant\left\{\dfrac{t}{s-1}\right\}$.

(3) 求所有实数对 (a,b), 满足

$$a[bn]=b[an] \quad (\forall n\in\mathbb{N}).$$

(4) 若 $x_1,x_2,\cdots,x_k$ 是正实数, 并且对所有正整数 n,

$$[n(x_1+x_2+\cdots+x_k)]=[nx_1]+[nx_2]+\cdots+[nx_k],$$

证明: $x_1,x_2,\cdots,x_k$ 中至多有一个不是整数.

(5) 设整数 $n>1, x(>0)$ 不是整数. 证明: 存在有理数 $\theta=\theta(n)$ 和 $\eta=\eta(n)$, 使得

(i) $[nx]=n\theta=[n\theta]$;

(ii) 当 $k<n$ 时, $[kx]=[k\theta]$;

(iii) $[nx]+1=n\eta=[n\eta]$.

(6) 设 $x>0$ 不是整数. 证明: 存在整数 $s=s(x)\geqslant 2$ 及有理数 $\theta=\theta(x)$, 具有下列性质:

(i) $[sx]=[s\theta]=s\theta$;

(ii) 当正整数 $k<s$ 时, $[kx]=[k\theta]<k\theta$;

(iii) 当正整数 $k>s$ 时, $[kx]\geqslant[k\theta]$.

3.5 设 $x>0$, n 是正整数. 证明:

$$[nx]\geqslant\frac{[x]}{1}+\frac{[2x]}{2}+\cdots+\frac{[nx]}{n}.$$

3.6 证明: (1) 设整数 $n\geqslant 2$, 则

$$n!=\prod_{p\leqslant n}p^{u(p)},$$

其中 p 是素数,

$$u(p)=\frac{n-s_p(n)}{p-1},$$

$s_p(n)$ 表示 n 的 p 进制表达式中所有数字的和.

(2) 设 m,n 是正整数, p 是素数, 并且 $p^m\|n!$, 则

$$\frac{n!}{p^m}\equiv(-1)^m\prod_{k=0}^{[\log n/\log p]}\left(\left[\frac{n}{p^k}\right]-p\left[\frac{n}{p^{k+1}}\right]\right)! \pmod p.$$

3.7 (1) 对于整数 n 和素数 p, 分别求 α(通过 n 和 p 表示), 使得

(i) $p^\alpha\Big\|\prod\limits_{i=1}^{n}(2i)$;

(ii) $p^\alpha\Big\|\prod\limits_{i=1}^{n}(2i+1)$.

(2) 对于每个整数 $k\geqslant 0$, 定义集合

$$I_k=\{i\in N\,|\,1\leqslant i\leqslant n, 2^k\|i\}.$$

证明:

$$|I_k|=\left[\frac{n}{2^{k+1}}+\frac{1}{2}\right].$$

(3) 设 n 是正整数. 证明:

$$\sum_{k=1}^{\infty}\left(\left[\frac{2n+1}{2^k}\right]-\left[\frac{n}{2^k}\right]\right)=n.$$

3.8 设 $((x))$ 表示与实数 x 最近的整数.

(1) 证明:

$$\sum_{k=1}^{\infty}\left(\left(\frac{n}{2^k}\right)\right)=\sum_{k=1}^{\infty}\frac{n}{2^k}.$$

(2) 设 n 表示正整数, $t_1=1,t_2=3,t_3=6,\cdots,t_k=k(k+1)/2\,(k\geqslant 1)$. 证明: 对于每个 $k\geqslant 1$,

$$\sum_{n\leqslant t_k}\left(\left(\frac{1}{2}\sqrt{8n-7}\right)\right)^{-1}=k.$$

3.9 设 m,n 是正整数, $(m,n)=d$. 证明:

(1) $\displaystyle\sum_{k=1}^{n-1}\left[\frac{mk}{n}\right]=\sum_{k=1}^{m-1}\left[\frac{nk}{m}\right]=\frac{(n-1)(n-1)}{2}+\frac{d-1}{2}$;

(2) $\displaystyle d=2\sum_{j=1}^{m-1}\left[\frac{jn}{m}\right]+m+n-mn=2\sum_{j=1}^{n-1}\left[\frac{jm}{n}\right]+m+n-mn.$

3.10 (1) 设 $\alpha\geqslant 0$, k 是正整数. 证明: $[\alpha^{1/k}]=\big[[\alpha]^{1/k}\big]$.

(2) 设整数 $n\geqslant 2$. 求

$$A_n=[\sqrt{1}]+[\sqrt{2}]+[\sqrt{3}]+\cdots+[\sqrt{n^2-1}],$$
$$B_n=[\sqrt[3]{1}]+[\sqrt[3]{2}]+[\sqrt[3]{3}]+\cdots+[\sqrt[3]{n^3-1}].$$

3.11 (1) 设 a 是方程 $x^2-x-1=0$ 的正根. 对任何正整数 n, 证明:

(i) $[a^2n]=\big[a[an]\big]+1$;

(ii) $2[a^3n]=\big[a^2[2an]\big]+1$.

(2) 设 t 是给定的正整数, γ 是 $\gamma^2-t^2-4=0$ 的正根, $\alpha=(2+\gamma-t)/2,\beta=(2+\gamma+t)/2$. 证明: 对于任何正整数 n,

$$[n\beta]=\big[\big([n\alpha]+n(t-1)\big)\alpha\big]+1=\big[\big([n\alpha]+n(t-1)+1\big)\alpha\big]-1.$$

3.12 (1) 对任意实数 x, 令 $\|x\|=\min\{|x-z|\,|\,z\in\mathbb{Z}\}$, 即 (数轴上) 点 x 与距它最近的整数点间的距离. 证明:

(i) $\|x\|=\min\{\{x\},1-\{x\}\}=\min\{x-[x],[x]+1-x\}$;

(ii) $x\in\mathbb{Z}\Leftrightarrow\|x\|=0$;

(iii) $\|x\|=\|-x\|$;

(iv) $\|x_1+x_2\|\leqslant\|x_1\|+\|x_2\|\ (x_1,x_2\in\mathbb{R})$;

(v) $\|nx\|\leqslant|n|\|x\|\ (n\in\mathbb{Z})$.

(2) 证明: 对于所有正整数 q, 有 $q\|q\sqrt{2}\|>1/3$.

(3) 证明: 存在整数 x,y, 满足不等式组

$$\|\sqrt{2}x+\sqrt{3}y\|<10^{-11},\quad 0<\max\{|x|,|y|\}<10^{6}.$$

3.13　证明: (1) 若 $p(x)$ 是不超过 x 的最大素数, 则

$$p(x)\sim x\quad (x\to\infty).$$

(2) 设 $\omega(n)$ 是自然数 n 的 (不同的) 素因子的个数, $n=p_1p_2\cdots p_r$, 其中 $p_1<p_2<\cdots<p_r$ 是最前面 r 个素数, 那么

$$\omega(n)\sim\frac{\log n}{\log\log n}\quad (n\to\infty).$$

3.14　(1) 试应用级数 $\sum\limits_{n=1}^{\infty}\dfrac{1}{1+an}$ ($a>0$ 给定), 证明素数无穷.

(2) 设 $a_n\,(n\geqslant 1)$ 是一个无穷正整数列, 其中任意两数互素. 证明: 如果

$$\sum_{n=1}^{\infty}\frac{1}{a_n}=+\infty,$$

则 $a_n\,(n\geqslant 1)$ 中包含无穷多个素数.

3.15　证明:

(1) $\pi(x)=\sum\limits_{2\leqslant n\leqslant x}\cos^2\left(\dfrac{(n-1)!+1}{n}\pi\right)$;

(2) $\pi(x)=\sum\limits_{2\leqslant n\leqslant x}\left[\dfrac{(n-1)!+1}{n}-\left[\dfrac{(n-1)!}{n}\right]\right]$.

3.16　(1) 设整数 $p>1,d>0$. 证明: p 和 $p+d$ 都是素数的充要条件是

$$(p-1)!\left(\frac{1}{p}+\frac{(-1)^d d!}{p+d}\right)+\frac{1}{p}+\frac{1}{p+d}$$

为整数.

(2) 设整数 $n\geqslant 2$. 证明: $(n,n+2)$ 是一对孪生素数的充要条件是

$$4\big((n-1)!+1\big)+n\equiv 0\quad \big(\mathrm{mod}\, n(n+2)\big).$$

(3) 设 $\pi_2(x)$ 表示使 $(p,p+2)$ 为一对孪生素数的 $p\leqslant x$ 的个数. 证明:

$$\pi_2(x)=2+\sum_{7\leqslant m\leqslant x}\sin\left(\frac{m+2}{2}\left[\frac{m!}{m+2}\right]\pi\right)\cdot\sin\left(\frac{m}{2}\left[\frac{(m-2)!}{m}\right]\pi\right).$$

3.17　(1) 设整数 $n\geqslant 2$. 证明: 区间 $[n,2n]$ 中至少含有一个完全平方数.

(2) 证明: 对于每个整数 $N\geqslant 1$, 集合 $S_N=\{n^2+2\,|\,6\leqslant n\leqslant 6N\}$ 中素数至多占 1/6.

(3) 证明: 存在区间 $[n^2,(n+1)^2]$(n 为正整数), 其中至少含有 1 000 个素数.

(4) 证明: 数集 $A=\{p/q\,|\,p,q\text{是素数}\}$ 在正实数集中稠密.

3.18　证明: 第 n 个素数

$$p_n=2+\sum_{m=2}^{2^{2^n}}\left[\left[n\left(1+\sum_{j=2}^{m}\left[\frac{(j-1)!+1}{j}-\left[\frac{(j-1)!}{j}\right]\right]\right)^{-1}\right]^{1/n}\right].$$

3.19　设 p 表示素数. 证明:

(1) $\sqrt[n]{n!} \leqslant \prod\limits_{p \leqslant n} p^{1/(p-1)}$ $(n \geqslant 2)$;

(2) $\prod\limits_{p \leqslant n} p \leqslant 4^n$ $(n \geqslant 1)$.

3.20 证明下列级数收敛:

(1) $\sum\limits_{n \in A} \dfrac{1}{n}$, 其中 A 表示所有十进表示中不出现数字 7 的正整数 n 的集合;

(2) $\sum\limits_{n=1}^{\infty} \dfrac{1}{[u_n, u_{n+1}]}$, 其中 $u_1, u_2, \cdots$ 是严格递增的无穷正整数列, $[a,b]$ 表示正整数 a,b 的最小公倍数;

(3) $\sum\limits_{\alpha=2}^{\infty} \sum\limits_{p} \dfrac{1}{p^{\alpha}}$, 其中 p 为素数.

3.21 设 $f(x) = |\{n \in \mathbb{N} \,|\, n \leqslant x\}|$. 证明:

$$\sum_{\substack{n \leqslant x \\ n \in \mathbb{N}}} \frac{1}{n} = \sum_{n \leqslant x} \frac{f(n)}{n(n+1)} + \frac{f(x)}{[x]+1}.$$

3.22 (1) 定义函数

$$f(n) = \begin{cases} 1, & n \text{ 是偶数}, \\ 2, & n \text{ 是奇数}. \end{cases}$$

令 $S(x) = \sum\limits_{n \leqslant x} f(n)$. 求 $\lim\limits_{x \to \infty} \dfrac{S(x)}{x}$.

(2) 对每个整数 $n \geqslant 2$, 令

$$P(n) = \prod_{\substack{p \mid n \\ p > \log n}} \left(1 - \frac{1}{p}\right),$$

其中 p 表示素数. 证明: $\lim\limits_{n \to \infty} P(n) = 1$.

(3) 令 $f(n) = \sum\limits_{p \mid n} \dfrac{1}{p}$ (p 为素数). 证明:

$$\varlimsup_{n \to \infty} f(n) = \infty.$$

(4) 对于每个整数 $n \geqslant 1$, 令

$$f(n) = [\sqrt{n} - 1] + [\sqrt[3]{n} - 1] + [\sqrt[4]{n} - 1] + \cdots.$$

证明:

$$\varlimsup_{n \to \infty} \big(f(n) - f(n-1)\big) = +\infty.$$

3.23 设 p_i 表示第 i 个素数. 证明: 对于任何整数 k, n,

$$p_1^k + p_2^k + \cdots + p_n^k > n^{k+1}.$$

3.24 设 f 是一个完全加性函数, 即 $f(1) = 0$, 并且对于所有正整数 m 和 n, $f(mn) = f(m) + f(n)$. 证明: 若 f 当 $x \geqslant 0$ 时单调增加, 则存在常数 $c \geqslant 0$, 使得对于每个整数 $n \geqslant 1$, $f(n) = cn$.

3.25　求方程 $x^3-4xy+y^3+1=0$ 的全部整数解 (x,y).

3.26　求方程 $x^y=y^{x-y}$ 的全部正整数解.

3.27　求方程

$$x^y-y^x=z\quad(z\leqslant 1\,986)$$

的所有正整数解 (x,y,z).

3.28　求方程

$$(x+2)^y=x^y+2y^y$$

的全部整数解 (x,y).

3.29　(1) 求所有整数 x,y,z, 使得满足条件 $2\leqslant x\leqslant y\leqslant z$, 并且

$$xy\equiv 1\ (\mathrm{mod}\,z),\quad xz\equiv 1\ (\mathrm{mod}\,y),\quad yz\equiv 1\ (\mathrm{mod}\,x).$$

(2) 已知正整数 x,y,z,u,v 满足不定方程

$$xyzuv=x+y+z+u+v.$$

求 $\max\{x,y,z,u,v\}$.

3.30　证明: (1) 设素数 $p=4m-1$, 整数 x,y 互素, 并且存在整数 z, 使得 $x^2+y^2=z^{2m}$, 则 $p\,|\,xy$.

(2) 设正整数组 $(x,y,p,q)\,(p,q>1)$ 满足方程 $x^p-y^q=1$, 则

$$|y-x^{p/q}|\leqslant\frac{4}{3q}x^{p/q-p}.$$

3.31　(1) 设 θ 是整系数不可约多项式 $P(x)=ax^2+bx+c$ 的一个根, $D=b^2-4ac$. 证明: 当 $c>\sqrt{D}$ 时, 不等式

$$\left|\theta-\frac{p}{q}\right|<\frac{1}{cq^2}$$

只有有限多组有理解 p,q.

(2) 设对于实数 ξ, 存在正整数 N_0 具有下列性质: 对于每个整数 $N\geqslant N_0$, 存在整数 $a=a(N),b=b(N),1\leqslant a<N$, 使得

$$|a\xi-b|<\frac{1}{2N}.$$

证明: ξ 是有理数, 并且 $\xi=\dfrac{b(N)}{a(N)}\,(N\geqslant N_0)$.

3.32　设 F,C 是 $X=\{1,2,\cdots,n\}$ 的子集, $F_1,F_2,\cdots,F_{k+1}$ 是 X 的全部不同的并且具有性质

$$F_i\cap F_j=C\quad(i\neq j)$$

的子集. 证明: 若 $|F|\leqslant k$, 则存在 $i\in\{1,2,\cdots,k+1\}$, 使得 $F\cap F_i=F\cap C$.

3.33　设 $A_1,A_2,\cdots,A_m$ 是 $X=\{1,2,\cdots,n\}$ 的子集, 具有性质:

$$A_i\cap A_j=\emptyset\quad\Rightarrow\quad A_i\cup A_j=X.$$

证明:

$$m \leqslant 2^{n-1} + \binom{n-1}{[(n-2)/2]}.$$

3.34 设 $\mathscr{C}$ 是 $X=\{1,2,\cdots,n\}$ 的子集对 (A,B) 的集合, 其中 A 是 B 的真子集. 证明: $|\mathscr{C}|=3^n-2^n$.

3.35 设集合 $\mathscr{F}$ 由集合 $X=\{1,2,\cdots,n\}$ 的一些子集组成. 令

$$\rho(\mathscr{F})=\frac{|\mathscr{F}|}{2^n}.$$

集合 $\mathscr{F}$ 称为超复体, 如果它具有下列性质: 对于 X 的任意两个子集 A,B,

$$A\subset B, B\in\mathscr{F} \quad\Rightarrow\quad A\in\mathscr{F}.$$

证明: 若 $\mathscr{F}$ 和 $\mathscr{G}$ 是两个超复体, 则

$$\rho(\mathscr{F}\cap\mathscr{G})\geqslant\rho(\mathscr{F})\rho(\mathscr{G}).$$

3.36 设 $\mathscr{H}$ 由 $X=\{1,2,\cdots,n\}$ 的一些子集组成, 具有性质: 对于 X 的任意两个子集 A,B,

$$A\subset B, A\in\mathscr{H} \quad\Rightarrow\quad B\in\mathscr{H}.$$

证明: 若 $\mathscr{F}$ 是一个超复体, 则

$$|\mathscr{F}\cap\mathscr{H}|\leqslant 2^{-n}|\mathscr{F}||\mathscr{H}|.$$

3.37 设 $n,t\geqslant 2$ 是正整数, W 是 $X=\{1,2,\cdots,n\}$ 的非空子集, $|W|\geqslant t$. 证明:

(1) 存在一个正整数集合 A, 以及一个含有 0 的非负整数集 B, 满足

$$A+B\subseteq W,\quad |B|=t,\quad |A|\geqslant\binom{|W|}{t}\bigg/\binom{n-1}{t-1}.$$

此处对于整数集合 $P=\{p_1,p_2,\cdots,p_r\}$ 和 $Q=\{q_1,q_2,\cdots,q_s\}$, 定义集合 $P+Q=\{p_i+q_j|1\leqslant i\leqslant r,1\leqslant j\leqslant s\}$.

(2) 若集合 W 具有性质: $i,j\in W, i>j\Rightarrow i-j\in W$, 则存在 X 的子集 A 和 $t-1$ 子集 B_1, 满足

$$A\cup B_1\subseteq W,\quad |A|\geqslant\binom{|W|}{t}\bigg/\binom{n-1}{t-1}.$$

3.38 设 $n\geqslant 6$. 求最大的具有下列性质的整数 k: 可以从集合 $\{1,2,\cdots,n\}$ 中选取 k 个两两无公共元素的 3 子集

$$\{a_1,b_1,c_1\},\{a_2,b_2,c_2\},\cdots,\{a_k,b_k,c_k\},$$

使得和

$$a_1+b_1+c_1, a_2+b_2+c_2,\cdots,a_k+b_k+c_k$$

是 $\{1,2,\cdots,n\}$ 中的 k 个不同的数.

3.39 设 n^2 个整数都取自集合 $\{-1,0,1\}$, 用任意方式将它们构成一个 n 阶方阵. 证明: 在方阵的每个行中的数之和、每个列中的数之和以及每条对角线上的数之和中至少有 2 个相等.

3.40 设 $A_1,A_2,\cdots,A_m$ 和 $B_1,B_2,\cdots,B_m$ 是 $\{1,2,\cdots,n\}$ 的两组子集. 记 $|A_i|=a_i,|B_i|=b_i$. 设两组子集具有性质: $i=j \Leftrightarrow A_i\cap B_j=\emptyset$. 证明:

$$\sum_{i=1}^{m}\frac{1}{\dbinom{a_i+b_i}{a_i}}\leqslant 1.$$

3.41 设 r,s 为正整数. 证明: 满足方程

$$i_1+i_2+\cdots+i_s=r$$

的非负整数组 $(i_1,i_2,\cdots,i_s)$ 的个数等于 $\dbinom{r+s-1}{s-1}=\dbinom{r+s-1}{r}$.

3.42 设 n 是奇数. 计算:

$$S_n=\sum_{i=0}^{(n-1)/2}(-1)^i\binom{n}{i}(n-2i).$$

3.43 设 $n\geqslant 1$. 计算:

$$a_n=\sum_{k=0}^{n}\binom{2k}{k}\binom{2n-2k}{n-k},$$

$$b_n=\sum_{k=0}^{n}\binom{2k}{k}\binom{2n-2k}{n-k+1},$$

$$b'_n=\sum_{k=0}^{n}\binom{2k}{k+1}\binom{2n-2k}{n-k},$$

$$c_n=\sum_{k=0}^{n}\binom{2k}{k+1}\binom{2n-2k}{n-k+1}.$$

3.44 设 $n\geqslant 1$. 计算:

$$S_n=\sum_{k=0}^{[(n-1)/2]}\left(\binom{n}{2k+1}+\frac{1}{2}\binom{n+1}{2k+1}-\frac{1}{4}\binom{n+2}{2k+1}\right)5^k.$$

3.45 设 $k\in\mathbb{N},m,n\in\mathbb{N}_0$. 令

$$a(k,m,n)=\sum_{j=0}^{k}(-1)^j\binom{k}{j}\binom{n+k+1-2^m j}{k-1}.$$

(1) 证明: 存在整数 $N\geqslant 0$, 使得对于所有 $n>N$ 及所有 k,m, 有 $a(k,m,n)=0$.

(2) 计算:

$$b(k,m)=\sum_{n=0}^{N}a(k,m,n).$$

练习题的解答或提示

练 习 题 1

1.1 (1) 若 $\overline{\lim\limits_{n\to\infty}}(u_{n+1}/u_n)=\lambda$ 有限, 则对任意给定的 $\varepsilon>0$, 存在 n_0, 使当 $n\geqslant n_0$ 时

$$\frac{u_{n+1}}{u_n}<\lambda+\varepsilon.$$

因此当 $p\geqslant 1$ 时

$$u_{n_0+p}<(\lambda+\varepsilon)u_{n_0+p-1}<(\lambda+\varepsilon)^2u_{n_0+p-2}<\cdots<(\lambda+\varepsilon)^p u_{n_0},$$

从而

$$\sqrt[n_0+p]{u_{n_0+p}}<(\lambda+\varepsilon)^{p/(n_0+p)}u_{n_0}^{1/(n_0+p)}.$$

因为当 $p\to\infty$ 时, 上式右边趋于 $\lambda+\varepsilon$, 所以存在 $p_0>0$, 使得当 $p\geqslant p_0$ 时

$$(\lambda+\varepsilon)^{p/(n_0+p)}u_{n_0}^{1/(n_0+p)}<(\lambda+\varepsilon)+\varepsilon=\lambda+2\varepsilon,$$

因而

$$\sqrt[n_0+p]{u_{n_0+p}}<\lambda+2\varepsilon\quad(p\geqslant p_0),$$

于是当 $n\geqslant n_0+p_0$ 时 (此时总存在 $p\geqslant p_0$, 使得 $n=n_0+p$), $\sqrt[n]{u_n}<\lambda+2\varepsilon$. 由此推出

$$\overline{\lim_{n\to\infty}}\sqrt[n]{u_n}\leqslant\lambda=\overline{\lim_{n\to\infty}}\frac{u_{n+1}}{u_n}.$$

若 $\overline{\lim\limits_{n\to\infty}}(u_{n+1}/u_n)=\infty$, 则因为 $\overline{\lim\limits_{n\to\infty}}\sqrt[n]{u_n}\leqslant\infty$, 所以上述不等式显然也成立.

同理可证 $\underline{\lim\limits_{n\to\infty}}(u_{n+1}/u_n)\leqslant\underline{\lim\limits_{n\to\infty}}\sqrt[n]{u_n}$. 又由上极限和下极限间的基本关系式可知 $\underline{\lim\limits_{n\to\infty}}\sqrt[n]{u_n}\leqslant\overline{\lim\limits_{n\to\infty}}\sqrt[n]{u_n}$. 于是本题得证.

(2) 证法 1 设 $\lim\limits_{n\to\infty}(a_{n+1}-a_n)=a$ 有限. 对任意给定的 $\varepsilon>0$, 存在 $N>0$ 使当 $n>N$ 时, $a-\varepsilon/2<a_{n+1}-a_n<a+\varepsilon/2$. 于是对于任意正整数 p,

$$a-\frac{\varepsilon}{2}<a_{N+r}-a_{N+r-1}<a+\frac{\varepsilon}{2}\quad(r=1,2,\cdots,p).$$

将此 p 个不等式相加, 得到

$$p\left(a-\frac{\varepsilon}{2}\right)<a_{N+p}-a_N<p\left(a+\frac{\varepsilon}{2}\right).$$

于是

$$\frac{p}{N+p}\left(a-\frac{\varepsilon}{2}\right)+\frac{a_N}{N+p}<\frac{a_{N+p}}{N+p}<\frac{p}{N+p}\left(a+\frac{\varepsilon}{2}\right)+\frac{a_N}{N+p}.$$

因为当 $p\to\infty$ 时, 上述不等式的两端分别收敛于 $a-\varepsilon/2$ 和 $a+\varepsilon/2$, 所以存在 p_0, 使得当 $p>p_0$ 时

$$\left(a-\frac{\varepsilon}{2}\right)-\frac{\varepsilon}{2}<\frac{p}{N+p}\left(a-\frac{\varepsilon}{2}\right)+\frac{a_N}{N+p}<\left(a-\frac{\varepsilon}{2}\right)+\frac{\varepsilon}{2},$$

$$\left(a+\frac{\varepsilon}{2}\right)-\frac{\varepsilon}{2}<\frac{p}{N+p}\left(a+\frac{\varepsilon}{2}\right)+\frac{a_N}{N+p}<\left(a+\frac{\varepsilon}{2}\right)+\frac{\varepsilon}{2},$$

因此 (由上述三个不等式), 当 $p>p_0$ 时

$$\left(a-\frac{\varepsilon}{2}\right)-\frac{\varepsilon}{2}<\frac{a_{N+p}}{N+p}<\left(a+\frac{\varepsilon}{2}\right)+\frac{\varepsilon}{2}.$$

对于任何 $n>N+p_0$, 总可将 n 表示为 $n=N+p$, 其中 $p>p_0$, 因而由上式得到

$$a-\varepsilon<\frac{a_n}{n}<a+\varepsilon.$$

这表明 $\lim\limits_{n\to\infty}(a_n/n)=a$.

证法 2 在 Stolz 定理中取 $x_n=a_n, y_n=n$, 或应用算术平均值数列收敛定理.

注 由本题 (1) 可知, 对于正数列 $u_n\,(n\geqslant 1)$, 若 $\lim\limits_{n\to\infty}(u_{n+1}/u_n)$ 存在, 则 $\lim\limits_{n\to\infty}\sqrt[n]{u_n}$ 也存在, 而且二者相等. 这个结论也可由本题 (2) 推出 (在其中取 $a_n=\log u_n$).

1.2 (1) (i) 由题设, 对于所有 $i,j,k\geqslant 1, a_{jk+i}\geqslant ja_k+a_i$, 所以对于所有固定的 $i,k\geqslant 1$, 有

$$\varliminf_{j\to\infty}\frac{a_{jk+i}}{jk+i}\geqslant\varliminf_{j\to\infty}\frac{ja_k+a_i}{jk+i}=\varliminf_{j\to\infty}\left(\frac{a_k}{k}\cdot\frac{jk}{jk+i}+\frac{a_i}{jk+i}\right)=\frac{a_k}{k}.$$

此式对每个 $i\geqslant 1$ 成立, 所以对每个固定的 $k\geqslant 1$, 有

$$\varliminf_{n\to\infty}\frac{a_n}{n}=\inf_{1\leqslant i\leqslant k}\varliminf_{j\to\infty}\frac{a_{jk+i}}{jk+i}\geqslant\frac{a_k}{k}.$$

因此

$$\varliminf_{n\to\infty}\frac{a_n}{n}\geqslant\sup_k\frac{a_k}{k}. \tag{L1.2.1}$$

(ii) 因为对于任何 $n\geqslant 1$,

$$\frac{a_n}{n}\leqslant\sup_k\frac{a_k}{k},$$

所以

$$\varlimsup_{n\to\infty}\frac{a_n}{n}\leqslant\sup_k\frac{a_k}{k}.$$

由此及式 (L1.2.1) 得到

$$\varliminf_{n\to\infty}\frac{a_n}{n}\geqslant\sup_k\frac{a_k}{k}\geqslant\varlimsup_{n\to\infty}\frac{a_n}{n}.$$

依上极限和下极限的基本性质, 上述不等式的左边不大于不等式的右边, 所以 $\lim\limits_{n\to\infty}(a_n/n)$ 存在, 并且等于 $\sup\limits_n(a_n/n)$.

(2) 将本题 (1) 应用于数列 $\log a_n\,(n\geqslant 1)$, 即得结论.

1.3 (1) 记极限中的和式为 a_n, 则

$$1<a_n<\frac{n+n^2+\cdots+n^n}{n^n}=\frac{1}{n^n}\cdot\frac{n^{n+1}-n}{n-1}<\frac{n}{n-1},$$

因此所求极限等于 1.

(2) 当 $0<x<\pi/2$ 时, $\sin x>0, \cos x>0$, 所以

$$\sqrt{n}\sin x\cos^n x=\sqrt{n\sin^2 x(1-\sin^2 x)^n}=\sqrt{n\sin^2 x\cdot\underbrace{(1-\sin^2 x)\cdots(1-\sin^2 x)}_{n\text{个}}}.$$

由 Cauchy 不等式可知

$$\sqrt{n}\sin x\cos^n x\leqslant\sqrt{\left(\frac{n\sin^2 x+(1-\sin^2 x)+\cdots+(1-\sin^2 x)}{n+1}\right)^{n+1}}=\sqrt{\left(\frac{n}{n+1}\right)^{n+1}}.$$

当 $\sin^2 x = 1/(n+1)$ 时等式成立. 所以

$$\sqrt{n+1}\max_{0<x<\pi/2}\sin x\cos^n x = \sqrt{\left(\frac{n}{n+1}\right)^{n-1}}.$$

由此可知, 当 $n\to\infty$ 时上式的极限等于 $1/\sqrt{\mathrm{e}}$. 类似地可证另一极限.

(3) 我们有

$$\begin{aligned}F(x) &= \tan^{1/x}\left(x+\frac{\pi}{4}\right) = \left(\frac{1+\tan x}{1-\tan x}\right)^{1/x}\\ &= \left(1+\frac{2\tan x}{1-\tan x}\right)^{1/x} = \left(1+\frac{2\tan x}{1-\tan x}\right)^{f(x)g(x)},\end{aligned}$$

其中

$$f(x) = \frac{1-\tan x}{2\tan x},\quad g(x) = \frac{2\tan x}{x(1-\tan x)}.$$

因为

$$\lim_{x\to 0+}\left(1+\frac{2\tan x}{1-\tan x}\right)^{f(x)} = \mathrm{e},\quad \lim_{x\to 0+} g(x) = 2,$$

所以 $\lim\limits_{x\to 0+} F(x) = \mathrm{e}^2$, 从而所求 (离散变量) 极限也等于 e^2.

(4) **提示** 用 J_n 表示极限式中的和式, 则

$$\frac{1}{n}\sum_{k=1}^{n}\frac{1}{1+\dfrac{(k+1)^2}{n^2}} \leqslant J_n \leqslant \frac{1}{n}\sum_{k=1}^{n}\frac{1}{1+\dfrac{k^2}{n^2}}.$$

上式左边的和等于

$$\frac{1}{n}\sum_{k=0}^{n-1}\frac{1}{1+\dfrac{(k+1)^2}{n^2}} + \frac{1}{n}\cdot\frac{1}{1+\dfrac{(n+1)^2}{n^2}} - \frac{1}{n}\cdot\frac{1}{1+\dfrac{1}{n^2}},$$

所以所求极限等于

$$\int_0^1\frac{\mathrm{d}x}{1+x^2} = \frac{\pi}{4}.$$

(5) 由积分中值定理, 存在 $\xi\in[n,n+a]$, 使得

$$I_n = \int_n^{n+a} x^a\sin\frac{1}{x}\mathrm{d}x = a\cdot\xi^a\sin\frac{1}{\xi},$$

并且当 $n\to\infty$ 时, $\xi\to\infty$. 因为

$$I_n = a\xi^{a-1}\cdot\frac{\sin\dfrac{1}{\xi}}{\dfrac{1}{\xi}},$$

所以当 $n\to\infty$ 时, 若 $0<a<1$, 则 $I_n\to 0$; 若 $a=1$, 则 $I_n\to a=1$; 若 $a>1$, 则 $I_n\to+\infty$.

(6) 解法 1 (参见问题 1.18(1) 的解法)因为 $a_n>0$, 设 $\lim\limits_{n\to\infty} a_n = a$, 则 $\lim\limits_{n\to\infty}\log a_n = \log a$, 从而 a_n 和 $\log a_n$ 有界. 于是当 $n\to\infty$ 时

$$\begin{aligned}&\sqrt[n]{a_1}+\sqrt[n]{a_2}+\cdots+\sqrt[n]{a_n}\\ &= \exp\left(\frac{1}{n}\log a_1\right)+\exp\left(\frac{1}{n}\log a_2\right)+\cdots+\exp\left(\frac{1}{n}\log a_n\right)\\ &= \left(1+\frac{1}{n}\log a_1+O\left(\frac{1}{n^2}\right)\right)+\left(1+\frac{1}{n}\log a_2+O\left(\frac{1}{n^2}\right)\right)+\cdots+\left(1+\frac{1}{n}\log a_n+O\left(\frac{1}{n^2}\right)\right)\\ &= n+\log\sqrt[n]{a_1a_2\cdots a_n}+O\left(\frac{1}{n}\right),\end{aligned}$$

于是

$$\left(\frac{\sqrt[n]{a_1}+\sqrt[n]{a_2}+\cdots+\sqrt[n]{a_n}}{n}\right)^n=\left(1+\frac{1}{n}\log\sqrt[n]{a_1a_2\cdots a_n}+O\left(\frac{1}{n^2}\right)\right)^n=\left((1+\sigma_n)^{1/\sigma_n}\right)^{n\sigma_n},$$

其中

$$\sigma_n=\frac{1}{n}\log\sqrt[n]{a_1a_2\cdots a_n}+O\left(\frac{1}{n^2}\right).$$

因为 (应用算术平均值数列收敛定理或 Stolz 定理)

$$\lim_{n\to\infty}\sqrt[n]{a_1a_2\cdots a_n}=\lim_{n\to\infty}\exp\left(\frac{\log a_1+\log a_2+\cdots+\log a_n}{n}\right)=\exp(\log a)=a,$$

所以当 $n\to\infty$ 时 $\sigma_n\to 0$, 并且

$$n\sigma_n=\log\sqrt[n]{a_1a_2\cdots a_n}+O\left(\frac{1}{n}\right)\to\log a,$$

于是所求极限等于 $\mathrm{e}^{\log a}=a=\lim\limits_{n\to\infty}a_n$.

解法 2 我们有

$$\begin{aligned}J_n&=n\log\left(\frac{\sqrt[n]{a_1}+\sqrt[n]{a_2}+\cdots+\sqrt[n]{a_n}}{n}\right)\\&=n\log\left(1+\frac{(\sqrt[n]{a_1}-1)+(\sqrt[n]{a_2}-1)+\cdots+(\sqrt[n]{a_n}-1)}{n}\right).\end{aligned}$$

设 $\lim\limits_{n\to\infty}a_n=a$, 则 $\log a_n$ 有界, 所以 $\lim\limits_{n\to\infty}\sqrt[n]{a_n}=\lim\limits_{n\to\infty}(\log a_n)/n=0$, 从而 $\sqrt[n]{a_n}$ 有界, 于是

$$\frac{(\sqrt[n]{a_1}-1)+(\sqrt[n]{a_2}-1)+\cdots+(\sqrt[n]{a_n}-1)}{n}\to 0\quad(n\to\infty).$$

由此和

$$\log(1+x)\sim x\quad(x\to\infty)$$

可知, 当 $n\to\infty$ 时

$$\begin{aligned}J_n&\sim n\cdot\frac{(\sqrt[n]{a_1}-1)+(\sqrt[n]{a_2}-1)+\cdots+(\sqrt[n]{a_n}-1)}{n}\\&=(\sqrt[n]{a_1}-1)+(\sqrt[n]{a_2}-1)+\cdots+(\sqrt[n]{a_n}-1).\end{aligned}$$

因为

$$\sqrt[n]{a_k}-1=\exp\left(\frac{\log a_k}{n}\right)-1=\frac{\log a_k}{n}+O\left(\frac{1}{n^2}\right)\quad(n\to\infty),$$

所以

$$J_n\sim\frac{\log a_1+\cdots+\log a_n}{n}+O\left(\frac{1}{n}\right)\sim\log a.$$

于是所求极限等于 $\mathrm{e}^{\log a}=a=\lim\limits_{n\to\infty}a_n$.

(7) 记 $y_n=x_n/n$, 则 $0<y_{n+1}=\log(1+y_n)<y_n$, 所以数列 y_n $(n\geqslant 1)$ 单调减少, 并且下有界, 从而收敛. 设此极限等于 a, 则由 $y_{n+1}=\log(1+y_n)$ 得到 $a=\log(1+a)$, 所以 $a=0$. 于是由 Stolz 定理,

$$\begin{aligned}\lim_{n\to\infty}x_n&=\lim_{n\to\infty}ny_n=\lim_{n\to\infty}\frac{n}{\dfrac{1}{y_n}}\\&=\lim_{n\to\infty}\frac{(n+1)-n}{\dfrac{1}{y_{n+1}}-\dfrac{1}{y_n}}=\lim_{n\to\infty}\frac{y_n\log(1+y_n)}{y_n-\log(1+y_n)}\\&=\lim_{n\to\infty}\frac{y_n\big(y_n+o(y_n)\big)}{y_n-\left(y_n-\dfrac{y_n^2}{2}+o(y_n^2)\right)}=2.\end{aligned}$$

(8) 因为

$$\sum_{k=1}^{n-1}\frac{n^{k-1}}{(k-1)!}\left(\frac{n}{k}-1\right)=\sum_{k=1}^{n-1}\left(\frac{n^k}{k!}-\frac{n^{k-1}}{(k-1)!}\right)=\frac{n^{n-1}}{(n-1)!}-1,$$

所以

$$\mathrm{e}^{-n}\left(1+\sum_{k=1}^{n-1}\frac{n^{k-1}}{(k-1)!}\left(\frac{n}{k}-1\right)\right)=\mathrm{e}^{-n}\cdot\frac{n^{n-1}}{(n-1)!}=\mathrm{e}^{-n}\cdot\frac{n^n}{n!}.$$

再应用 Stirling 公式即得结果.

(9) 当 $n\to\infty$ 时, 由 Stirling 公式,

$$\log n!=\left(n+\frac{1}{2}\right)\log n-n+\log\sqrt{2\pi}+\frac{1}{12n}+O(n^{-2}).$$

又由

$$\log\left(1+\frac{a}{n}\right)=\frac{a}{n}-\frac{1}{2}\left(\frac{a}{n}\right)^2+\frac{1}{3}\left(\frac{a}{n}\right)^3+O(n^{-3})$$

推出

$$\left(n+\frac{1}{2}\right)\log\left(1+\frac{a}{n}\right)=a-\frac{a-a^2}{2n}+\frac{4a^3-3a^2}{12n^2}+O(n^{-3}).$$

于是

$$n^2\log\frac{\sqrt{2\pi}(n+a)^{n+1/2}\mathrm{e}^{-n-a}}{n!}=\frac{-6a^2+6a-1}{12}n+\frac{4a^3-3a^2}{12}+O(n^{-1}).$$

因为当 $n\to\infty$ 时上式有有限的极限, 所以 $-6a^2+6a-1=0$, 由此解出 $a=(3\pm\sqrt{3})/6$, 相应的极限值等于 $\pm\sqrt{3}/216$.

(10) 当 $n\geqslant 2$ 时

$$\begin{aligned}a_n&=\sum_{k=0}^{n}\frac{1}{\binom{n}{k}}=\sum_{k=0}^{n-1}\frac{k!(n-1-k)!(n-k)}{(n-1)!n}+1\\&=\sum_{k=0}^{n-1}\frac{1}{\binom{n-1}{k}}-\sum_{k=0}^{n-1}\frac{k}{n}\cdot\frac{(n-1-k)!k!}{(n-1)!}+1\\&=a_{n-1}-\sum_{k=0}^{n-1}\frac{k}{n}\cdot\frac{1}{\binom{n-1}{k}}+1.\end{aligned}\tag{L1.3.1}$$

由 $\binom{n-1}{k}=\binom{n-1}{n-1-k}$ 可知

$$\begin{aligned}\sum_{k=0}^{n-1}\frac{k}{n}\cdot\frac{1}{\binom{n-1}{k}}&=\sum_{k=0}^{n-1}\frac{k}{n}\cdot\frac{1}{\binom{n-1}{n-1-k}}\quad(\text{记 } s=n-1-k)\\&=\sum_{s=0}^{n-1}\frac{n-1-s}{n}\cdot\frac{1}{\binom{n-1}{s}}\\&=\frac{n-1}{n}\sum_{s=0}^{n-1}\frac{1}{\binom{n-1}{s}}-\sum_{s=0}^{n-1}\frac{s}{n}\cdot\frac{1}{\binom{n-1}{s}},\end{aligned}$$

所以

$$\sum_{k=0}^{n-1}\frac{k}{n}\cdot\frac{1}{\begin{pmatrix}n-1\\k\end{pmatrix}}=\frac{n-1}{2n}a_{n-1}.$$

由此及式 (L1.3.1) 可知

$$a_n=a_{n-1}-\frac{n-1}{2n}a_{n-1}+1.$$

于是我们得到递推公式

$$a_n=\frac{n+1}{2n}a_{n-1}+1\quad(n\geqslant 2).$$

因此可证 a_n $(n\geqslant 1)$ 是单调增加的有界 $(a_n\leqslant 3)$ 数列, 以 2 为极限.

(11) 当 $n\geqslant 1$ 时

$$4-a_n=2-\sqrt{a_{n-1}}=\frac{4-a_{n-1}}{2+\sqrt{a_{n-1}}}\leqslant\frac{4-a_{n-1}}{2},\tag{L1.3.2}$$

因此

$$4-a_n\leqslant\frac{4-a_0}{2^n}=\frac{1}{2^{n-1}}\quad(n\geqslant 0).\tag{L1.3.3}$$

又由数学归纳法可知 $4-a_n\geqslant 0(n\geqslant 0)$. 因此 $\lim\limits_{n\to\infty}a_n=4$.

进一步, 由式 (L1.3.3) 可知

$$a_n\geqslant 4-2^{1-n}\quad(n\geqslant 0).\tag{L1.3.4}$$

由式 (L1.3.2) 还可知

$$\begin{aligned}4-a_n&=\frac{1}{2+\sqrt{a_{n-1}}}\cdot(4-a_{n-1})\\&=\frac{1}{2+\sqrt{a_{n-1}}}\cdot\frac{1}{2+\sqrt{a_{n-2}}}\cdot(4-a_{n-2})\\&=\cdots=\frac{4-a_0}{(2+\sqrt{a_{n-1}})(2+\sqrt{a_{n-2}})\cdots(2+\sqrt{a_0})}.\end{aligned}$$

应用式 (L1.3.4), 得到

$$4-a_n\leqslant\frac{2}{(2+\sqrt{4-2^{2-n}})(2+\sqrt{4-2^{3-n}})\cdots(2+\sqrt{4-2^{(n+1)-n}})}.$$

因为

$$\sqrt{4-2^{2-n}}=2\sqrt{1-2^{-n}}>2(1-2^{-n})=2-2^{1-n},$$

类似地, 可得

$$\sqrt{4-2^{3-n}}>2-2^{2-n},$$

等等, 所以

$$\begin{aligned}4-a_n&\leqslant\frac{2}{(2+2-2^{1-n})(2+2-2^{2-n})\cdots(2+2-2^{n-n})}\\&=2\cdot 4^{-n}\prod_{i=2}^{n+1}\frac{1}{1-2^{-i}}\leqslant 2\cdot 4^{-n}\prod_{i=2}^{n+1}(1+2\cdot 2^{-i})<2\mathrm{e}4^{-n}.\end{aligned}$$

此处用到

$$\prod_{k=1}^{n}\left(1+\frac{1}{2^k}\right)=\exp\left(\sum_{k=1}^{n}\log\left(1+\frac{1}{2^k}\right)\right)\leqslant\exp\left(\sum_{k=1}^{n}\frac{1}{2^k}\right)<\exp(1)=\mathrm{e}.$$

(12) **解法 1** (i) 令 $f_0(x)=x^n+x-1$. 因为 $f_0(1)=1>0, f_0(0)=-1<0$, 所以存在 $x_n\in(0,1)$, 满足 $f_0(x_n)=0$, 即 $x_n^n+x_n-1=0$.

(ii) 令 $f_1(x)=x^{n+1}+x-1$, 那么 $f_1(1)=1>0, f_1(x_n)=x_n^{n+1}+x_n-1=x_n^n\cdot x_n+x_n-1<x_n^n+x_n-1=0$, 因此存在 $x_{n+1}\in(x_n,1)$, 满足 $f_1(x_{n+1})=0$, 即 $x_{n+1}^{n+1}+x_{n+1}-1=0$, 并且 $1>x_{n+1}>x_n>0$.

(iii) 因为 $x_n\ (n\geqslant 1)$ 单调增加上有界 (以 1 为其一个上界), 从而 $\lim\limits_{n\to\infty}x_n=A$ 存在, 并且 $A\in[0,1]$. 若 $0\leqslant A<1$, 则 $0<x_n\leqslant A$, 于是 $0<x_n^n\leqslant A^n\to 0(n\to\infty)$, 从而 $x_n^n\to 0(n\to\infty)$. 由此及 $x_n^n+x_n-1=0$ 可知 $A=1$. 我们得到矛盾. 因此 $A=1$, 即 $\lim\limits_{n\to\infty}x_n=1$.

解法 2 由隐函数定理, $y^x+y-1=0$ 确定函数 $y=f(x)$, 于是

$$x_n=f(n)\quad(n\geqslant 1).$$

由 $(y^x+y-1)'_x=0$ 算出

$$y^x(x\log y)'+y'=0,$$

$$y^x\left(\log y-\frac{x}{y}y'\right)+y'=0,$$

于是

$$y'=-y^x\cdot\frac{\log y}{1+\dfrac{x}{y}\cdot y^x}.$$

由 $y^x+y-1=0$ 可知, 当 $x\geqslant 1$ 时 $0<y<1$. 因此, 当 $x\geqslant 1$ 时 $y'>0$, 于是 y 单调增加 (余下的同解法 1).

(13) 因为 $|x^2-xy+y^2|\geqslant|x^2+y^2|-|xy|\geqslant 2\sqrt{x^2y^2}-|xy|=2|xy|-|xy|=|xy|$, 所以

$$0\leqslant\left|\frac{x+y}{x^2-xy+y^2}\right|\leqslant\left|\frac{x+y}{xy}\right|=\frac{1}{|x|}+\frac{1}{|y|},$$

于是

$$0\leqslant\lim_{\substack{x\to\infty\\y\to\infty}}\left|\frac{x+y}{x^2-xy+y^2}\right|\leqslant\lim_{\substack{x\to\infty\\y\to\infty}}\left(\frac{1}{|x|}+\frac{1}{|y|}\right)=0,$$

因此所求极限等于 0.

或者应用极坐标: 令 $x=r\cos\theta, y=r\sin\theta$, 则

$$0<\left|\frac{x+y}{x^2-xy+y^2}\right|=\left|\frac{r(\cos\theta+\sin\theta)}{r^2(1-\sin\theta\cos\theta)}\right|=\left|\frac{\sqrt{2}\sin\left(\theta+\dfrac{\pi}{4}\right)}{r\left(1-\dfrac{1}{2}\sin 2\theta\right)}\right|\leqslant\frac{2\sqrt{2}}{r}.$$

(14) 令 $x=r\cos\theta, y=r\sin\theta$ (极坐标), 则

$$0\leqslant|x^2y^2\log(x^2+y^2)|=r^4\cos^2\theta\sin^2\theta|\log r^2|\leqslant 2r^4|\log r|,$$

上界与 θ 无关. 令 $r\to 0$(用 L'Hospital 法则), 可知所求极限等于 0.

(15) 记 $t=x^2+y^2$, 则 $x^2y^2\leqslant t^2/4$, 并且当 $0<t\leqslant 1$ 时

$$1\geqslant t^{x^2y^2}\geqslant t^{t^2/4}=\mathrm{e}^{(t^2\log t)/4},$$

因此所求极限等于 1.

1.4 (1) (i) 记 $\mathrm{D}=\dfrac{\mathrm{d}}{\mathrm{d}x}$. 我们首先证明

$$f_n(x)=(\sin^{-2}x)\cdot\big((\sin^2 x)\mathrm{D}\big)^n\sin^2 x\quad(n\geqslant 1).\tag{L1.4.1}$$

对 n 用数学归纳法. 简记 $s=\sin x$. 当 $n=1$ 时, 式 (L1.4.1) 显然成立. 设当 $n=k$ 时式 (L1.6.1) 成立: $f_k(x)=s^{-2}(s^2\mathrm{D})^k s^2$. 那么依定义和归纳假设,

$$f_{k+1}(x)=\mathrm{D}\big(s^2 f_k(x)\big)=\mathrm{D}\big(s^2\cdot s^{-2}(s^2\mathrm{D})^k s^2\big)$$

$$\begin{aligned}&=\mathrm{D}\big((s^2\mathrm{D})^k s^2\big)=s^{-2}s^2\mathrm{D}\big((s^2\mathrm{D})^k s^2\big)\\&=s^{-2}(s^2\mathrm{D})\big((s^2\mathrm{D})^k s^2\big)=s^{-2}(s^2\mathrm{D})^{k+1}s^2,\end{aligned}$$

因此式 (L1.4.1) 当 $n=k+1$ 时也成立. 于是式 (L1.4.1) 得证.

(ii) 作变量代换 $t=\cot x$, 则 $\sin^2 x=1/(t^2+1)$, 并且

$$\mathrm{D}=\frac{\mathrm{d}}{\mathrm{d}x}=\frac{\mathrm{d}t}{\mathrm{d}x}\frac{\mathrm{d}}{\mathrm{d}t}=-\frac{1}{\sin^2 x}\cdot\frac{\mathrm{d}}{\mathrm{d}t}.$$

于是由式 (L1.4.1) 得到

$$f_n(x)=(-1)^n\sin^{-2}x\frac{\mathrm{d}^n}{\mathrm{d}t^n}\left(\frac{1}{t^2+1}\right).$$

因为

$$\frac{1}{t^2+1}=\frac{1}{2}\left(\frac{1}{1+\mathrm{i}t}+\frac{1}{1-\mathrm{i}t}\right)\quad(\mathrm{i}=\sqrt{-1}),$$

所以

$$\begin{aligned}f_n(x)&=\frac{(-1)^n}{2}\sin^{-2}x\frac{\mathrm{d}^n}{\mathrm{d}t^n}\left(\frac{1}{1+\mathrm{i}t}+\frac{1}{1-\mathrm{i}t}\right)\\&=\frac{n!}{2}\sin^{-2}x\left(\frac{\mathrm{i}^n}{(1+\mathrm{i}t)^{n+1}}+\frac{(-\mathrm{i})^n}{(1-\mathrm{i}t)^{n+1}}\right).\end{aligned}$$

将复数 $1+\mathrm{i}t$ 化为指数形式, 其模等于 $\sqrt{1+t^2}$, 辐角 θ 由 $\tan\theta=t$ 确定. 由 $\cot x=t$ 可知 $\theta=\pi/2-x$, 因此

$$1+\mathrm{i}t=\sqrt{1+t^2}\,\mathrm{e}^{(\pi/2-x)\mathrm{i}}=\mathrm{i}\sqrt{1+t^2}\,\mathrm{e}^{-x\mathrm{i}}.$$

类似地,

$$1-\mathrm{i}t=\sqrt{1+t^2}\,\mathrm{e}^{(-\pi/2+x)\mathrm{i}}=-\mathrm{i}\sqrt{1+t^2}\,\mathrm{e}^{x\mathrm{i}}.$$

注意 $1/\sqrt{1+t^2}=\sin^2 x$, 由此得到

$$\begin{aligned}f_n(x)&=\frac{n!}{2}\sin^{-2}x\left(\frac{\mathrm{i}^n}{(\mathrm{i}\sqrt{1+t^2}\,\mathrm{e}^{-x\mathrm{i}})^{n+1}}+\frac{(-\mathrm{i})^n}{(-\mathrm{i}\sqrt{1+t^2}\,\mathrm{e}^{x\mathrm{i}})^{n+1}}\right)\\&=\frac{n!}{2}\sin^{-2}x\left(\frac{\mathrm{e}^{(n+1)x\mathrm{i}}-\mathrm{e}^{-(n+1)x\mathrm{i}}}{\mathrm{i}(\sqrt{1+t^2})^{n+1}}\right)\\&=n!\frac{\sin^{-2}x}{(\sqrt{1+t^2})^{n+1}}\left(\frac{\mathrm{e}^{(n+1)x\mathrm{i}}-\mathrm{e}^{-(n+1)x\mathrm{i}}}{2\mathrm{i}}\right)\\&=n!(\sin^{n-1}x)\sin\big((n+1)x\big).\end{aligned}$$

于是

$$f_{2k+1}\left(\frac{\pi}{2}\right)=0,\quad f_{2k}\left(\frac{\pi}{2}\right)=(-1)^k(2k)!.$$

(2) 应用下面的 Faà di Bruno 公式: 如果函数 $f(t)$ 和 $g(t)$ 具有所需要的各阶导数, $\mathrm{D}=\dfrac{\mathrm{d}}{\mathrm{d}x}$, 那么

$$\mathrm{D}^s f\big(g(t)\big)=\sum_{(k_1,\cdots,k_s)}\frac{s!}{k_1!\cdots k_s!}(\mathrm{D}^{k_1+\cdots+k_s}f)\big(g(t)\big)\left(\frac{\mathrm{D}g(t)}{1!}\right)^{k_1}\cdots\left(\frac{\mathrm{D}^s g(t)}{s!}\right)^{k_s},$$

其中对满足 $k_1+2k_2+\cdots+sk_s=s$ 的非负整数组 $(k_1,\cdots,k_s)$ 求和.

此处, 取 $s=3n, f(t)=t^{3n}, g(t)=1-\sqrt[3]{2\sin t}$. 那么当 $1\leqslant k\leqslant 3n-1$ 时

$$g(\pi/6)=0,\quad \mathrm{D}^k f(0)=0,\quad (\mathrm{D}^k f)\big(g(t)\big)\Big|_{t=\pi/6}=0.$$

因此公式中仅有的非零项对应于

$$k_1=3n,\quad k_2=k_3=\cdots=k_{3n}=0$$

(这由 $3n=k_1+k_2+\cdots+k_{3n}=k_1+2k_2+\cdots+3nk_{3n}$ 确定). 于是

$$\begin{aligned}\frac{\mathrm{d}^{3n}}{\mathrm{d}x^{3n}}\left(1-\sqrt[3]{2\sin x}\right)^{3n}\Big|_{x=\pi/6}&=\frac{(3n)!}{(3n)!}(\mathrm{D}^{3n}f)\left(g\left(\frac{\pi}{6}\right)\right)\cdot\left(\mathrm{D}g\left(\frac{\pi}{6}\right)\right)^{3n}\\&=(3n)!(-1)^{3n}\left(\frac{\sqrt[3]{2}}{3}\left(\sin\frac{\pi}{6}\right)^{-2/3}\cos\frac{\pi}{6}\right)^{3n}\\&=\frac{(-1)^{3n}(3n)!}{3^{3n/2}}.\end{aligned}$$

注 Faà di Bruno 公式常用于特殊的微分学计算, 可见 S. Roman 的 *The Formula of Faà di Bruno* (Amer. Math. Monthly, 1980, 87: 805-809), 以及 S. G. Krantz,H. R. Parks 的 *A Primer of Real Analytic Functions* (Birkhäuser Verlag, 1992).

1.5 (1) 用反证法. 设 f 不是严格单调的, 那么存在实数 $s_1<s_2$, 使得 $f(s_1)=f(s_2)$. 于是依 f 的连续性可知, 在闭区间 $[s_1,s_2]$ 上 f 不是严格单调的, 从而存在实数 $s_1'<s_2'$, 使得 $[s_1',s_2']\subset[s_1,s_2]$, 并且 $f(s_1')=f(s_2')$. 这个推理可以继续下去. 因此, 如果任意给定 $\varepsilon>0$, 那么在区间 $[s_1,s_2]$ 中存在实数 $t_1<t_2$ 满足 $t_2-t_1<\varepsilon$, 并且 $f(t_1)=f(t_2)$. 但同时对于所有实数 t, 有

$$\begin{aligned}f\big(t+(t_2-t_1)\big)&=f\big((t-t_1)+t_2\big)=F\big(f(t-t_1),f(t_2)\big)\\&=F\big(f(t-t_1),f(t_1)\big)=f\big((t-t_1)+t_1\big)=f(t).\end{aligned}$$

可见 f 具有周期 $\tau=t_2-t_1$. 由于 $\tau<\varepsilon$, 而 $\varepsilon(>0)$ 可以任意小, 所以连续函数 f 具有任意小的周期, 从而只能是常数. 这与题设矛盾.

(2) (i) 因为由题设, 分式 $1/f(x+3\pi/2)$ 对所有 $x\in\mathbb{R}$ 都有意义, 并且 f 在 $\mathbb{R}$ 上连续, 所以 f 在 $\mathbb{R}$ 上没有零点.

在题中所给方程中用 $-x$ 代替 x, 有

$$f''(-x)+f(-x)=\frac{1}{f(-x+3\pi/2)}.$$

因为 f 是偶函数, 所以 $f(-x)=f(x),f''(-x)=f''(x)$, 从而上式左边与题中所给方程的左边相等, 于是它们的右边也相等, 可见对于所有 $x\in\mathbb{R}$,

$$f\left(x+\frac{3\pi}{2}\right)=f\left(-x+\frac{3\pi}{2}\right)=f\left(x-\frac{3\pi}{2}\right).$$

这表明 f 以 3π 为周期. 但题设 2π 也是 f 的周期, 所以 $3\pi-2\pi=\pi$ 是它的一个周期. 因此, 题中所给方程可以改写为

$$f''(x)+f(x)=\frac{1}{f(x+\pi/2)}.$$

(ii) 考虑函数 $g(x)=f(x+\pi/2)$. 因为由 f 的周期性知

$$g(-x)=f\left(-x+\frac{\pi}{2}\right)=f\left(x-\frac{\pi}{2}\right)=f\left(x+\frac{\pi}{2}\right)=g(x),$$

所以 g 也是偶函数. 又因为 $g'(x)=g'(x+\pi/2),g''(x)=g''(x+\pi/2)$, 所以

$$f''(x)+f(x)=\frac{1}{g(x)},\quad g''(x)+g(x)=\frac{1}{f(x)}.$$

分别用 g 和 f 乘这两个方程, 然后将所得两个新方程相减, 得到

$$(f'g-fg')'=f''g-fg''=0.$$

因此 $c(x)=f'(x)g(x)-f(x)g'(x)$ 是常数函数. 注意偶函数的导函数是奇函数, 所以 $c(x)$ 是奇函数, 从而只能 $c(x)=0$. 又因为在步骤 (i) 中已证 f 没有实零点, 所以 g 也没有实零点, 从而 f/g 在 $\mathbb{R}$ 上处处有定义, 并且 $(f/g)'=c/g^2=0$, 于是 f/g 是常数函数 (将此常数记为 C).

(iii) 因为 f 是连续的周期函数, 所以在点 x_1 和 x_0 上分别取得它的最大值和最小值. 于是 $g(x_0)=f(x_0+\pi/2)\geqslant f(x_0)$, 并且 $g(x_1)=f(x_1+\pi/2)\leqslant f(x_1)$, 从而 $f(x_0)/g(x_0)\leqslant 1, f(x_1)/g(x_1)\geqslant 1$. 但 $f/g=C$ 是常数函数, 所以 $C=1$. 这意味着对于所有 $x\in\mathbb{R}, f(x)=g(x)$, 也就是 $f(x)=f(x+\pi/2)$. 于是本题得证.

(3) 答案是否定的. 为此, 考虑定义在 $\mathbb{Q}$ 上的函数

$$f\left(\frac{p}{q}\right)=\log\log 2q,$$

其中 p/q 是有理数的标准形式, 即整数 $q(>0)$ 和 p 互素 (下文类似). 因为在任何区间中都含分母任意大的有理数, 所以上述函数在其上是无界的. 我们来验证它满足题中的要求.

(i) 若 $x=p/q, h=k/m$, 则 $x+h=(pm+qk)/(qm)$, 这里的分数可能不是既约的, 但我们总归有 $f(x+h)\leqslant\log\log(2qm)$. 因此

$$f(x+h)-f(x)\leqslant\log\log(2qm)-\log\log 2q=\log\frac{\log 2q+\log m}{\log 2q}.$$

于是, 若 $x(\in\mathbb{Q})\to x_0$, 则 $q\to\infty$, 所以

$$\varlimsup_{\substack{x\to x_0\\ x\in\mathbb{Q}}}\big(f(x+h)-f(x)\big)\leqslant 0.$$

(ii) 若在上式中分别用 $-h$ 和 x_0+h 代替 h 和 x_0, 则有

$$\varlimsup_{\substack{x\to x_0+h\\ x\in\mathbb{Q}}}\big(f(x-h)-f(x)\big)\leqslant 0,$$

也就是

$$\varlimsup_{\substack{x-h\to x_0\\ x-h\in\mathbb{Q}}}\big(f(x-h)-f(x)\big)\leqslant 0.$$

记 $y=x-h$, 则 $x=y+h$, 于是上式可改写为

$$\varlimsup_{\substack{y\to x_0\\ y\in\mathbb{Q}}}\big(f(y)-f(y+h)\big)\leqslant 0,$$

也就是

$$\varlimsup_{\substack{y\to x_0\\ y\in\mathbb{Q}}}\Big(-\big(f(y+h)-f(y)\big)\Big)\leqslant 0.$$

仍然用 x 表示变量, 即得

$$\varliminf_{\substack{x\to x_0\\ x\in\mathbb{Q}}}\big(f(x+h)-f(x)\big)\geqslant 0.$$

(iii) 由步骤 (i) 和 (ii), 最终有

$$\lim_{\substack{x\to x_0\\ x\in\mathbb{Q}}}\big(f(x+h)-f(x)\big)=0.$$

于是我们得到一个反例.

1.6 (1) (i) 令 $h(x)=g(x)-f(x)$, 则在 (a,b) 上 $h'(x)\geqslant 0$, 所以 $h(x)$ 单调增加, 于是在 $[a,b]$ 上 $h(x)\geqslant h(a)\geqslant 0$, 即 $f(x)\leqslant g(x)$.

(ii) 结论等价于

$$g(a)-g(b)\leqslant f(b)-f(a)\leqslant g(b)-g(a), \tag{L1.6.1}$$

即

$$g(b)-f(b)-\big(g(a)-f(a)\big)\geqslant 0,\quad f(b)+g(b)-\big(f(a)+g(a)\big)\geqslant 0.$$

令

$$h_1(x)=g(x)-f(x)-\big(g(a)-f(a)\big),\quad h_2(x)=f(x)+g(x)-\big(f(a)+g(a)\big),$$

则 $h_1(a)=h_2(a)=0$, 并且在 $[a,b]$ 上,

$$h_1'(x)=g'(x)-f'(x)\geqslant 0,\quad h_2'(x)=f'(x)+g'(x)\geqslant 0.$$

所以 $h_1(x)$ 和 $h_2(x)$ 单调增加, 于是 $h_1(x)\geqslant h(a),h_2(x)\geqslant h_2(a)$, 即得不等式 (L1.6.1).

(2) 令 $F(x)=f(x)-g(x)$, 则依题设, 当 $k\geqslant 1$ 时, $|F^{(k)}(0)|\leqslant k!\cdot 0=0$, 因此

$$F^{(k)}(0)=0\quad (k\geqslant 0).$$

于是对于任何 $x\in(-1,1),x\neq 0$, 以及任何 $n\geqslant 1$, 存在 $\theta\in(x,0)(x<0)$ 或 $(0,x)(x>0)$, 使得

$$\begin{aligned}F(x)&=F(0)+F'(0)+\frac{F''(0)}{2!}x^2+\cdots+\frac{F^{(n)}(0)}{n!}x^n+\frac{F^{(n+1)}(\theta)}{(n+1)!}x^{n+1}\\&=\frac{F^{(n+1)}(\theta)}{(n+1)!}x^{n+1}.\end{aligned}$$

因此

$$0\leqslant|F(x)|\leqslant\frac{|F^{(n+1)}(\theta)|}{(n+1)!}|x|^{n+1}\leqslant\frac{(n+1)!|\theta|}{(n+1)!}|x|^{n+1}|\theta||x|^{n+1}<|x|^{n+2}.$$

令 $n\to\infty$, 即知 $F(x)=0\,(0<|x|<1)$. 又由 $F(x)$ 在 $x=0,\pm1$ 的连续性, 可知 $F(-1)=F(0)=F(1)=0$. 于是当 $|x|\leqslant 1$ 时, $F(x)=f(x)-g(x)=0$.

(3) **提示** 作辅助函数

$$F(x)=f(x)\big(g(b)-g(x)\big)+f(a)g(x)\quad (a\leqslant x\leqslant b).$$

则 $F(a)=F(b)$, 然后应用 Rolle 定理.

(4) 由连续性, $f(x)$ 在 $[a,c]$ 上取得最大值 M 和最小值 m. 若 $m=M$, 则 $f(x)$ 在 $[a,c]$ 上是常函数, 所以 $f'(x)=0$, 于是任取 $\xi\in(a,c)$ 即可. 若 $M>m$, 则 M,m 中至少有一个不等于 $f(a)$. 不妨设 $f(a)\neq M$(对 $f(a)\neq m$ 的情形证法类似, 实际上用 $-f$ 代替 f 即可). 于是若 $f(x_1)=M$, 则 $a<x_1$, 即 $x_1\in(a,c]$. 如果 $x_1=c$, 那么自然有 (由题设)$f'(x_1)=f'(c)=0$; 如果 $x_1<c$, 那么 $[a,c]$ 的内点 x_1 是 $f(x)$ 在 $[a,c]$ 上的极大值点, 所以 $f'(x_1)=0$. 总之, 有

$$f(x_1)=M,\quad f'(x_1)=0\quad \big(a<x_1<b\big).\tag{L1.6.2}$$

现在构造辅助函数

$$F(x)=f'(x)-\frac{f(x)-f(a)}{b-a}\quad (a\leqslant x\leqslant b).$$

那么 $F(x)$ 连续, 并且由式 (L1.6.2) 得到

$$F(x_1)=-\frac{M-f(a)}{b-a}<0.\tag{L1.6.3}$$

在 $[a,x_1]$ 上对 $f(x)$ 应用 Lagrange 中值定理, 可知存在 $x_2\in(a,x_1)$, 使得

$$f(x_1)-f(a)=f'(x_2)(x_1-a),$$

所以

$$f'(x_2)=\frac{f(x_1)-f(a)}{x_1-a}.$$

由此可知 (注意 $x_1<b$)

$$F(x_2)=\frac{f(x_1)-f(a)}{x_1-a}-\frac{f(x_2)-f(a)}{b-a}>\frac{f(x_1)-f(a)}{b-a}-\frac{f(x_2)-f(a)}{b-a}$$

$$= \frac{f(x_1)-f(x_2)}{b-a} = \frac{M-f(x_2)}{b-a} \geqslant 0.$$

由此及式 (L1.6.3), 依 $F(x)$ 的连续性可知, 存在 $\xi \in (x_1,x_2) \subset [a,b]$, 使得 $F(\xi)=0$, 即得

$$f'(\xi) = \frac{f(\xi)-f(a)}{b-a}.$$

(5) 依题设条件, 在 $[a,c]$ 和 $[c,b]$ 上可对 $f(x)$ 应用 Lagrange 中值定理, 得到 $\xi_1 \in (a,c), \xi_2 \in (c,b)$, 使得

$$f(c)-f(a) = f'(\xi_1)(c-a), \quad f(b)-f(c) = f'(\xi_2)(b-c).$$

因为 $f(a)=f(b)=0, f(c)>0$, 所以

$$f'(\xi_1) = \frac{f(c)}{c-a} > 0, \quad f'(\xi_2) = -\frac{f(c)}{b-c} < 0,$$

因此 $f'(\xi_2)-f'(\xi_1)<0$. 又依题设条件, 在 $[\xi_1,\xi_2] \subset [a,b]$ 上可对 $f'(x)$ 应用 Lagrange 中值定理, 于是存在 $\xi \in (\xi_1,\xi_2) \subset [a,b]$, 使得

$$f''(\xi) = \frac{f'(\xi_2)-f'(\xi_1)}{\xi_2-\xi_1} < 0.$$

(6) (i) 令 $F(x)=f(x)+x-b$, 则 $F(x)$ 在 $[a,b]$ 上连续, 并且

$$F(a) = 2a-b<0, \quad F(b) = b>0,$$

因此存在 $\xi \in (a,b)$, 使得 $F(\xi)=0$, 即 $f(\xi)=b-\xi$.

(ii) 若还设 $a=0$, 则依题设有 $f(0)=0$. 在 $[0,\xi]$ 和 $[\xi,b]$ 上分别应用 Lagrange 中值定理, 有

$$f'(\alpha) = \frac{f(\xi)-f(0)}{\xi-0} = \frac{b-\xi}{\xi} \quad (0<\alpha<\xi),$$
$$f'(\beta) = \frac{f(b)-f(\xi)}{b-\xi} = \frac{\xi}{b-\xi} \quad (\xi<\beta<b).$$

因此存在 $\alpha,\beta \in (a,b), \alpha \neq \beta$, 使得 $f'(\alpha)f'(\beta)=1$.

(7) 令

$$g(x) = f(x) - f\left(x-\frac{1}{n}\right) - \frac{1}{n} \quad \left(\frac{1}{n} \leqslant x \leqslant 1\right),$$

则 $g(x)$ 连续. 若在上述区间内存在 x_1,x_2, 使得 $g(x_1)g(x_2)<0$, 则由 $g(x)$ 的连续性, 存在 $\xi \in (x_1,x_2)$ 满足 $g(\xi)=0$, 从而题中结论已经成立. 现在设在 $[1/n,1]$ 上 $g(x)>0$, 那么

$$g\left(\frac{k}{n}\right) > 0 \quad (k=1,2,\cdots,n).$$

于是

$$f\left(\frac{k-1}{n}\right) < f\left(\frac{k}{n}\right) - \frac{1}{n} \quad (k=1,2,\cdots,n).$$

由此推出

$$0 < f\left(\frac{1}{n}\right) - \frac{1}{n} < f\left(\frac{2}{n}\right) - \frac{2}{n} < \cdots < f\left(\frac{n-1}{n}\right) - \frac{n-1}{n} < f(1)-1 = 0.$$

我们得到矛盾. 类似地, 若设 $g(x)<0$, 则也导致矛盾. 于是本题得证.

(8) 证法 1　因为 a,b 同号, 所以所要求的 ξ 若存在则不等于零. 于是只需证明

$$\frac{af(b)-bf(a)}{(a-b)\xi^2} + \frac{\xi f'(\xi)-f(\xi)}{\xi^2} = 0,$$

即

$$\frac{\mathrm{d}}{\mathrm{d}x}\left(\frac{af(b)-bf(a)}{(a-b)x}+\frac{f(x)}{x}\right)\Big|_{x=\xi}=0.$$

令

$$F(x)=\frac{af(b)-bf(a)}{(a-b)x}+\frac{f(x)}{x},$$

则 $F(x)$ 在 $[a,b]$ 上连续, 在 (a,b) 内可导, 并且 $F(a)=F(b)$. 由 Roll 定理推出 ξ 的存在性.

证法 2 记

$$A=\frac{af(b)-bf(a)}{a-b},$$

则

$$\frac{f(b)-A}{b}=\frac{f(a)-A}{a}.$$

由题设, $0\notin[a,b]$. 令

$$F(x)=\frac{f(x)-A}{x}\quad(a\leqslant x\leqslant b),$$

则 $F(x)$ 在 $[a,b]$ 上连续, 在 (a,b) 内可导, 并且 $F(a)=F(b)$. 由 Rolle 定理即得 ξ 的存在性.

(9) 由函数 $f(x)$ 的连续性, 可设 $f(x)$ 分别在 $\xi,\eta\in[a,b]$ 达到最大值和最小值. 因为 $f(a)=f(b)=0$, 所以 $m\leqslant 0\leqslant M$. 只需证明 $m=M$. 用反证法. 若不然, 则有两种可能情形:

情形 1: $M>0$. 因为 f 在区间端点的值为零, 所以 ξ 是 $[a,b]$ 的内点, 因而 ξ 也是 $f(x)$ 在 $[a,b]$ 上的极大值点, 因此 $f'(\xi)=0, f''(\xi)\leqslant 0$, 从而由题设条件推出

$$f''(\xi)=f(\xi)-f'(\xi)g(\xi)=f(\xi)=M>0.$$

于是得到矛盾.

情形 2: $m<0$. 则 η 是 $[a,b]$ 的内点, 所以 η 也是 $f(x)$ 在 $[a,b]$ 上的极小值点, 因此 $f'(\eta)=0, f''(\eta)\geqslant 0$, 从而由题设条件推出

$$f''(\xi)=f(\eta)-f'(\eta)g(\eta)=f(\eta)=m<0.$$

也得到矛盾.

(10) (i) 设 $a\in\mathscr{A}$. 若 $a=0$, 则因为 $f(x)$ 不是常数函数, 所以一定存在 $\theta\in(0,1)$, 使得 $f'(\theta)\neq 0$, 因此 $|f'(\theta)|>2|a|$ 成立. 下面设 $a\neq 0$, 于是存在 $c\in(0,1)$, 使得 $f(c)=a$.

(i) 若 $0<c<1/2$, 则由 Lagrange 中值定理可知, 存在 $\theta\in(0,1/2)\subset(0,1)$, 满足

$$f'(\theta)=\frac{f(c)-f(0)}{c-0}=\frac{f(c)}{c}=\frac{a}{c},$$

所以 $|f'(\theta)|=|a/c|>2|a|$.

若 $1/2<c<1$, 则类似地可知, 存在 $\theta\in(1/2,1)\subset(0,1)$, 满足

$$f'(\theta)=\frac{f(1)-f(c)}{1-c}=-\frac{a}{1-c}.$$

注意 $0<1-c<1/2$, 所以 $|f'(\theta)|=|a|/(1-c)>2|a|$.

(ii) 若 $c=1/2$, 不妨设 $a>0$(不然用 $-f$ 代替 f). 我们区分两种情形讨论:

情形 1: 设在 $[0,1/2]$ 上 $f(x)$ 是线性函数, 那么 $f(x)=2ax(0\leqslant x\leqslant 1/2)$. 由 $f(x)$ 的可微性知 $f'(1/2)=2a>0$, 因此在 $x=1/2$ 的右侧某个邻域内, $f(x)$ 严格单调增加, 从而存在 $c_1\in(1/2,1)$, 使得 $f(c_1)>f(1/2)=a$. 在 $[c_1,1]$ 上应用 Lagrange 中值定理, 存在 $\theta\in(c_1,1)\subset(0,1)$, 满足

$$f'(\theta)=\frac{f(1)-f(c_1)}{1-c_1}=-\frac{f(c_1)}{1-c_1}.$$

注意 $0<1-c_1<1/2$, 所以 $|f'(\theta)|=|f(c_1)/(1-c_1)|>2|a|$.

情形 2: 设在 $[0,1/2]$ 上 $f(x)$ 不是线性函数, 即对于所有 $x\in(0,1/2)$, 不可能总有 $f(x)=2ax$, 于是存在某个 $c_2\in(0,1/2)$, 使得 $f(c_2)>2ac_2$, 或 $f(c_2)<2ac_2$. 若 $f(c_2)>2ac_2$, 则在 $[0,c_2]$ 上应用 Lagrange 中值定理, 存在 $\theta\in(0,c_2)\subset(0,1)$, 满足

$$f'(\theta)=\frac{f(c_2)-f(0)}{c_2-0}=\frac{f(c_2)}{c_2},$$

因此 $|f'(\theta)|=|f(c_2)/c_2|>2|a|$. 若 $f(c_2)<2ac_2$, 则在 $[c_2,1/2]$ 上应用 Lagrange 中值定理, 存在 $\theta\in(c_2,1/2)\subset(0,1)$, 满足

$$f'(\theta)=\frac{f\left(\dfrac{1}{2}\right)-f(c_2)}{\dfrac{1}{2}-c_2}=\frac{a-f(c_2)}{\dfrac{1}{2}-c_2}>\frac{a-2ac_2}{\dfrac{1}{2}-c_2}=2a.$$

注意 $a>0$, 因此 $|f'(\theta)|>2|a|$.

注 从函数图像 (直线斜率) 看, 本题 (10) 的解法相当直观.

1.7 (1) 下面的例子表明 Stolz 定理的逆定理一般不成立: 令 $u_n=\big(1+(-1)^n\big)/2$, 那么

$$\frac{u_1+u_2+\cdots+u_n}{n}=\begin{cases}\dfrac{1}{2}, & n\text{ 是偶数},\\ \dfrac{n-1}{2n}, & n\text{ 是奇数}.\end{cases}$$

取 $x_n=u_1+u_2+\cdots+u_n, y_n=n\,(n\geqslant 1)$, 则

$$\lim_{n\to\infty}\frac{x_n}{y_n}=\lim_{n\to\infty}\frac{u_1+u_2+\cdots+u_n}{n}=\frac{1}{2}.$$

但当 $n\to\infty$ 时

$$\frac{x_{n+1}-x_n}{y_{n+1}-y_n}=\frac{(u_1+u_2+\cdots+u_{n+1})-(u_1+u_2+\cdots+u_n)}{(n+1)-n}=u_{n+1}$$

不收敛.

(2) 我们有

$$\frac{x_{n+1}-x_n}{y_{n+1}-y_n}=\frac{\dfrac{x_{n+1}}{y_{n+1}}-\dfrac{x_n}{y_n}\cdot\dfrac{y_n}{y_{n+1}}}{1-\dfrac{y_n}{y_{n+1}}}.$$

因为 $\sigma\neq 1$, 所以

$$\lim_{n\to\infty}\frac{x_{n+1}-x_n}{y_{n+1}-y_n}=\frac{\alpha-\alpha\sigma}{1-\sigma}=\alpha.$$

1.8 我们要考察

$$M_n=h\sum_{n=1}^{\infty}f(nh)-\int_0^{\infty}f(x)\mathrm{d}x.$$

设 N,L 是正整数, 我们将 M_n 表示为

$$\begin{aligned}M_n&=h\sum_{n=1}^{N}f(nh)+h\sum_{n=N+1}^{\infty}f(nh)-\int_0^{L}f(x)\mathrm{d}x-\int_L^{\infty}f(x)\mathrm{d}x\\&=\left(h-\frac{L}{N}\right)\sum_{n=1}^{N}f(nh)+h\sum_{n=N+1}^{\infty}f(nh)+\left(\frac{L}{N}\sum_{n=1}^{N}f(nh)-\int_0^{L}f(x)\mathrm{d}x\right)-\int_L^{\infty}f(x)\mathrm{d}x.\end{aligned}$$

(i) 因为 $g(x)$ 在 $[0,\infty)$ 上 Riemann 可积, 所以对于任何给定的 $\varepsilon>0$, 存在最小的正整数 $L=L(\varepsilon)$, 使得

$$\int_{L-1}^{\infty}g(x)\mathrm{d}x<\frac{\varepsilon}{4}.$$

下文中固定此 L.

(ii) 对于任何给定的 $h \in (0,1)$, 可取正整数 N 满足

$$Nh \leqslant L < (N+1)h,$$

于是

$$nh \in \left(\frac{Ln}{N+1}, \frac{Ln}{N}\right] \subset \left(\frac{n-1}{N}L, \frac{n}{N}L\right] \quad (1 \leqslant n \leqslant N).$$

由题设可知, 积分 $\int_0^L f(x)\mathrm{d}x$ 存在, 所以 Riemann 和

$$\frac{L}{N}\sum_{n=1}^{N} f(nh) \to \int_0^L f(x)\mathrm{d}x \quad (N \to \infty).$$

注意由 N 的取法可知, $L/N \in [h, (N+1)h/N)$, 所以当 $h \to 0+$ 时 $N \to \infty$, 于是当 $0 < h < h_0$ ($h_0 = h_0(\varepsilon, L) = h_0(\varepsilon)$ 足够小)时

$$\left|\frac{L}{N}\sum_{n=1}^{N} f(nh) - \int_0^L f(x)\mathrm{d}x\right| < \frac{\varepsilon}{4}.$$

(iii) 因为 $L/N \in [h, (N+1)h/N)$, 所以

$$\left|h - \frac{L}{N}\right| \leqslant \frac{(N+1)h}{N} - h = \frac{h}{N}.$$

注意 $|f(x) \leqslant g(x)$, 于是还有

$$\left|\left(h - \frac{L}{N}\right)\sum_{n=1}^{N} f(nh)\right| \leqslant \left|h - \frac{L}{N}\right|\sum_{n=1}^{N} g(nh) \leqslant \frac{h}{N}\sum_{n=1}^{N} g(nh).$$

因为 $g(x)$ 在 $[0,\infty)$ 上单调减少, 所以

$$h\sum_{n=1}^{N} g(nh) < \int_0^{Nh} g(x)\mathrm{d}x < \int_0^{\infty} g(x)\mathrm{d}x;$$

并且因为 $\int_0^{\infty} g(x)\mathrm{d}x$ 收敛, 所以当 $0 < h < h_0$(h_0 足够小) 时, 也有

$$\frac{1}{N}\int_0^{\infty} g(x)\mathrm{d}x < \varepsilon/4.$$

于是由前式得知, 当 $0 < h < h_0$ 时

$$\left|\left(h - \frac{L}{N}\right)\sum_{n=1}^{N} f(nh)\right| < \frac{\varepsilon}{4}.$$

(iv) 另外, 依步骤 (i), 有

$$\left|h\sum_{n=N+1}^{\infty} f(nh)\right| \leqslant h\sum_{n=N+1}^{\infty} g(nh) \leqslant \int_{L-1}^{\infty} g(x)\mathrm{d}x < \frac{\varepsilon}{4}.$$

(v) 最后, 综合上述诸估计, 我们得知: 对于任何给定的 $\varepsilon > 0$, 当 $0 < h < h_0$ 时, $|M_n| < \varepsilon$. 因此本题得证.

1.9 (1) 由题设, 对于任何给定的 $\varepsilon > 0$, 存在正整数 N(并固定), 使当 $n \geqslant N$ 时 $|b_n/a_n - 1| \leqslant \varepsilon/3$, 于是当 $0 < x < 1$ 时

$$\left|\frac{\psi(x)}{\phi(x)} - 1\right| = \left|\frac{1}{\phi(x)}\sum_{n=0}^{\infty}(b_n - a_n)x^n\right|$$

$$\leqslant \frac{1}{\phi(x)}\left|\sum_{n=0}^{N-1}(b_n-a_n)x^n\right|+\frac{1}{\phi(x)}\left|\sum_{n=N}^{\infty}(b_n-a_n)x^n\right|$$
$$\leqslant \frac{1}{\phi(x)}\sum_{n=0}^{N-1}a_nx^n+\frac{1}{\phi(x)}\sum_{n=0}^{N-1}b_nx^n+\frac{\varepsilon}{3\phi(x)}\sum_{n=N}^{\infty}a_nx^n$$
$$\leqslant \frac{1}{\phi(x)}\sum_{n=0}^{N-1}a_nx^n+\frac{1}{\phi(x)}\sum_{n=0}^{N-1}b_nx^n+\frac{\varepsilon}{3}.$$

因为 $\sum\limits_{n=1}^{\infty}a_n=+\infty$, 所以取 $\delta\in(0,1)$ 足够小, 当 $0<1-x<\delta$ 时, 有

$$\left|\frac{\psi(x)}{\phi(x)}-1\right|\leqslant\frac{\varepsilon}{3}+\frac{\varepsilon}{3}+\frac{\varepsilon}{3}=\varepsilon.$$

于是本题得证.

(2) 当 $0<|x|<1$ 时, 由幂级数的乘法定理可知

$$\varPhi(x)=\frac{1}{1-x}\phi(x)=\sum_{k=0}^{\infty}x^k\sum_{k=0}^{\infty}a_kx^k=\sum_{n=0}^{\infty}(a_0+a_1+\cdots+a_n)x^n,$$
$$\varPsi(x)=\frac{1}{1-x}\psi(x)=\sum_{k=0}^{\infty}x^k\sum_{k=0}^{\infty}b_kx^k=\sum_{n=0}^{\infty}(b_0+b_1+\cdots+b_n)x^n.$$

幂级数 $\varPhi(x),\varPsi(x)$ 满足本题 (1) 中对于 $\phi(x)$ 和 $\psi(x)$ 所假设的各项条件, 所以

$$\varPhi(x)\sim\varPsi(x)\quad(x\to1-).$$

因为当 $x\neq1$ 时 $\varPhi(x)/\varPsi(x)=\phi(x)/\psi(x)$, 所以 $\phi(x)\sim\psi(x)\,(x\to1-)$.

(3) 首先给出 $\omega(t)$ 的渐近估计. 在 x 轴和 y 轴上符合要求的整点总共 $2[t]+1$ 个; 对于正整数 k, 直线 $x=k$ 上符合要求而且坐标都不为 0 的整点个数是 $[\sqrt{t^2-k^2}]$. 于是

$$\omega(t^2)=\sum_{k=1}^{[t]}\left[\sqrt{t^2-k^2}\,\right]+2[t]+1.$$

因为对于实数 a 有 $a-1<[a]\leqslant a$, 所以

$$\sum_{k=1}^{[t]}\sqrt{t^2-k^2}+2[t]+1-[t]<\omega(t^2)\leqslant\sum_{k=1}^{[t]}\sqrt{t^2-k^2}+2[t]+1,$$

从而

$$\frac{1}{t}\sum_{k=1}^{[t]}\sqrt{1-\left(\frac{k}{t}\right)^2}+\frac{[t]+1}{t^2}<\frac{\omega(t^2)}{t^2}\leqslant\frac{1}{t}\sum_{k=1}^{[t]}\sqrt{1-\left(\frac{k}{t}\right)^2}+\frac{2[t]+1}{t^2}.$$

令 $t\to\infty$, 由定积分的定义可得

$$\frac{\omega(t^2)}{t^2}\sim\int_0^1\sqrt{1-t^2}\mathrm{d}t=\frac{\pi}{4}\quad(t\to\infty),$$

因此得到渐近估计

$$\omega(t^2)\sim\frac{\pi}{4}t^2\quad(t\to\infty).$$

现在将本题 (1) 中的命题应用于级数

$$\phi(x)=\sum_{n=0}^{\infty}\left(\frac{\pi n}{4}\right)x^n\quad 和\quad \psi(x)=\sum_{n=0}^{\infty}\omega(\sqrt{n})x^n,$$

即得

$$\sum_{n=0}^{\infty}\omega(\sqrt{n})x^n \sim \frac{\pi}{4}\sum_{n=0}^{\infty}nx^n = \frac{\pi}{4(1-x)^2} \quad (x \to 1-).$$

注 由本题 (2) 的证明(即将它归结为本题 (1))可知, 本题 (2) 中的命题是本题 (1) 中命题的推论. 注意: 由 Stolz 定理可知, 在 $\sum\limits_{n=1}^{\infty}a_n$ 发散的前提下, $a_n \sim b_n\,(n\to\infty)$ 蕴含

$$\sum_{k=1}^{n}a_k \sim \sum_{k=1}^{n}b_k \quad (n\to\infty);$$

但反之未必成立(参见练习题 1.7(1)). 特别地, 因为题设 $\sum\limits_{n=1}^{\infty}a_nx^n$ 的收敛半径为 1, 所以 $\lim\limits_{n\to\infty}(a_n/a_{n+1}) = 1$(若此极限存在), 从而在此不能应用练习题 1.7(2) 中的定理.

1.10 解法 1(直接证明) 因为

$$\int_0^{\infty}x^{t^2}\mathrm{d}t \leqslant \sum_{n=0}^{\infty}x^{n^2} \leqslant 1+\int_0^{\infty}x^{t^2}\mathrm{d}t,$$

并且

$$\int_0^{\infty}x^{t^2}\mathrm{d}t = \int_0^{\infty}\mathrm{e}^{-t^2\log(1/x)}\mathrm{d}t = \frac{1}{\sqrt{\log\dfrac{1}{x}}}\int_0^{\infty}\mathrm{e}^{-t^2}\mathrm{d}t$$

$$= \frac{1}{2}\sqrt{\frac{\pi}{\log\dfrac{1}{x}}} \sim \frac{1}{2}\sqrt{\frac{\pi}{1-x}} \quad (x\to 1-),$$

所以

$$\sum_{n=0}^{\infty}x^{n^2} \sim \frac{1}{2}\sqrt{\frac{\pi}{1-x}} \quad (x\to 1-). \tag{L1.10.1}$$

解法 2 (应用练习题 1.8) 因为 $1-x \sim -\log x\,(x\to 1-)$, 所以

$$\lim_{x\to 1-}\sqrt{1-x}\sum_{n=1}^{\infty}x^{n^2} = \lim_{x\to 1-}\sqrt{-\log x}\sum_{n=1}^{\infty}x^{n^2}.$$

作变量代换 $h=\sqrt{-\log x}$, 那么当且仅当 $x\to 1-$ 时 $h\to 0+$, 并且 $x^{n^2}=\mathrm{e}^{-n^2h^2}$, 于是上式等于

$$\lim_{h\to 0+}h\sum_{n=0}^{\infty}\exp(-n^2h^2).$$

在练习题 1.8 中取 $f(x)=g(x)=\mathrm{e}^{-x^2}$, 那么立得上式等于

$$\int_0^{\infty}\mathrm{e}^{-x^2}\mathrm{d}x = \frac{\sqrt{\pi}}{2}.$$

从而得式 (L1.10.1).

解法 3 (应用练习题 1.9(3)) (i) 首先证明等式

$$\sum_{n=0}^{\infty}\omega(\sqrt{n})x^n = \sum_{n=0}^{\infty}x^n\left(\sum_{n=0}^{\infty}x^{n^2}\right)^2 \quad (|x|<1).$$

事实上, 我们有

$$\left(\sum_{n=0}^{\infty}x^{n^2}\right)^2 = \sum_{n=0}^{\infty}c_nx^n,$$

其中 c_n 表示满足 $k^2+l^2=n$ 的数组 $(k,l)\in\mathbb{N}_0^2$ 的个数. 若令所有 $t_n=1\ (n\geqslant 0)$, 并将 $\sum\limits_{n=0}^{\infty}x^n$ 表示为 $\sum\limits_{n=0}^{\infty}t_nx^n$, 则幂级数 $\sum\limits_{n=0}^{\infty}x^n$ 和 $\sum\limits_{n=0}^{\infty}x^{n^2}$ 之积 (也是幂级数) 中 x^n 的系数等于

$$\sum_{k=0}^{n}t_kc_{n-k}=\sum_{k=0}^{n}c_{n-k}=\sum_{k=0}^{n}c_k=\omega(\sqrt{n}),$$

因此上述幂级数等式成立.

(ii) 由步骤 (i) 和练习题 1.9(3) 得到

$$\sum_{n=0}^{\infty}x^n\left(\sum_{n=0}^{\infty}x^{n^2}\right)^2\sim\frac{\pi}{4(1-x)^2}\quad(x\to 1-).$$

因为当 $|x|<1$ 时 $\sum\limits_{n=0}^{\infty}x^n=1/(1-x)$, 所以

$$\left(\sum_{n=0}^{\infty}x^{n^2}\right)^2\sim\frac{\pi}{4(1-x)}\quad(x\to 1-),$$

于是推出式 (L1.10.1).

解法 4 (应用练习题 1.9(2)) 记

$$\sum_{n=0}^{\infty}a_nx^n=\sum_{n=0}^{\infty}x^{n^2},\quad \frac{1}{2}\sqrt{\frac{\pi}{1-x}}=\sum_{n=0}^{\infty}b_nx^n,$$
$$\alpha_n=a_0+a_1+\cdots+a_n,\quad \beta_n=b_0+b_1+\cdots+b_n.$$

那么上述两个级数的收敛半径都等于 1, 并且 $\sum\limits_{n=0}^{\infty}a_n$ 发散. 显然有

$$\alpha_n\sim\sqrt{n}\quad(n\to\infty).$$

又因为当 $|x|<1$ 时

$$\begin{aligned}\sum_{n=0}^{\infty}\beta_nx^n&=\sum_{k=0}^{\infty}x^k\sum_{k=0}^{\infty}b_kx^k=\frac{1}{1-x}\cdot\frac{1}{2}\sqrt{\frac{\pi}{1-x}}=\frac{\sqrt{\pi}}{2}(1-x)^{-3/2}\\&=\frac{\sqrt{\pi}}{2}\sum_{n=0}^{\infty}\frac{3}{2}\left(\frac{3}{2}+1\right)\cdots\left(\frac{3}{2}+n-1\right)\frac{x^n}{n!},\end{aligned}$$

所以

$$\beta_n=\frac{\sqrt{\pi}}{2n!}\cdot\frac{3}{2}\left(\frac{3}{2}+1\right)\cdots\left(\frac{3}{2}+n-1\right)=\frac{\sqrt{\pi}}{2}\cdot\frac{(2n+1)!}{(2^nn!)^2}.$$

应用 Stirling 公式, 可算出 (请读者补出计算细节)

$$\beta_n=\sqrt{n}\big(1+o(1)\big)\quad(n\to\infty).$$

因此 $\alpha_n\sim\beta_n\ (n\to\infty)$, 从而推出式 (L1.10.1).

1.11 (1) 在积分

$$\int_1^{f(x)}g(t)\mathrm{d}t$$

中作变量变换 $t=f(\xi)\ (\xi>0)$, 那么 $\mathrm{d}t=f'(\xi)\mathrm{d}\xi=\mathrm{d}f(\xi)$. 因为 g 是 f 的反函数, 所以

$$g(t)=g\circ f(\xi)=\xi$$

此处 $\circ$ 表示函数的复合. 又在题中的等式中令 $f(x)=1$, 得到

$$\sqrt{x^3}-8=0,\quad x=4.$$

因此 $f(4)=1$. 于是

$$\int_1^{f(x)} g(t)\mathrm{d}t=\int_{f(4)}^{f(x)} g(t)\mathrm{d}t=\int_4^x \xi\mathrm{d}f(\xi).$$

利用分部积分, 得到

$$\int_4^x \xi\mathrm{d}f(\xi)=\xi f(\xi)\Big|_4^x-\int_4^x f(\xi)\mathrm{d}\xi=xf(x)-4-\int_4^x f(\xi)\mathrm{d}\xi,$$

因而

$$xf(x)-4-\int_4^x f(\xi)\mathrm{d}\xi=\sqrt{x^3}-8.$$

在等式两边对 x 求导, 得到

$$xf'(x)+f(x)-f(x)=\frac{3}{2}\sqrt{x},$$

于是

$$f'(x)=\frac{3}{2\sqrt{x}}.$$

注意 $f(4)=1$, 解得 $f(x)=3(\sqrt{x}-1)$.

(2) 由 Cauchy-Schwarz 不等式推出

$$\begin{aligned}1&=\int_0^1 f(x)\mathrm{d}x=\int_0^1 f(x)\sqrt{1+x^2}\cdot\frac{1}{\sqrt{1+x^2}}\mathrm{d}x\\&\leqslant\left(\int_0^1(1+x^2)f^2(x)\mathrm{d}x\right)^{1/2}\left(\int_0^1\frac{\mathrm{d}x}{1+x^2}\right)^{1/2}=\frac{\sqrt{\pi}}{2}\sqrt{I},\end{aligned}$$

等式当且仅当

$$f(x)\sqrt{1+x^2}=\frac{k}{\sqrt{1+x^2}}\quad(k\text{ 为常数})$$

时成立. 因此

$$I\geqslant\frac{4}{\pi}.$$

当 $f(x)=k/(1+x^2)$ 时等式成立. 此时

$$I=\int_0^1(1+x^2)\frac{k^2}{(1+x^2)^2}\mathrm{d}x=\frac{4}{\pi},$$

于是 $k^2(\pi/4)=4/\pi, k=4/\pi$, 从而

$$f(x)=\frac{4}{\pi(1+x^2)},$$

I 的最小值等于 $4/\pi$.

1.12 (i) 当 $n\geqslant 1, x>0$ 时, $f_n(x)$ 连续, 并且 $f_n'(x)=(1/n)x^{1/n-1}+1>0$, 所以 $f_n(x)$ 严格单调增加. 又因为 $f_n(0)=-a<0, f_n(a)=a^{1/n}>0$, 所以 $f_n(x)=0$ 在 $(0,a)\subset(0,+\infty)$ 中有唯一实根 x_n.

(ii) 当 $0<a<1$ 时, 由 $f_n(a^n)=a^n>0$ 和 $f_n(x_n)=0$, 以及 $f_n(x)$ 的单调增加性, 可知 $0<x_n<a^n$. 因为级数 $\sum\limits_{n=1}^{\infty}a^n$ 收敛, 所以级数 $\sum\limits_{n=1}^{\infty}x_n$ 收敛.

(iii) 当 $a\geqslant 1$ 时

$$f_n\left(\frac{1}{2n}\right)=\sqrt[n]{\frac{1}{2n}}+\frac{1}{2n}-a=\frac{1}{2n}\left(1-2na+2n\sqrt[n]{\frac{1}{2n}}\right)=\frac{1}{2n}\big(1-2na(1-\theta)\big),$$

其中

$$\theta=\frac{1}{a\sqrt[n]{2n}}\in(0,1).$$

因为

$$1-\theta=\frac{1-\theta^n}{1+\theta+\cdots+\theta^{n-1}}>\frac{1-\theta^n}{1+1+\cdots+1}=\frac{1}{n}-\frac{\theta^n}{n},$$

所以

$$2na(1-\theta)>2na\left(\frac{1}{n}-\frac{\theta^n}{n}\right)=2a-2a\theta^n.$$

注意 $2a-2a\theta^n\to 2a\,(n\to\infty)$, 所以当 n 充分大时 $2na(1-\theta)>1$, 从而 $f_n\big(1/(2n)\big)<0$. 于是由 $f(x_n)=0$ 以及 $f_n(x)$ 的单调增加性可知, 当 $n\geqslant n_0$ 时 $x_n>1/(2n)$. 于是级数 $\sum\limits_{n=1}^{\infty}x_n$ 发散.

1.13 提示 (1) 不妨设 $f(x)$ 单调增加(不然考虑 $-f(x)$), 则由积分的几何意义得到

$$\int_0^{1-1/n}f(x)\mathrm{d}x\leqslant\frac{1}{n}\left(f\left(\frac{1}{n}\right)+f\left(\frac{2}{n}\right)+\cdots+f\left(\frac{n-1}{n}\right)\right)\leqslant\int_{1/n}^{1}f(x)\mathrm{d}x.$$

(2) 如 $f(x)=1/x-1/(x-1)$, 极限存在但函数不可积.

1.14 (1) 请读者自画草图. 线段 AB 的方程是

$$y=\frac{b}{c}x,\quad z=a-\frac{a}{c}x\quad(0\leqslant x\leqslant c).$$

设 x 轴上的点 $(x,0,0)$ 与 AB 的距离为 $l=l(x)$, 则

$$l^2=y^2+z^2=\frac{(a^2+b^2)x^2-2a^2cx+a^2c^2}{c^2}.$$

因此所求旋转体体积

$$V=\pi\int_0^c l^2(x)\mathrm{d}x=\frac{\pi}{3}(a^2+b^2)c.$$

(2) 直线 AB 的方程是

$$\frac{x-1}{0-1}=\frac{y-0}{1-0}=\frac{z+1}{1+1},$$

因此线段 AB 的方程是

$$x=\frac{1-z}{2},\quad y=\frac{1+z}{2}\quad(-1\leqslant z\leqslant 1).$$

其上任何一点 (x,y,z) 绕 z 轴旋转一周得到一个圆, 其半径等于

$$r=r(z)=\sqrt{x^2+y^2}=\sqrt{\left(\frac{1-z}{2}\right)^2+\left(\frac{1+z}{2}\right)^2}=\frac{1}{\sqrt{2}}\sqrt{1+z^2},$$

因此所求的体积

$$V=\pi\int_{-1}^{1}r^2(z)\mathrm{d}z=\frac{\pi}{2}\int_{-1}^{1}(1+z^2)\mathrm{d}z=\frac{4}{3}\pi.$$

(3) 在 Oxy 平面上, 以原点 O 到平行直线族 $x+y=l$ $(2\leqslant l\leqslant 4)$ 中任意直线 L 的距离 $t=t(l)(>0)$ 为参数, 那么直线 L 的方程是

$$x+y=\sqrt{2}t\quad(\sqrt{2}\leqslant t\leqslant 2\sqrt{2}).$$

由方程组 $x+y=\sqrt{2}t, y=x$ 解得直线 L 与 $y=x$ 的交点 P 的 x 坐标

$$x_P=\frac{t}{\sqrt{2}};$$

由方程组 $x+y=\sqrt{2}t, y^2-x^2=4$ 解得直线 L 与 $y^2-x^2=4$ 的交点 Q 的 x 坐标

$$x_Q=\frac{t}{\sqrt{2}}-\frac{\sqrt{2}}{t}.$$

于是线段 PQ 的长

$$|PQ|=\frac{|x_P-x_Q|}{\cos\dfrac{\pi}{4}}=\sqrt{2}|x_P-x_Q|=\frac{2}{t}.$$

因此所求立体体积

$$V=\pi\int_{\sqrt{2}}^{2\sqrt{2}}|PQ|^2\mathrm{d}t=4\pi\int_{\sqrt{2}}^{2\sqrt{2}}\frac{\mathrm{d}t}{t^2}=\sqrt{2}\pi.$$

1.15 (1) **提示** (i) 令

$$f(x)=\left(\frac{1}{x^n}-1\right)\left(\frac{1}{(1-x)^n}-1\right)\quad(0<x<1).$$

在 $(0,1)$ 上 $f'(x)$ 只有一个零点 $x=1/2$, 并且

$$\lim_{x\to0+}f(x)=\lim_{x\to1-}f(x)=\infty,$$

所以 f 在 $(0,1)$ 上有最小值 $f(1/2)=(2^n-1)^2$. 因此

$$\left(\frac{1}{x^n}-1\right)\left(\frac{1}{(1-x)^n}-1\right)\leqslant(2^n-1)^2\quad(0<x<1).\tag{L1.15.1}$$

(ii) 证明:

$$(2^n-1)^n\geqslant\frac{n^{2n}}{n!}\quad(n\geqslant1).$$

当 $n=1,2,3$ 时可直接验证; 当 $n\geqslant4$ 时, 应用 $n!>(n\mathrm{e}^{-1})^n$ 及 $2^n>1+n\mathrm{e}$ (请读者补充证明), 推出

$$\frac{n^{2n}}{n!}<\frac{n^{2n}}{(n\mathrm{e}^{-1})^n}=(n\mathrm{e})^n<(2^n-1)^n.\tag{L1.15.2}$$

(iii) 由式 (L1.15.1) 和式 (L1.15.2) 得到

$$\left(\frac{1}{x^n}-1\right)\left(\frac{1}{(1-x)^n}-1\right)\geqslant\frac{n^{2n}}{n!}\quad(n\geqslant1).$$

其中将 x 代以 $\sin^2x$, 即得题中所要证的不等式.

(2) **提示** 由 Cauchy 不等式推出(参见练习题 1.3(2) 的解)

$$\sqrt{n}\sin x\cos^n x\leqslant\sqrt{\left(\frac{n}{n+1}\right)^{n+1}},\quad\sqrt{n}\cos x\sin^n x\leqslant\sqrt{\left(\frac{n}{n+1}\right)^{n+1}}.$$

然后应用不等式 $(1+1/n)^{n+1}>\mathrm{e}$(见练习题 1.48 或 1.49 解后的注), 可得

$$\sec^{2n}x+\csc^{2n}x\geqslant n(\sin^2x+\cos^2x)\left(1+\frac{1}{n}\right)^{n+1}>n\mathrm{e}.$$

(3) 令

$$f(x)=\pi^2x\cos x-(\pi^2-4x^2)\sin x\quad(0\leqslant x\leqslant\pi/2),$$

则

$$f'(x)=4x^2\cos x-(\pi^2-8)x\sin x.$$

因此对于 $x\in(0,\pi/2)$, 若

$$\frac{\tan x}{x}=\frac{4}{\pi^2-8},$$

则 $f'(x)=0$. 因为在区间 $(0,\pi/2)$ 上 $(\tan x)/x$ 严格单调增加, 取所有大于 1 的值, 而 $4/(\pi^2-8)>1$, 所以恰有一个 $x_0\in(0,\pi/2)$, 使得 $f'(x_0)=0$. 又因为 $f'(\pi/2)<0$, 所以 $f(x_0)$ 只可能是 f 的极大值. 于是在区间 $[0,\pi/2]$ 上 f 只可能在区间端点取极小值, 从而由 $f(0)=f(\pi/2)=0$ 推出: 当 $x\in(0,\pi/2)$ 时 $f(x)>0$. 由此得到题中不等式的右半部分:

$$\tan x<\frac{\pi^2x}{\pi^2-4x^2}\quad(0<x<\pi/2).$$

在其中用 $\pi/2-x$ 代替 x, 可得到题中不等式的左半部分.

(4) 不等式左边

$$(\sin^2 x)^{\sin^2 x}\cdot(\cos^2 x)^{\cos^2 x}=\exp(\sin^2 x\log\sin^2 x+\cos^2 x\log\cos^2 x).$$

令 $f(x)=\sin^2 x\log\sin^2 x+\cos^2 x\log\cos^2 x$. 算出

$$\begin{aligned}f'(x)&=2\sin x\cos x\log\sin^2 x+\sin^2 x\frac{2\cos x\sin x}{\sin^2 x}\\&\quad-2\cos x\sin x\log\cos^2 x-\cos^2 x\frac{2\cos x\sin x}{\cos^2 x}\\&=2\sin x\cos x\log\tan^2 x=\sin 2x\log\tan^2 x.\end{aligned}$$

令 $f'(x)=0$, 因为 $x\neq k\pi/2$, 所以 $\tan^2 x=1$, 驻点为 $x_k=k\pi\pm\pi/4$. 在 x_k 左侧附近 $f'(x)<0$, 在右侧附近 $f'(x)>0$, 所以 x_k 是极小值点, 于是 $f(x)\geqslant f(x_k)=\log(1/2)$. 由此推出所要的不等式.

(5) **提示** 当 $x\neq 0$ 时

$$\left(\arctan x-\frac{3x}{1+2\sqrt{1+x^2}}\right)'=\frac{(\sqrt{1+x^2}-1)^2}{(1+x^2)(1++2\sqrt{1+x^2})^2}>0.$$

(6) (i) 证明不等式本身.

证法 1 应用 Taylor 展开,

$$\begin{aligned}\frac{\sin x}{x}-\cos\frac{x}{\sqrt{3}}&=\sum_{n=0}^{\infty}\frac{(-x^2)^n}{(2n+1)!}-\sum_{n=0}^{\infty}\frac{(-x^2)^n}{3^n(2n)!}=\sum_{n=2}^{\infty}\frac{3^n-(2n+1)}{(2n+1)!}\left(\frac{-x^2}{3}\right)^n\\&=\sum_{n=1}^{\infty}\left(\frac{3^{2n}-(4n+1)}{(4n+1)!}-\frac{3^{2n+1}-(4n+3)}{(4n+3)!}\left(\frac{x^2}{3}\right)\right)\left(\frac{x^2}{3}\right)^{2n},\end{aligned}$$

最后一步应用了级数的绝对收敛性. 因为 $x<\pi/2$, 所以 $x^2/3\leqslant 1$, 于是

$$\begin{aligned}c_n&=\frac{3^{2n}-(4n+1)}{(4n+1)!}-\frac{3^{2n+1}-(4n+3)}{(4n+3)!}\frac{x^2}{3}\\&\geqslant\frac{3^{2n}-(4n+1)}{(4n+1)!}-\frac{3^{2n+1}-(4n+3)}{(4n+3)!}\\&=\frac{1}{(4n+3)!}\big(3^{2n}(16n^2+20n+3)-(4n+3)(16n^2+12n+1)\big).\end{aligned}$$

当 $n\geqslant 1$ 时, $3^{2n}\geqslant 4n+3$, 所以 $c_n>0$, 于是题中不等式得证.

证法 2 令

$$f(x)=\sin x-x\cos\alpha x\quad\left(0<x<\frac{\pi}{2}\right).$$

那么

$$\begin{aligned}f'(x)&=\cos x-\cos\alpha x+\alpha x\sin\alpha x,\\f''(x)&=-\sin x+2\alpha\sin\alpha x+\alpha^2 x\cos\alpha x,\\f'''(x)&=-\cos x+3\alpha^2\cos\alpha x-\alpha^3 x\sin\alpha x,\end{aligned}$$

并且 $f(0)=f'(0)=f''(0)=0$. 取 $\alpha=1/\sqrt{3}$, 则 $(\alpha x,x)\subseteq(0,\pi/2)$, 所以

$$\begin{aligned}f'''(x)&=\int_{\alpha x}^{x}\sin t\mathrm{d}t-\alpha^3 x\sin\alpha x\geqslant\int_{\alpha x}^{x}\sin\alpha x\mathrm{d}t-\alpha^3 x\sin\alpha x\\&=(1-\alpha-\alpha^2)x\sin\alpha x\geqslant 0.\end{aligned}$$

于是当 $0<x<\pi/2$ 时, $f''(x)$ 单调增加, $f''(x)>f''(0)=0$, 进而可知 $f'(x)$ 单调增加, 从而 $f(x)\geqslant f(0)=0$. 于是不等式得证.

(ii) 右边的常数 $1/\sqrt{3}$ 不可减小.

证法 1　在 $x=0$ 的附近,

$$\frac{\sin x}{x}-\cos\beta x=\frac{1}{2}\left(\beta^2-\frac{1}{3}\right)x^2+\frac{1}{24}\left(\frac{1}{5}-\beta^4\right)x^4+\frac{1}{6!4}\left(\beta^6-\frac{1}{7}\right)x^7+\cdots.$$

若 $\beta^2<1/3$, 则当 $x>0$ 充分小时 $(\sin x)/x-\cos\beta x<0$. 因此常数 $1/\sqrt{3}$ 不可减小.

证法 2　考虑不等式

$$\frac{\cos\beta x-\cos x}{x^2}\leqslant\frac{\sin x-x\cos x}{x^3}.$$

当 $\beta=1/\sqrt{3}$ 时, 上式等价于题中的不等式. 因为

$$\lim_{x\to 0}\frac{\cos\beta x-\cos x}{x^2}=\frac{1}{2}-\frac{\beta^2}{2},\quad \lim_{x\to 0}\frac{\sin x-x\cos x}{x^3}=\frac{1}{3},$$

所以当 $\beta<1/\sqrt{3}$ 时, 在 $x=0$ 的附近, 上述不等式将不能成立. 因此常数 $1/\sqrt{3}$ 不可减小.

1.16　(1) 因为

$$\mathrm{e}^{\sin x}=1+\sin x+\frac{1}{2!}\sin^2 x+\cdots+\frac{1}{n!}\sin^n x+\cdots,$$

并且当 k 为奇数时

$$\int_0^{2\pi}\sin^k x\mathrm{d}x=0,$$

当 $k=2l$ 为偶数时

$$\int_0^{2\pi}\sin^k x\mathrm{d}x=4\int_0^{\pi/2}\sin^{2l}x\mathrm{d}x=4\cdot\frac{(2l-1)!!}{(2l)!!}\cdot\frac{\pi}{2},$$

所以逐项积分 (在幂级数收敛域内有效) 得到

$$\int_0^{2\pi}\mathrm{e}^{\sin x}\mathrm{d}x=2\pi+4\cdot\frac{\pi}{2}\sum_{l=1}^{\infty}\frac{1}{(2l)!}\cdot\frac{(2l-1)!!}{(2l)!!}=2\pi\left(1+\sum_{l=1}^{\infty}\frac{1}{(l!)^2}\cdot\frac{1}{4^l}\right).$$

于是

$$\int_0^{2\pi}\mathrm{e}^{\sin x}\mathrm{d}x>2\pi\left(1+\frac{1}{4}\right)=\frac{5}{2}\pi,$$
$$\int_0^{2\pi}\mathrm{e}^{\sin x}\mathrm{d}x<2\pi\left(1+\sum_{n=1}^{\infty}\frac{1}{n!}\cdot\frac{1}{4^n}\right)=2\pi\sqrt[4]{\mathrm{e}}.$$

(2) **提示**　应用不等式

$$\frac{2}{\pi}x<\sin x<x\quad\left(0<x<\frac{\pi}{2}\right).$$

上式左半部分称为 Jordan 不等式, 容易由 $y=\sin x\left(0<x<\dfrac{\pi}{2}\right)$ 的上凸性推出.

(3) 我们有

$$\int_0^{\infty}\mathrm{e}^{-x^2}\mathrm{d}x=\int_0^1\mathrm{e}^{-x^2}\mathrm{d}x+\int_1^{\infty}\mathrm{e}^{-x^2}\mathrm{d}x<\int_0^1\mathrm{d}x+\int_1^{\infty}x\mathrm{e}^{-x^2}\mathrm{d}x=1+\frac{1}{2\mathrm{e}},$$
$$\int_0^{\infty}\mathrm{e}^{-x^2}\mathrm{d}x>\int_0^1\mathrm{e}^{-x^2}\mathrm{d}x>\int_0^1 x\mathrm{e}^{-x^2}\mathrm{d}x=\frac{1}{2}-\frac{1}{2\mathrm{e}}.$$

(4) 记 $I=\int_0^1\mathrm{e}^{-x^2}\mathrm{d}x$. 那么

$$I^2=\int_0^1\mathrm{e}^{-x^2}\mathrm{d}x\cdot\int_0^1\mathrm{e}^{-y^2}\mathrm{d}y=\int_0^1\int_0^1\mathrm{e}^{-(x^2+y^2)}\mathrm{d}x\mathrm{d}y>\iint_D\mathrm{e}^{-(x^2+y^2)}\mathrm{d}x\mathrm{d}y,$$

其中 D 是单位圆 $x^2+y^2\leqslant 1$ 在第一象限中的部分. 用极坐标,

$$I^2>\int_0^{\pi/2}\mathrm{d}\theta\int_0^1 r\mathrm{e}^{-r^2}\mathrm{d}r=\frac{\pi}{4}\left(1-\frac{1}{\mathrm{e}}\right).$$

又因为当 $0 \leqslant x \leqslant 1$ 时, $x^6 \geqslant x^8, x^{10} \geqslant x^{12}, \cdots$, 所以

$$\begin{aligned} e^{-x^2} &= 1 - x^2 + \frac{1}{2!}x^4 - \left(\frac{1}{3!}x^6 - \frac{1}{4!}x^8\right) - \left(\frac{1}{5!}x^{10} - \frac{1}{6!}x^{12}\right) - \cdots \\ &< 1 - x^2 + \frac{1}{2}x^4, \end{aligned}$$

从而

$$I < \int_0^1 \left(1 - x^2 + \frac{1}{4}x^4\right) dx = \frac{23}{30} < \frac{4}{5},$$

于是 $I^2 < 16/25$.

(5) **提示** 首先证明不等式 (只需两边平方即知)

$$1 < \sqrt{1+t} < 1 + \frac{t}{2} \quad (t > 0).$$

由此可知题中积分 I 满足不等式

$$I_1 = \int_0^{\pi/2} x \sin x dx < I < \int_0^{\pi/2} \left(x \sin x + \frac{1}{2} x \sin^4 x\right) dx = I_2.$$

算出

$$I_1 = 1, \quad I_2 = 1 + \frac{1}{8}\left(\frac{3\pi^2}{16} + 1\right) < 1.36 < \sqrt{2}.$$

(6) **提示** 应用 $3\sqrt{11}/2 \leqslant \sqrt{x^2 - x + 25} \leqslant 5\,(0 \leqslant x \leqslant 1)$.

(7) 因为

$$\begin{aligned} \int_a^{a+1} \sin t^2 dt &= -\frac{\cos t^2}{2t}\Big|_a^{a+1} + \frac{1}{2}\int_a^{a+1} \cos t^2 d\left(\frac{1}{t}\right) \\ &= \frac{1}{2}\left(\frac{\cos a^2}{a} - \frac{\cos(a+1)^2}{a+1}\right) - \frac{1}{2}\int_a^{a+1} \frac{\cos t^2}{t^2} dt, \end{aligned}$$

所以

$$\left|\int_a^{a+1} \sin t^2 dt\right| \leqslant \frac{1}{2}\left(\frac{1}{a} + \frac{1}{a+1}\right) + \frac{1}{2}\int_a^{a+1} \frac{dt}{t^2} = \frac{1}{a}.$$

(8) 令

$$f(x) = \int_0^x (1-t^2)^{5/2} dt - \frac{5\pi}{32}x \quad (0 \leqslant x \leqslant 1).$$

只需证明当 $0 \leqslant x \leqslant 1$ 时 $f(x) \geqslant 0$. 用反证法.

我们有 $f(0) = 0, f(1) = 0$(作代换 $t = \sin u$ 即知), 并且在 $[0,1]$ 上 $f(x)$ 二阶可导:

$$f'(x) = (1-x^2)^{5/2} - \frac{5\pi}{32}, \quad f''(x) = -5x(1-x^2)^{3/2}.$$

如果存在 $\xi \in [0,1]$, 使得 $f(\xi) < 0$, 那么函数 $f(x)$ 在 $[0,1]$ 上的最小值是负的, 并且由 $f(0) = f(1) = 0$ 可知 $\xi \in (0,1)$, 从而函数 $f(x)$ 在 $[0,1]$ 上的最小值点 $x_0 \in (0,1)$. 注意 x_0 是 $[0,1]$ 的内点, 所以最小值点 x_0 也是 $f(x)$ 在 $[0,1]$ 上的一个极小值点, 于是 $f''(x_0) \geqslant 0$. 但当 $x \in (0,1)$ 时 $f''(x) = -5x(1-x^2)^{3/2} < 0$, 我们得到矛盾.

(9) 线积分

$$L = \int_C x ds = \int_0^\pi x\sqrt{1+\cos^2 x} dx.$$

令 $x = t + \pi/2$, 则

$$\begin{aligned} L &= \int_{-\pi/2}^{\pi/2} \left(\frac{\pi}{2} + t\right)\sqrt{1+\sin^2 t} dt \\ &= \frac{\pi}{2}\int_{-\pi/2}^{\pi/2} \sqrt{1+\sin^2 t} dt + \int_{-\pi/2}^{\pi/2} t\sqrt{1+\sin^2 t} dt \\ &= \pi\int_0^{\pi/2} \sqrt{1+\sin^2 t} dt. \end{aligned}$$

由 Jordan 不等式, 当 $0 \leqslant x \leqslant 2/\pi$ 时, $\sin x \geqslant 2x/\pi$, 所以

$$L \geqslant \pi \int_0^{\pi/2} \sqrt{1+\frac{4}{\pi^2}t^2}\mathrm{d}t = \frac{\pi^2}{2}\int_0^1 \sqrt{1+u^2}\mathrm{d}u.$$

因为

$$\int_0^1 \sqrt{1+u^2}\mathrm{d}u = u\sqrt{1+u^2}\Big|_0^1 - \int_0^1 \frac{u^2}{\sqrt{1+u^2}}\mathrm{d}u = \sqrt{2} - \int_0^1 \frac{u^2}{\sqrt{1+u^2}}\mathrm{d}u,$$

所以由 $1+u^2 \geqslant 2u$ 得到

$$\int_0^1 \sqrt{1+u^2}\mathrm{d}u \geqslant \sqrt{2} - \int_0^1 \frac{u^2}{\sqrt{2u}}\mathrm{d}u = \frac{4}{5}\sqrt{2}.$$

于是最终有

$$L \geqslant \frac{2\sqrt{2}}{5}\pi^2.$$

上界估计显然:

$$L \leqslant \sqrt{2}\int_0^{\pi} x\mathrm{d}x = \frac{\sqrt{2}}{2}\pi^2.$$

注 本题 (9) 的下界估计可改进为

$$L \geqslant \frac{\sqrt{3}}{3}\pi^2.$$

1.17 (1) (i) 对于实数 u 及正整数 n,

$$\frac{1-u^{2^n}}{1-u} = (1+u)(1+u^2)+(1+u^{2^2})\cdots(1+u^{2^{n-1}}). \tag{L1.17.1}$$

设 $x>2$, 令 $u=1/x$, 则

$$\begin{aligned}\log\frac{1-x^{-2^n}}{1-x^{-1}} &= \sum_{i=0}^{n-1}\log(1+x^{-2^i}) = \sum_{i=0}^{n-1} x^{-2^i}\log(1+x^{-2^i})^{x^{2^i}} \\ &< \sum_{i=0}^{n-1} x^{-2^i}\log\mathrm{e} = \sum_{i=0}^{n-1} x^{-2^i},\end{aligned} \tag{L1.17.2}$$

其中不等式的依据是: 当 $x\to\infty$ 时, $(1+1/x)^x \uparrow \mathrm{e}$ (参见练习题 1.48 或 1.49 解后的注).

(ii) 类似地, 因为当 $x\to\infty$ 时, $(1+1/x)^{x+1}\downarrow \mathrm{e}$ (参见练习题 1.48 或 1.49 解后的注), 所以有

$$\begin{aligned}\sum_{i=0}^{n-1} x^{-2^i} &= \sum_{i=0}^{n-1} x^{-2^i}\log\mathrm{e} < \sum_{i=0}^{n-1} x^{-2^i}\log(1+(x-1)^{-2^i})^{(x-1)^{2^i}+1} \\ &= \sum_{i=0}^{n-1}\frac{(x-1)^{2^i}+1}{x^{2^i}}\log\left(1+(x-1)^{-2^i}\right).\end{aligned}$$

因为当 $x>2$ 时

$$\frac{(x-1)^{2^i}+1}{x^{2^i}} = \frac{(x-1)^{2^i}+1}{\left((x-1)+1\right)^{2^i}} < 1,$$

所以由前式得到

$$\sum_{i=0}^{n-1} x^{-2^i} < \sum_{i=0}^{n-1}\log\left(1+(x-1)^{-2^i}\right),$$

由此应用式 (L1.17.1) 可得

$$\sum_{i=0}^{n-1} x^{-2^i} = \log\left(\frac{1-(x-1)^{-2^n}}{1-(x-1)^{-1}}\right). \tag{L1.17.3}$$

(iii) 由式 (L1.17.2) 和式 (L1.17.3) 得到, 当 $x>2$ 时

$$\log\frac{1-x^{-2^n}}{1-x^{-1}} < \sum_{i=0}^{n-1} x^{-2^i} < \log\frac{1-(x-1)^{-2^n}}{1-(x-1)^{-1}}.$$

令 $n\to\infty$, 即得所要的不等式.

(2) 考虑 $n-2$ 个非负实数 $x_1,x_2,\cdots,x_{n-2}$, 设它们满足

$$\sum_{i=1}^{n-2}x_i=1-s<1,$$

那么

$$a=\sum_{i=1}^{n-2}\frac{x_i}{1-x_i}\geqslant\sum_{i=1}^{n-2}x_i=1-s. \tag{L1.17.4}$$

现在保持 $x_1,x_2,\cdots,x_{n-2}$ 不变. 记 $x_{n-1}=x,x_n=y$, 并且 $x+y=s$. 我们来求

$$f(x,y)=\sum_{1\leqslant i<j\leqslant n}\frac{x_ix_j}{(1-x_i)(1-x_j)}$$

的最小值. 因为

$$f(x,y)=\frac{xy}{(1-x)(1-y)}+a\left(\frac{x}{1-x}+\frac{y}{1-y}\right)+\sum_{1\leqslant i<j\leqslant n-2}\frac{x_ix_j}{(1-x_i)(1-x_j)},$$

所以只需求函数

$$\begin{aligned}g(x,y)&=\frac{xy}{(1-x)(1-y)}+a\left(\frac{x}{1-x}+\frac{y}{1-y}\right)\\&=\frac{(1-2a)xy+as}{1-s+xy}=1-2a+\frac{a(2-s)-(1-s)}{1-s+xy}\end{aligned}$$

的最小值. 由式 (L1.17.4) 可知

$$a(2-s)-(1-s)\geqslant(1-s)(2-s)-(1-s)=(1-s)^2>0,$$

所以当且仅当 $x=y$ 时 $g(x,y)$ 取最小值, 从而 $f(x,y)$ 取最小值. 我们可以用任意一对 $x_k,x_l\,(k<l)$ 代替 x_{n-1},x_n 进行同样的推理. 由此推出: 在约束条件 $x_1+x_2+\cdots+x_n=1$ 下,

$$\sigma(x_1,x_2,\cdots,x_n)=\sum_{1\leqslant i<j\leqslant n}\frac{x_ix_j}{(1-x_i)(1-x_j)}\quad(0<x_i<1)$$

当且仅当

$$x_1=x_2=\cdots=x_n=\frac{1}{n}$$

时取得最小值. 因为满足 $1\leqslant i<j\leqslant n$ 的下标组 (i,j) 总共有 $\binom{n}{2}$ 个, 所以最小值

$$f_0=\binom{n}{2}\cdot\frac{n^{-2}}{(1-n^{-1})^2}=\binom{n}{2}\cdot\frac{1}{(n-1)^2}=\frac{n}{4(n-1)},$$

于是

$$\sum_{1\leqslant i<j\leqslant n}\frac{x_ix_j}{(1-x_i)(1-x_j)}\geqslant f_0=\frac{n}{4(n-1)}.$$

1.18 (1) $g(x)$ 在 $x=x_0$ 处有 Taylor 展开:

$$g(x)=g(x_0)+g'(x_0)(x-x_0)+\frac{1}{2!}g''(\theta)(x-x_0)^2,$$

其中 θ 位于 x 与 x_0 之间. 因为 $g''(\theta)\geqslant0$, 所以

$$g(x)\geqslant g(x_0)+g'(x_0)(x-x_0).$$

令

$$x=f(t),\quad x_0=\frac{1}{\lambda}\int_0^\lambda f(t)\mathrm{d}t,$$

得到

$$g\big(f(t)\big)\geqslant g\left(\frac{1}{\lambda}\int_0^\lambda f(t)\mathrm{d}t\right)+g'\left(\frac{1}{\lambda}\int_0^\lambda f(t)\mathrm{d}t\right)\cdot\left(f(t)-\frac{1}{\lambda}\int_0^\lambda f(t)\mathrm{d}t\right).$$

两边关于变量 t 在 $[0,\lambda]$ 上积分, 得到

$$\begin{aligned}\int_0^\lambda g\big(f(t)\big)\mathrm{d}t&\geqslant g\left(\frac{1}{\lambda}\int_0^\lambda f(t)\mathrm{d}t\right)\cdot\int_0^\lambda\mathrm{d}t+g'\left(\frac{1}{\lambda}\int_0^\lambda f(t)\mathrm{d}t\right)\\&\quad\cdot\left(\int_0^\lambda f(t)\mathrm{d}t-\frac{1}{\lambda}\int_0^\lambda f(t)\mathrm{d}t\cdot\int_0^\lambda\mathrm{d}t\right)\\&=\lambda g\left(\frac{1}{\lambda}\int_0^\lambda f(t)\mathrm{d}t\right).\end{aligned}$$

(2) 本题可由问题 1.44 直接推出. 因为此处设定 $f(x)$ 连续, 所以还有下列证法:

证法 1　令

$$F(\lambda)=\int_0^\lambda f(x)\mathrm{d}x-\lambda\int_0^1 f(x)\mathrm{d}x,$$

则 $F(0)=F(1)=0,\ F'(\lambda)=f(\lambda)-\int_0^1 f(x)\mathrm{d}x$. 由微分中值定理, 存在 $\xi\in(0,\lambda)$, 使得 $F'(\xi)=0$, 即 $\int_0^1 f(x)\mathrm{d}x=f(\xi)$. 于是

$$F'(\lambda)=f(\lambda)-f(\xi).$$

因为 $f(x)$ 在 $[0,1]$ 上单调递减, 所以当 $\lambda\in[\xi,1]$ 时, $F'(\lambda)=f(\lambda)-f(\xi)\leqslant 0$, 于是 $F(\lambda)$ 单调递减, 所以 $F(\lambda)\geqslant F(1)=0$; 当 $\lambda\in[0,\xi]$ 时, $F'(\lambda)=f(\lambda)-f(\xi)\geqslant 0$, 于是 $F(\lambda)$ 单调递增, 所以 $F(\lambda)\geqslant F(0)=0$. 合起来可知, 当 $\lambda\in[0,1]$ 时, 总有 $F(\lambda)\geqslant 0$, 于是得到所要的不等式.

证法 2　我们有

$$\begin{aligned}\int_0^\lambda f(x)\mathrm{d}x-\lambda\int_0^1 f(x)\mathrm{d}x&=\int_0^\lambda f(x)\mathrm{d}x-\lambda\left(\int_0^\lambda f(x)\mathrm{d}x+\int_\lambda^1 f(x)\mathrm{d}x\right)\\&=(1-\lambda)\int_0^\lambda f(x)\mathrm{d}x-\lambda\int_\lambda^1 f(x)\mathrm{d}x.\end{aligned}$$

因为 $f(x)$ 在 $[0,\lambda]$ 和 $[\lambda,1]$ 上连续, 所以由第一积分中值定理, 存在 $\xi_1\in[0,\lambda],\xi_2\in[\lambda,1]$, 使得

$$\begin{aligned}&\int_0^\lambda f(x)\mathrm{d}x=f(\xi_1)\int_0^\lambda\mathrm{d}x=\lambda f(\xi_1),\\&\int_\lambda^1 f(x)\mathrm{d}x=f(\xi_2)\int_\lambda^1\mathrm{d}x=(1-\lambda)f(\xi_2).\end{aligned}$$

由此, 并且注意 $\lambda(1-\lambda)>0, f(x)$ 单调递减, $\xi_1\leqslant\xi_2$, 可知

$$\int_0^\lambda f(x)\mathrm{d}x-\lambda\int_0^1 f(x)\mathrm{d}x=\lambda(1-\lambda)\big(f(\xi_1)-f(\xi_2)\big)\geqslant 0,$$

即得要证的不等式.

(3) 当 $t,\xi\in[0,1]$ 时, 我们有

$$|f(t)-f(\xi)|=\left|\int_0^t f'(s)\mathrm{d}s\right|\leqslant\int_0^t|f'(s)|\mathrm{d}s\leqslant\int_0^1|f'(s)|\mathrm{d}s.$$

由积分中值定理, 可取 $\xi\in[0,1]$, 使得

$$f(\xi)=\int_0^1 f(t)\mathrm{d}t.$$

于是当 $t\in[0,1]$ 时

$$|f(t)|\leqslant|f(\xi)|+\int_0^1|f'(s)|\mathrm{d}s=\left|\int_0^1 f(t)\mathrm{d}t\right|+\int_0^1|f'(s)|\mathrm{d}s$$

$$\leqslant \int_0^1 |f(t)|\mathrm{d}t + \int_0^1 |f'(s)|\mathrm{d}s.$$

注意 $f(x)$ 的周期性, 由此推出所要的不等式.

(4) 用 D 表示正方形 $[0,1]^2$. 我们有

$$I = \int_0^1 \mathrm{e}^{f(t)}\mathrm{d}t \int_0^1 \mathrm{e}^{-f(t)}\mathrm{d}t = \iint_D \mathrm{e}^{f(x)-f(y)}\mathrm{d}x\mathrm{d}y = \iint_D \mathrm{e}^{f(y)-f(x)}\mathrm{d}x\mathrm{d}y,$$

于是

$$I = \frac{1}{2}\iint_D \left(\mathrm{e}^{f(x)-f(y)} + \mathrm{e}^{f(y)-f(x)}\right)\mathrm{d}x\mathrm{d}y.$$

因为

$$\mathrm{e}^{f(x)-f(y)} + \mathrm{e}^{f(y)-f(x)} \geqslant 2\sqrt{\mathrm{e}^{f(x)-f(y)}\cdot \mathrm{e}^{f(y)-f(x)}} = 2,$$

所以 $I \geqslant 1$. 依算术-几何平均不等式, 等式成立的充要条件是

$$\mathrm{e}^{f(x)-f(y)} = \mathrm{e}^{f(y)-f(x)},$$

即 $f(x) = f(y)\,(\forall x, y \in [0,1])$, 因此 $f(x)$ 是 $[0,1]$ 上的常数函数.

1.19 参见问题 1.53(2). 令

$$g(x,y) = xy(1-x)(1-y),$$

则在 D 的边界上 $g(x,y) = 0$. 由分部积分,

$$\begin{aligned}
I &= \iint_D g(x,y)\frac{\partial^4 f}{\partial x^2 \partial y^2}(x,y)\mathrm{d}x\mathrm{d}y \\
&= \int_0^1 x(1-x)\mathrm{d}x \int_0^1 y(1-y)\frac{\partial^4 f}{\partial x^2 \partial y^2}(x,y)\mathrm{d}y \\
&= \int_0^1 x(1-x)\left(y(1-y)\frac{\partial^3 f}{\partial x^2 \partial y}(x,y)\Big|_{y=0}^{y=1} + \int_0^1 (2y-1)\frac{\partial^3 f}{\partial x^2 \partial y}(x,y)\mathrm{d}y\right)\mathrm{d}x \\
&= \int_0^1 x(1-x)\mathrm{d}x \int_0^1 (2y-1)\frac{\partial^3 f}{\partial x^2 \partial y}(x,y)\mathrm{d}y;
\end{aligned}$$

继续分部积分, 上式等于

$$\begin{aligned}
&\int_0^1 x(1-x)\left((2y-1)\frac{\partial^2 f}{\partial x^2}(x,y)\Big|_{y=0}^{y=1} - 2\int_0^1 \frac{\partial^2 f}{\partial x^2}(x,y)\mathrm{d}y\right)\mathrm{d}x \\
&= \int_0^1 x(1-x)\left(\frac{\partial^2 f}{\partial x^2}(x,1) + \frac{\partial^2 f}{\partial x^2}(x,0)\right)\mathrm{d}x - 2\int_0^1 x(1-x)\left(\int_0^1 \frac{\partial^2 f}{\partial x^2}(x,y)\mathrm{d}y\right)\mathrm{d}x \\
&= I_1 + I_2.
\end{aligned}$$

对右边两项分别进行分部积分:

$$\begin{aligned}
I_1 &= x(1-x)\big(f'_x(x,1) + f'_x(x,0)\big)\Big|_0^1 + \int_0^1 (2x-1)\big(f'_x(x,1) + f'_x(x,0)\big)\mathrm{d}x \\
&= \int_0^1 (2x-1)\big(f'_x(x,1) + f'_x(x,0)\big)\mathrm{d}x \\
&= (2x-1)\big(f(x,1) + f(x,0)\big)\Big|_0^1 - 2\int_0^1 \big(f(x,1) + f(x,0)\big)\mathrm{d}x \\
&= f(1,1) + f(1,0) + f(0,1) + f(0,0) - 2\int_0^1 \big(f(x,1) + f(x,0)\big)\mathrm{d}x.
\end{aligned}$$

注意 $f(x,y)$ 在 D 的边界上为 0, 即 $f(x,1) = f(x,0) = 0\,(0 \leqslant x \leqslant 1)$, 所以

$$I_1 = 0.$$

类似地,

$$\begin{aligned}I_2&=-2\int_0^1\Big(\int_0^1 x(1-x)\frac{\partial^2 f}{\partial x^2}(x,y)\mathrm{d}x\Big)\mathrm{d}y\\&=-2\int_0^1\Big(x(1-x)f'_x(x,y)\Big|_{x=0}^{x=1}+\int_0^1(2x-1)f'_x(x,y)\mathrm{d}x\Big)\mathrm{d}y\\&=-2\int_0^1\Big(\int_0^1(2x-1)f'_x(x,y)\mathrm{d}x\Big)\mathrm{d}y\\&=-2\int_0^1\Big((2x-1)f(x,y)\Big|_{x=0}^{x=1}-2\int_0^1 f(x,y)\mathrm{d}x\Big)\mathrm{d}y\\&=-2\int_0^1\Big(f(1,y)+f(0,y)-2\int_0^1 f(x,y)\mathrm{d}x\Big)\mathrm{d}y\\&=4\int_0^1 f(x,y)\mathrm{d}x.\end{aligned}$$

于是

$$I=I_1+I_2=4\iint_D f(x,y)\mathrm{d}x\mathrm{d}y.$$

最后, 由

$$\begin{aligned}|I|&=\left|\iint_D g(x,y)\frac{\partial^4 f}{\partial x^2\partial y^2}(x,y)\mathrm{d}x\mathrm{d}y\right|\\&\leqslant\max_{(x,y)\in D}\left|\frac{\partial^4 f}{\partial x^2\partial y^2}(x,y)\right|\left|\iint_D g(x,y)\mathrm{d}x\mathrm{d}y\right|\\&=\frac{1}{36}\max_{(x,y)\in D}\left|\frac{\partial^4 f}{\partial x^2\partial y^2}(x,y)\right|\end{aligned}$$

推出

$$\left|\iint_D f(x,y)\mathrm{d}x\mathrm{d}y\right|\leqslant\frac{1}{144}\max_{(x,y)\in D}\left|\frac{\partial^4 f}{\partial x^2\partial y^2}(x,y)\right|.$$

1.20 (1) 我们给出三种证法.

证法 1 由题设, $f(x)$ 在 $(0,1)$ 上不变号, 可认为 $f(x)$ 是 $(0,1)$ 上的正函数 (不然可考虑 $-f(x)$, 而 $|-f(x)|=|f(x)|$). 设 $f(x)$ 在 $[0,1]$ 上的最大值 $y_0=f(x_0)$ (显然存在), 那么 $x_0>0,y_0>0$. 由 Lagrange 中值定理有

$$\begin{aligned}&\frac{y_0}{x_0}=\frac{f(x_0)}{x_0}=\frac{f(x_0)-f(0)}{x_0-0}=f'(\alpha)\quad(0<\alpha<x_0),\\&\frac{-y_0}{1-x_0}=\frac{-f(x_0)}{1-x_0}=\frac{f(1)-f(x_0)}{1-x_0}=f'(\beta)\quad(x_0<\beta<1).\end{aligned}$$

于是

$$\begin{aligned}\int_0^1\left|\frac{f''(x)}{f(x)}\right|\mathrm{d}x\geqslant\int_0^1\frac{|f''(x)|}{y_0}\mathrm{d}x&\geqslant\frac{1}{y_0}\left|\int_\alpha^\beta f''(x)\mathrm{d}x\right|\\&=\frac{1}{y_0}|f'(\beta)-f'(\alpha)|=\frac{1}{y_0}\left|\frac{-y_0}{1-x_0}-\frac{y_0}{x_0}\right|\\&=\left|\frac{1}{1-x_0}+\frac{1}{x_0}\right|=\frac{1}{x_0(1-x_0)}.\end{aligned}$$

因为 $x_0,1-x_0>0$, 所以 $x_0(1-x_0)\leqslant\big((x_0+(1-x_0))/2\big)^2=1/4$, 从而得到所要的不等式.

证法 2 对于解法 1 中的最大值点 x_0, 有 $f'(x_0)=0$. 于是当 $0\leqslant x\leqslant x_0$ 时

$$|f(x)|=|f(x)-f(0)|=\left|\int_0^x f'(t)\mathrm{d}t\right|$$

$$\leqslant \int_0^x |f'(t)|\mathrm{d}t \leqslant \int_0^{x_0} |f'(t)|\mathrm{d}t = x_0|f'(\theta)|,$$

其中 $\theta \in (0,x_0)$. 特别地,

$$|f(x_0)| \leqslant x_0|f'(\theta)|. \tag{L1.20.1}$$

类似地,

$$|f'(\theta)| = |f'(\theta)-f'(x_0)| = \left|\int_\theta^{x_0} f''(t)\mathrm{d}t\right| \leqslant \int_0^{x_0} |f''(t)|\mathrm{d}t.$$

由此及式 (L1.20.1) 得到

$$\int_0^{x_0} |f''(x)|\mathrm{d}x \geqslant \frac{|f(x_0)|}{x_0}. \tag{L1.20.2}$$

同理可知, 当 $x_0 \leqslant x \leqslant 1$ 时, 有

$$|f(x)| = |f(x)-f(1)| \leqslant \int_x^1 |f'(t)|\mathrm{d}t \leqslant \int_{x_0}^1 |f'(t)|\mathrm{d}x = (1-x_0)|f'(\tau)|,$$

其中 $\tau \in (x_0,1)$. 特别地,

$$|f(x_0)| \leqslant (1-x_0)|f'(\tau)|. \tag{L1.20.3}$$

并且还有

$$|f'(\tau)| = |f'(\tau)-f'(x_0)| = \left|\int_{x_0}^{\tau} f''(t)\mathrm{d}t\right| \leqslant \int_{x_0}^1 |f''(t)|\mathrm{d}t.$$

由此及式 (L1.20.3) 得到

$$\int_{x_0}^1 |f''(x)|\mathrm{d}x \geqslant \frac{|f(x_0)|}{1-x_0}. \tag{L1.20.4}$$

于是由式 (L1.20.2) 和式 (L1.20.4) 推出

$$\begin{aligned}
\int_0^1 \left|\frac{f''(x)}{f(x)}\right| \mathrm{d}x &\geqslant \frac{1}{|f(x_0)|}\int_0^1 |f''(x)|\mathrm{d}x \\
&= \frac{1}{|f(x_0)|}\left(\int_0^{x_0} |f''(x)|\mathrm{d}x + \int_{x_0}^1 |f''(x)|\mathrm{d}x\right) \\
&\geqslant \frac{1}{|f(x_0)|}\left(\frac{|f(x_0)|}{x_0} + \frac{|f(x_0)|}{1-x_0}\right) \\
&= \frac{1}{x_0} + \frac{1}{1-x_0} \geqslant 4.
\end{aligned}$$

证法 3 设 $x_0 \in (0,1)$ 是 f 在 $[0,1]$ 上的最大值点, 那么 $f(x_0) \neq 0, f'(x_0) = 0$. 于是有 (注意 $f(0)=0$)

$$\begin{aligned}
f(x_0) &= \int_0^{x_0} f'(x)\mathrm{d}x = -\int_0^{x_0} \big(f'(x_0)-f'(x)\big)\mathrm{d}x \\
&= -\int_0^{x_0}\left(\int_x^{x_0} f''(t)\mathrm{d}t\right)\mathrm{d}x,
\end{aligned}$$

所以

$$|f(x_0)| \leqslant \int_0^{x_0}\left(\int_x^{x_0} |f''(t)|\mathrm{d}t\right)\mathrm{d}x \leqslant \int_0^{x_0}\left(\int_0^{x_0} |f''(t)|\mathrm{d}t\right)\mathrm{d}x = x_0\int_0^{x_0} |f''(t)|\mathrm{d}t.$$

类似地 (注意 $f(1)=0$),

$$f(x_0) = -\int_{x_0}^1 f'(x)\mathrm{d}x = -\int_{x_0}^1 \big(f'(x)-f'(x_0)\big)\mathrm{d}x = -\int_{x_0}^1\left(\int_{x_0}^x f''(t)\mathrm{d}t\right)\mathrm{d}x,$$

从而有

$$|f(x_0)| \leqslant \int_{x_0}^1\left(\int_{x_0}^x |f''(t)\mathrm{d}t\right)\mathrm{d}x \leqslant \int_{x_0}^1\left(\int_{x_0}^1 |f''(t)|\mathrm{d}t\right)\mathrm{d}x = (1-x_0)\int_{x_0}^1 |f''(t)|\mathrm{d}t.$$

其后的推理同证法 2.

(2) **提示** 下面是 (1) 的证法 1 的直接推广. 设 x_0,y_0 的定义同证法 1, 那么 $f'(x_0)=0$. 我们有

$$f(0)=f(x_0)-x_0f'(x_0)+\frac{x_0^2}{2}f''(\alpha)\quad\big(0<\alpha<x_0\big),$$

于是

$$f''(\alpha)=-\frac{2y_0}{x_0^2}.$$

类似地,

$$f(1)=f(x_0)-(1-x_0)f'(x_0)+\frac{(1-x_0)^2}{2}f''(\beta)\quad\big(x_0<\beta<1\big),$$

于是

$$f''(\beta)=-\frac{2y_0}{(1-x_0)^2}.$$

由此可推出

$$\int_0^1\left|\frac{f^{(3)}(x)}{f(x)}\right|\mathrm{d}x\geqslant\frac{2|1-2x_0|}{\big(x_0(1-x_0)\big)^2}.$$

因为 $x_0\notin(1/2-\delta,1/2+\delta)$, 所以 $|1-2x_0|\geqslant 2\delta$,

$$\int_0^1\left|\frac{f^{(3)}(x)}{f(x)}\right|\mathrm{d}x\geqslant 64\delta.$$

(3) (i) 先证结论的第一部分 (即不等式本身), 我们给出两种证法.

证法 1 由题设, 对于任意的 $x\in(0,1)$, 应用 Lagrange 中值定理, 可知存在 $\xi_1\in(0,x),\xi_2\in(x,1)$, 使得

$$\begin{aligned}f(x)&=f(x)-f(0)=xf'(\xi_1),\\ f(x)&=f(x)-f(1)=(x-1)f'(\xi_2).\end{aligned}$$

于是

$$\int_0^1 f(x)\mathrm{d}x=\int_0^x f(t)\mathrm{d}t+\int_x^1 f(t)\mathrm{d}t=\int_0^x f'(\xi_1)t\mathrm{d}t+\int_x^1 f'(\xi_2)(t-1)\mathrm{d}t.$$

因此

$$\begin{aligned}\left|\int_0^1 f(x)\mathrm{d}x\right|&\leqslant\left|\int_0^x f'(\xi_1)t\mathrm{d}t\right|+\left|\int_x^1 f'(\xi_2)(t-1)\mathrm{d}t\right|\\&\leqslant\int_0^x|f'(\xi_1)|t\mathrm{d}t+\int_x^1|f'(\xi_2)|(t-1)\mathrm{d}t\\&\leqslant\max_{0\leqslant x\leqslant 1}|f'(x)|\left(\int_0^x t\mathrm{d}t+\int_x^1(t-1)\mathrm{d}t\right)\\&=\max_{0\leqslant x\leqslant 1}|f'(x)|\cdot\frac{1}{2}\big(x^2+(1-x)^2\big).\end{aligned}$$

此不等式对于任何 $x\in(0,1)$ 都成立. 由

$$x^2+(1-x)^2=2x^2-2x+1=2\left(x-\frac{1}{2}\right)^2+\frac{1}{2}$$

可知, 当 $x\in(0,1)$ 时 $g(x)=x^2+(1-x)^2\geqslant 1/2$, 并且 $g(1/2)=1/2$. 因此在上述不等式中取 $x=1/2$, 即得

$$\left|\int_0^1 f(x)\mathrm{d}x\right|\leqslant\frac{1}{4}\max_{0\leqslant x\leqslant 1}|f'(x)|.$$

证法 2 设 $g(x)$ 是函数 $f(x),-f(x),f(1-x),-f(1-x)$ 中的任何一个. 函数 $g(x)$ 确定后, 令

$$A=\max_{x\in[0,1]}|g'(x)|.$$

显然 A 也是 $|f'(x)|$ 在 $[0,1]$ 上的最大值. 不妨设 $A>0$; 若不然, $f(x)$ 将恒等于 0, 从而题中的不等式已成立. 若存在某个 $x_0\in(0,1)$, 使得 $g(x_0)>Ax_0$, 则由中值定理, 存在实数 $\xi\in(0,x_0)$ 满足

$$\frac{g(x_0)-g(0)}{x_0-0}=g'(\xi).$$

因为由 $g(x)$ 的定义和题设知 $g(0)=0$, 所以由此得到

$$g'(\xi)x_0=g(x_0)>Ax_0,$$

从而 $g'(\xi)>A$, 这与 A 的定义矛盾. 于是有

$$g(x)\leqslant Ax\quad\big(0<x<1\big).$$

由此及 $g(x)$ 的定义可知, 若取 $g(x)=\pm f(x)$, 则当 $x\in(0,1)$ 时, $|f(x)|\leqslant Ax$; 若取 $g(x)=\pm f(1-x)$, 则当 $x\in(0,1)$ 时, $|f(1-x)|\leqslant Ax$, 或 $|f(x)|\leqslant A(1-x)$. 合起来就有

$$|f(x)|\leqslant A\max\{x,1-x\}\quad\big(0<x<1\big).$$

由此推出

$$\begin{aligned}\int_0^1|f(x)|\mathrm{d}x&\leqslant A\int_0^1\max\{x,1-x\}\mathrm{d}x\\&=A\left(\int_0^{1/2}(1-x)\mathrm{d}x+\int_{1/2}^1x\mathrm{d}x\right)=\frac{A}{4}.\end{aligned}$$

于是题中的不等式得证.

(ii) 现在证结论的第二部分. 函数 $f_1=\max\{x,1-x\}\notin C^1[0,1]$. 我们在点 $x=1/2$ 的邻域 $(1/2-\varepsilon,1/2+\varepsilon)$ 内将此函数作适当修改, 可使所得到的函数 $f(x)\in C^1[0,1]$, 但保持

$$A=\max_{x\in[0,1]}|f'(x)|=1,$$

并且

$$\int_0^1|f(x)|\mathrm{d}x=\int_0^1|f_1(x)|\mathrm{d}x+O(\varepsilon)=\frac{1}{4}+O(\varepsilon).$$

于是依步骤 (i) 中所证明的结果, 对于我们构造的函数 $f(x)$, 有

$$1\geqslant4\left(\frac{1}{4}+O(\varepsilon)\right).$$

由此可见不等式右边的常数 4 不能换为任何更大的数.

(4) 由题设条件可知 $|f(x)|,|f'(x)|$ 在 $[0,1]$ 上均取得最小值. 设 $\alpha,\beta\in[0,1]$, 使得

$$|f(\alpha)|=\min_{0\leqslant x\leqslant1}|f(x)|,\quad |f'(\beta)|=\min_{0\leqslant x\leqslant1}|f'(x)|.$$

由 Lagrange 中值定理, 对于任何 $x\in[0,1]$, 存在 $\theta=\theta(x)$, 使得

$$f(x)=f(\alpha)+f'(\theta)(x-\alpha).\tag{L1.20.5}$$

设 $f(\alpha)$ 与 $f(x)$ 都不等于零. 若 $f(x)$ 与 $f(\alpha)$ 异号, 则存在 $x'\in(x,\alpha)$, 且 $f(x')=0$, 这与 $f(x)$ 在 $[0,1]$ 中无零点的假设矛盾, 因此 $f(x)$ 与 $f(\alpha)$ 同号. 进而, 由式 (L1.20.5) 可知或者 $f'(\theta)=0$, 或者 $f(x)$ 与 $f'(\theta)(x-\alpha)$ 同号(不然将有 $|f(x)|<|f(\alpha)|$, 与 α 的定义矛盾). 于是由式 (L1.20.5) 推出

$$|f(x)|=|f(\alpha)|+|f'(\theta)(x-\alpha)|\geqslant|f'(\theta)(x-\alpha)|\geqslant|f'(\beta)(x-\alpha)|.$$

当 $f(\alpha)=0$ 时, 此不等式显然也成立. 将此不等式两边在 $[0,1]$ 上积分, 可得

$$\begin{aligned}\int_0^1|f(x)|\mathrm{d}x &\geqslant |f'(\beta)|\int_0^1|x-\alpha|\mathrm{d}x\\ &=|f'(\beta)|\left(\int_0^\alpha(\alpha-x)\mathrm{d}x+\int_\alpha^1(x-\alpha)\mathrm{d}x\right)\\ &=\left(\frac{\alpha^2}{2}+\frac{(1-\alpha)^2}{2}\right)|f'(\beta)|\\ &=\frac{(2\alpha-1)^2+1}{4}|f'(\beta)|\geqslant\frac{1}{4}|f'(\beta)|,\end{aligned}$$

于是

$$|f'(\beta)|\leqslant 4\int_0^1|f(x)|\mathrm{d}x.$$

由此推出

$$\begin{aligned}|f'(x)|=\left|f'(\beta)+\int_\beta^1 f''(x)\mathrm{d}x\right| &\leqslant |f'(\beta)|+\int_\beta^1|f''(x)|\mathrm{d}x\\ &\leqslant 4\int_0^1|f(x)|\mathrm{d}x+\int_0^1|f''(x)|\mathrm{d}x.\end{aligned}$$

于是

$$\max_{0\leqslant x\leqslant 1}|f'(x)|\leqslant 4\int_0^1|f(x)|\mathrm{d}x+\int_0^1|f''(x)|\mathrm{d}x.$$

当 $f(x)=x-1/2$ 时我们得到等式, 所以常数 4 不能减小.

1.21 (1) 令

$$a_n=a_n(a)=\sum_{0\leqslant j\leqslant n/(k+1)}\binom{n-kj}{j}a^j\quad(n=1,2,\cdots).$$

考虑函数

$$F(w;a)=\frac{1}{1-(w+w^{k+1}a)}.$$

因为当 $w=0$ 时 $w+w^{k+1}a=0$, 所以在 $w=0$ 的某个邻域, $|w+w^{k+1}a|<1$, 从而

$$\begin{aligned}F(w;a)&=1+\sum_{m=1}^\infty(w+w^{k+1}a)^m=1+\sum_{m=1}^\infty w^m(1+w^k a)^m\\ &=1+\sum_{m=1}^\infty\sum_{j=0}^m\binom{m}{j}a^j w^{m+jk}.\end{aligned}$$

在最后的和式中令 $n=m+jk$, 则 $m=n-j$, 并且 $j\leqslant m$ 蕴含 $n\geqslant j+jk$, 所以 $j\leqslant n/(k+1)$. 于是得到 $F(w;a)$ 在点 $w=0$ 的幂级数展开:

$$F(w;a)=\frac{1}{1-(w+w^{k+1}a)}=1+\sum_{n=1}^\infty a_n w^n. \tag{L1.21.1}$$

函数 $F(w;a)$ 的分母是多项式 $P(w)=aw^{k+1}+w-1$. 因为 $P(0)=-1<0, P(1)=a>0$, 所以 $P(w)$ 在 $(0,1)$ 中至少有一个根. 设 $\eta>0$ 是其中的最小者, 那么幂级数 (L1.21.1) 的收敛半径 $R\leqslant\eta$. 由幂级数收敛半径公式可知

$$\overline{\lim_{n\to\infty}}\sqrt[n]{|a_n|}=\frac{1}{R}\geqslant\frac{1}{\eta},$$

从而对于给定的 $\varepsilon\in(0,1/\eta)$, 存在无穷多个 n 满足

$$\left|\sum_{0\leqslant j\leqslant n/(k+1)}\binom{n-kj}{j}a^j\right|\geqslant\left(\frac{1}{\eta}-\varepsilon\right)^n.$$

(2) 约定 $0^0=1$. 显然可设 $a\neq 0$. 与本题 (1) 类似, 只需证明

$$\overline{\lim_{n\to\infty}}\sqrt[n]{|a_n|}\geqslant\frac{1}{2},$$

从而只需证明 $F(w;a)$ 的分母(w 的多项式 $P(w)$)有一个模不超过 2 的根. 我们区分两种情形证明这个根的存在性.

(a) 设 $|a|\geqslant 2^{-(k+1)}$. 因为多项式 $P(w)=aw^{k+1}+w-1$ 的 $k+1$ 个 (复) 根的模之积等于 $1/a\leqslant 2^{k+1}$, 所以最小根的模不超过 2.

(b) 设 $|a|<2^{-(k+1)}$, 则在圆 $|w|=2$ 上, $|aw^{k+1}|<1\leqslant|1-w|$, 于是由 Rouché定理可知, $P(w)$ 和多项式 $w-1$ 在圆盘 $|w|<2$ 中根的个数相等, 因此 $P(w)$ 在圆盘 $|w|<2$ 中恰有一个根.

注 如果取 $k=1,a=-1/4$, 则可算出 $a_n(-1/4)=(n+1)/2^n$, 因此本题 (2) 中的不等式是最优的 (即不等式右边的常数 1/2 不能换成更大的数).

1.22 (1) 因为当 $x\neq 0$ 时

$$\frac{f(x)}{x}=\sum_{k=1}^{n}a_k\frac{\sin kx}{x},$$

所以

$$\lim_{x\to 0}\frac{f(x)}{x}=\sum_{k=1}^{n}a_k\lim_{x\to 0}\frac{\sin kx}{x}=\sum_{k=1}^{n}ka_k.$$

(或者: 因为 $f(0)=0$, 所以

$$\lim_{x\to 0}\frac{f(x)}{x}=\lim_{x\to 0}\frac{f(x)-f(0)}{x-0}=f'(0)=\sum_{k=1}^{n}ka_k.)$$

又因为由题设, 当 $x\neq 0$ 时

$$\left|\frac{f(x)}{x}\right|=\frac{|f(x)|}{|x|}\leqslant\frac{|\sin x|}{|x|}=\left|\frac{\sin x}{x}\right|,$$

所以

$$\left|\lim_{x\to 0}\frac{f(x)}{x}\right|=\lim_{x\to 0}\left|\frac{f(x)}{x}\right|\leqslant\lim_{x\to 0}\left|\frac{\sin x}{x}\right|=1.$$

因此

$$\left|\sum_{k=1}^{n}ka_k\right|\leqslant 1.$$

类似的推理应用于函数 $g(x)$(请读者补出细节), 可得

$$\left|\sum_{k=1}^{n}(n-k+1)a_{n-k+1}\right|\leqslant 1.$$

最后, 注意 $k+(n-k+1)=n+1$, 可推出

$$\begin{aligned}\left|(n+1)\sum_{k=1}^{n}a_n\right|&=\left|\sum_{k=1}^{n}ka_k+\sum_{k=1}^{n}(n-k+1)a_{n-k+1}\right|\\&\leqslant\left|\sum_{k=1}^{n}ka_k\right|+\left|\sum_{k=1}^{n}(n-k+1)a_{n-k+1}\right|\leqslant 2,\end{aligned}$$

于是

$$\left|\sum_{k=1}^{n}a_n\right|\leqslant\frac{2}{n+1}.$$

(2) (i) 定义多项式

$$g_n(x)=P_n(x)-Q_n(x)=\sum_{k=0}^{n}(\alpha_k-\beta_k)x^k.$$

那么

$$\rho_1=\max_{0\leqslant x\leqslant 1}|P_n(x)-Q_n(x)|=\max_{0\leqslant x\leqslant 1}|g_n(x)|\leqslant\sum_{k=0}^{n}|\alpha_k-\beta_k|=\rho_2.$$

(ii) 取区间 $[0,1]$ 的 $n+1$ 等分点:

$$x_i=\frac{i+1}{n+1}\quad(i=0,1,\cdots,n).$$

那么

$$\sum_{k=0}^{n}(\alpha_k-\beta_k)x_i^k=g_n(x_i)\quad(i=0,1,\cdots,n).$$

将它看作 $n+1$ 个变量 $\alpha_k-\beta_k$ $(k=0,1,\cdots,n)$ 的线性方程组. 方程组的系数行列式是 $x_0,x_1,\cdots,x_n$ 的 Vandermonde 行列式, x_i $(i=0,1,\cdots,n)$ 两两不等, 因而不为零, 所以可唯一地解出

$$\alpha_k-\beta_k=\sum_{i=0}^{n}c_{ki}g_n(x_i)\quad(k=0,1,\cdots,n),$$

其中 c_{ki} 只与 x_i 有关, 与 P_n,Q_n 无关. 因为 $x_i\in[0,1]$, 所以

$$|\alpha_k-\beta_k|\leqslant\sum_{i=0}^{n}|c_{ki}||g_n(x_i)|\leqslant\rho_1\sum_{i=0}^{n}|c_{ki}|,$$

于是

$$\rho_2=\sum_{k=0}^{n}|\alpha_k-\beta_k|\leqslant\rho_1\sum_{i,k=0}^{n}|c_{ki}|.$$

(iii) 由步骤 (i) 和 (ii), 取 $c_1=1,c_2=\sum\limits_{k,i=0}^{n}|c_{ki}|$, 即合要求.

1.23 设 $p_n(x)=\sum\limits_{k=0}^{m}a_{nk}x^k\,(n\geqslant 1)$,

$$\lim_{n\to\infty}p_n(\alpha_i)=\beta_i\quad(i=1,2,\cdots,m+1).$$

记

$$\boldsymbol{V}=\begin{pmatrix}1 & \alpha_1 & \cdots & \alpha_1^m\\ 1 & \alpha_2 & \cdots & \alpha_2^m\\ \vdots & \vdots & & \vdots\\ 1 & \alpha_{m+1} & \cdots & \alpha_{m+1}^m\end{pmatrix}$$

(Vandermonde 矩阵), 则有

$$\lim_{n\to\infty}\boldsymbol{V}\begin{pmatrix}a_{n0}\\ a_{n1}\\ \vdots\\ a_{nm}\end{pmatrix}=\begin{pmatrix}\beta_1\\ \beta_2\\ \vdots\\ \beta_{m+1}\end{pmatrix}.$$

因为 $\alpha_i(1\leqslant i\leqslant m+1)$ 两两互异, 所以 $\boldsymbol{V}$ 可逆, 于是

$$\lim_{n\to\infty}\begin{pmatrix}a_{n0}\\ a_{n1}\\ \vdots\\ a_{nm}\end{pmatrix}=\boldsymbol{V}^{-1}\begin{pmatrix}\beta_1\\ \beta_2\\ \vdots\\ \beta_{m+1}\end{pmatrix}=\begin{pmatrix}c_0\\ c_1\\ \vdots\\ c_m\end{pmatrix}.$$

记 $p(x)=c_0+c_1x+\cdots+c_mx^m$. 对每个固定的实数 x, 令

$$C=\max\{1,|x|\}^m.$$

对于任意给定的 $\varepsilon>0$, 可取 n_0, 使得当 $n\geqslant n_0$ 时

$$|a_{nk}-c_k|\leqslant\frac{\varepsilon}{C(m+1)}\quad(k=0,1,\cdots,m).$$

于是

$$|p_n(x)-p(x)|\leqslant C\sum_{k=0}^{m}|a_{nk}-c_k|\leqslant\varepsilon.$$

因此 $p_n(x)\to p(x)\,(n\to\infty)$(注意: 这是逐点收敛, 未必一致收敛).

1.24 (1) 我们有

$$\left(1+\frac{f(x)}{x}\right)^{1/x}=\left(\left(1+\frac{f(x)}{x}\right)^{x/f(x)}\right)^{f(x)/x^2}.$$

由题设条件可知 $f(0)=0,f'(0)=0$(参见问题 1.35(7) 的解法 1). 由 L'Hospital 法则,

$$\lim_{x\to0}\frac{f(x)}{x^2}=\lim_{x\to0}\frac{f'(x)}{2x}=\lim_{x\to0}\frac{f''(x)}{2}=\frac{1}{2}f''(0).$$

因此所求极限等于 $\mathrm{e}^{f''(0)/2}$.

(2) 令 $F(x)=1-\mathrm{e}^{-x}f(x)$, 则 $F(0)=0$, 并且当 $x>0$ 时

$$F'(x)=\mathrm{e}^{-x}\big(f(x)-f'(x)\big)\geqslant\mathrm{e}^{-x}\big(f(x)-|f'(x)|\big)>0.$$

因此 $F(x)$ 在 $[0,+\infty)$ 上严格单调增加, 从而 $F(x)>F(0)=0\,(x>0)$.

(3) 任意取 $x\in(0,2)$, 分别在 $[0,x]$ 和 $[x,2]$ 上应用 Lagrange 中值定理, 得到

$$f(x)=f(0)+xf'(\xi_1)\ (0<\xi_1<x),$$
$$f(x)=f(2)+(x-2)f'(\xi_2)\ (x<\xi_2<2).$$

因为 $f(0)=f(2)=1,-1\leqslant f'(x)\leqslant1$, 所以由上述等式推出

$$f(x)\leqslant1+x,\quad f(x)\leqslant3-x\quad(0\leqslant x\leqslant2).$$

令

$$g(x)=\begin{cases}1+x, & x\in[0,1],\\ 3-x, & x\in[1,2].\end{cases}$$

则 $f(x)\leqslant g(x)(0\leqslant x\leqslant2)$, 因此

$$\int_0^2 f(t)\mathrm{d}t\leqslant\int_0^2 g(t)\mathrm{d}t=3.$$

但等号不可能成立, 若不然, 则在 $[0,2]$ 上 $f(x)\equiv g(x)$, 而 $g(x)$ 在 $x=1$ 处不可导, 这与关于 f 的题设矛盾.

(4) 我们来证明

$$n\int_0^1 x^n f(x)\mathrm{d}x\to f(1)\quad(n\to\infty),$$

从而题中级数发散. 为此, 令 $F(x)=f(x)-f(1)$, 则 $F(1)=0$, 并且

$$J_n=n\int_0^1 x^nF(x)\mathrm{d}x=n\int_0^1 x^nf(x)\mathrm{d}x-nf(1)\int_0^1 x^n\mathrm{d}x.$$

因为

$$nf(1)\int_0^1 x^n\mathrm{d}x=\frac{n}{n+1}f(1)\to f(1)\ (n\to\infty),$$

所以只需证明 $J_n\to0\ (n\to\infty)$.

设 $0<h<1$, 则

$$|J_n|\leqslant\left|n\int_0^{1-h}x^nF(x)\mathrm{d}x\right|+\left|n\int_{1-h}^1 x^nF(x)\mathrm{d}x\right|=I_1+I_2.$$

因为 $f(x)$ 连续, $F(1)=0$, 所以对于 $\forall\varepsilon>0$, 存在 $h=h(\varepsilon)$(并固定), 使当 $1-h<x<1$ 时, $|F(x)|\leqslant\varepsilon/2$, 于是

$$I_2\leqslant\frac{\varepsilon}{2}n\int_{1-h}^{1}x^n\mathrm{d}x=\frac{\varepsilon}{2}\cdot\frac{n}{n+1}\left(1-(1-h)^{n+1}\right)\leqslant\frac{\varepsilon}{2}.$$

又由 $f(x)$ 的连续性, 可知 $M=\sup\limits_{x\in[0,1]}|f(x)|<\infty$, 因此

$$I_1\leqslant Mn\int_0^{1-h}x^n\mathrm{d}x\leqslant M(1-h)^{n+1}.$$

由 $0<1-h<1$, 可知存在 $n_0=n_0(\varepsilon)$, 使当 $n\geqslant n_0$ 时 $I_1\leqslant\varepsilon/2$. 于是 $|J_n|\leqslant\varepsilon$ $(n\geqslant n_0)$, 从而 $J_n\to 0$ $(n\to\infty)$.

1.25 (1) 当 $t\geqslant 1$ 时

$$\begin{aligned}\frac{1}{\mathrm{e}}\left(1+\frac{1}{t}\right)^t&=\frac{1}{\mathrm{e}}\cdot\mathrm{e}^{t\log(1+t^{-1})}\\&=\exp\left(-1+t\left(t^{-1}-\frac{1}{2}t^{-2}+O(t^{-3})\right)\right)\\&=\exp\left(-\frac{1}{2}t^{-1}+O(t^{-2})\right)\\&=1-\frac{1}{2}t^{-1}+O(t^{-2}).\end{aligned}$$

于是当 $x>1$ 时

$$\frac{1}{\mathrm{e}}\int_1^x\left(1+\frac{1}{t}\right)^t\mathrm{d}t=\int_1^x\left(1-\frac{1}{2}t^{-1}+O(t^{-2})\right)\mathrm{d}t.$$

由此立得

$$\int_1^x\left(1+\frac{1}{t}\right)^t\mathrm{d}t=\mathrm{e}x-\frac{1}{2}\mathrm{e}\log x+O(1).$$

(2) 我们有

$$\begin{aligned}I_n&=\int_0^x\log^n y\mathrm{d}y=\lim_{\delta\to 0}\int_\delta^x\log^n y\mathrm{d}y\\&=\lim_{\delta\to 0}\left(y\log^n y\Big|_\delta^x-n\int_\delta^x\log^{n-1}y\mathrm{d}y\right)\\&=x\log^n x-n\lim_{\delta\to 0}\int_\delta^x\log^{n-1}y\mathrm{d}y.\end{aligned}$$

继续分部积分:

$$I_n=x\log^n x-nx\log^{n-2}x+n(n-1)\lim_{\delta\to 0}\int_\delta^x\log^{n-2}y\mathrm{d}y.$$

经有限次后即得 $I_n=O\big(x\log^n x\big)$ $(x\to 0)$.

(3) **证法 1** 由(由练习题 1.60(2) 的解法 2 所证)式 (L1.60.4) 以及

$$0\leqslant\int_0^{\pi/2}\sin^{2n+1}x\mathrm{d}x\leqslant\int_0^{\pi/2}\sin^{2n}x\mathrm{d}x$$

立得结论.

证法 2 将积分区间分为两部分:

$$I_n=\int_0^{\pi/2}\sin^n x\mathrm{d}x=\int_0^{\pi/2-n^{-\alpha}}\sin^n x\mathrm{d}x+\int_{\pi/2-n^{-\alpha}}^{\pi/2}\sin^n x\mathrm{d}x=I_1+I_2.$$

由第二积分中值定理 (注意 $\sin^n x$ 在 $[0,\pi/2]$ 上非负、单调增加) 可知

$$I_1=\sin^n\left(\frac{\pi}{2}-n^{-\alpha}\right)\int_\xi^{\pi/2-n^{-\alpha}}\mathrm{d}x=O(\cos^n n^{-\alpha}),$$

式中 $\xi \in [0,\pi/2-n^{-\alpha}] \subset [0,1]$, 并且显然 $I_2 = O(n^{-\alpha})$. 于是

$$I_n = O(\cos^n n^{-\alpha}) + O(n^{-\alpha}). \tag{L1.25.1}$$

又因为

$$\cos n^{-\alpha} = 1 - \frac{n^{-2\alpha}}{2} + O(n^{-4\alpha}),$$
$$\log\left(1 - \frac{n^{-2\alpha}}{2} + O(n^{-4\alpha})\right) = -\frac{n^{-2\alpha}}{2} + O(n^{-4\alpha}),$$

所以

$$\begin{aligned}\cos^n n^{-\alpha} &= \left(1 - \frac{n^{-2\alpha}}{2} + O(n^{-4\alpha})\right)^n \\ &= \exp\left(n\log\left(1 - \frac{n^{-2\alpha}}{2} + O(n^{-4\alpha})\right)\right) \\ &= \exp\left(n\left(-\frac{n^{-2\alpha}}{2} + O(n^{-4\alpha})\right)\right) \\ &= \exp\left(-\frac{n^{1-2\alpha}}{2} + O(n^{1-4\alpha})\right).\end{aligned}$$

注意 $0<\alpha<1/2$, 当 $n\to\infty$ 时

$$-\frac{n^{1-2\alpha}}{2} + O(n^{1-4\alpha}) + \alpha\log n \to -\infty,$$

所以 $\cos^n n^{-\alpha} = O(n^{-\alpha})\,(n\to\infty)$. 于是由式 (L1.25.1) 得到

$$I_n = O(n^{-\alpha}) \quad (n\to\infty).$$

证法 3 应用表达式

$$I_n = \frac{\sqrt{\pi}}{2}\cdot\frac{\Gamma\left(\dfrac{n+1}{2}\right)}{\Gamma\left(\dfrac{n}{2}+1\right)},$$

其中 $\Gamma(x)$ 为伽马函数, 以及渐近公式

$$\Gamma(x) = \sqrt{2\pi}x^{x-1/2}\mathrm{e}^{-x}\big(1+O(x^{-1})\big) \quad (x\to\infty),$$

可得到

$$I_n \sim cn^{-1/2},$$

其中 $c>0$ 为常数, 从而由 $0<\alpha<1/2$ 立得 $I_n = O(n^{-\alpha})\,(n\to\infty)$.

(4) 不妨设 $x\geqslant 2$. 考虑曲线 $y=1/\sqrt{x}$ 和 x 轴上的线段 $[1,x]$ 所产生的曲边梯形, 那么

$$\sum_{1\leqslant n<x}\frac{1}{\sqrt{n}} = 1+\sum_{n=2}^{[x]}\frac{1}{\sqrt{n}} = 1+\int_1^{[x]}\frac{1}{\sqrt{x}}\mathrm{d}x - \sum_{n=2}^{[x]}t_n = -1+2\sqrt{[x]}-\sum_{n=2}^{[x]}t_n,$$

其中 $t_n\,(n\geqslant 2)$ 是由曲线 $y=1/\sqrt{x}$ 和 x 轴上的线段 $[n-1,n]$ 所围成的曲边梯形去掉以线段 $[n-1,n]$ 为底边且高为 $1/\sqrt{n}$ 的矩形所得图形 T_n 的面积. 因为

$$t_n < \left(\frac{1}{\sqrt{n-1}} - \frac{1}{\sqrt{n}}\right)\cdot 1 = \frac{1}{\sqrt{n-1}} - \frac{1}{\sqrt{n}},$$

所以

$$\sum_{n=2}^{[x]}t_n < \sum_{n=2}^{[x]}\left(\frac{1}{\sqrt{n-1}} - \frac{1}{\sqrt{n}}\right) = 1-\frac{1}{\sqrt{[x]}} = O(1) \quad (x\geqslant 2).$$

或者: 将图形 $T_2,\cdots,T_{[x]}$ 平移到直线 $x=1$ 和 $x=2$ 之间的带形中, 因为它们互不交叠, 所以得到上述结论. 于是

$$\sum_{1\leqslant n<x}\frac{1}{\sqrt{n}}=2\sqrt{[x]}+O(1),$$

因此

$$\sum_{1\leqslant n<x}\frac{1}{\sqrt{n}}\sim 2\sqrt{x}\quad (x\to\infty).$$

(5) 令

$$f(x)=\left(x\mathrm{e}^{2(x-n)}\right)^n\mathrm{e}^{-x-x^2}\quad (x>0).$$

下面求其最大值.

$$\begin{aligned}f'(x)&=nx^{n-1}\mathrm{e}^{2(n-1)(x-n)}\left(\mathrm{e}^{2(x-n)}+2x\mathrm{e}^{2(x-n)}\right)\mathrm{e}^{-x-x^2}+\left(x\mathrm{e}^{2(x-n)}\right)^n(-1-2x)\mathrm{e}^{-x-x^2}\\&=nx^{n-1}\mathrm{e}^{2n(x-n)}\mathrm{e}^{-x-x^2}+x^n\mathrm{e}^{2n(x-n)-x-x^2}(2n-1-2x)\\&=x^{n-1}\mathrm{e}^{2n(x-n)}\mathrm{e}^{-x-x^2}\left(-2x^2+(2n-1)x+n\right).\end{aligned}$$

由 $f'(x)=0$ 得到驻点 $x=n,-1/2$. 因为 $x>0$, 故可推出当 $x=n$ 时 $f(x)$ 达到最大值 $f(n)=n^n\mathrm{e}^{-n-n^2}$. 于是

$$f(x)\leqslant n^n\mathrm{e}^{-n-n^2}\quad (x>0),$$

从而

$$\left(x\mathrm{e}^{2(x-n)}n^{-1}\right)^n\leqslant \mathrm{e}^{-n-n^2}\mathrm{e}^{x+x^2}\leqslant \mathrm{e}^{x+x^2}.$$

(6) (i) 由题给方程本身可见 $\sigma(t)=O(1)(t\to\infty)$. 若不然, 则 $\sigma(t)\to\infty(t\to\infty)$. 将方程改写为

$$\frac{\mathrm{e}^{t\sigma(t)}}{t\sigma(t)}=\frac{1}{t}+\frac{1}{\sigma(t)}+O\left(\frac{1}{t\sigma(t)}\right),$$

那么当 $t\to\infty$ 时上式左边趋于 ∞, 右边趋于 0, 得到矛盾.

(ii) 对题给方程两边取对数, 得到

$$t\sigma(t)=\log t+\log\left(1+\frac{\sigma(t)}{t}+O\Big(\frac{1}{t}\Big)\right).$$

因为 $\sigma(t)/t=o(1)(t\to\infty)$, 所以

$$t\sigma(t)=\log t+\frac{\sigma(t)}{t}+O\Big(\frac{1}{t}\Big)+O\Big(\frac{\sigma^2(t)}{t^2}\Big)+O\Big(\frac{1}{t^2}\Big).$$

由此及 $\sigma(t)=O(1)(t\to\infty)$ 立得

$$\sigma(t)=\frac{\log t}{t}+O(t^{-2})\quad (t\to\infty).$$

1.26 我们有

$$u_n=2rn\sin\frac{\pi}{n},\quad U_n=2rn\tan\frac{\pi}{n}.$$

因为当 $x\to 0$ 时

$$\sin x=x-\frac{1}{6}x^3+\frac{1}{120}x^5+O(x^7),\quad \tan x=x+\frac{1}{3}x^3+\frac{2}{15}x^5+O(x^7),$$

所以当 $n\to\infty$ 时

$$\begin{aligned}n^2(C-u_n)&=2rn^2\left(\pi-n\sin\frac{\pi}{n}\right)=2rn^2\left(\frac{\pi^3}{6}n^{-2}+O(n^{-4})\right)=\frac{1}{3}\pi^3r+O(n^{-2}),\\n^2(U_n-C)&=2rn^2\left(n\tan\frac{\pi}{n}-\pi\right)=2rn^2\left(\frac{\pi^3}{3}n^{-2}+O(n^{-4})\right)=\frac{2}{3}\pi^3r+O(n^{-2}),\end{aligned}$$

由此得到渐近公式.

1.27 参见问题 1.10. 可以认为 $N>1$(不然所有 $a_n=0$, 因此不影响确定 d_p). 记 $c=1/(N-1)$, 则

$$a_n \geqslant c\sum_{k=1}^{n-1} a_k. \tag{L1.27.1}$$

(i) 首先确定 c_p, 使得

$$a_{n+p} \geqslant c_p\sum_{k=1}^{n} a_k. \tag{L1.27.2}$$

由式 (L1.27.1) 知, 可取 $c_1=c$, 并且有

$$\begin{aligned}a_{n+p+1}=a_{(n+1)+p}\geqslant c_p\sum_{k=1}^{n+1}a_k&=c_p\left(\sum_{k=1}^{n}a_k+a_{n+1}\right)=c_p\sum_{k=1}^{n}a_k+c_pa_{n+1}\\&\geqslant c_p\sum_{k=1}^{n}a_k+c_pc_1\sum_{k=1}^{n}a_k=c_p(1+c)\sum_{k=1}^{n}a_k,\end{aligned}$$

因此可取 $c_{p+1}=c_p(1+c)$. 于是得到

$$c_p=c(1+c)^{p-1}.$$

(ii) 由式 (L1.27.2) 有

$$\begin{aligned}\alpha_{i+p}&=\sum_{n=(i+p-1)N+1}^{(i+p)N}a_n=\sum_{k=1}^{N}a_{iN+((p-1)N+k)}\\&\geqslant\sum_{k=1}^{N}c_{(p-1)N+k}\sum_{n=1}^{iN}a_n\geqslant\left(\sum_{k=1}^{N}c_{(p-1)N+k}\right)\alpha_i.\end{aligned}$$

因此

$$d_p\geqslant\sum_{k=1}^{N}c_{(p-1)N+k}=\sum_{k=1}^{N}c(1+c)^{(p-1)N+k-1}=(1+c)^{(p-1)N}\big((1+c)^N-1\big).$$

如果取

$$a_1=1,\quad a_n=c(1+c)^{n-2}\quad(n\geqslant 2),$$

那么对于任何 N, p, 有

$$\alpha_{p+1}=(1+c)^{(p-1)N}\big((1+c)^N-1\big)\alpha_1.$$

因此

$$d_p=(1+c)^{(p-1)N}\big((1+c)^N-1\big).$$

因为 $c=1/(N-1)$, 所以 (注意 $(1+1/x)^{x+1}\downarrow \mathrm{e}\,(x\to\infty)$)

$$d_p=\left(\frac{N}{N-1}\right)^{(p-1)N}\left(\left(\frac{N}{N-1}\right)^N-1\right)\geqslant \mathrm{e}^{p-1}(\mathrm{e}-1).$$

1.28 (1) 令 $g(x)=\mathrm{e}^{-x}f(x)$, 那么由题设可知 $g(x)$ 在 $[a,b]$ 中至少有三个不同的根. 于是由 Rolle 定理可知 $g'(x)=\mathrm{e}^{-x}\big(f'(x)-f(x)\big)$ 在 $[a,b]$ 中至少有两个不同的根. 同理, 函数 $g''(x)$ 在 $[a,b]$ 中至少有一个根. 因为 $g''(x)=\mathrm{e}^{-x}\big(f(x)+f''(x)-2f'(x)\big)$, 所以本题得证.

(2) (i) 令 $f(x)=x\log x-a\ (x>0)$, 求此函数的最小值. 由 $f'(x)=1+\log x=0$ 得到驻点 $x=1/\mathrm{e}$. 因为 $f''(1/\mathrm{e})>0$, 所以 $f(1/\mathrm{e})=-1/\mathrm{e}-1$ 是极小值. 又因为在 $(0,\mathrm{e}^{-1})$ 上 $f'(x)<0$, 函数 f 单调减少, 在 $(1/\mathrm{e},\infty)$ 上 $f'(x)>0$, 函数 f 单调增加, 所以 $f(x)(x>0)$ 有唯一极小值 $1/\mathrm{e}-1$, 它也是最小值. 此外, 还有

$$\lim_{x\to 0}f(x)=-a,\quad \lim_{x\to\infty}f(x)=\infty.$$

(ii) 据此讨论:

(a) 若 $a<-1/\mathrm{e}$, 则 $f(x)(x>0)$ 的最小值是正的, 所以 f 无实根.

(b) 若 $a=-1/\mathrm{e}$, 则 f 有唯一实根 (也是最小值点).

(c) 若 $0>a>-1/\mathrm{e}$, 则 f 的唯一极小值 (也是最小值)$f(1/\mathrm{e})<0$, 并且 $\lim\limits_{x\to 0}f(x)>0$, 所以在 $x=0$ 附近 $f(x)>0$, 在 $x=1/\mathrm{e}$ 附近 $f(x)<0$. 由连续性, f 在 $(0,\mathrm{e}^{-1})$ 和 (e^{-1},∞) 上至少有一个实根; 由单调性, 也各只有一个实根.

(d) 若 $a=0$, 则显然 f 无实根.

(e) 若 $a>0$, 则因为 $\lim\limits_{x\to 0}f(x)<0$, 并且 f 的唯一极小值 (也是最小值) $f(1/\mathrm{e})<0$, 所以 f 在 $(1/\mathrm{e},\infty)$ 中有唯一一个实根.

1.29 (1) 对应的不定积分

$$\begin{aligned}I_0&=\int\frac{\mathrm{d}x}{\cos x\sqrt{\sin x}}=2\int\frac{\mathrm{d}\sqrt{\sin x}}{\cos^2 x}=\int\frac{\mathrm{d}\sqrt{\sin x}}{1-\sin x}+\int\frac{\mathrm{d}\sqrt{\sin x}}{1+\sin x}\\&=\frac{1}{2}\int\left(\frac{1}{1-\sqrt{\sin x}}+\frac{1}{1+\sqrt{\sin x}}\right)\mathrm{d}\sqrt{\sin x}+\int\frac{\mathrm{d}\sqrt{\sin x}}{1+(\sqrt{\sin x})^2}\\&=\frac{1}{2}\Big(\log(1+\sqrt{\sin x})-\log(1+\sqrt{\sin x})\Big)+\arctan\sqrt{\sin x}+C.\end{aligned}$$

因此题中定积分

$$I=I_0\Big|_0^{\pi/6}=\frac{1}{2}\log(3+2\sqrt{2})+\arctan\frac{\sqrt{2}}{2}.$$

(2) 应用 $\cos x=\cos^2(x/2)-\sin^2(x/2),1=\cos^2(x/2)+\sin^2(x/2)$, 对应的不定积分

$$I_0=\int\frac{\mathrm{d}x}{1+a\cos x}=\int\frac{\mathrm{d}x}{(1+a)\cos^2\dfrac{x}{2}+(1-a)\sin^2\dfrac{x}{2}}.$$

令

$$y=\sqrt{\frac{1-a}{1+a}}\tan\frac{x}{2},$$

则

$$\mathrm{d}y=\sqrt{\frac{1-a}{1+a}}\cdot\frac{\mathrm{d}x}{2\cos^2\dfrac{x}{2}},$$

于是

$$I_0=\frac{2}{\sqrt{1-a^2}}\int\frac{\mathrm{d}y}{1+y^2}=\frac{2}{\sqrt{1-a^2}}\arctan\left(\sqrt{\frac{1-a}{1+a}}\tan\frac{x}{2}\right)+C.$$

因此

$$I=\frac{2}{\sqrt{1-a^2}}\left(\arctan\left(\sqrt{\frac{1-a}{1+a}}\tan\frac{x}{2}\right)\Big|_0^{\pi-}+\arctan\left(\sqrt{\frac{1-a}{1+a}}\tan\frac{x}{2}\right)\Big|_{\pi+}^{2\pi-}\right)=\frac{2\pi}{\sqrt{1-a^2}}.$$

(3) 不妨认为 $\beta>\alpha$. 注意

$$\frac{x}{\sqrt{(x-\alpha)(\beta-x)}}=\frac{x-\dfrac{\alpha+\beta}{2}+\dfrac{\alpha+\beta}{2}}{\sqrt{\left(\dfrac{\beta-\alpha}{2}\right)^2-\left(x-\dfrac{\alpha+\beta}{2}\right)^2}},$$

所以当 $\varepsilon,\delta>0$ 足够小时

$$\int_{\alpha-\varepsilon}^{\beta-\delta}\frac{x\mathrm{d}x}{\sqrt{(x-\alpha)(\beta-x)}}=\left(-\sqrt{\left(\frac{\beta-\alpha}{2}\right)^2-\left(x-\frac{\alpha+\beta}{2}\right)^2}+\frac{\alpha+\beta}{2}\arcsin\frac{2x-(\alpha+\beta)}{\beta-\alpha}\right)\Bigg|_{\alpha-\varepsilon}^{\beta-\delta}$$

$$
\begin{aligned}
&= -\sqrt{\left(\frac{\beta-\alpha}{2}\right)^2-\left(\frac{\beta-\alpha}{2}-\delta\right)^2}+\sqrt{\left(\frac{\beta-\alpha}{2}\right)^2-\left(\frac{\alpha-\beta}{2}+\varepsilon\right)^2}\\
&\quad+\frac{\alpha+\beta}{2}\left(\arcsin\frac{\beta-\alpha-2\delta}{\beta-\alpha}-\arcsin\frac{\alpha-\beta+2\varepsilon}{\beta-\alpha}\right).
\end{aligned}
$$

令 $\varepsilon,\delta\to 0$, 即得 $I=\pi(\alpha+\beta)/2$.

(4) 因为被积函数是绝对可积的奇函数, 积分区间对称, 所以积分等于零.

(5) 分部积分:

$$
\begin{aligned}
I &= x\log(1+\sqrt{x})\Big|_0^1-\int_0^1\frac{x}{2\sqrt{x}(1+\sqrt{x})}\mathrm{d}x\\
&=\log 2-\int_0^1\frac{\sqrt{x}}{2(1+\sqrt{x})}\mathrm{d}x=\log 2-J.
\end{aligned}
$$

在积分 J 中令 $t=\sqrt{x}$, 得

$$
J=\int_0^1\frac{t^2}{1+t}\mathrm{d}t=\int_0^1\left(t-1+\frac{1}{t+1}\right)\mathrm{d}t=\left(\frac{t^2}{2}-t+\log(1+t)\right)\Bigg|_0^1=\log 2-\frac{1}{2}.
$$

因此 $I=1/2$.

或者: 应用幂级数展开 $\log(1+\sqrt{x})=\sum\limits_{n=1}^{\infty}(-1)^{n-1}\dfrac{x^{n/2}}{n}$, 逐项积分得到

$$
J=\sum_{n=1}^{\infty}(-1)^{n-1}\frac{2}{n(n+2)}=\sum_{n=1}^{\infty}\frac{(-1)^{n-1}}{n}-\sum_{n=1}^{\infty}\frac{(-1)^{n-1}}{n+2}=\frac{1}{2}.
$$

(6) 解法 1　因为

$$
\left(1+x-\frac{1}{x}\right)\mathrm{e}^{x+1/x}=\mathrm{e}^{x+1/x}+\left(x-\frac{1}{x}\right)\mathrm{e}^{x+1/x}=\left(x\mathrm{e}^{x+1/x}\right)',
$$

所以题中积分

$$
I=x\mathrm{e}^{x+1/x}\Big|_{1/2}^2=\frac{3}{2}\mathrm{e}^{5/2}.
$$

解法 2　题中积分

$$
\begin{aligned}
I&=\int_{1/2}^2\mathrm{e}^{x+1/x}\mathrm{d}x+\int_{1/2}^2\left(x-\frac{1}{x}\right)\mathrm{e}^{x+1/x}\mathrm{d}x=\int_{1/2}^2\mathrm{e}^{x+1/x}\mathrm{d}x+\int_{1/2}^2 x\mathrm{d}(\mathrm{e}^{x+1/x})\\
&=\int_{1/2}^2\mathrm{e}^{x+1/x}\mathrm{d}x+x\mathrm{e}^{x+1/x}\Big|_{1/2}^2-\int_{1/2}^2\mathrm{e}^{x+1/x}\mathrm{d}x=\frac{3}{2}\mathrm{e}^{5/2}.
\end{aligned}
$$

解法 3　令 $t=x+1/x$, 则其反函数是双值函数: $x=(t\pm\sqrt{t^2-4})/2$. 注意 $1/2\leqslant x\leqslant 1\Leftrightarrow 1\leqslant 1/x\leqslant 2$, 以及 $x=(t-\sqrt{t^2-4})/2\Leftrightarrow 1/x=(t+\sqrt{t^2-4})/2$. 我们将积分区域分拆为 $[1/2,2]=[1/2,1]\cup[1,2]$, 分段作变量代换:

$$
\begin{aligned}
x&=\frac{t-\sqrt{t^2-4}}{2}\qquad\left(\frac{1}{2}\leqslant x\leqslant 1\right),\\
x&=\frac{t+\sqrt{t^2-4}}{2}\qquad\left(1\leqslant x\leqslant 2\right),
\end{aligned}
$$

则得

$$
\begin{aligned}
I_1&=\int_{1/2}^1\left(1+x-\frac{1}{x}\right)\mathrm{e}^{x+1/x}\mathrm{d}x\\
&=\int_{5/2}^2\left(1+\frac{t-\sqrt{t^2-4}}{2}-\frac{t+\sqrt{t^2-4}}{2}\right)\mathrm{e}^t\cdot\frac{\sqrt{t^2-4}-t}{2\sqrt{t^2-4}}\mathrm{d}t
\end{aligned}
$$

$$=\frac{1}{2}\int_{5/2}^{2}\mathrm{e}^t\left(1-\frac{t}{\sqrt{t^2-4}}-\sqrt{t^2-4}+t\right)\mathrm{d}t.$$

类似地,

$$I_2=\frac{1}{2}\int_{2}^{5/2}\mathrm{e}^t\left(1+\frac{t}{\sqrt{t^2-4}}+\sqrt{t^2-4}+t\right)\mathrm{d}t.$$

于是题中的积分

$$\begin{aligned}I=I_1+I_2&=\int_2^{5/2}\mathrm{e}^t\left(\frac{t}{\sqrt{t^2-4}}+\sqrt{t^2-4}\right)\mathrm{d}t=\int_2^{5/2}\frac{t\mathrm{e}^t}{\sqrt{t^2-4}}\mathrm{d}t+\int_2^{5/2}\mathrm{e}^t\sqrt{t^2-4}\mathrm{d}t\\&=\mathrm{e}^t\sqrt{t^2-4}\Big|_2^{5/2}-\int_2^{5/2}\mathrm{e}^t\sqrt{t^2-4}\mathrm{d}t+\int_2^{5/2}\mathrm{e}^t\sqrt{t^2-4}\mathrm{d}t=\frac{3}{2}\mathrm{e}^{5/2}.\end{aligned}$$

(7) 令

$$J=\int_0^{\pi}x^2\cos^2x\mathrm{d}x,$$

则

$$I+J=\int_0^{\pi}x^2\mathrm{d}x=\frac{\pi^3}{3}.$$

作两次分部积分, 得到

$$J-I=\int_0^{\pi}x^2\cos 2x\mathrm{d}x=\frac{\pi}{2}.$$

因此 $I=\big((I+J)-(J-I)\big)/2=\pi^3/6-\pi/4$.

(8) (i) 在关于 y 的积分中令 $t=xy$, 则 $\mathrm{d}t=x\mathrm{d}y$, 于是

$$J=\int_0^1\mathrm{d}x\int_0^x\frac{t^t}{x}\mathrm{d}t=\int_0^1\frac{\mathrm{d}x}{x}\int_0^x t^t\mathrm{d}t.$$

积分区域是 (x,t) 平面上以 $(0,0),(1,0),(1,1)$ 为顶点的三角形区域. 所以

$$J=\int_0^1 t^t\mathrm{d}t\int_t^1\frac{\mathrm{d}x}{x}=-\int_0^1 t^t\log t\mathrm{d}t.$$

又因为

$$\begin{aligned}J-\int_0^1 t^t\mathrm{d}t&=-\int_0^1 t^t(1+\log t)\mathrm{d}t=-\int_0^1 t^t(1+\log t)\mathrm{d}t\\&=-\int_0^1\mathrm{d}(\mathrm{e}^{t\log t})=-\mathrm{e}^{t\log t}\Big|_0^1=0,\end{aligned}$$

所以 (将积分变量 t 改记为 x)

$$J=\int_0^1 x^x\mathrm{d}x.$$

(ii) 由 $x^x=\mathrm{e}^{x\log x}$ 的级数展开得到

$$\int_0^1 x^x\mathrm{d}x=\int_0^1\left(\sum_{n=0}^{\infty}\frac{x^n\log^n x}{n!}\right)\mathrm{d}x.$$

因为函数 $|x\log x|$ 在 $[0,1]$ 上有最大值 e^{-1}(参见本题解后的注), 因而被积函数中的级数有优级数 $\sum\limits_{n=0}^{\infty}\mathrm{e}^{-n}/n!$(收敛的数项级数), 从而可以逐项积分:

$$\int_0^1 x^x\mathrm{d}x=\sum_{n=0}^{\infty}\frac{1}{n!}\int_0^1 x^n\log^n x\mathrm{d}x.$$

右边的积分 (记作 $I_{n,n}$) 可以通过分部积分计算:

$$\int_0^1 x^n\log^n x\mathrm{d}x=\frac{1}{n+1}x^{n+1}\log^n x\Big|_0^1-\frac{n}{n+1}\int_0^1 x^n\log^{n-1}x\mathrm{d}x,$$

于是

$$I_{n,n}=-\frac{n}{n+1}I_{n,n-1}.$$

另外, 上述积分也可通过变量代换 $x^{n+1}=\mathrm{e}^{-y}$ 计算:

$$\int_0^1 x^n\log^n x\mathrm{d}x=\frac{(-1)^n}{(n+1)^{n+1}}\int_0^\infty y^n\mathrm{e}^{-y}\mathrm{d}y.$$

将右边积分记作 K_n, 分部积分得到

$$\int_0^\infty y^n\mathrm{e}^{-y}\mathrm{d}y=-y^n\mathrm{e}^{-y}\Big|_0^\infty+n\int_0^\infty y^{n-1}\mathrm{e}^{-y}\mathrm{d}y=n\int_0^\infty y^{n-1}\mathrm{e}^{-y}\mathrm{d}y$$

于是

$$K_n=nK_{n-1}.$$

由上述两种计算方法都可得

$$J=\sum_{n=0}^\infty\frac{1}{n!}\cdot(-1)^n\frac{n!}{(n+1)^{n+1}}=\sum_{n=1}^\infty(-1)^{n-1}\frac{1}{n^n}.$$

注 我们来证明

$$\max_{0\leqslant x\leqslant 1}|x\log x|=\frac{1}{\mathrm{e}}.$$

令 $f(x)=|x\log x|\,(0<x\leqslant 1)$, 那么 $f(x)=-x\log x, f'(x)=-\log x-1$. 当 $x\in(0,1/\mathrm{e}]$ 时 $f'(x)>0$; 当 $x\in[1/\mathrm{e},1]$ 时 $f'(x)<0$. 因此函数 $f(x)$ 在 $(0,1]$ 上有唯一的极大值点 $x=\mathrm{e}^{-1}$, 而且在左端点 $\lim\limits_{x\to 0+}x\log x=0$, 所以函数 $|x\log x|$ 在 $[0,1]$ 上有最大值 $1/\mathrm{e}$.

1.30 令

$$F(t)=\int_{-\infty}^\infty \mathrm{e}^{-|t-x|}f(x)\mathrm{d}x.$$

不妨设上式右边积分存在 (不然题中不等式已成立). 先设 $0<b-a\leqslant r$. 记 $D=[a,b]^2$. 因为 $F(t)$ 连续, 所以

$$\int_a^b F(t)\mathrm{d}t=\iint\limits_D \mathrm{e}^{-|t-x|}f(x)\mathrm{d}x=\int_a^b f(x)\mathrm{d}x\int_a^b \mathrm{e}^{-|t-x|}\mathrm{d}t.$$

算出

$$\int_a^b \mathrm{e}^{-|t-x|}\mathrm{d}t=\int_a^x \mathrm{e}^{t-x}\mathrm{d}t+\int_x^b \mathrm{e}^{x-t}\mathrm{d}t=2-\mathrm{e}^{a-x}-\mathrm{e}^{x-b},$$

由前式得到

$$\begin{aligned}\int_a^b F(t)\mathrm{d}t&=\int_a^b f(x)(2-\mathrm{e}^{a-x}-\mathrm{e}^{x-b})\mathrm{d}x\\&=2\int_a^b f(x)\mathrm{d}x-\int_a^b \mathrm{e}^{a-x}f(x)\mathrm{d}x-\int_a^b \mathrm{e}^{x-b}f(x)\mathrm{d}x\\&=2\int_a^b f(x)\mathrm{d}x-\int_a^b \mathrm{e}^{-|a-x|}f(x)\mathrm{d}x-\int_a^b \mathrm{e}^{-|b-x|}f(x)\mathrm{d}x.\end{aligned}$$

由此解出

$$\begin{aligned}\int_a^b f(x)\mathrm{d}x&=\frac{1}{2}\left(\int_a^b F(t)\mathrm{d}t+\int_a^b \mathrm{e}^{-|a-x|}f(x)\mathrm{d}x+\int_a^b \mathrm{e}^{-|b-x|})f(x)\mathrm{d}x\right)\\&\leqslant\frac{1}{2}\left(\int_a^b F(t)\mathrm{d}t+\int_{-\infty}^\infty \mathrm{e}^{-|a-x|}f(x)\mathrm{d}x+\int_{-\infty}^\infty \mathrm{e}^{-|b-x|}f(x)\mathrm{d}x\right).\end{aligned}\qquad\text{(L1.30.1)}$$

记 $K=\sup\limits_{t\in\mathbb{R}}F(t)$, 则 $0<K\leqslant\infty$. 不妨认为 $K<\infty$ (不然结论已成立), 那么

$$\int_a^b F(t)\mathrm{d}t\leqslant K\int_a^b \mathrm{d}t=K(b-a),$$

于是由式 (L1.30.1) 推出

$$\int_a^b f(x)\mathrm{d}x \leqslant \frac{1}{2}K(b-a+2) \leqslant \frac{1}{2}K(r+2).$$

若 $0 \leqslant a-b \leqslant r$, 则上式左边的积分小于 0, 所以上面不等式也成立. 于是题中的不等式得证.

1.31 (1) 设 $p(x)=c_nx^n+c_{n-1}x^{n-1}+\cdots+c_0\ (c_n\neq 0)$, 那么当 $|x|\to+\infty$ 时

$$\frac{p(x)}{c_nx^n}=1+\frac{c_{n-1}}{c_n}\frac{1}{x}+\frac{c_{n-2}}{c_n}\frac{1}{x^2}+\cdots+\frac{c_0}{c_n}\frac{1}{x^n}\to 1>0.$$

因为当 $x\in\mathbb{R}$ 时 $p(x)>0$, 所以 $c_n>0$, 并且 n 是偶数, 于是

$$p(x)\to+\infty \quad (|x|\to\infty).$$

令 $\varPhi(x)=p(x)+p'(x)+\cdots+p^{(n)}(x)$. 因为 $p'(x),\cdots,p^{(n)}(x)$ 的次数不超过 $n-1$, 所以

$$\varPhi(x)=p(x)\left(1+\frac{p'(x)}{p(x)}+\cdots+\frac{p^{(n)}(x)}{p(x)}\right)\to+\infty \quad (|x|\to\infty).$$

由此可知 $\varPhi(x)$ 在某个点 $a\in\mathbb{R}$ 达到最小值, 并且 $\varPhi'(a)=0$. 因为

$$\varPhi'(a)=\left(p(x)+p'(x)+\cdots+p^{(n)}(x)\right)'\big|_{x=a}=p'(a)+\cdots+p^{(n)}(a)=\varPhi(a)-p(a),$$

所以 $\varPhi(a)-p(a)=0$, 于是 $\varPhi(a)=p(a)>0$(因为 p 是正值多项式), 并且由 a 的定义立得 $\varPhi(x)\geqslant\varPhi(a)>0$.

(2) 设 $x_1,x_2,\cdots,x_n$ 是 $p(x)$ 的全部 (实) 根, 那么

$$a_0=(-1)^n\prod_{i=1}^n x_i,\quad a_{n-2}=\sum_{1\leqslant i<j\leqslant n}x_ix_j,\quad a_{n-1}=-\sum_{i=1}^n x_i.$$

因为

$$2\sum_{1\leqslant i<j\leqslant n}x_ix_j=\left(\sum_{i=1}^n x_i\right)^2-\sum_{i=1}^n x_i^2,$$

所以要证的不等式等价于

$$\left(\prod_{i=1}^n|x_i|\right)^{1/n}\sum_{i=1}^n x_i\leqslant\sum_{i=1}^n x_i^2. \tag{L1.31.1}$$

由算术-几何平均不等式和三角形不等式得到

$$\left(\prod_{i=1}^n|x_i|\right)^{1/n}\sum_{i=1}^n x_i\leqslant\left(\frac{1}{n}\sum_{i=1}^n|x_i|\right)\sum_{i=1}^n|x_i|=\frac{1}{n}\left(\sum_{i=1}^n|x_i|\right)^2.$$

对不等式的右边应用 Cauchy 不等式, 得到

$$\left(\prod_{i=1}^n|x_i|\right)^{1/n}\sum_{i=1}^n x_i\leqslant\frac{1}{n}\left(\sum_{i=1}^n|x_i|^2\right)\left(\sum_{i=1}^n 1^2\right)=\sum_{i=1}^n x_i^2.$$

于是式 (L1.31.1) 得证. 等式成立当且仅当 $p(x)$ 的所有 (实) 根相等且非负.

(3) 设 $\alpha(x)=x^3$, 则

$$\int_a^b\alpha(x)\mathrm{d}x=\frac{1}{4}(b^4-a^4)=\frac{1}{4}(b-a)(b^3+b^2a+ba^2+a^3),$$

以及 (直接验证)

$$\alpha(a)+4\alpha\left(\frac{a+b}{2}\right)+\alpha(b)=\frac{3}{2}(b^3+b^2a+ba^2+a^3).$$

或者:

$$\begin{aligned}b^3+b^2a+ba^2+a^3&=\frac{2}{3}\left(\frac{3}{2}b^3+\frac{3}{2}b^2a^2+\frac{3}{2}ba^2+\frac{3}{2}a^3\right)=\frac{2}{3}\left(b^3+\frac{1}{2}(b^3+3b^2a+3ba^2+a^3)+a^3\right)\\&=\frac{2}{3}\left(b^3+\frac{1}{2}(a+b)^3+a^3\right)=\frac{2}{3}\left(a^3+4\Big(\frac{a+b}{2}\Big)^3+b^3\right)\\&=\frac{2}{3}\left(\alpha(a)+4\alpha\Big(\frac{a+b}{2}\Big)+\alpha(b)\right),\end{aligned}$$

因此题中公式对 $\alpha(x)=x^3$ 成立.

设 $\beta(x)=x^2$, 则

$$\int_a^b\beta(x)\mathrm{d}x=\frac{1}{3}(b^3-a^3)=\frac{1}{3}(b-a)(b^2+ba+a^2),$$

以及 (直接验证)

$$\beta(a)+4\beta\left(\frac{a+b}{2}\right)+\beta(b)=2(b^2+ba+a^2).$$

或者:

$$\begin{aligned}b^2+ba+a^2&=\frac{1}{2}(2b^2+2ba+2a^2)=\frac{1}{2}\left(a^2+4\cdot\frac{1}{4}(a^2+2ab+b^2)+b^2\right)\\&=\frac{1}{2}\left(a^2+4\Big(\frac{a+b}{2}\Big)^2+b^2\right)=\frac{1}{2}\left(\beta(a)+4\beta\Big(\frac{a+b}{2}\Big)+\beta(b)\right),\end{aligned}$$

因此题中公式对 $\beta(x)=x^2$ 成立.

对于 $\gamma(x)=x$ 和 $\delta(x)=1$, 题中公式显然成立. 因为任意不超过 3 次的多项式是 $\alpha(x),\beta(x),\gamma(x),\delta(x)$ 的线性组合, 所以本题公式成立.

1.32 (1) 当 $|x|\leqslant 1$ 时

$$\left|\frac{\sin x}{x}-1\right|=\left|\sum_{n=1}^{\infty}(-1)^n\frac{x^{2n}}{(2n+1)!}\right|\leqslant\sum_{n=1}^{\infty}\frac{x^{2n}}{(2n+1)!}\leqslant x^2\sum_{n=1}^{\infty}\frac{1}{(2n+1)!}.$$

注意

$$\begin{aligned}\sum_{n=1}^{\infty}\frac{1}{(2n+1)!}&=\sum_{n=0}^{\infty}\frac{1}{n!}-1-1-\sum_{n=1}^{\infty}\frac{1}{(2n)!}\\&\leqslant \mathrm{e}-2-\frac{1}{2!}-\frac{1}{4!}\leqslant 2.72-2-\frac{1}{2}-\frac{1}{24}\leqslant\frac{1}{5},\end{aligned}$$

于是本题不等式得证.

(2) 记 $A=(\sin x)/x\,(|x|\leqslant 1)$. 由本题 (1) 得到 $|A-1|\leqslant x^2/5$, 从而当 $|x|\leqslant 1$ 时

$$A\geqslant 1-\frac{x^2}{5}\geqslant 1-\frac{1}{5}=\frac{4}{5}.$$

于是当 $|x|\leqslant 1$ 时

$$\left|\frac{x}{\sin x}-1\right|=|A^{-1}-1|=\frac{|A-1|}{|A|}\leqslant\frac{x^2/5}{4/5}=\frac{x^2}{4}.$$

(3) 我们有

$$\left|\frac{\sin x}{x}-\frac{\sin\big((1+\delta)x\big)}{M\sin(x/M)}\right|\leqslant\left|\frac{\sin x}{x}-\frac{\sin x}{M\sin(x/M)}\right|+\left|\frac{\sin x-\sin\big((1+\delta)x\big)}{M\sin(x/M)}\right|=S_1+S_2.$$

因为 $|(\sin x)/x|\leqslant 1(x\in\mathbb{R})$, 并且 $|x/M|\leqslant 1$, 所以由本题 (2) 推出

$$S_1=\left|\frac{\sin x}{x}-\frac{\sin x}{M\sin(x/M)}\right|=\left|\frac{\sin x}{x}\right|\left|1-\frac{x}{M\sin(x/M)}\right|$$

$$\leqslant \left|1-\frac{x}{M\sin(x/M)}\right| \leqslant \frac{1}{4}\left(\frac{x}{M}\right)^2.$$

又由 Lagrange 中值定理可知 $|\sin x-\sin\big((1+\delta)x\big)|\leqslant|\delta x|$, 所以

$$S_2\leqslant\left|\frac{\delta x}{M\sin(x/M)}\right|=\left|\delta+\delta\left(\frac{x}{M\sin(x/M)}-1\right)\right|\leqslant|\delta|+|\delta|\left|\frac{x}{M\sin(x/M)}-1\right|.$$

最后, 应用本题 (2) 得到

$$S_2\leqslant|\delta|+\frac{1}{4}|\delta|\left(\frac{x}{M}\right)^2.$$

于是本题得证.

1.33 (1) 将求和范围分段:

$$S_n=\sum_{k=1}^{n}2^k\log k=\sum_{k=1}^{n-[\log n]}2^k\log k+\sum_{k=n-[\log n]+1}^{n}2^k\log k=S_{n,1}+S_{n,2}.$$

由几何级数求和公式得到 (并注意 $[\log n]>\log n-1$)

$$\begin{aligned}S_{n,1}&\leqslant(\log n)\sum_{k=1}^{n-[\log n]}2^k=\log n\cdot(2^{n-[\log n]+1}-1)\\&\leqslant\log n\cdot2^{n-(\log n-1)+1}=2^{n+2}2^{-\log n}\log n.\end{aligned}\tag{L1.33.1}$$

为估计 $S_{n,2}$, 在求和号中令 $k=n+1-l$, 则有

$$S_{n,2}=\sum_{l=1}^{[\log n]}2^{n+1-l}\log(n+1-l).$$

按习惯, 将哑记号 l 仍然改记为 k, 得到

$$\begin{aligned}S_{n,2}&=\sum_{k=1}^{[\log n]}2^{n+1-k}\log(n+1-k)\\&=2^{n+1}\sum_{k=1}^{[\log n]}\frac{1}{2^k}\left(\log(n+1)+\log\left(1-\frac{k}{n+1}\right)\right)\\&=2^{n+1}\log(n+1)\sum_{k=1}^{[\log n]}\frac{1}{2^k}+2^{n+1}\sum_{k=1}^{[\log n]}\frac{1}{2^k}\log\left(1-\frac{k}{n+1}\right)\\&=S_{n,2,1}+S_{n,2,2}.\end{aligned}$$

仍然由几何级数求和公式可知

$$\sum_{k=1}^{[\log n]}\frac{1}{2^k}=1-\left(\frac{1}{2}\right)^{[\log n]}=1+o(1),$$

所以

$$S_{n,2,1}=2^{n+1}\log(n+1)\big(1+o(1)\big).\tag{L1.33.2}$$

应用展开式

$$\log\left(1-\frac{k}{n+1}\right)=-\frac{k}{n+1}+O\left(\frac{k^2}{n^2}\right)\quad(k<n)$$

估计 $S_{n,2,2}$, 得

$$S_{n,2,2}=2^{n+1}\sum_{k=1}^{[\log n]}\frac{1}{2^k}\left(-\frac{k}{n+1}+O\Big(\frac{k^2}{n^2}\Big)\right)=-\frac{2^{n+1}}{n+1}\sum_{k=1}^{[\log n]}\frac{k}{2^k}+O\left(\frac{2^{n+1}}{n^2}\sum_{k=1}^{[\log n]}\frac{k^2}{2^k}\right)$$

注意

$$\sum_{k=1}^{[\log n]} \frac{k}{2^k} = O(\log n), \quad \sum_{k=1}^{[\log n]} \frac{k^2}{2^k} = O(\log n),$$

所以

$$S_{n,2,2} = 2^{n+1}\log(n+1)\cdot o(1). \tag{L1.33.3}$$

由式 (L1.33.2) 和式 (L1.33.3) 得到

$$S_{n,2} = 2^{n+1}\log(n+1)\big(1+o(1)\big).$$

由此及式 (L1.33.1) 即可推出

$$S_n = 2^{n+1}\log(n+1)\big(1+o(1)\big) \quad (n\to\infty).$$

(2) 这里给出三种证法, 精密程度有所不同.

证法 1 因为

$$\sum_{j=0}^{n-1}(1-2^{-k})^j = \frac{1-(1-2^{-k})^n}{2^{-k}},$$

所以

$$1-(1-2^{-k})^n = 2^{-k}\sum_{j=0}^{n-1}(1-2^{-k})^j.$$

因而

$$S(n) = \sum_{k=1}^{\infty}2^{-k}\sum_{j=0}^{n-1}(1-2^{-k})^j.$$

于是, 若令

$$f_n(x) = \sum_{j=0}^{n-1}(1-x)^j \quad (n\geqslant 1),$$

则有

$$S(n) = \sum_{k=1}^{\infty}2^{-k}f_n(2^{-k}).$$

从几何的考虑, 我们得到

$$\frac{1}{2}\sum_{k=2}^{\infty}2^{-k}f_n(2^{-k}) \leqslant \int_0^1 f_n(x)\mathrm{d}x \leqslant \sum_{k=1}^{\infty}2^{-k}f_n(2^{-k}) = S(n).$$

又由直接计算可知

$$\int_0^1 f_n(x)\mathrm{d}x = \sum_{j=1}^{n}\frac{1}{j},$$

并且从几何的考虑, 有

$$\log n \leqslant \sum_{j=1}^{n}\frac{1}{j} \leqslant 1+\log n,$$

所以

$$\log n \leqslant \int_0^1 f_n(x)\mathrm{d}x \leqslant 1+\log n.$$

因此我们最终得到

$$\begin{aligned}\log n &\leqslant \int_0^1 f_n(x)\mathrm{d}x \leqslant S(n) = \frac{1}{2}f_n\left(\frac{1}{2}\right)+\sum_{k=2}^{\infty}2^{-k}f_n(2^{-k})\\ &< 1+2\int_0^1 f_n(x)\mathrm{d}x \leqslant 1+2(1+\log n) \leqslant \left(\frac{3}{\log 2}+2\right)\log n.\end{aligned}$$

证法 2　因为数列 $1-(1-2^{-k})^n\,(k\geqslant 1)$ 及函数 $g(x)=1-(1-2^{-x})^n\,(x\geqslant 0)$ 单调递减, 所以从几何的考虑, 得到

$$\int_1^{\infty}\left(1-(1-2^{-x})^n\right)\mathrm{d}x<\sum_{k=1}^{\infty}\left(1-(1-2^{-k})^n\right)<\int_0^{\infty}\left(1-(1-2^{-x})^n\right)\mathrm{d}x.$$

在不等式右端的积分中作变量代换 $t=1-2^{-x}$, 可得

$$\begin{aligned}\int_0^{\infty}\left(1-(1-2^{-x})^n\right)\mathrm{d}x&=\frac{1}{\log 2}\int_1^{\infty}\frac{1-t^n}{1-t}\mathrm{d}t=\frac{1}{\log 2}\int_0^1(1+t+\cdots+t^{n-1})\mathrm{d}t\\&=\frac{1}{\log 2}\left(1+\frac{1}{2}+\cdots+\frac{1}{n}\right),\end{aligned}$$

于是不等式左端的积分

$$\begin{aligned}\int_1^{\infty}\left(1-(1-2^{-x})^n\right)\mathrm{d}x&=\int_0^{\infty}\left(1-(1-2^{-x})^n\right)\mathrm{d}x-\int_0^{1}\left(1-(1-2^{-x})^n\right)\mathrm{d}x\\&>\int_0^{\infty}\left(1-(1-2^{-x})^n\right)\mathrm{d}x-1=\frac{1}{\log 2}\left(1+\frac{1}{2}+\cdots+\frac{1}{n}\right)-1.\end{aligned}$$

因此

$$S(n)=\frac{\log n}{\log 2}+O(1).$$

证法 3　当 $0<x<1$ 时

$$(1-x)^n<\mathrm{e}^{-nx},\quad (1-x)^n>1-nx.$$

其中第一个不等式可由

$$\mathrm{e}^{-x}=1-x+\left(\frac{x^2}{2!}-\frac{x^3}{3!}\right)+\left(\frac{x^4}{4!}-\frac{x^5}{5!}\right)+\cdots>1-x$$

推出; 第二个不等式可通过定义辅助函数 $f(x)=(1-x)^n-(1-nx)\,(0\leqslant x\leqslant 1)$, 由 $f'(x)\geqslant 0$ 推出. 记 $a_k=1-(1-2^{-k})^n\ (k\geqslant 1)$, 并令

$$k_0=\left[\frac{\log n}{\log 2}\right].$$

我们将 $S(n)$ 分拆为

$$S(n)=\sum_{1\leqslant k\leqslant k_0}a_k+\sum_{k>k_0}a_k.$$

应用刚才所说的第二个不等式, $a_k<1-(1-n2^{-k})=n2^{-k}$, 有

$$S(n)\leqslant\sum_{1\leqslant k\leqslant k_0}1+\sum_{k>k_0}n2^{-k}<\frac{\log n}{\log 2}+n\sum_{j=1}^{\infty}2^{-(k_0+j)}.$$

注意 $k_0+j>\log n/\log 2+j-1$ 以及 $2^{-(k_0+j)}<1/(2^{j-1}n)$, 可得

$$S(n)<\frac{\log n}{\log 2}+n\cdot\frac{1}{n}\sum_{j=1}^{\infty}\frac{1}{2^{j-1}}=\frac{\log n}{\log 2}+2;$$

应用刚才所说的第一个不等式, $a_k>1-\mathrm{e}^{-n/2^k}$, 有

$$S(n)>\sum_{1\leqslant k\leqslant k_0}(1-\mathrm{e}^{-n/2^k})=\sum_{1\leqslant k\leqslant k_0}1-\sum_{1\leqslant k\leqslant k_0}\mathrm{e}^{-n/2^k}>\frac{\log n}{\log 2}-1-\sum_{1\leqslant k\leqslant k_0}\mathrm{e}^{-n/2^k}.$$

注意 $n/2^{k_0}\geqslant n\cdot 2^{-\log n/\log 2}=1$, 当 $1\leqslant k\leqslant k_0$ 时

$$\frac{n}{2^k}=2^{k_0-k}\frac{n}{2^{k_0}}\geqslant 2^{k_0-k},$$

于是

$$\sum_{1\leqslant k\leqslant k_0} \mathrm{e}^{-n/2^k} \leqslant \sum_{1\leqslant k\leqslant k_0} \mathrm{e}^{-2^{k_0-k}} = \mathrm{e}^{-1}+\mathrm{e}^{-2}+\mathrm{e}^{-4}+\cdots+\mathrm{e}^{-2^{k_0-1}}$$
$$< \mathrm{e}^{-1}+\sum_{j=1}^{\infty}(\mathrm{e}^{-2})^j = \frac{1}{\mathrm{e}}+\frac{1}{\mathrm{e}^2-1} < \frac{1}{2}+\frac{1}{4-1} < 1.$$

因此

$$S(n) > \frac{\log n}{\log 2} - 2.$$

合起来就是

$$\frac{\log n}{\log 2} - 2 < S(n) < \frac{\log n}{\log 2} + 2.$$

这与证法 2 中得到的结果一致, 但比证法 1 中的结果好些.

1.34 (i) 首先证明:

命题 设 $u_1,u_2,\cdots,u_m$ 和 $v_1,v_2,\cdots,v_m$ 是两组实数, $p_1,p_2,\cdots,p_m$ 是一组正实数. 如果

$$(u_i-u_j)(v_i-v_j) \geqslant 0 \quad (i,j=1,2,\cdots,m), \tag{L1.34.1}$$

那么

$$\sum_{i=1}^m p_i u_i \sum_{i=1}^m p_i v_i \leqslant \sum_{i=1}^m p_i \sum_{i=1}^m p_i u_i v_i.$$

(如果不等式 (L1.34.1) 反号, 则上面的不等式也反号. 特别地, 当 $p_1=p_2=\cdots=p_m=1$ 时, 就得到 Чебышев 不等式.)

证明 由式 (L1.34.1) 可知

$$u_iv_i+u_jv_j \geqslant u_iv_j+u_jv_i \quad (i,j=1,2,\cdots,m),$$

两边乘以 p_ip_j, 然后对 i,j 求和, 得到

$$\sum_{1\leqslant i,j\leqslant m} p_ip_j(u_iv_i+u_jv_j) \geqslant \sum_{1\leqslant i,j\leqslant m} p_ip_j(u_iv_j+u_jv_i). \tag{L1.34.2}$$

我们还有

$$\sum_{1\leqslant i,j\leqslant m} p_ip_j\cdot u_iv_i = \sum_{1\leqslant i,j\leqslant m} p_j\cdot(p_iu_iv_i) = \sum_{j=1}^m p_j \sum_{i=1}^m p_iu_iv_i,$$

以及

$$\sum_{1\leqslant i,j\leqslant m} p_ip_j\cdot u_jv_j = \sum_{i=1}^m p_i \sum_{j=1}^m p_ju_jv_j;$$

类似地,

$$\sum_{1\leqslant i,j\leqslant m} p_ip_j\cdot u_iv_j = \sum_{i=1}^m p_iu_i \sum_{j=1}^m p_jv_j, \qquad \sum_{1\leqslant i,j\leqslant m} p_ip_j\cdot u_jv_i = \sum_{i=1}^m p_iv_i \sum_{j=1}^m p_ju_j.$$

由此及式 (L1.34.2) 推出

$$2\sum_{i=1}^m p_iu_i \sum_{i=1}^m p_iv_i \leqslant 2\sum_{i=1}^m p_i \sum_{i=1}^m p_iu_iv_i,$$

于是命题得证.

(ii) 当 r,s 中有一个等于 0 时, 显然有 $g(r)g(s)=g(r+s)$. 下面设 $rs>0$, 即 r,s 同时为正数, 或同时为负数. 直接验证可知, 在两种情形下都有

$$(a_i^r-a_j^r)(a_i^s-a_j^s) \geqslant 0, \quad (a_i^{-\alpha r}-a_j^{-\alpha r})(a_i^{-\alpha s}-a_j^{-\alpha s}) \geqslant 0 \quad (i,j=1,2,\cdots,m).$$

在步骤 (i) 中的命题中取 $p_i=1,u_i=a_i^r,v_i=a_i^s$, 可得

$$\sum_{i=1}^m a_i^r\sum_{i=1}^m a_i^s\leqslant m\sum_{i=1}^m a_i^{r+s}. \tag{L1.34.3}$$

类似地, 在上述命题中取 $p_i=a_i^{-\beta},u_i=a_i^{-\alpha r},v_i=a_i^{-\alpha s}$, 可得

$$\sum_{i=1}^m a_i^{-\alpha r-\beta}\sum_{i=1}^m a_i^{-\alpha s-\beta}\leqslant\sum_{i=1}^m a_i^{-\beta}\sum_{i=1}^m a_i^{-\alpha(r+s)-\beta}. \tag{L1.34.4}$$

将不等式 (L1.34.3) 和 (L1.34.4) 相乘, 得到

$$g(r)g(s)\leqslant m\left(\sum_{i=1}^m a_i^{-\beta}\right)g(r+s),$$

因为

$$\sum_{i=1}^m a_i^{-\beta}\leqslant\frac{1}{m},$$

所以 $g(r)g(s)\leqslant g(r+s)$.

(iii) 设 n 是正整数, 那么

$$g(n)=\sum_{i=1}^m a_i^n\sum_{i=1}^m a_i^{-\alpha n-\beta}.$$

记

$$A=\max_{1\leqslant i\leqslant m}a_i,\quad a=\min_{1\leqslant i\leqslant m}a_i.$$

那么

$$A^n\leqslant\sum_{i=1}^m a_i^n\leqslant mA^n. \tag{L1.34.5}$$

若 $\alpha=0$, 则

$$A\left(\sum_{i=1}^m a_i^{-\beta}\right)^{1/n}\leqslant g(n)^{1/n}\leqslant m^{1/n}A\left(\sum_{i=1}^m a_i^{-\beta}\right)^{1/n},$$

因此

$$\lim_{n\to\infty}g(n)^{1/n}=A.$$

若 $\alpha>0$, 则当 n 足够大时 $-\alpha n-\beta<0$, 所以

$$a^{-\alpha n-\beta}\leqslant\sum_{i=1}^m a_i^{-\alpha n-\beta}\leqslant ma^{-\alpha n-\beta}.$$

由此及式 (L1.34.5) 可知, 当 n 充分大时

$$Aa^{-\alpha-\beta/n}\leqslant g(n)^{1/n}\leqslant m^{2/n}Aa^{-\alpha-\beta/n},$$

因此

$$\lim_{n\to\infty}g(n)^{1/n}=Aa^{-\alpha}.$$

若 $\alpha<0$, 则当 n 足够大时 $-\alpha n-\beta>0$, 所以

$$A^{-\alpha n-\beta}\leqslant\sum_{i=1}^m a_i^{-\alpha n-\beta}\leqslant mA^{-\alpha n-\beta}.$$

由此及式 (L1.34.5) 可知, 当 n 充分大时

$$A^{1-\alpha-\beta/n}\leqslant g(n)^{1/n}\leqslant m^{2/n}A^{1-\alpha-\beta/n},$$

因此

$$\lim_{n\to\infty} g(n)^{1/n} = A^{1-\alpha}.$$

合起来, 有

$$\lim_{n\to\infty} g(n)^{1/n} = \begin{cases} \max\limits_{1\leqslant i\leqslant m} a_i \left(\min\limits_{1\leqslant i\leqslant m} a_i\right)^{-\alpha}, & \alpha \geqslant 0, \\ \left(\max\limits_{1\leqslant i\leqslant m} a_i\right)^{1-\alpha}, & \alpha < 0. \end{cases}$$

注 也可应用练习题 1.2(2)(由读者补出细节).

1.35 (1) 题中不等式等价于

$$\left(1+\frac{b}{a}\right)^a \left(1+\frac{a}{b}\right)^b \leqslant \left(1+\frac{d}{c}\right)^a \left(1+\frac{c}{d}\right)^b.$$

令

$$f(x) = (1+x)^a \left(1+\frac{1}{x}\right)^b = \frac{(1+x)^{a+b}}{x^b} \quad (x>0).$$

则

$$f'(x) = \frac{(a+b)(1+x)^{a+b-1}x^b - bx^{b-1}(1+x)^{a+b}}{x^{2b}} = \frac{(1+x)^{a+b-1}(ax-b)}{x^{b+1}}.$$

可见

$$f'(x) \begin{cases} >0, & x>\dfrac{b}{a}, \\ =0, & x=\dfrac{b}{a}, \\ <0, & 0<x<\dfrac{b}{a}. \end{cases}$$

所以 $f(x)\,(x>0)$ 有最小值 $f(b/a)$, 即

$$f(x) \geqslant f\left(\frac{b}{a}\right) \quad (t>0).$$

令 $x=d/c$, 即得所要的不等式, 当且仅当 $a/c=b/d$ 时等式成立.

(2) 设 $a_1,a_2,\cdots,a_n>0$, 任取另一组正数 $b_1,b_2,\cdots,b_n$. 在本题 (1) 的不等式中令 $a=b_1,b=b_2,c=a_1,d=a_2$, 得到

$$\left(\frac{b_1+b_2}{a_1+a_2}\right)^{b_1+b_2} \leqslant \left(\frac{b_1}{a_1}\right)^{b_1} \left(\frac{b_2}{a_2}\right)^{b_2}. \tag{L1.35.1}$$

进而在其中用 b_2+b_3 代替 b_2, 用 a_2+a_3 代替 a_2, 可得到

$$\left(\frac{b_1+b_2+b_3}{a_1+a_2+a_3}\right)^{b_1+b_2+b_3} \leqslant \left(\frac{b_1}{a_1}\right)^{b_1} \cdot \left(\frac{b_2+b_3}{a_2+a_3}\right)^{b_2+b_3}.$$

对于上述不等式右边第二个因子应用不等式 (L1.35.1), 得到

$$\left(\frac{b_1+b_2+b_3}{a_1+a_2+a_3}\right)^{b_1+b_2+b_3} \leqslant \left(\frac{b_1}{a_1}\right)^{b_1} \left(\frac{b_2}{a_2}\right)^{b_2} \left(\frac{b_3}{a_3}\right)^{b_3}.$$

一般地, 应用数学归纳法得到

$$\left(\frac{b_1+b_2+\cdots+b_n}{a_1+a_2+\cdots+a_n}\right)^{b_1+b_2+\cdots+b_n} \leqslant \left(\frac{b_1}{a_1}\right)^{b_1} \left(\frac{b_2}{a_2}\right)^{b_2} \cdots \left(\frac{b_n}{a_n}\right)^{b_n}.$$

最后, 令 $b_1=b_2=\cdots=b_n=1$, 即得算术-几何平均不等式, 并且归纳地推出等式成立的条件.

1.36 (1) 证法 1 令 $f(x)=\mathrm{e}^x-\mathrm{e}x$, 则 $f'(x)=\mathrm{e}^x-\mathrm{e}$. 因为 $f'(1)=0$, 并且当 $x\in\mathbb{R}$ 时 $f''(x)=\mathrm{e}^x>0$, 所以 $f(x)$ 有 (局部) 极小值 $f(1)=0$. 又因为当 $|x|\to\infty$ 时 $f(x)\to\infty$, 所以 $f(x)(x\in\mathbb{R})$ 有最小值 (整体极小值)$f(1)=0$. 于是本题得证.

证法 2 题中的不等式等价于

$$\mathrm{e}^x\geqslant 1+x\quad (x\in\mathbb{R}),\tag{L1.36.1}$$

并且当且仅当 $x=0$ 时等式成立.(等价性的证明: 在上述不等式中用 $x-1$ 代替 x, 可得 $\mathrm{e}^x\geqslant \mathrm{e}x(x\in\mathbb{R})$; 在题中的不等式中用 $x+1$ 代替 x, 可得 $\mathrm{e}^x\geqslant 1+x(x\in\mathbb{R})$). 现在证明不等式 (L1.36.1). 由中值定理, 当 $x>0$ 时

$$\mathrm{e}^x-1=\mathrm{e}^x-\mathrm{e}^0=(x-0)\mathrm{e}^\theta=x\mathrm{e}^\theta\quad (0<\theta<x).$$

因为 $\mathrm{e}^\theta>1,x>0\Rightarrow x\mathrm{e}^\theta>x$, 所以

$$\mathrm{e}^x-1>x\quad (x>0).$$

类似地, 当 $x<0$ 时

$$\mathrm{e}^x-1=x\mathrm{e}^\sigma\quad (x<\sigma<0).$$

因为 $\mathrm{e}^\sigma<1,x<0\Rightarrow x\mathrm{e}^\theta>x$, 所以

$$\mathrm{e}^x-1>x\quad (x<0).$$

当 $x=0$ 时, 有 $\mathrm{e}^x-1=0=x$. 于是不等式 (L1.36.1) 成立.

(2) 对于给定的 n 个正数 $a_1,a_2,\cdots,a_n$, 设

$$A_n=\frac{a_1+a_2+\cdots+a_n}{n},\quad G_n=(a_1a_2\cdots a_n)^{1/n}$$

分别是它们的算术平均和几何平均. 令

$$x_i=\frac{a_i}{A_n}\quad (i=1,2,\cdots,n),$$

那么由本题 (1) 得到

$$\mathrm{e}^{x_i}\geqslant \mathrm{e}x_i\quad (i=1,2,\cdots,n).$$

这些不等式两边都是正数, 将它们相乘, 并且注意 $x_1+x_2+\cdots+x_n=n$, 就可得到

$$\mathrm{e}^n\geqslant \mathrm{e}^n\left(\frac{G_n}{A_n}\right)^n,$$

因此 $A_n\geqslant G_n$. 又依本题 (1) 可知, 仅当所有 $x_i=1$, 也就是 $a_1=a_2=\cdots=a_n$ 时等式成立. 于是我们证明了算术-几何平均不等式.

若要应用不等式 (L1.36.1) 来解本题, 则需令 $x_i=a_i/A_n-1$.

(3) 在本题 (1) 中用 x/e 代 x.

(4) 若 $b>a\geqslant\mathrm{e}$, 则 $a/\mathrm{e}\geqslant 1,b-a>0$, 因此 $(a/\mathrm{e})^{b-a}\geqslant 1$, 于是 $a^b\mathrm{e}^a\geqslant \mathrm{e}^ba^a$. 又由本题 (1), 在其中用 $b/a(\neq 1)$ 代替 x, 得到 $\mathrm{e}^{b/a}>\mathrm{e}b/a$, 于是 $\mathrm{e}^ba^a>\mathrm{e}^ab^a$. 因此 $a^b\mathrm{e}^a>\mathrm{e}^ab^a$, 从而 $a^b>b^a$.

若 $0<b<a\leqslant\mathrm{e}$, 则 $\mathrm{e}/a\geqslant 1,a-b>0$, 所以 $(\mathrm{e}/a)^{a-b}\geqslant 1$, 于是 $a^b\mathrm{e}^a\geqslant \mathrm{e}^ba^a$. 又因为 $\mathrm{e}^ba^a>\mathrm{e}^ab^a$(上面已证), 所以 $a^b\mathrm{e}^a>b^a\mathrm{e}^a$, 从而也得到 $a^b>b^a$.

(5) 因为 $\pi>\mathrm{e}$, 所以由本题 (4) 推出结论.

(6) 令 $\omega=\lambda_1a_1+\lambda_2a_2+\cdots+\lambda_na_n$, 以及 $x_i=a_i/\omega\ (i=1,2,\cdots,n)$, 应用本题 (1) 得到

$$\mathrm{e}^{a_i/\omega}\geqslant \mathrm{e}\cdot\frac{a_i}{\omega}\quad (i=1,2,\cdots,n).$$

将这些不等式两边 λ_i 次方, 然后相乘, 即得结果.

1.37 (1) 我们有

$$n\prod_{k=1}^n\left(1-\frac{1}{k}+\frac{5}{4k^2}\right)=n\prod_{k=1}^n\frac{(2k-1)^2+4}{(2k)^2}=n\prod_{k=1}^n\frac{(2k-1)^2}{(2k)^2}\prod_{k=1}^n\frac{(2k-1)^2+4}{(2k-1)^2}$$

$$= \frac{n\cdot(2n)!^2}{16^n\cdot n!^4}\cdot\prod_{k=1}^{n}\left(1+\frac{4\pi^2}{(2k-1)^2\pi^2}\right).$$

应用 Stirling 公式

$$n! \sim \sqrt{2\pi}n^{n+1/2}\mathrm{e}^{-n} \quad (n\to\infty),$$

以及

$$\cosh x = \prod_{k=1}^{\infty}\left(1+\frac{4x^2}{(2k-1)^2\pi^2}\right),$$

可得

$$\lim_{n\to\infty} n\prod_{k=1}^{n}\left(1-\frac{1}{k}+\frac{5}{4k^2}\right) = \cosh\pi\cdot\lim_{n\to\infty}\frac{n\cdot 2\pi\cdot(2n)^{4n+1}\mathrm{e}^{-4n}}{16^n\cdot(2\pi)^2\cdot n^{4n+2}\cdot\mathrm{e}^{-4n}} = \frac{\cosh\pi}{\pi}.$$

(2) 这是本题 (1) 的推广, 解法类似. 令

$$P_n = n(n-1)(n-2)\cdots(n-m+1)\prod_{k=1}^{n+m-1}\left(1-\frac{m}{k}+\frac{\omega}{k^2}\right).$$

我们有

$$\begin{aligned}
P_n &= \frac{(n+m-1)!}{(n-1)!}\prod_{k=1}^{n+m-1}\left(1-\frac{m}{k}+\frac{\omega}{k^2}\right) = \frac{(n+m-1)!}{(n-1)!}\prod_{k=1}^{n+m-1}\frac{k^2-mk+\omega}{k^2}\\
&= \frac{(n+m-1)!}{(n-1)!}\cdot\frac{1}{(n+m-1)!^2}\cdot\prod_{k=1}^{n+m-1}(k^2-mk+\omega)\\
&= \frac{1}{(n-1)!(n+m-1)!}\cdot\prod_{k=1}^{m}(k^2-mk+\omega)\cdot\prod_{k=m+1}^{n+m-1}(k^2-mk+\omega),
\end{aligned}$$

其中

$$\begin{aligned}
\prod_{k=m+1}^{n+m-1}(k^2-mk+\omega) &= \prod_{k=m+1}^{n+m-1}\left(\left(k-\frac{m}{2}\right)^2-\varDelta\right)\\
&= \prod_{k=m+1}^{n+m-1}\left(k-\frac{m}{2}-\sqrt{\varDelta}\right)\cdot\prod_{k=m+1}^{n+m-1}\left(k-\frac{m}{2}+\sqrt{\varDelta}\right)\\
&= \frac{n^m(n-1)!^2}{\left(\frac{m}{2}-\sqrt{\varDelta}\right)\left(\frac{m}{2}+\sqrt{\varDelta}\right)}\\
&\quad\cdot\frac{\prod\limits_{k=m}^{n+m-1}\left(k-\frac{m}{2}-\sqrt{\varDelta}\right)}{n^{m/2-\sqrt{\varDelta}}(n-1)!}\cdot\frac{\prod\limits_{k=m}^{n+m-1}\left(k-\frac{m}{2}+\sqrt{\varDelta}\right)}{n^{m/2+\sqrt{\varDelta}}(n-1)!}\\
&= \frac{n^m(n-1)!^2}{\omega}G_{n,1}G_{n,2}.
\end{aligned}$$

于是

$$P_n = \frac{1}{\omega}\prod_{k=1}^{m}(k^2-mk+\omega)\cdot\frac{n^m(n-1)!}{(n+m-1)!}\cdot G_{n,1}G_{n,2}.$$

应用 Stirling 公式, 算出

$$\frac{n^m(n-1)!}{(n+m-1)!}\to 1 \quad (n\to\infty).$$

应用公式

$$\Gamma(x) = \lim_{n\to\infty}\frac{(n-1)!}{x(x+1)\cdots(x+n-1)}n^x,$$

可知当 $n\to\infty$ 时

$$G_{n,1}G_{n,2}\to\frac{1}{\Gamma\left(\frac{m}{2}-\sqrt{\varDelta}\right)\Gamma\left(\frac{m}{2}+\sqrt{\varDelta}\right)}.$$

于是本题得证.

1.38 证法 1 我们证明: 当 $n\geqslant 1$ 时

$$cf_n>\frac{n+1}{2n}bf_{n-1},\quad 且\quad f_n>0. \tag{L1.38.1}$$

对 n 用数学归纳法. 若 $n=1$, 则由 $cf_1=u_1+bf_0$ 和 $u_1>0$ 得

$$cf_1>bf_0=\frac{1+1}{2\cdot 1}bf_0;$$

并且因为 $u_0>0,u_1>0$, 所以 $f_0=u_0/c>0$, 进而 $f_1=(u_1+bf_0)/c>0$. 于是式 (L1.38.1) 成立. 设 $k\geqslant 1$, 并且式 (L1.38.1) 当 $n\leqslant k$ 时成立, 那么由 $u_{k+1}=af_{k-1}-bf_k+cf_{k+1}>0$ 可知

$$cf_{k+1}>bf_k-af_{k-1}. \tag{L1.38.2}$$

依归纳假设可知

$$f_{k-1}<\frac{2kcf_k}{b(k+1)}.$$

由此及式 (L1.38.2) 推出

$$cf_{k+1}>bf_k-\frac{2kacf_k}{b(k+1)}=\left(1-\frac{2kac}{b^2(k+1)}\right)bf_k.$$

注意 $ac/b^2<1/4$, 并且 $f_k>0$(归纳假设), 由上式得到

$$cf_{k+1}>\left(1-\frac{k}{2(k+1)}\right)bf_k=\frac{k+2}{2(k+1)}bf_k>0.$$

因此式 (L1.38.1) 当 $n=k+1$ 时也成立. 于是结论式 (L1.38.1) 得证.

证法 2 定义母函数

$$U(x)=\sum_{n=0}^{\infty}u_nx^n,\quad F(x)=\sum_{n=0}^{\infty}f_nx^n.$$

由 $u_n=af_{n-2}-bf_{n-1}+cf_n$ 可知

$$U(x)=(ax^2-bx+c)F(x).$$

因为 $a,b,c>0,b^2-4ac>0$, 所以 $ax^2-bx+c=0$ 有两个不相等的正根 ρ_1,ρ_2, 于是

$$\begin{aligned}ax^2-bx+c&=a(x-\rho_1)(x-\rho_2)=a(1-x\rho_1^{-1})(1-x\rho_2^{-1})\rho_1\rho_2\\&=a(1-x\rho_1^{-1})(1-x\rho_2^{-1})\cdot\frac{c}{a}=c(1-x\rho_1^{-1})(1-x\rho_2^{-1}).\end{aligned}$$

由此可知

$$\begin{aligned}\sum_{n=0}^{\infty}f_nx^n=F(x)&=\frac{1}{ax^2-bx+c}U(x)=\frac{1}{c(1-x\rho_1^{-1})(1-x\rho_2^{-1})}U(x)\\&=\frac{1}{c}\sum_{n=0}^{\infty}\rho_1^{-n}x^n\sum_{n=0}^{\infty}\rho_2^{-n}x^n\sum_{n=0}^{\infty}u_nx^n.\end{aligned}$$

因为 c,ρ_1,ρ_2,u_n 全是正数, 所以比较左右两边幂级数的系数, 即知所有 $f_n>0$.

1.39 (i) 题中级数不绝对收敛. 依定义,

$$S=\sum_{m=1}^{\infty}\left(\sum_{n=1}^{\infty}\frac{(-1)^{m+n}}{[\sqrt{m+n}]^3}\right)=\lim_{M\to\infty}\sum_{m=1}^{M}\left(\lim_{N\to\infty}\sum_{n=1}^{N}\frac{(-1)^{m+n}}{[\sqrt{m+n}]^3}\right).$$

因为对于每个 $m \geqslant 1$, 数列 $1/[\sqrt{m+n}]^3(n=1,2,\cdots)$ 单调减少, 极限为 0, 所以 $m \geqslant 1$ 时, 每个交错级数

$$\sum_{n=1}^{\infty} \frac{(-1)^{m+n}}{[\sqrt{m+n}]^3}$$

都收敛. 用 S_{m+1} 记其和. 那么

$$\begin{aligned}|R_{m+1}| &= \left|\sum_{k=m+1}^{\infty} \frac{(-1)^k}{[\sqrt{k}]^3}\right| \leqslant \frac{1}{[\sqrt{m+1}]^3} \leqslant \left(\frac{1}{\sqrt{m+1}-1}\right)^3 \\ &= \left(\frac{\sqrt{m+1}+1}{m}\right)^3 \leqslant \frac{27}{m^{3/2}},\end{aligned} \tag{L1.39.1}$$

其中最后一步用到不等式 $\sqrt{m+1}+1<3\sqrt{m}$ $(m \geqslant 1)$. 因此级数 $\sum\limits_{m=2}^{\infty} R_m$ 绝对收敛, 从而题中级数和 S 存在.

(ii) 因为当 $m \geqslant 1$ 时

$$R_m - R_{m+1} = \frac{(-1)^m}{[\sqrt{m}]^3},$$

所以

$$(m+1)R_{m+1} - mR_m = R_{m+1} - m(R_m - R_{m+1}) = R_{m+1} - \frac{(-1)^m m}{[\sqrt{m}]^3},$$

于是

$$\sum_{m=1}^{M} \big((m+1)R_{m+1} - mR_m\big) = \sum_{m=1}^{M} R_{m+1} - \sum_{m=1}^{M} \frac{(-1)^m m}{[\sqrt{m}]^3}. \tag{L1.39.2}$$

由式 (L1.39.1) 可知

$$\lim_{M\to\infty} MR_M = 0,$$

所以在式 (L1.39.2) 中令 $M \to \infty$, 得到

$$-R_1 = S - \sum_{m=1}^{\infty} \frac{(-1)^m m}{[\sqrt{m}]^3},$$

于是

$$S = \sum_{m=1}^{\infty} \frac{(-1)^m (m-1)}{[\sqrt{m}]^3}. \tag{L1.39.3}$$

(iii) 注意当 $j^2 \leqslant m < (j+1)^2$ 时, $[\sqrt{m}] = j$. 由式 (L1.39.3) 推出

$$S = \sum_{j=1}^{\infty} \left(\frac{1}{j^3} \sum_{m=j^2}^{(j+1)^2-1} (-1)^m (m-1) \right). \tag{L1.39.4}$$

因为对于 $p \geqslant 2$,

$$\begin{aligned}\varSigma_p &= \sum_{m=1}^{p-1} (-1)^m (m-1) = \left(\frac{\mathrm{d}}{\mathrm{d}x} \sum_{m=1}^{p-1} x^{m-1} \right)\Bigg|_{x=-1} = \left(\frac{\mathrm{d}}{\mathrm{d}x} \left(\frac{x^{p-1}-1}{x-1} \right) \right)\Bigg|_{x=-1} \\ &= \frac{(p-1)x^{p-2}(x-1)+1-x^{p-1}}{(x-1)^2}\Bigg|_{x=-1} = \frac{1-(-1)^p(2p-3)}{4},\end{aligned}$$

所以

$$\sum_{m=j^2}^{(j+1)^2-1} (-1)^m (m-1) = \varSigma_{(j+1)^2} - \varSigma_{j^2} = (-1)^j (j^2+j-1).$$

由此及式 (L1.39.4) 得到

$$S=\sum_{j=1}^{\infty}\frac{(-1)^j(j^2+j-1)}{j^3}=\sum_{j=1}^{\infty}\frac{(-1)^j}{j}+\sum_{j=1}^{\infty}\frac{(-1)^j}{j^2}-\sum_{j=1}^{\infty}\frac{(-1)^j}{j^3}.$$

应用已知结果

$$\sum_{j=1}^{\infty}\frac{(-1)^j}{j}=-\log 2,\quad \sum_{j=1}^{\infty}\frac{(-1)^j}{j^2}=-\frac{\pi^2}{12}, \tag{L1.39.5}$$

以及

$$\sum_{j=1}^{\infty}\frac{(-1)^j}{j^3}=-\frac{3}{4}\zeta(3), \tag{L1.39.6}$$

其中

$$\zeta(x)=\sum_{n=0}^{\infty}\frac{1}{n^x}\quad (x>1)$$

(称为 Riemann ζ 函数), 最终得到

$$S=\frac{3}{4}\zeta(3)-\log 2-\frac{\pi^2}{12}.$$

注 关于公式 (L1.39.5), 可见 Γ. M. 菲赫金哥尔茨的《微积分学教程 (第 2 卷)》(第 8 版, 高等教育出版社, 2006). 公式 (L1.39.6) 的证明如下:

$$\begin{aligned}\sum_{j=1}^{\infty}\frac{(-1)^j}{j^3}&=\sum_{k=1}^{\infty}\frac{(-1)^{2k}}{(2k)^3}+\sum_{k=0}^{\infty}\frac{(-1)^{2k+1}}{(2k+1)^3}=\frac{1}{8}\sum_{k=1}^{\infty}\frac{1}{k^3}-\left(\sum_{n=1}^{\infty}\frac{1}{n^3}-\sum_{k=1}^{\infty}\frac{(-1)^{2k}}{(2k)^3}\right)\\&=\frac{1}{8}\zeta(3)-\left(\zeta(3)-\frac{1}{8}\zeta(3)\right)=-\frac{3}{4}\zeta(3).\end{aligned}$$

1.40 (i) 首先证明 f 是单射. 事实上, 若 $f(x)=f(y)$, 则

$$3f(x)-f\big((f(x))\big)=3f(y)-f\big((f(y))\big).$$

由函数方程可知 $2x=2y$, 因此 $x=y$.

现在证明 f 严格单调. 事实上, 由 f 的单射性可知, 对于任何实数 $a<b<c, f(a), f(b), f(c)$ 互不相等. 设 (例如)

$$f(a)<f(b),\quad f(b)>f(c).$$

如果 $f(a)<f(c)<f(b)$, 那么由连续函数的介值定理, 存在 $c_1\in(a,b)$, 使得 $f(c_1)=f(c)$, 但 $c\neq c_1$. 因为 f 是单射, 所以得到矛盾. 同样, 如果 $f(c)<f(a)<f(b)$, 也推出矛盾.

由 f 的单调性可知, 当 $x\to+\infty$ 时, $f(x)$ 有 (有限或无限) 极限. 如果当 $x\to+\infty$ 时 f 趋于有限极限 a, 那么

$$2x=3f(x)-f\big((f(x))\big)\to 3a-f\big(f(a)\big),$$

这与 $x\to+\infty$ 矛盾. 对于 $x\to-\infty$ 可类似地讨论. 因此当 $x\to\pm\infty$ 时 $f(x)$ 趋于 $\pm\infty$(f 单调增加) 或 $\mp\infty$(f 单调减少), 即知 f 是满射.

(ii) 我们用 f^i 表示 f 的 i 次迭代, 即

$$f^i:\ x\to\underbrace{f(\cdots f(f}_{i\text{个}}(x))\cdots).$$

定义 $f^0: x\to x$, 以及 $f^{-1}f^1=f^1f^{-1}=f^0$. 在题设方程中用 $f^i(x)$ 代替 x, 可知对于任何给定的 $x\in\mathbb{R}$,

$$f^{i+3}(x)-3f^{i+1}(x)+2f^i(x)=0.$$

这是 3 阶齐次线性递推 (或线性差分方程), 特征方程是 $\lambda^3-3\lambda+2=0$, 即 $(\lambda-1)^2(\lambda+2)=0$, 特征根是 1(2 重) 和 -2. 因此

$$f^i(x)=\big(A(x)+B(x)i\big)\cdot 1^i+C(x)(-2)^i,$$

即

$$f^i(x)=A(x)+B(x)i+C(x)(-2)^i, \tag{L1.40.1}$$

其中 $A(x),B(x),C(x)\in C(\mathbb{R})$. 我们来确定 $f(x)$ 的具体形式. 为此区分两种情形.

(a) 设 f 单调增加. 若 $C(x)>0$, 则由式 (L1.40.1) 可知, 当 i 取足够大的偶数时, $f^i(x)$ 是大的正数, 而当 i 取足够大的奇数时, $f^i(x)$ 是具有大绝对值的负数. 因此存在任意大的正数 X, 使得 $f(X)$ 是绝对值任意大的负数. 这与 $\lim\limits_{x\to+\infty}f(x)=+\infty$ 矛盾. 若 $C(x)<0$, 同样得到矛盾. 因此 $C(x)=0$, 于是

$$f^i(x)=A(x)+B(x)i.$$

令 $i=0$, 可知 $A(x)=f^0(x)=x$, 因此

$$f^i(x)=x+B(x)i. \tag{L1.40.2}$$

若 $B(x)=0$, 则得到一个解 $f(x)=x\ (x\in\mathbb{R})$. 现在设存在某个 $x\in\mathbb{R}$, 使得 $f(x)\neq x$, 因此 $B(x)\neq 0$. 因为 f 单调增加, 并且注意: 由式 (L1.40.2) 可知 $f^n(x)=x+B(x)n, f^{n+1}(x)=x+B(x)(n+1)$, 所以对于任何整数 n 和实数 y,

$$x+B(x)n\leqslant y \quad\Leftrightarrow\quad x+B(x)(n+1)\leqslant f(y),$$

从而 (迭代)

$$f^n(x)=x+B(x)n\leqslant y \quad\Leftrightarrow\quad x+B(x)(n+k)\leqslant f^k(y)=y+B(y)k.$$

于是, 若 $x+B(x)n-y\leqslant 0$, 则

$$x+B(x)n-y\leqslant\big(B(y)-B(x)\big)k.$$

当 $k\to+\infty$ 或 $-\infty$ 时, 不等式左边保持 $x+B(x)n-y\leqslant 0$, 所以只能 $B(y)-B(x)=0$. 因为 x,y 任意, 所以 $B(x)=c$(常数). 于是得到解

$$f(x)=x+c.$$

(b) 设 f 单调减少. 若 $B(x)>0$, 则由式 (L1.40.1) 可知, 当 i 取绝对值大的负整数时, $f^i(x)$ 和 $f^{i+1}(x)$ 也取绝对值大的负值, 因此存在绝对值任意大的负数 X, 使得 $f(X)$ 取绝对值任意大的负值, 这与 $\lim\limits_{x\to-\infty}f(x)=+\infty$ 矛盾. 同样, 若 $B(x)<0$, 也得到矛盾. 因此 $B(x)=0$, 于是

$$f^i(x)=A(x)+C(x)(-2)^i. \tag{L1.40.3}$$

由此可知

$$\lim_{i\to-\infty}f^i(x)=A(x),$$

从而 (依 f 的连续性)

$$f\big(A(x)\big)=f\big(\lim_{i\to-\infty}f^i(x)\big)=\lim_{i\to-\infty}f^{i+1}(x)=A(x).$$

这表明 $A(x)$ 是 f 的不动点. 因为单调减少函数至多有一个不动点.(证明如下: 若 $f(\alpha)=\alpha, f(\beta)=\beta, \alpha<\beta$, 则依 f 的单调减少性知 $f(\alpha)>f(\beta)$, 即 $\alpha>\beta$. 得到矛盾.) 因为 x 任意, 所以 $A(x)$ 等于常数 d. 于是由式 (L1.40.3) 得到

$$f^i(x)=d+C(x)(-2)^i.$$

由此推出 $f(x)=d+C(x), x=f^0(x)=d+C(x)$, 于是

$$f(x)=d-2C(x)=3d-2\big(d+C(x)\big)=3d-2x=c-2x.$$

(iv) 由步骤 (ii) 可知, 方程的解只可能是 $f(x)=x+c$, 或 $f(x)=c-2x$ (c 为实常数). 直接验证, 它们确实满足原方程. 于是函数方程的解由这两个函数组成.

1.41 零函数和恒等函数显然满足题中的函数方程. 现在证明方程只有这两个解. 为此, 设 $f(x)$ 不是零函数, 满足方程

$$f\big(x+yf(x)\big)=f(x)+xf(y)\quad (x,y\in\mathbb{R}).\tag{L1.41.1}$$

我们要证明 $f(x)=x\ (x\in\mathbb{R})$.

(i) 在方程 (L1.41.1) 中令 $y=0$, 则得 $xf(0)=0\,(\forall x)$, 所以 $f(0)=0$. 反之, 若 $f(x)=0$, 则由方程 (L1.41.1) 得到 $0=xf(y)\,(\forall y)$, 所以 $x=0$. 于是

$$f(x)=0\quad\Leftrightarrow\quad x=0.\tag{L1.41.2}$$

(ii) 在方程 (L1.41.1) 中令 $x=1$, 得到

$$f\big(1+yf(1)\big)=f(1)+f(y)\quad (\forall y).\tag{L1.41.3}$$

若 $f(1)\neq 1$, 则在上式中取 $y=1/\big(1-f(1)\big)$, 即 $f(1)=(y-1)/y$, 得到 $f(y)=f(1)+f(y)$, 从而 $f(1)=1$, 得到矛盾. 于是 $f(1)=1$, 并且由式 (L1.41.3) 推出

$$f(1+y)=1+f(y)\quad (y\in\mathbb{R}).\tag{L1.41.4}$$

据此有 $0=f(0)=f(1-1)=1+f(-1)$, 从而 $f(-1)=-1$. 于是由数学归纳法得知 (请读者补出证明)

$$f(n)=n\quad (n\in\mathbb{Z}).\tag{L1.41.5}$$

在方程 (L1.41.1) 中令 $x=n,y=z-1$, 则有

$$f\big(n+(z-1)f(n)\big)=n+nf(z-1).$$

由式 (L1.41.5) 知, 上式左边等于 $f\big(n+(z-1)n\big)=f(nz)$; 且依式 (L1.41.4) 知 $f(z)=f\big(1+(z-1)\big)=1+f(z-1)$, 从而上式右边等于 $n\big(1+f(z-1)\big)=nf(z)$. 于是我们得到

$$f(nz)=nf(z)\quad (\forall n\in\mathbb{Z},z\in\mathbb{R}).\tag{L1.41.6}$$

对于任意非零有理数 $r=p/q$ (p,q 为非零整数) 和任意非零实数 z, 依式 (L1.41.6) 可知 $f(z)=f\big(q\cdot(z/q)\big)=qf(z/q)$, 从而

$$f\left(\frac{z}{q}\right)=\frac{1}{q}f(z).$$

类似地,

$$f(rz)=f\left(p\cdot\frac{z}{q}\right)=pf\left(\frac{z}{q}\right),$$

于是我们得到

$$f(rz)=rf(z)\quad (r\in\mathbb{Q},z\in\mathbb{R}).\tag{L1.41.7}$$

(iii) 现在证明 f 是加性函数, 即

$$f(x+y)=f(x)+f(y)\quad (\forall x,y\in\mathbb{R}).\tag{L1.41.8}$$

事实上, 若 $y=-x$, 则 $f(x+y)=f(0)=0=f(x)-f(x)=f(x)+f(-x)=f(x)+f(y)$. 若 $x+y\neq 0$(即 $y\neq -x$), 则

$$f(x)+f(y)=f\Big(\frac{x+y}{2}+\frac{(x-y)/2}{f\big((x+y)/2\big)}f\Big(\frac{x+y}{2}\Big)\Big)+f\Big(\frac{x+y}{2}+\frac{(y-x)/2}{f\big((x+y)/2\big)}f\Big(\frac{x+y}{2}\Big)\Big).$$

对右边两个加项应用方程 (L1.41.1), 得到

$$f(x)+f(y)=f\Big(\frac{x+y}{2}\Big)+\frac{x+y}{2}f\Big(\frac{(x-y)/2}{f\big((x+y)/2\big)}\Big)+f\Big(\frac{x+y}{2}\Big)+\frac{x+y}{2}f\Big(\frac{(y-x)/2}{f\big((x+y)/2\big)}\Big).$$

注意由式 (L1.41.7) 知 $f(-z)=-f(z)\,(z\in\mathbb{R})$, 即得

$$f(x)+f(y)=2f\Big(\frac{x+y}{2}\Big)=f(x+y).$$

因此式 (L1.41.8) 得证.

(iv) 对方程 (L1.41.1) 的左边应用式 (L1.41.8), 得

$$f\big(yf(x)\big)=xf(y). \tag{L1.41.9}$$

取 $y=1$, 得到

$$f\big(f(x)\big)=x \quad (\forall x). \tag{L1.41.10}$$

因此 $f(x_1)=f(x_2)\Leftrightarrow x_1=x_2$, 所以 f 是双射. 在式 (L1.41.9) 中用 $f(x)$ 代替 x(并应用上式), 可知

$$f(xy)=f(x)f(y) \quad (\forall x,y). \tag{L1.41.11}$$

因此, 我们证明了: f 是实数域 $\mathbb{R}$ 的自同构. 依据实数域的基本性质知 f 是恒等映射, 即 $f(x)=x$.

实际上, 我们容易直接证明此结论: 若 $a>0$, 则 $a=\alpha^2$, 其中 $\alpha(>0)$ 是某个实数, 于是由式 (L1.41.2) 和式 (L1.41.11) 得到 $f(a)=\big(f(\alpha)\big)^2>0$. 类似地, 若 $a<0$, 则 $a=-\alpha^2$, 其中 $\alpha(>0)$ 是某个实数, 于是由式 (L1.41.2) 和式 (L1.41.11) 得到 $f(a)=f(-\alpha)f(\alpha)=-f(\alpha)f(\alpha)=-\big(f(\alpha)\big)^2<0$. 因此

$$f(a)>0 \quad\Leftrightarrow\quad a>0.$$

现在由式 (L1.41.8) 和式 (L1.41.11) 推出, 对任何 $x\in\mathbb{R}$,

$$f\big(x-f(x)\big)=f\big(x+f(-x)\big)=f(x)+f\big(f(-x)\big)=f(x)-x=-\big(x-f(x)\big),$$

因此 $f(x)-x$ 是零函数.

1.42 (i) 设 $f(x)$ 在 $\mathbb{R}$ 上单调非减, 满足方程

$$f\big(x+f(y)\big)=f\big(f(x)\big)+f(y) \quad (x,y\in\mathbb{R}). \tag{L1.42.1}$$

令 $x=y=0$, 可知 $f(0)=0$. 进而令 $x=0$, 可知

$$f\big(f(y)\big)=f(y) \quad (y\in\mathbb{R}). \tag{L1.42.2}$$

于是, 在方程 (L1.42.1) 中用 $f(z)$ 代替 x, 可得

$$f\big(f(y)+f(z)\big)=f(y)+f(z) \quad (y,z\in\mathbb{R}); \tag{L1.42.3}$$

用 $-f(y)$ 代替 x, 可得

$$f\big(-f(y)\big)=-f(y) \quad (y\in\mathbb{R}). \tag{L1.42.4}$$

(ii) 设 T 是 f 的值域, 我们证明: T 是 $\mathbb{R}$ 的加法子群.

事实上, 若 $a,b\in T$, 则存在 $y,z\in\mathbb{R}$, 使得 $a=f(y),b=f(z)$, 记 $c=f(y)+f(z)\in\mathbb{R}$. 由式 (L1.42.3) 可知 $f(c)=a+b$, 可见 $a+b\in T$. 又因为 $f(0)=0$, 所以 $0\in T$. 此外, 若 $a\in T$, 则存在 $y\in\mathbb{R}$, 使得 $a=f(y)$. 令 $a'=-f(y)$, 那么由式 (L1.42.4) 可知 $f\big(-f(y)\big)=a'$, 可见 $a'\in T$. 因为 $a+a'=0$, 所以 a' 是 $a\in T$ 的 (加法) 逆. 于是上述结论得证.

因为 T 中任何元素都可表示为 $f(y)$ (y 是某个实数) 的形式, 所以由式 (L1.42.2) 知 f 是群 $T\subseteq\mathbb{R}$ 上的恒等变换.

(iii) 我们区分子群 T 的下列三种可能情形讨论:

(a) 若 $T=\{0\}$, 则对于所有 $x\in\mathbb{R}$, $f(x)=0$, 因此 $f\equiv 0$(零函数).

(b) 若 T 在 $\mathbb{R}$ 中稠密 (即对于任何实数 r, 在其任意邻域中都存在 T 的元素), 那么对于所有 $x\in\mathbb{R}$, $f(x)=x$. 证明如下: 若 $x\in T$, 这显然正确. 设 $x\in\mathbb{R}\setminus T$. 如果 $x<f(x)$, 那么由 T 在 $\mathbb{R}$ 中的稠密性, 存在 $t\in T$ 并且 $x<t<f(x)$, 于是 $f(t)=t<f(x)$, 但 $t>x$, 这与函数 f 的非单调减少性矛盾. 同理, $x>f(x)$ 时也产生矛盾. 因此 $f(x)=x$. 于是在 $\mathbb{R}$ 上, 总有 $f(x)=x$.

(c) 若 $T=\mathbb{Z}a$, 其中 $a(>0)$ 是某个常数 (即 T 由 a 的所有整数倍组成), 那么 $f(na)=na$ $(\forall n\in\mathbb{Z})$(因为 f 是 T 上的恒等变换). 令

$$S=\{x \mid f(x)=0\}.$$

由 $f(0)=0$ 及函数 f 的非单调减少性可知

$$S\subseteq(-a,a),\quad 0\in S. \tag{L1.42.5}$$

(不然, 则存在 $x\in S, x>a$, 满足 $f(x)=0<a=f(a)$, 或存在 $x\in S, x<-a$, 满足 $f(x)=0>-a=f(-a)$. 这都与 f 的非单调减少性矛盾.) 定义集合

$$R_n=\{x \mid f(x)=na\}.$$

在方程 (L1.42.1) 中取 $x\in S, y=na$. 注意 f 在 T 上是恒等的, 以及 $f(0)=0$, 可知方程左边等于 $f\big(x+f(na)\big)=f(x+na)$, 右边等于 $f\big(f(x)\big)+f(na)=f(0)+na=0+na=na$, 因此

$$f(x+na)=na,$$

即 $S+na\subseteq R_n$. 反之, 设 $z\in R_n$, 即 $f(z)=na$. 在方程 (L1.42.1) 中取 $x=z, y=-na$, 可知方程左边等于 $f\big(z+f(-na)\big)=f(z-na)$, 方程右边等于 $f\big(f(z)\big)+f(-na)=f(na)+f(-na)=na+(-na)=0$, 因此

$$f(z-na)=0,$$

即 $z-na\in S$, 或 $z\in S+na$, 因此 $R_n\subseteq S+na$. 于是我们证明了

$$R_n=S+na\quad(n\in\mathbb{Z}).$$

换言之, 若 f^{-1} 表示 f 的反函数, 则 $f^{-1}(na)=S+na$. 于是集合 $S+na$ $(n\in\mathbb{Z})$ 形成 $f^{-1}(T)=\mathbb{R}$ 的一个分拆 (即它们两两无公共元素, 并且它们的并集等于 $\mathbb{R}$). 由此及式 (L1.42.5) 推知, S 是一个长度为 a 的含有 0 的半开区间. 于是或者

$$f(x)=a\left\lfloor\frac{x+b}{a}\right\rfloor,$$

或者

$$f(x)=a\left\lceil\frac{x-b}{a}\right\rceil,$$

其中 $b\in[0,a)$.

最后, 可以直接验证上述形式的函数 f 都符合要求.

注 可以证明: 本题中函数方程的解不一定都是非单调减少的.

1.43 提示 (1) 将原方程化为

$$\frac{\mathrm{d}x}{\mathrm{d}y}-\frac{1}{y}x=y^3.$$

这是 $x(y)$ 的一阶线性非齐次微分方程, 通解

$$x=\mathrm{e}^{\int(\mathrm{d}y/y)}\left(\int y^3\mathrm{e}^{-\int(\mathrm{d}y/y)}\mathrm{d}y+C\right)=\frac{1}{3}y^4+Cy.$$

(2) 这是

$$\frac{\mathrm{d}y}{\mathrm{d}x}=f\left(\frac{y}{x}\right)$$

形式的微分方程 (其中 f 是 x,y 的齐次形). 令 $z=y/x$, 则原方程化为可分离变量型方程

$$\frac{\mathrm{d}x}{x}=\frac{\mathrm{d}z}{f(z)-z}.$$

此方法适用本题, 得到

$$\frac{\mathrm{d}x}{x}=\frac{z-1}{z}\mathrm{d}z.$$

解得

$$\log x=z-\log z+C=\frac{y}{x}-\log\frac{y}{x}+C=\frac{y}{x}-\log y+\log x+C.$$

于是 $y=x\log y-Cx=K\mathrm{e}^{y/x}$ $(K=\mathrm{e}^C)$.

(3) 解法 1　参见本题 (2). 令 $z=x/y$, 得到

$$\frac{\mathrm{d}x}{x}=\left(\frac{1}{\sqrt{1+z^2}}-\frac{1}{z}\right)\mathrm{d}z.$$

解得

$$y+\sqrt{x^2+y^2}=Cxy,$$

于是 $y=\sqrt{x/\big(C(Cx-2)\big)}$.

解法 2　因为

$$\mathrm{d}\left(\frac{y}{x}\right)=\frac{x\mathrm{d}y-y\mathrm{d}x}{x^2},$$

所以原方程可化为

$$-y\mathrm{d}\left(\frac{y}{x}\right)+\sqrt{1+\frac{x^2}{y^2}}\,\mathrm{d}y=0.$$

令 $z=y/x$, 即得方程

$$\frac{\mathrm{d}y}{y}=\frac{\mathrm{d}z}{\sqrt{1+z^2}}.$$

(4) 令 $y'=u=u(x)$, 则 $y''=u'$. 原方程可化为

$$x^2u'-2xu-u^2=0,\quad 或\quad u'-\frac{2}{x}u=\frac{1}{x^2}u^2.$$

这是 Bernoulli 方程. 进而在其中令 $u^{-1}=v=v(x)$, 则得一阶线性非齐次微分方程

$$v'+\frac{2}{x}v=-\frac{1}{x^2}.$$

由此解出

$$v=\mathrm{e}^{-\int(2/x)\mathrm{d}x}\left(-\int x^{1/2}\mathrm{e}^{\int(2/x)\mathrm{d}x}\mathrm{d}x+C\right)=\frac{1}{x^2}(-x+C_0).$$

从而由 $u^{-1}=v$ 得到

$$u=\frac{1}{v}=\frac{x^2}{C_0-x}.$$

最后, 应用 $y'=u$, 求出

$$y=\int\frac{x^2}{C_0-x}\mathrm{d}x+C_1=-\frac{1}{2}(x+C_0)^2-C_0^2\log|x-C_0|+C_1.$$

(5) 解法 1　原方程可化为

$$(\mathrm{e}^y+y\cos x)\mathrm{d}x+(x\mathrm{e}^y+\sin x)\mathrm{d}y=0.$$

因为

$$\frac{\partial(x\mathrm{e}^y+\sin x)}{\partial x}=\frac{\partial(\mathrm{e}^y+y\cos x)}{\partial y},$$

所以上述方程是全微分方程 (恰当微分方程). 通解为 $x\mathrm{e}^y+y\sin x=C$.

解法 2　令 $v=x\mathrm{e}^y+y\sin x$, 则 $v'=\mathrm{e}^y+x\mathrm{e}^y y'+y'\sin x+y\cos x$, 于是由原方程得到 $v'=0$, 解得 $v=C$. 从而原方程的解是 $x\mathrm{e}^y+y\sin x=C$.

(6) 解法 1　方程两边乘 x, 得到

$$x^2y''-xy'=x^3.$$

这是 Euler 方程. 令 $x=\mathrm{e}^t$, 则 $x'(t)=\mathrm{e}^t=x$, 于是

$$\frac{\mathrm{d}y}{\mathrm{d}x}=\frac{\mathrm{d}y}{\mathrm{d}t}\frac{\mathrm{d}t}{\mathrm{d}x}=\frac{y'(t)}{x'(t)}=\mathrm{e}^{-t}y'(t)=\frac{1}{x}y'(t),$$

以及

$$\begin{aligned}\frac{\mathrm{d}^2y}{\mathrm{d}x^2}&=\frac{\mathrm{d}}{\mathrm{d}x}\left(\frac{\mathrm{d}y}{\mathrm{d}x}\right)=\frac{\mathrm{d}}{\mathrm{d}t}\left(\frac{\mathrm{d}y}{\mathrm{d}x}\right)\frac{\mathrm{d}t}{\mathrm{d}x}=\frac{\mathrm{d}}{\mathrm{d}t}\left(\mathrm{e}^{-t}y'(t)\right)\cdot\mathrm{e}^{-t}\\&=\mathrm{e}^{-t}\left(\mathrm{e}^{-t}y''(t)-\mathrm{e}^{-t}y'(t)\right)=\mathrm{e}^{-2t}\left(y''(t)-y'(t)\right)\\&=\frac{1}{x^2}\left(y''(t)-y'(t)\right)\end{aligned}$$

(对于 $\mathrm{d}^3y/\mathrm{d}x^3$ 等等有类似的公式), 代入原方程, 得到

$$y''(t)-2y'(t)=\mathrm{e}^{3t}.$$

这是二阶常系数线性非齐次微分方程. 解出

$$y=\frac{1}{3}\mathrm{e}^{3t}+C_1\mathrm{e}^{2t}+C_2=\frac{1}{3}x^3+C_1x^2+C_2.$$

解法 2　参见本题 (4) 的解法. 令 $u=u(x)=y'$, 则 $u'=y''$. 代入原方程, 得到一阶线性非齐次微分方程 $xu'-u=x^2$, 或

$$u'-\frac{1}{x}u=x.$$

解出

$$u=\mathrm{e}^{\int(\mathrm{d}x/x)}\left(\int x\mathrm{e}^{-\int(\mathrm{d}x/x)}\mathrm{d}x+C_1\right)=C_1x+x^2.$$

于是 $y'=C_1x+x^2$, 从而 $y=x^3/3+C_1x^2/2+C_2$.

解法 3　原方程可化为 $(y'/x)'=1$.

解法 4　原方程可化为 $(xy'-2y)'=x^2$, 积分后得到一阶线性非齐次微分方程 $xy'-2y=x^3/3+C$, 或

$$y'-\frac{2}{x}y=\frac{1}{3}x^2+\frac{C}{x}.$$

(7) 令 $y=x^2z$, 则 $y'=2xz+x^2z'$. 原方程可化为

$$z'^2=1-z^2.$$

显然 $z=\pm1$ 满足此方程, 可得原方程的解 $y=\pm x^2$. 当 $z^2\neq1$ 时, 有

$$\mathrm{d}x=\pm\frac{\mathrm{d}z}{\sqrt{1-z^2}},$$

解出 $z=\sin(x-C)$. 于是得原方程的另一解为 $y=x^2\sin(x-C)$ (由于周期性, 常数 $C\in[0,2\pi)$).

(8) 取 $y=y(x)$ 的反函数 $x=x(y)$, 则

$$y'(x)=\frac{1}{x'(y)},$$

$$y''(x)=\frac{\mathrm{d}(y'(x))}{\mathrm{d}x}=\frac{\mathrm{d}\left(\dfrac{1}{x'(y)}\right)}{\mathrm{d}y}\cdot\frac{\mathrm{d}y}{\mathrm{d}x}$$
$$=-\frac{x''(y)}{(x'(y))^2}\cdot\frac{1}{x'(y)}=-\frac{x''(y)}{(x'(y))^3}.$$

于是原方程化为

$$x''-4x=\mathrm{e}^{2y}.$$

这是二阶线性常系数非齐次微分方程. 通解为 $x=C_1\mathrm{e}^{2y}+C_2\mathrm{e}^{-2y}+y\mathrm{e}^{2y}/4$.

1.44 (1) 设 $y'=t$, 代入原方程得到

$$x(t)=2(\log t-t).$$

于是

$$\mathrm{d}x=2\left(\frac{\mathrm{d}t}{t}-\mathrm{d}t\right)=2\left(\frac{1}{t}-1\right)\mathrm{d}t.$$

将它代入 $\mathrm{d}y=y'\mathrm{d}x=t\mathrm{d}x$, 得到

$$\mathrm{d}y=2(1-t)\mathrm{d}t.$$

积分得到

$$y(t)=2t-t^2+C.$$

于是原方程的通解是

$$\begin{cases}x=2(\log t-t),\\ y=2t-t^2+C.\end{cases}$$

(2) 对于曲线 $X^3+Y^3-3XY=0$, 令 $Y=tX$, 可得参数方程

$$X=\frac{3t}{1+t^3},\quad Y=\frac{3t^2}{1+t^3}\quad(t\neq-1).$$

对于我们的微分方程有

$$x(t)=\frac{3t}{1+t^3},\quad y'(t)=\frac{3t^2}{1+t^3}\quad(t\neq-1).$$

于是

$$\mathrm{d}y=\frac{3t^2}{1+t^3}\mathrm{d}x=\frac{3t^2}{1+t^3}\cdot\frac{3(1-2t^3)}{1+t^3)^2}\mathrm{d}t.$$

令 $1+t^3=u$, 则得

$$y=3\int\frac{3-2u}{u^3}\mathrm{d}u=\frac{6}{u}-\frac{9}{2u^2}+C,$$

于是方程的通解有参数表达式:

$$\begin{cases}x=\dfrac{3t}{1+t^3},\\ y=\dfrac{3(1+4t^3)}{2(1+t^3)^2}+C,\end{cases}$$

其中 $t\neq-1$.

(3) 曲线 $X^2+Y^2-2X-2Y=0$ 是半径为 $\sqrt{2}$、圆心在 $(1,1)$ 的圆, 其参数方程为 $X=1+\sqrt{2}\cos t$, $Y=1+\sqrt{2}\sin t$. 于是有

$$x=1+\sqrt{2}\cos t,\quad y'=1+\sqrt{2}\sin t.$$

从而

$$\mathrm{d}y=(1+\sqrt{2}\sin t)\mathrm{d}x=(1+\sqrt{2}\sin t)(-\sqrt{2}\sin t)\mathrm{d}t,$$

积分得到

$$y=\sqrt{2}\cos t+\frac{1}{2}\sin 2t-t+C.$$

因此方程的通解是

$$\begin{cases} x=1+\sqrt{2}\cos t, \\ y=\sqrt{2}\cos t+\dfrac{1}{2}\sin 2t-t+C, \end{cases}$$

其中 $t\in(-\pi/2+k\pi,\pi/2+k\pi)\,(k\in\mathbb{Z})$(因为函数 $\sin 2t$ 以 π 为周期).

(4) 用极坐标. 令 $x=r\cos\theta, y=r\sin\theta$, 则 $x^2+y^2=r^2$, 以及 (记 $r'=r'_\theta$)

$$\frac{\mathrm{d}x}{\mathrm{d}\theta}=\frac{\mathrm{d}}{\mathrm{d}\theta}(r\cos\theta)=\frac{\mathrm{d}r}{\mathrm{d}\theta}\cos\theta+r\frac{\mathrm{d}}{\mathrm{d}\theta}\cos\theta=r'\cos\theta-r\sin\theta.$$

类似地, 有

$$\frac{\mathrm{d}y}{\mathrm{d}\theta}=r'\sin\theta+r\cos\theta.$$

于是

$$\frac{\mathrm{d}y}{\mathrm{d}x}=\frac{\dfrac{\mathrm{d}y}{\mathrm{d}\theta}}{\dfrac{\mathrm{d}x}{\mathrm{d}\theta}}=\frac{r'\sin\theta+r\cos\theta}{r'\cos\theta-r\sin\theta}. \tag{L1.44.1}$$

代入原方程, 得到

$$2r^2\cos^2\theta\cdot r^2\mathrm{d}\theta-r^3\sin\theta(\cos\theta\,\mathrm{d}r-r\sin\theta\,\mathrm{d}\theta)=0.$$

由此得到常数解 (对应于 $\sin\theta\cos\theta=0$)

$$\theta=k\cdot\frac{\pi}{2}\quad(k\in\mathbb{Z}).$$

当 $\sin\theta\cos\theta\neq 0$ 时

$$\frac{\mathrm{d}r}{r}=\left(\frac{\sin\theta}{\cos\theta}+\frac{2\cos\theta}{\sin\theta}\right)\mathrm{d}\theta,$$

积分得到

$$\log|r|=-\log|\cos\theta|+2\log|\sin\theta|+C,$$

即得 (非常数解)

$$r=C_1\frac{\sin^2\theta}{\cos\theta}=C_1(\sec\theta-\cos\theta),$$

其中 $\theta\in(0,\pi/2)\cup(\pi/2,\pi)$.

(5) *解法 1* 令 $y=ux$, 则

$$u+x\frac{\mathrm{d}u}{\mathrm{d}x}=-\frac{1-u}{1+u},\quad 或\quad \frac{u+1}{u^2+1}\mathrm{d}u=-\frac{\mathrm{d}x}{x}.$$

通解为 $\arctan\dfrac{y}{x}+\log\sqrt{x^2+y^2}=C$.

解法 2 上面的答案显然可化为极坐标形式: $\theta+\log r=C$, 或 $r=C_1\mathrm{e}^{-\theta}$. 下面直接用极坐标来解. 由 $x=r\cos\theta, y=r\sin\theta$, 原方程化为

$$y'=\frac{\tan\theta-1}{\tan\theta+1}.$$

应用公式 (L1.44.1), 可知

$$\frac{r'\sin\theta+r\cos\theta}{r'\cos\theta-r\sin\theta}=\frac{\tan\theta-1}{\tan\theta+1},\quad 或\quad \frac{r'\tan\theta+r}{r'-r\tan\theta}=\frac{\tan\theta-1}{\tan\theta+1},$$

化简后得到 $\mathrm{d}r/\mathrm{d}\theta=-r, r=C\mathrm{e}^{-\theta}$.

(6) 用极坐标. 令 $x=r\cos\theta, y=r\sin\theta$. 由公式 (L1.44.1) 可得到 (请读者完成推导)

$$\frac{\mathrm{d}^2y}{\mathrm{d}x^2}=\frac{r^2+2r'^2-rr''}{r'\cos\theta-r\sin\theta)^3}.$$

原方程化为齐次方程

$$(rr''-2r'^2)\sin\theta-rr'\cos\theta=0.$$

进而令

$$r'=ru(\theta),$$

则 $r''=r(u^2+u')$, 于是上述方程化为

$$(u^2-u')\sin\theta+u\cos\theta=0.$$

这是 Bernoulli 方程. 令 $v=u^{1-2}=1/u$, 则此方程化为

$$-\frac{u'}{u^2}\sin\theta+\frac{1}{u}\cos\theta=-\sin\theta.$$

积分得到

$$\frac{1}{u}\sin\theta=\cos\theta+C_0,$$

于是

$$u=\frac{\sin\theta}{\cos\theta+C_0}.$$

因为 $u=r'/r$, 所以

$$\frac{\mathrm{d}r}{r}=\frac{\sin\theta\mathrm{d}\theta}{\cos\theta+C_0}.$$

由此解出 $r=C/(\cos\theta+C_0)$.

1.45 (1) 解法 1 方程两边同除以 $\sqrt{1-x^2}$, 得到

$$\left(\sqrt{1-x^2}\,y'\right)'=\frac{4}{\sqrt{1-x^2}},$$

积分得到

$$\sqrt{1-x^2}\,y'=4\arcsin x+C_1.$$

由 $y'(0)=0$ 推出 $C_1=0$. 于是

$$y'=\frac{4\arcsin x}{\sqrt{1-x^2}}.$$

再次积分, 并应用 $y(0)=0$, 得到 $y(x)=2\arcsin^2 x$.

解法 2 令 $y'=u$, 得到

$$u'-\frac{x}{1-x^2}u=\frac{4}{1-x^2},\quad u(0)=0.$$

由此解出 u, 即得 $y'=(4\arcsin x)/\sqrt{1-x^2}$, 等等.

(2) 这是二阶线性齐次方程, 已知特解. 令 $y=u(x)\mathrm{e}^x$, 代入原方程, 注意 $(\mathrm{e}^x)^{(n)}=\mathrm{e}^x\,(n\geqslant 0)$, 得到

$$x(u''\mathrm{e}^x+2u'\mathrm{e}^x+u\mathrm{e}^x)-2(x+1)(u'\mathrm{e}^x+u\mathrm{e}^x)+(x+2)u\mathrm{e}^x=0.$$

因为 $\mathrm{e}^x\neq 0$, 所以

$$x(u''+2u'+u)-2(x+1)(u'+u)+(x+2)u=0,$$

即

$$xu''-2u'=0.$$

令 $p=u'$, 则

$$x\frac{\mathrm{d}p}{\mathrm{d}x}-2p=0,$$

解得 $p=C_0x^2$, 因而

$$\frac{\mathrm{d}u}{\mathrm{d}x}=C_0x^2.$$

由此得到 $u=C_1x^3+C_2$ (记 $C_1=C_0/3$), 于是 $y=\mathrm{e}^x(C_1x^3+C_2)$.

1.46 (1) 如图, 曲线在点 $P(r,\theta)$ 的切线 l 交极轴于点 A, 记 $\angle OPA=\psi, |OA|=x$. 那么 $\triangle OAP$ 的面积

$$S=\frac{1}{2}|OA||OP|\sin\theta.$$

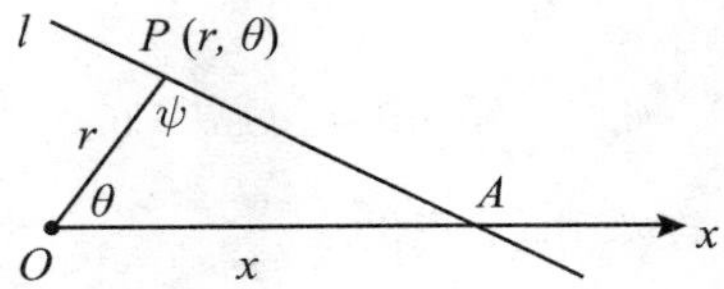

练习题1.46(1)图

对 $\triangle OAP$ 应用正弦定理, 得到

$$\frac{x}{\sin\psi}=\frac{r}{\sin(\pi-\theta-\psi)},$$

所以

$$|OA|=x=\frac{r\sin\psi}{\sin(\theta+\psi)}.$$

于是由题设推出

$$\frac{r^2\sin\psi\sin\theta}{\sin(\theta+\psi)}=kr^2,$$

其中 k 是常数. 将它改写为

$$\frac{k\sin\theta}{\sin\theta-k\cos\theta}=\tan\psi. \tag{L1.46.1}$$

因为

$$\tan\psi=r\frac{\mathrm{d}\theta}{\mathrm{d}r} \tag{L1.46.2}$$

(见本题解后的注), 由式 (L1.46.1) 得到

$$\frac{\mathrm{d}r}{r}=\frac{1}{k}\left(1-k\frac{\cos\theta}{\sin\theta}\right)\mathrm{d}\theta.$$

由此解出

$$r\sin\theta=c\mathrm{e}^{\theta/k},$$

其中 c 是常数, 或 $r=c\mathrm{e}^{\theta/k}\csc\theta$.

(2) 建立极坐标系, 取 O 为极点, 极轴平行于直线 l. 设 l 与极轴的距离是 a, 曲线在点 $M(r,\theta)$ 的切线 l' 与直线 l 交于点 N, 记 $\angle OMN=\psi$.

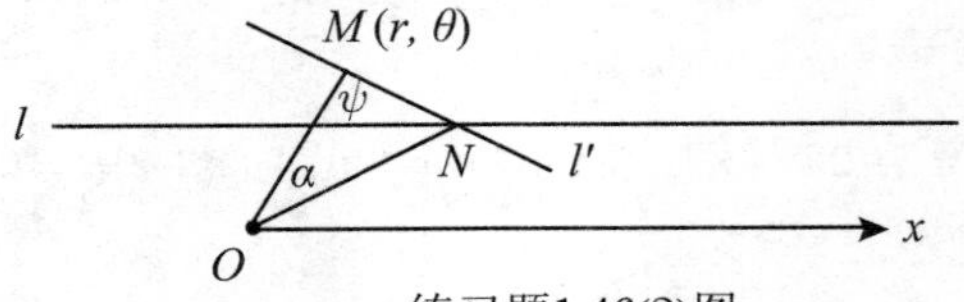

练习题1.46(2)图

在 $\triangle OMN$ 中, 依正弦定理有

$$\frac{|ON|}{\sin\psi}=\frac{r}{\sin(\psi+\alpha)},$$

因此

$$|ON|=\frac{r\sin\psi}{\sin(\psi+\alpha)};$$

同时有

$$|ON| = a\csc(\theta-\alpha).$$

于是

$$\frac{r\sin\psi}{\sin(\psi+\alpha)} = a\csc(\theta-\alpha).$$

两边除以 $\cos\psi$, 化简得到

$$\tan\psi = \frac{a\csc(\theta-\alpha)\sin\alpha}{r-a\cos\alpha\csc(\theta-\alpha)}. \tag{L1.46.3}$$

将关系式 (L1.46.2) 代入方程 (L1.46.3) 并化简, 得到

$$\frac{\mathrm{d}r}{\mathrm{d}\theta}+(\cot\alpha)r = \frac{\sin(\theta-\alpha)}{a\sin\alpha}r^2.$$

这是 Bernoulli 方程. 令 $z=r^{1-2}=r^{-1}$, 上式化为

$$\frac{\mathrm{d}z}{\mathrm{d}\theta}-(\cot\alpha)z = -\frac{\sin(\theta-\alpha)}{a\sin\alpha}.$$

由此解得

$$az = \sin\theta+C\mathrm{e}^{\theta\cot\alpha}.$$

于是 $a/r=\sin\theta+C\mathrm{e}^{\theta\cot\alpha}$.

注 公式 (L1.46.2) 的证明. 此处 ψ 是曲线在点 M 处的切线 l' 与该点的动径间的夹角.

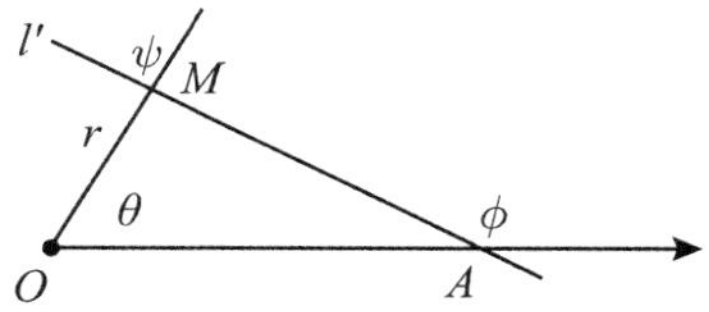

练习题1.46 解后的注图

因为切线 l' 的倾角 $\phi=\theta+\psi, \tan(\theta+\psi)=\tan\phi=\mathrm{d}y/\mathrm{d}x$, 所以

$$\frac{\mathrm{d}y}{\mathrm{d}x} = \frac{\tan\theta+\tan\psi}{1-\tan\theta\tan\psi}.$$

我们还有(见式 (L1.44.1), 其中 $r'=\mathrm{d}r/\mathrm{d}\theta$)

$$\frac{\mathrm{d}y}{\mathrm{d}x} = \frac{r'\sin\theta+r\cos\theta}{r'\cos\theta-r\sin\theta} = \frac{r'\tan\theta+r}{r'-r\tan\theta}.$$

于是

$$\frac{\tan\theta+\tan\psi}{1-\tan\theta\tan\psi} = \frac{r'\tan\theta+r}{r'-r\tan\theta}.$$

化简后即得公式 (L1.46.2).

1.47 令

$$x = \frac{2\sqrt{ab}}{a+b},$$

则 $0<x\leqslant 1$. 题中的不等式可改写为

$$x\big(1+c(1-x^2)^{r/2}\big)\leqslant 1.$$

它等价于

$$c\leqslant \frac{1-x}{x(1-x^2)^{r/2}}.$$

因此我们只需求函数

$$f(x)=\frac{1-x}{x(1-x^2)^{r/2}}=\frac{1}{x(1+x)^{r/2}(1-x)^{r/2-1}}\quad(0<x\leqslant 1)$$

的最小值, 或等价地, 求函数 $x(1+x)^{r/2}(1-x)^{r/2-1}$ 的最大值. 因此

$$c_{\max}=f(x_r),\quad x_r=\frac{1+\sqrt{1+4r}}{2r}.$$

特别地, 当 $r=2$ 时, $c(2)=1/2$.

1.48 设 $u>0$. 令

$$G(x)=\left(1+\frac{u}{x}\right)^{x+\beta},\quad g(x)=\log G(x)\quad(x>0).$$

那么

$$\lim_{x\to\infty}G(x)=\mathrm{e}^u.$$

并且

$$g'(x)=-\frac{u(x+\beta)}{x(x+u)}+\log\frac{x+u}{x},\quad g''(x)=\frac{u\big((2\beta-u)x+u\beta\big)}{x^2(x+u)^2}.$$

若 $\beta\geqslant u/2$, 则当 $x>0$ 时 $g''(x)>0$, 所以 $g'(x)$ 单调增加, 从而当 $x>0$ 时

$$g'(x)<g'(\infty)=0.$$

可见当 $x>0$ 时 $g(x)$ 单调减少, 并且

$$\left(1+\frac{u}{x}\right)^{x+\beta}\downarrow\mathrm{e}^u\quad(x\to\infty).\tag{L1.48.1}$$

因此我们证明了: 当 $\beta\geqslant u/2$ 时

$$\left(1+\frac{u}{x}\right)^{x+\beta}>\mathrm{e}^u\quad(\forall x>0).\tag{L1.48.2}$$

若 $\beta<u/2$, 则当

$$x>x_0(u)=\frac{u\beta}{u-2\beta}$$

时 $g''(x)<0$, 所以 $g'(x)$ 单调减少, 从而当 $x>x_0$ 时

$$g'(x)>g'(\infty)=0.$$

可见当 $x>x_0$ 时 $g(x)$ 单调增加, 并且

$$\left(1+\frac{u}{x}\right)^{x+\beta}\uparrow\mathrm{e}^u\quad(x\to\infty).\tag{L1.48.3}$$

因此我们证明了: 当 $\beta<u/2$ 时

$$\left(1+\frac{u}{x}\right)^{x+\beta}<\mathrm{e}^u\quad(\forall x>x_0).\tag{L1.48.4}$$

由式 (L1.48.2) 和式 (L1.48.4) 知题中所求的 β 的最小值等于 $u/2$.

注 在本题中, 由式 (L1.48.3)(取 $\beta=0$) 和式 (L1.48.1)(取 $\beta=u$) 可知: 当 $x\to\infty$ 时

$$\left(1+\frac{u}{x}\right)^{x}\uparrow\mathrm{e}^u,\quad\left(1+\frac{u}{x}\right)^{x+u}\downarrow\mathrm{e}^u.$$

1.49 (1) 本题中的不等式是本题 (2) 中不等式右半部分的特例, 并且也可从问题 1.51 的注和练习题 1.48 推出. 下面给出它的三个独立的证明.

证法 1 我们从下列级数展开出发:

$$\log(1+x)=x-\frac{x^2}{2}+\frac{x^3}{3}-\frac{x^4}{4}+\frac{x^5}{5}-\cdots\quad(-1<x\leqslant 1).$$

令 $x=1/n$, 然后两边乘以 n, 得到

$$n\log\left(1+\frac{1}{n}\right)=1-\frac{1}{2n}+\frac{1}{3n^2}-\frac{1}{4n^3}+\frac{1}{5n^4}-\cdots.$$

将等式中的 n 分别换为 $2n$ 和 $-2n$, 则有

$$2n\log\left(1+\frac{1}{2n}\right)=1-\frac{1}{4n}+\frac{1}{12n^2}-\frac{1}{32n^3}+\frac{1}{80n^4}-\cdots,$$

$$-2n\log\left(1-\frac{1}{2n}\right)=1+\frac{1}{4n}+\frac{1}{12n^2}+\frac{1}{32n^3}+\frac{1}{80n^4}+\cdots.$$

将以上两式相加, 可知

$$2n\left(\log\left(1+\frac{1}{2n}\right)-\log\left(1-\frac{1}{2n}\right)\right)=2+\frac{1}{6n^2}+\frac{1}{40n^4}+\cdots,$$

两边除以 2, 最终推出

$$n\log\frac{2n+1}{2n-1}=1+\frac{1}{12n^2}+\frac{1}{80n^4}+\cdots.$$

在此等式中用 $n+1/2$ 代替 n, 得到

$$\left(n+\frac{1}{2}\right)\log\frac{2n+2}{2n}=1+\frac{1}{12\left(n+\dfrac{1}{2}\right)^2}+\frac{1}{80\left(n+\dfrac{1}{2}\right)^4}+\cdots.$$

因此

$$\log\left(1+\frac{1}{n}\right)^{n+1/2}>1,$$

由此可得

$$\left(1+\frac{1}{n}\right)^{n+1/2}>\mathrm{e}.$$

证法 2 令 $f(x)=1/x, x\in[n,n+1]$. 那么 $f(x)$ 是 $[n,n+1]$ 上的连续凸函数. 由 Hermite-Hadamard 不等式 (见问题 1.52),

$$\frac{2}{2n+1}=f\left(\frac{n+(n+1)}{2}\right)<\frac{1}{(n+1)-n}\int_n^{n+1}f(x)\mathrm{d}x=\log\left(1+\frac{1}{n}\right),$$

即

$$\frac{1}{n+\dfrac{1}{2}}<\log\left(1+\frac{1}{n}\right).$$

由此得 $\mathrm{e}<(1+1/n)^{n+1/2}$.

证法 3 令

$$\sigma(x)=\frac{1}{\log\left(1+\dfrac{1}{x}\right)}-x\quad(x>0),$$

则有

$$\left(1+\frac{1}{n}\right)^{n+\sigma(n)}=\mathrm{e}. \tag{L1.49.1}$$

易知

$$\sigma'(x)=\left(\log\left(1+\frac{1}{x}\right)\right)^{-2}x^{-2}\left(1+\frac{1}{x}\right)^{-1}-1. \tag{L1.49.2}$$

令

$$\varphi(x)=\frac{x}{\sqrt{1+x}}-\log(1+x)\quad(x>0),$$

则

$$\varphi'(x)=\frac{1}{2}\cdot\frac{x+2-2\sqrt{1+x}}{(1+x)^{3/2}}.$$

因为

$$x+2>2\sqrt{1+x}\quad(x>0),$$

所以 $\varphi'(x)>0$, 因而当 $x>0$ 时 $\varphi(x)>\varphi(0)=0$, 于是

$$\log(1+x)<\frac{x}{\sqrt{1+x}}\quad(x>0).$$

令 $x=1/n$, 由此及式 (L1.49.2) 推出 $\sigma'(n)>0\ (n\geqslant 1)$, 所以 $\sigma(n)(n\geqslant 1)$ 严格单调增加. 又因为

$$\begin{aligned}\lim_{n\to\infty}\sigma(n)&=\lim_{n\to\infty}\frac{1-n\log\left(1+\dfrac{1}{n}\right)}{\log\left(1+\dfrac{1}{n}\right)}=\lim_{n\to\infty}\frac{1-n\left(n^{-1}-\dfrac{1}{2}n^{-2}+O(n^{-3})\right)}{n^{-1}+O(n^{-2})}\\&=\lim_{n\to\infty}\frac{n^{-1}\left(\dfrac{1}{2}+O(n^{-2})\right)}{n^{-1}(1+O(n^{-1})}=\frac{1}{2},\end{aligned}$$

所以

$$\sigma(n)<1/2\quad(n\geqslant 1).$$

由此及式 (L1.49.1) 可知 $(1+1/n)^{n+1/2}>\mathrm{e}$.

(2) 本题不等式右半部分是本题 (1) 的扩充. 此处给出一般性的证明. 参见练习题 1.48 的解法, 令

$$F(x)=\left(1+\frac{u}{x}\right)^{x},\quad G(x)=\left(1+\frac{u}{x}\right)^{x+u/2},$$

以及

$$f(x)=\log F(x),\quad g(x)=\log G(x).$$

那么

$$\lim_{x\to\infty}F(x)=\lim_{x\to\infty}G(x)=\mathrm{e}^{u}.$$

因为 (请读者补出计算细节)

$$f'(x)=-\frac{u}{x+u}+\log\frac{x+u}{x},\quad f''(x)=-\frac{u^2}{x(x+u)^2}<0,$$

以及

$$g'(x)=-\frac{u}{x}\cdot\frac{x+\dfrac{u}{2}}{x+u}+\log\frac{x+u}{x},\quad g''(x)=\frac{u^2}{2x^2(x+u)^2}>0,$$

所以当 $x>0$ 时 $f'(x)$ 单调减少, $g'(x)$ 单调增加. 由此推出, 当 $x>0$ 时

$$f'(x)>f'(\infty)=0,\quad g'(x)<g'(\infty)=0.$$

可见当 $x>0$ 时 $f(x)$ 单调增加, $g(x)$ 单调减少, 从而可知: 当 $x\to\infty$ 时

$$\left(1+\frac{u}{x}\right)^{x}\uparrow\mathrm{e}^{u},\quad\left(1+\frac{u}{x}\right)^{x+u/2}\downarrow\mathrm{e}^{u}.\tag{L1.49.3}$$

于是本题得证.

注 因为当 $u>0$ 时 $(1+u/x)^{u/2}\downarrow 1\,(x\to\infty)$, 所以由式 (L1.49.3) 可知: 当 $x\to\infty$ 时

$$\left(1+\frac{u}{x}\right)^{x}\uparrow\mathrm{e}^{u},\quad\left(1+\frac{u}{x}\right)^{x+u}\downarrow\mathrm{e}^{u}.$$

对此还可见练习题 1.48 解后的注.

1.50 (1) 解法 1 设

$$f(x)=\left(1+\frac{1}{x}\right)^{x+\theta},$$

则 $a_n=f(n)$. 由练习题 1.48 的解法可知: 当 $\theta\geqslant 1/2$ 时, $f(n)(n\geqslant 1)$ 单调减少 (趋于 e); 当 $\theta<1/2$ 时, $f(n)(n\geqslant n_0>1)$ 单调增加 (趋于 e). 因此所求 θ 的范围是 $\theta\geqslant 1/2$.

解法 2 当 $|x|<1$ 时

$$\log\frac{1+x}{1-x}=2\left(x+\frac{x^3}{3}+\frac{x^5}{5}+\cdots\right). \tag{L1.50.1}$$

取 $x=1/(2n+1)$, 则

$$\log\frac{1+x}{1-x}=\log\left(1+\frac{1}{n}\right).$$

于是对于任何 $n\geqslant 1$,

$$\begin{aligned}\log a_n&=(n+\theta)\log\left(1+\frac{1}{n}\right)=\frac{2(n+\theta)}{2n+1}\left(1+\frac{1}{3(2n+1)^2}+\frac{1}{5(2n+1)^4}+\cdots\right)\\&=\left(1+\frac{\alpha-2^{-1}}{n+2^{-1}}\right)\sum_{k=0}^{\infty}\frac{1}{(2k+1)(2n+1)^{2k}}\\&=C\left(1+\frac{\theta-2^{-1}}{n+2^{-1}}\right),\end{aligned}$$

其中 $C(>0)$ 是一个常数. 因此当 $\theta\geqslant 1/2$ 时, $\log a_n$ $(n\geqslant 1)$ 是 n 的单调增加函数, 从而 a_n $(n\geqslant 1)$ 也单调增加.

另一方面, 我们有

$$\begin{aligned}\log a_n&=\frac{2(n+\theta)}{2n+1}\left(1+\frac{1}{3(2n+1)^2}+\frac{1}{5(2n+1)^4}+\cdots\right)\\&=\left(1+\frac{\theta-2^{-1}}{n+2^{-1}}\right)\left(1+\frac{1}{12n^2}+O(n^{-3})\right)\\&=1+\frac{\theta-2^{-1}}{n+2^{-1}}+\frac{1}{12n^2}+O(n^{-3})\quad(n\to\infty),\end{aligned}$$

因此

$$\log a_{n+1}-\log a_n=\frac{2(1-2\theta)}{(2n+1)(2n+3)}+O(n^{-3}).$$

由此可见, 当 n 充分大 (即 $n\geqslant n_0>1$) 时, 若 $\theta<1/2$, 则 a_n $(n\geqslant n_0>1)$ 单调增加. 因此所求的 θ 的范围是 $\theta\geqslant 1/2$.

(2) 解法 1 设 $f(n)$ 如本题 (1) 的解法 1. 那么

$$f(1)<f(2)\quad\Leftrightarrow\quad\theta<\theta_0=\frac{2\log 3-3\log 2}{2\log 2-\log 3}\approx 0.40492<\frac{1}{2}. \tag{L1.50.2}$$

又由练习题 1.48 的解法可知: 若 $0<\theta<1/2$, 则当

$$x>x_0=\frac{\theta}{1-2\theta}$$

时 $f(x)=(1+1/x)^{x+\theta}$ 单调增加. 特别地, 若 $\theta<\theta_0$, 则

$$x_0=\frac{\theta}{1-2\theta}<\frac{\theta_0}{1-2\theta_0}=\frac{2\log 3-3\log 2}{8\log 2-5\log 3}\approx 2.2583<3,$$

从而 $n\geqslant 3\Rightarrow n>x_0$. 于是当 $\theta<\theta_0$ 时 $f(n)(n\geqslant 3)$ 单调增加. 最后,

$$f(2)<f(3)\quad\Leftrightarrow\quad\theta<\theta_1=\frac{8\log 2-5\log 3}{2\log 3-3\log 2}\approx 0.44281.$$

因为 $\theta_1>\theta_0$, 所以当 $\theta<\theta_0$ 时, $f(2)<f(3)$. 合起来可知, 当 $\theta<\theta_0$ 时, $f(n)\,(n\geqslant 1)$ 单调增加. 此外, 由式 (L1.50.2) 可知, 若 $\theta\geqslant\theta_0$, 则 $f(1)>f(2)$, 因此所求的范围是 $0<\theta<\theta_0$.

解法 2 (i) 设 $f(n)$ 如解法 1. 那么

$$f(1)<f(2)\quad\Leftrightarrow\quad \theta<\theta_0=\frac{2\log 3-3\log 2}{2\log 2-\log 3}\approx 0.40492<\frac{1}{2}.$$

一般地, 当 $n\geqslant 1$ 时

$$f(n)<f(n+1)\quad\Leftrightarrow\quad \theta<\sigma(n)=\frac{(n+1)\log\left(1+\dfrac{1}{n+1}\right)-n\log\left(1+\dfrac{1}{n}\right)}{\log\left(1+\dfrac{1}{n}\right)-\log\left(1+\dfrac{1}{n+1}\right)},$$

其中 (下面将证明)

$$\sigma(n)\uparrow\frac{1}{2}\quad(n\to\infty),\tag{L1.50.3}$$

于是

$$\theta_0=\sigma(1)\leqslant\sigma(n)<\frac{1}{2}\quad(n\geqslant 1)$$

(其中不等式右半部分也是本题 (1) 的直接推论). 于是得 $0<\theta<\theta_0$.

(ii) 现在来证明式 (L1.50.3). 令

$$F(x)=x\log\left(1+\frac{1}{x}\right)+\sigma(n)\log\left(1+\frac{1}{x}\right)\quad(x>0).$$

那么 $F(n)=F(n+1)$. 由 Cauchy 中值定理, 存在 $c_n\in(n,n+1)$, 使得 $F'(c_n)=0$. 于是

$$\sigma(n)=(c_n+c_n^2)\log\left(1+\frac{1}{c_n}\right)-c_n.$$

我们只需证明函数

$$G(x)=(x+x^2)\log\left(1+\frac{1}{x}\right)-x\quad(x>0)$$

单调增加, 并且当 $x\to\infty$ 时趋于 $1/2$. 为此, 我们算出

$$\begin{aligned}G'(x)&=(2x+1)\log\left(1+\frac{1}{x}\right)-2,\\ G''(x)&=2\log\left(1+\frac{1}{x}\right)-\frac{2x+1}{x(x+1)},\\ G'''(x)&=\frac{1}{x^2(x+1)^2}>0\quad(x>0).\end{aligned}$$

于是当 $x>0$ 时, $G''(x)$ 单调增加, 从而 $G''(x)<G''(\infty)=0$, 即 $G'(x)$ 单调减少. 由此可知 $G'(x)>G'(\infty)=0$, 因此 $G(x)$ 当 $x>0$ 时单调增加. 最后, 当 $x\to\infty$ 时

$$G(x)=(x+x^2)\left(\frac{1}{x}-\frac{1}{2x^2}+O\left(\frac{1}{x^3}\right)\right)-x=\frac{1}{2}+O\left(\frac{1}{x}\right)\to\frac{1}{2}.$$

1.51 提示 (1) 将 a_n 表示为

$$a_n=\left(1+\frac{1}{n}\right)^{n+1/2}\cdot\frac{1+\dfrac{x}{n}}{\left(1+\dfrac{1}{n}\right)^{1/2}}.$$

其中第一个因子 (关于 n) 单调减少(见练习题 1.50(1)); 第二个因子的平方等于

$$1+\frac{2x-1}{n+1}+\frac{x^2}{n(n+1)},$$

当 $x \geqslant 1/2$ 时 (关于 n) 单调减少. 因此 $x \geqslant 1/2$ 是数列单调减少的充分条件. 另一方面, 我们有

$$\log a_n = n\log\left(1+\frac{1}{n}\right)+\log\left(1+\frac{x}{n}\right).$$

在公式 (L1.50.1) 中分别用 $1/(2n+1)$ 和 $x/(2n+x)$ 代替 x, 得到

$$\begin{aligned}\log a_n &= 2n\left(\frac{1}{2n+1}+\frac{1}{3(2n+1)^3}+\frac{1}{5(2n+1)^5}+\cdots\right)\\&\quad+2\left(\frac{x}{2n+x}+\frac{1}{3}\left(\frac{x}{2n+x}\right)^3+\frac{1}{5}\left(\frac{x}{2n+x}\right)^5+\cdots\right)\\&=\frac{2n}{2n+1}+\frac{2x}{2n+x}+\frac{1}{12n^2}+O\Big(\frac{1}{n^3}\Big),\end{aligned}$$

因此

$$\log a_n-\log a_{n+1}=\frac{4x-2}{4n^2}+O\Big(\frac{1}{n^3}\Big),$$

可见条件 $x \geqslant 1/2$ 也是必要的.

(2) 一方面, 类似于本题 (1), 在公式 (L1.50.1) 中用 $x/(2n+x)$ 代替 x, 得到

$$\begin{aligned}\log a_n &= (n+1)\log\frac{1+\dfrac{x}{2n+x}}{1-\dfrac{x}{2n+x}}=(2n+2)\sum_{k=1}^{\infty}\frac{1}{2k-1}\left(\frac{x}{2n+x}\right)^{2k-1}\\&=\sum_{k=1}^{\infty}\frac{x^{2k-1}}{2k-1}\cdot\frac{1}{(2n+x)^{2k-2}}+(2-x)\sum_{k=1}^{\infty}\frac{x^{2k-1}}{2k-1}\cdot\frac{1}{(2n+x)^{2k-1}}.\end{aligned}$$

因此, 当 $0<x\leqslant 2$ 时 a_n 单调减少. 另一方面, 由上面的展开式得到

$$\log a_n = x+\frac{x^3}{3}\cdot\frac{1}{(2n+3)^2}+\frac{x(2-x)}{2n+x}+O\Big(\frac{1}{n^3}\Big),$$

所以

$$\log a_n-\log a_{n+1}=\frac{2x(2-x)}{(2n+x)(2n+x+2)}+O\Big(\frac{1}{n^3}\Big),$$

从而当 $x<0$ 或 $x>2$ 时, 对于充分大的 n 有 $\log a_n-\log a_{n+1}<0$; 而当 $x=0$ 时, $a_n=1(n\geqslant 1)$. 因此条件 $0<x\leqslant 2$ 也是必要的.

1.52 (1) (i) 因为

$$[0,2]=[0,\log 2)\cup[\log 2,\log 3)\cup\cdots\cup[\log 7,2],$$

所以

$$I_1=\int_0^{\log 2}1\mathrm{d}x+\int_{\log 2}^{\log 3}2\mathrm{d}x+\cdots+\int_{\log 7}^{2}7\mathrm{d}x=14-\log 7!.$$

(ii) 令 $x=1/t$, 则

$$I_2=\int_0^1\left\{\frac{1}{x}\right\}^2\mathrm{d}x=\int_1^{\infty}\frac{\{t\}^2}{t^2}\mathrm{d}t=\sum_{k=1}^{\infty}\int_k^{k+1}\frac{(t-k)^2}{t^2}\mathrm{d}t.$$

因为

$$\begin{aligned}\int_k^{k+1}\frac{(t-k)^2}{t^2}\mathrm{d}t&=\int_k^{k+1}\left(1-\frac{2k}{t}+\frac{k^2}{t^2}\right)\mathrm{d}t=1-2k\log(k+1)+2k\log k+\frac{k^2}{k(k+1)}\\&=2+2\log(k+1)-\big(2(k+1)\log(k+1)-2k\log k\big)-\frac{1}{k+1},\end{aligned}$$

所以

$$\sum_{k=1}^{n-1}\int_k^{k+1}\frac{(t-k)^2}{t^2}\mathrm{d}t=2n-2+2\log n!-2n\log n-\sum_{k=1}^{n-1}\frac{1}{k+1}$$

$$= 2\left(\log(n!) - \left(n+\frac{1}{2}\right)\log n + n\right) - \left(\sum_{k=1}^{n}\frac{1}{k} - \log n\right) - 1$$
$$= 2\log\frac{n!}{n^{n+1/2}\mathrm{e}^{-n}} - \left(\sum_{k=1}^{n}\frac{1}{k} - \log n\right) - 1.$$

令 $n\to\infty$, 并应用 Stirling 公式, 可得

$$I_2 = \log 2\pi - \gamma - 1 \approx 0.260\,661,$$

其中 γ 是 Euler-Mascheroni 常数.

(2) (i) 由题设条件得知

$$\frac{f(x)}{x} = \mathrm{e}^{f(x)-x}.$$

令 $u(x) = f(x)/x$, 那么由上式得到 $u = \mathrm{e}^{xu-x}$, 所以

$$x = \frac{\log u}{u-1}.$$

当 x 由 0 趋于 ∞ 时, u 由 ∞ 趋于 0. 令

$$J(\alpha) = \int_0^\infty u^\alpha(x)\mathrm{d}x \quad (0<\alpha<1).$$

分部积分得到

$$J(\alpha) = xu^\alpha(x)\Big|_{x=0}^{x=\infty} + \int_0^\infty x\alpha u^{\alpha-1}(x)u'(x)\mathrm{d}x$$
$$= u^\alpha\frac{\log u}{u-1}\Big|_{u=\infty}^{u=0} + \alpha\int_0^\infty\frac{u^{\alpha-1}\log u}{u-1}\mathrm{d}u = \alpha\int_0^\infty\frac{u^{\alpha-1}\log u}{u-1}\mathrm{d}u.$$

将上式中最后得到的积分分拆为两项:

$$J(\alpha) = -\alpha\int_0^1\frac{u^{\alpha-1}\log u}{1-u}\mathrm{d}u + \alpha\int_1^\infty\frac{u^{\alpha-2}\log u}{1-u^{-1}}\mathrm{d}u = -\alpha J_1 + \alpha J_2.$$

(ii) 首先计算 J_1. 因为

$$\frac{1}{u-1} = \sum_{n=0}^{N}u^n + \frac{u^{N+1}}{1-u},$$

所以

$$J_1 = \sum_{n=0}^{N}\int_0^1 u^{n-1+\alpha}\log u\mathrm{d}u + \int_0^1\frac{u^{N+\alpha}\log u}{1-u}\mathrm{d}u. \tag{L1.52.1}$$

由分部积分可知上式右边第 1 项

$$\sum_{n=0}^{N}\int_0^1 u^{n-1+\alpha}\log u\mathrm{d}u = -\sum_{n=0}^{N}\frac{1}{(n+\alpha)^2}. \tag{L1.52.2}$$

对于函数 $f(u) = (u\log u)/(1-u)\,(0<u<1)$, 定义 $f(0)=0, f(1)=\lim\limits_{u\to1-}f(u)=-1$, 则 $f(u)$ 在 $[0,1]$ 上连续. 设 $M = \sup\limits_{0\leqslant u\leqslant1}|f(u)|$, 那么

$$\left|\int_0^1\frac{u^{N+\alpha}\log u}{1-u}\mathrm{d}u\right| \leqslant M\int_0^1 x^{N-1+\alpha}\mathrm{d}u = \frac{M}{N+\alpha}\to 0 \quad (N\to\infty).$$

由此以及式 (L1.52.1) 和式 (L1.52.2) 得到

$$J_1 = -\sum_{n=0}^{\infty}\frac{1}{(n+\alpha)^2}.$$

类似地计算 J_2. 令 $u=1/v$, 则有

$$J_2=-\int_0^1\frac{v^{-\alpha}\log v}{1-v}\mathrm{d}v=\sum_{n=0}^{\infty}\frac{1}{(n+1-\alpha)^2}.$$

于是

$$J(\alpha)=-\alpha J_1+\alpha J_2=\alpha\left(\sum_{n=0}^{\infty}\frac{1}{(n+\alpha)^2}+\sum_{n=0}^{\infty}\frac{1}{(n+1-\alpha)^2}\right).$$

对于 $s>1, 0<a\leqslant 1$, 记

$$\zeta(s,a)=\sum_{n=0}^{\infty}\frac{1}{(n+a)^s},\quad \zeta(s)=\zeta(s,1)=\sum_{n=1}^{\infty}\frac{1}{n^s}$$

(它们分别称为 Hurwitz ζ 函数和 Riemann ζ 函数), 那么

$$J(\alpha)=\alpha\big(\zeta(2,\alpha)+\zeta(2,1-\alpha)\big).$$

令 $\alpha=1/6$, 得到

$$I=\frac{1}{6}\left(\zeta\left(2,\frac{1}{6}\right)+\zeta\left(2,\frac{5}{6}\right)\right). \tag{L1.52.3}$$

(iii) 为计算上式, 我们要建立两种 ζ 函数的某些特殊值间的关系. 因为 $\sum\limits_{n=1}^{\infty}n^{-2}$ 绝对收敛, 所以

$$\sum_{k=1}^{6}\sum_{n=0}^{\infty}\frac{1}{(6n+k)^2}=\sum_{n=1}^{\infty}\frac{1}{n^2},\quad 或\quad \frac{1}{36}\sum_{k=1}^{6}\sum_{n=0}^{\infty}\frac{1}{\left(n+\dfrac{k}{6}\right)^2}=\sum_{n=1}^{\infty}\frac{1}{n^2},$$

于是

$$\sum_{k=1}^{6}\zeta\left(2,\frac{k}{6}\right)=36\sum_{n=1}^{\infty}\frac{1}{n^2}=36\zeta(2).$$

又因为

$$\zeta(2)=\sum_{n=1}^{\infty}\frac{1}{n^2}=\sum_{n=0}^{\infty}\frac{1}{(3n+1)^2}+\sum_{n=0}^{\infty}\frac{1}{(3n+2)^2}+\sum_{n=1}^{\infty}\frac{1}{(3n)^2}=\frac{1}{9}\zeta\left(2,\frac{1}{3}\right)+\frac{1}{9}\zeta\left(2,\frac{2}{3}\right)+\frac{1}{9}\zeta(2),$$

所以

$$\zeta\left(2,\frac{1}{3}\right)+\zeta\left(2,\frac{2}{3}\right)=8\zeta(2).$$

此外还有

$$\zeta\left(2,\frac{1}{2}\right)=3\zeta(2),$$

以及

$$\zeta(2,1)=\zeta(2)=\sum_{n=1}^{\infty}\frac{1}{n^2}=\frac{\pi^2}{6}.$$

由上述关系式有

$$\begin{aligned}\zeta\left(2,\frac{1}{6}\right)+\zeta\left(2,\frac{5}{6}\right)&=\sum_{k=1}^{6}\zeta\left(2,\frac{k}{6}\right)-\left(\zeta\left(2,\frac{1}{3}\right)+\zeta\left(2,\frac{2}{3}\right)\right)-\zeta\left(2,\frac{1}{2}\right)-\zeta(2,1)\\&=(36-8-3-1)\zeta(2)=4\pi^2.\end{aligned}$$

由此及式 (L1.52.3) 得 $I=2\pi^2/3$.

注 (1) 本题 (2) 的解中计算 J_1 的方法不涉及对无穷级数的逐项积分. 若借助对无穷级数的逐项积分来计算 J_1, 则需引用有关的定理, 对此可参见 Γ. M. 菲赫金哥尔茨的《微积分学教程 (第 2 卷)》(第 8 版, 高等教育出版社, 2006) 第 581 页.

(2) 关于 Hurwitz ζ 函数和 Riemann ζ 函数的进一步介绍, 可见 Tom M. Apostol 的《解析数论导引》(西南师范大学出版社,1992) 第 12 章. 还可见 Г.M. 菲赫金哥尔茨的《微积分学教程: 第 2 卷》(第 8 版, 高等教育出版社,2006)217,237,268,639,646 页等.

1.53 (1) 依级数的乘法法则, 若级数 $\sum\limits_{n=1}^{\infty} a_n, \sum\limits_{n=1}^{\infty} b_n$ 和 $\sum\limits_{n=1}^{\infty} c_n$ 都收敛, 其中 $c_n = a_1b_{n-1} + a_2b_{n-2} + \cdots + a_{n-1}b_1$, 则

$$\sum_{n=1}^{\infty} a_n \sum_{n=1}^{\infty} b_n = \sum_{n=1}^{\infty} c_n.$$

现在取

$$a_n = b_n = \frac{(-1)^{n-1}}{n} \quad (n = 1, 2, \cdots),$$

那么级数 $\sum\limits_{n=1}^{\infty} a_n, \sum\limits_{n=1}^{\infty} b_n$ 收敛, 并且

$$c_n = (-1)^{n-1}\left(\frac{1}{1\cdot n} + \frac{1}{2\cdot(n-1)} + \frac{1}{3(n-2)} + \cdots + \frac{1}{n\cdot 1}\right).$$

我们来证明 $\sum\limits_{n=1}^{\infty} c_n$ 收敛. 为此, 注意

$$\begin{aligned}(-1)^{n-1}(n+1)c_n &= \left(1+\frac{1}{n}\right) + \left(\frac{1}{2}+\frac{1}{n-1}\right) + \cdots + \left(\frac{1}{n}+1\right) \\ &= 2\left(1+\frac{1}{2}+\frac{1}{3}+\cdots+\frac{1}{n}\right).\end{aligned}$$

因为

$$1+\frac{1}{2}+\frac{1}{3}+\cdots+\frac{1}{n} = \log n + \gamma + O\left(\frac{1}{n}\right) \quad (n\to\infty), \tag{L1.53.1}$$

所以

$$|c_n| = \frac{2}{n+1}\big(\log n + \gamma + o(1)\big) \quad (n\to\infty),$$

其中 γ 是 Euler-Mascheroni 常数, 因此 $|c_n| \to 0\,(n\to\infty)$. 此外, 还有 $(n+1)|c_n| - n|c_{n-1}| = 2/n$, 从而当 $n \geqslant 2$ 时

$$n(|c_{n-1}| - |c_n|) = |c_n| - \frac{2}{n} = 2\left(1+\frac{1}{2}+\frac{1}{3}+\cdots+\frac{1}{n-1}\right) > 0,$$

因此 $|c_n| \downarrow 0$. 于是由 Leibniz 交错级数收敛判别法则知 $\sum\limits_{n=1}^{\infty} c_n$ 收敛. 由此即可推出题中的等式.

(2) 在 Abel 分部求和公式 (见本题解后的注) 中, 取

$$a_n = \frac{1}{n}, \quad b_n = \sum_{k=1}^{n} \frac{(-1)^{k-1}}{k} - \log 2 \quad (n = 1, 2, \cdots, N),$$

则

$$s_n = 1 + \frac{1}{2} + \cdots + \frac{1}{n}, \quad b_n - b_{n+1} = -\frac{(-1)^n}{n+1} \quad (n \geqslant 1),$$

并且

$$\sum_{n=1}^{N} \frac{1}{n}\left(\sum_{k=1}^{n} \frac{(-1)^{k-1}}{k} - \log 2\right) = -\sum_{n=1}^{N-1} s_n \cdot \frac{(-1)^n}{n+1} + s_N\left(\sum_{k=1}^{N} \frac{(-1)^{k-1}}{k} - \log 2\right).$$

现在来证明: 当 $N\to\infty$ 时右边两个加项都收敛. 事实上, 由式 (L1.53.1),

$$s_N = \log N + \gamma + o(1) \quad (N\to\infty).$$

又因为

$$\sum_{k=1}^{\infty} \frac{(-1)^{k-1}}{k} = \log 2,$$

所以由收敛交错级数的余项估计得到

$$\sum_{k=1}^{N}\frac{(-1)^{k-1}}{k}-\log 2=O\left(\frac{1}{N+1}\right)\quad (N\to\infty).$$

由此可见, 当 $N\to\infty$ 时

$$s_N\left(\sum_{k=1}^{N}\frac{(-1)^{k-1}}{k}-\log 2\right)\to 0.$$

又由本题 (1) 知

$$\sum_{n=1}^{N-1}s_n\cdot\frac{(-1)^{n+1}}{n+1}$$

收敛于

$$\frac{1}{2}\left(\sum_{n=1}^{\infty}\frac{(-1)^{n-1}}{n}\right)^2=\frac{1}{2}\log^2 2.$$

于是题中等式得证.

(3) 因为 $1+t+\cdots+t^n=(1-t^n)/(1-t)(t\neq 1)$, 所以

$$\sum_{k=1}^{n}\frac{x^k}{k}=-\int_0^x\frac{t^n}{1-t}\mathrm{d}t-\log(1-x).$$

于是当 $-1<x<1$ 时

$$\begin{aligned}\sum_{n=1}^{\infty}\frac{1}{n}\left(\sum_{k=1}^{n}\frac{x^k}{k}-\log\frac{1}{1-x}\right)&=-\sum_{n=1}^{\infty}\frac{1}{n}\int_0^x\frac{t^n}{1-t}\mathrm{d}t=-\int_0^x\frac{1}{1-t}\left(\sum_{n=1}^{\infty}\frac{t^n}{n}\right)\mathrm{d}t\\&=\int_0^x\frac{\log(1-t)}{1-t}\mathrm{d}t=-\frac{1}{2}\log^2(1-x).\end{aligned}$$

此处积分与求和换序有效: 因为级数 $\sum\limits_{n=1}^{\infty}t^n/n$ 的收敛半径等于 1, 所以在 $(-1,1)$ 上收敛于 $-\log(1-t)$, 因而级数 $\sum\limits_{n=1}^{\infty}t^n/((1-t)n)$ 在 $(-1,1)$ 上内闭一致收敛.

当 $x=-1$ 时,

$$\sum_{n=1}^{\infty}\frac{1}{n}\left(\sum_{k=1}^{n}\frac{(-1)^k}{k}-\log\frac{1}{2}\right)=-\frac{1}{2}\log^2 2,$$

这正是本题 (2).

注 (1) Abel 分部求和公式是指: 若 $a_n,b_n\,(n=1,2,\cdots,N)$ 是两个任意数列, 令 $s_n=a_1+a_2+\cdots+a_n\,(n=1,2,\cdots,N)$, 则

$$\sum_{n=1}^{N}a_nb_n=\sum_{n=1}^{N-1}s_n(b_n-b_{n+1})+s_Nb_N.$$

它容易直接验证: 将 $a_1=s_1,a_n=s_n-s_{n-1}\,(n\geqslant 2)$ 代入左边, 即可得到右边.

(2) 公式 (L1.53.1) 可参见 Г. М. 菲赫金哥尔茨的《微积分学教程 (第 2 卷)》(第 8 版, 高等教育出版社, 2006) 第 222 页.

1.54 (1) 因为在 $[a,b]$ 上 $f(x)\geqslant f'(x)>0$, 所以

$$\left(\mathrm{e}^{-x}f(x)\right)'=-\mathrm{e}^{-x}f(x)+\mathrm{e}^{-x}f'(x)\leqslant 0.$$

于是 $\mathrm{e}^{-x}f(x)$ 是 $[a,b]$ 上的单调非增的正函数, 从而

$$\frac{f(x)}{\mathrm{e}^x}\leqslant\frac{f(a)}{\mathrm{e}^a}\quad (x\geqslant a),\tag{L1.54.1}$$

因此

$$\frac{1}{f(x)} \geqslant \frac{\mathrm{e}^a}{f(a)\mathrm{e}^x} > 0.$$

于是

$$\int_a^b \frac{\mathrm{d}x}{f(x)} \geqslant \int_a^b \frac{\mathrm{e}^a}{f(a)\mathrm{e}^x}\mathrm{d}x = -\frac{\mathrm{e}^a}{f(a)}\left(\frac{1}{\mathrm{e}^b} - \frac{1}{\mathrm{e}^a}\right) = \frac{1}{f(a)}\left(1 - \frac{\mathrm{e}^a}{\mathrm{e}^b}\right).$$

又由式 (L1.54.1) 可知 $f(b)/\mathrm{e}^b \leqslant f(a)/\mathrm{e}^a$, 或 $f(a)/f(b) \geqslant \mathrm{e}^a/\mathrm{e}^b$, 所以

$$\int_a^b \frac{\mathrm{d}x}{f(x)} \geqslant \frac{1}{f(a)}\left(1 - \frac{f(a)}{f(b)}\right) = \frac{1}{f(a)} - \frac{1}{f(b)}.$$

(2) 在积分

$$I = \int_0^1 f(t)\mathrm{d}t$$

中, 分别令 $t = \sin\theta$ 和 $t = \cos\theta$, 则得

$$I = \int_0^{\pi/2} f(\sin\theta)\cos\theta\mathrm{d}\theta, \quad I = \int_0^{\pi/2} f(\cos\theta)\sin\theta\mathrm{d}\theta.$$

将以上两个等式相加, 得到

$$I = \frac{1}{2}\int_0^{\pi/2}\Big(f(\sin\theta)\cos\theta + f(\cos\theta)\sin\theta\Big)\mathrm{d}\theta.$$

因为 $\sin\theta, \cos\theta \in [0,1]$, 所以依题设条件有

$$I \leqslant \frac{1}{2}\int_0^{\pi/2} 2\sin\theta\cos\theta\mathrm{d}\theta = \frac{1}{2}.$$

(3) 首先设

$$\int_a^b f(x)\mathrm{d}x = 0. \tag{L1.54.2}$$

作辅助函数

$$g(t) = \mathrm{e}^{-t}\int_a^t f(u)\mathrm{d}u \quad (a \leqslant t \leqslant b).$$

则 $g(t)$ 在 $[a,b]$ 上连续, $g(a) = g(b) = 0$, 并且

$$g'(t) = -\mathrm{e}^{-t}\int_a^t f(u)\mathrm{d}u + \mathrm{e}^{-t}f(t).$$

由 Rolle 定理, 存在 $\theta \in (a,b)$, 使得 $g'(\theta) = 0$, 即

$$\int_a^\theta f(u)\mathrm{d}u = f(\theta).$$

对一般情形, 令

$$F(x) = f(x) - \frac{1}{b-a}\int_a^b f(u)\mathrm{d}u,$$

于是 $F(x)$ 满足条件式 (L1.54.2), 从而存在 $\theta \in (a,b)$, 满足

$$\int_a^\theta F(u)\mathrm{d}u = F(\theta),$$

即

$$\int_a^\theta f(u)\mathrm{d}u - \frac{\theta - a}{b-a}\int_a^b f(u)\mathrm{d}u = f(\theta) - \frac{1}{b-a}\int_a^b f(u)\mathrm{d}u,$$

于是

$$\int_a^\theta f(u)\mathrm{d}u = f(\theta) + \frac{\theta - a - 1}{b-a}\int_a^b f(u)\mathrm{d}u.$$

注意

$$\int_a^b f(u)\mathrm{d}u = \int_a^\theta f(u)\mathrm{d}u + \int_\theta^b f(u)\mathrm{d}u,$$

化简即得所要的等式.

(4) 令

$$F(t)=\int_a^t f(x)\mathrm{d}x-\int_t^b f(x)\mathrm{d}x,$$

则 $F(t)$ 在 $[a,b]$ 上连续, 并且

$$F(a)=-\int_a^b f(x)\mathrm{d}x<0,\quad F(b)=\int_a^b f(x)\mathrm{d}x>0.$$

由连续函数的介值定理可知, 存在 $\xi\in(a,b)$, 使得 $F(\xi)=0$, 因此

$$\int_a^\xi f(x)\mathrm{d}x=\int_\xi^b f(x)\mathrm{d}x.$$

因为等式两边的积分之和等于 $\int_a^b f(x)\mathrm{d}x$, 所以它们都等于 $\dfrac{1}{2}\int_a^b f(x)\mathrm{d}x$.

(5) 令

$$g(x)=\int_a^x tf(t)\mathrm{d}t-\frac{a+x}{2}\int_a^x f(t)\mathrm{d}t\quad(a\leqslant x\leqslant b).$$

那么只需证明 $g(x)\geqslant 0(a\leqslant x\leqslant b)$. 我们有

$$\begin{aligned}g'(x)&=xf(x)-\frac{a+x}{2}f(x)-\frac{1}{2}\int_a^x f(t)\mathrm{d}t=\frac{1}{2}(x-a)f(x)-\frac{1}{2}\int_a^x f(t)\mathrm{d}t\\&\geqslant\frac{1}{2}(x-a)f(x)-\frac{1}{2}\int_a^x f(x)\mathrm{d}t=0,\end{aligned}$$

其中最后一步应用了性质: $f(t)$ 单调增加 $\Rightarrow$ $f(t)\leqslant f(x)\big(a<t<x\big)$. 因此 $g(x)$ 在 $[a,b]$ 上单调增加, 从而 $g(x)\geqslant g(a)=0$, 于是本题得证.

1.55 因为

$$\frac{1}{n(n+k)}=\frac{1}{k}\left(\frac{1}{n}-\frac{1}{n+k}\right),$$

所以

$$\begin{aligned}\frac{1}{n^2(n+k)^2}&=\frac{1}{k^2n^2}+\frac{1}{k^2(k+n)^2}-\frac{1}{k^2}\cdot\frac{2}{n(n+k)}\\&=\frac{1}{k^2n^2}+\frac{1}{k^2(n+k)^2}-\frac{2}{k^3}\left(\frac{1}{n}-\frac{1}{n+k}\right),\end{aligned}$$

于是

$$\frac{1}{k^2n^2}=\frac{1}{n^2(n+k)^2}-\frac{1}{k^2(n+k)^2}+\frac{2}{k^3}\left(\frac{1}{n}-\frac{1}{n+k}\right).$$

由此可知

$$\sum_{n=1}^\infty\sum_{k=1}^\infty\frac{1}{k^2n^2}=\sum_{n=1}^\infty\sum_{k=1}^\infty\left(\frac{1}{n^2(n+k)^2}-\frac{1}{k^2(n+k)^2}\right)+\sum_{n=1}^\infty\sum_{k=1}^\infty\left(\frac{2}{k^3}\left(\frac{1}{n}-\frac{1}{n+k}\right)\right).$$

注意求和的对称性, 有

$$\sum_{n=1}^\infty\sum_{k=1}^\infty\left(\frac{1}{n^2(n+k)^2}-\frac{1}{k^2(n+k)^2}\right)=\sum_{n=1}^\infty\frac{1}{n^2}\sum_{k=1}^\infty\frac{1}{(n+k)^2}-\sum_{k=1}^\infty\frac{1}{k^2}\sum_{n=1}^\infty\frac{1}{(k+n)^2}=0,$$

所以得到

$$\sum_{n=1}^\infty\sum_{k=1}^\infty\frac{1}{k^2n^2}=\sum_{n=1}^\infty\sum_{k=1}^\infty\left(\frac{2}{k^3}\left(\frac{1}{n}-\frac{1}{n+k}\right)\right)=\sum_{k=1}^\infty\frac{2}{k^3}\sum_{n=1}^\infty\left(\frac{1}{n}-\frac{1}{n+k}\right).\tag{L1.55.1}$$

又因为对于每个 $k\geqslant 1$,

$$\left|\frac{1}{n}-\frac{1}{n+k}\right|=k\cdot\frac{1}{n(n+k)}\leqslant k\cdot\frac{1}{n^2},$$

所以级数 $\sum\limits_{n=1}^{\infty}\left(\frac{1}{n}-\frac{1}{n+k}\right)$ 绝对收敛. 因为当 $N\geqslant 2$ 时

$$\begin{aligned}\sum_{n=1}^{Nk}\left(\frac{1}{n}-\frac{1}{n+k}\right)&=\sum_{n=1}^{k}\left(\frac{1}{n}-\frac{1}{n+k}\right)+\sum_{n=k+1}^{2k}\left(\frac{1}{n}-\frac{1}{n+k}\right)+\cdots+\sum_{n=(N-1)k+1}^{Nk}\left(\frac{1}{n}-\frac{1}{n+k}\right)\\&=H_k-\sum_{n=(N-1)k+1}^{Nk}\frac{1}{n+k},\end{aligned}$$

并且

$$\sum_{n=(N-1)k+1}^{Nk}\frac{1}{n+k}<\sum_{n=(N-1)k+1}^{Nk}\frac{1}{Nk}=\frac{1}{N},\tag{L1.55.2}$$

所以

$$\sum_{n=1}^{Nk}\left(\frac{1}{n}-\frac{1}{n+k}\right)=H_k+O\left(\frac{1}{N}\right),$$

其中 O 中的常数与 k 无关. 于是

$$\begin{aligned}\sum_{n=1}^{\infty}\left(\frac{1}{n}-\frac{1}{n+k}\right)&=H_k+O\left(\frac{1}{N}\right)+\sum_{n=Nk+1}^{\infty}\left(\frac{1}{n}-\frac{1}{n+k}\right)\\&=H_k+O\left(\frac{1}{N}\right)+O\left(k\sum_{n=N}^{\infty}\frac{1}{n^2}\right).\end{aligned}$$

由此及式 (L1.55.1) 得到

$$\sum_{n=1}^{\infty}\sum_{k=1}^{\infty}\frac{1}{k^2n^2}=\sum_{k=1}^{\infty}\frac{2H_k}{k^3}+\sum_{k=1}^{\infty}\frac{1}{k^3}\cdot O\left(\frac{1}{N}\right)+\sum_{k=1}^{\infty}\frac{1}{k^2}\cdot O\left(\sum_{n=N}^{\infty}\frac{1}{n^2}\right).$$

令 $N\to\infty$, 则有

$$\sum_{n=1}^{\infty}\sum_{k=1}^{\infty}\frac{1}{k^2n^2}=2\sum_{k=1}^{\infty}\frac{H_k}{k^3}.$$

因为 $\sum\limits_{n=1}^{\infty}1/n^2=\pi^2/6$, 所以

$$\sum_{k=1}^{\infty}\frac{H_k}{k^3}=\frac{1}{2}\left(\frac{\pi^2}{6}\right)^2=\frac{\pi^4}{72}.$$

注 在上面的解中, 若要应用公式 (L1.53.1) 来估计式 (L1.55.2) 的左边, 则需明显给出公式 (L1.53.1) 中符号 O 中的常数与 k 的关系.

1.56 (i) 令 $j=k-[an]$, 则 $an<k\leqslant(a+1)n\Leftrightarrow 1\leqslant j\leqslant n$. 于是

$$u_n(a)=\frac{1}{\sqrt{n}}\sum_{j=1}^{n}\frac{1}{\sqrt{j-\{an\}}}=\frac{1}{\sqrt{n-n\{an\}}}+r_n(a),$$

其中

$$r_n(a)=\frac{1}{\sqrt{n}}\sum_{j=2}^{n}\frac{1}{\sqrt{j-\{an\}}}.$$

(ii) 当 $j\geqslant 2$ 时

$$2(\sqrt{j+1}-\sqrt{j})<\frac{1}{\sqrt{j}}\leqslant\frac{1}{\sqrt{j-\{an\}}}<\frac{1}{\sqrt{j-1}}<2(\sqrt{j-1}-\sqrt{j-2}).$$

令 $j=2,3,\cdots,n$, 将所得不等式相加, 得到

$$2(\sqrt{n+1}-\sqrt{2})<\sum_{j=2}^{n}\frac{1}{\sqrt{j-\{an\}}}<2\sqrt{n-1},$$

于是

$$\frac{2}{\sqrt{n}}(\sqrt{n+1}-\sqrt{2}) < r_n(a) < \frac{2\sqrt{n-1}}{\sqrt{n}},$$

从而推出

$$\lim_{n\to\infty} r_n(a) = 2.$$

因此当且仅当

$$\sigma_n(a) = \frac{1}{\sqrt{n-n\{an\}}} \quad (n \geqslant 1)$$

收敛时, $u_n(a)$ $(n \geqslant 1)$ 收敛.

(iii) 如果 a 是有理数, 设 $a = p/q$, 其中 p, q 是互素整数, 则

$$1-\{an\} = 1-\left\{\frac{pn}{q}\right\} \geqslant \frac{1}{q},$$

于是 $n-n\{an\} \geqslant n/q$, 从而 $\sigma_n(a) \to 0\,(n\to\infty)$, 此时数列 $u_n(a)\,(n \geqslant 1)$ 收敛.

(iv) 如果 a 是无理数, 设 p_k/q_k 是它的第 k 个渐近分数, 那么

$$0 < a-\frac{p_k}{q_k} < \frac{1}{q_k^2} \quad (k \text{ 为偶数}), \quad 0 < \frac{p_k}{q_k}-a < \frac{1}{q_k^2} \quad (k \text{ 为奇数}).$$

于是当 k 为偶数时, $0 < q_k a - p_k < 1/q_k$, 所以 $\{aq_k\} < 1/q_k$, 可见 $q_k - q_k\{aq_k\} > q_k - 1$, 从而子列 $\sigma_{q_k}(a) \to 0$ $(k\to\infty)$. 当 k 为奇数时, $\{aq_k\} > 1-1/q_k$, 可见 $q_k - q_k\{aq_k\} < 1$, 从而子列 $\sigma_{q_k}(a) > 1$, 不可能以 0 为极限. 因此数列 $\{u_n(a)\}\,(n \geqslant 1)$ 不收敛. 于是本题得证.

注 虽然 $u_n(a)$ 是积分 $\int_a^{a+1} \mathrm{d}x/\sqrt{x-a} (=2)$ 的 Riemann 和, 但这个积分是广义的, 因此 Riemann 和的极限未必等于积分值.

1.57 提示 记

$$f_n = \left(\prod_{k=0}^{n}(kx+1)^{(-1)^{k+1}\binom{n}{k}}\right)^{1/n} \quad (n \geqslant 1).$$

因为

$$\log(1+kx) = \int_0^x \frac{k\mathrm{d}y}{1+ky} = \int_0^x\int_0^\infty k\mathrm{e}^{-(1+ky)t}\mathrm{d}t\mathrm{d}y = \int_0^\infty \frac{1-\mathrm{e}^{-kxt}}{t}\mathrm{e}^{-t}\mathrm{d}t,$$

所以

$$\log f_n = \frac{1}{n}\sum_{k=0}^{n}(-1)^{k+1}\binom{n}{k}\log(1+kx) = \frac{1}{n}\int_0^\infty \frac{(1-\mathrm{e}^{-xt})^n}{t}\mathrm{e}^{-t}\mathrm{d}t.$$

又因为当 $t \geqslant 0$ 时

$$0 \leqslant \sum_{n=1}^{N}\frac{(1-\mathrm{e}^{-xt})^n}{n} \uparrow -\log\left(1-(1-\mathrm{e}^{-xt})\right) = xt \quad (N\to\infty),$$

所以由单调收敛定理得到

$$\log\left(\prod_{n=1}^{N} f_n\right) \to \int_0^\infty \frac{xt}{t}\mathrm{e}^{-t}\mathrm{d}t = x \quad (N\to\infty).$$

注 关于单调收敛定理, 可见 (例如)Г. M. 菲赫金哥尔茨的《微积分学教程 (第 2 卷)》(第 8 版, 高等教育出版社, 北京, 2006) 第 551 页.

1.58 (1) 因为当 $n \geqslant 1$ 时

$$s(n) < \sum_{k\geqslant n}\frac{1}{k^2-\frac{1}{4}} = \sum_{k\geqslant n}\left(\frac{1}{k-\frac{1}{2}}-\frac{1}{k+\frac{1}{2}}\right) = \frac{1}{n-\frac{1}{2}},$$

所以

$$c(n)=n-\frac{1}{s(n)}<n-\left(n-\frac{1}{2}\right)=\frac{1}{2}. \tag{L1.58.1}$$

又由 Euler 求和公式可推出

$$s(n)=\int_n^{\infty}t^{-2}\mathrm{d}t+\frac{1}{2n^2}+2\int_n^{\infty}\left([t]+\frac{1}{2}-t\right)t^{-3}\mathrm{d}t,$$

其中 $[t]$ 表示实数 t 的整数部分. 因为上式右边第 3 项非负 (为此, 可考察被积函数的图像特点), 所以

$$s(n)>\frac{1}{n}+\frac{1}{2n^2}\quad(n=1,2,\cdots),$$

从而

$$c(n)>\frac{n}{2n+1}\quad(n=1,2,\cdots). \tag{L1.58.2}$$

注意 $n/(2n+1)=1/2-1/2(2n+1)$ 单调增加, 所以 $c(n)\geqslant c(2)=2/5=0.4(n\geqslant 2)$. 又因为 $c(1)=1-6/\pi^2=0.392\cdots$, 所以

$$c(1)\leqslant c(n)\quad(n=1,2,\cdots).$$

由式 (L1.58.1) 和式 (L1.58.2) 立得 $\lim\limits_{n\to\infty}c(n)=1/2$.

(2) (i) 保留本题 (1) 中的记号, 那么

$$\sum_{k=1}^{n}\frac{1}{k^2}=\sum_{k=1}^{\infty}\frac{1}{k^2}-\sum_{k=n+1}^{\infty}\frac{1}{k^2}=\frac{\pi^2}{6}-s(n+1).$$

由本题 (1) 可知

$$s(n+1)=\frac{1}{n+1-c(n+1)}>\frac{1}{n+1-c(1)},$$

并且

$$c(1)=1-\frac{1}{s(1)}=1-\frac{6}{\pi^2},$$

所以当 $n\geqslant 1$ 时

$$\begin{aligned}\sum_{k=1}^{n}\frac{1}{k^2}&<\frac{\pi^2}{6}-\frac{1}{n+1-c(1)}\\&=\frac{\pi^2}{6}-\frac{1}{n+1-1+\dfrac{6}{\pi^2}}=\frac{\pi^2}{6}\cdot\frac{n}{n+\dfrac{6}{\pi^2}}.\end{aligned}$$

(ii) 我们有显然的不等式

$$\frac{\pi^2}{6}\cdot\frac{n}{n+\dfrac{6}{\pi^2}}<\mathrm{e}^{1/2}\cdot\frac{n}{n+\dfrac{6}{\pi^2}}<\mathrm{e}^{1/2}\cdot\frac{n}{n+\dfrac{1}{4}}<\mathrm{e}^{1/2}\left(\frac{n}{n+1}\right)^{1/4},$$

所以得到

$$\sum_{k=1}^{n}\frac{1}{k^2}<\mathrm{e}^{1/2}\left(\frac{n}{n+1}\right)^{1/4}\quad(n\geqslant 1).$$

于是我们只需证明

$$\mathrm{e}^{1/2}\left(\frac{n}{n+1}\right)^{1/4}\leqslant\left(1+\frac{1}{n}\right)^{n/2}\quad(n\geqslant 1),$$

或等价地证明

$$\mathrm{e}\leqslant\left(1+\frac{1}{n}\right)^{n+1/2}\quad(n\geqslant 1).$$

由练习题 1.49 可知此不等式成立, 于是本题得证.

注 Euler 求和公式: 设 $f(x)\in C^1[a,b]$, 则

$$\sum_{a<n\leqslant b} f(n)=\int_a^b f(x)\mathrm{d}x+\int_a^b\left(x-[x]-\frac{1}{2}\right)f'(x)\mathrm{d}x+\left(a-[a]-\frac{1}{2}\right)f(a)-\left(b-[b]-\frac{1}{2}\right)f(b).$$

可见华罗庚、王元的《数值积分及其应用》(科学出版社, 1965) 第 1 页; 或潘承洞、余秀源的《阶的估计基础》(高等教育出版社, 2015) 第 93 页; 或 T. M. Apostol 的《解析数论导引》(西南师范大学出版社, 1992) 第 71 页.

1.59 (1) 设 $S_n\leqslant Cn^\alpha\,(n\geqslant 1)$. 对于 $\forall p>1$, 由 Abel 分部求和公式得到

$$\begin{aligned}\left|\sum_{k=n+1}^{n+p}a_kb_k\right|&=\left|\sum_{k=n+1}^{n+p}S_k(b_k-b_{k+1})-S_nb_{n+1}+S_{n+p}b_{n+p+1}\right|\\&\leqslant C\left(\sum_{k=n+1}^{n+p}k^\alpha|b_k-b_{k+1}|+n^\alpha|b_{n+1}|+(n+p)^\alpha|b_{n+p+1}|\right).\end{aligned}$$

由题设条件及 Cauchy 收敛准则得到结论.

(2) 当 $|x|<|x_0|$ 时 $\theta=|x/x_0|<1$. 对第 1 种情形,

$$|a_nx^n|=|a_nx_0|\theta^n\leqslant Cn^k\theta^n.$$

因为级数 $\sum\limits_{n=0}^{\infty}n^k\theta^n$ 收敛, 所以幂级数 $\sum\limits_{n=0}^{\infty}a_nx^n$ 收敛. 对第 2 种情形,

$$|a_nx_0^n|=|(a_0+a_1x_1+\cdots+a_nx_0^n)-(a_0+a_1x_1+\cdots+a_{n-1}x_0^{n-1})|\leqslant 2Cn^k.$$

于是归结为第 1 种情形.

(3) 由条件①可知 $a_k\geqslant a_{k+1}\geqslant 0\,(k\geqslant 1)$, 并且对于任意给定的 $\varepsilon>0$, 存在 $N>0$, 使得当 $n\geqslant N$ 时, $a_n\leqslant\varepsilon/(2M)$. 记 $S_n=\sum\limits_{k=1}^{n}b_k$. 则对任意 $m>n\geqslant N$,

$$\begin{aligned}\left|\sum_{k=n}^{m}a_kb_k\right|&=\left|\sum_{k=n}^{m}a_k(S_k-S_{k-1})\right|=\left|\sum_{k=n}^{m-1}(a_k-a_{k+1})S_k+a_mS_m-a_nS_{n-1}\right|\\&\leqslant\sum_{k=n}^{m-1}(a_k-a_{k+1})|S_k|+a_m|S_m|+a_n|S_{n-1}|\\&\leqslant\left(\sum_{k=n}^{m-1}(a_k-a_{k+1})+a_m+a_n\right)M=2a_nM\leqslant\varepsilon.\end{aligned}$$

因此级数 $\sum\limits_{k=1}^{\infty}a_kb_k$ 收敛.

1.60 (1) **提示** 记 $\mathrm{D}=\dfrac{\mathrm{d}}{\mathrm{d}x}$. 分部积分得

$$\begin{aligned}\int_{-\infty}^{\infty}\frac{1}{x}\mathrm{D}^{n-1}\sin^n x\mathrm{d}x&=\int_{-\infty}^{\infty}\frac{1}{x}\mathrm{d}(\mathrm{D}^{n-2}\sin^n x)\\&=\frac{1}{x}\mathrm{D}^{n-2}\sin^n x\Big|_{-\infty}^{\infty}+\int_{-\infty}^{\infty}\frac{1}{x^2}\mathrm{D}^{n-2}\sin^n x\mathrm{d}x\\&=\int_{-\infty}^{\infty}\frac{1}{x^2}\mathrm{D}^{n-2}\sin^n x\mathrm{d}x=\int_{-\infty}^{\infty}\frac{1}{x^2}\mathrm{d}(\mathrm{D}^{n-3}\sin^n x)\\&=\frac{1}{x^2}\mathrm{D}^{n-3}\sin^n x\Big|_{-\infty}^{\infty}+2\int_{-\infty}^{\infty}\frac{1}{x^2}\mathrm{D}^{n-3}\sin^n x\mathrm{d}x\\&=2!\int_{-\infty}^{\infty}\frac{1}{x^2}\mathrm{D}^{n-3}\sin^n x\mathrm{d}x=\cdots\\&=n!\int_{-\infty}^{\infty}\frac{\sin^n x}{x^n}\mathrm{d}x.\end{aligned}$$

因此

$$a_n=\int_{-\infty}^{\infty}\frac{\sin^n x}{x^n}\mathrm{d}x=\frac{1}{n!}\int_{-\infty}^{\infty}\frac{1}{x}\mathrm{D}^{n-1}\sin^n x\mathrm{d}x.$$

应用 Euler 公式,

$$\sin^n x=\left(\frac{\mathrm{e}^{x\mathrm{i}}-\mathrm{e}^{-x\mathrm{i}}}{2\mathrm{i}}\right)^n,$$

得到

$$\sin^n x=\begin{cases}\sum\limits_{k=1}^{n/2}\alpha_k\cos 2kx, & n \text{ 为偶数},\\ \sum\limits_{k=1}^{(n+1)/2}\beta_k\sin(2k-1)x, & n \text{ 为奇数},\end{cases}\tag{L1.60.1}$$

其中 $\alpha_k,\beta_k\in\mathbb{Q}$. 此外还有

$$\int_{-\infty}^{\infty}\frac{\sin lx}{x}\mathrm{d}x=\int_{-\infty}^{\infty}\frac{\sin x}{x}\mathrm{d}x=b\quad(l\in\mathbb{N}).$$

区分 n 的奇偶性, 可知 $\mathrm{D}^{n-1}\sin^n x$ 总是某些 $\sin lx$ 的有理系数的线性组合, 由此推出 q_n 是某些有理数的和.

(2) 记

$$I_n=\int_0^{\pi/2}\sin^n x\mathrm{d}x,\quad J_n=I_{2n}=\int_0^{\pi/2}\sin^{2n}x\mathrm{d}x.$$

首先注意: 当 $n\geqslant 0$ 时

$$\int_0^{2\pi}\sin^{2n}x\mathrm{d}x=4\int_0^{\pi/2}\sin^{2n}x\mathrm{d}x=4J_n,\quad\int_0^{2\pi}\sin^{2n+1}x\mathrm{d}x=0.$$

所以只需证明 $J_n\to 0(n\to\infty)$. 下面给出五种解法.

解法 1 由练习题 1.25(3)(见该题解法 2) 可知: 当 $0<\alpha<1/2$ 时

$$J_n=\int_0^{\pi/2}\sin^{2n}x\mathrm{d}x=O\big((2n)^{-\alpha}\big)\to 0\quad(n\to\infty),$$

于是题中所求极限等于 0.

解法 2 由分部积分可证

$$I_n=\frac{n-1}{n}I_{n-2},\tag{L1.60.2}$$

于是

$$J_n=I_{2n}=\int_0^{\pi/2}\sin^{2n}x\mathrm{d}x=\frac{(2n-1)!!}{(2n)!!}\cdot\frac{\pi}{2}.\tag{L1.60.3}$$

注意

$$A_n=\frac{(2n-1)!!}{(2n)!!}=\frac{(2n-1)!}{2^n n!\cdot 2^{n-1}(n-1)!}=\frac{(2n-1)!}{2^{2n-1}n!(n-1)!}.$$

由 String 公式得到 (下文中 $C_0,C_1,\cdots(>0)$ 表示常数)

$$\begin{aligned}A_n&=C_0\big(1+o(1)\big)\cdot\frac{(2n-1)^{2n-1+1/2}\mathrm{e}^{-(2n-1)}}{2^{2n-1}n^{n+1/2}(n-1)^{n-1+1/2}\mathrm{e}^{-n}\mathrm{e}^{-(n-1)}}\\&=C_0\big(1+o(1)\big)\cdot(2n-1)^{2n-1/2}n^{-(n+1/2)}(n-1)^{-(n-1/2)}2^{-(2n-1)}.\end{aligned}$$

于是

$$\begin{aligned}\log A_n&=C_1+o(1)+\left(2n-\frac{1}{2}\right)\log(2n-1)-\left(n+\frac{1}{2}\right)\log n\\&\quad-\left(n-\frac{1}{2}\right)\log(n-1)-(2n-1)\log 2\\&=C_1+o(1)+\left(2n-\frac{1}{2}\right)\left(\log 2n+\log\left(1-\frac{1}{2n}\right)\right)-\left(n+\frac{1}{2}\right)\log n\end{aligned}$$

$$-\left(n-\frac{1}{2}\right)\left(\log n+\log\left(1-\frac{1}{n}\right)\right)-(2n-1)\log 2.$$

因为

$$\log\left(1-\frac{1}{2n}\right)=-\frac{1}{2n}+O\left(\frac{1}{n^2}\right),\quad \log\left(1-\frac{1}{n}\right)=-\frac{1}{n}+O\left(\frac{1}{n^2}\right),$$

所以

$$A_n=C_2+o(1)-\frac{1}{2}\log n.$$

从而

$$A_n=\mathrm{e}^{C_2+o(1)}n^{-1/2}\quad (n\to\infty).$$

于是得到

$$J_n=I_{2n}=C_3\big(1+o(1)\big)n^{-1/2}\quad (n\to\infty). \tag{L1.60.4}$$

即知本题所求极限等于 0.

解法 3 当 $x\in[0,\pi/2]$ 时

$$\sin^{2n+1}x\leqslant\sin^{2n}x\leqslant\sin^{2n-1}x,$$

所以

$$I_{2n+1}\leqslant J_n\leqslant I_{2n-1}.$$

由式 (L1.60.2) 可求出

$$I_{2n+1}=\int_0^{\pi/2}\sin^{2n+1}x\mathrm{d}x=\frac{(2n)!!}{(2n+1)!!}. \tag{L1.60.5}$$

于是

$$\frac{(2n)!!}{(2n+1)!!}\leqslant J_n\leqslant\frac{(2n-2)!!}{(2n-1)!!}.$$

应用 String 公式可知, 当 $n\to\infty$ 时, 上述不等式两端均趋于 0, 于是 $J_n\to 0\ (n\to\infty)$.

解法 4 当 $x\in(0,\pi/2)$ 时, $0<\sin x<1$, 所以 I_n 单调减少, 从而只需证明子列 $J_n=I_{2n}\to 0(n\to\infty)$. 由式 (L1.60.2) 可知

$$J_n=\frac{2n-1}{2n}J_{n-1}\quad (n\geqslant 1),$$

所以

$$a_n=\log\frac{J_n}{J_{n-1}}=\log\left(1-\frac{1}{2n}\right)\sim-\frac{1}{2n}\quad (n\to\infty).$$

由此可知级数 $\sum\limits_{n=1}^{\infty}a_n$ 发散到 $-\infty$. 特别由此推出

$$\sum_{k=1}^{n}a_k\to-\infty\quad (n\to\infty),$$

即

$$\log\left(\frac{J_1}{J_0}\frac{J_2}{J_1}\cdots\frac{J_n}{J_{n-1}}\right)=-\log J_0+\log J_n\to-\infty\quad (n\to\infty),$$

因此 $J_n\to 0\,(n\to\infty)$.

解法 5 (i) 对于 $\forall\varepsilon\in(0,\pi/2)$,

$$\int_0^{\pi/2}\sin^n x\mathrm{d}x=\int_0^{\pi/2-\varepsilon/2}\sin^n x\mathrm{d}x+\int_{\pi/2-\varepsilon/2}^{\pi/2}\sin^n x\mathrm{d}x\leqslant\int_0^{\pi/2-\varepsilon/2}\sin^n x\mathrm{d}x+\frac{\varepsilon}{2}.$$

(ii) 当 $x\in[0,\pi/2]$ 时, $\sin x\geqslant 0$. 因此由积分中值定理,

$$0<\int_0^{\pi/2-\varepsilon/2}\sin^n x\mathrm{d}x=\sin^n\theta_n\int_0^{\pi/2-\varepsilon/2}\mathrm{d}x\leqslant\frac{\pi}{2}\sin^n\theta_n,$$

其中 $\theta_n\in(0,\pi/2-\varepsilon/2)$, 于是 $0<\sin\theta_n\leqslant\sin(\pi/2-\varepsilon/2)<1$, 从而

$$\sin^n\theta_n\to 0\quad (n\to\infty).$$

由此可知存在 N, 使得当 $n>N$ 时, $0<\sin^n\theta_n<\varepsilon/\pi$, 从而

$$0<\int_0^{\pi/2-\varepsilon/2}\sin^n x\mathrm{d}x<\frac{\varepsilon}{2}.$$

(iii) 由步骤 (i) 和 (ii) 可知, 当 $n>N$ 时

$$0<\int_0^{\pi/2}\sin^n x\mathrm{d}x<\varepsilon,$$

于是

$$\lim_{n\to\infty}\int_0^{\pi/2}\sin^n x\mathrm{d}x=0,$$

从而推出题中所求极限等于 0.

(3) 记题中积分为 I, 则

$$\begin{aligned}I&=\int_0^{2\pi}\frac{\sin x}{x}\mathrm{d}x=\int_0^{\pi}\frac{\sin x}{x}\mathrm{d}x+\int_\pi^{2\pi}\frac{\sin x}{x}\mathrm{d}x\\&=\int_0^{\pi}\left(\frac{\sin x}{x}-\frac{\sin x}{x+\pi}\right)\mathrm{d}x=\int_0^{\pi}\frac{\pi\sin x}{x(\pi+x)}\mathrm{d}x.\end{aligned}$$

函数

$$f(x)=\frac{\pi\sin x}{x(\pi+x)}\quad(x>0),\quad f(0)=1$$

在 $x=0$ 连续, 在 $[0,\pi]$ 上大于 0, 因此 $I>0$.

注 公式 (L1.60.1) 更具体的形式, 见 Г. M. 菲赫金哥尔茨的《微积分学教程: 第 2 卷》(第 8 版, 高等教育出版社, 2006) 第 448 页; 关于式 (L1.60.3) 和式 (L1.60.5), 可参见该书 104 页.

1.61 提示 (1) 此处给出三种证法.

证法 1 应用问题 1.18(2) 的证法 1. 记 $\max\limits_{\boldsymbol{x}\in D}|f(\boldsymbol{x})|=\mu$. 那么

$$\left(\prod_{k=1}^n\int_D|f(\boldsymbol{x})|^k\mathrm{d}\boldsymbol{x}\right)^{1/n^2}\leqslant\left(\mu^{1+2+\cdots+n}\right)^{1/n^2}\leqslant\left(\mu^{n(n+1)/2}\right)^{1/n^2}=\mu^{(n+1)/(2n)}.$$

另一方面, 对于给定的 $\varepsilon\in(0,\mu)$, 存在 $|f(\boldsymbol{x})|$ 的最大值点 $\boldsymbol{x}^*$ 的某个邻域 $\Delta\subseteq D$, 使得当 $\boldsymbol{x}\in\Delta$ 时, $|f(\boldsymbol{x})|\geqslant\mu-\varepsilon$, 因而

$$\left(\prod_{k=1}^n\int_D|f(\boldsymbol{x})|^k\mathrm{d}\boldsymbol{x}\right)^{1/n^2}\geqslant\left((\mu-\varepsilon)^{1+2+\cdots+n}\right)^{1/n^2}=\left((\mu-\varepsilon)^{n(n+1)/2}\right)^{1/n^2}=(\mu-\varepsilon)^{(n+1)/(2n)}.$$

由此可推出所要的结论.

证法 2 应用问题 1.18(2) 的证法 2. 记

$$I_k=\int_D|f(\boldsymbol{x})|^k\mathrm{d}\boldsymbol{x},\quad v_n=\left(\prod_{k=1}^n I_k\right)^{1/n}.$$

只需证明

$$\lim_{n\to\infty}\frac{v_{n+1}}{v_n}=\sqrt{\mu}.\tag{L1.61.1}$$

我们有

$$\frac{v_{n+1}}{v_n}=\left(\prod_{k=1}^n I_k\right)^{1/(n+1)-1/n}I_{n+1}^{1/(n+1)}=\left(\prod_{k=1}^n I_k\right)^{-1/n(n+1)}I_{n+1}^{1/(n+1)}.$$

由问题 1.18(2) 的证法 1 可知, 对于任意给定的 $\varepsilon\in(0,\mu)$, 有 $c_1(\mu-n)^k\leqslant I_k\leqslant c_2\mu^k$ ($c_1,c_2>0$ 是常数), 所以

$$c_1^{-1/(n+1)}(\mu-\varepsilon)^{-1/2}\geqslant\left(\prod_{k=1}^n I_k\right)^{-1/n(n+1)}\geqslant c_2^{-1/(n+1)}\mu^{-1/2}.$$

还要注意 $I_{n+1}^{1/(n+1)} \to \mu\,(n\to\infty)$, 所以式 (L1.61.1) 成立.

证法 3 令

$$a_n = \frac{1}{n}\log\int_D |f(\boldsymbol{x})|^n \mathrm{d}\boldsymbol{x} \quad (n \geqslant 1).$$

则由问题 1.18(2) 知 $a_n \to \log\mu\,(n\to\infty)$. 然后令 $x_n = a_1 + 2a_2 + \cdots + na_n, y_n = n^2$. 用 Stolz 定理求 $\lim\limits_{n\to\infty}(x_n/y_n)$. 或者应用以下结果: 设 $\lim\limits_{n\to\infty} a_n = a$, 则

$$\lim_{n\to\infty}\frac{a_1+2a_2+\cdots+na_n}{n^2} = \frac{a}{2}$$

(请读者补出细节).

(2) 参见问题 1.18(2) 的证法 2.

1.62 (i) 令 $f(x) = \sin\cos x - x$, 那么 $f(0) = \sin 1 > 0, f(\pi/2) = -\pi/2 < 0$. 由连续函数介值定理, 存在 $x_1 \in (0,\pi/2)$, 使得 $f(x_1) = 0$. 因为在 $(0,\pi/2)$ 上 $f'(x) < 0$, 所以在该区间上 f 单调减少, 没有其他的零点. 同样可证: 在 $(0,\pi/2)$ 上方程 $\cos\sin x = x$ 有唯一的零点 x_2.

(ii) 此处给出 $x_1 < x_2$ 的四种证法 (其中证法 2~4 的思路类似).

证法 1 记 $w = \cos x_1$, 则 $\sin w = \sin\cos x_1 = x_1$. 于是

$$\cos\sin w = \cos x_1 = w.$$

因为由 (i) 所证, x_2 是 $\cos\sin x = x\,(0 < x < \pi/2)$ 的唯一解, 所以由上式推出 $x_2 = w = \cos x_1$, 从而 $\sin x_2 = \sin\cos x_1 = x_1$. 由此及 $\sin x_2 < x_2$ 立得 $x_1 < x_2$.

证法 2 用反证法. 设 $x_1 \geqslant x_2$. 因为当 $\theta \in (0,\pi/2)$ 时, $\sin\theta < \theta$, 函数 $\cos\theta$ 严格单调减少, 所以

$$x_1 = \sin\cos x_1 < \cos x_1 \quad x_2 = \cos\sin x_2 > \cos x_2;$$

又因为 $x_1 \geqslant x_2$ 蕴含 $\cos x_1 \leqslant \cos x_2$, 所以

$$x_1 < \cos x_1 \leqslant \cos x_2 < x_2.$$

这与假设 $x_1 \geqslant x_2$ 矛盾.

证法 3 因为当 $\theta \in (0,\pi/2)$ 时, $\sin\theta < \theta$, 函数 $\cos\theta$ 严格单调减少, 所以

$$\sin\cos x_1 < \cos x_1 < \cos\sin x_1,$$

于是

$$x_2 - x_1 = \cos\sin x_2 - \sin\cos x_1 > \cos\sin x_2 - \cos\sin x_1.$$

因为在 $[0,\pi/2]$ 上 $\sin\theta$ 和 $\cos\theta$ 分别是增函数和减函数, 所以 $\cos\sin\theta$ 是 θ 的减函数. 于是若 $x_1 \geqslant x_2$, 则上述不等式的右边非负, 从而左边的式子 $x_2 - x_1 > 0$, 得到矛盾. 或者: 应用

$$x_2 - x_1 > \cos\sin x_2 - \cos\sin x_1 = -2\sin\frac{\sin x_2 + \sin x_1}{2}\sin\frac{\sin x_2 - \sin x_1}{2},$$

也可推出矛盾.

证法 4 令 $f(x) = x - \cos x\,(0 < x < \pi/2)$, 那么在 $(0,\pi/2)$ 上 $f'(x) > 0$, 所以 f 严格单调增加. 又因为 $f(0) < 0, f(\pi/2) > 0$, 所以存在唯一的 $\xi \in (0,\pi/2)$, 使得 $\cos\xi = \xi$(从图像上看, 这是显然的). 我们来证明

$$x_1 < \xi < x_2. \tag{L1.62.1}$$

事实上 (参见证法 2), 有

$$x_2 - \xi = \cos\sin x_2 - \cos\xi.$$

若 $x_2 \leqslant \xi$, 则 $\sin x_2 < x_2 \leqslant \xi$, 从而由 $\cos\sin\theta$ 的单调减少性, 或应用

$$x_2 - \xi = \cos\sin x_2 - \cos\xi = -2\sin\frac{\sin x_2 + \xi}{2}\sin\frac{\sin x_2 - \xi}{2},$$

得到矛盾. 类似地, 由 $\sin\cos x_1 < \cos x_1$ 可知

$$\xi - x_1 = \cos\xi - \sin\cos x_1 > \cos\xi - \cos x_1 = -2\sin\frac{\sin x_2 + \xi}{2}\sin\frac{\sin x_2 - \xi}{2}.$$

用反证法推出 $x_1 < \xi$. 于是不等式 (L1.62.1) 得证.

1.63 (1) 题中不等式等价于

$$2\log x - x + \frac{1}{x} > 0.$$

令 $\varphi(x) = 2\log x - x + 1/x\,(0 < x < 1)$. 则 $\varphi'(x) = -(x-1)^2/x^2 < 0$, 所以 $\varphi(x)$ 在 $(0,1)$ 上单调减少, 因而 $\varphi(x) > \varphi(1) = 0$, 此即所要证的不等式.

(2) 题设 $f'(x)$ 存在, 所以由 $f'(x)$ 的单调减少性得知 $f'(x) < 0$, 从而题设条件 $0 < f(x) < |f'(x)|$ 成为 $0 < f(x) < -f'(x)$, 或 $-f'(x)/f(x) > 1$. 由此可知: 对于 $x \in (0,1)$,

$$-\int_x^{1/x} \mathrm{d}(\log f(x) > \int_x^{1/x} \mathrm{d}x,$$

即

$$\log f(x) - \log f\left(\frac{1}{x}\right) > \frac{1}{x} - x,$$

因此题设条件蕴含

$$\frac{f(x)}{f(1/x)} > \frac{\mathrm{e}^{1/x}}{\mathrm{e}^x} \quad (0 < x < 1).$$

由此及本题 (1) 可知

$$\frac{f(x)}{f(1/x)} > \frac{1}{x^2} \quad (0 < x < 1).$$

于是本题得证.

(3) 由本题 (2) 的证明可见, 本题 (1) $\Rightarrow$ 本题 (2). 反之, 取 $f(x) = \mathrm{e}^{1/x}$, 则本题 (2) $\Rightarrow$ 本题 (1). 因此两个命题等价.

1.64 (i) 题中积分

$$I = \int_0^{\pi/4} \sqrt{a^2\sin^2 t + b^2\cos^2 t}\,\mathrm{d}t + \int_{\pi/4}^{\pi/2} \sqrt{a^2\sin^2 t + b^2\cos^2 t}\,\mathrm{d}t.$$

在右边第二积分中, 令 $t = \pi/2 - u$, 则得

$$\begin{aligned} I &= \int_0^{\pi/4} \sqrt{a^2\sin^2 t + b^2\cos^2 t}\,\mathrm{d}t + \int_0^{\pi/4} \sqrt{a^2\cos^2 u + b^2\sin^2 u}\,\mathrm{d}u \\ &= \int_0^{\pi/4} \left(\sqrt{a^2\sin^2 t + b^2\cos^2 t} + \sqrt{a^2\cos^2 t + b^2\sin^2 t}\right)\mathrm{d}t. \end{aligned}$$

记

$$f(t) = \sqrt{a^2\sin^2 t + b^2\cos^2 t} + \sqrt{a^2\cos^2 t + b^2\sin^2 t},$$

则

$$I = \int_0^{\pi/4} f(t)\mathrm{d}t.$$

(ii) 现在证明 $f(t)(0 \leqslant t \leqslant \pi/4)$ 单调增加. 为此, 令 $x = \sin^2 t$, 则

$$f(t) = g(x), \quad \frac{\mathrm{d}x}{\mathrm{d}t} = \sin 2t,$$

其中

$$g(x) = \sqrt{(a^2 - b^2)x + b^2} + \sqrt{a^2 - (a^2 - b^2)x} \quad \left(0 \leqslant x \leqslant \frac{1}{2}\right).$$

那么

$$g'(x)=\frac{a^2-b^2}{2}\left(\frac{1}{\sqrt{(a^2-b^2)x+b^2}}-\frac{1}{\sqrt{a^2-(a^2-b^2)x}}\right).$$

因为 $a>b$, 所以当 $0<x<1/2$ 时

$$0<\sqrt{(a^2-b^2)x+b^2}<\sqrt{a^2-(a^2-b^2)x},$$

从而 $g'(x)>0$. 于是当 $t\in(0,\pi/4)$ 时

$$f'(t)=g'(x)\frac{\mathrm{d}x}{\mathrm{d}t}=g'(x)\sin 2t>0.$$

因此 $f(x)$ 在 $[0,\pi/4]$ 上严格单调增加, 从而 $f(0)<f(t)<f(\pi/4)$. 于是本题得证.

注 本题中的积分表示椭圆 $x^2/a^2+y^2/b^2=1\,(a>b>0)$ 的 1/4 周长.

1.65 (1) 我们有 $f(0)=0$ 以及

$$f'(x)=\frac{1}{1-x^2}+\frac{x\arcsin x}{(1-x^2)^{3/2}}\quad(|x|<1),$$

因此 $f(x)$ 满足微分方程

$$(1-x^2)y'-xy=1,\quad y(0)=0.$$

令

$$y(x)=\sum_{n=0}^{\infty}a_nx^n,$$

则 $a_0=y(0)=0$, 以及 $y'(x)=\sum\limits_{n=1}^{\infty}na_nx^{n-1}=\sum\limits_{n=0}^{\infty}na_nx^{n-1}$, 于是

$$\begin{aligned}(1-x^2)y'-xy=y'-x^2y'-xy&=\sum_{n=1}^{\infty}na_nx^{n-1}-\sum_{n=0}^{\infty}na_nx^{n+1}-\sum_{n=0}^{\infty}a_nx^{n+1}\\&=a_1+\sum_{n=2}^{\infty}na_nx^{n-1}-\sum_{n=0}^{\infty}(n+1)a_nx^{n+1}\\&=a_1+\sum_{n=0}^{\infty}(n+2)a_{n+2}x^{n+1}-\sum_{n=0}^{\infty}(n+1)a_nx^{n+1}\\&=a_1+\sum_{n=0}^{\infty}\big((n+2)a_{n+2}-(n+1)a_n\big)x^{n+1}=1.\end{aligned}$$

由此得到 $a_1=1$, 以及

$$(n+2)a_{n+2}-(n+1)a_n=0\quad(n\geqslant 0).$$

依此递推关系和 $a_0=0$ 得知所有 $a_{2k}=0\,(k\geqslant 0)$. 由 $a_1=1$ 得到

$$a_{2k+1}=\frac{(2k)!!}{(2k+1)!!}\quad(k\geqslant 1).$$

因此最终得到

$$f(x)=x+\sum_{k=1}^{\infty}\frac{(2k)!!}{(2k+1)!!}x^{2k+1}\quad(|x|<1).$$

(2) 当 $|x|<1$ 时, 函数 $g(x)$ 满足微分方程

$$(1-x^2)y''-xy'+2y=0,$$

以及初始条件

$$y(0)=\cos\frac{\pi}{\sqrt{2}},\quad y'(0)=\sqrt{2}\sin\frac{\pi}{\sqrt{2}}.$$

令

$$y(x)=\sum_{n=0}^{\infty}a_nx^n,$$

则

$$\begin{aligned}(1-x^2)y''-xy'+2y&=\sum_{n=0}^{\infty}(n+2)(n+1)a_{n+2}x^n-\sum_{n=0}^{\infty}n(n-1)a_nx^n-\sum_{n=0}^{\infty}na_nx^n+2\sum_{n=0}^{\infty}a_nx^n\\&=\sum_{n=0}^{\infty}\big((n+2)(n+1)a_{n+2}-(n^2-2)a_n\big)x^n=0.\end{aligned}$$

因此

$$(n+2)(n+1)a_{n+2}-(n^2-2)a_n=0\quad(n\geqslant 0).$$

由此得到: 当 $n\geqslant 0$ 时

$$a_{2n}=\frac{a_0}{(2n)!}\prod_{k=0}^{n-1}(4k^2-2),\quad a_{2n+1}=\frac{a_1}{(2n+1)!}\prod_{k=0}^{n-1}\big((2k+1)^2-2\big).$$

于是

$$g(x)=a_0\phi(x)+a_1\psi(x),$$

其中

$$\phi(x)=\sum_{n=0}^{\infty}\frac{\prod\limits_{k=0}^{n-1}(4k^2-2)}{(2n)!}x^{2n},\quad \psi(x)=\sum_{n=0}^{\infty}\frac{\prod\limits_{k=0}^{n-1}\big((2k+1)^2-2\big)}{(2n+1)!}x^{2n+1}.$$

级数的收敛半径

$$R=\lim_{n\to\infty}\sqrt{\frac{a_n}{a_{n+2}}}=1.$$

由初始条件算出

$$a_0=\cos\frac{\pi}{\sqrt{2}},\quad a_1=\sqrt{2}\sin\frac{\pi}{\sqrt{2}}.$$

注 (1) 用本题 (1) 的方法可算出

$$\frac{\operatorname{arcsh}x}{\sqrt{1+x^2}}=x+\sum_{n=1}^{\infty}(-1)^n\frac{(2n)!!}{(2n+1)!!}x^{2n+1}\quad(|x|<1).$$

(2) 本题 (2) 的计算也适用于函数 $h(x)=\sin(\sqrt{2}\arccos x)$, 不同之处是初始条件, 因此有 $a_0=\sin(\pi/\sqrt{2}),a_1=-\sqrt{2}\cos(\pi/\sqrt{2})$.

1.66 提示 本题 (1),(2) 的证法类似, 下面给出三种证法.

(1) 证法 1 将级数

$$\mathrm{e}^{-x^2/2}=\sum_{n=0}^{\infty}\frac{(-1)^n}{n!}\cdot\frac{x^{2n}}{2^n}$$

及 (对 $\mathrm{e}^{t^2/2}$ 的幂级数逐项积分)

$$\int_0^x\mathrm{e}^{t^2/2}\mathrm{d}t=\sum_{n=0}^{\infty}\frac{1}{n!}\cdot\frac{x^{2n+1}}{2^n(2n+1)}$$

相乘, 计算乘积幂级数的系数.

证法 2 将左边的函数记为 $f(x)$, 直接验证 $f(x)$ 满足微分方程

$$y'=-xy+1,\quad y(0)=0.$$

令 $y(x)=\sum\limits_{n=0}^{\infty}a_nx^n$, 代入上述方程, 推出

$$(n+1)a_{n+1}=-a_{n-1},\quad a_1=1.$$

因为 $a_0=0$, 所以下标为偶数的系数都等于 0, 并且

$$a_{2n+1}=\frac{(-1)^n}{(2n+1)!!}\quad(n\geqslant 1).$$

于是

$$f(x)=\sum_{n=0}^{\infty}\frac{(-1)^n}{(2n+1)!!}x^{2n+1}\quad(x\in\mathbb{R}).$$

证法 3 将右边的级数记为 $f(x)$, 直接验证 $f(x)$ 满足微分方程 $y'=-xy+1, y(0)=0$. 然后解此方程.

(2) 用上述证法 3. 用 $y=y(x)$ 表示右边的级数, 则有

$$y'-xy=1,\quad y(0)=0.$$

解方程得到

$$y=\mathrm{e}^{x^2/2}\int_0^x\mathrm{e}^{-t^2/2}\mathrm{d}t.$$

(3) (i) 用 $f(x)$ 记所给函数, 其定义域是 $x>-1$(即积分收敛域), 并且

$$f(x)=\lim_{n\to\infty}f_n(x),\quad f_n(x)=\int_0^n\frac{\mathrm{e}^{-t}}{x+t}\mathrm{d}t.$$

因为若 $a>-1$, 则当所有 $t\geqslant 1,x\geqslant a$ 时

$$\left|\frac{\mathrm{e}^{-t}}{x+t}\right|\leqslant\frac{\mathrm{e}^{-t}}{a+t},$$

所以函数列 $f_n\ (n\geqslant 1)$ 在 $[a,\infty)\,(a>-1)$ 上一致收敛. 于是

$$f_n'(x)=-\int_1^n\frac{\mathrm{e}^{-t}}{(x+t)^2}\mathrm{d}t.$$

同理, 函数列 $f_n'\ (n\geqslant 1)$ 在 $[a,\infty)\,(a>-1)$ 上也一致收敛, 所以

$$f'(x)=-\int_1^{\infty}\frac{\mathrm{e}^{-t}}{(x+t)^2}\mathrm{d}t.$$

于是

$$f(x)-f'(x)=\int_1^{\infty}\left(\frac{1}{x+t}+\frac{1}{(x+t)^2}\right)\mathrm{e}^{-t}\mathrm{d}t=-\frac{\mathrm{e}^{-t}}{x+t}\bigg|_1^{\infty}=\frac{1}{\mathrm{e}(1+x)}.$$

这表明 $f(x)$ 满足微分方程

$$y'-y=-\frac{1}{\mathrm{e}(1+x)}.$$

(ii) 令 $y(x)=\sum\limits_{n=0}^{\infty}a_nx^n$, 并且应用展开式

$$\frac{1}{\mathrm{e}(1+x)}=\frac{1}{\mathrm{e}}\sum_{n=0}^{\infty}(-1)^nx^n\quad(|x|<1),$$

可得

$$a_n-(n+1)a_{n+1}=\frac{(-1)^n}{\mathrm{e}}\quad(n\geqslant 0),$$

于是

$$n!a_n-(n+1)!a_{n+1}=\frac{(-1)^n}{\mathrm{e}}n! \quad (n\geqslant 0).$$

由此可知, 当 $n\geqslant 1$ 时

$$a_0-n!a_n=\sum_{k=0}^{n-1}\big(k!a_k-(k+1)!a_{k+1}\big)=\frac{1}{\mathrm{e}}\sum_{k=0}^{n-1}(-1)^k k!,$$

从而

$$a_n=\frac{a_0}{n!}-\frac{1}{\mathrm{e}n!}\sum_{k=0}^{n-1}(-1)^k k! \quad (n\geqslant 1).$$

由此得到

$$y(x)=a_0\sum_{n=0}^{\infty}\frac{x^n}{n!}-\frac{1}{\mathrm{e}}\sum_{n=1}^{\infty}\left(\sum_{k=0}^{n-1}(-1)^k k!\right)\frac{x^n}{n!}. \tag{L1.66.1}$$

因为

$$\frac{1}{n}-\frac{1}{n(n-1)}=\frac{(n-1)!-(n-2)!}{n!}<\frac{1}{n!}\left|\sum_{k=0}^{n-1}(-1)^k k!\right|<\frac{(n-1)!}{n!}=\frac{1}{n},$$

所以式 (L1.66.1) 右边第二个级数的收敛半径等于 1, 从而等式 (L1.66.1) 当 $|x|<1$ 时成立. 于是

$$f(x)=a_0+\sum_{n=1}^{\infty}\left(a_0-\frac{1}{\mathrm{e}}\sum_{k=0}^{n-1}(-1)^k k!\right)\frac{x^n}{n!} \quad (|x|<1).$$

(iii) 现在给出系数 a_n 的另一种表达式. 我们有

$$a_0=f(0)=\int_1^{\infty}\frac{\mathrm{e}^{-t}}{t}\mathrm{d}t. \tag{L1.66.2}$$

又由

$$\frac{1}{x+t}=\frac{1}{t}\cdot\frac{1}{1+\dfrac{x}{t}}=\frac{1}{t}\left(\sum_{k=0}^{n}(-1)^k\frac{x^k}{t^k}+(-1)^{n+1}\frac{x^{n+1}/t^{n+1}}{1+x/t}\right),$$

可知

$$f(x)=\sum_{k=0}^{n}(-1)^k x^k\int_1^{\infty}\frac{\mathrm{e}^{-t}}{t^{k+1}}\mathrm{d}t+(-1)^{n+1}x^{n+1}\int_1^{\infty}\frac{\mathrm{e}^{-t}}{t^{n+1}(t+x)}\mathrm{d}t, \tag{L1.66.3}$$

并且其中余项

$$\left|x^{n+1}\int_1^{\infty}\frac{\mathrm{e}^{-t}}{t^{n+1}(t+x)}\mathrm{d}t\right|\leqslant|x|^{n+1}\int_1^{\infty}\frac{\mathrm{e}^{-t}}{t-|x|}\mathrm{d}t,$$

所以当 $|x|<1$ 时

$$x^{n+1}\int_1^{\infty}\frac{\mathrm{e}^{-t}}{t^{n+1}(t+x)}\mathrm{d}t\to 0 \quad (n\to\infty),$$

从而由式 (L1.66.2) 和式 (L1.66.3) 得到

$$a_n=(-1)^n\int_1^{\infty}\frac{\mathrm{e}^{-t}}{t^{n+1}}\mathrm{d}t \quad (n\geqslant 0).$$

(4) 令

$$y(x)=\sum_{n=1}^{\infty}\frac{\big((n-1)!\big)^2}{(2n)!}(2x)^{2n} \quad (|x|<1),$$

则满足微分方程

$$(1-x^2)y''-xy'=4, \quad y(0)=y'(0)=0.$$

解此方程(见练习题 1.45(1)), 得到 $y(x)=2\arcsin^2 x$, 然后在其中令 $x=1/2$.

1.67 显然 $f(0)=1$, 并且幂级数的收敛半径

$$R=\lim_{n\to\infty}\left|\frac{a_n}{a_{n+1}}\right|=\frac{1}{2}.$$

当 $|x|<1/2$ 时

$$f'(x)=\sum_{n=1}^{\infty}na_nx^{n-1}=\sum_{n=0}^{\infty}(n+1)a_{n+1}x^n,$$

由题设递推关系可知

$$(n+1)a_{n+1}-2na_n=ka_n\quad(n\geqslant 0),$$

因此

$$\begin{aligned}(1-2x)f'(x)=f'(x)-2xf'(x)&=\sum_{n=0}^{\infty}(n+1)a_{n+1}x^n-2\sum_{n=1}^{\infty}na_nx^n\\&=a_1+\sum_{n=1}^{\infty}\big((n+1)a_{n+1}-2na_n\big)x^n=k\left(1+\sum_{n=1}^{\infty}a_nx^n\right)=kf(x).\end{aligned}$$

于是 f 满足微分方程

$$(1-2x)y'=ky,\quad y(0)=1.$$

由此解得

$$\log|y|=-\frac{k}{2}\log|1-2x|+C,$$

因此 $f(x)=(1-2x)^{-k/2}$.

1.68 证法 1 作变量变换

$$x=\frac{1}{2}(-u+v),\quad y=\frac{1}{2}(u+v),$$

则积分区域 (三角形)$0<x<y<\pi$ 映为

$$D:\ 0<u<v<2\pi-u.$$

变换的 Jacobi 式等于 $-1/2$, 因此题中的积分

$$\begin{aligned}J&=\frac{1}{2}\iint\limits_D\log|\sin u|\mathrm{d}u\mathrm{d}v=\frac{1}{2}\int_0^{\pi}\log|\sin u|\mathrm{d}u\int_u^{2\pi-u}\mathrm{d}v=\int_0^{\pi}(\pi-u)\log|\sin u|\mathrm{d}u\\&=\frac{\pi}{2}\int_0^{\pi}\log|\sin u|\mathrm{d}u+\int_0^{\pi}\left(\frac{\pi}{2}-u\right)\log|\sin u|\mathrm{d}u\\&=J_1+J_2.\end{aligned}$$

在 J_2 中令 $t=\pi-u$, 则得

$$J_2=\int_{\pi}^{0}\left(\frac{\pi}{2}-t\right)\log|\sin t|\mathrm{d}t=-J_2,$$

所以 $J_2=0$. 于是

$$J=J_1=\frac{\pi}{2}\int_0^{\pi}\log|\sin u|\mathrm{d}u. \tag{L1.68.1}$$

还有

$$J=\frac{\pi}{2}\left(\int_0^{\pi/2}\log|\sin u|\mathrm{d}u+\int_{\pi/2}^{\pi}\log|\sin u|\mathrm{d}u\right)=\frac{\pi}{2}\left(\int_0^{\pi/2}\log|\sin u|\mathrm{d}u+J_3\right).$$

在积分 J_3 中令 $v=u-\pi/2$, 则有

$$\begin{aligned}J&=\frac{\pi}{2}\left(\int_0^{\pi/2}\log|\sin u|\mathrm{d}u+\int_0^{\pi/2}\log|\cos v|\mathrm{d}v\right)=\frac{\pi}{2}\left(\int_0^{\pi/2}\log|\sin 2u|\mathrm{d}u-\log 2\int_0^{\pi/2}\mathrm{d}u\right)\\&=\frac{\pi}{2}\left(\frac{1}{2}\int_0^{\pi}\log|\sin t|\mathrm{d}t-\log 2\int_0^{\pi/2}\mathrm{d}u\right)=\frac{\pi}{4}\int_0^{\pi}\log|\sin t|\mathrm{d}t-\frac{\pi^2}{4}\log 2.\end{aligned}$$

由此及式 (L1.68.1) 得到

$$J=\frac{1}{2}\cdot J-\frac{\pi^2}{4}\log 2,$$

从而 $J=-(\pi^2\log 2)/2$.

证法 2 记 $z=e^{2\pi i/n}$, 以及 (Vandermonde 矩阵)

$$\boldsymbol{V}=\boldsymbol{V}(1,z,z^2,\cdots,z^{n-1})=\begin{pmatrix}1 & 1 & 1 & \cdots & 1\\ 1 & z & z^2 & \cdots & z^{n-1}\\ 1 & z^2 & z^4 & \cdots & z^{2(n-1)}\\ \vdots & \vdots & \vdots & & \vdots\\ 1 & z^{n-1} & z^{2(n-1)} & \cdots & z^{(n-1)^2}\end{pmatrix},$$

那么 (Vandermonde 行列式)

$$\det(\boldsymbol{V})=\prod_{0\leqslant j<k\leqslant n-1}(z^k-z^j).$$

因为

$$\begin{aligned}|z^k-z^j|^2&=(z^k-z^j)(z^{-k}-z^{-j})=1-z^{k-j}-z^{-(k-j)}+1\\&=2\left(1-\frac{z^{k-j}+z^{-(k-j)}}{2}\right)=2\left(1-\cos\frac{2(k-j)\pi}{n}\right)=\left(2\sin\frac{k-j}{n}\pi\right)^2,\end{aligned}$$

所以

$$|\det(\boldsymbol{V})|^2=\prod_{0\leqslant j<k\leqslant n-1}\left(2\sin\frac{k-j}{n}\pi\right)^2. \tag{L1.68.2}$$

另一方面 (用 $\overline{\boldsymbol{V}^{\mathrm{T}}}$ 表示 $\boldsymbol{V}$ 的转置的复数共轭),

$$|\det(\boldsymbol{V})|^2=\det(\boldsymbol{V}\overline{\boldsymbol{V}^{\mathrm{T}}}),$$

它的 (s,t) 位置的元素是 $1+z^{s-t}+z^{2(s-t)}+\cdots+z^{(n-1)(s-t)}$, 所以矩阵 $\boldsymbol{V}\overline{\boldsymbol{V}^{\mathrm{T}}}$ 各行和各列都只有一个元素 n, 其余元素都为 0 (参见公式 (3.5.3)), 从而

$$|\det(\boldsymbol{V})|^2=n^n. \tag{L1.68.3}$$

由式 (L1.68.2) 和式 (L1.68.3) 得到

$$\prod_{0\leqslant j<k\leqslant n-1}\left(2\sin\frac{k-j}{n}\pi\right)^2=n^n.$$

两边取对数, 可得

$$2\sum_{0\leqslant j<k\leqslant n-1}\log 2+2\sum_{0\leqslant j<k\leqslant n-1}\log\left|\sin\frac{k-j}{n}\pi\right|=n\log n.$$

注意 $\sum\limits_{0\leqslant j<k\leqslant n-1}1=n(n-1)/2$, 并用 $\pi^2/(2n^2)$ 乘上式两边, 可推出

$$\frac{\pi^2}{n^2}\sum_{0\leqslant j<k\leqslant n-1}\log\left|\sin\left(\frac{j\pi}{n}-\frac{k\pi}{n}\right)\right|=\frac{\pi^2}{2n}\log n-\left(1-\frac{1}{n}\right)\frac{\pi^2}{2}\log 2.$$

令 $n\to\infty$, 即得结果 (因为广义积分存在, 所以二重 Riemann 和收敛).

1.69 (1) 立体由椭球面和椭圆抛物面围成. 令 (广义圆柱坐标系)

$$x=ar\cos\theta,\quad y=br\sin\theta,\quad z=z,$$

则 Jacobi 式 $J=abr, 0\leqslant\theta<2\pi$. 由曲面方程可知

$$r^2+\frac{z^2}{c^2}=1,\quad r^2=\frac{z}{c},$$

因此 r 满足方程 $r^4+r^2-1=0$. 由此解出 r 的最大值 $r_0=\sqrt{(\sqrt{5}-1)/2}$ (也就是两曲面交线上点的 r 坐标的最大值). 平行于 z 轴的直线与椭圆抛物面的交点的 z 坐标是 cr^2, 与椭球面的交点的 z 坐标是 $c\sqrt{1-r^2}$. 因此所求体积

$$\begin{aligned}V&=\int_0^{2\pi}\mathrm{d}\theta\int_0^{r_0}abr\mathrm{d}r\int_{cr^2}^{c\sqrt{1-r^2}}\mathrm{d}z\\&=2\pi abc\int_0^{r_0}r(\sqrt{1-r^2}-r^2)\mathrm{d}r\\&=2\pi abc\left(-\frac{1}{3}(1-r^2)^{3/2}-\frac{1}{4}r^4\right)\bigg|_0^{r_0}=\frac{5(3-\sqrt{5})}{12}abc\pi.\end{aligned}$$

(2) (本题有多种解法, 下面给出一种) 由 S_1(椭球面) 和 S_2(上半椭圆锥面) 的方程得到

$$z_1=c\sqrt{1-\frac{x^2}{a^2}-\frac{y^2}{b^2}},\quad z_2=c\sqrt{\frac{x^2}{a^2}+\frac{y^2}{b^2}}.$$

由 $z_1=z_2$ 得到

$$2\left(\frac{x^2}{a^2}+\frac{y^2}{b^2}\right)=1\quad\Rightarrow\quad\frac{z^2}{c^2}=\frac{1}{2}\quad(z\geqslant 0),$$

因此两曲面的交线位于平面 $z=c\sqrt{2}/2$ 上, 因而截口在 Oxy 平面上的投影是

$$S:\ \frac{x^2}{a^2}+\frac{y^2}{b^2}\leqslant\frac{1}{2},$$

从而所求立体体积

$$V=\iint\limits_S\left(\left(\frac{\sqrt{2}c}{2}-c\sqrt{\frac{x^2}{a^2}+\frac{y^2}{b^2}}\right)+\left(c\sqrt{1-\frac{x^2}{a^2}-\frac{y^2}{b^2}}-\frac{\sqrt{2}c}{2}\right)\right)\mathrm{d}x\mathrm{d}y.$$

令 $x=ar\cos\theta, y=br\sin\theta$, 则 Jacobi 式等于 abr, S 映为 $D:0\leqslant r\leqslant\sqrt{2}/2, 0\leqslant\theta\leqslant 2\pi$. 因此

$$\begin{aligned}V&=\iint\limits_D c\left(\sqrt{1-r^2}-r\right)abr\mathrm{d}r\mathrm{d}\theta=abc\int_0^{2\pi}\mathrm{d}\theta\int_0^{\sqrt{2}/2}\left(\sqrt{1-r^2}-r\right)r\mathrm{d}r\\&=abc\cdot 2\pi\cdot\left(\frac{1}{3}\left(1-\frac{\sqrt{2}}{4}\right)-\frac{\sqrt{2}}{12}\right)=\frac{2-\sqrt{2}}{3}abc\pi.\end{aligned}$$

1.70 提示 (请读者补出计算细节并画图) 设三角形为 OAB, 其中 O 是直角坐标系 Oxy 的原点, B 在 x 轴上, A 在第一象限. 延长 OA 到 D, 使得 $|DA|=|AB|$. 记 $A(x,y), B(a,0), |OA|=b, |AB|=c$, 则 $\angle AOB=\theta$. 于是 D 的坐标是 $(u\cos\theta, u\sin\theta)$. 直线 OA 的方程是

$$x\sin\theta-y\cos\theta=0,\tag{L1.70.1}$$

直线 BD 的方程是

$$y=\frac{u\sin\theta}{u\cos\theta-a}(x-a).\tag{L1.70.2}$$

线段 BD 的垂直平分线的方程是

$$y-\frac{u\sin\theta}{2}=-\frac{u\cos\theta-a}{u\sin\theta}\left(x-\frac{u\cos\theta+a}{2}\right).\tag{L1.70.3}$$

由方程 (L1.70.1) 和 (L1.70.3)(并注意 $0<a<b+c=u$) 可解出 A 的坐标

$$x=\frac{(u^2-a^2)\cos\theta}{2(u-a\cos\theta)},\quad y=\frac{(u^2-a^2)\sin\theta}{2(u-a\cos\theta)}.\tag{L1.70.4}$$

于是 $\triangle OAB$ 的面积 $S=S(a)=ay/2$, 即得

$$S(a)=\frac{a(u^2-a^2)\sin\theta}{4(u-a\cos\theta)}. \tag{L1.70.5}$$

由此算出

$$\frac{\mathrm{d}S}{\mathrm{d}a}=\frac{\sin\theta}{4}\cdot\frac{u^3-3ua^2+2(\cos\theta)a^3}{(u-a\cos\theta)^2}. \tag{L1.70.6}$$

为解 $\mathrm{d}S/\mathrm{d}a=0$, 令

$$\theta=3\alpha \quad (0<\alpha<\pi/3),$$

则由三倍角公式, 只需解方程

$$2a^3(4\cos^3\alpha-3\cos\alpha)-3ua^2+u^3=0. \tag{L1.70.7}$$

进而令

$$\frac{a}{u}\cos\alpha=t,$$

则方程 (L1.70.7) 归结为

$$(2t+1)\left(4t^2-2t+1-\frac{3t^2}{\cos^2\alpha}\right)=0. \tag{L1.70.8}$$

将上式左边第二个因子变形为 $(t-1)^2+3t^2(1-1/\cos^2\alpha)$, 并令

$$\frac{a}{u}=\frac{t}{\cos\alpha}=s,$$

则有

$$\begin{aligned}(t-1)^2+3t^2\left(1-\frac{1}{\cos^2\alpha}\right)&=(s\cos\alpha-1)^2-3s^2\sin^2\alpha\\&=(s\cos\alpha+\sqrt{3}s\sin\alpha-1)(s\cos\alpha-\sqrt{3}s\sin\alpha-1),\end{aligned}$$

对右边应用两角和公式, 可知

$$(t-1)^2+3t^2\left(1-\frac{1}{\cos^2\alpha}\right)=\left(2s\cos\left(\alpha-\frac{\pi}{3}\right)-1\right)\left(2s\cos\left(\alpha+\frac{\pi}{3}\right)-1\right). \tag{L1.70.9}$$

由式 (L1.70.8) 和式 (L1.70.9), 我们需解方程

$$(2s\cos\alpha+1)\left(2s\cos\left(\alpha-\frac{\pi}{3}\right)-1\right)\left(2s\cos\left(\alpha+\frac{\pi}{3}\right)-1\right)=0.$$

注意 $0<s=a/u<1$, 上式左边第一个因子为正值, 第三个因子为负值, 所以得到驻点

$$s_0=\frac{1}{2\cos\left(\alpha-\dfrac{\pi}{3}\right)},$$

从而

$$a_0=\frac{u}{2}\sec\frac{\pi-\theta}{3}.$$

因为当 $s<s_0$ 时 $\mathrm{d}S/\mathrm{d}a>0$, 当 $s>s_0$ 时 $\mathrm{d}S/\mathrm{d}a<0$, 所以 $S(a_0)$ 是 $S(a)$ 的最大值. 因此三角形第三边 OB 的长等于 a_0 时面积最大.

1.71 (1) *解法 1* 设椭圆上所求点为 $P(x,y)$, 则按公式, 此距离

$$d=\frac{|2x+3y-6|}{\sqrt{2^2+3^2}}=\frac{|2x+3y-6|}{\sqrt{13}}.$$

过 P 作 L 的平行线 l, 则椭圆上的点 (P 除外) 到 L 的距离都大于 d, 因此椭圆位于直线 l 的一侧, 即 l 与椭圆只有一个公共点, 所以 l 是椭圆的切线, 从而椭圆在 P 的法线与 L 垂直. 由椭圆方程求出点 $P(x,y)$ 处的法线的斜率是 $4y/x$, 直线 L 的斜率是 $-2/3$, 因此

$$-\frac{2}{3}\cdot\frac{4y}{x}=-1 \quad 或 \quad 3x-8y=0.$$

又因为点 $P(x,y)$ 在椭圆上, 所以

$$x^2+4y^2=4.$$

由以上两方程解出 $P(x,y)=(8/5,3/5)$(因为直线 L 经过第一象限, 所以 P 在第一象限), 从而 $d=\sqrt{13}/13$.

解法 2 $d(x,y)$ 同解法 1. 引进 Lagrange 乘子 λ, 令

$$F(x,y;\lambda)=d(x,y)^2+\lambda(x^2+4y^2-4)=\frac{1}{13}(2x+3y-6)^2+\lambda(x^2+4y^2-4).$$

由 $\partial F/\partial x=0$ 等等, 求得 $(x,y)=(8/5,3/5), d_{\min}=1/\sqrt{13}$(另一点 $-(8/5,3/5)$ 给出 $d_{\max}=11/\sqrt{13}$).

(2) **提示** 设 $M(x,y,z)$ 是曲线 Γ 上的任意一点, 那么 Σ_1 在 M 处的法向量为 $(x/a^2,y/b^2,z/c^2)$, 所以切平面方程是

$$\Pi:\ \frac{x}{a^2}(X-x)+\frac{y}{b^2}(Y-y)+\frac{z}{c^2}(X-z)=0,$$

其中 (X,Y,Z) 是 Π 上点的坐标. 原点到 Π 的距离是

$$d(x,y,z)=\frac{1}{\sqrt{G(x,y,z)}},\quad 其中\quad G(x,y,z)=\frac{x^2}{a^4}+\frac{y^2}{b^4}+\frac{z^2}{c^4}.$$

只需求 $G(x,y,z)$ 在 Σ_1,Σ_2 的方程给出的约束条件下的极值. 引入 Lagrange 乘子 λ_1,λ_2, 目标函数是

$$H(x,y,z)=\frac{x^2}{a^4}+\frac{y^2}{b^4}+\frac{z^2}{c^4}+\lambda_1\left(\frac{x^2}{a^2}+\frac{y^2}{b^2}+\frac{z^2}{c^2}-1\right)+\lambda_2(x^2+y^2-z^2).$$

由 $H_x=H_y=H_z=0$ 并应用约束条件, 得到

$$x=0, y^2=z^2=\frac{b^2c^2}{b^2+c^2} \quad 或 \quad y=0, x^2=z^2=\frac{a^2c^2}{a^2+c^2}.$$

对应地得到

$$G(x,y,z)=\frac{b^4+c^4}{b^2c^2(b^2+c^2)} \quad 或 \quad \frac{a^4+c^4}{a^2c^2(a^2+c^2)}.$$

注意 $a>b>c$, 由求出的极值以及最值的存在性, 得到最大和最小距离分别是 $ac\sqrt{(a^2+c^2)/(a^4+c^4)}$ 和 $bc\sqrt{(b^2+c^2)/(b^4+c^4)}$.

1.72 下面给出四种解法. 前三种解法是同一个思路, 第四种解法应用了平面图形的投影概念.

解法 1 (i) 因为直线 L 经过椭球体 V 的中心, 所以通过 L 的每个平面与 V 的截口都是椭圆, 并且 L 与 V 的两个交点之间的线段是所有截口边界 (椭圆) 的一个轴. 解方程组

$$\frac{x^2}{2}+\frac{y^2}{2}+z^2=1,\quad x=y=2z,$$

得到交点 $Q_{1,2}=\pm(2/\sqrt{5},2/\sqrt{5},1/\sqrt{5})$(注意直线 L 上的点 $(2,2,1)$ 在第一卦限, 所以 L 经过第一卦限, 从而交点 Q_1 也在第一卦限), 于是截口边界的一个半轴长 ($|OQ_1|$) 为

$$d_1=\sqrt{\left(\frac{2}{\sqrt{5}}\right)^2+\left(\frac{2}{\sqrt{5}}\right)^2+\left(\frac{1}{\sqrt{5}}\right)^2}=\frac{3}{\sqrt{5}}.$$

(ii) 椭球体 V 表面上任何一点 (Q_1,Q_2 除外) 与直线 L 唯一确定一个截面, 所以椭球体 V 表面上每个点一定属于某个截口边界. 为求具有最大面积的截口 (椭圆) 的另一个半轴长, 只需求中心 O 与椭球面 $\Sigma: x^2/2+y^2/2+z^2=1$ 上点 $P(x,y,z)$ 的距离的平方

$$h(x,y,z)=x^2+y^2+z^2$$

的极值. 因为点 $P(x,y,z)$ 的坐标满足 Σ 的方程, 所以

$$h(x,y,z)=2\left(\frac{x^2}{2}+\frac{y^2}{2}+z^2\right)-z^2=2-z^2.$$

可见当 $z=0$ 时取得 $h_{\max}=2$. 注意 $\sqrt{2}>3/\sqrt{5}$, 所以与此值对应的点 $P(x,y,0)$ 不是 Q_1,Q_2, 从而截口边界的另一个半轴长 (长半轴) 等于 $\sqrt{2}$. 因此所求最大截面面积

$$S_0=\frac{3}{\sqrt{5}}\cdot\sqrt{2}\pi=\frac{3\sqrt{10}}{5}\pi.$$

(iii) 为求对应的平面的方程, 首先求长半轴的端点 $P(x,y,0)$ 的坐标. 因为 $|PQ_1|=|PQ_2|$, 所以

$$\left(x-\frac{2}{\sqrt{5}}\right)^2+\left(y-\frac{2}{\sqrt{5}}\right)^2+\left(0-\frac{1}{\sqrt{5}}\right)^2=\left(x+\frac{2}{\sqrt{5}}\right)^2+\left(y+\frac{2}{\sqrt{5}}\right)^2+\left(0+\frac{1}{\sqrt{5}}\right)^2,$$

由此解得 $x+y=0$, 即 $y=-x$. 将此以及 $z=0$ 代入 $x^2+y^2+z^2=2$, 得到 $x=\pm1,y=\mp1$, 于是长半轴的端点 (只需任取其一) 为 $P(1,-1,0)$.

点 $P(1,-1,0)$ 和直线 L 唯一确定我们所求的平面. 设其方程是

$$Ax+By+Cz+D=0.$$

将 $O(0,0,0)$ 的坐标代入此方程得知 $D=0$. 将 $P(1,-1,0)$ 的坐标代入方程得到 $A=B$. 将 L 上点 $(2,2,1)$ 的坐标代入方程得到 $C=-4A$. 于是所求的平面方程是 $A(x+y-4z)=0$, 即

$$z=\frac{1}{4}(x+y).$$

解法 2 将直线 L 的方程写作两平面 $x-y=0,y-2z=0$ 之交的形式, 可知通过直线 L 的平面束方程是 $(y-2z)+\lambda(x-y)=0$, 即

$$\lambda x+(1-\lambda)y-2z=0. \tag{L1.72.1}$$

它与 V 的截面的边界是以原点 $O(0,0,0)$ 为中心的椭圆 $T=T(\lambda)$. 设其上点的坐标是 $K(x,y,z)$, 它与 O 的距离的平方为

$$f(x,y,z;\lambda)=x^2+y^2+z^2.$$

求出其极值, 即可进而得到椭圆的长半轴 ($\sqrt{f_{\max}}$) 和短半轴 ($\sqrt{f_{\min}}$), 从而求出椭圆面积 $\pi\sqrt{f_{\max}f_{\min}}$.

(i) 因为点 K 在椭球面 $\Sigma:x^2/2+y^2/2+z^2=1$ 上, 所以 K 的坐标满足 Σ 的方程, 于是 $f=2-z^2$(参见解法 1 中 $h(x,y,z)$ 的计算), 可见当 $z=0$ 时取得 $f_{\max}=2$, 即椭圆 T 的一个半轴等于 $\sqrt{2}$(从下文可知是长半轴). 这个值与 λ 无关, 直观地看, 表明所有截面边界 (椭圆) 具有相等的长半轴.

(ii) 为求具有最大面积的截面 (椭圆) 的短半轴, 应当确定 λ, 使得 $f(\lambda)$ 取得最大值 (约束条件是 (x,y,z) 满足平面束方程和椭球面 Σ 的方程). 为此引进 Lagrange 乘子 α,β, 令

$$F(x,y,z;\lambda;\alpha,\beta)=x^2+y^2+z^2+\alpha\left(\frac{x^2}{2}+\frac{y^2}{2}+z^2-1\right)-\beta\big(\lambda x+(1-\lambda)y-2z\big).$$

算出

$$\begin{aligned}\frac{\partial F}{\partial x}&=2x-\alpha x-\beta\lambda=0,\\ \frac{\partial F}{\partial y}&=2y-\alpha y-\beta(1-\lambda)=0,\\ \frac{\partial F}{\partial z}&=2z-2\alpha z+2\beta=0.\end{aligned}$$

于是

$$x(2x-\alpha x-\beta\lambda)+y\big(2y-\alpha y-\beta(1-\lambda)\big)+z(2z-2\alpha z+2\beta)=0,$$

即

$$2f-2\alpha\left(\frac{x^2}{2}+\frac{y^2}{2}-z^2\right)-\beta\big(\lambda x+(1-\lambda)y-2z\big)=0.$$

由此及椭球面 Σ 的方程和式 (L1.72.1) 得到

$$f(x,y,z;\lambda)=\alpha. \tag{L1.72.2}$$

因为截面边界 T 不可能是圆, 所以 $\sqrt{f_{\min}}\neq\sqrt{f_{\max}}$, 因此可设 $f\neq 2$, 即 $\alpha\neq 2$. 于是由 $\partial F/\partial x=0$ 解出

$$x=-\frac{\beta\lambda}{\alpha-2}.$$

类似地解出

$$y=-\frac{\beta(1-\lambda)}{\alpha-2},\quad z=\frac{\beta}{1-\alpha}.$$

将这些不等式代入方程 (L1.72.1), 得到

$$-\lambda\frac{\beta\lambda}{\alpha-2}-(1-\lambda)\frac{\beta(1-\lambda)}{\alpha-2}-2\frac{\beta}{1-\alpha}=0.$$

注意 $\beta\neq 0$, 由此解出

$$\alpha=\alpha(\lambda)=1+\frac{2}{2\lambda^2-2\lambda+3}.$$

因为

$$2\lambda^2-2\lambda+3=2\left(\lambda-\frac{1}{2}\right)^2+\frac{5}{2},$$

所以当 $\lambda=1/2$ 时取得 $\alpha_{\max}=1+2/5=9/5$(这个结果也可用微分方法得到). 由此及式 (L1.72.2) 可知, 具有最大面积的截面椭圆 $T(1/2)$ 的短半轴等于 $3/\sqrt{5}$. 因此最大截面面积等于

$$S_0=\pi\cdot\sqrt{2}\cdot\frac{3}{\sqrt{5}}=\frac{3\sqrt{10}}{5}\pi.$$

将 $\lambda=1/2$ 代入式 (L1.72.1), 可知此最大面积截面由平面 $z=(x+y)/4$ 截得.

解法 3 具有最大面积的截口 (椭圆)T 的两个轴的端点与直线 L 的距离达到极值 (极小值应当是 0, 即端点是 L 与 V 的交点). 我们首先给出椭球面 $\Sigma: x^2/2+y^2/2+z^2=1$ 上任意一点 $P(x,y,z)$ 到 L 的距离的表达式. 点 O 到 P 的向径 $\boldsymbol{r}=(x,y,z)$, 直线 L 的方向向量 $\boldsymbol{t}=(1,1,1/2)$, 因此向量

$$\boldsymbol{r}\times\boldsymbol{t}=\begin{vmatrix}\boldsymbol{i}&\boldsymbol{j}&\boldsymbol{k}\\x&y&z\\1&1&\frac{1}{2}\end{vmatrix}=\left(\frac{1}{2}-z,z-\frac{1}{2}x,x-y\right).$$

所以点 $P(x,y,z)$ 到直线 L 的距离

$$d=\frac{|\boldsymbol{r}\times\boldsymbol{t}|}{|\boldsymbol{t}|}=\frac{2}{3}\sqrt{\left(\frac{y}{2}-z\right)^2+\left(z-\frac{x}{2}\right)^2+(x-y)^2}.$$

我们只需求函数

$$g(x,y,z)=\left(\frac{y}{2}-z\right)^2+\left(z-\frac{x}{2}\right)^2+(x-y)^2$$

在约束条件

$$\frac{x^2}{2}+\frac{y^2}{2}+z^2-1=0$$

下的极值. 引进 Lagrange 乘子 μ, 令

$$G(x,y,z;\mu)=g(x,y,z)+\mu\left(\frac{x^2}{2}+\frac{y^2}{2}+z^2-1\right).$$

由 $\partial G/\partial x=0$ 等得到

$$\left(\frac{5}{2}+\mu\right)x-2y-z=0,$$
$$-2x+\left(\frac{5}{2}+\mu\right)y-z=0,$$
$$-x-y+(4+2\mu)z=0.$$

作为 x,y,z 的齐次线性方程组, 它有非零解组, 所以系数行列式

$$\begin{vmatrix}\frac{5}{2}+\mu & -2 & -1\\ -2 & \frac{5}{2}+\mu & -1\\ -1 & -1 & 4+2\mu\end{vmatrix}=\frac{1}{2}\mu(2\mu+9)(2\mu+5)=0.$$

当 $\mu=0$ 时, 解齐次线性方程组得到 $(x,y,z)=k(2,2,1)$ $(k\in\mathbb{R})$, 将它代入 Σ 的方程, 解得极值点

$$A_{1,2}=\pm\left(\frac{2}{\sqrt{5}},\frac{2}{\sqrt{5}},\frac{1}{\sqrt{5}}\right).$$

类似地, 对于 $\mu=-2/9$, 得到极值点

$$B_{1,2}=\pm(1,-1,0);$$

对于 $\mu=-5/9$, 得到极值点

$$C_{1,2}=\pm\left(\frac{1}{\sqrt{5}},\frac{1}{\sqrt{5}},-\frac{2}{\sqrt{5}}\right).$$

分别算出

$$d_1=|A_1A_2|=\frac{6}{\sqrt{5}},\quad d_2=|B_1B_2|=2\sqrt{2},\quad d_3=|C_1C_2|=\frac{3\sqrt{10}}{5}.$$

容易验证点 A_1,A_2 在直线 L 上, 所以我们得到具有公共长轴 A_1A_2 的两个椭圆截面, 它们的面积分别等于

$$S_B=\frac{1}{4}d_1d_2\pi=\frac{3\sqrt{10}}{5}\pi,\quad S_C=\frac{1}{4}d_1d_3\pi=\frac{9\sqrt{50}}{50}\pi.$$

因为 $S_B>S_C$, 所以以 A_1A_2,B_1B_2 为轴的截面即为所求, 最大截面面积等于 $3\sqrt{10}/5$.

此截面由直线 L 和 B_1B_2 确定. 因为直线 B_1B_2 的方向向量 $\boldsymbol{b}=\big(1-(-1),-1-1,0-0\big)=(2,-2,0)$, 所以截面的法向量是

$$\boldsymbol{r}\times\boldsymbol{b}=\left(1,1,\frac{1}{2}\right)\times(2,-2,0)=(1,1,-4),$$

从而所求截面方程是

$$(x,y,z)\cdot\frac{1}{\sqrt{1^2+1^2+(-4)^2}}(1,1,-4)=D.$$

又因为截面经过点 $O(0,0,0)$, 所以 $D=0$, 于是截面方程是 $x+y-4z=0$.

解法 4 (i) 应用平面束方程 (L1.72.1) 可写出截口曲线方程

$$\varGamma:\begin{cases}z=\dfrac{1}{2}\big(\lambda x+(1-\lambda)y\big),\\ \dfrac{x^2}{2}+\dfrac{y^2}{2}+z^2-1=0.\end{cases}\tag{L1.72.3}$$

这是平面

$$z=\frac{1}{2}\big(\lambda x+(1-\lambda)y\big)\tag{L1.72.4}$$

上的一个 (空间) 椭圆. 它在坐标平面 Oxy 上的投影是 (平面) 曲线

$$\frac{x^2}{2}+\frac{y^2}{2}+\left(\frac{1}{2}\big(\lambda x+(1-\lambda)y\big)\right)^2-1=0.$$

整理可得

$$\left(\frac{1}{2}+\frac{1}{4}\lambda^2\right)x^2+\frac{1}{2}\lambda(1-\lambda)xy+\left(\frac{1}{2}+\frac{1}{4}(1-\lambda)^2\right)y^2-1=0,$$

将它简记为

$$\varDelta: ax^2+2bxy+cy^2=1 \tag{L1.72.5}$$

(其中系数 a,b,c 的意义自明). 分别记 $\varGamma$ 和 $\varDelta$ 的面积为 $S_\varGamma$ 和 $S_\varDelta$, 则有

$$S_\varDelta=S_\varGamma\cos\gamma, \tag{L1.72.6}$$

其中 γ 是平面 (L1.72.4) 与坐标平面 Oxy 间的夹角.

(ii) 求 $S_\varDelta$. 因为

$$\begin{aligned}ac-b^2&=\left(\frac{1}{2}+\frac{1}{4}\lambda^2\right)\left(\frac{1}{2}+\frac{1}{4}(1-\lambda)^2\right)-\left(\frac{1}{4}\lambda(1-\lambda)\right)^2\\&=\frac{1}{4}\lambda^2-\frac{1}{4}\lambda+\frac{3}{8}=\frac{1}{4}\left(\lambda-\frac{1}{2}\right)^2+\frac{5}{16}>0,\end{aligned}$$

并且 $c>0$, 所以按一般二次曲线分类法则, $\varDelta$ 是 Oxy 平面上的一个椭圆. 由方程 (L1.72.5) 解出 $\varDelta$ 的显式表达式 (上半曲线和下半曲线)

$$y_\pm(x)=-\frac{b}{c}x\pm\frac{1}{c}\sqrt{c-(ac-b^2)x^2},$$

并且由 $y_+(x)=y_-(x)$ 求出它们的交点的 x 坐标:

$$x_1=-\frac{\sqrt{c}}{\sqrt{ac-b^2}},\quad x_2=\frac{\sqrt{c}}{\sqrt{ac-b^2}}.$$

于是面积

$$\begin{aligned}S_\varDelta&=\int_{x_1}^{x_2}(y_+(x)-y_-(x))\,\mathrm{d}x=\frac{2}{c}\int_{x_1}^{x_2}\sqrt{c-(ac-b^2)x^2}\,\mathrm{d}x\\&=\frac{\pi}{\sqrt{ac-b^2}}=\frac{2\sqrt{2}\pi}{\sqrt{2\lambda^2-2\lambda+3}}.\end{aligned}$$

(iii) 求 $\cos\gamma$. 也就是求平面 (L1.72.4) 的方向余弦的 z 坐标 (γ 是平面法线与 z 轴的夹角). 设 $z=z(x,y)$ 如式 (L1.72.4) 所示, 则可算出

$$\cos\gamma=\frac{1}{\sqrt{1+z_x^2+z_y^2}}=\frac{2}{\sqrt{2\lambda^2-2\lambda+5}}.$$

(iv) 由式 (L1.72.6) 及上面得到的 $S_\varDelta$ 和 $\cos\gamma$ 的表达式, 我们有

$$S_\varGamma=\frac{S_\varDelta}{\cos\gamma}=\sqrt{2}\pi\sqrt{\frac{2\lambda^2-2\lambda+5}{2\lambda^2-2\lambda+3}}.$$

因为

$$\frac{2\lambda^2-2\lambda+5}{2\lambda^2-2\lambda+3}=1+\frac{2}{2\lambda^2-2\lambda+3}=1+\frac{2}{2\left(\lambda-\frac{1}{2}\right)^2+\frac{5}{2}},$$

所以当 $\lambda=1/2$ 时, $S_\varGamma$ 取得最大值 $\sqrt{2}\pi\sqrt{1+2/(5/2)}=3\sqrt{10}\pi/5$. 将 $\lambda=1/2$ 代入式 (L1.72.4), 即得相应的截面方程 $z=(x+y)/4$.

注 过原点的平面与椭球面

$$\frac{x^2}{a^2}+\frac{y^2}{b^2}+\frac{z^2}{c^2}=1$$

的截面是椭圆, 此结论的证明可见舒阳春的《高等数学中的若干问题解析》(第 2 版, 科学出版社, 2015) 第 300 页.

1.73 (1) 设外切圆锥的底角为 θ, 底面 (圆) 半径为 R, 高为 h. 那么

$$R=r\cot\frac{\theta}{2},\quad h=\frac{r(1+\cos\theta)}{\cos\theta}=\frac{r\cdot 2\cos^2\dfrac{\theta}{2}}{\cos^2\dfrac{\theta}{2}-\sin^2\dfrac{\theta}{2}}=\frac{2r}{1-\tan^2\dfrac{\theta}{2}}.$$

于是圆锥体积

$$V=\frac{1}{3}\pi R^2h=\frac{2\pi r^3}{3}\cdot\frac{1}{\tan^2\dfrac{\theta}{2}\left(1-\tan^2\dfrac{\theta}{2}\right)}.$$

因为 $\tan^2\dfrac{\theta}{2}+\left(1-\tan^2\dfrac{\theta}{2}\right)=1$(两个加项都是正数), 所以当 $\tan^2\dfrac{\theta}{2}=\dfrac{1}{2}$ 时 V 达到极小值. 此时 $h=2r/(1-1/2)=4r$, V 的最小值为 $8\pi r^3/3$.

(2) 不妨认为 Σ 的方程是 $x^2+y^2+(z+1)^2=R^2$ (取 z 轴通过 Σ 的球心). 由 $x^2+y^2+(z+1)^2-R^2=x^2+y^2+z^2-1$, 可知 Σ 和 S 的交线在平面 $z=(R^2-2)/2$ 上. 由

$$x^2+y^2=1-z^2=1-\frac{(R^2-2)^2}{4}=R^2-\frac{R^4}{2}$$

推出两曲面的截口在 Oxy 平面上的投影是圆盘

$$D:\ x^2+y^2\leqslant R^2-\frac{R^4}{2}.$$

记 $z=z(x,y)=\sqrt{R^2-x^2-y^2}-1$(依 Σ 的方程), 所求面积

$$S(R)=\iint\limits_D\sqrt{1+z_x^2+z_y^2}\,\mathrm{d}x\mathrm{d}y=\iint\limits_D\frac{R}{\sqrt{R^2-x^2-y^2}}\mathrm{d}x\mathrm{d}y.$$

用极坐标,

$$S(R)=\int_0^{2\pi}\mathrm{d}\theta\int_0^{\sqrt{R^2-R^4/4}}\frac{Rr}{\sqrt{R^2-r^2}}\mathrm{d}r=\pi(2R^2-R^3).$$

由 $S'(R)=\pi(4R-3R^2)=0$, 可解出当 $R=4/3$ 时 $S_{\max}=32\pi/27$.

也可由

$$S(R)=\pi R^2(2-R)=4\pi\cdot\frac{R}{2}\cdot\frac{R}{2}\cdot(2-R),$$

应用算术-几何平均不等式推出: 当 $R/2=2-R$ 即 $R=4/3$ 时 S 最大, 并且 $S_{\max}=32\pi/27$.

1.74 解法 1 因为 x_1 可以任意大, 所以 $F(x_1,x_2,\cdots,x_n)$ 在 $\mathbb{R}_+^n$ 上没有最大值. 又由算术-几何平均不等式, 可知当 $x_i>0$ 时

$$F(x_1,x_2,\cdots,x_n)\geqslant(n+1)\sqrt[n+1]{x_1\prod_{i=1}^{n-1}\frac{x_{i+1}}{x_i}\cdot\frac{2}{x_n}}=(n+1)\sqrt[n+1]{2},$$

并且当

$$x_1=\frac{x_2}{x_1}=\cdots=\frac{x_n}{x_{n-1}}=\frac{2}{x_n}\tag{L1.74.1}$$

时等式成立, 此时 F 达到最小值 $(n+1)\sqrt[n+1]{2}$. 由式 (L1.74.1) 可归纳地解出 $x_i=x_1^i$ $(i=1,2,\cdots,n)$. 于是由 $x_n/x_{n-1}=2/x_n$ 得到 $x_n^2=2x_{n-1}$, 或 $(x_1^n)^2=2x_1^{n-1}$, 因此 $x_1=\sqrt[n+1]{2}$. 于是极小值点是

$$x_i=\sqrt[n+1]{2^i}\quad(i=1,2,\cdots,n).\tag{L1.74.2}$$

解法 2 对各变量求偏导数, 并令它们等于 0:

$$\frac{\partial F}{\partial x_1}=1-\frac{x_2}{x_1^2}=0,$$

$$\frac{\partial F}{\partial x_i}=\frac{1}{x_{i-1}}-\frac{x_{i+1}}{x_i^2}=0 \quad (i=2,3,\cdots,n-1),$$
$$\frac{\partial F}{\partial x_n}=\frac{1}{x_{n-1}}-\frac{2}{x_n^2}=0.$$

得到唯一驻点如式 (L1.74.2) 所示. 求出所有二阶偏导数:

$$a_{ij}=\frac{\partial^2 F}{\partial x_i \partial x_j} \quad (i,j=1,2,\cdots,n),$$

得到二阶微分 (二次型)

$$\mathrm{d}^2F=\sum_{i=1}^{n}\sum_{j=1}^{n}a_{ij}\mathrm{d}x_i\mathrm{d}x_j.$$

其矩阵的 m 阶主子式

$$\varDelta_m=\begin{vmatrix} 2x_1^{-1} & -x_1^{-2} & 0 & 0 & \cdots & 0 & 0 \\ -x_1^{-2} & 2x_1^{-3} & -x_1^{-4} & 0 & \cdots & 0 & 0 \\ 0 & -x_1^{-4} & 2x_1^{-5} & -x_1^{-6} & \cdots & 0 & 0 \\ \vdots & \vdots & \vdots & \vdots & & \vdots & \vdots \\ 0 & 0 & 0 & 0 & \cdots & -x_1^{-(2m-2)} & 2x_1^{-(2m-1)} \end{vmatrix},$$

化为上三角行列式

$$\varDelta_m=\begin{vmatrix} 2x_1^{-1} & -x_1^{-2} & 0 & 0 & \cdots & 0 \\ 0 & (3/2)x_1^{-3} & -x_1^{-4} & 0 & \cdots & 0 \\ 0 & 0 & (4/3)2x_1^{-5} & -x_1^{-6} & \cdots & 0 \\ \vdots & \vdots & \vdots & \vdots & & \vdots \\ 0 & 0 & 0 & 0 & \cdots & ((m+1)/m)x_1^{-(2m-1)} \end{vmatrix}.$$

可见所有 $\varDelta_m>0$, 因此二次型是正定的, F 在驻点的值 $(n+1)\sqrt[n+1]{2}$ 是最小值.

1.75 (1) 级数的收敛半径等于 1. 设 $|x|<1$, 则

$$f(x)+a\log(1-x)=\sum_{n=1}^{\infty}\frac{a_n-a}{n}x^n.$$

由题设, 对于任意给定的 $\varepsilon>0$, 存在 N, 使得当 $n>N$ 时, $|a_n-a|<\varepsilon/2$, 所以当 $0<x<1$ 时

$$|f(x)+a\log(1-x)|\leqslant\sum_{n=1}^{N}\frac{|a_n-a|}{n}+\frac{\varepsilon}{2}\sum_{n=N+1}^{\infty}\frac{x^n}{n}.$$

注意

$$|\log(1-x)|\to\infty \quad (x\to 1-), \qquad \sum_{n=N+1}^{\infty}\frac{x^n}{n}<\log(1-x) \quad (0<x<1),$$

所以对于任意给定的 $\varepsilon>0$, 当 N 取定时, 存在 η, 使得当 $1-\eta<x<1$ 时

$$\left|\frac{f(x)}{\log(1-x)}+a\right|\leqslant\frac{\sum\limits_{n=1}^{N}\dfrac{|a_n-a|}{n}}{|\log(1-x)|}+\frac{\varepsilon}{2}\cdot\frac{\sum\limits_{n=N+1}^{\infty}\dfrac{x^n}{n}}{|\log(1-x)|},\leqslant\frac{\varepsilon}{2}+\frac{\varepsilon}{2}=\varepsilon.$$

从而

$$f(x)\sim -a\log(1-x) \quad (x\to 1-).$$

(2) (i) 级数的收敛半径为 ∞. 令 $a_n=(1+1/n)^{n^2}$, 并应用 $\mathrm{e}^{\mathrm{e}x}$ 的 Taylor 级数, 可得到

$$f(x)-\frac{\mathrm{e}^{\mathrm{e}x}}{\sqrt{\mathrm{e}}}=-\frac{1}{\sqrt{\mathrm{e}}}+\sum_{n=1}^{\infty}\left(a_n-\frac{\mathrm{e}^n}{\sqrt{\mathrm{e}}}\right)\frac{x^n}{n!}. \tag{L1.75.1}$$

(ii) 因为

$$\log a_n=n^2\log\left(1+\frac{1}{n}\right)=n-\frac{1}{2}+\frac{1}{3n}+o\left(\frac{1}{n}\right)\quad(n\to\infty),$$

所以

$$a_n=\frac{\mathrm{e}^n}{\sqrt{\mathrm{e}}}\,\mathrm{e}^{1/3n+o(1/n)},$$

或

$$a_n-\frac{\mathrm{e}^n}{\sqrt{\mathrm{e}}}\sim\frac{1}{3n}\cdot\frac{\mathrm{e}^n}{\sqrt{\mathrm{e}}}\quad(n\to\infty).$$

于是对于任意给定的 $\varepsilon>0$, 存在 N, 使得当 $n>N$ 时

$$\frac{\sqrt{\mathrm{e}}}{\mathrm{e}^n}\cdot\left|a_n-\frac{\mathrm{e}^n}{\sqrt{\mathrm{e}}}\right|<\frac{\varepsilon}{2}.$$

由此及式 (L1.75.1) 可知

$$\begin{aligned}\left|f(x)-\frac{\mathrm{e}^{\mathrm{e}x}}{\sqrt{\mathrm{e}}}\right|&\leqslant\left|-\frac{1}{\sqrt{\mathrm{e}}}+\sum_{n=1}^{N}\left(a_n-\frac{\mathrm{e}^n}{\sqrt{\mathrm{e}}}\right)\frac{x^n}{n!}\right|+\frac{\varepsilon}{2}\cdot\frac{1}{\sqrt{\mathrm{e}}}\sum_{n=N+1}^{\infty}\frac{(\mathrm{e}x)^n}{n!}\\&=P_N(x)+\frac{\varepsilon}{2}\cdot Q_N(x),\end{aligned}$$

从而

$$\left|\frac{\sqrt{\mathrm{e}}f(x)}{\mathrm{e}^{\mathrm{e}x}}-1\right|\leqslant\frac{\sqrt{\mathrm{e}}\,P_N(x)}{\mathrm{e}^{\mathrm{e}x}}+\frac{\varepsilon}{2}\cdot\frac{\sqrt{\mathrm{e}}Q_N(x)}{\mathrm{e}^{\mathrm{e}x}}. \tag{L1.75.2}$$

对于固定的 N, $P_N(x)$ 是 N 次多项式, 所以

$$\frac{P_N(x)}{\mathrm{e}^{\mathrm{e}x}}\to 0\quad(x\to\infty).$$

显然还有

$$0<\frac{\sqrt{\mathrm{e}}Q_N(x)}{\mathrm{e}^{\mathrm{e}x}}<1.$$

所以由式 (L1.75.1) 可知, 对于任意给定的 $\varepsilon>0$, 当 N 取定时, 存在 X, 使得当 $x>X$ 时

$$\left|\frac{\sqrt{\mathrm{e}}f(x)}{\mathrm{e}^{\mathrm{e}x}}-1\right|\leqslant\varepsilon,$$

因此 $f(x)\sim\mathrm{e}^{\mathrm{e}x}/\sqrt{\mathrm{e}}\ (x\to\infty)$.

1.76 因为

$$\begin{aligned}&\lim_{n\to\infty}\int_{-1}^{1}\big(f(x)-f(0)\big)\phi_n(x)\mathrm{d}x\\&=\lim_{n\to\infty}\int_{-1}^{1}f(x)\phi_n(x)\mathrm{d}x-\lim_{n\to\infty}\int_{-1}^{1}f(0)\phi_n(x)\mathrm{d}x\\&=\lim_{n\to\infty}\int_{-1}^{1}f(x)\phi_n(x)\mathrm{d}x-af(0),\end{aligned}$$

所以只需在 $f(0)=0$ 的假定下证明

$$\lim_{n\to\infty}\int_{-1}^{1}f(x)\phi_n(x)\mathrm{d}x=0.$$

令

$$M=\max_{|x|\leqslant 1}|f(x)|,\quad \mu_n(\delta)=\sup_{\delta\leqslant|x|\leqslant 1}\phi_n(x)\quad(n\geqslant 1),$$

则可设 $M>0$, 并且由题设, 对于任何 $\delta\in(0,1),\mu_n(\delta)\to 0\,(n\to\infty)$. 我们有

$$\begin{aligned}I_n&=\left|\int_{-1}^{1}f(x)\phi_n(x)\mathrm{d}x\right|\\&=\left|\int_{-1}^{-\delta}f(x)\phi_n(x)\mathrm{d}x\right|+\left|\int_{-\delta}^{\delta}f(x)\phi_n(x)\mathrm{d}x\right|+\left|\int_{\delta}^{1}f(x)\phi_n(x)\mathrm{d}x\right|\\&\leqslant 2M\mu_n(\delta)+\left|\int_{-\delta}^{\delta}f(x)\phi_n(x)\mathrm{d}x\right|=2M\mu_n(\delta)+J_n(\delta).\end{aligned}$$

由第一积分中值定理, 存在 $\xi_{n,\delta}\in(-\delta,\delta)$, 使得

$$J_n(\delta)=\left|f(\xi_{n,\delta})\int_{-\delta}^{\delta}\phi_n(x)\mathrm{d}x\right|\leqslant a|f(\xi_{n,\delta})|.$$

对于任何给定的 $\varepsilon>0$, 可取 $\delta\in(0,1)$ 充分小, 使得 $a|f(\xi_{n,\delta})|<\varepsilon/2$(因为 $f(0)=0$). 对于选定的 δ, 取 n 充分大, 使得 $2M\mu_n(\delta)<\varepsilon/2$. 于是 $|I_n|\leqslant\varepsilon$.

1.77 (1) 取

$$b_n=\frac{(-1)^n}{(-1)^n+\sqrt{n+1}}\quad(n\geqslant 0),$$

即符合要求. 事实上,

$$\begin{aligned}b_n&=\frac{(-1)^n}{\sqrt{n+1}}\cdot\frac{1}{1+\dfrac{(-1)^n}{\sqrt{n+1}}}=\frac{(-1)^n}{\sqrt{n+1}}\left(1-\frac{(-1)^n}{\sqrt{n+1}}+O\Big(\frac{1}{n+1}\Big)\right)\\&=\frac{(-1)^n}{\sqrt{n+1}}-\frac{1}{n+1}+O(n^{-3/2})\quad(n\to\infty),\end{aligned}$$

所以 $\sum\limits_{n=0}^{\infty}b_n$ 发散. 取

$$\alpha_n=\frac{(-1)^n}{\sqrt{n+1}}\quad(n\geqslant 0),$$

则级数 $\sum\limits_{n=0}^{\infty}\alpha_n$ 收敛. 因为 $\alpha_n\sim b_n$, 所以对于任意给定的 $\varepsilon>0$, 存在 n_0, 使得

$$\left|1-\frac{\alpha_n}{b_n}\right|\leqslant\varepsilon\quad(n\geqslant n_0).$$

取 $a_n=b_n\ (n<n_0),a_n=\alpha_n\ (n\geqslant n_0)$, 则级数 $A_0:\sum\limits_{n=0}^{\infty}a_n$ 收敛, 并且

$$\sup_{n\geqslant 0}\left|1-\frac{a_n}{b_n}\right|\leqslant\varepsilon,$$

因此

$$\inf_{A\in\mathscr{S}}\sup_{n\geqslant 0}\left|1-\frac{a_n}{b_n}\right|\leqslant\varepsilon.$$

因为 $\varepsilon>0$ 是任意的, 所以

$$\inf_{A\in\mathscr{S}}\sup_{n\geqslant 0}\left|1-\frac{a_n}{b_n}\right|=0.$$

(2) (i) 充分性. 设存在 $\mathscr{A}\subset\mathbb{N}$ 满足

$$\lim_{\substack{n\notin\mathscr{A}\\ n\to\infty}}a_n=0,\tag{L1.77.1}$$

以及

$$\lim_{n\to\infty}\frac{1}{n}|\mathscr{A}\cap\{1,2,\cdots,n\}|=0.\tag{L1.77.2}$$

依题设, a_n 有界, 存在常数 $M \geqslant 0$, 使得对所有 $n, a_n^2 \leqslant M$. 由式 (L1.77.2) 可知, 对于给定的 $\varepsilon > 0$, 存在整数 N, 使得

$$|\mathscr{A} \cap \{1,2,\cdots,n\}| \leqslant \frac{n\varepsilon}{2(M+1)} \quad (n \geqslant N).$$

于是当 $n \geqslant N$ 时

$$\frac{1}{n}\sum_{k=1}^{n} a_k^2 = \frac{1}{n}\sum_{\substack{k=1\\k\notin A}}^{n} a_k^2 + \frac{1}{n}\sum_{\substack{k=1\\k\in A}}^{n} a_k^2 \leqslant \frac{1}{n}\sum_{\substack{k=1\\k\notin A}}^{n} a_k^2 + \frac{M\varepsilon}{2(M+1)}. \tag{L1.77.3}$$

又依式 (L1.77.1) 可知, 存在 N', 使得

$$a_n^2 \leqslant \frac{\varepsilon}{2(M+1)} \quad (n \notin \mathscr{A}, n \geqslant N').$$

由此及式 (L1.77.3) 推出, 当 $n \geqslant \max\{N, N'\}$ 时

$$\begin{aligned}\frac{1}{n}\sum_{k=1}^{n} a_k^2 &\leqslant \frac{1}{n}\sum_{\substack{k=1\\k\notin A}}^{N'-1} a_k^2 + \frac{1}{n}\sum_{\substack{k=N'\\k\notin A}}^{n} a_k^2 + \frac{M\varepsilon}{2(M+1)}\\ &\leqslant \frac{1}{n}\sum_{\substack{k=1\\k\notin A}}^{N'-1} a_k^2 + \frac{n-N'}{n}\cdot\frac{\varepsilon}{2(M+1)} + \frac{M\varepsilon}{2(M+1)} \leqslant \frac{1}{n}\sum_{\substack{k=1\\k\notin A}}^{N'-1} a_k^2 + \frac{\varepsilon}{2}.\end{aligned}$$

当 n' 取定时, 可取 $n \geqslant N''$, 使得当 $n \geqslant N''$ 时

$$\frac{1}{n}\sum_{\substack{k=1\\k\notin A}}^{N'-1} a_k^2 \leqslant \frac{\varepsilon}{2},$$

因此当 $n \geqslant \max\{N, N', N''\}$ 时

$$0 \leqslant \frac{1}{n}\sum_{k=1}^{n} a_k^2 \leqslant \varepsilon,$$

从而

$$\lim_{n\to\infty}\frac{1}{n}\sum_{k=1}^{n} a_k^2 = 0.$$

(ii) 必要性. 设

$$c_n = \frac{1}{n}\sum_{k=1}^{n} a_k^2 \to 0 \quad (n \to \infty),$$

则存在严格增加的整数列 N_p $(p \geqslant 1)$, 使得对于任何 $p \geqslant 1$,

$$c_n \leqslant \frac{1}{p} \quad (n \geqslant N_p).$$

设 α_p $(p \geqslant 1)$ 是某个单调增加的正数列, 我们将在下文取定, 并定义集合

$$\mathscr{A}_p = \{k \in [N_p, N_{p+1}) \mid |a_k| > \alpha_p\}, \quad \mathscr{A} = \bigcup_{p\geqslant 1}\mathscr{A}_p. \tag{L1.77.4}$$

对于所有 $n \in \mathbb{N}$, 存在唯一的整数 $p \geqslant 1$, 使得 $n \in [N_p, N_{p+1})$, 于是我们有

$$\frac{1}{p} \geqslant \frac{1}{n}\sum_{k=1}^{n} a_k^2 \geqslant \frac{1}{n}\sum_{\substack{k=1\\k\in\mathscr{A}}}^{n} a_k^2 \geqslant \frac{1}{n}|A \cap [1,n]|\alpha_p^2.$$

由此得到

$$\frac{1}{n}|\mathscr{A} \cap [1,n]| \leqslant \frac{1}{p\alpha_p^2}.$$

现在取

$$\alpha_p = \frac{1}{\sqrt[3]{p}} \quad (p \geqslant 1),$$

即可得到

$$\lim_{n\to\infty} \frac{1}{n}\big|\mathscr{A} \cap [1,n]\big| = 0.$$

此外, 对于所有 $n \notin \mathscr{A}$, 设 p 是上述唯一的整数 $p \geqslant 1$, 使得 $n \in [N_p, N_{p+1})$, 那么依 $\mathscr{A}$ 的定义式 (L1.79.4), 有 $|a_n| \leqslant \alpha_p$. 于是我们推出: 对于任意给定的 $\varepsilon > 0$, 存在 n_0, 使得当 $n \geqslant n_0$ 时, $n \notin \mathscr{A}$ 蕴含 $|a_n| \leqslant \varepsilon$ (只需取 $n_0 = N_{p_0}$, 并且 $p_0 \geqslant 1/\varepsilon^3$). 这表明

$$\lim_{\substack{n\notin\mathscr{A}\\ n\to\infty}} a_n = 0.$$

1.78 (i) 因为 $a_0 = b_0, a_k = (k+1)b_k - kb_{k-1}\,(k \geqslant 1)$, 所以

$$\begin{aligned}
2\sum_{k=0}^{n} a_k b_k - \sum_{k=0}^{n} b_k^2 &= 2a_0b_0 + 2\sum_{k=1}^{n} a_k b_k - \sum_{k=0}^{n} b_k^2\\
&= 2a_0b_0 + 2\sum_{k=1}^{n}\big((k+1)b_k - kb_{k-1}\big)b_k - \sum_{k=0}^{n} b_k^2\\
&= 2b_0^2 + 2\sum_{k=1}^{n}(k+1)b_k^2 - 2\sum_{k=1}^{n} kb_{k-1}b_k - \sum_{k=0}^{n} b_k^2\\
&= 2\sum_{k=0}^{n}(k+1)b_k^2 - 2\sum_{k=1}^{n} kb_{k-1}b_k - \sum_{k=0}^{n} b_k^2\\
&= \sum_{k=0}^{n}(2k+1)b_k^2 - 2\sum_{k=1}^{n} kb_{k-1}b_k.
\end{aligned}$$

另一方面,

$$\begin{aligned}
&\sum_{k=1}^{n} k(b_k - b_{k-1})^2 + (n+1)b_n^2\\
&\quad= \sum_{k=1}^{n}(kb_k^2 - 2kb_kb_{k-1} + kb_{k-1}^2) + (n+1)b_n^2\\
&\quad= \sum_{k=1}^{n} kb_k^2 - 2\sum_{k=1}^{n} kb_kb_{k-1} + \sum_{k=1}^{n} kb_{k-1}^2 + (n+1)b_n^2\\
&\quad= \sum_{k=0}^{n} kb_k^2 - 2\sum_{k=1}^{n} kb_kb_{k-1} + \left(\sum_{k=1}^{n} kb_{k-1}^2 + (n+1)b_n^2\right)\\
&\quad= \sum_{k=0}^{n} kb_k^2 - 2\sum_{k=1}^{n} kb_kb_{k-1} + \sum_{k=0}^{n}(k+1)b_k^2\\
&\quad= \sum_{k=0}^{n} kb_k^2 - 2\sum_{k=1}^{n} kb_kb_{k-1} + \sum_{k=1}^{n+1} kb_{k-1}^2\\
&\quad= \sum_{k=0}^{n}(2k+1)b_k^2 - 2\sum_{k=1}^{n} kb_{k-1}b_k.
\end{aligned}$$

于是

$$2\sum_{k=0}^{n} a_k b_k - \sum_{k=0}^{n} b_k^2 = \sum_{k=1}^{n} k(b_k - b_{k-1})^2 + (n+1)b_n^2. \tag{L1.78.1}$$

(ii) 由等式 (L1.78.1) 可知

$$\sum_{k=0}^{n} b_k^2 \leqslant 2\sum_{k=0}^{n} a_k b_k.$$

又由 Cauchy 不等式得到

$$\sum_{k=0}^{n} a_k b_k \leqslant \sqrt{\sum_{k=0}^{n} a_k^2}\sqrt{\sum_{k=0}^{n} b_k^2},$$

因此

$$\sum_{k=0}^{n} b_k^2 \leqslant 2\sqrt{\sum_{k=0}^{n} a_k^2}\sqrt{\sum_{k=0}^{n} b_k^2}.$$

从而

$$\sum_{k=0}^{n} b_k^2 \leqslant 4\sum_{k=0}^{n} a_k^2.$$

若级数 $\sum\limits_{n=0}^{\infty} a_n^2$ 收敛, 则级数 $\sum\limits_{n=0}^{\infty} b_n^2$ 也收敛. 因此无论级数 $\sum\limits_{n=0}^{\infty} a_n^2$ 是否收敛, 总有

$$\sum_{n=0}^{\infty} b_n^2 \leqslant 4\sum_{n=0}^{\infty} a_n^2. \tag{L1.78.2}$$

(iii) 若级数 $\sum\limits_{n=0}^{\infty} a_n^2$ 发散, 或所有 $a_n=0$, 则式 (L1.78.2) 是等式. 现在证明: 若级数 $\sum\limits_{n=0}^{\infty} a_n^2$ 收敛, 并且只有有限多个 $a_n=0$, 则式 (L1.78.2) 是严格不等式. 事实上, 此时级数 $\sum\limits_{n=0}^{\infty} b_n^2$ 收敛 (从而当 $n\to\infty$ 时 $b_n\to 0$). 由

$$|a_n b_n| \leqslant \frac{1}{2}(a_n^2+b_n^2)$$

可知级数 $\sum\limits_{n=0}^{\infty} a_n b_n$ 绝对收敛. 于是由式 (L1.78.1) 推出级数 $\sum\limits_{n=1}^{\infty} n(b_n-b_{n-1})$ 收敛, 并且

$$\sum_{n=1}^{\infty} n(b_n-b_{n-1})^2 \leqslant 2\sum_{n=1}^{\infty} a_n b_n - \sum_{n=1}^{\infty} b_n^2.$$

注意 a_n $(n\geqslant 0)$ 不可能是常数列, 所以 b_n $(n\geqslant 0)$ 不是常数列, 因而上式左边严格大于 0, 从而

$$\sum_{n=1}^{\infty} b_n^2 < 2\sum_{n=1}^{\infty} a_n b_n.$$

又由 Cauchy 不等式得到

$$\sum_{n=1}^{\infty} a_n b_n \leqslant \sqrt{\sum_{n=1}^{\infty} a_n^2}\sqrt{\sum_{n=1}^{\infty} b_n^2}.$$

于是 (注意 $a_0=b_0$)

$$\sum_{n=0}^{\infty} b_n^2 < 4\sum_{n=0}^{\infty} a_n^2.$$

1.79 因为级数 $\sum\limits_{n=1}^{\infty} a_n^n x^n$ 的收敛半径 $R=\lim\limits_{n\to\infty}(1/\sqrt[n]{a_n^n})=\lim\limits_{n\to\infty}1/a_n=\infty$, 所以函数 $f(x)$ 的定义域是 $\mathbb{R}$.

若 $x\in[\mathrm{e}/a_p,\mathrm{e}/a_{p+1}]$, 则当 $k\leqslant p$ 时 $a_k x\geqslant a_p x\geqslant \mathrm{e}$(因为 a_n 单调减少). 因此

$$f(x)\geqslant \sum_{k=0}^{p}(a_k x)^k \geqslant \sum_{k=0}^{p}\mathrm{e}^k \geqslant \mathrm{e}^p.$$

于是

$$\log f(x) > p \quad \left(\frac{\mathrm{e}}{a_p}\leqslant x\leqslant \frac{\mathrm{e}}{a_{p+1}}\right). \tag{L1.79.1}$$

又因为当 $x\geqslant 0$ 时 $f(x)\geqslant f(0)=1$, 所以由式 (L1.79.1) 推出: 对于固定的 n, 当 $X>\mathrm{e}/a_n$ 时

$$\begin{aligned}\int_1^X\frac{\log f(x)}{x^2}\mathrm{d}x&=\int_1^{\mathrm{e}/a_1}\frac{\log f(x)}{x^2}\mathrm{d}x+\sum_{p=1}^{n-1}\int_{\mathrm{e}/a_p}^{\mathrm{e}/a_{p+1}}\frac{\log f(x)}{x^2}\mathrm{d}x+\int_{\mathrm{e}/a_n}^{X}\frac{\log f(x)}{x^2}\mathrm{d}x\\&\geqslant\sum_{p=1}^{n-1}p\int_{\mathrm{e}/a_p}^{\mathrm{e}/a_{p+1}}\frac{\mathrm{d}x}{x^2}+n\int_{\mathrm{e}/a_n}^{X}\frac{\mathrm{d}x}{x^2}\\&=\sum_{p=1}^{n-1}p\left(\frac{a_p}{\mathrm{e}}-\frac{a_{p+1}}{\mathrm{e}}\right)+n\left(\frac{a_n}{\mathrm{e}}-\frac{1}{X}\right)=\frac{1}{\mathrm{e}}\sum_{p=1}^{n}a_p-\frac{n}{X}.\end{aligned}$$

于是当 $X>\max\{n,\mathrm{e}/a_n\}$ 时

$$\int_1^X\frac{\log f(x)}{x^2}\mathrm{d}x\geqslant\frac{1}{\mathrm{e}}\sum_{p=1}^{n}a_p-1.$$

因为级数 $\sum\limits_{n=1}^{\infty}a_n$ 发散, 所以

$$\lim_{X\to\infty}\int_1^X\frac{\log f(x)}{x^2}\mathrm{d}x=\infty.$$

1.80 (1) 对第一种情形, 因为

$$(1-x)P(x)=a_n-\big((a_n-a_{n-1})x+(a_{n-1}-a_{n-2})x^2+\cdots+(a_1-a_0)x^n+a_0x^{n+1}\big),$$

所以当 $|x|\leqslant 1, x\neq 1$ 时 (注意 a_k 非负递增), 有

$$\begin{aligned}|(1-x)P(x)|&\geqslant a_n-\big((a_n-a_{n-1})|x|+(a_{n-1}-a_{n-2})|x|^2+\cdots+(a_1-a_0)|x|^n+a_0|x|^{n+1}\big)\\&>a_n-\big((a_n-a_{n-1})+(a_{n-1}-a_{n-2})+\cdots+(a_1-a_0)+a_0\big)=0.\end{aligned}$$

还有 $P(1)=a_n+\cdots+a_0>0$. 所以当 $|x|\leqslant 1$ 时 $|P(x)|>0$, 从而多项式的任何零点 ξ 都满足 $|\xi|>1$.

对第二种情形, 令 $y=1/x, Q(y)=y^nP(y)$, 则归结为第一种情形.

(2) 令 $S_n(x)=2x+3x^2+\cdots+nx^{n-1}$, 则 $xS_n(x)=2x^2+3x^3+\cdots+nx^n$. 于是当 $n>3, x\neq 1$ 时

$$\begin{aligned}(1-x)S_n(x)&=S_n(x)-xS_n(x)=2x+x^2+\cdots+x^{n-1}-nx^n\\&=2x+x^2(1+x+\cdots+x^{n-3})-nx^n=2x+\frac{x^2(1-x^{n-2})}{1-x}-nx^n.\end{aligned}$$

由此得到

$$S_n(x)=\frac{2x-x^2-(n+1)x^n+nx^{n+1}}{(1-x)^2}\quad(x\neq 1).$$

设 $\rho\in(0,1/4)$, 那么当 $|x|<\rho$ 时

$$|S_n(\rho)|\leqslant\frac{2\rho+\rho^2+(n+1)\rho^n+n\rho^{n+1}}{(1-\rho)^2}.$$

因为 $0<\rho<1/4$, 所以当 $n\to\infty$ 时, 上式右边趋于

$$\frac{\rho(\rho+2)}{(1-\rho)^2}<1.$$

因此当 $n>n_0(\rho)$ 时, 有 $|S_n(\rho)|<1$, 从而当 $|x|<\rho$ 时

$$|P_n(x)|=|1+S_n(x)|\geqslant 1-|S_n(x)|>0.$$

(3) 令

$$f(x)=\frac{1}{1-x}-2P(x)+1,$$

则当 $|x|<1$ 时, 其幂级数展开

$$f(x)=(1+x+x^2+\cdots)-2-2x^{n_1}-2x^{n_2}-\cdots-2x^{n_k}+1=\sum_{n=1}^{\infty}\varepsilon_n x^n,$$

其中 $\varepsilon_n=\pm1$. 因此当 $|x|<1$ 时

$$|f(x)|\leqslant\frac{|x|}{1-|x|}.$$

于是当 $|x|<1$ 时

$$|2P(x)|=\left|\left(1+\frac{1}{1-x}\right)-f(x)\right|\geqslant\left|1+\frac{1}{1-x}\right|-|f(x)|=\frac{|2-x|}{|1-x|}-|f(x)|.$$

若 $x\in\mathbb{R},|x|<1$, 则 $|2-x|=1+|1-x|$, 于是

$$\frac{|2-x|}{|1-x|}=1+\frac{1}{|1-x|}\geqslant1+\frac{1}{1+|x|}.$$

因此我们有

$$|2P(x)|\geqslant1+\frac{1}{1+|x|}-\frac{|x|}{1-|x|}=2\cdot\frac{1-|z|-|z|^2}{1-|z|^2}.$$

因为当 $|x|<(\sqrt{5}-1)/2$ 时, $1-|x|^2>0$, 并且

$$1-|x|-|x|^2=-\left(|x|-\frac{\sqrt{5}-1}{2}\right)\left(|x|+\frac{\sqrt{5}+1}{2}\right)>0,$$

所以 $P(x)$ 的实零点 ξ 满足 $|\xi|\geqslant\sqrt{5}-1)/2$.

若 $x\in\mathbb{C},|x|<1$, 则 $|2-x|>|1-x|$, 所以

$$|2P(x)|\geqslant1-\frac{|x|}{1-|x|}=\frac{1-2|x|}{1-|x|}.$$

因此当 $|x|<1/2$ 时 $|P(x)|>0$, 从而 $P(x)$ 的复零点 ξ 满足 $|\xi|\geqslant1/2$.

(4) 设 $\rho>0$ 给定, 并且 $|x|\geqslant\rho$, 则

$$\begin{aligned}|f_n(x)-\mathrm{e}^{1/x}|&=\left|\frac{1}{(n+1)!x^{n+1}}+\frac{1}{(n+2)!x^{n+2}}+\cdots\right|\\&<\frac{1}{(n+1)!\rho^{n+1}}+\frac{1}{(n+2)!\rho^{n+2}}+\cdots<\frac{1}{(n+1)!\rho^{n+1}}\mathrm{e}^{1/\rho}.\end{aligned}$$

取 ε 满足

$$0<\varepsilon<\min\{1,\mathrm{e}^{-1/\rho}\},$$

那么当 $n\geqslant n_0(\rho)$ 时

$$|f_n(x)-\mathrm{e}^{1/x}|<\varepsilon.$$

因为当 $x\geqslant\rho$ 时 $\mathrm{e}^{1/x}\geqslant1$, 当 $x\leqslant-\rho$ 时 $\mathrm{e}^{1/x}\geqslant\mathrm{e}^{-1/\rho}$, 所以若 $n\geqslant n_0$, 则 $f_n(x)\neq0\,(|x|\geqslant\rho)$.

1.81 (1) 因为 $f'(x)$ 在 $[0,1]$ 上连续, 所以不妨设在此区间上 $f'(x)>0$ (不然用 $-f$ 代替 f), 于是 $f(x)$ 在 $[0,1]$ 上单调增加, 从而 $f(x)>f(0)=0$, 因此 $f(x)/f'(x)>0$ $(0\leqslant x\leqslant1)$. 由此可知

$$\varliminf_{x\to0+}\frac{f(x)}{f'(x)}\geqslant0.$$

如果 $\varliminf\limits_{x\to0+}(f(x)/f'(x))>0$, 那么存在 $A>0$, 使得

$$\varliminf_{x\to0+}\frac{f(x)}{f'(x)}>A.$$

于是存在 $\delta\in(0,1)$, 使得当 $0<x<\delta$ 时

$$\frac{f(x)}{f'(x)}>A,$$

因而

$$\frac{f'(x)}{f(x)}<\frac{1}{A}\quad(0<x<\delta).$$

由此推出

$$\log\frac{f(\delta)}{f(x)}=\int_x^\delta\frac{f'(t)}{f(t)}\mathrm{d}t<\int_x^\delta\frac{1}{A}\mathrm{d}t=\frac{\delta-x}{A},$$

于是

$$f(x)>f(\delta)\mathrm{e}^{(x-\delta)/A}>0\quad(0<x<\delta).$$

由于 $f(x)$ 在 $[0,1]$ 上连续, 所以

$$f(0)=\lim_{x\to0+}f(x)\geqslant f(\delta)\mathrm{e}^{-\delta/A}>0.$$

这与假设矛盾. 因此 $\lim\limits_{x\to0+}f(x)/f'(x)=0$.

(2) **提示** 参见问题 1.2. 由题设条件, 对于任何正整数 k,

$$\left|\frac{f(k)}{k}-f(1)\right|\leqslant K.$$

由 Bolzano-Weierstrass 引理, 存在无穷正整数列 $k_j\,(j=1,2,\cdots)$, 使得子列 $f(k_j)/k_j-f(1)$ 收敛于某个实数 c. 记 $a=c+f(1)$, 则有

$$\lim_{j\to\infty}\frac{f(k_j)}{k_j}=a. \tag{L1.81.1}$$

对于任何给定的正整数 m, 由题设得到

$$\begin{aligned}\left|\frac{f(mk_j)}{mk_j}-a\right|&=\left|\frac{f(mk_j)-mf(k_j)}{mk_j}+\frac{f(k_j)}{k_j}-a\right|\\&\leqslant\frac{1}{k_j}\left|\frac{f(mk_j)}{m}-f(k_j)\right|+\left|\frac{f(k_j)}{k_j}-a\right|\leqslant\frac{K}{k_j}+\left|\frac{f(k_j)}{k_j}-a\right|.\end{aligned}$$

由式 (L1.81.1), 可取 $j\geqslant j_0(m)$, 使得

$$\frac{K}{k_j}\leqslant\frac{1}{m},\quad\left|\frac{f(k_j)}{k_j}-a\right|\leqslant\frac{1}{m}.$$

于是当 $j\geqslant j_0(m)$ 时

$$\left|\frac{f(mk_j)}{mk_j}-a\right|\leqslant\frac{2}{m},$$

从而

$$\left|\frac{f(mk_j)}{k_j}-am\right|\leqslant2\quad(j\geqslant j_0).$$

由此以及

$$|f(m)-am|\leqslant\left|f(m)-\frac{f(mk_j)}{k_j}\right|+\left|\frac{f(mk_j)}{k_j}-am\right|,$$

并应用题设, 我们得到: 对于任何给定的正整数 m,

$$|f(m)-am|\leqslant K+2.$$

1.82 提示 (1) 题中不等式等价于

$$\beta\leqslant n-\frac{n}{\mathrm{e}}\left(1+\frac{1}{n}\right)^{n+\alpha}.$$

任取 α 满足 $0 \leqslant \alpha \leqslant 1/\log 2 - 1$. 令

$$f(x) = \frac{1}{x} - \frac{1}{\mathrm{e}x}(1+x)^{1/x+\alpha} \quad (0 < x \leqslant 1),$$

则 $f(x)$ 在 $(0,1]$ 上单调减少, $f(1) = 1 - 2^{1+\alpha}/\mathrm{e}$ 为其最小值. 因此

$$1 - \frac{2^{1+\alpha}}{\mathrm{e}} \leqslant n - \frac{n}{\mathrm{e}}\left(1+\frac{1}{n}\right)^{n+\alpha} \quad (n \in \mathbb{N}). \tag{L1.82.1}$$

显然 $0 \leqslant f(1) \leqslant 1 - 1/\mathrm{e}, \mathrm{e}f(1) + 2^{1+\alpha} = \mathrm{e}$. 因此可取 $\beta = f(1)$, 并且由不等式 (L1.82.1) 推出

$$\left(1+\frac{1}{n}\right)^n \leqslant \mathrm{e}\left(1-\frac{\beta}{n}\right)\left(1+\frac{1}{n}\right)^{-\alpha}.$$

(2) (i) 因为

$$\frac{1}{k}\sum_{i=0}^{k-1}\binom{n-1}{i}, \quad \frac{1}{n-2k}\sum_{i=k}^{n-k-1}\binom{n-1}{i}$$

分别是二项系数序列 $\binom{n-1}{i}(i = 0, 1, \cdots, n-1)$ 的前 k 项及其后 $n-2k$ 项的平均值, 依二项系数值的分布 (峰值位于中间一项或两项, 其左侧项递增, 右侧项递减), 可知

$$\frac{2k}{n-2k}\sum_{i=k}^{n-k-1}\binom{n-1}{i} - 2\sum_{i=0}^{k-1}\binom{n-1}{i} \geqslant 0,$$

所以题中的不等式可改写为

$$\frac{2}{k}\sum_{i=0}^{k-1}\binom{n-1}{i} \leqslant \frac{1}{n-2k}\sum_{i=k}^{n-k-1}\binom{n-1}{i}. \tag{L1.82.2}$$

(ii) 现在对 k 用数学归纳法证明:

$$\frac{2}{k}\sum_{i=0}^{k-1}\binom{n-1}{i} \leqslant \binom{n-1}{k}. \tag{L1.82.3}$$

当 $k=1$ 时, 此不等式显然成立 (注意 $n \geqslant 3$). 设上式当用 $k-1$ 代替 k 时成立, 即

$$2\sum_{i=0}^{k-2}\binom{n-1}{i} \leqslant (k-1)\binom{n-1}{k-1},$$

则

$$\begin{aligned}2\sum_{i=0}^{k-1}\binom{n-1}{i} &= 2\sum_{i=0}^{k-2}\binom{n-1}{i} + 2\binom{n-1}{k-1} \\ &\leqslant (k+1)\binom{n-1}{k-1} \leqslant \binom{n-1}{k-1}\frac{n-k}{k-1} = k\binom{n-1}{k}.\end{aligned}$$

由此可知不等式 (L1.82.3) 成立.

(iii) 注意

$$\binom{n-1}{k} = \frac{1}{n-2k}\sum_{i=k}^{n-k-1}\binom{n-1}{k} \leqslant \frac{1}{n-2k}\sum_{i=k}^{n-k-1}\binom{n-1}{i}.$$

由此及不等式 (L1.82.3) 得不等式 (L1.82.2).

(3) 若积分 $\int_0^\infty xf(x)\mathrm{d}x$ 发散, 则题中不等式自然成立. 下面设 $\int_0^\infty xf(x)\mathrm{d}x$ 收敛. 由题设 $0 \leqslant f(x) \leqslant 1$, 还可设

$$\int_0^\infty f(x)\mathrm{d}x = a > 0$$

(若 $a=0$, 则题中的不等式显然成立). 于是

$$\begin{aligned}\int_0^\infty xf(x)\mathrm{d}x &= \int_0^a xf(x)\mathrm{d}x+\int_a^\infty xf(x)\mathrm{d}x > \int_0^a xf(x)\mathrm{d}x+\int_a^\infty af(x)\mathrm{d}x\\ &= \int_0^a xf(x)\mathrm{d}x+a\left(\int_0^\infty f(x)\mathrm{d}x-\int_0^a f(x)\mathrm{d}x\right)\\ &= \int_0^a xf(x)\mathrm{d}x+a\left(a-\int_0^a f(x)\mathrm{d}x\right)\\ &= \int_0^a xf(x)\mathrm{d}x+a\int_0^a \big(1-f(x)\big)\mathrm{d}x.\end{aligned}$$

因为 $1-f(x)\geqslant 0$, 所以

$$a\int_0^a \big(1-f(x)\big)\mathrm{d}x\geqslant \int_0^a x\big(1-f(x)\big)\mathrm{d}x=\int_0^a x\mathrm{d}x-\int_0^a xf(x)\mathrm{d}x,$$

再由前式得到

$$\begin{aligned}\int_0^\infty xf(x)\mathrm{d}x &> \int_0^a xf(x)\mathrm{d}x+\int_0^a x\mathrm{d}x-\int_0^a xf(x)\mathrm{d}x\\ &= \int_0^a x\mathrm{d}x=\frac{1}{2}a^2=\frac{1}{2}\left(\int_0^\infty f(x)\mathrm{d}x\right)^2.\end{aligned}$$

1.83 (1) 对 n 用数学归纳法. 记 $x_n=n/\sqrt[n]{n!}\ (n\geqslant 1)$. 首先证明:

$$x_n>\mathrm{e}^{1-1/\sqrt{n}}\quad (n>3). \tag{L1.83.1}$$

由 $\mathrm{e}<\sqrt{32/3}, x_4=\sqrt[4]{32/3}$, 可知不等式 (L1.83.1) 当 $n=4$ 时成立. 设此不等式当 $n=k\ (k\geqslant 4)$ 成立, 那么

$$\begin{aligned}x_{k+1} &= x_k^{k/(k+1)}\left(\frac{k+1}{k}\right)^{k/(k+1)} > \left(\mathrm{e}^{1-1/\sqrt{k}}\right)^{k/(k+1)}\left(\left(1+\frac{1}{k}\right)^{k+1}\right)^{k/(k+1)^2}\\ &> \mathrm{e}^{(k-\sqrt{k})/(k+1)}\mathrm{e}^{k/(k+1)^2}=\mathrm{e}^{1-(1+(k+1)\sqrt{k})/(k+1)^2}\\ &\geqslant \mathrm{e}^{1-1/\sqrt{k+1}}\end{aligned}$$

(此处应用了练习题 1.49(2)), 即不等式 (L1.83.1) 当 $n=k+1$ 时也成立. 现在证明:

$$x_n<\mathrm{e}^{1-1/n}\quad (n>3). \tag{L1.83.2}$$

直接验证可知: 当 $n=4$ 时不等式 (L1.83.2) 成立. 设此不等式当 $n=k\ (k\geqslant 4)$ 时成立, 那么

$$\begin{aligned}x_{k+1}^{k+1} &= x_k^k\cdot\frac{(k+1)^k}{k^k}<\mathrm{e}^{(1-1/k)k}\cdot\frac{(k+1)^k}{k^k}\\ &= \mathrm{e}^{k-1}\cdot\left(1+\frac{1}{k}\right)^k<\mathrm{e}^{k-1}\cdot\mathrm{e}=\mathrm{e}^k\end{aligned}$$

(此处应用了练习题 1.49(2)), 因此 $x_{k+1}<\mathrm{e}^{k/(k+1)}=\mathrm{e}^{1-1/(k+1)}$, 即当 $n=k+1$ 时不等式 (L1.83.2) 也成立. 于是本题得证.

(2) 解法 1 记

$$a_n=\sqrt[n+1]{(n+1)!}-\sqrt[n]{n!}.$$

由本题 (1) 和练习题 1.49(2), 当 $n\geqslant 16$ 时

$$\begin{aligned}a_n &= \frac{n(\sqrt[n]{x_{n+1}}-1)}{x_n}<\frac{n(\mathrm{e}^{1/(n+1)}-1)}{x_n}<\frac{n(\mathrm{e}^{1/(n+1)}-1)}{\mathrm{e}^{1-1/\sqrt{n}}}<n\left(\left(1+\frac{1}{n}\right)-1\right)\cdot\frac{1}{\mathrm{e}}\cdot\mathrm{e}^{1/\sqrt{n}}\\ &= \frac{1}{\mathrm{e}}\cdot\mathrm{e}^{1/\sqrt{n}}<\frac{1}{\mathrm{e}}\cdot\left(1+\frac{\mathrm{e}}{\sqrt{n}}\right)=\frac{1}{\mathrm{e}}+\frac{1}{\sqrt{n}};\end{aligned}$$

类似地, 有

$$\begin{aligned}
a_n &= \frac{n(\sqrt[n]{x_{n+1}}-1)}{x_n} > \frac{n(\sqrt[n]{x_{n+1}}-1)}{\mathrm{e}^{1-1/n}} = \frac{n}{\mathrm{e}}(\sqrt[n]{x_{n+1}}-1)\cdot \mathrm{e}^{1/n} \\
&> \frac{n}{\mathrm{e}}(\sqrt[n]{x_{n+1}}-1) > \frac{n}{\mathrm{e}}\left(\mathrm{e}^{(\sqrt{n+1}-1)/(n\sqrt{n+1})}-1\right) \\
&> \frac{n}{\mathrm{e}}\cdot\frac{\sqrt{n+1}-1}{n\sqrt{n+1}} = \frac{1}{\mathrm{e}}\left(1-\frac{1}{\sqrt{n+1}}\right) > \frac{1}{\mathrm{e}}-\frac{1}{\sqrt{n}}.
\end{aligned}$$

因此, 对于 $\forall\varepsilon>0$, 当 $n\geqslant n(\varepsilon)=1+\max\{16,1/\varepsilon^2\}$ 时, $|a_n-1/\mathrm{e}|<\varepsilon$. 从而 $a_n\to 1/\mathrm{e}\,(n\to\infty)$.

解法 2 设 a_n 同解法 1. 我们有

$$a_n = \sqrt[n+1]{(n+1)!}\left(1-\frac{\sqrt[n]{n!}}{\sqrt[n+1]{(n+1)!}}\right). \tag{L1.83.3}$$

由 Stirling 公式可算出

$$\log\sqrt[n]{n!} = \frac{1}{n}\left(C+\frac{1}{2}\log n+n\log n-n+O\Big(\frac{1}{n}\Big)\right),$$

其中 C 为常数. 于是

$$\begin{aligned}
\log\frac{\sqrt[n]{n!}}{\sqrt[n+1]{(n+1)!}} &= \frac{C}{n(n+1)}+\frac{1}{2}\left(\frac{\log n}{n}-\frac{\log(n+1)}{n+1}\right)+\log\frac{n}{n+1}+O\Big(\frac{1}{n^2}\Big) \\
&= -\frac{1}{2}\int_n^{n+1}\mathrm{d}\Big(\frac{\log x}{x}\Big)+\log\frac{n}{n+1}+O\Big(\frac{1}{n^2}\Big) \\
&= \log\frac{n}{n+1}+O\Big(\frac{\log n}{n^2}\Big).
\end{aligned}$$

由此推出

$$\begin{aligned}
\frac{\sqrt[n]{n!}}{\sqrt[n+1]{(n+1)!}} &= \exp\left(\log\frac{n}{n+1}+O\Big(\frac{\log n}{n^2}\Big)\right) = \frac{n}{n+1}\cdot\exp\left(O\Big(\frac{\log n}{n^2}\Big)\right) \\
&= \frac{n}{n+1}\left(1+O\Big(\frac{\log n}{n^2}\Big)\right) = \frac{n}{n+1}+O\Big(\frac{\log n}{n^2}\Big).
\end{aligned}$$

于是由式 (L1.83.3) 得到

$$\begin{aligned}
\log a_n &= \log\sqrt[n+1]{(n+1)!}+\log\left(1-\frac{\sqrt[n]{n!}}{\sqrt[n+1]{(n+1)!}}\right) \\
&= \frac{1}{n+1}\left(C+\frac{1}{2}\log(n+1)+(n+1)\log(n+1)-n-1+O\Big(\frac{1}{n+1}\Big)\right) \\
&\quad+\log\left(1-\frac{n}{n+1}+O\Big(\frac{\log n}{n^2}\Big)\right) \\
&= -1+\log(n+1)+O\Big(\frac{\log n}{n}\Big)+\log\left(\frac{1}{n+1}+O\Big(\frac{\log n}{n^2}\Big)\right) \\
&= -1+O\Big(\frac{\log n}{n}\Big)+\log\left(1+O\Big(\frac{\log n}{n}\Big)\right),
\end{aligned}$$

于是 $\log a_n\to -1\,(n\to\infty)$, 即得 $\lim\limits_{n\to\infty}a_n=1/\mathrm{e}$.

(3) 解法 1 直接由本题 (1) 中的不等式推出

$$\lim_{n\to\infty}\frac{\sqrt[n]{n!}}{n}=\frac{1}{\mathrm{e}}. \tag{L1.83.4}$$

解法 2 由本题 (2) 及 Stolz 定理可得式 (L1.83.4).

解法 3 应用 Stirling 公式,

$$\frac{\sqrt[n]{n!}}{n}=\exp\left(\frac{1}{n}\left(\log\sqrt{2\pi}+\frac{1}{2}\log n+n\log n-n+O\left(\frac{1}{n}\right)\right)-\log n\right),$$

也可推出式 (L1.83.4).

解法 4 应用练习题 1.1 解后的注 (令 $y_n=n!/n^n$), 求出

$$\lim_{n\to\infty}\frac{\sqrt[n]{n!}}{n}=\lim_{n\to\infty}\sqrt[n]{y_n}=\lim_{n\to\infty}\frac{y_{n+1}}{y_n}=\frac{1}{\mathrm{e}}.$$

解法 5 令 $b_n=\log(\sqrt[n]{n!}/n)$, 则

$$b_n=\frac{1}{n}\left(\sum_{k=1}^{n}\log k-n\log n\right)=\frac{1}{n}\sum_{k=1}^{n}(\log k-\log n)=\frac{1}{n}\sum_{k=1}^{n-1}\log\frac{k}{n}.$$

依练习题 1.13(1), 有

$$b_n\to\int_0^1\log x\mathrm{d}x=-1\quad(n\to\infty),$$

从而也得到极限 (L1.83.4).

1.84 (1) (i) 因为当 $n\to\infty$ 时 $x_n\to 0$, 所以

$$x_{n+1}=\sin x_n=x_n\left(1-\frac{1}{6}x_n^2+\frac{1}{120}x_n^4+O(x_n^6)\right).$$

记 $u_n=1/x_n^2$, 则由上式得到

$$\frac{1}{u_{n+1}}=\frac{1}{u_n}\left(1-\frac{1}{6u_n}+\frac{1}{120u_n^2}+O\left(\frac{1}{u_n^3}\right)\right),$$

于是

$$u_{n+1}=u_n\left(1-\frac{1}{6u_n}+\frac{1}{120u_n^2}+O\left(\frac{1}{u_n^3}\right)\right)^{-1}.$$

应用 $(1-x)^{-1}=1+x+x^2+O(x^3)\,(|x|<1)$, 可算出

$$u_{n+1}=u_n\left(1+\frac{1}{3u_n}+\frac{1}{15u_n^2}+O\left(\frac{1}{u_n^3}\right)\right).\tag{L1.84.1}$$

(ii) 由式 (L1.84.1) 可知

$$u_{n+1}-u_n=\frac{1}{3}+O\left(\frac{1}{u_n}\right).$$

因此当 n 充分大时, $u_{n+1}-u_n>1/4$, 从而

$$u_n=\sum_{k=1}^{n-1}(u_{k+1}-u_k)>\frac{n}{4}+c_1,$$

其中 c_1 是某个常数. 这给出

$$\frac{1}{u_n}=O\left(\frac{1}{n}\right).\tag{L1.84.2}$$

由此及式 (L1.84.1) 得到

$$u_{n+1}-u_n=\frac{1}{3}+O\left(\frac{1}{n}\right),$$

进而推出

$$u_n=\sum_{k=1}^{n-1}(u_{k+1}-u_k)=\frac{n}{3}+O(\log n).\tag{L1.84.3}$$

(iii) 由式 (L1.84.3) 又可得到

$$\frac{1}{u_n}=\left(\frac{n}{3}+O(\log n)\right)^{-1}=\frac{3}{n}\left(1+O\left(\frac{\log n}{n}\right)\right)^{-1}$$

$$= \frac{3}{n}\left(1+O\left(\frac{\log n}{n}\right)\right) = \frac{3}{n}+O\left(\frac{\log n}{n^2}\right).$$

这个估值要比式 (L1.84.2) 精密. 类似地, 由此及式 (L1.84.1) 得到

$$u_{n+1}-u_n = \frac{1}{3}+\frac{1}{15}\left(\frac{3}{n}+O\left(\frac{\log n}{n^2}\right)\right) = \frac{1}{3}+\frac{1}{5n}+O\left(\frac{\log n}{n^2}\right).$$

进而推出

$$u_n = \sum_{k=1}^{n-1}(u_{k+1}-u_k) = \frac{n-1}{3}+\frac{1}{5}\sum_{k=1}^{n-1}\frac{1}{k}+O\left(\frac{\log n}{n}\right).$$

应用公式 (L1.84.1), 得到

$$u_n = \frac{n}{3}+\frac{1}{5}\log n+c_2+O\left(\frac{\log n}{n}\right), \tag{L1.84.4}$$

其中 c_2 是某个常数.

(iv) 最后, 由式 (L1.84.4) 可知

$$x_n^2 = \left(\frac{n}{3}+\frac{1}{5}\log n+c_2+O\left(\frac{\log n}{n}\right)\right)^{-1}.$$

因为 $(1+x)^{-1} = 1-x+O(x^2)\,(|x|<1)$, 所以当 $n\to\infty$ 时

$$\begin{aligned} x_n^2 &= \frac{3}{n}\left(1+\frac{3}{5}\cdot\frac{\log n}{n}+O\left(\frac{\log n}{n^2}\right)\right)^{-1} = \frac{3}{n}\left(1-\frac{3}{5}\cdot\frac{\log n}{n}+O\left(\frac{\log^2 n}{n^2}\right)\right)^{-1} \\ &= \frac{3}{n}-\frac{9}{5}\cdot\frac{\log n}{n^2}+o(1). \end{aligned}$$

于是

$$x_n^2 \sim \frac{3}{n}-\frac{9}{5}\cdot\frac{\log n}{n^2} \quad (n\to\infty).$$

(2) (i) 设 $c>0$, 令

$$\theta(x) = \theta(x;c) = \frac{1}{\sqrt{1/x^2+c}},$$

那么

$$\theta(x;c) = x-\frac{c}{2}x^3+o(x^3)\ (x\to 0).$$

因为

$$\sin x = x-\frac{x^3}{6}+o(x^3)\ (x\to 0),$$

所以对于满足

$$0<c_1<\frac{1}{3}<c_2 \tag{L1.84.5}$$

的参数 c_1, c_2, 存在充分小的 $\delta>0$, 使得当 $x\in(0,\delta)$ 时, 有

$$\theta(x;c_2)<\sin x<\theta(x;c_1). \tag{L1.84.6}$$

(ii) 定义

$$\theta_0(x) = x, \quad \theta_n(x) = \theta\big(\theta_{n-1}(x)\big) \quad (n\geqslant 1),$$

那么

$$\frac{1}{\theta_n^2(x)} = \frac{1}{x^2}+nc.$$

于是

$$\theta_n(x) = \theta_n(x;c) = \frac{1}{\sqrt{1/x^2+nc}} \quad (n\geqslant 1).$$

依 $\sin x$ 和 $\theta(x)$ 的单调性, 由式 (L1.84.6) 可知

$$\theta(x,nc_2)<x_n<\theta(x,nc_1) \quad (n\geqslant 1),$$

于是当 $x\in(0,\delta)$ 时

$$\frac{1}{\sqrt{1/x^2+nc_2}}<x_n<\frac{1}{\sqrt{1/x^2+nc_1}}\quad(n\geqslant 1).\tag{L1.84.7}$$

(iv) 因为 $x_n\downarrow 0\,(n\to\infty)$(见问题 1.8(2) 的解), 所以对于 $\forall x_0\in(0,\pi/2)$, 存在 $N=N(\delta)$, 使当 $n\geqslant N$ 时 $x_n\in(0,\delta)$. 注意

$$x_n=\underbrace{\sin\sin\cdots\sin}_{n\text{个}}x_0=\underbrace{\sin\sin\cdots\sin}_{n-N\text{个}}\big(\underbrace{\sin\sin\cdots\sin}_{N\text{个}}x_0\big)=\underbrace{\sin\sin\cdots\sin}_{n-N\text{个}}x_N,$$

由式 (L1.84.7) 得到: 当 $n>N$ 时

$$\frac{1}{\sqrt{1/x_N^2+(n-N)c_2}}<x_n<\frac{1}{\sqrt{1/x_N^2+(n-N)c_1}}.\tag{L1.84.8}$$

依问题 1.41(1) 中的不等式可逐步推出

$$\begin{aligned}\frac{1}{x_N^2}&<\frac{1}{x_{N-1}^2}+\left(1-\frac{4}{\pi^2}\right)<\frac{1}{x_{N-2}^2}+\left(1-\frac{4}{\pi^2}\right)+\left(1-\frac{4}{\pi^2}\right)\\&<\cdots<\frac{1}{x_0^2}+N\left(1-\frac{4}{\pi^2}\right).\end{aligned}$$

而由 $\sin x<x$ 可推出

$$\frac{1}{x_0^2}<\frac{1}{x_N^2}.$$

合起来就是

$$\frac{1}{x_0^2}<\frac{1}{x_N^2}<\frac{1}{x_0^2}+N\left(1-\frac{4}{\pi^2}\right).$$

由此不等式及式 (L1.84.8) 得到: 对于 $\forall x_0\in(0,\pi/2)$, 当 $n>N$ 时

$$\frac{1}{\sqrt{\dfrac{1}{x_0^2}+N\left(1-\dfrac{4}{\pi^2}-c_2\right)+nc_2}}<x_n<\frac{1}{\sqrt{\dfrac{1}{x_0^2}-Nc_1+nc_1}}.\tag{L1.84.9}$$

(v) 对于任意给定的 $\varepsilon\in(0,1)$, 取 c_1,c_2 满足

$$\frac{1}{3(1+\varepsilon)^2}<c_1<\frac{1}{3}<c_2<\frac{1}{3(1-\varepsilon)^2}.$$

于是条件式 (L1.84.5) 满足, 从而可定义步骤 (iv) 中的 $\delta,N(\delta)$. 取

$$N_1=\max\left\{N,\frac{Nc_1}{c_1-\dfrac{1}{3(1+\varepsilon)^2}},\frac{N\left(1-\dfrac{4}{\pi^2}-c_2\right)}{\dfrac{1}{3(1-\varepsilon)^2}-c_2}\right\},$$

那么由式 (L1.84.9) 可知: 对于 $\forall x_0\in(0,\pi/2)$, 当 $n>N$ 时

$$x_n<\frac{1}{\sqrt{\dfrac{1}{x_0^2}+\dfrac{n}{3(1+\varepsilon)^2}}}<\frac{1+\varepsilon}{\sqrt{\dfrac{1}{x_0^2}+\dfrac{n}{3}}},\quad x_n>\frac{1}{\sqrt{\dfrac{1}{x_0^2}+\dfrac{n}{3(1-\varepsilon)^2}}}>\frac{1-\varepsilon}{\sqrt{\dfrac{1}{x_0^2}+\dfrac{n}{3}}},$$

因此

$$x_n\sim\frac{1}{\sqrt{\dfrac{1}{x_0^2}+\dfrac{n}{3}}}\quad(n\to\infty).$$

1.85 (1) 令

$$f_n(t)=\frac{1}{(1+t^4)^n}\quad(0\leqslant t\leqslant 1),$$

则所有 $f_n(t)$ 连续, 并且 $0 < f_n(t) \leqslant 1$. 因此 $u_n > 0\,(n \geqslant 1)$. 对 $\forall t \in [0,1]$, $f_n(t)(n \geqslant 1)$ 单调减少, 所以 u_n $(n \geqslant 1)$ 也单调减少. 设 $0 < a < 1$, 则

$$u_n = \int_0^a f_n(t)\mathrm{d}t + \int_a^1 f_n(t)\mathrm{d}t \leqslant a + f_n(a).$$

设 $\varepsilon(>0)$ 任意给定, 取 $a = \varepsilon/2$; 并取 p, 使得 $f_p(a) \leqslant \varepsilon/2$. 则得 $u_p \leqslant \varepsilon$. 于是当 $n \geqslant p$ 时 $u_n \leqslant \varepsilon$, 从而 $u_n \to 0\,(n \to \infty)$.

(2) 因为当 $0 \leqslant t \leqslant 1$ 时

$$f_n(t) \geqslant \frac{1}{(1+t)^n} \quad (n \geqslant 1),$$

所以当 $n \geqslant 2$ 时

$$u_n \geqslant \int_0^1 \frac{\mathrm{d}t}{(1+t)^n} = \frac{1-2^{1-n}}{n-1} \sim \frac{1}{n} \quad (n \to \infty),$$

从而 $\sum\limits_{n=1}^{\infty} u_n$ 发散.

(3) 进行分部积分, 可知

$$u_n = 2^{-n} + 4n(u_n - u_{n+1}) \quad (n \geqslant 1).$$

因此

$$\frac{u_n}{n} = \frac{1}{n2^n} + 4(u_n - u_{n+1}).$$

注意

$$\sum_{n=1}^{\infty} \frac{1}{n2^n} = -\log(1-x)\Big|_{x=1/2} = \log 2;$$

并且由本题 (1), $u_n \to 0\,(n \to \infty)$, 从而级数 $\sum\limits_{n=1}^{\infty}(u_n - u_{n-1})$ 收敛于

$$u_1 = \int_0^1 \frac{\mathrm{d}t}{1+t^4} = \frac{\sqrt{2}}{8}\big(\pi + 2\log(1+\sqrt{2})\big).$$

于是级数 $\sum\limits_{n=1}^{\infty} \dfrac{u_n}{n}$ 收敛, 并且其和为

$$\sum_{n=1}^{\infty} \frac{u_n}{n} = \log 2 + \sqrt{2}\left(\frac{\pi}{2} + 2\log(1+\sqrt{2})\right).$$

(4) (i) 令

$$v_n = \int_0^{\infty} \frac{\mathrm{d}t}{(1+t^4)^n} \quad (n \geqslant 1),$$

则 $v_1 = \pi\sqrt{2}/4$, 并且由分部积分,

$$\begin{aligned} v_n &= 4n\int_0^{\infty} \frac{t^4}{(1+t^4)^{n+1}}\mathrm{d}t = 4n\left(\int_0^{\infty} \frac{1+t^4}{(1+t^4)^{n+1}}\mathrm{d}t - \int_0^{\infty} \frac{1}{(1+t^4)^{n+1}}\mathrm{d}t\right) \\ &= 4n(v_n - v_{n+1}), \end{aligned}$$

因此

$$v_{n+1} = \left(1 - \frac{1}{4n}\right)v_n \quad (n \geqslant 1).$$

记

$$P_n = \prod_{k=1}^{n}\left(1 - \frac{1}{4k}\right) \quad (n \geqslant 1), \quad P_0 = 1,$$

则

$$v_n = \frac{\pi\sqrt{2}}{4}P_{n-1} \quad (n \geqslant 1). \tag{L1.85.1}$$

(ii) 另一方面, 记

$$a_n=\log\left(1-\frac{1}{4n}\right)-\frac{1}{4}\log\left(1-\frac{1}{n}\right)\quad(n\geqslant 2),$$

则 $a_n=O(n^{-2})$, 所以级数 $\sum\limits_{n=2}^{\infty}a_n$ 收敛. 于是由

$$\log\left(1-\frac{1}{4k}\right)=a_k+\frac{1}{4}\log\left(1-\frac{1}{k}\right)$$

得到

$$\begin{aligned}\log P_n&=\log\frac{3}{4}+\sum_{k=2}^{n}\log\left(1-\frac{1}{4k}\right)=\log\frac{3}{4}+\sum_{k=2}^{n}a_k+\frac{1}{4}\sum_{k=2}^{n}\log\left(1-\frac{1}{k}\right)\\&=\log\frac{3}{4}+\sum_{k=2}^{n}a_k-\frac{1}{4}\log n,\end{aligned}$$

从而当 $n\to\infty$ 时 $\log P_n+(\log n)/4$ 收敛, $n^{1/4}P_n$ 有有限极限 $\lambda\neq 0$. 于是由式 (L1.85.1) 得到

$$v_n\sim\frac{\pi\lambda\sqrt{2}}{4}n^{-1/4}\quad(n\to\infty).\tag{L1.85.2}$$

又因为

$$0\leqslant v_n-u_n=\int_1^{\infty}\frac{\mathrm{d}t}{(1+t^4)^n}\leqslant 2^{1-n}\int_1^{\infty}\frac{\mathrm{d}t}{1+t^4}=O(n^{-1/4}),$$

所以 $u_n\sim v_n\,(n\to\infty)$, 从而由式 (L1.85.2) 得到

$$u_n\sim\frac{\pi\lambda\sqrt{2}}{4}n^{-1/4}\quad(n\to\infty).$$

我们来计算 λ. 由 Γ 函数的定义

$$\Gamma(x)=\lim_{n\to\infty}\frac{n^x n!}{(1+x)(2+x)\cdots(n+x)}$$

可知

$$\frac{n^x}{\Gamma(x)}=x\lim_{n\to\infty}\prod_{k=1}^{n}\left(1-\frac{1}{4k}\right)=x\lim_{n\to\infty}P_n.$$

取 $x=-1/4$, 得

$$\lambda=\frac{-4}{\Gamma(-1/4)}=\frac{1}{\Gamma(3/4)}.$$

应用公式

$$\Gamma(1/4)\Gamma(3/4)=\frac{\pi}{\sin(\pi/4)}=\pi\sqrt{2},$$

最终得到

$$u_n\sim\frac{\Gamma(1/4)}{4}n^{-1/4}\quad(n\to\infty).$$

注 若应用 Laplace 变换 (一种较专门的分析技术), 则有

$$u_n=\int_0^{\log 2}\mathrm{e}^{-ns}f(s)\mathrm{d}s,$$

其中

$$f(s)=\frac{\mathrm{e}^s}{4(\mathrm{e}^s-1)^{3/4}}=\frac{1}{4}s^{-3/4}+\frac{5}{32}s^{1/4}+\frac{21}{512}s^{5/4}+\cdots,$$

于是

$$u_n=\frac{\Gamma(1/4)}{4}n^{-1/4}\left(1+\frac{5}{32n}+\frac{105}{2\,048n^2}+\cdots\right).$$

练习题 2

2.1 记 $A_n = \det(\boldsymbol{A}), B_n = \det(\boldsymbol{B})$. 我们有

$$A_n = \begin{vmatrix} -1 & 1 & -1 & 1 & \cdots & (-1)^n \\ 1 & 1 & -1 & 1 & \cdots & (-1)^n \\ -1 & -1 & -1 & 1 & \cdots & (-1)^n \\ \vdots & \vdots & \vdots & \vdots & & \vdots \\ (-1)^n & (-1)^n & (-1)^n & (-1)^n & \cdots & (-1)^n \end{vmatrix}.$$

第 1 列减去第 2 列, 得到

$$A_n = \begin{vmatrix} -2 & 1 & -1 & 1 & \cdots & (-1)^n \\ 0 & 1 & -1 & 1 & \cdots & (-1)^n \\ 0 & -1 & -1 & 1 & \cdots & (-1)^n \\ \vdots & \vdots & \vdots & \vdots & & \vdots \\ 0 & (-1)^n & (-1)^n & (-1)^n & \cdots & (-1)^n \end{vmatrix}$$
$$= (-2)\begin{vmatrix} 1 & -1 & 1 & \cdots & (-1)^n \\ -1 & -1 & 1 & \cdots & (-1)^n \\ \vdots & \vdots & \vdots & & \vdots \\ (-1)^n & (-1)^n & (-1)^n & \cdots & (-1)^n \end{vmatrix}.$$

将上式右边的行列式的各行变号, 可知

$$A_n = (-1)^{n-1}(-2)\begin{vmatrix} -1 & 1 & -1 & \cdots & (-1)^{n-1} \\ 1 & 1 & -1 & \cdots & (-1)^{n-1} \\ \vdots & \vdots & \vdots & & \vdots \\ (-1)^{n-1} & (-1)^{n-1} & (-1)^{n-1} & \cdots & (-1)^{n-1} \end{vmatrix},$$

因此

$$A_n = 2(-1)^n A_{n-1} \quad (n \geqslant 3).$$

类似地, 将行列式 B_n 的第 2 行加到第 1 行, 等等 (请读者补出有关细节), 可得

$$B_n = 2(-1)^n B_{n-1} \quad (n \geqslant 3).$$

因为 $A_2 = B_2 = -2$, 所以 A_n, B_n 满足相同的递推关系, 并且初值相同, 所以 $A_n = B_n$ $(n \geqslant 2)$; 当 $n = 1$ 时, 等式显然成立. 实际上, 容易通过递推得到

$$A_n = (-1)^{(n^2+n+4)/2}2^{n-1} = (-1)^{n(n+1)/2}2^{n-1} \quad (n \geqslant 1).$$

2.2 (1) 此处给出两种证法.

证法 1 将题给行列式的第 $2,3,\cdots,n$ 列分别乘以 $\omega_1,\omega_1^2,\cdots,\omega_1^{n-1}$, 然后与第 1 列相加, 得到

$$Z_n=\begin{vmatrix} a_1+a_2\omega_1+\cdots+a_n\omega_1^{n-1} & a_2 & a_3 & \cdots & a_{n-1} & a_n \\ a_nz+a_1\omega_1+\cdots+a_{n-1}\omega_1^{n-1} & a_1 & a_2 & \cdots & a_{n-2} & a_{n-1} \\ a_{n-1}z+a_nz\omega_1+\cdots+a_{n-2}\omega_1^{n-1} & a_nz & a_1 & \cdots & a_{n-3} & a_{n-2} \\ \vdots & \vdots & \vdots & & \vdots & \vdots \\ a_2z+a_3z\omega_1+\cdots+a_1\omega_1^{n-1} & a_3z & a_4z & \cdots & a_nz & a_1 \end{vmatrix}.$$

因为 $\omega_1^n=z,\omega_1^{n+t}=z\omega_1^t\,(t\in\mathbb{Z})$, 所以

$$\begin{aligned}
&a_1+a_2\omega_1+\cdots+a_{n-1}\omega_1^{n-2}+a_n\omega_1^{n-1}=f(\omega_1),\\
&a_nz+a_1\omega_1+\cdots+a_{n-1}\omega_1^{n-1}\\
&\quad=\omega_1(a_nz\omega_1^{-1}+a_1+\cdots+a_{n-1}\omega_1^{n-2})\\
&\quad=\omega_1(a_n\omega_1^{n-1}+a_1+a_2\omega_1+\cdots+a_{n-1}\omega_1^{n-2})=\omega_1f(\omega_1),\\
&a_{n-1}z+a_nz\omega_1+a_1\omega_1^2+\cdots+a_{n-2}\omega_1^{n-1}\\
&\quad=\omega_1^2(a_{n-1}z\omega_1^{-2}+a_nz\omega_1^{-1}+a_1+\cdots+a_{n-2}\omega_1^{n-3})\\
&\quad=\omega_1^2(a_{n-1}\omega_1^{n-2}+a_n\omega_1^{n-1}+a_1+\cdots+a_{n-2}\omega_1^{n-3})=\omega_1^2f(\omega_1),
\end{aligned}$$

等等. 一般地, 上述行列式的第 1 列的第 j 个元素可化为 $\omega_1^{j-1}f(\omega_1)$, 因此

$$Z_n=\begin{vmatrix} f(\omega_1) & a_2 & a_3 & \cdots & a_{n-1} & a_n \\ \omega_1f(\omega_1) & a_1 & a_2 & \cdots & a_{n-2} & a_{n-1} \\ \omega_1^2f(\omega_1) & a_nz & a_1 & \cdots & a_{n-3} & a_{n-2} \\ \vdots & \vdots & \vdots & & \vdots & \vdots \\ \omega_1^{n-1}f(\omega_1) & a_3z & a_4z & \cdots & a_nz & a_1 \end{vmatrix},$$

于是 Z_n 有因子 $f(\omega_1)$. 因为对于任何 $k\,(0\leqslant k\leqslant n-1),\omega_k^n=z,\omega_k^{n+t}=z\omega_k^t\,(t\in\mathbb{Z})$, 所以在上述推理中将 ω_1 换成 ω_k $(k=0,2,3,\cdots,n-1)$, 可知 Z_n 还有因子 $f(\omega_k)(k=0,2,3,\cdots,n-1)$. 将 Z_n 看作变元 $a_1,a_2,\cdots,a_n$ 的多项式, 它是齐 n 次式, 而 $f(\omega_k)(k=0,1,2,\cdots,n-1)$ 的积也是 $a_1,a_2,\cdots,a_n$ 的齐 n 次多项式, 因此

$$D_n(a_1,a_1,\cdots,a_n)=cf(\omega_0)f(\omega_1)\cdots f(\omega_{n-1}).$$

令 $a_1=1,a_2=\cdots=a_n=0$, 可知常数 $c=1$, 于是得到 $Z_n=f(\omega_0)f(\omega_1)f(\omega_2)\cdots f(\omega_{n-1})$.

证法 2 见问题 2.16 的解法的步骤 (i), 其中矩阵 $\boldsymbol{T}_0=a_1,\boldsymbol{T}_1=a_2,\cdots$(1 阶矩阵), $a=z,M(x)=f(x)$. 特别地, 矩阵 $\boldsymbol{W}$ 就是由 ω_k 生成的 Vandermonde 行列式. 计算细节由读者补出.

(2) 下面也给出两种解法.

解法 1 将 $\det(\boldsymbol{D}_n)$ 的前 $n-1$ 行中的每一行分别减去第 n 行, 并对每一行和每一列提取公因子, 可得

$$\det(\boldsymbol{D}_n)=\frac{\prod\limits_{i=1}^{n-1}(a_n-a_i)}{\prod\limits_{i=1}^{n}(a_n+b_i)}\cdot\varDelta_n,$$

其中

$$\Delta_n = \begin{vmatrix} \dfrac{1}{a_1+b_1} & \dfrac{1}{a_1+b_2} & \cdots & \dfrac{1}{a_1+b_n} \\ \dfrac{1}{a_2+b_1} & \dfrac{1}{a_2+b_2} & \cdots & \dfrac{1}{a_2+b_n} \\ \vdots & \vdots & & \vdots \\ \dfrac{1}{a_{n-1}+b_1} & \dfrac{1}{a_{n-1}+b_2} & \cdots & \dfrac{1}{a_{n-1}+b_n} \\ 1 & 1 & \cdots & 1 \end{vmatrix}.$$

将 Δ_n 的前 $n-1$ 列中的每一列分别减去第 n 列, 并类似地对每一行和每一列提取公因子, 可得

$$\Delta_n = \frac{\prod\limits_{i=1}^{n-1}(b_n-b_i)}{\prod\limits_{j=1}^{n-1}(a_j+b_n)} \cdot \Delta_n',$$

其中

$$\Delta_n' = \begin{vmatrix} \dfrac{1}{a_1+b_1} & \dfrac{1}{a_1+b_2} & \cdots & \dfrac{1}{a_1+b_{n-1}} & 1 \\ \dfrac{1}{a_2+b_1} & \dfrac{1}{a_2+b_2} & \cdots & \dfrac{1}{a_2+b_{n-1}} & 1 \\ \vdots & \vdots & & \vdots & \vdots \\ \dfrac{1}{a_{n-1}+b_1} & \dfrac{1}{a_{n-1}+b_2} & \cdots & \dfrac{1}{a_{n-1}+b_{n-1}} & 1 \\ 0 & 0 & \cdots & 0 & 1 \end{vmatrix} = \det(\boldsymbol{D}_{n-1}).$$

于是我们得到递推关系

$$\det(\boldsymbol{D}_n) = \frac{\prod\limits_{i=1}^{n-1}(a_n-a_i)(b_n-b_i)}{\prod\limits_{i=1}^{n}(a_n+b_i)\prod\limits_{j=1}^{n-1}(a_j+b_n)} \cdot \det(\boldsymbol{D}_{n-1}).$$

由此可推出

$$\det(\boldsymbol{D}_n) = \frac{\prod\limits_{1\leqslant i<j\leqslant n}(a_i-a_j)(b_i-b_j)}{\prod\limits_{1\leqslant i,j\leqslant n}(a_i+b_j)}. \tag{L2.2.1}$$

解法 2 从每行提出该行元素的公分母, 可得

$$\det(\boldsymbol{D}_n) = \left(\prod_{1\leqslant i,j\leqslant n}(a_i+b_j)\right)^{-1} \cdot T_n, \tag{L2.2.2}$$

其中 T_n 是一个 n 阶行列式. 由它的展开式可知, 它是变元 a_i, b_j 的多项式. 它的第 k 行的元素是

$$\begin{aligned} &(a_k+b_2)(a_k+b_3)\cdots(a_k+b_n), \quad (a_k+b_1)(a_k+b_3)\cdots(a_k+b_n), \quad \cdots, \\ &(a_k+b_1)\cdots(a_k+b_{k-1})(a_k+b_{k+1})\cdots(a_k+b_n), \quad \cdots, \\ &(a_k+b_1)(a_k+b_2)\cdots(a_k+b_{n-1}), \end{aligned}$$

若将 T_n 的第 2 列与第 1 列相减, 则可看到所得到的新的第 2 列的每个元素都含有因子 a_1-a_2, 因而多项式 T_n 有因子 a_1-a_2. 类似地, 将 T_n 的第 j $(\geqslant 2)$ 列与第 1 列相减, 可知 T_n 有因子 a_1-a_j. 因此 T_n 有因子

$$(a_1-a_2)(a_1-a_3)\cdots(a_1-a_n).$$

同样, 将 T_n 的第 j ($\geqslant 3$) 列与第 2 列相减, 可知 T_n 有因子

$$(a_2-a_3)(a_2-a_4)\cdots(a_2-a_n).$$

于是我们得知: 一般地, T_n 有因子

$$\prod_{1\leqslant i<j\leqslant n}(a_i-a_j).$$

又因为行列式 T_n 关于 a_i,b_i 对称, 所以它还有因子

$$\prod_{1\leqslant i<j\leqslant n}(b_i-b_j).$$

因此, 我们得到

$$T_n=\prod_{1\leqslant i<j\leqslant n}\big((a_i-a_j)(b_i-b_j)\big)\cdot P_n,$$

其中 P_n 是 a_i,b_j 的某个多项式. 比较 T_n 与

$$\prod_{1\leqslant i<j\leqslant n}\big((a_i-a_j)(b_i-b_j)\big)$$

的次数, 可知 $\deg(P_n)=0$, 所以 $P_n=c$ (常数), 于是

$$T_n=c\prod_{1\leqslant i<j\leqslant n}\big((a_i-a_j)(b_i-b_j)\big). \tag{L2.2.3}$$

最后, 在上式两边令

$$a_1=-b_1,\quad a_2=-b_2,\quad \cdots,\quad a_n=-b_n,$$

则 T_n 成为下三角行列式, 容易算出其值与右边表达式的相应值恰好相差常数因子 c, 从而 $c=1$. 于是由式 (L2.2.2)、式 (L2.2.3) 推出式 (L2.2.1).

2.3 (i) 令

$$p_{ij}=\begin{cases}1, & i\mid j,\\ 0, & i\nmid j,\end{cases}$$

以及

$$q_{ij}=\begin{cases}\mu\left(\dfrac{j}{i}\right), & i\mid j,\\ 0, & i\nmid j,\end{cases}$$

其中 $\mu(n)$ 是 Möbius 函数, 定义为: $\mu(1)=1$; 若 $n=p_1p_2\cdots p_r$ (p_i 为不同的素数), 则 $\mu(n)=r$; 若 n 被某个素数的平方整除, 则 $\mu(n)=0$. 定义 n 阶矩阵 $\boldsymbol{P}=(p_{ij}),\boldsymbol{Q}=(q_{ij})$. 应用

$$\sum_{d\mid n}\mu(d)=\begin{cases}1, & n=1,\\ 0, & n\neq 1,\end{cases}$$

可知 $\boldsymbol{PQ}=\boldsymbol{I}$.

(ii) 设 $a_1,a_2,\cdots$ 是给定数列, 令

$$x_{i,j}=a_{(i,j)}\quad(1\leqslant i,j\leqslant n),$$

其中 (i,j) 是 i,j 的最大公因子. 定义 n 阶矩阵 $\boldsymbol{X}=(x_{ij})$. 还令

$$b_m=\sum_{j=1}^{m}a_jq_{jm}=\sum_{j\mid m}a_j\mu\left(\frac{m}{j}\right)\quad(m\geqslant 1), \tag{L2.4.1}$$

那么

$$(b_1,b_2,\cdots,b_n)=(a_1,a_2,\cdots,a_n)\boldsymbol{Q}.$$

由此及 $\boldsymbol{PQ}=\boldsymbol{I}$ 可知

$$(b_1,b_2,\cdots,b_n)\boldsymbol{P}=(a_1,a_2,\cdots,a_n).$$

于是

$$x_{i,j}=a_{(i,j)}=\sum_{k=1}^{n}b_kp_{k,(i,j)}=\sum_{k|(i,j)}b_kp_{k,(i,j)}.$$

注意 $k|(i,j)\Leftrightarrow k|i,k|j$, 所以

$$x_{i,j}=\sum_{k=1}^{n}b_kp_{ki}p_{kj},$$

从而

$$\boldsymbol{X}=\boldsymbol{P}^{\mathrm{T}}\mathrm{diag}(b_1,b_2,\cdots,b_n)\boldsymbol{P}.$$

由此得到

$$\det(\boldsymbol{X})=b_1b_2\cdots b_n. \tag{L2.4.2}$$

(iii) 取 $a_n=n^k\ (n=1,2,\cdots)$, 那么由式 (L2.4.2) 推出

$$A_n^{(k)}=\det\big((i,j)^k\big)=b_1b_2\cdots b_n.$$

依式 (L2.4.1) 可知

$$b_m=\sum_{d|m}d^k\mu\left(\frac{m}{d}\right)\quad(m=1,2,\cdots,n).$$

若 $m=p^s$ (p 为素数), 则由 $\mu(n)$ 的定义可知

$$b_m=(p^s)^k\cdot 1+(p^{s-1})^k\cdot(-1)=p^{sk}(1-p^{-k}).$$

一般地, 若 $m=p_1^{e_1}p_2^{e_2}\cdots p_r^{e_r}$(标准素因子分解), 那么因为 $\mu(m)$ 和 m^k 都是积性函数, 所以 b_m 也是积性函数, 从而有

$$b_m=\prod_{i=1}^{r}p_i^{e_ik}(1-p_i^{-k})=m^k\prod_{i=1}^{r}(1-p_i^{-k}).$$

注 (1) 关于 Möbius 函数和积性函数, 可见华罗庚的《数论导引》(科学出版社, 1975) 第 6 章.

(2) 问题 2.4 是本题的特例 (取 $k=1$), 或在本题中取 $a_n=n$, 则由式 (L2.4.1) 得到

$$b_m=\sum_{j|m}a_j\mu\left(\frac{m}{j}\right)=\varphi(m)\quad(m\geqslant 1),$$

从而也给出问题 2.4 的一种解法.

2.4 (i) 求 $\boldsymbol{A}^{-1}$. 令 $\boldsymbol{B}=(b_{ij})$, 其中 $b_{ij}=1/a_j\ (i,j=1,2,\cdots,n)$, 以及 $\boldsymbol{D}=\mathrm{diag}(1/a_1,1/a_2,\cdots,1/a_n)$. 那么

$$\boldsymbol{B}=(1,1,\cdots,1)^{\mathrm{T}}\left(\frac{1}{a_1},\frac{1}{a_2},\cdots,\frac{1}{a_n}\right)=(1,1,\cdots,1)^{\mathrm{T}}(1,1,\cdots,1)\boldsymbol{D}.$$

于是

$$\begin{aligned}\boldsymbol{AD}&=\begin{pmatrix}t&t&\cdots&t\\\vdots&\vdots&&\vdots\\t&t&\cdots&t\end{pmatrix}\boldsymbol{D}+\mathrm{diag}(a_1,a_2,\cdots,a_n)\boldsymbol{D}\\&=t(1,1,\cdots,1)^{\mathrm{T}}(1,1,\cdots,1)\boldsymbol{D}+\boldsymbol{I}_n=\boldsymbol{I}_n+t\boldsymbol{B},\end{aligned}$$

并且

$$\begin{aligned}\boldsymbol{B}^2&=(1,1,\cdots,1)^{\mathrm{T}}\left(\frac{1}{a_1},\frac{1}{a_2},\cdots,\frac{1}{a_n}\right)\cdot(1,1,\cdots,1)^{\mathrm{T}}\left(\frac{1}{a_1},\frac{1}{a_2},\cdots,\frac{1}{a_n}\right)\\&=(1,1,\cdots,1)^{\mathrm{T}}\cdot\left(\frac{1}{a_1},\frac{1}{a_2},\cdots,\frac{1}{a_n}\right)(1,1,\cdots,1)^{\mathrm{T}}\cdot\left(\frac{1}{a_1},\frac{1}{a_2},\cdots,\frac{1}{a_n}\right)\\&=(1,1,\cdots,1)^{\mathrm{T}}\cdot s\cdot\left(\frac{1}{a_1},\frac{1}{a_2},\cdots,\frac{1}{a_n}\right)\\&=s(1,1,\cdots,1)^{\mathrm{T}}\left(\frac{1}{a_1},\frac{1}{a_2},\cdots,\frac{1}{a_n}\right)=s\boldsymbol{B},\end{aligned}$$

因此 (注意 $st\neq-1$)

$$\begin{aligned}\boldsymbol{AD}\big(\boldsymbol{I}_n-t(1+st)^{-1}\boldsymbol{B}\big)&=(\boldsymbol{I}_n+t\boldsymbol{B})\big(\boldsymbol{I}_n-t(1+st)^{-1}\boldsymbol{B}\big)\\&=\boldsymbol{I}_n-t(1+st)^{-1}\boldsymbol{B}+t\boldsymbol{B}-t^2(1+st)^{-1}\boldsymbol{B}^2\\&=\boldsymbol{I}_n-t(1+st)^{-1}\boldsymbol{B}+t\boldsymbol{B}-t^2(1+st)^{-1}\cdot s\boldsymbol{B}=I_n,\end{aligned}$$

即得 $\boldsymbol{A}^{-1}=\boldsymbol{D}\big(\boldsymbol{I}_n-t(1+st)^{-1}\boldsymbol{B}\big)$.

(ii) 求 $|\boldsymbol{A}|$. 将 $|\boldsymbol{A}|$ 的前 $n-1$ 行分别减第 n 行, 得到

$$|\boldsymbol{A}|=\begin{vmatrix}a_1&0&\cdots&-a_n\\0&a_2&\cdots&-a_n\\\vdots&\vdots&&\vdots\\t&t&\cdots&t+a_n\end{vmatrix}.$$

在此行列式中, 将第 k 行的 $-t/a_k$ $(k=1,\cdots,n-1)$ 倍加到第 n 行, 得到

$$|\boldsymbol{A}|=\begin{vmatrix}a_1&0&\cdots&-a_n\\0&a_2&\cdots&-a_n\\\vdots&\vdots&&\vdots\\0&0&\cdots&\gamma_n\end{vmatrix},$$

其中

$$\gamma_n=-\sum_{k=1}^{n-1}\frac{t}{a_k}\cdot(-a_n)+t+a_n=ta_n\left(s-\frac{1}{a_n}\right)+t+a_n=(1+st)a_n.$$

因此 $|\boldsymbol{A}|=(1+st)a_1a_2\cdots a_n$.

2.5 提示 设 $\lambda_i\,(i=1,2,\cdots,n)$ 是矩阵 $\boldsymbol{A}$ 的全部特征值. 令

$$f(x)=x^3-2x^2-3x.$$

则由题设条件可知 $f(\boldsymbol{A})=\boldsymbol{O}$. 因此

$$f(\lambda_i)=0\quad(i=1,2,\cdots,n)$$

(参见练习题 2.34 的解中所引用的命题). 解方程 $f(x)=0$, 可知矩阵 $\boldsymbol{A}$ 的特征值集合由 $0,-1,3$ 组成 (不计重数). 由秩和正惯性指数的定义可知 $0,-1,3$ 的重数分别等于 $n-r,r-p,p$. 于是 (仍然引用上述命题, 取 $f(x)=x-1$) 矩阵 $\boldsymbol{A}-\boldsymbol{I}_n$ 的特征值是 λ_i-1, 即 -1(重数为 $n-r$),-2(重数为 $r-p$),2(重数为 p), 于是

$$|\boldsymbol{A}-\boldsymbol{I}_n|=(-1)^{n-r}\cdot(-2)^{r-p}\cdot2^p=(-1)^{n-p}2^r$$

(矩阵的行列式等于矩阵的所有特征值之积).

或者: 存在 n 阶正交矩阵 $\boldsymbol{P}$, 使得

$$\boldsymbol{P}^{-1}\boldsymbol{A}\boldsymbol{P}=\operatorname{diag}(3\boldsymbol{I}_p,-\boldsymbol{I}_{r-p},\boldsymbol{O}_{n-r}),$$

因此

$$\boldsymbol{P}^{-1}(\boldsymbol{A}-\boldsymbol{I}_n)\boldsymbol{P}=\operatorname{diag}(2\boldsymbol{I}_p,-2\boldsymbol{I}_{r-p},-\boldsymbol{I}_{n-r}).$$

由此得 $|\boldsymbol{A}-\boldsymbol{I}_n|=(-1)^{n-p}2^r$.

2.6 (1) 依题意可知

$$\boldsymbol{A}=\begin{pmatrix} s_1 & s_2 & s_3 & \cdots & s_n \\ s_2 & s_2 & s_3 & \cdots & s_n \\ s_3 & s_3 & s_3 & \cdots & s_n \\ \vdots & \vdots & \vdots & & \vdots \\ s_n & s_n & s_n & \cdots & s_n \end{pmatrix}.$$

令

$$\boldsymbol{T}=\begin{pmatrix} 0 & -1 & & & \\ & 0 & -1 & & \\ & & 0 & \ddots & \\ & & & \ddots & -1 \\ & & & & 0 \end{pmatrix}$$

(空白处元素为 0, 下同), 那么

$$\boldsymbol{I}_n+\boldsymbol{T}=\begin{pmatrix} 1 & -1 & & & \\ & 1 & -1 & & \\ & & 1 & \ddots & \\ & & & \ddots & -1 \\ & & & & 1 \end{pmatrix},$$

以及

$$\boldsymbol{I}_n+\boldsymbol{T}^{\mathrm{T}}=(\boldsymbol{I}_n+\boldsymbol{T})^{\mathrm{T}}=\begin{pmatrix} 1 & & & & \\ -1 & 1 & & & \\ & -1 & \ddots & & \\ & & \ddots & 1 & \\ & & & -1 & 1 \end{pmatrix}.$$

于是

$$\begin{aligned}(\boldsymbol{I}_n+\boldsymbol{T})\boldsymbol{A}(\boldsymbol{I}_n+\boldsymbol{T}^{\mathrm{T}})&=\big((\boldsymbol{I}_n+\boldsymbol{T})\boldsymbol{A}\big)(\boldsymbol{I}_n+\boldsymbol{T}^{\mathrm{T}})\\&=\begin{pmatrix} s_1-s_2 & & & & \\ s_2-s_3 & s_2-s_3 & & & \\ s_3-s_4 & s_3-s_4 & s_3-s_4 & & \\ \vdots & \vdots & & \ddots & \\ s_{n-1}-s_n & s_{n-1}-s_n & \cdots & s_{n-1}-s_n & \\ s_n & s_n & \cdots & s_n & s_n \end{pmatrix}(\boldsymbol{I}_n+\boldsymbol{T}^{\mathrm{T}})\end{aligned}$$

$$= \mathrm{diag}(s_1 - s_2, s_2 - s_3, \cdots, s_{n-1} - s_n, s_n).$$

因为 $|\boldsymbol{I}_n + \boldsymbol{T}| = |\boldsymbol{I}_n + \boldsymbol{T}^{\mathrm{T}}| = 1$, 所以

$$|\boldsymbol{A}| = (s_1 - s_2)(s_2 - s_3)\cdots(s_{n-1} - s_n)s_n.$$

(ii) 令 $\boldsymbol{B} = \big((\boldsymbol{I}_n + \boldsymbol{T})\boldsymbol{A}(\boldsymbol{I}_n + \boldsymbol{T}^{\mathrm{T}})\big)^{-1}$, 则由步骤 (i) 得到

$$\boldsymbol{B} = \mathrm{diag}\left(\frac{1}{s_1 - s_2}, \frac{1}{s_2 - s_3}, \cdots, \frac{1}{s_{n-1} - s_n}, \frac{1}{s_n}\right).$$

并且由 $\boldsymbol{B} = (\boldsymbol{I}_n + \boldsymbol{T}^{\mathrm{T}})^{-1}\boldsymbol{A}^{-1}(\boldsymbol{I}_n + \boldsymbol{T})^{-1}$ 可知 (注意 $\boldsymbol{B} = \boldsymbol{B}^{\mathrm{T}}$)

$$\begin{aligned}\boldsymbol{A}^{-1} &= (\boldsymbol{I}_n + \boldsymbol{T}^{\mathrm{T}})\boldsymbol{B}(\boldsymbol{I}_n + \boldsymbol{T}) = \boldsymbol{B} + \boldsymbol{B}\boldsymbol{T} + \boldsymbol{T}^{\mathrm{T}}\boldsymbol{B} + \boldsymbol{T}^{\mathrm{T}}\boldsymbol{B}\boldsymbol{T}\\ &= \boldsymbol{B} + \boldsymbol{B}\boldsymbol{T} + (\boldsymbol{B}^{\mathrm{T}}\boldsymbol{T})^{\mathrm{T}} + \boldsymbol{T}^{\mathrm{T}}\boldsymbol{B}\boldsymbol{T}\\ &= \boldsymbol{B} + \boldsymbol{B}\boldsymbol{T} + (\boldsymbol{B}\boldsymbol{T})^{\mathrm{T}} + \boldsymbol{T}^{\mathrm{T}}\boldsymbol{B}\boldsymbol{T}.\end{aligned}$$

记

$$\gamma = \frac{1}{s_1 - s_2} + \frac{1}{s_2 - s_3} + \cdots + \frac{1}{s_{n-1} - s_n},$$

那么矩阵 $\boldsymbol{B}$ 的元素之和

$$S(\boldsymbol{B}) = \gamma + \frac{1}{s_n}.$$

算出

$$S(\boldsymbol{B}\boldsymbol{T}) = S\big((\boldsymbol{B}\boldsymbol{T})^{\mathrm{T}}\big) = -\gamma, \quad S(\boldsymbol{T}^{\mathrm{T}}\boldsymbol{B}\boldsymbol{T}) = \gamma.$$

因此 $\boldsymbol{A}^{-1}$ 的元素之和等于 $\gamma + 1/s_n + 2(-\gamma) + \gamma = 1/s_n$.

(2) (i) 依次对 $\boldsymbol{A}_n$ 作下列初等变换: 第 $n-1$ 行的 $-a$ 倍加到第 n 行, 第 $n-2$ 行的 $-a$ 倍加到第 $n-1$ 行 …… 第 1 行的 $-a$ 倍加到第 2 行, 那么 $\boldsymbol{A}_n$ 化为

$$\begin{pmatrix} 1 & a & \cdots & a^{n-1}\\ 0 & 1-a^2 & \cdots & *\\ \vdots & \ddots & \ddots & \vdots\\ 0 & \cdots & 0 & 1-a^2 \end{pmatrix},$$

因此 $|\boldsymbol{A}_n| = (1-a^2)^{n-1}$.

(ii) 因为 $\boldsymbol{A}_n\boldsymbol{A}_n^* = |\boldsymbol{A}_n|\boldsymbol{I}_n$, 所以 $|\boldsymbol{A}_n||\boldsymbol{A}_n^*| = |\boldsymbol{A}_n|^n$, 于是 $|\boldsymbol{A}_n^*| = |\boldsymbol{A}_n|^{n-1} = (1-a^2)^{(n-1)^2}$.

2.7 提示 (i) 对 $\lambda\boldsymbol{I} - \boldsymbol{A}$ 作初等变换 (或用其他方法), 可知其初等因子为 $\lambda - 1, (\lambda-1)^2$, 所以 $\boldsymbol{A}$ 的 Jordan 标准形为

$$\boldsymbol{J} = \begin{pmatrix} 1 & 0 & 0\\ 0 & 1 & 1\\ 0 & 0 & 1 \end{pmatrix}.$$

(ii) 还需求出可逆矩阵 $\boldsymbol{T}$, 使得 $\boldsymbol{T}^{-1}\boldsymbol{A}\boldsymbol{T} = \boldsymbol{J}$. 设 $\boldsymbol{T} = (\boldsymbol{\alpha}_1, \boldsymbol{\alpha}_2, \boldsymbol{\alpha}_3)$, 那么

$$\boldsymbol{A}(\boldsymbol{\alpha}_1, \boldsymbol{\alpha}_2, \boldsymbol{\alpha}_3) = (\boldsymbol{\alpha}_1, \boldsymbol{\alpha}_2, \boldsymbol{\alpha}_3)\boldsymbol{J},$$

因此 $\boldsymbol{\alpha}_i$ 满足

$$\boldsymbol{A}\boldsymbol{\alpha}_1 = \boldsymbol{\alpha}_1, \quad \boldsymbol{A}\boldsymbol{\alpha}_2 = \boldsymbol{\alpha}_2, \quad \boldsymbol{A}\boldsymbol{\alpha}_3 = \boldsymbol{\alpha}_2 + \boldsymbol{\alpha}_3. \tag{L2.7.1}$$

由前两式, 解方程组

$$(\boldsymbol{A} - \boldsymbol{I})\boldsymbol{x} = \boldsymbol{0},$$

可取 (线性无关向量)

$$\boldsymbol{\alpha}_1=(3,0,1)^{\mathrm{T}},\quad \boldsymbol{\alpha}_2=(2,1,1)^{\mathrm{T}}.$$

依式 (L2.7.1) 中的第三式, 解方程组

$$(\boldsymbol{A}-\boldsymbol{I})\boldsymbol{x}=\boldsymbol{\alpha}_2,$$

取

$$\boldsymbol{\alpha}_3=(-1,0,0)^{\mathrm{T}}.$$

于是

$$\boldsymbol{T}=\begin{pmatrix}3&2&-1\\0&1&0\\1&1&0\end{pmatrix}.$$

进而算出

$$\boldsymbol{T}^{-1}=\begin{pmatrix}0&-1&1\\0&1&0\\-1&-1&3\end{pmatrix},$$

以及 (用数学归纳法)

$$\boldsymbol{J}^k=\begin{pmatrix}1&0&0\\0&1&k\\0&0&1\end{pmatrix}.$$

最后得到

$$\boldsymbol{A}^k=\boldsymbol{T}\boldsymbol{J}^k\boldsymbol{T}^{-1}=\begin{pmatrix}1-2k&-2k&6k\\-k&1-k&3k\\-k&-k&1+3k\end{pmatrix},$$

因此

$$\boldsymbol{A}^{2\,015}=\begin{pmatrix}-4\,029&-4\,030&12\,090\\-2\,015&-2\,014&6\,045\\-2\,015&-2\,015&6\,046\end{pmatrix}.$$

注 $\boldsymbol{\alpha}_i$ 可有其他取法, 但不影响最终结果.

2.8 (1) 证法 1 用反证法. 设 $\boldsymbol{A}\neq\boldsymbol{O}$, 那么存在元素 $a_{\alpha\beta}\neq 0$. 定义矩阵 $\boldsymbol{X}=(x_{ij})$, 其元素

$$x_{ij}=\begin{cases}1, & (i,j)=(\beta,\alpha),\\ 0, & (i,j)\neq(\beta,\alpha),\end{cases}$$

那么矩阵 $\boldsymbol{A}\boldsymbol{X}=(u_{rs})$ 的对角元素

$$u_{rr}=\sum_{t=1}^{n}a_{rt}x_{tr}=\begin{cases}a_{\alpha\beta}, & r=\alpha,\\ 0, & r\neq\alpha.\end{cases}$$

可见 $\mathrm{tr}(\boldsymbol{A}\boldsymbol{X})=a_{\alpha\beta}\neq 0$. 与题设矛盾.

证法 2 因为矩阵 $\boldsymbol{C}=\boldsymbol{A}\boldsymbol{A}^{\mathrm{T}}$ 的对角元素

$$c_{kk}=\sum_{t=1}^{n}a_{kt}a_{kt}=\sum_{t=1}^{n}a_{kt}^2,$$

所以

$$\mathrm{tr}(\boldsymbol{C})=\sum_{k=1}^{n}c_{kk}=\sum_{k=1}^{n}\sum_{t=1}^{n}a_{kt}^2,$$

依题设, $\mathrm{tr}(\boldsymbol{C})=0$, 而 a_{kt} 是实数, 所以所有 $a_{kt}=0$, 于是 $\boldsymbol{A}=\boldsymbol{O}$.

(2) (i) 首先证明: 如果 $\boldsymbol{A},\boldsymbol{B}$ 分别是 $m\times n,n\times m$ 矩阵 (所以 $\boldsymbol{AB}$ 和 $\boldsymbol{BA}$ 都存在), 那么 $\mathrm{tr}(\boldsymbol{AB})=\mathrm{tr}(\boldsymbol{BA})$.

事实上, 设 $\boldsymbol{A}=(a_{ij})_{m\times n},\boldsymbol{B}=(b_{ij})_{n\times m},\boldsymbol{AB}=(c_{ij})_m,\boldsymbol{BA}=(d_{ij})_n$, 那么

$$c_{ij}=\sum_{k=1}^{n}a_{ik}b_{kj},\quad d_{ij}=\sum_{l=1}^{m}b_{il}a_{lj}.$$

于是

$$\begin{aligned}\mathrm{tr}(\boldsymbol{AB})&=\sum_{i=1}^{m}c_{ii}=\sum_{i=1}^{m}\left(\sum_{k=1}^{n}a_{ik}b_{ki}\right)=\sum_{i=1}^{m}\sum_{k=1}^{n}a_{ik}b_{ki}\\&=\sum_{k=1}^{n}\left(\sum_{i=1}^{m}b_{ki}a_{ik}\right)=\sum_{k=1}^{n}d_{kk}=\mathrm{tr}(\boldsymbol{BA}).\end{aligned}$$

(或者: 因为矩阵的迹等于其所有特征值的和, 而 $\boldsymbol{AB}$ 和 $\boldsymbol{BA}$ 的非零特征值完全相同, 所以立得结论).

(ii) 现在设 $\boldsymbol{AB}-\boldsymbol{BA}=\boldsymbol{I}$, 那么 $\boldsymbol{A},\boldsymbol{B}$ 是同阶方阵 (设为 n 阶). 依步骤 (i) 中所证的结果, 有

$$\mathrm{tr}(\boldsymbol{AB}-\boldsymbol{BA})=\mathrm{tr}(\boldsymbol{AB})-\mathrm{tr}(\boldsymbol{BA})=0,$$

但 $\mathrm{tr}(\boldsymbol{I})=n$, 所以 $\boldsymbol{AB}-\boldsymbol{BA}=\boldsymbol{I}$ 不成立.

注 在本题中, 矩阵的元素都是复数. 在特征为 p 的有限域上, 可给出 n 阶方阵 $\boldsymbol{A},\boldsymbol{B}$, 使得 $\boldsymbol{AB}-\boldsymbol{BA}=\boldsymbol{I}_n$, 从而本题的结论不再成立.

2.9 (1) 设 λ 是 $\boldsymbol{A}$ 的对应于特征向量 $\boldsymbol{x}$ 的特征值, 则有 $\boldsymbol{Ax}=\lambda\boldsymbol{x}$, 于是

$$\boldsymbol{x}=\boldsymbol{Ix}=\boldsymbol{A}^2\boldsymbol{x}=\boldsymbol{A}(\boldsymbol{Ax})=\boldsymbol{A}(\lambda\boldsymbol{x})=\lambda(\boldsymbol{Ax})=\lambda^2\boldsymbol{x}.$$

所以 $\lambda=\pm1$. 如果 $\boldsymbol{A}$ 有 m 个特征值 $-1,n-m$ 个特征值 1, 那么

$$\mathrm{tr}(\boldsymbol{A})=(n-m)-m=n-2m\equiv n\,(\mathrm{mod}\,2),$$

以及 (注意 $0\leqslant m\leqslant n$)

$$|\mathrm{tr}(\boldsymbol{A})|=|n-2m|\leqslant n-2.$$

(2) 因为由题设条件可知

$$\boldsymbol{A}=\boldsymbol{I}-\boldsymbol{A}^2=\boldsymbol{I}-(\boldsymbol{I}-\boldsymbol{A}^2)^2=2\boldsymbol{A}^2-\boldsymbol{A}^4,$$

或 $\boldsymbol{A}^4-2\boldsymbol{A}^2+\boldsymbol{A}=\boldsymbol{O}$, 所以 $f(x)=x^4-2x^2+x=x(x-1)(x^2+x-1)$ 是 $\boldsymbol{A}$ 的一个零化多项式. 因为 $\boldsymbol{A}$ 的极小多项式是 $f(x)$ 的因子, 所以 $\boldsymbol{A}$ 的特征值都是 $f(x)=0$ 的根, 即它们只可能属于集合 $\{0,1,(-1\pm\sqrt{5})/2\}$. 又由题设条件可知 $\boldsymbol{A}(\boldsymbol{A}+\boldsymbol{I})=\boldsymbol{I}$, 所以 $\boldsymbol{A}$ 可逆, 从而 0 不可能是 $\boldsymbol{A}$ 的特征值 (注意: 方阵的行列式等于其所有特征值的积), 于是 $\boldsymbol{A}$ 的所有特征值属于集合 $\{1,(-1\pm\sqrt{5})/2\}$, 从而 (参见练习题 2.34 的解中所引用的命题)$\boldsymbol{A}^2$ 的所有特征值属于集合 $\{1^2,\left((-1\pm\sqrt{5})/2\right)^2\}$, 即 $\{1,(3\pm\sqrt{5})/2\}$. 由此可验证 $\mathrm{tr}(\boldsymbol{A}^2)\neq0$.

注 本题 (2) 中的条件可换为 $\boldsymbol{A}^2+\boldsymbol{A}^{\mathrm{T}}=\boldsymbol{I}$, 结论仍然成立, 并且证法类似.

2.10 (1) (i) 设 $(x_i,y_i)(i=1,2,\cdots,n)$ 都在直线 $y=kx+b$ 上, 那么 $y_i=kx_i+b\ (i=1,2,\cdots,n)$, 从而方程组

$$x_ix+y_iy=-b\quad(i=1,2,\cdots,n)$$

有解 $(x,y)=(k,-1)$. 于是其系数矩阵

$$\boldsymbol{A}=\begin{pmatrix}x_1&y_1\\x_2&y_2\\\vdots&\vdots\\x_n&y_n\end{pmatrix}$$

与增广矩阵

$$\widehat{\boldsymbol{A}}=\begin{pmatrix}x_1 & y_1 & -b\\ x_2 & y_2 & -b\\ \vdots & \vdots & \vdots\\ x_n & y_n & -b\end{pmatrix}$$

有相同的秩. 因此 $\operatorname{rank}(\boldsymbol{G})=\operatorname{rank}(\widehat{\boldsymbol{A}})=\operatorname{rank}(\boldsymbol{A})\leqslant 2$, 并且显然 $\operatorname{rank}(\boldsymbol{G})>0$.

(ii) 反之, 设 $0<\operatorname{rank}(\boldsymbol{G})\leqslant 2$. 若 $\operatorname{rank}(\boldsymbol{G})=1$, 则 $(x_1,x_2,\cdots,x_n)^{\mathrm{T}}$ 与 $(y_1,y_2,\cdots,y_n)^{\mathrm{T}}$ 线性相关, 所以存在 $k\neq 0$, 使得

$$y_i=kx_i,\quad (x_i,y_i)=k(x_i,x_i)=c_i(1,1)\ (i=1,2,\cdots,n;\ c_i\neq 0).$$

因此 $(x_i,y_i)(i=1,2,\cdots,n)$ 都在直线 $y=x$ 上. 若 $\operatorname{rank}(\boldsymbol{G})=2$, 则 (不妨认为) 矩阵

$$\begin{pmatrix}x_1 & 1\\ x_2 & 1\\ \vdots & \vdots\\ x_n & 1\end{pmatrix}$$

的秩等于 2, 于是方程组

$$x_ix+y=y_i\quad (i=1,2,\cdots,n)$$

的系数矩阵和增广矩阵有相等的秩, 从而方程组有解 $(x,y)=(k,b)$. 可见 $kx_i+b=y_i\ (i=1,2,\cdots,n)$, 即 $(x_i,y_i)(i=1,2,\cdots,n)$ 都在直线 $y=kx+b$ 上.

(2) (i) 若题中三条互不重合的直线共点, 则方程组

$$\begin{cases}ax+2by=-3c,\\ bx+2cy=-3a,\\ cx+2ay=-3b\end{cases}$$

有唯一解, 所以系数矩阵

$$\boldsymbol{A}=\begin{pmatrix}a & 2b\\ b & 2c\\ c & 2a\end{pmatrix}$$

与增广矩阵

$$\widehat{\boldsymbol{A}}=\begin{pmatrix}a & 2b & -3c\\ b & 2c & -3a\\ c & 2a & -3b\end{pmatrix}$$

有相等的秩, 全等于 2. 于是

$$\det(\widehat{\boldsymbol{A}})=\begin{vmatrix}a & 2b & -3c\\ b & 2c & -3a\\ c & 2a & -3b\end{vmatrix}=0.$$

计算这个行列式: 将行列式的第 2,3 行加到第 1 行, 可知

$$\det(\widehat{\boldsymbol{A}})=6(a+b+c)\begin{vmatrix}1 & 1 & -1\\ b & c & -a\\ c & a & -b\end{vmatrix};$$

然后将第 3 列分别加到第 1 列和第 2 列, 得到

$$\begin{aligned}\det(\widehat{\boldsymbol{A}}) &= 6(a+b+c)\begin{vmatrix} 0 & 0 & -1 \\ b-a & c-a & -a \\ c-b & a-b & -b \end{vmatrix} \\ &= 6(a+b+c)(a^2+b^2+c^2-ab-bc-ca) \\ &= 6(a+b+c)\big((a-b)^2+(b-c)^2+(c-a)^2\big).\end{aligned}$$

因为三条直线互不重合, 所以上式右边第 3 个因子不为 0. 于是由 $\det(\widehat{\boldsymbol{A}})=0$ 推出 $a+b+c=0$.

(ii) 反之, 若 $a+b+c=0$, 则由步骤 (i) 中行列式的计算公式可知 $\det(\widehat{\boldsymbol{A}})=0$, 于是 $\operatorname{rank}(\widehat{\boldsymbol{A}})\leqslant 2$. 又因为 2 阶子式 (注意: $a+b+c=0 \Rightarrow c=-a-b$)

$$\begin{aligned}\begin{vmatrix} a & 2b \\ b & 2c \end{vmatrix} &= 2(ac-b^2) = 2\big(a(-a-b)-b^2\big) \\ &= -2(a^2+ab+b^2) = -2\left(\left(a+\frac{b}{2}\right)^2+\frac{3}{4}b^2\right) \neq 0,\end{aligned}$$

所以 $\operatorname{rank}(\widehat{\boldsymbol{A}})=\operatorname{rank}(\boldsymbol{A})=2$. 由此可知步骤 (i) 中的方程组有唯一解, 从而三条直线共点.

2.11 提示 (1) 注意

$$\begin{pmatrix} \boldsymbol{I}_m & -\boldsymbol{A} \\ \boldsymbol{O} & \boldsymbol{I}_n \end{pmatrix}\begin{pmatrix} \boldsymbol{O} & \boldsymbol{A} \\ \boldsymbol{B} & \boldsymbol{I}_n \end{pmatrix}\begin{pmatrix} \boldsymbol{I}_p & \boldsymbol{O} \\ -\boldsymbol{B} & \boldsymbol{I}_n \end{pmatrix} = \begin{pmatrix} -\boldsymbol{AB} & \boldsymbol{O} \\ \boldsymbol{O} & \boldsymbol{I}_n \end{pmatrix}.$$

(2) 因为

$$\begin{pmatrix} \boldsymbol{I}_m & \boldsymbol{O} \\ -\boldsymbol{B} & \boldsymbol{I}_n \end{pmatrix}\begin{pmatrix} \boldsymbol{I}_m & \boldsymbol{A} \\ \boldsymbol{B} & \boldsymbol{I}_n \end{pmatrix}\begin{pmatrix} \boldsymbol{I}_m & -\boldsymbol{A} \\ \boldsymbol{O} & \boldsymbol{I}_n \end{pmatrix} = \begin{pmatrix} \boldsymbol{I}_m & \boldsymbol{O} \\ \boldsymbol{O} & \boldsymbol{I}_n-\boldsymbol{BA} \end{pmatrix},$$

所以

$$\operatorname{rank}\begin{pmatrix} \boldsymbol{I}_m & \boldsymbol{A} \\ \boldsymbol{B} & \boldsymbol{I}_n \end{pmatrix} = \operatorname{rank}\begin{pmatrix} \boldsymbol{I}_m & \boldsymbol{O} \\ \boldsymbol{O} & \boldsymbol{I}_n-\boldsymbol{BA} \end{pmatrix} = m+\operatorname{rank}(\boldsymbol{I}_n-\boldsymbol{BA}).$$

类似地, 由

$$\begin{pmatrix} \boldsymbol{I}_m & -\boldsymbol{A} \\ \boldsymbol{O} & \boldsymbol{I}_n \end{pmatrix}\begin{pmatrix} \boldsymbol{I}_m & \boldsymbol{A} \\ \boldsymbol{B} & \boldsymbol{I}_n \end{pmatrix}\begin{pmatrix} \boldsymbol{I}_m & \boldsymbol{O} \\ -\boldsymbol{B} & \boldsymbol{I}_n \end{pmatrix} = \begin{pmatrix} \boldsymbol{I}_m-\boldsymbol{AB} & \boldsymbol{O} \\ \boldsymbol{O} & \boldsymbol{I}_n \end{pmatrix}$$

得到

$$\operatorname{rank}\begin{pmatrix} \boldsymbol{I}_m & \boldsymbol{A} \\ \boldsymbol{B} & \boldsymbol{I}_n \end{pmatrix} = \operatorname{rank}\begin{pmatrix} \boldsymbol{I}_m-\boldsymbol{AB} & \boldsymbol{O} \\ \boldsymbol{O} & \boldsymbol{I}_n \end{pmatrix} = n+\operatorname{rank}(\boldsymbol{I}_m-\boldsymbol{AB}).$$

于是

$$m+\operatorname{rank}(\boldsymbol{I}_n-\boldsymbol{BA}) = n+\operatorname{rank}(\boldsymbol{I}_m-\boldsymbol{AB}).$$

因此本题得证.

2.12 提示 (1) 由 $\boldsymbol{I}=\boldsymbol{A}+(\boldsymbol{I}-\boldsymbol{A})$ 得到

$$\operatorname{rank}(\boldsymbol{A})+\operatorname{rank}(\boldsymbol{I}-\boldsymbol{A}) \geqslant \operatorname{rank}\big(\boldsymbol{A}+(\boldsymbol{I}-\boldsymbol{A})\big) = n.$$

又由

$$\boldsymbol{A}^2=\boldsymbol{A} \quad \Leftrightarrow \quad \boldsymbol{A}(\boldsymbol{A}-\boldsymbol{I})=\boldsymbol{O} \quad \Leftrightarrow \quad \operatorname{Im}(\boldsymbol{A}-\boldsymbol{I}) \subseteq \operatorname{Ker}(\boldsymbol{A})$$

推出

$$\operatorname{rank}(\boldsymbol{A}-\boldsymbol{I}) \leqslant n-\operatorname{rank}(\boldsymbol{A}).$$

(2) 考虑 $\boldsymbol{A}$ 的 Jordan 标准形, 可知 $\boldsymbol{A}$ 的可能的特征值是 $0,1,-1$.

2.13 (1) (i) 设 $\operatorname{rank}(\boldsymbol{B})=r$. 那么存在 n 阶可逆矩阵 $\boldsymbol{P}$ 和 p 阶可逆矩阵 $\boldsymbol{Q}$, 使得

$$\boldsymbol{B}=\boldsymbol{P}\begin{pmatrix}\boldsymbol{I}_r & \boldsymbol{O}\\ \boldsymbol{O} & \boldsymbol{O}\end{pmatrix}\boldsymbol{Q}.$$

将 $\boldsymbol{P}$ 和 $\boldsymbol{Q}$ 分块:

$$\boldsymbol{P}=(\boldsymbol{M},\boldsymbol{S}),\quad \boldsymbol{Q}=\begin{pmatrix}\boldsymbol{N}\\ \boldsymbol{T}\end{pmatrix},$$

其中 $\boldsymbol{M}$ 和 $\boldsymbol{N}$ 分别为 $n\times r, r\times p$ 矩阵, 则得

$$\boldsymbol{B}=\boldsymbol{M}\boldsymbol{N}.$$

(ii) 应用不等式: 对于任意 $t\times m$ 矩阵 $\boldsymbol{X}$ 和 $m\times s$ 矩阵 $\boldsymbol{Y}$,

$$\operatorname{rank}(\boldsymbol{X})+\operatorname{rank}(\boldsymbol{Y})-m\leqslant \operatorname{rank}(\boldsymbol{XY})\leqslant \min\{\operatorname{rank}(\boldsymbol{X}),\operatorname{rank}(\boldsymbol{Y})\}$$

(左半不等式称 Sylvester 不等式), 即得

$$\begin{aligned}\operatorname{rank}(\boldsymbol{ABC})&=\operatorname{rank}(\boldsymbol{AMNC})\geqslant \operatorname{rank}(\boldsymbol{AM})+\operatorname{rank}(\boldsymbol{NC})-r\\&\geqslant \operatorname{rank}(\boldsymbol{AMN})+\operatorname{rank}(\boldsymbol{MNC})-r\\&=\operatorname{rank}(\boldsymbol{AB})+\operatorname{rank}(\boldsymbol{BC})-\operatorname{rank}(\boldsymbol{B}).\end{aligned}$$

(2) 我们有

$$\operatorname{rank}(\boldsymbol{A}-\boldsymbol{B})=\operatorname{rank}\big((\boldsymbol{A}-\boldsymbol{AB})+(\boldsymbol{AB}-\boldsymbol{B})\big)\leqslant \operatorname{rank}(\boldsymbol{A}-\boldsymbol{AB})+\operatorname{rank}(\boldsymbol{AB}-\boldsymbol{B}).$$

同时还有

$$\begin{aligned}\operatorname{rank}(\boldsymbol{A}-\boldsymbol{AB})+\operatorname{rank}(\boldsymbol{AB}-\boldsymbol{B})&=\operatorname{rank}(\boldsymbol{A}^2-\boldsymbol{AB})+\operatorname{rank}(\boldsymbol{AB}-\boldsymbol{B}^2)\\&=\operatorname{rank}\big(\boldsymbol{A}(\boldsymbol{A}-\boldsymbol{B})\big)+\operatorname{rank}\big((\boldsymbol{A}-\boldsymbol{B})\boldsymbol{B}\big),\end{aligned}$$

应用本题 (1),

$$\begin{aligned}\text{上式}&\leqslant \operatorname{rank}\big(\boldsymbol{A}(\boldsymbol{A}-\boldsymbol{B})\boldsymbol{B}\big)+\operatorname{rank}(\boldsymbol{A}-\boldsymbol{B})=\operatorname{rank}(\boldsymbol{A}^2\boldsymbol{B}-\boldsymbol{AB}^2)+\operatorname{rank}(\boldsymbol{A}-\boldsymbol{B})\\&=\operatorname{rank}(\boldsymbol{AB}-\boldsymbol{AB})+\operatorname{rank}(\boldsymbol{A}-\boldsymbol{B})=\operatorname{rank}(\boldsymbol{A}-\boldsymbol{B}).\end{aligned}$$

因此

$$\operatorname{rank}(\boldsymbol{A}-\boldsymbol{B})=\operatorname{rank}(\boldsymbol{A}-\boldsymbol{AB})+\operatorname{rank}(\boldsymbol{AB}-\boldsymbol{B}).$$

2.14 (1) 分别用 W_1,W_2,W_3 记矩阵 $(\boldsymbol{X},\boldsymbol{Z}),(\boldsymbol{Z},\boldsymbol{Y}),\boldsymbol{Z}$ 的列空间 (即相应的列向量张成的线性空间), 那么由维数公式,

$$\begin{aligned}\dim(W_1+W_2)&=\dim(W_1)+\dim(W_2)-\dim(W_1\cap W_2)\\&=\operatorname{rank}(\boldsymbol{X},\boldsymbol{Z})+\operatorname{rank}(\boldsymbol{Z},\boldsymbol{Y})-\dim(W_1\cap W_2).\end{aligned}$$

因为矩阵 $(\boldsymbol{X},\boldsymbol{Y})$ 的列空间含在 W_1+W_2 中, 并且 $W_3\subseteq W_1\cap W_2$, 所以

$$\operatorname{rank}(\boldsymbol{X},\boldsymbol{Y})\leqslant \dim(W_1+W_2),\quad \operatorname{rank}(\boldsymbol{Z})\leqslant \dim(W_1\cap W_2),$$

于是得到所要的不等式.

(2) 设 W_1,W_2,W_3,W_4 分别是矩阵 $\boldsymbol{A},\boldsymbol{B},\boldsymbol{A}+\boldsymbol{B},\boldsymbol{AB}$ 的列空间.

(i) 因为 $W_3 \subseteq W_1+W_2$, 所以

$$\dim(W_3) \leqslant \dim(W_1+W_2) = \dim(W_1)+\dim(W_2)-\dim(W_1\cap W_2),$$

也就是

$$\operatorname{rank}(\boldsymbol{A}+\boldsymbol{B}) \leqslant \operatorname{rank}(\boldsymbol{A})+\operatorname{rank}(\boldsymbol{B})-\dim(W_1\cap W_2).$$

(ii) 下面证明

$$\operatorname{rank}(\boldsymbol{AB}) = \dim(W_4) \leqslant \dim(W_1\cap W_2)$$

(从而得到题中的不等式). 为此, 只需证明:

$$W_4 \subseteq W_1\cap W_2. \tag{L2.14.1}$$

设 $\boldsymbol{B}=(\boldsymbol{b}_1,\boldsymbol{b}_2,\cdots,\boldsymbol{b}_n)$($\boldsymbol{b}_j$ 为列向量). 那么

$$\boldsymbol{AB}=\boldsymbol{A}(\boldsymbol{b}_1,\boldsymbol{b}_2,\cdots,\boldsymbol{b}_n)=(\boldsymbol{Ab}_1,\boldsymbol{Ab}_2,\cdots,\boldsymbol{Ab}_n).$$

又记 $\boldsymbol{A}=(a_{ij})=(\boldsymbol{a}_1,\boldsymbol{a}_2,\cdots,\boldsymbol{a}_n)$, 其中 $\boldsymbol{a}_j=(a_{1j},a_{2j},\cdots,a_{nj})^{\mathrm{T}}$ 是 $\boldsymbol{A}$ 的第 j 个列向量, 以及 $\boldsymbol{b}_j=(b_{1j},b_{2j},\cdots,b_{nj})^{\mathrm{T}}$, 那么依矩阵乘法,

$$\begin{aligned}\boldsymbol{Ab}_j &= \left(\sum_{k=1}^n a_{1k}b_{kj},\sum_{k=1}^n a_{2k}b_{kj},\cdots,\sum_{k=1}^n a_{nk}b_{kj},\right)^{\mathrm{T}}\\ &= b_{1j}\boldsymbol{a}_1+b_{2j}\boldsymbol{a}_2+\cdots+b_{nj}\boldsymbol{a}_n,\end{aligned}$$

因此 $\boldsymbol{Ab}_j\in W_1$ $(j=1,2,\cdots,n)$, 所以

$$W_4\subseteq W_1.$$

类似地, 由 $\boldsymbol{BA}=\boldsymbol{B}(\boldsymbol{a}_1,\boldsymbol{a}_2,\cdots,\boldsymbol{a}_n)$ 推出 $\boldsymbol{BA}$ 的列空间 $\subseteq W_2$. 因为题设 $\boldsymbol{AB}=\boldsymbol{BA}$, 所以 $\boldsymbol{BA}$ 的列空间就是 W_4, 所以

$$W_4\subseteq W_2.$$

因此式 (L2.14.1) 成立, 从而本题得证.

2.15 参见问题 2.11. 下面是一种解法. 我们证明:

$$\operatorname{rank}(\boldsymbol{A}+\mathrm{i}\boldsymbol{I})+\operatorname{rank}(\boldsymbol{A}-\mathrm{i}\boldsymbol{I})=n.$$

由 $\boldsymbol{A}^2=-\boldsymbol{I}$ 知 $\boldsymbol{A}(-\boldsymbol{A})=\boldsymbol{I}$, 所以矩阵 $\boldsymbol{A}$ 可逆, 从而 $\operatorname{rank}(\boldsymbol{A})=n$. 于是

$$\operatorname{rank}(\boldsymbol{A}+\mathrm{i}\boldsymbol{I})+\operatorname{rank}(\boldsymbol{A}-\mathrm{i}\boldsymbol{I})\geqslant \operatorname{rank}\big((\boldsymbol{A}+\mathrm{i}\boldsymbol{I})+(\boldsymbol{A}-\mathrm{i}\boldsymbol{I})\big)=\operatorname{rank}(2\boldsymbol{A})=n.$$

另一方面, 由

$$(\boldsymbol{A}+\mathrm{i}\boldsymbol{I})(\boldsymbol{A}-\mathrm{i}\boldsymbol{I})=\boldsymbol{A}^2+\boldsymbol{I}=\boldsymbol{O}$$

可知矩阵 $\boldsymbol{A}-\mathrm{i}\boldsymbol{I}$ 的每个列向量都是齐次方程组 $(\boldsymbol{A}+\mathrm{i}\boldsymbol{I})\boldsymbol{x}=\boldsymbol{0}$ 的解, 因此这些列向量的极大线性无关组中向量的个数即 $\operatorname{rank}(\boldsymbol{A}-\mathrm{i}\boldsymbol{I})\leqslant n-\operatorname{rank}(\boldsymbol{A}+\mathrm{i}\boldsymbol{I})$, 所以

$$\operatorname{rank}(\boldsymbol{A}+\mathrm{i}\boldsymbol{I})+\operatorname{rank}(\boldsymbol{A}-\mathrm{i}\boldsymbol{I})\leqslant n.$$

于是上述结论成立.

2.16 (1) **提示** $\boldsymbol{A}=\boldsymbol{J}-\boldsymbol{I}$, 其中 $\boldsymbol{J}$ 的所有元素都等于 1. 证明:

$$(\boldsymbol{J}-\boldsymbol{I})\left(\frac{1}{n-1}\boldsymbol{J}-\boldsymbol{I}\right)=\boldsymbol{I}.$$

于是

$$A^{-1}=(J-I)^{-1}=\frac{1}{n-1}J-I.$$

(2) 对于任何正整数 k, 矩阵 A^k 的各行各列都只有一个非零元素, 并且等于 1 或 -1. 于是 $\{A^k\,|k\in\mathbb{N}\}$ 是无穷矩阵的集合. 依抽屉原理, 存在正整数 p,m, 使得 $A^p=A^{p+m}$. 因为由 Laplace 展开可知 $|\det(A)|=1$, 所以 A 可逆, 因此 $A^m=I$.

2.17 (1) 由数学归纳法有

$$A^k=\begin{pmatrix}1 & k\\ 0 & 1\end{pmatrix}.$$

令

$$P=\begin{pmatrix}1 & 1\\ 0 & k\end{pmatrix},$$

则 $PA^kP^{-1}=A$.

(2) (i) 首先设 A 本身是一个 n 阶 Jordan 块. 因为它的所有特征值都等于 1, 所以

$$A=\begin{pmatrix}1 & 1 & 0 & \cdots & 0\\ 0 & 1 & 1 & \ddots & \vdots\\ \vdots & 0 & \ddots & \ddots & 0\\ \vdots & & \ddots & 1 & 1\\ 0 & \cdots & \cdots & 0 & 1\end{pmatrix}.$$

若 A^k 的 Jordan 块是 $J_1,J_2,\cdots,J_s$(它们的阶分别为 $k_1,\cdots,k_s$), 则存在可逆矩阵 T, 使得

$$T^{-1}A^kT=\operatorname{diag}(J_1,J_2,\cdots,J_s). \tag{L2.17.1}$$

因为

$$\begin{aligned}I-T^{-1}A^kT&=\operatorname{diag}(I_{k_1},I_{k_2},\cdots,I_{k_s})-\operatorname{diag}(J_1,J_2,\cdots,J_s)\\ &=\operatorname{diag}(I_{k_1}-J_1,I_{k_2}-J_2,\cdots,I_{k_s}-J_s),\end{aligned}$$

所以若 $s\geqslant 2$, 则

$$\operatorname{rank}(I-T^{-1}A^kT)\leqslant n-2. \tag{L2.17.2}$$

但另一方面, 由数学归纳法可知

$$A^k=\begin{pmatrix}1 & \binom{k}{1} & \binom{k}{2} & \cdots & \binom{k}{n-1}\\ 0 & 1 & \binom{k}{1} & \cdots & \binom{k}{n-2}\\ \vdots & 0 & \ddots & \ddots & \vdots\\ \vdots & & \ddots & 1 & \binom{k}{1}\\ 0 & 0 & \cdots & 0 & 1\end{pmatrix},$$

因此

$$\operatorname{rank}(I-A^k)=n-1. \tag{L2.17.3}$$

注意

$$I-T^{-1}A^kT=T^{-1}(I-A^k)T,$$

所以式 (L2.17.2) 与式 (L2.17.3) 矛盾. 因此 $s=1$, 从而 $k_1=n$. 由式 (L2.17.1) 可知

$$\boldsymbol{T}^{-1}\boldsymbol{A}^k\boldsymbol{T}=\boldsymbol{J}_1,$$

注意 $\boldsymbol{A}=\boldsymbol{J}_1$, 所以 $\boldsymbol{A}^k$ 与 $\boldsymbol{A}$ 相似.

(ii) 对于一般情形, 设 $\boldsymbol{A}$ 的 Jordan 块是 $\boldsymbol{A}_1,\boldsymbol{A}_2,\cdots,\boldsymbol{A}_t$, 那么存在可逆矩阵 $\boldsymbol{P}$, 使得

$$\boldsymbol{P}^{-1}\boldsymbol{A}\boldsymbol{P}=\mathrm{diag}(\boldsymbol{A}_1,\boldsymbol{A}_2,\cdots,\boldsymbol{A}_t),$$

于是

$$\begin{aligned}\boldsymbol{P}^{-1}\boldsymbol{A}^k\boldsymbol{P}&=(\boldsymbol{P}^{-1}\boldsymbol{A}\boldsymbol{P})(\boldsymbol{P}^{-1}\boldsymbol{A}\boldsymbol{P})\cdots(\boldsymbol{P}^{-1}\boldsymbol{A}\boldsymbol{P})\\&=\mathrm{diag}(\boldsymbol{A}_1,\boldsymbol{A}_2,\cdots,\boldsymbol{A}_t)^k=\mathrm{diag}(\boldsymbol{A}_1^k,\boldsymbol{A}_2^k,\cdots,\boldsymbol{A}_t^k).\end{aligned}$$

依步骤 (i) 中所证, 存在可逆矩阵 $\boldsymbol{T}_j$, 使得

$$\boldsymbol{T}_j^{-1}\boldsymbol{A}_j^k\boldsymbol{T}_1=\boldsymbol{A}_j\quad(j=1,2,\cdots,t).$$

令 $\boldsymbol{Q}=\mathrm{diag}(\boldsymbol{T}_1,\boldsymbol{T}_2,\cdots,\boldsymbol{T}_t)$, 则有

$$\begin{aligned}\boldsymbol{Q}^{-1}\boldsymbol{P}^{-1}\boldsymbol{A}^k\boldsymbol{P}\boldsymbol{Q}&=\boldsymbol{Q}^{-1}\mathrm{diag}(\boldsymbol{A}_1^k,\boldsymbol{A}_2^k,\cdots,\boldsymbol{A}_t^k)\boldsymbol{Q}=\mathrm{diag}(\boldsymbol{T}_1^{-1}\boldsymbol{A}_1^k\boldsymbol{T}_1,\boldsymbol{T}_2^{-1}\boldsymbol{A}_2^k\boldsymbol{T}_2,\cdots,\boldsymbol{T}_t^{-1}\boldsymbol{A}_t^k\boldsymbol{T}_t)\\&=\mathrm{diag}(\boldsymbol{A}_1,\boldsymbol{A}_2,\cdots,\boldsymbol{A}_t)=\boldsymbol{P}^{-1}\boldsymbol{A}\boldsymbol{P}.\end{aligned}$$

令 $\boldsymbol{S}=\boldsymbol{P}\boldsymbol{Q}\boldsymbol{P}^{-1}$, 即得 $\boldsymbol{S}^{-1}\boldsymbol{A}^k\boldsymbol{S}=\boldsymbol{A}$, 因此 $\boldsymbol{A}^k$ 与 $\boldsymbol{A}$ 相似.

(3) 存在可逆矩阵 $\boldsymbol{P}$, 使得

$$\boldsymbol{P}^{-1}\boldsymbol{A}\boldsymbol{P}=\mathrm{diag}(\boldsymbol{J}_1,\boldsymbol{J}_2,\cdots,\boldsymbol{J}_s).$$

其中 $\boldsymbol{J}_i$ 是 Jordan 块

$$\boldsymbol{J}_i=\begin{pmatrix}\lambda_i&1&&\\&\lambda_i&\ddots&\\&&\ddots&1\\&&&\lambda_i\end{pmatrix}=\mathrm{diag}(\lambda_i,\lambda_i,\cdots,\lambda_i)+\begin{pmatrix}0&1&&\\&0&\ddots&\\&&\ddots&1\\&&&0\end{pmatrix}=\boldsymbol{B}_i+\boldsymbol{C}_i$$

(空白处元素为 0). 于是

$$\boldsymbol{P}^{-1}\boldsymbol{A}\boldsymbol{P}=\mathrm{diag}(\boldsymbol{B}_1,\boldsymbol{B}_2,\cdots,\boldsymbol{B}_s)+\mathrm{diag}(\boldsymbol{C}_1,\boldsymbol{C}_2,\cdots,\boldsymbol{C}_s).$$

取

$$\boldsymbol{B}=\boldsymbol{P}^{-1}\mathrm{diag}(\boldsymbol{B}_1,\boldsymbol{B}_2,\cdots,\boldsymbol{B}_s)\boldsymbol{P},\quad \boldsymbol{C}=\boldsymbol{P}^{-1}\mathrm{diag}(\boldsymbol{C}_1,\boldsymbol{C}_2,\cdots,\boldsymbol{C}_s)\boldsymbol{P},$$

即符合要求.

2.18 设 $\boldsymbol{A}$ 的特征值为 $\lambda_1,\lambda_2,\lambda_3$, 用 m 表示各行元素, 以及主对角线元素的和 (它们相等), 即 $m=3(a+b+c)$. 那么

$$\det(\boldsymbol{A})=\lambda_1\lambda_2\lambda_3,\quad \mathrm{tr}(\boldsymbol{A})=\lambda_1+\lambda_2+\lambda_3=m.$$

因为 $\boldsymbol{A}$ 的各行元素的和都等于 m, 所以

$$\boldsymbol{A}\begin{pmatrix}1\\1\\1\end{pmatrix}=\begin{pmatrix}m\\m\\m\end{pmatrix},$$

从而

$$\lambda_1 = m = 3(a+b+c).$$

由此及 $\lambda_1+\lambda_2+\lambda_3=m$ 推出 $\lambda_2+\lambda_3=0$, 或 $\lambda_3=-\lambda_2$, 于是

$$\det(\boldsymbol{A}) = \lambda_1\lambda_2\lambda_3 = m(\lambda_2\lambda_3) = -m\lambda_2^2.$$

另一方面, 直接计算 (首先将行列式的第 2, 3 行加到第 1 行, 等等):

$$\det(\boldsymbol{A}) = \begin{vmatrix} m & 3b & 3c \\ m & a+b+c & 4a+b-2c \\ m & 2a-b+2c & -a+2b+2c \end{vmatrix} = m\begin{vmatrix} 1 & 3b & 3c \\ 1 & a+b+c & 4a+b-2c \\ 1 & 2a-b+2c & -a+2b+2c \end{vmatrix}$$

$$= m\begin{vmatrix} 1 & 3b & 3c \\ 0 & a-2b+c & 4a+b-5c \\ 0 & 2a-4b+2c & -a+2b-c \end{vmatrix} = m(-9a^2+9c^2+18ab-18bc).$$

因此

$$-\lambda_2^2 = -9a^2+9c^2+18ab-18bc,$$

于是

$$\lambda_2 = 3\sqrt{(a-c)(a+c-2b)}, \quad \lambda_3 = -3\sqrt{(a-c)(a+c-2b)}.$$

2.19 (i) 直接计算得到

$$\boldsymbol{AB}-\boldsymbol{BA} = \begin{pmatrix} 0 & -a+b & 0 \\ -2-2c & 2+b-bc & 1+c \\ -2a+2b & -2-2b & -2-b+bc \end{pmatrix}.$$

令其所有元素等于 0, 解得 $a=b=c=-1$.

(2) 由题 (1) 知

$$\boldsymbol{A} = \begin{pmatrix} -1 & 0 & 1 \\ -2 & 0 & 1 \\ 2 & -1 & -1 \end{pmatrix}, \quad \boldsymbol{B} = \begin{pmatrix} 2 & -1 & 0 \\ 0 & 0 & -1 \\ 2 & -1 & 1 \end{pmatrix}.$$

先求 $\boldsymbol{B}$ 的特征向量. 解方程 $|\lambda\boldsymbol{I}-\boldsymbol{B}| = \lambda^3-3\lambda^2+\lambda=0$, 得到 $\lambda=0,(3\pm\sqrt{5})/2$. 解相应的方程组得到特征向量是 $(1,2,0)^{\mathrm{T}},(-1\pm\sqrt{5},-3\pm\sqrt{5},2)^{\mathrm{T}}$ (双重号同序选取). 通过验算可知 $(1,2,0)^{\mathrm{T}}$ 也是矩阵 $\boldsymbol{A}$ 的特征向量. 所以矩阵 $\boldsymbol{A}$ 和 $\boldsymbol{B}$ 的公共单位特征向量是 $(1/\sqrt{5},2/\sqrt{5},0)^{\mathrm{T}}$ (读者补出计算细节).

2.20 (1) 证法 1 设 $\lambda_1,\lambda_2,\cdots,\lambda_n$ 是 $\boldsymbol{A}$ 的特征值, 则 $f(\lambda)=(\lambda-\lambda_1)(\lambda-\lambda_2)\cdots(\lambda-\lambda_n)$, 于是 $f(\boldsymbol{B})=(\boldsymbol{B}-\lambda_1\boldsymbol{I})(\boldsymbol{B}-\lambda_2\boldsymbol{I})\cdots(\boldsymbol{B}-\lambda_n\boldsymbol{I})$. 因为任何 λ_i 都不是 $\boldsymbol{B}$ 的特征值, 所以 $|\boldsymbol{B}-\lambda_i\boldsymbol{I}|\neq 0$, 从而 $|f(\boldsymbol{B})|=|\boldsymbol{B}-\lambda_1\boldsymbol{I}||\boldsymbol{B}-\lambda_2\boldsymbol{I}|\cdots|\boldsymbol{B}-\lambda_n\boldsymbol{I}|\neq 0$, 于是矩阵 $f(\boldsymbol{B})$ 可逆.

证法 2 设 $\boldsymbol{B}$ 的特征多项式是 $g(\lambda)$. 因为 $\boldsymbol{A},\boldsymbol{B}$ 没有公共特征值, 即 f 和 g 没有公根, 所以 f 与 g 互素. 于是存在多项式 $u(\lambda),v(\lambda)$, 满足

$$u(\lambda)f(\lambda)+v(\lambda)g(\lambda)=1.$$

由此得到 $u(\boldsymbol{B})f(\boldsymbol{B})+v(\boldsymbol{B})g(\boldsymbol{B})=\boldsymbol{I}$. 依 Hamilton-Cayley 定理, $g(\boldsymbol{B})=\boldsymbol{O}$, 所以 $u(\boldsymbol{B})f(\boldsymbol{B})=\boldsymbol{I}$, 从而矩阵 $f(\boldsymbol{B})$ 可逆.

(2) 设 $f(x)=x_n+a_1x^{n-1}+\cdots+a_n$. 注意 $\boldsymbol{IX}=\boldsymbol{XI},\boldsymbol{AX}=\boldsymbol{XB}$ 以及

$$\boldsymbol{A}^2\boldsymbol{X}=\boldsymbol{A}(\boldsymbol{AX})=\boldsymbol{A}(\boldsymbol{XB})=(\boldsymbol{AX})\boldsymbol{B}=(\boldsymbol{XB})\boldsymbol{B}=\boldsymbol{XB}^2,$$
$$\boldsymbol{A}^3\boldsymbol{X}=\boldsymbol{A}(\boldsymbol{A}^2\boldsymbol{X})=\boldsymbol{A}(\boldsymbol{XB}^2)=(\boldsymbol{AX})\boldsymbol{B}^2=(\boldsymbol{XB})\boldsymbol{B}^2=\boldsymbol{XB}^3.$$

继续进行类似的计算, 可知 $\boldsymbol{A}^k\boldsymbol{X}=\boldsymbol{X}\boldsymbol{B}^k\,(k=0,1,\cdots,n)$. 于是

$$\sum_{k=0}^{n}a_k\boldsymbol{A}^k\boldsymbol{X}=\sum_{k=0}^{n}a_k\boldsymbol{X}\boldsymbol{B}^k,$$

即 $f(\boldsymbol{A})\boldsymbol{X}=\boldsymbol{X}f(\boldsymbol{B})$. 仍然由 Hamilton-Cayley 定理知 $f(\boldsymbol{A})=\boldsymbol{O}$, 所以 $\boldsymbol{X}f(\boldsymbol{B})=\boldsymbol{O}$. 因为 $f(\boldsymbol{B})$ 可逆, 所以 $\boldsymbol{X}=\boldsymbol{O}$.

2.21 (i) 设 T 是数乘变换. 任取 V_n 的一组基 $\boldsymbol{f}_1,\boldsymbol{f}_2,\cdots,\boldsymbol{f}_n$, 则 $T\boldsymbol{f}_i=c\boldsymbol{f}_i\ (i=1,2,\cdots,n)$. 于是

$$T(\boldsymbol{f}_1,\boldsymbol{f}_2,\cdots,\boldsymbol{f}_n)=(T\boldsymbol{f}_1,T\boldsymbol{f}_2,\cdots,T\boldsymbol{f}_n)=(c\boldsymbol{f}_1,c\boldsymbol{f}_2,\cdots,c\boldsymbol{f}_n)=(\boldsymbol{f}_1,\boldsymbol{f}_2,\cdots,\boldsymbol{f}_n)(c\boldsymbol{I}_n),$$

因此 T 在基 $\boldsymbol{f}_i$ 下的矩阵是 $c\boldsymbol{I}_n$.

(ii) 反之, 设在 V_n 的任一组基 $\boldsymbol{f}_i$ 下, $\boldsymbol{T}$ 的矩阵均是数量矩阵, 即存在 $c\in K$, 使得

$$T(\boldsymbol{f}_1,\boldsymbol{f}_2,\cdots,\boldsymbol{f}_n)=(\boldsymbol{f}_1,\boldsymbol{f}_2,\cdots,\boldsymbol{f}_n)(c\boldsymbol{I}_n).$$

因为数域 K 上 n 维线性空间 V_n 同构于 P 上 n 数组形成的线性空间, 所以不妨认为 V_n 中任一向量 $\boldsymbol{x}=(x_1,x_2,\cdots,x_n)=\sum\limits_{i=1}^{n}x_i\boldsymbol{e}_i(\ \boldsymbol{e}_1=(1,0,\cdots,0),\boldsymbol{e}_2=(0,1,0,\cdots,0),\cdots)$, 于是我们有

$$T\boldsymbol{x}=T\left(\sum_{i=1}^{n}x_i\boldsymbol{e}_i\right)=\sum_{i=1}^{n}x_i(T\boldsymbol{e}_i)=\sum_{i=1}^{n}x_i(c\boldsymbol{e}_i)=c\sum_{i=1}^{n}x_i\boldsymbol{e}_i=c\boldsymbol{x}.$$

因此 T 是 V_n 中的数乘变换.

2.22 (1) 依题设, $\mathrm{Ker}(f)\subseteq\mathrm{Ker}(g)$, 可设向量 $\{\boldsymbol{a}_1,\boldsymbol{a}_2,\cdots,\boldsymbol{a}_s\}$ 是 $\mathrm{Ker}(f)$ 的一组基, $\{\boldsymbol{a}_1,\cdots,\boldsymbol{a}_s,\boldsymbol{a}_{s+1},\cdots,\boldsymbol{a}_t\}$ 是 $\mathrm{Ker}(g)$ 的一组基, 以及 $\{\boldsymbol{a}_1,\cdots,\boldsymbol{a}_s,\boldsymbol{a}_{s+1},\cdots,\boldsymbol{a}_t,\boldsymbol{a}_{t+1},\cdots,\boldsymbol{a}_n\}$ 是 V 的一组基 (其中 $s\leqslant t\leqslant n$). 于是向量组 $\{f(\boldsymbol{a}_{s+1}),\cdots,f(\boldsymbol{a}_n)\}$ 线性无关, $\{g(\boldsymbol{a}_{t+1}),\cdots,g(\boldsymbol{a}_n)\}$ 也线性无关. 将它们分别扩充为 V 的两组基 $\{\boldsymbol{\alpha}_1,\boldsymbol{\alpha}_2,\cdots,\boldsymbol{\alpha}_n\}$ 和 $\{\boldsymbol{\beta}_1,\boldsymbol{\beta}_2,\cdots,\boldsymbol{\beta}_n\}$. 定义线性变换

$$h\left(\sum_{k=1}^{n}c_k\boldsymbol{\alpha}_k\right)=\sum_{k=1}^{s}c_k\boldsymbol{\beta}_k+\sum_{k=t+1}^{n}c_k\boldsymbol{\beta}_k,$$

那么 $g=hf$.

(2) 若 $\mathrm{Ker}(f)=\mathrm{Ker}(g)$, 则 $s=t$. 于是

$$h\left(\sum_{k=1}^{n}c_k\boldsymbol{\alpha}_k\right)=\sum_{k=1}^{n}c_k\boldsymbol{\beta}_k,$$

显然可逆.

2.23 (1) 因为对于正整数 m,

$$\mathscr{A}^m\boldsymbol{x}=\boldsymbol{0}\quad\Rightarrow\quad\mathscr{A}^{m+1}\boldsymbol{x}=\mathscr{A}(\mathscr{A}^m\boldsymbol{x})=\mathscr{A}(\boldsymbol{0})=\boldsymbol{0},$$

所以

$$\mathrm{Ker}(\mathscr{A})\subseteq\mathrm{Ker}(\mathscr{A}^2)\subseteq\mathrm{Ker}(\mathscr{A}^3)\subseteq\cdots\subseteq\mathrm{Ker}(\mathscr{A}^s)\subseteq\mathrm{Ker}(\mathscr{A}^{s+1})\subseteq\cdots.$$

因为 V 是有限维的, 所以存在正整数 k, 使得 $\mathrm{Ker}(\mathscr{A}^k)=\mathrm{Ker}(\mathscr{A}^{k+1})$, 从而对所有正整数 t, $\mathrm{Ker}(\mathscr{A}^{k+t})=\mathrm{Ker}(\mathscr{A}^k)$. 我们断言:

$$V=\mathrm{Im}(\mathscr{A}^k)\oplus\mathrm{Ker}(\mathscr{A}^k).$$

为此, 只需证明 $\mathrm{Im}(\mathscr{A}^k)\cap\mathrm{Ker}(\mathscr{A}^k)=\{\boldsymbol{0}\}$. 设 $\boldsymbol{u}\in\mathrm{Im}(\mathscr{A}^k)\cap\mathrm{Ker}(\mathscr{A}^k)$, 则 $\mathscr{A}^k\boldsymbol{u}=\boldsymbol{0}$, 并且存在某个 $\boldsymbol{v}\in V$, 使得 $\mathscr{A}^k\boldsymbol{v}=\boldsymbol{u}$. 于是 $\mathscr{A}^{2k}\boldsymbol{v}=\mathscr{A}^k(\mathscr{A}^k\boldsymbol{v})=\mathscr{A}^k\boldsymbol{u}=\boldsymbol{0}$, 从而 $\boldsymbol{v}\in\mathrm{Ker}(\mathscr{A}^{2k})=\mathrm{Ker}(\mathscr{A}^k)$, 因此 $\mathscr{A}^k\boldsymbol{v}=\boldsymbol{0}$. 这表明 $\boldsymbol{u}=\mathscr{A}^k\boldsymbol{v}=\boldsymbol{0}$(以上推理可参见练习题 2.18(2) 的解的步骤 (i)).

(2) **提示** 设 $\{\boldsymbol{a}_1,\boldsymbol{a}_2,\cdots,\boldsymbol{a}_p\}$ 是子空间 U_1 的一组基, 则可将它补充为 $\{\boldsymbol{a}_1,\cdots,\boldsymbol{a}_p,\boldsymbol{a}_{p+1},\cdots,\boldsymbol{a}_q\}$ 形成子空间 U_2 的一组基, 以及补充为 $\{\boldsymbol{a}_1,\cdots,\boldsymbol{a}_p,\boldsymbol{a}_{p+1},\cdots,\boldsymbol{a}_q,\boldsymbol{a}_{q+1},\cdots,\boldsymbol{a}_n\}$ 形成 V 的一组基. 于是

$$\begin{aligned}T\boldsymbol{a}_i&=\sum_{m=1}^{p}c_{im}\boldsymbol{a}_m\quad(i=1,2,\cdots,p),\\T\boldsymbol{a}_j&=\sum_{m=1}^{q}c_{jm}\boldsymbol{a}_m\quad(j=p+1,p+2,\cdots,q),\\T\boldsymbol{a}_k&=\sum_{m=1}^{n}c_{km}\boldsymbol{a}_m\quad(k=q+1,q+2,\cdots,n).\end{aligned}$$

由此可见 T 在基 $\{\boldsymbol{a}_1,\cdots,\boldsymbol{a}_p,\boldsymbol{a}_{p+1},\cdots,\boldsymbol{a}_q,\boldsymbol{a}_{q+1},\cdots,\boldsymbol{a}_n\}$ 下的矩阵 (表示) 是

$$\begin{pmatrix}c_{11}&\cdots&c_{p1}&c_{p+1,1}&\cdots&c_{q1}&c_{q+1,1}&\cdots&c_{n1}\\c_{12}&\cdots&c_{p2}&c_{p+1,2}&\cdots&c_{q2}&c_{q+1,2}&\cdots&c_{n2}\\\vdots&&\vdots&\vdots&&\vdots&\vdots&&\vdots\\c_{1p}&\cdots&c_{pp}&c_{p+1,p}&\cdots&c_{q,p}&c_{q+1,p}&\cdots&c_{np}\\0&\cdots&0&c_{p+1,p+1}&\cdots&c_{q,p+1}&c_{q+1,p+1}&\cdots&c_{n,p+1}\\\vdots&&\vdots&\vdots&&\vdots&\vdots&&\vdots\\0&&0&c_{p+1,q}&\cdots&c_{qq}&c_{q+1,q}&\cdots&c_{nq}\\0&&0&0&\cdots&0&c_{q+1,q+1}&\cdots&c_{n,q+1}\\\vdots&&\vdots&\vdots&&\vdots&\vdots&&\vdots\\0&\cdots&0&0&\cdots&0&c_{q+1,n}&\cdots&c_{nn}\end{pmatrix}.$$

在所有 c_{ij} 中分别只取一个等于 1, 其余等于 0 所得到的矩阵是线性无关的, 因此它们所表示的线性映射组成 Ω 的一组基. 于是 Ω 的维数等于这种矩阵的总数, 即

$$\dim(\Omega)=n^2-p(n-p)-(q-p)(n-q)=n^2+p^2+q^2-pq-nq.$$

或者直接推出 $\dim(\Omega)=p^2+(q-p)q+n(n-q)$, 然后化简.

2.24 因为

$$(\boldsymbol{A}-\boldsymbol{B})(\boldsymbol{A}+\boldsymbol{B})=\boldsymbol{A}^2-\boldsymbol{BA}+\boldsymbol{AB}-\boldsymbol{B}^2=\boldsymbol{I}-\boldsymbol{BA}+\boldsymbol{AB}-\boldsymbol{I}=\boldsymbol{AB}-\boldsymbol{BA},$$

类似地

$$(\boldsymbol{A}+\boldsymbol{B})(\boldsymbol{A}-\boldsymbol{B})=\boldsymbol{BA}-\boldsymbol{AB}=-(\boldsymbol{A}-\boldsymbol{B})(\boldsymbol{A}+\boldsymbol{B}),$$

所以对于任意 $\boldsymbol{u}\in\mathbb{C}^n$,

$$(\boldsymbol{AB}-\boldsymbol{BA})\boldsymbol{u}=(\boldsymbol{A}-\boldsymbol{B})\big((\boldsymbol{A}+\boldsymbol{B})\boldsymbol{u}\big)=(\boldsymbol{A}+\boldsymbol{B})\big((\boldsymbol{A}-\boldsymbol{B})(-\boldsymbol{u})\big),$$

从而 $\mathrm{Im}(\boldsymbol{AB}-\boldsymbol{BA})$ 同时含于 $\mathrm{Im}(\boldsymbol{A}-\boldsymbol{B})$ 和 $\mathrm{Im}(\boldsymbol{A}+\boldsymbol{B})$, 即

$$\mathrm{Im}(\boldsymbol{AB}-\boldsymbol{BA})\subseteq\mathrm{Im}(\boldsymbol{A}-\boldsymbol{B})\cap\mathrm{Im}(\boldsymbol{A}+\boldsymbol{B}).\tag{L2.24.1}$$

反之, 设 $\boldsymbol{v}\in\mathrm{Im}(\boldsymbol{A}-\boldsymbol{B})\cap\mathrm{Im}(\boldsymbol{A}+\boldsymbol{B})$, 则有 $\boldsymbol{x},\boldsymbol{y}\in\mathbb{C}^n$, 使得

$$\boldsymbol{v}=(\boldsymbol{A}-\boldsymbol{B})\boldsymbol{x},\quad\boldsymbol{v}=(\boldsymbol{A}+\boldsymbol{B})\boldsymbol{y},$$

于是

$$(\boldsymbol{A}-\boldsymbol{B})\boldsymbol{v}=(\boldsymbol{A}-\boldsymbol{B})(\boldsymbol{A}+\boldsymbol{B})\boldsymbol{y}=(\boldsymbol{AB}-\boldsymbol{BA})\boldsymbol{y}.$$

类似地,

$$(\boldsymbol{A}+\boldsymbol{B})\boldsymbol{v}=(\boldsymbol{A}+\boldsymbol{B})(\boldsymbol{A}-\boldsymbol{B})\boldsymbol{x}=-(\boldsymbol{AB}-\boldsymbol{BA})\boldsymbol{x},$$

因此 (将以上两式相加)

$$\boldsymbol{A}\boldsymbol{v}=\frac{1}{2}(\boldsymbol{AB}-\boldsymbol{BA})(\boldsymbol{y}-\boldsymbol{x}),$$

从而

$$\boldsymbol{v}=\boldsymbol{I}\boldsymbol{v}=\boldsymbol{A}^2\boldsymbol{v}=\boldsymbol{A}(\boldsymbol{A}\boldsymbol{v})=\boldsymbol{A}\left(\frac{1}{2}(\boldsymbol{AB}-\boldsymbol{BA})(\boldsymbol{y}-\boldsymbol{x})\right).$$

注意

$$\begin{aligned}\boldsymbol{A}(\boldsymbol{AB}-\boldsymbol{BA})&=\boldsymbol{A}^2\boldsymbol{B}-\boldsymbol{ABA}=\boldsymbol{IB}-\boldsymbol{ABA}=\boldsymbol{BI}-\boldsymbol{ABA}\\&=\boldsymbol{BA}^2-\boldsymbol{ABA}=(\boldsymbol{BA}-\boldsymbol{AB})\boldsymbol{A},\end{aligned}$$

所以

$$\boldsymbol{v}=(\boldsymbol{BA}-\boldsymbol{AB})\left(\frac{1}{2}\boldsymbol{A}(\boldsymbol{y}-\boldsymbol{x})\right),$$

从而 $\boldsymbol{v}\in\operatorname{Im}(\boldsymbol{BA}-\boldsymbol{AB})$, 于是

$$\operatorname{Im}(\boldsymbol{A}-\boldsymbol{B})\cap\operatorname{Im}(\boldsymbol{A}+\boldsymbol{B})\subseteq\operatorname{Im}(\boldsymbol{BA}-\boldsymbol{AB}).\tag{L2.24.2}$$

由式 (L2.24.1) 和式 (L2.24.2), 并注意对任何方阵 $\boldsymbol{T}$, $\operatorname{Im}(\boldsymbol{T})=\operatorname{Im}(-\boldsymbol{T})$, 即得结论.

2.25 (1) 取定 V 的一组基 $\{\boldsymbol{v}_1,\boldsymbol{v}_2,\cdots,\boldsymbol{v}_n\}$, 则双线性型在该基上的 Grame 矩阵为 $\boldsymbol{G}=\big((\boldsymbol{v}_i,\boldsymbol{v}_j)\big)_n$. 因为双线性型是非退化和反对称的, 所以 $\boldsymbol{G}$ 是可逆的反对称矩阵, 从而

$$\det(\boldsymbol{G})=\det(\boldsymbol{G}^{\mathrm{T}})=\det(-\boldsymbol{G})=(-1)^n\det(\boldsymbol{G}),$$

于是 $\big(1-(-1)^n\big)\det(\boldsymbol{G})=0$. 因为 $\det(\boldsymbol{G})\neq 0$, 所以 n 是偶数.

(2) 若 $\varphi(\boldsymbol{u})=\boldsymbol{0}$, 则对所有 $\boldsymbol{v}\in V$, 有 $(\boldsymbol{u},\boldsymbol{v})=\big(\varphi(\boldsymbol{u}),\varphi(\boldsymbol{v})\big)=0$. 因为双线性型是非退化的, 所以 $\boldsymbol{u}=\boldsymbol{0}$. 这表明线性变换 φ 可逆.

(3) 由本题 (2) 知 φ 的特征值不为 0. 设 $\boldsymbol{u}$ 是 φ 的属于特征值 λ 的特征向量. 令 $U=\{\boldsymbol{v}\in V\,|\,(\boldsymbol{u},\boldsymbol{v})=0\}$, 则 $\dim(U)=\dim(V)-1$, 并且对所有 $\boldsymbol{v}\in U$, 有

$$\big(\boldsymbol{u},\varphi(\boldsymbol{v})\big)=\lambda^{-1}\big(\lambda\boldsymbol{u},\varphi(\boldsymbol{v})\big)=\lambda^{-1}\big(\varphi(\boldsymbol{u}),\varphi(\boldsymbol{v})\big)=\lambda^{-1}(\boldsymbol{u},\boldsymbol{v})=0.$$

因此 U 是 φ 的不变子空间. 取 U 的一组基 $\{\boldsymbol{u}_1,\boldsymbol{u}_2,\cdots,\boldsymbol{u}_{n-1}\}$, 并将它扩充为 V 的一组基 $\{\boldsymbol{u}_1,\boldsymbol{u}_2,\cdots,\boldsymbol{u}_{n-1},\boldsymbol{u}_n\}$. 因为 φ 是可逆线性变换, 而 $\dim(U)<\dim(V)$, 所以 $\varphi(\boldsymbol{u}_n)\notin U$. 设 $\varphi(\boldsymbol{u}_n)=\sum\limits_{j=1}^{n-1}b_j\boldsymbol{u}_j+a\boldsymbol{u}_n$, 则可知 φ 在这组基下的矩阵 (表示) 是

$$\boldsymbol{F}=\begin{pmatrix}a_{11}&\cdots&a_{1,n-1}&b_1\\\vdots&&\vdots&\vdots\\a_{n-1,1}&\cdots&a_{n-1,n-1}&b_{n-1}\\0&\cdots&0&a\end{pmatrix},$$

因此

$$|\lambda\boldsymbol{I}-\boldsymbol{F}|=(\lambda-a)\det\big(\lambda\boldsymbol{I}_{n-1}-(a_{ij})_{n-1}\big),$$

可见 a 是 φ 的一个特征值. 最后, 由 U 的定义可知 $(\boldsymbol{u},\boldsymbol{u}_j)=0\,(j=1,2,\cdots,n-1)$, 据此推出

$$(\boldsymbol{u},\boldsymbol{u}_n)=\big(\varphi(\boldsymbol{u}),\varphi(\boldsymbol{u}_n)\big)=\left(\lambda\boldsymbol{u},\sum_{j=1}^{n-1}b_j\boldsymbol{u}_j+a\boldsymbol{u}_n\right)=a\lambda(\boldsymbol{u},\boldsymbol{u}_n).$$

注意 $(\boldsymbol{u},\boldsymbol{u}_n)\neq 0$(因为 $\boldsymbol{u}_n\notin U$), 由此可得 $a\lambda=1$, 于是 $a=\lambda^{-1}$(换言之, λ^{-1} 也是 φ 的一个特征值).

2.26 因为 $\boldsymbol{A}=(a_{ij})$ 是对称矩阵, 所以存在正交矩阵 $\boldsymbol{T}$, 使得

$$\boldsymbol{T}^{\mathrm{T}}\boldsymbol{A}\boldsymbol{T}=\mathrm{diag}(\lambda_1,\lambda_2,\cdots,\lambda_n),$$

其中 $\lambda_1,\lambda_2,\cdots,\lambda_n$ 是 $\boldsymbol{A}$ 的全部特征值. 令 $\varphi(\boldsymbol{x})=\boldsymbol{T}^{\mathrm{T}}\boldsymbol{x}$, 则

$$\varphi(W)=\Big\{(y_1,y_2,\cdots,y_n)\in\mathbb{R}^n\,\Big|\,\sum_{i=1}^{n}\lambda_i y_i^2=0\Big\}.$$

因为 φ 可逆, 所以 W 是 $\mathbb{R}^n$ 的子空间, 当且仅当 $\varphi(W)$ 是 $\mathbb{R}^n$ 的子空间. 我们只需证明: $\varphi(W)$ 是 $\mathbb{R}^n$ 的子空间, 当且仅当 $\lambda_1,\lambda_2,\cdots,\lambda_n$ 中非零元同号.

(i) 充分性. 设 $\lambda_1,\cdots,\lambda_r>0,\lambda_{r+1}=\cdots=\lambda_n=0$ (必要时可改变下标的顺序). 那么

$$\varphi(W)=\Big\{(y_1,y_2,\cdots,y_n)\in\mathbb{R}^n\,\Big|\,\sum_{i=1}^{r}\lambda_i y_i^2=0\Big\}.$$

因为 $\sum\limits_{i=1}^{r}\lambda_i y_i^2=0(y_i\in\mathbb{R})\Leftrightarrow y_1=\cdots=y_r=0$, 所以

$$\varphi(W)=\Big\{(y_1,y_2,\cdots,y_n)\in\mathbb{R}^n\,\big|\,y_1=\cdots=y_r=0\Big\}.$$

因此 $\varphi(W)$ 是 $\mathbb{R}^n$ 的子空间 (请读者验证此结论).

(ii) 必要性. 设 $\lambda_1,\cdots,\lambda_p>0,\lambda_{p+1},\cdots,\lambda_{p+q}<0,\lambda_{p+q+1}=\cdots=\lambda_n=0$(必要时可改变下标的顺序), 其中 $p>0,q>0$. 令 $\boldsymbol{z}=(z_1,z_2,\cdots,z_n)$, 其中

$$z_1=\sqrt{-\lambda_{p+1}},\quad z_{p+1}=\sqrt{\lambda_1},\quad z_j=0\quad(j\neq 1,p+1),$$

那么 $\boldsymbol{z}\in\varphi(W)$. 又令 $\boldsymbol{w}=(w_1,w_2,\cdots,w_n)$, 其中

$$w_1=\sqrt{-\lambda_{p+1}},\quad w_{p+1}=-\sqrt{\lambda_1},\quad w_j=0\quad(j\neq 1,p+1),$$

那么 $\boldsymbol{w}\in\varphi(W)$. 因为 $\boldsymbol{z}+\boldsymbol{w}=(2\sqrt{-\lambda_{p+1}},0,\cdots,0)\in\mathbb{R}^n$, 但不属于 $\varphi(W)$, 所以 $F(W)$ 不是子空间.

2.27 (1) 设 λ 是 $\boldsymbol{A}$ 的任一特征值, 则 $\boldsymbol{A}\boldsymbol{x}=\lambda\boldsymbol{x}$, 其中 $\boldsymbol{x}=(x_1,x_2,\cdots,x_n)^{\mathrm{T}}\neq\boldsymbol{O}$. 因为 $\boldsymbol{A}$ 是 Hermite 矩阵, 所以特征值 λ 是实的. 设 $|x_i|=\max\limits_j|x_j|$, 则 $x_i\neq 0$; 并且由

$$\sum_{j=1}^{n}a_{ij}x_j=\lambda x_i$$

及 $a_{ii}=1$ 可知

$$(\lambda-1)x_i=\sum_{\substack{1\leqslant j\leqslant n\\ j\neq i}}a_{ij}x_j.\tag{L2.27.1}$$

注意 $\sum\limits_{j=1}^{n}|a_{ij}|\leqslant 2$, 以及 $a_{ii}=1$ 蕴含

$$\sum_{\substack{1\leqslant j\leqslant n\\ j\neq i}}|a_{ij}|\leqslant 1,$$

所以由式 (L2.27.1) 推出

$$|\lambda-1||x_i|\leqslant\sum_{\substack{1\leqslant j\leqslant n\\ j\neq i}}|a_{ij}||x_j|\leqslant\max_j|x_j|\sum_{\substack{1\leqslant j\leqslant n\\ j\neq i}}|a_{ij}|\leqslant\max_j|x_j|=|x_i|,$$

所以 $|\lambda-1|\leqslant 1$, 即 $0\leqslant\lambda\leqslant 2$.

(2) 由本题 (1) 知 $\boldsymbol{A}$ 的所有特征值非负, 所以 $\boldsymbol{A}$ 非负定.

(3) 设 λ_i 是 $\boldsymbol{A}$ 的特征值, 则由本题 (2) 知

$$\det(\boldsymbol{A}) = \lambda_1\lambda_2\cdots\lambda_n \geqslant 0.$$

又因为 $\boldsymbol{A}$ 非负定, 且题设 $a_{ii}=1$, 所以由 Hadamard 行列式不等式得到

$$\det(\boldsymbol{A}) \leqslant a_{11}a_{22}\cdots a_{nn} = 1.$$

注 Hadamard 行列式不等式: 若矩阵 $\boldsymbol{A}=(a_{ij})_n \in M_n(\mathbb{C})$ 是半正定的, 则

$$\det(\boldsymbol{A}) \leqslant a_{11}a_{22}\cdots a_{nn},$$

并且等式成立当且仅当 $\boldsymbol{A}$ 为对角矩阵或某个 $a_{ii}=0$. 对此可参见屠伯埙等的《高等代数》(上海科学技术出版社, 1987) 第 365 页 (例 5) 及 367 页 (习题 8).

2.28 (1) 因为 $\boldsymbol{B}$ 是正定的, 所以 $\boldsymbol{B}^{-1/2}$ 存在. 若 $|\boldsymbol{A}-\lambda\boldsymbol{B}|=0$, 则

$$0 = |\boldsymbol{B}^{-1/2}||\boldsymbol{A}-\lambda\boldsymbol{B}||\boldsymbol{B}^{-1/2}| = |\boldsymbol{B}^{-1/2}\boldsymbol{A}\boldsymbol{B}^{-1/2}-\lambda\boldsymbol{I}|. \tag{L2.28.1}$$

因为 $\boldsymbol{A}>0$, 所以 $\boldsymbol{B}^{-1/2}\boldsymbol{A}\boldsymbol{B}^{-1/2}>0$, 从而 $\boldsymbol{B}^{-1/2}\boldsymbol{A}\boldsymbol{B}^{-1/2}$ 的特征值都是正的, 所以 $\lambda>0$.

(2) 因为 $\boldsymbol{B}>0$, 所以存在可逆矩阵 $\boldsymbol{P}$, 使得 $\boldsymbol{P}^{\mathrm{T}}\boldsymbol{B}\boldsymbol{P}=\boldsymbol{I}$. 令 $\boldsymbol{C}=\boldsymbol{P}^*(\boldsymbol{A}-\boldsymbol{B})\boldsymbol{P}$. 若 $\boldsymbol{A}-\boldsymbol{B}$ 是半正定的, 则可推出 $\boldsymbol{C}\geqslant 0$(请读者补出证明细节), 从而其特征值非负. 于是由

$$|\boldsymbol{P}^*||\boldsymbol{A}-\lambda\boldsymbol{B}||\boldsymbol{P}| = |\boldsymbol{C}-(\lambda-1)\boldsymbol{I}|$$

可知 $\lambda-1\geqslant 0$, 即 $\lambda\geqslant 1$.

(3) 如果 $|\boldsymbol{A}-\lambda\boldsymbol{B}|=0$ 只有根 1, 那么由式 (L2.28.1) 可知 $|\lambda\boldsymbol{I}-\boldsymbol{B}^{-1/2}\boldsymbol{A}\boldsymbol{B}^{-1/2}|=0$ 也只有根 1, 因此正定矩阵 $\boldsymbol{B}^{-1/2}\boldsymbol{A}\boldsymbol{B}^{-1/2}$ 的所有特征值为 1. 由此可推出 $\boldsymbol{B}^{-1/2}\boldsymbol{A}\boldsymbol{B}^{-1/2}=\boldsymbol{I}$, 从而 $\boldsymbol{A}=\boldsymbol{B}$. 反之, 若 $\boldsymbol{A}=\boldsymbol{B}$, 则 $|\boldsymbol{A}-\lambda\boldsymbol{B}|=|\boldsymbol{B}-\lambda\boldsymbol{B}|=|(\lambda-1)\boldsymbol{B}|=(\lambda-1)^n|\boldsymbol{B}|$. 因为 $|\boldsymbol{B}|\neq 0$, 所以 $\lambda=1$.

注 关于正定矩阵的平方根, 可参见屠伯埙等的《高等代数》(上海科学技术出版社, 1987) 第 373 页 (习题 9).

2.29 (i) 因为 $\boldsymbol{A}$ 是正定的, 所以存在正交矩阵 $\boldsymbol{P}$, 使得 $\boldsymbol{P}^{\mathrm{T}}\boldsymbol{A}\boldsymbol{P}=\boldsymbol{\Lambda}$, 其中 $\boldsymbol{\Lambda}=\mathrm{diag}(\lambda_1,\lambda_2,\cdots,\lambda_n)$ $(\lambda_j\neq 0)$. 于是 $\boldsymbol{A}^{-1}=\boldsymbol{P}\boldsymbol{\Lambda}^{-1}\boldsymbol{P}^{\mathrm{T}}$, 并且

$$\begin{aligned}\boldsymbol{x}^{\mathrm{T}}\boldsymbol{A}^{-1}\boldsymbol{x} &= \boldsymbol{x}^{\mathrm{T}}\boldsymbol{P}\boldsymbol{\Lambda}^{-1}\boldsymbol{P}^{\mathrm{T}}\boldsymbol{x} = (\boldsymbol{P}^{\mathrm{T}}\boldsymbol{x})^{\mathrm{T}}\boldsymbol{\Lambda}^{-1}(\boldsymbol{P}^{\mathrm{T}}\boldsymbol{x}),\\ \boldsymbol{x}^{\mathrm{T}}\boldsymbol{y} &= \boldsymbol{x}^{\mathrm{T}}\boldsymbol{P}\boldsymbol{P}^{\mathrm{T}}\boldsymbol{y} = (\boldsymbol{P}^{\mathrm{T}}\boldsymbol{x})^{\mathrm{T}}(\boldsymbol{P}^{\mathrm{T}}\boldsymbol{y}),\end{aligned}$$

类似地 (或在上两式中用 $\boldsymbol{A}$ 代替 $\boldsymbol{A}^{-1}$,$\boldsymbol{\Lambda}$ 代替 $\boldsymbol{\Lambda}^{-1}$,$\boldsymbol{y}$ 代替 $\boldsymbol{x}$), 有

$$\boldsymbol{y}^{\mathrm{T}}\boldsymbol{A}\boldsymbol{y} = (\boldsymbol{P}^{\mathrm{T}}\boldsymbol{y})^{\mathrm{T}}\boldsymbol{\Lambda}(\boldsymbol{P}^{\mathrm{T}}\boldsymbol{y}),$$

于是题中的等式化为

$$(\boldsymbol{P}^{\mathrm{T}}\boldsymbol{x})^{\mathrm{T}}\boldsymbol{\Lambda}^{-1}(\boldsymbol{P}^{\mathrm{T}}\boldsymbol{x}) = \max_{\boldsymbol{y}}\big(2(\boldsymbol{P}^{\mathrm{T}}\boldsymbol{x})^{\mathrm{T}}(\boldsymbol{P}^{\mathrm{T}}\boldsymbol{y}) - (\boldsymbol{P}^{\mathrm{T}}\boldsymbol{y})^{\mathrm{T}}\boldsymbol{\Lambda}(\boldsymbol{P}^{\mathrm{T}}\boldsymbol{y})\big).$$

因为 $\boldsymbol{P}^{\mathrm{T}}$ 可逆, 所以当 $\boldsymbol{u}$ 遍历 $\mathbb{R}^n$ 时, $\boldsymbol{P}^{\mathrm{T}}\boldsymbol{u}$ 也遍历 $\mathbb{R}^n$. 还要注意 $\boldsymbol{\Lambda}^{-1}=\mathrm{diag}(\lambda_1^{-1},\lambda_2^{-1},\cdots,\lambda_n^{-1})$, 所以只需在 $\boldsymbol{A}$ 是满秩对角矩阵的情形下证明题中的等式.

(ii) 设

$$\boldsymbol{A} = \mathrm{diag}(\mu_1,\mu_2,\cdots,\mu_n) \quad (\mu_j\neq 0),$$

那么

$$2x_ky_k - \mu_ky_k^2 = -\mu_k(y_k-\mu_k^{-1}x_k)^2 + \mu_k^{-1}x_k^2 \geqslant \mu_k^{-1}x_k^2.$$

由此推出

$$\max_{\boldsymbol{y}\in\mathbb{R}^n}\left(2\boldsymbol{x}^{\mathrm{T}}\boldsymbol{y}-\boldsymbol{y}^{\mathrm{T}}\boldsymbol{A}\boldsymbol{y}\right)=\sum_{k=1}^{n}\mu_k^{-1}x_k^2=\boldsymbol{x}^{\mathrm{T}}\boldsymbol{A}^{-1}\boldsymbol{x}.$$

2.30 (1) 设 $\lambda_1,\lambda_2,\cdots,\lambda_s$ 是 $\boldsymbol{A}$ 的非零特征值, 那么

$$\mathrm{tr}\,(\boldsymbol{A})=\lambda_1+\lambda_2+\cdots+\lambda_s.$$

令

$$\overline{\lambda}=\frac{1}{s}\sum_{k=1}^{s}\lambda_k,\quad S=\sum_{k=1}^{s}(\lambda_k-\overline{\lambda})^2,$$

那么

$$S=\sum_{k=1}^{s}\lambda_k^2-2\sum_{k=1}^{s}\lambda_k\overline{\lambda}+\sum_{k=1}^{s}\overline{\lambda}^2=\sum_{k=1}^{s}\lambda_k^2-s\overline{\lambda}^2=\mathrm{tr}(\boldsymbol{A}^2)-\frac{1}{s}\left(\mathrm{tr}\,(\boldsymbol{A})\right)^2.$$

因为 $S\geqslant 0$, 所以

$$(\mathrm{tr}\,(\boldsymbol{A}))^2\leqslant s\,\mathrm{tr}\,(\boldsymbol{A}^2),$$

并且当且仅当所有 $\lambda_k=\overline{\lambda}$ 即所有非零特征值都相等时, 等式成立.

(2) 因为 $\boldsymbol{A}$ 是 Hermite 矩阵, 所以 $\mathrm{rank}(\boldsymbol{A})=\mathrm{tr}\,(\boldsymbol{A})$, 于是由本题 (1) 得到

$$(\mathrm{tr}\,(\boldsymbol{A}))^2\leqslant\mathrm{rank}(\boldsymbol{A})\,\mathrm{tr}\,(\boldsymbol{A}^2).$$

如果 $\boldsymbol{A}^2=c\boldsymbol{A}\,(c\neq 0)$, 那么对于 $\boldsymbol{A}$ 的任意非零特征值 λ, 有 $\boldsymbol{A}\boldsymbol{x}=\lambda\boldsymbol{x}\,(\boldsymbol{x}\neq\boldsymbol{0})$, 从而可得 $\boldsymbol{A}^2\boldsymbol{x}=\lambda\boldsymbol{A}\boldsymbol{x}$, 或 $c\boldsymbol{A}\boldsymbol{x}=\lambda\boldsymbol{A}\boldsymbol{x}$, 于是 $(c-\lambda)\boldsymbol{A}\boldsymbol{x}=\boldsymbol{0}$. 因为 $\boldsymbol{A}\boldsymbol{x}\neq\boldsymbol{0}$, 所以 $c-\lambda=0$, 可见 $\boldsymbol{A}$ 的所有非零特征值 λ 都等于 c. 依本题 (1) 知等式成立. 反之, 若等式成立, 则仍然由本题 (1) 知 $\boldsymbol{A}$ 的所有非零特征值都等于某个复数 $c(\neq 0)$. 于是 $\boldsymbol{A}$ 的极小多项式整除 $f(x)=x(x-c)$, 因此 $f(\boldsymbol{A})=\boldsymbol{O}$, 即得 $\boldsymbol{A}^2=c\boldsymbol{A}$.

(3) 设 $\lambda_1,\lambda_2,\cdots,\lambda_s$ 是 $\boldsymbol{A}$ 的非零特征值, 则 $\lambda_1^2,\lambda_2^2,\cdots,\lambda_s^2$ 是 $\boldsymbol{A}^2$ 的非零特征值. 由 Cauchy 不等式得到

$$(\mathrm{tr}\,(\boldsymbol{A}))^2=\left(\sum_{k=1}^{s}\lambda_k\right)^2\leqslant\left(\sum_{k=1}^{s}1^2\right)\left(\sum_{k=1}^{s}\lambda_k^2\right)=\sum_{k=1}^{s}\lambda_k^2=s\,\mathrm{tr}\,(\boldsymbol{A})^2.$$

如果 $(\mathrm{tr}\,(\boldsymbol{A}))^2>(n-1)\,\mathrm{tr}\,(\boldsymbol{A}^2)$, 那么 $s>n-1$, 因此 $s=n$, 即 $\boldsymbol{A}$ 的所有特征值非零, 从而 $|\boldsymbol{A}|=\lambda_1\lambda_2\cdots\lambda_n\neq 0$, 于是 $\boldsymbol{A}$ 可逆.

2.31 记 $s=1-t$. 只需证明:

$$(t\boldsymbol{A}+s\boldsymbol{B})^*(t\boldsymbol{A}+s\boldsymbol{B})\geqslant t\boldsymbol{A}^*\boldsymbol{A}+s\boldsymbol{B}^*\boldsymbol{B},$$

或

$$t^2\boldsymbol{A}^*\boldsymbol{A}+ts(\boldsymbol{B}^*\boldsymbol{A}+\boldsymbol{A}^*\boldsymbol{B})+s^2\boldsymbol{B}^*\boldsymbol{B}\geqslant t\boldsymbol{A}^*\boldsymbol{A}+s\boldsymbol{B}^*\boldsymbol{B},$$

即

$$(t^2-t)\boldsymbol{A}^*\boldsymbol{A}+(s^2-s)\boldsymbol{B}^*\boldsymbol{B}+ts(\boldsymbol{B}^*\boldsymbol{A}+\boldsymbol{A}^*\boldsymbol{B})\geqslant 0.$$

因为 $t^2-t=s^2-s=ts$, 所以它等价于

$$ts(\boldsymbol{A}^*\boldsymbol{A}+\boldsymbol{B}^*\boldsymbol{B}+\boldsymbol{B}^*\boldsymbol{A}+\boldsymbol{A}^*\boldsymbol{B})\geqslant 0.$$

因为 $st\geqslant 0$, 并且

$$\boldsymbol{A}^*\boldsymbol{A}+\boldsymbol{B}^*\boldsymbol{B}+\boldsymbol{B}^*\boldsymbol{A}+\boldsymbol{A}^*\boldsymbol{B}=(\boldsymbol{A}^*+\boldsymbol{B}^*)(\boldsymbol{A}+\boldsymbol{B})=(\boldsymbol{A}+\boldsymbol{B})^*(\boldsymbol{A}+\boldsymbol{B})\geqslant 0.$$

所以题中不等式成立.

2.32 (1) 将 $\boldsymbol{B}$ 分块为

$$\boldsymbol{B}=\begin{pmatrix}\boldsymbol{B}_1 & \boldsymbol{C}_{12} & \cdots & \boldsymbol{C}_{1k}\\ \boldsymbol{C}_{21} & \boldsymbol{B}_2 & \cdots & \boldsymbol{C}_{2k}\\ \vdots & \vdots & & \vdots\\ \boldsymbol{C}_{k1} & \boldsymbol{C}_{k2} & \cdots & \boldsymbol{B}_k\end{pmatrix},$$

其中 $\boldsymbol{B}_1$ 是 n_1 阶方阵, $\boldsymbol{C}_{12}$ 是 $n_1\times n_2$ 矩阵, 等等; $\boldsymbol{C}_{21}$ 是 $n_2\times n_1$ 矩阵, $\boldsymbol{B}_2$ 是 n_2 阶方阵, 等等; 其余类似. 由 $\boldsymbol{AB}=\boldsymbol{BA}$ 可知, 当 $i\neq j$ 时

$$a_i\boldsymbol{I}_{n_i}\boldsymbol{C}_{ij}=\boldsymbol{C}_{ij}a_j\boldsymbol{I}_{n_j}=\boldsymbol{O},$$

其中 $\boldsymbol{O}$ 是 $n_i\times n_j$ 矩阵, 元素全为 0. 于是

$$(a_i-a_j)\boldsymbol{C}_{ij}=\boldsymbol{O}.$$

因为 $a_i\neq a_j$, 所以 $\boldsymbol{C}_{ij}=\boldsymbol{O}\,(i\neq j)$, 从而本题得证.

(2) (i) 由题设可写出

$$\boldsymbol{A}=\mathrm{diag}(\boldsymbol{A}_1,\boldsymbol{A}_2,\cdots,\boldsymbol{A}_k),$$

其中

$$\boldsymbol{A}_i=\mathrm{diag}(\lambda_i,\lambda_i,\cdots,\lambda_i)\quad(i=1,2,\cdots,k)$$

是 n_i 阶对角方阵. (读者) 可据此直接验证 V 是线性空间.

(ii) 为求 $\dim(V)$, 注意由本题 (1) 可知, V 中的任何元素 $\boldsymbol{B}$ 是一个对角分块矩阵

$$\boldsymbol{B}=\mathrm{diag}(\boldsymbol{B}_1,\boldsymbol{B}_2,\cdots,\boldsymbol{B}_k),$$

其中 $\boldsymbol{B}_i$ 是 n_i 阶方阵. 反之, 显然任何上述形式的矩阵 $\boldsymbol{B}$ 与 $\boldsymbol{A}$ 可交换. 因此 V 由所有上述形式的对角分块矩阵组成. 令 $\boldsymbol{G}_j^{(i)}(j=1,2,\cdots,n_i^2)$ 是 n_i 阶方阵, 它只有一个元素为 1, 其余元素全为 0(因此这样的方阵总数等于 n_i^2). 那么 V 中任意元素 $\boldsymbol{B}$ 可唯一地表示为矩阵

$$\begin{aligned}&\mathrm{diag}(\boldsymbol{G}_{j_1}^{(1)},\boldsymbol{O}_2,\cdots,\boldsymbol{O}_k)\quad(j_1=1,2,\cdots,n_1^2),\\&\mathrm{diag}(\boldsymbol{O}_1,\boldsymbol{G}_{j_2}^{(2)},\boldsymbol{O}_3,\cdots,\boldsymbol{O}_k)\quad(j_2=1,2,\cdots,n_2^2),\\&\cdots,\\&\mathrm{diag}(\boldsymbol{O}_1,\cdots,\boldsymbol{O}_{k-1},\boldsymbol{G}_{j_k}^{(k)})\quad(j_k=1,2,\cdots,n_k^2)\end{aligned}$$

(其中 $\boldsymbol{O}_j$ 是 n_j 阶零方阵) 的线性组合, 并且上述矩阵线性无关 (请读者补充证明), 因此它们组成 V 的一组基, 从而 $\dim(V)=n_1^2+n_2^2+\cdots+n_k^2$.

(3) 下面是本质相同但一繁一简的两种证法.

证法 1 (i) 设 $\boldsymbol{B}=(b_{ij})_{1\leqslant i,j\leqslant n}$ 是任意一个与 $\boldsymbol{J}$ 可交换的 n 阶方阵. 由 $\boldsymbol{BJ}=\boldsymbol{JB}$, 比较等式两边相同位置的元素, 得到

$$\begin{aligned}&\lambda b_{ij}+b_{i+1,j}=b_{i,j-1}+\lambda b_{ij}\quad(i\neq n,j\neq 1),\\&\lambda b_{nj}=b_{n,j-1}+\lambda b_{nj}\quad(i=n,j\neq 1),\\&\lambda b_{n1}=\lambda b_{n1}\quad(i=n,j=1),\\&\lambda b_{i1}+b_{i+1,1}=\lambda b_{i1}\quad(i\neq n,j=1).\end{aligned}$$

由第 4 式推出

$$b_{21}=b_{31}=\cdots=b_{n1}=0;\tag{L2.32.1}$$

由第 2 式推出

$$b_{n1} = b_{n1} = \cdots = b_{n,n-1} = 0;$$

由第 1 式推出

$$b_{i+1,j} = b_{i,j-1}. \tag{L2.32.2}$$

在其中取 $j=2$, 并应用式 (L2.32.1) 得到

$$b_{i+1,2} = b_{i1} = 0 \quad (i \geqslant 2).$$

由此并逐次应用式 (L2.32.1) 和式 (L2.32.2), 可推出

$$b_{ij} = 0 \quad (i > j).$$

因此 $\boldsymbol{B}$ 是上三角矩阵. 此外, 记 $b_1 = b_{11}$, 则由式 (L2.32.2) 得知 $b_{ii} = b_1 \, (i \geqslant 1)$. 类似地, 记 $b_2 = b_{12}$, 则 $b_{i,i+1} = b_2 \, (i \geqslant 1)$; 同样, 记 $b_3 = b_{13}, \cdots, b_{n-1} = b_{1,n-1}, b_n = b_{nn}$, 则

$$b_{i,i+2} = b_3 \ (i \geqslant 1), \cdots, b_{1,n-1} = b_{2n} = b_{n-1}.$$

于是

$$\boldsymbol{B} = \begin{pmatrix} b_1 & b_2 & b_3 & \cdots & b_n \\ & b_1 & b_2 & \ddots & \vdots \\ & & b_1 & \ddots & b_3 \\ & & & \ddots & b_2 \\ & & & & b_1 \end{pmatrix} \tag{L2.32.3}$$

(空白处元素为 0).

(ii) 现在证明: 存在次数不超过 $n-1$ 的多项式

$$f(x) = a_0 x^{n-1} + a_1 x^{n-2} + \cdots + a_{n-1},$$

满足

$$b_1 = f(\lambda), \quad b_2 = \frac{1}{1!} f'(\lambda), \quad b_3 = \frac{1}{2!} f''(\lambda), \quad b_n = \frac{1}{(n-1)!} f^{(n-1)}(\lambda). \tag{L2.32.4}$$

事实上, 等式 (L2.32.4) 成立等价于下列方程组有唯一解 $(a_0, a_1, \cdots, a_{n-1})$:

$$\begin{cases} \lambda^{n-1} a_0 + \lambda^{n-2} a_1 + + \cdots + a_{n-1} = b_1, \\ (n-1)\lambda^{n-2} a_0 + (n-2)\lambda^{n-3} a_1 + \cdots + a_{n-2} = b_2, \\ \cdots, \\ (n-1)!\lambda a_0 + (n-2)! a_1 = (n-2)! b_{n-1}, \\ (n-1)! a_0 = (n-1)! b_n. \end{cases}$$

因为方程组的系数行列式不等于 0, 所以上述结论成立.

(iii) 对于任何 k 次多项式

$$F(x) = a_0 x^k + a_1 x^{k-1} + \cdots + a_k,$$

我们有

$$F(\boldsymbol{J}) = \begin{pmatrix} F(\lambda) & \dfrac{F'(\lambda)}{1!} & \dfrac{F''(\lambda)}{2!} & \cdots & \dfrac{F^{(n-1)}(\lambda)}{(n-1)!} \\ & F(\lambda) & \dfrac{F'(\lambda)}{1!} & \ddots & \vdots \\ & & F(\lambda) & \ddots & \dfrac{F''(\lambda)}{2!} \\ & & & \ddots & \dfrac{F'(\lambda)}{1!} \\ & & & & F(\lambda) \end{pmatrix}. \tag{L2.32.5}$$

特别取 $F(x)$ 为上述多项式 $f(x)$, 则由式 (L2.32.3)~式 (L2.32.5) 得知 $\boldsymbol{B}=f(\boldsymbol{J})$.

证法 2 (i) 若记 $\mathbf{0}=(0,0,\cdots,0)^{\mathrm{T}},\boldsymbol{e}_i=(0,\cdots,0,1,0,\cdots,0)^{\mathrm{T}}$ 是第 i 个 n 维单位列向量, 令

$$\boldsymbol{E}_0=(\mathbf{0},\boldsymbol{e}_1,\cdots,\boldsymbol{e}_{n-1})=\begin{pmatrix}0&1&0&\cdots&0\\0&0&1&\ddots&\vdots\\0&0&0&\ddots&0\\\vdots&&\ddots&\ddots&1\\0&0&\cdots&0&0\end{pmatrix},$$

则 $\boldsymbol{J}=\lambda\boldsymbol{I}+\boldsymbol{E}_0$. 设 $\boldsymbol{B}=(b_{ij})_{1\leqslant i,j\leqslant n}$ 是任意一个与 $\boldsymbol{J}$ 可交换的 n 阶方阵. 由 $\boldsymbol{BJ}=\boldsymbol{JB}$ 可知

$$\boldsymbol{B}(\lambda\boldsymbol{I}+\boldsymbol{E}_0)=(\lambda\boldsymbol{I}+\boldsymbol{E}_0)\boldsymbol{B},$$

或 $\boldsymbol{BE}_0=\boldsymbol{E}_0\boldsymbol{B}$, 比较等式两边相同位置的元素, 即得式 (L2.32.3).

(ii) 设

$$\phi(x)=b_n(x-\lambda)^{n-1}+b_{n-1}(x-\lambda)^{n-2}+\cdots+b_1,$$

则

$$b_n=\frac{\phi^{(n-1)}(\lambda)}{(n-1)!},b_{n-1}=\frac{\phi^{(n-2)}(\lambda)}{(n-2)!},\cdots,b_2=\frac{\phi'(\lambda)}{1!},b_1=\phi(\lambda).$$

于是由式 (L2.32.3) 得到

$$\boldsymbol{B}=\begin{pmatrix}\phi(\lambda)&\dfrac{\phi'(\lambda)}{1!}&\dfrac{\phi''(\lambda)}{2!}&\cdots&\dfrac{\phi^{(n-1)}(\lambda)}{(n-1)!}\\&\phi(\lambda)&\dfrac{\phi'(\lambda)}{1!}&\ddots&\vdots\\&&\phi(\lambda)&\ddots&\dfrac{\phi''(\lambda)}{2!}\\&&&\ddots&\dfrac{\phi'(\lambda)}{1!}\\&&&&\phi(\lambda)\end{pmatrix}.\tag{L2.32.6}$$

(iii) 类似于解法 1 中的步骤 (iii), 取 $F(x)$ 为多项式 $\phi(x)$, 即得 $\boldsymbol{B}=\phi(\boldsymbol{J})$.

注 公式 (L2.32.5) 可见 Φ. P. 甘特马赫尔的《矩阵论 (上卷)》(高等教育出版社, 1953) 第 96 页. 下面是这个公式的两种证明.

证明 1 应用数学归纳法可证 (请读者完成)

$$\boldsymbol{J}^k=\begin{pmatrix}\lambda^k&\dbinom{k}{1}\lambda^{k-1}&\dbinom{k}{2}\lambda^{k-2}&\cdots&\dbinom{k}{n-1}\lambda^{k-n+1}\\0&\lambda^k&\dbinom{k}{1}\lambda^{k-1}&\cdots&\dbinom{k}{n-2}\lambda^{k-n+2}\\0&0&\lambda^k&\cdots&\dbinom{k}{n-3}\lambda^{k-n+3}\\\vdots&\vdots&\ddots&\ddots&\vdots\\0&0&\cdots&0&\lambda^k\end{pmatrix}.$$

特别地, 当 $k<n-1$ 时 $\binom{k}{n-1}=0$, 从而

$$\boldsymbol{J}^k=\begin{pmatrix}\lambda^k & \binom{k}{1}\lambda^{k-1} & \cdots & 1 & 0 & \cdots & 0 & 0\\ 0 & \lambda^k & \binom{k}{1}\lambda^{k-1} & \cdots & 1 & \cdots & 0 & 0\\ \vdots & \vdots & \vdots & & \vdots & & \vdots & \vdots\\ 0 & 0 & 0 & \cdots & 0 & \cdots & \lambda^k & \binom{k}{1}\lambda^{k-1}\\ 0 & 0 & 0 & \cdots & 0 & \cdots & 0 & \lambda^k\end{pmatrix}.$$

对于任何 k 次多项式 $F(x)=a_0x^k+a_1x^{k-1}+\cdots+a_k$, 有

$$F(\boldsymbol{J})=a_0\boldsymbol{J}^k+a_1\boldsymbol{J}^{k-1}+\cdots+a_k\boldsymbol{I},$$

将上述 $\boldsymbol{J}^k$ 的表达式代入, 即得式 (L2.32.5).

证明 2　设 $\boldsymbol{E}_0$ 同解法 2, 那么 $\boldsymbol{J}-\lambda\boldsymbol{I}=\boldsymbol{E}_0$. 设 $F(x)$ 是任意多项式, 并将它表示为

$$F(x)=c_n(x-\lambda)^{n-1}+c_{n-1}(x-\lambda)^{n-2}+\cdots+c_1.$$

则

$$c_n=\frac{F^{(n-1)}(\lambda)}{(n-1)!},c_{n-1}=\frac{F^{(n-2)}(\lambda)}{(n-2)!},\cdots,c_2=\frac{F'(\lambda)}{1!},c_1=F(\lambda).$$

于是

$$F(\boldsymbol{J})=\frac{F^{(n-1)}(\lambda)}{(n-1)!}\boldsymbol{E}_0^{n-1}+\frac{F^{(n-2)}(\lambda)}{(n-2)!}\boldsymbol{E}_0^{n-2}+\cdots+F(\lambda)\boldsymbol{I}_n. \tag{L2.32.7}$$

算出

$$\boldsymbol{E}_0^2=\begin{pmatrix}0 & 0 & 1 & \cdots & 0\\ \vdots & \vdots & \vdots & \ddots & \vdots\\ 0 & 0 & 0 & \ddots & 1\\ \vdots & \vdots & \ddots & \ddots & \vdots\\ 0 & 0 & \cdots & 0 & 0\end{pmatrix},\quad \boldsymbol{E}_0^3=\begin{pmatrix}0 & 0 & 0 & 1 & \cdots & 0\\ \vdots & \vdots & \vdots & \vdots & \ddots & \vdots\\ 0 & 0 & 0 & 0 & \ddots & 1\\ 0 & 0 & 0 & 0 & \ddots & 0\\ \vdots & \vdots & \vdots & \ddots & \ddots & \vdots\\ 0 & 0 & 0 & \cdots & 0 & 0\end{pmatrix},$$

等等, 以及

$$\boldsymbol{E}_0^{n-1}=\begin{pmatrix}0 & \cdots & 0 & 1\\ 0 & \cdots & 0 & 0\\ \vdots & & \vdots & \vdots\\ 0 & \cdots & 0 & 0\end{pmatrix}.$$

将它们代入式 (L2.32.7), 即得式 (L2.32.5).

2.33　(i) 因为 $\boldsymbol{A}$ 是实对称矩阵, 所以存在正交矩阵 $\boldsymbol{P}$, 使得

$$\boldsymbol{P}^{\mathrm{T}}\boldsymbol{AP}=\mathrm{diag}(\lambda_1,\lambda_2,\cdots,\lambda_n),$$

其中 $\lambda_i\ (i=1,2,\cdots,n)$ 是 $\boldsymbol{A}$ 的全部特征值. 设 $\lambda_i\ (i=1,2,\cdots,n)$ 中互不相同的值是 $a_1,a_2,\cdots,a_k$, 那么适当对 λ_i 编号, 可以认为

$$\boldsymbol{P}^{\mathrm{T}}\boldsymbol{AP}=\mathrm{diag}(a_1\boldsymbol{I}_{n_1},a_2\boldsymbol{I}_{n_2},\cdots,a_k\boldsymbol{I}_{n_k})\ (=\boldsymbol{\Lambda}),$$

其中 $n_j \geqslant 1, n_1+n_2+\cdots+n_k=n$.

(ii) 又因为 $\boldsymbol{B}$ 是实对称矩阵, 所以 $\boldsymbol{C}=\boldsymbol{P}^{\mathrm{T}}\boldsymbol{B}\boldsymbol{P}$ 也是实对称矩阵. 应用条件 $\boldsymbol{AB}=\boldsymbol{BA}$, 可得

$$\begin{aligned}\boldsymbol{C}\boldsymbol{\Lambda}&=\boldsymbol{P}^{\mathrm{T}}\boldsymbol{B}\boldsymbol{P}\cdot\boldsymbol{P}^{\mathrm{T}}\boldsymbol{A}\boldsymbol{P}=\boldsymbol{P}^{\mathrm{T}}\boldsymbol{B}(\boldsymbol{P}\boldsymbol{P}^{\mathrm{T}})\boldsymbol{A}\boldsymbol{P}=\boldsymbol{P}^{\mathrm{T}}\boldsymbol{B}\boldsymbol{A}\boldsymbol{P}\\&=\boldsymbol{P}^{\mathrm{T}}\boldsymbol{A}\boldsymbol{B}\boldsymbol{P}=\boldsymbol{P}^{\mathrm{T}}\boldsymbol{A}(\boldsymbol{P}\boldsymbol{P}^{\mathrm{T}})\boldsymbol{B}\boldsymbol{P}=(\boldsymbol{P}^{\mathrm{T}}\boldsymbol{A}\boldsymbol{P})(\boldsymbol{P}^{\mathrm{T}}\boldsymbol{B}\boldsymbol{P})=\boldsymbol{\Lambda}\boldsymbol{C},\end{aligned}$$

即 $\boldsymbol{C}$ 与分块对角矩阵 $\boldsymbol{\Lambda}$ 可换. 依练习题 2.32 可知

$$\boldsymbol{C}=\mathrm{diag}(\boldsymbol{C}_1,\boldsymbol{C}_2,\cdots,\boldsymbol{C}_k),$$

其中 $\boldsymbol{C}_j$ 是 n_j 阶方阵, 并且是对称的 (因为 $\boldsymbol{C}$ 对称). 于是存在正交矩阵 $\boldsymbol{M}_j$, 使得 $\boldsymbol{M}_j^{\mathrm{T}}\boldsymbol{C}_j\boldsymbol{M}_j$ $(j=1,2,\cdots,k)$ 是对角矩阵. 于是

$$\boldsymbol{M}=\mathrm{diag}(\boldsymbol{M}_1,\boldsymbol{M}_2,\cdots,\boldsymbol{M}_k)$$

也是正交矩阵. 令

$$\boldsymbol{T}=\boldsymbol{P}\boldsymbol{M},$$

则 $\boldsymbol{T}$ 是正交矩阵, 并且

$$\begin{aligned}\boldsymbol{T}^{\mathrm{T}}\boldsymbol{B}\boldsymbol{T}&=\boldsymbol{M}^{\mathrm{T}}\boldsymbol{P}^{\mathrm{T}}\boldsymbol{B}\boldsymbol{P}\boldsymbol{M}=\boldsymbol{M}^{\mathrm{T}}(\boldsymbol{P}^{\mathrm{T}}\boldsymbol{B}\boldsymbol{P})\boldsymbol{M}=\boldsymbol{M}^{\mathrm{T}}\boldsymbol{C}\boldsymbol{M}\\&=\mathrm{diag}(\boldsymbol{M}_1^{\mathrm{T}},\boldsymbol{M}_2^{\mathrm{T}},\cdots,\boldsymbol{M}_k^{\mathrm{T}})\mathrm{diag}(\boldsymbol{C}_1,\boldsymbol{C}_2,\cdots,\boldsymbol{C}_k)\mathrm{diag}(\boldsymbol{M}_1,\boldsymbol{M}_2,\cdots,\boldsymbol{M}_k)\\&=\mathrm{diag}(\boldsymbol{M}_1^{\mathrm{T}}\boldsymbol{C}_1\boldsymbol{M}_1,\boldsymbol{M}_2^{\mathrm{T}}\boldsymbol{C}_2\boldsymbol{M}_2,\cdots,\boldsymbol{M}_k^{\mathrm{T}}\boldsymbol{C}_k\boldsymbol{M}_k)\\&=\mathrm{diag}(\mu_1,\mu_2,\cdots,\mu_n).\end{aligned}$$

因为 $\mathrm{diag}(\mu_1,\mu_2,\cdots,\mu_n)$ 与 $\boldsymbol{B}$ 相似, 所以 $\mu_1,\mu_2,\cdots,\mu_n$ 就是 $\boldsymbol{B}$ 的全部特征值.

(iii) 我们还有

$$\begin{aligned}\boldsymbol{T}^{\mathrm{T}}\boldsymbol{A}\boldsymbol{T}&=\boldsymbol{M}^{\mathrm{T}}\boldsymbol{P}^{\mathrm{T}}\boldsymbol{A}\boldsymbol{P}\boldsymbol{M}=\boldsymbol{M}^{\mathrm{T}}(\boldsymbol{P}^{\mathrm{T}}\boldsymbol{A}\boldsymbol{P})\boldsymbol{M}\\&=\mathrm{diag}(\boldsymbol{M}_1^{\mathrm{T}},\boldsymbol{M}_2^{\mathrm{T}},\cdots,\boldsymbol{M}_k^{\mathrm{T}})\mathrm{diag}(a_1\boldsymbol{I}_{n_1},a_2\boldsymbol{I}_{n_2},\cdots,a_k\boldsymbol{I}_{n_k})\mathrm{diag}(\boldsymbol{M}_1,\boldsymbol{M}_2,\cdots,\boldsymbol{M}_k)\\&=\mathrm{diag}(\boldsymbol{M}_1^{\mathrm{T}}a_1\boldsymbol{I}_{n_1}\boldsymbol{M}_1,\boldsymbol{M}_2^{\mathrm{T}}a_2\boldsymbol{I}_{n_2}\boldsymbol{M}_2,\cdots,\boldsymbol{M}_k^{\mathrm{T}}a_k\boldsymbol{I}_{n_k}\boldsymbol{M}_k).\end{aligned}$$

因为 $\boldsymbol{M}_j^{\mathrm{T}}a_j\boldsymbol{I}_{n_j}\boldsymbol{M}_j=a_j\boldsymbol{I}_{n_j}\boldsymbol{M}_j^{\mathrm{T}}\boldsymbol{M}_j=a_j\boldsymbol{I}_{n_j}$, 所以

$$\boldsymbol{T}^{\mathrm{T}}\boldsymbol{A}\boldsymbol{T}=\mathrm{diag}(a_1\boldsymbol{I}_{n_1},a_2\boldsymbol{I}_{n_2},\cdots,a_k\boldsymbol{I}_{n_k})=\mathrm{diag}(\lambda_1,\lambda_2,\cdots,\lambda_n).$$

于是本题得证.

注 在本题假设下, 存在正交阵 $\boldsymbol{T}$, 使得

$$\begin{aligned}\boldsymbol{T}^{\mathrm{T}}(\boldsymbol{A}\boldsymbol{B})\boldsymbol{T}&=\boldsymbol{T}^{\mathrm{T}}\boldsymbol{A}\boldsymbol{T}\boldsymbol{T}^{\mathrm{T}}\boldsymbol{B}\boldsymbol{T}\\&=\mathrm{diag}(\lambda_1,\lambda_2,\cdots,\lambda_n)\mathrm{diag}(\mu_1,\mu_2,\cdots,\mu_n)\\&=\mathrm{diag}(\lambda_1\mu_1,\lambda_2\mu_2,\cdots,\lambda_n\mu_n).\end{aligned}$$

2.34 (i) 首先注意, 对于任意 n 阶矩阵 $\boldsymbol{K}$,

$$|x\boldsymbol{I}-\boldsymbol{K}|=|(x-a)\boldsymbol{I}-(\boldsymbol{K}-a\boldsymbol{I})|,$$

因此 x_0 是 K 的特征值, 当且仅当 x_0-a 是 $\boldsymbol{K}-a\boldsymbol{I}$ 的特征值.

或者, 应用下列命题也可推出上述事实.

命题 设 $\rho_1,\rho_2,\cdots,\rho_n$ 是 n 阶方阵 $\boldsymbol{A}$ 的全部特征值, $f(x)$ 是任意非常数多项式, 则 $f(\rho_1),f(\rho_2),\cdots,f(\rho_n)$ 就是矩阵 $f(\boldsymbol{A})$ 的全部特征值.

据此, 若 x_0 是 $\boldsymbol{K}$ 的特征值, 则取多项式 $f(x)=x-a$, 可知 $f(x_0)=x_0-a$ 是矩阵 $f(\boldsymbol{K})=\boldsymbol{K}-a\boldsymbol{I}$ 的特征值; 反之, 若 x_0-a 是矩阵 $\boldsymbol{K}-a\boldsymbol{I}$ 的特征值, 则取多项式 $g(x)=x+a$, 可知 $g(x_0-a)=x_0$ 是矩阵 $g(\boldsymbol{K}-a\boldsymbol{I})=\boldsymbol{K}$ 的特征值.

(ii) 因为 $\lambda_i\ (i=1,2,\cdots,n)$ 是 $\boldsymbol{A}$ 的特征值, 所以由步骤 (i) 中所说的事实可知: $\boldsymbol{A}-\lambda_1\boldsymbol{I}$ 的全部特征值是 $\lambda_i-\lambda_1$, 因而都非负, 所以矩阵 $\boldsymbol{A}-\lambda_1\boldsymbol{I}$ 是半正定的.

或者: 存在正交矩阵 $\boldsymbol{T}$, 使得

$$\boldsymbol{T}^{\mathrm{T}}\boldsymbol{A}\boldsymbol{T}=\mathrm{diag}(\lambda_1,\lambda_2,\cdots,\lambda_n),$$

于是

$$\boldsymbol{T}^{\mathrm{T}}(\boldsymbol{A}-\lambda_1\boldsymbol{I})\boldsymbol{T}=\mathrm{diag}(0,\lambda_2-\lambda_1,\cdots,\lambda_n-\lambda_1),$$

其中 $\boldsymbol{I}$ 是 n 阶单位矩阵, 可见 $\boldsymbol{A}-\lambda_1\boldsymbol{I}$ 的所有特征值非负, 从而是半正定矩阵.

同理, $\boldsymbol{B}-\mu_1\boldsymbol{I}$ 也是半正定矩阵. 于是 $\boldsymbol{C}=(\boldsymbol{A}+\boldsymbol{B})-(\lambda_1+\mu_1)\boldsymbol{I}=(\boldsymbol{A}-\lambda_1\boldsymbol{I})+(\boldsymbol{B}-\mu_1\boldsymbol{I})$ 是半正定矩阵, 其特征值非负.

(iii) 如果 η 是 $\boldsymbol{A}+\boldsymbol{B}$ 的任一特征值, 那么依步骤 (i) 中所说的事实, $\eta-(\lambda_1+\mu_1)$ 是 $\boldsymbol{C}$ 的一个特征值. 因为 $\boldsymbol{C}$ 是半正定矩阵, 所以 $\eta-(\lambda_1+\mu_1)\geqslant 0$, 即 $\eta\geqslant\lambda_1+\mu_1$.

(iv) 类似地, 考虑矩阵 $\lambda_n\boldsymbol{I}-\boldsymbol{A},\mu_n\boldsymbol{I}-\boldsymbol{B}$, 以及 $\boldsymbol{D}=(\lambda_n+\mu_n)\boldsymbol{I}-(\boldsymbol{A}+\boldsymbol{B})$, 它们都是半负定的 (即其特征值全非正), 从而可推出 $\eta\leqslant\lambda_n+\mu_n$.

2.35 (1) 只需证明:

命题 设 $f(\boldsymbol{x})=\boldsymbol{x}^{\mathrm{T}}\boldsymbol{A}\boldsymbol{x}$ 是 n 元 $x_1,x_2,\cdots,x_n$ 的实二次型, $\boldsymbol{x}=(x_1,x_2,\cdots,x_n)^{\mathrm{T}}$, 还设 $\boldsymbol{A}$ 的特征值是 $\lambda_1,\lambda_2,\cdots,\lambda_n$. 那么 f 在约束条件 $x_1^2+x_2^2+\cdots+x_n^2=1$ 下的最大值等于 $\max\limits_{1\leqslant i\leqslant n}\lambda_i$, 最小值等于 $\min\limits_{1\leqslant i\leqslant n}\lambda_i$.

证明 因为 $\boldsymbol{A}$ 是实对称矩阵, 所以存在正交矩阵 $\boldsymbol{T}$, 使得 $\boldsymbol{A}=\boldsymbol{T}^{\mathrm{T}}\boldsymbol{Q}\boldsymbol{T}$, 其中 $\boldsymbol{Q}=\mathrm{diag}(\lambda_1,\lambda_2,\cdots,\lambda_n)$, 于是 $\boldsymbol{T}\boldsymbol{A}\boldsymbol{T}^{\mathrm{T}}=\boldsymbol{Q}$. 令 $\boldsymbol{x}=\boldsymbol{T}\boldsymbol{y},\boldsymbol{y}=(y_1,y_2,\cdots,y_n)$, 则

$$\begin{aligned}f&=\boldsymbol{x}^{\mathrm{T}}\boldsymbol{A}\boldsymbol{x}=(\boldsymbol{T}\boldsymbol{y})^{\mathrm{T}}\boldsymbol{A}\boldsymbol{T}\boldsymbol{y}=\boldsymbol{y}^{\mathrm{T}}(\boldsymbol{T}^{\mathrm{T}}\boldsymbol{A}\boldsymbol{T})\boldsymbol{y}\\&=\boldsymbol{y}^{\mathrm{T}}(\boldsymbol{T}\boldsymbol{A}\boldsymbol{T}^{\mathrm{T}})^{\mathrm{T}}\boldsymbol{y}=\boldsymbol{y}^{\mathrm{T}}\boldsymbol{Q}^{\mathrm{T}}\boldsymbol{y}=\boldsymbol{y}^{\mathrm{T}}\boldsymbol{Q}\boldsymbol{y},\end{aligned}$$

因此

$$f=\lambda_1y_1^2+\lambda_2y_2^2+\cdots+\lambda_ny_n^2.$$

约束条件 $x_1^2+x_2^2+\cdots+x_n^2=1$ 可表示为 $\boldsymbol{x}^{\mathrm{T}}\boldsymbol{x}=1$. 因为 $\boldsymbol{T}$ 是正交矩阵, 所以

$$\boldsymbol{x}^{\mathrm{T}}\boldsymbol{x}=(\boldsymbol{T}\boldsymbol{y})^{\mathrm{T}}(\boldsymbol{T}\boldsymbol{y})=\boldsymbol{y}^{\mathrm{T}}\boldsymbol{T}^{\mathrm{T}}\boldsymbol{T}\boldsymbol{y}=\boldsymbol{y}^{\mathrm{T}}\boldsymbol{I}_n\boldsymbol{y}=\boldsymbol{y}^{\mathrm{T}}\boldsymbol{y},$$

因此约束条件 $x_1^2+x_2^2+\cdots+x_n^2=1$ 等价于 $y_1^2+y_2^2+\cdots+y_n^2=1$.

(ii) 设 $\max\limits_{1\leqslant i\leqslant n}\lambda_i=\lambda_t$, 那么在此约束条件下,

$$f=\lambda_1y_1^2+\lambda_2y_2^2+\cdots+\lambda_ny_n^2\leqslant\lambda_t(y_1^2+y_2^2+\cdots+y_n^2)=\lambda_t.$$

所以 f(在约束条件下) 的最大值不超过 $\max\limits_{1\leqslant i\leqslant n}\lambda_i$.

(iii) 取 $\boldsymbol{y}_0=(0,0,\cdots,1,0,\cdots,0)^{\mathrm{T}}$, 其中只有第 t 个坐标等于 1, 那么 $\boldsymbol{y}_0^{\mathrm{T}}\boldsymbol{y}_0=1$, 并且

$$f(\boldsymbol{y}_0)=\boldsymbol{y}_0^{\mathrm{T}}\boldsymbol{Q}\boldsymbol{y}_0=\lambda_t,$$

因此 f(在约束条件下) 的最大值恰为 $\max\limits_{1\leqslant i\leqslant n}\lambda_i$.

类似地, 可证明最小值是 $\min\limits_{1\leqslant i\leqslant n}\lambda_i$(由读者完成).

(2) 右半不等式的证明:

$$\lambda_{\max}(\boldsymbol{A}+\boldsymbol{B})=\max_{\|\boldsymbol{x}\|=1}\boldsymbol{x}^{\mathrm{T}}(\boldsymbol{A}+\boldsymbol{B})\boldsymbol{x}=\max_{\|\boldsymbol{x}\|=1}(\boldsymbol{x}^{\mathrm{T}}\boldsymbol{A}\boldsymbol{x}+\boldsymbol{x}^{\mathrm{T}}\boldsymbol{B}\boldsymbol{x})$$

$$\leqslant \max_{\|\boldsymbol{x}\|=1} \boldsymbol{x}^{\mathrm{T}}\boldsymbol{A}\boldsymbol{x} + \max_{\|\boldsymbol{x}\|=1} \boldsymbol{x}^{\mathrm{T}}\boldsymbol{B}\boldsymbol{x} = \lambda_{\max}(\boldsymbol{A}) + \lambda_{\max}(\boldsymbol{B}).$$

左半不等式的证明: 对于任何单位向量 $\boldsymbol{x}$,

$$\boldsymbol{x}^{\mathrm{T}}\boldsymbol{A}\boldsymbol{x} + \boldsymbol{x}^{\mathrm{T}}\boldsymbol{B}\boldsymbol{x} \geqslant \boldsymbol{x}^{\mathrm{T}}\boldsymbol{A}\boldsymbol{x} + \min_{\|\boldsymbol{x}\|=1} \boldsymbol{x}^{\mathrm{T}}\boldsymbol{B}\boldsymbol{x}.$$

因为 $\min\limits_{\|\boldsymbol{x}\|=1} \boldsymbol{x}^{\mathrm{T}}\boldsymbol{B}\boldsymbol{x}$ 是常量, 所以

$$\begin{aligned}
\lambda_{\max}(\boldsymbol{A}+\boldsymbol{B}) &= \max_{\|\boldsymbol{x}\|=1} \boldsymbol{x}^{\mathrm{T}}(\boldsymbol{A}+\boldsymbol{B})\boldsymbol{x} = \max_{\|\boldsymbol{x}\|=1} (\boldsymbol{x}^{\mathrm{T}}\boldsymbol{A}\boldsymbol{x} + \boldsymbol{x}^{\mathrm{T}}\boldsymbol{B}\boldsymbol{x}) \\
&\geqslant \max_{\|\boldsymbol{x}\|=1} (\boldsymbol{x}^{\mathrm{T}}\boldsymbol{A}\boldsymbol{x} + \min_{\|\boldsymbol{x}\|=1} \boldsymbol{x}^{\mathrm{T}}\boldsymbol{B}\boldsymbol{x}) = \max_{\|\boldsymbol{x}\|=1} \boldsymbol{x}^{\mathrm{T}}\boldsymbol{A}\boldsymbol{x} + \min_{\|\boldsymbol{x}\|=1} \boldsymbol{x}^{\mathrm{T}}\boldsymbol{B}\boldsymbol{x} \\
&= \lambda_{\max}(\boldsymbol{A}) + \lambda_{\min}(\boldsymbol{B}).
\end{aligned}$$

2.36 (1) 证法 1 矩阵 $-\boldsymbol{A}$ 的任何特征值都不小于 -1, $\boldsymbol{I}$ 的任何特征值都等于 1. 依练习题 2.34, 矩阵 $\boldsymbol{I}-\boldsymbol{A}$ 的任何特征值非负. 又因为 $\boldsymbol{A}$ 是半正定的, 所以矩阵 $\boldsymbol{I}-\boldsymbol{A}$ 是对称的, 因此 $\boldsymbol{I}-\boldsymbol{A}$ 是半正定的, 于是 $0 \leqslant \boldsymbol{A} \leqslant \boldsymbol{I}$.

证法 2 设 $\boldsymbol{A}$ 的特征值为 $\lambda_1,\lambda_2,\cdots,\lambda_n(\leqslant 1)$. 存在正交矩阵 $\boldsymbol{T}$, 使得

$$\boldsymbol{T}^{\mathrm{T}}\boldsymbol{A}\boldsymbol{T} = \boldsymbol{Q},$$

其中 $\boldsymbol{Q} = \mathrm{diag}(\lambda_1,\lambda_2,\cdots,\lambda_n)$. 对于任何 $\boldsymbol{x} \neq \boldsymbol{0}$,

$$\begin{aligned}
\boldsymbol{x}^{\mathrm{T}}(\boldsymbol{I}-\boldsymbol{A})\boldsymbol{x} &= \boldsymbol{x}^{\mathrm{T}}\boldsymbol{I}\boldsymbol{x} - \boldsymbol{x}^{\mathrm{T}}\boldsymbol{T}\boldsymbol{T}^{\mathrm{T}}\boldsymbol{A}\boldsymbol{T}\boldsymbol{T}^{\mathrm{T}}\boldsymbol{x} = \boldsymbol{x}^{\mathrm{T}}\boldsymbol{T}\boldsymbol{I}\boldsymbol{T}^{\mathrm{T}}\boldsymbol{x} - \boldsymbol{x}^{\mathrm{T}}\boldsymbol{T}\boldsymbol{Q}\boldsymbol{T}^{\mathrm{T}}\boldsymbol{x} \\
&= (\boldsymbol{T}^{\mathrm{T}}\boldsymbol{x})^{\mathrm{T}}\mathrm{diag}(1-\lambda_1, 1-\lambda_2, \cdots, 1-\lambda_n)(\boldsymbol{T}^{\mathrm{T}}\boldsymbol{x}) \geqslant 0,
\end{aligned}$$

所以 $\boldsymbol{I}-\boldsymbol{A}$ 是半正定的.

(2) 证法 1 因为 $\boldsymbol{A}$ 的任何特征值 $\lambda \leqslant 1$, 所以矩阵 $\boldsymbol{A}-\boldsymbol{A}^2$ 的特征值满足 $\lambda-\lambda^2 \geqslant 0$(参见练习题 2.34 解的步骤 (i) 中的命题), 并且 $\boldsymbol{A}-\boldsymbol{A}^2$ 是对称的, 所以 $\boldsymbol{A}-\boldsymbol{A}^2$ 是半正定的. 注意题设 $\boldsymbol{A}$ 是半正定的, 所以 $0 \leqslant \boldsymbol{A} \leqslant \boldsymbol{A}^2$.

证法 2 (参见本题 (1) 的证法 2) 设 $\boldsymbol{A}$ 的特征值为 $\lambda_1,\lambda_2,\cdots,\lambda_n(\leqslant 1)$. 存在正交矩阵 $\boldsymbol{T}$, 使得

$$\boldsymbol{T}^{\mathrm{T}}\boldsymbol{A}\boldsymbol{T} = \boldsymbol{Q},$$

其中 $\boldsymbol{Q} = \mathrm{diag}(\lambda_1,\lambda_2,\cdots,\lambda_n)$, 并且

$$\boldsymbol{T}^{\mathrm{T}}\boldsymbol{A}^2\boldsymbol{T} = \boldsymbol{Q}^2.$$

对于任何 $\boldsymbol{x} \neq \boldsymbol{0}$,

$$\begin{aligned}
\boldsymbol{x}^{\mathrm{T}}(\boldsymbol{A}-\boldsymbol{A}^2)\boldsymbol{x} &= \boldsymbol{x}^{\mathrm{T}}\boldsymbol{T}\boldsymbol{T}^{\mathrm{T}}(\boldsymbol{A}-\boldsymbol{A}^2)\boldsymbol{T}\boldsymbol{T}^{\mathrm{T}}\boldsymbol{x} = \boldsymbol{x}^{\mathrm{T}}\boldsymbol{T}\boldsymbol{T}^{\mathrm{T}}\boldsymbol{A}\boldsymbol{T}\boldsymbol{T}^{\mathrm{T}}\boldsymbol{x} - \boldsymbol{x}^{\mathrm{T}}\boldsymbol{T}\boldsymbol{T}^{\mathrm{T}}\boldsymbol{A}^2\boldsymbol{T}\boldsymbol{T}^{\mathrm{T}}\boldsymbol{x} \\
&= (\boldsymbol{T}^{\mathrm{T}}\boldsymbol{x})^{\mathrm{T}}\boldsymbol{Q}(\boldsymbol{T}^{\mathrm{T}}\boldsymbol{x}) - (\boldsymbol{T}^{\mathrm{T}}\boldsymbol{x})^{\mathrm{T}}\boldsymbol{Q}^2(\boldsymbol{T}^{\mathrm{T}}\boldsymbol{x}) = (\boldsymbol{T}^{\mathrm{T}}\boldsymbol{x})^{\mathrm{T}}(\boldsymbol{Q}-\boldsymbol{Q}^2)(\boldsymbol{T}^{\mathrm{T}}\boldsymbol{x}),
\end{aligned}$$

因为 $\boldsymbol{Q}-\boldsymbol{Q}^2 = \mathrm{diag}(\lambda_1-\lambda_1^2, \lambda_2-\lambda_2^2, \cdots, \lambda_n-\lambda_n^2), \lambda_i-\lambda_i^2 \geqslant 0(i=1,2,\cdots,n)$, 所以

$$\boldsymbol{x}^{\mathrm{T}}(\boldsymbol{A}-\boldsymbol{A}^2)\boldsymbol{x} \geqslant 0,$$

即 $\boldsymbol{A}-\boldsymbol{A}^2$ 是半正定的.

证法 3 因为 $\boldsymbol{A}-\boldsymbol{A}^2 = \boldsymbol{A}(\boldsymbol{I}-\boldsymbol{A})$, 由本题 (1) 知 $\boldsymbol{I}-\boldsymbol{A}$ 的特征值非负. 由题设知 $\boldsymbol{A}$ 的特征值也非负, 并且 $\boldsymbol{A}(\boldsymbol{I}-\boldsymbol{A}) = (\boldsymbol{I}-\boldsymbol{A})\boldsymbol{A}$, 所以依练习题 2.33 解后的注可知 $\boldsymbol{A}-\boldsymbol{A}^2$ 的特征值非负, 从而 $\boldsymbol{A}-\boldsymbol{A}^2 \geqslant 0$.

(3) (i) 因为 $\boldsymbol{A}+\boldsymbol{B}-(1/2)\boldsymbol{I}$ 是 (实) 对称的, 其所有特征值 $\lambda_k \in \mathbb{R}$, 所以对称矩阵 $\left(\boldsymbol{A}+\boldsymbol{B}-(1/2)\boldsymbol{I}\right)^2$ 的所有特征值 $\lambda_k^2 \geqslant 0$, 因而

$$\left(\boldsymbol{A}+\boldsymbol{B}-\frac{1}{2}\boldsymbol{I}\right)^2 \geqslant 0. \tag{L2.36.1}$$

或者: 对于 $\boldsymbol{x}\neq\boldsymbol{0}$,

$$\boldsymbol{x}^{\mathrm{T}}\left(\boldsymbol{A}+\boldsymbol{B}-\frac{1}{2}\boldsymbol{I}\right)^2\boldsymbol{x}=\boldsymbol{x}^{\mathrm{T}}\left(\boldsymbol{A}+\boldsymbol{B}-\frac{1}{2}\boldsymbol{I}\right)^{\mathrm{T}}\cdot\left(\boldsymbol{A}+\boldsymbol{B}-\frac{1}{2}\boldsymbol{I}\right)\boldsymbol{x}$$
$$=\left(\left(\boldsymbol{A}+\boldsymbol{B}-\frac{1}{2}\boldsymbol{I}\right)\boldsymbol{x}\right)^{\mathrm{T}}\left(\left(\boldsymbol{A}+\boldsymbol{B}-\frac{1}{2}\boldsymbol{I}\right)\boldsymbol{x}\right)\geqslant 0.$$

(ii) 我们有

$$\left(\boldsymbol{AB}+\boldsymbol{BA}+\frac{1}{4}\boldsymbol{I}\right)-\left(\boldsymbol{A}+\boldsymbol{B}-\frac{1}{2}\boldsymbol{I}\right)^2$$
$$=\boldsymbol{AB}+\boldsymbol{BA}+\frac{1}{4}\boldsymbol{I}-\boldsymbol{A}^2-\boldsymbol{AB}+\frac{1}{2}\boldsymbol{A}-\boldsymbol{BA}-\boldsymbol{B}^2+\frac{1}{2}\boldsymbol{B}+\frac{1}{2}\boldsymbol{A}+\frac{1}{2}\boldsymbol{B}-\frac{1}{4}\boldsymbol{I}$$
$$=(\boldsymbol{A}-\boldsymbol{A}^2)+(\boldsymbol{B}-\boldsymbol{B}^2).$$

由本题 (2) 可知 $\boldsymbol{A}-\boldsymbol{A}^2\geqslant 0$. 类似地 $\boldsymbol{B}-\boldsymbol{B}^2\geqslant 0$. 于是 (用 $\boldsymbol{M}$ 记上式左边的矩阵) 对于 $\forall\boldsymbol{x}\neq\boldsymbol{0}$,

$$\boldsymbol{x}^{\mathrm{T}}\boldsymbol{M}\boldsymbol{x}=\boldsymbol{x}^{\mathrm{T}}(\boldsymbol{A}-\boldsymbol{A}^2)\boldsymbol{x}+\boldsymbol{x}^{\mathrm{T}}(\boldsymbol{B}-\boldsymbol{B}^2)\boldsymbol{x}\geqslant 0,$$

从而

$$\left(\boldsymbol{AB}+\boldsymbol{BA}+\frac{1}{4}\boldsymbol{I}\right)-\left(\boldsymbol{A}+\boldsymbol{B}-\frac{1}{2}\boldsymbol{I}\right)^2\geqslant 0. \tag{L2.36.2}$$

(此结论也可应用命题“实对称矩阵当且仅当所有特征值非负时半正定”推出.)

(iii) 应用

$$\boldsymbol{AB}+\boldsymbol{BA}+\frac{1}{4}\boldsymbol{I}=\left(\left(\boldsymbol{AB}+\boldsymbol{BA}+\frac{1}{4}\boldsymbol{I}\right)-\left(\boldsymbol{A}+\boldsymbol{B}-\frac{1}{2}\boldsymbol{I}\right)^2\right)+\left(\boldsymbol{A}+\boldsymbol{B}-\frac{1}{2}\boldsymbol{I}\right)^2,$$

由式 (L2.36.1) 和式 (L2.36.2) 即得

$$\boldsymbol{AB}+\boldsymbol{BA}+\frac{1}{4}\boldsymbol{I}\geqslant 0.$$

2.37 提示 (1) 记 $s=1-t$, 则有

$$t\boldsymbol{A}^2+s\boldsymbol{B}^2-(t\boldsymbol{A}+s\boldsymbol{B})^2=ts(\boldsymbol{A}-\boldsymbol{B})^2. \tag{L2.37.1}$$

应用练习题 2.36(3) 的解的步骤 (i) 中的任一方法, (例如) 由 $(\boldsymbol{A}-\boldsymbol{B})^{\mathrm{T}}=\boldsymbol{A}-\boldsymbol{B}$ 可知, 对于任意 $\boldsymbol{x}\neq\boldsymbol{0}$,

$$\boldsymbol{x}^{\mathrm{T}}(\boldsymbol{A}-\boldsymbol{B})^2\boldsymbol{x}=\boldsymbol{x}^{\mathrm{T}}(\boldsymbol{A}-\boldsymbol{B})^{\mathrm{T}}(\boldsymbol{A}-\boldsymbol{B})\boldsymbol{x}=((\boldsymbol{A}-\boldsymbol{B})\boldsymbol{x})^{\mathrm{T}}((\boldsymbol{A}-\boldsymbol{B})\boldsymbol{x})\geqslant 0,$$

所以 $(\boldsymbol{A}-\boldsymbol{B})^2\geqslant 0$. 于是由式 (L2.37.1) 得到

$$t\boldsymbol{A}^2+s\boldsymbol{B}^2-(t\boldsymbol{A}+s\boldsymbol{B})^2\geqslant 0.$$

(2) (i) 我们有

$$(b-a)\boldsymbol{I}-(\boldsymbol{A}-\boldsymbol{B})=(\boldsymbol{B}-a\boldsymbol{I})+(b\boldsymbol{I}-\boldsymbol{A}),$$

以及

$$(\boldsymbol{A}-\boldsymbol{B})-(a-b)\boldsymbol{I}=(\boldsymbol{A}-a\boldsymbol{I})+(b\boldsymbol{I}-\boldsymbol{B}).$$

应用练习题 2.36(1) 的任一证法, 可知 $\boldsymbol{B}-a\boldsymbol{I},b\boldsymbol{I}-\boldsymbol{A},\boldsymbol{A}-a\boldsymbol{I},b\boldsymbol{I}-\boldsymbol{B}$ 都是半正定的(或者, $(1/a)\boldsymbol{B}$ 是最大特征值不超过 1 的半正定矩阵, 直接由练习题 2.36(1) 推出 $(1/a)\boldsymbol{B}-\boldsymbol{I}\geqslant 0$, 从而 $\boldsymbol{B}-a\boldsymbol{I}\geqslant 0$, 等等). 于是

$$(a-b)\boldsymbol{I}\leqslant\boldsymbol{A}-\boldsymbol{B}\leqslant(b-a)\boldsymbol{I}. \tag{L2.37.2}$$

(ii) 若 $\boldsymbol{A}-\boldsymbol{B}\geqslant 0$, 那么应用练习题 2.36(2) 的任一证法可知

$$0\leqslant\left(\frac{1}{b-a}(\boldsymbol{A}-\boldsymbol{B})\right)^2\leqslant\frac{1}{b-a}(\boldsymbol{A}-\boldsymbol{B}).$$

(或者, $(1/(b-a))(\boldsymbol{A}-\boldsymbol{B})$ 是最大特征值不超过 1 的半正定矩阵, 直接由练习题 2.36(2) 推出上述不等式.) 又由式 (L2.37.2) 的右半部分可知

$$\boldsymbol{I}-\frac{1}{b-a}(\boldsymbol{A}-\boldsymbol{B})\geqslant 0.$$

由

$$\boldsymbol{I}-\left(\frac{1}{b-a}(\boldsymbol{A}-\boldsymbol{B})\right)^2=\left(\boldsymbol{I}-\frac{1}{b-a}(\boldsymbol{A}-\boldsymbol{B})\right)+\left(\frac{1}{b-a}(\boldsymbol{A}-\boldsymbol{B})-\left(\frac{1}{b-a}(\boldsymbol{A}-\boldsymbol{B})\right)^2\right)$$

可知

$$\boldsymbol{I}-\left(\frac{1}{b-a}(\boldsymbol{A}-\boldsymbol{B})\right)^2\geqslant 0,$$

所以

$$(\boldsymbol{A}-\boldsymbol{B})^2\leqslant(b-a)^2\boldsymbol{I}. \tag{L2.37.3}$$

上式的另一种证法: 因为矩阵 $\boldsymbol{A}-\boldsymbol{B}$ 的特征值不超过 $b-a(>0)$, 所以由练习题 2.34 解的步骤 (i) 中的命题可知 $(\boldsymbol{A}-\boldsymbol{B})^2$ 的特征值不超过 $(b-a)^2$, 于是对称矩阵 $(b-a)^2\boldsymbol{I}-(\boldsymbol{A}-\boldsymbol{B})^2$ 的特征值非负, 从而此矩阵是半正定的.

类似地, 若 $\boldsymbol{A}-\boldsymbol{B}<0$, 则 $\boldsymbol{B}-\boldsymbol{A}>0$. 同样得到

$$0\leqslant\left(\frac{1}{b-a}(\boldsymbol{B}-\boldsymbol{A})\right)^2\leqslant\frac{1}{b-a}(\boldsymbol{B}-\boldsymbol{A});$$

应用式 (L2.37.2) 的左半部分可知

$$\boldsymbol{I}-\frac{1}{b-a}(\boldsymbol{B}-\boldsymbol{A})\geqslant 0.$$

于是可同样地推出

$$(\boldsymbol{B}-\boldsymbol{A})^2\leqslant(b-a)^2\boldsymbol{I}.$$

因此总有不等式 (L2.37.3).

(iv) 还有 $ts\leqslant 1/4$. 易见

$$ts(\boldsymbol{A}-\boldsymbol{B})^2\leqslant\frac{1}{4}(\boldsymbol{A}-\boldsymbol{B})^2.$$

由此及式 (L2.37.3) 和式 (L2.37.1), 即可推出本题所要证明的不等式.

2.38 设 $\boldsymbol{U}=(u_{ij})$ 是 3 阶酉矩阵, 使得

$$\boldsymbol{A}=\boldsymbol{U}^*\mathrm{diag}(\lambda_1,\lambda_2,\lambda_3)\boldsymbol{U}.$$

那么

$$t\boldsymbol{I}-\boldsymbol{A}=\boldsymbol{U}^*\mathrm{diag}(t-\lambda_1,t-\lambda_2,t-\lambda_3)\boldsymbol{U}, \tag{L2.38.1}$$

并且当 $t\neq\lambda_i\ (i=1,2,3)$ 时

$$\mathrm{adj}\,(t\boldsymbol{I}-\boldsymbol{A})=|t\boldsymbol{I}-\boldsymbol{A}|(t\boldsymbol{I}-\boldsymbol{A})^{-1}.$$

不失一般性, 我们考虑 $\boldsymbol{A}$ 的左上角的 2 阶子阵 $\boldsymbol{A}_1$ 的特征值 a,b. 由式 (L2.38.1) 可算出矩阵 $(t\boldsymbol{I}-\boldsymbol{A})^{-1}$ 的 $(3,3)$ 位置 (即第 3 行、第 3 列交叉处) 的元素是

$$\frac{|u_{13}|^2}{t-\lambda_1}+\frac{|u_{23}|^2}{t-\lambda_2}+\frac{|u_{33}|^2}{t-\lambda_3};$$

而 $\mathrm{adj}\,(t\boldsymbol{I}-\boldsymbol{A})$ 的 $(3,3)$ 位置的元素是 $|t\boldsymbol{I}-\boldsymbol{A}_1|$. 于是由式 (L2.38.1) 可知, 当 $t\neq\lambda_i\ (i=1,2,3)$ 时

$$\frac{|t\boldsymbol{I}-\boldsymbol{A}_1|}{|t\boldsymbol{I}-\boldsymbol{A}|}=\frac{|u_{13}|^2}{t-\lambda_1}+\frac{|u_{23}|^2}{t-\lambda_2}+\frac{|u_{33}|^2}{t-\lambda_3}.$$

去等式两边的分母. 因为 a,b 是 $|t\boldsymbol{I}-\boldsymbol{A}_1|=0$ 的根, $|u_{13}|^2,|u_{23}|^2,|u_{33}|^2$ 不可能全为 0, 所以二次方程

$$|u_{13}|^2(t-\lambda_2)(t-\lambda_3)+|u_{23}|^2(t-\lambda_1)(t-\lambda_3)+|u_{33}|^2(t-\lambda_1)(t-\lambda_2)=0$$

有两个实根 a,b(题设 $a<b$). 将方程左边记作 $f(t)$. 因为 $\lambda_1<\lambda_2<\lambda_3$, 所以当 $t<\lambda_1$ 或 $t>\lambda_3$ 时 $f(t)>0$, 从而 $a,b\in[\lambda_1,\lambda_3]$. 又因为 $f(\lambda_1)\geqslant 0, f(\lambda_2)\leqslant 0, f(\lambda_3)\geqslant 0$, 并且至少有一个是严格不等式 (因为 $|u_{13}|^2,|u_{23}|^2,|u_{33}|^2$ 中至少有一个非零), 所以两个实根分别在 $[\lambda_1,\lambda_2]$ 和 $[\lambda_2,\lambda_3]$ 中, 即 $a\in[\lambda_1,\lambda_2], b\in[\lambda_2,\lambda_3]$.

2.39 (1) (i) $\boldsymbol{F}$ 的特征矩阵

$$\lambda\boldsymbol{I}-\boldsymbol{F}=\begin{pmatrix}\lambda & 0 & 0 & \cdots & 0 & a_n\\ -1 & \lambda & 0 & \cdots & 0 & a_{n-1}\\ 0 & -1 & \lambda & \cdots & 0 & a_{n-2}\\ \vdots & \vdots & \vdots & & \vdots & \vdots\\ 0 & 0 & 0 & \cdots & \lambda & a_2\\ 0 & 0 & 0 & \cdots & -1 & \lambda+a_1\end{pmatrix}.$$

将第 2 行的 λ 倍加到第 1 行, 第 1 行成为

$$(0,\lambda^2,0,\cdots,0,a_n+a_{n-1}\lambda),$$

然后将第 3 行的 λ^2 倍加到 (新的) 第 1 行, 第 1 行成为

$$(0,0,\lambda^3,\cdots,0,a_n+a_{n-1}\lambda+a_{n-2}\lambda^2),$$

如此继续 (一般地, 第 j 行的 λ^{j-1} 倍加到上次得到的第 1 行上), 最后将第 n 行的 λ^{n-1} 倍加到 (新的) 第 1 行, 此时第 1 行成为

$$\big(0,0,\cdots,0,f(\lambda)\big), \tag{L2.39.1}$$

其中

$$f(\lambda)=\lambda^n+a_1\lambda^{n-1}+\cdots+a_{n-1}\lambda+a_n.$$

按第 1 行展开所得矩阵的行列式, 即得 $\boldsymbol{F}$ 的特征多项式 $|\lambda\boldsymbol{I}-\boldsymbol{F}|=f(\lambda)$.

或者: 将上述矩阵的第 n 行的 λ 倍加到上一行, 然后将 (新的) 第 $n-1$ 行的 λ 倍加到上一行, 如此等等, 最后将 (新的) 第 2 行的 λ 倍加到上一行 (即第 1 行). 此时第 1 行成为式 (L2.39.1) 的形式.

(ii) 在步骤 (i) 的 (初等) 变换下, 得到矩阵

$$\begin{pmatrix}0 & 0 & 0 & \cdots & 0 & f(\lambda)\\ -1 & \lambda & 0 & \cdots & 0 & *\\ 0 & -1 & \lambda & \cdots & 0 & *\\ \vdots & \vdots & \vdots & & \vdots & \vdots\\ 0 & 0 & 0 & \cdots & \lambda & *\\ 0 & 0 & 0 & \cdots & -1 & \lambda+a_1\end{pmatrix},$$

其中 “$*$” 是某些未明显给出的复数 (不影响下面的计算). 它的左下角的 $n-1$ 阶子式等于 $(-1)^{n-1}$, 所以 $n-1$ 阶行列式因子 $D_{n-1}(\lambda)=1$. 因为低于 $n-1$ 阶的行列式因子整除 $D_{n-1}(\lambda)$, 所以

$$D_1(\lambda)=D_2(\lambda)=\cdots=D_{n-1}(\lambda)=1.$$

还有 $D_n(\lambda)=f(\lambda)$. 于是 $\boldsymbol{F}$ 的最小多项式

$$\mu(\lambda)=d_n(\lambda)=\frac{D_n(\lambda)}{D_{n-1}(\lambda)}=f(\lambda),$$

其中 $d_n(\lambda)$ 是第 n 个不变因子.

(2) **提示** 参见问题 2.12(1) 的解. 保留那里的记号.

(i) 记 $\boldsymbol{C}=c_s\boldsymbol{F}^s+c_{s-1}\boldsymbol{F}^{s-1}+\cdots+c_0\boldsymbol{I}$, 则 $\boldsymbol{C}\boldsymbol{e}_1=(c_0,c_1,\cdots,c_s,0,\cdots,0)^{\mathrm{T}}\neq\boldsymbol{0}$, 因此 $\boldsymbol{C}\neq\boldsymbol{O}$.

(ii) 设多项式 $f(\lambda)$ 如本题 (1). 依 Hamilton-Cayley 定理得 $\boldsymbol{F}^n+a_1\boldsymbol{F}^{n-1}+\cdots+a_n\boldsymbol{I}=f(\boldsymbol{F})=\boldsymbol{O}$.

或者: 通过证明 $(\boldsymbol{F}^n+a_1\boldsymbol{F}^{n-1}+\cdots+a_n\boldsymbol{I})\boldsymbol{e}_i=\boldsymbol{0}\,(i=1,2,\cdots)$ 推出上述结论. 例如, 应用式 (2.12.3) 得到

$$\begin{aligned}(\boldsymbol{F}^n+a_1\boldsymbol{F}^{n-1}+\cdots+a_n\boldsymbol{I})\boldsymbol{e}_1&=\boldsymbol{F}^n\boldsymbol{e}_1+a_1\boldsymbol{F}^{n-1}\boldsymbol{e}_1+\cdots+a_n\boldsymbol{e}_1\\&=\boldsymbol{F}(\boldsymbol{F}^{n-1}\boldsymbol{e}_1)+a_1\boldsymbol{e}_n+\cdots+a_n\boldsymbol{e}_1\\&=\boldsymbol{F}\boldsymbol{e}_n+a_1\boldsymbol{e}_n+\cdots+a_n\boldsymbol{e}_1\\&=\boldsymbol{b}+(a_n,a_{n-1},\cdots,a_1)^{\mathrm{T}}=\boldsymbol{b}-\boldsymbol{b}=\boldsymbol{0},\end{aligned}$$

其中向量 $\boldsymbol{b}$ 见问题 2.12(1) 的解. 于是

$$\begin{aligned}(\boldsymbol{F}^n+a_1\boldsymbol{F}^{n-1}+\cdots+a_n\boldsymbol{I})\boldsymbol{e}_2&=(\boldsymbol{F}^n+a_1\boldsymbol{F}^{n-1}+\cdots+a_n\boldsymbol{I})(\boldsymbol{F}\boldsymbol{e}_1)\\&=\boldsymbol{F}(\boldsymbol{F}^n+a_1\boldsymbol{F}^{n-1}+\cdots+a_n\boldsymbol{I})\boldsymbol{e}_1\\&=\boldsymbol{F}\boldsymbol{0}=\boldsymbol{0},\end{aligned}$$

等等.

2.40 设 $\boldsymbol{A}^2\boldsymbol{B}=\boldsymbol{A}$, 则

$$\operatorname{rank}(\boldsymbol{A})=\operatorname{rank}(\boldsymbol{A}^2\boldsymbol{B})\leqslant\min\{\operatorname{rank}(\boldsymbol{A}^2),\operatorname{rank}(\boldsymbol{B})\}\leqslant\operatorname{rank}(\boldsymbol{A}),$$

于是

$$\operatorname{rank}(\boldsymbol{A})=\operatorname{rank}(\boldsymbol{A}^2)=\operatorname{rank}(\boldsymbol{B}).$$

这表明 $\operatorname{Ker}(\boldsymbol{A}),\operatorname{Ker}(\boldsymbol{A}^2),\operatorname{Ker}(\boldsymbol{B})$ 有相同的维数. 如果 $\boldsymbol{B}\boldsymbol{x}=\boldsymbol{0}$, 那么

$$\boldsymbol{A}\boldsymbol{x}=(\boldsymbol{A}^2\boldsymbol{B})\boldsymbol{x}=\boldsymbol{A}^2(\boldsymbol{B}\boldsymbol{x})=\boldsymbol{0},$$

所以 $\operatorname{Ker}(\boldsymbol{B})$ 是 $\operatorname{Ker}(\boldsymbol{A})$ 的子空间, 但二者的维数相等, 从而 $\operatorname{Ker}(\boldsymbol{B})=\operatorname{Ker}(\boldsymbol{A})$. 类似地, 可证 $\operatorname{Ker}(\boldsymbol{A})$ 是 $\operatorname{Ker}(\boldsymbol{A}^2)$ 的子空间, 由于二者的维数相等, 因而 $\operatorname{Ker}(\boldsymbol{A})=\operatorname{Ker}(\boldsymbol{A}^2)$. 于是

$$\operatorname{Ker}(\boldsymbol{A}^2)=\operatorname{Ker}(\boldsymbol{B}).\tag{L2.40.1}$$

由 $\boldsymbol{A}^2\boldsymbol{B}=\boldsymbol{A}$ 可知, 对于任何 $\boldsymbol{u}\in\mathbb{C}^n$,

$$(\boldsymbol{A}^2\boldsymbol{B})(\boldsymbol{A}\boldsymbol{u})=\boldsymbol{A}(\boldsymbol{A}\boldsymbol{u}),\quad 即\quad \boldsymbol{A}^2(\boldsymbol{B}\boldsymbol{A}\boldsymbol{u}-\boldsymbol{u})=\boldsymbol{0},$$

因此 $\boldsymbol{B}\boldsymbol{A}\boldsymbol{u}-\boldsymbol{u}\in\operatorname{Ker}(\boldsymbol{A}^2)\big(=\operatorname{Ker}(\boldsymbol{B})\big)$ (依式 (L2.40.1)), 从而

$$\boldsymbol{B}(\boldsymbol{B}\boldsymbol{A}\boldsymbol{u}-\boldsymbol{u})=\boldsymbol{0},$$

即对于任何 $\boldsymbol{u}\in\mathbb{C}^n,\boldsymbol{B}^2\boldsymbol{A}\boldsymbol{u}=\boldsymbol{B}\boldsymbol{u}$, 所以 $\boldsymbol{B}^2\boldsymbol{A}=\boldsymbol{B}$. 于是我们证明了

$$\boldsymbol{A}^2\boldsymbol{B}=\boldsymbol{A}\quad\Rightarrow\quad\boldsymbol{B}^2\boldsymbol{A}=\boldsymbol{B}.\tag{L2.40.2}$$

在式 (L2.40.2) 中, 同时用 $\boldsymbol{B}$ 代替 $\boldsymbol{A}$, 用 $\boldsymbol{A}$ 代替 $\boldsymbol{B}$, 可知

$$\boldsymbol{B}^2\boldsymbol{A}=\boldsymbol{B}\quad\Rightarrow\quad\boldsymbol{A}^2\boldsymbol{B}=\boldsymbol{A}.$$

2.41 对 n 用数学归纳法. 显然 $1!\times 1$ 矩阵 $\boldsymbol{A}_1=(1)$ 合乎要求. $2!\times 2$ 矩阵

$$\boldsymbol{A}_2=\begin{pmatrix}1 & \boldsymbol{A}_1\\ 2 & 0\end{pmatrix}=\begin{pmatrix}1 & 1\\ 2 & 0\end{pmatrix}$$

也合乎要求. 设 $n!\times n$ 矩阵 $\boldsymbol{A}_n=(a_{ij})$ 具有性质: (i) 所有元素属于集合 $\{0,1,\cdots,n\}$; (ii) 各行元素的和等于 n; (iii) 在全部 $n\cdot n!$ 个元素中, 恰有 $n!$ 个 $1, n!/2$ 个 $2\cdots\cdots n!/n$ 个 n. 还假设具有附加性质 (iv): 第 1 列出现元素 $1,2,\cdots,n$ 恰好各 $(n-1)!$ 次 (显然 $\boldsymbol{A}_1$ 和 $\boldsymbol{A}_2$ 也具有此性质). 设 $\boldsymbol{a}_i=(a_{i1},a_{i2},\cdots,a_{in})$ 是 $\boldsymbol{A}_n$ 的第 i 行 $(i=1,2,\cdots,n!)$, 定义

$$\widetilde{\boldsymbol{a}}_i=(a_{i1}+1,a_{i2},\cdots,a_{in}).$$

令 $n\cdot n!\times n$ 矩阵

$$\widetilde{\boldsymbol{A}}_n=\begin{pmatrix}\widetilde{\boldsymbol{a}}_1\\ \vdots\\ \widetilde{\boldsymbol{a}}_1\\ \vdots\\ \widetilde{\boldsymbol{a}}_{n!}\\ \vdots\\ \widetilde{\boldsymbol{a}}_{n!}\end{pmatrix},$$

其中每个 $\widetilde{\boldsymbol{a}}_i$ 重复 n 次. 记 $n!\times(n+1)$ 矩阵

$$\boldsymbol{P}=\begin{pmatrix}1 & \\ \vdots & \boldsymbol{A}_n\\ 1 & \end{pmatrix}$$

及 $n\cdot n!\times(n+1)$ 矩阵

$$\boldsymbol{Q}=\begin{pmatrix} & 0\\ \widetilde{\boldsymbol{A}}_n & \vdots\\ & 0\end{pmatrix},$$

那么矩阵

$$\boldsymbol{A}_{n+1}=\begin{pmatrix}\boldsymbol{P}\\ \boldsymbol{Q}\end{pmatrix}$$

就是具有相应性质的 $(n+1)!\times(n+1)$ 矩阵.

事实上, 性质 (i) 和 (ii)(其中 n 换成 $n+1$) 显然成立, 性质 (iv)(其中 n 换成 $n+1$) 也容易直接验证. 我们来证明满足相应的性质 (iii). 因为矩阵 $\boldsymbol{P}$ 中第 1 列含 $n!$ 个元素 1, 由归纳假设可知第 2 列到第 $n+1$ 列 (即矩阵 $\boldsymbol{A}_n$) 含 $n!$ 个元素 1, 所以矩阵 $\boldsymbol{P}$ 中元素 1 的个数是 $2n!$. 对于矩阵 $\boldsymbol{Q}$, 由于 $\boldsymbol{a}_i$ 换成 $\widetilde{\boldsymbol{a}}_i$ 共被换掉 $n\cdot(n-1)!$ 个元素 1, 所以 $\boldsymbol{Q}$ 中剩下的元素 1 的个数为 $n\cdot n!-n(n-1)!$. 于是在矩阵 $\boldsymbol{A}_{n+1}$ 的元素中, 1 出现的次数等于

$$2n!+n\cdot n!-n(n-1)!=n!+n\cdot n!=(n+1)!.$$

对于值为 $k\ (k\geqslant 2)$ 的元素个数, 由归纳假设可知, 在矩阵 $\boldsymbol{P}$ 中为 $n!/k$, 类似于前面的推理可知, 在矩阵 $\boldsymbol{Q}$ 中为

$$n\cdot\frac{n!}{k}-n(n-1)!,$$

因此在矩阵 $\boldsymbol{A}_{n+1}$ 中元素 k 的个数为

$$\frac{n!}{k}+n\cdot\frac{n!}{k}-n(n-1)!=(n+1)\cdot\frac{n!}{k}-n!=n!\left(\frac{n+1}{k}-1\right)=\frac{(n+1)!}{k}.$$

因此矩阵 $\boldsymbol{A}_{n+1}$ 具有所有要求的性质. 于是归纳证明完成.

2.42 用 $M_j\,(j=1,\cdots,n)$ 表示划掉矩阵 $\boldsymbol{A}$ 的第 j 列后得到的 $n-1$ 阶方阵的行列式, 定义 n 阶方阵

$$\boldsymbol{A}_i=\begin{pmatrix} a_{i1} & a_{i2} & \cdots & a_{i,n-1} & a_{in}\\ a_{11} & a_{12} & \cdots & a_{1,n-1} & a_{1n}\\ a_{21} & a_{22} & \cdots & a_{2,n-1} & a_{2n}\\ \vdots & \vdots & & \vdots & \vdots\\ a_{n-1,1} & a_{n-1,2} & \cdots & a_{n-1,n-1} & a_{n-1,n}\end{pmatrix}\quad (i=1,2,\cdots,n-1).$$

因为 $\boldsymbol{A}_i$ 有两行相同, 所以 $\det(\boldsymbol{A}_i)=0$; 于是按第 1 行展开此行列式, 可知

$$a_{i1}M_1-a_{i2}M_2+\cdots+(-1)^{n-1}a_{in}M_n=0\quad (i=1,2,\cdots,n-1).$$

注意 M_j 不全为 0, 这表明 $\boldsymbol{x}_0=\big(M_1,-M_2,\cdots,(-1)^{n-1}M_n\big)^{\mathrm{T}}$ 是齐次线性方程组 $\boldsymbol{Ax}=\boldsymbol{0}$ 的一个非零解. 又因为 M_j 不全为 0 蕴含系数矩阵 $\boldsymbol{A}$ 的秩为 $n-1$, 所以方程组的解空间的维数等于 1, 从而其一般解是 $\boldsymbol{x}=c\boldsymbol{x}_0$, 其中 c 取任意值.

2.43 (1) 二次型对应的矩阵为

$$\boldsymbol{Q}=\begin{pmatrix} 5 & -1 & 3\\ -1 & 5 & -3\\ 3 & -3 & \beta\end{pmatrix}.$$

因为 $\operatorname{rank}(\boldsymbol{Q})=2$, 所以行列式 $\det(\boldsymbol{Q})=0$, 由此解出 $\beta=3$.

(2) 由

$$\det(\lambda\boldsymbol{I}-\boldsymbol{Q})=\begin{vmatrix}\lambda-5 & 1 & -3\\ 1 & \lambda-5 & 3\\ -3 & 3 & \lambda-3\end{vmatrix}=\lambda(\lambda-4)(\lambda-9)$$

($\boldsymbol{I}$ 为 3 阶单位阵) 得到 $\boldsymbol{Q}$ 的三个特征值 $\lambda_1=0,\lambda_2=4,\lambda_3=9$. 解方程

$$(\lambda_i\boldsymbol{I}-\boldsymbol{Q})\boldsymbol{x}=\boldsymbol{0}\quad (i=1,2,3),$$

得到对应的特征向量为

$$\boldsymbol{\alpha}_1=(-1,1,2)^{\mathrm{T}},\quad \boldsymbol{\alpha}_2=(1,1,0)^{\mathrm{T}},\quad \boldsymbol{\alpha}_3=(-1,1,-1)^{\mathrm{T}}$$

(请读者补出计算细节). 因为 λ_i 互异, 所以 $\boldsymbol{\alpha}_i$ 两两正交, 从而线性无关. 将 $\boldsymbol{\alpha}_i$ 单位化, 得到正交矩阵

$$\boldsymbol{P}=\frac{1}{\sqrt{6}}\begin{pmatrix} -1 & 1 & -1\\ 1 & 1 & 1\\ 2 & 0 & -1\end{pmatrix}.$$

于是正交变换

$$\begin{pmatrix} x_1\\ x_2\\ x_3\end{pmatrix}=\frac{1}{\sqrt{6}}\begin{pmatrix} -1 & 1 & -1\\ 1 & 1 & 1\\ 2 & 0 & -1\end{pmatrix}\begin{pmatrix} y_1\\ y_2\\ y_3\end{pmatrix}$$

将题中二次型化为标准型

$$(y_1,y_2,y_3)\boldsymbol{P}^{\mathrm{T}}\boldsymbol{Q}\boldsymbol{P}\begin{pmatrix}y_1\\y_2\\y_3\end{pmatrix}=4y_2^2+9y_3^2.$$

2.44 令 $p=n-r$, 即 (线性) 空间 V 及其子空间的维数之差. 我们对 p 应用数学归纳法证明: 对于任何 $p\geqslant 1,n$ 维空间 V 有无穷多个 r 维子空间 (这实际是对于 r 的倒推归纳法).

(i) 当 $n\geqslant 2,p=1$ 时, $r=n-1$, 要证明 V 有无穷多个 $n-1$ 维子空间. 为此, 取 V 的一组基 $\{\boldsymbol{u}_1,\boldsymbol{u}_2,\cdots,\boldsymbol{u}_n\}$. 还设 W 是 V 的一个 $n-1$ 维子空间, $\{\boldsymbol{v}_1,\boldsymbol{v}_2,\cdots,\boldsymbol{v}_{n-1}\}$ 是它的基, 并将它扩充为 V 的基 $\{\boldsymbol{v}_1,\boldsymbol{v}_2,\cdots,\boldsymbol{v}_{n-1},\boldsymbol{v}_n\}$. 于是

$$W=\left\{\sum_{k=1}^n y_k\boldsymbol{v}_k\,\middle|\,y_i\in K,y_n=0\right\}. \tag{L2.44.1}$$

设基 $\{\boldsymbol{u}_1,\boldsymbol{u}_2,\cdots,\boldsymbol{u}_n\}$ 到基 $\{\boldsymbol{v}_1,\boldsymbol{v}_2,\cdots,\boldsymbol{v}_{n-1},\boldsymbol{v}_n\}$ 的过渡矩阵 (转换矩阵) 是 $\boldsymbol{A}=(a_{ij})_n$, 则 $(\boldsymbol{v}_1,\boldsymbol{v}_2,\cdots,\boldsymbol{v}_n)=(\boldsymbol{u}_1,\boldsymbol{u}_2,\cdots,\boldsymbol{u}_n)\boldsymbol{A}$, 即

$$\boldsymbol{v}_j=\sum_{i=1}^n a_{ij}\boldsymbol{u}_i\quad(j=1,2,\cdots,n).$$

于是

$$\sum_{k=1}^n y_k\boldsymbol{v}_k=\sum_{k=1}^n y_k\sum_{i=1}^n a_{ik}\boldsymbol{u}_i=\sum_{i=1}^n x_i\boldsymbol{u}_i,$$

其中

$$x_i=\sum_{k=1}^n y_k a_{ik}\in K\quad(i=1,2,\cdots,n). \tag{L2.44.2}$$

特别地, 因为 $|\boldsymbol{A}|\neq 0$, 由上式可解出

$$y_n=\sum_{i=1}^n\alpha_i x_i\quad(\alpha_i\in K).$$

其中 $\alpha_i\in K$ 由 $\boldsymbol{A}$ 唯一确定, 并且由 $|\boldsymbol{A}|\neq 0$ 可知 $(\alpha_1,\alpha_2,\cdots,\alpha_n)\neq(0,0,\cdots,0)$. 因此由式 (L2.44.1) 可知 V 的 $n-1$ 维子空间

$$W=\left\{\sum_{i=1}^n x_i\boldsymbol{u}_i\,\middle|\,x_i\in K,\sum_{i=1}^n\alpha_i x_i=0\right\}.$$

若 W' 是 V 的另一个 $n-1$ 维子空间, 则可表示为

$$W'=\left\{\sum_{i=1}^n x_i\boldsymbol{u}_i\,\middle|\,x_i\in K,\sum_{i=1}^n\alpha'_i x_i=0\right\},$$

其中 x_i 与 y_k 之间的关系由式 (L2.44.2) 确定, 但 (a_{ij}) 换为相应的基过渡矩阵 $\boldsymbol{A}'$, 系数 α'_i 由 $\boldsymbol{A}'$ 唯一确定, $(\alpha'_1,\alpha'_2,\cdots,\alpha'_n)\neq(0,0,\cdots,0)$. 我们断言:

$$W=W'\quad\Leftrightarrow\quad\alpha_1:\alpha_2:\cdots:\alpha_n=\alpha'_1:\alpha'_2:\cdots:\alpha'_n. \tag{L2.44.3}$$

相应于 "$\Leftarrow$" 的命题的证明是显然的, 下面证明相应于 "$\Rightarrow$" 的命题. 设 $W=W'$. 对于任意两个下标 $j\neq k$, 取 $z_j=\alpha_k,z_k=-\alpha_j$, 并令其余的 $z_l=0$. 那么 $\sum\limits_{i=1}^n\alpha_i z_i=0$, 从而由 W 的定义, 向量 $\sum\limits_{i=1}^n z_i\boldsymbol{u}_i\in W$, 所以也属于 W'(因为 $W=W'$); 进而由 W' 的定义可知 $\sum\limits_{i=1}^n\alpha'_i z_i=0$, 即 $\alpha'_j\alpha_k=\alpha'_k\alpha_j$. 因为下标 $j,k\ (j\neq k)$ 是任意的, 所以 $\alpha_1:\alpha_2:\cdots:\alpha_n=\alpha'_1:\alpha'_2:\cdots:\alpha'_n$. 于是断言式 (L2.44.3) 得证.

因为 $n\geqslant 2$, K 是无穷集合, 所以有无穷多个不同的连比 $\alpha_1:\alpha_2:\cdots:\alpha_{n-1}:1$. 依上述断言, 得到 V 的无穷多个不同的 $n-1$ 维子空间

$$W=\left\{\sum_{i=1}^n x_i\boldsymbol{u}_i\,\middle|\,x_i\in K,\sum_{i=1}^{n-1}\alpha_i x_i+x_n=0,\right\}.$$

(ii) 设 $k \geqslant 1, n \geqslant k+1$, 并且设当 $p=k$ 时命题成立, 即 n 维空间 V 有无穷多个 $n-k$ 维子空间. 我们来证明: 若 $n \geqslant k+2$, 则当 $p=k+1$ 时命题也成立, 即 n 维空间 V 有无穷多个 $n-k-1$ 维子空间. 依归纳假设, 可取 V 的 (任意) 一个维数为 $n-k$ 的子空间 V'. 因为 $n-k \geqslant 2$, 所以将步骤 (i) 中所得到的结论应用于空间 V', 可知存在 V' 的无穷多个不同的 $(n-k)-1$ 维子空间, 它们也是 V 的 $n-k-1$ 维的子空间. 于是完成归纳证明.

2.45 (1) 因为 W 是 V 的真子空间, 所以存在 $\boldsymbol{x} \in V$ 但 $\boldsymbol{x} \notin W$. 取 W 的任意非零向量 $\boldsymbol{y}$. 令 $\boldsymbol{z}=\boldsymbol{y}-\boldsymbol{x}$, 则 $\boldsymbol{z} \neq \mathbf{0}$(因为 $\boldsymbol{y} \neq \boldsymbol{x}$), 并且 $\boldsymbol{z} \notin W$ (因为若 $\boldsymbol{z} \in W$, 则 $\boldsymbol{y},\boldsymbol{z}$ 都是 V 的子空间 W 中的向量, 从而 $\boldsymbol{x}=\boldsymbol{y}-\boldsymbol{z} \in W$, 这与 $\boldsymbol{x}$ 的取法矛盾). 因此, 虽然 $\boldsymbol{x},\boldsymbol{z} \in S \subset W'$, 但它们的和 $\boldsymbol{x}+\boldsymbol{z}=\boldsymbol{y}$ 是 W 中的非零向量, 即 $\boldsymbol{x}+\boldsymbol{z} \notin W'$. 可见 W' 不是 V 的子空间.

(2) (i) 若 $W_1 \subseteq W_2$, 则 $W_1 \cup W_2=W_2$; 若 $W_2 \subseteq W_1$, 则 $W_1 \cup W_2=W_1$. 因此 $W_1 \cup W_2$ 是 V 的子空间.

(ii) 设 $W_1 \not\subseteq W_2$, 并且 $W_2 \not\subseteq W_1$, 则存在 $\boldsymbol{x}_1$ 和 $\boldsymbol{x}_2$, 使得 $\boldsymbol{x}_1 \in W_1 \subseteq W_1+W_2$, 但 $\boldsymbol{x}_2 \notin W_2$, 以及 $\boldsymbol{x}_2 \in W_2 \subseteq W_1+W_2$, 但 $\boldsymbol{x}_2 \notin W_1$. 若 $\boldsymbol{x}_1+\boldsymbol{x}_2 \in W_1$, 则 $\boldsymbol{x}_2=(\boldsymbol{x}_1+\boldsymbol{x}_2)-\boldsymbol{x}_1 \in W_1$, 这与 $\boldsymbol{x}_2$ 的取法矛盾, 因此 $\boldsymbol{x}_1+\boldsymbol{x}_2 \notin W_1$. 同理, $\boldsymbol{x}_1+\boldsymbol{x}_2 \notin W_2$. 于是 $\boldsymbol{x}_1+\boldsymbol{x}_2 \notin W_1 \cup W_2$. 由此可见, 在此虽然 $\boldsymbol{x}_1,\boldsymbol{x}_2 \in W_1 \cup W_2$, 但 $\boldsymbol{x}_1+\boldsymbol{x}_2 \notin W_1 \cup W_2$. 因此 W_1+W_2 不是 V 的子空间.

(3) 对 $\dim(V)=n$ 用数学归纳法. 当 $n=1$ 时, V 的真子空间只有一个, 即 $\{\mathbf{0}\}$, 所以命题成立. 现在设 $k \geqslant 2$, 命题对 $n=k-1$ 成立, 要证明命题对于 $n=k$ 也成立. 用反证法. 设 k 维线性空间

$$V=W_1 \cup W_2 \cup \cdots \cup W_m,$$

其中 $W_1,W_2,\cdots,W_m$ 是 V 的真子空间. 依练习题 2.44, V 有无限多个 $k-1$ 维子空间, 所以存在一个 $k-1$ 维子空间 U 与所有 $W_1,W_2,\cdots,W_m$ 都相异. 于是

$$U=U \cap V=U \cap(W_1 \cup W_2 \cup \cdots \cup W_m)=(U \cap W_1) \cup(U \cap W_2) \cup \cdots \cup(U \cap W_m).$$

因为 $U,W_i\,(i=1,2,\cdots,m)$ 都是 V 的真子空间, 所以 $U \cap W_i\,(i=1,2,\cdots,m)$ 也都是 U 的真子空间 (请读者给出此结论的证明), 可见上式给出 $k-1$ 维线性空间 V 的通过有限多个真子空间的并的表示式. 这与归纳假设矛盾. 于是完成归纳证明.

(4) (i) 因为 $(\boldsymbol{x}+W_1) \cap W_2 \neq \emptyset$, 所以可以任取其中一个向量 $\boldsymbol{z}$. 由 $\boldsymbol{z} \in \boldsymbol{x}+W_1$ 可知, 存在 $\boldsymbol{y} \in W_1$, 使得 $\boldsymbol{z}=\boldsymbol{x}+\boldsymbol{y}$, 从而 $\boldsymbol{z}+W_1=(\boldsymbol{x}+\boldsymbol{y})+W_1=\boldsymbol{x}+(\boldsymbol{y}+W_1)=\boldsymbol{x}+W_1$. 于是我们只需证明

$$(\boldsymbol{z}+W_1) \cap W_2=\boldsymbol{z}+(W_1 \cap W_2). \tag{L2.45.1}$$

(ii) 我们有 $\boldsymbol{z}+(W_1 \cap W_2) \subseteq \boldsymbol{z}+W_1$(因为 $W_1 \cap W_2 \subseteq W_1$), 同时有 $\boldsymbol{z}+(W_1 \cap W_2) \subseteq W_2$(因为 $\boldsymbol{z} \in W_2$ 并且 $W_1 \cap W_2 \subseteq W_2$), 因此

$$\boldsymbol{z}+(W_1 \cap W_2) \subseteq(\boldsymbol{z}+W_1) \cap W_2. \tag{L2.45.2}$$

另一方面, 任取 $\boldsymbol{u} \in(\boldsymbol{z}+W_1) \cap W_2$. 由 $\boldsymbol{u} \in \boldsymbol{z}+W_1$ 可知, 存在 $\boldsymbol{v} \in W_1$, 使得 $\boldsymbol{u}=\boldsymbol{z}+\boldsymbol{v}$. 而且由 $\boldsymbol{u},\boldsymbol{z} \in W_2$ 可知 $\boldsymbol{v}=\boldsymbol{u}-\boldsymbol{z} \in W_2$. 于是 $\boldsymbol{v} \in W_1 \cap W_2$, 从而 $\boldsymbol{u}=\boldsymbol{z}+\boldsymbol{v} \in \boldsymbol{z}+(W_1 \cap W_2)$. 因为 $\boldsymbol{u}$ 是 $(\boldsymbol{z}+W_1) \cap W_2$ 中的任意向量, 所以

$$(\boldsymbol{z}+W_1) \cap W_2 \subseteq \boldsymbol{z}+(W_1 \cap W_2). \tag{L2.45.3}$$

由式 (L2.45.2) 和式 (L2.45.3) 即得式 (L2.45.1).

(5) 参见本题 (3) 的证明. 对 n 用数学归纳法. 当 $n=1$ 时, V 的 $n-1$ 维子空间只有一个 $\{\mathbf{0}\}$, 因而集合 $\boldsymbol{x}_i+W_i$ 仅含 $\boldsymbol{x}_i$. 注意数域 K 含无穷多个元素, 所以 V 含无穷多个向量, 从而 V 不可能是有限多个集合 $\boldsymbol{x}_i+W_i$ 的并.

设命题当 $n \leqslant k-1$ $(k \geqslant 2)$ 时成立, 但对于 k 维线性空间 V, 存在 $W_1,W_2,\cdots,W_r$ 及 $\boldsymbol{x}_1,\boldsymbol{x}_2,\cdots,\boldsymbol{x}_r$, 使得

$$V=(\boldsymbol{x}_1+W_1) \cup(\boldsymbol{x}_2+W_2) \cup \cdots \cup(\boldsymbol{x}_r+W_r).$$

由练习题 2.44 可知 V 有无穷多个 $k-1$ 维子空间, 所以存在 V 的一个 $k-1$ 维子空间 U 与所有 $W_1,W_2,\cdots,W_r$ 都互异. 我们有

$$\begin{aligned}U&=U\cap V=U\cap\big((\boldsymbol{x}_1+W_1)\cup\cdots\cup(\boldsymbol{x}_r+W_r)\big)\\&=\big((\boldsymbol{x}_1+W_1)\cap U\big)\cup\cdots\cup\big((\boldsymbol{x}_r+W_r)\cap U\big).\end{aligned}$$

不妨设存在整数 $s\in(1,r)$, 使得

$$\begin{aligned}&(\boldsymbol{x}_i+W_i)\cap U\neq\emptyset\quad(i=1,2,\cdots,s),\\&(\boldsymbol{x}_j+W_j)\cap U=\emptyset\quad(j=s+1,j=s+2,\cdots,r),\end{aligned}$$

于是

$$U=\big((\boldsymbol{x}_1+W_1)\cap U\big)\cup\cdots\cup\big((\boldsymbol{x}_s+W_s)\cap U\big).\tag{L2.45.4}$$

依本题 (1), 对于 $i=1,2,\cdots,s$, 存在 $\boldsymbol{u}_i\in U$, 使得

$$(\boldsymbol{x}_i+W_i)\cap U=\boldsymbol{u}_i+(W_i\cap U)=\boldsymbol{u}_i+U_i,$$

其中已记 $U_i=W_i\cap U\,(i=1,2,\cdots,s)$. 于是由式 (L2.45.4) 得到

$$U=(\boldsymbol{u}_1+U_1)\cup\cdots\cup(\boldsymbol{u}_s+U_s).$$

因为 $U_1,U_2,\cdots,U_s$ 是 U 的维数不超过 $(k-1)-1$ 的子空间, 所以上式与归纳假设矛盾. 于是完成归纳证明.

2.46 (1) 对于 $\forall\boldsymbol{v}\in V_\lambda$,

$$A(B\boldsymbol{v})=(AB)\boldsymbol{v}=(BA)\boldsymbol{v}=B(A\boldsymbol{v})=B(\lambda\boldsymbol{v})=\lambda B\boldsymbol{v},$$

所以 $B\boldsymbol{v}\in V_\lambda$, 结论成立.

(2) 设 $\boldsymbol{a}_1,\boldsymbol{a}_2,\cdots,\boldsymbol{a}_s$ 是 W 的一组基, 那么可以补充 $\boldsymbol{b}_{s+1},\boldsymbol{b}_{s+2},\cdots,\boldsymbol{b}_n$ 成为 V 的一组基. 在此组基下 A 的矩阵是

$$\begin{pmatrix}\boldsymbol{A}_1&\boldsymbol{B}\\\boldsymbol{O}&\boldsymbol{A}_2\end{pmatrix},$$

其中 $\boldsymbol{A}_1$ 是 s 阶方阵, 于是 A^{-1} 在此组基下的矩阵是

$$\begin{pmatrix}\boldsymbol{A}_1^{-1}&-\boldsymbol{A}_1^{-1}\boldsymbol{B}\boldsymbol{A}_2^{-1}\\\boldsymbol{O}&\boldsymbol{A}_2^{-1}\end{pmatrix}$$

(请读者补出计算细节), 可见 W 也是 A^{-1} 的不变子空间.

(3) 记 $\boldsymbol{u}_0=\boldsymbol{v}_1+\boldsymbol{v}_2+\cdots+\boldsymbol{v}_k$, 则由题设, $\boldsymbol{u}_0\in W$. 因为 W 是 A 的不变子空间, 所以

$$\begin{aligned}&\boldsymbol{u}_1=A\boldsymbol{u}_0=A\boldsymbol{v}_1+\cdots+A\boldsymbol{v}_k=\lambda_1\boldsymbol{v}_1+\cdots+\lambda_k\boldsymbol{v}_k\in W,\\&\boldsymbol{u}_2=A^2\boldsymbol{u}_0=A(\lambda_1\boldsymbol{v}_1+\cdots+\lambda_k\boldsymbol{v}_k)=\lambda_1^2\boldsymbol{v}_1+\cdots+\lambda_k^2\boldsymbol{v}_k\in W,\\&\cdots,\\&\boldsymbol{u}_{k-1}=A^{k-1}\boldsymbol{u}_0=A\boldsymbol{u}_{k-2}=\lambda_1^{k-1}\boldsymbol{v}_1+\cdots+\lambda_k^{k-1}\boldsymbol{v}_k\in W.\end{aligned}$$

我们得到以 $\boldsymbol{v}_1,\boldsymbol{v}_2,\cdots,\boldsymbol{v}_k$ 为未知元的线性方程组

$$\begin{cases}\boldsymbol{v}_1+\boldsymbol{v}_2+\cdots+\boldsymbol{v}_k=\boldsymbol{u}_0,\\\lambda_1\boldsymbol{v}_1+\lambda_2\boldsymbol{v}_1+\cdots+\lambda_k\boldsymbol{v}_k=\boldsymbol{u}_1,\\\cdots,\\\lambda_1^{k-1}\boldsymbol{v}_1+\lambda_2^{k-1}\boldsymbol{v}_2+\cdots+\lambda_k^{k-1}\boldsymbol{v}_k=\boldsymbol{u}_{k-1},\end{cases}$$

其系数行列式是 λ_j 的 Vandemonde 行列式, 而 λ_j 两两互异, 因而不等于 0. 解出 $\boldsymbol{v}_j\,(j=1,2,\cdots,k)$, 它们都是 $\boldsymbol{u}_1,\boldsymbol{u}_2,\cdots,\boldsymbol{u}_{k-1}(\in W)$ 的线性组合, 从而 $\boldsymbol{v}_j\in W\,(j=1,2,\cdots,k)$(注意 W 是 V 的子空间). 因为 $\boldsymbol{v}_j$ 是属于 A 的不同特征值的特征向量, 所以线性无关. 于是 V 含有 k 个线性无关的向量, 从而 $\dim(W)\geqslant k$.

(4) 证法 1　设 $\lambda_1,\lambda_2,\cdots,\lambda_n$ 是 A 的全部特征值 (两两互异), 对应的特征向量是 $\boldsymbol{\alpha}_1,\boldsymbol{\alpha}_2,\cdots,\boldsymbol{\alpha}_n$, 则 $\boldsymbol{\alpha}_i\ (i=1,2,\cdots,n)$ 线性无关, 从而形成 V 的一组基. 设 $W\subseteq V$ 是 A 的 t 维不变子空间, 我们来证明: W 一定由 $\boldsymbol{\alpha}_i\ (i=1,2,\cdots,n)$ 中的 t 个不同向量生成.

设 $\boldsymbol{\beta}_1,\boldsymbol{\beta}_2,\cdots,\boldsymbol{\beta}_t$ 是 W 的一组基, 则对于每个 $i\ (1\leqslant i\leqslant t)$,

$$\boldsymbol{\beta}_i=k_{i1}\boldsymbol{\alpha}_1+k_{i2}\boldsymbol{\alpha}_2+\cdots+k_{in}\boldsymbol{\alpha}_n,$$

记其中系数 $k_{ij_i}\neq 0$ 的下标 j_i 的集合为 S_i, 令 $S=S_1\cup S_2\cup\cdots\cup S_t$. 因为 W 由 $\boldsymbol{\beta}_i\ (i=1,2,\cdots,t)$ 生成, 所以也由所有这些向量 $\boldsymbol{\alpha}_{j_i}\,(i=1,2,\cdots,t)$ 生成, 即

$$W=L\big(\boldsymbol{\alpha}_{j_i}\,(j_i\in S)\big).$$

注意每个 $\boldsymbol{\alpha}_{j_i}$ 都是 $\varGamma=\{\boldsymbol{\alpha}_1,\boldsymbol{\alpha}_2,\cdots,\boldsymbol{\alpha}_n\}$ 中的某个元素, 并且对于不同的下标 $j_i,\boldsymbol{\alpha}_{j_i}$ 可能重复 (实际都是 $\varGamma$ 中同一个元素). 由于 $\dim(W)=t$, 所以 W 恰由 $\varGamma$ 中的 t 个元素生成, 于是上述结论得证.

反之, 显然 (依特征向量的定义) 由 $\varGamma$ 中的任意 $r\ (r\leqslant n)$ 个元素生成的 V 的子空间是 A 的不变子空间. 因此 A 的不变子空间 (包括 $\emptyset$) 的总数等于

$$\sum_{r=0}^{n}\binom{n}{r}=(1+1)^n=2^n.$$

证法 2　设 $\lambda_1,\lambda_2,\cdots,\lambda_n$ 是 A 的全部特征值 (两两互异), 那么 V 有 n 个 A 的 1 维特征子空间 $V_{\lambda_1},V_{\lambda_2},\cdots,V_{\lambda_n}$(当然是不变子空间), 并且

$$V=V_{\lambda_1}\oplus V_{\lambda_2}\oplus\cdots\oplus V_{\lambda_n}.$$

任意 $k\ (k\leqslant n)$ 个特征子空间的和是 A 的一个 k 维不变子空间 (读者给出证明细节). 反之, 若 W 是 A 的一个 k 维不变子空间, 设 $\boldsymbol{a}_1,\boldsymbol{a}_2,\cdots,\boldsymbol{a}_k$ 是 W 的一组基, 将它扩充为 V 的一组基 $\boldsymbol{a}_1,\boldsymbol{a}_2,\cdots,\boldsymbol{a}_k,\boldsymbol{b}_{k+1},\cdots,\boldsymbol{b}_n$, 则在此组基下 A 的矩阵是分块的:

$$\begin{pmatrix}\boldsymbol{A}_1 & \boldsymbol{U}\\ \boldsymbol{O} & \boldsymbol{A}_2\end{pmatrix},$$

其中 $\boldsymbol{A}_1$ (k 阶方阵) 是 $A\big|_W$ 在基 $\boldsymbol{a}_1\ (i=1,2,\cdots,k)$ 下的矩阵. 于是

$$|\boldsymbol{A}-\lambda\boldsymbol{I}_n|=|\boldsymbol{A}_1-\lambda\boldsymbol{I}_k||\boldsymbol{A}_2-\lambda\boldsymbol{I}_{n-k}|,$$

所以 A 在 W 中有 k 个特征值 $\lambda_{j_1},\lambda_{j_2},\cdots,\lambda_{j_k}$, 并且

$$W=V_{\lambda_{j_1}}\oplus V_{\lambda_{j_2}}\oplus\cdots\oplus V_{\lambda_{j_k}},$$

即 W 是 k 个 A 的 1 维特征子空间的直和. 于是推出结论.

2.47　设 (列向量)$\boldsymbol{v}_1,\boldsymbol{v}_2,\cdots,\boldsymbol{v}_m$ 是 $\boldsymbol{A}$ 的 m 个线性无关的特征向量, 定义 $m\times n$ 矩阵 $\boldsymbol{Q}$, 其第 j 列是 $\boldsymbol{v}_j$. 那么矩阵 $\boldsymbol{S}=\boldsymbol{Q}^{\mathrm{T}}\boldsymbol{Q}$ 是对称的, 并且对于所有 n 维列向量 $\boldsymbol{x}$, $\boldsymbol{x}^{\mathrm{T}}\boldsymbol{S}\boldsymbol{x}=\|\boldsymbol{Q}^{\mathrm{T}}\boldsymbol{x}\|^2$ (此处 $\|\cdot\|$ 表示欧氏模), 所以 $\boldsymbol{S}$ 是正定的. 又因为 $\mathrm{Ker}(\boldsymbol{S})=\mathrm{Ker}(\boldsymbol{Q}^{\mathrm{T}})$ 的维数等于 $n-\mathrm{rank}(\boldsymbol{Q}^{\mathrm{T}})=n-\mathrm{rank}(\boldsymbol{Q})=n-m$, 所以 $\mathrm{rank}(\boldsymbol{S})=m$.

现在设 $\boldsymbol{A}\boldsymbol{v}_i=\lambda_i\boldsymbol{v}_i\,(i=1,2,\cdots,m)$, 则

$$\boldsymbol{A}\boldsymbol{Q}=(\lambda_1\boldsymbol{v}_1,\lambda_2\boldsymbol{v}_2\cdots,\lambda_m\boldsymbol{v}_m)=(\boldsymbol{v}_1,\boldsymbol{v}_2,\cdots,\boldsymbol{v}_m)\mathrm{diag}(\lambda_1,\lambda_2,\cdots,\lambda_m).$$

因此

$$\boldsymbol{AS}=\boldsymbol{Q}\mathrm{diag}(\lambda_1,\lambda_2,\cdots,\lambda_m)\boldsymbol{Q}^{\mathrm{T}}.$$

于是 $\boldsymbol{AS}$ 是对称的, 即 $\boldsymbol{AS}=\boldsymbol{S}^{\mathrm{T}}\boldsymbol{A}$.

2.48 (1) 用反证法. 设 a_i 全为实数, 并且 $P(x)=0$ 的全部根 $r_1,r_2,\cdots,r_n$ 都是实数, 那么 r_i 全不为 0(因为方程的常数项不为 0), 于是 $s_i=1/r_i\ (i=1,2,\cdots,n)$ 有意义. 令

$$Q(y)=y^nP\left(\frac{1}{y}\right)=y^n+y^{n-1}+y^{n-2}+a_3y^{n-3}+\cdots+a_{n-1}y+a_n,$$

那么 $s_1,s_2,\cdots,s_n$ 就是 $Q(y)=0$ 的全部根. 由根与系数的关系可知

$$\sum_{i=1}^{n}s_i=-1,\quad \sum_{i<j}^{n}s_is_j=1,$$

于是

$$\sum_{i=1}^{n}s_i^2=\left(\sum_{i=1}^{n}s_i\right)^2-2\sum_{i<j}^{n}s_is_j=1-2\cdot 1=-1,$$

我们得到矛盾.

(2) 只需证明 $\sigma_{s+k}\,(k\geqslant 1)$ 可通过 $\sigma_0,\sigma_1,\cdots,\sigma_s$ 的整系数线性组合表示.

(i) 令 $r_i=\deg(P_i)$. 定义

$$F(x)=\prod_{i=0}^{n}(x-\rho_i)^{r_i+1}=x^s-\sum_{j=0}^{s-1}\beta_jx^j,$$

以及算子 D:

$$D\big(F(x)\big)=xF'(x).$$

那么, 若 a 是多项式 $p(x)$ 的 $t\ (t\geqslant 1)$ 重根, 则它也是 $D\big(p(x)\big)$ 的至少 $t-1$ 重根. 于是

$$D^m(x^kF(x))\Big|_{x=\rho_i}=0\quad (m\leqslant r_i),$$

并且 $D^m(x^k)=k^mx^k$.

(ii) 我们有

$$D^m\big(x^kF(x)\big)=(s+k)^mx^{s+k}-\sum_{j=0}^{s-1}\beta_j(j+k)^mx^{j+k},$$

因此

$$(s+k)^m\rho_i^{s+k}=\sum_{j=0}^{s-1}\beta_j(j+k)^m\rho_i^{j+k}.$$

令

$$P_i(x)=\sum_{m=0}^{r_i}\gamma_{mi}x^m\quad (i=0,1,\cdots,n),$$

那么当 $k\geqslant 1$ 时

$$\begin{aligned}\sigma_{s+k}&=\sum_{i=0}^{n}P_i(s+k)\rho_i^{s+k}=\sum_{i=0}^{n}\sum_{m=0}^{r_i}\gamma_{mi}(s+k)^m\rho_i^{s+k}\\&=\sum_{i=0}^{n}\sum_{m=0}^{r_i}\sum_{j=0}^{s-1}\gamma_{mi}\beta_j(j+k)^m\rho_i^{j+k}=\sum_{j=0}^{s-1}\beta_j\sum_{i=0}^{n}\sum_{m=0}^{r_i}\gamma_{mi}(j+k)^m\rho_i^{j+k}\\&=\sum_{j=0}^{s-1}\beta_j\sum_{i=0}^{n}P(j+k)\rho_i^{j+k}=\sum_{j=0}^{s-1}\beta_j\sigma_{j+k}.\end{aligned}$$

由此令 $k=1$, 可见 σ_{s+1} 可通过 $\sigma_1,\sigma_2,\cdots,\sigma_s$(线性) 表示. 令 $k=2$, 可见 σ_{s+2} 可通过 $\sigma_2,\sigma_3,\cdots,\sigma_s,\sigma_{s+1}$ 表示; 因为 σ_{s+1} 可通过 $\sigma_1,\sigma_2,\cdots,\sigma_s$ 表示, 所以 σ_{s+2} 可通过 $\sigma_1,\sigma_2,\cdots,\sigma_s,\sigma_s$ 表示; 等等. 用数学归纳法, 可知一般性结论成立.

(3) 设 $P(x)=a(x^2+bx+c)$, 其中 a,b,c 是实数, $a\neq 0$. 记 $p(x)=x^2+bx+c$, 那么 $P(x)=ap(x)$, $P(x^2-1)=ap(x^2-1)$. 问题归结为求 $b,c\in\mathbb{R}$, 使得 $p(x)\,|\,p(x^2-1)$.

(i) 我们有

$$p(x^2-1)=(x^2-1)^2+b(x^2-1)+c=x^4+(b-2)x^2+(1-b+c).$$

由 $p(x)\,|\,p(x^2-1)$, 可设

$$x^4+(b-2)x^2+(1-b+c)=(x^2+bx+c)(x^2+qx+r)\quad(q,r\in\mathbb{R}).$$

比较两边同次幂的系数, 得到

$$q+b=0,\quad qb+r+c=b-2,\quad qc+rb=0,\quad rc=1-b+c.\tag{L2.48.1}$$

由前两式得到

$$q=-b,\quad r=b^2+b-c-2.\tag{L2.48.2}$$

将它们代入式 (L2.48.1) 中的第 3 式, 得到 $b(b^2+b-2c-2)=0$, 于是

$$b=0\quad 或\quad c=\frac{1}{2}(b^2+b-2).$$

(ii) 设 $b=0$. 那么由式 (L2.48.2) 得到 $r=-(c+2)$, 由此及式 (L2.48.1) 中的第 4 式推出 $-c(c+2)=1+c$, 于是

$$c=\frac{-3\pm\sqrt{5}}{2}.$$

(iii) 设 $c=(b^2+b-2)/2$. 那么由式 (L2.48.2) 得到

$$r=\frac{1}{2}(b^2+b-2).$$

将此式代入式 (L2.48.1) 中的第 4 式(即 $c(r-1)=1-b$), 可得

$$\frac{1}{2}(b^2+b-2)\left(\frac{1}{2}(b^2+b-2)-1\right)=1-b,$$

化简得 $(b-1)(b+2)(b^2+b-4)=4(1-b)$, 或者

$$(b-1)(b+1)(b^2+2b-4)=0.$$

由此解得

$$b=1,-1,-1\pm\sqrt{5}.$$

进而由 $c=(b^2+b-2)/2$ 对应地求出

$$c=0,-1,\frac{3\mp\sqrt{5}}{2}$$

(按排列次序确定搭配关系).

(iv) 最终得到 $P(x)=ap(x)$, 其中 $a(\neq 0)$ 是任意实数, 而 $p(x)$ 为下列六个多项式:

$$p(x)=x^2+x,\ x^2-x-1,\ x^2+\frac{-3\pm\sqrt{5}}{2},\ x^2-(1\mp\sqrt{5})x+\frac{3\mp\sqrt{5}}{2}.$$

2.49 设 $P(\alpha_i)\neq 0$. 因为 $Q(x)$ 不可约, 所以 $Q(x)$ 与 $P(x)$ 没有非常数公因子. 又因为 $a_n,c_m\neq 0$, 故 P,Q 的结式

$$\mathrm{res}(P,Q)\neq 0.$$

注意 P,Q 的系数都是整数, 所以 $|\mathrm{res}(P,Q)|\geqslant 1$. 由结式性质,

$$\mathrm{res}(P,Q)=a_n^m P(\alpha_1)P(\alpha_2)\cdots P(\alpha_n),$$

因此

$$|a_n^m P(\alpha_1)P(\alpha_2)\cdots P(\alpha_n)|\geqslant 1,$$

从而

$$|P(\alpha_i)|\cdot|a_n|^m\prod_{\substack{1\leqslant k\leqslant n\\ k\neq i}}|P(\alpha_k)|\geqslant 1.$$

最后, 注意

$$|P(\alpha_k)|\leqslant(|c_m|+\cdots+|c_0|)\max\{1,|\alpha_k|\}^m\quad(k=1,2,\cdots,n),$$

即可推出不等式

$$|P(\alpha_i)|\geqslant|a_n|^{-m}\left(\sum_{k=0}^m|c_k|\right)^{-(n-1)}\prod_{\substack{1\leqslant k\leqslant n\\ k\neq i}}\max\{1,|\alpha_k|\}^{-m}.$$

注 由问题 1.30 的注可知

$$|a_n|\prod_{k=1}^n\max\{1,|\alpha_k|\}=\exp\left(\int_0^1\log|Q(\mathrm{e}^{2\pi ti})|\mathrm{d}t\right),$$

所以

$$|P(\alpha_i)|\geqslant\max\{1,|\alpha_i|\}^m\left(\sum_{k=0}^m|c_k|\right)^{-(n-1)}\exp\left(-m\int_0^1\log|Q(\mathrm{e}^{2\pi ti})|\mathrm{d}t\right).$$

2.50 (i) 当 $x=x_i\ (i=1,2,\cdots,n)$ 时, $f(x)=0, f'(x)=(x_i-x_1)\cdots(x_i-x_{i-1})(x_i-x_{i+1})\cdots(x_i-x_n)\neq 0$, 所以 $\left(f'(x)\right)^2-f(x)f''(x)>0$.

(ii) 当 $x\neq x_i\ (i=1,\cdots,n)$ 时, $f(x)/(x-x_i)=(x-x_1)\cdots(x-x_{i-1})(x-x_{i+1})\cdots(x-x_n)$. 于是

$$f'(x)=\frac{f(x)}{x-x_1}+\frac{f(x)}{x-x_2}+\cdots+\frac{f(x)}{x-x_n},\tag{L2.50.1}$$

所以

$$\frac{f(x)f''(x)-\left(f'(x)\right)^2}{f^2(x)}=\left(\frac{f'(x)}{f(x)}\right)'=-\left(\frac{1}{(x-x_1)^2}+\frac{1}{(x-x_2)^2}+\cdots+\frac{1}{(x-x_n)^2}\right),$$

从而对于任何实数 $x\neq x_i\ (i=1,2,\cdots,n)$,

$$\left(f'(x)\right)^2-f(x)f''(x)=\left(\frac{f(x)}{x-x_1}\right)^2+\left(\frac{f(x)}{x-x_2}\right)^2+\cdots+\left(\frac{f(x)}{x-x_n}\right)^2.$$

因为 $f(x)/(x-x_i)=(x-x_1)\cdots(x-x_{i-1})(x-x_{i+1})\cdots(x-x_n)$, 所以 $\left(f'(x)\right)^2-f(x)f''(x)>0$.

合起来可知, $\left(f'(x)\right)^2-f(x)f''(x)$ 没有实根.

(2) 首先设 $x\neq x_i\ (i=1,2,\cdots,n)$. 因为

$$x^{k+1}=(x^k+x^{k-1}x_i+\cdots+xx_i^{k-1}+x_i^k)(x-x_i)+x_i^{k+1}\quad(i=1,2,\cdots,n),$$

所以由式 (L2.50.1) 得到

$$x^{k+1}f(x)=\sum_{i=1}^n\left((x^k+x^{k-1}x_i+\cdots+xx_i^{k-1}+x_i^k)f(x)+\frac{x_i^{k+1}f(x)}{x-x_i}\right)$$

$$= \left(\sum_{i=1}^n x^k + \sum_{i=1}^n x^{k-1}x_i + \cdots + \sum_{i=1}^n xx_i^{k-1} + \sum_{i=1}^n x_i^k\right) f(x) + \sum_{i=1}^n \frac{x_i^{k+1} f(x)}{x - x_i}$$
$$= (s_0x^k + s_1x^{k-1} + \cdots + s_{k-1}x + s_k)f(x) + g(x),$$

其中

$$g(x) = \sum_{i=1}^n \frac{x_i^{k+1} f(x)}{x - x_i}.$$

当 $x = x_i\ (i = 1, 2, \cdots, n)$ 时, $f(x) = 0$. 可以直接验证

$$x^{k+1} f(x) = g(x).$$

于是本题得证.

2.51 下面是实质相同但表述有别的两种证法.

证法 1 由多项式的带余数除法, 存在多项式 $q_1(x)$ 和 $r_1(x)$, 使得

$$f(x) = q_1(x)g_1(x) + r_1(x).$$

又因为 $p(x)$ 与 $g_1(x)$ 互素, 所以存在多项式 $u(x)$ 和 $v(x)$, 使得 $u(x)p(x) + v(x)g_1(x) = 1$, 从而

$$u(x)r_1(x)p(x) + v(x)r_1(x)g_1(x) = r_1(x),$$

于是

$$f(x) = q_1(x)g_1(x) + u(x)r_1(x)p(x) + v(x)r_1(x)g_1(x)$$
$$= \big(q_1(x) + v(x)r_1(x)\big)g_1(x) + u(x)r_1(x)p(x),$$

因此

$$\frac{f(x)}{g(x)} = \frac{\big(q_1(x) + v(x)r_1(x)\big)g_1(x) + u(x)r_1(x)p(x)}{p^k(x)g_1(x)}$$
$$= \frac{q_1(x) + v(x)r_1(x)}{p^k(x)} + \frac{u(x)r_1(x)}{p^{k-1}(x)g_1(x)}.$$

再次应用多项式的带余数除法, 存在多项式 $q(x)$ 和 $r(x)$, 使得 $q_1(x) + v(x)r_1(x) = q(x)p(x) + r(x)$, 其中 $r(x) = 0$, 或者 $\deg\big(r(x)\big) < \deg\big(p(x)\big)$, 代入上式, 并令 $f_1(x) = q(x)g_1(x) + u(x)r_1(x)$, 即得题中所要的等式.

证法 2 因为 $p(x)$ 与 $g_1(x)$ 互素, 所以存在多项式 $u(x)$ 和 $v(x)$, 使得

$$u(x)p(x) + v(x)g_1(x) = 1.$$

因为 $f(x)/g(x)$ 不恒等于 0(不然取 $r(x) = 0, f_1(x) = 0$ 即得结论), 所以用它乘等式两边, 得

$$\frac{f(x)}{g(x)} = \frac{u(x)f(x)}{p^{k-1}(x)g_1(x)} + \frac{v(x)f(x)}{p^k(x)}.$$

又由带余数除法, 存在多项式 $q(x)$ 和 $r(x)$, 使得 $v(x)f(x) = q(x)p(x) + r(x)$, 其中 $r(x) = 0$, 或者 $\deg\big(r(x)\big) < \deg\big(p(x)\big)$, 代入上式, 并令 $f_1(x) = u(x)f(x) + q(x)g_1(x)$, 即得题中所要的等式.

2.52 (1) 由 Eisenstein 判别法则 (取素数 $p = 2$), 可知 $P(x)$(在 $\mathbb{Q}$) 上不可约. 又因为

$$P(1) + 2 = (-1)^l \cdot 1 \cdot 3 \cdots (2l - 1),$$
$$P(3) + 2 = 1 \cdot (-1)^{l-1} \cdot 1 \cdot 3 \cdots (2l - 3),$$
$$P(5) + 2 = 3 \cdot 1 \cdot (-1)^{l-2} \cdot 1 \cdot 3 \cdots (2l - 5), \quad \cdots$$

是符号正负相间并且绝对值大于 2 的奇数, 可见

$$P(1),P(3),P(5),\cdots,P(l+1)$$

的符号也是正负相间的, 因而 $P(x)=0$ 有 l 个不同的实根.

(2) (i) 作变换 $\xi=q^{-1}x$, 则由 $g(x)=0$ 得到

$$(\xi-a_1)(\xi-a_2)\cdots(\xi-a_l)-q^{-l}=0. \tag{L2.52.1}$$

记 $f(\xi)=(\xi-a_1)(\xi-a_2)\cdots(\xi-a_l)$. 因为曲线 $\eta=f(\xi)$ 与 ξ 轴交于点 $(a_1,0),(a_2,0),\cdots,(a_l,0)$, 而当 q 充分大时, 直线 $\eta=q^{-l}$ 与 ξ 轴相当靠近且互相平行, 可见曲线 $\eta=f(\xi)$ 与直线 $\eta=q^{-l}$ 也有 l 个交点 $(\xi_1,q^{-l}),(\xi_2,q^{-l}),\cdots,(\xi_l,q^{-l})$, 并且 ξ_ν 与 a_ν 相当接近, 所以方程 (L2.52.1) 有 l 个不同的实根 $\xi_1,\xi_2,\cdots,\xi_l$, 从而 $g(x)$ 有 l 个不同的实根 $x_\nu=q\xi_\nu$ $(\nu=1,2,\cdots,l)$.

(ii) ξ_ν 落在某 a_i,a_j 之间, 或在 $(-\infty,a_1)$ 和 $(a_l,+\infty)$ 中. 令

$$\delta_0=\frac{1}{2}\min_{i\neq j}|a_i-a_j|.$$

若 $\xi_1\in(-\infty,a_1)$, 则 $|\xi_1-a_\mu|\geqslant\delta_0\,(\mu\neq1)$. 若 $\xi_1\in(a_1,a_2)$, 则当 q 充分大时, 对于 $\mu\neq1$,

$$|\xi_1-a_\mu|\geqslant|\xi_1-a_2|\geqslant\frac{1}{2}|a_2-a_1|\geqslant\delta_0.$$

类似地可知, 一般地, 对于 $\nu=1,2,\cdots,l$,

$$|\xi_\nu-a_\mu|\geqslant\delta_0\quad(\mu\neq\nu).$$

由此及式 (L2.52.1) 推出

$$|\xi_\nu-a_\nu|=q^{-l}\Big(\prod_{\substack{1\leqslant\mu\leqslant l\\ \mu\neq\nu}}|\xi_\nu-a_\mu|\Big)^{-1}\leqslant Kq^{-l}\quad(\nu=1,2,\cdots,l),$$

其中 K 是只与 a_ν 有关 (但与 q 无关) 的常数. 注意 $x_\nu=q\xi_\nu$, 由此得到

$$|x_\nu-a_\nu q|\leqslant Kq^{-l+1}\quad(\nu=1,2,\cdots,l). \tag{L2.52.2}$$

(iii) 设

$$g(x)=g_1(x)g_2(x)\cdots g_k(x),$$

其中 $k\leqslant l,g_1,g_2,\cdots,g_k$ 是不可约整系数多项式, 首项系数等于 1. 为证 $g(x)$ 不可约, 只需证明 $k=1$. 若不然, 则不妨设 $x_1,x_2,\cdots,x_s\,(1<s<l)$ 是某个不可约整系数多项式 $g_i(x)$ 的全部根. 由对称多项式定理可知

$$Q=\prod_{i=1}^{s}(a_1q-x_i)$$

是非零整数, 所以 $|Q|\geqslant1$. 但由式 (L2.52.2) 可知, 当 q 充分大时

$$\begin{aligned}|Q|&=|x_1-a_1q|\prod_{i=2}^{s}|a_1q-x_i|\leqslant Kq^{-l+1}\cdot q^{s-1}\cdot\prod_{i=2}^{s}|a_1-\xi_i|\\&\leqslant Kq^{-l+1}\cdot q^{s-1}\max\{1,a_l-a_1\}^l\\&\leqslant Kq^{-(l-s)}\max\{1,a_l-a_1\}^l<1,\end{aligned}$$

我们得到矛盾. 因此 $g(x)$ 不可约.

(3) 证法 1 (i) 记

$$p_0(x)=(x-a_1)(x-a_2)\cdots(x-a_n).$$

设 $F(x)=p_0^4(x)+1$(在 $\mathbb{Q}$ 上) 可约. 因为 $F(x)$ 不含项 $p_0^3(x)$, 所以有

$$p_0^4(x)+1=\big(1-p_0(x)p_{-1}(x)\big)\big(1-p_0(x)p_1(x)\big), \tag{L2.52.3}$$

其中 $p_{-1}(x)$ 和 $p_1(x)$ 是整系数多项式, 并且首项 (即最高次项) 系数都等于 -1. 展开式 (L2.52.3) 右边, 得到

$$p_0^4(x)=-p_0(x)\big(p_{-1}(x)+p_1(x)\big)+p_0^2(x)p_{-1}(x)p_1(x),$$

因此 $p_0(x)\,|\,p_{-1}(x)+p_1(x)$. 设

$$p_{-1}(x)+p_1(x)=-p_0(x)\cdot t_0(x), \tag{L2.52.4}$$

其中 $t_0(x)$ 是整系数多项式, 那么

$$p_0^4(x)=p_0^2(x)t_0(x)+p_0^2(x)p_{-1}(x)p_1(x),$$

因此

$$p_0^2(x)=t_0(x)+p_{-1}(x)p_1(x). \tag{L2.52.5}$$

因为由式 (L2.52.3) 可知

$$\begin{aligned}1-p_1^4(x)p_0^4(x)&=\big(p_1^4(x)+1\big)-p_1^4(x)\big(1+p_0^4(x)\big)\\&=\big(p_1^4(x)+1\big)-p_1^4(x)\big(1-p_0(x)p_{-1}(x)\big)\big(1-p_0(x)p_1(x)\big),\end{aligned}$$

并且 $1-p_1(x)p_0(x)\,|\,1-p_1^4(x)p_0^4(x)$, 因此 $1-p_1(x)p_0(x)\,|\,p_1^4(x)+1$, 从而

$$p_1^4(x)+1=\big(1-p_1(x)p_0(x)\big)\big(1-p_1(x)p_2(x)\big), \tag{L2.52.6}$$

其中 $p_2(x)$ 是一个整系数多项式, 并且 (比较上式两边首项系数可知) 其首项系数等于 -1.

(ii) 由于式 (L2.52.6) 与式 (L2.52.3) 有相同的结构, 因此我们可以重复步骤 (i) 中的推理. 分别用 $p_1(x),p_0(x),p_2(x)$ 代替 $p_0(x),p_{-1}(x),p_1(x)$. 对应于式 (L2.52.4), 有

$$p_0(x)+p_2(x)=-p_1(x)\cdot t_1(x),$$

其中 $t(x)$ 是整系数多项式; 对应于式 (L2.52.5), 有

$$p_1^2(x)=t_1(x)+p_0(x)p_2(x)$$

(实际上, 只需将原等式中每个下标加 1). 由式 (L2.52.6) 可知

$$\begin{aligned}1-p_2^4(x)p_1^4(x)&=\big(p_2^4(x)+1\big)-p_2^4(x)\big(1+p_1^4(x)\big)\\&=\big(p_2^4(x)+1\big)-p_2^4(x)\big(1-p_1(x)p_0(x)\big)\big(1-p_1(x)p_2(x)\big),\end{aligned}$$

并且 $1-p_2(x)p_1(x)\,|\,1-p_2^4(x)p_1^4(x)$, 因此 $1-p_2(x)p_1(x)\,|\,p_2^4(x)+1$, 从而

$$p_2^4(x)+1=\big(1-p_2(x)p_1(x)\big)\big(1-p_2(x)p_3(x)\big), \tag{L2.52.6$'$}$$

其中 $p_3(x)$ 是一个整系数多项式, 并且 (比较上式两边首项系数可知) 其首项系数等于 -1. 式 (L2.52.6$'$) 与式 (L2.52.6) 仍然具有相同的结构.

一般地, 我们得到整系数多项式的有限序列 $p_\lambda(x)$ 和 $t_\lambda(x)\,(\lambda\geqslant 0)$, 它们满足下列关系式:

$$p_\lambda^4(x)+1=\big(1-p_\lambda(x)p_{\lambda-1}(x)\big)\big(1-p_\lambda(x)p_{\lambda+1}(x)\big), \tag{L2.52.7}$$

$$p_{\lambda-1}(x)+p_{\lambda+1}(x)=-p_\lambda(x)\cdot t_\lambda(x), \tag{L2.52.8}$$

$$p_\lambda^2(x)=t_\lambda(x)+p_{\lambda-1}(x)p_{\lambda+1}(x). \tag{L2.52.9}$$

(iii) 式 (L2.52.8) 和式 (L2.52.9) 表明 $p_{\lambda-1}(x)$ 和 $p_{\lambda+1}(x)$ 是二次方程

$$z^2+p_\lambda(x)\cdot t_\lambda(x)z+\big(p_\lambda^2(x)-t_\lambda(x)\big)=0$$

的根, 解出

$$z_{1,2}=\frac{1}{2}\Big(-p_\lambda(x)\cdot t_\lambda(x)\pm\sqrt{p_\lambda^2(x)\cdot t_\lambda^2(x)-4\big(p_\lambda^2(x)-t_\lambda(x)\big)}\Big),$$

于是

$$p_{\lambda+1}(x)=\frac{1}{2}\Big(-p_\lambda(x)\cdot t_\lambda(x)+\sqrt{p_\lambda^2(x)\cdot t_\lambda^2(x)-4\big(p_\lambda^2(x)-t_\lambda(x)\big)}\Big),$$
$$p_{\lambda-1}(x)=\frac{1}{2}\Big(-p_\lambda(x)\cdot t_\lambda(x)-\sqrt{p_\lambda^2(x)\cdot t_\lambda^2(x)-4\big(p_\lambda^2(x)-t_\lambda(x)\big)}\Big).$$

由此得到

$$\frac{p_\lambda^2(x)+p_{\lambda+1}^2(x)}{1-p_\lambda(x)p_{\lambda+1}(x)}=t_\lambda(x)=\frac{p_\lambda^2(x)+p_{\lambda-1}^2(x)}{1-p_\lambda(x)p_{\lambda-1}(x)}.$$

在上式中把 λ 换为 $\lambda-1$, 可知 $t_\lambda(x)=t_{\lambda-1}(x)$, 因此

$$t_\lambda(x)=t_{\lambda-1}(x)=\cdots=t_0(x).$$

记 $p_\lambda(x)$ 的次数为 d_λ, 则由式 (L2.52.7) 可知 $2d_\lambda=d_{\lambda-1}+d_{\lambda+1}$, 所以

$$d_{\lambda-1}-d_\lambda=d_\lambda-d_{\lambda+1}\quad(\lambda\geqslant 0).\tag{L2.52.10}$$

(iv) 我们证明 $d_{\lambda-1}-d_\lambda>0\,(\lambda\geqslant 0)$. 依式 (L2.52.10), 只需证明 $d_{-1}>d_1$. 用反证法. 设 $d_{-1}=d_1$. 那么由式 (L2.52.3) 可知 $d_{-1}=d_1=n$. 进而由式 (L2.52.4) 可知 $t_0(x)$ 是常数多项式, 比较等式两边首项系数, 得到 $t_0(x)=2$. 由式 (L2.52.4) 还可知

$$p_1(a_j)=-p_{-1}(a_j)\quad(j=1,2,\cdots,n),$$

由此及式 (L2.52.5) 推出

$$p_1^2(a_j)=2\quad(j=1,2,\cdots,n).$$

但 $p_1^2(a_j)$ 是整数, 我们得到矛盾. 于是 $d_{-1}\neq d_1$. 不妨设 $d_{-1}>d_1$ (因为 $p_1(x)$ 和 $p_{-1}(x)$ 的位置是对称的). 于是由式 (L2.52.10) 可知 $d_{\lambda-1}>d_\lambda\,(\lambda\geqslant 0)$. 这表明多项式 $p_\lambda(x)$ 的次数依次减少, 并且每次减少的量 (记为 $\delta>0$) 相等. 如果存在某个 ν, 使得 $0<d_\nu<\delta$, 则 $d_{\nu+1}<0$, 这不可能. 因此必有某个 $p_{\nu+1}(x)$ 是序列 $p_\lambda(x)\,(\lambda\geqslant 0)$ 中第一个次数为 0 的多项式, 并且恒等于 0(不然则可构造多项式 $p_{\nu+2}(x)$, 但其次数要比 $d_{\nu+1}$ 小, 这不可能), 从而步骤 (ii) 中的过程结束.

(v) 记 $p_\nu(x)=y$, 则由式 (L2.52.9)(令 $\lambda=\nu$) 可知 $t_0(x)=y^2$, 从而由式 (L2.52.8) 依次得到

$$p_{\nu-1}(x)=-y^3,\ p_{\nu-2}(x)=y^5-y,\ p_{\nu-3}(x)=-y^7+y^3, p_{\nu-4}(x)=y^9-2y^5+y,\cdots.$$

若记 $q_\lambda(y)=p_\lambda(x)$, 则由归纳法可知 $q_\lambda(y)\,(\lambda\leqslant\nu-2)$ 都是 y 的整系数多项式, 其项数多于 1, 各相邻项的次数递减 4. 因此每个多项式 $q_\lambda(y)\,(\lambda\leqslant\nu-2)$ 都有非零零点; 并且若 α 是其非零实零点, 则 $\mathrm{i}\alpha$ 是它的非实数零点. 于是每个多项式 $q_\lambda(y)\,(\lambda\leqslant\nu-2)$ 都有非实数零点. 若 y^* 是 $q_\lambda(y)$ 的非实数零点, 则可由关系式 $p_\nu(x)=y$ 确定 x^* 满足 $p_\nu(x^*)=y^*$. 因为 $p_\nu(x)$ 是整系数多项式, 所以 x^* 也不是实数, 从而由

$$p_\lambda(x)=q_\lambda(y)=q_\lambda\big(p_\nu(x)\big)$$

推出 x^* 是 $p_\lambda(x)$ 的非实零点.

综上所述, 每个多项式 $p_\lambda(x)\,(\lambda\leqslant\nu-2)$ 都有非实零点. 因为 $p_0(x)$ 只有实零点, 所以 $0>\nu-2$, 即只可能 $\nu=1,0,-1$. 依 ν 的定义, $p_{\nu+1}(x)$ 恒等于 0. 因为多项式 $p_0(x)$ 和 $p_1(x)$ 不恒等于 0, 所以 $\nu=-1$

及 $\nu=0$ 的情形不可能出现. 若 $\nu=1$, 则 $p_2(x)$ 恒等于 0, 由式 (L2.52.6) 得到 $p_0(x)=-p_1^3(x)$, 但 $p_0(x)$ 只有单根, 不可能等于整系数多项式的幂. 我们得到矛盾. 于是本题得证.

证法 2 设 $p_0(x)$ 同证法 1. 若 $F(x)$(在 $\mathbb{Q}$ 上) 可约, 则 $F(x)=f_1(x)f_2(x)\cdots f_m(x), f_j(x)\in\mathbb{Z}[x]$. 于是由 $F(x)=\big(p_0(x)^2+\mathrm{i}\big)\big(p_0(x)^2-\mathrm{i}\big)$ 推出

$$\big(p_0(x)^2+\mathrm{i}\big)\big(p_0(x)^2-\mathrm{i}\big)=f_1(x)f_2(x)\cdots f_m(x),$$

所以 $p_0(x)^2+\mathrm{i}$ 在 $\mathbb{Z}[\mathrm{i}]$(Gauss 整数环) 上可约. 下文将 Gauss 整数简称为整数. 设

$$p_0^2(x)+\mathrm{i}=\varphi(x)\psi(x), \tag{L2.52.11}$$

其中 $\varphi(x),\psi(x)$ 是整系数多项式, 那么

$$\mathrm{i}=\varphi(a_k)\psi(a_k)\quad(k=1,2,\cdots,n), \tag{L2.52.12}$$

从而 $\varphi(a_k)$ 等于四个数

$$e_1=1,\quad e_2=-1,\quad e_3=\mathrm{i},\quad e_4=-\mathrm{i}$$

之一. 若

$$\varphi(a_k)=e_s\quad(k=1,2,\cdots,n), \tag{L2.52.13}$$

$$\psi(a_k)=e_t\quad(k=1,2,\cdots,n), \tag{L2.52.14}$$

则

$$\varphi(x)=e_s-(x-a_1)(x-a_2)\cdots(x-a_n)\varphi_1(x),$$
$$\psi(x)=e_t-(x-a_1)(x-a_2)\cdots(x-a_n)\psi_1(x),$$

其中 $\varphi_1(x),\psi_1(x)$ 是整系数多项式. 将它们代入式 (L2.52.11), 得到

$$\begin{aligned}&(x-a_1)^2(x-a_2)^2\cdots(x-a_n)^2+\mathrm{i}\\&\quad=e_se_t+(x-a_1)^2(x-a_2)^2\cdots(x-a_n)\varphi_1(x)\psi_1(x)\\&\qquad-(x-a_1)(x-a_2)\cdots(x-a_n)e_t\varphi_1(x)-(x-a_1)(x-a_2)\cdots(x-a_n)e_s\psi_1(x),\end{aligned}$$

因此 $\varphi_1(x)\psi_1(x)=1, e_t\varphi_1(x)+e_s\psi_1(x)=0$, 从而或 $\varphi_1(x)=\psi_1(x)=1$, 或 $\varphi_1(x)=\psi_1(x)=-1$, 于是推出 $e_s+e_t=0$. 但由式 (L2.52.12)、式 (L2.52.13) 和式 (L2.52.14) 可知 $e_s\cdot e_t=\mathrm{i}$. 于是得到矛盾. 因此式 (L2.52.13) 和式 (L2.52.14) 中至少有一个不成立. 不妨设

$$\varphi(a_{\rho_l})=e_\rho\ (l=1,2,\cdots,\lambda),\quad \varphi(a_{\sigma_k})=e_\sigma\ (k=1,2,\cdots,\mu),$$

其中 $\rho\neq\sigma$. 特别地, 因为 $\rho,\sigma\in\{1,2,3,4\}$, 所以 $n>5$ 时才可能出现上述情形. 于是

$$\varphi(x)=e_\rho-(x-a_{\rho_1})\cdots(x-a_{\rho_\lambda})g(x),\quad \varphi(x)=e_\sigma-(x-a_{\sigma_1})\cdots(x-a_{\sigma_\mu})h(x),$$

其中 $g(x),h(x)$ 是整系数多项式. 由 $n>5$ 可知, 在 $a_{\rho_1},\cdots,a_{\rho_\lambda}$ 中存在一个数 (记作 α), 在 $a_{\sigma_1},\cdots,a_{\sigma_\mu}$ 中存在一个数 (记作 β), 满足

$$|\alpha-\beta|>2. \tag{L2.52.15}$$

由 $\varphi(\alpha)=e_\rho$ 以及 $\varphi(\alpha)=e_\sigma-(\alpha-a_{\sigma_1})\cdots(\alpha-a_{\sigma_\mu})h(\alpha)$, 得到

$$e_\rho-e_\sigma=-(\alpha-a_{\sigma_1})\cdots(\alpha-a_{\sigma_\mu})h(\alpha).$$

注意 $\alpha-a_{\sigma_1},\cdots,\alpha-a_{\sigma_\mu}$ 中有一项是 $\alpha-\beta$, 并且 $e_\rho-e_\sigma\neq0$, 因此 $\alpha-\beta\,|\,e_\rho-e_\sigma$. 由此及式 (L2.52.15) 推出

$$|e_\rho-e_\sigma|>2.$$

但 $e_\rho, e_\sigma \in \{1,-1,\mathrm{i},-\mathrm{i}\}$, 所以上述不等式不可能成立. 于是本题得证.

注 关于 Gauss 整数环, 可见潘承洞与潘承彪的《初等代数数论》(山东大学出版社, 1991) 第 3 章.

2.53 下面是实质相同但表述有别的两种证法.

证法 1 因为

$$V_1 \cap V_2 \subseteq V_1 \subseteq V_1 + V_2,$$

所以

$$\dim(V_1 \cap V_2) \leqslant \dim(V_1) \leqslant \dim(V_1 + V_2).$$

由此及题设 $\dim(V_1+V_2)=\dim(V_1\cap V_2)+1$, 并且注意空间的维数是非负整数, 推出: 或者

$$\dim(V_1) = \dim(V_1 \cap V_2),$$

或者

$$\dim(V_1) = \dim(V_1 + V_2).$$

对于前一情形, 因为 $V_1 \supseteq V_1 \cap V_2$, 所以有 $V_1 = V_1 \cap V_2$, 于是 $V_1 \subseteq V_2$, 从而 $V_2 = V_1 + V_2$. 对于后一情形, 有 $V_1 = V_1 + V_2$, 于是推出 $V_2 \subseteq V_1, V_2 = V_1 \cap V_2$.

证法 2 由维数公式,

$$\dim(V_1) + \dim(V_2) = \dim(V_1 + V_2) + \dim(V_1 \cap V_2).$$

于是由题设条件得到

$$\dim(V_1) + \dim(V_2) = 2\dim(V_1 \cap V_2) + 1,$$

将它改写为

$$\big(\dim(V_1) - \dim(V_1 \cap V_2)\big) + \big(\dim(V_2) - \dim(V_1 \cap V_2)\big) = 1. \tag{L2.53.1}$$

因为左边两项都是非负整数, 所以

$$\dim(V_1) - \dim(V_1 \cap V_2) = 0 \text{ 或 } 1.$$

如果 $\dim(V_1) - \dim(V_1\cap V_2) = 0$, 那么 $\dim(V_1) = \dim(V_1 \cap V_2)$, 由此及 $V_1 \cap V_2 \subset V_1$ 得到 $V_1 \cap V_2 = V_1$, 因而 $V_1 + V_2 = V_2$. 如果 $\dim(V_1) - \dim(V_1 \cap V_2) = 1$, 那么由式 (L2.53.1) 得到 $\dim(V_2) - \dim(V_1 \cap V_2) = 1 - 1 = 0$, 于是类似地推出 $V_1 \cap V_2 = V_2$, 因而 $V_1 + V_2 = V_1$.

2.54 (1) 证法 1 (i) 定义 $M_n(\mathbb{C})$ 上两个线性变换:

$$\mathscr{L}: \mathscr{L}(\boldsymbol{X}) = \boldsymbol{AX} \quad \big(\text{对所有 } \boldsymbol{X} \in M_n(\mathbb{C})\big),$$
$$\mathscr{R}: \mathscr{R}(\boldsymbol{X}) = \boldsymbol{XA} \quad \big(\text{对所有 } \boldsymbol{X} \in M_n(\mathbb{C})\big),$$

那么对于任何 $\boldsymbol{X} \in M_n(\mathbb{C})$,

$$(\mathscr{L}\mathscr{R})(\boldsymbol{X}) = \mathscr{L}\big(\mathscr{R}(\boldsymbol{X})\big) = \mathscr{L}(\boldsymbol{XA}) = \boldsymbol{A}(\boldsymbol{XA}) = \boldsymbol{AXA};$$

类似地, $(\mathscr{R}\mathscr{L})(\boldsymbol{X}) = \boldsymbol{AXA}$. 因此 $\mathscr{L}\mathscr{R} = \mathscr{R}\mathscr{L}$, 并且 $\mathscr{T} = \mathscr{L} - \mathscr{R}$.

(ii) 设 λ 是 $\mathscr{L}$ 的任意一个特征值, $\boldsymbol{X}$ 是对应的非零特征向量 (即某个 n 阶非零复方阵), 那么

$$\mathscr{L}(\boldsymbol{X}) = \lambda \boldsymbol{X}, \quad \text{即} \quad \boldsymbol{AX} = \lambda \boldsymbol{X},$$

因此 λ 是 $\boldsymbol{A}$ 的一个特征值, 并且 $\boldsymbol{X}$ 的每个列向量都是 $\boldsymbol{A}$ 的对应于特征值 λ 的特征向量 (若列向量都非零, 则应包括零向量). 于是 (依 λ_k 的意义) $\mathscr{L}$ 的特征值都属于集合 $\{\lambda_1, \lambda_2, \cdots, \lambda_n\}$. 对于 $\mathscr{R}$, 由类似的推理将得到 $\boldsymbol{A}^{\mathrm{T}}\boldsymbol{X}^{\mathrm{T}} = \lambda \boldsymbol{X}^{\mathrm{T}}$, 注意一个方阵与其转置阵有相同的特征值, 从而 $\mathscr{R}$ 的特征值也都属于集合 $\{\lambda_1, \lambda_2, \cdots, \lambda_n\}$. 于是 $\mathscr{T} = \mathscr{L} - \mathscr{R}$ 的特征值都具有 $\lambda_i - \lambda_j$ 的形式.

证法 2 **提示** (i) 存在可逆矩阵 $\boldsymbol{T}$, 使得

$$\widetilde{\boldsymbol{A}}=\boldsymbol{T}^{-1}\boldsymbol{A}\boldsymbol{T}=\operatorname{diag}(\lambda_1,\lambda_2,\cdots,\lambda_n).$$

定义 $M_n(\mathbb{C})$ 上的线性变换

$$\widetilde{\mathscr{T}}:\widetilde{\mathscr{T}}(\boldsymbol{X})=\boldsymbol{T}^{-1}(\mathscr{T}(\boldsymbol{X}))\boldsymbol{T}\quad\big(\forall\boldsymbol{X}\in M_n(\mathbb{C})\big).$$

于是, 若记 $\widetilde{\boldsymbol{X}}=\boldsymbol{T}^{-1}\boldsymbol{X}\boldsymbol{T}$, 则

$$\widetilde{\mathscr{T}}(\boldsymbol{X})=\widetilde{\boldsymbol{A}}\widetilde{\boldsymbol{X}}-\widetilde{\boldsymbol{X}}\widetilde{\boldsymbol{A}},$$

并且 $\boldsymbol{X}$ 遍历 $M_n(\mathbb{C})$ 时, $\widetilde{\boldsymbol{X}}$ 也遍历 $M_n(\mathbb{C})$. 因为 $\widetilde{\mathscr{T}}(\boldsymbol{X})$ 与 $\mathscr{T}(\boldsymbol{X})$ 相似, 所以具有相同的特征值, 从而不妨认为在 $\mathscr{T}$ 的定义中,

$$\boldsymbol{A}=\operatorname{diag}(\lambda_1,\lambda_2,\cdots,\lambda_n).\tag{L2.54.1}$$

(ii) 令 $\boldsymbol{E}_{ij}$ 是 n 阶方阵, 其 (i,j) 位置元素为 1, 其余元素全为 0, 则 $\boldsymbol{E}_{ij}(i,j=1,2,\cdots,n)$ 组成 $M_n(\mathbb{C})$ 的一组基.

(iii) 由步骤 (ii) 可知 $\dim\,(M_n(\mathbb{C}))=n^2$. 依式 (L2.54.1) 有

$$\mathscr{T}(\boldsymbol{E}_{ij})=\boldsymbol{A}\boldsymbol{E}_{ij}-\boldsymbol{E}_{ij}\boldsymbol{A}=(t_i-t_j)\boldsymbol{E}_{ij}\quad(i,j=1,2,\cdots,n),$$

所以 $\mathscr{T}$(在基 $\boldsymbol{E}_{ij}$ 之下) 的矩阵表示是 n^2 阶对角阵 $\operatorname{diag}(t_1-t_1,t_1-t_2,\cdots,t_1-t_n,t_2-t_1,t_2-t_2,\cdots,t_2-t_n,\cdots,t_n-t_1,t_n-t_2,\cdots,t_n-t_n)$, 从而其特征值都具有 $\lambda_i-\lambda_j$ 的形式.

(2) 证法 1 我们估计 $\dim\big(\operatorname{Ker}(\mathscr{T})\big)$. 保留本题 (1) 证法 2 的记号, 可以证明 $\boldsymbol{A}\boldsymbol{X}=\boldsymbol{X}\boldsymbol{A}\Leftrightarrow\widetilde{\boldsymbol{A}}\widetilde{\boldsymbol{X}}=\widetilde{\boldsymbol{X}}\widetilde{\boldsymbol{A}}$. 因此不妨设式 (L2.54.1) 成立. 若所有 λ_i 都相等, 则显然 $\operatorname{Ker}(\mathscr{T})=M_n(\mathbb{C})$. 若 λ_i 不全相等, 则适当调整对角元的顺序, 可以认为

$$\boldsymbol{A}=\operatorname{diag}(a_1\boldsymbol{I}_{n_1},a_2\boldsymbol{I}_{n_2},\cdots,a_k\boldsymbol{I}_{n_k}),$$

其中 a_i 两两不等, 那么由练习题 2.32 可知, $\operatorname{Ker}(\mathscr{T})$ 由分块对角方阵

$$\operatorname{diag}(\boldsymbol{B}_1,\boldsymbol{B}_2,\cdots,\boldsymbol{B}_k)$$

组成, 其中 $\boldsymbol{B}_i$ 的阶为 n_i. 于是

$$\dim\big(\operatorname{Ker}(\mathscr{T})\big)=\sum_{i=1}^k n_i^2\geqslant\sum_{i=1}^k n_i=n.$$

由此推出

$$\operatorname{rank}(\mathscr{T})=\dim\big(\operatorname{Im}(\mathscr{T})\big)=n^2-\dim\big(\operatorname{Ker}(\mathscr{T})\big)\leqslant n^2-n.$$

证法 2 由本题 (1) 的证法 2 可知, $\mathscr{T}$ 的矩阵表示是 n^2 阶对角阵, 对角元素中至少有 n 个为 0(即 $\lambda_i-\lambda_i\,(i=1,2,\cdots,n)$), 非零对角元素个数至多为 n^2-n, 所以得到结论.

证法 3 **提示** 不失一般性, 可以认为 $\boldsymbol{A}$ 是 Jordan 标准形,

$$\boldsymbol{A}=\begin{pmatrix}\boldsymbol{J}_1&&\\&\ddots&\\&&\boldsymbol{J}_r\end{pmatrix},$$

其中 $\boldsymbol{J}_i$ 是 k_i 阶 Jordan 块. 对于 k 阶 Jordan 块 $\boldsymbol{J}$, 矩阵 $\boldsymbol{I}_k,\boldsymbol{J},\cdots,\boldsymbol{J}^{k-1}$ 与 $\boldsymbol{J}$(乘法) 可交换. 因为 $\boldsymbol{J}$ 的极小多项式是 k 次的, 所以 $\boldsymbol{J}$ 不满足任何次数低于 k 的复系数多项式, 从而 $\boldsymbol{I}_k,\boldsymbol{J},\cdots,\boldsymbol{J}^{k-1}$ 线性无关. 于是它们生成的 $M_k(\mathbb{C})$ 的线性子空间 $L(\boldsymbol{I}_k,\boldsymbol{J},\cdots,\boldsymbol{J}^{k-1})$ 的维数等于 k, 从而与 $\boldsymbol{J}$ 交换的 k 阶矩阵形成的线性子空间的维数不小于 k. 由此推出 $\dim(\operatorname{Ker}(\mathscr{T})\geqslant k_1+k_2+\cdots+k_r=n$.

2.55 (1) 参见问题 2.19 的注, 可知将该题 (1) 的条件 $\boldsymbol{AB}-\boldsymbol{BA}=\boldsymbol{B}$ 换为

$$\boldsymbol{AB}-\boldsymbol{BA}=2\boldsymbol{B} \tag{L2.55.1}$$

后, 那里两种证法在此仍然都有效.

(2) 对 n 用数学归纳法. 当 $n=1$ 时, 即在 $\mathbb{C}$ 中, 条件 $\boldsymbol{AB}-\boldsymbol{BA}=2\boldsymbol{B}$ 蕴含 $\boldsymbol{A}=(a)$, $\boldsymbol{B}=(0)$, 其中 a 为任意复数. 结论显然成立.

当 $n=2$ 时, 由本题 (1), 存在非零向量 $\boldsymbol{u}$ 满足 $\boldsymbol{Au}=\lambda\boldsymbol{u}$, $\boldsymbol{Bu}=\boldsymbol{0}$. 可取另一非零向量 $\boldsymbol{u}_1$, 使得 $\boldsymbol{u},\boldsymbol{u}_1$ 形成 $\mathbb{C}^2$ 的基, 在这组基下, $\boldsymbol{A}$ 和 $\boldsymbol{B}$ 的矩阵表示分别是

$$\begin{pmatrix}\lambda & \lambda_1\\ 0 & \lambda_2\end{pmatrix},\quad \begin{pmatrix}0 & \mu_1\\ 0 & \mu_2\end{pmatrix},$$

因此结论成立.

现在设 $n>2$, 结论对 $\mathbb{C}^{n-1}$ 成立, 即满足等式 $\boldsymbol{MN}-\boldsymbol{NM}=2\boldsymbol{N}$ 的 $n-1$ 阶矩阵 $\boldsymbol{M}_{n-1},\boldsymbol{N}_{n-1}$ 可同时上三角化; 并且设 n 阶矩阵 $\boldsymbol{A},\boldsymbol{B}$ 满足条件式 (L2.55.1), 要证明它们可以同时上三角化.

将 $\boldsymbol{A},\boldsymbol{B}$ 看作 $\mathbb{C}^n$ 上的两个线性变换. 由本题 (1), 存在非零向量 $\boldsymbol{u}$ 满足 $\boldsymbol{Au}=\lambda\boldsymbol{u},\boldsymbol{Bu}=\boldsymbol{0}$. 因此 $\boldsymbol{A},\boldsymbol{B}$ 诱导出商空间 $V=\mathbb{C}^n/\mathbb{C}\boldsymbol{u}$(它是 $n-1$ 维的) 上的线性变换 $\overline{\boldsymbol{A}},\overline{\boldsymbol{B}}$, 并且有关系式

$$\overline{\boldsymbol{A}}\,\overline{\boldsymbol{B}}-\overline{\boldsymbol{B}}\,\overline{\boldsymbol{A}}=2\overline{\boldsymbol{B}}, \tag{L2.55.2}$$

从而依归纳假设, 存在 V 的一组基 $\overline{\boldsymbol{u}}_2,\overline{\boldsymbol{u}}_3,\cdots,\overline{\boldsymbol{u}}_n$, 使得在这组基下, $\overline{\boldsymbol{A}}$ 和 $\overline{\boldsymbol{B}}$ 的矩阵表示是上三角阵. 因为 $\boldsymbol{u},\boldsymbol{u}_2,\boldsymbol{u}_3,\cdots,\boldsymbol{u}_n$ 形成 $\mathbb{C}^n$ 的一组基, 所以在这组基下, $\boldsymbol{A}$ 和 $\boldsymbol{B}$ 的矩阵表示都是上三角阵 (以上推理的细节见本题解后的注).

注 (1) 关于商空间, 可参见 Φ. P. 甘特马赫尔的《矩阵论 (上卷)》(高等教育出版社, 1953) 第 179 页.

(2) 本题 (2) 的解中“$n-1\Rightarrow n$”的推理细节:

我们将 $\mathbb{C}^n$ 中与 $\boldsymbol{x}$ 相差 $c\boldsymbol{u}(c\in\mathbb{C})$ 的向量全体称作含有 $\boldsymbol{x}$ 的同余类, 记作 $\overline{\boldsymbol{x}}$; 特别地,$\overline{\boldsymbol{u}}=\overline{\boldsymbol{0}}$. 定义同余类的加法和与复数的乘法:

$$\overline{\boldsymbol{x}}+\overline{\boldsymbol{y}}=\overline{\boldsymbol{x}+\boldsymbol{y}},\quad c\overline{\boldsymbol{x}}=\overline{c\boldsymbol{x}}\quad (c\in\mathbb{C}).$$

这些同余类 (按照上述运算) 形成商空间 $V=\mathbb{C}^n/\mathbb{C}\boldsymbol{u}$, 且有 $\dim(V)=\dim(\mathbb{C}^n)-\dim(\mathbb{C}\boldsymbol{u})=n-1$ (因而与 $\mathbb{C}^{n-1}$ 同构).

对于同余类 $\overline{\boldsymbol{x}}$ 中任意两个向量 $\boldsymbol{x},\boldsymbol{x}'$, 有 $\boldsymbol{x}'=\boldsymbol{x}+c\boldsymbol{u}$, 因此

$$\boldsymbol{Ax}'=\boldsymbol{Ax}+c\boldsymbol{Au}=\boldsymbol{Ax}+c\lambda\boldsymbol{u},$$

可见 $\boldsymbol{Ax}$ 和 $\boldsymbol{Ax}'$ 属于同一个同余类, 即含有 $\boldsymbol{Ax}$ 的同余类 $\overline{\boldsymbol{Ax}}$, 因此我们定义商空间 V 上的线性变换

$$\overline{\boldsymbol{A}}:\ \overline{\boldsymbol{A}}\overline{\boldsymbol{x}}=\overline{\boldsymbol{Ax}}.$$

类似地, 定义商空间 V 上的线性变换

$$\overline{\boldsymbol{B}}:\ \overline{\boldsymbol{B}}\overline{\boldsymbol{x}}=\overline{\boldsymbol{Bx}},$$

特别地, 有 $\overline{\boldsymbol{B}}\overline{\boldsymbol{u}}=\overline{\boldsymbol{0}}$. 由上述定义可知: 对于任何 $\overline{\boldsymbol{x}}\in V$,

$$\begin{aligned}2\overline{\boldsymbol{B}}\overline{\boldsymbol{x}}&=2\overline{\boldsymbol{Bx}}=\overline{2\boldsymbol{Bx}}=\overline{(\boldsymbol{AB}-\boldsymbol{BA})\boldsymbol{x}}=\overline{\boldsymbol{ABx}-\boldsymbol{BAx}}\\&=\overline{\boldsymbol{ABx}}-\overline{\boldsymbol{BAx}}=\overline{\boldsymbol{A}(\boldsymbol{Bx})}-\overline{\boldsymbol{B}(\boldsymbol{Ax})}=\overline{\boldsymbol{A}}\,\overline{\boldsymbol{Bx}}-\overline{\boldsymbol{B}}\,\overline{\boldsymbol{Ax}}\\&=\overline{\boldsymbol{A}}\,\overline{\boldsymbol{B}}\overline{\boldsymbol{x}}-\overline{\boldsymbol{B}}\,\overline{\boldsymbol{A}}\overline{\boldsymbol{x}}=(\overline{\boldsymbol{A}}\,\overline{\boldsymbol{B}}-\overline{\boldsymbol{B}}\,\overline{\boldsymbol{A}})\overline{\boldsymbol{x}},\end{aligned}$$

于是等式 (L2.55.2) 得证.

依归纳假设, 存在 V 的一组基 $\overline{\boldsymbol{u}}_2,\overline{\boldsymbol{u}}_3,\cdots,\overline{\boldsymbol{u}}_n$, 使得在这组基下, $\overline{\boldsymbol{A}}$ 的矩阵表示是上三角阵 $\boldsymbol{C}=(c_{ij})_{2\leqslant i,j\leqslant n}$, 其中 $c_{ij}=0(i>j)$; $\overline{\boldsymbol{B}}$ 的矩阵表示是上三角阵 $\boldsymbol{D}=(d_{ij})_{2\leqslant i,j\leqslant n}$, 其中 $d_{ij}=0(i>j)$. 那么对于 $\overline{\boldsymbol{A}}$, 我们有

$$(\overline{\boldsymbol{A}}\overline{\boldsymbol{u}}_2,\overline{\boldsymbol{A}}\overline{\boldsymbol{u}}_3,\cdots,\overline{\boldsymbol{A}}\overline{\boldsymbol{u}}_n)=(\overline{\boldsymbol{u}}_2,\overline{\boldsymbol{u}}_3,\cdots,\overline{\boldsymbol{u}}_n)\boldsymbol{C}. \tag{L2.55.3}$$

由本题 (1) 有

$$\boldsymbol{A}\boldsymbol{u}=\lambda\boldsymbol{u}. \tag{L2.55.4}$$

比较等式 (L2.55.3) 两边向量的第 1 个坐标, 得到 $\overline{\boldsymbol{A}}\overline{\boldsymbol{u}}_2=c_{22}\overline{\boldsymbol{u}}_2$, 即 $\overline{\boldsymbol{A}\boldsymbol{u}_2}=\overline{c_{22}\boldsymbol{u}_2}$, 也即 $\boldsymbol{A}\boldsymbol{u}_2$ 与 $c_{22}\boldsymbol{u}_2$ 属于同一个同余类, 于是存在 $\lambda_2\in\mathbb{C}$, 使得

$$\boldsymbol{A}\boldsymbol{u}_2=\lambda_2\boldsymbol{u}+c_{22}\boldsymbol{u}_2. \tag{L2.55.5}$$

类似地, 比较等式 (L2.55.3) 两边向量的第 2 个坐标, 得到

$$\boldsymbol{A}\boldsymbol{u}_3=\lambda_3\boldsymbol{u}+c_{23}\boldsymbol{u}_2+c_{33}\boldsymbol{u}_3. \tag{L2.55.6}$$

继续进行, 最后得到

$$\boldsymbol{A}\boldsymbol{u}_n=\lambda_n\boldsymbol{u}+c_{2n}\boldsymbol{u}_2+c_{3n}\boldsymbol{u}_3+\cdots+c_{nn}\boldsymbol{u}_n. \tag{L2.55.7}$$

现在证明 $\boldsymbol{u}$ 与 $\boldsymbol{u}_2,\boldsymbol{u}_3,\cdots,\boldsymbol{u}_n$ 在 $\mathbb{C}$ 上线性无关. 这是因为: 若存在不全为 0 的复数 $k_2,k_3,\cdots,k_n$, 使得 $\boldsymbol{u}=k_2\boldsymbol{u}_2+k_3\boldsymbol{u}_3+\cdots+k_n\boldsymbol{u}_n$, 则 $k_2\overline{\boldsymbol{u}}_2+k_3\overline{\boldsymbol{u}}_3+\cdots+k_n\overline{\boldsymbol{u}}_n=\overline{\boldsymbol{0}}$, 这与 $\overline{\boldsymbol{u}}_2,\overline{\boldsymbol{u}}_3,\cdots,\overline{\boldsymbol{u}}_n$ 组成 V 的基的假定矛盾. 因此 $\boldsymbol{u},\boldsymbol{u}_2,\cdots,\boldsymbol{u}_n$ 组成 $\mathbb{C}^n$ 的一组基. 于是由式 (L2.55.4)~式 (L2.55.7) 可知, $\mathbb{C}^n$ 上的线性变换 A 在这组基下的矩阵表示是

$$\begin{pmatrix}\lambda & \lambda_2 & \lambda_3 & \cdots & \lambda_n\\ 0 & c_{22} & c_{23} & \cdots & c_{2n}\\ 0 & 0 & c_{33} & \cdots & c_{3n}\\ \vdots & \vdots & \ddots & \ddots & \vdots\\ 0 & 0 & \cdots & 0 & c_{nn}\end{pmatrix}.$$

类似地, 可证: $\boldsymbol{B}$ 在基 $\boldsymbol{u},\boldsymbol{u}_2,\cdots,\boldsymbol{u}_n$ 下的矩阵表示是

$$\begin{pmatrix}0 & \mu_2 & \mu_3 & \cdots & \mu_n\\ 0 & d_{22} & d_{23} & \cdots & d_{2n}\\ 0 & 0 & d_{33} & \cdots & d_{3n}\\ \vdots & \vdots & \ddots & \ddots & \vdots\\ 0 & 0 & \cdots & 0 & d_{nn}\end{pmatrix}.$$

练习题3

3.1 (1) 我们有

$$n\left(\binom{n}{k},\binom{n-1}{k-1}\right)=\left(n\binom{n}{k},n\binom{n-1}{k-1}\right)=\left(n\binom{n}{k},k\binom{n}{k}\right)=\binom{n}{k}(n,k),$$

由此得到第一个整除关系. 类似地, 有

$$(n+1-k)\left(\binom{n}{k},\binom{n}{k-1}\right)=\left((n+1-k)\binom{n}{k},(n+1-k)\binom{n}{k-1}\right)$$

$$= \left((n+1-k)\binom{n}{k}, k\binom{n}{k} \right)$$
$$= \binom{n}{k}(n+1-k,k) = \binom{n}{k}(n+1,k),$$

因而得到第二个整除关系.

(2) 令

$$A = \left\{ x \in \mathbb{Z} \,\middle|\, \frac{x}{n+2-k}\binom{n}{k-1} \in \mathbb{N} \right\},$$

那么 $x_1 = n+2-k \in A$. 由于

$$\frac{k-1}{n+2-k}\binom{n}{k-1} = \frac{(k-1)n!}{(n+2-k)(k-1)!(n+1-k)!} = \binom{n}{k-2},$$

因此 $x_2 = k-1 \in A$. 于是 x_1 和 x_2 的任何线性组合也属于 A. 特别地, 由 Euclid 算法知 (x_1, x_2) 可表示为 $ax_1 + bx_2$ (a, b 是适当的整数) 的形式, 所以 $(n+2-k, k-1) \in A$. 又因为 $(n+2-k, k-1) = (n+1, k-1)$, 所以所要的结论成立.

3.2 (1) 答案是否定的. 因为

$$\binom{n}{s}\binom{s}{r} = \binom{n}{r}\binom{n-r}{s-r},$$

并且 $\binom{s}{r}$ 和 $\binom{n-r}{s-r}$ 都大于 1.

(2) 由算术级数的素数定理 (Dirichlet 定理) 可知, 存在无穷多个素数 p 具有 $p = Am!n+1\,(A \in \mathbb{N})$ 的形式. 特别由此可知

$$(p,n) = 1. \tag{L3.2.1}$$

对于这种形式的 p, 可将整数 $\lambda = (pm)(pm-1)(pm-2)\cdots(pm-m+1)$ 表示为

$$\lambda = (pm)f(pm), \tag{L3.2.2}$$

其中

$$f(x) = (x-1)(x-2)\cdots\big(x-(m-1)\big)$$
$$= x^{m-1} + c_1x^{m-2} + \cdots + c_{m-1}x + (-1)^{m-1}(m-1)!,$$

并且系数 $c_i \in \mathbb{Z}$. 因为 $pm = Am(m!n) + m$, 所以

$$f(pm) = \big(Am(m!n)+m\big)^{m-1} + c_1\big(Am(m!n)+m\big)^{m-2} + \cdots$$
$$+ c_{m-1}\big(Am(m!n)+m\big) + (-1)^{m-1}(m-1)!,$$

应用二项式定理可将上式化简为

$$f(pm) = A_1(m!n) + m^{m-1} + c_1m^{m-2} + \cdots + c_{m-1}m + (-1)^{m-1}(m-1)!$$
$$= A_1(m!n) + f(m) = A_1(m!n) + (m-1)!,$$

其中 A_1 是一个整数. 于是由式 (L3.2.2) 得到

$$\lambda = Cm!n + pm!,$$

其中 C 为整数. 注意 $\lambda>0$, 所以 $C\in\mathbb{N}$. 由此可知 $\binom{pm}{m}=Cn+p$, 从而由式 (L3.2.1) 得到

$$\left(\binom{pm}{m},n\right)=(Cn+p,n)=(p,n)=1.$$

(3) 问题即求 n, 使得

$$\frac{n(n+1)}{2}\Big|\, n!,\quad 即\quad \frac{n+1}{2}\Big|\,(n-1)!.$$

于是存在正整数 $M=M(n)$, 使得

$$(n-1)!=M\cdot\frac{n+1}{2},\quad 即\quad \frac{2(n-1)!}{n+1}=M.$$

若 $n+1=p$, 其中 p 是素数, 则由 $n>1$ 可知 $p>2$. 此时 M 不可能是整数. 因此 $n+1$ 必定是合数.

设 $n+1=pr$, 其中 p 是素数, $r>1$. 如果 $p\neq r$, 那么

$$M\ 是整数\quad\Leftrightarrow\quad p\ 和\ r\ 都是\ 2(n-1)!\ 的因子.$$

因为 $n-1=pr-2$, $pr-p\neq pr-r$, 并且 $pr-p=p(r-1)\geqslant 2$, $pr-r=r(p-1)\geqslant 2$, 所以在等式

$$2(n-1)!=2(pr-2)(pr-3)\cdots 1$$

右边一定出现因子 $pr-(pr-p)=p$ 和 $pr-(pr-r)=r$, 从而在此情形下 M 必为整数. 如果 $p=r$, 那么 $n+1=r^2=p^2$, 于是

$$M\ 是整数\quad\Leftrightarrow\quad p^2\ 是\ 2(n-1)!\ 的因子.$$

因为

$$2(n-1)!=2(p^2-2)!=2(p^2-2)(p^2-3)\cdots p\cdots 1$$

右边含因子 p, 并且当素数 $p>2$ 时 $p^2-2p>2$, 所以上式右边也含因子 $p^2-(p^2-2p)=2p$, 于是在此情形下 M 也为整数.

综上所述, 所有 $n\neq p-1$ (p 是奇素数) 都合所求.

(4) 对于素数 p 和正整数 m, 令 $v_p(m)$ 是满足 $p^v\,|\,m$ 的最大整数 $v\geqslant 0$ (即 $p^v\,\|\,m$), 并定义

$$\sigma_p(m,k)=\sum_{i=k}^{m}\left[\log_p\frac{m}{i}\right].$$

我们来证明题中等式两边都等于 $\prod\limits_p p^{\sigma_p(n,k)}$, 此处 p 遍历所有素数 (注意这实际是有限积, 因为当 p 足够大时 $\sigma_p(n,k)=0$).

(i) 记 $l(x)=\operatorname{lcm}(1,2,\cdots,[x])$. 因为 $p^v\,|\,l(x)\Leftrightarrow x\geqslant p^v$, 所以 $v_p\big(l(x)\big)=[\log_p x]$. 于是

$$l\left(\frac{n}{i}\right)=\prod_p p^{v_p(l(n/i))}=\prod_p p^{[\log_p(n/i)]},$$

从而题中要证等式的左边等于

$$\prod_{i=k}^{n}l\left(\frac{n}{i}\right)=\prod_{i=k}^{n}\prod_p p^{[\log_p(n/i)]}=\prod_p\left(\prod_{i=k}^{n}p^{[\log_p(n/i)]}\right)=\prod_p p^{\sigma_p(n,k)}.$$

(ii) 现在考虑要证等式的右边. 记

$$g(k)=\gcd\{\pi(A)\,|\,A\subseteq S,|S|=n-k\}.$$

设 p 是任意一个素数. 按递减顺序将 $v_p(2),\cdots,v_p(n)$ 排列为 $b_1,\cdots,b_{n-1}$, 那么集合 $\{v_p(k)(k=2,\cdots,n)\}$ 中满足 $v_p(k)\geqslant v$ 的元素的个数等于集合 S 中恰为 p^v 的倍数的元素的个数, 即等于 $[n/p^v]$. 因此 $b_k\geqslant v\Leftrightarrow k\leqslant n/p^v$, 从而

$$b_k=[\log_p(n/k)].$$

又因为

$$\min\{v_p\big(\pi(A)\big)\,|A\subseteq S,|S|=n-k\}$$

当子集 A 恰由 S 的所有分别对应于 $b_k,\cdots,b_{n-1}$ 的 $n-k$ 个元素组成时达到, 所以

$$v_p\big(g(k)\big)=\sum_{i=k}^{n-1}b_i.$$

注意由 $\sigma_p(n,k)$ 的定义可知, 与 $i=n$ 对应的加项 $[\log_p(n/i)]=0$, 所以实际上,

$$\sigma_p(n,k)=\sum_{i=k}^{n}\left[\log_p\frac{n}{i}\right]=\sum_{i=k}^{n-1}\left[\log_p\frac{n}{i}\right]=\sum_{i=k}^{n-1}b_i,$$

于是

$$v_p\big(g(k)\big)=\sigma_p(n,k).$$

因为 p 是任意素数, 所以要证等式的右边

$$g(k)=\prod_p p^{v_p(g(k)))}=\prod_p p^{\sigma_p(n,k)}.$$

于是本题得证.

注 (1) 由本题 (1), P. Erdös 和 G. Szekeres 提出下列问题: 数 $\begin{pmatrix}n\\r\end{pmatrix}$ 和 $\begin{pmatrix}n\\s\end{pmatrix}$ 的最大公因子的最大素因子是否总大于 r? 对于 $r>3$, 迄今只有一个反例:

$$\left(\begin{pmatrix}28\\5\end{pmatrix},\begin{pmatrix}28\\14\end{pmatrix}\right)=2^3\cdot3^3\cdot5.$$

(2) 由本题 (3) 的证明可知: 无论 $n+1=pr$ 或 $n+1=p^2$ 都可推出 $M=2(n-1)!/(n+1)$ 是偶数. 记 $m=n+1$, 即得: 若 $m>5$ 是合数, 则 $(m-2)!/m$ 是偶数.

3.3 (1) 我们给出三种不同思路的证法.

证法 1 我们有 $x=[x]+\alpha$, 其中 $\alpha=\{x\}\in[0,1)$; 又由 Euclid 除法可知 $[x]=qn+r$, 其中 $0\leqslant r<n$. 于是 $[x]/n=q+r/n$, 其中 $0\leqslant r/n<1$, 从而

$$\left[\frac{[x]}{n}\right]=q.$$

此外, 还有 $x/n=([x]+\alpha)/n=(qn+r+\alpha)/n=q+(r+\alpha)/n$, 其中 $0\leqslant r+\alpha<(n-1)+1=n$, 所以

$$\left[\frac{x}{n}\right]=q.$$

因此

$$\left[\frac{[x]}{n}\right]=\left[\frac{x}{n}\right].$$

证法 2 因为 $x=[x]+\alpha$, 其中 $\alpha=\{x\}\in[0,1)$, 所以

$$[nx]=\big[n([x]+\alpha)\big]=\big[n[x]+n\alpha\big]=n[x]+[n\alpha],$$

从而

$$\frac{[nx]}{n}=[x]+\frac{[n\alpha]}{n}.$$

两边取整数部分, 得到

$$\left[\frac{[nx]}{n}\right]=\left[[x]+\frac{[n\alpha]}{n}\right]=[x]+\left[\frac{[n\alpha]}{n}\right].$$

注意 $0\leqslant[n\alpha]\leqslant n\alpha<n$, 所以 $[[n\alpha]/n]=0$, 于是得到

$$\left[\frac{[nx]}{n}\right]=[x].$$

在此式中用 x/n 代替 x, 即得所要的等式.

证法 3 若 x 是整数或者 $n=1$, 则题中等式显然成立. 下面设 x 不是整数, 并且 $n>1$.

(i) 若 $x>0$, 则在区间 $[1,x]$ 中 n 的倍数是

$$n,2n,\cdots,\left[\frac{x}{n}\right]n,$$

共 $[x/n]$ 个. 在区间 $[1,[x]]$ 中 n 的倍数是

$$n,2n,\cdots,\left[\frac{[x]}{n}\right]n,$$

共 $[[x]/n]$ 个. 因为 $(1,[x]]\subseteq(1,x]$, 并且在区间 $([x],x)$ 中没有整数, 所以

$$\left[\frac{[x]}{n}\right]=\left[\frac{x}{n}\right].$$

(ii) 若 $x<0$, 则 $-x>0$. 依步骤 (i) 的结果有

$$\left[\frac{[-x]}{n}\right]=\left[\frac{-x}{n}\right].$$

因为 (应用数轴可知)$[-x]=-([x]+1)$, 所以由上式得到

$$\left[-\frac{[x]+1}{n}\right]=\left[\frac{-x}{n}\right].$$

类似地, 由此及

$$\left[-\frac{[x]+1}{n}\right]=-\left(\left[\frac{[x]+1}{n}\right]+1\right),\quad \left[\frac{-x}{n}\right]=-\left(\left[\frac{x}{n}\right]+1\right),$$

推出

$$\left[\frac{[x]+1}{n}\right]=\left[\frac{x}{n}\right].$$

因此我们只需证明:

$$\left[\frac{[x]+1}{n}\right]=\left[\frac{[x]}{n}\right].\tag{L3.3.1}$$

为此, 注意

$$\left[\frac{[x]+1}{n}\right]=\left[\frac{[x]}{n}+\frac{1}{n}\right]\geqslant\left[\frac{[x]}{n}\right]+\left[\frac{1}{n}\right]=\left[\frac{[x]}{n}\right],$$

以及

$$\left[\frac{[x]+1}{n}\right]\leqslant\frac{[x]+1}{n}=\frac{[x]}{n}+\frac{1}{n},$$

合起来就是

$$\left[\frac{[x]}{n}\right]\leqslant\left[\frac{[x]+1}{n}\right]\leqslant\frac{[x]}{n}+\frac{1}{n}.$$

由此可知: 若

$$\left[\frac{[x]}{n}\right]\leqslant\left[\frac{[x]+1}{n}\right]<\frac{[x]}{n},$$

则式 (L3.3.1) 成立; 若

$$\frac{[x]}{n} \leqslant \left[\frac{[x]+1}{n}\right] \leqslant \frac{[x]}{n}+\frac{1}{n},$$

则有

$$\frac{[x]}{n} \leqslant \left[\frac{[x]+1}{n}\right] < \frac{[x]}{n}+1,$$

从而式 (L3.3.1) 也成立. 于是本题得证.

(2) 证法 1 由 Euclid 除法,

$$[nx]=nq+r \quad (0 \leqslant r<n).$$

于是

$$nq+r=[nx] \leqslant nx<[nx]+1<nq+r+1.$$

由此推出

$$q+\frac{r}{n} \leqslant x<q+\frac{r+1}{n},$$

从而

$$q+\frac{r+1}{n} \leqslant x+\frac{i}{n}<q+\frac{r+i+1}{n}.$$

因此, 当 $i=0,1,\cdots,n-r-1$ 时

$$\left[x+\frac{i}{n}\right]=q;$$

当 $i=n-r,n-r+1,\cdots,n-1$ 时

$$\left[x+\frac{i}{n}\right]=q+1.$$

于是

$$\sum_{i=0}^{n-1}\left[x+\frac{i}{n}\right]=(n-r)q+r(q+1)=nq+r=[nx].$$

证法 2 如果 $x=[x]+\{x\}$, 其中

$$0 \leqslant \{x\}<\frac{1}{n},$$

那么题中要证的等式两边都等于 $n[x]$, 所以本题已得证. 下面设

$$x=[x]+\{x\}, \quad \frac{1}{n} \leqslant \{x\}<1.$$

记 $a=n\{x\}$, 则

$$x=[x]+\frac{a}{n} \quad (1 \leqslant a<n).$$

于是

$$\begin{aligned}
&[x]+\left[x+\frac{1}{n}\right]+\left[x+\frac{2}{n}\right]+\cdots+\left[x+\frac{n-1}{n}\right] \\
&=\sum_{k=0}^{n-1}\left[[x]+\frac{a+k}{n}\right]=\sum_{k=0}^{n-1}\left([x]+\left[\frac{a+k}{n}\right]\right) \\
&=n[x]+\sum_{j=1}^{n}\left[\frac{a+n-j}{n}\right] \\
&=n[x]+\sum_{j=1}^{[a]}\left[\frac{a+n-j}{n}\right]+\sum_{j=[a]+1}^{n}\left[\frac{a+n-j}{n}\right] \\
&=n[x]+\sum_{j=1}^{[a]}\left[1+\frac{a-j}{n}\right]+\sum_{j=[a]+1}^{n}\left[1-\frac{j-a}{n}\right]
\end{aligned}$$

$$= n[x] + \sum_{j=1}^{[a]} 1 = n[x] + [a].$$

同时还有

$$[nx] = \left[n\left([x] + \frac{a}{n}\right)\right] = [n[x] + a] = n[x] + [a],$$

所以题中等式成立.

证法 3 设 x 是任意实数. 令

$$f(x) = [nx] - \left([x] + \left[x + \frac{1}{n}\right] + \left[x + \frac{2}{n}\right] + \cdots + \left[x + \frac{n-1}{n}\right]\right),$$

那么只需证明 $f(x) = 0$. 因为

$$\begin{aligned} f\left(x + \frac{1}{n}\right) &= [nx + 1] - \left[x + \frac{1}{n}\right] - \left[x + \frac{2}{n}\right] - \cdots - \left[x + \frac{n-1}{n}\right] - [x+1] \\ &= [nx] - \left([x] + \left[x + \frac{1}{n}\right] + \left[x + \frac{2}{n}\right] + \cdots + \left[x + \frac{n-1}{n}\right]\right), \end{aligned}$$

所以

$$f\left(x + \frac{1}{n}\right) = f(x) \quad (x \in \mathbb{R}).$$

这表明 $f(x)$ 是周期为 $1/n$ 的周期函数. 注意当 $x \in [0, 1/n)$ 时 $f(x) = 0$, 可见对任何实数 x, $f(x) = 0$.

(3) 证法 1 由本题 (2) 可知, 若 x 是任意实数, k 是正整数, 则

$$[x] + \left[x + \frac{1}{k}\right] + \left[x + \frac{2}{k}\right] + \cdots + \left[x + \frac{k-1}{k}\right] = [kx].$$

取 $x = (n-k)/k$, 则得

$$\left[\frac{n-k}{k}\right] + \left[\frac{n-k+1}{k}\right] + \cdots + \left[\frac{n-k+(k-1)}{k}\right] = n - k,$$

即所要证的等式.

证法 2 (i) 若 $k \geqslant n/2$, 则 $n/k \leqslant 2$, 所以当 $1 \leqslant i \leqslant k (< n)$ 时

$$0 < \frac{n-i}{k} < \frac{n}{k} \leqslant 2,$$

从而

$$\left[\frac{n-i}{k}\right] \in \{0, 1\}.$$

注意 $(n-i)/k \geqslant 1 \Leftrightarrow i \leqslant n-k$, 我们得到

$$\sum_{i=1}^{k} \left[\frac{n-i}{k}\right] = \sum_{i=1}^{n-k} \left[\frac{n-i}{k}\right] = \sum_{i=1}^{n-k} 1 = n - k.$$

(ii) 若 $k < n/2$, 则 $n > 2k\ (> k)$, 所以有正整数 a, 使得 $n = ak + r$, 其中 $0 \leqslant r < k$. 于是

$$\begin{aligned} \sum_{i=1}^{k} \left[\frac{n-i}{k}\right] &= \sum_{i=1}^{k} \left[\frac{ak+r-i}{k}\right] = \sum_{i=1}^{r} \left[\frac{ak+r-i}{k}\right] + \sum_{i=r+1}^{k} \left[\frac{ak+r-i}{k}\right] \\ &= \sum_{i=1}^{r} \left[\frac{ak+r-i}{k}\right] + \sum_{i=r+1}^{n} \left[\frac{(a-1)k + (k+r-i)}{k}\right] \\ &= \sum_{i=1}^{r} a + \sum_{i=r+1}^{k} (a-1) = ra + (k-r)(a-1) \end{aligned}$$

$$= ak + r - k = n - k.$$

于是本题得证.

(4) 我们用不同方法计算满足 $xy \leqslant n$ 的正整数对 (x, y) 的个数.

(i) 由 $xy \leqslant n$ 可知 $x, y \in \{1, 2, \cdots, n\}$. 不等式 $xy \leqslant n$ 等价于 $x \leqslant n/y$. 当 $y = k$ $(1 \leqslant k \leqslant n)$ 时, x 取 $[n/k]$ 个正整数值, 所以得到 $[n/k]$ 组正整数解 (x, y), 因此

$$N = \sum_{k=1}^{n} \left[\frac{n}{k}\right].$$

(ii) 换一种算法. 曲线 $xy = n$ 被点 $(\sqrt{n}, \sqrt{n})$ 分为两部分. 当 $1 \leqslant x \leqslant \sqrt{n}$ 时, 得到满足 $xy \leqslant n$ 的正整数解 (x, y) 的组数等于

$$\sum_{x=1}^{[\sqrt{n}]} \left[\frac{n}{x}\right]. \tag{L3.3.2}$$

当 $1 \leqslant y \leqslant \sqrt{n}$ 时, 得到满足 $xy \leqslant n$ 的正整数解 (x, y) 的组数等于

$$\sum_{y=1}^{[\sqrt{n}]} \left[\frac{n}{y}\right]. \tag{L3.3.3}$$

式 (L3.3.2) 和式 (L3.3.3) 显然相等, 但都将以 $(1,1), (1, \sqrt{n}), (\sqrt{n}, \sqrt{n}), (\sqrt{n}, 1)$ 为顶点的正方形 (包括边界) 中的整点算入, 它们共 $([\sqrt{n}])^2$ 个, 所以

$$N = 2\sum_{k=1}^{[\sqrt{n}]} \left[\frac{n}{k}\right] - [\sqrt{n}]^2.$$

(iii) 由步骤 (i) 和 (ii) 的结果即得所要证的等式.

3.4 (1) 若区间 (a, b) 不含整数, 则 $[a] \leqslant a < x$. 因为在 $[a]$ 和 a 之间, 以及 a 和 x 之间不含任何整数, 所以 $[a]$ 和 x 之间不含任何整数, 可见 $[a]$ 是不超过 x 的最大整数, 于是 $[x] = [a]$.

若 (a, b) 中含整数, 则因为区间 (a, b) 的长度 $b - a \leqslant 1$, 所以 (a, b) 只可能含一个整数, 我们将此整数记为 ξ. 于是 $[a] \leqslant a < \xi$, 并且在两个整数 $[a]$ 和 ξ 之间没有任何整数, 所以

$$\xi = [a] + 1.$$

如果 $\xi \in (a, x]$, 那么 ξ 与 x 之间没有任何整数, 所以 ξ 是不超过 x 的最大整数, 从而 $[x] = \xi = [a] + 1$. 如果 $\xi \in (x, b)$, 那么 $[a]$ 与 x 之间没有任何整数, 所以 $[x] = [a]$. 合起来可知 $[x] \geqslant [a]$, 并且 $[x]$ 的取值只可能是 $[a]$ 或 $[a] + 1$.

(2) (i) 我们有

$$\begin{aligned}
\delta\big(t + s(s-1)\big) &= \frac{t + s(s-1)}{s-1} - \left[\frac{t + s(s-1)}{s}\right] - 1 = s + \frac{t}{s-1} - \left[(s-1) + \frac{t}{s}\right] - 1 \\
&= s + \frac{t}{s-1} - (s-1) - \left[\frac{t}{s}\right] - 1 = \frac{t}{s-1} - \left[\frac{t}{s}\right] = \delta(t) + 1.
\end{aligned}$$

(ii) 当 $t = 0$ 时, 不等式显然成立. 下面设 $t > 0$. 我们有

$$\left[\frac{t}{s}\right] + 1 = \left[\frac{t}{s} + 1\right],$$

以及

$$\frac{t}{s} + 1 = \frac{t}{s-1} + \frac{t}{s} - \frac{t}{s-1} + 1 = \frac{t}{s-1} + \left(1 - \frac{t}{s(s-1)}\right).$$

因为 $s \leqslant t \leqslant s(s-1)$, 所以

$$\frac{1}{s-1} \leqslant \frac{t}{s(s-1)} \leqslant 1,$$

从而

$$0 \leqslant 1-\frac{t}{s(s-1)} \leqslant 1-\frac{1}{s-1} < 1,$$

于是

$$\frac{t}{s-1} \leqslant \frac{t}{s-1}+\left(1-\frac{t}{s(s-1)}\right) \leqslant \frac{t}{s-1}+1.$$

依本题 (1) 推出

$$\left[\frac{t}{s}\right]+1 \geqslant \left[\frac{t}{s-1}\right],$$

从而

$$\delta(t) \leqslant \frac{t}{s-1}-\left[\frac{t}{s-1}\right]=\left\{\frac{t}{s-1}\right\}.$$

(3) 显然, 若 $ab=0$, 或 $a=b$, 或 a,b 都是整数, 则

$$a[bn]=b[an] \quad (\forall n \in \mathbb{N}). \tag{L3.4.1}$$

我们证明: 满足式 (L3.4.1) 的实数对 (a,b) 就只有上述三种情形. 为此我们只需证明: 若 $ab \neq 0, a \neq b$, 并且式 (L3.4.1) 成立, 则 a,b 都是整数.

(i) 首先证明: 若 $ab \neq 0, a \neq b$, 并且式 (L3.4.1) 成立, 则

$$[2^i a]=2^i[a], \quad [2^i b]=2^i[b] \quad (i \in \mathbb{N}). \tag{L3.4.2}$$

对 i 应用数学归纳法. 先考虑 $i=1$ 的情形. 在式 (L3.4.1) 中取 $n=1$, 则有

$$a[b]=b[a]. \tag{L3.4.3}$$

记 $[a]=m, [b]=k$, 那么 $m \leqslant a < m+1, k \leqslant b < k+1$, 于是

$$2m \leqslant 2a < 2m+2, \quad 2k \leqslant 2b < 2k+2.$$

因此或者 $2m \leqslant 2a < 2m+1$, 或者 $2m+1 \leqslant 2a < 2m+2$, 于是

$$[2a]=2m=2[a], \quad \text{或} \quad [2a]=2m+1=2[a]+1. \tag{L3.4.4}$$

类似地,

$$[2b]=2k=2[b], \quad \text{或} \quad [2b]=2k+1=2[b]+1. \tag{L3.4.5}$$

如果

$$[2a]=2[a], \quad [2b]=2[b]+1, \tag{L3.4.6}$$

那么在式 (L3.4.1) 中取 $n=2$, 则有

$$a[2b]=b[2a],$$

将式 (L3.4.6) 代入上式, 得到

$$a(2[b]+1)=b\cdot 2[a], \quad 2a[b]+a=2b[a].$$

由此及式 (L3.4.3) 推出 $a=0$, 与假设矛盾. 类似地, 如果 $[2a]=2[a]+1, [2b]=2[b]$, 或者 $[2a]=2[a]+1, [2b]=2[b]+1$, 那么将导致 $b=0$, 或 $a=b$, 都与假设矛盾. 因此我们得到

$$[2a]=2m=2[a], \quad [2b]=2k=2[b].$$

即式 (L3.4.2) 当 $i=1$ 时成立.

现在设 $s\geqslant 1$, 式 (L3.4.2) 当 $i=s$ 时成立, 即

$$[2^s a]=2^s[a](=2^s m),\quad [2^s b]=2^s[b](=2^s k).$$

那么

$$2^s m=[2^s a]\leqslant 2^s a<[2^s a]+1=2^s m+1,\quad 2^s k\leqslant 2^s b<2^s k+1,$$

于是

$$2^{s+1}m\leqslant 2^{s+1}a<2^{s+1}m+2,\quad 2^{s+1}k\leqslant 2^{s+1}b<2^{s+1}k+2.$$

类似于得出式 (L3.4.4) 和式 (L3.4.5) 的推理, 我们由此得到

$$[2^{s+1}a]=2^{s+1}m=2^{s+1}[a],\quad 或\quad [2^{s+1}a]=2^{s+1}m+1=2^{s+1}[a]+1;$$
$$[2^{s+1}b]=2^{s+1}k=2^{s+1}[b],\quad 或\quad [2^{s+1}b]=2^{s+1}k+1=2^{s+1}[b]+1.$$

在式 (L3.4.1) 中取 $n=2^{s+1}$, 则有 $a[2^{s+1}b]=b[2^{s+1}a]$. 应用此式及式 (L3.4.3) 可推出: 在 $([2^{s+1}a],[2^{s+1}b])$ 可能的四种组合中, 只有

$$[2^{s+1}a](=2^{s+1}m)=2^{s+1}[a],\quad [2^{s+1}b](=2^{s+1}k)=2^{s+1}[b]$$

成立. 因此式 (L3.4.2) 得证.

(ii) 由式 (L3.4.2) 得到

$$2^i[a]=[2^i a]\leqslant 2^i a<[2^i a]+1=2^i[a]+1\quad (i\geqslant 1),$$

所以

$$[a]\leqslant a<[a]+\frac{1}{2^i}\quad (i\geqslant 1).$$

令 $i\to\infty$, 得 $a=[a]$, 因此 a 是整数. 同理, b 也是整数.

(4) 设 $x_i=[x_i]+r_i$, $0\leqslant r_i<1(i=1,2,\cdots,k)$, 那么题中的等式等价于 (对于任何正整数 n)

$$[n(r_1+r_2+\cdots+r_k)]=[nr_1]+[nr_2]+\cdots+[nr_k]. \tag{L3.4.7}$$

我们只需证明：若式 (L3.4.7) 成立, 则 $r_1,r_2,\cdots,r_k$ 中至多有一个不等于 0. 下面用反证法证明.

(i) 设 (例如)$r_1,r_2\neq 0$. 首先证明: 对于任何正整数 n,

$$[n(r_1+r_2)]=[nr_1]+[nr_2]. \tag{L3.4.8}$$

若 $k=2$, 则式 (L3.4.7) 就是式 (L3.4.8), 所以自然成立. 若 $k\geqslant 3$, 但式 (L3.4.8) 不成立. 因为对于任何 $a,b>0$,

$$[a+b]\geqslant [a]+[b], \tag{L3.4.9}$$

所以有

$$[n(r_1+r_2)]>[nr_1]+[nr_2].$$

反复应用不等式 (L3.4.9), 并且最后应用上式, 可得

$$\begin{aligned}[n(r_1+r_2+\cdots+r_k)]&=[n(r_1+r_2)+n(r_3+\cdots+r_k)]\\&\geqslant [n(r_1+r_2)]+[n(r_3+\cdots+r_k)]\\&\geqslant [n(r_1+r_2)]+[nr_3]+[n(r_4+\cdots+r_k)]\\&\geqslant\cdots\geqslant [n(r_1+r_2)]+[nr_3]+[n(r_4]+\cdots+[nr_k]\\&>[nr_1]+[nr_2]+\cdots+[nr_k],\end{aligned}$$

这与式 (L3.4.7) 矛盾. 因此对于 $k\geqslant 3$ 的情形, 式 (L3.4.8) 也成立.

(ii) 用二进制表示, 有

$$r_1=2^{-a_1}+\cdots+2^{-a_s},\quad r_2=2^{-b_1}+\cdots+2^{-b_t},$$

其中正整数 a_i 以及 b_j 分别单调增加, 还可设 $b_t\geqslant a_s$. 如果 $r_1+r_2\geqslant 1$, 那么式 (L3.4.7) 当 $n=1$ 时显然不成立. 因此 $r_1+r_2<1$. 我们取正整数

$$n=2^{b_t}-1.$$

那么对此 n 值, 式 (L3.4.8) 的左边

$$\begin{aligned}[n(r_1+r_2)]&=\left[\sum_{i=1}^{s}2^{b_t-a_i}+\sum_{j=1}^{t}2^{b_t-b_j}-(r_1+r_2)\right]\\&=\sum_{i=1}^{s}2^{b_t-a_i}+\sum_{j=1}^{t}2^{b_t-b_j}-1\end{aligned}$$

(这里用到 $r_1+r_2<1$); 而式 (L3.4.8) 的右边

$$\begin{aligned}[nr_1]+[nr_2]&=\left[\sum_{i=1}^{s}2^{b_t-a_i}-r_1\right]+\left[\sum_{j=1}^{t}2^{b_t-b_j}-r_2\right]\\&=\sum_{i=1}^{s}2^{b_t-a_i}-1+\sum_{j=1}^{t}2^{b_t-b_j}-1=\sum_{i=1}^{s}2^{b_t-a_i}+\sum_{j=1}^{t}2^{b_t-b_j}-2\end{aligned}$$

(这里用到 $0\leqslant r_1,r_2<1$). 可见对所选择的 n 值, 式 (L3.4.8) 不成立. 于是得到矛盾. 因此本题得证.

(5) 因为 $[x]\leqslant x<[x]+1$, 所以若 n 等分区间 $([x],[x]+1)$, 则 x 将落在所得 n 个小区间之一中, 所以

$$[x]+\frac{r}{n}\leqslant x<[x]+\frac{r+1}{n},\tag{L3.4.10}$$

其中 $r\in\{0,1,\cdots,n-1\}$. 令

$$\theta=\theta(n)=[x]+\frac{r}{n},\quad \eta=\eta(n)=[x]+\frac{r+1}{n}.$$

我们来证明 θ,η 合乎要求.

(i) 由不等式 (L3.4.10) 得到

$$n\theta\leqslant nx<n\theta+1.$$

因为 $n\theta=n[x]+r\in\mathbb{N}$, 所以 $[nx]=n\theta(=[n\theta])$.

(ii) 现在设 $k<n$. 由不等式 (L3.4.10) 得到

$$k\theta\leqslant kx<k\theta+\frac{k}{n}.$$

区间 $(k\theta,k\theta+k/n)$ 的长度小于 1.

如果 $r=0$, 那么 $k\theta=k[x],k\theta+k/n=k[x]+k/n<k[x]+1$, 因此区间 $(k\theta,k\theta+k/n)$ 不含整数. 于是依本题 (1) 可知 $[kx]=[k\theta]$.

如果 $r=n-1$, 那么

$$k\theta=k[x]+k-\frac{k}{n},\quad k\theta+\frac{k}{n}=k[x]+k,$$

所以区间 $(k\theta,k\theta+k/n)$ 包含在区间 $(k[x]+k-1,k[x]+k)$ 中. 因为后者以整数为端点, 长度等于 1, 所以区间 $(k\theta,k\theta+k/n)$ 不含整数. 于是依本题 (1) 也得到 $[kx]=[k\theta]$.

最后设 $0<r<n-1$, 那么可以证明此时区间 $(k\theta,k\theta+k/n)$ 不含任何整数. 事实上, 若此区间含有某个 ξ, 则必唯一 (因为区间长度小于 1). 因为 $[k\theta]$ 与 $k\theta$ 之间, 以及 $k\theta$ 与 ξ 之间没有任何整数, 所以 $[k\theta]$

与 ξ 之间没有任何整数, 从而 $\xi=[k\theta]+1$. 类似地, ξ 与 $k\theta+k/n$ 之间, 以及 $k\theta+k/n$ 与 $[k\theta+k/n]+1$ 之间都没有任何整数, 我们推出 $\xi=[k\theta+k/n]$. 因此 $[k\theta]+1=[k\theta+k/n]$, 于是

$$\left[k[x]+\frac{kr}{n}+1\right]=\left[k[x]+\frac{kr}{n}+\frac{k}{n}\right].$$

将它改写为

$$\left[\left[\frac{k(r+1)}{n}\right]+\left\{\frac{k(r+1)}{n}\right\}+\frac{n-k}{n}\right]=\left[\frac{k(r+1)}{n}\right],$$

可见

$$\left[\left\{\frac{k(r+1)}{n}\right\}+\frac{n-k}{n}\right]=0,$$

从而

$$\left\{\frac{k(r+1)}{n}\right\}+\frac{n-k}{n}<1,$$

也就是

$$\left\{\frac{k(r+1)}{n}\right\}<\frac{k}{n}.$$

特别地, 令 $k=1$, 则有

$$\left\{\frac{r+1}{n}\right\}<\frac{1}{n}.$$

因为 $0<r<n-1$ 蕴含 $0<(r+1)/n<1$, 所以由上述不等式得到 $(r+1)/n<1/n$, 我们得到矛盾. 这证明了区间 $(k\theta,k\theta+k/n)$ 确实不含任何整数. 于是由本题 (1) 推出: 当 $0<r<n-1$ 时也有 $[kx]=[k\theta]$.

(iii) 类似于步骤 (i), 由不等式 (L3.4.10) 可知

$$n\eta-1\leqslant nx<n\eta.$$

因为 $n\eta=n[x]+r+1\in\mathbb{N}$, 所以 $[nx]=n\eta-1(=[n\eta]-1)$.

(6) 因为 $x(>0)$ 不是整数, 所以 $0<\{x\}<1$, 从而 $1/\{x\}>1$. 于是存在某个整数 $s\geqslant 2$, 使得 $1/\{x\}$ 落在区间 $(s-1,s]$ 中, 即

$$\frac{1}{s}\leqslant\{x\}<\frac{1}{s-1}.$$

由此可知

$$[x]+\frac{1}{s}\leqslant x<[x]+\frac{1}{s-1}. \tag{L3.4.11}$$

令

$$\theta=[x]+\frac{1}{s}.$$

因为 $1/(s-1)-1/s=1/(s(s-1))$, 所以

$$\theta\leqslant x<\theta+\frac{1}{s(s-1)}. \tag{L3.4.12}$$

我们来证明题中的三个性质成立.

(i) 由式 (L3.4.12) 可知

$$s\theta\leqslant sx<s\theta+\frac{1}{s-1}<s\theta+1.$$

因为 $s\theta=s[x]+1$ 是整数, 所以 $[s\theta]=s\theta$, 从而由上面不等式推出

$$[s\theta]\leqslant sx<[s\theta]+1,$$

于是 $[sx]=[s\theta]=s\theta$.

(ii) 设正整数 $k<s$. 由式 (L3.4.11) 可知

$$k[x]+\frac{k}{s}\leqslant kx<k[x]+\frac{k}{s-1}. \tag{L3.4.13}$$

因为 $k<s$ 蕴含

$$[k\theta]=\left[k[x]+\frac{k}{s}\right]=k[x],\quad \frac{k}{s-1}\leqslant 1,$$

所以由式 (L3.4.13) 得到

$$[k\theta]<sx\leqslant[k\theta]+1.$$

于是 $[kx]=[k\theta]$.

(iii) 设正整数 $k>s$. 那么由不等式 (L3.4.13) 可知

$$k[x]+\frac{k}{s}\leqslant kx<k[x]+\frac{k}{s}+\frac{k}{s(s-1)}.$$

若 $s<k\leqslant s(s-1)$, 则区间 $J=\big(k[x]+k/s,k[x]+k/s+1/s(s-1)\big)$ 的长度不超过 1, 所以由本题 (1) 得到 $[kx]\geqslant[k\theta]$.

若 $k\geqslant s(s-1)$, 则区间 $J=\big(k[x]+k/s,k[x]+k/s+1/s(s-1)\big)$ 的长度超过 1, 从而 J 含有一个或多个整数. 这些整数将 J 分割为一些长度不大于 1 的小区间 J_k(首末两个小区间的长度可能小于 1), 每个 J_k 的端点都是不小于 $[k\theta]$ 的整数. 无论 kx 落在哪个 J_k 中, 应用本题 (1), 都可推出 $[kx]\geqslant[k\theta]$.

注 (1) 由本题 (1) 可知: $a\leqslant x<a+1$ 并不蕴含 $[x]=[a]$, 而是 $[x]\geqslant[a]$.

(2) 在本题 (5) 中,

$$\frac{r}{n}\leqslant\{x\}<\frac{r+1}{n},$$

$\{x\}$ 所在区间的长度是 $1/n$, 其中 r 由 n 和 x(唯一) 确定. 在本题 (6) 中, $s-1\leqslant 1/\{x\}<s$, 或

$$\frac{1}{s}\leqslant\{x\}<\frac{1}{s-1}.$$

$\{x\}$ 所在区间的长度是 $1/(s(s-1))$, 其中 s 由 x(唯一) 确定.

(3) 在本题 (6) 中, 若 $k=\mu s$ $(\mu=1,2,\cdots,s-1)$, 则 $k\theta=k[x]+\mu\in\mathbb{N}$, 并且

$$k\theta\leqslant kx<k\theta+\frac{\mu}{s-1}\leqslant k\theta+1,$$

因而 $[kx]=[k\theta]$.

3.5 下面给出七种证法. 其中证法 1 最简单.

证法 1 若 x 是整数, 则题中不等式成为等式. 下面设 $x(>0)$ 不是整数. 还可设 $n\geqslant 2$. 依练习题 3.4(5), 存在有理数 θ, 使得 $[kx]=[k\theta]$ $(k=1,2,\cdots,n-1,n)$, 并且 $[nx]=n\theta$. 于是

$$\begin{aligned}[nx]=n\theta&=\frac{\theta}{1}+\frac{2\theta}{2}+\cdots+\frac{n\theta}{n}\geqslant\frac{[\theta]}{1}+\frac{[2\theta]}{2}+\cdots+\frac{[n\theta]}{n}\\&=\frac{[x]}{1}+\frac{[2x]}{2}+\cdots+\frac{[nx]}{n}.\end{aligned}$$

证法 2 存在整数 $k>1,n\geqslant 1$, 使得

$$\frac{k-1}{n}\leqslant x<\frac{k}{n}.$$

设 $(n,k)=d$, 则 $n=n_1d,k=k_1d,(n_1,k_1)=1$, 并且 $k/n=k_1/n_1$. 设对于 $i<n_1$,

$$ik_1\equiv a_i\pmod{n_1},\tag{L3.5.1}$$

其中 $a_i\in\{1,2,\cdots,n_1\}$. 那么当 $i<n_1$ 时

$$[ix]\leqslant\left[i\cdot\frac{k}{n}\right]=\left[i\cdot\frac{k_1}{n_1}\right]=i\cdot\frac{k_1}{n_1}-\frac{a_i}{n_1}=i\cdot\frac{k}{n}-\frac{a_i}{n_1}.\tag{L3.5.2}$$

又因为 $n_1k_1\equiv n_1\pmod{n_1}$, 所以 $a_{n_1}=n_1$. 又由 $x<k/n$ 可知 $n_1x<(n_1/n)k\leqslant k$, 于是推出

$$[n_1x]\leqslant k-1\leqslant n_1\cdot\frac{k}{n}-1=n_1\cdot\frac{k}{n}-\frac{a_{n_1}}{n_1}.$$

这表明式 (L3.5.2) 对于 $i=n_1$ 也成立. 于是我们有

$$\begin{aligned}\sum_{i=1}^{n}\frac{[ix]}{i}&=\sum_{i=1}^{n_1}\frac{[ix]}{i}+\sum_{i=n_1+1}^{n}\frac{[ix]}{i}\leqslant\sum_{i=1}^{n_1}\frac{1}{i}\left(i\cdot\frac{k}{n}-\frac{a_i}{n_1}\right)+\sum_{i=n_1+1}^{n}\frac{[ix]}{i}\\&\leqslant n_1\cdot\frac{k}{n}-\frac{1}{n_1}\sum_{i=1}^{n_1}\frac{a_i}{i}+\sum_{i=n_1+1}^{n}\frac{ix}{i}=n_1\cdot\frac{k}{n}-\frac{1}{n_1}\sum_{i=1}^{n_1}\frac{a_i}{i}+(n-n_1)x.\end{aligned}\tag{L3.5.3}$$

因为集合 $\{1,2,\cdots,n_1\}=\{a_1,a_2,\cdots,a_{n_1}\}$, 所以由排序不等式 (见问题 1.46 的注) 得到

$$\sum_{i=1}^{n_1}\frac{a_i}{i}=\sum_{i=1}^{n_1}\frac{1}{i}\cdot a_i\geqslant\sum_{i=1}^{n_1}\frac{1}{i}\cdot i=n_1.$$

由此及式 (L3.5.3)(并注意 $(k-1)/n\leqslant x<k/n$) 得

$$\sum_{i=1}^{n}\frac{[ix]}{i}\leqslant n_1\cdot\frac{k}{n}-\frac{1}{n_1}\cdot n_1+(n-n_1)\frac{k}{n}=k-1=[nx].$$

证法 3 记 $\varphi(k)=[kx]\ (k\in\mathbb{N}),\varphi(0)=0$. 由式 (L3.4.9) 可知

$$\varphi(k)\geqslant\varphi(i)+\varphi(k-i)\quad(0\leqslant i\leqslant k).\tag{L3.5.4}$$

令 $i=0,1,\cdots,k$, 将得到的 $k+1$ 个不等式相加, 有

$$(k+1)\varphi(k)\geqslant 2\big(\varphi(1)+\varphi(2)+\cdots+\varphi(k)\big),$$

于是

$$\frac{k+1}{2}\varphi(k)\geqslant\varphi(1)+\varphi(2)+\cdots+\varphi(k).\tag{L3.5.5}$$

将等式

$$\frac{1}{k(k+1)}=\frac{1}{k}-\frac{1}{k+1}(>0)$$

与上述不等式两边分别相乘, 得到

$$\frac{1}{2k}\varphi(k)\geqslant\left(\frac{1}{k}-\frac{1}{k+1}\right)\big(\varphi(1)+\varphi(2)+\cdots+\varphi(k)\big).$$

令 $k=1,2,\cdots,n$, 将所得的 n 个不等式相加, 有

$$\begin{aligned}\frac{1}{2}\sum_{k=1}^{n}\frac{1}{k}\varphi(k)&\geqslant\sum_{k=1}^{n}\left(\frac{1}{k}-\frac{1}{k+1}\right)\big(\varphi(1)+\varphi(2)+\cdots+\varphi(k)\big)\\&=\sum_{k=1}^{n}\frac{1}{k}\big(\varphi(1)+\varphi(2)+\cdots+\varphi(k)\big)-\sum_{k=2}^{n+1}\frac{1}{k}\big(\varphi(1)+\varphi(2)+\cdots+\varphi(k-1)\big)\\&=\sum_{k=1}^{n}\frac{1}{k}\varphi(k)-\frac{1}{n+1}\big(\varphi(1)+\varphi(2)+\cdots+\varphi(n)\big).\end{aligned}$$

由此解出

$$\sum_{k=1}^{n}\frac{1}{k}\varphi(k)\leqslant\frac{2}{n+1}\big(\varphi(1)+\varphi(2)+\cdots+\varphi(n)\big).\tag{L3.5.6}$$

又在不等式 (L3.5.5) 中令 $k=n$, 然后两边乘以 $2/(n+1)$, 得到

$$\varphi(n)\geqslant\frac{2}{n+1}\big(\varphi(1)+\varphi(2)+\cdots+\varphi(n)\big).$$

由此不等式及式 (L3.5.6) 知

$$\varphi(n)\geqslant\varphi(1)+\frac{1}{2}\varphi(2)+\cdots+\frac{1}{n-1}\varphi(n-1)+\frac{1}{n}\varphi(n).$$

证法 4　对 n 用数学归纳法. 当 $n=1$ 时, 命题显然成立. 设命题对于不超过 n 的自然数成立, 即

$$\varphi(k) \geqslant \varphi(1)+\frac{1}{2}\varphi(2)+\cdots+\frac{1}{k}\varphi(k) \quad (k=1,2,\cdots,n-1).$$

要证明对于自然数 n 命题也成立. 为此在式 (L3.5.4) 中令 $k=n, i=1,2,\cdots,n-1$, 将由此得到的 $n-1$ 个不等式相加, 有

$$(n-1)\varphi(n) \geqslant 2\big(\varphi(1)+\varphi(2)+\cdots+\varphi(n-1)\big)=2\Phi,$$

其中已记 $\Phi=\varphi(1)+\varphi(2)+\cdots+\varphi(n-1)$. 由归纳假设,

$$\begin{aligned}\Phi \geqslant\ & \varphi(1)+\left(\varphi(1)+\frac{1}{2}\varphi(2)\right)+\left(\varphi(1)+\frac{1}{2}\varphi(2)+\frac{1}{3}\varphi(3)\right)\\&+\cdots+\left(\varphi(1)+\frac{1}{2}\varphi(2)+\cdots+\frac{1}{n-1}\varphi(n-1)\right),\end{aligned}$$

所以

$$\begin{aligned}2\Phi &=\big(\varphi(1)+\varphi(2)+\cdots+\varphi(n-1)\big)+\varphi(1)+\varphi(2)+\cdots+\varphi(n-1)\\&\geqslant n\varphi(1)+\left(1+\frac{n-2}{2}\right)\varphi(2)+\left(1+\frac{n-3}{3}\right)\varphi(3)+\cdots+\left(1+\frac{1}{n-1}\right)\varphi(n-1)\\&=n\left(\varphi(1)+\frac{1}{2}\varphi(2)+\cdots+\frac{1}{n-1}\varphi(n-1)\right)\\&=n\left(\varphi(1)+\frac{1}{2}\varphi(2)+\cdots+\frac{1}{n-1}\varphi(n-1)+\frac{1}{n}\varphi(n)\right)-\varphi(n).\end{aligned}$$

于是

$$(n-1)\varphi(n) \geqslant 2\Phi \geqslant n\left(\varphi(1)+\frac{1}{2}\varphi(2)+\cdots+\frac{1}{n-1}\varphi(n-1)+\frac{1}{n}\varphi(n)\right)-\varphi(n).$$

从而

$$n\varphi(n) \geqslant n\left(\varphi(1)+\frac{1}{2}\varphi(2)+\cdots+\frac{1}{n-1}\varphi(n-1)+\frac{1}{n}\varphi(n)\right).$$

由此立得所要证明的不等式. 于是完成归纳证明.

证法 5　对 n 用数学归纳法. 当 $n=1$ 时, 命题显然成立. 现在进行归纳证明的第二步. 设对于每个 $k=1,2,\cdots,n-1$, 有

$$\varphi(k) \geqslant \varphi(1)+\frac{1}{2}\varphi(2)+\cdots+\frac{1}{k}\varphi(k). \tag{L3.5.7}$$

要证明当 $k=n$ 时此不等式也成立.

如果存在某个 $k\in\{1,2,\cdots,n-1\}$, 有不等式

$$\varphi(n) \geqslant \varphi(k)+\frac{1}{k+1}\varphi(k+1)+\cdots+\frac{1}{n}\varphi(n),$$

那么由此及式 (L3.5.7) 中对应于此 k 值的不等式, 立即推出题中的不等式对于 n 也成立.

下面设对于任何 $k=1,2,\cdots,n-1$,

$$\varphi(n) < \varphi(k)+\frac{1}{k+1}\varphi(k+1)+\cdots+\frac{1}{n}\varphi(n). \tag{L3.5.8}$$

要证明题中的不等式对于 n 也成立. 用反证法. 设

$$\varphi(n) < \varphi(1)+\frac{1}{2}\varphi(2)+\cdots+\frac{1}{n}\varphi(n),$$

那么

$$2\varphi(n) < 2\left(\varphi(1)+\frac{1}{2}\varphi(2)+\cdots+\frac{1}{n}\varphi(n)\right).$$

将不等式 (L3.5.8)(其中 $k=2,3,\cdots,n-1$, 共 $n-2$ 个) 与上式相加, 得到

$$n\varphi(n)<2\left(\varphi(1)+\frac{1}{2}\varphi(2)+\cdots+\frac{1}{n}\varphi(n)\right)+\left(\varphi(2)+\frac{1}{3}\varphi(3)+\cdots+\frac{1}{n}\varphi(n)\right)$$
$$+\left(\varphi(3)+\frac{1}{4}\varphi(4)+\cdots+\frac{1}{n}\varphi(n)\right)+\cdots+\left(\varphi(n-1)+\frac{1}{n}\varphi(n)\right).$$

因为上式右边等于 (首先将各括号中的第一加项相加)

$$\begin{aligned}&\big(2\varphi(1)+\varphi(2)+\cdots+\varphi(n-1)\big)+2\left(\frac{1}{2}\varphi(2)+\frac{1}{3}\varphi(3)+\cdots+\frac{1}{n}\varphi(n)\right)\\&+\left(\frac{1}{3}\varphi(3)+\frac{1}{4}\varphi(4)+\cdots+\frac{1}{n}\varphi(n)\right)+\left(\frac{1}{4}\varphi(4)+\cdots+\frac{1}{n}\varphi(n)\right)+\cdots+\left(\frac{1}{n}\varphi(n)\right)\\&=\big(2\varphi(1)+\varphi(2)+\cdots+\varphi(n-1)\big)+2\cdot\frac{1}{2}\varphi(2)+(2+1)\cdot\frac{1}{3}\varphi(3)\\&\quad+(2+2)\cdot\frac{1}{4}\varphi(4)+\cdots+\big(2+(n-2)\big)\cdot\frac{1}{n}\varphi(n)\\&=2\big(\varphi(1)+\varphi(2)+\cdots+\varphi(n-1)\big)+\varphi(n),\end{aligned}$$

所以

$$n\varphi(n)<2\big(\varphi(1)+\varphi(2)+\cdots+\varphi(n-1)\big)+\varphi(n). \tag{L3.5.9}$$

又在不等式 (L3.5.4) 中取 $k=n,i=1,2,\cdots,n-1$, 然后将所得的 $n-1$ 个不等式相加, 有

$$2\big(\varphi(1)+\varphi(2)+\cdots+\varphi(n-1)\big)\leqslant(n-1)\varphi(n).$$

由此及不等式 (L3.5.9) 推出

$$n\varphi(n)<(n-1)\varphi(n)+\varphi(n)=n\varphi(n),$$

于是得到矛盾, 从而完成归纳证明.

证法 6　令

$$x_k=\frac{[x]}{1}+\frac{[2x]}{2}+\cdots+\frac{[kx]}{k}\quad(k\geqslant1),$$

则有递推关系式

$$x_k=x_{k-1}+\frac{[kx]}{k}\quad(k\geqslant2). \tag{L3.5.10}$$

题中的不等式可改写为

$$x_n\leqslant[nx]. \tag{L3.5.11}$$

我们对 n 用数学归纳法来证明不等式 (L3.5.11). 当 $n=1$ 时, 显然 $x_1=[1x]/1$. 设

$$x_k\leqslant[kx]\quad(k=1,2,\cdots,n-1). \tag{L3.5.12}$$

要证明当 $k=n$ 时不等式 (L3.5.12) 也成立. 依递推关系式 (L3.5.10) 有

$$\begin{aligned}&nx_n=nx_{n-1}+[nx]=(n-1)x_{n-1}+x_{n-1}+[nx],\\&(n-1)x_{n-1}=(n-2)x_{n-2}+x_{n-2}+[(n-1)x],\\&(n-2)x_{n-2}=(n-3)x_{n-3}+x_{n-3}+[(n-2)x],\\&\cdots,\\&3x_3=2x_2+x_2+[3x],\\&2x_2=x_1+x_1+[2x].\end{aligned}$$

将上列各式相加, 得到

$$nx_n=x_{n-1}+x_{n-2}+\cdots+x_2+x_1+x_1+[nx]+[(n-1)x]+\cdots+[2x].$$

应用归纳假设式 (L3.5.12), 由此推出

$$\begin{aligned}nx_n &\leqslant [(n-1)x]+[(n-2)x]+\cdots+[2x]+[x]+[x]+[nx]+[(n-1)x]+\cdots+[2x]\\&=\big([(n-1)x]+[x]\big)+\big([(n-2)x]+[2x]\big)+\cdots+\big([2x]+[(n-2)x]\big)+\big([x]+[(n-1)x]\big)+[nx].\end{aligned}$$

由式 (L3.4.9) 可知

$$nx_n \leqslant [nx]+[nx]+\cdots+[nx]+[nx]+[nx]=n[nx],$$

因此 $x_n \leqslant [nx]$. 此即不等式 (L3.5.11). 于是完成归纳证明.

证法 7 由式 (L3.4.9) 可知, 当 $i+j \leqslant n, i,j \geqslant 0$ 时, $\varphi(i+j) \geqslant \varphi(i)+\varphi(j)$. 因此, 若

$$i_1+i_2+\cdots+i_n=n \quad (0 \leqslant i_k \leqslant n),$$

则

$$\varphi(n) \geqslant \varphi(i_1)+\varphi(i_2)+\cdots+\varphi(i_n).$$

由练习题 2.41 可知, 存在 $n! \times n$ 矩阵 $\boldsymbol{A}_n=(a_{jk})$, 其所有元素属于集合 $\{0,1,\cdots,n\}$, 每行元素的和等于 n, 并且在全部 $n \times n!$ 个元素中, 恰有 $n!$ 个 1, $n!/2$ 个 2……$n!/n$ 个 n. 于是

$$\varphi(n) \geqslant \varphi(a_{j1})+\varphi(a_{j2})+\cdots+\varphi(a_{jn}) \quad (j=1,2,\cdots,n!).$$

将此 $n!$ 个不等式相加, 可得

$$n!\varphi(n) \geqslant n!\varphi(1)+\frac{n!}{2}\varphi(2)+\cdots+\frac{n!}{n}\varphi(n).$$

由此得所要的不等式.

3.6 (1) 对于每个素数 $p \leqslant n$,

$$u(p)=\sum_{i=1}^{\infty}\left[\frac{n}{p^i}\right].$$

固定 p. 设在 p 进制下 $n=d_1d_2\cdots d_k$, 其中 d_i 是 p 进制数字, 那么

$$\begin{aligned}&n=d_1p^{k-1}+d_2p^{k-2}+\cdots+d_{k-1}p+d_k,\\&\left[\frac{n}{p}\right]=d_1p^{k-2}+d_2p^{k-3}+\cdots+d_{k-1},\\&\left[\frac{n}{p^2}\right]=d_1p^{k-3}+d_2p^{k-4}+\cdots+d_{k-2},\\&\cdots,\\&\left[\frac{n}{p^{k-2}}\right]=d_1p+d_2,\\&\left[\frac{n}{p^{k-1}}\right]=d_1.\end{aligned}$$

于是

$$\begin{aligned}u(p)&=d_1(1+p+p^2+\cdots+p^{k-2})+d_2(1+p+p^2+\cdots+p^{k-3})+\cdots+d_{k-2}(1+p)+d_{k-1}\\&=\frac{d_1(p^{k-1}-1)}{p-1}+\frac{d_2(p^{k-2}-1)}{p-1}+\cdots+\frac{d_{k-2}(p^2-1)}{p-1}+d_{k-1}\\&=\frac{1}{p-1}\Big((d_1p^{k-1}+d_2p^{k-2}+\cdots+d_{k-1}p)-(d_1+d_2+\cdots+d_{k-1})\Big)\\&=\frac{1}{p-1}\Big((d_1p^{k-1}+d_2p^{k-2}+\cdots+d_{k-1}p+d_k)-(d_1+d_2+\cdots+d_{k-1}+d_k)\Big)\end{aligned}$$

$$= \frac{n - s_p(n)}{p-1}.$$

(2) 因为 $p^m \| n!$, 所以 $n!$ 的素因子分解式中 p 的幂指数 $u(n!) = m$; 同时还有公式

$$u(n!) = \sum_{i=1}^{\infty} \left[\frac{n}{p^i}\right].$$

注意当 $p^i > n$ 时 $[n/p^i] = 0$, 上式求和实际上直到 $i = [\log n/\log p]$ 为止. 于是我们有

$$m = \sum_{i=1}^{\sigma} \left[\frac{n}{p^i}\right], \quad \sigma = \left[\frac{\log n}{\log p}\right]. \tag{L3.6.1}$$

显然 $[n/p^\sigma] = 1$. 令 $k_1 = [n/p]$, 那么在 $1, 2, \cdots, n$ 中, p 的倍数是 $p, 2p, \cdots, k_1 p$, 于是

$$\begin{aligned} n! = &\big(1\cdot 2\cdots (p-1)p\big)\cdot\big((p+1)(p+2)\cdots(2p-1)(2p)\big)\cdots \\ &\cdot\big(((k_1-1)p+1)((k_1-1)p+2)\cdots(k_1p-1)(k_1p)\big) \\ &\cdot\big((k_1p+1)(k_1p+2)\cdots(n-1)(n)\big). \end{aligned}$$

因为

$$\begin{aligned} &(k_1p+1)(k_1p+2)\cdots(n-1)n \equiv 1\cdot 2\cdots(n-k_1p-1)(n-k_1p) \equiv (n-k_1p)! \pmod p, \\ &p(2p)\cdots(k_1p) = k_1! p^{k_1}, \end{aligned}$$

并且由 Wilson 定理,

$$\begin{aligned} &1\cdot 2\cdots(p-1) \equiv -1 \pmod p, \\ &(p+1)(p+2)\cdots(2p-1) \equiv -1 \pmod p, \\ &\cdots, \\ &((k_1-1)p+1)((k_1-1)p+2)\cdots(k_1p-1) \equiv -1 \pmod p, \end{aligned}$$

所以

$$\frac{n!}{p^{k_1}} \equiv (-1)^{k_1} k_1!(n-k_1p)! \pmod p.$$

若 $\sigma > 1$, 则 $n \geqslant p^2$, 从而 $k_1 \geqslant p$. 于是我们可对 $k_1!$ 实施同样的操作: 在 $1, 2, \cdots, k_1$ 中, p 的倍数是 $p, 2p, \cdots, k_2 p$, 其中 $k_2 = [k_1/p] = \big[[n/p]/p\big] = [n/p^2]$(参见练习题 3.3(1)), $1 \leqslant k_2 < k_1$, 于是

$$\frac{k_1!}{p^{k_2}} \equiv (-1)^{k_2} k_2!(k_1-k_2p)! \pmod p,$$

从而

$$\frac{n!}{p^{k_1+k_2}} \equiv (-1)^{k_1+k_2} k_2!(n-k_1p)!(k_1-k_2p)! \pmod p.$$

继续对 $k_2!$ 实施同样的操作, 等等. 因为 k_i 是严格单调递减的, 所以这种操作进行 σ 次后, 将得到 $k_\sigma = [n/p^\sigma] = 1$, 并且

$$\frac{n!}{p^{k_1+k_2+\cdots+k_\sigma}} \equiv (-1)^{k_1+k_2+\cdots+k_\sigma}(n-k_1p)!(k_1-k_2p)!\cdots(k_{\sigma-1}-k_\sigma p)! \pmod p.$$

最后, 由式 (L3.6.1) 可知 $k_1 + k_2 + \cdots + k_\sigma = m$, 并且注意当 $k = \sigma$ 时

$$\left[\frac{n}{p^k}\right] - p\left[\frac{n}{p^{k+1}}\right] = 1,$$

于是得到所要的公式.

3.7 (1) (i) 我们有

$$\prod_{i=1}^{n}(2i)=2^n\prod_{i=1}^{n}i=2^n\cdot n!.$$

于是, 若 $p=2$, 则

$$\alpha=n+\sum_{k=1}^{\infty}\left[\frac{n}{2^k}\right];$$

若 $p>2$, 则

$$\alpha=\sum_{k=1}^{\infty}\left[\frac{n}{p^k}\right].$$

(ii) 当 $p=2$ 时, 显然 $\alpha=0$. 当 $p>2$ 时, 因为

$$Q=\prod_{i=1}^{n}(2i+1)=\left(\prod_{i=1}^{2n+1}i\right)\left(\prod_{i=1}^{n}(2i)\right)^{-1}=\frac{(2n+1)!}{2^n n!}, \tag{L3.7.1}$$

所以

$$\alpha=\sum_{k=1}^{\infty}\left[\frac{2n+1}{p^k}\right]-\sum_{k=1}^{\infty}\left[\frac{n}{p^k}\right].$$

(2) 在 $1,2,\cdots,n$ 中, 2^k 的倍数有 $[n/2^k]$ 个, 2^{k+1} 的倍数有 $[n/2^{k+1}]$ 个, 因此

$$|I_k|=\left[\frac{n}{2^k}\right]-\left[\frac{n}{2^{k+1}}\right].$$

因为

$$[x]+\left[x+\frac{1}{2}\right]=[2x]$$

(参见练习题 3.3(2)), 令 $x=n/2^{k+1}$, 可知

$$|I_k|=\left[\frac{n}{2^k}\right]-\left[\frac{n}{2^{k+1}}\right]=\left[\frac{n}{2^{k+1}}+\frac{1}{2}\right]\quad(k\geqslant 0). \tag{L3.7.2}$$

(3) 由式 (L3.7.1) 可知, 整除 Q 的 2 的最大幂指数等于 0, 也等于

$$\sum_{k=1}^{\infty}\left[\frac{2n+1}{2^k}\right]-\sum_{k=1}^{\infty}\left[\frac{n}{2^k}\right]-n,$$

因此

$$\sum_{k=1}^{\infty}\left[\frac{2n+1}{2^k}\right]-\sum_{k=1}^{\infty}\left[\frac{n}{2^k}\right]-n=0,$$

由此得题中的公式.

3.8 (1) 显然, 只需证明

$$\sum_{k=1}^{\infty}\left(\left(\frac{n}{2^k}\right)\right)=n,$$

而由公式 (3.13.1), 只需证明

$$\sum_{k=1}^{\infty}\left[\frac{n}{2^k}+\frac{1}{2}\right]=n. \tag{L3.8.1}$$

证法 1 因为

$$[x]+\left[x+\frac{1}{2}\right]=[2x]$$

(参见练习题 3.3(2)), 令 $x=n/2^{k+1}$, 可知

$$\left[\frac{n}{2^k}\right]-\left[\frac{n}{2^{k+1}}\right]=\left[\frac{n}{2^{k+1}}+\frac{1}{2}\right],$$

对 $k=0,1,2,\cdots$ 求和, 即得式 (L3.8.1):

$$\sum_{k=1}^{\infty}\left[\frac{n}{2^k}+\frac{1}{2}\right]=\left[\frac{n}{2^0}\right]=n.$$

证法 2 设 I_k 如练习题 3.7(2), 那么 $I_i\cap I_j=\emptyset\ (i\neq j)$, 并且当 k 充分大时 $I_k=\emptyset$, 因此集合 $\{1,2,\cdots,n\}$ 有分拆:

$$\{1,2,\cdots,n\}=\bigcup_{k=0}^{\infty}I_k.$$

于是由式 (L3.7.2) 推出

$$\sum_{k=1}^{\infty}\left[\frac{n}{2^k}+\frac{1}{2}\right]=|\{1,2,\cdots,n\}|=n.$$

证法 3 设在 2 进制下,

$$n=a_0+a_12+a_22^2+a_32^3+a_42^4+a_52^5+a_62^6+\cdots,$$

其中 $a_i\in\{0,1\}$. 于是

$$\begin{aligned}
\left[\frac{n+1}{2}\right]&=a_0+a_1+a_22+a_32^2+a_42^3++a_52^4+a_62^5+\cdots,\\
\left[\frac{n+2}{4}\right]&=\qquad a_1+a_2+a_32+a_42^2+a_52^3+a_62^4+\cdots,\\
\left[\frac{n+4}{8}\right]&=\qquad\qquad a_2+a_3+a_42+a_52^2+a_62^3+\cdots,\\
\left[\frac{n+8}{16}\right]&=\qquad\qquad\qquad a_3+a_4+a_52+a_62^2+\cdots,\\
\cdots.
\end{aligned}$$

将上列各式相加 (用数学归纳法), 即得

$$\sum_{k=1}^{\infty}\left[\frac{n+2^{k-1}}{2^k}\right]=a_0+a_12+a_22^2+a_32^3+a_42^4+a_52^5+a_62^6+\cdots=n.$$

证法 4 将式 (L3.8.1) 的左边记为 $f(n)$, 我们证明: $f(n)=n\,(n\in\mathbb{N})$.

对 n 用数学归纳法. 显然 $f(1)=1$. 设 $f(n-1)=n-1$, 定义

$$g(i;n)=\left[\frac{n+2^i}{2^{i+1}}\right]-\left[\frac{n-1+2^i}{2^{i+1}}\right]\quad(i\geqslant 0),$$

那么

$$\begin{aligned}
f(n)-f(n-1)&=\sum_{i=0}^{\infty}\left[\frac{n+2^i}{2^{i+1}}\right]-\sum_{i=0}^{\infty}\left[\frac{n-1+2^i}{2^{i+1}}\right]=\sum_{i=0}^{\infty}\left(\left[\frac{n+2^i}{2^{i+1}}\right]-\left[\frac{n-1+2^i}{2^{i+1}}\right]\right)\\
&=\sum_{i=0}^{\infty}g(i;n).
\end{aligned}$$

因为

$$g(i;n)=\begin{cases}1, & 2^{i+1}\,|\,n+2^i,\\ 0, & \text{其他},\end{cases}$$

并且 $2^{i+1}\,|\,n+2^i$ 等价于 $n=(2k+1)2^i$, 即等价于 $2^i\|n$, 可见对于给定的 n, 当且仅当 $2^i\|n$ 时 $g(i;n)=1$; 而对于其他的 i 值, $g(i;n)=0$. 满足 $2^i\|n$ (n 给定) 的 i 只有一个值 (设为 i_0), 因此

$$f(n)-f(n-1)=\sum_{i=0}^{\infty}g(i;n)=g(i_0;n)=1.$$

由此推出 $f(n)=1+f(n-1)=1+(n-1)=n$. 于是完成归纳证明.

(2) (i) 补充定义: $t_0=0$. 因为点列 t_k $(k\geqslant 0)$ 划分区间 $[0,\infty)$, 所以对于每个正整数 $n(\geqslant 1)$, 存在唯一的整数 $k(\geqslant 1)$, 使得 $t_{k-1}<n\leqslant t_k$. 我们定义函数

$$f(n)=\frac{1}{k}. \tag{L3.8.2}$$

现在证明:

$$f(n)=\left(\left(\frac{1}{2}\sqrt{8n-7}\right)\right)^{-1} \quad (n\geqslant 1). \tag{L3.8.3}$$

事实上, 由定义,

$$\frac{(k-1)k}{2}<n\leqslant\frac{k(k+1)}{2},$$

或

$$(k-1)k<2n\leqslant k(k+1).$$

因为 $(k-1)k$ 和 $2n$ 都是偶数, 所以上式可改写为 $(k-1)k\leqslant 2n-2<k^2+k$. 令 $N=n-1$, 则依次得到

$$\begin{aligned}
&(k-1)k\leqslant 2N<k^2+k,\\
&4k^2-4k\leqslant 8N<4k^2+4k,\\
&(2k-1)^2\leqslant 8N+1<(2k+1)^2,\\
&2k-1\leqslant\sqrt{8N+1}<2k+1,\\
&2k\leqslant 1+\sqrt{8N+1}<2k+2,\\
&k\leqslant\frac{1+\sqrt{8N+1}}{2}<k+1.
\end{aligned}$$

因此

$$k\leqslant\frac{1+\sqrt{8n-7}}{2}<k+1.$$

注意式 (3.13.1), 可知

$$k=\left[\frac{\sqrt{8n-7}}{2}+\frac{1}{2}\right]=\left(\left(\frac{\sqrt{8n-7}}{2}\right)\right).$$

由此及式 (L3.8.2) 得式 (L3.8.3).

(ii) 现在证明:

$$\sum_{n\leqslant t_k}f(n)=k \quad (k\geqslant 1). \tag{L3.8.4}$$

事实上, 因为

$$[0,t_k]=[0,t_1]\cup(t_1,t_2]\cup\cdots\cup(t_{k-1},t_k],$$

区间 $(t_{j-1},t_j]$ 中含有

$$\frac{j(j+1)}{2}-\frac{(j-1)j}{2}=j$$

个整数, 在这些整数上 f 的值都等于 $1/j$, 所以

$$\sum_{n\leqslant t_k}f(n)=1+\underbrace{\frac{1}{2}+\frac{1}{2}}_{2\text{个}}+\underbrace{\frac{1}{3}+\frac{1}{3}+\frac{1}{3}}_{3\text{个}}+\cdots+\underbrace{\frac{1}{k}+\frac{1}{k}+\cdots+\frac{1}{k}}_{k\text{个}}=k.$$

此即式 (L3.8.4).

(iii) 由式 (L3.8.3) 和式 (L3.8.4) 立得题中要证的公式.

3.9 (1) 记点 $O(0,0),A(n,0),C(0,m),D(n,m)$. 令

$$S=\{(x,y)\in\mathbb{N}^2\,|\,1\leqslant x\leqslant n-1,1\leqslant y\leqslant m-1\},$$

$$S_1 = \{(x,y) \in S \,|\, mx \geqslant ny\},$$
$$S_2 = \{(x,y) \in S \,|\, mx \leqslant ny\},$$

那么集合 S 所含元素个数为 $|S| = (n-1)(m-1)$(即矩形 $OADC$ 内部整点个数). 令 $m = m_1 d, n = n_1 d, (m_1, n_1) = 1$, 则矩形 $OADC$ 的对角线的方程是

$$y = \frac{mx}{n} = \frac{m_1 x}{n_1},$$

其上位于矩形 $OADC$ 内部的整点是

$$(kn_1, km_1) \quad (k = 1, 2, \cdots, d-1),$$

共 $d-1$ 个. 对角线分矩形为两个全等的三角形(其中的点 (x,y) 分别满足 $mx \geqslant ny$ 和 $mx \leqslant ny$), 其内部(包括对角线, 但不含端点) 所含整点个数相等, 即 $|S_1| = |S_2|$, 其中

$$|S_1| = \sum_{x=1}^{n-1} \sum_{1 \leqslant y \leqslant mx/n} 1 = \sum_{x=1}^{n-1} \left[\frac{mx}{n}\right],$$
$$|S_2| = \sum_{y=1}^{m-1} \sum_{1 \leqslant x \leqslant ny/m} 1 = \sum_{y=1}^{m-1} \left[\frac{ny}{m}\right].$$

因为在 $|S_1|$ 和 $|S_2|$ 中都包括了对角线上的整点, 所以 $|S| = |S_1| + |S_2| - (d-1)$, 于是

$$(m-1)(n-1) = \sum_{x=1}^{n-1} \left[\frac{mx}{n}\right] + \sum_{y=1}^{m-1} \left[\frac{ny}{m}\right] - (d-1),$$

因此

$$\sum_{x=1}^{n-1} \left[\frac{mx}{n}\right] = \sum_{y=1}^{m-1} \left[\frac{ny}{m}\right] = \frac{(m-1)(n-1)}{2} + \frac{d-1}{2}.$$

(2) 类似于本题 (1), 记点 $O(0,0), M(n,0), N(0,m), P(n,m)$. 那么集合

$$T = \{(x,y) \in \mathbb{N}^2 \,|\, 1 \leqslant x \leqslant n, 1 \leqslant y \leqslant m\}$$

中整点个数为 mn. 矩形 $OMPN$ 的对角线的方程是 $y = mx/n$, 其上有 $d = (m,n)$ 个整点属于集合 T. 集合

$$T_1 = \{(x,y) \in T \,|\, mx \geqslant ny\}, \quad T_2 = \{(x,y) \in T \,|\, mx \leqslant ny\}$$

中整点个数分别等于

$$\sum_{j=1}^{n} \left[\frac{jm}{n}\right] \quad 和 \quad \sum_{j=1}^{m} \left[\frac{jn}{m}\right],$$

其中都包括了上述对角线上的整点, 因此

$$\begin{aligned} mn &= \sum_{j=1}^{n} \left[\frac{jm}{n}\right] + \sum_{j=1}^{m} \left[\frac{jn}{m}\right] - d \\ &= \left(\sum_{j=1}^{n-1} \left[\frac{jm}{n}\right] + m\right) + \left(\sum_{j=1}^{m-1} \left[\frac{jn}{m}\right] + n\right) - d; \end{aligned}$$

又由本题 (1) 可知

$$\sum_{j=1}^{n-1} \left[\frac{jm}{n}\right] = \sum_{j=1}^{m-1} \left[\frac{jn}{m}\right],$$

于是推出所要的等式.

3.10 (1) 因为点 m^k $(m=0,1,\cdots)$ 将 $[0,\infty)$ 分划为无穷个区间, 所以存在唯一的整数 $m(\geqslant 0)$, 使得

$$m^k\leqslant[\alpha]\leqslant\alpha<(m+1)^k.$$

于是

$$m\leqslant[\alpha]^{1/k}\leqslant\alpha^{1/k}<m+1.$$

由此立得 $[\alpha^{1/k}]=\big[[\alpha]^{1/k}\big]$.

(2) (i) 对于给定的正整数 k,

$$[\sqrt{u}]=k\quad\Leftrightarrow\quad k\leqslant\sqrt{u}<k+1\quad\Leftrightarrow\quad k^2\leqslant u<(k+1)^2.$$

由 $k\leqslant\sqrt{n^2-1}<k+1$ 可知 $k=n-1$, 即 $[\sqrt{n^2-1}]=n-1$, 并且满足 $[\sqrt{u}]=n-1$ 的 u 的最大值等于 n^2-1. 因此

$$\begin{aligned}A_n&=\sum_{k=1}^{n-1}k\big((k+1)^2-k^2\big)=\sum_{k=1}^{n-1}k(2k+1)=2\sum_{k=1}^{n-1}k^2+\sum_{k=1}^{n-1}k\\&=2\cdot\frac{(n-1)n(2n-1)}{6}+\frac{(n-1)n}{2}=\frac{n(n-1)(4n+1)}{6}.\end{aligned}$$

(ii) 类似地, 对于给定的正整数 k,

$$[\sqrt[3]{u}]=k\quad\Leftrightarrow\quad k^3\leqslant u<(k+1)^3.$$

由 $k\leqslant[\sqrt[3]{n^3-1}]<k+1$ 可知 $k=n-1$, 即 $[\sqrt[3]{n^3-1}]=n-1$, 并且满足 $[\sqrt[3]{u}]=n-1$ 的 u 的最大值等于 n^3-1. 由此推出 $B_n=(n-1)n^2(3n+1)/4$(细节由读者补出).

3.11 (1) (i) 因为 $a^2=a+1$, 所以 $a^2n=(a+1)n$, 于是

$$a^2n-[a^2n]=(a+1)n-[(a+1)n]=an+n-[an]-n=an-[an]=y,$$

从而$\big($注意 $a(a-1)=1\big)$

$$\begin{aligned}-\frac{y}{a}&=y(1-a)=y-ya=(a^2n-[a^2n])-(an-[an])a\\&=(a^2n-[a^2n])-(a^2n-a[an])=a[an]-[a^2n].\end{aligned}$$

注意 $0<y<1<a=(1+\sqrt{5})/2$, 取上式两边的整数部分, 即得

$$[a^2n]=\big[a[an]\big]+1.$$

(ii) 因为 $x(x^2-x-1)=x^3-x^2-x=x^3-(x+1)-x=x^3-2x-1$, 所以 a 也是方程 $x^3-2x-1=0$ 的解. 令 $z=2an-[2an]$, 则 $a^3n-[a^3n]=(2a+1)n-[(2a+1)n]=2an+n-([2an]+n)=z$. 于是$\big($注意 $a(a^2-2)=1\big)$

$$-\frac{z}{a}=z(2-a^2)=a^2[2an]-2[a^3n].$$

注意 $0<z<1<a$, 取上式两边的整数部分, 即得

$$2[a^3n]=\big[a^2[2an]\big]+1.$$

(2) 证法 1 (i) 令 $\delta=(\gamma-t)/2$, 则 $\alpha=1+\delta,\beta=1+t+\delta$. 因为 $t^2<\gamma^2<(t+2)^2$, 所以 γ 和 δ 都是无理数, 并且 $0<\delta<1$.

(ii) 我们有

$$[n\beta]=[n(1+t+\delta)]=[n+nt+n\delta]=n+nt+[n\delta].\qquad\text{(L3.11.1)}$$

并且由

$$[n\alpha]+n(t-1)=[n(1+\delta)]+nt-n=nt+[n\delta] \tag{L3.11.2}$$

可知

$$\big([n\alpha]+n(t-1)\big)\alpha=(nt+[n\delta])(1+\delta)=nt+[n\delta]+nt\delta+[n\delta]\delta. \tag{L3.11.3}$$

又由 $n\delta>[n\delta]>n\delta-1$(注意 δ 是无理数) 和 $0<\delta<1$ 推出

$$n\delta^2=\delta\cdot(n\delta)>[n\delta]\delta>(n\delta-1)\delta=n\delta^2-\delta>n\delta^2-1,$$

于是由式 (L3.11.3) 得到

$$nt+[n\delta]+nt\delta+n\delta^2>\big([n\alpha]+n(t-1)\big)\alpha>nt+[n\delta]+nt\delta+n\delta^2-1. \tag{L3.11.4}$$

最后由 $\gamma^2=t^2+4$ 可知 $(t+2\delta)^2=t^2+4$, 展开化简得到 $t\delta+\delta^2=1$. 所以

$$nt\delta+n\delta^2=n. \tag{L3.11.5}$$

由此及式 (L3.11.4) 得到

$$nt+[n\delta]+n>\big([n\alpha]+n(t-1)\big)\alpha>nt+[n\delta]+n-1.$$

这蕴含

$$\big[\big([n\alpha]+n(t-1)\big)\alpha\big]=nt+[n\delta]+n-1.$$

由此及式 (L3.11.1) 立得

$$[n\beta]=\big[\big([n\alpha]+n(t-1)\big)\alpha\big]+1.$$

(iii) 类似地, 注意式 (L3.11.2), 我们算出

$$\begin{aligned}\big([n\alpha]+n(t-1)+1\big)\alpha&=(nt+[n\delta]+1)(1+\delta)\\&=nt+[n\delta]+1+nt\delta+[n\delta]\delta+\delta.\end{aligned}$$

因为(应用式 (L3.11.5))

$$n=nt\delta+n\delta^2<nt\delta+[n\delta]\delta+\delta\leqslant nt\delta+n\delta^2+\delta<n+1,$$

所以

$$nt+[n\delta]+1+n<\big([n\alpha]+n(t-1)+1\big)\alpha<nt+[n\delta]+1+n+1,$$

于是

$$\big[\big([n\alpha]+n(t-1)+1\big)\alpha\big]=nt+[n\delta]+n+1.$$

由此及式 (L3.11.5) 立得

$$\big[\big([n\alpha]+n(t-1)+1\big)\alpha\big]=[n\beta]+1.$$

证法 2 (i) 如证法 1, 可证 α,β,γ 都是无理数, 并且还可验证 $\alpha+\beta=\alpha\beta, 1<\alpha<\beta$, 以及 $\beta>2$. 令

$$A=\{[n\alpha]\,|n\geqslant 1\},\quad B=\{[n\beta]\,|n\geqslant 1\}.$$

那么依 Beatty 定理, $A\cup B=\mathbb{N}$ 并且 $A\cap B=\emptyset$.

(ii) 由 $\beta>2$ 可知集合 B 中不含连续整数 (即它的任何两个元素之差不等于 ±1), 因此 B 的各个元素分别位于 A 的某两个相继元素 (即 $[k\alpha]$ 和 $[(k+1)\alpha]$) 之间. 于是对于每个正整数 n, 存在正整数 m, 使得 $[m\alpha],[n\beta],[(m+1)\alpha]$ 是连续整数. 我们需对于给定的 n 确定 m. 因为整数集 $C=\{1,2,\cdots,[n\beta]\}$

中恰有 n 个属于集合 B (它们是 $[k\beta], k=1,2,\cdots,n$), 所以有 $[n\beta]-n$ 个属于集合 A. 可见整数集 C 中属于 B 的数中最大的是 $[n\beta]$(也是 C 中的最大数), 属于 A 的数中最大的是 $\big[([n\beta]-n)\alpha\big]$, 从而

$$\big[([n\beta]-n)\alpha\big],\ [n\beta],\ \big[\big(([n\beta]-n)+1\big)\alpha\big]$$

是三个连续整数 (即 $m=[n\beta]-1$). 由式 (L3.11.1) 和式 (L3.11.2) 可知

$$[n\beta]-n=[n\alpha]+n(t-1),$$

所以立得

$$\begin{aligned}&\big[\big([n\alpha]+n(t-1)\big)\alpha\big]=[([n\beta]-n)\alpha]=[n\beta]-1,\\&\big[\big([n\alpha]+n(t-1)+1\big)\alpha\big]=\big[\big(([n\beta]-n)+1\big)\alpha\big]=[n\beta]+1.\end{aligned}$$

于是本题得证.

注 Beatty 定理: 对实数 α,β 定义集合 $A=\{[n\alpha]\,(n\geqslant 1)\}, B=\{[n\beta]\,(n\geqslant 1)\}$, 则当且仅当 α 是无理数, 并且 $1/\alpha+1/\beta=1$ 时 $A\cup B=\mathbb{N}$, 并且 $A\cap B=\emptyset$.

这个定理的证明, 可参见 (例如)И. M. 维纳格拉道夫的《数论基础》(高等教育出版社, 1952) 第 85 页 (及题解). 进一步的信息还可见 *Amer. Math. Monthly*(1982) 第 89, 353~361 页.

3.12 (1) 对于题 (i)~(iii), 由定义立得结论.

(iv) 设 $\|\theta_1\|=|\theta_1-n_1|, \|\theta_2\|=|\theta_2-n_2|$, 其中 $n_1,n_2\in\mathbb{Z}$, 那么

$$\begin{aligned}\|\theta_1+\theta_2\|&=\min_{n\in\mathbb{Z}}|\theta_1+\theta_2-n|\leqslant|\theta_1+\theta_2-(n_1+n_2)|\\&=|(\theta_1-n_1)+(\theta_2-n_2)|\leqslant|\theta_1-n_1|+|\theta_2-n_2|=\|\theta_1\|+\|\theta_2\|.\end{aligned}$$

(v) 当 $n=0$ 时, 结论显然成立. 当 n 为正整数时, 由 (iii) 得到

$$\|nx\|=\|\underbrace{x+\cdots+x}_{n\text{个}}\|\leqslant n\|x\|.$$

当 n 为负整数时, $-n$ 为正整数. 于是由本题 (ii) 以及前面所证结果得到

$$\|nx\|=\|(-n)x\|\leqslant(-n)\|x\|=|n|\|x\|.$$

或者: 因为

$$\|nx\|=\min_{m\in\mathbb{Z}}|nx-m|=\min_{m\in\mathbb{Z}}|n|\left|x-\frac{m}{n}\right|=|n|\cdot\min_{m\in\mathbb{Z}}\left|x-\frac{m}{n}\right|,$$

并且 $\{m\in\mathbb{Z}\}\supset M=\{m=nm'\,|\,m'\in\mathbb{Z}\}$, 所以

$$\min_{m\in\mathbb{Z}}\left|x-\frac{m}{n}\right|\leqslant\min_{m\in M}\left|x-\frac{m}{n}\right|=\min_{m'\in\mathbb{Z}}\left|x-\frac{nm'}{n}\right|=\min_{m'\in\mathbb{Z}}|x-m'|=\|x\|.$$

于是 $\|nx\|\leqslant|n|\|x\|$.

(2) 只需证明: 对于任意整数 $p,q\,(q>0)$, 有

$$\left|\sqrt{2}-\frac{p}{q}\right|>\frac{1}{3q^2}. \tag{L3.12.1}$$

如果 p,q 异号, 则 $\sqrt{2}-p/q>\sqrt{2}$, 从而式 (L3.12.1) 已成立. 下面设 p,q 都是正整数.

情形 1. 设 $p/q>\sqrt{2}$. 此时, 若 $q=1$, 则不等式 (L3.12.1) 显然成立. 又若 $p/q>1.55$, 则 $p/q-\sqrt{2}>1.55-1.45=0.1$, 而当 $q\geqslant 2$ 时 $1/(3q^2)<0.1$, 所以此时不等式 (L3.12.1) 也成立. 于是可设 $\sqrt{2}<p/q<1.55$. 此时, 我们有

$$\left(\frac{p}{q}\right)^2-2=\frac{p^2-2q^2}{q^2}.$$

因为 p^2-2q^2 是正整数, 所以

$$\left(\frac{p}{q}\right)^2-2\geqslant\frac{1}{q^2},$$

即

$$\left(\frac{p}{q}+\sqrt{2}\right)\left(\frac{p}{q}-\sqrt{2}\right)\geqslant\frac{1}{q^2},$$

因此

$$\frac{p}{q}-\sqrt{2}\geqslant\frac{1}{q^2}\cdot\frac{1}{\dfrac{p}{q}+\sqrt{2}}.$$

注意 $p/q+\sqrt{2}<1.55+1.45=3$, 所以 $1/(p/q+\sqrt{2})>1/3$, 于是不等式 (L3.12.1) 成立.

情形 2. 设 $0<p/q<\sqrt{2}$. 此时, 有 (注意 $2q^2-p^2\geqslant 1$)

$$2-\left(\frac{p}{q}\right)^2=\frac{2q^2-p^2}{q^2}\geqslant\frac{1}{q^2},$$

因此

$$\sqrt{2}-\frac{p}{q}\geqslant\frac{1}{q^2}\cdot\frac{1}{\dfrac{p}{q}+\sqrt{2}}>\frac{1}{q^2}\cdot\frac{1}{2\sqrt{2}}>\frac{1}{3q^2},$$

也推出不等式 (L3.12.1)(注意: 不可能出现 $p/q=\sqrt{2}$ 的情形).

(3) 令 $S=\{r+s\sqrt{2}+t\sqrt{3}\,|\,r,s,t\in\{0,1,2,\cdots,10^6-1\}\}$, 则 $|S|=(10^6)^3=10^{18}$. 又令 $d=(1+\sqrt{2}+\sqrt{3})10^6$ $(<10^7)$, 那么 $x\in S\Rightarrow 0\leqslant x<d$. 将区间 $[0,d)$ 等分为 $10^{18}-1$ 个小区间, 则每个小区间长为 $s=d/(10^{18}-1)<10^7/10^{18}=10^{-11}$. 由抽屉原理, 集合 S 中必有两个数同属于一个小区间, 此两数之差 $a+x\sqrt{2}+y\sqrt{3}$ 满足不等式组

$$|a+x\sqrt{2}+y\sqrt{3}|<10^{-11},\quad 0<\max\{|a|,|x|,|y|\}<10^6.$$

若 $x=y=0$, 则整数 a 满足不等式 $|a|<10^{-11}$, 所以 $a=0$, 这与上面第二个不等式矛盾. 所以 x,y 不全为 0, 于是 $0<\max\{|x|,|y|\}<10^6$. 又由 $|a+x\sqrt{2}+y\sqrt{3}|<10^{-11}$ 推出 $\|x\sqrt{2}+y\sqrt{3}\|<10^{-11}$.

3.13 (1) (i) 由素数定理, $\pi(x)=(x/\log x)\big(1+o(1)\big)\ (x\to\infty)$, 于是

$$\begin{aligned}\log\pi(x)&=\log\left(\frac{x}{\log x}\cdot\big(1+o(1)\big)\right)\\&=\log x-\log\log x+\log\big(1+o(1)\big)\quad(x\to\infty),\end{aligned}\tag{L3.13.1}$$

从而

$$\log\pi(x)\sim\log x\quad(x\to\infty).$$

特别取 $x=p_n$ (第 n 个素数), 则 $\log n\sim\log p_n\ (n\to\infty)$. 仍然由素数定理可知 $p_n\sim\pi(p_n)\log p_n=n\log p_n$, 所以

$$p_n\sim n\log n\quad(n\to\infty).\tag{L3.13.2}$$

(ii) 设 $p(x)$ 在素数序列中的序号是 m, 即 $p(x)=p_m$, 那么 $m=\pi(x)$. 由式 (L3.13.2) 得到

$$p(x)\sim\pi(x)\log\pi(x)\quad(x\to\infty).$$

于是由式 (L3.13.1) 可知

$$p(x)\sim\frac{x}{\log x}\cdot\Big(\log x-\log\log x+\log\big(1+o(1)\big)\Big)\sim x\quad(x\to\infty).$$

(2) 设 $n=p_1p_2\cdots p_r$ 如题设, 那么 $\omega(n)=r=\pi(p_r)$. 由素数定理,

$$\omega(n)\sim\frac{\vartheta(p_r)}{\log p_r},$$

这里 $\vartheta(x)=\sum\limits_{p\leqslant x}\log p$ (p 为素数). 因为

$$\vartheta(p_r)=\log p_1+\log p_2+\cdots+\log p_r=\log n,$$

并且 $\vartheta(p_r)\sim p_r$(参见问题 3.6 的注), 所以

$$\log p_r\sim\log\log n,$$

因此

$$\omega(n)\sim\frac{\log n}{\log\log n}\quad(n\to\infty).$$

3.14 (1) 设素数个数有限, 那么级数 $\sum\limits_{p}(1/p)$ 收敛 (p 表示素数). 于是存在某个素数 q, 使得

$$S=\sum_{p\geqslant q}\frac{1}{p}<1$$

(注意 S 实际上是有限级数). 令

$$a=\prod_{p<q}p,$$

那么对于所有 $n\geqslant 1$, 以及任何小于 q 的素数 p, 都有 $p\nmid 1+an$, 从而每个整数 $1+an$ 都是某些 (有限个) 不小于 q 的素数 p 的积. 于是

$$\begin{aligned}J=\sum_{n\geqslant 1}\frac{1}{1+an}&\leqslant\sum_{p\geqslant q}\frac{1}{p}+\sum_{p_1,p_2\geqslant q}\frac{1}{p_1p_2}+\sum_{p_1,p_2,p_3\geqslant q}\frac{1}{p_1p_2p_3}+\cdots\\&=S+S^2+S^3+\cdots.\end{aligned}$$

因为 $S<1$, 所以级数 J 收敛. 但同时有

$$J\geqslant\sum_{n\geqslant 1}\frac{1}{n+an}=\frac{1}{1+a}\sum_{n\geqslant 1}\frac{1}{n}=\infty.$$

于是得到矛盾. 因此素数有无穷个.

(2) 用反证法. 设题中结论不成立, 那么存在正整数 n_0, 使得 a_n $(n\geqslant n_0)$ 都是合数. 设对于每个 a_n $(n\geqslant n_0)$, 其最小素因子是 p_n, 那么 $a_n\geqslant p_n^2$ $(n\geqslant n_0)$, 于是

$$\sum_{n=n_0}^{\infty}\frac{1}{a_n}\leqslant\sum_{n=n_0}^{\infty}\frac{1}{p_n^2}\leqslant\sum_{n=1}^{\infty}\frac{1}{n^2}<+\infty,$$

从而级数

$$\sum_{n=1}^{\infty}\frac{1}{a_n}=\sum_{n=1}^{n_0-1}\frac{1}{a_n}+\sum_{n=n_0}^{\infty}\frac{1}{a_n}$$

收敛. 这与题设矛盾. 因此具有上述性质的 n_0 不存在. 特别可知, 对于 a_1, 至少存在正整数 k_1, 使得 a_{1+k_1} 是素数; 同理, 对于 a_{1+k_1}, 至少存在正整数 k_2, 使得 $a_{1+k_1+k_2}$ 是素数; 等等. 这个过程无限进行下去, 即得 $\{a_n\,|n\geqslant 1\}$ 中的无穷多个素数.

3.15 (1) 由 Wilson 定理, 当且仅当 n 是素数时, $n\,|\,(n-1)!+1$. 因此 (p 表示素数)

$$\sum_{2\leqslant n\leqslant x}\cos^2\frac{(n-1)!+1}{n}\pi=\sum_{p\leqslant x}(\pm 1)^2=\pi(x).$$

(2) (i) 首先注意: 若 $n\neq 4$ 不是素数, 则 $n\,|\,(n-1)!$. 事实上, 此时或者 $n=ab$, 其中 $2\leqslant a<b\leqslant n-1$, 从而 a,b 都是 $(n-1)!$ 的因子, 所以 $n\,|\,(n-1)!$; 或者 $n=p^2\neq 4$, 其中 p $(p>2)$ 是素数, 于是 $n\,|\,2p^2=p\cdot 2p$.

因为 $2p \leqslant (p-1)p < p^2-1 = n-1$ 以及 $p \leqslant n-1$, 所以 $2p, p$ 都是 $(n-1)!$ 的因子, 所以 $2p^2 \mid (n-1)!$, 从而 $n \mid (n-1)!$.

(ii) 若 n 是素数, 则由 Wilson 定理, 存在正整数 k, 使得 $(n-1)!+1 = kn$, 于是

$$\left[\frac{(n-1)!+1}{n} - \left[\frac{(n-1)!}{n}\right]\right] = \left[k - \left[k - \frac{1}{n}\right]\right] = [k-(k-1)] = 1.$$

若 n 是合数, 并且 $n \geqslant 6$, 则依 (i) 中的结论可知 $n \mid (n-1)!$, 于是存在正整数 k, 使得 $(n-1)!+1 = kn$, 从而

$$\left[\frac{(n-1)!+1}{n} - \left[\frac{(n-1)!}{n}\right]\right] = \left[k + \frac{1}{n} - k\right] = 0.$$

若 $n = 4$, 则

$$\left[\frac{(n-1)!+1}{n} - \left[\frac{(n-1)!}{n}\right]\right] = \left[\frac{3!+1}{4} - \left[\frac{3!}{4}\right]\right] = 0.$$

于是

$$\sum_{2 \leqslant n \leqslant x} \left[\frac{(n-1)!+1}{n} - \left[\frac{(n-1)!}{n}\right]\right] = \sum_{p \leqslant x} 1 = \pi(x).$$

3.16 (1) (i) 因为

$$(p-1)!\left(\frac{1}{p} + \frac{(-1)^d d!}{p+d}\right) + \frac{1}{p} + \frac{1}{p+d} = \frac{(p-1)!+1}{p} + \frac{(-1)^d d!(p-1)!+1}{p+d},$$

$$\begin{aligned}(p+1-d)! &= (p+d-1)(p+d-2)\cdots(p+d-d)(p-1)! \\ &\equiv (-1)^d d!(p-1)! \pmod{p},\end{aligned}$$

所以题中的充要条件等价于

$$\frac{(p-1)!+1}{p} + \frac{(p+d-1)!+1}{p+d} \in \mathbb{Z}. \tag{L3.16.1}$$

(ii) 若 $p, p+d$ 都是素数, 则由 Wilson 定理可知式 (L3.16.1) 左边两个加项都是整数, 所以条件式 (L3.16.1) 是必要的.

反之, 设条件式 (L3.16.1) 成立, 但 p 或 $p+d$ 不是素数, 那么由 Wilson 定理可知式 (L3.14.1) 左边两个加项中必有一个不是整数. 因为已知式 (L3.16.1) 左边是一个整数, 所以推出这两个加项都不是整数, 或 (依 Wilson 定理) 等价地说, p 和 $p+d$ 都不是素数. 又因为 p 的每个因子都是 $(p-1)!$ 的因子, 所以 $\big((p-1)!+1\big)/p$ 是既约分数. 类似地, $\big((p+d-1)!+1\big)/(p+d)$ 也是既约分数. 我们引用下列的

辅助命题 若 a/b 和 a'/b' 是既约分数, 并且 $a/b + a'/b'$ 是一个整数, 则 $b \mid b'$, 并且 $b' \mid b$.

证明 因为 $a/b + a'/b' = (ab'+a'b)/(bb')$ 是一个整数, 所以 $bb' \mid ab'+a'b$, 于是 $b \mid ab'+a'b$. 注意 a, b 互素, 所以由 $b \mid ab'$ 推出 $b \mid b'$. 同理, $b' \mid b$.

据辅助命题可知 $(p+d) \mid d$, 显然这不可能. 于是条件式 (L3.16.1) 蕴含 p 和 $p+d$ 都是素数.

(2) (i) 设

$$4\big((n-1)!+1\big) + n \equiv 0 \pmod{n(n+2)}, \tag{L3.16.2}$$

那么直接验证可知 $n \neq 2, 4$; 于是推出 $(n-1)!+1 \equiv 0 \pmod{n}$. 由此应用 Wilson 定理得知 n 是素数. 此外, 由式 (L3.16.2) 还可推出

$$4(n-1)!+2 \equiv 0 \pmod{n+2}.$$

用 $(n+1)n$ 乘上式两边, 得到

$$4\big((n+1)!+1\big) + (n+2)(2n-2) \equiv 0 \pmod{n+2}.$$

因此

$$4\big((n+1)!+1\big) \equiv 0 \pmod{n+2}.$$

由此再次应用 Wilson 定理得知 $n+2$ 是素数. 于是条件式 (L3.16.2) 保证 $(n, n+2)$ 是一对孪生素数.

(ii) 反之, 设 n 和 $n+2$ 都是素数, 那么 (直接验证)$n\neq 2$. 应用 Wilson 定理 (注意 $n+2$ 是素数) 可知

$$(n+1)!+1\equiv 0 \pmod{n+2},$$

于是

$$(n+1)!+1=k_1(n+2),$$

其中 k_1 是整数. 因为 $(n+1)n=(n+2)(n-1)+2$, 所以

$$\begin{aligned}(n+1)!+1&=(n+1)n\cdot(n-1)!+1=\big((n+2)(n-1)+2\big)(n-1)!+1\\&=\big((n-1)(n-1)!\big)(n+2)+2(n-1)!+1=k_2(n+2)+2(n-1)!+1,\end{aligned}$$

其中 k_2 是整数. 于是我们得到

$$2(n-1)!+1=k(n+2), \tag{L3.16.3}$$

其中 k 是整数. 注意 n 为素数, 依 Wilson 定理有 $(n-1)!+1\equiv 0\,(\mathrm{mod}\,n)$. 由此及式 (L3.16.2) 可见

$$2k+1\equiv 0 \pmod n.$$

应用此式及式 (L3.16.3) 可得

$$4(n-1)!+2=2nk+4k\equiv 4k\equiv -2\equiv -(n+2) \pmod n.$$

并且由式 (L3.16.3) 还可推出

$$4(n-1)!+2=2k(n+2)\equiv 0\equiv -(n+2) \pmod{n+2}.$$

因为 n 和 $n+2$ 互素, 所以由上面两式得到

$$4(n-1)!+2\equiv -(n+2) \pmod{n(n+2)}.$$

由此立得式 (L3.16.1).

(3) 由练习题 3.2 解后的注可知, 若 $m>5$ 是合数, 则 $(m-2)!/m$ 是偶数, 因而

$$\sin\left(\frac{m}{2}\left[\frac{(m-2)!}{m}\right]\pi\right)=0.$$

另一方面, 若 $m=p$ 是素数, 则由 Wilson 定理, $(p-2)!\equiv -(p-1)!\equiv 1\,(\mathrm{mod}\,p)$. 因此存在整数 k, 使得 $(p-2)!=kp+1$, 从而

$$\left[\frac{(m-2)!}{m}\right]=k=\frac{(p-2)!-1}{p}.$$

于是, 若 $p>5$, 则 $4\mid(p-2)!$, 从而

$$\sin\left(\frac{m}{2}\left[\frac{(m-2)!}{n}\right]\pi\right)=\sin\left(\frac{p}{2}\frac{(p-2)!}{p}\pi\right)=\sin\left(\frac{\pi}{2}\big((p-2)!-1\big)\right)=-1.$$

由上述两种不同情形的结果可知, 对于下标 $m>5$, 若 m 或 $m+2$ 中有一个是合数, 则题中公式右边的相应加项等于 0; 若 m 和 $m+2$ 都是素数, 则相应加项等于 $(-1)(-1)=1$. 此外, 当 $m=3$ 和 5 时, 显然有孪生素数对 $(3,5)$ 和 $(5,7)$, 所以题中公式右边出现加项 2. 于是题中公式得证.

3.17 (1) 当 $2\leqslant n\leqslant 6$ 时, 可直接验证. 设 $n>6$, 则

$$\begin{aligned}\sum_{n\leqslant m^2\leqslant 2n}1&=\sum_{\sqrt{n}\leqslant m\leqslant\sqrt{2n}}1=[\sqrt{2n}]-[\sqrt{n}]+1\\&\geqslant(\sqrt{2n}-1)-\sqrt{n}+1=(\sqrt{2}-1)\sqrt{n}>1,\end{aligned}$$

因此在 $[n,2n]$ 中存在完全平方数.

(2) 每个正整数 $n \geqslant 6$ 可表示为 $n=6k, n=6k+1, n=6k+2, n=6k+3, n=6k+4, n=6k+5$ 的形式. 在每种形式的数中, 对应的 n^2+2 的值分别是 2 的倍数、3 的倍数、2 的倍数、$6K+5$ 形式的数、2 的倍数, 以及 3 的倍数. 其中只有 $n=6k+3$ 形式的数给出 $n^2+2=6K+5$, 此时 n^2+2 才有可能是素数. 因此得到结论.

(3) 用反证法. 设每个区间 $[n^2,(n+1)^2]$ 中所含素数个数都小于 1 000, 那么满足 $n^2 < p \leqslant (n+1)^2$ 的素数 p 的个数等于 $\pi\big((n+1)^2\big)-\pi(n^2) < 1\ 000$, 于是

$$\begin{aligned}\sum_p \frac{1}{p} &= \sum_{n=1}^{\infty} \sum_{n^2<p\leqslant(n+1)^2} \frac{1}{p} < \sum_{n=1}^{\infty} \frac{1}{n^2} \sum_{n^2<p\leqslant(n+1)^2} 1 \\ &= \sum_{n=1}^{\infty} \frac{1}{n^2} \big(\pi\big((n+1)^2\big)-\pi(n^2)\big) < 1\ 000 \sum_{n=1}^{\infty} \frac{1}{n^2} < +\infty.\end{aligned}$$

但已知级数 $\sum\limits_p 1/p$ 是发散的, 所以得到矛盾.

(4) 只需证明: 若 x,y $(x<y)$ 是任意两个正实数, 则总存在两个素数 p,q, 使得 $x<p/q<y$. 为此, 注意

$$\pi(qy)-\pi(qx) = \pi(qx)\left(\frac{\pi(qy)}{\pi(qx)}-1\right).$$

由素数定理可知

$$\lim_{q\to\infty} \frac{\pi(qy)}{\pi(qx)} = \frac{y}{x} > 1,$$

并且 $\pi(qx)\to\infty (q\to\infty)$, 所以由上述两式推出

$$\lim_{q\to\infty} \big(\pi(qy)-\pi(qx)\big) = \infty.$$

这表明, 当 q 充分大时, 设 $q=q_0$(素数), 则至少存在一个素数 p_0, 使得 $q_0x<p_0<q_0y$, 从而 $x<p_0/q_0<y$. 于是本题得证.

3.18 由 Wilson 定理,

$$\left[\frac{(j-1)!+1}{j} - \left[\frac{(j-1)!}{j}\right]\right] = \begin{cases} 1, & j \text{ 是素数}, \\ 0, & j \text{ 是合数}. \end{cases}$$

因此只需证明:

$$2+\sum_{m=2}^{2^{2^n}} \left[\left[\frac{n}{1+\pi(m)}\right]^{1/n}\right] = p_n.$$

显然, 若 $\pi(m) > n-1$, 则

$$\left[\left[\frac{n}{1+\pi(m)}\right]^{1/n}\right] = 0;$$

而当 $\pi(m) \leqslant n-1$ 时

$$\frac{n}{1+\pi(m)} \geqslant 1.$$

由练习题 3.10(1),

$$\left[\left[\frac{n}{1+\pi(m)}\right]^{1/n}\right] = \left[\left(\frac{n}{1+\pi(m)}\right)^{1/n}\right].$$

因为 $\max\limits_{n\geqslant 1} \sqrt[n]{n} = \sqrt[3]{3}$ (由读者补出证明), 所以当 $\pi(m) \leqslant n-1$ 时

$$1 \leqslant \left(\frac{n}{1+\pi(m)}\right)^{1/n} < n^{1/n} \leqslant \sqrt[3]{3} < 2,$$

从而

$$\left[\left[\frac{n}{1+\pi(m)}\right]^{1/n}\right]=1.$$

注意 $p_n \leqslant 2^{2^n}$. 当 $m=2,3,\cdots,p_n-1$(总共 p_n-2 个值) 时, $\pi(m)\leqslant n-1$; 当 $m\in\{p_n,\cdots,2^{2^n}\}$ 时,$\pi(m)>n-1$. 因此

$$2+\sum_{m=2}^{2^{2^n}}\left[\left[\frac{n}{1+\pi(m)}\right]^{1/n}\right]=2+(p_n-2)=p_n.$$

3.19 (1) 我们有

$$n!=\prod_{p\leqslant n}p^{u(p)},$$

其中

$$u(p)=\sum_{j=1}^{\infty}\left[\frac{n}{p^j}\right]\leqslant n\sum_{j=1}^{\infty}\frac{1}{p^j}.$$

因为

$$\sum_{j=1}^{\infty}\frac{1}{p^j}=\frac{1}{p}\left(1+\frac{1}{p}+\frac{1}{p^2}+\cdots\right)=\frac{1}{p-1},$$

所以 $u(p)\leqslant n/(p-1)$, 于是

$$n!\leqslant\prod_{p\leqslant n}p^{n/(p-1)},$$

从而

$$\sqrt[n]{n!}\leqslant\prod_{p\leqslant n}p^{n/(p-1)}.$$

(2) 对 n 用数学归纳法. 当 $n=1$ 和 $n=2$ 时, 题中不等式显然成立. 设 $n\geqslant 3$, 并且对所有不超过 $n-1$ 的正整数 m, 有

$$\prod_{p\leqslant m}p\leqslant 4^m.$$

要证明:

$$\prod_{p\leqslant n}p\leqslant 4^n. \tag{L3.19.1}$$

记 $P_n=\prod\limits_{p\leqslant n}p$. 若 n 是偶数, 则 $P_n=P_{n-1}$, 从而

$$\prod_{p\leqslant n}p=\prod_{p\leqslant n-1}p\leqslant 4^{n-1}<4^n.$$

于是不等式 (L3.19.1) 得证. 现在设 n 是奇数, 令 $n=2k+1$ (k 是正整数), 那么每个满足 $k+2\leqslant p\leqslant 2k+1$ 的素数 p(由 Bertrand “假设”, 它们存在) 都是

$$\binom{2k+1}{k}=\frac{(2k+1)(2k)(2k-1)(2k-2)\cdots(k+2)}{1\cdot 2\cdot 3\cdots k}$$

的因子. 因为

$$2^{2k+1}=(1+1)^{2k+1}<\binom{2k+1}{k}+\binom{2k+1}{k+1}=2\binom{2k+1}{k},$$

所以

$$\binom{2k+1}{k}<4^k.$$

于是

$$\prod_{k+2\leqslant p\leqslant 2k+1}p<4^k.$$

又由归纳假设,

$$\prod_{p\leqslant k+1} p = P_{k+1} < 4^{k+1}.$$

因此得到

$$P_n = \prod_{p\leqslant k+1} p \prod_{k+2\leqslant p\leqslant 2k+1} p < 4^{k+1}\cdot 4^k = 4^{2k+1} = 4^n.$$

即此时不等式 (L3.19.1) 也成立. 于是完成归纳证明.

3.20 (1) 用 $\rho(n)$ 表示正整数 n 的十进制表示中数字的个数. 若 $n\in A$, 那么 n 的十进制数字只可能是 $0,1,\cdots,6,8,9$. 显然 n 的最高位数字只能取自集合 $\{1,\cdots,6,8,9\}$, 有 8 种可能取法; 其余数位的数字互相独立地取自集合 $\{0,1,\cdots,6,8,9\}$, 各有 9 种可能取法. 因此对于给定的正整数 r,

$$\sum_{\substack{n\in A\\ \rho(n)=r}} 1 = 8\cdot 9^{r-1}.$$

还要注意, 若 $n\in A$, $\rho(n)=r$, 则 $n\geqslant 10^{r-1}$. 于是

$$\begin{aligned}\sum_{n\in A}\frac{1}{n} &= \sum_{r=1}^{\infty}\sum_{\substack{n\in A\\ \rho(n)=r}}\frac{1}{n} \leqslant \sum_{r=1}^{\infty}\frac{1}{10^{r-1}}\sum_{\substack{n\in A\\ \rho(n)=r}} 1\\ &= \sum_{r=1}^{\infty}\frac{8\cdot 9^{r-1}}{10^{r-1}} = 8\sum_{r=1}^{\infty}\left(\frac{9}{10}\right)^{r-1} = 80.\end{aligned}$$

(2) **提示** 显然, 若整数 $a>b>0$, 则 $a-b\geqslant (a,b)$(a,b 的最大公因子); 还知道关系式 $(a,b)[a,b]=ab$. 因此

$$(u_{n+1}-u_n)[u_{n+1},u_n] \geqslant (u_{n+1},u_n)[u_{n+1},u_n] = u_{n+1}\cdot u_n,$$

从而

$$\frac{1}{[u_{n+1},u_n]} \leqslant \frac{u_{n+1}-u_n}{u_{n+1}\cdot u_n} = \frac{1}{u_n} - \frac{1}{u_{n+1}}.$$

由此容易推出结论.

(3) 题中二重级数等于

$$\begin{aligned}\sum_p\left(\frac{1}{p^2}+\frac{1}{p^3}+\frac{1}{p^4}+\cdots\right) &= \sum_p \frac{1}{p^2}\left(1+\frac{1}{p}+\frac{1}{p^2}+\frac{1}{p^3}+\cdots\right)\\ &= \sum_p \frac{1}{p^2}\frac{1}{1-p^{-1}} = \sum_p \frac{1}{p(p-1)}\\ &< \sum_{n=2}^{\infty}\frac{1}{n(n-1)} = 1.\end{aligned}$$

3.21 因为

$$f(n)-f(n-1) = \begin{cases} 1, & n\in\mathbb{N},\\ 0, & n\notin\mathbb{N},\end{cases}$$

所以由 Abel 分部求和公式 (见练习题 1.53 解后的注) 得到

$$\begin{aligned}\sum_{\substack{n\leqslant x\\ n\in\mathbb{N}}}\frac{1}{n} &= \sum_{2\leqslant n\leqslant x}\frac{f(n)-f(n-1)}{n} = \sum_{2\leqslant n\leqslant x} f(n)\left(\frac{1}{n}-\frac{1}{n+1}\right) + \frac{f(x)}{[x]+1}\\ &= \sum_{n\leqslant x}\frac{f(n)}{n(n+1)} + \frac{f(x)}{[x]+1}.\end{aligned}$$

3.22 (1) 我们有

$$S(x)=\sum_{\substack{n\leqslant x\\ 2\mid n}}1+\sum_{\substack{n\leqslant x\\ 2\nmid n}}1=\left[\frac{x}{2}\right]\cdot 1+\left[\frac{x+1}{2}\right]\cdot 2,$$

因此

$$\frac{x}{2}-1+2\left(\frac{x+1}{2}-1\right)\leqslant S(x)\leqslant \frac{x}{2}+(x+1),$$

即

$$\frac{3x}{2}-2\leqslant S(x)\leqslant \frac{3x}{2}+1.$$

因此 $\lim\limits_{x\to\infty}S(x)/x=3/2$.

(2) 不妨认为 $n>\mathrm{e}^{\mathrm{e}}$. 令

$$f(n)=\sum_{\substack{p\mid n\\ p>\log n}}1,$$

那么由 $n=\prod\limits_{p\mid n}p^{\alpha(p)}$(标准分解式) 推出

$$n\geqslant \prod_{\substack{p\mid n\\ p>\log n}}p=\exp\Bigg(\sum_{\substack{p\mid n\\ p>\log n}}\log p\Bigg),$$

注意右边求和限制 $p>\log n$, 所以求和号中每个加项 $\log p>\log\log n$, 因而

$$\begin{aligned}n&>\exp\Bigg(\sum_{\substack{p\mid n\\ p>\log n}}\log\log n\Bigg)=\exp\Bigg(\log\log n\sum_{\substack{p\mid n\\ p>\log n}}1\Bigg)\\&=\exp\big((\log\log n)f(n)\big)=(\log n)^{f(n)},\end{aligned}$$

于是

$$\log n>f(n)\log\log n.$$

由此得到

$$f(n)<\frac{\log n}{\log\log n}\quad (n>\mathrm{e}^{\mathrm{e}}).$$

另一方面, 当 n 充分大时

$$\log\left(1-\frac{1}{\log n}\right)\geqslant -\frac{2}{\log n}$$

(请读者补出证明). 于是

$$\begin{aligned}0\geqslant \log P(n)&=\sum_{\substack{p\mid n\\ p>\log n}}\log\left(1-\frac{1}{p}\right)\\&\geqslant f(n)\log\left(1-\frac{1}{\log n}\right)\geqslant -\frac{2f(n)}{\log n}\geqslant -\frac{2}{\log\log n}.\end{aligned}$$

由此可推出 $\lim\limits_{n\to\infty}P(n)=1$.

(3) 设 p_n 是第 n 个素数. 令

$$n_k=p_1p_2\cdots p_k\quad (k=1,2,\cdots),$$

则

$$f(n_k)=\sum_{p\mid n_k}\frac{1}{p}=\sum_{p\leqslant p_k}\frac{1}{p}.$$

因为级数 $\sum\limits_{p}1/p$ 发散, 所以 $f(n_k)\to\infty\,(k\to\infty)$. 于是本题得证.

(4) 注意, 对于每个给定的 n, $f(n)$ 都是有限和. 我们有

$$[\sqrt[k]{n}-1]=\sum_{\substack{a^k\leqslant n\\ a\geqslant 2}}1\quad (k\geqslant 2),$$

其中 a 表示正整数, 于是

$$f(n)=\sum_{k\geqslant 2}\sum_{\substack{a^k\leqslant n\\ a\geqslant 2}}1. \tag{L3.22.1}$$

我们只需证明: 对于任何给定的整数 σ, 都存在正整数 n, 使得

$$f(n)-f(n-1)\geqslant \sigma.$$

为此, 我们令

$$n=2^{2^{\sigma}},$$

那么

$$n=\left(2^{2^{\sigma-1}}\right)^2=\left(2^{2^{\sigma-2}}\right)^{2^2}=\cdots=\left(2^2\right)^{2^{\sigma-1}}=2^{2^{\sigma}}.$$

由式 (L3.22.1) 可知

$$\begin{aligned}f(n)-f(n-1)&=\sum_{k\geqslant 2}\sum_{\substack{a^k\leqslant n\\ a\geqslant 2}}1-\sum_{k\geqslant 2}\sum_{\substack{a^k\leqslant n-1\\ a\geqslant 2}}1\\&=\sum_{k\geqslant 2}\Bigg(\sum_{\substack{a^k\leqslant n\\ a\geqslant 2}}1-\sum_{\substack{a^k\leqslant n-1\\ a\geqslant 2}}1\Bigg)=\sum_{k\geqslant 2}\sum_{\substack{a^k=n\\ a\geqslant 2}}1.\end{aligned}$$

分别取 a^k 的下列 σ 个值:

$$\begin{aligned}&a^k=\left(2^{2^{\sigma-1}}\right)^2\quad (\text{即 } a=2^{2^{\sigma-1}},k=2),\\&a^k=\left(2^{2^{\sigma-2}}\right)^{2^2}\quad (\text{即 } a=2^{2^{\sigma-2}},k=2^2),\\&\cdots,\\&a^k=\left(2^2\right)^{2^{\sigma-1}}\quad (\text{即 } a=2^2,k=2^{\sigma-1}),\\&a^k=2^{2^{\sigma}}\quad (\text{即 } a=2,k=2^{\sigma}),\end{aligned}$$

可知

$$f(n)-f(n-1)\geqslant \sigma.$$

于是本题得证.

3.23 (i) 因为 $p_{i+1}-p_i\geqslant 2$, 所以

$$p_n=(p_n-p_{n-1})+(p_{n-1}-p_{n-2})+\cdots+(p_2-p_1)+p_1\geqslant (n-1)\cdot 2-2,$$

即得 $p_n\geqslant 2n$. 于是

$$\frac{1}{n}\sum_{i=1}^{n}p_i\geqslant \frac{1}{n}\sum_{i=1}^{n}2i>\frac{1}{n}\sum_{i=1}^{n}(2i-1)=\frac{1}{n}\left(2\cdot\frac{n(n+1)}{2}-n\right)=n.$$

(ii) 另一方面, 依幂平均不等式,

$$\frac{1}{n}\sum_{i=1}^{n}p_i\leqslant\left(\frac{1}{n}\sum_{i=1}^{n}p_i^k\right)^{1/k},$$

所以

$$\sum_{i=1}^{n} p_i^k \geqslant n\left(\frac{1}{n}\sum_{i=1}^{n} p_i\right)^k.$$

由此及步骤 (i) 中所得不等式即可推出 $\sum\limits_{i=1}^{n} p_i^k > n^{k+1}$.

3.24 (i) 如果对任何素数 p, $f(p)=0$, 则对所有正整数 n, $f(n)=0$, 因此可取 $c=0$. 下面设存在素数 p, 使得 $f(p)\neq 0$.

(ii) 设素数 p 如步骤 (i), 于是 $f(p)\neq 0$. 任取素数 $q\neq p$. 还设 $u_1,u_2,\cdots$ 是一个严格增加的无穷正整数列, s 是使 $s\log p/\log q\geqslant 1$ 的最小整数. 对于每个整数 $i(\geqslant 1)$, 显然可取整数 v_i 满足不等式

$$u_i\cdot\frac{\log p}{\log q} < v_i \leqslant (u_i+s)\cdot\frac{\log p}{\log q},$$

并且 $v_i\to\infty\,(i\to\infty)$. 于是有

$$p^{u_i} < q^{v_i} < p^{u_i+s} \quad (i=1,2,\cdots). \tag{L3.24.1}$$

由此得到

$$u_i\log p < v_i\log q < (u_i+s)\log p \quad (i=1,2,\cdots).$$

两边除以 $v_i\log p$, 得到

$$\frac{u_i}{v_i} < \frac{\log q}{\log p} < \frac{u_i}{v_i}+\frac{s}{v_i} \quad (i=1,2,\cdots),$$

于是

$$0 < \frac{\log q}{\log p}-\frac{u_i}{v_i} < \frac{s}{v_i} \quad (i=1,2,\cdots).$$

因此

$$\lim_{i\to\infty}\frac{u_i}{v_i}=\frac{\log q}{\log p}. \tag{L3.24.2}$$

(iii) 因为 f 是单调增加函数, 所以从式 (L3.24.1) 得到

$$f(p^{u_i}) \leqslant f(p^{v_i}) \leqslant f(p^{u_i+s}) \quad (i=1,2,\cdots).$$

又因为 f 是完全加性的, 所以进而得到

$$u_i f(p) \leqslant v_i f(q) \leqslant (u_i+s) f(p) \quad (i=1,2,\cdots).$$

因为 $f(p)\neq 0$, 两边除以 $v_i f(p)$, 得到

$$\frac{u_i}{v_i} < \frac{\log q}{\log p} < \frac{u_i}{v_i}+\frac{s}{v_i} \quad (i=1,2,\cdots),$$

于是

$$\lim_{i\to\infty}\frac{u_i}{v_i}=\frac{f(q)}{f(p)}. \tag{L3.24.3}$$

(iv) 由式 (L3.24.2) 和式 (L3.24.3) 得到

$$\frac{f(q)}{f(p)}=\frac{\log q}{\log p}.$$

取 $c=f(p)/\log p$, 可知对任意素数 q, 有

$$f(q)=c\log q.$$

由 f 的完全加性, 若 $n=\prod\limits_i p_i^{\alpha_i}$ 是 n 的标准分解式, 则

$$f(n)=c\sum_i \alpha_i\log p_i = c\log\Bigl(\prod_i p_i^{\alpha_i}\Bigr)=c\log n.$$

3.25 解法 1 将方程

$$x^3-4xy+y^3=-1 \tag{L3.25.1}$$

两边乘以 27, 然后各加 64, 可得

$$(3x)^3+(3y)^3+4^3-3(3x)(3y)4=37.$$

应用代数恒等式

$$a^3+b^3+c^3-3abc=(a+b+c)(a^2+b^2+c^2-ab-bc-ca),$$

可知方程 (L3.25.1) 等价于方程

$$(3x+3y+4)(9x^2+9y^2+16-9xy-12x-12y)=37. \tag{L3.25.2}$$

因为 37 是素数, 上式左边第 2 个因子等于

$$\frac{1}{2}\left((3x-3y)^2+(3x-4)^2+(3y-4)^2\right)\geqslant 0,$$

所以

$$3x+3y+4>0,$$

从而由方程 (L3.25.2) 推出

$$3x+3y+4=1 \text{ 或 } 37.$$

但 $3x+3y+4=37$ 是不可能的. 这是因为它蕴含

$$x+y=11, \tag{L3.25.3}$$

并且方程 (L3.25.2) 左边第 2 个因子

$$\frac{1}{2}\left((3x-3y)^2+(3x-4)^2+(3y-4)^2\right)=1,$$

或

$$\left((3x-3y)^2+(3x-4)^2+(3y-4)^2\right)=2. \tag{L3.25.4}$$

由方程 (L3.25.3) 可知 x,y 的奇偶性相反, 从而 $|3x-3y|\geqslant 3$, 于是等式 (L3.25.4) 不可能成立. 由此推出只可能

$$3x+3y+4=1, \tag{L3.25.5}$$

并且方程 (L3.25.2) 左边第 2 个因子

$$9x^2+9y^2+16-9xy-12x-12y=37. \tag{L3.25.6}$$

解由式 (L3.25.5) 和式 (L3.25.6) 形成的二元二次方程组, 得到整数解 $(x,y)=(-1,0),(0,-1)$.

解法 2 令 $x+y=u$, $xy=a$, 则所给方程化为

$$u^3-3au-4a+1=0,$$

它等价于

$$a=\frac{u^3+1}{3u+4}.$$

因为 a 是整数, 所以

$$\frac{27u^3+27}{3u+4}\in\mathbb{Z},$$

或

$$9u^2-12u+16-\frac{37}{3u+4}\in\mathbb{Z},$$

于是 $3u+4\mid 37$(素数), 从而 $3u+4\in\{-1,1,-37,37\}$. 由此得知整数 $u\in\{-1,11\}$. 因为当 $u=11$ 时, $a=(11^3+1)/37$ 不是整数, 所以舍去. 当 $u=-1$ 时, $a=0$, 因此由 $x+y=-1,xy=0$ 求得解 $(x,y)=(-1,0),(0,-1)$.

3.26 显然, 若 x,y 中有一个等于 1, 则另一个也等于 1, 因此 $(x,y)=(1,1)$ 是方程的一组解.

现在求方程的解 (x,y), 其中 $x\geqslant 2,y\geqslant 2$. 在此条件下, $x^y=y^{x-y}>1$, 因而 $x>y$. 用 y^y 除方程 $x^y=y^{x-y}$ 的两边, 得到

$$\left(\frac{x}{y}\right)^y=y^{x-2y}. \tag{L3.26.1}$$

因为 $x/y>1$, 所以 $y^{x-2y}=(x/y)^y>1$, 从而 $x-2y$ 是正整数; 进而可知 $(x/y)^y=y^{x-2y}$ 是正整数, 于是 x/y 也是正整数. 此外, 由 $x-2y\geqslant 1$ 得到 $x/y\geqslant 2+1/y$, 由此推出 $x/y>2$. 最后, 若 $x/y\geqslant 5$, 则由式 (L3.26.1) 以及不等式 $2^t>4t\ (t\geqslant 5)$(并注意 $y\geqslant 2$) 可得

$$\frac{x}{y}=y^{x/y-2}\geqslant 2^{x/y-2}=\frac{1}{4}\cdot 2^{x/y}>\frac{1}{4}\cdot 4\cdot\frac{x}{y}=\frac{x}{y},$$

这不可能. 因此整数 x/y 满足不等式

$$2<\frac{x}{y}<5,$$

于是只可能 $x/y=3$ 或 $x/y=4$. 若 $x/y=3$, 则由式 (L3.26.1) 可知 $x/y=y^{x/y-2}$, 因而 $y=3,x=y(x/y)=3\cdot 3=9$; 若 $x/y=4$, 则类似地求得 $y=2,x=8$.

合起来可知, 题中方程的全部正整数解是 $(x,y)=(1,1),(8,2),(9,3)$.

3.27 令 $f(x,y)=x^y-y^x$, 则对于 $(x,y)\in\mathbb{N}^2$, 有

$$f(x,y)\begin{cases}\leqslant 0, & \mathscr{D}_1: x=1,\\ \leqslant 0, & \mathscr{D}_2: x\geqslant 4, y=2,\\ \leqslant 0, & \mathscr{D}_3: x\geqslant y\geqslant 3,\\ >1\ 986, & \mathscr{D}_4: x>1\ 987, y=1,\\ >1\ 986, & \mathscr{D}_5: 1<x<y, y\geqslant 12.\end{cases}$$

事实上, 其中第 1 个和第 4 个不等式是显然的. 第 2 个不等式容易证明 (实际上是熟知的). 第 3 个不等式 (对于给定的 $y\geqslant 3$) 可对正整数 x 用数学归纳法证明: 当 $x=y$ 时, $f(x,y)=x^x-x^x=0$. 若对于 $x=k\ (\geqslant y)$, $f(x,y)\leqslant 0$, 则当 $x=k+1$ 时

$$\begin{aligned}f(x,y)&=(k+1)^y-y^{k+1}\leqslant (k+1)^y-yk^y\\&=k^y\left(\left(\frac{k+1}{k}\right)^y-y\right)\leqslant k^y\left(\left(\frac{k+1}{k}\right)^k-y\right)\\&\leqslant k^y(\mathrm{e}-y)<0.\end{aligned}$$

在此处推理的第 2 步中, 应用了归纳假设 $y^k\geqslant k^y$; 最后一步应用了假设 $y\geqslant 3>\mathrm{e}$. 因此第 3 个不等式得证. 类似地, 对于给定的 $x>1$, 对 $y\ (\geqslant 12)$ 用数学归纳法可证明第 5 个不等式 (请读者补充证明).

因为 $z=f(x,y)\in\mathbb{N},z\leqslant 1\ 986$, 所以逐个计算 $f(x,y)$ 在有限集 $\mathbb{N}^2\setminus(\bigcup_{i=1}^{5}\mathscr{D}_i)$ 上的值, 可得方程的全部正整数解:

$$\begin{aligned}&(x,y,z)=(1+\mu,1,\mu)\quad(\mu=1,2,\cdots,1\ 986),\\&(3,2,1),(3,4,17),(2,5,7),(3,5,118),(4,5,399),2,6,28),(3,6,513),\\&(2,7,79),(3,7,1\ 844),(2,8,192),(2,9,431),(2,10,924),(2,11,1\ 927).\end{aligned}$$

例如, $(x,y,z)=(1+\mu,1,\mu)$ 型的解可由第 4 个不等式推出, 等等.

3.28 显然, $(x,y)=(\mu,1)\,(\mu\in\mathbb{Z})$ 是方程

$$(x+2)^y=x^y+2y^y \tag{L3.28.1}$$

的整数解. 现在来求所有 $y\neq 1$ 的整数解. 设 (x,y) 是这样的解. 对函数 $h(t)=t^y\,(x\leqslant t\leqslant x+2)$ 应用 Lagrange 中值定理, 有

$$(x+2)^y-x^y=2y\xi^{y-1},$$

其中 $\xi\in(x,x+2)$. 因为等式左边是整数, 所以 ξ 也是整数, 并且 $\xi=x+1$. 又因为由方程 (L3.28.1) 可知 $2y^y=(x+2)^y-x^y$, 所以 (x,y) 满足方程 $2y^y=2y(x+1)^{y-1}$. 注意 $y\neq 0$, 于是 (x,y) 满足方程

$$y^{y-1}=(x+1)^{y-1},$$

或

$$\left(\frac{y}{x+1}\right)^{y-1}=1.$$

因为 $y\neq 1$, 所以

$$y=x+1, \tag{L3.28.2}$$

从而方程 (L3.28.1) 的解 $(x,y)(y\neq 1)$ 满足

$$\left(\frac{x+2}{x+1}\right)^{x+1}-\left(\frac{x}{x+1}\right)^{x+1}=2. \tag{L3.28.3}$$

定义函数

$$f(t)=\left(1+\frac{1}{t}\right)^t-\left(1-\frac{1}{t}\right)^t\quad(t\neq -1,0,1),$$

则方程 (L3.28.3) 等价于

$$f(x+1)=2. \tag{L3.28.4}$$

若整数变量 $t<0$, 即 $t\leqslant -2$, 则令 $t_1=-t$. 于是 $t_1\geqslant 2$, 并且 $t\downarrow -\infty$ 等价于 $t_1\uparrow +\infty$. 由

$$\left(1+\frac{1}{t}\right)^t=\left(1+\frac{1}{t_1-1}\right)^{(t_1-1)+1},\quad \left(1-\frac{1}{t}\right)^t=\frac{1}{\left(1+\dfrac{1}{t_1}\right)^{t_1}}$$

可知 (参见练习题 1.49 解后的注)

$$\left(1+\frac{1}{t}\right)^t\downarrow \mathrm{e},\quad \left(1-\frac{1}{t}\right)^t\downarrow \frac{1}{\mathrm{e}}\quad (t\downarrow -\infty).$$

所以 $f(t)>\mathrm{e}-\big(1-1/(-2)\big)^{-2}=\mathrm{e}-(3/2)^{-2}>0$. 若整数变量 $t>0$, 则由二项式公式可知 $f(t)\geqslant 2$; 并且等式 $f(t)=2$ 仅当 $t=2$ 时成立. 因此方程 (L3.28.4) 只有一解: $x+1=2$, 由此及式 (L3.28.2) 得到 $(x,y)=(1,2)$. 经检验, 它确实满足方程 (L3.28.1). 因此方程的全部解是 $(x,y)=(\mu,1)\,(\mu\in\mathbb{Z}),(1,2)$.

3.29 (1) 由满足的同余式可知 $(x,y)=(x,z)=(y,z)=1$. 因此 $2\leqslant x<y<z$. 由所给同余式推出

$$\begin{aligned}xy+xz+yz-1&\equiv 0\pmod{x},\\ xy+xz+yz-1&\equiv 0\pmod{y},\\ xy+xz+yz-1&\equiv 0\pmod{z}.\end{aligned}$$

于是

$$xy+xz+yz-1\equiv 0\pmod{xyz}.$$

令 $xy+xz+yz-1=k(xyz)$, 其中 $k\geqslant 1$. 由此, 再由除法可得

$$\frac{1}{x}+\frac{1}{y}+\frac{1}{z}=\frac{1}{xyz}+k>1.$$

因为 $x<y<z, 1/x>1/y, 1/x>1/z$, 所以

$$1<\frac{1}{x}+\frac{1}{y}+\frac{1}{z}<\frac{3}{x},$$

从而 $x=2$. 由此及上式 (并且注意 $1/z<1/y$) 推出

$$\frac{1}{2}<\frac{1}{y}+\frac{1}{z}<\frac{2}{y},$$

从而 $y=3$. 由此及上式可知, z 的值仅可能是 4 或 5, 即数组 (x,y,z) 仅可能取 $(2,3,4)$ 或 $(2,3,5)$; 但 x,z 互素, 所以本题仅有一解: $(x,y,z)=(2,3,5)$.

(2) 解法 1　因为方程 $xyzuv=x+y+z+u+v$ 的各变量对称, 所以不妨认为

$$x\leqslant y\leqslant z\leqslant u\leqslant v. \tag{L3.29.1}$$

问题归结为在此约束条件及 $xyzuv=x+y+z+u+v$ 下求 v 的最大值. 因为

$$v<x+y+z+u+v\leqslant 5v,$$

注意 $xyzuv=x+y+z+u+v$, 也就是 $v<xyzuv\leqslant 5v$, 或 $1<xyzu\leqslant 5$, 所以题中方程满足不等式 (L3.29.1) 的解是

$$(x,y,z,u)=(1,1,1,2),(1,1,1,3),(1,1,1,4),(1,1,1,5),(1,1,2,2),$$

从而所求的最大值等于 5.

解法 2　不妨设不等式 (L3.29.1) 成立. 由不定方程 $xyzuv=x+y+z+u+v$ 推出

$$1=\frac{1}{yzuv}+\frac{1}{zuvx}+\frac{1}{uvxy}+\frac{1}{vxyz}+\frac{1}{xyzu}.$$

因为 $yz\geqslant 1$, 所以 $1/(yzuv)\leqslant 1/(uv)$, 等等. 于是由上式得到

$$1\leqslant\frac{1}{uv}+\frac{1}{uv}+\frac{1}{uv}+\frac{1}{v}+\frac{1}{u}=\frac{3+u+v}{uv},$$

或者 $uv\leqslant 3+u+v$, 即

$$(u-1)(v-1)\leqslant 4. \tag{L3.29.2}$$

若 $u=1$, 则由不等式 (L3.29.1) 可知 $x=y=z=1$, 从而由 $x+y+z+u+v=xyzuv$ 推出 $4+v=v$, 这不可能. 于是 $u\geqslant 2$, 由不等式 (L3.29.2) 推出 $v-1\leqslant 4$, 即 $v\leqslant 5$. 因此在条件式 (L3.29.1) 下, 所给方程的解是 $(x,y,z,u,v)=(1,1,1,2,5)$, 于是所求最大值等于 5.

3.30　(1) (i) 因为 x,y 互素, 所以 x,y 不可能同为偶数. 若它们同为奇数, 则有 $x^2+y^2\equiv 2\pmod 4$, 从而 x^2+y^2 不是完全平方, 与所给方程矛盾. 因此 x,y 具有不同的奇偶性. 特别地, 由此推出 z 是奇数.

(ii) 在环 $\mathbb{Z}[\mathrm{i}]$ 中, 所给方程可分解为

$$(x+y\mathrm{i})(x-y\mathrm{i})=z^{2m}. \tag{L3.30.1}$$

令 $\delta=\gcd(x+y\mathrm{i},x-y\mathrm{i})$, 那么 $\delta\,|\,(x+y\mathrm{i})+(x-y\mathrm{i})=2x, \delta\,|\,(x+y\mathrm{i})-(x-y\mathrm{i})=2y\mathrm{i}$. 注意 x,y 互素, 所以 $\delta\,|\,2$. 又由方程 (L3.30.1) 可知 $\delta\,|\,z^{2m}$. 因为已证明 z 是奇数, 所以 $\delta\neq 2$, 而是 $\mathbb{Z}[\mathrm{i}]$ 中的单位元素. 这蕴含 $x+y\mathrm{i}, x-y\mathrm{i}$ 互素. 由 $\mathbb{Z}[\mathrm{i}]$ 中的唯一因子分解性质, 从等式 (L3.30.1) 推出

$$x+y\mathrm{i}=\mathrm{i}^k(a+b\mathrm{i})^{2m}, \tag{L3.30.2}$$

其中 a,b 是某些整数, $\mathrm{i}^k\,(k\in\{0,1,2,3\})$ 是单位元素.

(iii) 注意 $p=4m-1$, 由式 (L3.30.2) 推出

$$\begin{aligned}(a+b\mathrm{i})^{4m}&=(a+b\mathrm{i})^{p+1}=(a+b\mathrm{i})^p(a+b\mathrm{i})\equiv\big(a^p+(b\mathrm{i})^p\big)(a+b\mathrm{i})\pmod p\\&\equiv(a^p-b^p\mathrm{i})(a+b\mathrm{i})\pmod p.\end{aligned}$$

因为 $a^p\equiv a, b^p\equiv b\,(\mathrm{mod}\,p)$, 所以

$$(a+b\mathrm{i})^{4m}\equiv(a-b\mathrm{i})(a+b\mathrm{i})=a^2+b^2\pmod p. \tag{L3.30.3}$$

另一方面, 由式 (L3.30.2) 两边平方可知

$$x^2-y^2+2xy\mathrm{i}=(-1)^k(a+b\mathrm{i})^{4m}.$$

由此及式 (L3.30.3) 得到

$$x^2-y^2+2xy\mathrm{i}\equiv(-1)^k(a^2+b^2)\pmod p.$$

注意 $p\,|\,u+v\mathrm{i}\Leftrightarrow p\,|\,u,p\,|\,v$, 所以由上式推出 $p\,|\,2xy$. 又因为 p 是奇数, 所以 $p\,|\,xy$.

(2) (i) 令 $f(t)=(1+t)^\omega$, 其中 ω 是一个实数. 由 Lagrange 中值定理,

$$|(1+t)^\omega-1|=|f(t)-f(0)|=|f'(\theta t)||t|\quad(0<\theta<1).$$

因此

$$|(1+t)^\omega-1|\leqslant\max\{1,(1+t)^{\omega-1}\}|\omega t|. \tag{L3.30.4}$$

(ii) 由题给方程解出

$$y=x^{p/q}(1+x^{-p})^{1/q}=x^{p/q}(1+r),$$

其中

$$r=(1+x^{-p})^{1/q}-1.$$

在式 (L3.30.4) 中令 $\omega=1/q,t=x^{-p}$, 得到

$$|r|\leqslant(1-|x|^{-p})^{1/q-1}q^{-1}|x|^{-p}.$$

因为 $p,q\geqslant2$, 并且由所给方程可知 $x\geqslant2$, 所以 $|r|<3/(4q)x^{-p}$, 于是得到题中的不等式.

3.31 (1) 因为 $P(x)$ 有实根, 所以 $D>0$. 设 $P(x)=a(x-\theta)(x-\theta')$, 则 $D=a^2(\theta-\theta')^2$. 如果有理数 $p/q\ (q>0)$ 是不等式

$$\left|\theta-\frac{p}{q}\right|<\frac{1}{cq^2} \tag{L3.31.1}$$

的任意一个解, 那么 $P(p/q)\neq0$, 所以

$$\begin{aligned}\frac{1}{q^2}&\leqslant\left|P\left(\frac{p}{q}\right)\right|=\left|\theta-\frac{p}{q}\right|\left|a\left(\theta'-\frac{p}{q}\right)\right|\\&<\frac{1}{cq^2}\cdot\left|a\left(\theta'-\frac{p}{q}\right)\right|=\frac{1}{cq^2}\cdot\left|a\left(\theta'-\theta+\theta-\frac{p}{q}\right)\right|\\&\leqslant\frac{1}{cq^2}\left(|a(\theta'-\theta)|+|a|\left|\theta-\frac{p}{q}\right|\right)<\frac{\sqrt{D}}{cq^2}+\frac{|a|}{c^2q^4},\end{aligned}$$

从而

$$1<\frac{\sqrt{D}}{c}+\frac{|a|}{c^2q^2},$$

当 q 充分大时不等式右边小于 1, 所以不等式 (L3.31.1) 只有有限多个有理解.

(2) 设 $N \geqslant N_0$, 则存在 $a=a(N), b=b(N), a'=a(N+1), b'=b(N+1)$, 满足 $1 \leqslant a \leqslant N-1, 1 \leqslant a' \leqslant N$, 以及

$$|a\xi - b| < \frac{1}{2N}, \quad |a'\xi - b'| < \frac{1}{2N+2}.$$

因为

$$|ab' - a'b| = |a(b' - a'\xi) + a'(a\xi - b)| < \frac{a}{2N+2} + \frac{a'}{2N} < 1,$$

所以 $ab' - a'b = 0$, 于是 $b/a = b'/a'$, 即当 $N \geqslant N_0$ 时, $b(N)/a(N) = b(N+1)/(a(N+1))$, 与 $N(\geqslant N_0)$ 无关, 于是存在极限

$$\lim_{N\to\infty} \frac{B(N)}{a(N)} = \xi,$$

即 $\xi = b(N)/a(N)\,(N \geqslant N_0)$.

3.32 由题设, $F_1 \setminus C, F_2 \setminus C, \cdots, F_{k+1} \setminus C$ 两两无公共元素, 所以若一个集合与它们都有非空的交, 则此集合至少含有 $k+1$ 个元素. 因为 $|F| \leqslant k$, 所以存在一个 $i \in \{1,2,\cdots,k+1\}$, 使得

$$F \cap (F_i \setminus C) = \emptyset,$$

即 $F \cap F_i = F \cap C$.

3.33 对于任意两个集合 A_i, A_j, 如果 $A_i \cup A_j = X$, 那么将所含元素个数较多的归于集合 $\mathscr{A}$, 所含元素个数较少的归于集合 $\mathscr{B}$; 若二者所含元素个数相同, 则分别归于不同的集合. 于是依题设条件可知, 集合 $\mathscr{A}$ 中的任意两个元素的交非空, 从而

$$|\mathscr{A}| \leqslant 2^{n-1}$$

(参见本题解后的注). 还可知集合 $\mathscr{B}$ 中每个元素 (X 的子集) 的规模不超过 $[n/2]$, 任意两个元素互不包含, 并且它们的交非空, 于是由强 EKR 定理 (见问题 3.21 解后的注) 推出

$$|\mathscr{B}| \leqslant \binom{n-1}{[n/2]-1} = \binom{n-1}{[(n-2)/2]-1}.$$

由此立得

$$m = |\mathscr{A}| + |\mathscr{B}| \leqslant 2^{n-1} + \binom{n-1}{[(n-2)/2]-1}.$$

注 此处用到下列定理: 设 $\mathscr{S} = \{A_1, A_2, \cdots, A_s\}$ 由 $X = \{1,2,\cdots,n\}$ 的一些子集 A_i 组成, 任意两个 A_i, A_j 都有非空的交, 那么 $|\mathscr{S}| \leqslant 2^{n-1}$.

证明见问题 3.17 解的步骤 (i).

3.34 每个含 k 个元素的集合 B 有 $\sum\limits_{i=0}^{k}\binom{k}{i} - 1 = 2^k - 1$ 个真子集, 这些真子集可作为 A 与集合 B 配对. X 共有 $\binom{n}{k}$ 个 k 子集, 因此由二项式定理得到

$$\begin{aligned}|\mathscr{C}| &= \sum_{k=0}^{n}\binom{n}{k}(2^k - 1) = \sum_{k=0}^{n}\binom{n}{k}2^k - \sum_{k=0}^{n}\binom{n}{k} \\ &= (2+1)^n - (1+1)^n = 3^n - 2^n.\end{aligned}$$

3.35 **提示** 要证的不等式等价于

$$2^n |\mathscr{F} \cap \mathscr{G}| \geqslant |\mathscr{F}| \cdot |\mathscr{G}|.$$

对 n 用数学归纳法. 设 $n=1$. 此时 $\{1\}$ 只有 2 个子集 (空集和本身), 容易直接验证. 现在设 $k \geqslant 1$, 并且当 $n \leqslant k$ 时命题成立, 我们考虑 $n=k+1$ 的情形. 设 $\mathscr{F}$ 和 $\mathscr{G}$ 是“基集”取作 $\{1,2,\cdots,k+1\}$ 时的超复体. 定义下列由 $\{1,2,\cdots,k\}$ 的子集组成的集合:

$$\mathscr{F}_0 = \{F \in \mathscr{F} \mid k+1 \notin \mathscr{F}\}, \quad \mathscr{F}_1 = \{F \setminus \{k+1\} \mid F \in \mathscr{F}, k+1 \in \mathscr{F}\}.$$

对 $\mathscr{G}$ 类似地定义 $\mathscr{G}_0$ 和 $\mathscr{G}_1$. 因为 $\mathscr{F}$ 和 $\mathscr{G}$ 都是超复体, 所以 $\mathscr{F}_1\subseteq\mathscr{F}_0,\mathscr{G}_1\subseteq\mathscr{G}_0$. 记

$$f_0=|\mathscr{F}_0|,\quad f_1=|\mathscr{F}_1|,\quad g_0=|\mathscr{G}_0|,\quad g_1=|\mathscr{G}_1|.$$

则 $|\mathscr{F}|=f_0+f_1,|\mathscr{G}|=g_0+g_1$, 并且 $f_0\geqslant f_1,g_0\geqslant g_1$. 容易直接验证 $\mathscr{F}_0,\mathscr{F}_1$ 以及 $\mathscr{G}_0,\mathscr{G}_1$ 都是超复体. 依归纳假设, 我们有

$$2^k|\mathscr{F}_0\cap\mathscr{G}_0|\geqslant f_0g_0,\quad 2^k|\mathscr{F}_1\cap\mathscr{G}_1|\geqslant f_1g_1.$$

于是

$$\begin{aligned}2^{k+1}|\mathscr{F}\cap\mathscr{G}|&=2\cdot2^k(|\mathscr{F}_0\cap\mathscr{G}_0|+|\mathscr{F}_1\cap\mathscr{G}_1|)\\&\geqslant2(f_0g_0+f_1g_1)=(f_0+f_1)(g_0+g_1)+(f_0-f_1)(g_0-g_1)\\&\geqslant(f_0+f_1)(g_0+g_1)=|\mathscr{F}|\cdot|\mathscr{G}|.\end{aligned}$$

于是完成归纳证明.

3.36 提示 用 2^X 表示由 $X=\{1,2,\cdots,n\}$ 的所有子集组成的集合. 令 $\mathscr{G}=2^X\setminus\mathscr{H}$, 则 $\mathscr{G}$ 是超复体. 为证此结论, 应证 $G_1\subset G\in\mathscr{G}\Rightarrow G_1\in\mathscr{G}$. 若不然, 则 $G_1\notin\mathscr{G}$, 从而 $G_1\in\mathscr{H}$. 由此及 $G_1\subset G$, 依题设 $\mathscr{H}$ 所具有的性质推出 $G\in\mathscr{H}$; 但已设 $G\in\mathscr{G}$, 所以得到矛盾. 现在将问题 3.35 应用于超复体 $\mathscr{F}$ 和 $\mathscr{G}$, 得到

$$|\mathscr{F}\cap\mathscr{G}|\geqslant\frac{1}{2^n}|\mathscr{F}||\mathscr{G}|.\tag{L3.36.1}$$

注意

$$\begin{aligned}&\mathscr{F}\cap\mathscr{G}=\mathscr{F}\cap(2^X\setminus\mathscr{H})=(\mathscr{F}\cap2^X)\setminus(\mathscr{F}\cap\mathscr{H})=\mathscr{F}\setminus(\mathscr{F}\cap\mathscr{H}),\\&|\mathscr{F}\cap\mathscr{G}|=|\mathscr{F}\setminus(\mathscr{F}\cap\mathscr{H})|=|\mathscr{F}|-|\mathscr{F}\cap\mathscr{H}|,\\&|\mathscr{G}|=|2^X\setminus\mathscr{H}|=2^n-|\mathscr{H}|.\end{aligned}$$

将这些等式代入式 (L3.36.1), 即得

$$|\mathscr{F}|-|\mathscr{F}\cap\mathscr{H}|\geqslant\frac{1}{2^n}|\mathscr{F}|(2^n-|\mathscr{H}|)=|\mathscr{F}|-\frac{1}{2^n}|\mathscr{F}||\mathscr{H}|.$$

3.37 (1) W 的 t 子集的总数为 $\dbinom{|W|}{t}$. 设 $\{w_1,w_2,\cdots,w_t\}$ 是其中任意一个, 并设 $w_1<w_2<\cdots<w_t$, 将 w_1 称为它的最小元素. 那么它伴随一个 $X_1=\{1,2,\cdots,n-1\}$ 的 $(t-1)$ 子集 $\{w_2-w_1,w_3-w_1,\cdots,w_t-w_1\}$. 显然, W 的两个不同的 t 子集可能伴随同一个 X_1 的 $(t-1)$ 子集. 因为 X_1 的 $(t-1)$ 子集的总数为 $\dbinom{n-1}{t-1}$, 所以存在 X_1 的 $(t-1)$ 子集 $B_1=\{b_1,b_2,\cdots,b_{t-1}\}$ 被至少 k 个不同的 W 的 t 子集伴随, 其中

$$k\geqslant\binom{|W|}{t}\Big/\binom{n-1}{t-1}.$$

这是因为不然 W 的 t 子集的总数将小于 $\dbinom{n-1}{t-1}\cdot\left(\dbinom{|W|}{t}\Big/\dbinom{n-1}{t-1}\right)=\dbinom{|W|}{t}$. 令 $a_1,a_2,\cdots,a_k$ 是 W 的这些不同的 (k 个) 伴随 B 的 t 子集的最小元素, 那么 $\{a_i,a_i+b_1,a_i+b_2,\cdots,a_i+b_{t-1}\}(i=1,2,\cdots,k)$ 就是 W 的这 k 个不同的 t 子集. 令

$$A=\{a_1,a_2,\cdots,a_k\},\quad B=\{0,b_1,\cdots,b_{t-1}\},$$

即知 A,B 满足问题要求的各个条件.

(2) 设 W 具有所说的附加性质, 那么本题 (1) 的证明中由 W 的 t 子集 $\{w_1,w_2,\cdots,w_t\}(w_1<w_2<\cdots<w_t)$ 构造的 X_1 的 $(t-1)$ 子集 $\{w_2-w_1,w_3-w_1,\cdots,w_t-w_1\}$ 也是 W 的子集. 并且如上所证, 存在某个 X_1 的 $(t-1)$ 子集 $B_1=\{b_1,b_2,\cdots,b_{t-1}\}$ (也是 W 的子集) 被至少 k 个不同的 W 的 t 子集伴随, 其中

$$k\geqslant\binom{|W|}{t}\Big/\binom{n-1}{t-1}.$$

令 $a_1,a_2,\cdots,a_k$ 是 W 的这些不同的 (k 个) 伴随 B 的 t 子集的最小元素, 那么如上面所证, $a_1,a_2,\cdots,a_k$ 两两互异. 令 $A=\{a_1,a_2,\cdots,a_k\}$. 因为 A,B_1 都是 W 的子集合, 所以 $A\cup B_1\subseteq W$; 并且 $|A|=k$ 满足题中的不等式.

3.38 子集 $\{a_i,b_i,c_i\}(i=1,2,\cdots,k)$ 中的 $3k$ 个数两两不相等, 它们的和 S 不小于 $\{1,2,\cdots,n\}$ 中各数按由小到大顺序排列时前 $3k$ 个数的和. $a_i+b_i+c_i$ $(i=1,2,\cdots,k)$ 互不相等, 它们的和 (也等于 S) 不大于 $\{1,2,\cdots,n\}$ 中各数按由大到小顺序排列时前 k 个数的和. 因此

$$1+2+3+\cdots+3k\leqslant S\leqslant n+(n-1)+(n-2)\cdots+(n-k+1).$$

不等式左边的和等于 $3k(1+3k)/2$, 右边的和等于 $k\big(n+(n-k+1)\big)/2=k(2n-k+1)/2$, 因此, $3(3k+1)\leqslant 2n-k+1$, 由此得到 $k\leqslant(n-1)/5$.

现在构造符合题中要求的子集 $\{a_i,b_i,c_i\}(i=1,2,\cdots,k)$. 为此写出下列的 $3\times k$ 矩阵:

$$\begin{pmatrix}1&2&3&\cdots&k\\2k&2k-1&2k-2&\cdots&k+1\\2k+1&2k+2&2k+3&\cdots&3k\end{pmatrix}.$$

我们将它的第 i 列中的 3 个数作为子集 $\{a_i,b_i,c_i\}(i=1,2,\cdots,k)$, 那么 $a_1+b_1+c_1=1+2k+(2k+1)=4k+2=4k+1+1,a_2+b_2+c_2=2+(2k-1)+(2k+2)=4k+3=4k+1+2$. 一般地, $a_i+b_i+c_i=i+(2k+1-i)+(2k+i)=4k+1+i$ $(i=1,2,\cdots,k)$. 因此子集 $\{a_1,a_2,a_i\}$ $(i=1,2,\cdots,k)$ 两两不相交, 数 $a_i+b_i+c_i(i=1,2,\cdots,k)$ 两两不相等. 这 k 个数中最大者是 $a_k+b_k+c_k=5k+1$. 选取 k 是不等式 $5k+1\leqslant n$ 的最大整数解, 那么 $k=[(n-1)/5]$ 就是所求的最大整数.

3.39 **提示** 将一个子集中所有数的和称为一个子集和, 共有 $2n+2$ 个子集和, 它们都属于集合 $\{-n,-(n-1),\cdots,-1,0,1,\cdots,n-1,n\}$. 由抽屉原理即得结论.

3.40 证法 1 设 P 是 n 个数 $1,2,\cdots,n$ 的任意一个全排列. 若 A_i 和 B_i 的元素这样地出现在 P 中: A_i 的每个元素都排在 B_i 的所有元素之前, 则称排列 P "含有" 组 (A_i,B_i).

(i) 任一排列 P 至多含有一组 (A_i,B_i). 事实上, 若不然, 则 P 含有 (A_i,B_i) 和 (A_j,B_j), 其中 $i\neq j$. 如果 A_i 的排在最末的元素位于 B_j 的排在最先的元素之前, 那么 $A_i\cap B_j=\emptyset$; 如果 A_i 的排在最末的元素位于 B_j 的排在最先的元素之后, 那么 $A_j\cap B_i=\emptyset$. 因而这些都与假设矛盾.

(ii) 计算 $1,2,\cdots,n$ 的含有 (A_i,B_i) 的全排列的个数. 从 n 个位置选取 a_i+b_i 个连续位置有 $\dbinom{n}{a_i+b_i}$ 种方法; 在选出的这些连续位置中的前 a_i 个位置上排列 A_i 的元素, 有 $a_i!$ 种方法, 在后 b_i 个位置上排列 B_i 的元素, 有 $b_i!$ 种方法; 在其余 $n-a_i-b_i$ 个位置上排列 $\{1,2,\cdots,n\}\setminus(A_i\cup B_i)$ 中的元素, 有 $(n-a_i-b_i)!$ 种方法. 因此所求的全排列的个数等于

$$\binom{n}{a_i+b_i}\cdot a_i!b_i!(n-a_i-b_i)!=n!\Big/\binom{a_i+b_i}{a_i}.$$

(iii) $1,2,\cdots,n$ 的全排列总数是 $n!$, 但未必每个全排列都含有某个组 (A_i,B_i), 所以

$$\sum_{i=1}^{m}n!\Big/\binom{a_i+b_i}{a_i}\leqslant n!,$$

由此立得所要的不等式.

证法 2 对 n 用数学归纳法. 当 $n=0$ 时, $m=1, A_1=B_1=\emptyset$. 因为 $\binom{a_i+b_i}{a_i}=1, 0!=1$, 所以结论成立. 当 $n=1$ 时, 也容易直接验证结论成立. 现在设 $k\geqslant 1$, 并且结论对 $n=k$ 成立. 要证当 $n=k+1$ 时结论也成立. 设 A_i, B_i $(1\leqslant i\leqslant m)$ 是 $X=\{1,2,\cdots,k+1\}$ 的子集, 当且仅当 $i=j$ 时 $A_i\cap B_j=\emptyset$. 对于任意 $x\in X$(并固定), 设 m 个子集 A_i $(1\leqslant i\leqslant m)$ 中不含 x 的是 $A_{i(1)}, A_{i(2)}, \cdots, A_{i(s)}$, 那么 $A_{i(1)}, A_{i(2)}, \cdots, A_{i(s)}$ 和 $B_{i(1)}\setminus\{x\}, B_{i(2)}\setminus\{x\}, \cdots, B_{i(s)}\setminus\{x\}$ 是集合 $X\setminus\{x\}$ 的子集, 并且当且仅当 $u=v$ 时 $A_{i(u)}\cap(B_{i(v)}\setminus\{x\})=\emptyset$. 定义下标集 $\sigma(x)=\{i(1), i(2), \cdots, i(s)\}$. 将 k 集 $X\setminus\{x\}$ 等同于 $\{1,2,\cdots,k\}$. 由归纳假设得到

$$\sum_{i\in\sigma(x)}\frac{1}{\binom{|A_i|+|B_i\setminus\{x\}|}{|A_i|}}\leqslant 1.$$

这个不等式对于每个 $x\in X$ 都成立, 因此在上式中分别令 $x=1,2,\cdots,k+1$, 并将所得到的 $k+1$ 个不等式相加, 可得

$$\sum_{i\in\sigma(1)}\frac{1}{\binom{|A_i|+|B_i\setminus\{x\}|}{|A_i|}}+\sum_{i\in\sigma(2)}\frac{1}{\binom{|A_i|+|B_i\setminus\{x\}|}{|A_i|}}+\cdots+\sum_{i\in\sigma(k+1)}\frac{1}{\binom{|A_i|+|B_i\setminus\{x\}|}{|A_i|}}\leqslant k+1.$$

我们换一种方式计算上式左边的和. 考虑任意一个 $i\in\{1,2,\cdots,m\}$(并固定). 因为 $i\in\sigma(x)$ 等价于 $x\notin A_i$, 所以集合 X 中满足条件 $i\in\sigma(x)$ 的元素 x 的个数等于 $k+1-|A_i|$. 类似地, 因为 $A_i\cap B_i=\emptyset$, 所以 $|B_i\setminus\{x\}|=|B_i|-1$ 等价于 $x\in B_i$, 并且 $x\notin A_i$. 所以使 $|B_i\setminus\{x\}|=|B_i|-1$ 的元素 x 的个数等于 $|B_i|$. 另外, $|B_i\setminus\{x\}|=|B_i|$ 等价于 $x\notin B_i$ 并且 $x\notin A_i$(因为此处下标 $i\in\sigma(x)$), 所以使 $|B_i\setminus\{x\}|=|B_i|$ 的元素 x 的个数等于 $k+1-|A_i|-|B_i|$. 这些结果对每个 $i\in\{1,2,\cdots,m\}$ 都成立, 因此上面得到的不等式的左边等于

$$\sum_{i=1}^{m}\left(|B_i|\cdot\frac{1}{\binom{|A_i|+(|B_i|-1)}{|A_i|}}+(k+1-|A_i|-|B_i|)\cdot\frac{1}{\binom{|A_i|+|B_i|}{|A_i|}}\right).$$

将它化简, 可知上述不等式化为

$$\sum_{i=1}^{m}(k+1)\cdot\frac{1}{\binom{|A_i|+|B_i|}{|A_i|}}\leqslant k+1.$$

由此即可推出当 $n=k+1$ 时结论也成立.

3.41 证法 1 当 $0<|x|<1$ 时, 按幂级数乘法法则,

$$\begin{aligned}\frac{1}{(1-x)^s}&=\left(\frac{1}{1-x}\right)^s=\left(\sum_{i=0}^{\infty}x^i\right)^s\\&=\left(\sum_{i_1=0}^{\infty}x^{i_1}\right)\left(\sum_{i_2=0}^{\infty}x^{i_2}\right)\cdots\left(\sum_{i_s=0}^{\infty}x^{i_s}\right)=\sum_{r=0}^{\infty}\left(\sum_{\substack{i_1+\cdots+i_s=r\\ i_1,\cdots,i_s\geqslant 0}}1\right)x^r;\end{aligned}$$

按二项式展开, 当 $0<|x|<1$ 时

$$\frac{1}{(1-x)^s}=(1-x)^{-s}=\sum_{r=0}^{\infty}\binom{r+s-1}{s-1}x^r.$$

比较上面两个公式中 x^r 的系数, 即得所要的恒等式.

证法 2 对 s 用数学归纳法. 当 $s=1$ 时, 结论显然正确. 设对于 $s=k$ $(k\geqslant 1)$ 结论成立. 对于 $s=k+1$ 的情形, 由

$$i_1+i_2+\cdots+i_{k+1}=r$$

得到

$$i_1+i_2+\cdots+i_k=r-i_{k+1},$$

其中 i_{k+1} 可取 $0,1,\cdots,r$. 依归纳假设, 对应的 k 数组 $(i_1,i_2,\cdots,i_k)$ 的个数等于 $\binom{r-i_{k+1}+k-1}{k-1}$, 所以 $k+1$ 数组 $(i_1,\cdots,i_k,i_{k+1})$ 的个数等于

$$\alpha=\binom{r+k-1}{k-1}+\binom{r+k-2}{k-1}+\binom{r+k-3}{k-1}+\cdots+\binom{0}{k-1}.$$

由基本恒等式

$$\binom{n}{m+1}+\binom{n}{m}=\binom{n+1}{m+1}$$

可知

$$\binom{n}{m}=\binom{n+1}{m+1}-\binom{n}{m+1},$$

所以

$$\begin{aligned}\alpha&=\left(\binom{r+k}{k}-\binom{r+k-1}{k}\right)+\left(\binom{r+k-1}{k}-\binom{r+k-2}{k}\right)\\&\quad+\left(\binom{r+k-2}{k}-\binom{r+k-3}{k}\right)+\cdots+\left(\binom{1}{k}-\binom{0}{k}\right)\\&=\binom{r+k}{k}-\binom{0}{k}=\binom{r+k}{k}=\binom{r+(k+1)-1}{(k+1)-1},\end{aligned}$$

即 $s=k+1$ 时结论也成立. 于是完成了归纳证明.

证法 3 设想排为一列的 r 个圆点:

$$\bullet\,\bullet\,\bullet\,\bullet\,\bullet\,\bullet\,\bullet\,\bullet\,\bullet$$

在相邻两点间的空隙中总共插进 $s-1$ 条竖线 (同一空隙中可不插进或插进多条竖线), 则得 (例如)

$$\bullet\,\bullet\,|\,|\,\bullet\,|\,\bullet\,\bullet\,|\,|\,|\,\bullet\,\bullet\,\bullet\,|\,\bullet$$

将 (自左而右) 首条竖线左边圆点个数记作 x_1, 末条竖线右边圆点个数记作 x_s, 其余相邻两条竖线间圆点个数依次记作 $x_2,\cdots,x_{s-1}$(例如此处 $x_1=2,x_2=0,x_3=1,x_4=2,x_5=0,x_6=0,x_7=3,x_8=1$), 于是

$$x_1+x_2+\cdots+x_s=r.$$

显然 "插竖线" 与求上述方程的非负整数解 $(x_1,x_2,\cdots,x_s)$ 是等效的, 并且 "插竖线" 相当于从 $r+s-1$ 个位置中选取 $s-1$ 个位置, 取法数为 $\binom{r+s-1}{s-1}$, 于是得到题中的结论.

3.42 令 $i=n-j$, 则 (注意 $n+1$ 是偶数)

$$\begin{aligned}\sum_{i=0}^{(n-1)/2}(-1)^i\binom{n}{i}(n-2i)&=\sum_{j=(n+1)/2}^{n}(-1)^{n-j}\binom{n}{n-j}\big(-(n-2j)\big)\\&=\sum_{j=(n+1)/2}^{n}(-1)^{n-j+1}\binom{n}{j}(n-2j)\end{aligned}$$

$$= \sum_{j=(n+1)/2}^{n} (-1)^j \binom{n}{j}(n-2j),$$

所以

$$\begin{aligned} S_n &= \frac{1}{2}\left(\sum_{i=0}^{(n-1)/2}(-1)^i\binom{n}{i}(n-2i)+\sum_{j=(n+1)/2}^{n}(-1)^j\binom{n}{j}(n-2j)\right)\\ &= \frac{1}{2}\sum_{i=0}^{n}(-1)^i\binom{n}{i}(n-2i)=\frac{1}{2}n\sum_{i=0}^{n}(-1)^i\binom{n}{i}-\sum_{i=0}^{n}(-1)^i i\binom{n}{i}\\ &= \frac{1}{2}n\sum_{i=0}^{n}(-1)^i\binom{n}{i}-\sum_{i=1}^{n}(-1)^i i\binom{n}{i}. \end{aligned}$$

因为由定义可知 $\binom{n}{i}=(n/i)\binom{n-1}{i-1}$, 所以

$$\begin{aligned} S_n &= \frac{1}{2}n\sum_{i=0}^{n}(-1)^i\binom{n}{i}-\sum_{i=0}^{n}(-1)^i i\cdot\frac{n}{i}\binom{n-1}{i-1}\\ &= \frac{1}{2}n\sum_{i=0}^{n}(-1)^i\binom{n}{i}-n\sum_{i=1}^{n}(-1)^i\binom{n-1}{i-1} \quad (\text{对第二个加项令 } k=i-1)\\ &= \frac{1}{2}n\sum_{i=0}^{n}(-1)^i\binom{n}{i}+n\sum_{k=0}^{n-1}(-1)^k\binom{n-1}{k}\\ &= \frac{1}{2}n(1-1)^n+n(1-1)^{n-1}. \end{aligned}$$

于是

$$S_n=\begin{cases}1, & n=1,\\ 0, & n>1(\text{奇数}).\end{cases}$$

3.43 解法 1 由组合数的定义和基本恒等式可知, 当 $n\geqslant 0$ 时

$$\begin{aligned} \binom{2n}{n+1} &= \binom{2n+1}{n+1}-\binom{2n}{n}=\frac{n+1}{2n+2}\binom{2n+2}{n+1}-\binom{2n}{n}\\ &= \frac{1}{2}\binom{2n+2}{n+1}-\binom{2n}{n}. \end{aligned} \tag{L3.43.1}$$

令 $f(x)=(1-4x)^{-1/4}$, 则 $|x|<1/4$ 时

$$f(x)=\sum_{n=0}^{\infty}\binom{2n}{n}x^n.$$

还令

$$g(x)=\sum_{n=0}^{\infty}\binom{2n}{n+1}x^n,\quad h(x)=f(x)+g(x)\quad (|x|<1/4),$$

则由式 (L3.43.1) 推出

$$\begin{aligned} g(x) &= \frac{1}{2x}\big((1-4x)^{-1/2}-1\big)-(1-4x)^{-1/2},\\ h(x) &= \frac{1}{2x}\big((1-4x)^{-1/2}-1\big). \end{aligned}$$

于是

$$\begin{aligned}
f^2(x)&=(1-4x)^{-1}=\sum_{n=0}^{\infty}4^nx^n,\\
f(x)g(x)&=\left(\frac{1}{2x}-1\right)(1-4x)^{-1}-\frac{1}{2x}(1-4x)^{-1/2}\\
&=\sum_{n=0}^{\infty}\left(4^n-\frac{1}{2}\binom{2n+2}{n+1}\right)x^n,\\
h^2(x)&=\frac{1}{4x^2}\left((1-4x)^{-1}+1-2(1-4x)^{-1/2}\right)\\
&=\sum_{n=0}^{\infty}\left(4^{n+1}-\frac{1}{2}\binom{2n+4}{n+2}\right)x^n.
\end{aligned}$$

因为

$$\begin{aligned}
f^2(x)&=\left(\sum_{n=0}^{\infty}\binom{2n}{n}x^n\right)^2=\sum_{n=0}^{\infty}\left(\sum_{k+j=n}\binom{2k}{k}\binom{2j}{j}\right)x^n\\
&=\sum_{n=0}^{\infty}\left(\sum_{k=0}^{n}\binom{2k}{k}\binom{2n-2k}{n-k}\right)x^n=\sum_{n=0}^{\infty}a_nx^n,
\end{aligned}$$

所以 a_n 等于 $f^2(x)$ 的 Taylor 展开式中 x^n 的系数, 于是

$$a_n=4^n\quad(n\geqslant 0).$$

类似地, $f(x)g(x)$ 的 Taylor 展开式中 x^n 的系数等于

$$\sum_{k+j=n}\binom{2k}{k}\binom{2j}{j+1}=\sum_{k=0}^{n}\binom{2k}{k}\binom{2n-2k}{n-k+1}=b_n,$$

也等于 $g(x)f(x)$ 的 Taylor 展开式中 x^n 的系数

$$\sum_{k+j=n}\binom{2k}{k+1}\binom{2j}{j}=\sum_{k=0}^{n}\binom{2k}{k+1}\binom{2n-2k}{n-k}=b'_n,$$

因此

$$b_n=b'_n=4^n-\frac{1}{2}\binom{2n+2}{n+1}\quad(n\geqslant 0).$$

c_n 是 $g^2(x)$ 的 Taylor 展开式中 x^n 的系数, 而且 $g^2(x)=h^2(x)-f^2(x)-2f(x)g(x)$, 于是

$$\begin{aligned}
c_n&=4^{n+1}-\frac{1}{2}\binom{2n+4}{n+2}-4^n-2\left(4^n-\frac{1}{2}\binom{2n+2}{n+1}\right)\\
&=4^n-\frac{1}{2}\binom{2n+4}{n+2}+\binom{2n+2}{n+1}.
\end{aligned}$$

因为

$$\frac{1}{2}\binom{2n+4}{n+2}=\frac{1}{2}\cdot\frac{(2n+4)(2n+3)!}{(n+2)(n+1)!(n+2)!}=\binom{2n+3}{n+1},$$

所以

$$c_n=4^n-\left(\binom{2n+3}{n+1}-\binom{2n+2}{n+1}\right)=4^n-\binom{2n+2}{n}\quad(n\geqslant 0).$$

解法 2 (概率方法) (i) 考虑在整数上的对称随机游动. 设在时刻 0 由 (点)0 出发, 用 u_k 表示在时刻 k 返回 (点)0 的概率. 显然

$$u_{2k+1}=0,\quad u_0=1; \tag{L3.43.2}$$

并且

$$u_{2k}=\binom{2k}{k}2^{-2k}. \tag{L3.43.3}$$

于是

$$2u_{2k+2}-u_{2k}=\binom{2k}{k+1}2^{-2k} \tag{L3.43.4}$$

(即式 (L3.43.1)). 由最后访问 (last visits) 的反正弦 (arcsin) 律可知, 直到 (并包含) 时刻 $2n$ 为止最后一次访问 0 出现于时刻 $2k$ 的概率等于 $u_{2k}\cdot u_{2n-2k}$. 于是特别有

$$\sum_{k=0}^{n}u_{2k}u_{2n-2k}=1. \tag{L3.43.5}$$

此外, 式 (L3.43.4) 可改写为

$$\binom{2k}{k+1}=2^{2k+1}u_{2k+2}-2^{2k}u_{2k}. \qquad \text{(L3.43.6))}$$

(ii) 我们还有

$$\sum_{k=0}^{n}u_{2k}u_{2n+2-2k}=1-u_{2n+2}, \tag{L3.43.7}$$

$$\sum_{k=0}^{n}u_{2k+2}u_{2n-2k}=1-u_{2n+2}, \tag{L3.43.8}$$

以及

$$\sum_{k=0}^{n}u_{2k+2}u_{2n+2-2k}=1-2u_{2n+4}. \tag{L3.43.9}$$

证明如下: 由式 (L3.43.5) 可知

$$\sum_{k=0}^{n}u_{2k}u_{2n+2-2k}=\sum_{k=0}^{n}u_{2k}u_{2(n+1)-2k}=\sum_{k=0}^{n+1}u_{2k}u_{2(n+1)-2k}-u_{2(n+1)}u_0=1-u_{2n+2}.$$

于是式 (L3.43.7) 得证. 其次, 类似地推出式 (L3.43.8):

$$\begin{aligned}\sum_{k=0}^{n}u_{2k+2}u_{2n-2k}&=\sum_{k=0}^{n}u_{2(k+1)}u_{2n+2-2(k+1)}=\sum_{l=1}^{n+1}u_{2l}u_{2(n+1)-2l}\\&=\sum_{l=0}^{n+1}u_{2l}u_{2(n+1)-2l}-u_0u_{2n+2}=1-u_{2n+2}.\end{aligned}$$

最后, 由式 (L3.43.7) 推出式 (L3.43.9):

$$\begin{aligned}\sum_{k=0}^{n}u_{2k+2}u_{2n+2-2k}&=\sum_{l=1}^{n+1}u_{2l}u_{2(n+1)+2-2l}=\sum_{l=0}^{n+1}u_{2l}u_{2(n+1)+2-2l}-u_0u_{2(n+1)+2}\\&=1-u_{2(n+1)+2}-u_{2(n+1)+2}=1-2u_{2n+4}.\end{aligned}$$

(iii) 由式 (L3.43.3) 和式 (L3.43.5) 推出

$$a_n=\sum_{k=0}^{n}\binom{2k}{k}\binom{2(n-k)}{n-k}=\sum_{k=0}^{n}u_{2k}2^{2k}\cdot u_{2n-2k}2^{2n-2k}$$

$$= 2^{2n}\sum_{k=0}^{n} u_{2k}u_{2n-2k} = 2^{2n}\cdot 1 = 4^n.$$

由式 (L3.43.6) 可知

$$\begin{aligned}
b_n &= \sum_{k=0}^{n}\binom{2k}{k}\binom{2(n-k)}{n-k+1}\\
&= \sum_{k=0}^{n} u_{2k}2^{2k}\cdot\left(2^{2(n-k)+1}u_{2(n-k+1)} - 2^{2(n-k)}u_{2(n-k)}\right)\\
&= 2^{2n+1}\sum_{k=0}^{n} u_{2k}u_{2n+2-2k} - 2^{2n}\sum_{k=0}^{n} u_{2k}u_{2n-2k}.
\end{aligned}$$

由此再应用式 (L3.43.5) 和式 (L3.43.7) 得到

$$\begin{aligned}
b_n &= 2^{2n+1}(1-u_{2n+2}) - 2^{2n}\cdot 1 = 2^{2n+1} - 2^{2n+1}u_{2n+2} - 2^{2n}\\
&= 2^{2n} - 2^{2n+1}\cdot 2^{-(2n+2)}\binom{2n+2}{n+1} = 4^n - \frac{1}{2}\cdot\frac{(2n+2)(2n+1)!}{(n+1)n!(n+1)!}\\
&= 4^n - \frac{(2n+1)!}{n!(n+1)!} = 4^n - \binom{2n+1}{n}.
\end{aligned}$$

可类似地计算 b'_n(由读者完成). 最后, 类似地, 由式 (L3.43.6) 可知

$$\begin{aligned}
c_n &= \sum_{k=0}^{n}\binom{2k}{k+1}\binom{2(n-k)}{n-k+1}\\
&= \sum_{k=0}^{n}\left(2^{2k+1}u_{2(k+1)} - 2^{2k}u_{2k}\right)\cdot\left(2^{2(n-k)+1}u_{2(n-k+1)} - 2^{2(n-k)}u_{2(n-k)}\right)\\
&= 2^{2n+2}\sum_{k=0}^{n} u_{2k+2}u_{2n+2-2k} - 2^{2n+1}\sum_{k=0}^{n} u_{2k+2}u_{2n-2k}\\
&\quad - 2^{2n+1}\sum_{k=0}^{n} u_{2k}u_{2n+2-2k} + 2^{2n}\sum_{k=0}^{n} u_{2k}u_{2n-2k}.
\end{aligned}$$

由此再应用式 (L3.43.5)、式 (L3.43.7)~ 式 (L3.43.9) 得到

$$\begin{aligned}
c_n &= 2^{2n+2}(1-2u_{2n+4}) - 2^{2n+1}(1-u_{2n+2}) - 2^{2n+1}(1-u_{2n+2}) + 2^{2n}\cdot 1\\
&= 4^n - 2^{2n+3}u_{2n+4} + 2^{2n+2}u_{2n+2}.
\end{aligned}$$

因为

$$\begin{aligned}
2^{2n+3}u_{2n+4} &= 2^{2n+3}\binom{2n+4}{n+2}2^{-2n-4} = \frac{1}{2}\binom{2n+4}{n+2} = \binom{2n+3}{n+1},\\
2^{2n+2}u_{2n+2} &= 2^{2n+2}\binom{2n+2}{n+1}2^{-2n-2} = \binom{2n+2}{n+1},
\end{aligned}$$

所以

$$c_n = 4^n - \left(\binom{2n+3}{n+1} - \binom{2n+2}{n+1}\right) = 4^n - \binom{2n+2}{n}.$$

注 关于随机游动, 可见 W. Feller 的 *An Introduction to Probability Theory and Its Applications* (Vol. 1, 3rd ed., New York: Wiley, 1968). 第 2 版有中译本: 《概率论及其应用》(第 1 卷, 科学出版社,1965) 第 3 章.

3.44 提示 应用公式

$$\binom{n+1}{m}=\binom{n}{m}+\binom{n}{m-1},$$

可知

$$\binom{n}{2k+1}+\frac{1}{2}\binom{n+1}{2k+1}-\frac{1}{4}\binom{n+2}{2k+1}=\frac{5}{4}\binom{n}{2k+1}-\frac{1}{4}\binom{n}{2k-1}.$$

于是

$$S_n=\frac{5n}{4}+\frac{1}{4}\sum_{k=1}^{[(n-1)/2]}\binom{n}{2k+1}5^{k+1}-\frac{1}{4}\sum_{k=1}^{[(n-1)/2]}\binom{n}{2k-1}5^k.$$

因为

$$\begin{aligned}\frac{1}{4}\sum_{k=1}^{[(n-1)/2]}\binom{n}{2k+1}5^{k+1}&=\frac{1}{4}\sum_{u=2}^{[(n-1)/2]+1}\binom{n}{2u-1}5^u\\&=\frac{1}{4}\sum_{u=1}^{[(n+1)/2]}\binom{n}{2u-1}5^u-\frac{5n}{4},\end{aligned}$$

所以

$$\begin{aligned}S_n&=\frac{1}{4}\sum_{k=1}^{[(n+1)/2]}\binom{n}{2k-1}5^k-\frac{1}{4}\sum_{k=1}^{[(n-1)/2]}\binom{n}{2k-1}5^k\\&=\frac{1}{4}\binom{n}{2\left[\frac{n+1}{2}\right]}5^{[(n+1)/2]}.\end{aligned}$$

由此推出

$$S_n=\begin{cases}\frac{1}{4}\cdot 5^m, & n\text{ 为奇数},\\ \frac{m}{2}\cdot 5^m, & n\text{ 为偶数}.\end{cases}$$

3.45 提示 一般些, 令

$$c(k,p,q)=\sum_{j=0}^{k}(-1)^j\binom{k}{j}\binom{k+q-1-pj}{k-1}\quad(k,p\in\mathbb{N}),$$

以及

$$f_{k,p}(z)=(1-z)^{-k}(1-z^p)^k.$$

当 $|z|<1$ 时, 有

$$\begin{aligned}f_{k,p}(z)&=\left(\sum_{i=0}^{\infty}(-1)^i\binom{-k}{i}z^i\right)\left(\sum_{j=0}^{\infty}(-1)^j\binom{k}{j}z^{pj}\right)\\&=\sum_{i,j}(-1)^j\binom{k}{j}\binom{k+i-1}{k-1}z^{i+pj}\\&=\sum_{q=0}^{\infty}z^q\sum_{j=0}^{k}(-1)^j\binom{k}{j}\binom{k+q-1-pj}{k-1}\\&=\sum_{q=0}^{\infty}c(k,p,q)z^q.\end{aligned}$$

注意: 此处用到

$$(-1)^i\binom{-k}{i}=\binom{k+i-1}{i}=\binom{k+i-1}{k-1}.$$

又因为

$$f_{k,p}(z)=(1+z+\cdots+z^{p-1})^k$$

至多是 $k(p-1)$ 次多项式($c(k,p,q)$ 作为 z^q 的系数), 所以将右边展开可知

$$c(k,p,q)=0 \quad (q>k(p-1)); \tag{L3.45.1}$$

并且

$$\sum_{q=0}^{\infty}c(k,p,q)=f_{k,p}(1)=p^k. \tag{L3.45.2}$$

还要注意

$$a(k,m,n)=c(k,2^m,n+2),$$

所以由式 (L3.45.1) 得到问题 (1) 中的结论 (其中 $N=k(2^m-1)-2$); 并且对于问题 (2), 有

$$\begin{aligned}b(k,m)&=\sum_{n=0}^{N}a(k,m,n)=\sum_{n=0}^{\infty}a(k,m,n)=\sum_{q=2}^{\infty}c(k,2^m,q)\\&=\sum_{q=0}^{\infty}c(k,2^m,q)-c(k,2^m,0)-c(k,2^m,1).\end{aligned}$$

由式 (L3.45.2) 可知

$$\sum_{q=0}^{\infty}c(k,2^m,q)=2^{km}.$$

而 $c(k,2^m,0)$ 和 $c(k,2^m,1)$ 分别等于多项式 $f_{k,p}(z)$ 的常数项和 1 次项系数. 当 $m=0$ 时, $f_{k,p}(z)=1,c(k,2^m,0)=1,c(k,2^m,1)=0$; 当 $m\neq 0$ 时, $f_{k,p}(z)=(1+z+\cdots+z^{2^m-1})^k,c(k,2^m,0)=1,c(k,2^m,1)=k$. 因此

$$c(k,2^m,0)=1,\quad c(k,2^m,1)=(1-\delta_{m,0})k,$$

其中 $\delta_{i,j}$ 是 Kronecker 符号. 于是

$$b(k,m)=2^{km}-1-(1-\delta_{m,0})k.$$

索　引